Oxford
DICTIONARY OF
EARTH SCIENCES

オックスフォード
地球科学辞典

坂 幸恭
[監訳]

Ailsa Allaby
Michael Allaby
[編]

朝倉書店

A Dictionary of
Earth Sciences

SECOND EDITION

Edited by
AILSA ALLABY
and MICHAEL ALLABY

© Oxford University Press 1990, 1999
This translation of A Dictionary of Earth Sciences Second Edition originally published in English in 1999 is published by arrangement with Oxford University Press.

監訳者まえがき

　監訳者はかねがね学生諸君に「地球科学は，物理学と化学を用いて地球および地球構成物質を研究する自然科学であり，生物学が担当する生物を除いて，固体地球，水圏，気圏の一切を対象とする．生物のうち，古生物は通常，化石として堆積岩に産するので，地球科学が扱っている」と，地球科学を定義してきた．本書の訳を終えて，この定義を「狭義の地球科学は，」と改訂しなければなるまい，と痛感している．本書では，地球科学を進める手段としての基礎科学（数学・物理学・化学），いわゆる理学では扱わない応用分野，さらには太陽系天文学まで，いずれも地球科学として扱っている．英文学に英語の知識を欠かせないのと同様，地球科学の研究手段となる基礎科学を地球科学と明確な一線で区切ることはできない．地球がその一員をなしている太陽系は，地球と不可分の関係にある．応用分野では見方によっては理学以上に「地球および地球構成物質」との取り組みがなされている．'地球科学の辞典'を標榜する本書がこれらの分野を網羅している所以である．

　一方，これほど広範な内容を抱える辞典がどのように利用されることを期待しているのか，という素朴な疑問が湧いてくる．解説内容からみて，本書が地球科学研究者を対象としているのでないことは明らかである．自身の専攻分野以外の分野に迂遠な研究者でもなさそうである．となると，読者は学生も含めていわゆる知識階層ということであろう．残念ながらわが国にはこれほど多岐にわたる'地球科学'の教科書も解説書もない．知識階層の人士たるもの，身だしなみとして相応の知識を身につけているべきである，とするイギリスの伝統的な知的風土の奥深さを思い知らされる次第である．翻訳にあたって，具体的には，職業柄あるいは知的好奇心から日常的に新聞の科学記事や科学雑誌・科学書に眼を通しているような，科学への関心が旺盛な読書家を念頭においた．また，そのような読者は，英語の文章で術語に接する機会も多いであろうことを考慮して，英語索引を充実させた．

　監訳者の非力をさておいて，二，三お断りしておきたいことがある．多数の

執筆者による解説のなかには，当該項目を理解するうえに十分とはいいがたいものが散見される．ケアレスミスも皆無ではない．訳者が原文を改変することが越権行為であることは十分に承知のうえで，文章や語句の改変・追加が必要と判断した箇所には，それを〔 〕内に訳注のかたちで示した．

本書は1991年初版の1999年改訂版である．刊行時には将来に予定されていたことが，現在では過去のこととなっている項目が太陽系探査の分野でかなりの数にのぼる．他の箇所に加筆するのであれば，まず，たとえば「2001年打ち上げ予定の探査機」がどうなったかを，調査のうえ記述するべきであろう．さらには，本書刊行後になされた探査やその成果をも取り上げて完全を期すべきところであろう．しかし，監訳者の力量はいずれの作業にも及ばないと判断して，これを一切行っていない．

本書の翻訳にあたって，次の方々（敬称略・五十音順）から貴重なご教示を賜った．明記してお礼を申し上げる．伊野良夫，円城寺 守，小川 誠，久保純子，鮭川 登，高木秀雄，堤 貞夫，平野弘道，毎熊輝記（以上，早稲田大学），安藤寿男（茨城大学），今井 功（元 岩手大学），河野芳輝（元 金沢大学），近藤和也（コスモ石油㈱），島村哲也（気象庁），白岩孝行（北海道大学低温科学研究所），鈴木靖子（紀伊國屋書店），矢内桂三（岩手大学）．

翻訳と編集には万全を期したが，地質学以外の分野では不備もあることが予想される．ご叱責とご指摘をお願いしたい．

本書は朝倉書店が刊行中のオックスフォード辞典シリーズのひとつである．他の巻の編集が順調に進捗するなかで，ともすれば遅れがちな翻訳作業を寛容に見守っていただいた同社の方がたに篤くお礼申し上げる．

2004年4月

坂　幸恭

初版の序から

　「地質学」がどの範囲までを扱うか，その境界を示すことは容易ではない．古く1830年に，チャールズ・ライエルは，その著『地質学原理』のなかで，地質学者たる者，化学，物理学，鉱物学，動物学，比較解剖学そして植物学に精通しているべきである，という所信を述べている．少なくともこの1世紀半においては，地球の構造と構成を研究しようとする者は科学の広範な分野に通じていることが必要とされている．

　厳密にいえば，地球に関するあらゆる研究が「地質学」の範疇に入ることになるが，伝統的に「地質学」は岩石の研究を指すものとされている．

　T.C.チェンバレンは，この旧来からの分野に，天文学，宇宙進化論，宇宙論を加えて「地球科学」という語を使用した．アルフレッド・ウェゲナー（本来は気象学者）もこの語を用いている．そして，1960年代になってこの語が一般に通用し始めると，10年を経ずして広く受け入れられるようになった．今日，「地球科学」が単数形で使われることもあるものの，通常は複数形である．1985年の晩夏，私たちはオックスフォード大学出版局から，地球の研究に関するトピックスで使われている術語を辞典に編纂するよう要請された．その意図するところはいうまでもなく「（複数形の）地球科学」の辞典である．

　この目的に沿うため，私たちはまず術語の定義から始めた．各種文献の著者が術語をどのような意味で使っているかを吟味し，一般的に通用している意味といえるものをとりまとめた．そのうえで，この辞典に術語を収めるべき分野を決定した．それは，鉱物学，岩石学，土壌学，堆積学，層位学，構造地質学，テクトニクス，火山学，古生物学，古生態学，地形学，古地理学，水文学，海洋学，地球化学，地球年代学，地球物理学，応用地質学，地質工学，気象学，気候学，古気候学，惑星地質学，地球科学論，地球科学史（重要人物についての短い伝記を含む）である．

　辞典の使命は語の意味を記述することであって，規定することではない．辞典は現に使われている語や字句を載録し，それが意味することがらを説明する

ものであって，それらの意味を押しつけたり，あるべき正しい用法を指図しようとするものではない．このことを踏まえて，記述役である私たち自身の見解は盛り込まれていない．

　本書を，辞典として使っていただくことを願う．どのようなかたちであれ，教科書とされることは意図していないことを強調しておきたい．

Ailsa Allaby
Michael Allaby

第 2 版の序

『コンサイス・オックスフォード地球科学辞典』は 1988 年夏に初版の編集作業が完了し，1990 年に出版を見た．先の編集からこの方，経過した年月のうちに大きな変化や進展があった．第 2 版でこれらの変化や進展をとり入れる機会を与えられたことは私たちの喜びとするところである．

今回，徹底的な改訂を加えた．初版の載録語を一つ一つ吟味し，その多くを今日的なものに改めた．今日では本辞典にそぐわなくなっているものと判断していくつかの語を抹消した一方で，新たな定義を多数付け加えた．

辞典は改訂を重ねるごとに肥大していくものであり，この辞典もその法則に従っていることについて弁解はしない．言葉そのものが増えていくのであるから，そのような肥大化は避けられないことである．ただ，新たな語や語句を採用するにあたって，いわばその座を空けるためにこれまであった語を廃するようなことはしていない．古い語も生き延びて使われているあいだは，その意味を明確にしておかなければならない．

新たな語の追加は，ほとんどが惑星探査と石油・天然ガス資源探査における進歩を勘案したことによる．惑星探査によって，太陽系内に新しい衛星やそれより小さい天体が多数見いだされた．また，すでに存在が知られている衛星についても，これまで知られていなかった詳細が明らかになってきた．このため，太陽系に関わる語を増やすこととした．衛星の名前をただ列挙したり，「小惑星」や「彗星」という項目のもとで概説するだけではすまされなくなっている．今や，衛星の実体は要約する必要があるほど明らかとなっているし，小惑星のなかには名が付けられ，その大きさがわかっているものもある．惑星探査を推進するうえに，新しい機器が新しい宇宙船に搭載されている．宇宙探査事業のなかでも重要と考えられるものについては，計画段階にあるものも含めて，やや詳しく扱い，また，そこで用いられる機器や技術を解説した．

宇宙探査は，探査船や人工衛星を用いた観測によって，地球科学に直結する影響を及ぼしている．そこで，主要な探査船や人工衛星およびリモートセンシ

ング技術をとりあげた．

　石油探査法の発展によって比較的若い分野であるシーケンス層序学が急速な進展を遂げ，この領域で使われる語彙が生まれた．シーケンス層序学を通じて生痕化石の研究と生痕の分類学に大きな関心が寄せられるようになった．そこで，シーケンス層序学と足跡化石学で広く使用されている語を載録した．

　定義の必要がある新しい語は主に上記の分野のものであるが，それだけにとどまらない．熱水孔近くのような極限状態の環境で繁栄している生物群集が発見されたことは，生物の分類体系全般に，ひいては古生物学の思想を左右してきた進化の科学に重大な変革をもたらした．これについても努めて載録するよう心がけた．

　第2版でも，初版でなされた相互参照の形式を踏襲したが，2つの点で刷新を行った．年代尺度のような，表にして示すのが最も効果的な項目は，付表として巻末にまとめた．本体中に文章のかたちで置かれているよりも，表の中にあるほうが情報を迅速に見いだして利用することができる．また，解説図をいくつか加えた．本来，辞典は語とその用法に関わるものであって，語の意味を説明するには言葉を使用するべきであろう．しかし，簡単な絵が視覚に訴える有効な説明となることも多い．

　初版は，大勢の分担執筆者と助言者の協力を得て完成した．これらの方々のご苦労は今なお尊いものであり，心より感謝している．そのおかげでここに改訂するべき辞典があるのである．初版を編集するにあたって大層お世話になったHubert Lamb教授が，1997年に亡くなられた．教授はたえずご好意を寄せていただき，また私たちに替わって労をいとわずトラブルに対処してくださった．教授のご他界を衷心より惜しむものである．

　新版を世に出すにあたっては，Robin Allaby博士のご助力をいただいた．そのおかげで改訂が大きく進展したことに深く感謝している．

　膨大な数の載録語のリストを吟味し，必要に応じて修正してくださった，D. H. TarlingさんとC. D. Gribble博士にもお礼を申し上げたい．

　最後に，プリマス大学図書館の利用の便宜を図っていただいた同図書館科学司書，Nigel Mayさんにお礼申し上げる．

Ailsa Allaby

Michael Allaby

執筆者・協力者

Ailsa Allaby
Michael Allaby
Robin Allaby, University of Manchester Institute of Science and Technology
Dr Keith Atkinson, Camborne School of Mines
Dr R. L. Atkinson, Camborne School of Mines
Dr T. C. Atkinson, University of East Anglia
Dr A. V. Bromley, Camborne School of Mines
Denise Crook
J. G. Cruickshank, Department of Agriculture for Northern Ireland, Belfast
Dr P. Francis, Open University; Lunar and Planetary Institute, Houston
Professor K. J. Gregory, Goldsmith's College, University of London
Dr C. D. Gribble, University of Glasgow
Dr Colin Groves,[*] Australian National University
Dr W. J. R. Harries, University of Plymouth
Professor M. Hart, University of Plymouth
Professor Emeritus H. H. Lamb,[*] University of East Anglia
John Macadam
Dr R. J. T. Moody, Kingston University
Dr J. Penn, Kingston University
Dr John M. Reynolds, Reynolds Geo-Science Ltd.
Dr D. Rolls, Kingston University
Dr I. Roxburgh
Dr N. A. Rupke, Wolfson College, Oxford
Dr Stuart Scott, University of Plymouth
Dr B. W. Sellwood, University of Reading
Dr P. J. C. Sutcliffe, Kingston University
Professor D. H. Tarling, University of Plymouth
Joan Taylor
Professor S. R. Taylor, Australian National University
Dr R. J. Towse,[*] Kingston University
Dr I. Tunbridge, University of Plymouth
Dr C. E. Vincent, University of East Anglia
Professor Brian F. Windley, University of Leicester
Andrew Yelland, Birkbeck College, London

監訳者

坂　　幸恭　早稲田大学教育学部教授（理学博士）

訳　者

上野　勝美　福岡大学理学部助教授（学術博士）
　　　　　　生物学・古生物学
宇田川義夫　㈱フジタ土木本部（理学博士）
　　　　　　応用地質学・リモートセンシング
滝沢　　茂　筑波大学地球科学系講師（理学博士）
　　　　　　構造岩石学
八田　珠郎　国際農林水産業センター主任研究官（理学博士）
　　　　　　土壌学
坂　　　貴　大同工業大学教授（工学博士）
　　　　　　基礎物理学・数学
坂　　幸恭　早稲田大学教育学部教授（理学博士）

凡　　例

- 項目の邦訳語はゴチックで記し，次に英語を付した．
- 1つの英語術語について2つ以上の邦訳語がある項目では，邦訳語を英語の前に列記した．
- 2つ以上の英語術語に1つの邦訳語を充てている項目では，英語を邦訳語の後に列記した．
- 項目は五十音順に配列し，濁音・半濁音は相当する清音として扱った．
- 拗音・促音は1つの固有音として扱い，長音「ー」は配列のうえで無視した．
- ⇒は，解説が与えられており，参照を指示されている項目．
- →は，解説が与えられており，参照を指示されている対置語の項目．
- ⇔は，解説が与えられており，参照を指示されている対語の項目．
- 解説文中で，右肩に*が付いている語は，項目として解説が与えられていることを示す．ただし，複合語の場合には接頭辞の後の語のみを指す．また，項目として挙げられているものの見出しのみで解説が与えられていない語，および当該項目を理解するうえにかならずしも参照を必要としないと判断される語では，煩雑を避けるために省略した．
- 解説文中で用いられており，項目として挙げられていない語には英語を併記し，それを索引に収めた．
- 人名および地名はカタカナ表記し，周知されていない地名には原語を併記した．
- 〔　〕は訳注．監訳者が加筆した，原著にない語・語句・文章．
- 巻末に欧文索引を付した．
- 原著には291編に及ぶ参考文献が挙げられているが，解説中で引用されているものを除いてすべて割愛した．

アア溶岩 aa ⇒ 溶岩
IR ⇒ 内部反射
IRM ⇒ 等温残留磁化
アイアンストーン ironstone
　鉄に富む堆積岩*．鉄鉱の形成は初生のおよび/または続成作用*による．いくつもの形成過程が考えられる．(a) 赤鉄鉱*，菱鉄鉱（シデライト）*，シャモサイト*による炭酸塩粒子の置換，(b) 粘土岩*層中での続成作用による菱鉄鉱の団塊（ノジュール）*あるいはそれより連続性のよい菱鉄鉱層の発達，(c) 鉄とアルミニウムに富むゲル*からウーイド（魚卵石）*が沈積し，浅く埋没している期間にシャモサイトに変化．⇒ プリンサイト；ミネット；クリントン鉄鉱石
I_s　⇒ 点載荷指数
ISEE-C, ISSE-3 ⇒ 国際太陽-地球探査機C
ISAS ⇒ 宇宙科学研究所
ISSC
　国際層序分類小委員会．
IX ⇒ イオン交換
I_f　裂罅(れっか)密度指数
アイオリス四辺形 Aeolis Quadrangle
　後期ノア世*または前期ヘスペリア世*に形成された火星の地形区で，伸張性地形，圧縮性地形および扁谷（デレ）*を含む．扁谷は表面流水の流路または構造性のリフト*と考えられる．
IGRF ⇒ 国際標準地球磁場
ICE ⇒ 国際太陽-地球探査機C
IGC
　国際地質学会議〔わが国では'万国地質学会議'と古風に呼ばれている〕．
ICP ⇒ 誘導結合プラズマ発光分析法
アイスドーム ice dome
　溢流氷河*とともに氷床*または氷帽*をなす主要な構成要素．断面が対称的な放物線状のドームの形態を呈する．厚さが3,000 mを超えるものも多い．
アイスランド低圧帯 Iceland low
　低気圧*が頻繁に進入して停滞するため，平均気圧が低くなっている北大西洋の海域．低気圧の一つひとつを'アイスランド低圧'と呼ぶこともあるが，この語はむしろ統計的または気候的特徴を表すのに用いられる．
アイソ-（イソ-） iso-
　'等しい'を意味するギリシャ語 *isos* に由来．'等しい'を意味する接頭辞．
アイソグラッド isograd ⇒ 指標鉱物
アイソクロン isochron
　同位体*比の座標系で同じ時間間隔あるいは年代の点を結ぶ線．地球年代学*ではアイソクロンの勾配をもって一群の岩石の年代を決定する．たとえば，1種類のマグマ*から生じた岩石はすべて同じ $^{87}Sr/^{86}Sr$ 比（⇒ ストロンチウム同位体比初生値）をもっていたと仮定すれば，放射性起源 ^{87}Sr の増加は次の簡単な式で表される．$^{87}Sr = {}^{87}Sr_0 + {}^{87}Rb \cdot (e^{\lambda t} - 1)$；$^{87}Sr_0$ は岩石生成時に岩石中にとり込まれた ^{87}Sr 原子の数，^{87}Sr と ^{87}Rb は時間 t 経過後のそれぞれの同位体の原子数，λ は崩壊定数*．^{86}Sr の数は変わっていないので次の式が導かれる．$^{87}Sr/^{86}Sr = {}^{87}Sr_0/^{86}Sr + (^{87}Rb/^{86}Sr)(e^{\lambda t} - 1)$．これは $^{87}Sr/^{86}Sr$ を y 軸に，$^{87}Rb/^{86}Sr$ を x 軸にとったグラフでは1本の直線として表される．この直線（アイソクロン）上の点はすべて同じ年齢（t）と同じ $^{87}Sr/^{86}Sr$ 比をもつ系に属しているので，同源マグマの岩石試料はすべてこのアイソクロン上の点としてプロットされる．同源マグマの岩石を全岩アイソクロン法で年代決定するためには，アイソクロンの勾配を決定できるよう，できるかぎり Rb/Sr 比の範囲が広くなるように岩石試料を採取する必要がある．アイソクロンの勾配を m とすると，$m = e^{\lambda t} - 1$ であるので，これらの岩石の年代はこの式から求められる．鉛-鉛年代測定法*においても一連の成長曲線*をプロットすることによってアイソクロンが決定される．
アイソクロン図 isochron map
　1．2つの地震波*反射面*への往復走時*の差に現れる変動を示す図．**2**．同じ地震波

反射面への往復走時をアイソクロン（等しい往復走時を連ねた線）で表した図.

アイソゴン isogon
褶曲*の内側と外側の層理面*上で傾斜が等しい点を結んだ線. ⇨ ディップ・アイソゴン法

アイソジャイヤー isogyre ⇨ 干渉像

アイソスタシー isostasy
地表の高度差は, 低密度物質の根が深くまで入り込んでいるか, 地表面近くの岩石が低密度であることによって補償されているという, 地球表層部のモデル. プレート*が堅固であるため, このモデルから多少はずれている場合もある. ⇨ アイソスタシー異常；エアリー・モデル；プラット・モデル

アイソスタシー異常 isostatic anomaly
かつて氷河*（⇨ 氷河性アイソスタシー）, 湖水などの荷重を受けていた地域, あるいは最近の造構造運動*によって山岳や火山が形成されたため地殻*に荷重が加わった地域など, 100 km 以上の距離にわたって認められる重力異常*の1つ. 一般に広域的な傾向の一部としてブーゲー異常*からとり除かれるが, これは理論的に計算によって求めることができる. ⇨ エアリー・モデル；プラット・モデル

アイソスタシー補償 isostatic compensation
岩石圏（リソスフェア）*の湾曲, 地形高度の増大, 低密度の根の存在など, アイソスタシー異常*を説明するために地球表層部のモデルに導入された補償の様式. 使用するモデルによって採用する補償様式が異なる. ⇨ エアリー・モデル；プラット・モデル

ITCZ ⇨ 熱帯収束帯

アイト eyot ⇨ 網状流

I 波 I-wave ⇨ 地震波の記号

IPOD ⇨ 国際海洋掘削計画

アイフェリアン Eifelian （クービニアン Couvinian）
1. アイフェリアン期：中期デボン紀*中の期*. エムシアン期*の後でジベーティアン期*の前. 年代は 386.0〜380.8 Ma （Harland ほか, 1989）. 2. アイフェリアン階：アイフェリアン期に相当するヨーロッパにおける階*. 上部カンニングハミアン階*（オーストラリア）, オンスケタウィアン階（北アメリカ）にほぼ対比される.

アイポーティアン階 Aiportian
サープクホビアン統*最上位の階*. チョキーリアン階*の上位.

アイボリアン階 Ivorian
トルネージアン統*中の階*. 年代は 353.8〜349.5 Ma （Harland ほか, 1989）.

IUGS
国際地質科学連合.

アイヨライト（イジョラ岩） ijolite
中〜粗粒の超アルカリ深成岩*. 主成分鉱物*は霞石*, エジリン輝石*（またはエジリン質普通輝石*あるいはナトリウム透輝石*）, (±)優黒質*ざくろ石*. 副成分鉱物*は燐灰石*, スフェン*, カンクリナイト*. この岩石はシリカ不飽和（⇨ シリカ飽和度）のアルカリ閃長岩*と考えられている.

アイルドニアン階 Eildonian
オーストラリア南東部における中部シルル系*中の階*. ケイロリアン階*の上位でメルボルニアン階*の下位.

アウイ, アッベ・ルネ-ユスト（1743-1822）Haüy, Abbé René-Just
近代結晶学開祖の一人. ソルボンヌ大学鉱物学教授. 結晶構造を決定するうえに数学を鉱物学に適用し, 有理指数の法則*を提唱した. その著『結晶論』（Traité de crystallographie）(1822) は長らく定本の座を占めた.

アウイの法則 law of Haüy ⇨ 有理指数の法則

アウイン haüyne
準長石*. 方ソーダ石*族の鉱物. $(Na, Ca)_{4-8}(Al_6Si_6O_{24})(SO_4, SH)_{1-2}$；比重 2.5；硬度* 5.5；灰白色；粒状. アルカリ火山岩*にしばしば黄鉄鉱*とともに産する.

アウストラロピテクス属 Australopithecus （**アウストラロピテクス類** australopithecines）
アウストラロピテクスとは'南の類人猿'という意味で, およそ 4〜1 Ma にアフリカに生息していた, 人類の系統に属する初期の

メンバー．いわゆる'がっしりした体軀のアウストラロピテクス類'は，今日では別属であるパラントロプス属 Paranthoropus に分類されている．それ以外の（'華奢な'）アウストラロピテクス類は著しく多様な種を含み，そのうちの原始的なものが後のヒト科に属するすべてのタクサ*の祖先である．そのほかの系統は特殊化した傍系のタクサを構成している．代表的な種としては，いずれもアフリカの東部から産出したアウストラロピテクス・アナメンシス Australopithecus anamensis（4.1〜3.9 Ma）とアウストラロピテクス・アファレンシス A. afarensis（3.75〜3.00 Ma），西部から見つかったアウストラロピテクス・バーレルガザリ A. bahrelghazali（3.4〜3.0 Ma），南部から産出したアウストラロピテクス・アフリカヌス A. africanus（3.0〜2.4 Ma）がある．ただし，これらの種のうちのいくつかは別の属に入れるべきかもしれない．

アウトウェリング outwelling
　栄養分に富むエスチュアリー*の水によって沿岸海水が富化すること．

アウトウォッシュ outwash
　1．氷河*前縁ないしその近くに堆積した砂*や礫*の層．**2**．氷河末端部から流れ出す融氷河水．典型的な網状流*をなすことが多く，流量の季節変化が大きい．

アウトウォッシュ平野 outwash plain（**サンドゥール** sandur，複数形：sandar）
　アウトウォッシュ*によって氷河*前面に形成された，岩屑からなる広い平野．堆積物は，氷河近くでは粗粒で，それから離れるにしたがって細粒となる．表面は網状流路*によって開析されていることが多い．化石アウトウォッシュ平野が更新世*氷河の前縁で数多く知られている．サンドゥールはアイスランド語．

亜海蕾綱（あうみつぼみ-）（パラブラストイド綱） Parablastoidea（**有柄亜門** subphylum Pelmatozoa）
　棘皮動物（門）*の綱で，中・下部オルドビス系*にのみ産出する．二列型*の指板*と二列型の殻板*からなる歩帯*をもち，明瞭な五放射相称*を示す．

亜海百合綱（パラクリノイド綱） Paracrinoidea（**有柄亜門** subphylum Pelmatozoa）
　棘皮動物（門）*の綱で，一列型*の指板*をもち左右相称*の傾向を示すとともに，多数の殻板*からなる箱形の萼苞（がくほう）*をもつ．中・上部オルドビス系*にのみ産出する．

アエロニアン階 Aeronian
　下部シルル系*（ランドベリ統*）中の階*．ラッダニアン階*の上位でテリチアン階*の下位．

亜沿岸帯（潮下帯） sublittoral zone
　沿岸帯*（潮間帯*）のすぐ沖側から大陸棚*の外縁または水深200 mまでを占める海域．紅藻類（綱）*と褐藻類（綱）*が特徴的．代表的な動物は，岩石海岸ではイソギンチャク，サンゴ，砂質海岸ではエビ，カニ，カレイ類．潮下帯*とも呼ばれる．サーカリットラル帯*とほぼ一致する．

亜鉛スピネル gahnite ⇒ スピネル

青い月 blue Moon（**青い太陽** blue Sun）
　砂塵嵐の際あるいは森林火災時や火山大噴火の後など，大気中の粗い粒子によって薄曇りとなったときに月や太陽が呈する見かけの現象．塵や煙のたなびきを通して月や太陽を眺めると，ふつうは真っ白に見えるが，懸濁粒子の大きさが揃っている場合には，青色あるいは緑色やオレンジ色に見えることがある．この現象は光の回折に起因するが，完全には解明されていない．粒子が細粒であるほど，色はスペクトルの青側の端に近づく傾向がある．世界中でこの現象が最も頻繁に起きるのは中国とされている．1883年のクラカトア火山（Krakatoa）の噴火時には，周辺地域で太陽がアズルブルー色の輪に見えたという．

亜　階 substage
　階*を細分したもの．⇒ 年代帯（クロノゾーン）

赤い雨 blood rain
　赤味がかった降雨．乾燥地域から風によって長距離運搬された塵粒子が雨滴に取り込まれて発生する．サハラ砂漠の赤い塵が，ヨーロッパ，ときには遠くフィンランドに降る雨

に含まれていることがある．

亜灰長石（バイトゥナイト） bytownite ⇒ 斜長石

アガシー，ジャン・ルイ・ロドルフェ (1807-73) Agassiz, Jean Louis Rodlphe
スイスの地質学者．最初は化石魚類を研究したが，氷河理論（1837年）で知られる．1840年バックランド*に，イギリスのドリフト*堆積物が氷河時代の証拠であることを説いた．1846年アメリカに移り，ハーバード大学動物学・地質学教授となり，比較動物学博物館を創設した（1859年）．

アカディア造山運動 Acadian orogeny
現在のニューヨーク州に属しているアパラチア山脈北部からカナダ東部ファンディ湾（Fundy Bay）にかけて生起した造山運動*（名称はフランス領カナダ時代のこの地方の植民地名アカディアに因む）．約380Maのデボン紀*にタコニック地域東方で最も激しかったとされているが（⇒ タコニック造山運動），正確な年代と継続期間は不明．アバロン・テレーン（Avalon Terrane）の西方への移動が原因．⇒ アパラチア造山運動

アカド-バルト海区 Acado-Baltic Province ⇒ 大西洋区

アカントグラプタス科 Acanthograptidae ⇒ 樹形目

アカントステガ属 *Acanthostega* ⇒ イクチオステガ属

亜間氷期 interstade (interstadial)
氷期*に介在する温暖気候の期間．間氷期*よりも短期間で気温も低い．花粉記録はボレアル*樹林型で代表され，暖かさを必要とする（好熱性の）種，たとえば *Tilia*（ライム）などは出現しない．好熱性の種が欠如しているのは，気温が低いことのほかに，期間が短いことも大きい原因となっているようである．

アキシオリティク組織 axiolitic structure
アルカリ長石*の繊維状結晶*がクリストバル石*と連晶をなし，流紋岩*質ガラス*内の直線状裂罅（れっか）*の中軸から両側に向かって伸張している組織*．繊維状結晶は顕微鏡的な大きさで，ガラスの脱はり作用*によって固相として成長する．組織の形状は裂罅の形態によってきまる．

アキタニアン Aquitanian
1．アキタニアン期：中新世*の最初の期*．シャッティアン期*（漸新世*）の後でブルディガリアン期*の前．下限は23.3 Ma（Harlandほか，1989）．2．アキタニアン階：アキタニアン期に相当するヨーロッパにおける階*．北アメリカの上部ゼモリアン階*と下部サウセシアン階*，ニュージーランドのオタイアン階*の一部，オーストラリアの上部ジャンジュキアン階*と下部ロングフォーディアン階*にほぼ対比される．模式層*はフランスのアキテーヌ盆地にある．浮遊性の有孔虫*Globigerinoides primordia*の出現によって特徴づけられる．

亜極氷河 subpolar glacier ⇒ 氷河

亜金属光沢 sub-metallic lustre
鉱物*がもつ，金属光沢*と非金属光沢の中間の光沢*．クロム鉄鉱*や閃亜鉛鉱*の変種などが呈するやや鈍い金属性の光沢に適用される．金属光沢と非金属光沢の間に明確な境界があるわけではない．

アクアマリン aquamarine ⇒ 緑柱石

アクィック（アクィック土壌水分状況） aquic moisture regime
年間降水量*が可能蒸発散量*よりも多く，通常の状態で土壌*の水分が圃場容水量*を上まわっている湿潤気候環境における土壌の水分収支．

アクチニウム系列 actinium series ⇒ 放射性崩壊系列

アクチノ閃石（陽起石） actinolite
角閃石*族の鉱物．$Ca_2(Mg, Fe)_5[Si_4O_{11}]_2(OH, E)_2$；$Fe/(Fe+Mg)$ 比＝0.9〜0.5；Ca角閃石の透閃石*-フェロアクチノ閃石（鉄陽起石）系列に属する；比重 3.0〜3.4；硬度* 5〜6；単斜晶系*；淡緑灰〜暗緑色；条痕*白色；ガラス光沢*；結晶形*は針状，しばしば繊維状，フェルト状；劈開*は角柱状{110}に良好．変成度*が低〜中程度の片岩*と一部の火成岩*に広く産する．アスベスト*（繊維）状の変種は軟玉岩の名で知られ，かつては絶縁体や耐火材として用いられていたが，今日ではアスベスト症の発現物質として使用が厳しく制限されている．

アクトニアン階 Actonian
　上部オルドビス系*カラドク統*中の階*．マーシュブルーキアン階*の上位でオニアン階*の下位．

アクネリス achnelith ⇒ ペレーの毛

アグノスタス目 Agnostida
　三葉虫綱*の目で，カンブリア紀*前期からオルドビス紀*後期にかけて化石の産出が知られている．多くは眼をもたず，胴節が少ない．巻いた，防御の姿勢で産出するものも知られている．頭部*と尾板*がほぼ同じ大きさをもつ．この目の三葉虫は生層序学*的に重要な指標種で，2つの亜目が知られている．

アクメ帯 acme zone (**ピーク帯** peak zone, **フラッド帯** flood zone, **エピボール** epibole, **多産帯** abundance zone)
　あるタクソン*が産出する層序区間のなかで，そのタクソンが最も豊富に産する地層に対して用いられる非公式な*生層序学*用語．そのタクソンの名称が帯名に冠される．

アグラオフィトン・マジョール *Aglaophyton major* ⇒ リニア

アグリコラ，ゲオルギウス Agricola, Georgius (**ゲオルク・バウエル** Georg Bauer) (1494-1555)
　'地質学'と鉱物分類に関する数多くの著書および初の包括的な鉱業の記録である『デ・レ・メタリカ』(*De Re Metallica*) (1556年)の著者．ローマ時代の資料と当時のドイツの知識を網羅したこの著作は2世紀にわたって基本的な文献としての座を占め続けた．

アクリターク acritarchs
　有機質の殻をもつ微化石*のグループで，先カンブリア累代*から完新世*まで産出する．アクリタークにはおそらく分類学的に関連のないさまざまな生物グループが含まれる．殻は中空で，大きさは20〜150μm程度．もっぱら海成堆積物に産するが，現世非海成堆積物からの産出例も知られている．アクリタークは地層の対比*や，浅海堆積物と沖合堆積物の識別に用いられる．

アグリック層位 agric horizon
　農業がおこなわれることによって生み出される層位*で，鉱質土壌*の特徴層位*．上にある耕土層から降下してきた粘土*，シルト*および腐植*が集積して形成される．地表近くにあり，間隙にコロイド*が集積していることが特徴．

アグルチネート agglutinate
　月のレゴリス*の構成物で，ガラス*，岩石片，鉱物片がガラスによって溶結されている凝集体．レゴリスに微小隕石*が衝突して形成されたもの．レゴリス中の凝集体の量は微小隕石の衝突にさらされた程度，したがってレゴリス熟成度の指標となる．熟成したレゴリス中での大きさはさまざまであるが，平均60μmほど．

アグルハス海流 Agulhas current
　南インド洋における大規模な海水循環の一部．南緯25°から40°の間の南部アフリカ東岸沖を南西方に流れる表層海流．流速は季節によって0.2から0.6m/秒にわたる．

アクレ aklé
　とくに西サハラ地方でよく見られる網目状の砂丘*を指すフランス語．網目は風向に直交するうねった峰からなり，1つの峰で風上側に面する三日月型部分（舌状部）と風下側に面する三日月型部分（バルハン状部）とが交互する．大量の砂が存在する砂漠で1方向の風によってつくられるとされている．

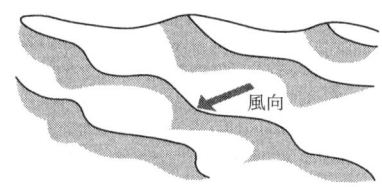

アクレ

アクロ帯 acrozone ⇒ 区間帯

アグロメレート（集塊岩） agglomerate
　丸みをおびた岩片〜亜角状の岩片からなる粗粒の火山岩*．岩片はおおむね径2cmよりも大きいが分級 (⇒分級度) が極めて不良で，基質*は細粒．火山噴火によって生じた火山砕屑岩*であるが，起源が不明の角礫状火山岩を指すこともある．火道角礫岩*からラハール（泥流）*によって堆積したものまである．

アーケ- archae- (arche-)
　ギリシャ語の *arkhe* ('始まり') から派生した *arkhaios* ('太古の') に由来し, '太古の' あるいは '最初の' の意味を添える接頭辞.

アーケオカラミテス・ラジアータス *Archaeocalamites radiatus*
　節に分かれた茎をもつトクサ類として最古の種の1つ. 節の接続部には環状にとり巻く短い枝が見られる. 1828年にブロニアール*により記載された種. ⇨ トクサ綱

アーケオスファエロイデス属 *Archaeosphaeroides*
　南アフリカの始生界*でおそらく3,000 Maとされるフィグツリー層群のチャート*から産した球状の藍藻植物（⇨ シアノバクテリア）.

アーケオスペルマ・アーノルディ *Archaeosperma arnoldii*
　デボン系*から産する, 種子状の最古の構造.

アーケオプテリクス・リソグラフィカ（始祖鳥） *Archaeopteryx lithographica*
　最初の鳥類（綱）*である始祖鳥（アーケオプテリクス属）は, これまでにわずか7つの標本が, いずれもドイツ南部バイエルン地方ゾルンホーフェン (Solnhofen) の石版石石灰岩*から報告されているにすぎない. メイヤー (H. von Meyer) により1861年に記載され, ジュラ紀*後期のキンメリッジアン期*中期のものとされた. 最近の研究では, 鳥類はコンプソグナサス属 *Compsognathus* に似たコエルロサウルス類*の恐竜*から始祖鳥を経由して進化したという考えが支持されている. 始祖鳥は, 羽毛や中空の骨など鳥類として特殊化した形質*とともに, たとえば歯をはじめとするいくつかの原始的な形質も合わせもっている. 始祖鳥は新旧の特徴をモザイクのようにあわせもち, 進化の過程で現れる中間的な種の好例とされている.

アーケオプテリス属 *Archaeopteris*
　デボン系*フラスニアン階*から最初に産出した葉によって同定された初期の古生裸子植物類*で, アーケオプテリス目最古の属.

上げ蓋カルデラ trap-door caldera
　底面が一方向に傾いているカルデラ*.

アコーディオン褶曲 accordion fold ⇨ シェブロン褶曲

浅瀬効果 shoaling
　勾配がゆるくなっていく海岸に近づく波に現れる変化. 対称的な波形は非対称的となり, ゆるやかにうねって連続していた波頭は分裂する. 波長と速度は減少し, 波高と頂部の鋭さが増大するが, 周期は変わらない.

アサバスカ Athabasca ⇨ タールサンド

アサファス目 Asaphida
　三葉虫綱*のなかの目で, カンブリア紀*後期からシルル紀*にかけて生息した. 6つの亜目が知られている.

アザラシ科 Phocidae ⇨ 食肉目

アジア動物地理区 Oriental faunal realm
　ヒマラヤ-チベット山岳障壁の南側のインドと西-南アジア, ニューギニアとスラウェシ（セレベス）島を除くオーストラレーシア群島〔オセアニア群島〕を包含する地域. エチオピア動物地理区*との類似性が高い（両区ともゾウ, サイがいる）が, 固有種もある（パンダ, テナガザルなど）.

アシカ科 Otariidae ⇨ 食肉目

亜磁極期（サブクロン） polarity subchron
　1つの磁極期（クロン）*中で, それと反対の極性をもつ極めて短い期間（通常は10万年より短い）. たとえば松山逆磁極期*中のオルドバイ正亜磁極期*. 'サブクロン' という語は '磁極事件' に替わるものとしてISSC*が提唱したものであるが, 現段階では両者が使われている. 亜磁極期に相当する地磁気年代層序単元*は亜磁極節（サブクロノゾーン）*. ⇨ 地磁気層序年代尺度；超磁極期

亜磁極節（サブクロノゾーン） polarity subchronozone
　ある亜磁極期（サブクロン）*の期間に形成された岩石すべてを含む地磁気年代層序単元*. 岩石が磁性鉱物（⇨ 強磁性）をもつか否かを問わない.

亜磁極帯（サブゾーン） polarity subzone ⇨ 磁極帯

アシデライト asiderite ⇨ 石質隕石

アシュギル統 Ashgill
　上部オルドビス系*中の統*（443.1〜439 Ma）．カラドク統*の上位でシルル系*ランドベリ統*の下位．

アージライト argillite（リュータイト lutite）
　粘土*大からシルト*大（粒径が6.25 μm 以下）の粒子からなる，よく締まった剥離性のない岩石．泥岩*よりも固結度が高い〔わが国ではこのような使い分けをしていない．泥質岩と訳され，砂質岩の対語として用いられる〕．

アステリアシーテス属 Asteriacites
　休息痕*に含まれる生痕属*．

アステロキシロン属 Asteroxylon
　スコットランド，アバーディーンシャー（Aberdeenshire）に分布する下部デボン系*ライニーチャート（Rhynie Chert）から産出した，初期のヒカゲノカズラ類（綱）*に属する植物．二叉分岐した根茎をもち，上に伸びた主茎には隆起成長した針状葉が見られる．

アステロソーマ属 Asterosoma
　盛り上がった葉状の構造をもち，やや星形をした生痕化石*．中央にある管は動物が入っていた部分で，砕屑物が詰まった周囲の葉状体は，その動物の摂食活動によってつくられた．

アストジェネティックな異時性 astogenetic heterochrony
　動物がなす群体全体が受ける異時性*のこと．⇒ モザイク様異時性；個体発生的異時性

アスビアン階 Asbian
　石炭系*ビゼーアン統*中の階*．ホルケリアン階*の上位でブリガンティアン階*の下位．

アスファルタイト asphaltite ⇒ ギルソナイト

アスファルト asphalt
　ほとんど炭素と水素のみからなり，褐色ないし黒色で固体または半固体の瀝青質物質．65℃から95℃の間で融解し，二硫化炭素に溶解する．揮発性炭化水素の蒸発によって形成され，トリニダード島におけるように石油含有層に産する．石油精製の最終産物としても産する．

アスベスト asbestos
　繊維状を呈する角閃石*と蛇紋石*の総称で，クリソタイル（繊維状蛇紋石），アクチノ閃石*（狭義のアスベスト），アモサイト（繊維状直閃石*），クロシドライト（青石綿；リーベック閃石*の変種）がある．アスベスト製の布は，耐火性が高く，炎に投じることによってきれいになるため，古代ではアミアンタス（amianthus；'汚れない'を意味するギリシャ語）と呼ばれていた．紡織が可能なほど長い繊維をなすものは，耐火セメント，被覆板，絶縁体，なまこ板などに加工されている．しかしながら，アスベストの粉塵（空気中を浮遊する針状の微小な繊維）を吸入すると重い肺疾患（石綿症など）や塵肺症を引き起こすおそれがあるため，用途の多く，とくに自動車のブレーキパッド，パイプや天井板として使用することが禁止されるようになっている．それでも世界の年間アスベスト生産量は300万トン以上のレベルを維持している．

亜生帯（亜帯，亜生層序帯，亜バイオゾーン） subzone
　生層序学*で用いる基本的な単元（生帯*）を細分したもの．シーケンス中に含まれる化石*亜種またはその群集*に基づいて設定する．

亜層群 subgroup
　すでに命名された名称で呼ばれている層群内で，いくつかの累層*をまとめた単元に対する公式な*呼称．

アゾレス高圧帯 Azores high
　北緯30°付近の大西洋上で大気が下降していることに起因する半恒久的な高気圧域．これが夏季に極方向に移動すると，ヨーロッパの気候に大きな影響を及ぼす．サハラ砂漠とそれに隣接する地中海地方の乾燥気候はこの高気圧の下降気流による．⇒ 気団；高気圧

暖かい雨 warm rain
　凍っていない雲（すなわち上部が凍結高度に達していない雲）の中で雨滴が成長することによって降る雨．

アダム　Adam
およそ10～20万年前にアフリカに生存していた，すべての現生人類の共通祖先と想定された男性（雄）．アダムの子孫の一人に，ヒトY染色体上の変化が起こって'アダム'が生まれた．この遺伝子は，アフリカ人の一部を除いてすべての男性に存在している．⇒ミトコンドリア・イブ

アダムズ-ウィリアムソンの式　Adams-Williamson equation
地震波速度*（P波 v_p とS波 v_s），重力加速度*（g），地球内部における密度（ρ）の断熱的*変化（静水圧のみを仮定）の基本的な関係を深さ（r）の関数として表す式．

$$\frac{d\rho}{dr}=\frac{g\rho}{v_p^2-(4/3)v_s^2}$$

この式はマントル*下部と外核*にはそのまま適用されるが，組成が多様で圧力が静水圧でない領域あるいは圧力の増加が断熱的でない領域にはあてはまらない．

アダメロ岩　adamellite
石英*，斜長石*，アルカリ長石*の存在で特徴づけられる花崗岩*質岩石．黒雲母*および/またはホルンブレンド*をともなう．2種の長石*はほぼ同じ比率で含まれ，斜長石の組成は灰曹長石の範囲内にある．名称は，この型の花崗岩が定義されたチロル地方の模式地アダメロに由来．イギリスではカンブリア州シャップフェル（Shap Fell）のものが最もよく知られている．

アーチ雲　arcus
'アーチ'を意味するラテン語 arcus に由来．積乱雲*，ときには積雲*の進行方向の前面下部に現れる，水平の軸をもつ円筒形の雲．両端がほころびたようになっている．十分に発達するとみごとなアーチ状の形態を呈する．⇒雲の分類

アーチーの法則　Archie's law
粘土*を含まない堆積物（および堆積岩*）の電気比抵抗*（ρ）と水で満たされた間隙率*との関係を表す実験式．$\rho=\rho_0{}^{-m}s^{-n}$；ρ_0 は水の比抵抗，s は水で満たされた間隙率．指数 m は未固結堆積物の1.3から膠結*が進んだ堆積岩の2.0近くにわたる．指数 n は間隙の1/3が水に満たされている場合は一般に約2.0．炭化水素*が賦存する岩石では，残りの間隙は石油か天然ガスで満たされていると考えられ，次の式が適用される．$S_W=(R_W/R_t)^{0.5}\phi$．S_W は，真の比抵抗が R_t で間隙率が ϕ の岩石中で比抵抗 R_W の水で満たされている間隙の割合．

アーチング　arching
1．地下の掘削で，周囲の地圧により，空洞の側壁，天盤，床面がわずかに内側に張り出す現象．これによって空洞直近の岩石の透水性*が低下する．2．地下の作業空間で使われる石造または鋼鉄製のアーチ型の支保．

圧搾空気（圧縮空気）　compressed air
圧力をかけられている空気．トンネル内の気圧を地下水圧と拮抗させて地下水を制御したり，鉱山で掘削機や換気ファンなどの機械を作動させることに広く用いられている．

圧縮応力　compressive stress
物体の単位面積に働く圧縮力．面に垂直に作用する垂直応力*と平行に作用する剪断応力*に分解される．単位はパスカル（Pa）またはキロバール（kb）．

圧縮係数　coefficient of compressibility
荷重圧が増大するにしたがって，岩石の厚さが減少する量．圧力の単位増に対する間隙率*の変化で表される．

圧縮率（β）　compressibility
圧力により物体の体積が減少し密度が増加する割合．体積弾性率*の逆数．粉体工学*では，ルーズな粉と圧密*を受けた粉の体積比．

アッセリアン　Asselian
1．アッセリアン期：前期ペルム紀*中の期*．グゼーリアン世*（ステファニアン世*），（石炭紀*）から続き，サクマリアン期*の前．下限年代（石炭紀/ペルム紀境界）は 290 Ma（Harlandほか，1989）．2．アッセリアン階：アッセリアン期に相当する東ヨーロッパにおける階*．下限が不確定のため，石炭系に属すると考えられたこともある．西ヨーロッパの下部ウルフキャンピアン統*と下部赤底統*，ニュージーランドの下部ソモホロラン統にほぼ対比される．

アッダバニアン階　Atdabanian
下部カンブリア系*（ケアフェ統*）中の

階*．トモティアン階*の上位でレーニアン階*の下位．年代は560〜553.7 Ma（Harlandほか，1989）．

アッターベルク限界 Atterberg limits

　土壌*の含水量が増加していく過程で設けられている段階的な閾値(しきいち)．乾燥土壌に水を加え収縮裂罅(れっか)*が閉じるときを'収縮限界'，水をさらに加えて土壌が塑性変形*を起こすときが'塑性限界'，さらに土壌が液状となるときを'液性限界'という．斜面崩壊を理解，予測するうえにこの3つの限界が重視される．液性限界と塑性限界における含水率の差を'塑性指数'という．

圧電気 piezoelectricity

　対称中心（⇒結晶の対称性）を欠き，反対側で結晶形*が異なる結晶*の極性軸の両端に圧力を加えたとき，電子の流れが発生して生じる電荷のこと．この性質は1881年ピエールおよびジャック・キュリー（Pierre-, Jacques Curie）によって見いだされた．

アップホール時間 uphole time

　試錐孔*の底の振源から地表のジオフォン*に直達波の初動*が届くのに要する時間．

アップホール調査 uphole survey

　振源を試錐孔*の底で作動させ，地震波*の到達時刻を地表のジオフォン*で記録する方式．風化層の地震波速度*の決定によく用いる．

アッベの屈折計 Abbé refractometer ⇒ 屈折計

圧　密 compaction (1), consolidation (2)

　1．堆積物*が深部に埋没していくことにより荷重圧が増大して進行する物理的な過程．堆積物粒子の充填がしだいに密になり，間隙率*が減少し間隙水は排水される．その結果，粒子同士が縫合接触するに至る．⇒圧力溶解．2．土質工学：構造物などの荷重により水で飽和した土壌*の体積が緩慢に減少し，密度が増大することをいう．圧密の速度は間隙水の排水速度，したがって土壌の透水性*に依存する．

圧密係数 coefficient of consolidation

　土壌*が圧密*される速度を支配する要素．圧密の速度と量は間隙水が失われる速度，したがって透水性（透水係数）*に依存する．圧密係数＝透水係数×(1+初期間隙率*)/圧縮率*×水の密度．

圧密試験 compaction test

　土木工事に際して土壌*を圧密*して密度を高めるうえに，土壌の厚さと水分含有量を測定し，必要な機材の種類，施工回数を決定するための現場試験．

圧力管式風速計 pressure-tube anemometer ⇒ 流速計

圧力球根 bulb of pressure

　フーチング〔footing；壁や柱のための基礎*を形成する下部構造〕または基礎の下の土質中で垂直応力*が等しい点を連ねた線．通常，球根の形をしているためこの名がある．

圧力-深度断面 pressure-depth profile

　地球内部における圧力と深度の関係は各深度での岩石の密度と重力加速度*に依存する．重力加速度はマントル*全体を通じてほぼ一定で，核*との境界付近でわずかに増大し，核内では直線的に減少して中心でゼロとなる．マントル/核境界で100 GPa，地球の中心で375 GPa．

圧力水頭 pressure head

　任意の高さでの1気圧*と比較した，同じ高さにある単位重量の水がもつ潜在エネルギー．地下水*では，ピエゾメーター*と観測点との間の水位の落差で測る．⇒水頭；位置エネルギー；静水面

圧力融解 pressure melting

　応力*によって氷が融解すること．水の凍結温度が，圧力が140バール（140×10^5N/m^2）増大するごとに1℃降下することによる．ある圧力のもとで氷が融け始める温度を圧力融解点という．

圧力溶解 pressure dissolution

　間隙流体圧*よりも外部からの圧力による粒子間圧が高いため，粒子や結晶*の接触面で溶解が優先的に進行する現象．接触部の物質が溶解し除去されて接触面が増大するため，圧密*が進行して間隙率*が減少する．これがさらに進行すると，粒子同士が不規則な面をもって縫合接触するようになる（圧力溶結；pressure welding）．堆積物が深く埋

没され，鉱物*からなるセメント*が発達する続成作用*の後期には，堆積物の荷重が主として粒子同士の接触によって支持されるようになるため，縫合接触がふつうとなる．

アデュラリア adularia ⇨ アルカリ長石

アデレーディアン階 Adelaidean
オーストラリア南東部における上部原生界*中の階*．カーペンタリアン階*の上位でホーカー階（カンブリア系*）の下位．

アデレード造山運動 Adelaidean orogeny
後期原生代*とオルドビス紀*に，現在のオーストラリア南部で生起した造山運動*．アデレーディアン階*の堆積岩が激しい衝上断層*と過褶曲*によって，最初はその南部で，後に北縁部に沿って上昇した．

アデン-ウェントウォース尺度 Udden-Wentworth scale ⇨ 粒径

アトカン統 Atokan （**デリアン統** Derryan）
北アメリカにおけるペンシルバニア亜系*中の統*．モロワン統*の上位でデスモイネシアン統*の下位．モスコビアン統*のベレイスキアン階*とカシルスキアン階*にほぼ対比される．

後浜 backshore
大潮*時の高潮位より上にある浜*の部分．ふだんは乾燥しているが，異常な高潮や嵐のときには波をかぶることがある．

アドービ adobe
砂漠の干上がった湖盆に見られる石灰質のシルト質粘土*．多くは風成のレス*堆積物が砂漠の洪水によって侵食されて堆積したもの．語源はスペイン語．

アトラス Atlas（**土星XV** Saturn XV）
土星*の小さい衛星*．1980年にボイジャー*1号によって発見された．半径$18.5 \times 17.2 \times 13.5$ km，アルベド* 0.9．

アドラステア Adrastea（**木星XV** Jupiter XV）
木星*の主環の内側を公転している衛星*（ムーム*）．この衛星とメチス*が環の構成物質の源とされている．太陽系*で最小級の衛星．両者とも小さすぎるため潮汐*擾乱を受けていないが，その軌道はいずれ崩れると考えられている．1979年にデービッド・ジェビット（David Jewitt）が発見．半径は$23 \times 20 \times 15$ km，質量1.91×10^6 kg，木星との平均距離129,000 km．

アトランティック期 Atlantic
後氷期（すなわち，デベンシアン氷期*後のフランドル間氷期*）のうち約7500年BPから5000年BPにかけての期間．花粉の証拠によれば現在よりも温暖湿潤で，海洋性気候条件が北西ヨーロッパ全域で卓越していた．北西ヨーロッパの後氷期の花粉記録中，最も好熱性の種によって特徴づけられる花粉帯* VIIa に対比される．後氷期（フランドル間氷期）における気候最良期*は前期アトランティック期にあったとされている．→ ボレアル期．⇨ 花粉分析

アナサンゴモドキ目 Milleporina（**アナサンゴモドキ** millepores, **塊状ヒドロサンゴ** massive hydrocorals；**ヒドロ虫綱*** class Hydrozoa）
造礁性*刺胞動物*の目．ポリプが出るための孔があり塊状で石灰質の外骨格*を形成する．アナサンゴモドキは白亜紀*後期から現世まで知られている．⇨ サンゴモドキ目

アナジェネシス anagenesis
もともとは進化的な意味での向上を指す．現在ではより広い意味で，単一の生物系統内で起こるすべての進化上の変化に対して用いられる．

アナターゼ anatase
酸化物鉱物*，TiO_2；比重3.9；硬度* 5.5～6.0；正方晶系*；黄色または褐，青，黒色を帯びる；条痕*白色；ガラス光沢*；結晶形*は通常は両錐八面体，ときに板状；劈開*は錐状と底面に完全．変成岩*と火成岩*の副成分鉱物*をなすほか，熱水*脈や花崗岩*ペグマタイト*にも産する．

アナテクシス anatexis
定圧条件下で温度の上昇あるいは定温条件下で圧力の低下に応じて，岩石が一部あるいは不完全に溶融すること．溶融は粒界に沿って起こり，生じたメルト*は部分的に溶融した岩体から排除されるか岩体内に留まる．アナテクシスの典型例として，アルミナに富む地殻*物質の部分溶融*による花崗岩質メルトの生成（⇨ 花崗岩），マントル*かんらん

岩*の部分溶融による玄武岩*の生成が挙げられる.

アナトレピス・ハインツィ *Anatolepis heintzi*
　最も初期の無顎魚類（上綱）*. スピッツベルゲン島の下部オルドビス系*（アレニグ統*）から数多くの鱗と破片が見つかっている.

アナバ風（滑昇風） anabatic wind
　地表斜面が太陽によって熱せられて発生する斜面上昇流. 弱いものであることが多い.
→ カタバ風

アナライザー analyser
　透過-および反射顕微鏡*の偏光板（ポラロイド*）. 薄片*の上で光の通路に挿入する. アナライザーをはずした状態では平行ポーラー（平行ニコル；PPL）*, 挿入した状態では直交ポーラー（直交ニコル；XPL）*で観察することになる. ⇨ ニコルプリズム

アナログ画像 analogue image
　リモートセンシング*：検出した光景内の連続的な変化を, 写真フィルムの感光性化学薬品がつくりだす画像のような連続的な色調変化によって表現した画像. → デジタル画像

アナログ・データ analog data (analogue data)
　離散的な（デジタル）抽出によって記録されるデジタル・データに対し, 連続的に記録されるデータ.

アナンケ Ananke (**木星 XII** Jupiter XII)
　木星*の衛星. 直径20 km. 母惑星の自転方向と逆向きに公転する〔逆行*〕.

アニシアン Anisian
　1. アニシアン期：中期三畳紀*中の期*. スキチアン世*の後でラディニアン期*の前. 年代は241.1～239.5 Ma（Harlandほか, 1989）. 2. アニシアン階：アニシアン期に相当するヨーロッパにおける階*. 中国のグアンリン階（Guan Ling；関嶺）, ニュージーランドのエタリアン階*にほぼ対比される.

アニソグラプタス科 Anisograptidae ⇨ 正筆石目

アニミキア系 Animikian
　古原生界*中の系*. 年代はおよそ2,225～1,700 Ma（Harlandほか, 1989）.

アニュラス（惑星の） annulus (planetary)
　惑星に見られる環状の構造. たとえば, 火星のランパート・クレーター*を放出物がとりかこんでつくっている明瞭な環など.

亜熱帯高気圧 subtropical high
　緯度30°付近の洋上を覆う, 定常的で顕著な大気下層の高気圧域. 高気圧*は亜熱帯ジェット気流*の下で大気が下降することによって発達し, その位置は冬季には赤道方向へ, 夏季には極方向へ移動する. この高気圧は大陸上では夏季には弱くなる. ⇨ アゾレス高気圧；バーミューダ高気圧

亜熱帯ジェット気流 subtropical jet stream
　亜熱帯の緯度帯を西から吹くジェット気流*で, 対流圏*上層における顕著な温度の傾度*に起因している. 冬季には赤道方向に移動し, 下降気流を発生させて地表に安定した天候をもたらす. 夏季には極方向に移動し, 移動が大きい場合には寒帯前線ジェット気流*と合流することもある. ジェット気流が移動したあとが東風域となるため, 地表風に変化が起こってモンスーン*が発生する.

亜熱帯無風帯 horse latitude
　優勢な高圧帯に覆われる亜熱帯域. 一般に安定した天候と弱い風で特徴づけられる. 帆船がこの緯度で凪のため進まなくなり, 飲料水を節約するために積み荷の馬を投げ捨てることがしばしばあったため, この名（英語）があるという.

アネロイド気圧計 aneroid barometer
　気圧を測定する機器. 気圧は, 内部の空気を抜いて密封してあるコンサティーナ〔六角形の小型アコーディオン〕型の柔軟な金属製ドラム〔空盒（くうごう）〕の高さ（または厚さ）で示される. ドラムの高さの変化は, 一連のレバーと指針により機械的, あるいは電気的に目盛に伝達される.

アノーソクレース anorthoclase ⇨ アルカリ長石

アパトサウルス属 *Apatosaurus*
　上部ジュラ系*から報告されている巨大な

竜盤目*恐竜類*の属．竜脚類*に属する．長い頸をもち体重は30トンにも達した．よく知られているブロントサウルス属はアパトサウルス属の新参異名*である．北アメリカのモリソン層（Morrison Formation）からは体長22mにも達する個体が知られている．

アバプテーション abaptation
　ある生物が，それまでの環境での自然選択*を通じて受け継いだ形質*をもとに，新たな環境へと順応していく過程．現在の環境が近い過去の環境と大きく異なることはまれであるため，このような環境への順応性という概念は生物の適応*と同義にもとれる．しかしながら，適応という概念には前もって設計されたデザインという意味が含まれており，この解釈は妥当とはいえない．

アパラチア造山帯 Appalachian orogenic belt
　ニューファウンドランド島からアラバマ州まで延びる全長3,200kmの古生代*造山帯*で，イアペトゥス海*の閉塞の結果形成されたと解釈されている．その延長に，今日大西洋によって隔てられている北西ヨーロッパのカレドニア造山帯（⇒カレドニア造山運動）がある．アパラチア帯における変動は後期先カンブリア累代*からペルム紀*にわたり，4回の主要な造山時相（アバロン*，タコニック*，アカディア*，アレガニー*）がある．主に北西方への衝上断層*運動-ナップ*の移動をともなった．著しく変形した厚さ数kmの岩体が西方に少なくとも200km衝上したとする近年の薄層構造運動モデルは，少なくともアパラチア山脈南部に関しては，ココープ*による反射法地震探査*断面によって裏づけられている．

アバロン造山運動 Avalonian orogeny
　約650～500Ma（カンブリア紀*からオルドビス紀*）に，大西洋の開口にともなうリフト形成（⇒リフト）と火山活動の結果起こった造山運動*．この運動を物語る岩石はジョージア州からニューファウンドランド島にかけて点々と露出する．名称はニューファウンドランド島のアバロン半島に由来．⇒アパラチア造山運動

アビセンナ（980-1037）Avicenna（**アブ・アリ・アル フセイン・イブン・アブダラル・イブン・シナ** Abu Ali al-Husayn Ibn Abdallal Ibn Sina）
　アラブの医師・哲学者．その'地質学的な'思想は『鉱物の書』（Liber De Mineralibus）に著されている．これはかつてアリストテレスの作とされていたもので，1500年ころまで影響力をもっていた．ほかに地震，谷の侵食，堆積作用などについての著作がある．

亜氷期 stade（大陸ヨーロッパでは stadial）
　明確に定義された語ではない．氷河時代は寒冷期とそれにはさまれる温暖期に大きく区分されるが，1つの温暖期のなかで比較的短期間にわたって気温が低下あるいは氷河が前進した時期を指す．

アフェビアン階 Aphebian
　カナダにおける最下部原生界*中の階*．ヘリキアン階*の下位．

阿武隈型変成作用 Abukuma-type metamorphism
　地温勾配*が大きく，すべての温度領域にわたって圧力が相対的に低い条件下での岩石の再結晶作用*．この名は日本の阿武隈山地から南西方に延びる変成帯*に由来する．阿武隈型変成岩は頁岩*（ペライト*）を源岩とし，紅柱石*と珪線石*の発達によって特徴づけられる．この変成帯は高圧型変成帯の大陸側にそれと平行して延びている．

アプチアン Aptian
　1．アプチアン期：前期白亜紀*中の期*．バレミアン期*の後でアルビアン期*の前．年代は124.5～112Ma（Harlandほか，1989）．**2**．アプチアン階：アプチアン期に相当するヨーロッパにおける階*．名称は模式地*のフランス，アプト（Apt）地方に由来．⇒ネオコミアン

アプチクス（顎器） aptychus
　中生代*のアンモナイト類*に見られる石灰質の板で，通常，2枚一組となっている．二枚貝のような形状をなし，表面には装飾がある．アンモナイトの殻口*内部に見られることから，当初は軟体部を殻内にひっこめた

ときに殻口にかぶせる蓋*と考えられていたが，現在ではアンモナイトの下顎であることが明らかになっている．アンモナイトの上顎は角質でできているため，化石としてほとんど残されることがない．

アフトン間氷期　Aftonian
　北アメリカにおける4回の間氷期*のうち最初の間氷期（1.3～0.9 Ma）．ネブラスカ氷期に続く．アルプスでのドナウ/ギュンツ間氷期*にほぼ対比される．夏季は穏やかで，冬季は現在の北アメリカにおけるよりも温暖な気候が卓越していた．

アプトンワーレン亜間氷期　Upton Warren
　デベンシアン氷期*中期の42,000年BPから43,000年BPにわたる温暖な亜間氷期*．樹木を欠く景観が広がっていたと推定されている．

鐙骨（あぶみこつ）　stapes
　哺乳類*の耳にある内部聴覚小骨で，動脈が貫いているため鐙型をしている．祖先である魚類に見られる，頭部と上顎をつなぐ舌顎軟骨に由来する．

油　oil ⇒ 石油

アプライト　aplite
　半自形*から他形*の石英*とアルカリ長石*からなる，明色，細粒で等粒状の火成岩*．花崗岩*岩体中の後期段階の脈に見られる．石英-アルカリ長石の組成は花崗岩マグマ系のメルト*の最低温度に対応しており，メルトが花崗岩質マグマの分化（⇒ マグマの分化）によって生じた残留メルトであることを示唆している．アプライトが含水鉱物をまったく欠くこと，および粒径が小さいことは，このメルトが無水メルトであったことを示している．

アフリカ・プレート　African Plate
　アフリカ大陸塊からなる大きいプレート*．北側を除いて海洋地殻*と海嶺*にかこまれている．北側はヨーロッパ・プレート*およびエーゲ・プレート*などいくつかの小プレートと接して，衝突帯*，沈み込み帯*，トランスフォーム断層*からなる複雑なパターンの境界をなしている．北部にはテチス海*海洋地殻の遺残有存物が含まれる．北東側の紅海*は誕生しつつある海洋で，ウィルソン・サイクル*の初期のステージにあると解釈されている．一方，東アフリカ・リフト*は，一部の研究者がいう'ソマリ・プレート'との境界となりつつあり，海洋発達の胚芽的なステージにあるとみなされるが，海洋への発展が停止したリフトである可能性もある．

アブレーション・ティル（消耗ティル）　ablation till ⇒ 消耗；ティル（氷礫土）

アボガドロ定数　Avogadro constant（**アボガドロ数** Avogadro number）
　物質1モル*中に含まれる分子，原子またはイオン*の数．6.02252×10^{23}/モル．この値は12グラムの純粋な炭素同位体 ^{12}C の原子数から求められた．グラムで表した原子の質量の逆数．

亜北極海流　Sub-arctic current ⇒ アリューシャン海流

アポロ　Apollo
　1．太陽系*の小惑星*（No. 1862）．直径1.6 km，質量約 2×10^{12} kg，自転周期3.063時間，公転周期1.81年．軌道は地球の公転軌道を横切っている．2．アポロ計画．1963年から1972年にかけて実施されたNASA*の有人月面探査計画．

アマースフォート亜間氷期　Amersfoort
　オランダでは最後の氷期*にあたるデベンシアン氷期*前期にあった亜間氷期*（60,000年BPから70,000年BPの間の一時期）．植物相の証拠によれば7月の気温が15～20℃であったらしい．

アマゾナイト　amazonite ⇒ アルカリ長石

アマゾン世　Amazonian
　火星学*上の年代区分の1つ．ハルトマン-タナカ（Hartmann-Tanaka）モデルによれば1.80 Gyから現在まで，ノイクム-ワイズ（Neukum-Wise）モデルによれば3.55 Gyから現在にわたる期間．次の3期に分けられる．前期（1.80～0.70または3.55～2.50 Gy），中期（0.70～0.25または2.50～0.70 Gy），後期（0.25～0.00または0.70～0.00 Gy）．⇒ 付表B：火星の年代尺度

アマゾン石　amazonstone ⇒ アルカリ長石

アマラッシアン階　Amarassian ⇒ カザニ

アン

アマルシア Amalthea（木星V Jupiter V）
木星*に最も近い衛星*．表面は，おそらくイオ*から放出される硫黄のため赤味を帯びている．直径189 km（262×146×134 km）で，その不規則な形態から固相物質からなると考えられる．質量は $7.17×10^{18}$ kg，木星からの平均距離は181,000 km．太陽から受け取っている以上の熱を放射している．

アミノ・グループ amino group
$-NH_2$.

アミノ酸 amino acid
塩基性のカルボキシル基COOHと酸性のアミノ基 NH_2 をもつ有機化合物で，ペプチドとタンパク質の基本構成要素．(a) pH*により，中性，塩基性，酸性，(b) 電荷により，非極性，極性，荷電，のいずれかに分けられる．

網目改変成分 network-modifier
珪酸塩メルト（溶融体）*中の網目構造を乱して改変しやすい，マグマ*の主成分をなす大きいイオン*（たとえば，Ca^{2+}，Mg^{2+}，Fe^{2+}，Na^+，K^+）．

網目形成成分 network-former
珪酸塩メルト（溶融体）*中で網目構造をつくりやすいアルミニウム（Al），珪素（Si），燐（P）の原子．

アメサイト amesite ⇨ シャモサイト

アメシスト（紫水晶） amethyst ⇨ 石英

雨の陰 rain-shadow
山脈障壁の風下側にあって降雨が少なく風上側よりも乾燥している地域．たとえば，アメリカ南西部では，海岸山脈やシエラネバダ山脈*の西側斜面が湿潤であるのに対して，風下側のネバダ州やカリフォルニア州東部では砂漠地域となっている．

アメリカ区 American Province ⇨ 太平洋区

アメリカ農務省 United States Department of Agriculture ⇨ USDA

アモサイト amosite ⇨ 直閃石；アスベスト

アライグマ科 Procyonidae ⇨ 食肉目

アラゴナイト泥 aragonite mud
主として霰石（あられいし）*の針状結晶がなす径 $4\mu m$ 以下の粒子からなる細粒の炭酸塩泥*．霰石は石灰質の緑色藻類（緑藻植物門*）が分解したものと考えられている．

嵐（ストーム） storm
強風，スコール*，風雨，雷雨などの通称．厳密には活発な低気圧*にともなう気象状態をいう．熱帯低気圧*の階級ではストームの風速は17.2 m/秒以上と定義されている．

嵐の'目' 'eye' of storm
熱帯低気圧*の中心域．気圧傾度がほぼゼロで，風が弱く，晴天となっていることもある．'目'の直径は平均して20 km程度であるが，大きい低気圧では40 kmあるいはそれ以上に達することもある．下降気流があって断熱的*な気温上昇が起こっている．

アラス alas
比較的急な崖でかこまれ底が平坦な，サーモカルスト*の凹地．底は湖となっていることもある．シベリアに顕著に発達し（アラスの語源はヤクート語），地表の40~50%を占めていることもある．

アラスカ海流 Alaska current
北太平洋海流*が北アメリカ大陸によって反らされて生じた強化海流*．アリューシャン海流*とも呼ばれる．アラスカ州南東縁に沿って北西方向に流れる．

アラタウラン階 Aratauran ⇨ シネムリアン階；ヘランギ統

アラビア・プレート Arabian Plate
開きつつある紅海*と死海トランスフォーム*系によってアフリカ・プレート*から分離した小さいプレート*．紅海はアデン湾から延びているカールスベルグ海嶺*の延長．インド-オーストラリア・プレート*との境界はオウエン断裂帯（Owen Fracture Zone）．アラビア・プレートはイラン・プレートと衝突している．

霰石（あられいし）（アラゴナイト） aragonite
炭酸塩鉱物*．$CaCO_3$；比重2.9；硬度* 3.5~4.0；斜方晶系*；無色，白，灰または帯黄色；条痕*白色；ガラス光沢*；結晶形は多くは角柱状，しばしば針状，ときに擬六

方板状，繊維状，鍾乳石*状；劈開*は{010}に不完全．温泉（石膏*をともなう），脈や空洞，鉱床*の酸化帯（他の副成分鉱物*と共生）に産する．霰石は方解石*の多形*で，劈開が弱く比重が大きいことで方解石と区別される．方解石は$CaCO_3$のより安定な形態．現生の軟体動物*の殻は霰石結晶からなる．もともと貝殻をつくっていた霰石は，化石では方解石に転移したり，それ以外の鉱物に置換されていることが多い．英語名称はスペイン，アラゴン地方に由来．

アリエル Ariel（天王星Ⅰ Uranus Ⅰ）
　天王星*の大きい衛星*．半径581.1×577.9×577.7 km，質量$13.53×10^{20}$ kg，平均密度1,670 kg/m³，アルベド*0.34．裂罅（れっか）*，クレーター*，溶岩流などの地形が認められている．

アリストジェネシス aristogenesis
　エンテレヒー，ノモジェネシス（進化既定説），定向進化説*と同じように，進化はすでに決まっている道筋に沿って進行すると主張する理論の1つ．しかしながら今日では，自然選択*はいかなる生物学上あるいは生理学上の特性の進化も方向づけているものではないということが広く受け入れられている．

アリストテレスの提灯 Aristotle's lantern
　正形ウニ類*に見られる顎器官．それぞれ方解石*でできた1本の歯をもつ5個の強靭な顎が口の内部で集まってランタン型の構造をなしている．歯は，海底に生えた藻類などの食物をこそぎ取るために使われる．

アリディソル目 Aridisol
　乾燥環境で見られる土壌*．表面層位*の有機物含有量は極めて少なく，炭酸カルシウムや石膏*を含み，可溶性塩類が集積（⇨集積作用）していることもある．

アリディック（アリディック土壌水分状況） aridic moisture regime
　年間降水量*が可能蒸発散量*よりも少なく，通常の状態で土壌*の水分が圃場容水量*を下まわっている乾燥気候環境における土壌の水分収支．

アリューシャン海溝 Aleutian Trench
　北アメリカ・プレート*と太平洋プレート*との境界を画する海溝*．太平洋プレートの沈み込み*方向は海溝沿いに東から西に向かって直角から斜めに変化し，クリル（千島）海溝*への沈み込み部分との境界部はトランスフォーム断層*となっている．アリューシャン海溝の東端に向かって付加体*は幅が大きくなり，安山岩*質火山を欠くようになる．

アリューシャン海流 Aleutian current（亜北極海流 Sub-arctic current）
　アリューシャン列島の南方で，北太平洋海流*の北側をこれと平行に反対方向の西方に向かって流れる海流．水塊は黒潮*と親潮*が混合したもの．⇨ アラスカ海流

アリューシャン低気圧 Aleutian low
　アリューシャン列島付近の北太平洋海域は，低気圧*（台風）が頻繁に進入して停滞するため，平均気圧が低くなっている．この海域に存在する低気圧をいう．勢力の強いものもあるが多くは衰退している．大西洋でこれに相当するものはアイスランド低気圧*．

亜臨界反射 subcritical reflection
　屈折法地震探査*で，界面*の臨界角*より小さい角度で入射して，地表に弱く反射される地震波*．

アール arl
　マール*，サール*，スマール*の総称．

RIGS ⇨ 地質学・地形学上の重要地

RRR会合点 RRR junction
　3つの海嶺*が会合する三重会合点*．

RRM ⇨ 回転残留磁化
REE ⇨ 希土類元素
Ra ⇨ レイリー数
RSR ⇨ 岩盤構造評価
RSS
　広域層序尺度．⇨ 層序尺度
RST ⇨ 海退時堆積体
RMQ ⇨ 岩盤性状
r過程 r-process ⇨ 高速中性子過程

アルカリ岩 alkaline rock
　アルカリ金属（リチウム，ナトリウム，カリウム，ルビジウム，セシウム，フランシウム）とアルカリ土類金属（マグネシウム，カルシウム，ストロンチウム，バリウム，ラジウム）の濃度が比較的高い火成岩*．シリカ飽和のものと不飽和のものとがあり（⇨シ

リカ飽和度)，それぞれアルカリ長石*と準長石*類の存在で示される．アルカリ鉄苦土鉱物*はふつうに存在しており，その性状は岩石の組成による．アルカリ火成岩は塩基性岩*から酸性岩*までの広い組成領域にわたり，貫入岩*としても噴出岩*としても存在する．

アルカリ岩系列 alkalic series ⇨ カルクアルカリ岩系列

アルカリ玄武岩 alkali basalt

　暗色で細粒の火山岩*．かんらん石*，チタンに富む普通輝石*，斜長石*，鉄酸化物鉱物*の斑晶*によって特徴づけられる．ソレイアイト*など他の型の玄武岩*に比べてSiO_2濃度は似るものの，Na_2OとK_2Oが多い．また，石基*中にモード*の霞石*(岩石顕微鏡の最高倍率ではじめて観察できる)とCIPWノルム*の霞石(Ne)が発達していることも特徴．アルカリ玄武岩は大陸地殻*がドーム状に隆起して形成されたリフト*あるいはハワイ島やアセンシオン島(Ascension Island)などの海洋島(⇨海洋島玄武岩)に典型的．

アルカリ骨材反応 alkali-aggregate reaction

　コンクリート構造物に損傷を与えかねない化学反応．セメント*の石灰CaOが大気中のCO_2と反応してセメント粒子のまわりに$CaCO_3$が沈積する．これは粒子を風化作用*から保護し，また鋼鉄の腐食を抑えるレベル(pH^*が7以上)のアルカリ度をもたらす．しかし骨材*が可溶性のシリカ*を含んでいると，これがセメントと反応して沈積した別の鉱物が水を吸収してコンクリートが膨張し，亀裂を生じさせる．亀裂に入り込んだ水によって鉄筋が錆び，乾燥と水濡れがくり返すことによって，やがて構造物の破壊を招くことになる．

アルカリ性 alkaline (alkalic)

　1. pH^*値が7.0以上であること．2. ⇨ アルカリ岩

アルカリ性土壌 alkaline soil

　pH^*が7.0以上の土壌*．土壌のアルカリ度には幅がある．USDA*は土壌のアルカリ度を4段階に分けている．pH 7.4～7.8，微アルカリ性；7.9～8.4，弱アルカリ性；8.5～9.0，強アルカリ性；9.0以上＜極強アルカリ性．一般にpH 8.0～10.0の土壌は'強アルカリ性'とみなされる．塩基飽和度*が100%であれば，pHは約7.0以上となる．ほとんどの土壌がpH 3.5～10.0の範囲に収まるため，pHスケールの全範囲(0～14)を土壌区分に適用することはない．

アルカリ耐性古細菌 alkaliphile

　pH^* 9.0以上の強アルカリ性環境に生息する極限環境微生物*(始原菌*ドメイン*)．

アルカリ長石 alkali feldspar

　アルカリ金属元素であるカリウムとナトリウムを含む珪酸塩鉱物*のグループ．長石*(カルシウムを有する長石を含めて)は，化学組成によって，$KAlSi_3O_8$[カリ長石；サニディン，正長石(Or)，微斜長石]，$NaAlSi_3O_8$[ナトリウム長石；曹長石(Ab)]，$CaAl_2Si_2O_8$[カルシウム長石；灰長石(An)]を頂点とする三角ダイアグラムにプロットされる．アルカリ長石は三角ダイアグラムの頂点$KAlSi_3O_8$と$NaAlSi_3O_8$を結ぶ辺で表され，3番目の相($CaAl_2Si_2O_8$)を最大で10重量%まで含む．アルカリ長石は，高温ではそれぞれカリウムとナトリウムを含む2つの端成分*の間で完全な固溶体*をなすが，温度が低下するにつれて不混和が起こり，カリ長石とナトリウム長石に離溶*してパーサイト*組織が生じる．パーサイトの型は最終温度によってきまる．すなわち，温度が急激に低下する過程で生じた粗粒のもの(パーサイト)から，細粒のもの(マイクロパーサイト)，肉眼ではもちろん顕微鏡下でも認められず，X線回折*によってはじめて観察される極めて細粒のもの(クリプトパーサイト)にわたる．カリウムの量がナトリウムの量を上まわっていれば，カリ長石中にナトリウム長石がブレブ*や不定形のパッチをなして含まれる．パーサイト組織は$Or_{85}Ab_{15}$～$Or_{15}Ab_{85}$(あるいはOr_{85}～Or_{15})の組成範囲で生じる．

　(a) 正長石($KAlSi_3O_8$)はカリウムに富む単斜晶系*の端成分に対する一般名；比重2.6；硬度*6；白色，ときに赤色を帯びる；ガラス光沢*；結晶質*で角柱状，単純な双

晶*をなす．酸性岩*とアルコース*の主要な構成成分で，光滑剤や陶磁器を製造する窯業で利用されている．(b) 微斜長石は組成・物理的性質とも正長石と同じであるが，三斜晶系*でクロスハッチ双晶で特徴づけられる；灰白色，'アマゾン石'（アマゾナイト）の名で知られる変種では明るい緑色．アデュラリアも微斜長石の変種で，最大で10％までナトリウムがカリウムにとって替わっている．オパーレッセンス*を呈するものは'月長石'と呼ばれる．月長石は独特の青みがかった色調または閃光光沢*を呈する半貴石で，パーサイト組織をもつアルカリ長石の1つである．アノーソクレースは微斜長石に酷似しているが，ナトリウムがカリウムより多い；ペリクリン双晶*とアルバイト双晶*がふつうに見られる．(c) サニディンは正長石の高温型多形で転移温度は900℃；急冷した溶岩*に産する．(d) 曹長石（$NaAlSi_3O_8$）はアルカリ長石系列と斜長石系列のナトリウムに富む端成分にあたる．

歩き痕 track
　脊椎動物の足跡や節足動物（門）*がつけた列をなして続いている足跡．生物源の堆積構造*の一種で，這い痕*とともにスコエニア（Scoyenia）生痕相*に分類される生痕化石*．

アルギナイト alginite ⇨ 石炭マセラル

RQD ⇨ 岩盤評価

アルクリート alcrete ⇨ 硬盤（デュリクラスト）

アルコース arkose
　石英*と25％以上の長石*を含む砂岩*．長石は化学的風化作用*や運搬によって分解しやすいため，アルコースはかなり乾燥した環境条件下で速やかに堆積したと考えられる．大部分が陸域近く，それも花崗岩*地域に近接して堆積したもの．

アルコース質アレナイト arkosic arenite
　長石*が25％以上で岩片より多く，泥質基質*が15％以下の砂岩*．⇨ ドットの砂岩分類法

アルコース質ワッケ arkosic wacke（**長石質ワッケ** feldspathic wacke，**長石質グレーワッケ** feldspathic greywacke）
　長石*が25％以上で岩片より多く，泥質基質*が15％以上の砂岩*．⇨ ドットの砂岩分類法

アルゴンキアン界 Algonkian
　先カンブリア累界*中の界*（Van Eysinga, 1975）．原生界*に相当する．

アルゴン40 Argon-40 ⇨ カリウム-アルゴン年代測定法

アルジリック層位 argillic horizon
　フィロ珪酸塩*粘土*の集積層（⇨ 集積作用）をもつB層（⇨ 土壌層位）が存在することによって同定される．直上の溶脱層（⇨ 溶脱作用）における粘土の量と比較して，20％増程度以上のものをアルジリック層位とする．キュータン（粘土被膜）*を含むものをアルジリック層位とすることもある．厚さは上位層位の1/10以上．

アルステリアン統 Ulsterian
　北アメリカにおけるデボン系*最下位の統*．シルル系*の上位でエリーアン統*の下位．ヘルダーバージアン，ディアパーキアン（オリスカニアン），オンスケタウィアン（オノンダガン）階を含む．下部デボン系*とアイフェリアン階*（中部デボン系）にほぼ対比される．

r 選択（r 淘汰） r-selection
　内的増加率（r）が最大となるように交配する生物集団による自然選択*．そのような集団では，好ましい環境（たとえば新しい生息地）が出現したときには，当該種はその地域で急激に個体数を増加させることができる．たとえ大半が死滅してしまうにしても膨大な数の種子，胞子*，卵，あるいは子孫をつくりだすこのような日和見的戦略は，生態遷移の初期段階のように急激に変化する環境においては有利に働く．⇔ K 選択

アルティソル目 Ultisol
　塩基飽和度*が35％未満，酸化鉄濃度が高いため赤色を呈するアルジリック*B層（⇨ 土壌層位）の存在によって特徴づけられる鉱質土壌*．湿潤亜熱帯環境で溶脱*された酸性土壌*．⇨ 赤色ポドゾル性土

アルディピテクス・ラミダス *Ardipithecus ramidus*
およそ 4.4 Ma の，人類の系統に属する最も初期の種．1993 年にエチオピアのアラミス (Aramis) で発見された．犬歯はアウストラロピテクス属*ほどではないものの原始的類人猿*よりは縮小しており，表面のエナメル質*は薄い．臼歯は人類とチンパンジーの中間型．骨格の特徴から，いくらかは二足歩行の能力があったことがうかがえる．

アルティプラネーション altiplanation
周氷河*条件下での地形の平坦化あるいは低平化作用 (planation)．2 つの過程からなる．(1) 凍結破砕作用*あるいは雪食 (ニベーション)*による高まり部分の破壊．(2) 岩屑の凹地への集積あるいは岩屑による段丘*の生成．その結果，アルティプラネーション段丘にかこまれたアルティプラネーション面がつくられ，抵抗性のある基盤岩のみがトア*として残される [たとえば，イングランド，ダートムーア (Dartmoor) 高原上にそびえるコックス・トア (Cox Tor)]．

アルディンガン階 Aldingan
オーストラリア南東部における下部第三系*中の階*．ジョハニアン階*の上位でジャンジュキアン階*の下位．バートニアン階*とプリアボニアン階*にほぼ対比される．

アルティンスキアン Artinskian
1. アルティンスキアン期：ペルム紀*中の期*．サクマリアン期*の後でクングリアン期*の前．年代は 268.8〜259.7 Ma (Harland ほか，1989)．**2**. アルティンスキアン階：アルティンスキアン期に相当する東ヨーロッパにおける階*．西ヨーロッパの上部赤底統*，北アメリカの中・下部レナーディアン統*，ニュージーランドのビタウニアン階*にほぼ対比される．

アルドゥイノ，ジョバンニ (1714-95) Arduino, Giovanni
ベネチアの鉱山技師で，イタリア北部の岩石分類体系をつくりあげた．後に，ベルクマン*やウェルナー*らはこれを引用した．始原系 (Primary；山地の雲母*粘板岩*)，第二系 (Secondary；海性化石を含む山地の石灰岩*)，第三系 (Tertiary；谷の含化石堆積岩*) に区分されている．

アルトニアン階 Altonian
ニュージーランドにおける上部第三系*中の階*．オタイアン階*の上位でクリフデニアン階*の下位．上部ブルディガリアン階*にほぼ対比される．

アルノーアイト alnöite
塩基性*の貫入*性カーボナタイト*．初生の方解石*をもつのが特徴で，メリライト* (1/3)，黒雲母* (1/3)，および輝石*，方解石，かんらん石* (1/3) からなる．長石*はメリライトに交代されて存在しない．メリライトの化学式は $X_2YZ_2O_7$ で，X=Ca, Na, Y=Mg, Al, Z=Si, Al．模式地はスウェーデン中部東海岸沖のアルニョ (Alnö) 島．

アルバイト双晶 albite twinning
斜長石*，とくに曹長石 ($NaAlSi_3O_8$) に普遍的に発達する，アルバイト双晶則 (⇒ 双晶則) にしたがった双晶*．双晶面*と接合面*は (010)．双晶はくり返していることが多く，一連の細かいラメラ*をなし，これが長石の標本で (とくに底面に) 条線となって現れている．このような双晶は，集片双晶とかラメラ双晶 (⇒ ラメラ) と呼ばれる．

アルバータ低気圧 Alberta low
カナダのアルバータ地方に豪雨や豪雪をともなう嵐をもたらす低気圧*．サイクロン*がカナディアン・ロッキー山脈を越えた後に勢力を盛り返したもの．東方への進路沿いにブリザードをともなう極めて寒冷な天候をもたらす．

アルバーティアン統 Albertian
北アメリカにおける中部カンブリア系*中の統*．セントデービッズ統*に対比される．

アルビアン階 Albian
白亜系*中の階* (112〜97 Ma)．アプチアン*階の上位でセノマニアン階*の下位．多様な軟体動物*化石を含み，とくに腹足類*は大陸間での帯 (生帯)*の指示者として有効．イングランドのゴールト粘土*やスピートン粘土 (Speeton Clays) など．

RPF ⇒ 相対花粉量

アルビック土 albic
砂*あるいはシルト*粒子の表面が粘土*や酸化物の被膜によって覆われていないた

め，ほぼ純白を呈する土壌*．アルビック層位は地表または地表近くに生成する．

アルファ多様性 alpha diversity
ある種が構成する単一の集団内での多様性*．

アルファ崩壊 alpha decay
放射性核種*の核がアルファ粒子を自発的に放出して崩壊する現象．アルファ粒子はそれぞれ2個の陽子と中性子からなり，+2の電荷をもつ〔すなわちヘリウムの原子核〕．その質量はかなり大きく，これを放出した核に一定量の反跳エネルギーを与える．したがって，アルファ崩壊によって発生する全エネルギー量（E_x）は，粒子の運動エネルギー，崩壊した核に与えられた反跳エネルギー，放射されたガンマ線*のエネルギーの総和となる．⇨ 放射性崩壊

アルファ・メソハライン水 alpha-mesohaline water ⇨ 塩化物濃度

アルファー陽子－X線分光計（APXS） alpha-proton-X-ray spectrometer
旧ソ連の火星探査船ベガ*（1984年）とフォボス*（1988年）およびNASA*のマース・パスファインダー*（1997年）の着陸用ローバー'ソジャナー'に搭載された，表面物質の化学組成を測定するための装置．アルファ粒子放射源のキュリウム，アルファ粒子検出器，陽子検出器およびX線検出器が装備されているセンサーヘッドが，10時間にわたって物質と接触状態を維持．一定エネルギーのアルファ粒子で物質を照射して，散乱したアルファ粒子，アルファ粒子-陽子の反応に起因する陽子，物質の原子構造がアルファ粒子により励起されて発するX線を3種の検出器で測定し，そのエネルギー・スペクトルを地球に伝送した．

アルフィソル目 Alfisol（灰褐色ポドゾル性土 grey-brown podzolics）
粘土*含有量が多く塩基飽和度*が35%以上のアルジリック*B層（⇨ 土壌層位）を有し，アルカリ性ないし中性の鉱質土壌*．通常は塩基に富む土壌母材*に由来する．少なくとも3カ月にわたって水分ポテンシャルが-15バール以下であれば，植物が生長することができる．

アルプス-ヒマラヤ造山運動 Alpine-Himalayan orogeny
テチス海*の南北両縁部に影響を与えた造山運動*．三畳紀*に始まり，後期漸新世*と中新世*に頂点に達した．アルプス山脈はこの運動の直接の産物．フランス北部に見られる緩やかな褶曲*構造やイングランドのウィールド（Weald）盆地，ロンドン盆地はその余波で生成した．

アルベオラス alveolus ⇨ ベレムナイト目

アルベゾン閃石 arfvedsonite
ナトリウムと鉄に富む角閃石*．

アルベド（反射能） albedo
地表，雲頂，気圏*から，それを暖めることなく反射される日射（受光太陽エネルギー*）の割合．平均して30%であるが，表面物質の種類と構造，入射角，入射光の波長によって大きく変わる．緑の草原や森林で8～27%，紅葉した落葉樹林では30%以上，都市や岩石の表面で12～18%（チョーク*，明色の岩石やビルでは40%以上），砂地で40%程度，平らな新雪の面では90%に達する．静かな水面では垂直の入射光に対してはわずかに2%であるが，入射角が小さい場合には78%にもなる．雲の表面では平均で55%．しかし厚い層積雲*では80%に達することがある．

アルポーティアン期 Alportian ⇨ サーブクホビアン

アルマンディン（鉄礬ざくろ石） almandine
ざくろ石*族の鉱物．$Fe_3Al_2(SiO_4)_3$；比重4.25；硬度*6.5～7.5；立方晶系*；赤，赤褐または黒色；油脂-*～ガラス光沢*；結晶形*は十二面体であることが最も多いが，不定形の粒状をなしていることも多い．変成岩*や火成岩*に広く産するほか，浜砂や砂鉱床*に濃集する．透明な結晶は宝石*となるが，一般に研磨材に用いられる．

アルンディアン階 Arundian
石炭系*ビゼーアン統*中の階*．シャディアン階*の上位でホルケリアン階*の下位．

アレガニー造山運動 Alleghanian orogeny
北アメリカとアフリカの衝突によって生起した造山運動*．前期石炭紀*に始まりペル

ム紀*末までに終了．西北西-東南東の一般方向をもつバリスカン帯（⇨バリスカン造山運動）の一部を形成した．現在のペンシルバニア州からアラバマ州にかけて延びる中南部アパラチア山脈の西縁に沿った下部古生界*基盤と下部ペルム系をまき込んだ．その影響は遠く北方のニューブランズウィック州とニューファウンドランド島にまで及んでいる．⇨ アパラチア造山帯

アレキサンドライト alexandrite ⇨金緑石

アレキサンドリアン統 Alexandrian
北アメリカにおける下部シルル系*中の統*．中・下部ランドベリ統*に対比される．

アレート arête
氷河による侵食作用*をかつて受けたか現に受けつつある高地に見られる，ナイフの刃のように急峻な山稜．両側のカール*谷頭壁が会合することによって形成される．'ジャンダルム'（凍結破砕作用*に抗した岩石がつくっている尖峰）によって鋸歯状となっていることがある．

アレナイト arenite
泥質基質*が15%以下である砂岩*．⇨ドットの砂岩分類法；砂岩

アーレニアン階 Aalenian
ヨーロッパにおける中部ジュラ系*中の階*（178～173.5 Ma；Harlandほか，1989）．⇨ ドッガー世

アレニグ統 Arenig
下部オルドビス系*中の統*（493～476.1 Ma）．トレマドック統*の上位でランビルン統*の下位．

アレニコリーテス属 *Arenicolites*
居住痕*に属する生痕属*．

アレレード亜間氷期 Allerød
北西ヨーロッパで氷河*が全般的に後退していく晩氷期（すなわち，デベンシアン氷期*後期）に，長期にわたって温暖な気候がくり返し出現した期間．放射性炭素年代*によれば12,000年BPから10,800年BPにわたる．北西ヨーロッパ地域の花粉記録はカバノキ（*Betula*）が卓越する冷温帯特有の植物群*を示し，これに先行する寒冷な古ドリアス期*および続く新ドリアス期*と著しい対照を見せている．⇨ 花粉帯

アレンの法則 Allen's rule
ベルクマンの法則*，グロージャーの法則*とともに，生物の身体的特徴と気候環境との関係について述べた一般則の1つ．それによると，温血動物では寒冷な地域に生息する種のほうが，温暖な地域に生息している種よりも身体の突出部分（鼻，耳，尾，足など）が小さい；突出部は体の表面積を相対的に増加させ，そこからの体熱の放熱を促進する；体表面積の増加は寒冷な環境では生物に不利であるが，温暖な環境では有利に働くことになるという考えに基づいている．ただし体温を維持するには，たとえば厚い脂肪層や羽毛，毛皮，あるいは行動上の適応*など，ほかにもっと有効な適応方法があるので，この説明には議論の余地がある．

アロウハナン階 Arowhanan ⇨ ロークマラ統

アロクラスト alloclast
地下のマグマ*活動によって既存の火山岩*またはそれ以外の岩石が破砕されて生じた礫．⇨ オートクラスト；エピクラスト；ハイドロクラスト

アロケミカル石灰岩 allochemical limestone
フォークの石灰岩分類法*で，スパーリー方解石*セメント*（スパーライト*）あるいは微晶質*方解石*基質*（ミクライト*）のいずれかとアロケム*からなる石灰岩*．アロケムを欠く石灰岩は同分類法で，オーソケミカル石灰岩*あるいは原地性礁石灰岩*と呼ばれる．

アロケム allochem
〔再運搬され〕機械的に堆積して石灰岩*を構成している〔炭酸塩〕粒子の総称．フォークの石灰岩分類法*では，アロケムは炭酸塩泥質基質*（ミクライト*）と共存することが多く，間隙がスパーリー方解石*セメント*（スパーライト*）によって充填されていることがある．アロケムには生物骨格片（バイオクラスト*），ウーイド（魚卵石*），ペロイド*，イントラクラスト*などがある．

アロサイクル機構 allocyclic mechanisms
堆積システムの外部にあって，堆積物の集積にかかわる事象（たとえば，海水準変動，

造構造運動*，気候など）．⇒ オートサイクル機構

アロ層群 allogroup ⇒ アロ層序単元

アロ層序学 allostratigraphy
　堆積岩*層を，上下を境している不連続によって，地質図*に描くことができる程度の単元に定義，区分することを目的とする層序学*.

アロ層序単元 allostratigraphic units
　アロ層群，アロ累層，アロ部層．アロ層序学*の対象となる，地層群の区分．

アロダピック-（再堆積性-） allodapic
　乱泥流（混濁流）*あるいは集合流（マスフロー）*によって堆積した物質に冠される．とくに集合流によって堆積した石灰岩*に用いられることが多い．

アロフェン allophane
　カオリナイト*のグループに属する粘土鉱物*. $Al_2Si_2O_5(OH)_2$；優白色；非晶質*．断層*や節理*に沿ってさまざまな岩石に産する．

アロ部層 allomember ⇒ アロ層序単元

アロヨ arroyo
　乾燥地域または半乾燥地域の谷底に沿って発達するガリ*．粘着性のある細粒堆積物が下刻されて急傾斜ないし垂直の側壁をもつ．底は平坦で，砂質であることが多い．アメリカ南西部，インドの一部〔ヌラー；nullah〕，南アフリカ〔ダンガ；danga〕，地中海沿岸〔ワジ；wadi〕でとくによく見られる．

アロ累層 alloformation ⇒ アロ層序単元

アンカー anchor
　1. 外側端に面板とナットがついているボルトまたはケーブル．岩盤に孔を掘削して内側端を挿入し，グラウチング*によって固定するロックアンカーは，岩盤の緩慢な破壊によって支持力がいくらか低下することがあるものの，かなりの荷重に耐えられる．2. 強度が十分で，大きい荷重に耐えられる岩盤には，土壌アンカーを使用する．孔壁の土壌が崩れると結合力が低下するので，速やかなグラウチングが必要．

アンガラ大陸 Angara
　古生代*に存在した，アジア，中国，アジア東縁部からなる大陸塊．古生代末期に今日のウラル山脈の線に沿ってユーラメリカ*と合体した．

アンガラランド Angaraland
　シベリア中北部の，先カンブリア累界*が露出している小さい楯状地*に対して，オーストリアの地質学者ジュース*（1831-1914）が与えた名称．後の時代に発達したアジア大陸の地体構造の核をなすと考えられた．

アンキアライン- anchialine
　地下深くにあって水が充填している洞窟（石灰岩*地帯の洞窟や火山トンネルなど）に冠される．

アンギオフィト植物 Angiophyte
　後に被子植物*を生み出す系統に属する植物．多様化は三畳紀*後期に始まり，ジュラ紀*にいったん衰退したらしいが，白亜紀*前期には顕著な放散が起こった．

アンキ変成作用 anchimetamorphism
　続成作用*による変質段階に続く，堆積岩*の最初期段階の変成作用*.

アンキロサウルス属 *Ankylosaurus*（**アンキロサウルス類** ankylosaurs）
　白亜紀*に生息していた恐竜類*の属で，アルマジロのように骨板からなる堅固な鎧に覆われていた．頭部は小さく，歯は貧弱で，歯をもたない種もいた．

アングリア Anglian
　1. アングリア氷期：イギリスにおける中期更新世*の氷期*．2. アングリア層：中期更新世における一連の寒冷気候時の堆積物．東アングリア地方（イングランド）では氷河が何回も前進したが，それぞれの前進期を識別することは困難．ローストフト（Lowestoft）付近には成層砂によって隔てられた2枚のティル（氷礫土）*層があり，下位の北海ティルはスカンジナビア由来の迷子石*を，上位の厚いティルはジュラ紀*または白亜紀*の岩石からなる迷子石を含む．テムズ川の最高位段丘*はこの時代のものと考えられ，大陸ヨーロッパのエルスター氷期*堆積物に対比されよう．

アンケライト ankerite
　ドロマイト*族の鉱物*. $Ca(Mg,Fe)(CO_3)_2$；鉄を含むドロマイトの一種で，第

一鉄がマグネシウムを置換して，ドロマイト $CaMg(CO_3)_2$ ーアンケライト $Ca(Mg_{0.75}Fe_{0.25})(CO_3)_2$ の固溶体*系列をなす；比重 2.9～3.2；硬度* 3.5～4.0；三方晶系*；黄褐色，ときに白，黄あるいは灰色；条痕*白色；ガラス光沢*；結晶形*は菱面体もしくは塊状，粒状；劈開*は {1011} に完全，{0221} に微弱．脈石鉱物*として鉄鉱石をともなって，あるいは石炭層にともなう充塡物として産するほか，ドロマイトの生成環境に類似した環境で生成する．埋没深度約2.5 kmにおける続成作用*によって含鉄方解石*からセメント*として生成することが多い．英語名称はオーストラリアの鉱物学者アンカー（M. J. Anker）に因む． ⇨ カーボナタイト

安山岩 andesite
　細粒の火山岩*．灰曹長石から中性長石の末端〔曹灰長石側〕にわたる範囲の斜長石*の存在および普通輝石*，斜方輝石*，ホルンブレンド*の共生によって特徴づけられる．化学組成と鉱物学的特徴からは閃緑岩*に類似する．長石*は顕著な累帯〔⇨ 結晶の累帯構造〕をなす斑晶*として含まれることが多い．ガラス質*の安山岩はまれ．安山岩は石英*含有量が増すにつれて石英安山岩*に，アルカリ長石*が増すにつれて粗面安山岩に移行する．粗面安山岩には，かんらん石*の含有量が多く，玄武岩*様の外観を呈するものがある（ミュージェアライト，ハワイアイトなど）．英語名称はアンデス山脈に由来．

鞍状関節 heterocoelus (heterocelous)
　鳥類*のように，脊椎*骨の関節面が鞍状の形状をなすもの．→ 両凹-

アーンスベルギアン階 Arnsbergian
　〔下部石炭系*〕サープクホビアン統*中の階*．ペンドレイアン階*の上位でチョキーリアン階*の下位．

安息角 angle of repose
　未固結の物質が斜面をつくることができる最大の角度．粒径，円磨度*，粒子のかみ合いの程度，間隙水圧*など，さまざまな要因によってきまる．粗粒の粒子の安息角は一般に 32～36°．

アンダークリフ undercliff
　大きい崖の下にそれと平行に延びる細長い陸地．イングランド，ワイト島（Isle of Wight）のボンチャーチ（Bonchurch）とブラックギャング（Blackgang）の間には，上部緑砂統（Greensands）の岩石がなす壮大な崖の下に典型的なアンダークリフが発達している．

アンダープレーティング（プレートの底付け） underplating
　1. プレート*の収束縁*でA型沈み込み*によって海洋地殻*が大陸地殻*の下に入り込んで（逆押し被せ断層運動*）定着するように，ある地質体の下側に物質が付加されること．プレートの生産縁*ではんれい岩*貫入岩体*が溶岩*や岩脈*の下に付加する過程もいう．〔2. 海溝*ですでに付加した堆積物の下側に，沈み込むプレートの堆積物が付加して，付加体が成長していく過程．〕

アンチ- anti-
　'に対して' を意味するギリシャ語 anti に由来．'向かい合った'，'反対の'，'逆らった' を意味する接頭辞．

アンチアン層 Antian
　イングランド東部，ルダーム（Ludham）の試錐孔*で得られた3層からなる堆積物のうち，上部を占める前期更新世*温暖期の海成堆積物． ⇨ バベンチアン層；ルダーミアン層；パストニアン階；サーニアン層

アンチゴライト antigorite ⇨ 蛇紋石

アンチセティック断層 antithetic fault
　主断層と反対方向に傾斜し，ずれ（移動）*のセンスが逆となっている派生断層．いくつかの断層*がセットをなしていることが多い．'反対する' を意味するギリシャ語 antithethemi に由来．

アンチパーサイト antiperthite ⇨ パーサイト；ハイパーソルバス花崗岩；斜長石

アンチフォーム antiform
　地層*がなす上方に閉じたアーチ状の湾曲で，最も古い地層がどの部分にあるかきめられないもの．複雑な造山帯*にしばしば見られる．

アンテ- ante-
　'の前に' を意味するラテン語 ante に由

来．'先行する'あるいは'以前の'を意味する接頭辞．

安定 stability
1. 気象学：上昇していた空気塊が，上昇を継続させる力がなくなることによって元の位置に戻ろうとする状態．上昇空気塊の断熱減率*が大気の気温減率*よりも大きければ，鉛直上昇している空気塊は周囲の大気よりも低温となって密度が高くなり，下降を始めることになる．→ 不安定．2. 工学：崩壊または滑動に対する構築物の抵抗性．物質の剪断強度*に依存する．3. 地球化学：同一条件のもとで他の状態にある系が達する平衡の状態．4. 熱力学：温度，圧力または成分の軽微な擾乱があっても新しい相*が現れない状態．

アンディス andhis
インド亜大陸北西部で，大気の強い対流によって起こる，激しいスコールをともなう砂嵐を指す現地語．

アンディソル目 Andisol
火山灰*土壌*．土性は深く軽量で，鉄・アルミニウムの化合物を含む．

安定同位体 stable isotope
天然に産する，放射能をもたない元素同位体*．多くの元素がいくつかの安定同位体をもつ．

安定同位体研究 stable-isotope studies
ある特定の元素の非放射性同位体比を研究すること．たとえば，D^*/H，$^{18}O/^{16}O$，$^{32}S/^{34}S$など．これらの安定同位体*はさまざまな地質現象の過程で異なる比率に分配される（⇒ 同位体分別）．このため，天然水はそのD/H比と$^{18}O/^{16}O$比に基づいて，天水*，マグマ*起源，変成作用*起源のいずれであるか，硫化物の鉱石*中の硫黄は，$^{32}S/^{34}S$比に基づいて堆積性かマグマ性のいずれであるかが，あたかも'指紋照合'をするように識別される．

安定領域 stability field
ある鉱物*または鉱物の組み合わせが安定*である温度・圧力の範囲．

アンデス型縁（アンデス型縁辺部） Andino-type margin ⇒ 活動的縁（活動的縁辺部）

アンデス造山帯 Andean orogenic belt
太平洋東縁の活動的なコルディレラ*山脈の一部を占め，カリブ海からスコチア海までおよそ10,000 kmにわたって延びる．主として，海洋プレート*の沈み込み*の結果，中生代*と新生代*に発達した．北アメリカのコルディレラ山脈と異なり，異地性*のテレーン*はほとんど認められていない．また，ヒマラヤ山脈におけるような大陸地塊の衝突もなかった．このようなちがいが重視されて'アンデス型造山運動（Andean-type orogeny）'という概念が生まれた．

アンドラダイト（灰鉄ざくろ石） andradite
ざくろ石*族の鉱物．$Ca_3Fe_2(SiO_4)_3$；比重3.75；硬度*6.5〜7.5；立方晶系*；黄色，帯緑〜帯褐赤色から黒色；油脂-*〜ガラス光沢*；ほとんどの結晶形*が十二面体．交代作用*によって変成岩*と火成岩*に広く生じているほか，浜砂や沖積性*漂砂鉱床*にも濃集する．研磨剤に用いられるが，透明なものは宝石*となる．

アンバー umber
鉄とマンガンの酸化物に富み，シリカ*，アルミニウム酸化物，石灰*をともなう泥岩*．同名の顔料の原料となる．→ オーカー

鞍部 col
天気図上で，2つの高気圧*の間にある相対的に気圧が低い点および2つの低気圧*の間にある相対的に気圧が高い点．

アンフィキオン科 Amphicyonidae ⇒ 食肉目

アンプラ ampulla
ウニ類（綱）*の管足*の基部にある囊状構造．アンプラ壁内の筋肉を収縮させることにより管足内の体液圧を制御し，管足を伸ばす．

アンブリック表層 umbric epipedon
地表土壌*の特徴層位*．モリック層位*に類似するが，塩基飽和度*は50%未満．

アンブロケタス・ナタンス *Ambulocetus natans*
最もよく知られた初期の鯨類で，1994年にパキスタンの前・中期始新世*の地層から記載された．骨格の大部分が産出しているため，形態の特徴が詳しくわかっている．それ

によると，長い頸と相対的に長い後肢をもち，各肢の(有蹄)指は5つに分かれている．大きさはアシカほどである．

アンペア毎メートル amperes per metre (A/m)

国際単位系*での磁界強度．$1 A/m = 10^3$ ガウス．

アンペラー型沈み込み Ampferer subduction ⇒ A型沈み込み

アンモナイト目 Ammonitida (**アンモナイト類** ammonites)

アンモノイド亜綱*のなかの1つの目．

アンモノイド亜綱 Ammonoidea (**アンモノイド類** ammonoids；**軟体動物門*** phylum Mollusca, **頭足綱*** class Cephalopoda)

頭足類の絶滅*した亜綱で，通常内部が隔壁で仕切られた巻いた殻をもつ(⇨ 隔壁)．典型的なものでは殻は密に巻いた平面旋回*であるが，なかには緩く巻いたものやらせん型に巻いたものもある．胚殻*は球型で，殻は包旋回*あるいは開旋回*である．腹側に明瞭な竜骨*が発達するもの，肋や疣などの装飾をもつものもある．体管*はおおむね腹側に位置し，非常に複雑な縫合線*をもつことがある．房*内に二次的堆積物は見られない．アンモノイド類はおそらく四鰓類(しさい-；4つの鰓をもつ)に属する頭足類であったと考えられている．頭足類のなかで最大の亜綱を形成しており，縫合線が非常に複雑な形状をしたアンモナイト科を含めて，163の科からなる．セラタイト目には部分的に複雑なパターンの縫合線が見られるが，ゴニアタイト目の縫合線は単純である．デボン紀*から白亜紀*末まで生息．⇨ 殻口；アプチクス；孔；房錐；腹

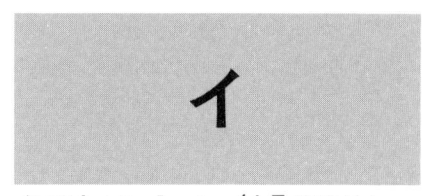

イ

イアペトゥス Iapetus (**土星VIII** Saturn VIII)

土星*の大きい衛星*．半径718 km，質量15.9×10^{20} kg，平均密度1,020 kg/m³，アルベド*0.05～0.5．1671年にカッシニ(G. D. Cassini)が発見．

イアペトゥス海 Iapetus Ocean (**原大西洋** proto-Atlantic)

後期先カンブリア累代*から前期古生代*にかけてバルティカ*とローレンシア*の間にあった海洋．海洋底の海洋地殻*と上部マントル*は前期古生代の間に沈み込み，海洋は最後期シルル紀*～前期デボン紀*(約4,000 Ma)までに完全に消滅したと考えられている．両陸塊の縫合帯*はスコットランドのソルウェー湾(Solway Firth)とボーダーズ(Borders)地方を通って西南西から東北東に延びている．イアペトゥス海の痕跡をすべてぬぐい去ったカレドニア造山運動*は2つの古代クラトン*境界の全延長にわたっており，その造山帯*は今日，ノルウェー，東部グリーンランド，スコットランド，北部イングランド，ウェールズ，アイルランド，東部カナダ，東部アメリカとなっている地域にまたがっている．

-(イ)アン -ian

階*または期*を命名するうえに設定した模式断面または模式地*の地名の多くにつけられる接尾辞．たとえば，ドルジェリアン(Dolgellian)*，フラスニアン(Frasnian)*，バレミアン(Barremian)*．

ESA ⇨ ヨーロッパ宇宙機関

E_H ⇨ レドックス電位

En ⇨ 頑火輝石

EMR ⇨ 電磁放射

イエローケーキ yellowcake

沈積して乾燥した，濃度の高い酸化ウラニウム．

イオ Io（木星Ⅰ Jupiter Ⅰ）

木星*のガリレオ衛星*の1つ．太陽系*中で地質活動，とくに火山活動*が最も活発な天体．火山活動は潮汐加熱*に起因し，噴火温度は1,000 K以上に達する．イオは太陽から受け取る以上の熱を放射している．ボイジャー*は9回の火山噴火を観測した．金属核*，岩石のマントル*，硫黄および硫黄化合物（二酸化硫黄など）で覆われた岩石質の表層からなる．1619年，ジーモン・マリウス（Simon Marius）とガリレオが発見．赤道半径は1,821.3 km，質量 $8.93×10^{22}$ kg，平均密度 3,530 kg/m³，アルベド 0.61，木星からの平均距離 421,600 km，公転周期 1.769138 日，自転周期 1.769138 日．表面温度は−143℃であるが，火山地形の1つについては 17℃ という温度が測定されている．

イオン ion

1個以上の電子*を失うか（陽イオン*；正の電荷）あるいは獲得して（陰イオン*；負の電荷），電荷を得た原子．

イオン結合 ionic bond

1つの原子から他の原子に電子*が移動することによって発生する結合．電子を失った原子は正に帯電した陽イオン*，電子を得た原子は負に帯電した陰イオン*となる．この強い静電力によって2つのイオンが結合する．塩化ナトリウムの結晶(NaCl)はイオン結合しており，その結晶格子*は Na^+ イオンと Cl^- イオンを含んでいる．→ 共有結合

イオン交換（IX） ion exchange

結晶*内のイオン*と溶液中の他のイオンが，結晶の格子*構造や電気的中性を乱すことなく可逆的に入れ替わること．とくにイオンが弱く結合して一次元または二次元チャンネルウェイをなしている結晶で，拡散*によって起こる．天然産の沸石*は溶液から陽イオン*と陰イオン*を除去するのに用いられる．炭化水素の三次元構造をもつ人工イオン交換樹脂が普及している（たとえば，軟水器，同位体分離，脱塩*，鉱石からの元素の化学的抽出）．

イオン置換 ionic substitution（**同形置換** proxy, diadochy）

結晶格子*内で，1種類以上のイオン*が，ほぼ同じ半径で電荷が同じである他の種類のイオンと置換すること（たとえば，かんらん石*系列では Fe^{2+} と Mg^{2+} とがたがいに置換する）．

イオン対 ion pair

電子*が1つの原子または分子から他へ移ることによってつくられる，正のイオン*と負のイオン．

イオンの電荷 ionic charge

1個以上の電子*を他の原子または原子群とやりとりすることによって発生するイオン*の電荷（正または負電荷）．電荷は，鉱物*内での結合の強さ（たとえば，類似のイオンとの結合力は Fe^{3+} のほうが Fe^{2+} よりも強い）や結晶格子*内でどの元素が置換されるか，を左右する重要な量．⇨ イオン結合；イオン半径；原子価

イオン半径 ionic radius

同じ元素の2つのイオン*の中心間距離の半分．個々のイオンの大きさを精確に測定することはできないが，実際に特定の結晶*構造内でのイオン半径を推定する方法はいくつかある（たとえば X線回折法*）．一般に次のことが知られている．(a) 周期律表の同じ族ではイオン半径は原子番号*とともに増大する．(b) 同じ周期（同じ水平方向の列）の元素の陽イオン*では，正電荷が大きくなるにつれて減少する（同じ数の核外電子*に対するそれぞれの核の引力が大きくなっていることを反映）．たとえば， $Na^+=1.02$, $Mg^{2+}=0.72$, $Al^{3+}=0.53$, $Si^{4+}=0.40$. (c) 同様の理由で，同じ元素で原子価*が異なる場合には，正の電荷が大きいほど半径は小さい．たとえば， $Mn^{2+}=0.82$, $Mn^{3+}=0.65$. (d) 同じ周期の元素の陰イオン*では，負の電荷が大きいほど半径も大きくなる（電気的反発による）．

イオン・ポテンシャル ionic potential

イオン*の引力の強さの尺度．イオンの電荷(Z)をイオン半径*(r)で割った商(Z/r)で表す．

遺骸学 necrology

腐敗，分解，化石化作用*など，死んだ動植物体で進行するすべての現象を研究する科学．

遺骸群（遺体群） death assemblage (thanatocoenosis)

異地性*の化石群集のこと．生息していたときにはたがいに関連をもたなかった生物が，水流の作用などにより寄せ集められたもの．

イガイ目 Mytiloida（**軟体動物門*** phylum Mollusca, **二枚貝綱*** class Bivalvia)

足糸付着型*の表生*二枚貝の目．殻は等殻で著しく不等側であり，稜柱層と真珠層からなる（たとえばミチルス・エデュリス *Mytilus edulis*；ありふれたムラサキイガイ）．貧歯型*の歯生状態*をもち，靭帯は長く後位*．閉殻筋は不等筋で，後閉殻筋とその筋痕のほうが，前閉殻筋とその筋痕よりも大きい．套線は全縁で，水管*はほとんど発達しない．このグループの二枚貝類はデボン紀*に出現した．⇒ 筋痕

e 過程 e-process ⇒ 平衡過程

イカルス Icarus

太陽系*の小惑星*（No. 1566). 直径1.4 km，質量約 10^{12} kg，自転周期2.273時間，公転周期1.12年．地球の公転軌道と交差する離心率の高い軌道をもつ．

維管束植物門 Tracheophyta（**維管束植物** vascular plants；**後生植物界*** kingdom Metaphyta)

維管束（木部と篩部）をもち，それによって水分と養分を運んでいる植物がつくる門．現在の植物分類体系では，維管束植物門は従来のシダ植物門と種子植物門を含んでいる．⇒ シダ植物亜門；種子植物門

生きている化石 living fossil

出現して以来，本質的に変化することなく存続している生物．たとえば，リンギュラ属 *Lingula*（シャミセンガイ；腕足動物門*）はオルドビス紀*から，スフェノドン属 *Sphenodon*（ムカシトカゲ）は前期中生代*から，ほとんど変化していない．

異極鉱 hemimorphite (1), calamine (2)

1. 珪酸塩鉱物*．$Zn_4[Si_2O_7](OH)_2 \cdot H_2O$；比重3.4～3.5；硬度*4～5；斜方晶系*；塊状のものは白，灰，黄，褐，緑，淡青色，ときに無色；ガラス光沢*；結晶形*は板状の微粒のこともあるが，ふつうは放射状または土状の集合体をなす；劈開*は角柱状｛110｝に完全．硫化亜鉛，硫化鉄，硫化鉛をともない菱亜鉛鉱* $ZnCO_3$ と共生．硫化鉛/硫化亜鉛鉱床*の酸化帯，地表付近の熱水*脈に硫化物鉱物*，蛍石*とともに産する．2. ⇒ 菱亜鉛鉱

異極像 hemimorphy

上半球の結晶面*を下半球に反映する対称要素をもたない結晶*像．好例は電気石*で，1本の垂直な3回対称軸と垂直な3つの対称面をもつのみで，水平な対称軸または対称心を欠く．⇒ 結晶の対称性

イギリス標準分類法（粒径の） British standard classification ⇒ 粒径

イグアノドン科 Iguanodontidae

ジュラ紀*と白亜紀*に繁栄した二足歩行性（鳥脚亜目*）の鳥盤目*恐竜*の科で，最も代表的な属がイグアノドン属 *Iguanodon*．この属はヨーロッパ，アジア，アフリカから産出する．

イクイセタム属 *Equisetum* ⇒ トクサ綱

イクイセティテス・ヘミングウェイ *Equisetites hemingwayi*

トクサ目の最初の種で，ヨーロッパの石炭系*から知られている．現存する唯一のトクサ類であるイクイセタム属の直接の祖先と考えられている．⇒ トクサ綱

イクスアエロビック- exaerobic

この語は，無酸素*状態ないしそれに近い堆積環境で形成された，層状構造を示す生相*に対して用いられる．これには，腕足類（動物門*），二枚貝類（綱）*，軟体動物（門）*のような大型の表生底生*無脊椎動物*の化石が含まれている．

イクチオステガ属 *Ichthyostega*（**迷歯亜綱*** Labyrinthodontia)

両生類*のうち，イクチオステガ属とイクチオステゴプシス属はデボン紀*後期に出現した．イクチオステガ属は精巧な頭蓋*をもち，強靭な肢が発達している．むしろ魚類に似た長い尾をもち，歯のエナメル*質には複雑に入り組んだ迷路状のひだがあることから，総鰭類（そうき-)（亜綱)*の魚類と系統的な関係があることが明らかになっている．体長はおよそ1 m どまり．最近発見さ

れたイクチオステガ属と近縁グループの完全骨格標本では，各肢の指の数が，現生の四肢動物の5本よりも多いという思いがけないことが明らかになった．たとえばイクチオステガ属の後肢には7本（前肢では不明），またアカントステガ属 Acanthostega の前肢と後肢には8本の指があった．

イクチオステゴプシス属 *Ichthyostegopsis*
⇒ イクチオステガ属

イグニンブライト ignimbrite
　軽石*質の火砕流*から堆積した分級*不良の火山砕屑岩*．1つの火砕流から，それぞれの構成成分をもつ何枚もの層からなる1つの火砕流ユニットが堆積する．火砕流があいついで流下すると，火砕流ユニットが累重して固結度の低いイグニンブライトの複合層が形成される．岩石が高温で，荷重が大きい場合には，岩体の下部では基質*中のシャード〔shard；ガラス質*細片〕や軽石*クラスト*が押しつぶされて焼結し，ユータキシティック構造*が発達する溶結層がつくられる．イグニンブライトの岩体を通過して上部に抜け出してきたガスから，押し固められていないシャードや軽石の隙間に鉱物が沈積して，石化*したシラー*の層準*がつくられることがある．シラーではシャードや軽石のガラスは脱はり作用*を受けている．イグニンブライトの大きさは極めて多様で，長さは数百mから100km以上，厚さは1mから数十mにわたる．形態はアスペクト比〔厚さ/長さの比〕で示される．⇒ 高アスペクト比イグニンブライト；低アスペクト比イグニンブライト

イクノファブリック（生痕ファブリック） ichnofabric
　生物活動によって形成された堆積物の構造と組織．

異型胞子 heterospory ⇒ 胞子

e 光 e-ray ⇒ 異常光

異甲亜綱 Heterostraci（**翼甲亜綱** Pteraspida）（**異甲類** heterostracans；**無顎上綱*** superclass Agnatha）
　体が硬い装甲で覆われ，顎をもたない魚様のグループからなる最古の脊椎動物*の亜綱で，カンブリア紀*後期からデボン紀*にかけて生存した．胴の皮甲は真の骨*細胞を欠き，内部骨格も残されていないことから，骨格は軟骨*質であったと考えられている．胴の前部は大きい背甲板と腹甲板，両側の小さい鰓甲板（さい-）で覆われ，側方にそれぞれ1つの鰓孔が見られる．頭の両側に眼があり，口前方に突き出した吻板の内部に一対の嗅嚢をもつ．胴の後部は鱗で覆われ，尾鰭は下に傾く逆異尾（⇒ 異尾）である．異甲類は，数cmほどの小型のものがほとんどであるが，体長1.5mに達する種もあった．デボン紀のプテラスピス属 *Pteraspis* のような典型的な異甲類の体は円筒形であるが，なかにはドレパナスピス属 *Drepanaspis* のように扁平な体をもち，海底を這いまわっていた種類もある．

移行型土壌 intergrade
　起源が異なる2種類の土壌*または土壌層位*の特徴を有し，両者の間の漸移型と考えられる土壌または土壌層位．

囲口水管 circum-oral canal（**環状水管** ring canal）
　棘皮動物（門）*の水管*系の一部．穿孔体*から取り入れられた水は，石管を経由してアリストテレスの提灯*上部にある囲口水管まで食物を運ぶ．囲口水管からは5つの放射水管が各歩帯*の中心まで延びる．歩帯には移動と呼吸をつかさどる管足*が等間隔で並んでいる．

囲口部 peristome（形容詞：peristomal）
　ウニ類（綱）*の口の周辺の部分．小さい殻板が点在する，皮のような表面をもつ．

囲肛部 periproct
　ウニ類（綱）*の肛門をとり巻く部分．石灰質の小さい板がゆるく結びついた，皮のような表面をもつ．

異歯亜綱 Heterodonta（**軟体動物門*** phylum Mollusca, **二枚貝綱*** class Bivalvia）
　異歯型*の歯生状態*をもつ二枚貝類（綱）の亜綱．蝶番*部の歯は，殻頂*下の主歯*とその後方に位置する後側歯からなる．退歯型*を示すものもあり，その靱帯は後位*である．生活様式によりさまざまな形の殻があり，多くは霰石（あられいし）*からできており交叉板構造をもつ．套線*は湾入しないものから深く湾入するものまでさまざま．多

くの異歯類は内生* で，よく発達した水管*を使って食物を獲得する．最初の異歯類は中部オルドビス系* から産出する．

異歯型 heterodont
ある種の二枚貝類（綱）* に見られる蝶番*歯の配列様式の1つ．蝶番部に異なる大きさの歯をもち，殻頂* の下にある主歯* と，その前後にある側歯に分かれている．

イシサンゴ目 Scleractinia (Madreporaria)（**イシサンゴ類** stony corals；**多放線亜綱*** subclass Zoantharia）
単体のものもあるが，一般には群体をつくるサンゴの目．放射状の仕切り（⇒ 隔壁）が発達した石灰質の外骨格* をもつ．隔壁は 6, 12, 24, 48 というサイクルで，放射状に広がる体壁（隔膜*）内の襞のパターンに沿って発達する．この目は三畳紀* 中期に出現した．

異歯性 heterodont
たとえば哺乳類* の歯が切歯，犬歯，小臼歯，大臼歯に分かれているように，脊椎動物* がいくつかの異なった形の歯をもつこと．これは，すべての歯の形状が同じである同歯性とは対照的．

異時性 heterochrony
個体発生* において，形態，サイズ，成熟度といった要素が時間的に偏って発現すること．これにより，生物は発生の早い段階あるいは遅い段階でそれぞれの要素を獲得することになる．その結果，幼形進化* あるいは反復* が起こる．

異質岩片 accidental lithics ⇒ 石質岩片

異質土 soil variant
周囲の土壌* とは特性が大きく異なる土壌．周囲のものとは別の土壌系列* 名を用いてしかるべきであるが，地理的な分布範囲がせまいため，それには至らないもの．

異質同型生物 homeomorph
収斂進化* の結果，系統的に直接関連のない他のタクサ* と表面的に類似した形態をもつ生物．

医者風 the doctor ⇒ ハルマッタン

移住経路 migration route
2つの生物地理区の間で動植物の移動を可能にする経路．さまざまなタイプのものがこれまでに認識されている．たとえば，シンプソン* (1940) の回廊分散ルート*，浸透ルート*，大穴分散ルート* などは，哺乳類*，最近では爬虫類* の移住に関連して広く引き合いに出されている．

異常 anomaly ⇒ 地球植物学的異常；地化学異常；重力異常；熱流量異常；地磁気異常

異常光 extraordinary ray (e 光 e-ray)
鉱物光学：光が複屈折* する結晶* 内を進むときに生じる2つの光線のうちの1つ．通常光（o 光）はすべての方向に同じ速度で進むが，異常光の速度は方向によって異なる．異常光は鉱物内で屈折する．

異所性 allopatry
地理的に離れた地域に近縁な複数の種* が存在すること．ごく近縁の種が地理的に隔離されると，食料源や生息域などの資源に対する両者の競争が少なくなり，これらの種間にあった違いが減少することが多い（すなわち形質* 収束）．この過程は形質置換と呼ばれ形態上あるいは生態上の現象として現れる．

異所的種分化 allopatric speciation
交雑可能な集団が地理的に隔離または分断されることによる種の分化（新しい種* の発生）．孤立した小さい集団内では遺伝子* の拡散が起こりやすく，その結果新しい種が生み出される．こうした種分化は緩慢である場合もあるが，断続平衡を主張する進化論モデルでは，非常に急激に起こるとされている．⇒ 断続平衡

イスア系 Isuan
下部始生界* 中の系*．年代はおよそ 3,875〜3,525 Ma．名称は，西グリーンランド，アミツォーク片麻岩（Amitsoq Gneiss）を含むイスア（Isua）岩体に因む．

イーストニアン階 Eastonian
オーストラリアにおける上部オルドビス系* 中の階*．ジスボーニアン階* の上位でボリンディアン階* の下位．

泉 spring
地下水面* が地表面と交わるところに見られる地表への地下水* の流出．泉からの水流が明瞭でなく（すなわち明瞭な滴りをなしていず），浸みわたっている場合には'浸出'

と呼ばれる．カルスト*地域で地表から地下に入り込んでいた水が再び地表に現れる泉は'リサージェンス〔復活の意〕'と呼ばれる．その大規模なもので，溶食チャンネル*の洪水によって地下水系から地下水が地表に噴出する現象は，南フランスのボークリューズの泉（Fontaine de Vaucluse）に因んで，ボークリューズ泉（Vauclusian spring）と呼ばれる．

胃　石 gastrolith
　ある種の爬虫類*と鳥類*の胃にある，食物を砕いて消化を助けるために呑み込んだ石．胃石は円磨されている．

E 層 E-layer
　1. 外核*．深度約 2,886 km から内核との境界の 5,156 km までを占める．主として地震波速度*によって識別されている．2. 電離圏*中の高度約 100 km にある電離層．3.5 MHz の電波を強く反射する．

位相速度 celerity (1), phase velocity (V) (2)
　1. 波が進む速度．理想的な波の位相速度 (c) は，波長*(λ) と振動数*(f) によってきまり，$c = f\lambda$ で表される．波の振動数 (f) とは単位時間 (t) に 1 点を通過する波の数 (n)，したがって $f = n/t$．水深が深い場合には位相速度は次の式で表される：$c = (g\lambda/2\pi)^{1/2} = 1.25\sqrt{\lambda}$．$\lambda$ は波長 (m)，g は重力加速度* (9.81 m/秒^2)．水深が浅いときは次の式で表される：$c = (gd)^{1/2} = 3.13\sqrt{d}$．$d$ は水深 (m)．2. 波のある特定の位相（波頭または波底）が移動していく速度．→ 群速度

イソギンチャク sea-anemone ⇨ 花虫綱

イソサーミック isothermic ⇨ パージェリック

磯　波 surf
　砕波帯の陸側縁と海岸線のあいだにあって，岸に向かっている砕波*．

イソハイパーサーミック isohyperthermic ⇨ パージェリック

イソフリジッド isofrigid ⇨ パージェリック

イソメシック isomesic ⇨ パージェリック

遺存種（残存種） relict
　〔同一の生態系*に生息していた〕他の種が絶滅*していくなかで，生存し続けている生物．不適当な条件（たとえば氷期*あるいは陸の沈水）が卓越する期間，レフュージア*と呼ばれる地域に逃れることにより絶滅を免れた種に適用されることが多い（たとえば北極高地植物）．あるグループ中の他の種が絶滅した後も生き残っている種を指す場合もある（たとえばシーラカンス*）．

板 plate
　ふつう，石灰質の骨格形成物質*からできている板状の小片に用いられる一般用語．板はいろいろな生物グループでさまざまなかたちをしている．たとえばある種の腕足類（動物門）*の三角孔*は，1 組の三角板*で覆われている．

イーダ Ida
　太陽系*の小惑星* (No. 243)．直径 58×23 km，質量約 10^{17} kg，自転周期 4.633 時間，公転周期 4.84 年．1993 年 8 月 23 日に探査機ガリレオ*が撮った画像から小さい衛星*をもつことが明らかになった．この衛星は後にダクチルと命名された．

イタチ科 Mustelidae ⇨ 食肉目

板チタン石 brookite
　酸化物鉱物*．TiO$_2$；比重 4.1；硬度* 5.5～6.0；斜方晶系*；赤褐～黒褐色；条痕白色；金属光沢*；結晶形*は通常は板状；劈開*は柱状に不完全．火成岩*と変成岩*に副成分鉱物*として，また熱水*脈に産する．板チタン石，アナターゼ*，ルチル*はいずれも酸化チタンの多形*．英語名称はイギリス人鉱物学者ブルーク（H. J. Brooke）に因む．

イタビライト itabirite
　ブラジルにおける縞状鉄鉱石*の呼称〔イタビラ（Itabira）鉱山の名に由来〕．

イダミーン階 Idamean
　オーストラリアにおける上部カンブリア系*中の階*．ミンジャラン階*の上位．イダミーン階より上位は一括されて後イダミーン階と呼ばれている．

I 型震源 Type I earthquake source ⇨ シングルカップル

一次移動 primary migration
　まず貯留岩*内部で，次にその外へ炭化水素*が上昇していく過程の初期段階．
一軸圧縮強度 unconfined compressive strength（uniaxial compressive strength）
　岩石または土壌試料が，側圧をかけない状態で一方向（一軸方向）に圧縮されて破壊*されるときの強度．⇨ 一軸圧縮試験
一軸圧縮試験 unconfined compression test（uniaxial compression test）
　側面に圧力を加えることなく，一方向（一軸）から岩石または土壌試料を破壊するまで圧縮して，圧縮強度を求める試験．破壊*の状況は試料の長さ/幅比と加圧速度に依存する．
一軸性干渉像 uniaxial interference figure ⇨ 干渉像
一次クリープ primary creep（遷移クリープ transient creep）
　低い応力*のもとに長期間おかれている物質中で発生する，粘弾性歪*によって特徴づけられるクリープ*の初期段階．
一次鉱物 primary mineral
　マグマ*から晶出した鉱物*．このうち，主成分鉱物*は岩石の分類と同定の基本となるもの．副成分鉱物*は分類，同定に影響しないもの．
一次生産量 primary productivity
　生物によって無機物から合成される有機物の量．海洋では水深100 mまでの受光帯における植物性のプランクトン*である藻類*による光合成*が一次生産のほとんどをまかなっている．熱帯海域では季節による海水の鉛直混合がないため，温帯海域よりも生産性が低い．栄養分に富む深層水が湧昇する海域は生産性が高い．
一次地球化学的分化説 primary geochemical differentiation
　地球の核*，マントル*，地殻*の生成を説明する理論．ニッケル・鉄からなる核は元素の分配にともなって，還元元素が鉄との合金をつくって核に濃集し，残りがマントルと原始地殻をつくったとされる．

一次地球化学的分散 primary geochemical dispersion
　変成作用，火成作用*，熱水作用を通じて地球表面下で元素が移動することによって，火成岩*や変成岩*が形成されること．⇨ 変成作用；マグマの分化作用；熱水活動
位置水頭 elevation head ⇨ 位置潜在エネルギー
異地性- allochthonous
　現在の位置からかなりの距離離れた場所で生成した地質体に用いられる．その移動は，大規模な衝上運動*，過褶曲*あるいは重力性滑動*などによる．→ 原地性-
異地性河川 allogenic stream
　下流域とは異なる環境の地域に源流を発し，下流での環境変化に左右されることなく流れを維持している河川．典型例は，乾燥地帯を通過するうえに十分な流量を有しているナイル川やインダス川，浸透性の高い石灰岩*地域を通過することができるほどに大きいボスニアヘルツェゴビナのネレトバ（Neretva）川．
異地性岩体 allochthon
　通常かなりの距離を現在の位置まで移動してきた岩体．⇨ 異地性-
異地性テレーン allochthonous terrane ⇨ テレーン
位置潜在エネルギー elevation potential energy（位置水頭 elevation head）
　物体，たとえば水塊が基準面*（海水準または地表面など）より上にもち上げられることによって得るエネルギー．エネルギーは物体が低い位置に転位することにより解放されて運動エネルギーとなり，たとえば水であれば水力発電機のタービンをまわす動力となる．位置水頭とは，単位重量の水がある高さでもつエネルギーを長さの単位で表したもの．⇨ ベルヌーイの方程式；ダルシーの法則；圧力水頭
1日の長さ day length ⇨ 地球の自転
イチョウ植物門 Ginkgophyta
　唯一の現存種であるイチョウ Ginkgo biloba と絶滅*した類縁種を含む裸子植物*の門．疑いなくイチョウ類とされる最初の化石は三畳系*から知られており，その後のジ

ュラ紀*にはイチョウ類は世界的に分布するようになった．生き残っている野生イチョウは中国で知られているのみで，その葉は三畳紀の化石イチョウ属の葉に酷似する．分布が地理的に限られているうえ，葉の外形にも地質時代を通じてほとんど変化が見られず，運動性の雄性精子（現生の種子植物では，ほかにはソテツに知られているのみ）をもつことから，イチョウは生きた化石*の好例とされている．

イチョウ目 Ginkgoales
以前は，このグループは裸子植物*球果綱*の目として扱われていたが，現在では独立したイチョウ植物門*に分類されている．

一列型 uniserial
一列に配列した．⇒ 三列型

1回循環湖 monomictic lake
年間の1季節にのみ湖水の自由循環が起こる湖．寒帯に典型的な寒冷1回循環湖では循環は夏季の短期間に起こる．他の季節では表面水温が4℃以下であるため密度成層が生じている．温帯や亜熱帯の温暖1回循環湖では循環は冬季に起こる．他の季節には顕著な表水層*をともなう温度成層が形成されて，深部に達する自由循環が妨げられている．

一致指数 consistency index
分岐解析*において，系統樹*または分岐図*のなかで，同形形質*の発達がどの程度起きたのかを示す値．分岐図中の分岐の数（すなわち形質状態*の変化が起こった回数）を起こりうる分岐の最小数で割った商．したがって一致指数は0から1までの値となる．一般に，一致指数が0.5以下の低い値の場合，多くの同形形質の進化が起こったことを示す．

一致年代 concordant age
岩石中の鉱物*が生成以来地球化学的な擾乱を受けていなければ，異なる放射年代測定法*（たとえば，^{40}K-^{40}Ar法，^{87}Rb-^{87}Sr法，^{238}U-^{206}Pb法，^{235}U-^{207}Pb法，^{232}Th-^{208}Pb法）によって得られる年代は，それぞれの放射性核種*の半減期（⇒ 崩壊定数）の精度から予測される誤差*の範囲内で一致するはずである．そのような年代を一致年代という．

一致溶液 congruent solution
複塩［2つ以上の成分の結晶作用によって形成される塩（えん），たとえばドロマイト*］の溶液で，固体のときと同じ比率のイオン*をもつもの．

一致溶融 congruent dissolution
固体物質が溶けて同じ組成の溶液となること．

一般化相反法（GRM） generalized reciprocal method（**パルマー法** Palmer method）
不規則な層構造に対応した屈折波の解析方法．矛盾しない走時曲線*を得るために，順方向と逆方向の発振記録を用いる．この方法はプラス-マイナス法*に比較されるが，それより適用するにあたっての制約が少ない．

一般適応 general adaptation
ある広い環境帯で生物が生きていけるように適応*すること．特別な生活形態への特殊化である特殊適応とは対照的．鳥の羽は一般適応であり特殊な形の嘴は特殊適応である．

溢流堤防 overflow levée ⇒ 溶岩堤防

溢流氷河 outlet glacier
アイスドーム*から放射状に延びている氷舌．ドーム内ではリボン状の形態（氷流）をなして高速で流動するが，ドームから離れると浅い凹地に入り込むことが多い．南極大陸の全長700kmに及ぶランバート氷河（Lambert Glacier）は世界最大級の溢流氷河である．

イディオブラスティック- idioblastic
粒子が完全に成長した結晶形*を呈している，変成岩*の組織*に冠する．

遺伝子 gene
遺伝現象の基本となる物理単元．各遺伝子は染色体*上で固定した遺伝子座を占めており，転写されて表現型*に固有の効果を与える．遺伝子は突然変異を起こして相同染色体上にさまざまな対立遺伝子*をつくりだすことがある．遺伝子はDNA（一部のウイルスはRNA）の鎖でできており，そのなかには1つあるいは複数の関連した機能が暗号化されている．DNAは，核*内部にある糸状の染色体のなかにタンパク質とともに位置している．しかしながらバクテリアとウイルスで

は，染色体はDNAの単純な長い糸からできている．

遺伝子型 genotype
生物の表形的な特徴である表現型*とは対照的な，生物の遺伝子*構成．

遺伝子プール（遺伝子給源） gene pool
有性生殖する生物の集団内における生殖可能な全個体がもつ，遺伝子*の総数あるいは遺伝的情報の量．

遺伝子流動（遺伝子拡散） gene flow
移住個体との間の遺伝子*交換によって起こる，交雑可能な集団内での遺伝子の移動．このような遺伝子の交換は，一方向あるいは双方向に起こる．

遺伝的浮動 genetic drift
子孫集団に見られる遺伝子*が，親集団の遺伝子を完全に反映していない，集団内における遺伝子頻度の偶然による変動．浮動はすべての集団に見られるものの，その効果はごく小さい隔離された集団でとくに顕著である．このような小集団内では，遺伝的浮動は異なる対立遺伝子*をランダムに固定するため，単一の祖先集団に存在したもとの変異は，生殖的に隔離された子孫集団間の変異として現れるようになる．

-(イ)ド -ide (-id, -ides)
'の息子'を意味するギリシャ語 ides に由来．ある系列に属する1つの元素名に付ける接尾辞（たとえば，actinide アクチニド），あるいは二元化合物のうち電荷が負の元素または遊離基のほうに付ける接尾辞（たとえば，sodium chloride 塩化ナトリウム）．

井戸 well
掘削を完了した試錐孔*．水は出るものの石油*や天然ガス*を産しない'空井戸（dry well）'と生産井とがある．

イドウィアン階 Idwian
下部シルル系*中の階*．ラッダニアン階*の上位でフロニアン階*の下位．

移動摂食痕（パスシクニア） pascichnia
ザイラッハー（A. Seilacher, 1953）は動物の行動分類（行動学）をもとに，生痕化石*を5つのグループに分類した．移動摂食痕はその1つである食い歩き痕．動物が摂食時に示す独特の行動パターンの結果つくられる．ネライテス属*の形成者のような堆積物食者*は，食物を探し求めて堆積物の上を這いまわってそれとわかる明瞭な生痕*を残す．

糸状- filiform
糸のように長く細い状態．

イードニアン階 Yeadonian
ロシアにおける中部石炭系*バシキーリアン統*中の階*．マースデニアン階*の上位でチェレムシャンスキアン階*の下位．

緯度補正 latitude correction
重力測定*に際して，赤道からの距離の関数である標準重力加速度*を求めるための補正．⇒ 国際標準重力式

イードメーター oedometer
粉体試料をシリンダー内で垂直方向に圧縮し，一定時間内における体積変化を測定して，圧縮係数*や圧密係数*などを求める機器．

イナーチナイト inertinite ⇒ 石炭マセラル群

イヌ科 Canidae ⇒ 食肉目
イヌ型亜目 Caniformia ⇒ 食肉目

イネジアン階 Ynezian
北アメリカ西海岸地方における下部第三系*中の階*．北アメリカでいうダニアン階*の上位でブリティアン階*の下位．ヨーロッパの上部ダニアン階*と下部サネティアン階*にほぼ対比される．

イノ珪酸塩 inosilicate（**鎖状珪酸塩** chain silicate）
SiO_4 正四面体が酸素を共有して結合し，鎖をなしている珪酸塩．これには2つのグループがある．輝石*では，4個の酸素のうち2個が共有されて1本の鎖をつくっており，$Si:O=1:3$．角閃石*では，SiO_4 正四面体の半分で2個，他の半分で3個の酸素が共有されて二重の鎖をつくっており，$Si:O=4:11$．

異剝石 diallage
透輝石*および普通輝石*の変種．(100)面に沿う裂開による特徴的なラメラ*構造をもつ．

異尾（不等尾，歪尾） heterocercal tail (1), heteropygous (2)

1.魚類で，脊柱の後端が上方へ曲がり，尾鰭の背側葉に延びているもの．このタイプの尾鰭では背側葉のほうが腹側葉よりも大きいのがふつう．異尾は多くの化石魚類に見られるとともに，現生のサメ（軟骨魚綱*）や原始的な硬骨魚類*，たとえばチョウザメ科やヘラチョウザメ科でも発達している．進化した条鰭類（じょうき-）（亜目）*では，脊柱は尾鰭の手前で止まり，尾鰭は骨質の条で支えられ，明瞭に上下対称の尾鰭となっている．→ 両尾．**2**. ⇨ 尾板

イプシロン斜交葉理 epsilon cross-bedding

1963年にアレン（J. R. L. Allen）によって提唱された数種類の斜交葉理*の1つ．川の突州〔⇨ 砂州〕で堆積物が側方に付加することによってつくられる．この型とともに提唱された他の語［ニュー-（nu-），ガンマ-（gamma-），ベータ（beta）斜交葉理など］は使用されていない．

イプスビッチ Ipswichian

1.イプスビッチ間氷期：更新世*における最後の間氷期*．名称は，イングランド，サフォーク州のイプスビッチ（Ipswich）に由来．北西大陸ヨーロッパのエーム間氷期*に対比されよう．**2**.イプスビッチ層：河谷に産する後期更新世の堆積物．段丘*にともなっていることも多い．その花粉ダイアグラム*から当時の気候は現在と大きくは異なっていなかったことがうかがえる．

イプレシアン Ypresian

1.イプレシアン期．始新世*で最初の期*．サネティアン期*（暁新世*）の後でルテティアン期*の前．年代は 56.5〜50 Ma（Harlandほか，1989）．**2**.イプレシアン階．イプレシアン期に相当するヨーロッパにおける階*．名称はベルギーのイプレス粘土（Ypres Clay）に由来．ペヌティアン階*と下部ウラティザン階*（北アメリカ），上部ウェイパワン階*，マンガオラパン階*，下部ヘレタウンガン階*（ニュージーランド），下部ジョハニアン階*（オーストラリア）にほぼ対比される．

囲 壁 theca（複数形：thecae）

イシサンゴ類（目）*のコララライト*縁辺にある密な外壁*．

イベロメソルニス属 Iberomesornis

何種類か知られている白亜紀*前期の鳥類*のなかで，スペイン中部ラスオヤス（Las Hoyas）から産出したこの属が最も詳しく研究されている．イベロメソルニス属は，木にとまるための脚をもつ最初の鳥類である．

イベント層序学 event stratigraphy

重要な物理的事件（イベント）（たとえば，海進*，火山噴火，地磁気極性の反転，気候変動など）および生物学上の事件（たとえば絶滅*）が大陸全体さらには全地球の層序*に残した記録を，発見して研究し，対比*する作業．D. V. Ager（1973）が提唱した語．堆積岩*中に保存されているこれらの記録を対比することによって，真の同時間面が確定されて層序の細分が可能となり，年代層序尺度*の精度が向上することが期待される．ザイラッハーは個々の地層*レベルでの事件の研究に対して'イベント地層学'という語を提案している（A. Seilacher, 1984）．

イベント堆積物 event deposit ⇨ ストーム層

イベント地層学 event stratinomy ⇨ イベント層序学

異放サンゴ目 Heterocorallia（**多放線亜綱*** subclass Zoantharia）

主にヨーロッパとアジアの下部石炭系*から産するサンゴの小さい目で，代表的な属としてヘキサフィリア属 Hexaphyllia とヘテロフィリア属 Heterophyllia が知られている．隔壁*をもつこと，および石灰質骨格の微細構造から，このグループは多放線亜綱に含められている．隔壁は他のサンゴの目とは異なる配列をしており，4つの原隔壁が中央部で結合し，新しい隔壁は周縁部で隔壁が分枝することにより付け加わる．

異方性 anisotropy

1.物質の光学的性質などの物理的性質が測定する方向によって異なること．鉱物*では立方晶系*以外のものが光学的異方性を示す．すなわち，鉱物を通過する光は光学軸*

に平行に進むときを除き，それぞれ速度の異なる2つの振動方向*に分けられ，その結果二重に屈折する（⇨ 複屈折）．さらに各光線は色ごとに屈折のしかたが異なる．**2．土木地質学**：方向によって岩石の工学的性質が異なること．たとえば，異方性の著しい片岩*では，葉状構造*と力を加える方向のなす角度によって圧縮強度（⇨ 圧縮応力）が異なる．→ 不均質；等方性

異方性測定器　anisotropic meter
方向による物性の違いを測定する機器．電気伝導度*，地震波速度*，低磁場－・高磁場磁化率*用のものなどがある．

イライト　illite（加水白雲母 hydromuscovite）
普遍的な粘土鉱物*で，2：1型のフィロ珪酸塩（層状珪酸塩）*の重要なメンバー；$K_{1～1.5}Al_4[Si_{7～6.5}Al_{1～1.5}O_{20}](OH)_4$；電荷バランスが不完全であるため，全体として負の電荷をもつ；比重2.6～2.9；硬度*1～2；単斜晶系*；結晶形*は小さい鱗片状；白雲母*や長石*が風化作用*による分解や熱水*変質作用*を受けて生成する．

イララ　Elara（木星Ⅶ Jupiter Ⅶ）
木星*の小さい衛星．直径は80 km（±20 km）．

イリジウム異常　iridium anomaly
イリジウムが，地殻*の平均的な含有量（1 ppb）よりも異常に高い濃度（典型的な場合には50 ppb）で含まれていること．白亜紀*と第三紀*の境界にまたがる世界中の堆積岩*で認められている．巨大な小惑星*あるいは彗星*が地球に衝突した後に，イリジウムが地表に降下したことによるとされている．この衝突が白亜紀/第三紀の境界を画する大量絶滅*の原因とされている．⇨ K/T境界事件

イリデセンス　iridescence
薄い膜の前面と背面から反射される光の干渉によって，表面に現れる虹色の輝き．

イリノイ氷期　Illinoian
北アメリカで認められている4回の氷期*のうち，3番目の氷期（0.55～0.4 Ma）．北東から移動してきた氷河の堆積物によってその存在が示されている．氷河作用*を受けた地域西部における花粉の証拠から，平均年間気温が現在より2～3℃低かったとみられている．この氷期後は温暖乾燥気候となった．アルプス地方のミンデル氷期*とリス氷期*にほぼ対比される．

移　流　advection
大気の運動によって熱が水平方向に輸送される現象．

遺留水　connate water
'いっしょに生まれた'を意味するラテン語 *connatus* に由来．水中で堆積し固化した堆積岩*中に取り込まれている水．したがってその堆積岩と年代が同じで，塩分濃度*が高い．

色消し線　achromatic line
それぞれにピクセル（画素）*をなす加色三原色*が多量にプロットされている三次元グラフ中で，軸に対して45°の角度をなす線．この線に近接しているピクセルは強く発色しないので，非相関性強調*が必要となる．

色指数　colour index
火成岩*中で鉄苦土（有色）鉱物*が占める体積パーセント値．鉄苦土鉱物とは，かんらん石*族，輝石*族，角閃石*族および黒雲母*．色指数は火成岩を分類する基準の1つで，鉄苦土鉱物モード*を60％含んでいる岩石の色指数は60．色指数が50～90の岩石（たとえば玄武岩*）は苦鉄質*岩石と呼ばれる．〔日本では，0～30，30～60，60～100の岩石を，それぞれ優白岩，中色岩，優黒岩としている．〕

鰯雲（いわし-）　mackerel cloud
隙き間があいているため，全体としていわしの胴の模様に似た形状を呈する巻積雲*（または高積雲*）．〔雲の変種の1つである波状雲の俗称．〕⇨ 肋骨雲

陰イオン　anion
電子*を1個またはそれ以上得て，負の電荷をもっているイオン*（原子または原子群）．たとえば，Cl^-，OH^-，SO_4^{2-}．電流が導電性の溶液内を流れるとき，溶液中の陰イオンが陽極*に引きつけられるためこのように呼ばれる．→ 陽イオン

陰　極　cathode　⇨ 陽イオン

インコンピーテント incompetent

レオロジー*：岩石や地層*の相対的な変形されやすさを表す形容詞．コンピーテントな物質よりも堅固でなく，断裂するよりも流動変形する傾向がある物質に冠される．インコンピーテントな物質は圧縮応力*を長距離にわたって伝達する能力を欠く．⇨ コンピテンシー

隠歯亜綱（潜歯亜綱） Cryptodonta（**軟体動物門*** phylum Mollusca, **二枚貝綱*** class Bivalvia）

二枚貝類の亜綱で，霰石（あられいし）*からなる薄い等殻の殻をもつ．靭帯は両位*あるいは後位*で外在．蝶番*板はせまいかあるいはない．鉸歯（こうし）をもたないものが多いが，ある種では歯は多歯型である．生活様式は内生*．オルドビス紀*に出現した．

隠生累代 Cryptozoic

始生代*に相当する地質時代．すなわち2,500 Ma 以上の時代（Van Eysinga, 1970）．〔始生代*と原生代*を合わせた時代，すなわち先カンブリア累代*を指すことのほうが多い．〕

隕　石 meteorite

小さい地球外物質．大部分は小惑星*帯から由来し，地球の気圏*を通過して地上に達したもの．大きさはほとんどが数 cm 程度．成分と組織によって，コンドライト*，エコンドライト*，石鉄隕石*，隕鉄*の主要な4グループに分けられる．⇨ 南極隕石；オーブライト；玄武岩質隕石；炭素質コンドライト；ユークライト；シャゴッタイト-ナクライト-シャッシナイト隕石；石質隕石；テクタイト

隕石痕 astrobleme

英語名称は‘星による負傷’の意．隕石*，小惑星*，彗星*の衝突によって生じた地表のクレーター*．一般に直径10 km 以上の大きいものを指すが，あまり用いられることはない．

隕石の元素存在度 meteoritic abundance of elements

コンドライト質隕石*（⇨ コンドライト），とくにC1炭素質コンドライト*における元素の相対存在度は，太陽系*の惑星をつくった原始物質の化学組成を推定するうえに最もすぐれた情報をもたらすと考えられている．C1炭素質コンドライトと太陽における非揮発性元素の存在度はほとんど同じ．一方，ふつうの隕石の化学組成は地球の組成*と類似していると考えられる．

元素	コンドライトの平均（重量%）
O	33.24
Fe	27.24
Si	17.10
Mg	14.29
S	1.93
Ni	1.64
Ca	1.27
Al	1.22
Na	0.64
Cr	0.29
Mn	0.25
P	0.11
Co	0.09
K	0.08
Ti	0.06

インセプティソル目 Inceptisol

無機物質が風化*または除去されている土壌層位*を1つ以上もつ鉱質土壌．土壌断面*発達の開始段階にあって，目に見える層位が形成され始めた土壌*．褐色土*はこれに含まれる．

インゼルベルク inselberg

ほぼ平坦な周辺の平原から立ち上がり，急斜面でかこまれている孤立した丘．麓にせまいペディメント*をともなうことがある．縁が局所的に張り出したり，急勾配となっていたりすることもある．サバンナ気候下で典型的に発達する．〔‘島の山’を意味するドイツ語に由来．〕

インター- inter-

‘の間’を意味するラテン語 inter に由来．‘の間’を意味する接頭辞．

インダス階 Induan ⇨ スキチアン統

インターフィンガー interfingering ⇨ 指交関係；河間地

インターフェース interface
2つの機器をつなぎ，相互間で交信できるようにする装置．コンピューターにつける装置を指すことが多い．

隕　鉄 iron meteorite (siderite)
鉄とニッケル（4〜30% Ni）からなり，少量の珪酸塩鉱物*をともなう隕石*．博物館にはかならず展示されているが，落下隕石*の数%を占めるにすぎない．

インド-オーストラリア・プレート Indo-Australian Plate
〔インドとオーストラリア大陸を含む〕大きいプレート*．カールスベルク海嶺*沿いの南〜南西縁とインド海膨〔Indian Rise〕沿いの南東縁に新しい海洋地殻*が生産されつつある．これ以外の縁は，ヒマラヤ造山帯*の衝突帯*，沈み込み帯*（東インド諸島）あるいはトランスフォーム断層*〔ニュージーランドのアルパイン断層（Alpine Fault）など〕．このプレートは90°E海嶺（ナインティ・イースト海嶺）に沿って2つのプレートに分裂しかかっていると考えられている．

インド洋 Indian Ocean
世界の主要な海洋の1つ．アフリカ，インド，オーストラリアにかこまれる．面積7,700万km²，平均水深3,872 m．3つの大河川（ガンジス，インダス，ブラーマプトラ川）から大量の堆積物*を受け入れている．

イントラ- intra-
'内側'を意味するラテン語 intra に由来．'内の'または'の内側'を意味する接頭辞．**1**．フォークの石灰岩分類法*でイントラクラスト（盆内成岩片）*が卓越する石灰岩*に付けられる接頭辞．**2**．問題としている対象に見られる（または発達している）過程（または物体）に付けられる接頭辞．たとえば，堆積中の地層*から礫がもたらされた礫岩*を層内礫岩（intraformational conglomerate）と呼ぶ〔礫岩の訳注を参照〕．

イントラクラスト（盆内成岩片） intraclast
堆積盆地*内で近傍の炭酸塩堆積物が侵食されて同じ盆地内に再堆積した，固結または半固結状態の破片（➡ 外来岩片）．再堆積岩片は非晶質で無構造であることが多い．貝殻の破片が完全にミクライト化（⇨ ミクライト）して生じた炭酸塩塊は，真性のイントラクラストと見分けがつかないので，便宜上イントラクラストとされることがある．

イントラスパーライト intrasparite
イントラクラスト（盆内成岩片）*がスパーリー方解石*（スパーライト*）によって膠結*されている石灰岩*．⇨ フォークの石灰岩分類法

イントラミクライト intramicrite
ミクライト*基質*中にイントラクラスト（盆内成岩片）*が含まれている石灰岩* ⇨ フォークの石灰岩分類法

インパクタイト impactite
惑星または衛星*の表面に隕石*が衝突した衝撃で形成される岩石．⇨ スエバイト

インパクトゲン impactogen ⇨ ライン地溝帯

インパルス応答関数 impulse response function
フィルター*の効果の具体的な表現．たとえば，スパイク（ディラック*）関数が線形フィルターに入力された場合，出力関数は変形されて広がるが，この特徴的なフィルターによる影響がインパルス応答関数である．データ処理におけるたたみ込み*やデコンボリューション*で重要となる．

隠微晶質 cryptocrystalline
火成岩*中の極細粒結晶の集合体および岩石顕微鏡下でも個々の結晶*が識別されないほどに細粒の鉱物に冠される．X線で回折パターンをつくる．溶岩*として噴出したマグマ*が急冷すると，隠微晶質の鉱物集合体が生じることが多い．〔チャート*も，放散虫*殻の成分であるシリカ*が再結晶して生じた隠微晶質の石英*からなる．〕

インプット　INPUT（誘導パルス・トランジェント　INduced **PU**lsed **T**ransient**）**
航空機の機首，尾部，両翼端に大きいコイル発信器をとりつけた，空中電磁気探査*システム．航空機からバード*を曳航して，一次場がパルス間隔にあるときの二次場の減衰を検知する．

インブリア紀 Imbrian
1．始生代*の紀*．年代は約3,850〜3,800

Ma(Harland ほか，1989)．**2**．⇨ 付表 B：月の年代尺度

インベリアン亜階 Inverian

スコットランド北西部における原生界*ルーイシアン階*中の亜階*．年代は約 2,300～1,600 Ma(Van Eysinga, 1975)．この亜階をスクーリー片麻岩が生成されたスクーリアン亜階*に含めようとする見解もある．

インボリューション involution (花綵土 festoon)

表土または地表面近くの未固結層に見られる層理面*の変形．変形が規則的な場合には花綵(はなづな)状の構造('凍結渦')が生じ，不規則な場合には著しく曲がりくねった構造となる．過去および現在の周氷河*環境に特徴的で，基本的には地表部分の凍結が原因．

ウ

ウー- oo-

フォークの石灰岩分類法*でいう，ウーイド(魚卵石)*を含む石灰岩*に冠する接頭辞．例，ウースパーライト(oosparite)．

ヴィクトリアピテクス属 *Victoriapithecus*

最初期の旧世界ザルに含まれる属．近縁な属と考えられているものの詳しくは知られていないプロヒロバテス属 *Prohylobates* とともに，進化型の旧世界ザルとは別のヴィクトリアピテクス科に分類されている．この科はこれまでに，東および北アフリカから知られているのみ．ヴィクトリアピテクス科では旧世界ザルに特徴的な二横堤歯*が部分的に発達しているにすぎず，その他の形質*もこの科が原始的なタクソン*であることを示している．

ウィグル波形 wiggle trace

検流計から出力される古典的な地震波*波形記録．収録されたデータの波形*を表す．今日では，ウィグル波形を面積表示*で表示する．

ウィグル波形

ウィグワム wigwam ⇨ テント岩

ウィスコンシン氷期 Wisconsin

北アメリカで認められている4回の氷期*のうち最後のもの(80,000～10,000年BP)．これより先の氷期と同様，氷河が前

進・後退をくり返し，コルディレラ山脈*に数層のティル*を残した．氷床*の周辺地域から得られている証拠によれば，気温は現在よりも6℃ほど低かったらしい．アルプス地方のビュルム氷期に相当する．

ウィットウェリアン階 Whitwellian
シルル系*中の階．シェインウッディアン階*の上位でグリードニアン階*の下位．

ウィットウォーターズランド層 Witwatersrand ⇨ ランド系

ウーイド（魚卵石） ooid（ウーリス oolith）
亜球形で砂*粒大の炭酸塩粒子．他の粒子を核としてそのまわりを炭酸カルシウムの同心状の殻がとり巻いている．⇨ ウーライト（魚卵石石灰岩）

ウィドマンステッテン組織 Widmanstätten structure
隕鉄*の研磨・腐食*面に現れ，特異なパターンを示す組織*．隕鉄がゆっくりと冷却することによって生じたカマサイト（kamacite；α-鉄）とテーナイト（taenite；γ-鉄）の平行なバンドが交錯している．このパターンを分析することによって元の物体の大きさと構造を知ることができる．名称は，1804年に記載したカウント・ウィドマンステッテン（Count Widmanstätten）に因む．

ウイバック造山運動 Uivakian orogeny
およそ3,000 Maに起こり，今日のカナダ，ラブラドル地方をほぼ南北に走る造山帯*をつくった造山運動*．

ウィーヘルト，エミール（1861-1928） Wiechert, Emil
ドイツの物理学者．1901年にゲッチンゲン地球物理学研究所を創設．地震計*を大幅に改良して地震波*の種類を識別することを可能とし，P波*とS波*を見いだして命名した．また地震学データから核*の直径と密度を計算した．

ウィリー・ウィリー willy-willy
オーストラリア西部に発生する熱帯低気圧*の俗称．

ウィルソン・サイクル Wilson cycle
提唱者ウィルソン*に因んで命名された仮説．海洋盆の一生は開口から発展を経て最終的な閉塞と破壊に至る各ステージからなるというもの．6ステージと各ステージにあるプレート・テクトニクス*の過程が現在の地球上の各地で同定されており，原生代*初期までの造山帯*に適用されるようになっている．
第1ステージの最初期（胚芽期）には地殻*の隆起と伸張が起こり，リフトバレー*が形成される（例，東アフリカ・リフトバレー）．第2ステージ（初期）にはリフトの沈降がさらに進行するのに加えて，海洋底拡大*が起こる．その結果，両岸が平行なせまい海が生まれ，間欠的な乾燥のため蒸発岩*が形成されることもある（例，紅海*）．このステージで隆起が広域にわたってドーム状*に起こり，放射状に延びる3つのリフトが三重会合点*をなしていると，2つのリフトが拡大し，残りのリフトはオラーコジン*となる（例，エチオピア・リフト）．第3ステージ（成熟期）にあるのが大西洋*で，大陸棚*に縁どられた広い海洋盆が現れ，海嶺*で新たな熱い海洋地殻*が生産される．第4ステージ（後期）には拡大系が不安定となり，海嶺から遠ざかって冷却した岩石圏（リソスフェア）*の一部は流動圏（アセノスフェア）*に沈み込んで海溝*とそれにともなう島弧*を形成する．現在縮小している太平洋*はこのステージにあると考えられている．第5ステージ（末期）には，縮小がさらに進行，付加体*は圧縮と変成作用*を受けて隆起し，若い山脈に成長する（例，地中海）．最後の第6ステージには大陸塊の間にある海洋地殻はすべて沈み込み，大陸は衝突帯*で会合し，縫合線*をもって合体する．縫合線（たとえばヒマラヤ山脈のインダス-ヤールン-ツァンボ縫合線 Indus-Yarlung-Zangbo suture）はプレート*同士が合体した痕跡で，非活動的となったかつてのプレート縁*に相当する．

ウィルソン，ジョン・ツゾー（1908-93） Wilson, John Tuzo
トロント大学の地球物理学教授．最もよく知られている業績は，直線的な地磁気異常の縞模様*と海洋地殻*下の地震活動の研究に基づき，海洋底拡大軸をずらせているトラン

スフォーム断層*について 1965 年に公表した理論. プレート*という語を初めて使用した. またハワイ列島の発達を説明するためにホットスポット*の考えを導入した. ⇒ ウィルソン・サイクル；ハワイ-天皇海山列

ウィールディン層 Wealdien
フランスのチトニアン期*の砂*層. ウィールデン層*と混同しないこと.

ウィールデン層 Wealden
イギリスの先アプチアン期*白亜紀*の淡水堆積層. サセックス地方とケント州では，下部の砂質のハスティング層（Hasting Beds Group）と泥*が卓越する上部のウィールド粘土層（Weald Clay Group）の 2 単位からなる. ウィールディン層*と混同しないこと.

ウィンダミア亜間氷期 Windermere Interstadial （**後期デベンシアン亜間氷期** Late Devensian Interstadial）
イギリスの最終（デベンシアン*）氷期末期にかけての比較的温暖な期間. 放射性炭素年代*は約 13,000～11,000 BP 年. スカンジナビアのベーリング*, 古ドリアス*, アレレード*の各亜間氷期*を含む.

ウインドシア wind shear
鉛直方向における風速の水平成分の差. 高度による気温の変化率にしたがって変わる. 速度の異なる気流の境界層中で鉛直シアによって乱流混合が起こり, 雲が発生することがある. 異なる高度間のシアは, 風速と風向の差を表すベクトルで表現される.

ウインドノイズ wind noise
樹木や高い建物が風に揺れて, 根や基礎*から地盤に伝わった振動をジオフォン*やケーブルが受振した機械的なノイズ.

ウインドロウ windrow
湖面や海面上で列をつくって卓越風向に並んでいる泡や浮遊物. 水面上を吹く風によって水面近くの水中に右まわりと左まわりの鉛直循環セルが交互に生じる. 隣り合うセルが水面で収束する線に沿ってウインドロウがつくられる.

ウィーンの変位則 Wien's displacement law
物体からの電磁放射*の〔スペクトルの最大を与える〕波長がその物体の絶対温度*に反比例するという法則. 絶対温度が増大すると放射される波長は短くなる.

ウィーンフィルター Wiener filter
入力した信号を, 最小二乗法検定により望ましい出力のかたちに最も近いとされた出力信号に変換するフィルター*.

ウヴァロヴァイト（灰クロムざくろ石） uvarovite
鉱物. $Ca_3Cr_2Si_3O_{12}$；比重 3.9；硬度* 7.0～7.5；エメラルドグリーン色；結晶形*は立方体, または塊状. 蛇紋岩*にクロム鉄鉱*とともに, また変成*した石灰岩*, スカルン*に産する.

ウェイアウアン階 Waiauan（**ウェイアウン階** Waiaun）
ニュージーランドにおける上部第三系*中の階*. リルバーニアン階*の上位でトンガポルチュアン階*の下位. 下部トートニアン階*にほぼ対比される.

ウェイタキアン階 Waitakian
ニュージーランドにおける下部第三系*中の階*. ドゥントルーニアン階*の上位でオタイアン階*（中新統*）の下位. 上部シャッティアン階*にほぼ対比される.

ウェイパワン階 Waipawan
ニュージーランドにおける下部第三系*中の階*. チューリアン階*の上位でマンガオラパン階*の下位. 上部サネティアン階*と下部イプレシアン階*にほぼ対比される.

ウェイピピアン階 Waipipian
ニュージーランドにおける上部第三系*中の階*. オポイティアン階*の上位でマンガパニアン階*の下位. 下部ピアセンツィアン階*にほぼ対比される.

ウェインガロアン階 Whaingaroan
ニュージーランドにおける下部第三系*中の階*. ルナンガン階*の上位でドゥントルーニアン階*の下位. ルペリアン階*と下部シャッティアン階*にほぼ対比される.

ウェゲナー, アルフレッド（1880-1930）Wegener, Alfred
ドイツの気象学・物理学者. 1915 年に出版された大陸漂移説*『大陸と海洋の起源』（*Die Entstehung der Kontinente und*

Ozeane, 最初の英語版は 1924 年刊の The Origin of Continents and Oceans) で知られる．その仮説を裏づけるため，古生物学・古地理学上の事実，面積高度比曲線*，地震学上の事実，磁極移動，大陸地殻*と海洋地殻*の違いなど，多方面にわたる証拠を提示した．同時代ではほとんど支持を受けることはなかったが，後年，説得力のある論拠による仮説を初めて提唱した科学者として評価されることとなった．

ウエスト-コホウテク-イケムラ彗星 West-Kohoutek-Ikemura
公転周期 6.46 年の彗星*．最近の近日点*通過は 2000 年 6 月 1 日，近日点距離は 1.596 AU*．

ウェストファリアン統 Westphalian
ヨーロッパにおける上部石炭系*シレジア亜系*中の統*．ウェストファリアン統 A, B, C, D に細分される（当初の E は現在はステファニアン統*に含められている）．ナムーリアン統*の上位でステファニアン統の下位．年代は 315〜303 Ma で，上部バシキーリアン統*とモスコビアン統*の大部分にほぼ対比される．

ウェーブ・リップル（振動リップル） wave ripple (oscillation ripple)
海底または湖底に波の作用でつくられる小さい砂*の峰．高さはおおむね 10 cm 以下．断面が対称的な丸い谷と峰を呈するが，峰は尖っていることも多い．また，波による不均等な水の往復運動のため，非対称的となっているリップルも多い．リップル指数*は一般に 6〜10 程度．

ウェーブ・リップル斜交葉理 wave-ripple cross-stratification
波がつくるリップル*または複合流リップル（波の作用と一方向流とが複合してできるリップル）が移動することによって形成される斜交葉理*．多様な形態を呈する．たとえば，一方向に傾斜する斜交葉層*（反対方向を向く薄い砂の葉層をともなうことがある），複雑に組み合わさっているレンズ状のクロスセット，不規則に波曲する基底をもつクロスセット，リップルの輪郭と非調和的な葉層．⇒ 斜交葉理

ウェリコーイアン統 Werrikooian
オーストラリア南東部における更新統*の呼称．

ウェルシューティング well shooting
一連のジオフォン*を試錐孔*内に配置して，地表の振源からの地震波*到達時刻を記録し，深さによって変わる地震波速度*を決定する方式．⇒ アップホール調査

ウェルト系 Weltian
Harland ほか (1982) の始生界*と冥生界*とを 1 つの系*とする北アメリカの用法．上位はゼン系*．

ウェルナー，アブラハム・ゴットロブ (1750-1817) Werner, Abraham Gottlob
フライベルク鉱山学校の鉱物科学教授．外観上の特徴に基づく鉱物分類体系（'オリクトグノジー, oryctognosy'; あえて訳せば '鉱象学'）をつくりあげた．地質学 (geology) よりも 'ゲオグノジー' ('geognosy'; あえて訳せば '地察学'）という語を好んで用いた．ウェルナーが説いた地球論は水成論*として知られる．著作は少ないものの，ヨーロッパ全土から参集した鉱山学専攻の学生に感銘を与え，提唱した術語のほとんどが反水成論者にも用いられた．

ウェルポイント排水法 well-point drainage
掘削地点の周囲にいくつかの小さい水位降下円錐*をつくって透水性*の堆積物から地下水を排除する工法．地中に打ち込んだ，直径約 100 mm の網篩付きの有孔管（ウェルポイント）を集水管によって頂部の揚水ポンプに連結する．通常，1 本の集水管にいくつかのウェルポイントをつなぐ．多段掘削でこの工法を用いると，各ウェルポイントが水力学的な境界として機能するため，かなりの深さまでの排水が可能となり，かつ水位降下*を抑えることができる．

ウェントウォース尺度 Wentworth scale
⇒ 粒径

ウェンナー電極群列 Wenner electrode array
2 つの電位電極*を 2 つの電流電極*の間にそれぞれ等間隔で一直線上に並べた電極配置*．その幾何学的因子 (K_g)* は $2\pi a$（a は

電極間距離).この群列*には5種の変型がある.それぞれα-,β-,γ配置の3種の3極配置,リー分配配置(Lee partitioning method;群列の中点に3番目の電位電極をおき,計5個の電極からなる)およびオフセット・ウェンナー電極配置(側方方向の不均質の影響を軽減する).⇨ 電極間隔

ウェンロック統 Wenlock(**ウェンロッキアン統** Wenlockian)
 ヨーロッパにおけるシルル系*(430.4〜424 Ma)中の統*.ランドベリ統*の上位でラドロウ統*の下位.ウェールズ東縁部のウェンロック石灰岩*の層理面*には豊富な礁*棲生物が保存されている.

ウォーカー竿秤 Walker's steel yard(**つりあい錘竿秤** counterpoised beam balance)
 目盛つきの長い水平な竿の一端近くを垂直な支柱に架けて,鉛直面内で自由に回転できるようにしてある秤.秤量する試料を竿の他の端に懸け,それと平衡を保つところまでつりあい錘を竿に沿って動かし,その点の目盛を読みとる.

ウォークアウェー垂直地震記録断面 walk-away vertical seismic profile
 地表で試錐孔*からしだいに離しながらショット*により次々と発振した地震波*を,試錐孔に降ろしたジオフォン*で受振した地震記録*.孔井付近の反射層*の特性と地質構造に関する情報がもたらされる.

ウォーコバン統 Waucoban
 北アメリカにおける下部カンブリア系*中の統*.ケアフェ統*に相当する.

ウォーターガン water gun
 圧搾空気でピストンを駆動して筒内の水を排出する海洋探査用の振源装置.水の噴流によって生じた水塊中の真空域が内破して音響パルスを発生させる.バブル・パルス*の原因となる気泡が発生しないので,ショット*間隔を短くして,エアガン*を用いるよりも解像度を高くすることができる.

ウォッシュオーバー・ファン washover fan(**ウォッシュオーバー・デルタ** washover delta)
 バリアー砂州*やバリアー島*などの海岸バリアーを通過したりのり越えて流入した海水によって陸側に運搬された堆積物がなす扇状の堆積体.バリアーが冠水しがちな暴浪時にとくに形成されやすい.

ウォッシュ・プレーン washplain
 風化作用*が深層まで進んでいる基盤岩を沖積*堆積物が覆っている,ほぼ平坦な平野.サバンナ環境で見られる.季節的に河川の洪水に見舞われるが,洪水は大量の懸濁物質を含むものの,削磨*に効果的なベッドロード*を欠くため,この平野を下刻することがない.

ウォノカン階 Wonokan
 エディアカラ統*中の階*.年代は約590〜580 Ma(Harlandほか,1989).

ウォーパン階 Warepan ⇨ バルフォー統;ノーリアン階

ウォルストン氷期 Wolstonian
 ホッスン間氷期*に続く氷期*.淡色でチョーク*質のティル*(ギッピング・ティル Gipping Till)がイングランド東アングリア地方に見られ,クラスト*の定方向配列*および迷子石*に基づいて氷河は北から移動してきたとされている.このティルがホッスン堆積物を覆っていることが確認されていないうえ,ノーフォーク州にはこの氷期のものとされるモレーン*様堆積物がおびただしく分布しているので,詳細な層序*を編む必要がある.この時期の氷河前進によって大きい堰止め湖,ハリソン湖(Lake Harrison)がイングランド中部地方にできた.この氷期はザーレ氷期*に相当すると考えられる.

ウォーレス線 Wallace's line
 アジア動物地理区*とオーストラリア動物地理区*とを分ける動物地理区*の境界.ダーウィン*と同時代の動物地理学者アルフレッド・ラッセル・ウォーレス(Alfred Russel Wallace)がアジア動物地理区と特異な有袋類(目)*をもつオーストラリア動物地理区の間に設けた.ジャワ島東方のバリ島東側から北方に,ボルネオ島とスラウェシ(セレベス)島を隔てるマカッサル海峡を抜け,そこから東にふってフィリピンのミンダナオ島南方に至る.

ウォーレンディアン階 Warendian
　オーストラリアにおける下部オルドビス系*中の階*．ダッソニアン階*の上位でランスフィールディアン階*の下位．

雨　痕 rain print
　軟らかい堆積層の表面に雨滴が落ちてつくったクレーター*様の小さい凹み．

羽　枝 pinnules ⇨ 腕

羽枝板 pinnular plates ⇨ 腕

羽状目 Pennales ⇨ 珪藻綱

羽状類珪藻 pennate diatoms ⇨ 珪藻綱

雨　食 rain-wash
　降雨によって地表物質が地表を移動し，斜面を下る現象の総称．この作用には2つの過程がある．落下した雨滴の衝撃で細かい土壌*粒子がはじき出される雨滴侵食と，表面の水流が物質を斜面下方に移動させる土壌雨洗．雨食とクリープ*が斜面侵食の2大営力となっている．

渦 eddy
　流体中にあって，その全体としての流れとは方向が異なり，部位によっては逆方向の動き．大気の渦は，小規模な乱流*（塵を運んだり汚染物質を拡散させる）から，グローバルな大気大循環*系中にある大規模な動き（低気圧*や高気圧*）まで，さまざまな大きさにわたる．

渦電流 eddy currents
　導電体が時間とともに変化する磁界中におかれたとき，レンツの法則*にしたがって生じる交流電流*．渦電流は二次電磁場を派生させる．電磁気探査*はこの現象を利用している．

渦度 vorticity
　水塊や気塊中における鉛直軸のまわりの回転または円運動の強さ．相対渦度（relative vorticity）と絶対渦度（absolute vorticity）がある．相対渦度は地球表面に対して相対的な回転運動の渦度（回転方向が地球自転と同じ，つまり低気圧*と同じであれば正，高気圧*と同じであれば負）．絶対渦度は相対渦度に地球自転の成分を足し合わせたもの．両極で最大，赤道でゼロとなる．

渦粘性率 eddy viscosity
　水または空気の乱流*内における平均剪断応力*と鉛直方向の流速勾配との関係を示す係数．流体の密度と河床または地表からの距離に依存する．乱流の速度断面を表すカルマン-プラントルの式*にとって基本的な属性で，蒸発速度や風による冷却速度，河床上を移動する粒子に及ぼす剪断応力がこれによってきまる．

ウースパーライト oosparite
　フォークの石灰岩分類法*でいう，ウーイド*とスパーリー方解石*セメント*（スパーライト*）からなる石灰岩*．

渦鞭毛藻綱（双鞭毛藻綱） Dinophyceae **（渦鞭毛藻類，双鞭毛藻類** dinoflagellates）
　長さの異なる2本の鞭毛（織り糸状の構造）を頂端にもつ，単細胞藻類*から構成される炎色藻植物類の綱．ほとんどの渦鞭毛藻類がこの綱に属し，そのシスト（休眠性接合子；渦鞭毛藻シスト）は生層序学*的に重要である．渦鞭毛藻には，生物学的に異なる2つの段階（世代）がある．(a) 自力運動の段階（⇨ 胞膜）；柔軟性に富む細胞壁か硬く鎧状の細胞壁のいずれかをもち，鞭毛の運動によって水中で自身を支えている．細胞表面には，それぞれ1本の鞭毛を備えた横方向の横溝と縦方向の縦溝がある．横溝は，細胞を前方の上殻と後方の下殻に分けている．上殻の頂端は，角状に尖ることもある．(b) シストの段階；休眠状態にある．この段階では2層からなるシスト壁（フラグマ）がつくられる．形成初期のシストでは，運動段階の細胞壁に接してシスト壁が発達する．コレイトシストは運動性細胞内部の深所に発達し，細胞とは突起で連結している．カベイトシストは2層の壁が空隙で隔てられている場合を指す．シストは環境変化により発芽し，その際特徴的な孔（発芽孔）が残される．渦鞭毛藻綱の重要な目として，ギムノジニウム目，ペリディニウム目，ディノフィシス目がある．

渦鞭毛藻シスト dinocyst ⇨ 渦鞭毛藻綱

宇宙科学研究所（ISAS） Institute of Space and Astronautical Science
　日本の文部省〔現，文部科学省〕のもとで，宇宙および宇宙飛行の科学に従事する国立研究機関．1991年の設立．〔現在は，宇宙

航空研究開発機構（JAXA）に統合されている.〕

宇宙塵 cosmic dust
　惑星間，星の周囲，星間の空間に存在する，質量・速度とも多様な粒子（質量は 10^{-2}〜10^{-18} g）．典型的なものは密度が小さく多孔質で'ぶどうの房'形をしているが，緻密で密度が約 2,000 kg/m³ のものもある．成層圏*から採取された粒子は大部分が層状の格子*をもつ珪酸塩鉱物*，かんらん石*または輝石*からなる．地球近傍のものは大部分が彗星*や小惑星*から由来したもの．

宇宙生物学 exobiology
　大気圏外空間の生物学．地球外に生命が存在する証拠を探索し，そのような生命がとりうる形態について考察する．

宇宙線 cosmic radiation
　宇宙からの電離放射線．主に陽子とアルファー粒子，1〜2% は重い原子核からなる．高エネルギーの光子と電子をともなっている．地球の大気と会合すると，ガンマ線，電子，π中間子，μ粒子などからなる二次宇宙線を派生する．3つの起源が同定されている．(a) 銀河放射宇宙線．太陽系*外からのもので，エネルギーは核子あたり 1〜10 GeV．(b) 太陽放射宇宙線．主に太陽フレア*にともなうもので，エネルギーは核子あたり 1〜100 MeV．(c) 太陽風*．エネルギーは核子あたり 1,000 eV 程度．

宇宙線トラック cosmic-ray track
　宇宙線*が鉱物*表面に衝突してつけた損傷．酸でエッチングするとさまざまな長さのトラック（飛跡）として現れる〔⇒ 食像〕．大部分のトラックは鉄族の原子核（陽子数 18〜28）によってつくられる．銀河放射宇宙線によるトラックは内部に 20 cm も延びていることがある．これとは対照的に太陽放射宇宙線によるトラックはほとんどが長さ 1 mm に満たない．宇宙線にさらされている月の鉱物表面のトラック密度は多くの場合約 10^{12}/m²．トラック密度から露出年代*が求められる．

宇宙地質学 astrogeology ⇒ 惑星地質学

宇宙の元素存在度 cosmic abundance of elements
　太陽*および他の星から得たデータによれば，水素とヘリウムが宇宙における存在度が圧倒的に大きい元素である（たとえば太陽大気は質量にして水素を 70%，ヘリウムを 28% 含む）．一般に，元素の存在度は原子番号* 45〔ロジウム；白金族の元素〕ぐらいまでは番号が増えるにしたがって指数関数的に減少していく．それより重い元素はその後ほぼ一定の量を保つ．この一般的傾向に次のような不規則性が重なる．すなわち，原子番号が偶数の原子は両隣の奇数の原子よりも存在度が大きい（オッド−ハーキンズの法則*）．原子番号 26 が突出して大きい存在度をもつ（'鉄のピーク'）．質量数*が 4 の倍数，すなわちアルファー粒子（ヘリウム原子核）の倍数である同位体*（炭素，酸素，ネオン，マグネシウム，珪素，硫黄，鉄など）は存在度が大きい．宇宙の元素存在度は太陽系*の発展過程に関する理論に制約を与え，宇宙の構成員（地球やそこにいる人類を含む）の化学組成を決定している．⇒ 元素の合成

宇宙論 cosmology
　宇宙の起源と進化に関する理論．今日通説となっているビッグバン理論*は，宇宙の起源を 150〜200 億年前の大爆発に求めている．かつての仮説に，宇宙の膨張は物質がつねに創造されていることによる，とする定常宇宙論（steady-state theory）がある．初期の宇宙観のなかで最もよく知られているものは，地球が宇宙の中心を占めているとするプトレオマイオスの天動説．これは地球を宇宙の中心とみなさないコペルニクスの原理にって替わられた．

ウッドウォード，ジョーン (1665-1728) Woodward, John
　化石*に関する造詣が深い医師．その膨大なコレクションがケンブリッジ地質学博物館の基礎となった．洪水論者で，化石と堆積物はノアの洪水による海から比重の順で沈積したと考えた．その著『地球の自然史に向けてのエッセイ』（*Essay towards a Natural History of the Earth*）（1695 年）はイギリスや大陸ヨーロッパの博物学者に影響を与え

た. ⇒ 洪水説

腕 brachia（単数形：brachium）
1. 腕足類（動物門*）の触手冠にある一組の羽毛状の構造. 腕足ともいう. 殻内部でねじれており, 水中から餌となる粒子を濾しとるために使われる. 2. ウミユリ類（綱）*の萼（がく）上部に見られる長く柔軟な触手状の構造を指す. 腕は関節でつながった一連の小骨*（腕板）からなり, 管足*が出てくる歩帯*をもつ. 管足は採餌の際に伸び, それ以外のときは歩帯溝にある微小な殻板に覆われている. 主腕から枝分かれする細い枝状の腕は羽枝と呼ばれ, 羽枝板からできている.

雨滴 raindrop
雲中で水蒸気が凝結して形成された水滴で, 雲から落下するに十分な重さと, 雲の下の不飽和大気中で蒸発することなく地表に達するに十分な大きさをもつもの. 地表に達する水滴の直径は, 霧*の100μmから, 霧雨*の0.2mm, 激しいにわか雨の5.0mmにわたる.

雨滴侵食 rain-splash ⇒ 雨食

ウドカニアン階 Udocanian
下部原生界*中の階*. 年代は約2,600～2,000 Ma (Van Eysinga, 1975). ウルカニアン階*の下位.

海胆綱（うに-） Echinoidea（**ウニ類** echinoids；**ウニ** sea urchins, **タコノマクラ** sand dollars, **ハート型ウニ** heart urchins；**棘皮動物門*** phylum Echinodermata）
自由生活する棘皮動物の綱で, 体は球形, 丸座布団型, 円盤型, ハート型の殻に取りかこまれている. 石灰質板には, 棘, 叉棘, 球棘などの運動する付属器官がついている. 殻は, 2列一組の孔のあいた板（歩帯*）が5列と, 2列一組の孔のあいていない板（間歩帯）が5列の, 計20列の石灰質殻板が縦に並んでできている. 歩帯の孔から, 殻内部の水管*系に連結している管足*が出る. 殻上部の頂上系は5枚の眼板と, 最大5枚の生殖板からなる. 正形ウニ類*では, 肛門は頂上系の中央にあるが, 多くの不正形ウニ類*では後方の間歩帯内に見られる. 口は常に殻の下面に開口し, 中央かやや前方に位置する. ウニ類はオルドビス紀*に出現し, ペルム紀*と三畳紀*には著しく衰退したものの, 古生代*後に硬い殻を獲得してさまざまな生息環境への適応放散*を果し, 今日でも高い多様性*を保っている. ウニ類の内部骨格〔⇒内骨格〕の化石は, 中生代*と新生代*の地層に普遍的に見られる. 古生代にはおよそ125種, 中生代にはおよそ3,670種, そして新生代にはおよそ3,250種の化石ウニ類が知られており, 現生種も900種以上存在する.

うねり swell
風の応力*によって発生し, 十分なエネルギーをもって生成海域から移動していく長周期の波. 規則的な波形をもち, 弱風もしくは無風の海域をも通過する. 長周期の波は短周期の波よりも速く伝わるので, 嵐の海域から遠く離れると両者が分離していく（分散*）. ニュージーランド南方で生じたうねりがアラスカの海岸に到達した記録がある.

ウーバイオスパーライト oobiosparite ⇒ フォークの石灰岩分類法

ウバーレ uvala
カルスト*地域に見られる不規則な形状の凹地. 一般に直径500～1,000 mで, 深さは100～200 m程度. いくつかのドリーネ*が連結して生じる.

雨氷 glaze
物体に付着した汚れのない氷. 0℃以下の物体表面で過冷却*水滴が凍って生じる. ⇒堅氷

ウフィミアン Ufimian（**ウフィアン** Ufian）
1. ウフィミアン期. 後期ペルム紀*の最初の期*. クングリアン期*（前期ペルム紀）の後でカザニアン期の前. 下限の年代は256.1 Ma (Harlandほか, 1989). 2. ウフィミアン階. ウフィミアン期に相当する東ヨーロッパにおける階*. 下部苦灰統*（西ヨーロッパ）, 下部グアダルーピアン統*（北アメリカ）, バスレオアン階（ニュージーランド）にほぼ対比される. ⇒ カザニアン

ウベンド造山運動 Ubendian orogeny
正確な年代は不明であるが, およそ1,800～1,700 Maに起こり, 現在のタンザニア南部, ザンビア北部, コンゴ東部を北西-南東方向に走る造山帯*をつくった造山運

動*.

ウマ科　Equidae（**ウマ** horses；**奇蹄目*** order Perissodactyla）

　現生のウマ，ロバ，シマウマ（いずれもエクウス属 *Equus*）と多くの絶滅*したグループが属する科．絶滅したグループでは多くの化石記録が残されており，これをもとにウマ科の進化史が詳細に追跡されている．最初に出現したウマ類はヒラコテリウム属（'エオヒップス属'）で，暁新世*に顆節類（かせつ-）*の祖先から派生した．その後，主に新世界がウマ科の進化の舞台となり，キツネほどの大きさのヒラコテリウム属の系統から数多くの系統が分岐した．ウマ科は新世界では更新世*の末までにすべて絶滅し，更新世を生きぬいたのは旧世界のもののみである．アメリカ大陸には，16世紀になってスペイン人による征服のときにふたたびウマ類がもち込まれた．家畜種のウマ（エクウス・カバルス *E. cabalus*）は，現存する唯一の真性野生馬であるプシバルスキー馬（*E. ferus przewalskii*）の直接の子孫ではなく，それに近い種から生まれたものであろう．

馬の尻尾　mare's tail

　雲底から尾流雲*（降水尾流，すなわち地表にまで届いていない雨足）が延びている房状雲（巻雲*，巻積雲*，高積雲*の種の1つ）を指す日常語．

海　sea

　1．塩水からなる大きい水塊で，海洋（ocean）よりも小さいものを指す．**2**．海洋上を吹く風の作用によって生じる，方向の定まらない波．〔英語の 'sea' のみに適用される．日本語の'海'にこのような意味はない．〕 ⇨ 海洋の波；うねり

ウミエラ　sea-pen ⇨ 花虫綱

海鰓目（うみえら-）　Pennatulacea ⇨ 八放サンゴ亜綱

ウーミクライト　oomicrite

　フォークの石灰岩分類法*でいう，ミクライト*基質*中にウーイド*が含まれている石灰岩*．

ウミザリガニ（**ロブスター**）　lobsters ⇨ 甲殻綱

海蕾亜門（うみつぼみ-）　Blastozoa（**棘皮動物門*** phylum Echinodermata）

　海蕾綱に代表される絶滅*した有柄棘皮動物の亜門で，シルル系*からペルム系*まで産出が知られている．柄（ほとんど保存されることはない）の上につぼみ型の萼苞（がくほう）*がある．花弁のような5つの歩帯*が放射状に広がる萼苞は，3層に配列した13個の石灰板からできており，明瞭な五放射相称*を示す．各歩帯中央には歩帯溝があり，その両側には指板*と呼ばれる，食物を集めるために水流を発生させる繊細な付属器官がある．歩帯の下には，呼吸をつかさどる壁の薄い石灰質の水管*が通じている．これは，歩帯周辺の細孔と口のまわりの5つの開口部（呼吸孔）を通じて，外界と水を出し入れする役割を担っていた．海蕾類は化石としては一般的ではないが，礁*性石灰岩*にともなう浅海性の石灰質堆積物中には例外的に多産する．

海蕾綱（うみつぼみ-）　Blastoidea ⇨ 海蕾亜門

海百合綱　Crinoidea（**ウミユリ，海百合** crinoids；**棘皮動物門*** phylum Echinodermata；**百合型亜門** subphylum Crinozoa）

　現生の棘皮動物のなかでは最も原始的な綱で，柄をもつもの（ウミユリ類）ともたないもの（ウミシダ類）がある．内臓器官はカップ状をした萼（がく）*と呼ばれる部分に入っている．萼は規則正しく配列した殻板*からできており，下側の背萼とそれを覆う鼓蓋*に分けられる．萼の上には，殻板からでき，枝分かれした，自由に動く5本あるいはその倍数の腕*が伸びる．萼の上面には口と肛門が開口する．各腕に沿って管足が配列し，食物は管足の間にある食物溝を通って口へと運ばれる．柄（茎）は，中央に神経系などが通る孔のある石灰質の円盤（小骨あるいは柄板*）が積み重なってできている．古生代*に知られているウミユリ類はすべて有柄で，非常に長いものもある．一方，現生のウミユリ類の多くは自由遊泳する．ウミユリ類はオルドビス紀*前期に出現し，古生代の石灰岩*の重要な構成要素をなしている．

海林檎綱 Cystoidea（**ウミリンゴ類** cystoids；**棘皮動物門*** phylum Echinodermata，**海蕾亜門（うみつぼみ-）*** subphylum Blastozoa）

オルドビス紀*前期からデボン紀*後期にかけて生存した，棘皮動物のグループ．分類体系によっては，上綱として扱われる．体は球形あるいは卵形で，数多くの多角形の板で覆われている萼苞（がくほう）*からなる．底質に直接付着するか，短い柄（茎）を介して付着する．萼苞をつくる板は石灰質で，呼吸用の特徴的な孔があいている．石灰板は小円状に配列するが，数は13枚程度から100枚以上までまちまちで，不規則な外観を呈する．体の上面にある口のまわりを歩帯*食溝がとり巻いている．これに指板*と呼ばれる食物摂取器官を備えているものもある．ただ，これらの繊細な構造が化石として残されることは少ない．多くのウミリンゴ類で放射相称*性は弱い．

埋め立て landfill ⇨ 人工土地

ウーモールド間隙 oomoldic porosity (oomouldic porosity)

ウーライト石灰岩*中のウーイド*が選択的に溶解して生じた二次間隙*．⇨ 間隙率

ウーライト oolite（**魚卵石石灰岩** oolitic limestone）

主としてウーイド（魚卵石）*からなる石灰岩*．

ウーライト質（魚卵状） oolitic

ウーイド（魚卵石）*からなる，あるいは主としてウーイドからなる，の意．

ウラティザン階 Ulatizan（**ウラティシアン階** Ulatisian）

北アメリカ西海岸地方における下部第三系*中の階*．ペヌティアン階*の上位でナリジアン階*の下位．上部イプレシアン階*と下部ルテティアン階*にほぼ対比される．

占い探査 divining（dowsing，**水占い** water-witching）

小枝のステッキ，振り子，銅線などを手にして，地下水の水脈を探すこと．地下の水脈に行き当たると手にした小道具が動いたり震えたりするという．この方法で水脈を当てることができる根拠はなく，手あたりしだいに井戸を掘るのと大差ない．それにもかかわらず広くおこなわれている．

ウラニウム鉱床 uranium deposit

ウラニウムを 350 ppm 以上含む鉱床*．次の6つの型がある．1. ペグマタイト*型，鉱染された鉱石*をともなう；2. 熱水脈・網状鉱床*型（⇨ 熱水活動；熱水鉱物）；3. 鉱脈-不整合*型；4. 砂岩*型；5. 砂鉱床*型；6. 燐酸塩質石灰岩*および黒色頁岩*型．〔このうち，1，2，6 は同成*型，他は後成*型．〕

ウラライト uralite ⇨ ウラライト化作用

ウラライト化作用 uralitization

火成岩*中の初生的*な輝石*が，熱水活動*の後期または低度の変成作用*の時期に繊維状の角閃石*（通常はホルンブレンド*）に変化する現象．この角閃石は，かつて1つの鉱物種とみなされて'ウラライト'と名づけられた．

ウラル海 Ural Sea（**オビ海** Obik Sea）

暁新世*から始新世*にかけて，今日のカスピ海から北極海までウラル山脈のすぐ東方地域を覆って延びていた海．現在は広大な平原となっており，オビ川が横断している．

ウラル造山運動 Uralian orogeny

今日のロシアを南北に延びている造山帯*をつくった造山運動*．後期デボン紀*から前期石炭紀*にかけてのバリスカン造山運動*と同時期．

ウラン系列（ウラニウム系列） uranium series ⇨ 放射性崩壊系列

ウラン-鉛年代測定法（ウラニウム-鉛年代測定法） uranium-lead dating

天然に産するウラニウムは ^{238}U と ^{235}U を含んでいる（割合は 137.7：1）．この2つの同位体*は複雑な崩壊系列*の出発物質で，最終的には鉛の安定同位体となる．^{238}U は 8 回のアルファ崩壊*と 6 回のベータ崩壊*を経て ^{206}Pb に壊変する（半減期= 4,510 Ma，⇨ 崩壊定数）．^{235}U は 7 回のアルファ崩壊と 4 回のベータ崩壊を経て ^{207}Pb に壊変する（半減期= 713 Ma）．ウラン-鉛法はこの崩壊系列を用いる年代決定法．^{232}Th が ^{208}Pb に壊変する系列を用いるトリウム-鉛年代測定法*もウラン-鉛法と同列に

扱われる．(^{232}Th → ^{208}Pb；半減期＝13,900 Ma)．ウラン-鉛法はもともと閃ウラン鉱*や瀝青ウラン鉱*などのウラン鉱物に適用されていたが，これらの鉱物は産出がかなり限られているため，ウラニウムは微量元素*として含まれているにすぎないものの豊富に産出するジルコン*が一般に用いられている．上記3種の壊変を利用する方法のいずれにおいても，放射性起源の鉛の量と最初から存在する鉛の量を区別する必要がある．これは，安定同位体である^{204}Pbとの比から計算される．こうして最初の鉛量を決定すれば，閉鎖系を保っていた鉱物では，^{235}U-^{207}Pb年代と^{228}U-^{206}Pb年代は一致するはずである．その場合は，両者は一致年代*であって，試料の実際の年代とみなしうる．〔^{206}Pb/^{238}Uと^{207}Pb/^{235}Uを，それぞれx軸，y軸とするグラフに〕プロットするとコンコーディア曲線（年代一致直線）と呼ばれる曲線が描かれる（⇒コンコーディア図）．2つの方法で求めた年代が一致しなければ，年代はこの曲線の上にのらず，不一致年代*とみなされる．これは系が熱の影響または他の擾乱を受けることによって娘鉛元素の一部を失ったためである．^{207}Pbと^{206}Pbは化学的に等価であり，同じ比率で失われるので，Pb/U比のプロットはコンコーディア曲線の下に直線をつくる．ウェゼリル（G. W. Wetherill）は，コンコーディア曲線とこの直線の2つの交点のうち，上の（古い）ほうは試料が結晶化した年代，下の（若い）ほうは鉛が失われた年代（⇒鉛損失）を表すことを示した．

ウリコニアン階　Uriconian

イングランドのサラップ州における上部原生界*中の階*．マルバーニアン階*の上位でチャーニアン階*の下位．

ウーリス　oolith　⇒ ウーイド

雨量計　rain-gauge

降水量*を測る器械．通常は銅製またはポリエステル製．基準の大きさの漏斗で降水を受け，これを瓶または円筒に移して測定する．器械は漏斗の縁が地上から30 cmの高さになるように露天に設置される．降水量を直接読みとる方式と，容器に溜まった水の深さと漏斗の大きさから計算する方式とがある．

ウルカニアン階　Ulcanian

下部原生界*中の階*．年代は約2,000〜1,600 Ma（Van Eysinga, 1975）．ウドカニアン階*の上位でブルチャン系*の下位．

ウルタイト　urtite

霞石*（全体の約85%），鉄苦土鉱物*（エジリン輝石*，エジリン質普通輝石*，ナトリウム-鉄角閃石*）を主成分鉱物*とする粗粒の火成岩*．シリカに不飽和な（⇒シリカ飽和度）閃長岩*の一種．英語名称はロシア，コラ半島のルジャル・ウルト（Lujaur-Urt）に由来．

ウルタワン階　Urutawan　⇒ クラレンス統

ウルトラマイロナイト　ultramylonite　⇒ 動力変成作用

ウルフキャンピアン統　Wolfcampian

北アメリカにおけるペルム系*基底の統*．バージリアン統*（ペンシルバニア亜系*）の上位でレナーディアン統*の下位．アッセリアン階*と下部サクマリアン階*にほぼ対比される．

ウルフのステレオ・ネット　Wulff stereographic net　⇒ ステレオ投影図

ウルロアン階　Ururoan　⇒ ヘランギ統

ウレックサイト（曹灰硼鉱）　ulexite　⇒ 硼砂（ほうしゃ）

上盤　hanging wall

傾斜した断層面*の上側にある断層地塊*．⇒下盤

運河選択（運河淘汰）　canalizing selection

突然変異*により遺伝子型*の多様性*が増すことで表現型*の幅を広げたり，新しい表現型が現れることを助長するために，遺伝子型の幅を広げるようなある種の選択作用．

ウンダセム　undathem

波浪作用限界水深*より浅い海底の堆積物で，地震波*を反射する．

ウンダフォーム　undaform

波浪作用限界水深*より浅い海底．堆積物は波の運動や水流によって動かされる．この堆積物が地震波*を反射する．

雲底　cloud base

雲の最も低い面．水滴や氷晶が凝結する高

度を表している．

雲　滴　cloud droplet

　平均粒径 10 μm の水滴として雲の中に存在する液体成分．雨を降らせない雲では，空気抵抗と重力とが均衡しているため，水滴はほぼ一定の高度で浮遊している．⇒ 雨滴

運動粘性率　kinematic viscosity

　流体の動粘性率*と密度の比．流れにおける乱れの量をきめる因子．

雲内放電　cloud discharge

　1つの雷雲の中で起きる稲妻放電．

運搬能力（河川の）　capacity (of stream)

　河川が運搬することができる固体粒子の最大量．粒径に大きく依存し，粒径が小さくなるほど増加する．運搬量が過大になると河川流は泥流*に移行する．

運搬物質　load

　河川水または流水によって運ばれている物質およびその総量．

運搬力　competence

　氷，水あるいは空気の流れによって運搬される物質の最大径．氷河*は粘性*が高いため大きい運搬力をもつ．流水ではこれより小さいが，流速が増大すると飛躍的に大きくなる．風の運搬力が最も小さい．

ウンブリエル　Umbriel（天王星 II　Uranus II）

　天王星*の大きい衛星．平均半径 584.7 km，質量 11.72×10^{20} kg，平均密度 1,400 kg/m^3，アルベド* 0.18．表面にはクレーター*が均等に分布しており，直径 4 km の明るいリング状構造を除けば，他の 4 個の大きい衛星よりも暗い．大きいクレーターが多いことから，表面の年代は古いものと推定される．

雲　母　mica

　2:1型の構造をもつフィロ珪酸塩（層状珪酸塩）*に属する重要なグループ（⇒ 粘土鉱物）；白雲母*，黒雲母*，金雲母*など重要な鉱物がある．このグループは $[Si_4O_{10}]_n$ の組成をもつ珪素-酸素正四面体層によって特徴づけられ，一般式は $(K, Na)_2 Y_6 [Z_4 O_{10}]_2 (OH, F)_4$．Y＝Mg, Fe, Fe^{3+} または Al，Z＝Si または Al．雲母族には上記のほかに，海緑石*，リシア雲母*，チンワルド雲母*，脆雲母（ぜいうんも，⇒ 孔雀石），類縁の鉱物である滑石*，スティルプノメレン*，蠟石*が含まれる．

雲　量　cloud amount

　雲が空を占めている面積の割合．通常'八分法'つまり全天の 8 分の 1 単位で測るが，百分率あるいは 10 分の 1 単位で測ることもある〔日本では 10 分の 1 単位〕．

エ

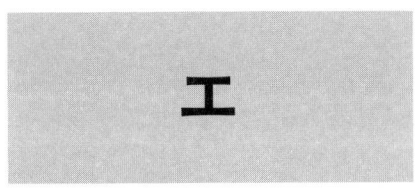

AIW ⇨ 南極中層水
AIV ⇨ 骨材試験
エアガン airgun
　水中に強力な圧搾空気*の泡を発射する振源．海洋での地震探査*で最もよく使用するが，孔内振源としても用いる．
エアリー，ジョージ・ビッデル（1801-92） Airy, George Biddell
　ケンブリッジ大学出身の天文学・数学者で，1835年王立天文台長となる．惑星の運動と潮汐現象，重力測定により地球およびその密度を研究した．その名はアイソスタシー*理論の1つに冠されている．科学刊行物に関して政府に幅広い提言をおこない，科学分野専門の文官の地位を生み出す途を拓いた．
エアリー相 Airy phase
　周波数*の高い地震波*が周波数の低い表面波に重なると，両者の周波数はたがいに徐々に接近していき，相対的に大きい振幅*をもつ1つの波を形成する．この波をエアリー相という．〔分散*性の波では，群速度*が極小の周期をもつ波の減衰が他の波の周期よりも小さいため，長距離を伝播した場合，この波が卓越してくる．この波のこと．〕
エアリー・モデル Airy model
　アイソスタシー*を説明する1モデル．地殻*の密度は一定（$\rho_c=2,670$ kg/m³）で，地形的な高度（h）は，高密度のマントル*岩石（$\rho_m=3,300$ kg/m³）が低密度の地殻岩石の'根'により置き換えられていることによって補償されているとするもの．根の深さ（c）は$h\rho_c/(\rho-\rho_c)$．⇨ プラット・モデル
AE ⇨ 実蒸発散
An ⇨ アルカリ長石
永久萎れ含水率（永久萎れ点，萎れ係数，萎れ点） permanent wilting percentage
　被験植物を特定の条件下で萎れさせ，水を与えないかぎり回復しないという状態においたときの土壌*の含水率．
永久凍土 permafrost（pergelisol）
　少なくとも2冬とその間の夏の期間を通して，温度が0℃を上まわることのない凍結した土地．陸地表面の26%ほどを占める．凍土はかなりの厚さに達し，アラスカの北辺で600 m，シベリアで1,400 m．ただし一部に最終氷期*の残存物が含まれている．永久凍土でない部分（タリク）が介在していたり，活動層*で覆われていることもある．
永久凍土面 permafrost table
　永久凍土*の上面．➡ チャーレ
衛　星 satellite
　太陽系*の惑星を周回している小さい天体．約60個が知られており，3つの型に分けられる．(a) 規則的な軌道をもつ衛星．太陽系のミニチュアをなしており，ガリレオ衛星*など，古くから知られている大きい衛星はすべてこれに属する．(b) 衝突破片型衛星．ごつごつとした微小な塊で，大きい衛星の残存物と考えられる．たとえば木星*の輪の中にあるアマルシア*．(c) 不規則な軌道をもつ衛星．軌道は離心率が高く，大きく傾斜している．大部分が惑星から遠く離れており，惑星に捕獲されたものと考えられる．たとえば木星の外衛星．地球の月*，トリトン*（海王星*の衛星），カロン*（冥王星*の衛星）の3衛星は上記のいずれの型にも適合せず，それぞれ特異な例とみなされている．
衛星写真 satellite photography
　人工衛星に搭載したカメラまたはセンサーによって，可視*，赤外*，熱赤外*，その他の波長で得られた写真画像．海洋・大気・陸地を環境科学の面から研究するうえに広く活用されている．
衛星測定 satellite sounding
　地球を周回する人工衛星からなされる気圏*特性のリモートセンシング*．たとえば，雲の赤外線*写真に基づいて，地球から放射される長波のスペクトル分析や，温度分布による雲の高さの決定など，間接的な測定がおこなわれている．
映像分光計 imaging spectrometer
　リモートセンシング*：多数のスペクトル・チャンネルで映像記録をとる機器．

影像レーダー imaging radar
　反射されてアンテナに戻ってきたエコーから像をつくりだすレーダー*.

エイトケン核 Aitken nucleus
　大気中に懸濁している，半径 $0.2\,\mu$m 以下の固体粒子．ほとんどが $0.05\,\mu$m 程度の大きさ．平均含有量は，海洋上の 1,000 個/cm^3 から都市域での 150,000 個/cm^3 にわたる．⇒ エイトケン核計数器；核

エイトケン核計数器 Aitken nuclei counter
　採取した大気試料中の，半径 $0.001\,\mu$m 以上の微粒子含有量を求める計器．計器中で空気を膨張させて温度を下げると，空気中の水蒸気が微粒子に凝結して霧が発生する．この霧の不透明度から含まれている微粒子の数を見つもる．⇒ エイトケン核

永年変化 secular variation
　10〜20 年のオーダー以上の期間にわたる変動の総称．地磁気学では 1 年以上の時間規模で起こる変動をいうが，太陽黒点に起因する変動は除外されている．

鋭　敏 acuity
　人間が視野内の空間的な変化を識別する能力．

鋭敏高解像度イオンマイクロプローブ Sensitive High Resolution Ion Micro-Probe（シュリンプ SHRIMP）
　花崗岩*中のざくろ石*粒子を分析して，年代を測定する装置．

鋭敏色検板 sensitive plate ⇒ 付属検板

鋭敏度 sensitivity
　1．リモールディング*によって粘土*の強度が低下する程度．粘土の型と間隙水*の量に依存する．鋭敏な粘土では，水分含有量が変わらなくてもリモールディングによって剪断強度*が著しく低下する．鋭敏率（鋭敏比；sensitivity ratio）は，乱されていない粘土の一軸圧縮強度*と水分含有量を変えずに練り返した同じ試料の強度の比で表す．**2**．化学分析で検出しうる最小の濃度変化．

栄養サイクル nutrient cycle ⇒ 生物地球化学サイクル

エイリアシング ailiasing
　波長に対してサンプリング速度が低すぎるため，波形を正確に表すことができない場合に発生するデータ周波数のゆがみで，見かけの周波数が生じる．エイリアシングを避けるには，波形に含まれる最も高い周波数成分の少なくとも 2 倍の周波数でサンプリングするか，ナイキスト周波数*より上の周波数を除去するアンチエイリアシング・フィルターを用いる．

営力対応系 process-response system
　地形学：少なくとも 1 つの形態系*と 1 つのカスケーディング・システム*の組み合わせからなる自然の系をいう．したがって地形と地形形成営力*とがどのように関連しているかが示される．例として海岸の営力対応系を挙げる．波のエネルギーのカスケーディング・システムは水深の大きい領域から遡上帯の外縁に近づいた後は，浅くなっていく領域におけるさまざまな海底形態の形成に関与している．

エウロパ Europa（木星 II Jupiter II）
　ガリレオ衛星*のなかで最小の衛星*．高度 1 km を超える起伏をもたず，太陽系*中で最もなめらかな天体．表面は厚さ 10〜30 km 程度の氷に覆われている．2 つの型の領域が識別されている．1 つは，斑点のある，褐色ないし灰色の領域で小さい丘を有する．もう 1 つはなめらかな広い平原で，長さ数千 km の直線と湾曲した線が交差しており，地球の北極海の海底に似た形状をもつ領域．クレーター*はほどんど認められない．表面の氷の下には液体の海洋が存在するようである．地殻*の厚さは 150 km 以下，岩石質のマントル*の下には鉄と硫黄からなる核*が存在すると推定されている．1610 年 2 月 7 日にガリレオによって発見された．直径 3,130 km，質量 4.8×10^{22} kg，密度 2,990 kg/m^3，アルベド* 0.64，表面重力 0.135（地球を 1 として），木星からの平均距離 670,900 km，太陽からの平均距離 5.203 AU*，自転周期 3.551181 日，公転周期 3.551181 日．

AAC ⇒ 南極収束帯
AABW ⇒ 南極底層水
AAV ⇒ 骨材試験

AFMAG EM 法　AFMAG EM system
可聴周波数磁気・電磁気法（Audio-Frequency *M*agnetic Electro*M*agnetic method）．地球表面の電気固有抵抗の側方変化を調べるため，雷によって発生する可聴周波数領域（1～1,000 Hz）の電磁場（空電*）を利用する方法．

AFM 図　AFM diagram
1つの変成相*における変成鉱物*の共生*関係を岩石組成と関連づけて表す三角ダイアグラム．SiO_2のほかに変成岩*に最も普遍的に見られる酸化物としてAl_2O_3，CaO，FeO，MgO，K_2Oがある．Al_2O_3，K_2O，FeO，MgOの4成分を表す四辺形ダイアグラムからペライト*の鉱物組み合わせの変化を表すうえに理想的な3成分をAFM図にプロットする．プロットは鉱物または岩石の組成を，Al_2O_3-FeO辺上の白雲母*またはカリ長石の組成点からAl_2O_3-FeO-MgO面に投影したもの．したがって，図の成分はA（Al_2O_3），F（FeO），M（MgO）で，投影は特別な目盛をつけた軸上でなされる．ただし，岩石中の微量成分を考慮してこの3成分を次のように少し変えている．すなわち，A（Al_2O_3-3K_2O），F（FeO-TiO_2-Fe_2O_3），M（MgO）．石英*と曹長石はすべての岩石に含まれるものとして図には表示しない．ACF図*同様，平衡して共生する鉱物をタイライン*で結ぶ．

AFC　⇨　同化分別結晶作用

AF 消磁　AF demagnetization　⇨　交流消磁

A/m　⇨　アンペア毎メートル

エオカンブリア系　Eocambrian
先カンブリア累代*末期に堆積した無化石層を指してまれに用いられる語．

エオクリノイド綱（始海百合綱）　Eocrinoidea（**エオクリノイド類**　eocrinoids；**海蕾亜門**（うみつぼみ-）* subphylum Blastozoa）
放射相称*を示す，ウミリンゴ*様の棘皮動物*の綱．カンブリア紀*前期からシルル紀*中期にかけての古生代*前期に生息した．球形ないし扁平な萼苞（がくほう）*は，不規則に配列した多数の石灰板からなるが，ウミリンゴの萼苞に特徴的に見られる孔はなく，石灰板接合部（縫合線）の孔もウミリンゴのそれとは形態が異なる．食物溝は，萼苞の外側上方へ延びた，枝分かれのない二列型*の摂食器官（指板*と呼ばれる）へと広がる．ただし，この指板はウミユリ類*の腕とは相同ではない．エオクリノイド類は最初のウミツボミ類で，他のウミリンゴのグループとおそらくウミユリの祖先を含むと考えられるが，ウミツボミ類の初期進化に関しては見解が分かれている．

エオシミアス属　Eosimias
1994年に，主に顎と歯の化石に基づいて，中国南部の中部始新統*から記載された霊長類の属．その記載によると，エオシミアス属は極めて原始的な真猿類（亜目）*であり，この系統の起源と考えられている．

エオスファエラ属　Eosphaera
カナダ，オンタリオ州西部に分布する約2,000 Maのガンフリント・チャート層に，他の微化石*とともに含まれる微小な球形の化石．最初の光合成*生物ではないかと考えられている．

エオデルフィス属　Eodelphis
北アメリカの上部白亜系*から知られている，把握力のある長い尾をもつ有袋類*で，初期のオポッサムと考えられている．オポッサムは樹上生活の習性をもち，有袋類の幹系統を代表するグループで，後の有袋類はすべてこれから進化した．この属の歯は鋭く尖っており，いくぶん原始的な形態をしている．エオデルフィス属に含まれるいくつかの種がカナダ，アルバータ州のミルクリバー層（Milk River Formation）（上部白亜系）から知られている．

エオバクトリテス・サンドバーゲリィ　*Eobactrites sandbergeri*
旧チェコスロバキアのオルドビス系*下部から産出したこの種を，最初のアンモノイド亜綱*頭足類*とする見解もある．エオバクトリテス属の殻は直線的で，内部に浮力を制御するための沈殿物を欠く．

'エオヒップス'属　'*Eohippus*'　⇨　ウマ科；ヒラコテリウム

エオン eon
　現在の1年の10^9倍を単位とする時間〔すなわち1エオンは10億年〕.

A型沈み込み A-subduction
　大陸プレート*同士の衝突帯*で,一方の地殻*上部の一部または全部が下部地殻とマントル*から分離して,密度の高い下側が衝突相手の大陸プレートの下に沈み込む運動.浮力を受ける上側は,相手プレートの地殻に対して逆押し被せ断層*で接し,その上にのり上げることもある.アンペラー(O. Ampferer)に因む名称で,デラミネーション*とも呼ばれる.海洋プレート(海洋地殻*と上部マントル)が沈み込むB型沈み込み*(ベニオフ*に因む)の対語.数千kmにわたる海洋プレートが回収されるB型沈み込みに対して,この型の沈み込みによるプレートの短縮は最大でも数百kmにすぎない.

液状化 liquefaction
　加熱,冷却または加圧によって液体となる,あるいは液体を生じる作用.砕屑物からなる未固結層では,間隙流体圧*の一時的な増大にともなって粒子配列が変化し,剪断強度*が急低下して起こる.

液性限界 liquid limit ⇒ アッターベルク限界

液相線(リキダス) liquidus
　温度-成分図*において液相となる点を連ねたもの.二成分系*では曲線,三成分系*では曲面,四成分系*では体積で表される.液相線と固相線(ソリダス)*の間では液体と固体とが共存する. ⇒ 相状態図

液相濃集元素 hydromagmatophile elements ⇒ 不適合元素

エクウス属 Equus ⇒ ウマ科

エクジタンス exitance
　物体表面からの電磁放射*の放射束密度*.

エクジナイト exinite ⇒ 石炭マセラル群

エクス- ex-
　'外に'を意味するラテン語 ex に由来.'外の','を欠く'を意味する接頭辞.

エクスプローラ59 Explorer 59 ⇒ 国際太陽・地球エクスプローラC

エクマン深度 Ekman depth ⇒ エクマン螺旋(-らせん)

エクマン輸送 Ekman transport ⇒ エクマン螺旋(-らせん)

エクマン螺旋(-らせん) Ekman spiral
　深さ,広がりとも無限とみなした海洋上を定常的に吹く風がもたらす水流を説明するための理論モデル.北半球では,表層水は風向に対して右に45°ずれて流れる.深くなるほど水流はさらに右へとずれていき,エクマン深度と呼ばれる深さで水は風向とは反対方向に流れるようになる.エクマン深度は緯度によって異なるが,中緯度では100 mのオーダー.〔この水流の方向が変化している構造をエクマン螺旋と呼ぶ〕.流速はエクマン螺旋のなかで水深とともに低下する.北半球では,実質的な水の移動は風向に対して右に90°の方向に起こっており,これをエクマン輸送と呼ぶ.

エクロジャイト eclogite
　極めてまれな粗粒の変成岩*.化学組成は玄武岩*と類似しているが,まれな輝石*である明緑色のオンファス輝石*と赤色のアルマンディン*-パイロープ*系列のざくろ石*を含むのが特徴.玄武岩が中温・高圧の変成作用*を受けたものと考えられる.

エクロジャイト相 eclogite facies
　塩基性岩*が中温・高圧の変成作用*を受けて生じた変成鉱物組み合わせ.オンファス輝石*(Naに富む高圧型の輝石*)とパイロープ*系列のざくろ石*からなる鉱物組み合わせの発達が特徴.これとは異なる組成の岩石,たとえば頁岩*や石灰岩*を源岩とするものに中温・高圧に特徴的な変成鉱物組み合わせをもつものは知られていない.エクロジャイト相は海洋地殻*の塩基性岩がマントル*まで沈み込み,そこで変成されたことを示している可能性が高い.

エコンドライト achondrite
　コンドルール*を欠き,ニッケル・鉄含有量が低いまれな石質隕石*.玄武岩*質エコンドライトはコンドライト*よりも結晶*が粗粒で,地球の溶岩*に似る.

エジェクタ・ブランケット(放出物ブランケット) ejecta blanket
　衝突クレーター*をとり巻く,岩屑からなる被覆層.クレーターの形成時にクレーター

から放出された物質からなり，その累重関係は基盤岩の層序*とは逆になっている．典型的なものはクレーターの縁のまわりで星形の平面形をなす．クレーターから放出された岩片や溶融した物質に加えて，ベースサージ*侵食や巨大な放出岩塊によってつくられる二次クレーターからの飛散によって，クレーターの外側の表面物質が混入していることもある．放出物の大きさは著しく多岐にわたる．火星のクレーターには，流体化して表面を流れたブランケットでかこまれているものが多い．月のブランケットはほとんどが降下堆積物からなる．

ACF ⇨ 自己相関

ACF図 ACF diagram

1つの変成相*における変成鉱物*の共生*関係を岩石組成と関連づけて表す三角ダイアグラム．SiO_2のほかに変成岩*に最も普遍的に見られる酸化物としてAl_2O_3，CaO，FeO，MgO，K_2Oがある．これらをA(Al_2O_3)，C(CaO)，F($FeO+MgO$)の3成分としてプロットしたACF図は，変成作用*を受けた塩基性岩*と不純な石灰岩*の鉱物組み合わせを示すうえにとくに有効である．ただし，岩石中の微量成分を考慮してこの3成分を次のように少し変えている．すなわち，A($Al_2O_3-Na_2O-K_2O$)，C($CaO-[10/3 P_2O_5]-CO_2$)，F($FeO+MgO-Fe_2O_3-TiO_2$)．石英*と曹長石はすべての岩石に含まれるものとして図には表示しない．平衡して共生する鉱物をタイライン*で結ぶと，岩石中で(普遍的に含まれる石英と曹長石のほかに)3種の鉱物が平衡して共生する領域が三角形で示される．ライン上では2種の鉱物が，ラインの交点では1種の鉱物が平衡状態にある．

エシェロン-(雁行-) en échelon

平行ないしほぼ平行な個々の構造要素[たとえば伸張裂罅*(れっか)]が，それを連ねる方向軸に対して斜交して並んでいる状態．

ACV ⇨ 骨材

エジプトピテクス・ゼウシス Aegyptopithecus zeuxis

初期の狭鼻猿類*霊長目*の1種．エジプトのファユーム(Fayum)地域に分布する漸新世*前期のジェベルアルカトラニ(Jebel al-Qatrani)層から，いくつかのほぼ完全な全身骨格をはじめとして数多くの化石が知られている．現生の小型の猿ほどの大きさで，長い尾をもち，枝から枝へと飛び移ることができた．歯および頭蓋*のいくつかの特徴は現生の狭鼻猿類と共通しているが，それ以外の頭蓋の特徴と頭蓋後部に見られる大半の分類学的特徴が異なっている．このため，エジプトピテクス属は狭鼻猿類が他の霊長類から系統的に分離したころを代表する属であり，ヒト類(上科)*あるいは旧世界猿よりも祖先的な形質*をとどめているものの，現代の狭鼻猿類の祖先と考えられている．

エジプト碧玉(-へきぎょく) Egyptian jasper ⇨ 碧玉(へきぎょく)

エジリン輝石(エジリン) aegirine

輝石*族の鉱物．$NaFe^{3+}Si_2O_6$；比重3.5；硬度*6；単斜晶系*；帯緑黒または褐色；火成岩*と変成岩*にごく短い角柱状の結晶*として産する．エジリン輝石と普通輝石の中間組成をもつ輝石はエジリン質普通輝石と呼ばれる．⇨ 普通輝石；単斜輝石

S ⇨ ジーメンス

SEDEX ⇨ 堆積噴気作用

SAR ⇨ ナトリウム吸収率

SALR ⇨ 飽和断熱減率

SSI ⇨ 電荷結合画像カメラ

SSS ⇨ 標準層序尺度

SH波 SH-wave ⇨ ラブ波

SNC ⇨ シャゴッタイト-ナクライト-シャシナイト隕石

SMC ⇨ 飽和水分量

エスカー esker

幅のせまい頂部が急斜面にはさまれている，長くうねった峰．斜交葉理*を呈する砂*と礫*からなる．後退中の氷河*の前縁あるいは氷河底や氷河内の氷壁にかこまれたトンネルに融氷河水流から堆積した堆積物．

S型褶曲 S-fold

褶曲*構造の褶曲軸*に直交する断面で見られる，ほぼS字状の非対称な寄生褶曲*．この褶曲を含む地層*が主背斜の右翼または主向斜*の左翼をなしていることを物語

る. ⇨ Z 型褶曲

エスカープメント escarpment ⇨ スカープ

SKS 波 SKS-wave ⇨ 地震波の記号

エスコラ, ペンチ・エリアス（1883-1964）Eskola, Pentii Elias
　フィンランドの地質学・鉱物学者. 1928 年から 1953 年までヘルシンキ大学教授. 主な業績は変成岩*生成に関する研究. 変成岩を特徴づける典型的な鉱物に基づいて区分した変成相*を提唱.

SG
　比重*（specific gravity）の古い略語.

ScS 波 ScS-wave ⇨ 地震波の記号

エスチュアリー（三角江） estuary
　半ば閉じた海岸の水塊域で, 外洋との連絡があり, 海水と陸域の水系からもたらされる淡水が混合している. 潮汐*の作用が強いところでは, 引き潮時の潮流*と満ち潮時の潮流がそれぞれ独自の流路をつくっていることが多い. 潮汐活動が弱いところでは, 浸入してくる密度の高い海水が軽い淡水の下にもぐり込んで, 塩水楔（-くさび）*が生じる. 淡水の流入量が蒸発による消失量を上まわっているため, 表層の塩分濃度*が外洋よりも低いエスチュアリーを正のエスチュアリー, 蒸発による消失量が淡水の流入量を上まわっているため, 表層の塩分濃度が高くなっているものを負のエスチュアリーと呼ぶ. エスチュアリーは後氷期における海水準の上昇によって谷が沈水したもの. 堆積物が豊富に存在していると, 潮流の作用によって, 引き潮潮流路, 満ち潮潮流路, 砂堤, 砂浪*など, 水底を移動するさまざまな地形がつくられる.

エス・テクトナイト（S テクトナイト） S-tectonite ⇨ 形態ファブリック

S 波 S-wave（**第 2 波** secondary wave, **剪断波** shear wave, **横波** transverse wave）
　媒質の粒子が, 定点のまわりを地震波*エネルギーの伝播方向に直角に振動する弾性実体波*. 流体は剪断応力*を支持することができないので S 波を伝えない. 均質で等方性*の媒質では, S 波速度（V_s）は P 波*速度のほぼ半分で, $V_s=\sqrt{(\mu/\rho)}$ で与えられる. μ は媒質の剪断弾性率*, ρ は密度. S 波は, 粒子の運動成分がそれぞれ鉛直面内と水平面内にある SV 波と SH 波に分解される. S 波は不連続面に斜めに入射した P 波からも発生する. これは変換波と呼ばれ, 大部分が SV 波である. S 波が不連続面で P 波に変換することもある.

S バンド S-band
　1,550～5,200 MHz のレーダー*周波数帯.

SP ⇨ 自然電位ゾンデ

SPS
　短周期で高度の低い相互作用静止衛星（⇨ 静止軌道）を利用して, 地球上の位置を決定する衛星測位システム. ⇨ 全地球測位システム

sp. gr.
　比重（specific gravity）の省略形.

SP 法 SP method ⇨ 自然電位法

A 層 A-layer
　地震波速度*によって区分された層で地殻*に相当する. 厚さは数 km から 70～90 km にわたる. 下限はマントル*に接し, 両者の境界がモホロビチッチ不連続面*.

枝 branch
　系統樹: 系統樹*におけるそれぞれの系統のこと.

エタリアン階 Etalian ⇨ ゴル統; アニシアン階

枝分かれした- ramose
　側方への分岐または分枝をもつ状態.

エチオピア動物地理区 Ethiopian faunal realm
　サハラ砂漠より南のアフリカ全域にあたる. ただし隣接する動物地理区*との区分は明確にされていない. 一般にアラビア半島の南西隅を含むとされている.

XRF ⇨ 蛍光 X 線

X 線回折（X 線回折結晶学） X-ray diffraction crystallography
　結晶*に入射させた X 線ビームが結晶の原子面で反射によって回折される現象を利用する解析方法. 入射 X 線の波長はわかっているので, 回折ビームの角度位置から, ブラッグの公式, $n\lambda=2d\sin\theta$（⇨ ブラッグの

法則）によって原子面の間隔を求める．1つの結晶に種々の方向からこの操作をくり返して，内部構造のモデルを決定する．地質学ではこの技術を鉱物*の同定に用いている．

X線写真　X-ray photography

X線を用いることによって，外からは見えない内部の詳細な構造（たとえば化石*の内部構造）をとらえた写真．非破壊という利点がある．

X線分光器　X-ray spectrometer

原子（タングステン，金など）の内殻電子*が，一次硬X線ビームによって励起されて放出する二次X線を測定する機器．ナトリウムより原子量の大きいほぼすべての元素の含有量が求められる．

X線粉末写真　X-ray powder photograph

デバイ-シェラー・カメラ（Debye-Scherrer camera）と呼ばれる円形のカメラの中心に置いた微晶質*の粉末試料に単色X線を照射して得られる写真．回折されたX線がカメラをとり巻く細長いフィルム上に記録される．回折X線のフィルム上の角度位置から試料の構造を読みとる．⇒ X線回折結晶学

XPL（xポル xpols）　⇒ 直交ポーラー

エッジ　edge

リモートセンシング*：色調を異にする領域の境界．⇒ エッジ強調

エッジ強調　edge enhancement

リモートセンシング*：エッジ*を明確にするため，画像中の色調を異にする隣接領域間のコントラストを強調する処理．⇒ 非相関性強調

H

地磁気の水平成分．

H_0　⇒ ハッブル変数

HREE

重い希土類元素*（Heavy Rare Earth Elements）のアクロニム．⇒ 海嶺玄武岩

HARI　⇒ 高アスペクト比イグニンブライト

HSR　⇒ 高海水準期堆積体

HAD　⇒ ヘリウム量観測干渉計

HFE　⇒ 高固液場元素

HFU　⇒ 熱流量単位

HMS　⇒ 重液分離法

HDR　⇒ 高温岩体

エッチプレーン　etchplain

構造的な安定期にある熱帯ないし亜熱帯環境で，化学的風化*が深層にまで達し，ついで風化産物が侵食されて生じた平坦面．エッチプレーンは基盤岩の風化に対する抵抗性の差異を反映しており，その形成には二重侵食平坦面*がかかわっている．

エッチ平原　Etched Plains　⇒ 火星のテレーン単元

エディアカラ統　Ediacara

上部原生界*（ベンド系*）中の統*．年代はおよそ590〜570 Ma．バラン統*の上位で，軟体の後生動物のさまざまな化石群集*で特徴づけられる（オーストラリアのエディアカラ層）．

エディアカラ動物群　Ediacaran fossils

オーストラリアのエディアカラより産した先カンブリア累代*後期（およそ640 Ma）の化石群集*．浅い沿岸性環境を示す海成堆積物から産し，泥干潟*あるいは潮汐プールのような環境に生息していたと考えられている．この群集からはおよそ30属が知られており，メドゥシナ・マウソニ Medusina mawsoni やメドゥシニテス属 Medusinites などのクラゲ類，カルニオディスカス属 Charniodiscus などのウミエラ類（ウミトサカ），スプリッギナ属 Spriggina などの環形動物類が含まれる．また，ディッキンソニア属 Dickinsonia は花虫類*のポリプを思わせる体をもち，体長1 mに達する個体もある．この属については，クラゲの仲間，環形動物の仲間，あるいは独自の門を形成する属など，分類学上の位置に関して意見が分かれている．卵形ないし円盤形をした所属不明の化石も見つかっている．1961年にグレッスナー（M. F. Glaessner）が最初にこれらの化石を記載して以来，同年代の類似した化石動物群集が世界各地で見つかっている．

エディフィクニア　aedifichnia

生痕化石*の1グループで，動物やその分泌物質からなる構造．たとえば，スズメバチの巣，トビケラの脱け殻，昆虫やその残骸あるいはクモ自身が残されているクモの巣な

ど.

エテジアン風 etesian winds
エーゲ海で5月から9月にかけて吹く，北東から北西の風を指すギリシャ語．トルコではメルテミと呼んでいる．

エデニアン階 Edenian
北アメリカにおけるオルドビス系*，下部シンシナティアン統*中の階*．

エデン閃石 edenite ⇨ ホルンブレンド

エトベス効果 Eötvös effect
重力計*〔すなわち観測者〕が地表に対して運動しているときに，コリオリの力*の鉛直成分によって重力測定値に現れる影響．

エナメル enamel
2〜4%の有機物を含む燐酸カルシウム炭酸塩の結晶*で，口腔内の上皮によりつくられる．皮歯*や歯の露出した部分の表面を覆うコーティング．

n ⇨ ナノ-

N ⇨ ニュートン

NIMS ⇨ 近赤外マッピング分光カメラ

NRM ⇨ 自然残留磁化

NEP ⇨ 比濁計

NA ⇨ 対物鏡

NASA（ナサ）
アメリカの国家航空宇宙局（National Aeronautics and Space Administration）．1958年国家航空宇宙法のもとに設立され，当初の軍事目的以外にアメリカの宇宙工学，宇宙活動のいっさいを計画，管理，実行する政府機関．

NADW ⇨ 北大西洋深層水

NMO ⇨ ムーブアウト

エネルギー収支 energy budget ⇨ 放射収支

エバポトロン evapotron
水蒸気の鉛直輸送にあずかっている，渦状の上昇気流の規模と方向を測定する機器．短時間内の蒸発速度を直接測定することができる．

エビ shrimps ⇨ 軟甲綱

Ab ⇨ アルカリ長石

エピ- epi-
'の上に'を意味するギリシャ語 epi に由来．'の上に'，'に加えて'を意味する接頭辞．

APXS ⇨ アルファー陽子-X線分光計

APF ⇨ 絶対花粉量

エピクラスト epiclast
火山岩*が化学的風化*，機械的風化*またはそれ以外の地表面付近での作用を受けて生じるクラスト*． ⇨ アロクラスト；オートクラスト；ハイドロクラスト

エピクラトン- epicratonic
クラトン*の地表で働く作用またはその産物に冠される．

エピタキシー epitaxy
1つの結晶*が他の結晶の上に両者の鉱物*の結晶学的方位を一定に保って二次成長すること．両者の鉱物の組成が類似しているとは限らない．

ABW ⇨ 北極底層水

エピフィトン属 $Epiphyton$ ⇨ 紅藻綱

エピボール epibole ⇨ アクメ帯

エピメテウス Epimetheus（**土星 XI** Saturn XI）
1979年にパイオニア*11号によって発見された土星*の小さい衛星*．半径69×55×55 km，質量 5.5×10^{17} kg，平均密度630 kg/m^3，アルベド*0.8．

Fs
斜方フェロシライト（斜方鉄珪輝石）． ⇨ 頑火輝石

f_N ⇨ ナイキスト周波数

FFT ⇨ フーリエ変換

f-k スペース f-k space
周波数領域*データを独立変数である周波数（f）と波数（k）について表す方法．

F 層 F-layer
地球の核*で，液相の外核と固相の内核の間にある地震波速度*の遷移帯．境界は明確ではないが，深度約5,100 kmにある．

エプソン塩 Epsom salt ⇨ 瀉利塩（しゃりえん）

エブロン寒冷期 Eburonian
北ヨーロッパにおける更新世*初めの約1.8 Maから0.9 Maにかけての寒冷期．アルプス地方のドナウ氷期*，北アメリカのネブラスカ氷期に対比される．

エポック polarity epoch ⇨ 磁極期

エミリアン階 Emilian ⇨ キャッスルクリフィアン統；第四系

m- ⇨ ミリ-

M- ⇨ メガ-

M ⇨ 磁気モーメント

MEM ⇨ マイクロ侵食計

Ma
'100万年前'の略号．

M_{sat} ⇨ 飽和磁化；飽和モーメント

MF ⇨ メタルファクター

M 型 M-shape
隕石*のウィドマンステッテン組織* 中のニッケル分布分析値曲線が示す特徴的な形．金属相内でニッケルが温度依存性の拡散*をして，カマサイト (kamacite；6％＞Ni の Ni-Fe 合金) とテーナイト (taenite；30％ Ni の Ni-Fe 合金) とが分離すると，カマサイト内での拡散速度のほうが大きいことによりニッケル分布が非平衡となって，分析曲線に共析組織を表す M 型が現れる．

M 型褶曲 M-fold
大きいアンチフォーム*のヒンジ*域に現れる小褶曲*の理想的形態 (シンフォーム*では W 型褶曲となる)．実際には，理想的な M 型褶曲が見られることは少ないうえ，その構造的な意義は Z 型褶曲* や S 型褶曲* よりも低い〔ヒンジ域が圧縮されたことを反映する〕．

エーム間氷期 Eemian
北西ヨーロッパにおける間氷期*．年代は約100,000年 BP から約70,000年 BP．アルプス地方のリス/ビュルム間氷期*およびイングランド東部のイプスビッチ間氷期*に相当する．

エムシアン Emsian
1. エムシアン期：前期デボン紀*中の期*．ジーゲニアン期*の後でアイフェリアン期*の前．年代は 390.4〜386.9 Ma (Harland ほか，1989)．**2.** エムシアン階：エムシアン期に相当するヨーロッパにおける階*．下部カンニングハミアン階* (オーストラリア)，オンスケタウィアン階* (北アメリカ) の一部にほぼ対比される．

エメラルド emerald ⇨ 緑柱石

エメリー emery
コランダム* Al_2O_3 の変種．暗灰色を呈する．粉状に粉砕して研磨材として用いる．

エラトステネス紀 Eratosthenian ⇨ 付表 B：月の年代尺度

鰓曳動物門（えらひき-） Priapulida
海生の蠕虫（ぜんちゅう）様動物からなる門で，カナダのバージェス頁岩*から産するカンブリア紀*のオットイア属 *Ottoia* もこのグループに含められている．現世の海域にも生息している．

エリーアン統 Erian
北アメリカにおける中部デボン系*中の統*．アルステリアン統*の上位でセネカン統*の下位．ケーゼノビアン階，チョウフニオガン階，タガニシアン階を含む．ヨーロッパのジベーティアン階*にほぼ対比される．

エリート elite
生痕学*：(a) 酸素または有機物の含有量が高いため，生物活動が非常に活発な堆積物に形成された生痕化石*．(b) 続成作用*により構造または組成の一部が強調されているため，周囲のものよりも顕著な特性を示している生痕化石．

エリー・ド・ボーモン，レオン (1798-1874) Élie de Beaumont, Léonce
フランスの地質学者．ヨーロッパの褶曲*層を詳細に研究し，これが限られた期間に生起した造山運動*を立証していると結論し た．山脈系の方向性を過度に幾何学的に重視する手法は同時代の研究者に批判されたが，地球は冷えつつあり，したがって収縮しつつある，という説は広く受け入れられた．

LIL ⇨ 大イオン親石元素

LREE
軽希土類元素 (*L*ight *R*are *E*arth *E*lements) のアクロニム．⇨ 海嶺玄武岩

エルヴァン elvan ⇨ 石英斑岩

LARI ⇨ 低アスペクト比イグニンブライト

LASA ⇨ 大規模地震観測群列

LST ⇨ 低海水準期堆積体

L-S テクトナイト L-S-tectonite ⇨ 形態ファブリック

LAD ⇨ 最終出現面

LMA ⇒ 全縁葉率解析法
Lq ⇒ 地磁気の日変化 **2**
L_Q 波 **L_Q-wave (L 波 L-wave)** ⇒ ラブ波
エルグ erg
　1. 熱帯における砂漠*内の広大な砂原. サハラ砂漠に典型的な地形で, 隣接する岩石砂漠からもたらされた砂が, 広く浅い盆地に河成および湖成堆積物として蓄積したもの. 極めて広いものが多く, アルジェリアとチュニジアにまたがるグランドエルグ・オリエンタル (Grand Erg Oriental) の面積は 196,000 km² に及ぶ. **2**. c.g.s. 単位系*におけるエネルギーまたは仕事の単位. 1 エルグ $=10^{-7}$ J.

エルサッサー, ワルター・モーリス (1904-91) Elsasser, Walter Maurice
　ドイツ生まれの物理学者. 1940 年にアメリカ市民権を得る. 原子核構造と地磁気を研究. 1946 年, 地球の外核*における自己励起発電機*系を地球磁場*の原因とする説を提唱.

エルスター氷期 Elsterian
　北ヨーロッパにおける氷期*. 約 0.5 Ma から 0.3 Ma にわたる. アルプス地方のミンデル氷期*に相当する.

エルステッド (Oe) oersted
　磁界の強さの単位. 今日では国際単位*が使われている. 1 A/m (アンペア/メートル) $=4\pi \times 10^{-3}$ Oe.

L 層 L-layer ⇒ リター

エルソン造山運動 Elsonian orogeny
　原生代*の約 1,500～1,400 Ma に, 現在の中・西部ネーン地域 (Nain) のカナダ楯状地*に起こった造山運動*. ハドソン造山運動*の後でグレンビル造山運動*の前.

L テクトナイト L-tectonite ⇒ 形態ファブリック

エルニーニョ El Niño
　エクアドルの海岸沿いを周期的に南へ流れる暖流. 南方振動*とそれが太平洋全体の気候に及ぼす影響［エルニーニョ・南方振動現象 (エンソ現象) と総称される］が原因となって発生する. 同様の現象は大西洋でも起こることがある. ほぼ 7 年に 1 度, クリスマスシーズンに東寄りの貿易風*が弱まって東方に向かう赤道反流*が強くなる (エルニーニョはスペイン語で'神の子'を意味する). このため, 通常は風によって西方に流され, インドネシア沖で厚い層をつくる暖かい表層海水が, 東方に流れてペルー海流*の冷たい海水を覆う. エルニーニョが極端に発達した年, たとえば 1891 年, 1925 年, 1953 年, 1972～3 年, 1982～3 年, 1986～7 年, 1994～5 年, 1997～8 年には, 栄養分に富む冷たい海水の湧昇が著しく阻害され, 大量のプランクトンが死滅して表層の魚類が激減した.

L バンド L-band
　390～1,550 μHz のレーダー*周波数帯. 地球表面のレーダー走査に用いる.

LVL ⇒ 高度補正
LVZ ⇒ 低速度帯 (低速度層)

エレクトロ Elektro
　インド洋上空にあるロシアの気象衛星の名.

エロス Eros
　太陽系*の小惑星* (No. 433). 直径 $41 \times 15 \times 14$ km, 質量約 5×10^{15} kg, 自転周期 5.270 時間, 公転周期 1.76 年. 1999 年 2 月に近地球小惑星ランデブー*探査機がエロスを周回する軌道にのる予定.

エーロゾル aerosol
　降下速度が小さいため大気中に懸濁している, 天然または人為的なコロイド*状の微粒子 (径 0.01～10 μm). 対流圏*中のエーロゾルは通常降水*によって除去され, その滞留時間*は数日から数週間の程度. 成層圏*まで運ばれたエーロゾルはそれよりはるかに長時間留まることが多い. 対流圏エーロゾルは雲粒の核をなすエイトケン核*となるが, 太陽放射*を吸収, 反射, 散乱する効果のほうが重要. 主に火山噴火に由来する硫酸塩微粒子からなる成層圏エーロゾルは受光太陽エネルギー*を大きく減少させる. 対流圏エーロゾルの約 30％ は人間の活動がもたらしたもの. ⇒ 気圏; ミー散乱; レイリー散乱; 火山塵

エン- en-
　'中に'を意味するフランス語 *en* に由来. '中の', '中へ', '内側の'を意味する接頭

辞.

塩（えん） salt
　酸*と塩基*の反応によって水とともに生成する物質.

遠位移動型 protrusive
　垂直あるいは斜めに延びた巣孔*に見られる，下向きに発達したスプライト*構造を表す語．この型の生痕*では，巣孔開口部から離れる方向へスプライトが発達する．これは，生痕形成者が遠位移動運動，すなわち開口部から離れる方向へ移動したことを示す．U字型の巣孔では，湾曲した管（巣孔本体）の内側にスプライトが発達することがある．ディプロクラテリオン属*やリゾコラリウム属*が代表的な遠位移動型スプライトの属．
→ 近位移動型

縁海 epeiric sea (epicontinental sea, marginal sea)
　1. ハドソン湾やバルト海のように，大陸内部に深く入り込んでいる浅海．2. 外洋に接する半閉塞水塊．外洋と広い連絡口をもってつながっているメキシコ湾，カリブ海，カリフォルニア湾などがその例．不完全に大洋から境されて大陸棚*上に広がっている北海のような海を指すこともある．3. ⇒ 大陸縁海

塩化物濃度 halinity
　水が塩化物を含んでいる程度．ベニス分類法*では，汽水〔海水より塩分濃度*の低い鹹水（かんすい）*〕は含有塩化物の量（百分率）によって次のように階級区分されている（境界値は平均値）．ユーハライン水，2.2～1.65；ポリハライン水，1.65～1.0；メソハライン水，1.0～0.3；（アルファ・メソハライン水，1.0～0.55；ベータ・メソハライン水，0.55～0.3）；オリゴハライン水，0.3～0.03；淡水，0.03以下．

沿岸砂州（沿岸州） longshore bar (1), offshore bar (2)
　1. 長軸が海岸線に平行で潮間帯*またはそのすぐ海側にある直線状の砂*の峰．⇒ リッジ・ランネル地形．2. ⇒ 砂州

沿岸帯 littoral zone (1, 2), sublittoral zone (3)
　1. 浅い淡水域および湖岸沿いの水域．日光が水底まで到達し，根をもつ植物群落が形成される．2. 海洋生態系*では，潮の干満によって沈水と離水が周期的にくり返される領域をいう．物理的な潮差*はつねに変化しているので，この帯を定義するには，まれにしか起こらない現象よりも，典型的な物理的条件を反映している生物に基づくのが有効．そこでイギリスでは，沿岸帯は，*Laminaria*（海草）の生息上限と *Littorina*（タマキビ）または *Verrucaria*（地衣類）の生息上限の間と定義されている．3. 淡水生態系における，沖帯（limnetic zone）の対置語．

沿岸漂砂（漂砂） longshore drift (littoral drift)
　海岸線沿いで見られる砂礫の動き．2つの領域で起こる．浜*漂砂は波の作用が及ぶ上限付近で起こり，斜めに打ち寄せる寄せ波*とまっすぐに戻っていく引き波*との相互作用による．砕波*帯では物質が水流に懸濁されて運搬される．

沿岸流 longshore current
　砕波*帯内を海岸線に平行に流れる海水の流れ．

塩基 base（形容詞：basic）
　ブレンステッド-ローリー理論（Brønsted-Lowry theory）によれば，溶液中の水素イオン*または陽子と結合してこれを除去する物質．ルイス理論（Lewis theory）では電子対の供給体として機能する物質とされる．pH*が7以上で，酸*と反応して塩（えん）*と水をつくる（中和作用）．

塩基性岩 basic rock
　鉄，マグネシウム，カルシウムを比較的多く含み，シリカ*の含有量が45～53重量％の岩石．たとえば，はんれい岩*は粗粒の塩基性貫入岩*，玄武岩*は細粒の火山岩*（噴出岩*）である．→ 酸性岩；中性岩．⇒ アルカリ岩

塩基性土壌 basic soil
　pH*が7.0以上の土壌*．⇒ 塩基．→ アルカリ性土壌

塩基飽和度 base saturation
　土壌*中の吸着複合体*の交換部位が交換可能*塩基の陽イオン*，つまり水素イオン

とアルミニウムイオン以外の陽イオンで占められて（'飽和して'）いる程度を，陽イオン交換容量*のパーセント値で表したもの．

遠距離場バリアー far-field barrier（**地質学的バリアー** geological barrier）

放射性廃棄物*を処分するにあたって，放射性核種の浸透を阻止し，永久的な保管場所となりうる地質学的・水文学的な特性を備えた地質構造． → 近距離場バリアー

円形劇場 amphitheatre

急斜面でかこまれた，表面が平坦な凹地．輪郭が馬蹄形で古代ローマの劇場に似る．氷河の侵食によって生じたカール*であることも，火山体が陥没して生じたものであることもある．セントヘレンズ火山（St Helens）では，1980年5月18日の火山錐*山頂と北側斜面の壊滅的な崩壊およびそれに続く火砕流*噴出によって，小さい火道を中心にもつ円形劇場が形成された．その後この火道の上に小規模な石英安山岩（デイサイト）*ドーム*が生まれた．

エンケ彗星 Encke

公転周期3.3年．最近の近日点*通過は1997年6月11日．近日点距離は0.339 AU．

エンケラドゥス Enceladus（**土星II** Saturn II）

土星*の大きい衛星*．1789年にサー・ウィリアム・ハーシェル（Sir William Herchel）が発見．表面は汚れのない新鮮な氷*（水の氷とは限らない）からなり，太陽系*中で最も明るい．クレーター*が存在するが，平滑な平原と長い線状の割れ目や峰が認められる．表面の年齢は若く，おそらく100 Ma以下と考えられ，ごく最近まで地質学的に活発であったことがうかがわれる．現在もある種の低温火山活動*があってなお活動中である可能性がある．この活動によって土星の薄いE環を構成している物質が供給されたのであろう．この衛星は放射性起源熱*が蓄積するには小さすぎるため，熱は早期に放散してしまったものと考えられる．軌道半径は共振*によってディオーネと1：2の関係にある．このため，ディオーネは潮汐加熱*をエンケラドゥスに及ぼしているが，その氷を融かすほどではないと考えられる．土星からの距離は238,020 km，半径249.1 km，質量7.3×10^{19} kg，平均密度1,120 kg/m³，アルベド*1.0．

塩　湖 salt lake

塩化物を主とする溶存無機塩類が100パーミルのオーダーあるいはそれ以上の濃度で集積している湖．たとえば死海（Dead Sea）では64パーミルのNaCl，164パーミルの$MgCl_2$が含まれている．

炎光光度法 flame photometry（**炎光分光法** flame spectrometry）

発光分光分析法（emission spectrometry）と類似した分析法であるが，アークやプラズマの代わりに炎によって電子*を励起する．基本的には'炎色試験'を定量化した簡単で直接的な分析法である．重さがわかっている試料をフッ化水素酸と過塩素酸または硫酸で溶解し，溶液の一部を炎に入れる．炎の中のカリウムによって生じる特定波長の発光強度を，標準溶液のそれと比較する．分析結果はナトリウム濃度や硫酸の影響を受けている可能性がある．過塩素酸，鉄，マグネシウム，アルミニウム，カルシウムもカリウムの発光を妨害するが，その影響は緩衝剤や妨害イオンを除くことによって減じることができる．

エンシアリック帯 ensialic belt

シアル質〔Oに次いでSiとAlに富むという意の古い語〕の大陸地殻*の上に発達した造山帯*．水平方向の運動をほとんどともなわない機構によって形成され，したがってプレート・テクトニクス*とは無縁と考えられる．原生界*地域の多くがこれにあたると考えられていたが，これらもプレート*の衝突帯*と解釈されることが多くなっている．

遠日点 aphelion

惑星や彗星*の楕円公転軌道上で太陽から最も離れた点．最初は地球に対する月の位置として定義された． → 近日点

遠心ポンプ centrifugal pump ⇒ ポンプ

円錐形（ニシキウズガイ型） trochiform

腹足類（綱）*の殻形態を表す語で，螺塔（らとう）*側面の傾斜が一定で，下面が平坦な円錐形のものを指す．

塩水楔（-くさび） salt wedge

潮汐性のエスチュアリー*に，その底に沿

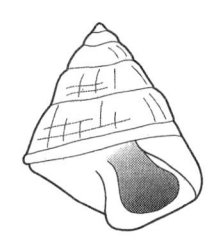

円錐型

って入り込んだ海水．海からの重い塩水は，エスチュアリーの地形上の制約によって混合が起こらない場合には，川の軽い淡水の下にもぐり込む．このような塩水楔は，比較的せまい水路を通じて排水している川のエスチュアリーに見られる．

円錐形岩床 cone sheet
　中核をなす深成岩*体に向かって傾斜し，円錐を逆さにしたような形をなす岩脈*．この特異な形態は，岩脈を派生している深成岩体がもたらした応力場によるものとされている．

円錐針入度計 cone penetrometer
　土壌*の相対的な剪断応力*を測定する計器．標準円錐に荷重をかけて地盤に押し込み，貫入した深さを測定する．⇨ 貫入試験

塩性沼沢 salt marsh
　河口に形成される泥質の浅瀬．潮流が進入している時間の長さを反映して，植生に規則的な分帯が見られる．海水は塩分濃度*が高く植物の浸透圧に支障をきたすため，そのような環境に適した植物（塩性植物；halophytes）のみが生育している．

延性変形 ductile deformation
　物体が応力*に対応して破壊*することなく永久変形すること．岩石内部のなめらかな変形によって永久歪*が生じることによる．延性変形は，地殻*深部を特徴づける条件，すなわち封圧*が高く高温で，歪速度*の小さい条件下で卓越する．

縁　線 marginal suture ⇨ 頭線
エンソ現象 ENSO event
　エンソはエルニーニョ・南方振動（El Niño-Southern Oscillation）のアクロニム．⇨ エルニーニョ

塩素度 chlorinity
　海水（⇨ 主溶存成分）中の塩化物含有量（重量）の尺度．海水1kg中の塩素をグラムで表す（臭素と沃素は塩素に換算）．塩素度と塩分濃度*が海水の塩辛さの尺度となる．両者の関係は数式で表され，塩分濃度は塩素度の1.80655倍にあたる．海水の全溶存塩類中に占める溶存塩化物の割合は一定となっている．

エンタブレチュアー entablature
　厚い溶岩*流中で，コロネード*の上にある，柱状節理の配列が不規則となっている部分．⇨ 節理

エンタルピー（H） enthalpy
　物質の単位質量あたりの熱容量を，体積と圧力の積と内部エネルギーの和で表したもの．

遠地地震 teleseism
　震央*から1,000km〔研究者によっては2,000km〕以上離れた地震計*で記録される地震*．震央距離がこれより短い地震は‘近い'地震とみなされる．

遠地点 apogee
　月（または人工衛星）の軌道上で地球から最も離れた点．→ 近地点

円頂亜綱 Camerata（海百合綱* class Crinoidea）
　棘皮動物（門）*の1亜綱．萼（がく）は，無数の多角形の小板からなる硬い組織で結合している殻板と数枚の址板からできており，それらは硬く癒着している．鼓蓋*は盛り上がった丈夫な小板からなり，一部が口と歩帯*溝の上を覆っている．円頂亜綱のウミユリ類は，オルドビス紀*前期からペルム紀*後期にかけて知られている．

鉛直成分（V） vertical component
　鉛直面内における地磁気ベクトルの成分．

エンティソル目 Entisol
　土壌*発達の初期段階にある鉱質土壌*．きわだった層位*をもたない．エンティソル目は，土壌断面*の発達が始まったばかりであることを反映して，現世の氾濫原*，侵食*が起こっている急斜面，安定化した砂丘*および現世の厚い火山灰層や風成堆積物に多い．

エンテレヒー entelechy ⇨ アリストジェ

ネシス

エンテロリシック構造 enterolithic structure

とくに蒸発岩*層の層内に発達する不規則な褶曲*. 岩塩*の化学変化による体積の変化が原因で, 通常, 水和作用*によって石膏*となる過程で硬石膏*が膨張して生じる.

塩　田 salt pan

蒸発によって水の塩分濃度*が高くなり, 化学的沈殿物（蒸発岩*）が堆積している半乾燥地域の盆地. 最も溶解しにくい塩類（カルシウムとマグネシウムの炭酸塩）が盆地の縁に最初に沈積し, ナトリウムとカリウムの硫酸塩がそれに続く. 最後にナトリウムとカリウムの塩化物およびマグネシウムの硫酸塩が盆地中央部に沈積する. アメリカ, カリフォルニア州のデスバレー（Death Valley）では, 基盤の傾動地塊運動*のためわずかに乱されているものの, このような配列を見ることができる.

円筒状 cylindrical ⇨ 単体サンゴ

円筒状褶曲 cylindroidal fold

円筒のように, 二次元の断面形態（円筒では円）が三次元（円筒の軸）の方向で維持されている褶曲*.

円筒トレンド cylindrical trend ⇨ ボックスカー・トレンド

エンドメンバー end-member

古生物学：漸移的な形態変異が見られる個体群内で, 両端に位置する形態またはその形態をもつ個体.

エンドモレーン（終堆石） end moraine ⇨ モレーン（氷堆石）

エンドリス endolith

穿孔*微生物（菌類やシアノバクテリア*など）が取りついた跡のあるウーイド（魚卵石）*.

エントロピー entropy

1. 熱力学系における無秩序さあるいは無効エネルギーの尺度. 進行していく宇宙の系崩壊の尺度. **2.** ⇨ 最小エネルギー消費の原理；最小エネルギー消費断面

遠熱水鉱床 telethermal deposit

供給源のマグマ*から遠く離れた鉱床*. 低温の熱水活動により, 母岩*変質*をほとんどともなうことなく浅所に形成される.

円盤状 discoid ⇨ 単体サンゴ

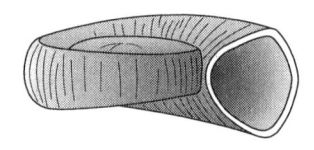

円盤状

エンハンスメント地震計 enhancement seismograph ⇨ 地震計

燕尾双晶 swallowtail twinning

1つの結晶*が双晶面*に沿って2つに分かれ, V字型またはツバメの尾のような形態をしている双晶*. 石膏*にこの型の双晶が見られることがある.

エンブリー‑クローバンの石灰岩分類法 Embry and Clovan classification

E. F. エンブリーと J. E. クローバンが1971年に提唱した, 組織*に基づく石灰岩*の分類法. ダナムの分類法*を拡充し, 礫質石灰岩を採り入れ, 生物によって結合している石灰岩を区分した. 粒径2mm以下の粒子からなる石灰岩については, ダナムの名称, すなわち泥質石灰岩, ワッケストーン*, パックストーン*, グレインストーン*をそのまま踏襲し, 粒径2mm以上の粒子を含む石灰岩について次の2つの名称を設けた. (a) フロートストーン*（基質支持*の石灰岩で径2mm以上の粒子を10%以上含む）, (b) ルドストーン（粒子支持*の石灰岩で径2mm以上の粒子を10%以上含む）.

堆積過程で原構成成分が生物によって結合された原地性*石灰岩については, ダナムの名称, すなわちバウンドストーン*に替えて次の3つの名称を設けた. (a) バフルストーン*；堆積過程で原成分が生物によって結合された原地性石灰岩, 生物体が調節壁として機能し, 細粒の基質堆積物がその背後に沈積したもの, (b) バインドストーン*；堆積過程で原成分が生物によって被覆, 連結され固定された原地性石灰岩, (c) フレームストーン*；堆積過程で原成分が, たとえば礁構造中のサンゴ（花虫綱*）のような堅固な枠組みをつくる生物によって固定された原地性

石灰岩.

塩分勾配層 halocline

深度とともに塩分濃度*が大きく変化する水の層. 一般に, 海岸域で河川から大量の淡水が流入するため塩分濃度の低い表層水と, その下の塩分濃度が高く密度の大きい水塊の中間に見られる.

塩分指交 salt fingering

海洋で塩分濃度*が高い水塊と低い水塊の間に想定されている混合過程. たとえば, 地中海の高濃度の水が低濃度の大西洋に流出している海域では, 塩分濃度が高く暖かい海水が低濃度の冷たい海水を覆う状態で, この現象が進行すると考えられている. 塩分濃度を異にする水塊間の水の鉛直移動は, 直径数mm程度の柱状ないし指状をなして起こる. 柱ないし指はわずかな距離を通過して1つの混合層をつくる. この混合層の上下2つの境界で同様の混合過程がくり返される. こうして混合層が無数に生じていく.

塩分濃度 salinity

海水中の全溶存物質の量を重量千分率(パーミル)で表した尺度. 炭酸塩と有機物は酸化物に, 臭化物と沃化物は塩化物に換算して算出する. 海洋水の塩分濃度は33〜38パーミルの範囲にわたるが, 平均値は35パーミル.

円偏光 circular polarization

鉱物光学: 振幅が同じで, たがいに直角な方向に振動する2つの単色直線偏光波を合成するとき, 合成振動の形は, 位相差 δ が $\pi/2$ および $3\pi/2$ の場合には円となる. この円状に振動する偏光をいう. δ が0および π の場合には直線, これらのいずれでもない場合には一般に楕円となる. ⇒偏光; 平面偏光; 楕円偏光

縁辺盆 marginal basin

1. 背弧海盆*の同義語. 2. 非活動的縁(辺部)*に沿って発達している盆地.

円磨度 roundness index

粒子の角の平均曲率半径を, 粒子の投影形に内接する最大円の半径で除した値. すなわち $(\Sigma r/N)/R$. Σr は角の平均曲率半径, N は角の数, R は最大内接円の半径. 実際には円磨度は経験的・定性的に表現される. 礫*を円磨度の模式ダイアグラム〔模式見本〕と照合するなど, 他の方法も使われている. 円磨度は堆積過程を推定するうえに有効な指標となる.

円磨バイオスパーライト rounded biosparite ⇒ フォークの石灰岩分類法

遠洋性 pelagic

外洋に棲む生物や堆積物に冠される. 代表的な生物にプランクトン*と遊泳性生物(ネクトン)*がある. ノイストン〔水面またはその直下に棲む生物〕はそれほど重要な存在ではない.

遠洋性堆積物 pelagic sediment (**ペラジャイト** pelagite)

石灰質および珪質の生物源粒子が沈積してゆっくりと形成される外洋の堆積物*. 生物源物質が全体積の75%以上を占める. → 半遠洋性堆積物

遠洋性軟泥 pelagic ooze

海水中の物質が沈積して蓄積した深海堆積物*. 主な構成物は, グロビゲリナと翼足類あるいは珪藻*と放散虫*など, 顕微鏡的な大きさの遠洋性生物の石灰質あるいは珪質の殻*. 量ははるかに少ないものの, 火山源, 陸源, 地球外源の砕屑片*細粒物質も含まれる. ⇒ 珪藻軟泥; グロビゲリナ軟泥; 放散虫軟泥; 翼足虫軟泥

塩類化作用 salinization (米語: salination)

塩類に富む地下水*が毛管作用*で上昇することによって, 土壌*中に溶解性塩類が集積する作用.

塩類ソーダ土壌 saline-sodic soil

交換性ナトリウムを〔交換容量*の〕15%以上含み, 25℃で電気伝導率*が0.4ジーメンス/m以上, 飽和状態でpH*が8.5以下である土壌*. 塩類の含有量とpHが高いため, ほとんどの植物が成長を阻害される.

塩類土壌 saline soil

可溶性の塩類を多く含むため肥沃度が低い土壌*. 下限は電気伝導率*が0.4ジーメンス/mとされることが多い.

塩類平坦地 salt flat

浅い塩湖*またはプラヤ*に集積した塩類からなる, 高温砂漠地域の広大な平坦面. 塩類皮殻の硬さは蒸発の程度によって異なる.

オ

オアシス oasis

砂漠*のなかで年間を通して地下水*から水が得られるため肥沃となっている場所．

Or ⇨ アルカリ長石

Oe ⇨ エルステッド

オイブ OIB ⇨ 海洋島玄武岩

オイラー極 Euler pole（回転の極 pole of rotation）

2つのプレート*の相対的な運動を決定するうえに定めた，地球の中心を通る回転軸が地表と交わる点．

オイラー式海流測定 Eulerian current measurement

一連の定点で海水の運動方向と速度を測定する技法．定点に設置された水流測定器がそれを通過する水流の流速と流向を記録する．異なる時刻または測定点で得た一連の測定値を個々のベクトルまたは流線として海図にプロットする．何種類もの測定器が考案されているが，プロペラ型測定器が最も一般的．

横臥褶曲 recumbent fold

ヒンジ線*と褶曲軸面*とが水平ないしほぼ水平となっている褶曲*．M. J. Fleuty (1964)は，軸面の傾斜が10°以下の褶曲に限って使用することを勧めている．

黄玉（おうぎょく）（トパーズ） topaz

ネソ珪酸塩鉱物*．$Al_2SiO_4(OH, F)_2$；比重3.5〜3.6；硬度*8；斜方晶系*；無色，淡黄，淡青〜帯黄色で，ときに桃色；多くは透明；ガラス光沢*；結晶形*は角柱状しばしば両錐状で，c軸に平行な条線を柱面にもつ，塊状，粒状のこともある．劈開*底面{001}に完全．花崗岩*，ペグマタイト*，流紋岩*，石英*脈に典型的に産し，花崗岩では副成分鉱物*として蛍石*，電気石*，緑泥石*，緑柱石*，錫石（すずいし）*とともにふつうに含まれる．また沖積*堆積物中に濃集する．気成作用*にともなって生じ，グライゼン*の1成分をなす．煙水晶は，本来は黄玉を指していた（⇨ 石英）．英語名称は紅海のトパゾス（Topazos）島に由来．

横溝 cingulum ⇨ 渦鞭毛藻綱

横谷 gap

山稜を横断する谷．河川が流れているものは水隙（water gap），それ以外は風隙（wind gap）と呼ばれる．水系の発達過程における初期の段階の遺物地形と考えられる．

黄金藻綱（黄藻綱） Chrysophyceae（黄金藻類 golden algae, 黄藻類 golden-brown algae）

主に単細胞の藻類*からなる綱．葉緑体に大量のフコキサンチン（褐藻素）色素が含まれているため，藻類全体が褐色を呈する．多くは金属光沢のある鞭毛をもち，それに加えて鞭紐のような別のタイプの鞭毛を備えているものもある．環状，棒状，針状の珪質殻をもつ珪質鞭毛藻類（大きさは20〜100 μm）はすべて海生である．胞囊あるいは休眠胞子の細胞壁のみが珪質である他の黄金藻類は淡水環境に棲むものが多い．黄金藻類の化石記録は白亜紀*前期にまでさかのぼり，良好な古気候指標となっている．

黄錫鉱（おうしゃくこう） stannite

比較的まれな鉱物．Cu_2FeSnS_4；比重4.3〜4.5；硬度*3〜4；正方晶系*；新鮮面ではオリーブ色を帯びた鋼灰色，空気にさらすと黄色に変色；条痕*黒色；金属光沢*；結晶形*はまれで立方体または四面体，通常は不定形の粒状または塊状．錫の熱水*鉱床*に錫石（すずいし）*，黄銅鉱*，珪灰石*とともに，錫に富む閃亜鉛鉱*・方鉛鉱*鉱床に閃亜鉛鉱，磁硫鉄鉱*，方鉛鉱とともに産する．

凹線 thalweg

河川の流路*，あるいは河川流路を抱える谷を短い間隔で切った多数の横断面中で，最低地点を連ねる線．

横断型海岸 transverse-type coast ⇨ 大西洋型海岸

横堤歯［皺襞歯（しゅうへき-）］ lophodont

ある種の哺乳類*の頬歯（臼歯）に見られる歯形．尖頭が癒合し横走隆起（横堤）を形成している．この歯は植物を咀嚼するうえで

機能的である. ⇨ 二横堤歯

黄鉄鉱 pyrite（**おろか者の金** fool's gold）
　硫化物鉱物*．FeS_2；比重 4.9～5.2；硬度* 6.0～6.5；立方晶系*；曇りのない淡い真鍮黄金色；条痕* 帯緑黒色；金属光沢*；結晶形* は立方体，五角十二面体，八面体または後二者が複合；劈開* は底面 {001} に貧弱．磁硫鉄鉱*，黄銅鉱* など他の硫化物鉱石* とともに塩基性*～超塩基性岩* に産する．火成岩（副成分鉱物*），堆積岩（とくに黒色頁岩*），広域変成岩*（団塊*），熱水* 脈，交代* 鉱床，接触変成岩* など，極めて多様な環境に広く分布する．硫酸鉄や褐鉄鉱* に変質する．かつては硫酸の原料とされていた．⇨ 白鉄鉱

黄鉄鉱型十二面体 pyritohedron ⇨ 五角十二面体

黄銅鉱 chalcopyrite（copper pyrite）
　最も普遍的な銅鉱物．$CuFeS_2$；比重 4.1～4.3；硬度* 3.5～4.0；正方晶系*；黄金真鍮色で見る角度によって色が変わる；条痕* 帯緑黒色；金属光沢*；結晶形* は四面体，ときに塊状；劈開* は {011} に不完全．火成岩* および熱水* 鉱脈* に黄鉄鉱*，磁硫鉄鉱*，錫石（すずいし）*，閃亜鉛鉱*，方鉛鉱*，方解石*，石英* とともに産する一次鉱物*．石英閃緑岩*，ペグマタイト*，結晶片岩*，斑岩銅鉱床*，同*銅鉱石とスカルン*，接触変成帯* にも産する．黄鉄鉱よりも暗色で，自然金* よりも硬く脆弱．硝酸に溶ける．変質産物は二次銅鉱物となる．主要な銅の鉱石鉱物*．

往復走時 two-way travel time
　地震波* が，振源（ショット* または発振器）から下方に向かって反射面* または屈折面* に達し，地表の検知器（ジオフォン* または受振器）まで戻ってくるのに要する時間．オフセット* ごとにノーマル・ムーブアウト*（反射走時の変化）が現れる．オフセットがゼロの地点では，垂直方向に往復した地震波の走時* が測定される．

オウムガイ亜綱 Nautiloidea（**軟体動物門*** phylum Mollusca, **頭足綱*** class Cephalopoda）
　多室で外殻性* の石灰質殻をもつ頭足類の亜綱で，室は体管* で連結し，巻いた殻をもつものもある．体は最後に形成された体房と呼ばれる室に入っている．鰓構造は四鰓性（しさい-；4 つの鰓をもつ）．内部隔壁* が殻壁に接する部分に単純な縫合線* が見られる．この亜綱には，カンブリア紀* 後期の地層から見つかっている最古の頭足類が含まれている．オウムガイ類は古生代* を通じて多様化し一般的であったが，この代の末には大きく衰退した．中生代* に入って盛り返したものの，新生代* にはふたたび衰退した．現生の属としては，漸新世* に出現したオウムガイ（ノーチラス属 *Nautilus*）のみが知られている．⇨ プレクトロノセラス・カンブリア

オウムガイ型- nautiliconic
　著しく包旋回* の殻をもつ頭足類* に対して用いられる．⇨ 過密巻き

応　力 stress
　物体に働く力（F）の大きさを，面積（A）で除した商．応力=F/A で，単位は N/m^2．応力は 2 つの成分に分解される．圧縮応力* と引張応力*（σ）は，表面に垂直に作用し（⇨ 垂直応力），物体の体積を変化させる．剪断応力*（τ）は表面に平行に作用して物体の形を変化させる．⇨ 歪

応力軌跡 stress trajectory
　物体全体における主応力* の方位の連続的な変化を示す線．湾曲していても，他の応力軌跡とは直角に交わる．

応力計 stress meter
　採掘にともなって岩盤に生じる圧力変化を測定する機器．スチールシャフトに刻まれた溝にグリセリンが入っている．圧力がかかるとグリセリンが絞り出されて隔壁を圧迫し，これが歪ゲージに連動して岩盤の挙動として表される．

応力軸交差 stress axial cross
　たがいに直交する 3 本の主応力軸*．長さはそれぞれの主応力* の大きさに比例する．応力楕円は最大主応力軸（σ_1）と最小主応力軸（σ_3）からなり，これに中間主応力軸（σ_2）を加えると応力楕円体となる．

応力楕円 stress ellipse ⇨ 主応力軸；応力軸交差

応力楕円体 stress ellipsoid ⇨ 主応力軸；

応力軸交差
応力場 stress field
　1点に働いている応力* とは別に，物体全体における応力の方位分布を表したもの．応力場は，応力軌跡* のグリッドとして表される．

応力-歪ダイアグラム stress-strain diagram
　応力* のもとで，温度・圧力・歪速度* の累進的変化の関数である歪* が変化するようすを表す図．歪のパーセント値を x 軸，差応力*（最大主応力* σ_1 と最小主応力 σ_3 の差）を y 軸にとる．

オウレオール aureole
　太陽や月のまわりで，白くまたは青く光っている円盤状の範囲．外縁は褐色の輪となっている．晴天時に太陽のまわりに見える，輪郭のはっきりしないひときわ明るい範囲を指すこともある．

横列砂丘 transverse dune ⇨ 砂丘

オーエン，リチャード (1804-92) Owen, Richard
　イギリスの解剖学・古生物学者．ダーウィン* が南アメリカからもち帰ったものをはじめとする化石哺乳動物や爬虫類の研究をおこなった．恐竜* という語をつくり，イグアノドン* などの爬虫類を復元した．ある1つの大きいグループ（たとえば脊椎動物）に属する動物は，ある1つの形態（原型*）の変態からなると信じていた．特筆すべき業績としてロンドン，サウス・ケンジントンの自然史博物館を創設（1881年）．

大 顎 mandible
　甲殻類*，昆虫類*，多足類（ムカデ，ヤスデなど）で，獲物の捕獲と切断のために使われる，対になった口器の1つ．鳥類* では，とくに下顎を意味することが多いが，上部下顎骨，下部下顎骨などと，嘴の2つの部分を指すこともある．

大穴分散ルート sweepstakes dispersal route
　1940年にシンプソン* がつくった生物の分散に関する語．大穴分散ルートとは，ほとんどの動物にとっては障壁であるが，例外的にある種の動物が運よく通過することがあるような動物群集の分散ルート．まれに動物の往来が可能になることはあるが，基本的には動物交流の大きい障壁があったことを意味する．どのようなグループがいつ行き来できるかは，実質的に行き当たりばったりにきまる．

大 潮 spring tide
　平均潮位からの潮差* が最大となる状態．約2週間ごと，満月または新月のときに起きる．月と太陽が地球と同列に並ぶときに潮差は最大となる．→ 小潮

オオツノジカ Irish elk（メガロケロス・ギガンテウス *Megaloceras giganteus*）
　いわゆるアイルランドヘラジカ．⇨ 相対成長

オーカー ochre
　鉄に富む堆積物．顔料に使われる．→ アンバー

オーガー auger
　本来は土壌* 試料採取のための道具であるが，泥炭* や未固結堆積物の採取にも使用される．最も単純で一般的な型式では，土壌や堆積物に孔を開けるためのらせん状のヘッドが先端についている．特殊な用途のためのヘッドも用意されている．標準的なオーガーで1 mの長さの試料を採取することができるが，さらに深いレベルの試料を得るために延伸桿をとりつけることもできる．

オカ-デミヤンカ層 Oka/Demyanka
　エルスター氷期*（ミンデル氷期*，イギリスのアングリア氷期*）に相当するロシアにおける氷期の堆積物．ドニエプル-サマロボ層*（ドリフト*）の下位に存在する．産状についてはほとんどわかっていない．

オキシコーン型 oxycone ⇨ 包旋回

オキシソル目 Oxisol
　鉱質土壌*．土壌* 表面から 2 m以内にオキシック層位* が存在するか土壌表面に近接してプリンサイト* を有し，かつオキシック層位の上にスポディック層位* もアルジリック層位* も欠いていることが特徴．

オキシック層位 oxic horizon
　オキシソル目* を特徴づける鉱質のB層（⇨ 土壌層位）．厚さは30 cm以上，風化* しやすい一次鉱物* をほとんど完全に欠き，

カオリナイト*粘土*や, 石英*, 水酸化鉄, 水酸化アルミニウムなどの不溶性物質ならびに少量の交換性塩基が存在し, 陽イオン交換容量*が小さいことが特徴.

オキシホルンブレンド oxyhornblende ⇒ ケルスート閃石

沖浜 offshore
低潮位線から海側に, 波浪作用限界水深*または大陸棚*外縁までの領域.

オーギブ ogive
氷河*表面上の縞模様. 通常, 氷河中央部では移動速度が大きいため, 縞模様は氷河の下流方向に凸となっている. 白い氷 (多量の気泡を含むため) と青黒い氷 (気泡を含まない) とが交互していること, あるいは流下方向への圧力に差異があることによって生じる.

オクリック層位 ochric horizon
明色の鉱質土壌*層位*. 通常は土壌*の表層を占め, 乾燥環境の土壌に特徴的.

オケルマナイト åkermanite ⇒ メリライト

オコーアン統 Ochoan
北アメリカにおけるペルム系*最上部の統*. グアダルーピアン統*の上位で三畳系*スキチアン統*の下位. 上部カザニアン階*とチャンシンギアン階*にほぼ対比される.

o 光線 o-ray ⇒ 異常光

オーサイト orthite ⇒ 褐簾石

オサージアン統 Osagean
北アメリカにおけるミシシッピ亜系*中の統*. キンダーフッキアン統*の上位でメラメシアン統*の下位. トルネージアン統*のアイボリアン階*, ビゼーアン統*のシャディアン階*にほぼ対比される.

押し被せ断層 overthrust
上盤*が動いて下盤*の上にのり上げた, 水平転位成分の大きい衝上断層*.

押しつぶし flattening
応力*が作用して起こる物体の形態変化の1様式, 純粋剪断*によって球が楕円体に変形する例でこの変形様式を表現できよう. 押しつぶしによる歪*の状態はSテクトナイト (単一のペネトレーティブ*な縞状構造*をもつテクトナイト*) に見られる.

押し-引き波 push-pull wave ⇒ P波

$^{18}O/^{16}O$ 比 $^{18}O/^{16}O$ ratio ⇒ 酸素同位体比

オーストラリア動物地理区 Australian faunal realm
草食性, 肉食性, 食虫性とさまざまに分化した固有の有袋類*群集*によって区別される動物地理区*. 有袋類は, 現在他の大陸で優勢な有胎盤哺乳類から孤立することによって進化した. 有袋類に加え, この動物地理区にはごく原始的な哺乳類* (単孔目) であるハリモグラやカモノハシも見られる. また小型の齧歯類も生息しているが, これは比較的新しい時代 (おそらく中新世*) の移住動物と考えられる.

オズボーン, ヘンリー・フェアフィールド (1875-1935) Osborn, Henry Fairfield
アメリカの古生物学者. プリンストン大学とコロンビア大学で教鞭をとった. 進化論者で適応放散*の考えを発展させた. アメリカ自然史博物館における古哺乳動物の展示を整備した.

オーソケム orthochemical
1. フォークの石灰岩分類法*でいう, 石灰岩*中のミクライト*基質*とスパーリー方解石* (スパーライト*) セメント*のこと 〔名詞として使用〕. 2. アロケム*粒子を欠きミクライトからなる石灰岩に冠される形容詞. 3. 化学的に沈殿した炭酸塩粒子に冠される形容詞.

オーソスコープ orthoscope
偏光顕微鏡*で平行な光線によって鉱物*の結晶*構造を観察する状態. コノスコープ* (薄片*にさまざまな方向の光を通過させる) が鉱物同定のための高度な方法であるのに対して, オーソスコープは標準的な検鏡法である.

オーソ礫岩 orthoconglomerate
基質*が15%以下でクラスト支持〔⇒ 粒子支持〕の礫岩*. クラスト*は主に鉱物のセメント*でたがいに結合されている.

オゾン層 ozone layer
気圏中の高度15〜30 kmにあってオゾンの濃度が1〜10 ppmとなっている層. 高度10〜15 kmと30〜50 kmにも濃度が極めて低いながらオゾンが存在する. 一般に大気中

のオゾン層は酸素の光化学的解離によってつくられる．すなわち，酸素分子（O_2）が太陽放射*の紫外線*を吸収して原子（O）に解離，これが酸素分子（O_2）と衝突してオゾン（O_3）となる．さらにこれが太陽放射を吸収してOとO_2に解離する．オゾン層によって地表に到達する紫外線の量が減じている．⇨ 気圏

オゾンゾンデ ozone sonde
　気球によって上昇し，オゾン層*のデータを得る機器のセット．

オタイアン階 Otaian
　ニュージーランドにおける上部第三系*中の階*．ウェイタキアン階*（漸新統*）の上位でアルトニアン階*の下位．アキタニアン階*と下部ブルディガリアン階*にほぼ対比される．

オタピリアン階 Otapirian ⇨ バルフォー統；レーティアン階

オタミタン階 Otamitan ⇨ バルフォー統；カーニアン階

オーチューニアン階 Autunian
　ヨーロッパのペルム系*を3区分したうち最下位のもの．あまり使用されない．他の2つはサクソニアン階*（中部）とチューリンギアン階*（上部）．サクソニアン階とともに下部ペルム系をなす．

オックスフォーディアン階 Oxfordian
　ヨーロッパにおける上部ジュラ系*中の階*．年代は157.1〜154.7 Ma（Harlandほか，1989）．ただしイギリスのオックスフォード粘土（Oxford Clay）は，その主部がこの階の下位にあるカロビアン階*に属している．⇨ マルム統

オッデラーデ間氷期 Odderade
　バイクセル氷期（デベンシアン氷期*）中の第三間氷期*．ブレラップ亜間氷期*の後で，メールスフーフト亜間氷期*の前，年代は70,000年〜60,000年BP．植生の証拠は，いくらかの温暖北方要素をともなうツンドラ*条件が卓越していたことを示している．この間氷期の後はメールスフーフト亜間氷期まで極砂漠条件が続いた．

オッド-ハーキンスの法則 Oddo-Harkins rule
　原子番号*が偶数の元素の宇宙存在度*は両隣の奇数原子番号の元素の宇宙存在度よりも大きいという法則．このため，原子番号（Z）に対する元素の相対頻度を表すグラフはなめらかな曲線とはならず鋸歯状となっている．これはヘリウム '燃焼'*（⇨ 元素の合成）などの過程に起因している．すなわち，基本材料の$^4_2$Heが加わることによって偶数原子番号の元素がつくられたことによる．たとえば，$^4_2$He+$^4_2$He→$^8_4$Be；$^8_4$Be+$^4_2$He→$^{12}_6$C．

オットレ石 ottrelite ⇨ クロリトイド

オッペル，アルベルト (1831-65) Oppel, Albert
　ドイツの地質学・古生物学者．ヨーロッパのジュラ紀*岩石を広範に研究．後に示準化石*と呼ばれる1つの生物種の生存期間に基づいて地層を帯に区分する体系を構築した．⇨ オッペル帯

オッペル帯 Oppel zone
　共存区間帯*の1つで，オッペル*が考えた化石帯の概念に基づく．オッペル帯の下限は1つの特徴的なタクソン*の出現により，上限はそれとは別のタクソンの消滅により定義される．下限と上限をきめるタクソンがそれぞれ1つのオッペル帯の上位および下位へ延びていてもかまわない．他の特徴的なタクサが1つのオッペル帯に含まれ，その上限あるいは下限を越えて延びている場合もある．通常，産出レンジの長いゆっくりと進化した系統のタクソンは，オッペル帯を定義する群集には含めない．オッペル帯に属するすべての重要なタクサが，すべての場所ですべての層準*に産出するとは限らない．帯名は特徴的な種の1つをとってつけられる．オッペル帯は，厳密な定義に基づく共存区間帯よりも定義があいまいで主観的であり，そのため公式の*生層序単元*としては用いられていない．ただ，共存区間帯という語がオッペル帯と同じような意味で使われることが多い．

オーディアン階 Ordian
　オーストラリアにおける下部〜中部カンブリア系*中の階*．下部カンブリア系の上位でテンプルトニアン階*の下位．

オディンツォボ間氷期 Odintsovo

ヨーロッパ・ロシアにおいてザーレ・ドリフト〔ザーレ氷期*の堆積物〕中に認められる間氷期*. 温暖広葉樹林の植生で特徴づけられる.

オテケ統 Oteke

ニュージーランドにおける上部ジュラ系*中の統*. カウヒア統*の上位でモコイワン階(タイタイ統*)の下位. 最上部オハウアン階とプアロアン階を含み, チトニアン階*にほぼ対比される.

オーテリビアン階 Hauterivian

ヨーロッパにおける下部白亜系*中の階*. 年代は135〜131.8 Ma (Harlandほか, 1989). ⇨ ネオコミアン統

オートクラスト autoclast

流動する溶岩*が摩擦あるいは自破砕作用(⇨ 自破砕溶岩)によって破砕されて生じた岩塊. → アロクラスト; エピクラスト; ハイドロクラスト

オートサイクル機構 autocyclic mechanisms

堆積システムの一部をなし, 堆積物の集積にかかわる事象(たとえば, 河川流路の大きさや形態など). ⇨ アロサイクル機構

オニアン階 Onnian

オルドビス系*, 上部カラドク統*中の階*. アクトニアン階*の上位でプスジリアン階*の下位.

オニックス(縞めのう) onyx (sardonyx)

玉髄*質シリカ* SiO_2 と含水シリカ $SiO_2 \cdot nH_2O$ の混合物. 白, 灰, 褐, 赤, 黒色などさまざまな色の縞をなす.

斧石(おのいし) axinite

まれな硼素珪酸塩鉱物*. 組成は変化に富むが, 一般式は $(Ca, Mn, Fe^{2+})Al_2(BO_3)Si_4O_{12}(OH)$; 比重3.26〜3.36; 硬度*7; 三斜晶系*; 薄紫〜褐色. 接触変成作用*を受けたカルシウムに富む堆積岩*に主に産する〔イギリス, コーンワール花崗岩(Cornish granites)の接触変成帯*が一例〕.

オノンダガン階 Onondagan ⇨ アルステリアン統

オハウアン階 Ohauan ⇨ カウヒア統; オテケ統

オーバーステップ overstep

1. 上位に向かって分布面積が広くなっていく一連の若い地層*が, より古い地層の上に重なっていく不整合*関係. つまり不整合の下位の地層は〔上位層の堆積場の方向に〕傾斜していることになる. ⇨ オフラップ; オーバーラップ. **2**. 衝上断層*の上盤*がしだいに転位していくこと.

オーバーラップ overlap

上方に向かって若くなる上位の海進性シーケンス(⇨ 海進)が, 下位の古い地層*の上にオンラップ*して重なる不整合*関係. 厳密には'オンラップ'は作用を, 'オーバーラップ'はそれによって生じた層序*関係をいうのであるが, 両者はしばしば同義に使われている. オフラップの対語. ⇨ オーバーステップ

オパール(蛋白石) opal

含水シリカ. $SiO_2 \cdot nH_2O$; 玉髄*と同様シリカ*の一種; 水分子の層が表面近くに取り込まれているため真珠光沢*(オパーレッセンス*)を呈し, これがオパールの特徴となっている; 比重1.99〜2.25; 硬度* 5.5〜6.5; 非晶質*; 無色, または乳白から灰, 赤, 褐, 青, 緑, ほぼ黒色; 樹脂光沢*; 通常は塊状であるが, 鍾乳石*状, ぶどう状や, 細脈をなすこともある, 形態は含まれている水の量(6〜10%)による; 劈開*なし; 貝殻状断口*. 通常, シリカを含む水から低温で沈殿し, とくに間欠泉*や温泉付近の岩石の割れ目充填物をなす. 宝石*となるオパールは乳白色または黒色で, 通常青, 赤, 黄色のきらめきを発する. 長く空気にさらすと水を失って褪色することが多い.

オパーレッセンス opalescence

鉱物*が呈する, オパール*の光沢*に似た真珠光沢*ないし乳白色の光沢. 鉱物の表面とおそらくは表面下の層による光の反射と屈折によって現れる. オパール独特の色感は水分子が内部の層に取り込まれていることによる.

opx ⇨ 斜方輝石

オビ海 Obik Sea ⇨ ウラル海

オフィオモルファ属 *Ophiomorpha*

スコリトス属*とともに, 1つの生痕ギル

ド*を構成する生痕化石*．節足動物（門）*がつくる．こぶのある厚い外壁をもつ，鉛直ないしそれに近い巣孔*．内部の壁面はなめらかである．個々の巣孔は径3〜6 cmで，枝分かれすることもある．底には大きい球形の室がある．オフィオモルファ属はペルム紀*から現世まで見られる．

オフィオライト ophiolite（**オフィオライト・コンプレックス** ophiolite complex）
〔下位から上位に向かって〕超苦鉄質*かんらん岩*，はんれい岩*，〔ドレライト*〜玄武岩*〕岩脈*，玄武岩質枕状溶岩*およびそれを覆う深海堆積物*からなる岩石のシーケンス．〔オブダクション*によって陸地の一部となっている〕海洋地殻*の残存物あるいは背弧海盆*で形成された地殻*．

オフィティック組織 ophitic texture
普通輝石*の大きい結晶*が全体または一部に短冊状の斜長石*を含んでいる組織*．ドレライト*や玄武岩*に見られる．ポイキリティック*組織の特殊な型．

オフェリア Ophelia（**天王星 VII** Uranus VII）
天王星*の小さい衛星*．直径16 km．1986年の発見．

オフセット offset
ジオフォン*またはジオフォン群の中心とショット*位置との距離．インライン・オフセットはジオフォンの展開*線上における距離．垂直オフセットはショットと展開線との垂直距離．反射オフセットは，傾斜している反射面*からの反射波と真の水平位置に移動した〔⇨マイグレーション〕反射面からの反射波との水平距離．

オブダクション obduction
プレート*の破壊縁*でプレートが大陸縁（辺部）*にのり上げてほぼ水平に転位すること．沈み込み*の逆．

オブドゥロドン属 *Obdurodon*（**単孔目** * order Monotremata, **カモノハシ科** family Ornithorhynchidae）
中新世*前期のカモノハシ類の属．オーストラリアのクイーンズランド州リバースレイ（Riversleigh）産の，保存が極めて良好な2種の標本が知られている．オブドゥロドン属は現生のカモノハシとは異なり，よく発達した機能的な歯をもつ．また，頭蓋骨の癒合の程度は劣る．現生の他の哺乳類*とは異なり，単孔類が隔顎骨*をもっていたこともこの標本からうかがわれる．

オーブライト aubrite
頑火輝石*に富み，カルシウムに乏しいエコンドライト*質隕石*．頑火輝石は大きい結晶*をなしていることが多く，FeO/(FeO+MgO)比が極めて小さい．オーブライトはまれに存在する鉄-ニッケル粒子中に珪素を最大1.2%まで含んでいることがあり，同様に著しく還元的な頑火輝石コンドライト*と密接な類縁性をもっているようである．

オフラップ offlap
海退*期に整合的*に堆積した地層*の重なり様式の一つ．初生的に海側に傾斜している個々の地層の側方（海側）に，より若い地層が覆瓦状に重なっており，これから海が後退した方向がわかる．→ オーバーラップ．⇨ オーバーステップ；震探層序学

オープンホール open hole
ケーシング*が施されていない試錐孔*．

オベロン Oberon（**天王星 IV** Uranus IV）
天王星*の大きい衛星*．半径761.4 km，質量30.14×10^{20} kg，平均密度1,630 kg/m³，アルベド*0.24．表面は明色の放出物によってかこまれたクレーター*で覆われている．中央部近くには，中心部が明るく，そのまわりが暗い大きいクレーターがある．

オポイティアン階 Opoitian
ニュージーランドにおける上部第三系*中の階*．カピティーン階*の上位でウェイピピアン階*の下位．上部ザンクリアン階*（タビアニアン階*）にほぼ対比される．

オームの法則 Ohm's law
電気伝導体に加えられた電圧（V）とそれを流れる電流（I）の比は一定温度のもとでは一定で，電気伝導体の抵抗（R）との関係は，$V/I=R$で表される．この法則は電流密度が高い場合にはある種の物質では成り立たない．

重みつき平均 weighted average
多数個の数値について，個々の数値にその

信頼性に応じて異なる値の〔総和が1となる〕係数を乗じて求めた和．
親元素（親核種） parent ⇨ 放射性崩壊；放射年代測定法
親　潮 Oyashio current
　北太平洋における亜寒帯環流中の西岸強化*流．ベーリング海に発し千島列島（クリル列島）沖を南西方に流れ，北日本の東方で黒潮*と会合する．流速は0.5 m/秒以下，低温（深度200 mで4〜5℃），塩分濃度*は低い（33.7〜34.0パーミル）．
オラーコジン aulacogen
　現在隣接している海洋か造山帯*のいずれかに対して高角度をなして延び，堆積物で充填されている長命の地溝*．堆積物が大きい変形をこうむっていないことが特徴であるが境界をなす断層*に沿う後の時代の走向移動運動（⇨ 走向移動断層）によって著しく変形されている例が知られている．オラーコジンは，成長を停止した三重会合点*のリフト（⇨ リフトバレー）の内部に形成されたものと解釈され，プレート・テクトニクス*の活動度を指示していると受けとられている．形成時期が前期原生代*という古いオラーコジンが知られており，世界中に存在する．
オーラコセラス目 Aulacocerida ⇨ ベレムナイト目
オリクトグノシー oryctognosy ⇨ ウェルナー，アブラハム・ゴットロブ
オリゴ- oligo-
　'小さい'，'乏しい'をそれぞれ意味するギリシャ語 oligos と oligoi に由来．'小さい'または'少ない'を意味する接頭辞．生態学では欠如の意味で使われることが多い．たとえば，'貧栄養-(oligotrophic)'，'貧循環-(oligomictic)'．
オリゴタクシック期 oligotaxic times
　海生生物の多様性*が貧弱な期間．海水準の低下，温度の急変，海流の強化にともなう． → ポリタクシック期
オリゴハライン水 oligohaline water ⇨ 塩化物濃度
オリスカニヤン階 Oriskanyan（**ディアパーキアン階** Deerparkian）⇨ アルステリアン統

オリストストローム olistostrome (olisthostrome)
　周囲の基質*よりも古いさまざまな大きさのクラスト*を乱雑に含んでいる堆積体．クラストには巨大なものもあり，オリストリスと呼ばれる．一般に重力性滑動*によって形成され，海溝*にまでもたらされることもある．堆積性メランジュ（⇨ メランジュ）とも呼ばれる．
オリストリス olistolith ⇨ オリストストローム
オルソ珪酸塩 orthosillicate ⇨ ネソ珪酸塩
オールダム，リチャード・ディクソン（1858-1936）Oldham, Richard Dixon
　インド地質調査所のイギリス人地震学者．1897年地震記録*上でP波*とS波*を識別し，これが地球内部を伝播してきたことを示した．1906年，S波の陰〔⇨ 地震波の陰〕が存在することから地球が液体の核*をもつことを発見し，その大きさを推定した．
オルチス目 Orthida（**オルチス類** orthids；**有関節綱*** class Articulata）
　腕足類（動物門）*の絶滅*した目．両凸の殻*，直線的な蝶番*線，両殻によく発達した蝶番面が見られる．茎孔*は両殻に刻まれているが，板により境されることはない．殻は無斑（⇨ 有斑-**2**）*である．オルチス目は，カンブリア紀*前期からペルム紀*後期まで生存していた．この目に含まれる代表的な属として，オルチス属 Orthis（オルドビス紀*）が挙げられる．
オールト雲 Oort cloud
　太陽から20,000〜100,000 AU*の距離にあって，太陽の引力を受けて太陽系*をとり巻いている球殻状の領域．約10^{12}個の彗星*を含んでいる．オランダの天文学者オールト（Jan Hendrick Oort, 1900-92）が1950年にその存在を提唱した．恒星や分子雲が近くを通過することによって重力的な擾乱が生じると，木星*の軌道よりも内側に入り込む軌道をもって太陽を巡る彗星が出現する．
オルトスタイン ortstein
　ポドゾル（スポドゾル目）*のB層（⇨ 土

壌層位）に見られる硬性の土壌層位*．膠結*物質は主に酸化鉄と有機物からなる．

オルドバイ正亜磁極期（オルドバイ正サブクロン） Olduvai
松山逆磁極期*中の正亜磁極期*．年代は1.76～1.98 Ma（Bowen, 1978）．

オルドビス紀 Ordovician
古生代*を構成する6つの紀*のうち2番目の紀（510～439 Ma）．カンブリア紀*の後でシルル紀*の前．さまざまな種類の筆石類*の急速な進化と最初期の無顎類*の出現によって特徴づけられる．名称は古代ケルト人オルドビス族（Ordovices）に因む．

オルニトミムス類（オルニトミムス科） ornithomimid
白亜紀*後期の獣脚亜目*恐竜*であるコエルロサウルス類（下目）*の1グループ（科）．オルニトミムス類は，その体のつくりから別名'ダチョウ恐竜'と呼ばれ，その学名は'鳥の模倣者'という意味．

オレティアン階 Oretian ⇨ バルフォー統；カーニアン階

オレネキアン階 Olenekian
〔下部三畳系*スキチアン統*中の〕階．

オレネラス亜目 Olenellina ⇨ レドリキア目；大西洋区

おろか者の金 fool's gold ⇨ 黄鉄鉱

オロゲン orogen
1回以上の造山運動*を経た地帯．造山帯*と同義に使われることが多い．

オーロラ aurora
電離圏*（高度100～130 km）に高速度で進入する太陽からの微粒子により大気の分子が励起され，電子*を放出することによって起こる空中の発光現象で，しばしば明るい色彩を帯びる．分子が元のエネルギー状態に戻る際には，とくに赤色および緑色光を発光し，これが広い範囲にわたって弧状あるいは幕状に現れる．北半球では北極光，南半球では南極光と呼ばれる．このような大気上層の擾乱は，黒点活動にともなう太陽面の擾乱にともなって発生する．

音響インピーダンス（Z） acoustic impedance
媒質の密度（ρ）と弾性波速度（v）との積，すなわち，$Z = \rho v$．媒質境界面での波動の反射係数*は，隣合う媒質の音響インピーダンスの違いによってきまる．

音響検層 sonic logging ⇨ 連続速度検層；音響ゾンデ

音響測深 echo-sounding
超音波パルスを発信し反射面*（たとえば海底）からの反響を受信するまでの経過時間（t）を測定して水深を決定する方法．水中での音波速度（v_w）がわかれば，反射面までの深さ（h）は $h = v_w t/2$ の式で与えられる．

音響ゾンデ sonic sonde
2個の振源と4個のジオフォン*を備えたゾンデ．試錐孔*内を移動させて岩盤の地震波速度*を測定する．この作業を音響検層という．⇨ ウェルシューティング

音響チャンネル sound channel ⇨ ソファー・チャンネル

オングストローム ångstrom（Å）
長さの単位．10^{-10} m．可視光線*やX線などの電磁放射*を測定する際に用いる．国際単位系*ではナノメートルを用いる（10 Å = 1 nm）．

オンコライト oncolite（**オンコイド** oncoid, **オンコリス** oncolith）
直径5 cm程度以下の，球形ないし亜球形の粒子．転動する粒子に藻類*の作用によって堆積物質が付加してできる．

温室ガス（温室効果ガス） greenhouse (effect) gas
赤外線*を吸収し，再放射する分子からなる気体．したがって大気中にあっては温室効果*をもたらす．主なものに，水蒸気，二酸化炭素，メタン，窒素酸化物，オゾン，ある種のハロゲン化炭素化合物がある．⇨ 地球温暖化指数

温室効果 greenhouse effect
雲や気体（たとえば，水蒸気，二酸化炭素，メタン，クロロフルオロカーボン〔いわゆるフロン〕）によって地球からの長波*放射（4 μm以上）が吸収されたり再放射されて気圏*下層に熱が蓄積すること．断熱の効果は温室の板ガラスと同じで（すなわち，入射する短波には透明であるが，温室から放射される長波には一部不透明），地球のエネ

ギー収支の均衡を変える．たとえば，化石燃料*の燃焼によって大気中の二酸化炭素が大幅に増加すれば，他の（おそらくは自然の）逆方向の現象が作用しないかぎり，大気の温度が地球的なスケールで上昇するおそれがある．⇒ 大気の'窓'

温室時代　greenhouse period
地球上に氷河がなく海水面が高かった時代．海洋水の混合が十分になされないため，無酸素*の傾向が強く，栄養分の循環は大陸棚*の上に限られていた．サイクル層序学*でいう第3級のサイクルが卓越した．⇒ 氷室時代

温湿度記録計　hygrothermograph (thermohygrograph)
気温と湿度*を1枚の記録紙上に別個のトレースで連続的に記録する計器．

オンスケタウィアン階　Onesquethawian (オノンダガン階 Onondagan) ⇒ アルステリアン統

温泉　hot spring
小さい湧き出し口から地表にたえまなく流出している高温の水．水は，深部で高温岩体*によって熱せられ，対流によって地表に戻ってきた地下水*であることが多い．温泉水は溶存鉱物物質に富み，それが泉口のまわりに沈殿していることが多い．

温帯気候　temperate climate
熱帯気団*と寒帯気団*の影響を交互に受ける中緯度に特徴的な気候．気温によって温暖，冷涼，寒冷気候に細分される．⇒ 気候区分；ケッペンの気候区分；シュトラーレルの気候区分

オンタリアン階　Ontarian
北アメリカにおける下部ナイアガラン統*（シルル系*）中の階*．

温暖前線　warm front
前進する暖気団が寒気団を押しのけている前線面と地表面との交線．密度の異なる2つの気団*が収束している中緯度低気圧*では，暖気が寒気の上に這い上がろうとする．その境界面である前線面の勾配は通常は1：100以下であり，緩慢に上昇する気塊には層状の雲が発生する．高空の巻雲*に続き，それより低い高層雲*が現れて厚くなってくるのは温暖前線が近づいている徴候．前線が接近すると，厚い乱層雲*が激しい降雨をもたらすことがある．前線の通過後は雨が止んで気温が上昇し，（北半球では）南ないし南東から南西への風向順転*が起こる．

温暖氷河　warm glacier (temperate glacier) ⇒ 氷河

温度検層　temperature logging
試錐孔*で地下の温度分布を測定すること．

温度－成分図　temperature–composition diagram
通常，温度を縦軸，相*（たとえば同形置換鉱物*の系列）の成分を横軸にとって，温度に依存して変化する固相とそのメルト（溶融体）*の成分を表す図．

温度風　thermal wind
大気中のある層における地衡風*の鉛直シア（すなわち，層の底面と上面での地衡風向の差で定義されるベクトル）．温度風は，層内の平均的な等温線*（等層厚線）と平行に，北半球では寒気（薄い層）を左側に，南半球では右側に見て吹く．

音波速度　sound speed
音のエネルギーが媒質を伝播する速度．海水中の音波速度は，水温，塩分濃度*，深さによる水圧の関数で，1,400から1,550 m/秒にわたる．塩分濃度34.85パーミル，水温0℃で1,445 m/秒．音波速度は，水温が1℃上がるごとに約4 m/秒，塩分濃度が1パーミル上がるごとに約1.5 m/秒，水深が1,000 m増えるごとに18 m/秒，それぞれ増大する．

オンファス輝石　omphacite
まれな単斜輝石*．$(Ca, Na)(Mg, Fe^{2+}, Fe^{3+}, Al)[Si_2O_6]$；性質は翡翠（ひすい）輝石*と普通輝石*に似る；比重3.16～3.43；硬度* 5～6；緑～暗緑色；塊状または粒状．エクロジャイト*にパイロープ*と共生して産する．

オンベルバハッツ層群　Onverwacht ⇒ スワジ亜代

オンラップ　onlap
海水準の上昇または基盤の沈降によってしだいに拡大していく堆積域で，地層*がより

広い範囲を占めるように累重していく状態．オンラップの結果，堆積層と基盤岩とのあいだにオーバーステップ*の関係が生まれる．上位の新しい地層は，その初生傾斜方向の反対側で，傾斜している基盤岩の表面にぶつかってとだえる．→ オフラップ．⇨ ベースラップ；海岸オンラップ；ダウンラップ；トップラップ

カ

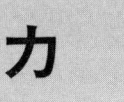

科 family ⇒ 分類

過圧縮粘土 over-consolidated clay
　現在かかっている荷重の圧力から期待される量以上に圧密*されている粘土*. たとえば, 侵食*によって除去された物質の荷重を受けていた粘土. ⇒ 正常圧縮粘土

過アルカリ性 peralkalline
　化学組成に基づく分類名で, 珪長質*の火成岩*に冠される. (Na_2O+K_2O) の分子が Al_2O_3 分子より多いもの. このような化学組成をもつ岩石には, エジリン輝石*, エジリン質普通輝石*, バーケビ閃石*, アルベゾン閃石*などのアルカリに富む鉄苦土鉱物*が晶出している. ⇒ 貧アルミナ性

過アルミナ性 peraluminous ⇒ 貧アルミナ性

界 erathem
　地質年代単元*の代*に相当する年代層序単元*. 界はいくつかの系*からなる. 対応する代の名称に界をつける. たとえば, 中生界*は中生代*に堆積した岩石のこと.

階 stage
　統*を細分したもの. 年代層序学*における第四次の単元で, 地質年代単元*の期*に相当する. 1つの期に形成された岩体を指す. 公式に用いる場合には, Frasnian Stage (フラスニアン階)* のように頭文字を大文字とする.

ガイア説 Gaian hypothesis
　ラブロック (James E. Lovelock) とマルグリス (Lynn Margulis) が提唱. 惑星上に生まれた生物はその惑星固有の物理的・化学的条件を大きく改変し, 生物系が確立した後は, 気候と主要な生物地球化学サイクル*は生物を仲立ちとして維持されるという仮説.

カイアタン階 Kaiatan
　ニュージーランドにおける下部第三系*中の階*. ボートニアン階*の上位でルナンガン階*の下位. バートニアン階*にほぼ対比される.

海王星 Neptune
　通常は太陽系*の8番目の惑星であるが, 冥王星*がその離心率の高い軌道によって海王星の内側に入ると9番目となる. 太陽からの距離は 30.06 AU*, 地球との距離は $4,305.6 \times 10^6$ km と $4,687.3 \times 10^6$ km の間. 赤道半径 24,766 km, 極半径 24,342 km, 体積 $625,410^{10}$ km³, 質量 102.43×10^{24} kg, 平均密度 1,638 kg/m³, 重力 11 (地球を1として), アルベド 0.41, 黒体温度 33.2 K. 濃密な大気をもち表面気圧は 100 バール [10^3 パスカル] 以上. 大気の組成は分子水素 (89%), ヘリウム (11%), 微量のメタンからなり, アンモニアの氷, 水の氷, 水硫化アンモニア, おそらくはメタンの氷 (天王星*のものに似る) のエーロゾル*をともなう. 表面の平均温度は 58 K, 風速は 200 m/秒に達する. これまでに8個の衛星*が知られている. ⇒ 氷

海王星の衛星 Neptunian satellites ⇒ トリトン (海王星 I); ネレイド (海王星 II); ナイアド (海王星 III); サラッサ (海王星 IV); デスピナ (海王星 V); ガラテア (海王星 VI); ラリッサ (海王星 VII); プロテウス (海王星 VIII)

外温動物 ectotherm ⇒ 恒温動物

海果亜門 Homalozoa (**海果類*** carpoids; **棘皮動物門*** phylum Echinodermata)
　海果類には, 棘皮動物に一般的な放射相称*が認められない. 萼苞 (がくほう)* は扁平で非対称的である. 海果類はカンブリア紀*中期からデボン紀*中期まで知られ, ホモイオステレア綱 Homoiostelea, ホモステレア綱 Homostelea, スタイロフォラ綱 Stylophora の3綱がある. これらの分類学的な位置に関してはいまだに異論も多い. ある種の棘皮動物の幼生と脊索動物 (門)* との間に見られる類似性は, これら2つの門がなんらかのかたちで系統的に関連していることを暗示している. 最近, ジェフリーズ (R. P. S. Jeffries) は形態上の観点から, スタイロフォラ綱を, 原始的な脊索動物の新しい亜門である石灰質脊索動物亜門*に格上げし

た．しかしながら，海果類の分類に関しては未だ不明な点が多い．

階崖-扁谷地形 scarp-and-vale topography

ほぼ併走するケスタ*（スカープ*または階崖と傾斜斜面*からなる）とそれにはさまれる谷（扁谷*）からなる地形．岩質が異なるため削剥*作用に対する抵抗性が異なる地層*が，同斜構造〔homoclinal structure；すべての地層が同じ方向にほぼ同じ角度で傾斜している構造〕をなしている地域に典型的に発達する．中生代*の地層が東方ないし南東方にゆるやかに傾斜しているブリテン島のほとんどの低地で見られる．

開殻筋 diductor muscle ⇨ 開筋；筋痕

外殻性 ectocochlear

軟体部が完全に殻の内側にある頭足綱*に対して用いられる．これとは逆に，殻が軟体部内部に存在する頭足類は'内殻性'と称される．

ガイガー-ミュラー計数管 Geiger-Müller counter（**ガイガー計数管** Geiger counter）

一般の地質探査に使用する，電離放射線を検出する機器．円筒形の金属陰極とその軸に沿うワイヤ陽極が，低圧の不活性ガスを満たした壁の薄い筒に収められている．使用時には，陰極*-陽極*間の電気放電に必要な電圧より少し低い約1,000ボルトの電圧が陰極にかけられる．荷電粒子やガンマ線*が両極の間を通過すると，不活性ガスの原子と衝突して正のイオン*と負の電子*を発生させる．高電圧下でこれらは急激に加速されて陰極と陽極に向かう途中で，他のガス原子と衝突して連鎖反応的に多量の荷電粒子を発生させる．この'なだれ'が陽極と陰極に到達してパルスとなる．パルスを増幅してヘッドホーンにクリック音を生じさせるか，一連のパルスを1時間あたりのミリレントゲン量または1秒あたりの個数として記録する．正確な測定（とくに空中測定）には，これより感度の高いシンチレーション計数管*を用いる．

貝殻状断口 conchoidal fracture

湾曲した割れ口．石英*などの珪質の鉱物*，細粒の火成岩*，火山ガラス*とくに黒曜岩*に特徴的．

貝殻石灰岩 shelly limestone

貝殻または貝殻の破片を大量に含む炭酸塩岩*．

海果類 carpoids（**棘皮動物門*** phylum Echinodermata）

海果亜門のホモイオステレア綱，ホモステレア綱，スタイロフォラ綱の総称．公式の分類学的名称ではない．⇨ 海果亜門

海岸オンラップ coastal onlap

海水準の相対的上昇によって，海岸付近の非海成および浅海性堆積物が陸方向に堆積の場を移して累重していくこと．その後海水準が下がると侵食基準面*が低下し，先に堆積した地層*の頂部が侵食される．次の海水準上昇期には，海岸オンラップが再び，先回上昇期の堆積物よりも低い位置から始まる．海岸オンラップの下方への移動は海水準に相対的な低下があったことを示す．⇨ 震探層序学

海岸過程 coastal process

海岸域における過程の総称で，侵食*と堆積とがさまざまな程度に組み合わさって進行する．崖からなる海岸域では斜面作用*と波の作用が卓越する．この2つの営力によって，ジオ*，複合海食崖*，潮吹き穴（海食洞の天井から海崖の頂部に開いているせまい孔．波浪が崖に押し寄せると水や飛沫がこの孔から吹き上げられる）など特異な地形が形成される．起伏の小さい海岸では，砕波帯ではうち寄せる砕波*の作用，沖合では潮流による堆積物運搬が主な過程である．

海岸トップラップ coastal toplap ⇨ トップラップ；震探層序学

外気圏 exosphere

気圏*最外領域（高度500〜750 km）．気体（主に酸素，水素，ヘリウムの分子で，一部はイオン*化）の濃度は極めて低い．気体密度が低く分子同士の衝突が起こりにくいため，気体の宇宙空間への脱出が可能〔脱出速度〕．外気圏とその下の電離圏*の大部分が磁気圏*に属している．

階級（粒径階） grade

砂*-，シルト*-，巨礫*階級など，粒径による砕屑性*堆積物*の区分．⇨ 粒径（粒

海峡（水路） channel
　広い海域を結んでいるせまい瀬戸（たとえばイギリス海峡）．

開筋 divaricator muscle（**開殻筋** diductor muscle）
　腕足動物門*に見られる，殻を開くための筋肉．一方は主突起（⇨ 歯槽板基）の端に，もう一方は腹殻（茎殻）の内面に付着している．

外群 outgroup
　系統学*：2つの相同*形質*のいずれが原始形質*でいずれが派生形質*かを決めるために用いる種．外群を分岐解析*にとり入れない場合，形質状態*の分岐順序に不明確さが残り，結果としてトポロジー*の誤認が発生することがある．外群が指定されている系統樹*を有根系統樹*という．

開形（かいけい） open form
　結晶学：結晶形*をつくっている各結晶面*の末端が開いている（すなわち結晶形が空間を完全に包み込んでいない）もの．たとえば，正方錐体の4つの錐面がなす形態．➡ 閉形

介形虫綱（貝形虫綱） Ostracoda（**介形虫，貝形虫** ostracods；**甲殻亜門** subphylum Crustacea）
　甲殻亜門の綱で，典型的な節足動物*であるが，体は2枚の殻*の中に入っている．この1対の殻は表皮と一体をなし，殻を閉じるための筋肉の痕（⇨ 筋痕）が内面に残されている．付属肢は典型的な二叉型*を示し，掘削や遊泳などに適する形に変わっている．介形虫の食性には，植物食性，肉食性，腐肉食性があり，さまざまな水生環境に生息している．ほとんどが小型（大きさが1mm以下）である．カンブリア紀*に出現した後，これまでに1万種以上が知られている．現生種の分類は軟体部の解剖学的特徴に基づいているが，化石種については主に残された殻の特徴により分類される．蝶番*部の形状，筋痕のパターン，そして殻全体の形と装飾といった特徴が種の同定に用いられる．介形虫は層序学的に重要なグループであり，塩分濃度*や海岸線の変動の指標としても用いられている．

外形雌型 external mould ⇨ 化石化作用

外弧 outer arc
　島弧-海溝ギャップ*に生じている峰または隆起部．海面上に現れていることもある．

海溝 trench（oceanic trench）
　隣接する火山列島（島弧*）または大陸の縁に平行して延びる狭長な海洋底の凹部．深さは11 kmに達し，多くが幅50〜100 km，長さは数千kmにわたる．断面は非対称的で，陸側の斜面が急勾配となっていることが多い．海洋で最も深い部分．知られている最大深度はマリアナ海溝*中のチャレンジャー海淵（Challenger Deep）の11,022 m．海溝は海洋底が沈み込んでいるプレートの破壊縁*（沈み込み帯*）にあたる．

外肛亜門 Ectoprocta
　1．コケムシ（動物門）*のなかの1亜門で，触手冠（摂食と呼吸のための器官）が口の周囲をとり巻き，内肛亜門*とは対照的に肛門はその外側にある．多くの種が方解石*からなる骨格をもつ．外肛類は，例外もあるがほとんどが海生で，オルドビス紀*から現世までの広汎な化石記録をもつ．**2**．コケムシ動物門の別名．

開口数（NA） numerical aperture ⇨ 対物鏡

外骨格 exoskeleton
　多くの無脊椎動物*がもつ硬い外皮の総称．外縁部でのみ成長する殻の場合もある．最も代表的な外骨格は節足動物*に見られる角質（クチクラ*）の骨格で，すぐ下にある上皮細胞層から分泌される．糖タンパク質からできており，不透水性で，重量に比して強度が極めて高い．筋肉はクチクラの内側にある内突起に付着する．節足動物では，外骨格がいくつかの節に分かれているため運動が容易である．各節は薄い，しなやかなクチクラで連結されている．三葉虫（綱）*と甲殻類（亜門）*では，外骨格に炭酸カルシウムあるいは燐酸カルシウムなどの鉱物塩類が含まれているため，さらに高い強度をもっている．外骨格は，体の成長に合わせ周期的に脱ぎ捨てられる（脱皮*）．

外座層 outlier
　古い岩石に周囲を完全にとり巻かれて分布している若い岩石．侵食*，断層*運動，褶曲*作用あるいはこれらの作用が複合して形成される．→ 内座層

海山 seamount
　海洋底から1,000 m以上そびえている孤立した山．火山*起源で，頂上は先鋒をなし，海水面から1,000～2,000 mの深さにあるものが多い．グロリア*のサイドスキャン・ソナー*など，海底音響画像化の技術によって研究が進展している．

灰重石 scheelite
　鉱物．$CaWO_4$；比重5.9～6.1；硬度*4.5～5.0；正方晶系*；白色，ときに黄，緑，褐または赤色を帯びる；条痕*白色；ガラス光沢*；結晶形*は通常は両錐体，幅広い板状，ただし塊状，粒状のこともある；劈開*は底面{111}に良好；蛍光を発する；ペグマタイト*脈や高温型の鉱脈*に鉄マンガン重石*，錫石（すずいし）*，輝水鉛鉱*，蛍石*，黄玉（おうぎょく）*をともなって産するほか，接触変成帯*に斧石（おのいし）*，ざくろ石*，珪灰石*およびカルシウムの変成鉱物とともに産する．タングステンの主要な鉱石鉱物*の1つ．英語名称は18世紀のスウェーデンの化学者シーレ（K. W. Scheele）に因む．

回収率 recovery factor
　取水*効率の尺度．

回春 rejuvenation
　陸地が相対的に上昇することによって，侵食*速度が大きく増大すること．河川は下刻を再開して段丘*を残し，流路縦断面に遷移点*が生じる．最終的には多輪廻地形*が出現する．

骸晶 skelton crystal
　中心に向かって階段状にくぼんでいる結晶面*でかこまれている結晶*．

塊状 massive
　岩石が内部構造を欠いている状態．たとえば，級化成層*や内部堆積構造*をもたない地層*は塊状とされる．特定の結晶形*を示さない緻密な鉱物*の集合体は塊状鉱と呼ばれる．

塊状サンゴ compound corals
　塊状のコララム*（サンゴ骨格）を形成する群体サンゴ．コラライト*同士が密に接して多角形の断面を示す場合，コララムは塊状であるという．他の群体形態としては，樹形*，連鎖形*，叢状（そう-）*，束枝状*，亀甲状*，星形*がある．

塊状溶岩 blocky lava
　角張った結晶質の岩塊からなる表層に覆われている高温で溶融状態にある溶岩*流．岩塊は表面が平滑で，数mの大きさに達するものもある．溶岩流内部で溶融部分が流動を続けるため，冷却固結した表層が破砕されて生じたもので，内部の溶融部分と同じ組成をもつ．塊状溶岩となるのは，シリカ*含有量が中程度ないし多く，粘性*が高い溶岩に限られる．

塊状硫化物鉱床 marssive sulphide deposit
　金属硫化物鉱物*の富鉱体．脈石鉱物*をほとんどともなわないので，採掘が比較的容易である．典型例に銅-ニッケル硫化物，銅-亜鉛-鉛硫化物がある．

海進 transgression (marine)
　海水準が相対的に上昇することにより海が前進して陸地を覆うこと．その結果，浅海性の堆積物の上にそれより深い海に特徴的な堆積物（たとえば海岸砂*の上に陸棚性の泥*）が累重する．→ 海退；オンラップ

海進期堆積体（TST） transgressive systems tract
　シーケンス層序学*のモデルの1つである成因論的層序シーケンス・モデル*において定義されている堆積体*で，海水準の上昇期に形成される．基底は低海水準期堆積体*の上面（海進面），上限はダウンラップ*面（最大海氾濫面）．

崖錐（がいすい） scree (1), talus (2)
　1. 崖の基部で崖に接して集積している粗粒の岩屑．崖面の風化作用*により岩片が落下することによって成長する．過去および現在の周氷河*条件の影響を受けている高地や暑い岩石砂漠に広く見られる．**2.** 崖や急斜面の基部で，崩落した粗粒の岩屑が集積してつくっている斜面地形．

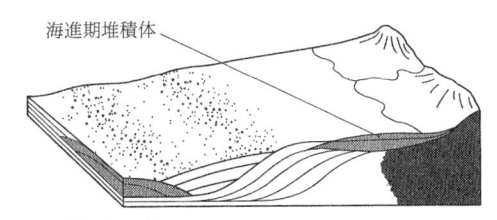

海進期堆積体
海進期堆積体（TST）

海水（主溶存成分） sea water, major constituents

　海水中に溶存している物質の99.9％は次の11種類の成分からなる．Na, Mg, Ca, K, Sr, Cl, SO_4, HCO_3, Br, BO_3, F. その相対存在度は塩分濃度*にかかわらずほとんど一定である．海水のpH*は緩衝系によって8.0～8.4に保たれている．アルカリ性であるため，Ca^{2+}とHCO_3^-は不溶性の$CaCO_3$となっている．アルミニウムと鉄の酸化物は電解質*の濃度が高いため凝析してコロイド*となり海底に沈殿する．シリカ*は生物体に取り込まれる．このため，除去されることのないCl, Na, SO_4, Mg, Kが溶存物質の大部分を占め，岩石中におけるよりもはるかに高い濃度となっている．

溶存物質（イオン）	パーミル	％
塩化物 Cl^-	18.980	55.05
ナトリウム Na^+	10.556	30.61
硫酸塩 SO_4^{2-}	2.649	7.68
マグネシウム Mg^{2+}	1.272	3.69
カルシウム Ca^{2+}	0.400	1.16
カリウム K^+	0.380	1.10
炭酸水素塩 HCO_3^-	0.140	0.41
臭化物 Br^-	0.065	0.19
硼酸塩 $H_3BO_3^-$	0.026	0.07
ストロンチウム Sr^{2+}	0.008	0.03
フッ化物 F^-	0.001	0.00
合　計	34.477	99.99

灰水鉛石（パウェライト） powellite ⇒ タングステン酸塩鉱物

海水準安定期 stillstand
　海水準が変動しない，すなわち海退*も海進*も起こっていない地質時代の期間．

開水路 open channel
　水が自由表面をもって流れている流路*．

外生生痕（イクシクニア） exichnia ⇒ 生痕化石

外生ドーム exogenous dome ⇒ ドーム 2

海成プラットフォーム marine platform ⇒ 外浜プラットフォーム

回　折 diffraction
　不連続面に入射する波（光線，電磁波*，地震波*，水の波などすべての波）がホイヘンスの原理*にしたがって放射状に広がること．断層面*，傾斜不整合*面，小さい孤立物体（たとえば礫，難破船の破片など）などはすべて，入射する地震波〔や音波〕を回折させる．回折された地震波が描く準双曲線状の曲線の形は媒体の地震波速度*に関係する．低速度の媒体では大きく湾曲し，速度が大きいほど曲率が小さくなる．

開旋回（緩巻き） evolute
　頭足類*の巻いた螺管（らかん）に冠され，すべての巻きが外側から見える状態を指す．→ 包旋回

階　層 rank
　規模または継続期間にしたがって区分された層序単元*または地質年代単元*のカテゴリー．

灰曹長石 oligoclase ⇒ 斜長石

階層的層序区分 hierarchical method
　層序単元*を，階層*をなす階級によって定義し，単元をより低次の階級に細分する層序学*の方法．たとえば，年代層序単元*の系*はいくつかの統*に，統はいくつかの階*に分けられている．→ 類型的層序区分

階層法 hierarchical method
　生物あるいはそれ以外の単元を，階層*順に分類する方法．⇒ 分類 1

海　退　regression (marine)

陸地に対して海水準が相対的に低下して，沿岸から海水が退いていくこと．海退時には浅海性の堆積物*がそれより深い海を特徴づける堆積物を覆う．⇨ オフラップ．→ 海進

海　台　oceanic plateau

深海底から海面下2～3km以内にまで立ち上がっている，海洋底の広い高まり．アイスランドを載せている海台，ガラパゴス諸島プラットフォーム，アゾレス・プラットフォームなどがある．マゼラン海膨（Magellan Rise）やオントンジャワ海台（Ontong Jawa Plateau）など，太平洋の海台では，火山岩を厚い石灰質軟泥*が覆っていることが多い．海台は火山活動の産物であるが，現在は活動していないものが多い．

海退期堆積体（RST）　regressive systems tract

海退*期に形成される堆積体*．特殊な条件のもとで形成される低海水準期堆積体（LST）*の一種とする考え方と，高海水準期（⇨ 高海水準期堆積体）に続く海退期に形成され，LSTとは独立したものとみなす考え方とがある．いずれも大陸棚*縁辺から大陸斜面*上部に形成される．

階段(状)断層運動　step faulting

いくつかの並列する断層地塊*を1方向側で系統的に下降させ，階段状の地形をつくる断層*運動．

灰柱石　meionite ⇨ スカポライト

灰長石　anorthite ⇨ アルカリ長石

海底峡谷　submarine canyon

大陸棚*から大陸斜面*にかけて刻まれた，急な側壁をもつ深い峡谷で，軸の勾配が80m/kmにも達する．乱泥流*による侵食が成因とされているが，乱泥流の記録が残されている海底峡谷はこれまでほとんど知られていない．

海底堆積台　wave-built terrace

外浜プラットフォーム*あるいはもっと大きく大陸棚*の外縁にあるとされる理論上の堆積面．その深さは波浪作用限界水深*（堆積物が波による擾乱を受けなくなる深さ）によってきまると考えられた．最新の調査ではそのような面の存在は確認されていない．

快適帯　comfort zone

人体が快適に感じ，効率よく機能する気温と湿度の範囲．気温19～24℃が最適範囲とされている．この範囲外では快適さを得るためには人為的な調節が必要となる．

回転カップ式風速計　rotating-cups anemometer ⇨ 流速計

回転掘削　rotary drilling

ビット*を先端に付けたドリルをケリー*によって回転させ，地盤を切り取り，あるいは破砕して試錐孔*を掘削する方法．土木工事や研究用の浅い孔井の掘削ではマストやA字型フレームから，深い孔井の掘削ではやぐらから駆動する．

回転皿実験　dish-pan experiment

大気の対流セル*およびグローバルな動きをシミュレートする方法．円形の容器内の浅い水の層を，赤道に擬した縁で加熱し，極地方に擬した中心部で冷却する．皿を回転させると，中心から縁への温度勾配と回転速度に応じてさまざまな動きが現れる．遅い回転速度では流れのパターンは同心の帯状であるが，速くすると大きい波曲が現れ，閉じた循環系が発生する．⇨ ハドレー・セル；ロスビー波

回転残留磁化（RRM）　rotational remanent magnetism

交流磁場内で試料を回転させることによって獲得される磁化．その機構はよくわかっていないが，強磁性磁区*が磁場とともに移動することと関係しているらしい．⇨ ジャイロ残留磁化

回転軸　axis of rotation

回転の軸となっている線．地球の回転軸〔自転軸＝地軸〕は地理上の北極と南極を結ぶ線で，歳差運動*をしている（⇨ チャンドラー揺動）．プレート*はオイラー極*のまわりを回転する．

回転地すべり　rotational slip（回転スランプ rotational slump）

上方に凹のすべり面に沿って移動する地すべり．地すべり地塊の表面は移動方向と逆の方向に傾斜し，沈下した部分に地表水が溜まることがある．斜面基部の切りとり，あるいは人工築堤が過度に傾斜していることが原因

回転性暴風 revolving storm ⇨ 熱帯低気圧

回転剪断 rotational shear ⇨ 単純剪断

回転楕円体振動 spheroidal oscillation ⇨ 自由振動

外套膜 mantle (mantle lobe)(**外套** pallium)

　腕足類*や軟体動物*の内臓を覆う膜組織．貝殻の分泌にあずかる．

喙頭目（かいとう-） Rhynchocephalia（喙頭類 'beak-heads', rhynchocephalians；爬虫綱* class Reptilia）

　原始的なトカゲ様爬虫類で，三畳紀*に出現した．ムカシトカゲ（スフェノドン・プンクタータス *Sphenodon punctatus*）は現世で唯一の喙頭類であり，しばしば生きた化石*の好例として挙げられる．現在この種はニュージーランド，プレンティー湾（Bay of Plenty）内の小島にのみ生息し，保護の対象となっている．頭蓋*は原始的な双弓類*の特徴を示し，方形骨は固定されている．歯は顎骨の縁と癒合し（端生），口の前端は嘴のようにやや突出している．

カイナイト kainite

　蒸発物鉱物．$MgSO_4 \cdot KCl \cdot 3H_2O$；比重 2.1；硬度* 2.5～3.0；単斜晶系*；白～黄から帯赤色まで色はさまざま；条痕*白色；ガラス光沢*；結晶*はまれ，通常は粒状の集合体．岩塩層中に岩塩*，カーナライト*などとともに広く産する．肥料およびカリ塩の原料．

カイ二乗検定（χ^2） chi-squared test

　統計学：特定のデータセットが理論分布から期待されるものとどれだけ適合しているかを知るための仮説検定*．検定統計量は観測値と期待値の差の関数で，これをχ^2分布と比較する．χ^2分布とは自由度*と呼ばれる単一のパラメーターに基づく確率分布．

カイパー帯 Kuiper belt

　冥王星*の軌道の外側で，主に氷*からなる物体が集中している領域．ハレー彗星*など短周期の太陽系*彗星*はこの帯に起源を発している．その外縁はオールトの雲*に移行している．カイパー帯の存在はカイパー*によって提唱されたが，1988年にこれを短周期彗星の出発源とみなす考えが発表され，1990年代にはこの帯に属する天体が初めて発見された．

カイパー，ヘラルド・ペーター（1905-73） Kuiper, Gerard（またはGerald）Peter

　オランダ生まれのアメリカ天文学者．海王星*の衛星*ネレイド*と天王星*の衛星ミランダ*の発見者，また土星*の衛星ヤヌス*の発見者の1人．惑星と月の地形および太陽系*の起源に関する重要な研究を多数おこなった．1948年には，二酸化炭素が火星*の大気の主要な成分であることを予告し，土星*の衛星タイタン*がメタンの大気をもっていることを発見．太陽系の生成にとり残された物質が，冥王星*の軌道の外側で帯（今日，カイパー帯*と呼ばれている）をなしていると考えた．ハレンスカルスペルに生まれ，ライデン大学に学んだ．1933年アメリカに移住し，1937年に市民権を得た．シカゴ大学ヤーキス天文台に勤務し，1947年から49年までと1957年から60年までの2回にわたって台長を務めた．1960年から死去するまで，アリゾナ大学月・惑星研究所の所長．国際天文学連合は水星*のクレーター*の1つにその名を冠した．

回反軸 inversion axis

　結晶学：結晶の対称性*を高めるために，中心のまわりに180°反転することができる対称軸．したがって，2回対称軸は90°ごとに反転される4回対称軸となる．回反軸を設定すれば対称心は不要となる．回反軸は，たとえば2回回反軸では$\overline{2}$，4回回反軸では$\overline{4}$というように，回転によってくり返される最大数の上にバーをつけた記号で表す．

海氾濫面 flooding surface

　パラシーケンス*の基底を示す地層*境界面．相対的海水準の急激な上昇によって水深が急速に増大したことを示す．海底侵食や無堆積をともなう場合がある．シーケンス堆積学*で最も重要な時間面とみなされている．

外皮 periderm

　筆石（綱）*の骨格を形成する薄いシート

状の層. 長らくキチン*質とされていたが, 今日ではコラーゲン*（硬タンパク質）であろうと考えられている. 内側の半環層と, それとは構造が明瞭に異なる薄膜層の2層に分かれている.

カイヒクアン階　Kaihikuan　⇨　ゴル統；ラディニアン階

海氷　sea ice
両極地方で気温・水温とも低いため海の表層水が凍結したもの. 北極海の中央部と南極大陸のいくつかの湾には年間を通じて存在し, 冬には北極海全域と南極大陸をとり巻く幅広い海域に広がる. 海氷の結晶は海水から生じるが, 氷の中にポケット状に取り込まれた海水を別にすれば, 塩分は含まれていない.

解氷　thaw　⇨　雪解け

外表皮　exocuticle　⇨　外骨格

海浜漂砂　beach drift
浜*に沿って砂*その他の砕屑粒子がジグザグに移動する現象. 粒子は寄せ波*によって浜を斜めに這い上がり, 引き波*によって浜の最大勾配に沿って下る. この2つの運動の組み合わせによってジグザグ運動となる. ⇨ 沿岸漂砂

海浜流系　near-shore current system
砕波*帯またはそれに近接した領域で, 波の作用によって生じる海水の流れの総称. 岸方向への海水のマス輸送（mass transport）, 沿岸流*, 沖方向への離岸流*があり, それぞれの領域で卓越している潮流*系と逆行していることがある.

海風　sea breeze　⇨　陸風・海風

外壁（外皮）　epitheca
多放線亜綱*に属する動物がつくるコラライト*外側の壁.

外壁　exine
花粉*や胞子*の外壁をなす, 分解しにくい不活性ポリマーのスポロポレニンからなる膜. 外壁は科や属, ときには種によって異なるため, 花粉植物の同定や泥炭*あるいは含花粉堆積物生成時の植生を定量的に解析するうえの基礎となる.　⇨　花粉学

改変テレーン単元　Modified units　⇨　火星のテレーン単元

ガイベン-ヘルツベルクの法則　Ghyben-Herzberg relationship
海洋島〔あるいは海岸域〕の下で, 海水（密度 ρ_m）の上にのる淡水（密度 ρ_w）の地下水*レンズの高さ（d）は, 両水塊が平衡状態にあれば, レンズ頂面の海抜高度（h）から次の式で求められるというもの. $d = \alpha h = \rho_w/(\rho_m - \rho_w)$. α は通常約 38.

海膨　oceanic rise
マントル対流*の上昇肢の上に発達し, 深海底からそびえている帯状の高まり. 成因は海嶺*と同じであるが, 海嶺にくらべて起伏量がやや劣り, 中軸谷*を欠いていることが多い. 海洋底の拡大速度*が高いことによる.　⇨　東太平洋海膨

灰硼石（コールマナイト）　colemanite
含水カルシウム硼酸塩鉱物. $Ca_2B_6O_{11} \cdot 5H_2O$；比重 2.4；硬度* 4.5；単斜晶系*；結晶形*は短い角柱状, ときに塊状. 乾燥地域の塩湖*堆積物に産する.

界面　interface
性質が異なる2種の物質の境界.

界面制御成長　interface-controlled growth
結晶-液相の界面*を横切る物質の移動によって結晶*の成長速度が支配されているメルト*または溶液中における結晶成長. この型の成長では, 一成分系では大きい過冷却*領域が現れることが多い.

海綿動物門　Porifera (Spongiaria)　（**カイメン** sponges）
多細胞動物の門であるが, 基本的な体制のちがいから動物界*（後生動物）の他のグループとは区別されている. カイメン類は固着性*の濾過食者で, 中央に空隙のある袋状の体をもつ. 表面を貫く, 吸水口と呼ばれる多数の微小な孔から水を取り入れ, 排水口という上部の大きい孔から排出する. 多くのカイメン類は骨質あるいはカイメン質の骨格をもつ. 石灰質や珪質の骨針*をもつものもある. 完全な形の化石として見つかるものもあるが, 多くは分離した骨針のみが残される. カイメン類は, カンブリア紀*（おそらく先カンブリア累代*）以降化石として産し, 生物源のシリカ*の供給源となっている.

外面の雌型　external mould　⇨　化石化作

用

界面分極法 interfacial polarization ⇒ 強制分極法

海洋 ocean

固体地球表面の3分の2以上（70.8%）を占める塩水塊．$1,370×10^6$ km³の水を抱え，平均水深は3,730 m．

海洋環流 ocean gyre ⇒ 環流

海洋気団 maritime air

海洋上で発生するか，長距離にわたって海洋上を移動したため，海洋性の温度と湿度で特徴づけられる気団*．

海洋性気候 maritime climate

海洋の影響を大きく受けて変質している気候の総称．典型的な特徴として，気温の日変化*と季節変化が小さいこと，大気が湿っているため降水量*が多いこと，が挙げられる．

海洋地殻 oceanic crust

海洋岩石圏（リソスフェア）*の上部をなし，モホロビチッチ不連続面*より上の海洋性岩石．固体地球表面の65%を占める．平均水深4.5 kmの海底から下方に，地震波速度*によって4層に分けられている．最上位の層（第1層；堆積物*）の厚さは，これを欠く海洋中央海嶺*から大陸棚*近くの2～3 kmにわたる．これ以外の3層は厚さ，地震波速度ともかなり一定している．第2層はP波*速度5 km/秒の玄武岩*質溶岩*と岩脈*コンプレックスからなり，厚さは2 km弱．その下に厚さ5 km，P波速度6.7 km/秒のはんれい岩*からなる第3層がある．第3層は上位の玄武岩質溶岩や岩脈にマグマ*を供給していたマグマ溜まり*が冷却・固結したもの．第4層はP波速度7.4 km/秒の薄い層（0.5 km以下）で，P波速度8.1 km/秒のマントル*と接している．

全体の厚さは約11 kmで，海嶺から海溝*まで海底地形が変化に富んでいるのに対して海洋底全体にわたってほとんど変化が見られない．断裂帯*が海洋地殻を切って延びている．海嶺と沈み込み帯*付近以外はほとんどが非地震*域．海洋底の年代は，海嶺にほぼ平行な直線状の地磁気異常の縞模様＊およびDSDP*，IPOD*での掘削により得られた第1層基底の堆積物の年代によって求められている．現在の海洋盆底中，最も古い海洋地殻の年代は2億年足らずで，西太平洋と北大西洋から見つかっている．海洋地殻は海洋底を拡大させている拡大縁（辺部）での火成活動によって形成される．

海洋中央海嶺 mid-oceanic ridge

多くは海洋盆の中央部を長く線状に延びる高い火山*地形．中央部を占めていることが多いのは，海洋底が海嶺から対称的に拡大した2つのプレート*からなるため．すべての海洋に存在するが，中央部からはずれているものもある．たとえば，東太平洋海膨*では，東側の海洋地殻*は〔海膨のすぐ近くで南アメリカ・プレート*との境界をなす〕沈み込み帯*で消費されている．海嶺では海洋地殻が生産されている．中軸には両側を高い峰によって限られたリフトバレー*が発達する．拡大速度*の大きい（15 cm/年に達する）海嶺では，バレー底は裂け目から流出する溶岩*に覆われて，拡大速度の小さい（2 cm/年程度）海嶺よりも平坦となっている．後者の中軸谷には割れ目噴火*によって小火山列が生じている．

海洋底拡大説 sea-floor spreading (ocean-floor spreading)

海盆のプレート*生産縁*で海洋地殻*がつくられているとする説．マグマ*が火道を通ってマントル*から上昇し，海洋中央海嶺*に沿うせまい帯状部で火山活動*をもたらす．マグマが冷却すると，玄武岩*溶岩*と岩脈*〔シーテッド・ダイク；sheeted dyke〕がそれぞれ海洋地殻の表層部と上層をなし，下位のマグマ溜まり*は海洋地殻第3層〔キュムレート（集積岩）；cumulate〕となる．新しくつくられた海洋地殻は，マントルの対流運動にのって海嶺と直交する方向に離れていく（⇒プレート・テクトニクス）．玄武岩は冷却する際に，その時代の地球磁場*によって磁化される．地球磁場の極性は逆転するので，年代を異にする海洋地殻は，それをつくった海嶺に平行な地磁気異常の縞模様*で特徴づけられる（Vine and Matthews, 1963）．この異常によって海洋地殻の年代と過去の相対運動が決定される．

かつての大陸漂移説*でも大陸が分離した跡に新しい海洋底が現れることになるわけであるが，海洋底拡大説では新しい海洋底がつくられるのは極めて幅せまい帯である．この考えは，今日ではプレート・テクトニクス理論の基本的な原理となっている．

海洋度 oceanicity

気候に及ぼす海洋の影響の度合い．⇨ 大陸度

海洋島玄武岩 oceanic-island basalt (**オイブ OIB**)

海嶺*から離れた海洋底から立ち上がって海洋島をつくっている火山*に見られる，石英ソレアイト*，アルカリ玄武岩*，霞岩(かすみがん)*．このような海洋島の例として，大西洋のカボベルデ諸島(Cape Verde)，アスンション島(Ascension)，トリスタンダクーニャ島(Tristan da Cunha)，ゴーフ島(Gough)，太平洋のハワイ—天皇海山列*がある．オイブはモルブ*にくらべて (a) イオン半径の大きい親石元素*，(b) 重希土類元素*よりも軽希土類元素，(c) Ti, Ga, Li, Nb, V, Zn, Zr, Y などの不適合元素*に富む．放射性同位体*と微量元素*の特徴から，オイブはエンリッチ・マントル (enriched mantle) 〔上記の(a)，(b)，(c)に富むマントル*〕の部分溶融*によって形成されたと考えられている．

海洋の波 ocean wave

海水面が上下にくり返すことによって現れる海洋表面の擾乱．次の型がある．(a) 風によって生じる波，たとえば波浪(波のパターンは無秩序)とうねり(長周期の波)，(b) 破壊的な波，たとえば津波*，地すべりがひき起こすサージ，高潮*，(c) 内部波(上下2層の界面*における水面下の波)．

海洋盆底 ocean-basin floor

水深2,000 m以上の海域の海底．大西洋*とインド洋*のおよそ3分の1，太平洋*の3分の4を占める．

外来- exotic

現在存在している場の外側にあった供給源からもたらされた物質に冠する．たとえば，堆積場から離れた遠隔または外側の供給源からもたらされた礫岩*中の礫は外来礫．あるいは造構造運動*によって現在の位置まで移動してきた異地性*の地質単元は外来テレーン*．

外来岩片 extraclast

堆積盆地*の外側の陸地に露出していた古い炭酸塩岩*が侵食されて生じた破片が，盆地に堆積している堆積物に混入したもの．〔炭酸塩岩以外の岩石についても適用される．〕→ 盆内成岩片(イントラクラスト)

外来結晶(捕獲結晶) xenocryst

火成岩*中の結晶で，メルト*からの晶出ではなく，周囲の母岩*または同じ岩体ですでに結晶化していた部分など，外部から由来したもの．メルトと平衡状態で晶出した斑晶*とは対照的に，メルトと平衡状態にない．

外来礫岩 extraformational conglomerate ⇨ 礫岩

海 里 nautical mile

海洋航海で使用するマイル．緯度で1分(1/60°)の差に相当する．国際的に1海里= 1,852 mと定められている．

海 流 ocean current

海洋における大規模な海水の運動．3つの主要な原因によって生じる．(a) 海水面に働く風の応力*，(b) 月と太陽の引力のさまざまな組み合わせによって起こる潮汐*，(c) 水塊の不等加熱と冷却，塩分濃度*の違い，懸濁物質濃度の違いによって生じる海水の密度差．

海緑石 glauconite

粘土鉱物*とされることもあるが，厳密には雲母*族に属する．組成は $(K, Ca, Na)_{<2}(Fe^{3+}, Al, Mg, Fe^{2+})_4[(Si, Al)_4O_{10}]_2(OH)_4$；比重2.4〜3.0；硬度*2；単斜晶系*；青緑-，黄緑-，暗緑色；光沢*なし；粒状．海成堆積物中に径1 mm程度までの集合体として産す．酸化環境にあって有機物の分解が進んでいる，堆積速度が小さい水深数十〜数百 mの大陸棚*で現在も形成されている．これを多く含む堆積物は，イギリスやアメリカ東部の白亜紀*緑色砂岩*のように，緑色を呈する．

塊緑泥石(チューリンジャイト) thuringite ⇨ 緑泥石

海嶺 oceanic ridge ⇨ 海洋中央海嶺

海嶺押し ridge-push
　プレート*の生産縁*において流動圏（アセノスフェア）*の表面近くで海洋プレートが生産され水平方向に拡大していることに起因するとされる，仮想的な力．プレートを動かす2つの主要な駆動力の1つとされている（他の1つはスラブ引き*）．

海嶺玄武岩 mid-ocean-ridge basalt（**モルブ MORB**）
　プレート*の生産縁*である海嶺*から噴出したソレアイト玄武岩（⇨ ソレアイト）の1型．最も多量に存在する岩石で，地球表面の大部分を覆っている．K_2OとTiO_2の濃度が極めて低いこと，P_2O_5，Ba，Rb，Sr，Pb，Th，U，Zrの濃度が低いこと，CaOの濃度が高いこと，が特徴．玄武岩*の各希土類元素*の濃度をコンドライト隕石*（比較のための標準物質）中のそれぞれの平均濃度で割った値は，軽い希土類元素（LREE）では重い希土類元素（HREE）に比べて，系統的に小さくなっていく．モルブは，供給源であるマントル*がLREEに乏しくなっていることを反映して，LREEに乏しい．この玄武岩はマグマ*がマントルから上昇する途中で，大陸地殻*を通過することがないため混成作用を受けていず，したがってマントルの化学組成を保持している．このためモルブは海洋下のマントルの組成に関する情報をもたらす．

海嶺頂部 ridge crest
　深海平原*から2〜3 kmほどの高さでそびえ立つ海嶺*の山稜部．拡大速度*の遅い海嶺（たとえば大西洋中央海嶺*）では中軸谷*によって裂かれている．拡大速度の速い海嶺（たとえば東太平洋海膨*）では，中軸谷を欠き，頂部はなだらかな地形を呈している．

回廊分散ルート corridor dispersal route
　1940年，アメリカ人古生物学者シンプソン*が定義した，交流が基本的には妨げられることのない動物の分散ルート．このため，1つの動物地理区*に属する動物の多くが回廊を通じて別の動物地理区へ移住することができる．ユーラシアには西ヨーロッパから中央アジアを経て中国に至る分散ルートが長期間存続している．

カーヴォリサス属 Curvolithus
　海底面近くの水平で短い巣孔*からなる生痕化石*の属．

ガウジ gouge
　鉱物*中の脈を充填する粘土*，あるいは断層*運動によって生じた断層面*間の粘土様物質．

ガウス（G） gauss
　磁束密度*および単位体積あたりの磁束モーメントのc.g.s.単位（⇨ c.g.s.単位系）．現在は，それぞれ国際単位系*のウェーバー/m^2（Wb/m^2）とテスラ（T）が使用されるようになっている．$1\,G = 10^{-4}\,Wb/m^2 = 10^{-4}\,T$．

ガウス, カール・フリードリッヒ（1777-1855） Gauss, Karl Friedrich
　ドイツの数学者．プレート・テクトニクス*理論に欠かせない球面幾何学を発展させた．主著『天体の運動に関する理論』（*Theoria Motus Corporum Coelestium*）（1809）は惑星の運動に関するもの．1834年に実施された国際的な地磁気調査を始動させるのに尽力した．

ガウス正磁極期（ガウス正クロン） Gauss
　後期鮮新世*における正磁極期（正クロン）*．ギルバート逆磁極期*の後で松山逆磁極期*の前．放射年代*は3.58〜2.60 Ma（Harlandほか，1989）．少なくとも2つの逆亜磁極期（逆サブクロン）*，マンムース*とケーナ*を含む．

ガウス分布 Gaussian distribution ⇨ 正規分布

カウヒア統 Kawhia
　ニュージーランドにおけるジュラ系*中の統*．ヘランギ統*の上位でオテケ統*の下位．テマイカン階，ヘテリアン階，オハウアン階の大部分を含む．バジョシアン階*，バトニアン階*，カロビアン階*，オックスフォーディアン階*，キンメリッジアン階*にほぼ対比される．

カウント・ラムフォード Rumford, Count ⇨ トンプソン，ベンジャミン

蛙目錫（がえろめしゃく） toad's eye tin
　〔toadはヒキガエル〕⇨ 木錫（もくしゃ

く）

火炎構造 flame structure
　ゆらぐ炎に似る形をなして泥*が上位層（多くは砂*層）中に注入している堆積構造*.

カオス chaos
　明快かつ精密な法則に支配されているものの，結果が予測されず出発条件のわずかな変動によって大きく変わる無秩序の状態．天候パターン，人工衛星の軌道など現実の現象のほとんどがカオス的な挙動を示す．⇨ フラクタル

カオリナイト kaolinite（**ディッカイト** dickite, **ナクライト** nacrite, **陶土** china clay, **カオリン** kaolin)
　1：1型のフィロ珪酸塩（層状珪酸塩)*で重要な粘土鉱物*. $Al_4[Si_4O_{10}](OH)_8$；比重 2.6〜2.7；硬度* 2.0〜2.5；単斜晶系*；白，灰色，あるいはさまざまな色を帯びる；鈍い土色光沢*；顕微鏡スケールでは結晶形*は六方板状であるが，通常は塊状；劈開* {0001}．アルミノ珪酸塩鉱物，とくにアルカリ長石*の化学的風化作用*や熱水*反応によって生成する二次鉱物*で，火成岩*，片麻岩*，ペグマタイト*，堆積岩*と，さまざまな岩石に広く産する．可塑的な感触により同定されるが，精確な同定は光学的または物理学的な手法に待たなければならない．純粋なものは，安価で多目的原料として，紙の塗工材料，窯業原料，化学物質と顔料の原料など，広汎な用途がある．土壌*中では乾湿に対する物理的安定性が高く，陽イオン交換容量*が小さいという特性がある．カオリナイトは酸性土壌*や極めて古い土壌に卓越する粘土鉱物であるが，オキシソル目*やラテライト*，乾燥気候下の土壌には見られない．名称は最初に採取された中国の山を指す語カウリン（kau-ling；'高い峰'）に由来．

カオリン kaolin（**陶土** China clay）⇨ チャイナストーン；カオリナイト；カオリン化作用

カオリン化作用 kaolinitization (kaolinization)
　長石*が熱水変質（⇨ 熱水）や交代作用*を受けて，細粒のカオリナイト*集合体が形成される過程．花崗岩では，この作用が著しく進むことが多く，石英*のみが変化をこうむることなく残されている，ぼろぼろの状態となる．この状態に至った変質花崗岩は高圧水噴射によって崩すことができ，カオリナイトは沈殿池で懸濁状態から沈着，集積してカオリン（陶土）となる．⇨ チャイナストーン

下殻 hypotheca ⇨ 渦鞭毛藻綱

化学共生 chemosymbiosis
　多細胞生物と細菌*の間に見られる共生的な相利作用の1形態．多細胞生物は保護された空間を細菌に提供する．一方，細菌は硫化水素を酸化するため，宿主である多細胞生物はそのエネルギーを使って炭素を固定し，代謝を維持する炭水化物および酵素を合成する．

化学合成 chemosynthesis
　熱水孔*群集*のバクテリアが硫化水素ガスと溶存している二酸化炭素から複雑な有機分子を合成すること．$4H_2S + CO_2 + O_2 \rightarrow CH_2O + 4S + 3H_2O$.

化学残留磁化（CRM） chemical remanent magnetization（**結晶残留磁化** crystalline remanent magnetization)
　強磁性*鉱物*が成長過程でブロッキング体積*を超える際に獲得する磁化．

化学種 species（単数形，複数形とも同じ）
　イオン*・原子*・分子のように，すべてが同じ性質をもつ特定の化学的物質．

化学消磁 chemical demagnetization
　透水性*の堆積物を弱酸（通常は10％塩酸）で洗浄し，セメント*とそれがもつ残留磁化*を消去すること．⇨ 消磁

化学的酸素要求量（COD） chemical oxygen demand
　水質汚染の指標．重クロム酸カリウムを酸化剤とする化学的な方法で測定される，水中の物質を酸化するのに必要な酸素の量．酸化に要する時間は2時間で，5日間かかる生物学的酸素要求量（BOD)*よりもはるかに迅速に求められる．BOD/COD比は特定の汚染物質についてほぼ一定であるので，この比を求めた後のルーチンな水質監視にはBODよりもCODを用いることが多い．

化学的風化作用　chemical weathering
　原子および分子レベルで作用して岩石*や鉱物*を破壊し，改変する化学的過程．化学的風化の産物は，もとの物質に比べて粒度と密度が低下し，可塑性と体積が増大していることが多い．主な作用に，溶解，水和*，加水分解*，酸化*，還元*，炭酸塩化*がある．

化学ポテンシャル　chemical potential ⇨ 水ポテンシャル

化学躍層　chemocline
　部分循環湖*における上部の混合層*（好気的環境）と下部の停滞継続層*（嫌気的*環境）の境界部．

鏡肌（かがみはだ）　slickenside
　1．〔断層*の両盤が転位する際の摩擦によって磨かれたようになめらかとなっている断層面*．〕石英*や方解石*などの粉がなす薄膜に覆われていることもある．鉱物や断層面上の突起が断層面につけた，転位方向に延びる条線をスリッケンライン（断層擦痕；slickenline）という．2．泥塊がすべった跡に残された研磨面．3．膨潤性の粘土*に富む粘土質の土壌*の膨縮によって生じた天然の割れ目の面．

輝く光沢（鏡面光沢）　splendent lustre (specular lustre)
　光を強く反射して反射面が明るく輝いて見える，鉱物*の光沢*．鉱物の屈折率*が高いことにもよる（たとえば宝石*の場合）．

河岸段丘（河成段丘）　river terrace (stream terrace)
　現在の氾濫原*よりも高位にあるかつての河床の一部．土地の隆起，海水準の低下，気候の変化などが原因で流水の下刻からとり残された部分．

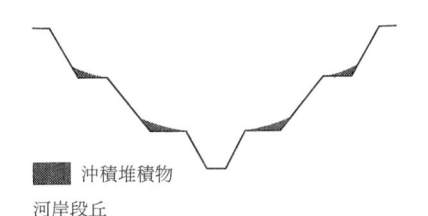

沖積堆積物
河岸段丘

河間地　interfluve
　隣接する2つの河川流路*の間を占めている高まり．両河川の河岸は，河間地側で勾配が急となっていることが多い．

河岸満水水位　bankfull stage ⇨ 河岸満水流量

河岸満水流量　bankfull flow
　河川流路*から溢流することなく運ばれる流量*の最大値（通常 m³/秒で表す）．洪水が起きる頻度は河川によって異なり，年間数回から数年に1回程度．河岸満水時の水面の高さを河岸満水水位という．

鉤状巻雲　uncinus
　'鉤状に曲がった'を意味するラテン語 *uncinus* に由来．巻雲*上部で末端が鉤状に曲がっている繊維状の雲．⇨ 雲の分類

火球　fire-ball
　著しく明るい流星*．金星*の平均等級（みかけの明るさ）にも匹敵する．⇨ 爆発火球

可給態養分（有効態養分）　available nutrients
　植物の根から容易に吸収され成長のための栄養となる，土壌*中の元素または化合物．ただ，実際に植物が利用することができる養分の量は，土壌中の可給態養分よりもはるかに少ない．

下曲型　deflected ⇨ 枝状体

核　core
　地球*の中心部をなす単元．鉄からなり，硫黄などの軽い元素をともなうと考えられる．固体地球の体積の16%，質量の32%を占める．内核と外核に分かれている．内核は固体からなり半径約1,220 km．外核は液体からなりねじれ波（S波*）を通さない．火星*，金星*，水星*はその質量分布から核をもつと考えられている．月*にも小さい核があるらしい．土星*は，その磁場から判断しておそらく液体水素からなる金属の核をもつと考えられる．

核　nucleus（複数形：nuclei）
　1．原子核．原子の中心部．陽子と中性子からなり，原子の質量の大部分を占める．陽子は電子*の負の電荷と同じ大きさの正の電荷をもつ．中性子は電荷をもたない．水素の

核は陽子1個からなる．天然に存在する最も重い元素ウラニウムは92個の陽子をもち，中性子の数は同位体* 234, 235, 238でそれぞれ142, 143, 146個．**2．** 塵，塩（えん），煙など，水蒸気が凝結する微小な固体粒子で，凝結核と呼ばれる．不飽和大気中での凝結を促進する吸湿性をもつものもある．カオリナイト*など，ある種の粘土鉱物*のように形が適当な粒子は氷晶*の凍結核となると考えられている．⇒ エイトケン核；ベルシェロン理論；凝結核；氷晶核．**3．** 二重の膜で仕切られた細胞小器官で，染色体*が入っている．核は生物の生存にとって基本的な器官で，ほとんどの真核生物*の細胞内部に見られるが，ウイルスにはない．さまざまな形をしているが，通常は球形あるいは卵形．細胞分裂時には一時的になくなる．また休眠期（分裂期以外）にある細胞内では，染色体はあるはずであるが，認められない．核は核小体（仁）と呼ばれる，リボソームRNAとタンパク質からなる小球体を含んでいる．これはタンパク質の合成に重要な役割を果している．**4．** ⇒ 核形成

萼（がく） calyx

有柄類棘皮動物*の主要臓器を納める，数列の殻板からできたカップ型の部分．茎をもたない種類では，中背板には5枚の址板の環が続き，その上に輻板の環がのる．これら2列の殻板の上に，さらに腕板からできた腕*が伸びている．萼が址板と輻板の2列からできている場合を一輪性と呼ぶ．種によっては，下址板という第3の殻板列が址板の下に見られる．このタイプの萼を二輪性と称する．また，輻板が2つに分かれていることもあり，その場合には萼の中の位置により下輻板，上輻板と呼ばれる．

カークウッド間隙 Kirkwood Gap ⇒ 共振

角運動量 angular momentum

1つの面内で中心のまわりに回転している物体の運動量．物体の質量，回転軌道の半径および角速度の二乗の積（$mr\omega^2$）で表される．地球は地軸のまわりに自転し，太陽のまわりを公転しているので，自転の角運動量と公転の角運動量をもっている．地球–月系の角運動量（3.45×10^{34} rad/kg/m^2）は地球の自転角運動量と月の公転角運動量の和であり，他の地球型惑星*の角運動量にくらべて大きい．

殻縁 ambitus

ウニ類（綱）*を上または下から見た外周の部分．通常，殻*の幅が最も広く見える殻板*の外周を指す．

殻外-（外莢-） exothecal

殻や萼苞（がくほう）*に対して外側の．

隔顎骨 septomaxilla

爬虫類*の上顎先端に位置する骨．単孔類*は哺乳類*のなかで唯一，独立した隔顎骨をもっている．⇒ オブドゥロドン属

核形成 nucleation

1． メルト（溶融体）*から胚芽的なクリスタライト*〔微細な固相〕が形成される過程．この核が成長して結晶*となる．**2．** 地向斜*はクラトン（楯状地）*の縁辺部で発達するとする理論．地向斜が造山運動*を経て造山帯*となり，クラトンに合体する〔大陸核の形成，成長〕．その侵食産物が，こうして拡大したクラトンの縁に新たに生じた地向斜盆に堆積する．水平方向の運動を強調するプレート・テクトニクス*理論では，沈み込むプレート*（⇒ 沈み込み帯）からはぎ取られた海洋性堆積物がクラトンに合体するとして，この考えを大きく改変した．⇒ 付加**3**

殻口 aperture

軟体動物（門）*の殻で，軟体部が出てくる殻の開口部を指す．単純な丸い形状のものが多いが，属によっては複雑な装飾をもっている．腹足類（綱）*で，殻口が円形ないし楕円形のものを全縁と呼び，水管*をおさめ

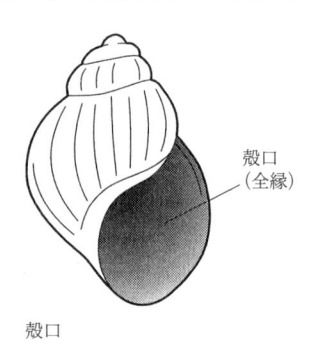

るための切れ込みが発達しているもの（つまり水管溝*をともなうもの）を有水管殻口と呼ぶ．頭足類（綱）*では，漏斗*をおさめるための漏斗湾入により腹側の縁がへこんでいることがある．いくつかのアンモノイド類（亜綱）*の属には，殻口の両側に一対の突起（舌状突起）が発達するものもある．

殻 孔 punctae ⇒ 有斑- **2**

顎口上綱（がくこう-） Gnathostomata

真の顎をもつすべての脊椎動物を含む上綱．

核歳差磁力計 nuclear-precession magnetometer （**プロトン磁力計** proton magnetometer）

陽子が，水やアルコール中で周囲の磁場の強さに比例した歳差運動*をすることを利用した磁力計*．強い磁場がかけられると陽子は整列し，磁場が除去された後に磁場のまわりに歳差運動する．この型の磁力計は1nTオーダーの感度をもち，速やかな反復測定が可能であるので，ほぼ連続した記録が得られる．

拡 散 diffusion

1．分子やイオン*が無秩序な熱運動の結果，溶質濃度の高い領域から低い領域へ移動する現象．たとえば，イオンは溶液またはメルト*内で成長しつつある結晶*に向かって拡散する．これはイオンが固相の結晶に取り込まれることによって近接する液体中の濃度が低下するため．**2**．結晶内：(a) 自己拡散．ある組成の単位が，同じ組成の結晶格子*を通って移動すること．(b) 体積拡散．原子やイオン*が結晶格子内を通って移動すること．これには，上述の単純な自己拡散と，あるイオンが大きさまたは電荷および配列を異にする種々のイオンからなる格子中を移動するという複雑なものとがある．自己拡散では形や組織が変化するのみであるが，体積拡散では組成が変化する．

核 酸 nucleic acid

生きている細胞でつくられる，分子量が相対的に大きいヌクレオチド・ポリマー．核*にも細胞質にも含まれる．DNA（デオキシリボ核酸；deoxyribonucleic acid）とRNA（リボ核酸；ribonucleic acid）の2種があり，2本あるいは1本の撚り糸状の鎖をなす．DNAは細胞や小器官〔細胞内にある特殊な小さい器官〕の遺伝情報を伝達する．RNAはタンパク質合成において転写と翻訳の機能を果たす．

拡散クリープ diffusion creep

応力*勾配に沿って原子が移動することによって起こる変形．温度が融点近くまで上昇すると顕著になる．⇒ コブル・クリープ；クリープ機構；ナバロ-ヘリング・クリープ

拡散係数（D） diffusion coefficient

拡散*の程度を表す数値．単位断面積（cm^2）を通って拡散していく物質の重量（g）を時間（秒）で割った商．原子や分子の種類・媒質・温度に依存する．

拡散律速成長 diffusion-controlled growth

メルト（溶融体）*または熱水*中で液相の体積拡散に依存する速度で結晶*が成長すること．一般に著しい過冷却*の状態にある多成分系で起こる．⇒ 拡散**2**

核 種 nuclide

'原子'に替わって広く用いられている語．核種の構成は元素の化学記号，質量数*（上付きで表示），原子番号*（下付き）で表す．たとえば，^{12}Cは6個の陽子（原子番号），12個の核子（質量数）〔陽子6+中性子6=核子12〕をもつ炭素（C）の原子を表す．

角閃岩 amphibolite

暗色で中粒の広域変成岩*．ホルンブレンド*，斜長石*と少量の緑簾石*，スフェン*，黒雲母*，石英*からなる．広域変成作用*と同時に変形を受けた結果，伸張したホルンブレンドの結晶*が，それぞれ片理*，線構造（リニエーション）*と呼ばれる顕著な面状，線状のファブリック*をなしていることがある．角閃岩は，噴出岩*であれ貫入岩*であれ，塩基性岩*が中程度の変成作用を受けて形成される．

角閃岩相 amphibolite facies

さまざまな源岩が同じ圧力・温度条件の変成作用*を受けて生じた変成鉱物組み合わせの1つ．源岩が玄武岩*などの塩基性岩*である場合には，中性長石（斜長石*)-ホルンブレンド*の鉱物組み合わせが発達することが特徴的．これとは異なる組成の岩石，たと

えば頁岩*や石灰岩*では，まったく同じ条件の変成作用によって，それぞれ独特の鉱物組み合わせが生じる．ある源岩組成から生じたさまざまな鉱物組み合わせは，それぞれを生み出した圧力，温度，水の分圧$[P(H_2O)]$の範囲を反映している．鉱物の圧力-温度安定領域についての実験によれば，この変成相*は中圧，中温ないし高温条件を表している．

角閃石 amphibole

珪素-酸素のSiO_4正四面体からなり，組成が$[Si_4O_{11}]_n$の複鎖をもつイノ珪酸塩*鉱物．複鎖は結晶軸*すなわち柱面晶帯*に平行に伸長し，1価，2価，3価の陽イオン*によって結合されている．主要な陽イオンはNa^+，Ca^{2+}，Mg^{2+}，Fe^{2+}，Al^{3+}，Fe^{3+}などで，水酸イオンも含まれている．角閃石には3つの主要なグループがある．(a) Caに乏しい角閃石；一般化学式は$X_2Y_5[Z_4O_{11}]_2(OH,F)_2$，$X=Mg$または$Fe^{2+}$，$Y=Mg$，$Fe^{2+}$，$Fe^{3+}$，$Al^{3+}$など，$Z=Si$または$Al$．(b) Caに富む角閃石；$AX_2Y_5[Z_4O_{11}]_2(OH,F)_2$，$A=Na$，$X=Ca$，$Y=Mg$，$Fe^{2+}$，$Fe^{3+}$，$Al$など，$Z=Si$または$Al$．(c) Ca<Naのアルカリ角閃石；$AX_2Y_5[Z_4O_{11}]_2(OH,F)_2$，$A=Na$またはK，$X=Na$（またはNaとCa），$Y=Mg$，$Fe^{2+}$，$Fe^{3+}$，$Al$など，$Z=Si$または$Al$．Caに乏しい角閃石は斜方晶系*で，オルソ角閃石と呼ばれ，直閃石*とゼードル閃石がある．他の2つのグループは単斜晶系*で，ホルンブレンド*，透閃石*，アクチノ閃石*およびNaに富む藍閃石*，リーベック閃石*などがある．

角閃石は普遍的な造岩鉱物で，中性*のアルカリ火成岩*と多くの型の広域変成岩*に産する．

角閃石岩 hornblendite

90％以上がホルンブレンド*からなる超塩基性岩*．他の鉄苦土鉱物*が10～50％を占めている場合には，その鉱物名を付けて呼ぶことがある．たとえば，輝石角閃石岩，かんらん石輝石角閃石岩．

殻層（石灰質層） ostracum ⇒ 殻構造（から-）；骨格形成物質

拡大速度 spreading rate

隣り合う2つのプレート*が離れていく速度．通常数cm/年程度．プレート生産縁*ごとに異なるが，オイラー極（回転の極）*から90°のところで最大となっている．'半拡大速度'（すなわち片方のプレートが海嶺*から離れていく速度）のほうが正確な表現であるが，一部の研究者がこの語を用いている．

角 柱 prism（**角柱状** prismatic）

結晶面*が結晶軸*の1つ[通常は垂直の$c(z)$軸]に平行にくり返してつくる結晶形*，およびそのような細長い形態をなす鉱物*に冠される形容詞．

殻 頂 apex（1），umbo（複数形：umbones）（2）

1. 殻*の中で最初につくられた殻の先端

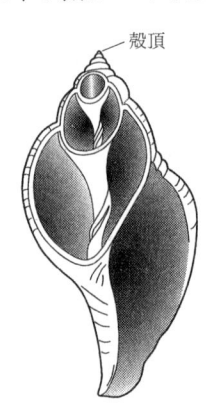

殻頂（apex）

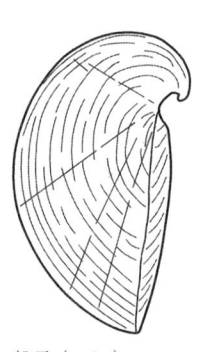

殻頂（umbo）

部分で，通常尖っている．一般に腹足類（綱）*の殻に対して用いられる．**2**. 腕足類（動物門）*あるいは二枚貝類（綱）*の殻で，最初に形成された部分を指す．殻頂は，腕足類では殻の後方に，二枚貝類では殻の背側*に位置する．

殻頂後向き opisthogyrate（形容詞：opisthogyral）

二枚貝類（綱）*の殻頂*が湾曲し，殻頂嘴（-し）*が殻の後方に向かって尖っているもの．

殻頂側- adapical

腹足類（綱）*の殻頂*に向かう方向を指す．⇨ 反殻頂側-

殻頂嘴（-し） shell beak

二枚貝類（綱）*の殻*で，蝶番*部付近の，最も初期に形成された部分．

拡張展開 expanding spread

屈折法地震探査*の一方式で，同一地点でのショット*ごとにジオフォン*展開*のオフセット*を大きくしていく．これは1つの振源についていくつものジオフォン展開を用いるのと同等である．反射法地震探査*ではこの方式から平方二乗平均速度*を求め，t^2-x^2曲線*を使って反射面*の深度を決定する．

殻頂前向き prosogyrate（形容詞：prosogyral）

二枚貝類（綱）*の殻頂*が湾曲し，殻頂嘴（-し）*が殻の前方に向かって尖っているもの．

確定埋蔵量 indicated reserve ⇨ 埋蔵量

獲得形質 acquired characteristics

ラマルク*ら初期の進化論学者が提唱した考えで，生物が生存している間に獲得した形質*のこと．ラマルクは，環境刺激に対する反応の結果，ある世代が獲得した特徴は次の世代に受け継がれるものと考えた．こうして世代を重ねることによって，特有の形質を備えた生物が1つの環境によりよく適応*することになる．この概念は，ラマルキズム*の1つの要素として近年かたちを変えてかえりみられているが，ラマルクが考えたような意味での形質の獲得と次世代への伝達は現在では信じられていない．

確認埋蔵量 proved reserve ⇨ 埋蔵量

核廃棄物 nuclear waste ⇨ 放射性廃棄物

殻板 plate

ウミユリ類（綱）*の萼（がく）*の表面を覆う小石灰片．萼は一連の列をなす殻板からできている．

殻皮層（外殻層） periostracum ⇨ 殻構造（から-）；骨格形成物質

カークフィールディアン階 Kirkfieldian

北アメリカにおけるオルドビス系*，上部チャンプレーニアン統*中の階*．

核分裂 fission

重い原子核が2個以上の中性子と大きいエネルギーを放出して分裂すること．

隔壁 diaphragm wall（**止水壁** core wall, **遮水壁** cut-off trench）

ダムまたは類似の構造物〔堰*など〕の基部をなし，水の浸透を防ぐほぼ不透水性の壁または芯材．場所打ちコンクリート隔壁（cast-in-place concrete diaphragm wall）の建設にあたって深い溝を掘削する際には，ベントナイト*懸濁液を使用する．

隔壁 septum（複数形：septa）

1. とくに頭足類（綱）*の殻の形態に関する語で，ふつう殻は前方に緩やかな凹面をなす隔壁により内部が一連の室（房）*に仕切られている．各隔壁には小さな開口部（孔）があり，その孔の周辺では隔壁がめくれあがってできた筒状の構造（隔壁襟）が発達していることが多い．隔壁襟はアンモノイド類（亜綱）*では前方に突き出しており（前管型），オウムガイ類（亜綱）*では後方に向いている（後管型）．多くのアンモノイド類で隔壁はさまざまな程度に褶曲しているが，このような複雑な褶曲をもつことの機能的な意味については多くの議論がある．**2**. サンゴのコララム*内に発達する，放射状に配列した仕切り板．個体発生*の最初に形成される隔壁（原隔壁）は，後に挿入される後期隔壁よりも大きいことが多い．

隔壁溝 fossula

四放サンゴ（目）*の莢（きょう）*に見られるすき間あるいは切れ込み．隔壁*が発達しない莢の部分で生じる．

萼苞（がくほう） theca（複数形：thecae）
ウミユリやウミツボミなどの殻*.

隔　膜 mesentery
サンゴの肉質の体壁に見られる放射状の膜で，体腔に仕切りを形成する．体腔内では隔膜と骨格性の隔壁*が交互に現れる．

核融合 fusion
2つの軽い原子核が結合して1つの重い核をつくる現象．エネルギーが突然に解放される．例，水素爆弾．

確率的誤差 random error ⇒ 誤差

確率分布 probability distribution
統計学：確率密度関数*によってきまる，異なる事象が生じる相対的な頻度分布．確率分布は，二項分布*やポアッソン分布*では離散的，正規分布*では連続的となる．

確率密度関数 probability density function
統計学：特定の事象が起きる確率を与える数学的な関数．この関数によってつくられる事象発生の頻度分布には，ヒストグラム*の形をとる離散的なものと，連続的なものがある．

角竜亜目 Ceratopsia
角が生え，オウムのような嘴状の顎をもつ鳥盤目*恐竜*で，白亜紀*後期に生息．頭部後方に首と肩を保護する大きい骨質の襞があるため，頭部の大きさは全体長の約1/3にも達する．角竜類恐竜のなかで最もよく知られているトリケラトプス属 *Triceratops* は体長5～6mで，鼻の上に1本と目の上に1本ずつ，計3本の角をもっている．

角　鱗 scute
魚類がもつ大型で骨質の皮板あるいは皮鱗．

角礫岩 breccia
角ばった礫*からなる粗粒の砕屑性*堆積岩*．'breccia' は 'rubble'〔山から切り出したり，自然に砕けて生じた荒石〕を意味する．供給地に近接して堆積した岩石とみなされることが多い．この語は火道から噴出した角ばった火山岩*（火道角礫岩*）にも適用される．

隠れ層（不感帯） seismic blind layer (hidden layer)
屈折法地震探査*で存在が検出されない層．原因は，(a) 層が薄すぎるためその地震波速度*の違いの効果が十分でなく，受振記録に現れない．(b) 地震波速度が上位の層よりも小さいため．比抵抗探査法*における抑圧層*と同じような存在．

芽茎（がけい）（走根） stolon
無脊椎動物*の群体が底質に付着するための柄状構造．

過形成 hypermorphosis
個体発生*が加速されて，生物が性的に成熟する以前に成体の大きさや形態をもってしまうこと．この生物は性的に成熟した段階では，いわば '超成体' になる．

下　降 subsidence
大きい高気圧*内部で起こる大気のゆるやかな（1～10cm/秒）下方への運動．大気は地表近くの下層で発散*する．下降は，放射冷却*や対流圏*上部で大気が水平方向に収束することによって起こる．下降する空気塊中では断熱*圧縮によって温度が上昇するため雲粒が蒸発し，地表付近の摩擦層より上空では雲が消滅する．このため安定した天候がもたらされる．冬季で湿気が多いときには霧*や低い雲が発生しやすくなる．

花崗岩 granite
明色，粗粒の酸性岩*．主成分鉱物*は，石英*（少なくとも20％），アルカリ長石*，雲母*（黒雲母*および／または白雲母*）で，角閃石*をともなうことがある（ともなわないことのほうが多い）．副成分鉱物*は燐灰石*，磁鉄鉱*，スフェン*．ハイパーソルバス花崗岩*はアルカリ長石の1グループ，通常はマイクロパーサイトの存在によって特徴づけられる．サブソルバス花崗岩*は2グループのアルカリ長石（マイクロパーサイトと曹長石）が特徴的（⇒ パーサイト）．花崗岩は古い大陸地殻*の部分溶融*，大陸地殻の局所的な現位置交代（花崗岩化作用*），玄武岩*マグマ*の分別結晶作用*，あるいはそれらの複合によって形成される．

花崗岩化作用 granitization
地殻*を構成する岩石が，交代溶液（⇒ 交代作用）の作用によってマグマ*の状態を経ることなく花崗岩*の鉱物組み合わせをもつに至る過程．花崗岩の主要化学成分が固体

の母岩にもち込まれ，余分な成分は粒界沿いに浸透している交代溶液によって濾され，あるいはイオン*が結晶*を通過して拡散*することによって母岩から除去される．花崗岩化作用は，地殻に貫入している大規模な花崗岩マグマがいかにしてその空間を占めることができたかという問題を避けるために提唱された花崗岩成因論で，今日ではあまりかえりみられなくなっている．

花崗岩質岩 granitoid

国際地質科学連合（IUGS*）の岩石分類法で定義された花崗岩型の岩石，すなわち，アルカリ長石*花崗岩，花崗岩*，花崗閃緑岩*，トーナル岩*を包括する語．

花崗岩質層 granitic layer

コンラッド不連続面*より上で，大陸地殻*上部を占める10～12 kmの部分．地表近くでは主として花崗岩*からなるためこの名がある．平均地震波速度*と密度から花崗閃緑岩*の組成をもつとみられる．

花崗閃緑岩 granodiorite

粗粒の火成岩*．主成分鉱物*は，石英*，斜長石*，アルカリ長石*，黒雲母*および角閃石*で，副成分鉱物*はスフェン，燐灰石*，磁鉄鉱*．斜長石が卓越し，長石*類の3分の2ないしそれ以上を占める．アルカリ長石を完全またはほとんど欠くものは'トロニエム岩'あるいはもっと一般的に'斜長花崗岩'と呼ばれる．花崗閃緑岩は沈み込み帯*の上の地殻*に貫入していることが多い．噴出岩*である石英安山岩*に相当する深成岩*．

花崗岩ミニマム granite minimum

石英*-曹長石-正長石の三成分系*において，分別結晶作用*で最後に残ったメルト*が結晶化を完了するか，逆にアルカリ長石*-石英の混合固相が加熱によって部分溶融*し始める，いずれも共通の最低温点．このとき残されている，または生成するメルトは多くの花崗岩*と組成が類似しているので，その温度を花崗岩ミニマムと呼ぶ．

加工硬化 working hardening

物体〔金属〕の塑性変形*が進むにつれて変形しにくくなっていく現象．結晶格子*の欠陥が蓄積し，物質の格子構造に変化が生じることに起因すると考えられる．

可降水量 precipitable water

大気柱中に含まれる水蒸気がすべて凝結して落下したと仮定したときの降水量*．大気中の水分は大部分が高度5,500 m以下の下層に含まれている．断面積が$1 m^2$の大気柱中には，平均して5～25 mmの降水量に相当する水蒸気が含まれている．大気における水分の平均滞留時間*は9日程度．

暈（かさ） halo

太陽または月のまわりに見られる虹色，ときには白色の輪．薄い巻雲*によって弱められている太陽光や月光が，雲中の氷晶*によって屈折して現れる．→ コロナ

可採鉱床 paystreak

鉱床*のうち，採算が採れる部分．沖積*金鉱床では，基盤*上または基盤付近で金が濃集しているポケットをいうことが多い．

火砕成溶岩流 clastogenic flow ⇒ 溶岩噴泉

火砕流 pyroclastic flow（火山灰流 ash-flow）

流動化した火山灰*基質*と軽石*・石質*砕屑物からなる高温で高密度の流れの総称．形態は熱雲*（大規模，軽石質）から火山岩塊-火山灰流（小規模，石質）まで多岐にわたる．流れは，噴出口で濃密な噴煙柱が重力性崩壊を起こすことによって発生し，一団となって斜面を流れ下る．このような高速の崩落をもたらす火山灰の流動化は，(a) マグマ*から発泡して放出されたガスが火山灰や軽石と混合すること，(b) 流れの先端で空気が取り込まれて圧搾されること，による．アメリカでは火山灰基質が卓越しているものを'火山灰流'として区別しているが，イギリスではこれも'火砕流'と呼んでいる．

カサガイ limpet ⇒ 古腹足目；'パテラ'浜

傘貝状 patellate ⇒ 単体サンゴ

傘貝状

風上に windward
　'風に逆らって'，すなわち風が吹いてくる方向に．

風下低気圧 lee depression
　気流が高地の障壁を越えた風下側で収束して発生する，前線*をともなわない低気圧*．前線性波動*から発達する低気圧とは異なり，低圧部の発生が成因．冬季に風下となるアルプス山脈の南側で頻繁に発生する．

風下波 lee wave
　安定した気流が上昇して山岳の障壁を越え，その風下側で元の高さに戻る際に発生する，風下方向に連なる一連の定在波*．波頭に沿ってレンズ形の雲が発生することが多い．定在波の上昇側では気流の上昇によって水蒸気が凝結し下降側では蒸発するために，雲は静止しているように見える．波長は40kmに達することもあり，振幅は気流の中層で最も大きい．波頭の下では鉛直面内の円運動が起こっており，全体としての気流の方向とは逆方向の風が局所的に発生する．この現象は'ローター (rotor)'と呼ばれる．風下波は，中層の定常的な風速が15ノット以上の安定した気流が存在するときに発生する．風下波による波状雲*としてよく知られているものに，カリフォルニア州シエラネバダ山脈のシエラ雲，イングランド，カンブリア州のヘルム*雲，シレジア地方のモアザゴトル (moazagotl) がある．

カザニアン Kazanian
　1．カザニアン期：後期ペルム紀*中の期*．ウフィミアン期*の後でチャンシンギアン期*の前．上限の年代は253 Ma．ウフィミアン期をこの期に含め，両者を一括してカザニアン期（カマ期）とする見解もある．
　2．カザニアン階：東ヨーロッパにおけるカザニアン期に相当する階*．上部苦灰統*（西ヨーロッパ），上部グアダルーピアン統と下部オコーアン統*（北アメリカ），上部バスレオアン階と下部アマラッシアン階（ニュージーランド）にほぼ対比される．

カサノリ目 Dasycladales (**緑藻門** * division Chlorophyta, **緑藻綱** class Chlorophyceae)
　緑藻類の目．葉状体中に単一の核をもつが，増殖の前には多核となる．葉状体は枝をもつ直立軸からできており，全体が放射相称*を示す．オルドビス紀*に出現したときにすでに複雑な装飾をもつ種があり，ペルム紀*とジュラ紀*に繁栄した．白亜紀*になると衰退し，現在では熱帯域にのみ生き残っている．

嵩密度（かさ−） bulk density
　105℃で乾燥させて重量が一定に保たれている土壌*（土塊またはコア）の単位体積あたりの重さ．

火　山 volcano
　溶融物質，固結物質，ガス状物質が噴出する地球表面の口または割れ目．山体の形は噴火*時のマグマ*の粘性*，ガス含有量，噴出速度による．マグマは単一の通路（⇒ 中心火道火山）あるいはいくつかの垂直な割れ目（⇒ 割れ目噴火）を通って地表に達する．噴火の様式はそれぞれに代表的な火山の名に因んで命名されている．⇒ ハワイ式噴火；プレー式噴火；プリニー式噴火；ストロンボリ式噴火；スルツェイ式噴火；ベスビオ式噴火；ブルカノ式噴火

火山活動 volcanicity (volcanism, vulcanicity, vulcanism)
　マグマ*と揮発性成分*が地球内部から表面に移動することにともなう現象の総称．現在の活動は，プレート*が収束，発散またはマントル*のホットスポット*上を通過する場に限られている．

火山岩 volcanic rock
　マグマ*が急速に冷却したため，ガラス*および細粒の結晶*からなる火成岩*．マグマが（海底も含めて）地表で固結したものを噴出岩*という．火山岩はかならずしも地表で火山体をなしているわけではなく，地下浅所でマグマが急冷*した浅所型の貫入岩体*（岩脈*やシル*）も多くは火山岩からなる．

火山岩栓 volcanic plug (**火山岩頸** volcanic neck)
　過去の火山*の火道を充塡している円筒状の火山岩*体．抵抗性が高いため，火山体本体が侵食によって失われた後も残っていることがある．⇒ ブイ

火山起源説 vulcanism
　ニコラ・デマレ*とジェームス・ホール*がフランス，オーベルニュ地方の野外調査に基づいて広めた18〜19世紀の学説．火山岩*は溶融物質からつくられ，また玄武岩*が現在見られるところにはかつて火山が存在していた，とするもの．

火山構造性陥没地 volcano-tectonic depression
　巨大なカルデラ*状または地溝*状の陥没地形．広大なイグニンブライト*層にかこまれていることが多い．ニュージーランド北島のタウポ（Taupo）地域は100×30 kmの広がりをもつ最大級のもの．ほかにアメリカ西部のイエローストーン（Yellowstone），フィリピン，トバ湖（Lake Toba）の陥没地がよく知られている．

火山砕屑性（火砕性） pyroclastic
　語意は'火-壊れた'．一般に爆発的な噴火*によって生成し，破片化した岩屑からなる火山岩*に適用される．

火山塵 volcanic dust
　火山噴火*によって気圏*中に噴き上げられて懸濁している火山灰*その他の微粒子．爆発的な噴火では20〜30 kmの高さにまで達することがある．滞留時間は極めて短く，上昇高度と降水状況により数日から数週間程度．火山性のエーロゾル*（多くは硫酸塩）は成層圏*中でベール状に広がり，数ヵ月にわたって地球の大部分を覆う．

火山錐 volcanic cone
　噴火口のまわりに蓄積した放出物がつくる円錐形の高まり．斜面の勾配は30°程度で，頂上の火道は凹地またはクレーター*となっている．火山錐は構成物質の種類や蓄積形態によって分類されている．たとえば，溶岩と火山灰*その他の火山砕屑性*物質の互層からなるものは成層火山*（複合火山），ハワイ式噴火*によって火道から放出されたスパター（溶岩餅）*が火道のまわりに集積したものはスパター・コーン（溶岩滴丘）*．ストロンボリ式噴火*によってスコリア*が集積したものはスコリア丘（噴石丘）*．⇨ 火山

火山成平原 Volcanic Plains ⇨ 火星のテレーン単元

火山体 Volcanic Constructs ⇨ 火星のテレーン単元

火山弾 volcanic bomb（bomb）
　空中に放出された直径32 mm以上の溶岩*の塊．空中を飛行する間にさまざまな特徴的な形態をとるようになる．たとえば，パン皮火山弾*は割れ目が縦横に生じているガラス質*の表皮をもつ．紡錘形火山弾は流動性のある塊が落下するときの回転によって両端に尾が生じている．縄状またはリボン状火山弾はねじ曲がっている．砲丸状火山弾は固結した溶岩塊が地上で転がって削磨され角がとれたもの．

火山テレーン単元 Volcanic unit ⇨ 火星のテレーン単元

火山灰 ash
　径2 mm以下のテフラ*．

火山灰丘 ash cone ⇨ スコリア丘

火山灰編年学（テフロクロノロジー） tephrochronology
　テフラ*（火山放出物）に基づく年代決定法．火山活動*がくり返された地域では，火山砕屑岩*層中の特徴的な層を鍵層*として，その火山地域内での対比*に利用することができる．このようにして確立した層序*から火山活動史，地下におけるマグマ*の状態と組成の変化が解明される．火山活動から遠く離れた地域で，薄い降下火山灰*層が堆積層中に見つかることがしばしばある．このような薄い層準*は分布範囲全体にわたって同時的とみなされて対比に使用される．火山灰はベントナイト質粘土（⇨ ベントナイト）に変質していることが多いが，なお火山物質を保有しているため放射年代測定*が可能である．このため，火山灰にはさまれる地層から産した化石*（たとえばアフリカの初期人類）の年代を特定することができる．火山灰による編年が広域の層序に適用されている好例として，スカンジナビア南部の下部古生界*，アメリカ西部内陸の中部白亜系*がある．

火山灰流 ash-flow ⇨ 火砕流

火山噴気作用 volcanic-exhalative process
　海底における火山活動*にともなってそれとほぼ同時に硫化物鉱床*が形成される作

用．鉱床はレンズ状の断面をもち，鉱化した網状鉱床*（おそらく熱水*の海底への通路）の上部を占めていることが多い．黒鉱型銅鉱床（くろこう-）は典型的な大陸-島弧*の火山噴気硫化物鉱床である．

火山豆石（-まめいし） accretionary lapilli
　大きさが2～64 mmの火山灰*のかたまり．同心殻状の内部構造（'たまねぎ構造'）をもつことが多い．水蒸気に富む噴煙の中で，ごく細粒の灰が凝結中の水滴や固体粒子のまわりに付着して形成される．生じた豆石は降下して堆積，あるいは火砕サージ*や火砕流*によって運搬された後に堆積する．

可視光線 visible radiation
　波長が380～780 nmの電磁放射*．ヒトの眼に見える．

カシモビアン Kasimovian
　1．カシモビアン世：ペンシルバニア亜紀*中の世*．年代は303～295.1 Ma（Harlandほか，1989）．モスコビアン世*の後でグゼーリアン世*の前．クレビアキンスキアン期*，チャモフニチェスキアン期*，ドロゴミロフスキアン期*を含む．これらは東ヨーロッパにおける階*の名称でもある．2．カシモビアン統：カシモビアン世に相当する東ヨーロッパにおける統*．ステファニアン統*（西ヨーロッパ）の一部，ミズーリアン統*とバージリアン統*（北アメリカ）にほぼ対比される．

下斜型 declined ⇒ 枝状体
過褶曲 overfold ⇒ 転倒褶曲
荷重痕 load cast
　堆積岩*がなす地層*の底面に形成される丸みのある膨らみ．未固結*状態の堆積物が下位の密度の小さい堆積物中に不等沈下することによって生じる．荷重痕は，フルートキャストのように既存のくぼみが充填されたものではないので，厳密にはキャストとはいえない．⇒ フルートキャスト

過剰圧 overpressure
　地下のある層準*で，間隙流体圧*がその深度に相当する正常な圧力（⇒ 静水圧）より高くなっていることがある（過剰圧帯）．過剰圧は，急速に埋積した地層*が不透水層によって覆われているため，間隙流体の逸散が妨げられている層準で発生する．掘削が過剰圧層準に達すると危険な暴噴や掘削孔の崩壊が起こることがある．

過小適合河川 underfit stream ⇒ 不適合河川

加色混合の三原色（加法三原色） additive primary colours
　フィルターを通じて混合させることによってあらゆる色をつくりだすことができる，赤，緑，青のスペクトル色．いずれか2つの原色から他の原色をつくることはできない．⇒ 減色混合の三原色

カシルスキアン階 Kashirskian
　モスコビアン統*中の階*．ベレイスキアン階*の上位でポドルスキアン階*の下位．

ガ　ス gas ⇒ 天然ガス
加水白雲母 hydromuscovite ⇒ イライト
加水分解 hydrolysis
　1．物質が水からの水素またはヒドロキシル・イオン*と反応して2種以上の生成物に分解されること．2．交換可能*の金属イオンが水素イオンに置換されて，土壌*の吸着体*が水素に富むようになること．→ 風化作用

ガスクロマトグラフィー gas chromatography
　試料の成分を，移動しやすい気体と，固体の固定相に塗布した非揮発性の液体の薄層に分配するか（気-液クロマトグラフィー），あるいは気体と固定相の固体吸着剤に分配すること（気-固クロマトグラフィー）により，分離する分析方法．分配はカラムの中でくり返され，それぞれの溶質が固有の速さで移動することにより，その帯域が生じる．溶質は分配が大きくなる順にしたがって抽出され（洗い落とされ），カラムの出口にある検出器に入る．表示面にピークが現れる時間によって成分が同定され，各ピークに含まれる面積は成分の濃度に比例する．ガスクロマトグラフィーは主に揮発性有機成分の分析に用いる．

カスケーディング・システム cascading system
　1つのサブシステムからのアウトプットが隣のサブシステムへのインプットとなるよう

な，連鎖状につながったいくつかのサブシステムを経て物質やエネルギーが移動していく，地形学上の動的なシステム．谷氷河*を例にとる．降雪や斜面上方からの岩屑，高度による潜在エネルギーというインプットの後に，一連の気候環境を経て氷量が段階的に減少しエネルギーが消費されると，氷河からの砕屑物と水というアウトプットが氷河前面サブシステムへのインプットとなる．

ガスコナディアン階 Gasconadian
　北アメリカにおけるオルドビス系*カナディアン統*中の階*．

カスタリア Castalia
　太陽系*の近地球小惑星*（No.4769）．大きさは1.8×0.8 km，おおよその質量10^{11} kg，公転周期0.41年．直径0.75 kmの2つのこぶ状突起をもつ．

ガスプラ Gaspra
　太陽系*の小惑星*（No.951）．直径$19 \times 12 \times 11$ km，質量約10^{16} kg，自転周期7.042時間，公転周期3.29年．1991年10月にガリレオ*によってその映像が得られた．

ガス放出 outgassing
　1．通常，加熱によってガスを除去すること．2．火山活動*によるガスの放出．これによって地球の気圏*と水圏*が形成された．

霞石 nepheline
　準長石*族の重要な珪酸塩鉱物*．$Na_3(Na,K)[Al_4Si_4O_{15}]$；KがNaを置換すると曹長石$NaAlSiO_4$に近い組成となる．カルシライト*$KAlSiO_4$との系列の端成分*．比重2.56～2.66；硬度*5.5～6.0；六方晶系*；無色，灰，帯黄，帯褐，帯赤，帯緑色；条痕*白色；ガラス-*～脂肪光沢*；結晶形*は通常は短角柱状，板状，あるいは粗粒の粒状集合体をなす；劈開*は角柱状{1010}に不完全，底面{0001}に貧弱．シリカ*に乏しいアルカリ火成岩*の一次鉱物*としてエジリン質普通輝石*，アルカリ角閃石*とともに産するほか，シリカ不飽和（⇒シリカ飽和度）の岩石［霞石閃長岩*，霞岩（かすみがん）*など］の主成分鉱物*として産する．

霞石閃長岩 nepheline syenite
　中～粗粒の火成岩*．主成分鉱物*としてアルカリ長石*，霞石*，輝石*（エジリン質普通輝石*またはナトリウム・ヘデンベルグ輝石*），角閃石*［鉄に富むナトリウム・ホルンブレンド*であるフェロフェスティングス閃$NaCa_2(Fe^{2+})_4Al_2Di_6O_{22}(OH)_2$，バーケビ閃石*および/またはアルベゾン閃石*］を，副成分鉱物*としてスフェン*，燐灰石*，チタン磁鉄鉱*，チタン鉄鉱*，ジルコン*を含む．霞石閃長岩はシリカ不飽和（⇒シリカ飽和度）の閃長岩*である．

霞石ベイサナイト nepheline basanite ⇒ベイサナイト

霞石モンゾナイト nepheline monzonite
　シリカ不飽和（⇒シリカ飽和度）のモンゾナイト*．モンゾナイトの鉱物組み合わせに加えて霞石*を主成分鉱物*として含む．

霞岩（かすみがん） nephelinite
　しばしば斑状*で，細粒の超アルカリ噴出岩*．主成分鉱物*としてチタン普通輝石*，霞石*，チタン磁鉄鉱*を，副成分鉱物*として燐灰石*，スフェン*，ペロブスカイト*を含む．斑状のものでは斑晶*は通常，チタン普通輝石で，霞石をともなうこともある．石基*には方ソーダ石*，方沸石*も見られる．かんらん石*をともなうものはかんらん石霞岩と呼ばれる．霞岩は，霞石が斜長石*にとって替わったシリカ過飽和（⇒シリカ飽和度）の玄武岩*である．

火　星 Mars（形容詞：martian）
　太陽系*の第4惑星．太陽からの距離は1.524 AU*，半径3,390 km，密度3,940 kg/m³，赤道面が軌道となす角度は25.1°．CO_2からなる小さい気圏*（7 mb）をもつ．極冠は水の氷からなり季節によって固体となるCO_2をともなう．北半球の地殻*は主に玄武岩*の平原と火山からなる．南半球には古い時代のクレーター*が密集している．サルシス・バルジ（Tharsis Bulge）は隆起高地または火山性高地．大峡谷が存在し，かつての水による侵食地形が認められている．火星から地球に飛来した玄武岩質隕石*が知られている．おそらく捕獲された小惑星*と考えられる2つの小さい衛星，フォボス*とデイモス*をもっている．

河性-（河成-） fluviatile

河川による堆積物に冠される．〔もっと広く，成因または原因が河川または流水にある，という意でも用いられる．〕

火星学 areology

火星*を研究する学問．ローマ人が戦いの神マース（Mars）と呼んだギリシャの神アレス（Ares）と，'言葉'または'談話'を意味するギリシャ語 logos を合成した語．地球を研究する地質学に擬せられる．

火成岩 igneous rock

3つの主要な岩石型グループ（火成岩，変成岩*，堆積岩*）の1つ．マグマ*から結晶化した岩石．

火成岩の粒度 grain size, igneous rocks

火成岩*に含まれている結晶*粒径の便宜的な区分．次の分類法が一般に受け入れられている．

ごく粗粒	>3 cm
粗粒	5～3 mm
中粒	1～5 mm
細粒	<1 mm
ガラス質	粒子欠如

堆積岩*については，⇒粒径．

火成鉱物 pyrogenetic mineral

完全ないしほぼ完全に無水のマグマ*から結晶化した鉱物*．かんらん石*，輝石*，斜長石*など．この鉱物は水分子を含まず，マグマから初期に結晶化する．マグマが少量でも水を含んでいれば，火成鉱物の結晶化によってマグマ残液は水に富むようになる．

河性作用（河成作用） fluvial processes

流路*内（ときには流路の外側）での水流による侵食*，運搬，堆積などの作用．侵食には，河床の粒子が引きずられたりもち上げられたりする移動，運搬物質が河床や堤を擦過して削りとる削磨*，水流の動きによる堤の崩落がある．運搬には，溶解，懸濁，掃流*の3様式がある．堆積は水流の運搬能力が粒子の重さを下まわる場合に起こる．

下生生痕（ヒピクニア） hypichnia ⇒ 生痕化石

火星の martian

'火星*の'，'火星にある'，'火星にかかわる'を意味する形容詞．

火星の運河 martian canals（**カナリ canali**）

解像度が100 km以下の望遠鏡で火星*を観察する際に現れる光学上の幻影．スキアパレリ（Schiaparelli）が最初に報告し（canali は運河を意味するイタリア語），パーシバル・ローエル（Percival Lowell, 1855-1916）が喧伝した．彼らは運河が網の目のように張りめぐらされた火星表面の地図を描き，火星に知的な生命が存在することを示唆した．運河を創出する知性は皮肉なことに地球側の望遠鏡にあったのである．

火星のテレーン単元 martian terrain unit

(a)極-，(b)火山-，(c)クレーター-，(d)改変-の4テレーン単元がある．(a)極テレーン単元には'成層堆積物'と'エッチ平原'，(b)火山テレーン単元には'火山体'と'火山成平原'，(c)クレーター・テレーン単元には'古期クレーター・テレーン'と'クレーター平原'，(d)改変テレーン単元には'ノビー（こぶ状）テレーン'，'無秩序な侵食成ハンモック状テレーン'，'チャンネル堆積物テレーン'，'溝がついたテレーン'，がある．

火成論 plutonism

陸塊の成長，崩壊，再生のサイクルという考えに基づいて地球の発達過程を説明しようとしてハットン*が主導した理論．このサイクルの推進力は重力と地底の火がもたらす熱で，この熱が地球内部から溶融体を上昇させ，火山岩*や花崗岩*をつくり，新たな陸地を形成したというもの．

化石 fossil

1. 太古のもの全般，とくに地中に埋没している状態で発見されたものを指す（たとえば，化石燃料*，化石土壌）．2. 過去に生存していた生物体の遺骸および生物の生活の跡．一般には最後の氷期*が終了する以前のものとされており，したがって化石とは10,000年前よりも古いものということになる．化石には，骨格，足跡，這い跡，巣孔，印象などがある．固結した岩石中から見いだされることが多いが，例外もある（たとえば，シベリアの凍土からは20,000年前の毛

に覆われたマンモスが掘り出されている）．もともとは化石は鉱物，宝石など地中から取り出されたものすべてを指していた．今日の意味で用いられるようになったのは17世紀後半から．⇒ 生きている化石；生痕化石

化石化作用　fossilization

化石*が形成される過程．通常，生物体が完全かつ変質することなく保存されることはまれで，一般に軟体部は分解し，硬質部はさまざまな程度の変化を受ける．溶解その他の化学反応によって生物の組織は炭素の薄膜に変わったり（炭化作用），堆積物の圧密*によってつぶされて扁平になったり（圧縮），多孔質の構造をもつ骨や貝殻などは地下水から鉱物*が沈積することによって密度が高くなることもある（パーミネラリゼーションまたは石化作用*）．殻の内部構造が溶解と再沈積（再結晶作用）によって変化し，もとの構造が不鮮明になったり失われることもある．貝殻をつくっていた霰石（あられいし）*は再結晶してより安定な鉱物である方解石*に変わっていることが多い．もとの殻が溶解するのと同時に他の鉱物物質が沈積すると置換が起こる．置換が分子単位であれば微細構造が保存されるが，全体として起こると抹消される．置換鉱物としてはシリカ*や鉄硫化物が代表的であるが，ほかにもさまざまなものがある．硬組織がまわりの堆積物に残した印象は'雌型'，組織の外側の印象は'外形雌型'，内側の印象は'内形雌型'と呼ばれる．雌型を残した組織が溶解して生じた空洞が鉱物物質によって充填されると'天然の雄型'ができる．足跡，這い跡，巣孔，その他生物の生活の痕跡が保存されたものは'痕跡化石'あるいは生痕化石*と呼ばれる．

化石生体分子　ancient biomolecule

堆積岩*〔やそれ以外の物体，たとえば氷，コハク，アスファルトなど〕に残されている，過去の生物の生体分子．化石生体分子を同定しその特徴を明らかにすることによって，それを残した生物の種類や進化・系統的関係など，さまざまな推定がなされる．研究対象となる化石生体分子としては，核酸，脂質，タンパク質，リグニンなどの多糖類がある．

化石燃料　fossil fuel

燃料として燃やすことができる有機物からなる堆積物の総称．主なものに石炭*，石油*，天然ガス*がある．植物や動物の遺骸が圧力を受けて変質または分解して生成する．

化石ラーゲルシュテッテ　fossil-Lagerstätte　⇒ ラーゲルシュテッテ

仮　説　hypothesis

実験により検証される議論または説明に対する基礎となる考え方または概念．帰納統計学あるいは推測統計学においては，仮説は，期待される結論の逆，すなわち帰無仮説（H_0）として記述されることが多い．このことはあやまった結論が導かれることを避けるうえに有効である．それは，元の仮説 H_1 は，実験データが帰無仮説により予測される値から十分はずれた場合にのみ受け入れられることになるからである．この否定的な作業は，到達した仮説が正しい場合であっても棄却される危険性をもっている（データ標本量が少ない場合）．しかし，一般にこの方法はあやまった仮説を受け入れることになりがちな肯定的な方法より好ましいと考えられる．

仮説検定　hypothesis testing

統計学：データ群を帰無仮説〔⇒ 仮説〕と呼ばれる1つの仮説と比較し，それから有意にはずれているかどうかを判定すること．はずれている場合にはこれに替わる別の仮説を設定する．統計量が，特定の信頼水準で帰無仮説から期待される信頼区間*に入らない場合には，その統計量は帰無仮説から有意に逸脱していると判定される．カイ二乗検定*は仮説検定の1つ．

顆節目（かせつ-）　Condylartha（顆節類 condylarths；哺乳綱* class Mammalia）

原始的な有蹄類*からなる絶滅*した目で，7科が含まれる．顆節目には，真獣類（⇒ 真獣亜綱）の起源となる系統に属する種類に酷似するものが含まれているため，その分類には多くの問題が残されている．系統的には，顆節類は食虫類から有蹄類への過渡的なもののようである．白亜紀*後期から中新世*の後半まで産出し，暁新世*の動物群集のなかで主要な位置を占めていた．ヒオプソ

ドゥス科などの顆節類は爪をもち，樹上生活に適応*していたようである．他のグループでも特殊化が著しい．いくつかの科では蹄足の発達と蹄の分化を追跡することができる．

河川水（主溶存成分） river water, major constituents

河川水の溶存成分の平均的な組成は海水の組成と大きく異なっている．pH*は熱帯降雨森など生物の活動が活発な地域とそれがほとんどない両極周辺の地域とでは大差があるが，平均では6から8の間にある．大河，たとえばアマゾン川は，集水域*1 km²から年間に10^5 kgの物質を運び去っている．このうち$2×10^4$ kgが溶解物質で，残りはコロイド*状の砕屑性*固体粒子．典型的な河川水の溶存成分を示す．⇨ 海水（主溶存成分）

溶存物質（イオン）	パーミル	%
炭酸水素塩 HCO_3^-	58.5	48.6
カルシウム Ca^{2+}	15.0	12.5
珪酸塩 SiO_2^-	13.1	11.0
硫酸塩 SO_4^{2-}	11.2	9.3
塩化物 Cl^-	7.8	6.5
ナトリウム Na^+	6.3	5.3
マグネシウム Mg^{2+}	4.1	3.4
カリウム K^+	2.3	2.0
硝酸塩 NO_3^{2+}	1.0	0.8
鉄 Fe^{2+} または Fe^{3+}	0.7	0.6
合　計	120.0	100.0

河川性-（河川成-） fluvial

'河川がかかわっている'の意．

河川争奪 river capture

ある河川が隣接する河川に到達して，その水流を奪う現象．奪取河川は抵抗性の低い岩石からなる部分を谷頭侵食して延びていき，ついには分水界*を隔てた侵食力の低い河川に達して，その水流を奪う．'争奪の肱'は奪取河川と被奪河川の会合点に典型的な，河道のほぼ直角な屈曲を指す．⇨ 短絡

河川堆積物分析 stream-sediment analysis (river-sediment analysis, drainage-sediment survey)

地化学的探査・分析で用いる手法の1つ．河川堆積物の固定化された元素ないし易動性の元素の濃度を測定する．場合によってはモリブデンなどの極めて移動性の高い元素を用いることもある．堆積物中の濃度異常はかならずしも河川水の濃度異常と一致しないうえ，河川水の成分は季節的に変動する．また堆積物試料の採取，運搬，保管は水の試料よりも容易である．濃度異常は動いている堆積物や自然堤防*，氾濫原*で期待されるので，これらを分析の対象とする．固定化された元素は全金属分析によって，移動性ないし易動性の元素は全金属分析または冷温抽出金属分析によって定量する．

河川断面 river profile

河川の縦断面を水源からの距離に対する高度で表現したグラフ．一般に上方に凹となっている．このように下流に向かって勾配が減少するのは，増加した水量とより細粒の物質を運搬するのに必要なエネルギーが減少するため．しかし詳細に見れば，局所的な岩石種を反映したいくつかの区間が複合したものとなっている．遷移点*によって断面の連続性が絶たれていることがある．

河川の平衡 grade ⇨ 平衡

河川力 stream power

河川がなす仕事，とくに物質の運搬力．ある区間長について測定される．主に流路勾配と水量の関数で，$\Omega = \gamma Qs$で与えられる．Ωは河川力，γは水の比重，Qは水量，sは勾配．河川はこの力が最小となるように流れの形態と流路*の形状を調整する傾向がある（⇨ 最小エネルギー消費の原理）．

仮像 pseudomorph

元の鉱物*を置換しているがその外形を保っている二次鉱物*または二次鉱物の無秩序集合体（鉱物は1種類とは限らない）．たとえば，普通輝石*の結晶*を置換し，その自形*を保っている緑泥石*結晶の無秩序集合体は，普通輝石の単鉱*仮像をなすという．ほかに，蛍石*後の石英*，かんらん石*後の蛇紋石*，黄鉄鉱*後の褐鉄鉱*がある．⇨ 交代作用

画像化 imaging

惑星や衛星の表面からの電磁スペクトル*のさまざまな部分を機器によって記録し解釈すること．情報はほとんどの場合，宇宙探査機からか望遠鏡によってデジタル形式で得ら

れる．普遍的な形式はスペクトル可視部の写真画像である．'多重スペクトル画像化'では通常，可視*から赤外*波長域にわたる4個またはそれ以上のスペクトル帯域を同時に記録する．コンピューター処理により画像を鮮明にすることを'画像強化'という．⇒ リモートセンシング

画像強化 image intensifying ⇒ 画像化

仮想的地磁気極（VGP） virtual geo-magnetic pole

ある地点で測定した残留磁化*の方向が地球の中心にある地磁気双極子*によるものと仮定したときに，地磁気の極が位置する地球表面上の点．

下層土（心土） subsoil

土壌断面*の最上部を占める表土の下にある土層の総称．

下層路盤 subbase ⇒ 舗装

加速度計 accelerometer

加速度に直接比例する数値を表示する装置．重力測定*に際して，重力計を搭載している船舶，ヘリコプター，航空機などの動きの測定に使用する．地震計*や可動ジオフォン*も加速度計の機能をもつ．

カソードルミネセンス（陰極ルミネセンス） cathodoluminescence

研磨薄片*の鉱物*が電子の照射を受け励起されて発するルミネセンス*．段階的な成長過程を経て成長したセメント*鉱物や二次成長*部を同定したり砕屑性*粒子と識別するうえに用いる．それぞれの段階で生じたセメントや二次成長部は，粒子と化学組成が微妙に異なるため，わずかに色が異なるルミネセンスを発する．

潟 lagoon

海岸域で礁*や島の背後に湛えられている，外洋との連絡が限られている浅い水塊．

過大特殊化 overspecialization

一方向に進行する進化あるいは定向進化*が生みだす特殊化が，その生物系統にとって不利になる段階にまで達してしまうという古い理論．したがってこの理論では，過大特殊化は絶滅*の1要因と考えられていた．しかしながら今日，生物のある形質*が最大適応*以上に一方向に変化することは自然選択*によりありえないと信じられている．最近ではこの語は，特殊化が極度に進んでしまったために，環境変化に対応することができず絶滅した生物に対して適用されている．

カタクレーサイト cataclasite

剪断と粒状化*（カタクレーシス）によって変形した岩石で，断層*転位変成作用*および造構造運動*の産物．⇒ マイロナイト

カタクレーシス cataclasis ⇒ カタクレーサイト

カタジェネシス catagenesis

石油*と天然ガス*が形成される過程における1段階．堆積物質が圧縮されて化学変化を起こす続成作用*に続く段階で，沈降と堆積作用が継続することによって温度が50～150℃に達し，ケロジェン*が生成する．→ メタジェネシス

カタストロフィックな進化 catastrophic evolution（**カタストロフィックな種分化** catastrophic speciation）

大きい環境圧が染色体*の急激な再配列をうながすことにより，自家受精する生物が同所的に新しい種を生み出すという理論（⇒ 同所的進化）．最近の研究では，カタストロフィックな進化はいくつかの特殊な場合に限られることが示されている．

カタバ風（重力風，滑降風） katabatic wind (drainage wind, mountain breeze)

主に夜間の放射冷却*によって冷やされた密度の高い空気塊が，温かく密度の低い空気塊の下を重力にしたがって斜面沿いに下ることによって発生する風．ノルウェーのフィヨルド*内で吹く風，南極大陸やグリーンランドの氷で覆われた地表から吹き出す風など，さまざまな環境で発生する．氷床*からの風は，海岸付近では極めて強いことがあるが，山岳地域では弱いことが多い．→ アナバ風（滑昇風）

片道走時 one-way travel time

地震波*が媒質中を1方向に通過するのに要する時間．反射波では往復走時*の半分．⇒ 走行時間．

花虫綱 Anthozoa（**イソギンチャク** sea-anemones, **サンゴ** corals, **ウミエラ** sea pens；刺胞動物門* phylum Cnidaria)

例外なくポリプからなる海生刺胞類の1つの綱．カンブリア系*にこの綱に含まれる可能性のある化石が産出するものの，確実に花虫類といえる生物はオルドビス紀*に出現したようである．単体と群体があり，通常は固着性*．広がった口腔側には中央に口のある口盤があり，その周囲を中空の触手がリング状にとり巻いている．花虫類は，口から体腔（胃水管腔）につながるよく発達した口道（消化道）をもつ．体腔内部は腸間膜（消化管のひだ）によって分けられている．硬い石灰質の殻を分泌するグループは古生代*以降の地質記録中で重要であり，真のサンゴ礁*を形成するものもある．古生代では，他の生物，たとえば層孔虫*とともに生物堆や礁性マウンドをつくりだしている．⇨ 異放サンゴ目；八放サンゴ亜綱；四放サンゴ目；イシサンゴ目；床板サンゴ目；多放線亜綱

褐鉛鉱（バナジナイト） vanadinite
 燐酸塩鉱物*．$Pb_5(VO_4)_3Cl$；緑鉛鉱* $Pb_5(PO_4)_3Cl$ とミメット鉱 $Pb_5(AsO_4)_3Cl$ とともに緑鉛鉱系列をなす；比重 6.88〜6.93；硬度* 2.5〜3.0；六方晶系*；橙赤〜赤褐〜黄色；条痕*白〜帯黄色；樹脂光沢*；結晶形*は明瞭な六角柱，ただし丸味を帯びていることもある；劈開*なし．硫化物鉱床*の酸化帯に他の鉛鉱物とともに産する．バナジウムの鉱石鉱物*．

滑降前線（カタフロント） katafront
 暖域*の気塊が寒域*の気塊に対して下降している，不活発な状態の前線*．ベルシェロン（T. Bergeron）が提唱した語．→ 滑昇前線（アナフロント）

滑降風 drainage wind ⇨ カタバ風

カッサダギアン階 Cassadagian ⇨ チョートクアン統

カッシニ Cassini
 土星*の探査機．1997年に打ち上げられ，NASA* と ESA* とが共同で運用した．⇨ ホイヘンス

カッシニ間隙 Cassini Division ⇨ 共振

滑昇霧（−ぎり） upslope fog
 斜面に沿って上昇した空気塊中で凝結が起こり，地表面近くに発生した霧*．

滑昇前線（アナフロント） anafront
 暖域*の気塊が上昇していく寒冷前線*または温暖前線*．通常，雲が発生して降雨をもたらす．→ 滑降前線（カタフロント）

褐色森林土 brown forest earth
 酸性褐色土*および褐色ポドゾル性土*からなる土壌断面*の両方を指すが，この名称はほとんど使われていない．

褐色土 brown earth
 水はけがよく，土壌層位*の発達が貧弱な土壌断面*をなす土壌*．風化*が進み，軽微な溶脱*を受けている土壌．表面層位にムル*腐植*をもち，その下位では層位の分化がほとんど見られない．断面の中部（B層，⇨ 土壌層位）にカンビック層位*がある．ブラウンエルデ〔brown earth を意味するドイツ語〕とも呼ばれる．今日ではインセプティソル目*に含められている．

褐色粘土 brown clay ⇨ 赤色粘土

褐色ポドゾル性土 brown podzolic soil
 水はけがよい溶脱*土壌断面*をなす土壌*．表層に酸性の層位，モル*腐植*が発達し，B層（⇨ 土壌層位）には転流*した酸化鉄が肉眼で認められる程度に濃集している．この土壌断面は溶脱による鉄・アルミニウム化合物の下方への移動によってポドゾル化*の初期段階に至っている．

活性化エネルギー activation energy (energy of activation)
 化学系で分子が反応する機会を高めて反応を開始させるのに必要なエネルギー．

活性プール active pool
 生物地球化学サイクル*中で生物体と無生物体の間の栄養元素の速やかな交換がおこなわれる領域．貯留プール*よりも小さいことが多く，'交換プール' とか '循環プール' とも呼ばれる．

滑石 talc
 2：1型フィロ珪酸塩（層状珪酸塩）*鉱物．$Mg_6[SiO_{10}]_2(OH)_4$；比重 2.58〜2.83；硬度*1（モースの硬度尺度*で最低）；単斜晶系*；白〜緑色；結晶*はまれで板状，多くは塊状；劈開*は {001} に完全．塊状の滑石（ソープストーン）は，低度の変成作用*を受けた珪質の苦灰岩*に，また熱水*によ

る変質作用*を受けた超塩基性岩*の剪断面*に沿って生成することがある．滑石は，蛇紋岩化作用*にともなって蛇紋石*に CO_2 が加わることにより，磁鉄鉱*とともに生じる．充填剤に用いられる．

滑石片岩 talc schist
　主として滑石*からなり，片理*を呈する広域変成岩*．超塩基性岩*の広域変成作用*および変形作用によって形成される．

褐藻綱 Phaeophyceae（褐藻類 brown algae）
　藻類*の綱の1つで，すべての種類が多細胞である．大半は海生で，多くは潮間帯*に生息し，北半球の寒冷水域の主要な海藻である．葉緑体の中に色素としてフコキサンチン（褐藻素）をもっているため，少なくとも濡れているときにはオリーブブラウンあるいは緑色に見える．褐色の海藻類の目であるヒバマタ目 Fucales に似た化石が古生界*から報告されているが，石灰化した部分をもたないためその化石記録には議論の余地がある．

滑走斜面 slip-off slope ⇨ 蛇行

合体節 tagma（複数形：tagmata）
　節足動物*で，大きさやかたち，機能の違いにより他の体節群から区別される，構造が類似した体節群のこと．

ガッターキャスト gutter cast
　地層*の底面に見られる，ガッターの充填物が長く延びるキャスト*．ガッターは横断面がU字型で，直線状またはうねった溝．深さ，最大幅とも10 cm程度．流れと平行に移動するらせん状の渦によって堆積物が洗掘されて形成される．

褐　炭 brown coal (1), lignite (2)
　〔brown coalはイギリス，大陸ヨーロッパ，オーストラリアで使われている分類名で，わが国ではligniteとともに褐炭と呼ばれている．〕1. 褐色ないし黒褐色を呈する低品位の石炭*で，泥炭*と褐炭（lignite）の中間に位置する．軟らかく光沢*は鈍い．植物遺体を含む．水分含有量が高く（45〜66％），脱水により分解して黒ずむ．灰分は1〜5％．発熱量はさまざまで，軟らかく水分の多いものでは低く，褐炭（lignite）に近いものでは高い．東・中央ヨーロッパで豊富に産し，露天採掘*されている．2. 変質が軽微な植物組織を有し，褐色を呈する低品位の石炭．泥炭と瀝青炭*の中間に位置する．粘結性をもたず，煙をともなう長い炎をあげて燃える．採掘時には40％もの水分を含んでいるが，空気中で乾燥させることによって10〜15％程度に減らすことができる．イギリスと大陸ヨーロッパの第三系*盆地に産し，重要な鉱産資源となっている．

褐鉄鉱 limonite
　鉱物．$FeO(OH) \cdot nH_2O$；比重2.7〜4.3；硬度* 4.0〜5.3；黄褐〜赤褐色；通常は土色光沢*；ふつう非晶質*．岩石や鉱床*中の鉄の風化作用*による二次鉱物*として産するほか，濃集して鉱床を形成していることもある．

カット・アンド・フィル cut and fill
　地表の一部を掘り下げ，一部を埋めてならし，道路，鉄道，運河などの高さを均等にする工法．鉱山では採掘跡の空洞をズリで埋め戻すこと．

活動層 active layer
　周氷河*環境の永久凍土*のうち，季節的な融解が起こる厚さ数cmから約3mの表層部分．これが凍結する際，とくにシルト*大の粒子が卓越している場合には，かなりの膨張が起こり，土木工学上重大な問題となる．⇨ モリソル目；永久凍土

活動的縁（活動的縁辺部） active margin（地震性縁，地震性縁辺部 seismic margin）
　プレート縁*と一致する大陸縁．'太平洋型縁（辺部）'とも呼ばれ，地震*，安山岩質火山列（⇨ 安山岩），海溝*，若い褶曲山脈などの一連の事象によって特徴づけられる．海洋プレートと大陸プレートの境界をなしている'アンデス型縁（辺部）'と，海洋プレートと島弧*を分けている'日本型縁（辺部）'とに区別されることがある．使用頻度はこれより低いが，大陸縁をなすプレート縁が衝突帯*となっている場合には'地中海型縁（辺部）'と呼ぶこともある．

滑動テクトニクス gliding tectonics ⇨ 重力テクトニクス

カットオフ　cut-off（三日月湖 ox bow）
　流水の通路でなくなった河川流路*の部分．蛇行*が発達し，環状部の首の部分で流路が氾濫源*を横切って短絡したために放棄された流路（下図の5）．

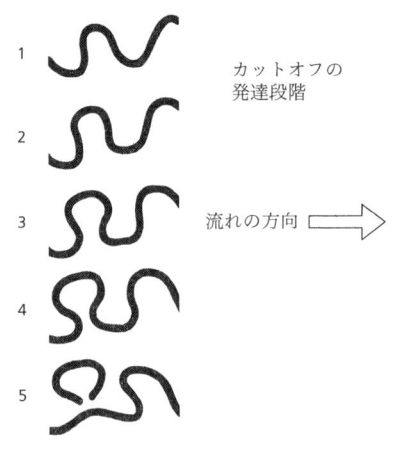

カットオフの発達段階
流れの方向
カットオフ

カットオフ品位　cut-off grade
　採掘経費を回収することができる，鉱石*の最低限度の品位*または分析値．カットオフ品位によって稼行鉱量がきまる．

カップル置換　coupled substitution
　電気的中性を保つために，結晶*化合物中の2種以上の元素が置換されること．固溶体*系列をつくるうえに，イオン電荷*の違いは補償することができるため，イオン半径*の類似性のほうが重要な因子となる．たとえば，斜長石*固溶体系列の形成過程では，曹長石（$NaAlSi_3O_8$）から灰長石（$CaAl_2Si_2O_8$）に変わる際，Al^{3+}がSi^{4+}を置換するが，これによって生じる負の電荷はCa^{2+}がNa^+を置換することによって相殺される．

カツラガイ型　capuliform
　カツラガイ属 *Capulus* の殻*に似た腹足類（綱）*の殻形態に冠される．

活　量　activity
　ある物質や系に起きる変化の速度または程度を指して広く用いられる．たとえば，マグネシウムが銅化合物から大部分の銅を置換するように，電気化学列の高い金属が低い他の金属を置換する傾向．

活量係数（γ）　activity coefficient
　溶液中のある成分の化学的活性（有効濃度 a）と溶液中に実際に存在するモル分数（X）の比（$\gamma = a/X$）．活性は溶液中の濃度が既知の物質の蒸気圧*（p）と純粋物質の蒸気圧（p^*）の比の測定（$a = p/p^*$）など，さまざまな実験法によって求められる．理想的な溶液では活量係数は1で，成分の活性はモル分数に等しい．一般に溶存物質の量が多いほど個々の成分の活量係数は低くなる．

カッレン　karren
　堅固な石灰岩*の表面に形成される溶食*地形を指すドイツ語．幅数mmの浅い溝から石灰岩中に数mも延びている割れ目（グライク*）までさまざまなものがある．ラピエ*ともいう．

褐簾石　allanite（**オーサイト** orthite）
　珪酸塩鉱物*．$(Ca, Ce, Y, La, Th)_2(Al, Fe)_3Si_3O_{12}(OH)$；比重3.4〜4.2；硬度*5.0〜6.5；単斜晶系*；淡褐〜黒色；ピッチ様〜亜金属光沢*；わずかに放射性；結晶形*はふつう短柱状，しばしば板状，ときに塊状；劈開*{001}に不完全．花崗岩*質岩，閃緑岩*，閃長岩*，片麻岩*，スカルン*の副成分鉱物*として産する．

カテナ　catena
　母材岩石（⇒ 土壌母材）・年代とも同じ土壌*が，広い範囲内での個々の地形に対応した一定の土壌層位*を示すこと．個々の土壌断面*の型は広域的な条件と斜面上での位置による．1930年代に東アフリカで導入された概念．氷河作用を受けていない，たとえばレス*地帯のような，丘陵性の小起伏をもつ景観で主として適用されている．

過電位法　over-voltage　⇒ 強制分極法
火道角礫岩　vent breccia　⇒ 角礫岩．➡ 集塊岩
火道礫岩　vent conglomerate
　火山*の火道を充填している本質*岩石と異質*岩石のまるい塊．爆発的な噴火時およびその後に火道壁とそのまわりの火山錐*が崩壊したもの．クラスト*が円磨されているのは，噴火活動時の火道内部の撹乱によってたがいに摩損したため．

過渡的変化 transient variation
　一時的な変化．地磁気では，マイクロ秒から数日にわたる地球磁場*の非周期的変動による変化がこれにあたる．

カトフォル閃石 katophorite ⇨ ケルスート閃石

過渡流 transient flow ⇨ 定常流

カナダバルサム樹脂 Canada balsam resin
　Abies balsomea（バルサムモミ）をはじめとする北アメリカ産 *Abies* の樹皮から採った樹脂を希釈したもの．160℃に加熱して液化させ，鉱物*や岩石片をガラススライドに固定して薄片*をつくるのに用いる．最近ではこれに替わって，中温または常温硬化エポキシ樹脂が使用されている．これは低粘性（約 11.7×10^6 Pa）で剪断強度*と粘着力が高い，屈折率* 1.54 の人工樹脂である．

カナディアン統 Canadian
　北アメリカにおける下部オルドビス系*中の統*．トレマドック統*とアレニグ統*に対比される．

鉄床雲（かなとこ−） anvil (incus)
　積乱雲*の頂部で，縁が繊維状の特徴的な鉄床の形をなして圏界面*付近に広がっている部分を指す俗称．積乱雲中の上昇気流が圏界面より上の安定した成層状態によって上昇を阻止されて発生する．

カーナライト carnallite
　鉱物．$KMgCl_3 \cdot 6H_2O$；比重 1.6；硬度* 1〜2；斜方晶系*；ふつう白色，ときに黄および赤色を帯びる；脂肪光沢*；塊状，粒状で擬六角柱状結晶*はまれ；劈開*なし．蒸発岩*に産する．水溶性で苦味がある．肥料に用いられる．名称は 19 世紀の鉱山技師カーナル（R. V. Carnall）に因む．

カナリ canali ⇨ 火星の運河

カナリー海流 Canaries current
　スペイン，ポルトガル，西アフリカの大陸縁に沿って南流する低温で流速の小さい東岸強化海流*．この海流によって海霧*がスペインとポルトガル沖に頻繁に発生する．西アフリカ沖で湧昇する低温の水塊によってさらに冷却される．

カニ crabs ⇨ 軟甲綱

カーニアン Carnian (Karnian)
　1．カーニアン期：三畳紀*中の期*．ラディニアン期*の後でノーリアン期*の前．年代は 235〜223.4 Ma（Harland ほか，1989）．**2**．カーニアン階：カーニアン期に相当するヨーロッパにおける階*．バナン（把南）階（Banan；中国），オレティアン階とオタミタン階（ニュージーランド）にほぼ対比される．

ガニスター ganister (gannister)
　石炭*層の下に産する細粒の砂質岩．耐火性が強く，溶鉱炉の床などに利用される．

ガニメデ Ganymede（木星Ⅲ Jupiter III）
　木星*のガリレオ衛星*の1つで，最大の衛星．水星*や冥王星*よりも大きい．水または水の氷からなる厚さ 800〜900 km のマントル*および岩石と金属からなる核*をもつと考えられる．表面は氷からなり，暗い領域とかなり明るく多くの溝と峰をもつ領域がある．これらの領域は造構造運動*によってつくられたと推定されているが，詳細は不明．いずれの領域にもクレーター*が極めて多い．クレーターは平坦で，環状の峰も中央の凹地も欠き，その表面の年齢は 3〜3.5 Ma と推定される．ガニメデは木星の磁場内にあるが，自身の磁場をもつ．1610 年にジーモン・マリウス（Simon Marius）とガリレオによって発見された．直径は 5,268 km，質量 1.48×10^{23} kg，平均密度 1,940 kg/m³，アルベド* 0.42，木星との平均距離 1.07×10^6 km．

可能蒸発散量（蒸発散位）（*PE*） potential evapotranspiration
　土壌*中に水量が十分にあるとき，地表から蒸発する水と植物によって蒸散*される水の量．ソーンスウェイトの気候区分*の要素として導入された概念で，平均月間気温に日長時間の補正を加えて計算される．可能蒸発散量から降水量*を差し引くと，蒸散量に対して植物が得られる水分の不足分をおおよそ表す指数が得られる．➡ 実蒸発散

花杯綱 Anthocyathea ⇨ 不整綱

カピティーン階 Kapitean
　ニュージーランドにおける上部第三系*中の階*．トンガポルチュアン階*の上位でオ

ポイティアン階*の下位．メッシニアン階*と下部ザンクリアン階*（タビアニアン階）にほぼ対比される．

カービング calving

氷河*の先端から氷塊が分離し水中に落下して氷山となる現象．

カーブ輝線テスト Kalb light line test（シュナイダーヘン線テスト Schneiderhohn line test）

鉱物光学：研磨面についておこなうテストで，ベッケ線テスト*と方法は似ているが，異なる原理に基づく．顕微鏡下で2つの鉱物*粒子に焦点を合わせる．ついで鏡筒を上げるか載物台*を下げると，試料から焦点がはずれるにつれて，粒界の輝線〔鉱物を縁どって輝いて見える線〕が硬度*の低い鉱物の方に移動する．これによって鉱物の相対硬度を知ることができる．

カブトガニ king crab ⇨ 鋏角亜門（きょうかく-）

カプトリヌス型亜目 Captorhinomorpha（**杯竜目*** order Cotylosauria）

石炭紀*に出現し，ペルム紀*前期後に絶滅*した爬虫類*の亜目．この亜目は両生類*の特徴を残しつつも頭骨は明らかに爬虫類の特徴を有し，腰帯*の構造も両生類とは異なる．杯竜類は後のすべての爬虫類の祖先，すなわち爬虫類の幹系統である．

花　粉 pollen

花を付ける植物（被子植物*）の葯あるいは裸子植物*の雄球果によりつくられた小胞子（花粉粒）を指す集合名詞．形態や開口のタイプなどに基づいて，花粉のタイプが識別されている．花粉粒の表面に見られる溝は長口と呼ばれ，それが1つのものが単長口型である．三溝型花粉では3本の溝状発芽口が120°の角度をなして配列している．三溝型にはさまざまな変異体が認められる．

花粉学 palynology

現生または化石*の花粉*と胞子*，その他の微化石*（たとえば渦鞭毛虫類*，コッコリソフォア*）を研究する科学．花粉分析*から発展したもので，花粉などの構造，分類，分布が主たる研究対象．薬学，考古学，石油探査，古気候学*などに広く応用されている．

花粉帯 pollen zone（**花粉群集帯** pollen-assemblage zone）

特徴的な花粉*および胞子*群集によって定義される花粉化石帯*で，基本的には広範な地域に特徴的な個々の気候型を示すと古よりみなされている．1つの花粉グループから別の特徴的なグループへの変化が，花粉帯の境界をなす．Godwin (1940)はイギリスの後氷期（すなわち後期デベンシアン期*とフランドル期*）の標準年代区分に8つの主要花粉帯を識別したが，同様の花粉帯は大陸ヨーロッパにおける同時期の堆積物でも確認されている．このうち，I帯～III帯は特徴的な晩氷期*のシーケンスを示し，それぞれ古ドリアス期*（I帯），アレレード亜間氷期*（II帯），新ドリアス期*（III帯）と呼ばれている．最近の北アメリカでの研究によると，典型的な花粉帯を示す植物群集*の地域的変動の重要性が認識され，花粉帯設定により柔軟なアプローチが適用されている．花粉群集帯は，個々の場所での花粉および胞子構成の見地でのみ定義されるもので，最初から気候と強く関連づけた標準花粉帯のモデルと関連させたり，それに合わせたりするべきではない．こうすることにより，気候よりも人為的な改変に起因する局所的な花粉群集の変化を，明瞭に浮き彫りにすることができる．

花粉ダイアグラム pollen diagram

ある地域の花粉*記録を規格化して要約した図．縦軸に地表からの深さをとり，レベルごとに産した各種花粉型の量比または実数を棒グラフまたは曲線でつないだ点で表現する．近縁のものごとにグループ分けし，ダイアグラム中で慣例的に，樹木，灌木，草本，胞子*の順に並べる．

花粉分析 pollen analysis

堆積物*に含まれる花粉*および胞子*の化石群集の研究．とくに，ある地域の植生変遷史の復元を目的とすることが多い．花粉や胞子の外皮（外壁）は，科，属，ときには種ごとに特徴的である．また，とくに嫌気性*の条件下では極めて分解しにくい．このため，急速に埋積されていく堆積物，嫌気性の水塊，泥炭*などに落下した花粉や胞子は

ほぼすべてが保存される．花粉も胞子も一般に広く飛散しやすいので，果実や種子など大型の残留物が直近の植生を反映するにとどまるのに対して，堆積時の広域的な環境の植生について有効な情報をもたらす．綿密な花粉分析によって，堆積物の年代決定，気候変動や植生に対する人間の影響あるいは過去における植生特性の研究が可能となる．有効性をめぐって問題があるものの，現世および化石土壌断面*中の花粉や胞子にもこの方法が適用されている．

カベイト cavate
 1．外壁層が腔で隔てられている胞子*のこと．2．細胞壁をつくる外縁膜と内膜の間に空隙のある双鞭毛藻類（⇒渦鞭毛藻綱）のシストを指す．

カーペンター，ウィリアム・ベンジャミン
(1813-85) Carpenter, William Benjamin
 船医にして比較解剖学者．殻*の化石*，とくに有孔虫*とウニの組織の研究に顕微鏡を用いた．チャレンジャー号*による探検をはじめ，何回かの学術調査航海を通じて海洋物理学にも興味を抱くようになり，海洋循環の理論を発展させた．

カーペンタリアン階 Carpentarian
 オーストラリア南東部における中・下部原生界*中の階*．ヌラギニアン階*の上位でアデレーディアン階*の下位．

下方接続 downward continuation
 ある観測面で得たポテンシャル場（通常は磁場や重力場）の測定値から，それより下方にある基準面*における値を算定すること．ただ，測定に含まれるノイズ*が下方接続によって増大するため，算定された場には誤差が多く，信頼性に欠けることが多い．測定面で重なっている異常を解像するうえに有効．接続が可能なのは，場が接続される面が，原因となる物体よりも上にある場合に限られる．それより下方に算定された場は無意味となる．→ 上方接続

加法ルール addition rule（**ワイスの晶帯法則** Weiss zone law）
 結晶学的な表記法．同じ晶帯*に属する2つの結晶面*の指数（⇒ミラー指数）を加算すると，つねにその2つの結晶面がなす稜を斜めに切る面の指数となる．この定理はステレオ投影*図上での結晶面の指数付けや，2つの晶帯の交線にある結晶面の指数付けに用いられる．

過飽和 supersaturation
 湿度*が，ある温度における飽和点以上（相対湿度*が100％以上）となっている大気の状態．凝結核*を含んでいない大気が露点以下に冷却されたときに過飽和となる．⇒飽和大気

カーボナタイト carbonatite
 方解石*および他の炭酸塩鉱物*（ドロマイト*，アンケライト*など）に富み，マントル*起源と考えられている特異な火成岩*．貫入岩体，岩脈*，円錐形の岩床*をなすほか，まれに溶岩*やテフラ*として産する．アルカリに富む火成岩にともなう．東アフリカ・リフトバレー*の火山から噴出したものがよく知られている．地殻*構成火成岩や他のマントル起源の火成岩とくらべて，希土類元素（REE）*，希元素，バリウム，ニオビウム，トリウム，燐に富んでいることが多い．

カマ期 Kama ⇒ カザニアン

過密巻き convolute
 腹足類（綱）*で，外側の螺層（らそう）が内側の螺層全体を包み込み，外からは終層のみが見える殻の巻き*の状態．頭足類のオウムガイ類（亜綱）*では，このタイプの巻きはオウムガイ型*巻きと呼ばれる．

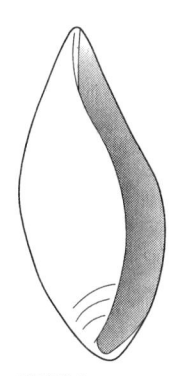

過密巻き

カミングストン閃石 cummingstonite
カルシウムに乏しい角閃石*の1つ. $(Mg, Fe)_2(Mg, Fe)_6[Si_4O_{11}]_2(OH, F)_2$；直閃石*-ゼードル閃石と同様，グリュネル閃石 ($Mg<Fe$) と固溶体*系列をなす．比重 3.1～3.6；硬度* 5.5；単斜晶系*；暗緑色．角閃岩*およびある種の中性岩*に産する．

カムフラージュ（偽装） camouflage
結晶格子*中で微量元素*（たとえば Hf^{+4}）が同じ原子価*でイオン半径*のほぼ等しい主成分元素（たとえば Zr^{+4}）を置換すること．微量元素は主成分元素に偽装されているという．→ 捕獲

カーメ Carme (木星 XI Jupiter XI)
土星*の小さい衛星*．直径は 30 km．公転軌道を逆行*している．

花紋 petals ⇨ 不正形ウニ類

カユガン統 Cayugan
北アメリカにおけるシルル系*中の統*．ラドロウ統*とプリドリ統*に対比される．

殻 test (1), valve (2, 3)
1. ある種の原生生物*の細胞や，無脊椎動物*の軟体部を保護する硬質の覆い．2. 腕足類（動物門）*あるいは二枚貝綱*軟体動物（門）*の2枚の殻のうちの1つを指す．3. 珪藻*の細胞壁の片方を指す．

殻構造 shell structure
殻の成長は軟体動物門*と腕足動物門*では類似している．殻は，いずれも外套膜*により分泌される外側の有機質の殻皮層と内側の殻層（石灰質層）からなる．殻は外縁に殻形成物質が付加して生長し，殻表面に明瞭な成長線*が残される．同時に殻の厚化も起こり，種類によっては副次的ないし付加的な殻物質が殻の内面に付け加わる．肋などの表面装飾は外套膜縁辺部の形状あるいは外套膜内の構造を反映しており，極めて複雑な装飾パターンが形成されることがある．

ガラス glass
液相珪酸塩の原子配列をもつ準安定*な非晶質*固体．珪酸塩メルト*が急冷*すると，温度または圧力低下の時間が短いため，液相での無秩序な構造が規則正しい結晶*構造に配列する余裕がないことによって形成される．液相珪酸塩中の原子間凝集力は珪酸塩含有量とともに大きくなるので，珪酸塩の多いメルトは最もガラスになりやすい．流紋岩*の組成（70% SiO_2）をもつ天然の火成ガラスは黒曜岩（黒曜石）*と呼ばれる．月の表面には隕石*がレゴリス*に衝突して形成されたガラスが存在する．これは球（平均径 100 μm），水滴，唖鈴など液体が飛散したことを物語る典型的な回転形を呈しており，コンドルール*隕石とは似ていない．溶岩噴泉*で生成した月の海*の玄武岩*にも火山性ガラスが局地的に知られており，その組成は近くの岩石，鉱物，レゴリスの組成と一致している．テクタイト*の組成をもつガラスは見つかっていない．

ガラス海綿綱 Hyalospongea ⇨ 六放海綿綱

ガラス光沢 vitreous lustre
鉱物*が呈するガラス状の光沢*．

ガラス質 hyaline (1), holohyaline (2)
1. ガラスのように半透明または透明なこと．〔有孔虫類*の殻*を記載するときにも用いる〕．2. 完全にガラス*のみからなる火成岩*または火成岩の一部分の組織*を指す語．〔一般に glassy という語が使われ，この語はほとんど使われていない．〕

ガラス・シャード glass shard
径2 mm 以下の角ばったガラス質*粒子．火山噴火の際に軽石*の気孔*壁が破裂するか，あるいはマグマ*が地下水または地表水と接触することによって急冷*し，脆性的に破砕されて生じる（水性火山作用*）．気孔壁の破裂によるものはY字型または尖型をなして弾性的に変形する．沈着時に高温で上位層の荷重が大きければたがいに溶結する．水性火山作用によるものには，曲面をなして気孔に乏しいものから，流体状の滑らかな面をなして気孔にやや富むものまで，多様な形態が認められる．

カラタウ統 Karatau
リフェアン系*中の統*．ユルマート系*の上位でスタート系*の下位．年代は 1,100～825 Ma（Harland ほか，1989）．

カラタビアン統 Karatavian
上部原生界*中の統*．年代は約 1,000～700 Ma．ユルマート系*の上位でベ

ンド系*の下位（Van Eysinga, 1975）．

ガラテア　Galatea（海王星VI　Neptune VI）
　海王星*の衛星*．直径158 km，アルベド* 0.06．

カラドク統　Caradoc
　上部オルドビス系*中の統*．年代は463.9～443.1 Ma．ランディロ統*の上位でアシュギル統*の下位．

ガラパゴス海膨　Galápagos Rise
　ココス・プレート*とナスカ・プレート*の間に存在する海嶺*．

カラブリアン期　Calabrian
　前期更新世*中の期*．約1.8 Maに始まり150万年間続いた．哺乳動物群に著しい進化が認められる．⇨ キャッスルクリフィアン統；第四紀

カラミテス・システィフォルメス　Calamites cistiiformes
　茎が関節に分かれているロボク類（カラミテス属）は，石炭紀*の湿地帯における植物群集*の重要な要素であった．カラミテスという属名は，化石*によく見られる，髄の空洞につけられた畝と溝のあるキャスト（型）に対して与えられたもの（⇨ 形態属）．現生の近縁属であるトクサ（イクイセタム属）が比較的に小型であるのに対して，石炭紀に生息した種類には高さが18 mにも達したものがあった．カラミテス・システィフォルメスはロボク科で最初に出現した種で，1877年にストゥール（Stur）が記載．⇨ トクサ綱

ガ　リ　gully
　雨による侵食*地形．表面流出水の奔流が表土および軟弱な岩石を深く下刻して形成する．谷斜面に生じるほか，谷底に発達するものはアロヨ*と呼ばれる．⇨ リルウォッシュ（雨溝侵食）

カリウム-アルゴン年代測定法　potassium-argon dating（K-Ar法　K-Ar method）
　カリウム（^{40}K）が半減期1.3億年の放射性壊変*（⇨ 崩壊定数）をしてアルゴン（^{40}Ar）となることを利用した放射年代測定法*．およそ25万年前より古い時代に対して有効．

カリウム-カルシウム年代測定法　potassium-calcium dating
　^{40}Kが壊変して安定な^{40}Caに変わることを利用した放射年代測定法*．^{40}Caは天然に最も豊富（96.94％）に存在するカルシウムの安定同位体*であるため，岩石または鉱物*中で放射性起源の^{40}Caが生成されても，その存在比はわずかに増加するにすぎない．含まれている放射性起源^{40}Caの量を求めるのに，^{40}Ca/^{44}Ca比（96.94％/2.08％）を用いるが，もともと存在する^{40}Caが多いため誤差が大きくなる．さらに質量分析機*によるカルシウムの同位体組成の決定は，熱電子源中におけるカルシウム原子のイオン化の効率が低いことと，その過程で同位体の分配が起こることによって困難となる．このような不利な点を抱えているため，^{40}K-^{40}Ca法は一般的には用いられていない．現実に適用されているのは，ペグマタイト*中の雲母*や蒸発岩*中のカリ岩塩*など，カリウムに著しく富み，カルシウムが著しく乏しい鉱物にすぎない．

カリオフィライト　kaliophilite
　カリウムに富む準長石*．KAlSiO$_4$；カルシライト*の多形*．

カリ岩塩　sylvite
　蒸発物鉱物．KCl；比重2.0；硬度*2；立方晶系*；無色～白色，ときに青，黄または赤色を帯びる；ガラス光沢*；結晶形*は立方体，しばしば八面体と複合；劈開*は立方体状に完全．成層蒸発物に産する．水溶性が高いため最後に沈殿する鉱物の1つ．岩塩*よりはるかに強い苦味がある．肥料に利用される．

カリクニア　calichnia
　繁殖行動の結果つくられた生痕化石*．

カリスト　Callisto（木星IV　Jupiter IV）
　ガリレオ衛星*のなかで3番目に大きい衛星*．密度は最も小さく，核*とマントル*に分化することなく，全体が岩石と氷の混合体からなると考えられている．表面はガリレオ衛星で最も暗く（アルベド* 0.20．それでも明るさは月の2倍），太陽系*の天体のなかでクレーター*が最も密に分布している．年齢が約40億年とされる表面での地質活動は完全に欠如していると考えられ，大規模な地形改変の痕跡は皆無．表面は汚れた氷からなり，大きい山岳は見られない．クレーターや

環状構造は浅い．最大の構造は明るい斑点として観測される直径600×3,000 kmのバルハラ（Valhalla）と直径約1,600 kmの環状構造アスガード（Asgard）．表面温度は約-45℃．ガリレオによって1610年1月7日に発見された．直径4,806 km，質量$1.077×10^{23}$ kg，密度1,851 kg/m³，表面重力0.127（地球を1として），木星からの平均距離$1.883×10^6$ km，太陽からの平均距離5.203 AU*，公転周期16.68902日，自転周期16.68902日．

カリーチ caliche（**カルクリート** calcrete）
年間降水量が少なく（20～60 mm），年間平均気温が約18℃という条件の半乾燥地域の土壌*に，通常は，溶解して運搬された炭酸カルシウムが沈着して形成される炭酸塩層位（K層，⇒ 土壌層位）．ノジュール*（グレビュール）に始まり，これが数千年をかけて熟成して塊状の層をなすに至る．露出すると膠結*されて硬化し，卓状の景観を呈することがある．⇒ カルシック層位；硬盤；ペトロカルシック層位

カリ長石 potassium feldspar ⇒ アルカリ長石

ガリック統 Gallic
中部白亜系*の統*．年代は131.8～88.5 Ma（Harlandほか，1989）．

カリフォルニア海流 California current
太平洋東縁を南流して北アメリカ西岸を洗う強化海流*で，北太平洋海流*から低温の海水を運び，北赤道海流*に合流する．流速は低く，東西の縁は明瞭でない．

カリフォルニア式支持力試験（CBR） California bearing ratio
1．路床（⇒ 舗装2）および建設材の強度試験．仕様書に合わせたたわみ性のある舗装*を設計する際にも用いる．2．一定条件下における土壌*の貫入抵抗性の測定．⇒ 貫入試験

カリブ海流 Caribbean current
カリブ海を西流し，フロリダ海流*を経てメキシコ湾流*に移行する暖流．平均流速は0.39～0.43 m/秒．

カリプソ Calypso（**土星 XIV** Saturn XIV）
1980年にボイジャー*1号が発見した土星*の小さい衛星*．半径15×8×8 km，アルベド*0.6．

カリプトプトマティダ綱 Calyptoptomatida（**軟体動物綱*** phylum Mollusca）
古生代*海生軟体動物の絶滅*した綱で，断面が亜三角形をはじめさまざまな形状の左右相称*の殻をもつ．殻は厚く，葉理状をなす炭酸カルシウムからなる．殻口*側が最も幅広く，殻頂*側が最もせまく，鋭くあるいは鈍く尖っている．殻頂側の殻内部は隔壁*によって仕切られている．殻表面は平滑なもの，成長線（⇒ 成長論）による装飾をもつもの，縦横の稜が発達するものなどさまざまである．殻口は一対の筋痕*がある蓋*で保護されている．殻の大きさは数mm程度から最大15 cmにわたる．カンブリア紀*前期からペルム紀*中期にかけて生息し，2つの目が知られている．

カリブ・プレート Caribbean Plate
東方でアンチル諸島の下に沈み込んでいる小さいプレート*．中央アメリカの西側でコス・プレート*がその下に沈み込んでいる．北限と南限はいずれも断層*で，バートレット断層（Bartlett Fault）が北アメリカ・プレート*との境界，ボコノ断層（Bocono Fault）が南アメリカ・プレート*との境界．

カリムナン階 Kalimnan
オーストラリア南東部における上部第三系*中の階*．チェルテンハミアン階*の上位でヤタラン階*の下位．上部ザンクリアン階*（タビアニアン階）と下部ピアセンツィアン階*にほぼ対比される．

ガリレオ Galileo
国際深宇宙計画でNASA*がスペースシャトル，アトランティスから1989年10月15日に打ち出した宇宙探査機．1990年2月9日，重力アシスト*によって金星*近くを通過してこれを撮影．小惑星*帯を通過中の1991年10月29日にガスプラ*，1993年8月28日にはイーダ*と会合し，その衛星*ダクチルを発見．1995年12月に木星*に到達し，

ガリレオ衛星*とくり返し会合する軌道に入った．木星になお接近中の1995年7月6日，搭載していた木星周回機と探測機を放出．探測機は木星大気に突入，気圧1バールの高度から140 km下の24バールの高度まで降下し，61.4秒間にわたってデータを送信した．

ガリレオ衛星 Galilean satellites

1610年にガリレオによって発見された，木星*の4個の衛星*．木星に近いほうから，イオ*，エウロパ*，ガニメデ*，カリスト*．これらが地球以外の天体を周回していることが観察されて，プトレオマイオスの宇宙論*は決定的な打撃を受けた．ガニメデ（直径2,638 km）は水星*や冥王星*よりも大きく，太陽系*で最大の衛星．エウロパ（直径1,536 km）が4個のなかで最小で，月（直径1,738 km）よりもわずかに小さい．密度はイオ（$3,550 kg/m^3$）からカリスト（$1,830 kg/m^3$）まで規則的に減少する．カリストは4個の衛星中で最もクレーター*の密度が高い．いずれも赤道軌道*を公転している．

カール（圏谷） cirque（**コリー** corrie，**クーム** cwm）

氷食作用を受けていたか現に受けている山岳地帯に見られる，平面形が半円形の，急な側壁をもつ凹地．氷河による掘り下げと氷底によるサッピング〔剝ぎ取り〕などの氷食作用および凍結破砕作用*（カール谷頭と側壁に作用する）が複合して形成される．底が深く削られて縦断面が逆勾配となり谷頭に向かって傾斜しているものもある．

ガル gal

重力など加速度の単位．ガリレオに因む．1ガル＝$1 cm/秒^2$．重力加速度*は重力単位*でも示される．

軽石（パミス） pumice

シリカ*含有量が高く（60〜75%），低密度で著しく多孔質な天然のガラス*．水に浮くものもある．火山砕屑性*のものが多いが，それ以外のものもある．⇨ レティキュライト；気孔

カルギンスキー亜間氷期 Karginsky ⇨ バルダヤン-ジルヤンカ・シルト層

カルクアルカリ岩系列 calc-alkaline series

玄武岩*-安山岩*-石英安山岩*-流紋岩*の岩系に属する火山岩*，または，はんれい岩*-閃緑岩*-花崗閃緑岩*-花崗岩*の岩系に属する深成岩*の組み合わせ．SiO_2の重量パーセント値に対するCaOと（Na_2O+K_2O）の量の違いを表すグラフ〔横軸にSiO_2重量％〕で，CaO曲線と（Na_2O+K_2O）曲線の交点のSiO_2値が56%と61%の間にあるものと定義される（51%未満のものはアルカリ岩系列，51〜56%のものはアルカリカルシック岩系列，61%以上のものはカルシック岩系列）．カルクアルカリ岩系列の岩石は，プレート*沈み込み帯*の大陸側に典型的に発達し，南アメリカのアンデス山脈と日本でその典型例が見られる．

カルク珪酸塩鉱物 calcsilicate

カルシウム珪酸塩からなる鉱物．珪灰石*（$CaSiO_3$），カルシウムざくろ石*のグロッシュラー*，透輝石*（$CaMgSi_2O_6$）がある．石灰岩*や苦灰岩*が変成作用*を受けて形成される．

カルクリート calcrete ⇨ カリーチ

カルクリート型ウラニウム calcrete uranium

乾燥気候のもとで蒸発が持続すると固い風化殻が形成されることがあり，これが$CaCO_3$に富む場合にはカリーチ（カルクリート）*と呼ばれる．母岩*が高濃度のウラニウムを含んでいる場合には，カルクリートは局部的にウラニウムに富む．この型のウラニウム鉱石*はオーストラリア西部やナミビアで見られる．

カルシウム長石 calcium feldspar ⇨ アルカリ長石

カルシック岩系列 calcic series ⇨ カルクアルカリ岩系列

カルシック層位 calcic horizon

厚さ150 mm以上の二次炭酸カルシウムの沈着が見られ，その含有量が15重量%以上で，土壌母材*または直下の層位より5重量%以上多い，鉱質の土壌層位*．

カルシライト kalsilite

カリウムに富む準長石*．$KAlSiO_4$；霞

石* NaAlSiO₄ となす不完全な固溶体* の端成分*. 比重 2.6；硬度* 5.5. カリウムに富む溶岩* 流の石基* から報告されている.

カルスト karst
1. 石灰岩* からなる, バルカン半島のディナール・アルプス地方. 2. 石灰岩からなり, その溶食* に起因する地形によって特徴づけられる地域. 3. 周氷河* 環境におけるサーモカルスト* など, 石灰岩の溶食以外の過程によって類似の地形が形成されている地域.

カルスト帯水層 karstic aquifer
カルスト* をなす石灰岩* 中の帯水層*. 大きい空隙, 相対的に高い通水性 (⇨ 透水性), 平らな地下水面*, 水流が乱流* となっていてダルシーの法則* があてはまらない広大な網目状の溶食チャンネル* によって特徴づけられるものが多い.

カールスバド双晶 Carlsbad twin
長石* に見られるさまざまな双晶* のなかで最も多い型. 接合面* が (010) で, 双晶軸* が垂直の c 軸 (z 軸). 貫入双晶* であることが多い.

カールスベルク海嶺 Carlsberg Ridge
アフリカ・プレート* とインド-オーストラリア・プレート* を隔てる, 拡大速度* の小さい海嶺*.

ガルダー・リフト形成運動 Gardar rifting
ケティリッド造山運動* 後の, 約 1,400～1,000 Ma に起こったリフト形成運動 (⇨ リフト). 同造山運動とは成因的な関係はないとされている.

カルデラ caldera
輪郭がほぼ円形の地形的・構造的陥没地で, 直径は約 1 km から 100 km にわたる. マグマ溜まり* の屋根が崩落して形成される. オレゴン州のクレーターレーク (Crater Lake) は約 6,000 年前にマザマ火山 (Mt. Mazama) の噴火によって生じたカルデラ. 通常, 急激な爆発によってマグマ* がマグマ溜まりから火砕流* のかたちで排出され, マグマ溜まりの屋根がマグマによる支持を失って崩落する. カルデラ壁の崩壊や侵食によって陥没地の地形上の縁は生成時の構造上の縁よりも外側に拡大する. 後にマグマがマグマ溜まりに進入するとカルデラ床がドーム状に隆起して再生カルデラが形成されることがある. 地球上で最大のカルデラは, スマトラのトブ (Tobu) カルデラで, 最大長径は 100 km に近い. 火星には 700 km に達するものがある.

カルニオディスカス属 Charniodiscus ⇨ エディアカラ動物群

カルノサウルス類 carnosaur
食肉性竜盤目* に含まれる, 獰猛な二足歩行性の恐竜* で, 大型の短剣状歯をもつ. カルノサウルス類の系統は, 白亜紀* 後期のティラノサウルス・レックス* の出現をもって繁栄の絶頂を迎えた.

カルノー石 carnotite
鉱物. $K_2(UO_2)_2(VO_4)_2 \cdot 1\text{-}3 H_2O$；比重 4.5；硬度* 2.0～2.5；単斜晶系*；ふつう明るい黄～黄緑色；真珠光沢*；劈開* 底面 {001} に完全；強い放射能をもつ. 塊状. 堆積性ウラニウム鉱床*, とくに有機物に富む砂岩* の風化帯*に, 岩石の被殻または集合体をなして産する. ウラニウムの重要な原料.

カール氷河 (圏谷氷河) cirque glacier
肘掛椅子の形をした基盤岩の凹地を占めている比較的小規模な氷河*, フィルン (万年雪)*, 雪の塊. 一般に長さに比して幅が広い. 地吹雪によってさかんに涵養されているため, 回転すべりなど激しい挙動を示す.

ガルプ GARP ⇨ 地球大気開発計画

ガルフィアン統 Gulfian
北アメリカにおける上部白亜系* 中の統*. コマンチアン統* の上位でミッドウェー統 (暁新統*) の下位.

ガルフ統 Gulf
白亜系* 中の統*. 年代は 97～65 Ma (Harland ほか, 1989).

カルマン-プラントルの式 von Karman-Prandtl equation
流路内の流速が, 底でのゼロから表面での最大値まで変化するようすを対数で表した式. もともと空気力学の式で, 地表上の鉛直面内における風速分布を記載するうえにも使われる. ⇨ 渦粘性率

カルミネーション culmination
　非円筒状（⇨ 円筒状褶曲）のアンチフォーム*の冠線*で最も高い点．

過冷却 supercooling (undercooling)
　液体の温度がその液相線（リキダス）*を優に下まわっても、氷晶*核*の形成が起こらない（あるいは凍結しない）状態．

過冷却雲 supercooled cloud
　凍結温度（0℃）よりかなり低い温度で水滴を含んでいる雲．純粋の水（不純物質を含まない水）では、−40℃程度まで水滴が過冷却*の状態で存在することができる．たとえば、高積雲*はふつう0℃を大きく下まわる温度の水滴からできている．⇨ 雲の種まき

カレドニア造山運動 Caledonian orogeny
　前期古生代*に起こった大きい造山運動*．グリーンランド、アイルランド、スコットランド、スカンジナビアに影響を及ぼし、ローレンシア*、ゴンドワナ*およびバルティカ*と呼ばれる古い大陸塊の間にあったイアペトゥス海*が閉じた．

カレリア造山運動 Karelian orogeny
　バルト楯状地*のうち、今日のフィンランド中央部を北西─南東方向に延びる帯に起こった始生代*の造山運動*．約2,000 Maに始まり約1,900 Maに終了．

カレリアン階 Karelian ⇨ ゴチアン階

カロビアン階 Callovian
　ヨーロッパにおける中部ジュラ系*中の階*．年代は 161.3〜157.1 Ma（Harlandほか、1989）．⇨ ドッガー統

カロン Charon
　1979年に発見された冥王星*の衛星*．平均公転半径は 19,405 km で公転周期は 6.387 日．赤道半径 586 km、質量 1.7×10^{21} kg、平均密度 1,800 kg/m³、表面重力 0.21（地球を1として）、アルベド* 0.375．冥王星とカロンは二重惑星系をなすと考える研究者もいる．

乾いたメルト（無水メルト） dry melt ⇨ メルト

-岩（-ストーン） -stone
　各種の固結堆積岩*につける接尾辞．シルト岩*、石灰岩*、砂岩*、グレインストーン*、パックストーン*、アイアンストーン*．

寒域 cold sector
　低気圧*が発達するにつれてせまくなっていく暖気のくさび（暖域*）〔天気図上で温暖前線*と寒冷前線*にはさまれた部分〕をとりかこむ寒気の範囲．〔寒冷前線が温暖前線に追いついて〕閉塞前線*となると、寒気が地表を覆い、暖気はもち上げられて地表から切り離される．

岩塩 halite (rock salt)
　ハロゲン化鉱物．NaCl；比重 2.2；硬度* 2.5；立方晶系*；無色〜白色、または黄、赤、青色を帯びる；条痕*白色；ガラス光沢*；結晶形*は通常は立方体でしばしば結晶面*が湾曲、ただし粒状で緻密なこともある；劈開*は立方形に完全．層状の蒸発堆積物をなしてカリ岩塩*（水溶性）、硬石膏*、石膏*とともに産する．巨大な栓状岩体をなして上昇し、上位の地層をドーム状に盛り上げて〔石油、天然ガスの〕トラップ*を形成することが多い．水溶性で辛味がする．道路の凍結防止剤に用いられる．

岩塩テクトニクス（岩塩構造運動） halokinesis (halotectonism)
　地下に伏在する岩塩*層が不安定となり上方に流動、貫入して、岩塩ドーム（ドーム3）などの岩体（たとえば北海盆地の中生代*岩塩ドーム）を形成する現象．周囲に圧縮応力を及ぼす．

岩塩ドーム salt dome ⇨ ドーム3

岩塩ドーム・トラップ salt-dome trap
　岩塩ダイアピル*が上位の地層を押し上げてドーム構造をつくる際、適当なキャップロック*が存在すれば、ドーム近傍やドーム上の間隙に富む透水性*の岩石に天然ガス*、石油*、水がトラップされる．ダイアピル上位の地層には断層*が発達することが多いので、断層トラップ*が生じることもある．石油は間隙率*が高くなっているダイアピル頂部に集積することもある．

眼窩（がんか） orbit
　眼球がおさまっている骨腔．

灌漑 irrigation
　農作物が利用することができる水の量を人工的に増やす技術．水を直接植物に散布するか、地表に溝や水路を張り巡らせて根から吸

岩海（岩塊原） block field (felsenmeer)
凍結破砕作用*によって生じた大きい角張った岩屑が広がる，高地の平坦面ないし緩斜面．現世または過去の周氷河*環境に見られる．〔felsenmeerは'石の海'を意味するドイツ語．〕

岩塊 rock mass
節理*，褶曲*，片理*面などの規模の構造が含まれる程度の大きさで，不定形の固体地球物質の塊．標本ほどの大きさの岩石には用いない．

岩塊すべり block glide
すべりやすくなった地表の上を大きい岩体がすべり動く現象．岩体がその下の物質の塑性変形*によって斜面を下ることもある．

頑火輝石（エンスタタイト，En） enstatite
主要な斜方晶系*の輝石*（斜方輝石*；opx）$Mg_2Si_2O_6$ で，同形置換鉱物*系列の端成分*，他の端成分はオルソフェロシライト（斜方鉄珪輝石；Fs）$Fe_2Si_2O_6$．この系列は珪灰石* $CaSiO_3$ を頂点とする組成三角図の底辺を占める．三角図には，かんらん石*と主要な輝石（普通輝石*，透輝石*，ピジョン輝石*）がプロットされる．比重 3.2（En）〜3.96（Fs）；硬度* 5.5；無色〜帯緑灰白色，あるいは褐緑色；ガラス光沢*；結晶形*は短柱状または板状であるが，非常に不規則な粒子をなすのがふつう．劈開*は柱面{110}に良好，{010}と{100}に貧弱．a) マグネシウムに富む火成岩*（かんらん岩*，はんれい岩*，ノーライト*，玄武岩*など），b) これらの岩石にともなう接触交代変成帯*，c) 極めて高温の塩基性岩*貫入体*のまわりで部分溶融*した領域，に産する．

間隔生層準帯 interbiohorizon zone ⇒ 間隔帯

間隔帯 interval zone（**間隔生層準帯** inter-biohorizon zone, **生層序間隔帯** biostratigraphic interval-zone）
下位の明瞭に定義された生層序単元*の上限と，上位の明瞭に定義された別の生層序単元の下限にはさまれた地層*の単元．化石*が含まれていることも含まれていないこともある．

含化石ミクライト fossiliferous micrite ⇒ フォークの石灰岩分類法

乾季 dry season
年間で降水がほとんどない期間．インドの大部分におけるように，熱帯気候下では乾季は冬に訪れる．熱帯に近い低緯度地域では，年間に2回，熱帯降雨帯が北方および南方に移動している期間が乾季となる．亜熱帯の地中海気候と西岸気候では，夏が乾季．

乾球温度計 dry-bulb thermometer
通常の気温を表示する温度計．湿球温度計*と併用することによって，それが表示する低い気温から相対湿度*が求められる．⇒乾湿球温度計；湿度計

眼球片麻岩 augen-gneiss
縞状構造*を呈する中〜粗粒の広域変成岩*．主に石英*と長石*からなり，さまざまな量のホルンブレンド*と雲母*をともなう．'眼球（augen）'と呼ばれる大きい卵型の長石メガクリスト*によって特徴づけられる（augenは眼を意味するドイツ語）．縞状構造は岩石を構成している鉱物相のモード比率（⇒モード分析）の違いによる．アルミニウムに富む堆積岩*の高度変成作用*によって典型的な眼球片麻岩が形成される．

環境地質学 environmental geology
自然災害や人間による自然環境の開発にかかわる問題を扱う分野．土木地質学，応用地質学，水理地質学などの地質学上の技術を，廃棄物処理，水資源，運輸，建設，鉱業，土地利用全般に応用する．

完胸目 Thoracica ⇒ 蔓脚綱

寒極 cold pole
両半球上で平均気温が最も低い点または地域．北東シベリアのベルホヤンスクは北半球寒極域にあり，1月の平均気温が−50°C，これまでに観測された最低気温は−68°C．南極大陸での最低気温の記録は−90°C．

乾季流出 dry-weather flow ⇒ 基底流出

カンクリナイト（灰霞石） cancrinite
準長石*に属する珪酸塩鉱物*．化学式は複雑で，おおよそ $(Na, Ca, K)_{6-8}[AlSiO_4]_6(CO_3, SO_4, Cl)_{1-2} \cdot 1\text{-}5 H_2O$；霞石*の変質産物で，硫酸塩に富む変種であるビシネバイト

に類縁；ふつう塊状．霞石閃長岩*に産する．

冠 群 crown group
　分岐解析*：共通祖先から派生した現存のタクサ*．→ 幹群

幹 群 stem group
　分岐解析：1つの祖先タクソン*が2つの姉妹群*に分岐する点から，現存の冠群*へとつながる後の分岐までの間に含まれるタクサのこと．

完系統 holophyletic
　共通祖先から派生したすべての子孫を含んでいる1つのタクソン*をいう．単系統*の特殊な場合．

環形動物門 Annelida
　体腔動物*に含まれる門の1つで，明瞭な頭部とよく発達した体節制分節*をもつ．体は長く，各体節には剛毛が見られる．カンブリア紀*以降の化石記録があるが，環形動物らしい生物はオーストラリア南部の先カンブリア累代*堆積岩からも見つかっている．現生の代表的な環形動物にはミミズ，ゴカイ，ヒルがある．

間　隙 void
　岩石中の空隙．たがいに連結していれば水などの流体の通路となる．さまざまな型があり，主要な間隙に以下のものがある（小さいほうから）．結晶境界；粒間間隙（堆積物粒子間の空隙）；微細な裂罅（れっか；microfracture）または局所的な亀裂（crack）（長さ数十cm，幅数μm～0.1mm）；裂罅（fracture）*（節理*，小断層*，層理面*など長く続くもの．数mm程度開口しているものもある）；割れ目（fissure）（成因は溶解・風化作用*・局所的な重力性または構造性転位．開口幅が10cm程度となることがある）；溶食チャンネル*（開口幅数m，長さ数百mに及ぶ）．

間隙- interstitial
　堆積物や堆積岩*粒子の間のすき間にかかわる，の意．

間隙水圧 pore-water pressure
　岩石や土壌*中の間隙*に入り込んでいる水が周囲に及ぼす圧力．土壌が水で，完全に飽和されている場合には，圧力は正で，土壌中に鉛直に設置した開口管（ピエゾメーター*）中の水柱の高さは管の下端における間隙水圧に比例する．浮力*が働くため土壌の剪断強度*が低下する．間隙が空気で満たされている場合には圧力はゼロ．水による間隙の充填が部分的な場合には負となる．これは表面張力*が吸引効果をもたらすためで，土壌の剪断強度は増大する．→ 間隙流体圧

間隙率 porosity (1), void ratio (2)
　1．絶対間隙率は岩石の容積と全間隙容積の総和の比．しかし間隙*の全部が連結してはいないので流体を含んだり通過させるわけではない．有効間隙率*は岩石中の連結した間隙の割合．岩石試料を多孔度測定器（porosimeter）に入れ，間隙から真空ポンプで空気を抜き取って測定する．間隙率(%)＝（抜き取られた空気の体積/岩石試料の体積）×100．⇒ チョケット-プレイの分類；フェネストレー間隙；裂罅間隙（れっか-）；モールド間隙；ウーモールド間隙．**2**．岩石や土壌*中で間隙が占める割合．間隙率$(e) = V_v/V_s$．V_vは間隙中の空気の体積，V_sは固体粒子の体積．

間隙流体圧 pore fluid pressure
　流体で飽和状態となっている土壌*に外圧を加えたとき，間隙流体に分配される圧力．土壌の圧密*の程度を表す尺度となる．圧密が進行すると，間隙流体が排除されるので，土粒子の骨格構造に分配される比率が増え，最終的には，見かけ上ゼロとなる．

間欠河流 intermittent stream, ephemeral stream
　降雨や雪解けのとき，またはその後のみに水が流れる，乾季に水流がなくなる河川．基底流量*をもたない．このような河川の河床は透水性*であることが多く，水流が存在する期間にも水が河床を浸透して地下水*となっている．イングランド南部のチョーク*地域の小川，砂漠の水無川（ワジ*）などがその典型例．⇒ 失水河流

間欠泉 geyser
　周期的に沸騰水を噴き上げる地表の小さい孔．これまでに記録された噴水の最大の高さは，ニュージーランドの現在は消滅している間欠泉のもので500m．孔の下では，水柱が

周囲の高温岩体*の熱によって熱せられている．水柱底の水はそれより上の水よりも速く沸騰する．水蒸気の泡が膨張しながら水柱中を上昇し，水頭の水を放出させることによって底の圧力が低下する．圧力低下によってふたたび沸騰が始まる．このような過程が，水柱がすべて噴水として放出されてしまうまでくり返される．水に含まれている大量の溶解物質は泉孔のまわりに珪質シンター*として沈殿する．英語名はアイスランドの活火山ヘクラ（Hekla）から45km離れたゲイシル（Geysir）に由来．1847年ドイツの化学者フォン・ブンゼン（R. W. von Bunsen）が学術語'geysir'として初めて使用したもので，このスペルが用いられることもある．

間欠的進化（エピソディックな進化） episodic evolution
化石記録は絶滅*事件とそれに引き続く急激な進化の刷新により特徴づけられているように見える．それを全体として眺めると，進化は間欠的に進むという概念につながる．しかしながら，最近では間欠的進化という語は他の意味で使われることもあり，上記の意味では一般に断続平衡*という語が使われる．

還 元 reduction
原子または分子が酸素を失うか，水素または電子*を獲得する反応．→ 酸化

還元電位 reduction potential ⇒ 酸化電位

間 腔 intervallum
古杯類（動物門）*の内壁と外壁の間の領域．

乾 谷 dry valley
恒常的な流れを欠くものの，過去に水による侵食*を受けた形跡をもつ線状の凹地．イングランド南部のチョーク*のような透水性の岩石地域に普遍的な地形．永久凍土*条件下で降水量*が多かった時期，あるいは地下水面*が高かった時期に存在していた地表水による侵食を受けたものと考えられる．

カンザス氷期I, II Kansan I and II
北アメリカにあった4回の氷期*のうち，2番目の氷期（0.9～0.7 Ma）．その前のネブラスカ氷期よりも氷河が南方に達したものの，同位体データ〔⇒酸素同位体期〕によれば気候はそれよりやや温暖であったらしい．アルプス地方のミンデル氷期*にほぼ対比される．

岩 枝 apophysis（複数形：apophyses）
火成岩*体から派生している不定形または板状の脈*あるいは岩脈*．

管歯- aulodont
縦に溝があり，縦断面が幅広いU字型の歯により特徴づけられる提灯様構造（⇒アリストテレスの提灯）をもつウニ類*に用いられる記載用語．

乾湿球湿度計 psychrometer
湿球温度計*と乾球温度計*を備えた湿度計．

岩 株 stock (boss)
平面形がほぼ円形の非調和的*な火成岩*貫入体*で，急傾斜する境界面で母岩*と接し，地表面積が100 km²以下のもの．

干 渉 interference
波が重なり合うこと．峰と峰が重なる場合を強めあう干渉（constructive interference），峰が谷に重なってうち消し合う場合を弱めあう干渉（destructive interference）という．

環 礁 atoll
潟*を完全ないしほぼ完全にとり巻き，周囲を外洋にとりかこまれている環状の礁*．サンゴ*および/または石灰藻*からなる．活動を終えて沈水した火山など，既存の構造体の上に形成される．

環状岩脈 ring-dyke
弧状の平面形を呈する急傾斜した岩脈*．中央の陥没岩塊を限る急傾斜した円錐形または円筒形の割れ目に沿って上昇したマグマ*から生じる．⇒コールドロン陥没

干渉計 interferometer
放射に干渉パターンをつくり，これを用いて放射の波長を測定するリモートセンシング*機器．

環状珪酸塩 ring silicate ⇒ サイクロ珪酸塩

環状係数 circularity index
1．クレーターをとり巻く峰の輪郭に内接する円の面積と外接する円の面積の比（⇒クレーター**2**）．月面の新鮮なクレーターでは，直径約10 kmのもので，最大0.85～

0.90に達する．**2.** ⇨ 流域形状指標

干渉縞 interference pattern

　形成時相*を異にする複数の褶曲*構造が重複することによって生じた平面パターン．現れるパターンの形状は重複したそれぞれの褶曲の姿勢による．J. G. Ramsay (1967) は4つの基本型を識別した．非顕重複型（後の褶曲作用による元のパターンの変化がない），ドーム-ベースン型（卵ケース型），ドーム-クレセント-マッシュルーム型（⇨ クレセント-マッシュルーム），収束-発散型（二重ジグザグ）．

完晶質 holocrystalline

　完全に結晶*している火成岩*または火成岩の部分の組織*を指す語．

干渉色 interference colours (polarization colours)

　鉱物光学：偏光顕微鏡*でアナライザー*を挿入したときに〔白色光を通した異方性*の鉱物*薄片*が〕示す色．〔結晶*内を通過する光が〕複屈折し，一方の光線が他の光線よりも遅れるために生じる．遅れ（レターデーション）の程度により干渉色が異なり，この色が鉱物を同定するうえに役立つ．

干渉色図表 interference colour chart ⇨ ミシェル・レビー図表

環状水管 ring canal ⇨ 囲口水管

干渉性 coherence

　2つの波束*の位相が揃っていること．また，2つの関数の相似性を示すもので，時間領域*での相関*に相当する周波数領域*における概念をもいう．

干渉像 interference figure

　鉱物光学：異方性*の（すなわち複屈折*する）鉱物*にいろいろな方向の光を通したとき，光の遅れ（レターデーション）によって生じる，かすかに色のついた円輪および暗色の曲線または十字（アイソジャイヤー）．干渉像には一軸性*と二軸性*の2種類がある．〔c軸に垂直な薄片*では〕一軸性干渉像は十字のアイソジャイヤーと種々の色の太い同心円輪からなる．二軸性干渉像はこれより複雑で，2本の湾曲したアイソジャイヤーと色のついた太い楕円となる．色のついた太い輪はレターデーションが等しい点を表し，検板*を用いてテストすれば個々の鉱物を特徴づける光学的特性が明らかにされる．〔アイソジャイヤーは光線の振動方向*がポラライザー*とアナライザー*の振動方向と一致して消光*位にある点の軌跡．〕

管状フェネストレー組織 tubular fenestrae ⇨ フェネストレー組織

環状盆地 ring basin ⇨ 多重環盆地

環状裂罅（-れっか） ring fracture

　平面形が円形ないし楕円形で，外側に向かって急傾斜する断層*または割れ目．環状岩脈*にともなうのがふつう．火山性陥没凹地をとりかこみ，深部の貫入岩体*に起因する環状の応力軌跡*を反映している．⇨ カルデラ；コールドロン陥没

緩進化 bradytely（形容詞：bradytelic）

　進化速度*の3型の1つ．緩進化では文字通り進化速度が非常に遅いため，その系統は通常考えられるよりもはるかに長期間存続する．たとえば生きた化石*と呼ばれるシーラカンス（目）*のようなタクソン*は，長期間にわたって形態の変化が見られない，ゆっくりと進化する緩進化の典型例である．他によく知られたものに，オポッサムやワニがある．→ ホロテリー；急進化

完新世 Holocene

　最近の10,000年にわたる世*．現世あるいは後氷期とも呼ばれる．⇨ フランドル間氷期．

鹹水（かんすい） brine

　無機塩類が濃集している溶液．塩水の蒸発によって形成される．⇨ 地熱鹹水

完整綱 Regulares（単胚綱 Monocyathea）（**古杯動物門*** phylum Archaeocyatha）

　中・下部カンブリア系*から見つかる，ふつう単体で，まれに群体をつくる動物の綱．円錐形をした杯型の骨格は長い円筒状のものから平坦な受け皿状のものまでさまざまで，通常2枚の多孔質の壁からできている（モノキアータ目では1層のみ）．間腔*には床板*や隔壁*が見られ，泡沫組織*をもつ種類もある．モノキアータ類のなかには，中央腔の上を覆うはねぶた（楯；pelta）をもつものもある．→ 不整綱

慣性モーメント（I） moment of inertia

固定軸のまわりに回転する物体の運動学的な性質．単位は kg・m^2．地球では主慣性モーメントの軸は自転軸の近くにあり，地球の質量の中心を通る．氷床*，大気の季節的変化などによって質量分布が変化すると，軸の位置も変化する．

岩 石 rock

鉱物*または有機物の固結または未固結集合体．1種類の鉱物のみからなる岩石は単鉱岩*，多種類の鉱物からなるものは多鉱岩と呼ばれる．鉱物の集合様式によって3種類に分類される．(a) 地表における過程で粒子が集積または沈殿した堆積岩*．(b) マグマ*の結晶作用による火成岩*．(c) 外部条件（温度，圧力など）の変化に対応した固相での再結晶作用*による変成岩*．

これら3種類の岩石型における粒子の配列（組織*）は対照的である．堆積岩は次のいずれかの組織で特徴づけられる．(i) 円磨された粒子や角ばった粒子が，粒子間の沈殿物または細粒の泥*によって支持されている．(ii) 細粒の粘土鉱物*の長軸が定方向配列をなしている．(iii) 鉱物の結晶*（たとえば方解石*）が面または点で接触している．(iv) 化石*の破片が方解石沈殿物または細粒の泥によって支持されている．(v) 有機物質が集合（たとえば褐炭*や石炭*）．火成岩はいずれも鉱物の指交状*組織で特徴づけられる．変成岩は次のいずれかの組織で特徴づけられる．(i) 鉱物結晶の長軸が定方向配列をなしている．(ii) 等粒状の鉱物結晶と定方向性を示さない非等粒状の鉱物結晶の集合体．(iii) 他形*ときには伸張した極めて細粒の鉱物が縫合接触〔鉱物が接触面でたがいに噛み合っている状態〕している．

岩石学 petrology

岩石の分布，産状，構造，成因と形成過程（岩石成因論*），組織*と鉱物組成*（記載岩石学*）など，岩石全般の研究にかかわる地質学の1分野．'火成岩岩石学'，'堆積岩岩石学' などを対象によって名称を分ける．

岩石系列 lithosequence

特徴の移り変わりが，基盤の岩相*および表層の鉱床*の違いに起因している土壌*の系列．

岩石圏（リソスフェア） lithosphere

固体地球の堅固な表層（海洋底と大陸を含む）で，海洋地殻*，大陸地殻*とマントル*最上部からなる．一般に 100 MPa のオーダーの応力*を受けると，脆性的に破断すると考えられている．プレート*と呼ばれる多数のブロックに分かれており，その不等運動がプレート・テクトニクス*をひき起こしている．岩石圏の概念は，アイソスタシー*を説明するうえで，堅固な表層を想定する必要から生まれた．岩石圏の硬さは一様ではないが，下位の流動圏（アセノスフェア）*の硬さ 10^{21} ポイズよりははるかに大きい．厚さも変化に富み，一般に海洋中央海嶺*の稜線部では 1～2 km であるが，海嶺近くの 60 km から古い海洋地殻下での 120～140 km にわたる．大陸地殻下の厚さは正確には知られていないが，クラトン*地域では 300 km 程度とみられている．ただ，この地域では流動圏を欠いているため，岩石圏の定義が困難となっている．→ 流動圏

岩石顕微鏡 petrographic microscope ⇨ 偏光顕微鏡

岩石成因論 petrogenesis

岩石，とくに火成岩*の成因と形成過程に関する理論．→ 記載岩石学．⇨ 岩石学

岩石成因論的グリッド petrogenetic grid

変成鉱物*または変成鉱物組み合わせの安定領域を変成条件と結びつけた図．実験によって決定された安定領域を圧力・温度図に反応境界としてプロットし，岩石組成の特定の範囲についてグリッドをつくる．平衡な鉱物組み合わせをなす鉱物の安定領域が重複する部分が，平衡の圧力・温度条件を表し，変成作用*の圧力と温度に対応している．

岩石層序単位 rock-stratigraphic unit ⇨ 岩相層序単元

岩石単元 rock unit ⇨ 岩相層序単元

岩石/土壌比（RSR） rock-soil ratio

岩石と土壌*の相対比．フィールドで新鮮な岩石と風化*した岩石を識別することは，とくに堆積岩*では困難なことが多いが，その手がかりとなる．

岩石ドラムリン rock drumlin ⇨ ドラム

リン

岩石氷河 rock glacier

大きい角ばった岩塊とそれより細粒の岩屑および氷からなる舌状体．とくに中緯度のアルプス地方に見られる（スイス・アルプスでは 1,000 個ほどの活動的な岩石氷河が知られている）．氷河* の表面が大量の岩屑に覆われて生じた岩石氷河，永久凍土* 層が氷によって膠結されて生じたものもある．

岩石ファブリック petrofabric ⇒ ファブリック

岩石物理学 petrophysics

地球物理学的な検層* によって間隙率*，剥離性，密度，ガス含有量，水飽和度，岩相* など，岩石の特性を調べること．各種検層と併用することが多い．

岩石崩落 rock fall

急斜面や崖からさまざまな大きさの岩塊が分離し，自由落下，跳動，転動によって高速度で降下すること．風化作用* の結果あるいは河川や海の侵食* によって急斜面の基部が切り込まれて発生することが多い．

岩石舗道 rock pavement ⇒ ルワーレ

岩石力学 rock mechanics

1．岩石の物理的挙動に関する研究．圧縮試験，撓曲試験，剪断試験などの試験のほか，弾性率，内部摩擦角*，密度，透水性*，間隙率* などを測定する．⇒ 弾性変形；弾性限界．2．地質学：岩石の構造の機構，その物理的特性，地層* に働く力などの研究．3．工学：素材としての岩石およびトンネル・採石場・鉱山における岩盤の挙動，岩盤に基礎* をおく建築物の安定性に関する研究．

関節亜綱 Articulata（**ウミユリ類** sealilies；**百合形亜門** subphylum Crinozoa，**海百合綱*** class Crinoidea）

ウミユリ類の亜綱の1つで，址板は小さいか発達が極めて不良．輻板と腕板，また腕板同士の大半が筋肉で結びつけられている．腕は常に一列型* である．中生代* 以降のウミユリ類はすべて関節亜綱に属する．

岩屑斜面 debris slope ⇒ 斜面断面

岩屑すべり debris slide

岩屑層内部で起こる浅いすべり．比較的幅のせまい1つまたは数個のすべり面に沿って動く．岩屑層が全体として元の形を保ったまま転位することも，いくつかに分裂することもある．

冠　線 crest line

褶曲* 面上の最も高い点を連ねる線（あるいは最も高い点をすべて含む線）．褶曲軸跡* が褶曲面上の最も高い位置にない傾斜褶曲* を記載するうえにこの語が必要となる．

岩　栓 plug ⇒ 火山岩栓

顔　線 facial suture ⇒ 頭線

完全変態 holometabolous

幼生の形態と成体のそれが明瞭に異なる生物の個体発生* に対して用いられる．

乾　燥 exsiccation

降水量* に変化がない状況で，ある地域から水が失われること．湿地の排水，森林伐採は乾燥を招く過程の代表例．⇒ 枯渇

岩相（層相） facies, lithofacies, lithology

1．岩石が生成もしくは堆積した特定の環境条件を反映している，岩石学的，堆積学的，化石* 内容などの特徴を総合的にとらえた概念．堆積相（層相）を特徴づける要素は，鉱物* 組成，堆積構造*，層理（面）* の特徴など．→ 変成相．2．組成，粒度* など特定の性状によって捉えた岩石の巨視的な特徴．

岩相記号 lithologic symbol

岩相* を特徴づける組織* または岩石型を表す模様または記号．たとえば，慣例的に砂岩* は点模様で，石灰岩* はレンガ積み模様で表す．しかしながら広く受け入れられて標準となっている岩相記号はないので，柱状図* や岩相図* などに使用するにあたっては記号や模様の意味を凡例で示す必要がある．使用する記号は個人のセンスに任されているが，大手の石油会社の内部資料などでは基準化されていることも多い．〔日本では，（財）日本規格協会 (2002) の『日本工業規格 JIS A 0204 地質図-記号，色，模様，用語及び凡例表示』によって，標準的な例が定められている．〕

乾燥空気 dry air

1．気候学：相対湿度* の低い大気．2．気象学：不飽和空気．

岩相組み合わせ　facies association

堆積環境を特定する手がかりとなるいくつかの堆積相〔堆積岩の岩相*〕をまとめたもの．たとえば，河川環境で見られる堆積相はすべて河川性岩相組み合わせの要素．

乾燥指数　aridity index

水分の不足を表す尺度．いずれの気候区分法も，定量的あるいはおおむね主観的にきめた乾燥度を区分の基準に取り入れている．C. W. ソーンスウェイトはこの語を初めて用い，（水の不足量/可能蒸発散量）×100と定義した．⇨ ソーンスウェイトの気候区分

岩相図　lithofacies map

ある層序*区間または層準*における岩相*分布を表した図（⇨ 層序柱状図）．これを読むことによって表示されている層準の古地理や環境を解釈することができる．

岩相層序　facies sequence

岩相*の垂直方向の積み重なり．上方に細粒化*または粗粒化*したり，岩相の時間的・空間的な移動によって，あるシーケンス*が周期的に何回もくり返すことがある．

岩相層序学　lithostratigraphy

岩石の単元を岩相*上の特徴によって記載する，層序学*の1分野．岩相単元の空間的な関係を扱うもので，単元中に含まれている化石*生物の進化（生層序学*），地質年代（年代層序学*）は対象外とされる．

岩相層序単元　lithostratigraphic unit（岩石単元　rock unit，岩石層序単元　rock-stratigraphic unit）

全体としてほぼ均質とみなされ，岩相*上の特徴のみに基づいて明確な単位をなすと認定された岩体．堆積岩*，火成岩*，変成岩*あるいはそれらの組み合わせのいずれでも岩相単元として扱われる．他の層序単元*と同様，岩相層序単元も模式層序*によって定義される．その境界は，通常は岩相が急変する面であるが，これが漸移的な場合もある．単元の性状は，経過時間よりも堆積（形成）環境を反映しているため，単元の境界は時間面を切っていることが多い（⇨ ダイアクロン）．汎世界的な指針となっている年代層序単元*にくらべて，岩相層序単元は広がりが局地的である．規模が大きいほうから，超層群*，層群，累層*，部層，単層*に階級区分されている．たがいに関連しあっているさまざまな岩相が1つの明確な岩体をなしていて，岩相層序単元に細分することができない場合は'コンプレックス'と呼ばれる．⇨ 生層序単元；年代層序単元；層序単元

岩相対比の法則　law of correlation of facies ⇨ ワルターの法則

乾燥断熱減率　dry adiabatic lapse rate

乾燥した（飽和していない）空気塊*が大気中を断熱的*に上昇するとき，膨張するにつれエネルギーが消費されて温度が低下する割合．9.8°C/km．⇨ 不安定；安定；飽和断熱減率

岩相トラップ　lithologic trap ⇨ 層序トラップ

管　足　tube-feet（足 podia）

棘皮動物門*で，水管系とつながる中空の運動性付属器官．種によって移動のため，あるいは摂食のために使われる．

観測井　observation well

ある期間，とくに揚水試験のあいだ，地下水位の変化を観測するための井戸．直径が小さい観測井からは揚水しない．

観測点間隔　station interval ⇨ サンプリング間隔

観測点頻度　station frequency ⇨ サンプリング周波数

寒帯気団　polar air

50°〜70°の緯度帯に生じる気団*で，海洋性と大陸性とがある．海洋性寒帯気団は湿潤で，赤道方向への移動中あるいは温暖な海洋上を通過するときに暖められて不安定となる．大陸性寒帯気団は発生域では安定で，ヨーロッパを通過するシベリア気団のように，冬季の地表に著しい低温をもたらす．

寒帯気団低気圧　polar-air depression

北半球に見られる，前線をともなわない低気圧*．不安定な海洋性寒帯気団*または北極気団*が，南北に延びる大きい高気圧*の峰*の東側に沿って南下することにより発生する．⇨ 寒冷低気圧

寒帯前線　polar front

寒帯気団*と熱帯気団*を隔てる主要な境界線．これに沿って中緯度地方とくに海洋上

で低気圧*が発達する．一般に冬季には赤道寄りに，夏季には極寄りに移る．両半球の各地方ごとにそれぞれの位置を占めており，南北いずれの方向へも比較的短期間で大きく移動する．

寒帯前線ジェット気流 polar-front jet stream

中・高緯度地方の上空10～13 kmのさまざまな位置に見られ，寒帯気団*と熱帯気団*の境界帯である寒帯前線*にともなうジェット気流*．最大速度は平均で60 m/秒であるが，この2倍に達することもある．典型的なジェット気流は長距離にわたることはないが，ときには地球をほぼ一周することもある．冬季には南北間の気温傾度が大きくなるため，夏季よりも長く持続する．中緯度地方の地表付近に前線をともなう低気圧*を発達させる要因となる．

カンダイト kandite ⇒ 粘土鉱物

環椎 atlas vertebra ⇒ 脊椎

観天率 sky-view factor

空がなす半球のうち，ある1地点から見ることのできる部分の割合．

間洞 cavern porosity ⇒ チョケット-プレイの分類

環南極海流 Antarctic Circumpolar Current（西風海流 West Wind Drift）

南半球で最大かつ最も重要な海流．南極大陸の周囲を東方に流れ，南太平洋，南大西洋，インド洋の広い海域にまたがっており，地球を一周する唯一の海流．表層水と底層水とがほとんど分離することなく同じように循環している．流れはかなり安定しており，高い塩分濃度*（最高で34.7パーミル）と低温（$-1°C〜5°C$）によって特徴づけられる．

貫入 intrusion

通常は火成岩*が既存の岩体に入り込んでいること（'貫入している'という）．

貫入岩（貫入岩体，貫入体） pluton

形態，大きさ，組成にかかわらず，他の岩石中に入り込んでいる（貫入している）火成岩*の岩体．貫入岩体は，その大きさ，形態，周囲の岩石との幾何学的関係に基づいて分類される．

貫入試験 penetration test

砂*やシルト*の標準貫入試験では，被験体にあてがった円錐に基準の高さから一定重量の錘による打撃を加え，標準貫入量に達するまで打撃を与える．この動的貫入試験では1打撃あたりあるいは一連の打撃による貫入量によって地盤の密度〔貫入抵抗〕を決定する．

貫入双晶 interpenetrant twin（penetration twin）

双晶*している結晶*個体がたがいに組み合って双晶面*が複雑または不明瞭となっているもの．接触双晶*の特殊な形態で，石英*のドフィーネ双晶（Dauphine twin）や蛍石*の貫入双晶がその例．

貫入フォノライト intrusive phonolite ⇒ チングアアイト

カンニングハミアン階 Cunninghamian

オーストラリアにおけるデボン系*中の階*．メリオンジアン階*の上位でコンドボリニアン階*の下位．ヨーロッパのエムシアン階*とエイフェリアン階*にほぼ対比される．

寒波 cold wave

南方へ移動する寒冷前線*の背後にある高気圧*が，北極圏大陸起源の寒気をもたらすことによって起こる現象．アメリカでは，北部，中部，中東部については，24時間以内に11°C以上の気温降下，$-18°C$以下の最低気温，フロリダ，カリフォルニア，メキシコ湾沿岸諸州については9°C以上の気温降下，0°C以下の最低気温をもたらす寒気と定められている．

旱魃 drought

一定期間，降水*がまったくないか平年より大きく下まわっているため，人間の生活，農業，自然の植生や動物に必要な水が枯渇する状況．

旱魃周期 drought cycle

好適な気候環境に一時的な乾燥期間がくり返し現れる周期．たとえば北アメリカの大草原は22年周期の旱魃*に見舞われる．

カンパニアン階 Campanian

ヨーロッパにおける白亜系*中の階*．年代は83～74 Ma（Harlandほか，1989）．⇒

セノニアン統

岩盤構造評価（RSR） rock structure rating

採鉱にあたって岩盤の挙動に大きい影響を及ぼす可能性のある構造要素の性状と分布を評価すること．構造に応じて採鉱法や鉱区の配置設計が決定される．

岩盤地すべり rock slide

岩石の破片や岩塊*からなる地すべりで，急斜面に典型的に発生する．風化帯*が崩落する場合は，すべり面の形状は未風化の基盤岩部分の表面形態によってきまる．それ以外の場合には，顕著な節理*または層理面*がすべり面となっていることが多い．

岩盤性状（RMQ） rock-mass quality

工学的な見地から岩盤を分類するうえに用いる，岩盤の性状の指標．分類は，顕著な節理*その他の不連続面（機械的な弱面）の数，その方位や間隔に基づいてなされる．

岩盤評価（RQD） rock-quality designation

岩盤中で節理*や裂罅（れっか）*が発達している程度の大まかな尺度．掘削コア中で10 cm 以上のコア片が占める長さの百分率で表す．岩盤の等級は，RQD が 75% 以上で高く，50% 未満では低いとされる．

カンビック層位 cambic horizon

B 層（⇒ 土壌層位）に微弱に発達する鉱質土壌層位．風化*と，ときにグライ化が認められる以外に顕著な形態上の特徴はほとんどない．褐色土*およびグライ層*に見られる．

間氷期 interglacial

2つの氷期*の間に介在する気候が温暖な期間．中緯度地域における間氷期には，花粉*内容から推定される植生に次のような特徴的な変遷が見られる．ツンドラ*のヒース→草本（豊富）→ボレアル*樹林→落葉樹林〔Tilia（ライム）など，好熱性種を含む〕．落葉樹林を頂点として，寒冷条件が卓越する方向に花粉の系列は逆となる．

カンプトナイト camptonite

暗色で中粒の火成岩*．斜長石*，バーケビ閃石（ナトリウムを含む角閃石*）および/または普通輝石*からなる．特徴的に岩脈*を形成し，ランプロファイアー*と総称される貫入岩*の一種．名称はアメリカ，ニューハンプシャー州カンプトン・フォールズ（Campton Falls）に由来．

カンブリア紀 Cambrian

古生代*の6つの紀*のうちの最初の紀．570 Ma に始まり 510 Ma に終わった．この紀の堆積岩*には骨格が鉱化した生物が初めて含まれる．普遍的な化石*として，腕足類*，三葉虫*，貝形虫*，後期に出現する筆石類*がある．三葉虫がこの紀を細分するうえに重要な存在となっている．

ガンフリント・チャート層 Gunflint Chert
⇒ エオスファエラ属

岩　粉 rock flour

主に氷河*の下で削磨*によって粉砕されて生じた微細な岩屑．これを運搬している融氷河水流は乳白色を呈している．

間歩帯 interambulacrum

棘皮動物*の体表面で，2つの歩帯の間の領域．⇒ 歩帯

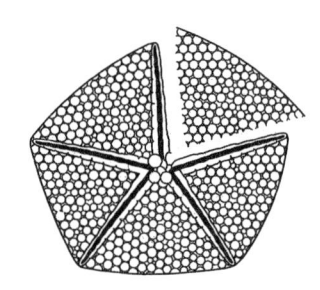

間歩帯

ガンマ gamma

磁場の強さの単位．1 ガンマ $= 10^{-5}$ ガウス．現在は国際単位系*の単位が使用されるようになっている．1 ガンマ $= 10^{-9}$ テルサ $=$ 1 ナノテルサ（nT）．

ガンマ-ガンマ・ゾンデ gamma-gamma sonde

ガンマ線*放射源（主に $^{60}_{27}$Co または ^{137}Cs）を内蔵する検層*装置．試錐孔*壁をガンマ線で照射し，放射源の 45 cm 程度上方でその後方散乱*を天然の放射線とともに記録する．多くの場合，孔壁から 10 cm 程度の領域からの反応を検出する．後方散乱は

岩石の電子密度の指数関数であることから，この記録は密度検層*記録（柱状図*）と呼ばれる．泥壁*と岩石とを識別するために，2つの検知器を離して用いることがある．

ガンマ線 gamma ray
波長が約 10^{-10}〜10^{-14} m の電磁放射*．これより波長が長い X 線と同様に放射性物質から放射される．

ガンマ線検層 gamma-ray logging ⇨ ガンマ線ゾンデ

ガンマ線スペクトロメーター gamma ray spectrometer ⇨ シンチレーション計数管

ガンマ線ゾンデ gamma-ray sonde
シンチロメーター*によって試錐孔*内で岩石の天然の放射能を測定する検層*装置．検層記録（柱状図）*は API 単位で表示する（アメリカ石油研究所の考案．主に原油の測定記録に使用）．カリウム（^{40}K）は最も多量に存在する放射性元素で，粘土*（とくにイライト*と雲母*）に含まれている．記録は，石灰岩*または砂岩*と互層をなす粘土岩*のように，粘土に乏しい岩相*と粘土に富む岩相の互層の柱状図をつくるうえにとくに有効．一般に粘土岩の層準*では API 値は 75 以上となる．ウラニウムやトリウムなど他の放射性元素が濃集している有機物に富む頁岩*でも値は高くなる．ほかに，海緑石*砂，火山砕屑物*，ジルコン*に富む砂，粘土基質*に富む砂ではガンマ線量が高い．⇨ 光子検層

ガンマ線分光法 gamma-ray spectrometry
ガンマ線*放射の強度とエネルギーを測定する分析法．シンチレーション計数管*または半導体受光器を種々の電子回路と組み合わせてスペクトルを積算する．ガンマ線を放射する放射性同位体*を同定し，エネルギー強度からその元素の濃度を決定する．この方法は，遠く離れた物体，たとえば月の表面の元素存在度を決定するリモートセンシング*でも用いられている．

緩慢地動 bradyseism
ゆっくりと揺れる地震*．地殻*のゆるやかな不等運動で，地震エネルギーの急激な解放をともなわない．

岩脈 dyke (dike)
〔母岩*に〕非調和的*な，すなわち〔母岩を〕切っている板状の貫入岩体*．大部分が垂直ないし垂直に近く，マグマ*が上位の母岩中に割り込んで貫入したもの．⇨ 岩脈セット；岩脈群；放射状岩脈群

岩脈群 dyke swarm
中核をなす貫入岩体*から放射状に派生している多数のほぼ垂直な岩脈*，あるいは広域にわたって分布する多数の平行ないしほぼ平行な岩脈の集まり（岩脈セット*）．

岩脈セット dyke set
同じ応力*場で共通の源から貫入したことを反映している，平行ないしほぼ平行な一群の岩脈*．

冠（かんむり） crest ⇨ 冠面

冠面 crestal plane
褶曲*をなすすべての地層面*上の最も高い点である冠（かんむり）をすべて含む面．

完面像 holosymmetry
各晶系*のなかで，結晶*が格子*と同じ対称性（⇨ 結晶の対称性）を有し，対称の要素が最も多い晶族*．

完模式層 holostratotype
層序単元*または層序境界を設定するとき，参照の基準となる層序区間または層準*として選定，記載される最初の模式層*．→ 後模式層；新模式層．⇨ 副模式層；参照模式層

完模式標本 holotype（模式標本 type specimen）
新種または新亜種を命名，記載する際の基本として選ばれた植物または動物の唯一の個体標本．→ 後模式標本；新模式標本；副模式標本；総模式標本

完優白質- hololeucocratic
色指数*が 5 未満の火成岩*に冠される語．

涵養 recharge
1．水が土壌*から下方の地下水面*に移動すること．2．ある期間内に地下水*の全貯蔵量に加えられる水量．

涵養面積 recharge area
1．水が地下水面*に向かって下方へ移動している帯水層*の地理的面積．2．ある帯水層への集水域*をなしている面積．

かんらん岩 peridotite

粗粒の超塩基性岩*．主成分鉱物*はマンガンに富むかんらん石*で，副成分鉱物*はそれ以外の鉄苦土鉱物*，すなわち斜方輝石*（頑火輝石*-古銅輝石*），単斜輝石*（クロム透輝石*），クロム鉄鉱*など．パイロープを含むものと含まないものがある．大規模な層状貫入岩体*，オフィオライト*岩体，アルカリ玄武岩*やキンバーライト*中の捕獲岩*として産する．分別結晶作用*によっても形成されるが，鉱物の化学組成，キンバーライト中の捕獲岩という産状からマントル*物質とみなされる．マントルの大部分，したがって地球の質量の大部分はかんらん岩からなると考えられる．隕石*も多くはかんらん岩からなっており，かんらん岩は太陽系*で最も普遍的な岩石と考えられている．

かんらん岩モデル peridotite model

P波*とS波*の速度および重力のデータに基づく上部マントル*の組成についてのモデル．組成として，かんらん岩*，エクロジャイト*あるいはその中間物質が想定されている．キンバーライト*中の捕獲岩*や地表で見られる苦鉄質*火山岩*もこの組成を示唆している．

かんらん石 olivine

主要なネソ珪酸塩鉱物*．苦土かんらん石Mg_2SiO_4と鉄かんらん石Fe_2SiO_4のあいだで完全な固溶体*系列をなす；比重3.22～4.39，鉄含有量とともに増大；硬度*6～7；斜方晶系*；多くはオリーブ色，苦土かんらん石は白または帯黄色，鉄かんらん石は褐または黒色；条痕*無色；ガラス光沢*；結晶形*はまれで短い角柱状，多くは粒状の集合体；劈開*は{010}に貧弱．輝石*をともなってダナイト*の主要構成鉱物をなすほか，シリカ*に乏しい火成岩*（玄武岩*，はんれい岩*，トロクトライト*，かんらん岩*など）に産し，石質隕石*や月の玄武岩にも見られる．風化作用*や熱水変質*によって容易に蛇紋石*に変質する．

かんらん石ドレライト olivine dolerite ⇒ドレライト

環流 gyre (**海洋環流** ocean gyre)

ほぼ閉じた環状またはらせん状の海水の運動．主要な海盆には赤道から約30°の位置に中心をもつ大規模な環流が存在し，海洋の西岸に向かって押しつけられている（西岸強化*）．環流は主に風によって生じ，水塊は北半球では時計まわり，南半球では反時計まわりに流れる．

間粒状 intergranular

斜長石*などの板状結晶*がなす網目の楔状空隙を，微細な輝石*が充塡している火成岩*の組織*を指す．この組織は玄武岩*にとくによく発達する．

還流説 reflux theory

塩分濃度*が高く，高密度の水が堆積物中を不断に移動することによって鉱化作用*または変質作用*がもたらされるとする説．還流は，塩分を含む水が蒸発して密度の高い塩水が生じ，これが堆積物中を下降して通常の塩分濃度の軽い水を排除することによって起こると考えられる．このようにして堆積物中に鉱物*が濃集し，埋没した石灰岩*で大規模なドロマイト化作用*などの現象が起こるとされている．

寒冷- cryergic

凍上*，凍結破砕作用*，解氷，地中氷などによる作用に冠される．周氷河-*と同義に用いられている．

寒冷前線 cold front

密度の高い寒気団*とその前面にある暖気団との境界．寒気団は進むにつれて暖気団の下に潜り込んでいき，寒気団上面が1：50程度の急勾配となることがある．この急勾配の前面に沿って激しい上昇気流が発生して大気が不安定となり，背の高い積乱雲*が発達して雨や雷雨がもたらされる．寒冷前線の通過にともなってにわか雨が降ることが多く，また気温の著しい低下，気圧の上昇，風向の北寄りないし北西寄りへの変化（北半球）など，天候が一変する．寒冷前線の通過後は天候が回復する．

寒冷前線通過後の晴天 cold-front clearance

低気圧*が遠ざかるにつれて寒冷前線*が通過すると，暖域*の暖かい湿った空気に替わって寒域*の冷たい乾いた空気に覆われるため晴天が広がる．寒冷前線の通過時には，

風向の変化（北半球では北寄りないし北西寄りに変化．南半球ではその逆），気圧の上昇，気温の低下が起こる．雲の消散は，前線背後の上層における大気の下降運動にも一因があると考えられる．

寒冷低気圧 cold low

寒気団内部の循環によって発生する，'前線をともなわない低気圧'*．北西アメリカや北東シベリア上空の対流圏*中部の気団*，ときには北極から海洋上に張り出してきた気団の中で発生する．低気圧の中心をとりかこむほぼ同心円的な等圧線によって特徴づけられる．北極の海岸沿いで，閉塞前線*における強力な上昇気流と断熱*冷却の結果発生すると考えられている．高緯度にあっては地表の天候にかならずしも影響を及ぼすものではないが，中緯度の温暖な地表上に移動してくると，激しい対流が発生する．⇨ 切離低気圧

寒冷氷河 cold glacier ⇨ 氷河

乾　裂 desiccation cracks（**マッドクラック** mud-cracks, **収縮クラック** shrinkage cracks, **乾痕** sun-cracks)

陸上で乾固した泥*に生じる多角形の割れ目．砂*が割れ目を満たして，泥の表面を覆っている場合に最も良好に保存される．

緩　和 relaxation

氷からなる衛星*のクレーター*が，'ぼやけていくこと' あるいは地形としての起伏を失うこと．一般に，このようなクレーターは，氷の地殻*が粘性流動を起こすため，岩質衛星のクレーターよりも浅い．変色した斑点あるいはパリンプセスト*を表面に残して完全に消滅したものもある．

緩和時間 relaxation time

1. 攪乱を受けた系が平衡に達するのに要する時間またはあるパラメーターの量が初期値の約37%（$1/e$）まで減じるのに要する時間．たとえば，誘電体*の温度依存の緩和時間（τ）と緩和周波数*（f_r）の間には次の関係がある．$\tau = 1/(2\pi f_r)$．物理学的には，印荷された交流電磁界の影響で，イオン*欠陥が結晶*格子*中を移動するのに要する時間．

2. 地形学：ある系が自然の持続的な変化ないし外成的な地形学的営力*の強さに適応するまでの時間．通常，適応は系を構成している地形または景観の変化として現れる．時間の幅はさまざま．河川流路*の幅は流量*の増大におそらく10年で対応する．氷河作用*を受けた山脈がその痕跡を失うまでに $10^5 \sim 10^6$ 年ほどかかる．

緩和周波数（f_r） relaxation frequency

静的な（直流の）導電性のない誘電体*に交流の電磁場をかけたときに，誘電損失係数*（ε''）が最大となる周波数*．

キ

期 age (1, 2), stage (3, 4)

1. 年代層序単元*である階*に対応し，世*より低位でクロン*より高位の地質年代単元*．期の名称は対応する階と同じであるため，英語表記では，たとえばオックスフォーディアン期（Oxfordian Age）*のように，階と同様に接尾辞'-ian'または'-an'をつけ，頭文字は大文字とする．**2.** 地質年代区分とは関係なく，ある特定の事象によって特徴づけられる期間を指す．たとえば，ビラフランカ（哺乳動物）期*．**3.** 古気候学：一連の堆積物または化石*群集によって示される気候が持続した期間．模式地*の地名を冠する．たとえば，ホッスン期*（間氷期*）はイングランド，サフォーク州ホッスン（Hoxne）の植物化石を含む間氷期堆積物に因む．**4.** 地形または景観が時間とともに発達していく段階．慣例的に'幼年期'，'壮年期'，'老年期'に区分されている（デービス輪廻*）．これらの期は地形が系統的に発展していくことを想定して設けられているが，今日ではこれを適用できない例が多いとされている．

紀 period

地質年代尺度*における第2オーダーの単元で，年代層序単元*の系*に相当する．世*に細分され，代*はいくつかの紀からなる．英語表記で公式*に使用する場合には，たとえば Devonian Period（デボン紀）*のように頭文字を大文字とする．

気 圧 atmospheric pressure

1. 上にある大気の荷重が下方に及ぼす力．任意の水平断面の単位面積あたりで表される．さまざまな気団*が分布しているため気圧は大気中で一定していない．変動は潮汐*現象や太陽熱に起因する小さい日変化から，低気圧*や高気圧*の通過にともなう大規模なものまである．気圧の単位はミリバール（mb）．1 mb は 100 パスカル（Pa）〔＝ヘクトパスカル（hPa）〕に相当する．〔わが国では，かつては mb 表示であったが，最近では hPa が用いられている．〕通常，水銀気圧計で測定される．海水面上での平均気圧は 1,013.25 mb であるが，大気は容易に膨張するため，高度とともに〔上位の大気の荷重が減るにつれて〕指数関数的に低下する．**2.** 圧力の単位（省略形；atm）．国際標準気圧として採用されている海水面上における気圧，760 mm 水銀柱または 1,013.25 mb を 1 気圧とする．国際単位系*では，1 atm＝101,325 Pa．

気圧計 barometer

気圧*を測定する計器．一般的な型は水銀気圧計．小さい容器中の水銀に真空の管の下端が入っており，水銀の表面にかかる気圧によって水銀が管に押し上げられて支持される．水銀柱の平均的な高さは約 76 cm（30 インチ）．設置場所の重力異常*により気圧が異なり，かつ水銀が熱膨張・収縮するので，それぞれについての補正を読みとり値に施す必要がある．

気圧傾度力（PGF） pressure‐gradient force

気圧の差によって大気に働く力．気圧に水平方向の違いがあると気圧の高い方から低い方への運動がひき起こされる．これは実際の風に作用する力のうち1つの成分にすぎず，通常，大気は等圧線と直角に移動することはない．これ以外の力は，大気の下の固体地球の回転にかかわるコリオリの力*と気流の進路が湾曲している場合に働く遠心力である．実際には大気は摩擦層より上ではほぼ等圧線に沿って移動する．

気圧の谷（トラフ） trough

中心をなす低気圧*から高気圧*が全般的に卓越している領域に延びている低圧部．西寄りの上層気流が中緯度で赤道方向に蛇行している部分も上記の定義通りの低圧部であるが，これは'トラフ'と表現されることが多い（貿易風*が会合している'赤道トラフ'は'熱帯収束帯*'と同義）．⇒ 長波

気圧の低下 deepening

総観気象学：低気圧*の中心気圧が低くなること．→ 埋積

輝安鉱 stibnite (antimonite, antimony glance)

鉱物．Sb_3S_3；比重 4.6；硬度* 2.0〜2.5；斜方晶系*；通常，青色を帯びた鉛灰色；金属光沢*；結晶形*は角柱状，針状で垂直な条線をもつ；劈開*は{100}と{110}に不完全．低温熱水*鉱床*中にしばしば層状の鉱体をなして，蛍石*，石英*，重晶石*，および鉛，亜鉛，その他の金属の硫化物とともに産する．アンチモンの主要な鉱石鉱物*の1つ．

キウィーナワン Keweenawan

1．キウィーナワン階：ニュージーランドにおける上部原生界*中の階*．ヒューロニアン階*の上位（Van Eysinga, 1975）．**2**．キウィーナワン系：中・下部原生界中の系*．

気-液クロマトグラフィー gas-liquid chromatography ⇒ クロマトグラフィー

基 円 primitive circle

ステレオ投影*の投影面*の円周をなす円．

気温逆転 temperature inversion

常態の大気の気温減率とは逆に，ある高度の範囲にわたって気温が上方に向かって高くなっている大気の状態．対流圏*内に気温逆転層が発生すると，大気の鉛直運動が強く抑えられて擾乱が起きないため，安定した天候が現れる．逆転層は上昇対流の天井をなして，雲の発達の上限となる．アゾレス高圧帯*や大陸上の寒冷高気圧*のような大きい高気圧性対流セル*では，下降気流によって顕著で長続きする逆転層が生じている．⇒ 気圏；大気の気温減率

気温較差 temperature range

1日または1年における気温の差．年較差は，一般に高緯度地域とくに $65°N$ 以北では，北アメリカとアジアの大陸性気候を反映して最大となる．海洋性気候の影響を受ける地域ではそれよりはるかに小さい．日較差は熱帯の内陸で最大となり，赤道地帯では年較差をはるかに上まわる．

気温の日変化 diurnal temperature variation

太陽放射*の局地的な収支に関連して，気温が1日のうちに示す変化．たとえば中緯度では，通常，正午の後に最高気温，早朝に最低気温となる．較差は地域によって異なり，大陸地域では大きく海岸地帯では小さい．赤道地域では，日変化幅は平均気温の年変化幅を超える．

ギガ- giga-

'巨大な'を意味するギリシャ語 *gigas* に由来．国際単位系*に冠する接頭辞（記号はG）．ある単位$\times 10^9$を意味する（たとえば，$2\,Gm = 2$ ギガメートル$= 2\times 10^9\,m$）．

機械的風化作用 mechanical weathering（**物理的風化作用** physical weathering）

岩石*や鉱物*が露出地点で化学的な変化をまったく起こすことなく細かく砕ける現象．主な機構に，岩塩*の析出やジェリフラクション（凍結破砕作用）*で見られる結晶*の成長，水和*破砕作用，熱風化作用（日射風化作用）*，圧力の解放がある．

幾何学的因数（K_g） geometric factor

比抵抗探査*で測定した電圧/電流比（R）から見かけ比抵抗*（ρ_a）を求めるうえで，電極の幾何学的な間隔との関連できめられる乗数．すなわち，$\rho_a = K_g \times R$．4電極配置についてのK_gは次の式で求められる．$K_g = 2\pi(1/C_1P_1 - 1/C_1P_2 - 1/C_2P_1 + 1/C_2\cdot P_2)^{-1}$．$C_1$, C_2とP_1, P_2はそれぞれ電流電極*と電位電極*の位置．主な電極配置3種については次の通り．双極子群列；$K_g = \pi n(n+1)(n+2)p$．シュルンベルジェ群列*；$K_g = (\pi p^2/q)(1 - q^2/4p^2)$．ウェンナー群列*；$K_g = 2\pi r$．$p$と$r$は電極間隔．

規格化植生指数 normalized vegetation index ⇒ 植生指数

規格寸法の切石 dimension stone

直方体，柱，板など，特定の規格に合わせて採石され，切り出された建築用石材．石材として石灰岩*や花崗岩*が使われることが多い．最近ではごく薄くカットしてコンクリート構造物の化粧板などに使用されることも多い．→ フリーストーン

偽角礫岩 pseudobreccia

不規則に再結晶*したり，一部がドロマイト化*している石灰岩*．粗粒の結晶*が不等成長して岩石が破砕されているような見かけの組織*を呈するため．

偽化石 pseudofossil
　天然に産する化石*に似た物体．類似がまったくの偶然であり，化石ではないものを偽化石と呼ぶ．化石である疑いがあるものはプロブレマティカ*と呼ぶ．

幾何分布 geometric distribution ⇨ 対数正規分布

輝岩 pyroxenite
　単斜輝石*，斜方輝石*，かんらん石*を主成分鉱物*とする超塩基性岩*．鉄苦土鉱物*はマグネシウムに富み，輝石がかんらん石（通常＜40体積％）より多い．輝岩は，単斜輝石，斜方輝石，かんらん石相互の比率によって，斜方輝石岩，ウェブステライト（両輝石岩），単斜輝石岩に分類される．かんらん石が含まれている場合にはこれらの名称の前にかんらん石を付ける．輝岩は塩基性*貫入岩体*のキュームレート*層準およびオブダクトした海洋プレート*（⇨ オブダクション；オフィオライト）のマントル*物質に見られる．

ギガントプロダクタス・ギガンテウス
Gigantoproductus giganteus ⇨ プロダクタス・ギガンテウス

気球観測 balloon sounding
　空気より軽い気球による，上層における風の状態の観測．気球はレーダーで追跡される．さまざまな気圧での気温や湿度を記録する装置をとりつけることがある．⇨ ラジオゾンデ；レーウィンゾンデ

輝銀鉱 argentite (silver glance)
　銀の鉱石鉱物*．Ag$_2$S；比重 7.2〜7.4；硬度* 2.0〜2.5（ナイフで切ることができる）；立方晶系*；黒色で不透明；条痕*鉄黒色；金属光沢*；結晶形*は多くは立方体または八面体，ときに塊状；劈開*は立方体状に貧弱．熱水*脈に自然銀*をともなって，あるいは硫化銀の風化産物として産する．179℃以下では不安定となり，単斜晶系*の多形*である針銀鉱*に転移する．

偽系統 paraphyletic
　共通祖先から派生した子孫系統のすべてではなく，その一部のみを含むタクソン*（したがって完系統*ではない）．

気圏 atmosphere
　固体地球をとり巻いている大気の領域．明確な上限はないが，実質的な上限は 200 km あたりにあるとみられる．大気の密度は高度とともに急速に低下し，その質量の 3/4 ほどが最下層の対流圏*に属している．気圏は大局的にはたがいにほぼ平行な同心の圏からなる．個々の圏は高度による気温の変化率の違いによって区分されている．この垂直的な気温分布によって，大気の鉛直方向の交換（対流）が発生したり妨げられたりする．地表から上に向かって次の圏からなる．(a) 対流圏．大気の対流が活発で，温暖な地域の上空ではとくに顕著．上限の圏界面*の高度は緯度によっていくらか異なり，一般に中・高緯度でおよそ 11 km，赤道付近では 17 km．(b) 成層圏*．大気の鉛直方向の運動はほとんどなく，圏界面から高度約 50 km の成層圏界面*まで続く．(c) 中間圏*．再び対流が活発となる．成層圏界面から高度約 80 km の中間圏界面*まで．(d) 熱圏*．中間圏界面から大気の実質的な上限である高度約 200 km まで．

偽巻雲（ぎけんうん） false cirrus ⇨ 濃密雲

気孔 vesicle（形容詞：vesicular）
　マグマ*に溶けていたガスが溶岩*中で発泡し，閉じ込められていた泡の形をした孔．後に溶液から沈積した鉱物*によって充填されていることがある．楕円体または円筒形の気孔を無数に含む溶岩は多孔質と呼ばれる．⇨ 杏仁；スコリア質

気候観測所 climatic station
　気候の基本的な要素を定期的に観測し記録する機関．

気候区分 climate classification
　気候をそれぞれに共通の特徴にしたがっていくつかの類型に大別すること．区分には3つの基本的な手法がある．(a) 植生の境界を左右する気温と乾燥度に基づく包括的な区分．乾燥度は通常，降水量*と気温の比として求められる有効降水量*で表される．気候型は気温と乾燥度への植生の対応によって設定される．ケッペンの区分*は，その改訂版も含めてこの手法を採っている．(b) 水分

収支*と可能蒸発散量*（土壌*中に水分が十分にあるとき，地表から大気に移動する水分の最大量）に基づく区分．植生の境界はこの2つのパラメーターには依存しない．ソーンスウェイトの区分*で用いられた手法．(c)気候の成因を考慮した手法．主要な風系と気団*など大気循環にかかわる要素をはじめ，気候の成因となる諸要素に基づく区分で，フローン（H. Flohn, 1950）とシュトラーレルの区分*で採用されている．

気候最良期（気候最適期） climatic optimum

最終氷期*以来最も温暖であった期間．世界の大部分の地域で4,000～8,000年前ごろ．

気候-植物葉多変量解析計画 Climate-Leaf Analysis Multivariate Program（**クランプ CLAMP**）

双子葉植物の葉に認められる29の形質*の組み合わせに基づいて，その成育地の過去における年間平均気温を推定する計画．→ 全縁葉率解析法

気候層序学 climatostratigraphy

第四紀*の岩石に記録されている気候事変によって，この時代の地質・気候単元を設定しようとする層序学*の分野．この単元の概念は年代層序単元*と同じであるが，単元の境界は時間面と斜交している（⇒ ダイアクロン*）．各単元は気候の影響（たとえば生物相や土壌*の型など）を記録しているが，気候そのものを記録しているわけではない．気候を無視して第四紀の層序体系を組み立てることはできないので，単元の境界を設定するにあたって厄介な問題が起きる．

気候帯 climatic zone

卓越する気候によって特徴づけられる帯または地域．ほぼ緯度に平行する帯域をなす．主要なものは次の通り：湿潤熱帯，乾燥-および亜乾燥亜熱帯，湿潤温帯，北方帯（北半球）または亜寒帯（亜北極帯と亜南極帯），寒帯．

気候地形学 climatic geomorphology

地形形成過程における気候の影響，したがって景観の特性にかかわる気候の影響を扱う，地形学*の分野．気候条件に基づく帯の設定やそれぞれの削剥作用で特徴づけられる地形区の識別などを目的としている．

起耕土 puddled soil（**ぬかるみ土** poached soil）

雨滴の物理的な衝撃，湿潤時の耕作，動物の踏みつけなどによって構造が破壊された土壌*．

気候の長期研究・図化・予知計画 Climate/Long-ranged Investigation Mapping and Predictions Project（**クライマップ CLIMAPP**）

地球と海洋の研究者の組織による，第四紀*の気候の歴史を研究する総合的な計画．1971年以来ニューヨークのコロンビア大学にその事務局がおかれている．

気-固クロマトグラフィー gas-solid chromatography ⇒ クロマトグラフィー

偽固体（ぎこたい） false body

揺変性*を示す粘土*．

輝コバルト鉱 cobaltite（cobalt glance）

鉱物．CoAsS；比重6.0～6.5；硬度*5～6；立方晶系*；白～暗灰または灰黒色，いずれも帯赤色；条痕*灰～黒色；金属光沢；結晶形*は八面体，立方体，五角十二面体，ただし塊状，不定形の粒状のこともある；劈開*は完全な立方．熱水鉱脈*や接触変成帯*に，黄銅鉱*，閃亜鉛鉱*，緑泥石*，電気石*，燐灰石*とともに産する．主要なコバルト鉱石鉱物*の1つ．

記載岩石学 petrography

薄片*と標本試料によって岩石の組織*と鉱物*を系統的に記載し，解釈する岩石学の1分野．→ 岩石成因論．⇒ 岩石学

疑似カラー false colour

リモートセンシング*；通常，肉眼で知覚できる波長よりも長いか短い波長で集積されたデータを表示している色．典型的な疑似カラー画像に，通常赤色で表示される赤外線*データがある．緑色の植生は赤外線の反射率が高いため，疑似カラー画像では赤く現れるのである．

疑似磁場 pseudo-magnetic field

数値解析の目的で，重力場を変換して求めた重力場に対応する磁場．

疑似重力場 pseudo-gravitational field

数値解析の目的で，磁場を変換して求めた

磁場に対応する重力場.

基　質　matrix

相対的に大きい結晶*，粒子，岩片の隙間を埋めてバックグラウンドをなしている細粒物質. 堆積岩*に適用される語で，火成岩*でこれに相当するものは石基*という. ただし，火成岩についても'基質'が使われることが多い.

基質支持　matrix-support　（泥支持 mud-support）

堆積物中で，粗粒の粒子またはクラスト*が相対的に細粒の基質*にかこまれて，たがいに接触していない状態. → 粒子支持

疑似平衡　quasi-equilibrium ⇒ 平衡

基　準　datum（複数形：data）

確実であることがわかっているか仮定されていることがら. ⇒ 基準面；鍵層

基準点　base station

他の地点で得た測定値を規格化するうえで基準となる地点. 基準点で測定された地球物理学的な値は正確で絶対値とみなされる. たとえば重力調査*では，基準点は重力異常*を求めるための絶対値が得られる地点であり，重力計*のドリフト*を決定する基地となる. 地磁気調査*では基準点に設置した磁力計*で連続観測をおこなって，地磁気の日変化*をモニターし，他地点での地磁気測定データと照合する.

基準点　fiducial point

1. 特定の気圧計で気圧を精確に読みとることができる温度. 緯度45°におけるこのような温度をその気圧計の基準温度と呼ぶ. 緯度および温度が異なれば補正が必要となる.
2. フォルタン気圧計*の目盛のゼロ点をなす定点（牙針で指示されている）.

基準面　datum level

ある面の位置をきめるうえの基準*とされる面. たとえば，海水準は陸地の高度と海底の深度を測定するうえの基準面.

擬　晶　mimetic twin

双晶*していることによって，本来の個体よりも高次の対称性をもっているように見える結晶*. 霰石（あられいし）*や沸石*族の鉱物*に多く見られる.

気象衛星　weather satellite

雲の分布を撮影したり，雲頂高度を示す雲の温度を赤外線*撮影して，大気の状態を監視する人工衛星.

気象報告　weather report

ある地点である時刻に得られた気象観測値と天候の記録.

輝水鉛鉱　molybdenite

鉱物. MoS_2；比重 4.6～4.8；硬度* 1.0～1.5；六方晶系*；淡帯青～鉛灰色；条痕*帯緑灰色；金属光沢*；結晶*は六角板状の粒子，ただし葉片状，鱗片状の集合体をなすこともある；劈開*は底面 {0001} に完全. 極めて広く分布するが大量に産することはまれ. (a) 花崗岩*の副成分鉱物*として，(b) 石英*脈やペグマタイト*に，(c) ざくろ石*，輝石*，灰重石*，黄鉄鉱*，電気石*とともに接触変成帯に，(d) 灰重石，鉄マンガン重石*，錫石（すずいし）*，蛍石*とともに鉱脈に，産する. モリブデンの主要な鉱石鉱物*.

黄水晶　citrine ⇒ 石英

偽スパー　pseudospar ⇒ ネオモルフィズム（新組織形成作用）

ギスプ　GISP　（グリーンランド氷床計画 Greenland Ice Sheet Project）

大気および古気候学上の情報を得ることを目的としてグリーンランド氷床*から氷コア*を採取するアメリカの掘削計画. 1993年に試錐は深度約3,000mで基盤岩に到達. 現在ヨーロッパが実施しているグリップ*掘削地点から30kmほど離れた地点で第2の試錐（ギスプ2）を掘削中.

寄生火山　parasitic cone　（側火山 adventive cone）

大きい火山錐*の山腹で噴出口のまわりに火山噴出物が蓄積してつくっている円錐丘. 大きく成長してそれ自身が火山体の中心となることもある. 主火山の火道から放射状に長く延びる割れ目に沿って並んでいることもある.

気成作用　pneumatolysis　（形容詞：pneumatolytic）

結晶作用の末期段階にあるマグマ*から放出された化学的に活性な高温ガス状流体との

反応によって，岩石の鉱物*組成と化学組成が変化する作用．フッ素，塩素，ボロン，水素などの揮発性元素に富む流体が，結晶化しつつある花崗岩*体内部から放出され，低温で結晶化した部分の割れ目や裂罅（れっか）*を通って花崗岩体上部に入り込み，グライゼン化作用（⇒ グライゼン）や電気石化作用*を起こす．

寄生磁化 parasitic magnetization
反強磁性*体で反平行磁気格子の相殺が不完全であることに起因する強磁性*的な挙動．磁鉄鉱*はこのような磁性特性を示す．

寄生褶曲 parasitic fold
波長の大きい褶曲*の翼*内部に生じている，波長・振幅とも小さい一連の褶曲．大褶曲の翼部ではS字型またはZ字型の非対称断面，ヒンジ*部ではM字型の断面を示す．⇒ M型褶曲；S型褶曲；Z型褶曲

輝　石 pyroxene
重要なイノ珪酸塩（鎖状珪酸塩）*鉱物．化学式はXYZ_2O_6，$X=Mg$, Fe, CaまたはNa；$Y=Mg$, Fe, Fe^{3+}またはAl；$Z=Si$（一部がAlに置換）；斜方輝石*と単斜輝石*とがある；主な斜方輝石は頑火輝石*と斜方フェロシライト；主な単斜輝石は，透輝石*，ヘデンベルグ輝石*，普通輝石*，翡翠（ひすい）輝石*およびアルカリ輝石*であるエジリン輝石*とエジリン質普通輝石*；珪灰石*は輝石に似ているが，結晶*構造が異なる；比重3.0～3.5；硬度*5～6；色はさまざまであるが，通常は暗緑，褐，黒色；ガラス光沢*；結晶形*は通常は短柱状；劈開*顕著．変成岩*にも火成岩*にも広く産する．

輝石片麻岩 pyroxene gneiss ⇒ グラニュライト

輝石ホルンフェルス相 pyroxene hornfels facies
さまざまな源岩が同じ条件の変成作用*を受けて生じた変成鉱物組み合わせの1つ．源岩が塩基性岩*である場合には，単斜輝石*-曹灰長石-石英*からなる鉱物組み合わせが典型的．これとは異なる組成の岩石，たとえば頁岩*や石灰岩*では，まったく同じ条件の変成作用によってそれぞれ独特の鉱物組み合わせが生じる．ある源岩組成から生じたさまざまな鉱物組み合わせは，それぞれを生み出した圧力・温度・水の分圧［$P(H_2O)$］の範囲を反映している．鉱物の圧力-温度安定領域についての実験によれば，輝石ホルンフェルス相は接触変成作用*に特徴的な，低圧（<2 kb）・中温（550～750℃）条件を示している．

擬絶滅 pseudoextinction
1つの進化系統*において，あるタクソン*がその系統内で次に引き続く新しい時間的種*の出現により消滅すること．この絶滅は純粋に分類学上の現象である．→ 絶滅

キーゼルグール kieselguhr ⇒ 珪藻土

輝線条 ray
月の若いクレーター*から放射状に延びている明るい線条．起伏はもたず，隕石*衝突によって生じた細粒の岩粉とガラス*からなっているらしい．年齢とともに黒ずむ．これはレゴリス*との混合や太陽放射の照射によるものと考えられる．古くから知られている例は，チコ*（クレーター；直径85 km）の顕著な輝線条で，満月のときには双眼鏡でも明瞭に見える．数百本の線条がクレーターから発しており，地球から見える側の月面いっぱいに延びているものもある．

基　礎 foundation
建造物の最下部．地表下にあって天然の地盤に接しており，荷重を土壌*や岩石に伝達する．ダムでは谷底とその上の谷壁が基礎となる．

基　層 basecourse ⇒ 舗装

輝蒼鉛鉱 bismuthinite
硫酸塩鉱物*．Bi_2Si_3；比重6.5；硬度*2；灰白色；金属光沢*；塊状．花崗岩*にともなう鉱脈*に錫の鉱化作用*にともなって産する．

気相晶出作用 vapour-phase crystallization
イグニンブライト*中の高温の火山ガスが冷却するにしたがって，ガス中の溶存元素が火砕性クラスト*の空隙に鉱物*として晶出する作用．長石*や石英*が代表的な気相晶出鉱物．

北アメリカ・プレート North American Plate

大きいプレート*の1つ．東側の縁は大西洋中央海嶺*．西側および南側の境界は，太平洋*，ファンデフカ*，ゴルダ*，ココス*，カリブ海*，南アメリカ*の各プレートと複雑な境界をなす沈み込み帯*およびトランスフォーム断層*．西縁部を占める北アメリカのコルディレラ山脈*はいくつもの異地性*のテレーン*が付加して生じたコラージュ*と解釈されている．

気体保持年代（ガス保持年代） gas-retention age

カリウム40の崩壊によって生じる放射性アルゴンあるいはウラニウムとトリウムから生じるヘリウムの量に基づいて求めた，気体が逸散する温度以下となってからの隕石*や岩石の年代．300℃以上の高温では，気体（たとえば ^{40}K からの ^{40}A）は珪酸塩鉱物*の結晶格子*を容易に通過して逃げ出して残されないため，試料が再加熱されていなければ，この年代が形成年代*にあたる．

北大西洋海流 North Atlantic Drift

ニューファウンドランド島沖のグランドバンクス（Grand Banks）から東方に北西ヨーロッパまで達する，幅広く浅い表層の海流で，メキシコ湾流*の北方延長．北西ヨーロッパ海岸地方の気候は相対的に暖かいこの海流の恩恵を受けている．

北大西洋深層水（NADW） North Atlantic deep water

塩分濃度* 34.9～35.03パーミル，水温1.0～2.5℃の水塊．かつてはグリーンランド南端沖の海域で冬季に冷却された水塊が下降して南下したものと考えられていた．今日では，主たる生成海域はノルウェー海で，そこからスコットランド，アイスランド，グリーンランドの間に介在する海台を越えて大西洋の深部になだれ込んだ深層水であることがわかっている．

北太平洋海流 North Pacific current

黒潮*の続流で，北太平洋を東方に流れカリフォルニア州沖まで達する表層の海流．大西洋でメキシコ湾流*と北大西洋海流*がなす海流系と同様の海流系を北太平洋でなしている．

気団 air mass (airmass)

湿球温位（wet-bulb-potential temperature；飽和になるまで水を蒸発させることにより，その気化熱で空気が冷却されて達する最低温度）がほぼ一定の大規模な空気塊*（大陸または大洋規模であることもある）．温度と湿度は気団内ではほぼ均等であるが，気団が通過する大気によって変質したり，逆にそれを変質させる．

偽団塊 pseudonodule

泥岩*層中に含まれる球状の砂岩*塊．コンボルート葉理*または両縁で上にカールする葉理*をもつ．上位の砂層の基底から下位の低密度で軟らかい泥層に砂が不等沈下して生じる．

気団発源地 source region (for air masses)

表面の条件がほぼ一様で，大気の大規模な下降と側方への拡大が起こって，固有の性質をもつ気団*が発達するような広い地域または海域．

擬断面図 pseudosection (quasi-section)

横断測線に沿う位置に対して比抵抗*または強制分極のデータをプロットしてつくったグラフ．値は，対をなす電流電極*と電位電極*の中央点から引いた45°線の交点に表される．このようにして作製した測線に沿う'断面'における深さは，真の地質断面と単純な関係にはない．この断面は，真の深さではなく，位置と有効貫通深度について測定されたパラメーターのばらつきを示す．強制分極法*で，さまざまな電極配置*の定間隔トラバース*で得たデータおよび見かけ比抵抗探査法*で，さまざまなコイル間隔の電磁トラバースで得たデータを表示するうえに広く用いられている．

キチノデンドロン・フランコニアナム *Chitinodendron franconianum*

単細胞生物は先カンブリア累代*にも知られているが，外骨格*をもつ最初の原生動物はカンブリア紀*後期のものである．アメリカ，ウィスコンシン州の上部カンブリア系から産するキチノデンドロン・フランコニアナムは原始的なアログロミア類の有孔虫*で，キチン質の膜をもっている．

キチン chitin ⇒ 骨格形成物質

亀甲石（きっこうせき） septarian nodule
多くは粘土*質アイアンストーン*からなる，ほぼ楕円体の結核（ノジュール）*．表面が鉱物*（ふつうは方解石*）で充塡された放射状の脈によって角ばったブロックに分割されている．結核の外側にアルミナ・ゲル*が発達して堅固な殻がつくられ，ついで内部からのコロイド状物質（⇒ コロイド）の脱水作用によってこの殻に放射状の割れ目が生じ，鉱物がこれを充塡したもの．

亀甲紋状（きっこう-） cerioid
サンゴ個体が密に接して群体を構成しているため，断面でコラライト*が亀の甲羅状の多角形をなすサンゴ群体に冠される語．個々のコラライトは，他のコラライトとの境をなす壁をもつ．⇒ 群体サンゴ

奇蹄目 Perissodactyla（食肉有蹄区* cohort Ferungulata）
奇数個の趾をもつ有蹄類．奇蹄類では機能する趾は3個または1個に減少しており，中央の趾が体重を支える．4趾のものもあるが，4番目のものは著しく退化している．奇蹄目には，バクやサイ，それらに近縁なグループを含む有角亜目，モロプス属 Moropus のように蹄の先端に鉤爪をもつ絶滅*したグループである曲脚（鉤足）亜目（あるいは綺獣亜目），そしてウマ類からなる馬形亜目の3亜目がある．奇蹄類は始新世*に顆節類（かせつ-）*から派生し，第三紀*の中ごろには有蹄類のなかで優勢を占めるようになり繁栄の絶頂に達した．多くの化石記録が残されているため，奇蹄類は哺乳類*のなかでは最も詳細にその進化史が明らかになっているグループである．第三紀中ごろ以降は偶蹄類*にとって替わられ，数が劇的に減少した．今日では，奇蹄類は全体としては絶滅の方向に向かっている．

基底流量 baseflow（干天流量 dry-weather flow）
河川の水は，地下水*または中間流が表面流路*へ流出することによってまかなわれている．ピーク流量〔洪水時の最大流量〕時には基底流量は全流量のなかでわずかな割合を占めるにすぎないが，旱魃*時にはほぼ100％に達し，しばらく降水*がなくとも表面流が維持されることが多い．⇒ 中間流；表面流出

基底礫岩 basal conglomerate
1．たとえば流路*を埋積している堆積物*の基底など，堆積層の基底に見られる礫岩*．
2．不整合*面の上に堆積した礫岩．

輝度 luminance
測点から見てある方向より入射する電磁放射*の強度を表す尺度．

軌道 orbit
ある天体のまわりを，引力で結ばれて巡る他の物体が描く軌跡．⇒ 赤道軌道；静止軌道；地球同期軌道；極軌道；太陽同期軌道

軌道強制 orbital forcing
地球の軌道*や自転の変化が気候や海水準に及ぼす影響．⇒ ミランコビッチ周期

輝銅鉱 chalcocite (copper glance)
硫化銅鉱物．Cu_2S；比重5.5〜5.8；硬度* 2.5〜3.0；斜方晶系*；暗い鉛灰〜黒色；条痕*黒色；金属光沢*；板状や角柱状の結晶*はまれで，多くは塊状，または粉末状の被膜をなす；劈開*は角柱状に貧弱．熱水*鉱脈*に一次鉱物*としても産するが，多くは銅鉱体中で浅成富化作用*を受けた部分に見られる．重要な銅の鉱石鉱物*．

軌道周期（公転周期） orbit period
物体がその軌道*を1まわり運行するのに必要な時間．

希土類元素（REE） rare-earth element（ランタニド lanthanide）
原子番号*57から71までの元素で，たがいに化学的性質が酷似する．イオン半径*は原子番号が大きくなるにつれて小さくなる（ランタニド収縮；lanthanide contraction）．REEは鉱物*には微量元素*として含まれているにすぎず，燐灰石*や角閃石*のCa^{2+}を交代していることがある．マグマ*残液に濃集する傾向があり，ペグマタイト*には，REEのセリウムが緑簾石*のカルシウムを交代して褐簾石*をつくっているものもある．月の岩石には，斜長岩*を除いてほとんどのREEが宇宙のREE存在度よりもかなり多く含まれている．⇒ ユーロピウム異常

絹雲母（セリサイト） sericite
フィロ珪酸塩（層状珪酸塩）*鉱物．白雲母*またはパラゴナイトの白色を呈する変種；$K_2Al_4[Si_3AlO_{10}]_2(OH)_2$；長石*が熱水*変質作用*または後期段階の風化作用*を受けて生じる．微小な鱗片か葉片あるいは緻密な集合体をなし，このため薄片*では長石が曇っているようにぼんやりと見える．

絹光沢 silky lustre
繊維石膏*など繊維状の鉱物*が呈する光沢*．

気　嚢 saccus ⇒ 気嚢型

気嚢型 saccate
分離した外壁*層が空気嚢（気嚢）をつくっている胞子*や花粉*に対して用いられる．

機能形態学 functional morphology
さまざまな化石*に見られる個々の器官や構造を，機能の面から解釈することを目的とした古生物学*の1分野．近縁の現存種がない化石生物の機能を解釈することは容易ではないが，成長と形態を詳しく解析し，それを生物学的にとらえ，また環境と関連させることにより解釈が可能となることがある．

茸　岩 pedestal rock (mushroom rock)
乾燥地域や半乾燥地域に典型的な，きのこ型をした不安定な地形．従来，根元の切れ込みは風による削磨*が原因とされていたが，最近では，水分が最も長く持続する根元の部分で化学的風化作用*が進むためと考えられている．アメリカ，ユタ州のペディスタル・ロック（Pedestal Rock）が有名．

揮発性 volatile
高い蒸気圧*をもち，容易に気相に移行する物質に冠される形容詞．

揮発性成分 volatile
1. 高温の珪酸塩マグマ*中に，高い圧力と溶媒の性質によって溶解している成分．マグマが地表あるいは圧力の低い領域に達すると気体となる．水蒸気，二酸化炭素，二酸化硫黄，塩酸など種類は極めて多い．揮発性成分に富むマグマ残液は約600℃で固結し，粗粒の結晶*とリチウム，モリブデン，ウラニウム，錫などの金属を含むペグマタイト*となる．2. 石炭*中の不純物質を含む可燃性のガス（水素，一酸化炭素，メタン）．空気を遮断して石炭を加熱することによって散逸する．泥炭*，褐炭*，無煙炭*，石墨*の揮発性成分含有量は，それぞれ50％以上，約45％，10％，5％以下．

ギバー平原 gibber plain（**ギバー** gibber）
岩屑（ギバー；オーストラリア原住民の語）で覆われている広大な平原（多くはペディプレーン*）．岩屑はシリカ*に富む硬盤*（シルクリート）が破壊された後に残された土塊，あるいは堅固な礫岩*が分解したものであることが多い（後者の場合は岩屑は石英*の礫からなる）．

キバリ造山運動 Kibalian orogeny ⇒ ブガンダ-トロ-キバリ造山運動

基　盤 basement
1. 深成岩*または強く褶曲*された変成岩*．相対的に変形程度の低い堆積岩*層（被覆層）によって覆われていることが多い（⇒ 不整合）．このことから基盤は先カンブリア界*からなることが多いが，これ以外の岩石が基盤をなすこともある．2. 問題としている岩層より下位にある岩石．この意味で，石油地質学にとっての'基盤'は，探査の対象となっている地層より下位の岩石．

偽斑- pseudopunctate ⇒ 有斑-2

基盤地質図（ソリッド・マップ） solid map
現世の被覆堆積物*（氷河成，河川成，モレーン*）を無視〔ないもの，あるいは剝ぎ取ったと仮定して〕基盤岩*の分布パターンを表示している地質図*（イギリスでは地質調査所が発行）．

キプカ kipuka
溶岩*に完全にかこまれて孤立し，'島状'となっている地表面を指すハワイ語．イタリアでは'ダガラ（dagala）'と呼ばれる．

起伏の放射状偏倚 radial relief displacement
空中写真*で，鉛直な物体が中心点（主点*）から離れる方向に見かけ上倒れかかっていること．カメラレンズの視野が円錐形であるために現れる．

ギブサイト（水礬土） gibbsite
ボーキサイト*の構成鉱物．$Al(OH)_3$；比重2.4；硬度*3；灰白色．アルミニウム珪酸塩鉱物*の変質*産物としてラテライト*，ボ

―キサイト鉱床*に産する．

ギブスの関数（G または F） Gibbs function（**ギブスの自由エネルギー** Gibbs free energy）

　一般的には自由エネルギーの変化によって $\Delta F = \Delta H - T\Delta S$ と定義される．H はエンタルピー*，T は絶対温度*，S はエントロピー*．反応物質の混合体で ΔF が 0 より小さければ反応が自然に発生する．ΔF が 0 より大きければ，反応を起こさせるには系にエネルギーを加えなければならない．地球化学では ΔF の符号と大きさが重要となる．符号はある反応が自然発生するか否かを示し，大きさは平衡状態に達するまでに反応がどこまで進むかを示すからである．

基本強度　fundamental strength
　ある温度・封圧*条件下で，物質が無限に保持することができる最大の応力*．最大強度*よりも常に小さい．

基本形　fundamental form ⇒ パラメーター

基本水準面　chart datum
　海図における水深の基準となる面．

帰無仮説（H_0）　null hypothesis ⇒ 仮説

ギムノジニウム目（無殻渦鞭毛藻目） Gymnodiniales ⇒ 渦鞭毛藻綱

逆押し被せ断層運動　underthrusting
　低角度の断層面*に沿って，受動的な〔静止している〕上盤*の下を下盤*が下方に転位する断層運動．付加体*を形成する重要な機構．⇒ アンダープレーティング

逆砂丘　reversing dune
　断面が非対称な峰をもつセイフ（シフ）*．

逆磁場　reversed field ⇒ 地球磁場；極性逆転（地磁気の）．→ 正磁場．

逆従-　obsequent
　予想される方向とは反対の方向性を有する地形に冠される．たとえば，逆従河川は地層*の傾斜と反対方向に流れている河川．逆従断層線崖*は元の断層崖*とは反対方向に面している．〔上昇地塊が選択的に侵食された結果，下降地塊が高くなったため．〕

逆走斜面　stoss (stoss side)
　リップル*の上流側をなす斜面．下流側の順走斜面*よりも勾配がやや小さい．

逆断層　reverse fault
　上盤*が相対的に上方に転位した傾斜移動断層*．衝上断層（スラスト）*は逆断層の1様式．

逆　転　inversion (1～5), reversal (6, 7)
　ある傾向が反転すること．**1**．層序*の逆転：若い堆積岩*が下位にある状態．(a) 転倒褶曲（過褶曲）*における翼*の逆転．(b) 衝上断層*によるもの．付加体*を特徴づける現象．若い海洋堆積物と海溝*堆積物が逆押し被せ断層*に沿って次々と既存の付加体の下に付け加わっていくため，断層の下をより若い堆積物が占め，個々の付加スライスは逆転していないものの，付加体が全体として逆転していることになる．**2**．断層転位*方向の逆転：非活動的大陸縁（辺部）*の正断層*が大陸の衝突によって衝上断層となる正の逆転と，衝上断層が造山運動*の末期に正断層となる負の逆転とがある．**3**．垂直性造構造運動*の方向の逆転：造山運動の過程で沈降が隆起に転換すること．**4**．地震波速度*の逆転：地震波速度は通常深度とともに増大するが，異常に低速度の層が高速度層中に介在している場合に起こる．**5**．⇒ 気温逆転．**6**．方向が 180°変化すること．ふつう極性逆転（地磁気の）*を指す．**7**．同形形質*の1つの型．一方のタクソン*が新しい形質*を獲得した後それを失ったのに対して，もう一方では新しい形質を獲得しなかったことによって，2つのタクソン間の類似が生じている場合を指す．新しく獲得した形質を失うことによる逆転は一般的であるが，一度失った形質を再獲得することによる逆転が起こるかどうかは極めて疑わしい．

逆転地形　inverted relief
　向斜*部に丘陵，背斜*部に谷が発達，というように，地質構造と逆の関係となっている地形．背斜山稜と向斜谷など，地質構造と一致することで特徴づけられる'正常な'またはジュラ型地形より進んだ段階．もっと一般的に，侵食*の結果，かつての丘陵が谷となった（またはその逆の）場合にもこの語が適用される．

逆転年代尺度 reversal time-scale ⇒ 地磁気層序年代尺度

客土 soil borrow
別の場所から運んできた土で採掘跡などを埋め戻すこと．

逆問題 inverse problem
重力測定*で検出された異常を地質学的モデルによって解釈するように，ある物体が及ぼす効果，たとえばポテンシャル場を検討して，その物体の特性を決定すること．⇒ 順問題

逆累帯構造 reverse zoning ⇒ 結晶の累帯構造

キャスト cast
軟らかい堆積物*からなる地層*上面の印象あるいは雌型がそれを充填した堆積物の雄型として保存されているもの（たとえば，フルートキャスト*，荷重痕*，物体痕*，足跡または這い痕*のキャスト）．

逆行 retrograde orbit
太陽系*の大部分の天体がなしている反時計まわりの運動と逆，すなわち時計まわりの運動．古くから知られている例は金星*の自転．トリトン*は海王星*のまわりを逆行軌道で巡っている．木星*の外衛星の少なくとも4個，土星*の1個の衛星*が逆行軌道をもつ．

キャッスルクリフィアン統 Castlecliffian
ニュージーランドにおける第四系*中の統*．ヌクマルアン統*の上位で完新統*の下位．カラブリアン階*最上部とエミリアン階*およびそれに続く上部鮮新統*にほぼ対比される．

キャッスルメイニアン階 Castlemainian
オーストラリアにおける下部オルドビス系*中の階*．チュートニアン階*の上位でヤピーニアン階*の下位．

ギャップ gap
1. 発振点ギャップ (shot-point gap)：振り分け展開*による発振において，ショット*地点とそれに最も近いジオフォン*群（グループ）*との距離のこと．それより大きいオフセット*にあるジオフォン群の間隔よりも大きい．2. 記録間ギャップ (inter-record gap)：1つのまとまった地震探査*データ（1つの地震記録*）の終端部を示す磁気テープ上の空白部分．他のデータの開始部を予告することになる．磁気テープに記録されたデータをコンピューターに効率的に転送するために設ける．

キャップロック cap rock
根源岩*の直上にあってこれを覆っている不透水性の堅固な地層*．不透水性であるため炭化水素*や水が上位層準*へ移動することを阻止するバリアーをなす．このような不透水性の岩石としては，粘土*に富む砂岩*，石灰岩*，岩塩*ダイアピル*にともなう蒸発岩*などがある．石油トラップ*の上にあるキャップロックは石油の上方への移動を阻止する．岩塩ドームの頂部は通常硬石膏*と石膏*層からなっており，これがキャップロックとなる（⇒ 岩塩ドーム・トラップ）．石炭*鉱床*では石炭層を覆う頁岩*の上の砂岩層を指す．

キャディコーン型 cadicone ⇒ 包旋回

キャネル頁岩 cannel shale ⇒ トーバナイト

キャピタニアン階 Capitanian
苦灰統*中の階*．ワーディアン階*の上位でロンタニアン（竜潭）階*の下位．

キャビテーション cavitation
周囲をとり巻く環境よりも低圧となった領域が崩壊する現象．水中の泡の崩壊は内破*のかたちで起こり，これが振動エネルギーの振源として検出されることがある．岩盤中の静水圧*が掘削泥水*の静水圧以上になると，試錐孔*のまわりの壁の崩壊やドリルストリングの摩耗を招く．滝，早瀬，氷河下の水路ではキャビテーションによって侵食*が起こり，ポットホール*がつくられることもある．

キャリパー検層 caliper logging
試錐孔*内を上下するにつれて，バネによりつねに伸縮するキャリパーを用いて，深さとともに変わる試錐孔径を連続的に直接記録する検層*．

キャンバーリング cambering
地層*が広域的に示す姿勢*からはずれて，一様に谷底に向かって傾斜している現象．イングランド中部地方では，粘土*層上のアイ

アンストーン*層が本来の層準*より30 mも垂れ下がっている。永久凍土*が融解した際に，重いアイアンストーン層が可塑的な粘土層の上を谷に向かって流動する，大規模な重力性擾乱によると考えられる．

キャンベル-ストークス日照計 Campbell-Stokes sunshine recorder

ガラス製の球形レンズで太陽光線を記録紙上に集め，生じた焦げ痕によって日照時間を記録する計器．緯度に応じて正しく作動するようにセットする．

Q

1. ⇨ ケーニッヒスベルク率．**2**. ある帯域通過フィルター*の中点における周波数*とフィルター幅の比．**3**. 地震波形の振幅の最大値（最高エネルギー）と減少分（消費されたエネルギー）の比で，地震波*の減衰*の尺度．地震波を利用してベニオフ帯*の位置を決定するうえに効果を発揮している．高い Q 値は減衰が小さいことを示し，地殻*やマントル*深部に特徴的，低い Q 値は減衰が大きいことを示し，上部マントルに存在する低速度帯*に特徴的．

球果綱 Coniferopsida

いわゆる裸子植物*中の綱で，4つの目を含む．最も古いコルダイテス目*は石炭紀*に出現し，ペルム紀*に絶滅*した．ペルム紀になると，球果類の他の目であるイチョウ目*（イチョウ）と球果目*（針葉樹）がコルダイテス目にとって替わった．この2つの目は，最近の分類体系ではそれぞれイチョウ植物門*と球果植物門*という，独立した門として扱われている．

球果植物門（針葉樹門） Coniferophyta（**マツ植物門** Pinophyta）

いわゆる裸子植物*のなかで最大のグループで，地質学的に長い化石記録をもつ．分類法によっては綱の階級に置かれることもある（⇨ 球果綱）．高木ないし灌木状で，多くは樹脂質．葉は針状あるいは鱗状であることが多い．結実器官は繁殖に関係のない種鱗がつくる球果の中にあり，むき出しの胚珠と種子は，種鱗上に実を結ぶ．最初の化石記録は石炭紀*にさかのぼる．

級化成層（級化層理） graded bedding

単一の地層*中で上位に向かって粗粒から細粒へと粒径*が漸移する堆積構造*．不均等に懸濁した粒子が沈積することによって生じる．地層の上下関係あるいは累重の方向を決定するうえに有効な構造．

級化堆積物 graded sediment

1. 単一の地層*の基底で最も粗粒，頂部で最も細粒に分級されている場合は'正常級化（normally graded）'，基底で最も細粒，頂部で最も粗粒に分級されている場合は'逆級化（inverse-graded）'という（⇨ 分級度）．**2**. 良好に分級された堆積物．

球果目 Coniferales

針葉樹からなる，従来の球果綱*のなかの目．

球形度 sphericity

粒子*の形がどの程度真球に近いかを表す尺度．粒子の最大投影面の球形度は，その長軸（L），中間軸（I），短軸（S）を用いて，$\Psi = \sqrt[3]{(S^2/LI)}$ で与えられる．真球では $\Psi = 1$．形が球からそれるにしたがって値は1より小さくなっていく．⇨ 粒形；円磨度

吸湿核 hygroscopic nucleus

大気中の顕微鏡的な大きさの粒子[たとえば二酸化硫黄，塩（えん），塵，煙など]で，水蒸気がこれに凝結して水滴となる．水溶性のエーロゾル*（塩，硫酸など）は不飽和大気中でも凝結を促進する．たとえば，塩の核には，80%以下の相対湿度*で凝結が起こる．核の直径は $0.001\,\mu m$ から $10\,\mu m$（海塩の粒子など，巨大核）にわたる．⇨ エイトケン核；核

吸湿水 hygroscopic water

大気から吸収され土壌*粒子によって緊密に保持されている水．このため，量は十分であっても植物が利用することはできない．→ 毛管水分

吸　収 absorptance (**1**), absorption (**2**)

1. 物質がある波長の電磁放射*を吸収する現象．⇨ 吸収帯域．**2**. 地震波*のエネルギーが伝播中に熱として消費されて失われる量．吸収定数は1波長*の距離でのエネルギー消費率．したがって，同じ距離で周波数*が高い波は低い波よりも速やかに減衰する．

岩石での典型的な値は1波長あたり0.25から0.75 dB.

吸収帯域 absorptance band
物質によって吸収される電磁放射*波長の特定の領域.

球晶 spherulite（形容詞：spherulitic）
火成岩*のガラス質*または等粒状*の非顕晶質*石基*中で，繊維状の結晶*（通常は石英*，アルカリ長石*）が放射状に延びてつくっている球状ないし楕円体状集合体．直径1 mm以下から1 mにわたり，急冷したガラス質珪長質*火成岩の脱はり作用*によってつくられる．

球状 orbicular
皿，円，球体に似た，の意．

球状組織 orbicular texture
塩基性*および珪長質*の深成*火成岩*中で径2〜15 cmの球体をつくっている，鉱物組成と組織*を異にする同心的な殻．

球状風化 spheroidal weathering（**たまねぎ状風化** onion weathering）
節理*によって区切られた岩体の外縁部で，化学的風化作用*を受けた部分が同心殻をなしている状態．球状またはたまねぎ状の形態は，節理が交わる部分では風化作用が進み，化学変化によって膨張することによる．

急進化 tachytely（形容詞：trachytelic）
グループの平均的な進化速度よりもはるかに速い速度で進む進化のこと．このような速い進化は，生物が新しい適応帯*に入植し，利用可能なニッチ*を埋めるために適応放散*するときに特徴的に見られる．→ 緩進化；ホロテリー．

求心型水系 centripetal drainage pattern
⇒ 水系型

旧赤色砂岩 Old Red Sandstone
イギリス諸島に分布する陸成相デボン系*．大陸性の条件下で堆積した赤色の砂岩*と礫岩*によって特徴づけられる．

球相当径 volume diameter ⇒ 粒径（粒度）

休息痕（クビクニア） cubichnia
さまざまな動物の一時的な休息場を示す生痕化石*．

急速埋没 obrution (obrusion)
生物体が急速に埋没されること．

急速埋没堆積物 obrution deposit
生物体が急速に埋没されることによって，そっくりそのまま損なわれることなく保存されている化石*群．

吸着 adsorption
イオン*，分子あるいは化合物が，粒子（主に粘土*および腐植*）の帯電した表面に付加し，その構成物質と置換または交換すること．正の電荷をもつイオン（カルシウム，マグネシウム，ナトリウム，カリウムなど）は，負の電荷をもつ面（粘土，腐植などがなす面）に付加，あるいは吸着される．

吸着体 adsorption complex
イオン*や分子を吸着することができる土壌*物質．主に粘土*および腐植*であるが，それ以外にも程度は劣るものの吸着性をもつ粒子もある．

吸入口 ostia ⇒ 海綿動物門

牛糞状火山弾 cow-dung bomb
その特徴的な形態によって名づけられた火山弾*．

旧北動物地理区 Palaearctic faunal realm
ヨーロッパ，ヒマラヤ-チベット山岳障壁より北側のアジア，北アフリカ，アラビアの大部分にまたがる地域．科のレベルでは新北動物地理区*に似ているが，属のレベルでは類縁性が劣る．新生代*の大部分にわたって両区はベーリング陸橋*によって結ばれており，最近になって分離したことによる．

急流 rapid flow（**射流** shooting flow）
⇒ 臨界流

急冷 quenching
マグマ*が急激に冷却すること．これによって，急冷前の温度・圧力条件下で平衡状態にあった鉱物相が'凍結・保存'されることがある．実験岩石学では鉱物*の反応過程を解明するために急冷法がよく用いられる．

急冷周縁相 chilled margin (chilled edge)
結晶質*の火成岩*体の周縁部に見られる細粒またはガラス質*の部分．マグマ*の表面から熱が急速に失われて冷却し，無数に生じた結晶核のまわりに小さい結晶*が成長したか，核が発生することなくガラス質となっ

た部分.

Q_n ⇒ ケーニッヒスベルク率

QAPF分類法 QAPF classification
色指数*90以下の火成岩*のモード*分類.石英*/(石英+全長石*)（Q），アルカリ長石*/全長石（A），斜長石*/全長石（P），準長石*/(準長石+全長石)（F）の相対比に基づく.

QAP図 QAP triangle
花崗岩*質火成岩*の三成分モード*分類図.石英*（Q），アルカリ長石*（灰長石が5％以下の場合には曹長石を含む）（A），斜長石（5％以上の灰長石を含む）（P）の相対比を表す三角図.

キュー気圧計 Kew barometer
水銀槽（シスタン；cistern）中の水銀面のレベル変化に応じて目盛が調整される気圧計.このため，フォルタン気圧計*のように槽中の水銀面を基準点*に調節する必要がない.

キュータン cutan
1. （粘土被膜）．ペッド*や岩石の表面に沈着している被膜または被覆．土壌*中を下方に移動してきた粘土*様の細かい土壌粒子からなる．2. 植物のクチクラ*層に見られる，防水性をもつ不溶性の複雑な生体高分子（バイオポリマー）．

キューネン，フィリップ・ヘンリー（1902-72）Kuenen, Philip Henry
オランダの地質学者で近代堆積学創始者の1人．スネリウス号（Snellius）によるモルッカ諸島探検（1929～30年）に参加したことが海洋地質学に向かうきっかけとなった．数少ない実験地質学者の1人で，砂*が深海まで運搬される機構として高密度の乱泥流*の重要性を強調した．1950年，イタリアの地質学者ミグリオリニ（C. I. Migliorini）と共同で，地質時代のフリッシュ*をなす級化成層*砂岩*層をタービダイト*と解釈した．堆積構造*に関するこの二人の研究は古地理学*に多大の貢献をなした．その著『海洋地質学』（*Marine Geology*）は海洋地質学の古典となっている．

Q波 Q-wave ⇒ ラブ波

キュビエ，クレティアン・フレデリック・ダゴベール（ジョルジュ）・バロン（1769-1832）Cuvier, Chrétien Frédéric Dagobert ('Georges'), Baron
国立パリ自然史博物館教授．比較解剖学を発展させて化石四肢動物の研究に適用し，『四肢動物骨格化石の研究』（*Recherches sur des ossemets fossiles de quadrupedes*）（1812年）を著した．天変地異のくり返しを説くその序論（*Discours preliminaire*）は19世紀初期で最も影響力のある論文となった．ブロニアール*とともにパリ盆地の地質図*を作製するなかで，化石研究によって層序*を組み立てた．種は不変であり，'大変革'（海水準の変化など）によって絶滅したと主張して，ラマルクの進化論に反対した．⇒ 激変説；洪水説；ラマルキズム

キューポラ cupola
大規模な貫入岩体または底盤*から上方に派生しているドーム型の小貫入岩体（⇒ 貫入岩）．

キュームレート（集積岩） cumulate
マグマ*の中で結晶*が重力によって沈積して形成された貫入火成岩*．層状貫入岩*やある種の分化した隕石*に典型的に見られる．初期に生じた鉱物はキュームラス鉱物（cumulus mineral）と呼ばれ，組成が貫入岩体内の高さに応じて規則的に変化している．⇒ 鉱物成層

キューメック cumec ⇒ 流量

キュリー温度 Curie temperature（**キュリー点** Curie point）
熱振動のため原子の量子力学的な結合が妨げられ，強磁性*（広義）が消滅する温度．赤鉄鉱*，磁鉄鉱*のキュリー温度は，それぞれ675℃と575℃．

Q率 Q-factor ⇒ ケーニッヒスベルク率

ギュンツ氷期 Günz
1909年にペンク*とブルックナー（E. Bruckner）が設定した4回の氷期*のうち，最初のもの．名称はアルプス地方の川に由来し，したがって厳密には模式地*のアルプス地方に限定されるべきであるが，広く使用されている．北ヨーロッパのメナブ氷期*に対

比される.

ギュンツ/ミンデル間氷期 Günz/Mindel Interglacial
アルプス地方における間氷期*. おそらく北ヨーロッパのクローマー亜間氷期*に対比される.

ギョー guyot
頂部が平らな海底の山, すなわち海山*. 頂部の深さは1,000～2,000 m. 頂部の平坦化は海面下および/または海面上での侵食*による.

莢(きょう)(花莢, キャリス) calice
生息時にポリプの外皮基底に接していたサンゴ骨格表面. 形状や大きさはさまざまであるが, 受け皿型, カップ型のものが多い.

莢(きょう) calyx
サンゴの石灰質殻上面に見られる椀状のくぼみ. 通常, 隔壁*の上端によりつくられている.

狭温性- stenothermal
幅広い温度範囲に耐えられない, 生物の性質.

強化 intensification
総観気象学*: 気圧系の傾度が時間とともに大きくなる現象. これにともなって風が強くなる. ⇒ 弱化

凝灰岩 tuff
火山噴火によって陸上または水底に堆積した, 粒径2mm以下の火山砕屑物*(火山灰*)が固化(石化)したもの. 火山礫*が10%以上含まれるものは'火山礫凝灰岩(ラピリ凝灰岩)'という.

境界層 boundary layer
1. 固体表面と流体との接触部で, 固体との摩擦によって流体の分子が静止状態となっている薄い流体層. **2**. 大気の流れが地表との摩擦によって規制されている, 地上約100mまでの層〔接地境界層〕. 境界層における空気の平均速度は自由流よりも著しく小さい. ⇒ 惑星境界層

境界波 boundary wave
媒質内部を伝播するのではなく, 性質が異なる2つの媒質の境界に沿って伝わる地震波*(→ 実体波). 境界が自由表面である場合(たとえば地表/大気-, 海底/海水境界)には, 表面波*と呼ばれ, それぞれグラウンド・ロール*, マッド・ロール*を起こす. 境界波にはレーリー波*とラブ波*の2種類がある.

境界模式層 boundary-stratotype
年代層序単元*の境界の基準となる時間線(ゴールデン・スパイク)を含む, 特定の層序範囲の地層(⇒ 模式層). 実際には時間線は鍵となる種(⇒ 示準化石)やタクソン*の出現あるいは消滅をもって設定される. 共存する動物群*や岩相は境界を越えて続いていることもある. この語は時間線という意味でも用いられている.

強化海流(境界海流) boundary current
大陸縁に近接してそれと平行に北流または南流する海流. 西流または東流する海流が大陸塊によってそらされて発生する. メキシコ湾流*や黒潮*などのように, 海洋盆西縁の強化海流は深く, 幅がせまく, 流速が大きいのに対し, カナリー海流*やカリフォルニア海流*などのように東縁に沿うものは浅く, 幅が広く, 流速が小さい傾向がある.

鋏角(きょうかく) chelicerae ⇒ 蛛形綱; 節足動物門; 鋏角亜門

鋏角亜門(きょうかく-) Chelicerata (**節足動物門*** phylum Arthropoda)
クモ, ダニ, サソリ, カブトガニ(リミュルス属 *Limulus*), 広翼類(古生代*のウミサソリ)などの多様な動物グループを含む亜門. 前方の頭胸(前体部)と後方の胴(後体部)からなり, 節に分かれた一対のはさみ(鋏角)をもつ.

頰棘(きょうきょく) genal spine
ある種の三葉虫(綱)*の頰端*に見られる棘.

凝結核 condensation nucleus
大気中の不純物をなす微粒子(塩類, 塵, 煙). その表面に水分が凝結する. 大きさは約$0.1\,\mu m$から$3\,\mu m$以上. 塩類や酸の粒子などがなす核は湿度が100%をかなり下まわっていても凝結を促進する. ⇒ エイトケン核; 吸湿核

凝結高度 condensation level
大気の対流, 上昇(山岳性*上昇など), 鉛直方向の混合によって大気中で凝結が起こ

る高度．⇒ もち上げ凝結高度；対流凝結高度

峡谷 canyon
両岸が急な深い河谷．基盤岩*まで切り込んでいることが多い．⇒ 海底峡谷

凝固構造 structure grumeleuse
ミクライト*の塊が粗い粒状の方解石*またはマイクロスパー*によって完全にかこまれていることで特徴づけられる，石灰岩*の組織*．石灰岩中で小さい結晶*から再結晶*が進んで大きい結晶が増えていくという選択的な再結晶によって形成されると考えられる．

共産物 co-product
1つの鉱床*からは1種類以上の有用元素が産することが多い．1つの鉱床から産し，ほぼ同等の経済的価値を有する複数の元素を共産物という．→ 副産物

強磁性 ferromagnetism
1．厳密には，電子スピンが量子力学的な交換相互作用力によって結合され，単一の体積要素の中ですべての電子スピン・ベクトルが同じ方向に並んだ状態になっていることに起因する磁性．典型例として隕石*や月の岩石に見られる純鉄，ニッケル，鉄-ニッケル合金がある．⇒ フェリ磁性；反磁性．2．広い意味で，電子スピンが量子力学的な交換相互作用あるいは超交換相互作用によって磁気的に結合されていることに起因する磁性．強磁性体では反磁性*体や常磁性*体よりもはるかに強い自発磁化が生じる．強磁性（広義）には，強磁性*（狭義），フェリ磁性*，反強磁性*の3種がある．

強磁性磁区 magnetic domain
強磁性*体中で，すべての電子スピンが同じ方向に配列している領域．天然に産する鉱物*ではほとんどが直径約 $1\,\mu m$．

凝集 flocculation (1), aggregation (2)
1．粘土*その他の土壌*粒子がたがいに固着してより大きい塊または集合体となること．逆の過程は分散*という．2．氷や雪などの粒子または微小な水滴が核*のまわりに次々に付加して雲粒が成長すること．

凝縮層 condensed bed
堆積速度が著しく小さいため，他の地域の同時代の地層*にくらべてはるかに層厚が小さい地層．かつては'レマーニ層'と呼ばれた．

狭条件性-（狭場所性-） stenotopic
いくつかの限られた範囲の条件にしか耐えられない，生物の性質．

共振（共鳴） resonance
1．振幅*が極めて大きい波を発生させる現象．エスチュアリー*のような閉じた水域で寄せ引きをくり返している波の振動数*が外部からの造波力の振動数と一致することによって増幅されて起こる．2．1つの天体の軌道周期*が他の天体の軌道周期と簡単な整数比（たとえば1/2，3/5）の関係にあること．このような軌道*は太陽系*にはふつうである．よく知られた例に，小惑星*帯のカークウッド間隙と土星*の輪のカッシニ間隙がある．カッシニ間隙で公転している粒子はミマス*の1/2，エンケラドゥス*の1/3の周期をもつ．

共進化 co-evolution
生態的に密接な関係をもつ種の間で起こる相補的な進化．花をつける多くの植物と，それを受粉する昆虫の連動した適応*は，共進化の代表例．広い意味では，捕食者と被捕食者（獲物）との関係も，捕食者の進化が被捕食者の進化的反応の引き金となるので，共進化の1つといえる．⇒ 共適応

暁新世 Palaeocene (Paleocene)
第三紀*の中で最も古い世*．約65～56.5 Ma．英語名は，それぞれ'太古の'，'暁'，'新しい'を意味するギリシャ語 *palaios*, *eos*, *kainos* に由来し，'始新世*（暁新世に続く世）の古い部分'という意味．

共生 paragenesis (1), symbiosis (2)
1．ギリシャ語の *para*（'のそばに'）と *gen*（'生まれる'）に由来．すべてが同時に生成した鉱物*の組み合わせ．共生系列（paragenetic sequence）は岩石または鉱床*の鉱物が晶出した順序のこと．⇒ 鉱床形成作用．2．たがいに類似性のない生物同士が密接に関連していっしょに生存している状態．本来の定義によれば，すべてのタイプの相互扶助的および寄生的な関係を含むが，最近は，双利的な種間関係にのみ限定して用いら

れることが多い．

強制海退 forced regression
海水準の低下に起因する海退*．

共生系列 paragenetic sequence ⇒ 共生2

強制対流 forced convection
凹凸のある表面上を流れる空気に機械的に発生する，渦をともなう乱れ．

強制分極法 induced polarization（**誘導電位法** induced potential，**過電位法** overvoltage，**界面分極法** interfacial polarization）
〔地盤に直流を流して切断した後の〕誘起された電位の時間的減衰（時間領域*測定）あるいは異なる低周波での地盤の比抵抗*（周波数領域*測定）を測定する方式の探査．⇒ 充電度

共存区間帯 concurrent range zone（**重複帯** overlap zone）
1. 選定された特徴的なタクソン*の区間帯が2つ以上重複して存在している地層体．そのタクソンの名を冠する．地層*の年代対比*に広く用いられる．2. ⇒ オッペル帯．
→ 群集帯；区間帯；部分区間帯

共存帯 coenozone ⇒ 群集帯

頬端（きょうたん） genal angle
三葉虫（綱）*の頭部*側縁と後縁が出会う角．

頬端型縫合線 gonatoparian suture ⇒ 頭線

胸椎 thoracic vertebra ⇒ 脊椎

共通溝（共同溝） common canal
筆石（正筆石目）*で，すべての胞*がつながっている，背側の管状構造．短い管をなす胞が，枝状体*に沿って順々に重なり合って配列している．

共通中央点（CMP） common mid point
⇒ 共通反射点

共通反射点（CDP） common depth point
多成分反射法*プロファイル測定で，オフセット*を異にする多数の受振点で波形線*として記録されている地震波*を反射させた，反射面*上の特定の1点．1つのCDPについてのデータをもっている波形線のセットを'CDPギャザー（CDP gather）'といい，CDPギャザー〔をなす波形線〕を記録した個々の受振点と振源の中央点を共通中央点（CMP）という．⇒ 重合数

共通反射点重合 common-depth-point stack（**CDP重合** CDP stack，**水平重合** horizontal stack）
ロールアロン調査法*で得られた，伝播経路とオフセット*を異にし，同じ共通反射点*に対応する多数の反射波の波形を加算処理すること．この処理によって，コヒーレントでないノイズ，反射波と異なるノーマル・ムーブアウト（NMO）*をもつ多重反射波*，回折波の振幅*がかなり減少する．

共適応 co-adaptation
たがいに有利な遺伝的特性が発達し，それが選択されることにより種間の相互作用が維持されること．共進化*の1つの様式．たとえば，捕食者と獲物，あるいは花と受粉者の関係は共適応の好例．

鏡鉄鉱 specularite ⇒ 赤鉄鉱

強　度 intensity
リモートセンシング*：地表面から反射あるいは放射されるエネルギーの大きさ．

杏仁（きょうにん） amygdale（amygdule，形容詞：amygdaloidal）
球，楕円体あるいは文字どおり杏子（あんず）の形をした，溶岩*中の空隙（気孔*）．方解石*，石英*，沸石*などの二次鉱物*で充填されている．

狭鼻猿類 catarrhine
鼻孔が下方に開き，その間隔がせまい霊長類の総称．旧世界ザル，類人猿*，人類がこのタイプの鼻孔をもつ．

胸　部 thorax
節足動物（門）*の頭部と腹部〔三葉虫類*の場合には尾部*〕の間にある部分．昆虫類（綱）*では胸部は前胸，中胸，後胸の3節から構成され，各胸節が1対の肢をもつ．中胸と後胸にはそれぞれ1対の翅がある．

共分散 covariance
統計学：2つの変数の相互関連性の尺度．2つのデータ群の，変数と変数の期待値との差を掛け合わせたもの．この値がゼロであれば，2つのデータ群の間に関連がないことになる．共分散は線形回帰*の計算と主成分解析*に用いる．

共胞群 synrhabdosome
　放射状に配列した筆石類（綱）*の胞群*（群体）の集合体．生態的な群集のようである．

鏡　面 mirror plane ⇒ 結晶の対称性

鏡面反射 specular reflection
　光線やレーダー*ビームが，鏡または角ばった岩塊のような多面体の表面から反射されること．⇒ 後方散乱．→ 散漫反射

共役褶曲 conjugate fold
　褶曲軸面*がたがいに向かって傾斜している一対の非対称褶曲*．通常，翼*部は直線的に，地層*は短いヒンジ*部で鋭く屈曲している．共役褶曲は褶曲作用の最終段階で形成されるとみなされている．

共役断層 conjugate fault
　たがいに交差する断層面*のセット．理想的な場合の断層面の交差角は60°と120°で，それぞれの断層*が右ずれと左ずれの剪断センスを示す．断層面の交線は中間主応力軸*（σ_2）の方向と平行．最大主応力軸は鋭角側を，最小主応力軸は鈍角側の交差角を二等分する．

共有結合 covalent bond
　2個の原子が1対以上の電子*を共有することによって成立している結合．結合している2原子の記号をハイフンで結んで表示する．結合している元素の原子が異なることも（たとえば塩化水素 H-Cl），同じであること（たとえばフッ素 F-F）もある．共有結合している原子からなり電荷をもたない粒子を分子という．⇒ 水素結合；イオン結合；金属結合

共有結合化合物 covalent compound
　共有結合*によって結合している化合物．

共有結合半径 covalent radius
　共有結合*している原子の半径のことで，化合物が共有結合のみで構成されているとして決定される．原子面の間隔（'d 間隔'）を測定すれば，2つの面内で共有結合している2つの原子の半径の和（結合長）が得られる．化合物をつくっている原子がすべて同じ元素である場合には，これから，それぞれの面における原子半径が求められる（たとえば，純粋な炭素化合物であるダイヤモンド*では，個々の炭素原子半径は結合長の1/2）．異なる元素の原子が共有結合している場合には，1種の原子の結合長がわかっていれば，他の原子の結合長は両者の結合長と前者の結合長の差．

共有骨 coenosteum
　層孔虫類*の群体を構成する骨格．葉理状構造（ラティラミナ）が縦断面に見られる．幅の広いラティラミナは，層孔虫の間欠的な成長期間を反映していると考えられる．

共有祖先形質 symplesiomorphy
　2つあるいはそれ以上のタクサ*が共有する原始的*な形質状態*（原始形質*）のこと．共有原始形質状態をもっているタクサがたがいに近縁であるというわけではない．

共有派生形質 synapomorphy
　2つあるいはそれ以上のタクサ*が共有する派生形質*のこと．この特徴は同一祖先から受け継いだものである．2つの生物グループが原始的*でない形質状態*を共有していれば，そのグループは進化上関連していると考えて妥当である．タクソンがたがいに近縁であるという証拠として使うことができるのは，共有派生形質状態のみである．系統樹*は，共有派生形質で結びついた生物グループを見つけることにより復元される．

恐　竜 dinosaurs
　dinosaursは'恐ろしいトカゲ'を意味するが，恐竜はトカゲの類ではなく，双弓類（亜綱）*の爬虫類（綱）*．最も近縁の現生の種類はワニ類（目）*と鳥類（綱）*．中期ジュラ紀*に出現し，白亜紀*末に絶滅*するまでにめざましい発展を遂げ，さまざまな型と大きさの系列を生み出した．恐竜の2つの型，'竜盤目'*と'鳥盤目'*相互の類縁性は，他の主竜類*との類縁性以上のものではないと考えられており，'恐竜'というグループには異質の種類が含まれていることになる．

極気候 polar climate
　北極圏および南極圏より高緯度側の地域に卓越する気候型．極に向かって気候の特性はツンドラ*環境から永久凍土*環境に漸移する．⇒ ケッペンの気候分類

極軌道 polar orbit
　惑星の赤道面と45°以上の角度をなす軌道*．→ 赤道軌道

刺魚綱（きょくぎょ-） Acanthodii（刺魚類 acanthodians）
　原始的な化石魚類の綱の1つで，硬い骨組織（⇒ 骨）をもつ．尾鰭は異尾*で，明瞭な脊索*，硬鱗*，そして鰭の前面に頑丈な棘があることで特徴づけられる．刺魚類はシルル紀*からペルム紀*まで生息し，現生の硬骨魚類の祖先とみなされている．

極限環境微生物 extremophile
　温度，pH*，塩分濃度*などが極端な環境条件下でも生きることができる，始原菌*ドメイン*に属する微生物．⇒ 好酸性古細菌；アルカリ耐性古細菌；好塩性古細菌；超好熱性古細菌；好熱性古細菌；好冷性古細菌

極限平衡解析 limit-equilibrium analysis
　岩石力学・土壌力学：応力*-歪*理論に則って降伏条件（⇒ 降伏応力）やそれに関する流動則を適用して，斜面の安定限界を評価する解析法．たとえば，高角度の節理*が発達している岩石斜面で崩壊が発生する場所や，土壌*が塑性化（⇒ 塑性変形）する場所を特定するために適用する．

極砂漠土壌 polar-desert soil
　見るべき土壌層位*を欠き，表面の腐植*をほとんどともなわない鉱質の土壌*．年間降水量が130 mm以下，植被面積が25％以下，土壌の融解深度が20～70 mmの，乾燥した極砂漠に見られる．

極磁気変換 reduction to pole
　地磁気異常*パターンを垂直磁場，つまり北（または南）磁極*におけるパターンに変換し，異常を単純化して解釈すること．その結果，置換された磁気要素は対称性をもち，重力異常*のパターン（重力は鉛直方向）とまったく同じように表現される．

玉髄（カルセドニー） chalcedony
　超顕微鏡的な小孔をもち，組成がSiO₂からSiO₂・nH₂Oにわたる石英*の微小結晶*からなる隠微晶質*集合体の総称．めのう*，チャート*，オパール*，オニックス*，碧玉（へきぎょく）*，フリント*を含む；比重2.50～2.67；結晶形*は鐘乳石*状から塊状までさまざま；通常白，灰白または灰色，ときに黄色．

曲錐形 cyrtoconic
　曲がった円錐形の螺管（らかん）をもつ頭足類*の殻に対して用いられる．

極性移行期間 polarity transition period
　地球磁場*の極性が転換するのにかかる時間．方向の転換に3,000～5,000年，転換にともなう全磁力*の変化に約12,000年かかると考えられている．

極性間隔 polarity interval
　地磁気の極性が同じである2つの極性期間*にはさまれた，逆の極性を示す期間，あるいはそれに相当する層序区間を指す非公式*な語．

極性期間 polarity interval
　磁極節*，亜磁極節*，超磁極節*など，地磁気の年代層序単位*を非公式*に指す語．

極性逆転（地磁気の） polarity reversal, geomagnetic
　地球磁場の方向が180°転換すること．⇒ 地球磁場

極成層圏雲（PSC） polar stratospheric cloud
　晩冬に南極大陸，ときには北極圏の成層圏*に出現する氷晶*からなる雲．氷晶のもととなる水蒸気はメタンの解離によって生じ，雲は極地方上空で渦（極渦）をなす極めて低温で静穏な大気中に発生する．北半球でそれほど頻繁に発生しないのは，成層圏の大気が南半球よりも一般に高温で，渦の持続期間が短いため．晩冬から早春にかけてこの雲の氷晶表面で起こる反応のため，極地方成層圏でオゾンが減少する．

極性年代尺度 polarity time-scale ⇒ 地磁気層序年代尺度

極相生痕化石 climax trace fossil
　極相群集〔種の構成が安定した状態にある群集〕に属する生物がつくった生痕化石*．

局地風 local wind
　一般に，ある特定の地方および/または特定の地形と大気条件をもつ地域に特徴的な，地理的範囲の限られた大気の動き．局地風は特異な山岳地形あるいは高気圧*と低気圧*の配列関係によって発生するものが多く，あ

る地方に特有でよく吹く風にはその地方の地名がつけられている．例として，山岳によって発生するフェーン*，サハラ砂漠の熱帯性大陸気団*に起源をもつ地中海地域各地の風がある．

極テレーン単元 Polar units ⇨ 火星のテレーン単元

極微小プランクトン（ピコプランクトン） picoplankton

0.2～2.0 μm 程度の大きさの海生プランクトン*．主にバクテリア*とシアノバクテリア*．

棘皮動物門 Echinodermata（棘皮動物 echinoderms）

その名の通り'棘の生えた表皮'をもつ無脊椎動物の門で，すべて海生である．多孔質の方解石*板からなる内部骨格をもち，体は五放射相称*[現生の海胆綱（うに-）*の多くでは，この放射相称に左右相称*が重なっていることが多い]と海水を取り込む水管*系の存在で特徴づけられる．この水管系は，骨格の孔を通じて海水を取り入れる管と嚢からなる複雑な内部器官で，その一部である管足*は外側から見ることができる．

棘皮動物門は多様性*が高く，現生の蛇尾亜綱（だび-）（クモヒトデ類）*，海星亜綱（ひとで-），海胆綱，海鼠綱（なまこ-）*，海百合綱*を含む．絶滅*した座海星綱，海蕾綱（うみつぼみ-）*，海林檎綱（うみりんご）*，海果亜門*も棘皮動物門に含まれる．オーストラリアの先カンブリア累代*末の地層から産したトリブラキディウム属 *Tribrachidium* もおそらく棘皮動物の1種であり，後のカンブリア紀*とオルドビス紀*に他のグループを派生させた祖先系統に近いと考えられる．棘皮動物はカンブリア紀前期に出現し，古生代*には20の綱が知られているが，中生代*以降はそのうちの6綱のみが生き残った．

極氷河 polar glacier ⇨ 氷河

曲率の中心 center of curvature

典型的な同心褶曲*（平行褶曲*）の褶曲面をなす円弧が共有する中心．褶曲層の厚さはこの円弧の半径の一部であるので，同心褶曲では直交層厚*は一定となる．

曲率変換点 inflexion point

1．褶曲*層の翼*で曲率がゼロである点．
2．褶曲翼の湾曲のセンスが変わる点．〔曲率の中心*が反対側に移る点．〕

距骨 astragalus

足関節（足首）の骨．

居住痕（ドミクニア） domichnia

生痕化石*のカテゴリーの1つで，定住的な住居として動物がつくった巣孔*を指す．代表的な居住痕に，ヒカリカモメガイ *Pholas* などの二枚貝（綱）*が掘った穿孔*がある．

裾礁 fringing reef ⇨ 礁

虚数成分 imaginary component（**矩** quadrature, **非同期成分** out-of-phase component）

電磁場は導体中に二次場を誘導させ，2つの場の合成ベクトルは2つの成分に分解される．その1つが虚数成分で，実数成分（同期成分）*に対して $\pi/2$ だけ位相が遅れる．

巨石コンクリート cyclopean concrete ⇨ コンクリート・ダム

巨尾 macropygous ⇨ 尾板

許容支持荷重（支圧強度） bearing capacity

構築物の基礎*が破壊されることなく支えうる，単位面積あたりの最大荷重．

魚卵石石灰岩 oolitic limestone ⇨ ウーライト（魚卵石）

距離範囲 range

レーダー：レーダー*が届く距離．戻ってくる先の電磁パルスとの干渉を避けるために，パルスの間隔を設定する必要がある．パルスの周波数*は距離範囲に逆比例する．距離範囲は直線距離*または大圏距離*で測る．

魚竜目 Ichthyosauria（**爬虫綱*** class Reptilia，**魚鰭亜綱** subclass Ichthyopterygia）

いわゆる魚型爬虫類の目で，魚鰭亜綱（ぎょき-）の唯一の目でもある．三畳紀*に出現したこの目の最初の種は原始的なものであった．ジュラ紀*になると典型的な魚型の形態をもつイクチオサウルス属 *Ichthyosaurus* が現れ，魚竜類は大型海生動物群のなかで代表的なグループとなった．このグループは白

亜紀*末以前に絶滅*している．
巨　礫　cobble ⇨ 粒径
霧　fog
　大気が水蒸気でほぼ飽和している状態のときに，地表付近で懸濁して視程を低下させている微細な水滴．煙の粒子が多少とも存在すると，それが凝結核*となって霧の形成が促進され，湿度が飽和点以下であっても霧が発生することがある．視程が1km以下となることがある．水滴が凝結する原因には，地表の放射冷却*，低温の海洋または地表上への暖気の移流*，前線*付近における同様の状況などがある．⇨ スモッグ．→ 靄（もや）
霧　雨　drizzle
　層雲*などの雲底で併合*によってつくられた極めて微細な（200〜500μm）水滴からなる降水*．⇨ クラチン
鰭竜目（きりゅう-）　Sauropterygia（**広弓亜綱*** subclass Euryapsida）
　絶滅*した爬虫類*の目で，長頸竜亜目*と偽竜亜目*からなる．
偽竜亜目〔孽子亜目（げっし-）〕 Nothosauria（**偽竜類**，**孽子類** nothosaurs；**鰭竜目** order Sauropterygia）
　三畳紀*に繁栄した海生爬虫類*の亜目．長い頭をもち，肢は遊泳に適応していた．ジュラ紀*前期に入ると長頸竜類*にとって替わられた．
輝緑岩　diabase ⇨ ドレライト
ギルガイ　gilgai
　モンモリロナイト*などの粘土鉱物*を大量に含む土壌*がなすゆるやかな微起伏．モンモリロナイトは湿潤・乾燥に際してかなり膨張・収縮し，これによってパイプラインが破壊されたり，電柱や垣根のポールが傾いたりすることがある．膨潤性の粘土からなる土壌がとくに発達している．オーストラリア，クイーンズランド州の原住民の言葉．
ギルソナイト　gilsonite（**アスファルタイト**，**アスファルト鉱** asphaltite）
　天然の純粋なビチューメン（瀝青）*として産する固形の炭化水素*；比重1.05〜1.10；硬度*2；黒色．脈*，ロード*，堆積岩*をなして産する．加熱によって容易に軟化し，液体のように流動する．防水膜，電線絶縁体，ラッカーに用いられる．
ギルド　guild
　同じ資源を同じような方法で得ている種のグループ．同じギルドに属する生物は，生態系*のなかで類似した役割を果している．
ギルバート，ウイリアム（1540-1613）Gilbert, William（Gilberd, William）
　自然科学者でエリザベスI世の侍医．地磁気を研究．その著『磁石論』（*De Magnete Magneticisque Corporibus, et de Magna Magnete Tellure*）（1600）で，電気と磁気とを明確に識別した．地球を巨大な球形の磁石と考えて地球磁場*を説明した．
ギルバート型デルタ（ギルバート型三角州） Gilbert-type delta
　デルタ（三角州）*の型の1つ．比較的薄く平坦な頂置層*，河口から延びている（⇨ 前進作用）急傾斜する長い前置層*，薄く平坦な底置層*またはトウセット*堆積物からなる，断面が楔型の堆積体．河川水と湖水の密度が等しい湖に発達することが多い．
ギルバート逆磁極期（ギルバート逆クロン） Gilbert
　中期鮮新世*における逆磁極期（逆クロン）*．ガウス正磁極期*の前．5.70Maに始まり3.58Maまで続いた．少なくとも4つの正磁亜極期*，スベールアウ*，シーズフィヤットル*，ヌニバーク*，コチチ*を含む．
ギルバート，グローブ・カール（1843-1918）Gilbert, Grove Karl
　アメリカ地質調査所の地質学者．アリゾナ州のメテオール・クレーター（Meteor Crater）を研究し，これが隕石*の衝突によって生じたと考えた．月のクレーター*も研究した．ボンネビル湖（Lake Bonneville）周辺の地殻変動を研究し，地殻*のアイソスタシー*理論を発展させた．また褶曲*山脈と断層地塊*山脈とを識別した．
キレート化　chelation
　1つまたはそれ以上の結合によって2つの成分がつながっている有機分子と金属イオン*との間の平衡反応．金属イオンは錯化剤（complexing agent），キレート化する有機分子は配位子*と呼ばれる．キレート化は土壌*中で自然に起こる反応で，これによって

重金属イオンが除去されるので有用．重金属イオンは単純な無機物のかたちで溶解しており，植物にとって直接的な有害物質であるばかりでなく，必須栄養素の取り込みを妨げる．重金属の毒性は，有機物を施して〔キレート化を促進する〕ことによって軽減される．

記録間ギャップ inter-record gap ⇨ ギャップ

記録磁力計 magnetograph
地磁気の成分の時間的変化を記録する装置．⇨ マグネットグラム

キロバール kilobar (kb)
圧力の単位．1,000 バール（986.923 気圧，10^8 N/m^2 または 10^8 パスカル）．

キロン Chiron
太陽系*の小惑星*（No.2060）ないし彗星*（95 P）．直径 180 km（148～298 km），質量約 4×10^{18} kg（2×10^{18}～10^{19} kg），自転周期 5.9 時間，公転周期 50.7 年．最近の近日点*通過は1996年2月14日，近日点距離 8.46 AU*．土星*と天王星*近くにまで達する著しく離心率の大きい軌道を描く．1977年にチャールス・コウォール（Charles Kowal）が発見．

キーワチニアン階 Keewatinian
ニュージーランドにおける上部始生界*中の階*．ローレンシアン階*の下位．

近位移動型 retrusive
堆積物中に上方に向かって発達するスプライト*構造を表す語．生痕*形成者が近位移動運動，すなわち開口部方向へ向かって運動した結果つくられる．→ 遠位移動型

均一回転歪 homogeneous rotational strain ⇨ 剪断歪

均一非回転歪 homogeneous non-rotational strain ⇨ 剪断歪

均一歪 homogeneous strain
物体全体にわたって均等に分布している歪．変形前の物体中の直線と平行線が変形後も直線，平行線の状態を保つ．均一歪には次の3型がある．軸対称の伸張*，軸対称の短縮*，平面歪*．それぞれの間に明確な境界はない．⇨ 純粋剪断；単純剪断

金雲母 phlogopite
雲母*族の鉱物．黒雲母* $K_2(Mg, Fe^{2+})_6[Si_3AlO_{10}]_2H_2O[OH, F]_4$ のマグネシウムに富む変種で，Mg/Fe が 2/1 以上のもの；比重 2.76～2.90；硬度* 2.0～2.5；半透明；淡褐色；小さい板状結晶*；変成作用*を受けた，マグネシウムに富む不純な石灰岩*中で，ドロマイト*とカリ長石または白雲母*の反応によって生じる．白榴石*を含む岩石やキンバレー岩*にも産する．

菌 界 Fungi
植物界*および動物界*とともに多細胞生物の3界を構成する．植物に似るが，菌類は食料として有機物を摂取する．それに対して，植物は独立栄養生物であり，無機物質のみを栄養とする．菌類は硬組織をもたないため化石*として残りにくいが，先カンブリア累代*の岩石からは糸状のものが見つかっている．最初の植物が陸上で群生し始めたおよそ 400 Ma に，菌類も陸上へ進出していった．

銀河放射宇宙線 galactic cosmic rays ⇨ 宇宙線

近距離場バリアー near-field barrier
放射性廃棄物*を処分するにあたって，廃棄物を詰めるコンテナ，それを保管する地下貯蔵室，それを直接とり巻く岩石など，放射性核種の移動を阻止する障壁．これは数千年程度機能することが期待される保管手段で，その後は遠距離場バリアー*によって保管されることになる．

キンクバンド kink band
褶曲翼*が短くヒンジ*部が極めてせまい，直線状の非対称変形部．共役セットをなすことが多い．⇨ 共役褶曲

近源- proximal
供給源に近い堆積物*または堆積環境についていう．→ 末端-

筋 痕 muscle scar
腕足類（動物門）*あるいは二枚貝類（綱）*などの殻の内面で，筋肉が付着していたくぼみ，あるいは盛り上がった痕．関節をもつ腕足類（有関節綱*）では，ふつう2対の筋痕が背殻と腹殻の内部にあり，1対は殻を閉じるための閉殻筋，もう1対は殻を開く

ための開殻筋があった部分．関節をもたない腕足類（無関節綱*）にはこの2つ以外にも筋痕がある．二枚貝類は，殻を開ける靱帯と閉じる閉殻筋の2対の筋肉（双筋）をもつ．筋痕の大きさが同じもの（等筋）も，異なるもの（不等筋）もあるが，小さい筋痕はつねに殻前方にある．前側の筋肉は失われ，残された後方の筋肉が大型化しているものもある（単筋）．肥厚した外套膜*の前側縁辺部を画する，線状のくぼみ（套線）が2つの筋痕を連絡している．殻後部には套線湾入と呼ばれる外套膜の前方への切れ込みが見られる．これは水管*を格納するための空間で，収水管筋が付着する場所でもある．

均質化温度 homogenization temperature
 1. 黄銅鉱*・閃亜鉛鉱*などの離溶*した鉱物*の対が混和して単一の結晶相となる温度．2. 流体包有物*中の液相と固相が液または固相の1相となる温度．この温度は包有物が取り込まれた温度の下限を示す．

均質核生成 homogeneous nucleation
 凝結核*となる物質を欠く大気中で，水蒸気が自発的に凝結または凍結すること．$-40°C$以下の過冷却*空気中で起こりやすい．

均質圏 homosphere
 地表から高度約80kmまでの気圏*下層．この圏では，水蒸気以外の大気の組成がほとんど一定となっている．→ 不均質圏

均質集積 homogeneous accretion
 原始的な太陽系星雲（PSN；primitive solar nebula）の物質が集積して惑星が生じたとするモデルの1つで，惑星への固体粒子の付加速度がPSNの冷却速度よりも速いとするもの．そのため，惑星は速やかに形成され，その形成期間に星雲中での圧力・温度条件と平衡状態にあった物質のみからなる．このモデルによれば，惑星の層状構造は完全に後生的ということになる．→ 不均質集積

近日点 perihelion
 惑星や彗星*がその楕円公転軌道上で太陽に最も近づく点．地球は1月の始めころに到達し，太陽放射の平均入射量が最大となる．
→ 遠日点

銀四面銅鉱（フライベルジャイト） freibergite ⇨ 四面銅鉱

金 星 Venus
 太陽系*の第2惑星．太陽から$0.72\,U^*$，地球から$38.2～261.0×10^6\,km$の距離にある軌道を逆向きに自転しながらまわっている〔⇨ 逆行〕．半径6,052km，質量$4.869×10^{24}\,kg$，平均密度$5,204\,kg/m^3$，表面重力8.87（地球を1として），アルベド*0.65，黒体温度238.9K．濃密な大気をもち表面の気圧は92バール〔$9.2×10^6$パスカル〕．大気は二酸化炭素（96.5％）と窒素（3.5％）を主成分とし，二酸化硫黄150ppm，アルゴン70ppm，水20ppm，一酸化炭素17ppm，ヘリウム12ppm，ネオン7ppmを含む．表面気温は737K，風速は$0.3～1.0\,m/$秒．

菫青石（きんせいせき） cordierite
 サイクロ珪酸塩*鉱物．$Al_3(Mg, Fe)_2[Si_5AlO_{18}]$，鉄に富むものもある；比重2.5～2.8；硬度*7；斜方晶系*；暗青～灰青色；半透明～透明；ガラス光沢*；角柱状または擬六方柱状の結晶形*はまれで，ふつうは塊状；劈開*は底面｛010｝，｛001｝に不完全．ホルンフェルス*，片岩，片麻岩*など接触変成作用*または広域変成作用*を受けたアルミニウムに富む岩石に，紅柱石*，スピネル*，石英*，黒雲母*と共生して産する．美しい暗青色を呈するものは宝石*となる．英語名称は19世紀のフランス地質学者コルディエ（P. L. A. Cordier）に因む．

銀星石 wavellite
 二次鉱物*．$Al_3(PO_4)_2(OH)_3・5H_2O$；比重2.3～2.4；硬度*3.5～4.0；斜方晶系*；通常は白色，しばしば帯緑，黄，灰または褐色；ガラス光沢*；通常は繊維状で放射状の集合体，あるいは半球または球状の集合体．堆積岩*，とくに粘板岩*や頁岩*の節理*面または空隙に，褐鉄鉱*にともなって産する．英語名称は18世紀のイギリス人鉱物学者ウェベル（W. Wavell）に因む．

金星の Venusian (1), Cytherean (2)
 1. '金星の'を意味する形容詞．2. ギリシャ神話で，キュテラ（Cythera）は愛の女神アフロディーテ（Aphrodite）の別名で，ローマ神話のビーナス（Venus）にあたる．アフロディーテが生まれた海に近いキプロス

のキュテラ〔キシラ〕に因む.

近赤外線 near-infrared
　波長が $0.7～2.5\mu m$ の赤外*放射.超近赤外線($0.7～1.0\mu m$)と短波長赤外線($1.0～2.5\mu m$)に分けられる.赤外線写真フィルムは $0.7\mu m$ から $1.0\mu m$ の波長に感光するので,超近赤外線は写真赤外線とも呼ばれる.

近赤外マッピング分光カメラ near-infrared mapping spectrometer(**近赤外マッピング分光光度計** near-infrared mapping spectrophotometer,**ニムス** NIMS)
　光スペクトルの近赤外*領域で測量をおこなうリモートセンシング*機器.惑星や衛星*の大気の化学組成,構造,温度および表面の鉱物*組成や化学的性質が決定される.

金属結合 metallic bond
　自然銅*などの固体に見られる共有結合*の特別な形.それぞれの原子が隣接する原子の電子*を次々に共有している.共有している原子は動くことが可能であり,このため,金属では正のイオン*が電子の海の中を動いているように見える.

金属光沢 metallic lustre
　金属特有のつやを呈する鉱物*の光沢*.

金属ファクター metal factor (MF)
　見かけ比抵抗*を2つの低い周波数で測定する強制分極法*の周波数領域*の尺度.通常,大きさが10離れているファクター(ρ_{dc} と ρ_{ac}).MF $= 2\pi 10^5 (\rho_{dc}-\rho_{ac})\rho_{ac}^2$.

キンダースコーティアン階 Kinderscoutian
　ペンシルバニア亜系*バシキーリアン統*中の階*.マースデニアン階*の下位.

キンダーフッキアン統 Kinderhookian
　北アメリカにおけるミシシッピ亜系*中の統*.チョートクアン統*ブラッドフォーディアン階*(デボン系*)の上位でオサージアン統*の下位.ヨーロッパにおけるトルネージアン統*のハスタリアン階*にほぼ対比される.

近地球小惑星ランデブー Near Earth Asteroid Rendezvous (**ニア** NEAR)
　1996年2月17日に打ち上げられたNASA*のディスカバリー計画*で最初の探査機.X線-ガンマ線分光計,近赤外マッピング分光カメラ*,電荷結合素子*画像検出器を備えた多重スペクトル・カメラ,レーザー高度計*,磁力計*を搭載している.エロス*の重力場を見つもる実験もおこなわれる予定.1997年6月27日マシルデ*に1,200 km以内の距離まで接近した.1999年2月にエロスを巡る軌道にのって1年間観測をおこない,その後24 km以内まで近づくことが最終目標.

近地点 perigee
　衛星*(または人工衛星)が母惑星に最も近づく軌道上の点.最初は地球に対する月の位置として定義された.→ 遠地点

キンバーライト kimberlite
　カリウムに富む角礫化した超塩基性岩*.蛇紋石*,金雲母*,炭酸塩鉱物*,ペロブスカイト*,緑泥石*がさまざまな比率でなす細粒の石基*に,かんらん石*,頑火輝石*,クロム透輝石*,金雲母,パイロープ*,アルマンディン*,マグネシウムチタン鉄鉱*のメガクリスト*を含む.マントル*に由来する捕獲岩*を大量に含むため,マントルの鉱物学と化学の研究に極めて有用.マントル起源の捕獲岩の多くは非常な深部からもたらされるので,炭素の高圧型の結晶*であるダイヤモンド*をはじめ,高圧型の鉱物を含有している.頑火輝石,クロム透輝石,ざくろ石のメガクリストの多くは,同様にキンバーライトが上昇してきた上部マントルに由来すると考えられ,したがって'捕獲結晶'と呼ぶべきものである.地表付近ではダイアストリム(diastreme)と呼ばれるキンバーライトのパイプ状岩体が群をなしている.掘削によってこれらが深部で合体し,破砕していないキンバーライトの岩脈*となっていることが明らかにされている.

キンベレラ・クァドラータ *Kimberella quadrata*
　ロシアの白海沿岸地域とオーストラリアから見つかっている先カンブリア累代*の化石*.左右相称*を示す生物で,軟体動物*と類似している.

キンメリッジアン階 Kimmeridgian
　ヨーロッパにおける上部ジュラ系*中の

階*．年代は154.7～152.1 Ma．オックスフォーディアン階*の上位で，生層序学*上の証拠からは，チトニアン階*（テチス区*）またはボルギアン階*（北方区*）の下位とされている．⇨ マルム統

金緑石（クリソベリル） chrysoberyl
　鉱物．$BeAl_2O_4$；比重3.5～3.8；硬度*8.5；斜方晶系*；緑～黄緑色；条痕*白色；ガラス光沢*；結晶形*は板状；劈開*は角柱状{110}．花崗岩*，ペグマタイト*，雲母片岩*および沖積*砂・礫に産する．エメラルドグリーン色を呈する変種は宝石*（アレキサンドライト）．

ク

区 province
　1．全域にわたって類似した特徴を有し，1つの単元として把握することができる広い地方または地域．**2**．1つの気候帯に属する陸地または海域．

区（コホート） cohort
　分類階級の1つで，目（もく）の上に補助的に置かれる．たとえば，動物では上目をまとめる必要がある場合に使われるが，かならずしも必須の分類階級ではない．

矩 quadrature ⇨ 虚数成分

グアダルーピアン統 Guadalupian
　北アメリカにおける上部ペルム系*中の統*．レナーディアン階*の上位でオコーアン階*の下位．ロシアのウフィミアン階*とカザニアン階*にほぼ対比される．

グアノ guano
　鳥やコウモリの排泄物が分解して生じたカルシウム燐酸塩に富む物質．乾燥した海洋島や洞窟にとりわけ多く産する．大量に蓄積したものは燐酸塩資源として採掘されている．

クイックサンド quick sand（**クイッククレイ** quick clay）
　水で飽和している状態で擾乱を受けて剪断強度*を完全に失い，液状となって流動する砂*または粘土*．通常，地震にともなって発生する．

クイックフロー quickflow
　豪雨のうち，表面流出*または中間流出*を経て速やかに河川流路*に入り込む水．これが洪水波〔flood wave；洪水時に河川の下流方向に伝わる波長の長い波形の水面形〕を発生させる．

空間格子 space lattice ⇨ 格子

空間周波数 spatial frequency
　リモートセンシング*：画像を横切る単位長さあたりの濃淡変化の頻度．高い空間周波数は，細い線模様のように極めて短い間隔での濃淡変化を示し，低い空間周波数は幅広い

帯模様のように大きい間隔での濃淡変化を示す．肉眼が空間周波数を識別する能力には限界があるので，画像内のある空間周波数の範囲を選択的に除去することにより，ノイズが少なく識別が容易な画像を得ることができる． ⇨ 空間周波数フィルター

空間周波数フィルター spatial-frequency filter

リモートセンシング*：肉眼による識別を容易にするために，データの空間分布表示を強調するフィルター．画像のデジタル数値*の空間変化を検査し，ある空間周波数*の範囲を選択的に抑制または分離して画像を修正する．空間周波数フィルターには，指向性フィルター，高域フィルター*，中央値フィルター*，低域フィルターがある．

空間復元図 palinspastic map

褶曲*や断層*によって変形している地層*をできるかぎり変形以前の地理的位置に戻して描いた地図．全体の体積，線の長さ，個々の地層の厚さを考慮したバランス断面図*を作製して，復元を確実にする．語源はそれぞれ'再び'，'引張り'を意味するギリシャ語 *palins* と *pastikos*．

空気塊（気塊） parcel of air

ほぼ均質な性質をもつ空気の塊．

空気揚水ポンプ air-lift pump

空気を二重のパイプの内側に吹き込んで，空気・水の混合物を外側のパイプとの隙間に押し上げる．孔径が小さい孔井*からサンプルを採取するのに使用する．

空　隙 pore space

土壌*または岩体中で，連続したり通じあっている〔すなわち閉鎖されていない〕間隙がなす隙き間．

空晶石 chiastolite ⇨ 紅柱石

空中磁気探査 aeromagnetic survey

磁力計*を航空機で曳航したりヘリコプターから吊しておこなう地球磁場*の調査．全磁力*や地磁気の三成分を測定する．測定値を理論値と比較し，その差（地磁気異常*）を測線あるいは測定グリッドの下に存在する岩石の磁気的性質の違いとしてとらえる．通常，放射能*や電磁放射*などの測定器とともに搭載し，最低飛行可能高度を保って測定する．磁力計は，航空機に曳航される'バード'，翼端のポッド（pod），尾部の'スティンジャー（stinger）'と呼ばれる容器に収納されている．機体内部に搭載する場合には，コイル中和によって機体がもつ磁場をうち消す．

空中写真 aerial photograph

航空機から撮影した写真．水文学分野では，土壌*の湿潤度や温度の測定，泉*の検出などの目的で疑似カラー*赤外線写真が使われる．

空中写真撮影 aerial photography

地質学上あるいはその他の情報を得る目的で，地表を空中から撮影すること．鉛直写真，高角度斜め写真，低角度斜め写真などがあり，これらをモザイク状に合成して広域の画像を作製する．立体鏡を使って三次元像として視る立体写真（対の画像）を得るため，立体カメラ（2つのカメラを装着した機器）が使われる．

空中重力調査 airborne gravity survey

空中からなされる広域的な重力調査*．航空機，とくにヘリコプターの動きと飛行経路の変化を補正することができる重力計が開発されたことにより迅速かつ精確になされる．

空椎亜綱 Lepospondyli

主に古生代*に生存した小型両生類*の亜綱．椎弓の下にある椎体（脊椎*骨の円筒状の部分）がスプール（フィルムの軸）状となっている点で他の両生類と区別される．各椎体には脊索*が通る孔が縦に貫通している．現生の空椎類あるいは空椎類様の両生類と古生代空椎類との系統関係はよくわかっていない．

偶蹄目 Artiodactyla（**偶蹄類** artiodactyls；**食肉有蹄区*** cohort Ferungulata）

偶数個に分かれた爪先をもつ有蹄哺乳類*の目．現生のラクダ，ブタ，反芻類がこれに含まれる．系統的には顆節目（かせつ-）*に由来し，始新世*と漸新世*初期に爆発的に起こった適応放散*の結果，それまで優勢であった奇蹄目*にとって替わった．大きく跳躍できるように足関節の骨（距骨*）が特殊化している．足の軸は側軸で，第3指と第4指の間にある．ブタのように4つに分かれた

爪先をもつ原始的なグループは第1指を欠き，進化型のものでは第2指と第5指が著しく退化するかなくなっている．初期の種では特殊化した歯生状態*は見られないが，進化とともに，上顎の切歯が失われ，下顎の切歯が上顎の硬化した歯肉に対してかみ合わせられるようになった，草食性への適応を示す種が現れる．

空　電　sferic
雷放電によって大気中に発生する自然の電磁波．固体地球表面と電離圏*の間で地球を巡って伝播する．

空力的擾乱　aerodynamic roughness
気流の底面（固体あるいは密度を異にする大気との境界面）の起伏が原因となって発生する乱気流．

偶　力　couple
大きさが等しく，同一平面上で反対方向に働く力．

苦灰海　Zechstein Sea
北ドイツと北海盆地地方に湾入して，炭酸塩岩*と蒸発岩*からなる堆積物を残したペルム紀*後期の浅海． ⇨ サリン・ジャイアント

苦灰岩　dolomite
石灰岩*がドロマイト化作用*を受けて生じた堆積岩*で，通常，石灰岩と互層をなして産する．大部分の石灰岩は多少ともマグネシウムを含んでいるので，厳密にはドロマイト*を90％以上含んでいる岩石を指す．堆積直後に生成した苦灰岩は細粒で，元の堆積構造*を保存している．続成作用*後期の再結晶作用*によって生じた苦灰岩は粗粒で，間隙率*が高く，堆積構造は消滅している．
⇨ アンケライト

苦灰統　Zechstein
ペルム系*最上位の統*．年代は256.1～245 Ma（Harlandほか，1989）．

区間走時　interval time
地震記録*断面における2つの反射面*の往復走時*の差．

区間速度（V_{int}）　interval velocity
深度幅 z の区間での地震波速度*．この区間全体にわたって岩石型が均一であれば，V_{int} は層速度*に等しい．この区間にいくつもの層が含まれている場合には，距離 z について求めた平均速度*（V）に等しい．z_i を i 番目の区間の厚さ，t_i をこの区間における片道走時*とすると，$V_{\mathrm{int}}=z_i/t_i$ となる．区間が深度の差ではなく，往復走時*で示されている場合には，V_{int} はディックスの式*によって別の形で表される．

区間帯　range zone
特定の化石*タクソン*の産出と産出期間によって定義される地層*の単元．ある生物が出現する垂直的・水平的範囲全体を含む．区間帯には局地的なもの（タイルゾーン*）を指す場合と，特定のタクソンを含む層序範囲全体（タクソン区間帯*）を指す場合とがある．公式の*英語表示では，化石属名の頭文字は大文字，種名は小文字でいずれもイタリック，range の頭文字を大文字とする．たとえば，後期ジュラ紀*アンモナイト*の *Cardioceras cordatum* は *Cardioceras cordatum* Range zone（*C. c.* 区間帯）をなす．

楔形石英検板　quartz wedge ⇨ 付属検板
孔雀鉱　peacock ore ⇨ 斑銅鉱
孔雀石（マラカイト）　malachite
含水炭酸塩鉱物*．$Cu_2CO_3(OH)_2$；比重 3.9～4.0；硬度* 3.5～4.0；単斜晶系*；明緑色；条痕*淡緑色；繊維状のものは絹光沢*，結晶*はダイヤモンド-*またはガラス光沢*；結晶形*はごくまれ，通常はさまざまな色の帯をもつぶどう状の集合体や繊維状に放射する晶癖*を示す．銅鉱床*の酸化帯に藍銅鉱*，自然銅*，赤銅鉱*と共生する普遍的な二次鉱物*．希塩酸に溶解して発泡．飾り石や顔料，銅の原料となる鉱石鉱物*．

崩れ波　spilling breaker（surf wave）
瀬*に進入し，過度に勾配を増して不安定となり，波頭が前面に崩れ落ちる波．このようにしてしだいに高さを減じた後，寄せ波*として浜*に打ち上げる．

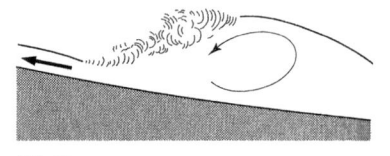

崩れ波

グゼーリアン Gzelian
 1. グゼーリアン世：ペンシルバニア亜紀*の最後の世*．クラズミンスキアン期*とノギンスキアン期*を含む．カシモビアン世*の後でアッセリアン期*(前期ペルム紀*)の前．その境界(石炭紀/ペルム紀境界)の年代は290 Ma (Harlandほか，1989)．**2.** グゼーリアン統：グゼーリアン世に相当する東ヨーロッパにおける統*．上部バージリアン統*(北アメリカ)，上部ステファニアン統*(西ヨーロッパ)にほぼ対比される．

下り落差 downthrow
 1. 断層*の片側ブロックの相対的な下向き転位．〔**2.** 断層面*に直交する鉛直断面で測った実移動 (⇨ ずれ)の鉛直成分．〕

クチクラ cuticle
 1. 陸生植物の表皮細胞の外壁を覆う不透水性物質．クチン*，キュータン*，あるいはその混合物からできている．**2.** 昆虫の表皮細胞が分泌して体表面を覆う層．種ごとに異なる複雑な構造をもつ．⇨ 骨格形成物質

クチナイト cutinite ⇨ 石炭マセラル

嘴（くちばし） rostrum
 腕足類(動物門)*の殻で，殻頂*が長く伸びてできた嘴状の突起．

クチン cutin
 複雑な生体高分子で，脂肪酸誘導体の混合物からなる．不透水性で植物のクチクラ*に見られる．

クック・ジェームス (1728-79) Cook, James
 海洋探険家．1768年から1779年の間に3回にわたって太平洋の探検を率いた．ニュージーランドとオーストラリア東部海岸地方を調査し，南極大陸沿岸を探検した．想像上の大陸'巨大南方大陸 (Great Southern Continent)'が実在しないことを証明した．

クックソニア・ヘミスフェリカ *Cooksonia hemispherica* (リニア科 family Rhyniaceae)
 最も原始的な植物の1つで，大きさは数cmほど．シルル紀*後期からデボン紀*前期に知られている．他のリニア科植物と同様，表皮(保護のための外皮)と気体の通過をコントロールする気孔(特殊化した表皮上の孔)をもっていた．また，根茎と呼ばれる，2本に分かれた地下茎で根を張った．ヨーロッパのシルル系から報告されたクックソニア・ヘミスフェリカが，最初のリニア科植物である．⇨ 古生マツバラン目；リニア属

掘削 excavation
 ドリル掘削*，オーガー掘削 (⇨ オーガー)，試錐，爆破，スクレーピング，盤打ち，採掘などによって地中に穴を掘ること．方法は，除去する岩石の強度と状態によってきめる．地表でおこなうこと(たとえば建築工事)も地下でおこなうこと(たとえば鉱業，トンネル掘削)もある．

掘削蛇行 entrenched meander ⇨ 蛇行

掘削泥水（-でいすい）(掘穿泥水) drilling mud
 回転掘削*で，掘削ビット*の冷却，掘穿屑の回収，透水層や割れ目との遮断，のため，試錐孔*中に循環させる流体状の泥*．揺変性*のベントナイト*，ライム*，重晶石*などを油または水に分散させた懸濁液．ドリムステムが被圧ガスのポケットを貫通する際に破裂するのを防ぐため，泥水は加圧されているのがふつう．

掘削ビット drilling bit ⇨ ビット

屈折 refraction
 1つの媒質と他の媒質とを隔てる不連続面を斜めに通過する波線が屈曲すること．両媒質で波動の伝播速度が異なることに起因する．屈折はスネルの法則*に従う．⇨ 屈折法地震探査

屈折角 angle of refraction
 屈折光線(屈折波)と屈折面の法面とがなす角．スネルの法則*により，屈折角と入射角*の間には一定の関係がある．光線あるいは波が伝播速度の高い媒質に入ると，屈折面の法面から離れる方向に進み，速度の低い媒質に入ると，法面寄りの方向に進む．

屈折計 refractometer
 屈折率*を測定する計器．さまざまなタイプがある．(a) ハーバート・スミス屈折計：ガラスの半球によって光線を上方に向け，鉱物*が反射した全内部反射から臨界角*を求める．観察用望遠鏡中に反射光線が結んだ像を目盛で読みとり，スネルの法則*から臨界

角を求める．(b) アッベ屈折計：液体の屈折率測定用の屈折計．液体のフィルムをはさんだ1対のガラスプリズムからなる．臨界角の線を固定望遠鏡によって測定し，屈折率が既知のガラス板につけられている目盛によって屈折率を読みとる．(c) ライツ-ジェリー屈折計：少量の液体の屈折率を測定する．液体を保持するスライドガラスにプリズムがついている．ガラスに直角に入射した光線が，液体によって屈折率目盛尺に反射される．

屈折法地震探査 refraction survey
地震のヘッドウェーブ*によって地下の地質構造を決定する探査法．振源から下方に向かい臨界角*で界面*に達した地震波*は屈折し，この面に沿って伝わりながら屈折波をふたたび地表に送り出す．これをジオフォン*群列*で受信する．初動*の走時*を走時曲線*に表すことによって，屈折面の深度と傾斜，屈折面上下の層の地震波速度*が求められる．⇒ スネルの法則；交点距離；原点走時

屈折率 (n) refractive index
光線が空気から他の媒質に入ると，その速度が落ちる．光線の通路も媒質へ入り込む際に屈折*する．入射角*(i)と屈折角*(r)の関係は一定（スネルの法則*）．この定数(n)が鉱物の屈折率で，$\sin i/\sin r = n$ によって求められる．屈折率(n)は鉱物中の光の速度(V)に対する大気中の光の速度(v)の比でもある．$n = v/V$．

屈折率楕円体 indicatrix（光学的屈折率楕円体 optical indicatrix, index ellipsoid）
鉱物*中における光の異なる振動方向*を幾何学的に表し，結晶*の光学的特性を概念的に図化した楕円体．楕円体の中心に原点があり，軸の長さは軸に直交して振動する光線の屈折率*に比例する．斜方-*，単斜-*，三斜晶系*の鉱物については，軸は X, Y, Z または n_α, n_β, n_γ とする．正方-*，六方-*，三方晶系*の鉱物は1つの主断面が円である楕円体，立方晶系*の鉱物はすべての軸の長さが等しい球で表される．楕円体の断面の測定によって求めた鉱物の光学的特性が鉱物の同定に役立つ．

靴紐状砂体 shoestring sand
靴の紐のような細長い形態をもつ，不規則にうねった砂体*．蛇行*河川流路*の砂質堆積物として保存されているものであることが多い．

苦鉄質 mafic
輝石*とかんらん石*の含有量が高いため，色指数*が50から90で，暗色を呈する火成岩*に冠される．

グーテンベルク不連続面 Gutenberg discontinuity
マントル*と核*の境界をなす地震波速度*の不連続面．およそ 2,900 km の深度にあり，数 km 程度の起伏があると考えられる．

グーテンベルク，ベノ (1889-1960) Gutenberg, Beno
ドイツの地震学者．1930年代にアメリカに移住．1913年地震のデータを利用して核*の直径を算出．1926年，深度50～250 kmに震源*をもつ地震波*の到達時間が予想よりも長いことに注目して，低速度帯*の存在を確認した．カリフォルニア工科大学でリヒター*と共同研究をおこなった．⇒ グーテンベルク不連続面

クトルギナ目 Kutorginida（腕足動物門* phylum Brachiopoda）
両凸型の石灰質殻をもち，殻に蝶番*面（主面）が発達するカンブリア紀*前期の腕足類の目．歯と歯槽は認められない．これまで，クトルギナ類は関節綱*とされたり無関節綱*とされたりしていたが，これら腕足類の主要な2綱とは系統的に独立しているようであり，将来独自の綱をなすとみなされる可能性がある．

クーネオサウルス・ラータス *Kuehneosaurus latus*
空を飛ぶ最初のトカゲ類で，三畳紀*後期に繁栄した．原始的な系統に属してはいるものの，肋骨が両側に拡張しているなど，形態が特殊化し，滑空への適応*を示す．

グネツム目（マオウ目） Gnetales ⇒ マオウ植物門

クービニアン Couvinian ⇒ アイフェリアン

クマ科 Ursidae ⇒ 食肉目

組み合わせトラップ　combination trap
　構造トラップと層序トラップの性格が複合している，石油・ガス・地下水トラップ．⇒ 構造トラップ；層序トラップ

苦味湖（くみこ）　bitter lake
　ナトリウム硫酸塩が高度に濃集している，硫酸塩と炭酸塩に富む塩湖*.

クーム　crm ⇒ カール（圏谷）

クーム岩　combe rock (coombe rock) ⇒ ヘッド

クモ　spiders ⇒ 鋏角亜門（きょうかく-）

雲解析　nephanalysis
　ファクシミリまたはデジタル表示の衛星画像から雲の形態や量を解析すること．

蜘蛛型構造　arachnid (arachnoid)
　金星*表面，とくにセドナ・プラニタ (Sedna Planita) とベル・レジオ (Bell Regio) の間（およそ43°N, 19°E）に見られる，紐ないし帯状の峰が放射状および同心状をなしてクモとクモの巣に似たパターンを呈する奇妙な地形．峰は巨大で，長さ100〜200 km，幅20 kmに達する．

雲の穴　dissipation trail (distrail)
　航空機が飛んだ跡に，その排気熱によって雲が蒸発してできる雲の裂け目．⇒ 飛行機雲

雲の種まき　cloud seeding
　降雨を発生させる目的で，過冷却*水滴からなる雲に沃化水銀結晶や固体の二酸化炭素（ドライアイス）などの雲の核を加える作業．〔航空機から〕空中で雲に加えられたドライアイス（-80°C）は気温を降下させ，とくに気温が-40°C以下であれば過冷却水滴の一部が氷晶*に変化し，それが残りの水滴と接触して成長していく．空中または〔ロケットによって〕地上からおこなう雲の種まきでは，結晶構造が氷とよく似ているため氷晶核*の役割を果たす沃化水銀が最もよく使われる．他の物質，たとえば塩や細かい水滴を雲粒の併合*を促進するために使うこともある．高層の氷雲（たとえば高層雲*または巻層雲*）から，過冷却水からなる水雲（たとえば乱層雲*）に氷晶が落下してくると，その雲の中で氷晶が成長して天然の種まきがおこる．

雲の通り道　cloud street
　他に雲がない空で，多くの場合，積雲*が風向に平行に連なってつくる帯．通り道は気団*中の対流層の明瞭な境界でつくられる．サーマル（熱気泡）*がいくつもあると何本もの平行な通り道が出現する．

雲の分類　cloud classification
　雲は，形態，高度，成因となる物理的過程など，さまざまな基準に基づいて分類されている．世界気象機関*（『国際雲図帳』*International Cloud Atlas*, 1956）は10種の雲形を，主として形態上の特徴によって3つの主要な型（積雲型，層雲型，巻雲型）に分けている．雲形には，さらに内部形態や構造の変異に基づいて細分されているものもあり，全部で14種を数える．これに追加あるいは補足するべき特徴，たとえば透明度，配列，成長特性などを示すために，変種および副変種の雲を設けてラテン語の名称がつけられている．10種の雲形および記号は次の通り：巻雲 (Ci)，巻積雲 (Cc)，巻層雲 (Cs)，高積雲 (Ac)，高層雲 (As)，乱層雲 (Ns)，層積雲 (Sc)，層雲 (St)，積雲 (Cu)，積乱雲 (Cb)．構成粒子によっても，水雲，氷雲，水滴と氷晶*が共存している混合雲*に分けられている．

グライ化作用　gleying (gleyzation) ⇒ グライ層

グライク　grike
　ほぼ水平の堅固な石灰岩*層の表面を刻んでいる，節理*が溶食*されて生じた深い楔形の割れ目．イングランドのヨークシャー地方北西部では，地表面での幅が16〜60 cm，深さ0.5〜3 mに達する．いくつかの節理が交差している場合には深いグライクが生じ，小さい洞窟をなすこともある．⇒ クリント

グライゼン（英雲岩）　greisen
　白雲母*と石英*からなる明色の変質火成岩*．深所で結晶化しつつある花崗岩*貫入体*から由来するフッ素に富む高温蒸気と花崗岩とが反応して生成する．花崗岩の鉱物*成分はこの蒸気のもとでは不安定で，蒸気と反応して（⇒ 気成作用）安定な雲母-石英組成に変化する（グライゼン化作用）．グライゼンは，鉱脈*に接する部分の花崗岩の変質

帯，花崗岩の裂罅（れっか）*を埋める薄い脈や岩脈*，花崗岩貫入体の頂部および側部を占める巨大な岩体をなす．

グライ層 gley
湛水した状態，したがって嫌気性*環境で，微生物による鉄化合物の還元が進行して形成される，灰色と錆色がまだら状を呈する土壌*．この形成過程をグライ化作用（gleying，アメリカでは gleyzation）という．

クライック cryic ⇨ パージェリック

クライマップ CLIMAPP ⇨ 気候の長期研究・図化・予知計画

クライミングリップル斜交葉理 climbing-ripple cross-lamination ⇨ リップル漂移斜交葉理

クライモシーケンス climosequence
母材（⇨ 土壌母材）が同じでありながら，気候条件の局所的な差異のため，たがいに異なる発達過程を経た土壌*のシーケンス．高地の山岳斜面などで見られる．⇨ 土壌断面

クライン cline
ある種*の地理的分布域内を横断する方向に認められる，種内の遺伝子*頻度あるいは形質状態*の漸移的な変化．

クラヴァティポレニテス属 *Clavatipollenites*
下部白亜系*バレミアン階*から産する小形胞子*で，被子植物*起源の花粉*化石としては知られている限り最古のもの．かたちは長円形で，単長口型（⇨ 長口）である．

グラウチング grouting
岩盤や地層*にセメント*または化学物質と水の混合液〔グラウト；grout〕を注入し，透水性*を低下させて地下水流を阻止または妨げ，間隙*と裂罅（れっか）*を充填して強度を向上させる作業．一次注入孔は一定の間隔をあけて設け，必要に応じてその中間に二次注入をおこなう．グラウトの浸透は透水性に支配されるので，岩盤の間隙と裂罅の大きさ，水力学的抵抗にあわせてグラウトの種類と粘性*をきめる．

グラウンドロール ground roll
陸地表面を伝播する，低周波で振幅が大きい低速の表面波*，とくにレイリー波*．地下の反射面*からの反射波を覆い隠して地震記録*の質を低下させる．海洋における同様の現象をマッドロールと呼ぶ．

クラーク，ウィリアム・ブランホワイト
(1798-1878) Clarke, William Branwhite
牧師でアマチュア科学者．1839年にイギリスからオーストラリアに移住し，オーストラリアで最初に金を発見したとされる（1841年）．ニューサウスウェールズ炭田の地質調査に参加し，同州の堆積構造の研究に従事した．

クラーク軌道 Clarke orbit ⇨ 静止軌道

クラーク，フランク・ウィッグルスワース
(1847-1931) Clarke, Frank Wigglesworth
1884年から1925年までアメリカ地質調査所の主席地球化学者．鉱物，岩石，鉱石の標本コレクションとその化学分析データを体系化し，地殻*の化学組成についての重要な業績を残した．1908年に5編の著作のうち最初の『地球化学のデータ』（*The Data of Geochemistry*）が出版された．

クラジウス-クラペイロンの式 Clausius-Clapeyron equation ⇨ クラペイロン-クラジウスの式

グラス grus ⇨ サプロライト

クラスター分析 cluster analysis
統計学：ある特性の類似性に基づいて，個々のデータがどのグループに属するかを決定するための分析．

クラスト clast
岩石の破片．大きさは巨礫*からシルト*大の粒子*までさまざま．大きさに関係なく，いずれも侵食作用*の産物で，侵食後に新しい環境で堆積したもの．〔日本では成因にかかわらず，集合体を指す場合は砕屑物，個々の粒子を指す場合はクラストと使い分けている傾向がある．〕⇨ 砕屑岩；生砕物

クラスノゼム krasnozem ⇨ 鉄集積作用

クラズミンスキアン階 Klazminskian
ペンシルバニア亜系*グゼーリアン統*中の階*．ドロゴミロフスキアン階*（カシモビアン統*）の上位でノギンスキアン*階の下位．

クラスレート clathrate
ある物質，通常は希ガスの分子が他の物質の結晶*構造中に完全に包み込まれている状

態の化合物．沸石*の構造中に閉じ込められているKrやXe，あるいは水の氷に閉じ込められているAr, Kr, Xeがその典型例．

クラチン　crachin
　トンキン湾や南シナ海沿岸地方で，春季に水分が凝結して発生する低い雲や霧．霧雨をともなうことが多い．この天候は暖気が冷たい地表上に移流*したり，地表付近で気団*が混じり合うことによってもたらされる．

クラッキング　cracking
　大きい複雑な分子，とくに炭化水素*を小さい単純な分子に分解すること．熱によって分子結合を破壊することが多い．この現象は自然界でも起こり，古い油田の原油は若い油田の原油よりも軽くなっている．精錬ではこれを商業的におこなう．

クラッグ　crag
　貝殻に富む砂*．

クラッグ・アンド・テール　crag and tail
　基盤岩の小丘（クラッグ）と，それから延びて低くなっていく未固結砕屑物*の峰（テール）からなる地形．クラッグは氷河*の選択的な侵食*を免れた残存地形，テールは障害物の下流側に堆積したティル*．

クラドセラケ属　*Cladoselache*
　デボン紀*後期のサメ様魚類で，ヨーロッパと北アメリカから報告がある．体長は0.5～1.2mで，大型の胸鰭をもつことが特徴．北アメリカの上部デボン系クリーブランド頁岩（Cleveland Shales）から多数の標本が見つかっている．

クラドセラケ目　Cladoselachiformes（**軟骨魚綱*** class Chondrichthyes, **板鰓亜綱***（ばんさい-）subclass Elasmobranchii）
　細長い軀体と棘のある2つの背鰭をもつ化石サメ類の目で，クラドセラケ属*が代表的な属．デボン紀*から石炭紀*にかけて生息．

クラトン　craton（形容詞：cratonic）（**楯状地** shield）
　地殻*のうち，もはや造山運動*を受けることのない地域．例外なく大陸にある．この安定な状態はおよそ10億年ほど続いている．カナダ楯状地は古くより知られている例．

グラニュライト（白粒岩）　granulite
　粗粒で等粒状*の変成岩*．石英*，長石*と無水鉄苦土鉱物（輝石*とざくろ石*）からなる．グラニュライトという語の用法は混乱しており，研究者によって意味するところが異なる．そこで，鉄苦土鉱物*（斜方輝石*と単斜輝石*）に富む塩基性*グラニュライトは輝石片麻岩*，石英と長石に富む酸性*グラニュライトはチャーノッカイト*片麻岩と呼ぶのが望ましい．グラニュライトは，湿った（含水）花崗岩*メルト*が抜け出して脱水されている地殻*深部の岩石が変成作用*を受けて形成されたと考えられている．

グラニュライト相　granulite facies
　さまざまな源岩が同じ条件の変成作用*を受けて生じた変成鉱物組み合わせの1つ．源岩が塩基性岩*である場合には，単斜輝石*-斜長石*-斜方輝石*-石英*の発達が典型的．これとは異なる組成の岩石，たとえば頁岩*や石灰岩*では，まったく同じ条件の変成作用によって，それぞれ独特の鉱物組み合わせが生じる．ある源岩組成から生じたさまざまな鉱物組み合わせは，それぞれを生み出した圧力，温度，水の分圧[$P(H_2O)$]の範囲を反映している．鉱物の圧力-温度安定領域についての実験によれば，グラニュライト相は大陸地殻*基底部付近に相当する高温・高圧条件を表している．

グラノファイアー　granophyre
　鉱物*組成は花崗岩*と同様であるが，グラノフィリック組織*によって特徴づけられる，明色の中粒火成岩*．

グラノフィリック組織　granophyric texture（**微文象組織** micrographic texture）
　花崗岩*の石基*に見られる，後期段階に生じた石英*とアルカリ長石*または斜長石*がなす指交状*の細かい連晶．

グラノフェルス　granofels
　主に石英*と長石*の等粒状*の粒子からなり，したがって縞状構造*を欠く塊状のグラノブラスティック*変成岩*．輝石*やざくろ石*などの鉄苦土鉱物*が少量含まれている．このような無水鉱物組み合わせは，地殻*基底部でグラニュライト相*にあたる高

度な変成作用*によって形成される．

グラノブラスティック- granoblastic
　等粒状*の他形*結晶*がモザイク状をなしている，変成岩*の組織*に冠する．雲母*のように長軸をもつ鉱物*が共存している場合には，その延びの方向はランダムとなっている．

グラブ・サンプリング grab sampling ⇒ サンプリング法

クラ・プレート Kula Plate
　かつて北西太平洋にあって，三重会合点*によって太平洋プレート*，ファラロン・プレート*と会合していた大きいプレート*．ジュラ紀*から新生代*にかけて沈み込み，現在はその断片のみが北アメリカのコルディレラ山脈*にテレーン*として残存している．

クラペイロンの式 Clapeyron equation **（クラペイロン-クラウジウスの式** Clapeyron-Clausius equation）
　閉鎖系で鉱物*相変化が起こる絶対温度* (T) と，それにともなう体積変化 (ΔV) および圧力 (P) の関係を表す式．$\Delta H_V dT/dP = T\Delta V$．$dT/dP$ は圧力依存（地球内部では断熱的*と仮定）の温度勾配，ΔH_V は溶融温度（相変化の過程で吸収されるモルあたりの熱），ΔV はモル体積の変化．

クラレイン（縞炭） clarain ⇒ 石炭の組織成分

クラレンス統 Clarence
　ニュージーランドにおける下部白亜系*中の統*．タイタイ統*の上位でロークマラ統*の下位．ウルタワン階，モツアン階，ナテリアン階からなる．上部アルビアン階*と下部セノマニアン階*にほぼ対比される．

グランドサージ ground surge ⇒ サージ

グランドフロスト ground frost
　地表の温度が0℃を下まわる状態．

グランドモレーン ground moraine ⇒ モレーン

クリオターベーション cryoturbation ⇒ ジェリターベーション

クリオプラネーション cryoplanation
　周氷河*環境で，起伏を平坦化しゆるやかに波曲する地形面をつくる作用．アルティプラネーション*の大規模なもの．

クリオペディメント cryopediment
　〔山麓部や谷筋の斜面下部の〕基盤岩を切って発達する棚状の平坦な地形．現在または過去の周氷河*環境に限って見られる．丘陵斜面の下部に生じていることがクリオプラネーション*段丘*との違い．温暖な砂漠に見られるペディメント*に相当する寒冷地の地形．

繰返し双晶 repeated twinning ⇒ ラメラ

クリスタライト（晶子） crystallite
　マグマ*中で核形成*が始まった直後の，結晶質物質の胚芽形をなす顕微鏡的な大きさの結晶*．骨組みのみからなっているものが多い．クリスタライトが生成する条件はマグマの急冷*に限られ，通常，マグマが急冷した火山灰*に産する．

クリストバル石（クリストバライト，方珪石） cristobalite
　石英* SiO_2 の高温型の多形*；安定領域は常圧で1,470～1,713℃，1,713℃で石英の液相線（リキダス）*に達して溶融する；比重2.32．玄武岩*の空隙に細粒の集合体として，また接触変成作用*を受けた砂岩*に産する．

グリースバッキアン階 Griesbachian
　スキチアン統*最下部の階*．ナンマリアン階*の下位．

グリーズリテ grèze litée
　周氷河*環境の丘陵斜面で見られる，粗い岩片（径25 mm 程度）と細粒物質が互層をなす成層堆積物．凍結破砕作用*とジェリフラクション*が，凍土の融解によって生じた流水の作用と複合して形成されたと考えられる．

クリソタイル chrysotile ⇒ アスベスト；蛇紋石

グリッグ-スクエレルプ彗星 Grigg-Skjellerup
　公転周期5.09年．最近の近日点*通過は1992年7月22日．近日点距離0.989 AU*．

クリッター clitter
　南西イングランドのダートムア（Dartmoor）で，トア*をとり巻く，粗い角ばった岩屑からなる緩斜面を指す方言．更新世*の周氷河*環境でダートムア花崗岩*上に岩

海（岩塊原）*が発達し，トアが出現したときに形成された．岩屑は今日では安定し，大部分が植生に覆われている．

グリップ GRIP（グリーンランド氷コア計画 Greenland Ice Core Project）
大気および古気候学上の情報を得ることを目的として，グリーンランド氷床*から氷コア*を採取するヨーロッパの掘削計画．アメリカが実施しているギスプ*2の地点から30kmほど離れた地点で掘削．1993年に試錐は深度約3,000 mで基盤岩に到達．

クリップ波形 clipped trace
振幅をある一定のレベルでカットした波形表示．クリップした地震波形*では，通常の丸みのあるウィグル波形*に替わって，先端部分が切りとられて平坦となっている．

クリッペ klippe
造構造運動*によって生じた外座層*．ナップ*が侵食されて下盤*の上で孤立したり，ナップの前縁部が重力性滑動*によって分離したもの．〔岩礁を意味するドイツ語に由来．〕

グリードニアン階 Gleedonian
シルル系*中の階*．ウィットウェリアン階*の上位でゴースティアン階*の下位．

グリーナライト greenalite ⇒ シャモサイト；緑泥石

クリーニングアップ・トレンド（上方砂質化） cleaning-up trend（トンネル・トレンド tunnel trend）
ワイヤーライン検層（⇒ 検層）で，ガンマ線ゾンデ*の放射量検出値が下位から上位に向かって漸減すること．粘土鉱物*含有量が下位から上位に向かって少なくなっていることを示す．

クリノ- clino-
'傾斜した'あるいは'傾いた'を意味するギリシャ語 klino に由来する接頭辞．

クリノクロア clinochlore ⇒ 緑泥石

クリノシーケンス clinosequence
地表面の勾配の影響が土壌断面*に現れている土壌*のシーケンス．斜面の傾斜角が変化に富むエスカープメント（⇒ スカープ*）やドラムリン*などの地形に見られる．

クリノセム clinothem
海側の深い方に向かってゆるやかな勾配をもって延びている地層*からなる堆積物の単元．

クリノゾイサイト（斜灰簾石） clinozoisite
緑簾石*族の鉱物．$Ca_2Al_3(SiO_4)_3OH$；比重3.3；硬度*6.5；単斜晶系*［斜方晶系*であるゾイサイト（灰簾石）*と区別するためにクリノ-（斜-）*という接頭辞がつく］；灰白〜黄白色；塊状．火成岩*および変成岩*，とくに斜長岩*の斜長石*の変質産物として産する．長石*が熱水*変質によってゾイサイトまたはクリノゾイサイトに変わっている岩石はソーシュライト化しているという．⇒ ソーシュライト化作用

クリノフォーム clinoform
地震記録*断面に現れるほどに大規模な傾斜した堆積面．たとえばデルタフロント（前置斜面）*．

クリノメーター clinometer
水準器を備え，磁針と振り子が目盛のついた環の中心に組み込まれている器具．層理面*，劈開*面，線構造*，断層面*などの姿勢*（走向*と傾斜*）の測定に用いる．

クリープ creep
1. 重力によって表土が緩慢に斜面を下降する現象．表土が不安定となってクリープを起こす原因としては，(a) 凍結・融解，(b)（温度変化あるいは乾湿のくり返しによる）膨張・収縮，(c) 荷重の増大，(d) 水の潤滑作用，(e) 土中動物の活動，などがある．2. ⇒ クリープの機構．3. 長期間にわたって小さい応力*下におかれている鉱物*が示す挙動．典型的には，初期段階の粘弾性歪*を起こす一時的なクリープ（一次クリープ*）が，漸進的に純粋な粘性歪の状態に移行して，クリープの最終段階（三次クリープ）で鉱物が破断される．

グリフィス・クラック Griffith crack ⇒ グリフィスの破壊条件

グリフィスの破壊条件 Griffith failure criterion
破壊*が起こる点における剪断応力*と垂直応力*の関係を二次元で表したもの．先端に応力が集中する微視的な'グリフィス・ク

ラック'の生成，発達，合体を破壊の基本的な機構としている．臨界応力に達してクラックが十分に連なったときに破壊が起こる．

グリフィス-マーレルの破壊条件 Griffith-Murrell failure criterion

破壊*条件に中間主応力軸*（σ_2）の効果を考慮して，グリフィスの破壊条件*を三次元に拡張したもの．

クリープ火山活動 KREEP volcanism

月の海*が形成される前に起こったとされる火山活動*．これによって，K（カリウム），REE（希土類元素），P（燐）とトリウム，ウラニウム，およびそれ以外の不適合元素*の濃度が高い'クリープ玄武岩'が形成された．その岩石型は定まっておらず，これまでにいくつかの岩石試料がこれに属すると同定されているにすぎない．雨の海のアペニン・ベンチ層（Apennine Bench formation）がこのような岩石からなるとみられている．これに対して，この層もクリープ玄武岩も，隕石*が衝突し海がつくられた際に生じたメルト（溶融体）*に由来するという解釈もある．

クリープ強度 creep strength

長期間にわたり応力*を受けている岩石がクリープ*を起こし始める閾値（しきいち）で，実質上基本強度*と同義．

クリプティック紀 Cryptic

冥生代*中の紀．年代は約4,550～4,150 Ma（Harlandほか，1989）．

クリフデニアン階 Clifdenian

ニュージーランドにおける上部第三系*中の階*．アルトニアン階*の上位でリルバーニアン階*の下位．ほぼランギアン階*に対比される．

クリプトパーサイト cryptoperthite ⇒ パーサイト

クリープの機構 creep mechanisms

物質の変形機構の1つ．地表でも起こるが深部で一般的な機構．次のものがある．(a) カタクレーシスによるもの（個々の粒子または破片が機械的に回転したり，たがいにすれちがう現象．⇒ カタクレーサイト），(b) 転位クリープ（結晶*内のすべり面に沿うすべり），(c) 粒間すべり，(d) 再結晶作用*，(e) 原子の拡散*．それぞれによる変形速度は応力*，温度，応力持続時間に依存する．

クリマティウス目 Climatiiformes

棘魚綱*（きょくぎょ-）に属する化石魚類の目．骨質の顎と体骨格をもち，硬鱗*と異尾*を備えている．背鰭，胸鰭，腹鰭，臀鰭の前部にはよく発達した棘がある．この目のなかでは比較的よく知られているクリマティウス属 *Climatius* の腹部には，腹鰭に加えてさらに5対の短い鰭があった．これら'棘をもつサメ'は，真のサメ類と硬骨魚類（綱）*の中間の魚類であったようである．

グリュネル閃石 grunerite ⇒ カミングストン閃石

グリュンアイゼン率（r） Gruneisen ratios

結晶格子*エネルギー，圧力，密度を関係づけるための種々のパラメーター．主に，対流するマントル*物質の熱膨張体積弾性率*を決定するために用いる．

クーリー流 coulée flow

著しく厚いわりには短い，ブロック状の溶岩流．火山錐*または割れ目*から噴出した，流紋岩*または石英安山岩*の組成をもつ粘性*の高い溶岩*がなすことが多い．短い溶岩流がときには厚さ100 mに達することもあるため，溶岩ドーム*と溶岩流の中間の形態を呈する（フランスでは溶岩流全般をクーリーと呼んでいる）．

クリル海溝（千島海溝） Kuril Trench

太平洋プレート*と北アメリカ・プレート*との間の破壊縁（消費境界）*の一部をなす海溝*．背後にカムチャツカ半島から日本の北端まで続くクリル弧（千島弧）が延びている．

グリンカ，コンスタンチン・ディミトリービッチ（1867-1927）Glinka, Konstantin Dimitrievich

ロシア，サンクトペテルブルク大学の土壌学者．ドクチャエフ*の弟子でその研究を発展させ，集大成した．ヨーロッパ・ロシア，シベリアのほぼ全域にわたる土壌調査をおこなった．1908年に『土壌科学』（*Soil Science*）を著した．

クリント clint
 ほとんど水平の堅固な石灰岩*層の表面を敷き詰めている，溶食*によって開口した節理*（グライク*）で区切られている板状の岩．径1～2m程度のものが多い．広く地表面をなして露出している石灰岩の層理面*が，クリントで覆われているものを石灰岩舗装*という．

クリントン鉄鉱石 Clinton ironstone
 中東部アメリカの中部シルル系*クリントン累層に産する，赤色の含化石鉄鉱石．レンズ状をなしていることが多く，ウーイド（魚卵状）*組織を呈するものもある．鉱石鉱物*は赤鉄鉱*．

グリーンランド氷コア計画 Greenland Ice Core Project ⇨ グリップ

グリーンランド氷床計画 Greenland Ice Sheet Project ⇨ ジスプ

クール CHUR ⇨ コンドライト質未分化始原物体

クルジアナ属 *Cruziana*
 生痕属*の1つで，海底面上を動物（三葉虫*であることもある）が這いまわった這い痕*．中心線の両側に，2列に並んだ葉脈状の構造が見られ，それぞれに，歩行行動によって細い溝が刻まれている．⇨ 匍行痕

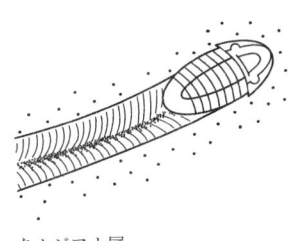

クルジアナ属

クールター計数器 coulter counter
 シルト*大から粘土*大の堆積物*の粒度分布（⇨ 粒径）を計測するための電子機器．懸濁している個々の粒子の体積を計測する．泥*の凝集体（⇨ 凝集）の粒度を計測するうえにとくに有効．砂*大の堆積物にも適用することができる．

クルーディニアン階 Crudinian
 オーストラリアにおけるデボン系*のうち最下位の階*．シルル系*の上位でメリオニアン階*の下位．ヨーロッパのジュディニアン階*にほぼ対比される．

踝（くるぶし） malleolus
 脊椎動物*の後肢下部の脛骨*と腓骨*の末端にある小さい突出部．人間では足首にあるこぶをなす．

グルーブマーク groove mark
 流水によって引きずられて移動する物体が，泥質の層の表面につけた直線状の細い溝．溝の方向は流向と平行．グルーブが堆積物*によって埋められるとグルーブキャストとして上位の地層*の底面に保存されることになる．

クルーラ crus（複数形：crura）
 腕足類（動物門）*の腕殻の殻頂*側に見られる，腕骨*を支えるための石灰質突起の1つ．

グレイン grain
 採石業：岩石の分界面を指す．採石現場で岩石が最も容易に割れる方向．

グレインストーン grainstone（lime grainstone）
 ダナムの石灰岩分類法*による石灰岩型の1つ．泥質基質*を欠き，粒子支持*されている粒子からなる石灰岩*．

クレセント-マッシュルーム crescent and mushroom
 2つの褶曲*系が重複することによって，平面上にクレセント（三日月）とマッシュルーム（きのこ）に似た形態が交互に現れる構造パターン．'ドーム-クレセント-マッシュルーム' とも呼ばれる．⇨ 干渉縞

クレーター crater
 1. 火口：現在または過去に，火山ガス，テフラ*，溶岩*などを放出する火山活動*によってつくられた，円形で漏斗型の凹地．直径は1km程度以下．いくつかの型がある．火山錐*頂上のクレーターはガスとマグマ*放出物の噴出口．マール*は爆発的な噴火*によるもので，湖を抱えていることが多い．カルデラ*は直径1km以上の大きい火山性陥没地形．**2**. 隕石孔：アリゾナ州のメテオール・クレーター（Meteor Crater）のように，地球外物体の衝突によってつくられたほぼ円形の凹地．隕石*クレーターは衝突のエ

ネルギーにより強く圧縮され，熱せられた岩石が外側と上方に向かって爆発することによってつくられる．このため形成時には円形であることが多い．衝突を受けた岩石とは層序*が逆になっているエジェクタ・ブランケット*と地形的な高まりをなす縁によって特徴づけられる．⇨ シャッター・コーン

クレーター状 crateriform
'クレーターに似た形の'の意．すなわちエジェクタ・ブランケット*にかこまれ，縁が高くなっている凹地．

クレーター・テレーン単元 Cratered units ⇨ 火星のテレーン単元

クレーター平原 Cratered Plains ⇨ 火星のテレーン単元

クレーター密度計測 crater density studies (crater counting)
観測される隕石*衝突クレーター*の密度から，惑星または衛星*表面の相対年代*を推定しようとする試み．隕石の落下量を定量化することができれば（たとえば年代決定されている月面から），この方法によって絶対年代*を得ることもできる．問題は，初生クレーターと二次クレーター〔初生クレーター形成時に飛び散った破片がつくったクレーター〕との識別および十分な数のクレーターの有無，である．

クレッシダ Cressida（**天王星 IX** Uranus IX）
天王星*の小さい衛星*．半径33 km，1986年の発見．

グレード grade
土木工学：道路の勾配．

クレバス crevasse
氷河*表層数mの脆性部分で，引張応力*が氷の剪断強度*を超えて生じる深い割れ目．引張応力は，氷河が上方に凸の斜面を通過する際にとりわけ発生しやすい．

クレバス充塡堆積物 crevasse deposit
氷河*のクレバス*を埋める礫質ないし砂質の堆積物．

グレビュール glaebule ⇨ カリーチ（カルクリート）

グレープストーン grapestone
炭酸塩ペロイド*（⇨ ペレット）または他の粒子の集合体が，藻類*またはミクライト質セメント*（⇨ ミクライト）によって結合されて生じた粒子．ぶどうの房に似た外観を呈する．潮間帯*の沖側の低エネルギー環境で形成される．

クレフヤキンスキアン階 Krevyakinskian
ロシアの上部石炭系*カシモビアン統*中の階*．ミャフコフスキアン階*（モスコビアン統*）の上位でチャモフニチェスキアン階*の下位．

グレーボー，アマデウス・ウィリアム(1870-1946) Grabau, Amadeus William
アメリカの地質学・古生物学者．ニューヨークのコロンビア大学教授．中国で地質調査をおこなった．1940年，地殻*は律動的に発達し，造山運動*がくり返すという説を発表．

クレメンタイン Clementine
NASA*とアメリカ国防総省が1994年1月に打ち上げた月面探査機．月周回軌道での写真撮影の任務を終えて，3月3日軌道を離れて小惑星*ゲオグラフォス*に向かった．5月7日，搭載コンピュータの機能不全のため高度制御用の推進剤がなくなり，小惑星探査の断念を余儀なくされた．その後バンアレン帯*をくり返し通過する地球軌道に入り，そのデータの送信を続けた．

グレーレベル grey level
黒から白にわたる灰色の色調に目盛をつけた尺度．リモートセンシング*の感光レシーバーに電磁放射*が入射すると，放射の強度に比例した電流が発生する．レシーバーは，通常，特定の波長帯域*に合わせてあり，各レシーバーからの信号を増幅してその強度を0（黒）から256のレベルに分類する．これは個々のピクセル*単位のデジタル数値*であり，これらを総合して1つのリモートセンシング画像を得る．多重スペクトル走査では，デジタル数値は，通常10から12のグレー尺度帯に分類するが，灰色（明るさ）を256までの明暗度で表すこともある．

グレーワッケ greywacke (graywacke)
基質*を15%以上含み，組織的にも鉱物学的にも未成熟な砂岩*．石英*，長石*，岩片などの円磨度*が低い粒子と細粒の粘土鉱

物*（緑泥石*，炭酸塩鉱物*など）の基質からなる．

クレンアーキオータ界 Crenarchaeota（始原菌*ドメイン* domain Archaea）
　2つある始原菌の界のうちで派生形質*に乏しい，すなわち原始的なグループで，超好熱性古細菌*や好冷性古細菌*からなる．クレンアーキオータのグループは，ユーリアーキオータ*よりも真核生物*や真正細菌*との発生学的共通性が高い．

グレンツ層準（再生層準） Grenz horizon ⇒ サブアトランティック期

グレンビル造山運動 Grenvillian orogeny
　約1,000 Maに終わった造山運動*．その範囲は，今日のコロンビア，メキシコから北アメリカ東部，東グリーンランド，スカンジナビア（ここではダルスランド造山運動*またはゴート造山運動と呼ばれている）に及ぶ．造山帯*は，ヒューロン湖北岸から北東方のカナダ楯状地*南東部にかけて良好に残されている．大西洋を開口させたプレートの運動*が原因で，北西方向に転位する造山帯をつくった．

クロイアン統 Croixian
　北アメリカにおける上部カンブリア系*中の統*．メリオネス統*に対比される．

グロウコニー glaucony
　海緑石*族の鉱物粒子が含まれていることによって緑色を帯びている海成堆積相．大陸縁（辺部）*や海洋中の高まりの上に堆積する．鉱物学的に異なる物質が海緑石族の自生*鉱物に置換されて生じたものであるので，構成鉱物は多様である．

黒雲母 biotite
　雲母*族の重要な珪酸塩鉱物*．$K_2(Mg, Fe)_6[Si_3AlO_{10}]_2(OH, F)_4$の一般式で表される雲母族のうち，Mg/Fe比が2/1以下のもの；金雲母*（組成は同じであるが，Mg/Fe比が2/1以上）と系列をなし，Fe^{3+}，Ti^{4+}，Mg^{3+}を含むことがある．比重2.7～3.3；硬度*2～3；単斜晶系*；黒，暗褐，帯緑黒色；ガラス-*～亜金属光沢*；結晶形*は六角板状，葉状の集合体や葉片状のものもある；劈開*は底面{001}に完全．花崗岩*，閃長岩*，閃緑岩*などの火成岩*，片岩*や片麻岩*などの広域変成岩*と接触変成岩*のほか，堆積岩*にも産する．

黒雲母岩 glimmerite
　ほとんど金雲母*または黒雲母*のいずれかの暗雲母*のみからなるまれな超塩基性岩*．キンバーライト*・パイプの捕獲岩*として，あるいは古い基盤片麻岩*中に見られる．この産状から深部起源であることがうかがわれ，火成岩*よりは変成岩*とみなされている．

グロー曲線 glow curve ⇒ 熱発光

黒潮 Kuroshio current
　フィリピンから北方に日本列島沖を経て北太平洋まで流れる暖流で，熱を北極方向に輸送している西岸強化海流*．流速が大きく（3 m/秒に達する），幅はせまく（80 km以下），比較的深い．その強さはメキシコ湾流*についで2番目．輸送量は変動するが，通常およそ$4\times10^7 m^3$/秒．

クロシドライト（青石綿） crocidolite ⇒ アスベスト；リーベック閃石

グロシフンギテス属 *Glossifungites*
　まれに枝分かれする，独立した鉛直のU字型巣孔*の生痕化石*．これをつくった動物の摂食習性のちがいにより，食料を探して動きまわる動物のものであれば一時的なすみか，浮遊物食者のものであれば定常的な巣孔ということになる．グロシフンギテス群集は潮間干潟*から潮下帯*に特徴的な生痕．

グロージャーの法則 Gloger's rule
　昆虫，鳥，哺乳類の多くの種は，一般に乾燥気候下に生息する個体のほうが湿潤気候下に生息するものよりも明るい色彩を呈している，とするもの．湿潤な生息域は広く植生で覆われており，明るい色彩を欠いているため，この現象は偽装適応として説明されよう．ただし，この法則に合わない事例が数多く知られている．⇒ アレンの法則；ベルクマンの法則

グロシュラー grossular
　ざくろ石*族の鉱物．$Ca_3Al_2Si_3O_{12}$；比重3.5；硬度*7；三方晶系*；緑～黄褐色；結晶形*は良好あるいは粒状．変成*した不純な石灰岩*に産するほか，砕屑物*にも含まれている．用途は研磨剤および宝石*．

クロスセット cross set ⇒ 斜交葉理

クロスデーティング（年輪合わせ） cross-dating

　特定地域の樹幹や樹木破片の年輪幅のパターンや性状をたがいに照合すること．これによって，生きている樹木と最近の切り株について擬似年輪の存在や年輪の欠落を明らかにし，1つ1つの年輪が形成された年を正確に決定することができる．さらに，生きている樹木と古い（たとえば建築）木材の年輪を照合することによってさらに古い時代の編年が可能となる．

グロソプテリス植物群集 *Glossopteris* flora

　アフリカ南部，オーストラリア，南アメリカ，南極大陸，インドに分布するペルム紀*氷河堆積物は，北アメリカとヨーロッパの植物群集とは著しく異なる群集を含む堆積物に覆われている．これら当時の南半球の植物群集は寒冷湿潤環境に生息したもの，一方北半球の群集は温暖環境下のものである．南半球の群集には長い舌状の葉をもつ植物が卓越しており，そのうち最もよく知られているのがグロソプテリス属 *Glossopteris* とガンガモプテリス属 *Gangamopteris* である．このうち，グロソプテリスがこの植物群集の名称となっている．グロソプテリス属は明瞭な中央脈と網目状の脈系のある葉によって特徴づけられる．グロソプテリス・インディカ *G. indica* はグロソプテリス属ならびにグロソプテリス科の最後の種である．この種はインドの三畳系*から知られている．

黒電気石 schorl

　電気石*の黒い不透明な変種．イギリス，コーンワル州の花崗岩*に見られるように，放射状に延びる針状結晶*をなす．

クロトニアン階 Crotonian ⇒ 第四紀

クロトビナ krotovina (crotovina)

　別の層準*からの生物源または非生物源物質により埋められている動物の巣孔*．

クロノゾーム chronosome

　形成年代が明確な面によって限られている堆積岩*層の単元．

クロノメア chronomere

　地質時代におけるある時間間隔を指す語．

グローバル・テクトニクス global tectonics

　地球で進行している大規模な相対運動にかかわる研究．基本となる考えは次の通り．(a) かならずしもプレート*が関与しているわけではない（事実，プレートの運動*は前期原生代*が最初と推定されている），(b) 地球のある部分におけるエネルギーの変化が他の部分に影響を及ぼす，(c) 大規模な造構造運動*は他の多くのシステム，たとえば地球全体の気象系，進化，天然資源の形成に変化をもたらす．

グロビゲリナ軟泥 *Globigerina* ooze

　堆積物の30％以上がグロビゲリナ属 *Globigerina* を主とする浮遊性有孔虫（目）*からなる深海軟泥*．最も広範な遠洋性*堆積物で，深海底の50％ほどに分布し，西インド洋，中央大西洋，赤道・南太平洋の海底の大部分を占める．含まれる種は気候・水温の指示者として利用されている．グロボロタリア・メナルディ *Globorotalia menardii* は温暖条件を，グロビゲリナ・パキデルマ *Globigerina pachyderma* は寒冷条件を示すとされる．グロボロタリア・トゥルンカトゥリノイデス *G. truncatulinoides* には左巻きと右巻きのものがあり，前者が寒冷，後者が温暖条件の指示者とされている．

クローマー Cromerian

　1. クローマー亜間氷期：北ヨーロッパにおける亜間氷期*．年代は 0.6〜0.55 Ma．アルプス地方のギュンツ/ミンデル間氷期*にほぼ相当する．**2**. クローマー層：イングランド，ノーフォーク州のウェスト・ラントン（West Runton）で見いだされた中期更新世*の温暖期堆積物で，氷河堆積物により覆われている．河口成の砂*・シルト*および淡水性泥炭*（上部淡水泥炭層）からなり，温暖森林の植物化石群を含む．大陸ヨーロッパではこれに対比される堆積物は知られていない．

クロマトグラフィー chromatography

　移動相（気体あるいは液体）と固定相（固体あるいは液体を塗布した固体）の間でくり返し分配することにより，混合物の成分を分離する分析技術．2つの相*への成分分子の

分配は，成分ごとにクロマトグラフィーの仕様（たとえば，ゲル濾過法あるいはイオン交換法）や移動相の動きに依存する（このため不等移動が起こり，固定相での成分の分離が生じる）．

クロムウエル海流 Cromwell current ⇨ 赤道潜流

クロム鉄鉱（クロマイト） chromite
　マグネシオクロム鉄鉱（$MgCr_2O_4$）とともに，スピネル*のグループに属するクロム鉄鉱族の鉱物．$Fe^{2+}Cr_2O_4$；比重5.1；黒色；亜金属光沢*；結晶形*は立方体であるが，通常は塊状または粒状集合体．塩基性*〜超塩基性岩*に産する．クロミウムの主要な鉱石鉱物*．

クロム透輝石 chrome diopside ⇨ 透輝石

クロラルガル- chloralgal
　サンゴの生息限界よりも塩分濃度*が高い環境で見られる緑藻類（門）*群集に冠される．特徴的な石灰質堆積物を形成する．→クロロゾア-；フォラモル-

グロリア GLORIA ⇨ 広範囲傾斜地質探査アズディク

クロリトイド chloritoid（**オットレ石** otterlite）
　ネソ珪酸塩*鉱物．$(Fe^{2+}, Mg)(Al, Fe^{3+})Al_3O_2[SiO_4]_2(OH)_4$；比重3.51〜3.80；硬度*6.5；単斜晶系*または三斜晶系*；暗緑〜黒色；結晶形*は板状，擬六方体．低変成度の広域変成作用*を受けた，Fe^{3+}/Fe^{2+}比が高いペライト*に産し，重要な変成度*指標鉱物*．黒雲母*とともに生成し，温度・圧力が増大すると十字石*に変わる．

クロロゾア- chlorozoan
　海水温が常に20℃を上まわり，塩分濃度*が32〜40パーミルである低緯度浅海域に生息する石灰藻類（緑藻門*），造礁*サンゴ，軟体動物（門）*の群集に冠される語．特徴的な石灰質堆積物を形成する．→クロラルガル-；フォラモル-

グローワン growan ⇨ サプロライト

クロン chron
　1．年代層序単元*の年代帯（クロノゾーン）*に対応する，地質年代単元*．通常，化石分帯*に基づいて設定される（⇨ 生物年代）．**2**．地球磁場*が一定の極性を保っている時間帯（磁極期*）．ギルバート・クロン*のように広く受け入れられているクロンでは，英語表記の頭文字を大文字とする（Gilbert Chron）．

クロンステッダイト cronstedite ⇨ シャモサイト

クーロンの破壊条件 Coulomb failure criterion
　破壊*が起こる面に平行に作用する剪断応力*（τ）と垂直に作用する垂直応力*（σ）の関係．破壊後の垂直応力σ_0と破壊角ϕの関係は，$\sigma=\sigma_0+\tau\tan\phi$と表され，$\sigma_2$（⇨主応力軸）は脆性*破壊強度に関与しないことがわかる．

クロンメリン彗星 Crommelin
　公転周期27.89年．最近の近日点*通過は1984年9月1日．近日点距離は0.743AU*．

群（グループ） group
　〔1つの発信源について〕設置される数個〔通常は9個〕のジオフォン*．個々のジオフォンが受振した地震波*信号は加算されて1つのチャンネル（受振成分）を構成する．1チャンネルあたりにとくに多数のジオフォンを使用する場合は'パッチ'ということがある．⇨ 群列

クンカー kunkar
　オーストラリアでカリーチ*を指す語．

群間隔（グループ間隔） group interval
　隣接するジオフォン*群*の中央点間の水平距離．

クングリアン Kungurian
　1．クングリアン期：前期ペルム紀*最後の期*．アルティンスキアン期*の後でウフィミアン期*（後期ペルム紀）の前．年代は259.7〜256.1 Ma（Harlandほか，1989）．**2**．クングリアン階：東ヨーロッパにおけるクングリアン期に相当する階*．白底統（Weissliegende；西ヨーロッパ），上部レナーディアン階*（北アメリカ），タエ・ウェイアン階（ニュージーランド）にほぼ対比される．境界と対比*に不確実な点があるため，この階の岩石がアルティンスキアン階あるいはウフィミアン階とされたことがある．

群　集　community
　生態学で一般的に用いられる用語で，ある環境のなかで共存している，異なる生物からなる集団のこと．基本的には，生態系*のなかの生命に関する要素を指す．生物は競争や捕食，相利共生（⇨ 共生 **2**）によりたがいに影響を及ぼし，群集に構造（階層性）をつくりだす．ある特定の広域気候条件下に広く認められる特徴的な極相群集（⇨ 極相生痕化石）を生物群系と呼ぶ．

群集古生態学　palaeosynecology
　過去の植物および動物の集団とそれを構成していたすべての種に関する研究をおこなう古生物学*の1分野．

群集帯　assemblage　zone（**共存帯** coenozone, **動物群化石帯** faunizone）
　固有の動物群集あるいは植物群集を産する地層*に対して用いる生層序単元*または層準*．代表的な1つあるいは複数の産出化石*に基づいて群集帯の名称を付ける．帯名となる化石はそのタクソン*の生存期間とは無関係に選定されるので，群集帯は環境に関わる意義が強い単元である．→ 共存区間帯

群集変遷　faunal succession　⇨ 地層同定の法則

群速度（波の）　group speed（of wave）
　深水領域では，個々の波は波群（はぐん；wave group）中をそれより速い速度で前進する．波群の形は，波源から前進する波長（と速度）の異なる波が干渉することによってつくられる．群の背後に生じた新しい波が群の前面に達すると振幅を失って消滅する．群速度は群を構成する個々の波の速度の半分である．

群速度（U）　group velocity
　波連*の包絡線が移動する速さ．位相速度*と対置して使用される．

群島（多島海）　archipelago
　島嶼の集団，または多数の島嶼が散在している海．

群　列　array
　地震探査*ではジオフォン*やショット*地点を，比抵抗探査法*では電極を1列に並べるなど，地球物理探査機器の空間的な配置または配列．⇨ 電極配置

ケ

ケアフェ統　Caerfai
　カンブリア系*最下位の統*．年代は約570～536 Ma（Harlandほか，1989）．コムリー統（Comleyまたは Comely）と呼ぶ研究者もいる．トモティアン*，アッダバニアン*，レーニアン*の各階からなる．エディアカラ統*（先カンブリア累界*）の上位でセントデービッズ統*の下位．→ ウォーコバン統

系　system
　1．地質年代単元*の1つである紀*に対応する年代層序単元*．統*に細分される．いくつかの系が界*をつくる．公式に*用いる場合には，Devonian System（デボン系)*のように頭文字を大文字とする．**2**．地形学：たがいに関連しあっている事物や変数の自然界における配列形態．系全体がもつ特性は個々の構成要素の特性を合わせたものよりも大きい．通常はエネルギーと物質の収支（インプットとアウトプット）が均衡して安定している．系の均衡は内因性または外因性の変化によって破られる．変化が小さければ系は速やかに均衡をとり戻す．変化が極端であれば新たな均衡が築かれる．たとえば，降水を受け取り，水・岩屑・風化*産物を排出している丘陵斜面の断面形態は，この収支の均衡に見合っている．降水が増大して地すべりが発生すれば，この均衡は破られ，やがて新たな均衡に達するであろう．数種の系が認定されている．⇨ カスケーディング・システム；制御系；形態系；営力対応系

頸（額）　occipital
　三葉虫*の頭部*後端の部分．

珪亜鉛鉱　willemite
　鉱物．Zn_2SiO_4；比重 4.0；硬度*5.5；三方晶系*；黄緑色，褐または白色のこともある；ガラス光沢*；結晶形*は角柱状，通常は粒状，塊状の集合体；強い蛍光を発する．主に亜鉛鉱床*の酸化帯に産する．英語名称

はオランダ国王ウィリアム1世に因む.

傾圧- baroclinic
1. 前線*付近で見られるように, 等圧面と等密度面が平行となっていない大気の状態を指す. 2. 等圧面が等密度面と交差している海洋の状態を指す. この状況下では海水の密度勾配は海水の性質（水温と塩分濃度*）および圧力（深度）に依存する. → 順圧-

珪灰石 wollastonite
ネソ珪酸塩（鎖状珪酸塩）*鉱物. $CaSiO_3$; 輝石*に類縁であるが原子格子*が輝石とは異なるので準輝石と呼ばれる [準輝石にはほかに, ペクトライト $Ca_2NaH(SiO_3)_3$ とばら輝石*がある]; 比重 2.8～3.1; 硬度* 4.5～5.0; 三斜晶系*; 白～灰色; ガラス-*～真珠光沢*; 結晶形*は板状, 角柱状であるが, 塊状で割れやすいものや繊維状のものもある; 劈開*は {100} に完全. 変成*した珪質石灰岩*とアルカリ火成岩*に方解石*, 緑泥石*, 透閃石*とともに産する. 塩酸に溶けてシリカ*を分離する. 繊維が長く強度のある岩綿の原料. 英語名称はイギリス人鉱物学者ウォラストン (W. H. Wollaston) に因む.

珪殻 frustule
珪藻がもつ珪質の壁. ⇒ 珪藻綱

珪化作用 silicification
非珪質岩に浸入した地下水*または火成岩*源の流体からの隠微晶質*シリカ*が, 間隙*空間を充填したり鉱物*を置換すること.

珪岩（クォーツァイト） quartzite
主として石英*からなる変成岩*で, 通常, 石英砂岩が変成作用*を受けて生成する. 変成作用と同時に変形作用が進行すると, 石英結晶*粒が引き延ばされて定方向配列*をなし, 岩石に面状または線状のファブリック*が現れる. 非変成の石英粒と石英セメント*からなる砂岩*である正珪岩（オーソクォーツァイト）と区別して, 変成岩であることを強調するために, メタクォーツァイト (metamorphic quartzite の略語 metaquartzite) とも呼ばれる.

鶏冠石 realgar
砒素の鉱石鉱物*. As_2S_2; 雄黄（ゆうおう; As_2S_3）とともに産し, たがいに漸移する; 比重 3.6; 硬度* 1.5～2.0（ナイフで切ることができる）; 単斜晶系*; 赤～橙～黄色; 透明～半透明; 条痕*黄赤色; 樹脂光沢*; 結晶*はまれ, 短柱状で条線をもつ, 粒状, 塊状, 緻密であることもある; 劈開*は卓面に良好. 温泉や石灰岩*, 苦灰岩*に産する. 変質すると黄色の粉状となる.

ゲイキー, アーチバード（1835-1924） Geikie, Archibald
1881年から1901年までイギリス地質調査所長. 氷河と河川による侵食を研究. 削剥速度から地球の年齢の算定を試みたが, これがケルビン*との確執の原因となった. 地質学史研究の草分けでもあり, その著『地質学の創始者達』(Founders of Geology) (1897, 1905) において同郷のスコットランド人ハットン*の業績を高く評価した.

珪孔雀石 chrysocolla
銅の水和珪酸塩鉱物*. $CuSiO_2·2H_2O$; 比重 2.0; 硬度*はさまざま; 青緑色; 光沢*はさまざま. 銅に富む鉱床*の風化作用*によって生成する. 硬度の高いものは, カット, 研磨して宝石*として用いる.

茎孔 pedicle foramen
腕足類（動物門）*の茎殻（腹殻）に見られる, 肉茎*を外に出すための孔. 丸いものや, 三角形の切れ込み状のものなどがある.

蛍光 fluorescence
ルミネセンス*の一種. 電子*が高いエネルギー状態から元の低いエネルギー状態に戻るときに原子や分子が発する放射. この語はエネルギーの吸収と発光の間隔が極めて短い（10^{-3} 秒以下）場合に限定して用いられる. ⇒ 燐光; 蛍光X線; 蛍光X線分析法

蛍光X線 (XRF) X-ray fluorescence
X線やガンマ*によって励起されて生じた, 電子*の存在しない内殻軌道が, 外殻軌道の電子によって満たされるときに放出される二次X線. X線の性状は励起された原子によってきまる.

蛍光X線分析法 X-ray fluorescence spectrometry
放射される蛍光X線*の強度を利用して元素の濃度を決定する分析法. 広範囲にわたる元素に適用される. X線ビームによって

励起された試料の原子が元の状態に戻る際に，原子核に近い電子*は二次あるいは蛍光X線を放出する．d間隔（⇒ 共有結合半径）のわかっている純粋な分析用結晶*での回折により波長の短いX線が選別される．ブラッグの公式，$n\lambda = 2d\sin\theta$（⇒ ブラッグの法則）にしたがって，分析しようとする元素に特有の波長の放射を検出する値にθを設定する．測定された放射強度の標準物質に対する相対値はその元素の濃度に比例する．この技術は岩石の化学分析に広く利用されている．

蛍光分析計 fluorometer
　試料に単色の放射を照射して，試料から放射される蛍光*を測定する分析機器．主に化学分析で用いる．

渓谷風 ravine wind
　高地の障壁をせまい谷または渓谷を通って吹き抜ける風．谷の上下両端間の気圧傾度によって発生し，気流が谷に集中するチャンネル効果によって風力が強まることが多い．

脛　骨 tibia
　四肢脊椎動物（上綱）*の後肢下部の中軸内側にある骨（'向こうずね'の骨）．

珪砕屑性堆積岩 siliclastic sedimentary rock
　珪酸塩鉱物*および岩片からなる堆積岩*．すなわち，泥岩*，砂岩*，礫岩*．

珪酸塩鉱物 silicates
　造岩鉱物のなかで最も重要で豊富なグループ．このグループの鉱物の基本的な構成単元であるSiO_4正四面体の配列構造にしたがって分類される．(a) ネソ珪酸塩*；独立したSiO_4正四面体が陽イオン*によって結合されている（かんらん石*族）．(b) ソロ珪酸塩；2個のSiO_4正四面体が1個の酸素を共有している（緑泥石*族）．(c) サイクロ珪酸塩*；3個，4個または6個のSiO_4正四面体が結合して環をつくっている［たとえば斧石（おのいし）*や電気石*］．(d) イノ（鎖状）珪酸塩*；SiO_4正四面体が2個の酸素を共有して単鎖をつくっているもの（輝石*族）と，2個または3個の酸素を交互に共有して複鎖（帯状珪酸塩）をつくっているもの（角閃石*族）とがある．(e) フィロ（層状）珪酸塩*；SiO_4正四面体が3個の酸素を共有して平坦な層をつくっている（雲母*族）．(f) テクト珪酸塩；SiO_4正四面体が4個すべての酸素を共有して三次元的な構造をつくっている（長石*-石英*族）．

形　質 character
　生物の表現型*に認められる広い意味での特性．同じ種のなかでも，個体の間に遺伝的な形質の差異が存在することがある．

形質状態 character states
　形質*の具体的な状態を指す．たとえば，'角'という形質には'まっすぐ'や'巻いた'などの形質状態がある．形質状態とその方向性*を適切に解釈することが分岐解析*の主要なテーマの1つといえる．

珪質シンター（珪華） siliceous sinter
　間欠泉*や温泉*の噴出口のまわりに見られるシリカ*に富む沈殿物．大量に含まれていた溶解鉱物質が，大気に接して急冷した水から沈殿したもの．

珪質軟泥 siliceous ooze
　生物源の珪質物質を30％以上含む遠洋性*の深海底細粒堆積物*．放散虫*と珪藻*の殻*が大部分を占め，4,500 m以深に産する．

傾　斜 dip
　層理面*，断層面*，劈開*面などの面構造が水平基準面*となす角度．真の傾斜*は面の走向*と直交する鉛直面で得られる．走向に直交しない面で測った傾斜角は見かけの傾斜*で，真の傾斜よりも小さい．

傾斜移動断層 dip-slip fault
　相対転位が断層面*の傾斜*に平行な断層．傾斜移動断層も実際には走向移動*の成分をいくらかもっていることが多い．⇒ 断層

傾斜計 tiltmeter
　地表面の勾配の変化を測定する計器．3つの水槽を離れた地点に設置して管で連結する．各水槽の相対的な水位のわずかな変化をレーザー技術によって精確に測定し，傾きの方向と大きさを監視する．数分の1ラジアンという小さい変化も検知することができる．活火山で噴火前および噴火中の地表面の隆起・沈降速度を測定するうえにとくに有効．地表面が大きく膨らんでいる領域は，マグ

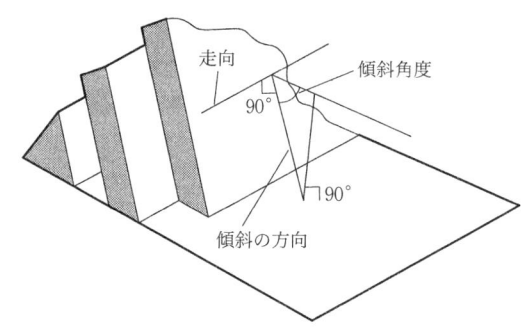

傾斜

マ*が火山体のなかで高いレベルにまで上昇している部分であることが多く，噴火が予想される地点を特定するうえで重視される．

傾斜計検層　dipmeter logging

試錐孔*内で層理面*の傾斜角と傾斜方向を測定する地球物理検層．たがいに90°をなす4個の比抵抗測定器からなる装置を孔壁にあてがって（⇨ 比抵抗探査法）地表まで引き揚げる．電気比抵抗が異なる地層（たとえば粘土*層，多孔質砂層）に対して水平層では即座に反応するが，傾斜層ではその傾斜角に応じた遅れが生じる．このデータをコンピューター処理して，傾斜角と傾斜方向を表すタドポール*・プロットをつくる．データに基づいてテクトニックな構造も堆積構造*も識別可能と喧伝されているが，実際にはデータが一義的でないことが多く，解釈にあたっては十分な注意が必要．

傾斜斜面　dip slope

地層*の真の傾斜*と同じ方向に，多くは同じ角度で傾斜する地形面〔すなわち層理面*そのものが地表面となっている斜面〕．ケスタ*や扁谷*地形でふつうに見られる．

傾斜褶曲　inclined fold

褶曲軸面*の傾斜角が10°から80°の範囲の褶曲*．褶曲面の最高点と最低点はかならずしもヒンジ*とは一致しない．⇨ 過褶曲；正立褶曲；横臥褶曲

傾斜断層　dip fault

走向*が地層の傾斜*と平行な断層*．

傾斜不整合　angular unconformity

2つの堆積期の堆積物の間に介在する非調和的*な接触面．下位の古い地層*は若い地層の堆積前に褶曲*を受け，隆起して侵食*されているため，若い地層は古い地層を切っている．⇨ 不整合

形状計測解析　morphometric analysis ⇨ 流域形状計測

形状要素　form factor ⇨ 流域形状指標

形成年代　formation age

岩石や隕石*が形成されてから経た時間．気体の娘同位体*の損失がなかったと仮定して放射年代測定*によって求める（⇨ 気体保持年代）．例外はあるものの，大部分の隕石の形成年代は45億年．⇨ シャゴッタイト－ナクライト－シャシナイト隕石

脛　節　tibia

昆虫類（綱）*の脚のなかで，体側で腿節（'大腿'）と，先端側で跗節（'足'）と関節する細長い肢節．

珪線石　sillimanite（**フィブロライト** fibrolite）

ネソ珪酸塩*鉱物．同じ化学組成 Al_2SiO_3 をもつ3種の多形*の1つ；他の2つは紅柱石*と藍晶石*；比重3.23；硬度* 6.5〜7.5；斜方晶系*；無色；結晶形*はダイヤモンド形の断面形をもつ長柱状，または繊維状，フェルト状の集合体．接触変成帯*の最も内側の帯または高度の高温・高圧広域変成帯*に産する．英語名称は19世紀のアメリカ人鉱物学者シリマン（B. Silliman）に因む．

K 選択（K 淘汰） K-selection

安定した環境で平衡状態にある種の戦略．競争能力を最大限に高めるような方法で子孫を増やす生物に働く自然選択*．最も典型的なものは，安定した環境資源が得られる状況への反応である．K 選択をとる集団では，低い出生率，高い生存率，そして晩熟や世代時間の延長が見られる．'K' は，S 字型の個体群成長曲線（ロジスティック曲線）を示す種集団を環境が収容する能力を意味する．
→ R 選択

珪藻綱 Bacillariophyceae（**珪藻類** diatoms）

単細胞藻類*からなる綱．多くは単体であるが，群体あるいは糸状をなすものもある．細胞の大きさは $5\sim2,000\,\mu m$，壁（珪殻*）は珪質で2枚の殻からなる．1枚の殻がもう1枚の殻に，ちょうど弁当箱の蓋のように重なっている．通常，珪殻は細かい装飾をもち，微小な孔で貫かれており，全体が多孔質の膜で覆われている．知られている2つの目のうち，中心目（中心類珪藻）は丸く放射相称*で，海水環境に多く生息している．一方，羽状目（羽状類珪藻）は楕円形で左右相称*，淡水環境に多く見られる．珪藻の殻は，白亜紀*以降の深海堆積物の主要な構成要素となっている．最古の珪藻は，ジュラ系*から知られているピクシディキュラ・ボレンシス *Pyxidicula bollensis*．⇨ 珪藻土；珪藻軟泥

珪藻土 diatomaceous earth (kieselguhr), diatomite

湖沼または深海環境で堆積した珪藻化石*からなる堆積物*．〔一般に diatomaceous earth が固結していないものを指すのに対し，diatomite は軟質岩石となっているものを指す．〕珪藻の細胞壁はシリカ*からなるので珪藻土は珪質．さまざまな工業的用途に供される．金属研磨用の軟質研磨剤，精糖用の濾過材，ボイラーや溶鉱炉の絶縁材，爆発物の梱包材（通称 'キーゼルグール'〔珪藻土を意味するドイツ語〕）など．大量の珪藻土がカリフォルニア州ロンポク（Lompoc）で採掘されている．⇨ 珪藻綱；放散虫岩

珪藻軟泥 diatom ooze

珪藻（綱）*の細胞壁が30％（重量）以上を占める軟らかい珪質の深海堆積物．南極大陸の周囲や北太平洋の高緯度海域で卓越しているが，北大西洋では大陸からの陸源堆積物の量が珪藻を大きく上まわっている．⇨ 放散虫軟泥

珪素 '燃焼' silicon 'burning'

太陽〔恒星〕の進化過程で，$3\times10^9\,K$ の温度で珪素がマグネシウムと硫黄とともに '燃焼' して，'鉄のピーク' をなす元素（すなわち，Cr, Mn, Fe, Co, Ni）が生じる現象．⇨ 炭素−；ヘリウム−；水素−；酸素 '燃焼'；元素の合成

形　態 morphology

個々の生物の形と構造．

形態学的作図法 morphological mapping

地表面の形態を地形図として表現する方法の1つ．地表面は，勾配または曲率が一様で，斜面の急変または漸移的な変化をもって境される多数の地形単位に分割することができるという仮定に基づく．斜面の変化の性状を，地形図上に基準記号の組み合わせで表す．

形態空間 morphospace

理論形態学*：進化するタクソン*がある1組の初期パラメーターからとりうる，すべての可能な形態*のこと．

形態群 phenon（複数形：phena あるいは phenons）

形態*の類似した個体からなる生物の集団．形態群は同じタクソン*に属することも属さないこともある．

形態系 morphological system

地形がなす系*において各種物理的特性の間に見られる関係を指す，地形学の理論的な概念．たとえば，浜*の物理量（海方向への斜面の傾斜角，平均粒径，間隙率，水分含有量）はたがいに規則正しい関係にあり，谷壁斜面の形態は土壌と植生の特性と密接な関係がある．

形態形成物質（モルフォゲン） morphogen

化学物質など，それにさらされた生物の形態*形成に影響を与える物質．

形態種 morphospecies
　何らかの形態*が他のすべての種と異なることを根拠に識別された生物種.

形態属 form-genus
　系統的関係を反映していない人為的なタクソン*で便宜的に用いられる属名. 古植物学では, 化石植物全体の形態*が不明な場合が多く, 分離した個々の部分の化石（たとえば葉や種子, 茎, 根など）を形態の類似性に基づいて形態属に分類する. 後にその植物全体の化石が発見されて, 2つ以上の形態属が1種の植物に由来することが明らかになることもある. たとえば, 古生代*後期の代表的な植物化石であるレピドデンドロン属（⇒レピドデンドロン・セラギノイデス）とスティグマリア属*は, 1つの植物（リンボク）の樹皮と根にそれぞれつけられた別の形態属名である. ⇒ コルダイテス目；カラミテス・システィフォルメス

形態測定学 morphometrics
　生物のかたち（形態*）の計測を用いる分類学*の手法で, 主に多変量解析*による.

形態粗度 form roughness ⇒ 底面粗度

形態ファブリック shape fabric
　鉱物*粒子の方向性が粒子の形態によってきまるファブリック*. したがってファブリックは歪楕円体*の形でモデル化することができる. テクトナイト*は形態ファブリックによって3種類に分類される. Lテクトナイトは一軸伸張によって形成され, 線構造*ファブリックをもち, 扁長型歪楕円体（⇒長球一軸歪）に相当する. Sテクトナイトは押しつぶし*による面構造ファブリックをもち, 扁平型歪楕円体（⇒扁球一軸歪）に相当. L-Sテクトナイトは伸張と押しつぶしによる中間型ファブリックをもち, 三軸歪楕円体に相当する.

珪長岩 felsite
　ごく明色の非顕晶質*火成岩*. 斑晶*をもつものももたないものもある. フィールドで用いる呼称で, 脱はり化*した流紋岩*ガラス*（黒曜岩*）または初生的な隠微晶質*流紋岩であることが多い.

珪長岩状組織 felsitic texture
　等粒状*で隠微晶質*の石英*と長石*を主とする集合体によって特徴づけられる火成岩*の組織*. マグマ*の極端な過冷却*により, 無数の結晶核が生じ結晶*の成長速度が抑えられて生成する.

珪長質（フェルシック） felsic
　明色の造岩鉱物およびそれに富む火成岩*に冠する形容詞. 典型的な鉱物*に, 石英*, 長石*, 準長石*, 白雲母*, コランダム*などがある. 普遍的な鉱物である長石（feldspar）と珪酸（シリカ；silica）の合成語.

頸椎 cervical vertebra ⇒ 脊椎

傾度 gradient
　等値線に直角な方向に, 気圧や気温などの気象要素が変化する割合.

系統学 phylogenetics
　タクソン*相互の進化的な関係（系統性）に基づく分類学.

系統サンプリング systematic sampling ⇒ サンプリング法

系統樹 phylogenetic tree
　樹状図*の1つの型. それぞれのタクソン*を枝のかたちで表現し, 各枝, すなわちタクソン同士を進化的な関係と系譜をもとに結び付けたもの.

系統漸移説 phyletic gradualism
　大進化*は, 単に長期間にわたる小進化*の積み重ねの結果起こるという進化学説. この考えでは, 祖先集団における漸進的な進化の蓄積がある点まで達すると, 別の種, 属, あるいはより高次のタクソン*からなる子孫集団へと分岐していく.

傾動地塊運動 tilt-block tectonics
　深部で水平に近くなる正断層*〔リストリック断層*〕に沿って上盤*の地塊が回転する伸張テクトニクスの造構造運動*. 分裂した大陸塊の非活動的縁辺部*における重要な構造運動様式.

系統的誤差 systematic error ⇒ 誤差

系統発生（系統） phylogeny
　生物におけるタクソン*相互の進化上の関係, とくに進化の結果ある生物から別の生物へと枝分かれしていく系譜のパターンを指す. すなわち, 系統発生とは生物の進化史を反映した生物グループ相互の関係あるいは系

統史である．⇒ 分類学

系統発生帯 phylogenetic zone ⇒ 系列帯

傾度風 gradient wind
運動している空気塊*に作用しているすべての力の間で平衡が成り立っている風．その風速 V は次の式で表される．$G=2D\omega V\cdot\sin\phi\pm DV^2/r+F$．$G$ は気圧傾度，D は空気の密度，ω は地球の自転角速度，ϕ は緯度，r は空気塊の経路の曲率半径，F は摩擦．第2項の前の±は，低気圧*の中心のまわりに吹く風では+，高気圧*では−となる．⇒ 地衡風

脛跗骨（けいふ−） tibiotarsus
鳥類*とある種の恐竜類*に見られる，足根骨*と脛骨*が癒合してできた骨．

ケイム kame
層理*を示す砂*と礫*からなり，側面が急勾配をなす高まり．側面には崩落の跡が残されている．停滞氷河の〔クレバス*などのすき間に溜まっていた〕砕屑物*が，氷河の融解後に残されている高まりで，側面の崩落は氷による支持を失ったため．

ケイム段丘 kame terrace
層理*を示す砂*と礫*からなり，谷壁に沿って延びる段丘*．氷塊と谷壁の接触部に堆積した融氷河水からの砕屑物*がつくっている地形．氷の融解により支持を失って，段丘の外縁が崩落している．

ケイム・デルタ kame delta
氷河*前面の湖に堆積した層理*を示す砂*と礫*からなり，頂面が平らな高まり．背後の氷が融解し，氷と接触していた部分が支持を失って崩落している．

系列帯 lineage-zone（**系統帯** phylozone, **進化帯** evolutionary zone, **形態発生帯** morphogenetic zone）
明白に限られる進化系列を含んでいる地層*の単元．その上下で，当該進化系列に明らかな一定の形態*変化が認められる．

系列内- phyletic
系図（生物系統）のなかの1つの系統を表す語に冠される．

系列内進化 phyletic evolution
単一系統内で見られる進化的変化で，環境刺激に対して生物が徐々に自身を順応させた結果起こる．

ケイロリアン階 Keilorian
オーストラリア南東部における下部シルル系*中の階*．ボリンディアン階*（オルドビス系*）の上位でアイルドニアン階*の下位．

ケイロレピス・トレイリ *Cheirolepis trailli*
原始的な硬骨魚類*であるパレオニスクス類*の初期の代表種．中部デボン系*から知られている．

KEY ⇒ 主要進化革新

K-Ar 法 K-Ar method ⇒ カリウム−アルゴン年代測定法

ゲオグラフォス Geographos
太陽系*の小惑星*（No.1620）．半径2 km，質量約 4×10^{12} kg，自転周期5.222時間，公転周期1.39年．探査機クレメンタイン*による調査はコンピュータの故障のため失敗に終わった．

激変説 catastrophism
過去の地質学的変化を突然の天変地異的なできごとによって説明しようとする理論．キュビエ*，バックランド*，セジウィック*など初期の地質学者は激変説を合理的な科学理論と考えていた．近代になってこの理論は蔑視されるようになったが，ネオ激変論者と自称する現代の地質学者も少なくない．

K 指数 K-index
各3時間の時間帯中に現れる，地磁気水平分力の強度 H*と偏角*の最大値．いずれも0から9の階級で表される．

ケーシング casing
試錐孔*の側壁の崩壊を防ぐため，試錐孔に挿入する鋼管．通常ねじで接続されている．側壁とのすき間はコンクリートで埋める．試錐孔が粘土*層を貫くところで用いることが多い．

ケスタ cuesta
急傾斜のスカープ（エスカープメント）*斜面と緩傾斜の傾斜斜面*からなる非対称的な地形．侵食*に対する抵抗性が異なる地層*がゆるく一方向に傾斜（同斜）している地域に典型的に発達する．水平な地層がつくるメサ*とビュート*および急傾斜層がつくる両斜面の勾配がほぼ等しい対称的な山稜であるホッグバック*との中間型．

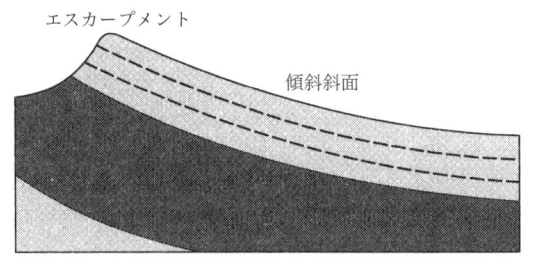

エスカープメント
傾斜斜面
ケスタ

ケーゼノビアン階 Cazenovian ⇒ エリーアン統

ゲタール，ジャン・エチエンヌ (1715-86) Guettard, Jean Étienne

フランスの地質学者．1746年，鉱物種と岩石型を記号で示した最初のフランス鉱産図を作製．1752年には北アメリカで最初の鉱産図を，同地を訪れることなく作製．1756年から詳細なフランス地質図*を作製するための地質調査に従事した．

ケツァルコアトルス・ノースロピィ *Quetzalcoatlus northropi*

アメリカ，テキサス州で1975年に発見された翼竜類（目）*の1種．翼幅が10 m以上になる巨大な翼竜で，ちょうど現代のコンドルのように上昇気流をとらえて，白亜紀*の平原を空高く舞い上がっていた．

結　核 concretion

1．堆積物*中で局所的な初期の膠結作用*によってつくられる，ほぼ球状ないし楕円体状の物体．化石*をその核として含んでいることが多い．大きさは約1 mmから1 m以上にわたる．一般に同一種の鉱物*からなる．2．土壌*：炭酸カルシウムや酸化鉄などが団塊（ノジュール）*の形で濃集したものをいう．大きさ，形態，色はさまざま．

月　学 selenology

月の天文学的な研究．名称は'月'を意味するギリシャ語 *selene* に由来．

結核状 concretionary ⇒ 団塊状

頁　岩 shale

粘土*大からシルト*大の粒子からなる，剥げやすい泥岩*．粒子の鉱物*組成は問わない．形容詞をつけてその性質を表すことがある（たとえば，黒色頁岩*，ペーパーシェール*，油頁岩*）．

頁岩線 shale line

電気検層*記録上で，頁岩*に特徴的な見かけ比抵抗*を示す線．

結合- conjunct

DNAの交換が可能な，生息域が重なり合う集団の分布に対して用いられる．➡ 分離-

欠甲目 Anaspida（**欠甲類** anaspids；**無顎上綱*** superclass Agnatha）

魚型脊椎動物*の絶滅*した目．小型で（最大15 cm程度），頭部を含む体全体が皮鱗（⇒ 皮骨）によって覆われているが，体型は骨甲目*ほどには扁平ではない．尾鰭は下に傾く逆異尾*．ヤモイティウス属 *Jamoytius*，ファリンゴレピス属 *Pharyngolepis*，プテリゴレピス属 *Pterygolepis* がある．シルル紀*後期からデボン紀*後期にかけて生息．

結　晶 crystal

自然に形成された平面をもち，化学組成が一定範囲内にある，均質で規則正しい固体．それぞれに特徴的な幾何学的形態は，結晶を構成する原子の格子*配列を反映している．⇒ 晶族；結晶の対称性

結晶学 crystallography

結晶*の形態，構造，晶癖*，対称性*など，結晶を研究する科学．

結晶核数 nucleus number

マグマ*冷却期間の単位時間に，単位体積のマグマ中で生成する結晶核の数．

結晶間間隙 intercrystalline porosity ⇒ チョケット-プレイの分類

結晶境界 intercrystalline boundary ⇒ 間隙

結晶群 crystal group ⇒ 晶系

結晶形 crystal form

　結晶*の全体的な形態．自由に成長した結晶は，規則的なパターンを示す結晶面*と鉱物種に特徴的な面角*をもつ．結晶形の規則性とそれを反映している内部構造の研究分野が結晶学*．

結晶残留磁化 crystalline remanent magnetization ⇒ 化学残留磁化

結晶軸 crystallographic axis

　結晶面*との交点によって結晶面の空間位置をきめる3または4本の仮想の軸．

結晶質 crystalline

　固相または液相の原物質から再結晶作用*または結晶作用によって生じた変成岩*や火成岩*に冠される一般的な語．ただし，堆積岩*にも，たとえば石灰岩*のように結晶*粒が結晶質の基質*によって膠結*されているものもある．

結晶質石灰岩 crystalline limestone ⇒ ダナムの石灰岩分類法

結晶質炭酸塩岩 crystalline carbonate

　元の組織*が再結晶作用*によって消滅している炭酸塩岩*．⇒ ダナムの石灰岩分類法

結晶の対称性 crystal symmetry

　良好に発達した結晶*では，対称的に配列する結晶面*が内部における原子配列を反映している．結晶の対称性をきめる要素は3つある．a) 対称面（鏡面）；結晶をそれぞれ鏡像をなす2つの部分に分ける面．b) 対称軸；結晶を $360°/n$ 回転させて元と合同の形が得られる線（回転軸）．n は2, 3, 4, 6のいずれか．1は当然であるので除外される．この軸をそれぞれ2回-，3回-，4回-，6回対称軸と呼ぶ．c) 対称心；結晶の反対側ですべての面と稜が平行な形態が得られる中心点．これらの対称要素に基づいて32晶族*と7晶系*が認められている．対称性は，いくつかの対称要素をもつ立方晶系*で最高，対称心のみが存在する（すなわち対称面も対称軸ももたない）単斜晶系*で最低となっている．

結晶の累帯構造 crystal zoning

　結晶*の中心から周縁に向かって，鉱物*の光学的な色または消光*角が変化することで特徴づけられる．固溶体*鉱物に見られる構造．光学的累帯は鉱物の化学組成が累帯していることを反映している．たとえば，斜長石*ではCaに富む核からNaに富む縁まで帯をなしていることがある．これは，鉱物が急冷*するマグマ*と化学的平衡を保つことができないことに起因し，したがって斜長石の連続反応系列*が'凍結された'一連の像を表していることになる．累帯構造には3つの型があり，そのうち2つはほとんどが斜長石のものである．(a) 正累帯構造；核の高温型組成から縁の低温型組成への累帯，(b) 逆累帯構造；核の低温型組成から縁の高温型組成への累帯，(c) 振動累帯；核から周縁にかけて高温型組成と低温型組成とが連続的に変動するもの．→ コロナ

結晶場理論 crystal-field theory

　部分的に充塡されたd軌道またはf軌道をもつ元素の挙動を扱う理論．地球化学では，とくに第1遷移金属イオン*，すなわち，Sc, Ti, V, Cr, Mn, Fe, Co, Ni, Cuへの結晶場（配位子*場）効果を扱う．陽イオン*をとりかこむ陰イオン*が点電荷とみなされる場合は，イオン間の静電相互作用は，(a) イオン間の距離，(b) 電荷の強さ，(c) 配位数*（陽イオンをとりかこむ陰イオンの分布）によって変化する．5d軌道のなかには陰イオンの近くで最大の電子密度をもつものがある．陰イオンと陽イオンの相互作用はd軌道のエネルギーに影響を与え，軌道エネルギー準位の分離を引き起こす（結晶場分離）．

結晶面 crystal face

　結晶*を限る比較的平滑な個々の表面．結晶面は結晶の成長過程でつくられる．宝石*の表面をなす面は，多くは人工的にカット，研磨した面であり結晶面そのものではない．

月震（ムーンクェーク） moonquake

　月面における地震活動で地球の地震*にあたる．月着陸船アポロ*が設置した地震計*は年間約3,000回の月震を記録している．すべてがリヒター・マグニチュード尺度*の2以下．エネルギーの減衰*が極めて小さく，かつ分散（⇒ 分散3）が大きい．これは地震波*が破砕された地殻*を伝播していることを物語っている．ほとんどの月震が約1,000

kmの深度で発生しており，地球‐月の距離が周期的に変化することによって発生する潮汐*力が原因と考えられる．月では構造性の活動を示す徴候は知られていない．まれに表面で起こる月震は隕石*の衝突によるもの．

月長石 moonstone

アデュラリアの変種．⇨ アルカリ長石；パーサイト

ケッペン，ウラジミール・ペテル（1846-1940） Köppen, Wladimir Peter

自身の名を冠した気候区分*体系を発展させた気象学者．ロシアのサンクトペテルブルクにドイツ人を両親として生まれ，ハイデルベルク大学とライプチヒ大学に学んだ．1872～3年にロシア気象台に勤めた後，1875年にドイツ，ハンブルクに移り，北ドイツの陸海域の天気予報をおこなうためドイツ海洋気象台に新設された部門を率いた．1879年からは研究に没頭．オーストリアのグラーツで死去．

ケッペンの気候区分 Köppen climate classification

ケッペン*が1918年に考案し，その後改良を加えて1936年に完成を見た気候区分*体系．主要な植生に基づき，植物の生育上の制約となる気温や降水量*の季節性を考慮に入れている．たとえば，夏季に気温が10℃に達する地域を画する線が樹木の成長にとって極方向への限界，冬季の気温18℃はある種の熱帯植物にとって限界となる．気温−3℃は積雪の期間があることを意味する．次の6つの気候型に大別されている．A：熱帯気候；最も寒い月でも気温は18℃以上．B：乾燥気候．C：温帯気候；最も寒い月で気温は3℃と18℃の間；最も暖かい月で10℃以上．D：冷帯気候；寒冷樹林に典型的；最も寒い月で気温は−3℃以下（アメリカでは0℃以下）．E：寒帯ツンドラ気候；最も暖かい月で気温は0℃と10℃の間．F：永久凍結気候；最も暖かい月でも気温は0℃以下．これを補足する亜区分は，たとえばCsのように，大文字表記の大区分に亜区分を小文字で併記する．f：乾季が欠如．s：夏に乾季．w：冬に乾季．m：乾季と雨季があるモンスーン気候．乾燥気候BはS（ステップ気候）とW（砂漠気候）に細分されている．B内での気温は，年間平均気温が18℃以上をh，年間平均気温が18℃以下で最も暖かい月で18℃以上をk，年間平均気温，最も暖かい月の気温とも18℃以下をk′，でそれぞれ表す．

ケッペンの区分の弱点として，厳密な境界の指標としている気温設定の根拠があいまいであること，有効降水量*を考慮することなく気温と降水量を指標として用いていること，などがある．⇨ ソーンスウェイトの気候区分；シュトラーレルの気候区分

K/T境界事件 K/T boundary event

直径約10～11 kmの小惑星*がおよそ6,500万年前にメキシコ，ユカタン半島北部海岸地方のチチュルブ*付近に衝突した事件．最初に衝突の証拠とされたのは世界各地で発見されたイリジウムに富む粘土*層．チチュルブ・クレーター*は直径約180 kmで現在は堆積物によって充填されている．この衝突を白亜紀*末の大量絶滅*の原因と断定する見解が大勢を占めているが，完全に受け入れられているわけではない．また，衝突がどのような過程を経て絶滅につながったのかもわかっていない．

ケティリッド造山運動 Ketilidian orogeny

原生代*の約1,800～1,600 Maに今日のグリーンランドに起こった造山運動*．⇨ ガルダー・リフト形成運動

ケトル湖 kettle lake ⇨ ケトルホール

ケトルホール kettle hole（**ケトル** kettle）

ティル*（とくにアブレーション・ティル）の表面上の窪地．ティルに含まれていた氷塊が融解した跡．水をたたえて小さい湖（ケトル湖）となっていることがある．

ケーナ逆亜磁極期（ケーナ逆サブクロン） Kaena

ガウス正磁極期（正クロン）*にあった逆亜磁極期*．年代は2.87±0.03 Ma．

ケニアイト kenyte

苦鉄質*フォノライト*の一種．ガラス質*の石基*に，アノーソクレースの大きい斑晶*とそれより小さい霞石*の斑晶を多量に含み，アルカリ輝石*，（±）かんらん石*をともなう．模式地は東アフリカのケニア山．

ゲニキュレート双晶 geniculate twin
　双晶面*が膝または肱の関節のように結晶*の形態を大きく変えている，特殊な型の双晶*．双晶面は反射面．

ケーニッヒスベルク率（Q, Q_n） Königsberger ratio
　本来の定義では，火成岩*の自然残留磁化（NRM）*の強さを，室温でそれと同じ強さの磁場で獲得した磁化の強さで割った商（Q）．現在では，NRM の強さと，室温，50 μT の磁場で獲得した磁化の強さとの比（Q_n）を表す．

ケノラ造山運動 Kenoran orogeny
　今日のカナダ，スペリオル湖地域の楯状地*に起こった原生代*の造山運動*．現在，この名が用いられることは少なくなっている．この後にハドソン造山運動*が起こった．

K 波 K-wave ⇨ 地震波の記号

K バンド K-band
　10〜36 GHz のレーダー*周波数*帯．ドップラーレーダー*で用いる．植被の走査にも使用する．

kb ⇨ キロバール

ケプラーの法則（惑星の運動に関する） Kepler's laws of planetary motion
　(1) 惑星は太陽*を共通の 1 つの焦点とする楕円軌道を公転している．(2) ある惑星と太陽を結ぶ線が等しい時間に覆う面積は等しい．(3) 惑星の公転周期の二乗は太陽からの平均距離の三乗に比例する．ドイツの天文学者ヨハネス・ケプラー（Johannes Kepler, 1571-1630）が発見し，1609 年から 1619 年にかけて公表された．

ケーブル掘削 cable drilling
　錘をくり返し落下させて孔を掘る方法．浅い孔しか掘れない．⇨ 回転掘削

煙水晶（カイルゴルム石） cairngorm ⇨ 石英

ケラトファイアー（角斑岩） keratophyre
　主成分鉱物*として曹長石または灰曹長石（⇨ 斜長石）を，副成分鉱物*として緑泥石*，緑簾石*または方解石*を含む細粒火成岩*．変質していない普通輝石*の斑晶*を含むことがある．構成鉱物はほとんどすべてが二次鉱物*であり，源岩がソレアイト*質安山岩*（斜長花崗岩に相当する火山岩*）であることを物語っている．ケラトファイアーは海洋底岩石とオフィオライト*にスピライト*とともに見られ，その鉱物組み合わせは，スピライト同様，低度の海洋底変成作用*の産物と考えられる．

ケリー kelly
　回転掘削*機で回転をドリルステムに伝える駆動パイプ．

ゲル gel
　コロイド*が凝固してつくる半透明ないし透明のゼリー状物質．非均質なゼラチン状沈殿物や液状化*した泥*など．ゾル*よりも固体に近く，剪断応力*にある程度抗することができる．ベントナイト*・スラリーはゲル材として隔壁*に用いられる．

ケルサンタイト kersantite
　ランプロファイアー*の一種．黒雲母*と斜長石*を主成分鉱物*とする．普通輝石*を含むものは普通輝石ケルサンタイトと呼ぶ．

ケルスート閃石 kaersutite
　アルカリ角閃石*の一種．$(Na, K)Ca_2(Mg, Fe)_4Ti[Si_6Al_2O_{22}](OH)_2$；カトフォル閃石 $Ns(Na, Ca)(Mg, Fe^{2+})_4Fe^{3+}[Si_7AlO_{22}](OH)_2$，オキシホルンブレンド $Na, Ca_2Mg, Fe, Fe^{3+}, Al, Ti)_5Fe^{3+}[Si_6Al_2O_{22}](OH, O)_2$ のグループに属する．比重 3.2〜3.5；硬度* 5.0〜6.0；暗褐〜黒色；これらのまれな角閃石類は中性*のアルカリ火成岩*に産する．

ケルナル関数（K） kernal function
　見かけ比抵抗*データから電気的成層状態を計算するのに用いる，比抵抗*と深度の関数．

ケルビン（K） kelvin ⇨ ケルビン温度目盛

ケルビン温度目盛（絶対温度） Kelvin scale
　ケルビン（ウィリアム・トムソン*）が提唱した，マイナスの値をもたない温度目盛．単位はケルビン（K）．原点の絶対 0 度はあらゆる物質の最低温度で，分子は熱エネルギーをまったくもたない．水の三重点の絶対温度は 273.16 K．

ケルビン，ロード Kelvin, Lord ⇨ トムソン，ウィリアム

ケルプ kelp
低潮位以下に生息する巨大な褐色藻類*（たとえばラミナリア属 *Laminaria*）の一般名称．海底に付着し，その遺骸が集積して沃素とカリウムの重要な資源となる．

ゲル濾過 gel-filtration
通常は固定相として大きさと孔隙率の揃った高分子含水炭素ゲルのビーズを用いるカラムクロマトグラフィー技術．混合体の成分は大きさとビーズ中への拡散*速度にしたがって分別される．小さい分子はビーズ中に速やかに拡散するため溶媒の本流から離れ，大きい分子に対して遅れが生じる．この方法は未知の物質の分子量を決定するのにも用いられる．

ゲーレナイト gehlenite ⇨ メリライト

ケロジェン kerogen
油頁岩（オイルシェール）*に含まれる，化石有機物からなる瀝青質の固体物質．分解蒸留によって石油となる．

原-（源-） proto-
'最初の'を意味するギリシャ語 *protos* に由来．'元の'あるいは'原始的な'を意味する接頭辞．

巻 雲 cirrus（複数形：cirri）
'髪の房'あるいは'巻き毛'を意味するラテン語 *cirrus* に由来．繊細な繊維のような形状をした高層の雲で，10種雲形の1つ．おおむね流れる方向に帯状に並ぶ．⇨ 雲の分類

現役交代 incumbent replacement
Rosenzweig, Michael, L. and McCord, Robert D. (1991) が提唱した進化の機構．環境によく適合した種（現役）は，不利な条件が偶然重なることによって絶滅*し，その生態的地位を新たな条件に適した種群集に奪われるというもの．

圏界面 tropopause
気温が高度とともに低下していく気圏*の下層（対流圏*）と気温が一定ないし高度とともに上昇していくその上の層（成層圏*）とを隔てている境界面．高度は海面温度と季節によって変わり，極上空の平均10～12 km（8 km以下まで低下することがある）から赤道上空の17 kmにわたる．⇨ 気圏

原核生物 prokaryote（形容詞：prokaryotic）（原核生物上界 Procaryotae）
通常，真の核*を欠く単細胞の生物で，DNAは細胞質内に環状体として存在する．原核生物（原核細胞）のこれ以外の特徴は，葉緑体とミトコンドリアを欠き，小さいリボソームをもつことである．→ 真核生物

原隔壁 protoseptum（複数形：protosepta）⇨ 隔壁

顕花植物門 Anthophyta ⇨ 被子植物

犬牙石 dog-tooth spar ⇨ 偏三角面体

源 岩 source rock
1. 堆積物の供給源となる母岩*．〔2. 変成作用*を受けて変成岩*となる前の岩石．〕

嫌気性 euxinic
水が自由に循環しないため，水中の溶存酸素量が乏しいか無酸素*状態となっている環境に冠される．そのような状態は，沼沢，閉塞盆地*，成層湖，フィヨルド*などの環境で発生しやすく，その堆積物は通常，有機物に富み黒色を呈する．

嫌気生物 anaerobe
酸素がない環境でのみ生存することができる生物．

嫌気的過程 anaerobic process
酸素がない環境でのみ進行する過程．

検鏡風化指数 weathering micro-index
顕微鏡観察によって岩石物質を等級分類するうえに用いる指数．I_{mp}（検鏡岩石指数 micropetrographic index）は未風化物質に対する風化物質の百分率．I_{fr}（微小割れ目指数 microfracture index）は薄片*中の長さ10 mmあたりの微小割れ目の数．

原 型 archetype
ある生物群において派生した形質*をすべてとり除き，そのグループの基本的特徴のみを備えた概念的な祖先型．たとえば，現生の原始的な軟体動物ネオピリナ属 *Neopilina* は軟体動物*の原型に近いと考えられる．

懸 谷 hanging valley
本流よりもかなり上に河床がある支流谷．したがって合流点は滝となっているのがふつう．氷食を受けた高地に典型的に見られる．

本流では氷河*による下刻が支流より大きいために生じる．

現在主義 actualism

過去の地質現象は，その進行速度が異なることはあっても，現在見られる現象によって十分に説明することができるという考え．1749年ビュフォン*によって初めて唱えられ，1830年にライエル*が提唱した斉一説*の基本原理となった．

原始- primordial

地球が最終的に形成された期間（状態）またはその直前の期間（状態）を指す．

原子価 valency

原子が他の原子と結合することのできる力．結合できる水素イオン*（原子価1）の数で表される．イオン結合*化合物では，原子価（イオン原子価；electrovalency）は各イオンの電荷に等しい．たとえばMgOではMg^{2+}の原子価は＋2，O^{2-}は－2．共有結合*化合物では原子価（共有原子価；covalency）は原子の結合数．たとえばCH$_4$では炭素と水素の原子価はそれぞれ4と1．

原子吸光分析法 atomic absorption analysis

励起された原子から放射される特定波長の放射は同じ元素の励起されていない原子によって強く吸収される（発光スペクトル）という，19世紀なかばから知られている現象を利用して，物質の化学組成を測定する機器分析法．放射は励起されていない原子を含む領域を通過すると減衰*する．この減衰量を測定して元素の濃度を決定する．

原始形質（祖先形質） plesiomorph

いくつかの異なる生物グループが共有する，共通祖先に由来する形質状態*のこと．派生形質（子孫形質）*の対語．

原始星 protostar

星間雲*が分裂，凝集して形成される原始的な星．分裂した星間雲は自身の重力によって収縮を続け，ガスと宇宙塵*を集積し，温度と圧力が増大していく．最終的（おそらく分裂開始の10,000年後）に，温度上昇による外側に向かう圧力と重力による内側に向かう圧力が拮抗し，星間雲の分裂が終了する．この段階における星間雲の塊を原始星とい

う．内部温度が10^7Kを超えると，水素'燃焼'*が始まって恒星に移行していく．

原始的- primitive

進化学：祖先段階の形質状態*をもっていること．1つの形質*に対して用いられることも（この場合，原始形質*と同義語），また生物全体を指すこともある．

原子番号 atomic number

化学元素は原子からなっており，原子は電荷によって結合されている．原子は陽子（正に荷電）と中性子（電気的に中性）からなる比較的重い1個の核*をもつ．核のまわりにはそれよりはるかに軽いいくつかの電子*が巡っており，その負の電荷が陽子の正の電荷とつりあっている．陽子の数が原子番号，同じ番号の原子は同じ化学元素に属する．

弦斜面 waning slope ⇒ 斜面断面

原楯体 protaspis

三葉虫（綱）*の最初期の個体発生*段階．幼生は小型でしばしば棘をもち，その後の一連の脱皮*段階を経て成長する．最初は小さい円盤状であるが，脱皮を通じて大きさと体節の数が増加する．

減色混合の三原色（減法三原色） subtractive primary colours

シアン・マゼンタ・黄の3色．これらの色を白色光から除去することによってあらゆる色をつくることができる．⇒ 加色混合の三原色（加法三原色）

原始惑星 protoplanet

星間雲*が凝集する過程で発生する凝集体．その組成は星間雲と同じであるが，全星間雲中で占める量の割合は極めて小さい．恒星や惑星は星間雲から誕生すると考えられている．⇒ 原始星

減衰 damping (1), attenuation (2)

1．振動の運動エネルギーが散逸することにより振動が遅くなったり抑制されること．力学的な系の減衰は摩擦によって，電磁気的な減衰は運動を妨げる渦電流*によって起こる．⇒ 臨界減衰．**2**．信号のエネルギーまたは振幅が減少すること．地震波*の減衰は，波面の球面状の拡大，媒質による吸収*，界面での屈折*・反射*によるエネルギー消費，媒質内部での散乱によって起こる．電磁波の

減衰については，⇨ 浸透厚
懸垂型 pendent
　筆石（綱）*の枝状体*が剣盤*からつり下がる姿勢のものを指す．懸垂型の筆石は原始的*な枝状体の状態を示しており，これから他の系統（正筆石目*）が分岐した．
現　世 Recent ⇨ 完新世
現生生痕学 neoichnology ⇨ 生痕学
原生生物 protist
　真核細胞をもつ単細胞の生物（⇨ 真核生物）で，動物に似るものと植物に似るものがある．動物様原生生物には無殻あるいは有殻アメーバ類*，有孔虫類*，鞭毛虫類，繊毛虫類が，植物様原生生物には渦鞭毛藻類*，珪藻類*，藻類*が含まれる．五界分類法では，原生生物はそれ自身で1つの界，すなわち原生生物界を構成している．原生生物と類似するものの，従来の分類体系では菌界*や植物界*に含められていたいくつかの多細胞生物が後に原生生物界に移され，それにともなって界の名称もプロトクチスタ Protoctista〔邦訳は同じく原生生物界〕と変更された．
原生生物界 Protista, Protoctista ⇨ 原生生物
原生代 Proterozoic
　先カンブリア累代*の3区分のうち最後の時代．年代はおよそ 2,500〜575 Ma．
原生動物門 Protozoa〔**原生動物** protozoa（単数形：protozoon；形容詞：protozoan）〕
　かつての生物分類体系で，単細胞の微小な真核生物*を包括する動物門*．現在は，他の単純な真核生物とともに原生生物*界に含められている．
顕生累代 Phanerozoic
　古生代*，中生代*，新生代*からなる地質時代．堆積物中に化石化*した殻や骨格など動物の遺骸が含まれることが特筆される．約 570 Ma にカンブリア紀*をもって始まった．名称はそれぞれ '見える' と '動物' を意味するギリシャ語 phaneros と zoion に由来．〔それまでの時代とは異なり，化石*が大量に産出することによって動物界の様子が見える，という意味で名づけられた．→ 隠生累代〕

巻積雲 cirrocumulus
　安定した大気の高層に現れる薄い雲．波状ないしさざ波状を呈し，シートまたは層をなす．過冷却*水滴の凍結によって新しい雲が成長すると，雲の細かいパターンは不明瞭となる．⇨ 雲の分類
検　層 well logging（**ワイヤーライン検層** wireline logging）
　検知器を収納したケース（ゾンデ*）を試錐孔*に降ろし，さまざまな信号を発信してその連続的なログ*〔柱状図*〕をとる技術．キャリパー-*，電気-*，放射能-*，温度検層*など．各種の機器を組み合わせることが多い．孔井掘削にともなって出る掘穿屑を記録することも検層という．⇨ 孔井検層；泥水検層
鍵　層 marker bed (key bed)（**年代層序学的層準** chronostratigraphic horizon, **年代層準** chronohorizon, **基準面** datum）
　他とは明らかに異なる岩相*上の特徴をもち，地理的に広く分布しているため，広範囲にわたって追跡される薄い地層*．地質学的なセンスではごく短い期間に堆積した地層（たとえば薄い石炭*層）あるいはほぼ瞬間的に堆積した地層（たとえばタービダイト*あるいは降下火山灰*から生じたベントナイト*層）が鍵層に適している．層序対比*のうえで極めて有効な時間面の指示者となる．
巻層雲 cirrostratus
　10種雲形の1つ．繊維状またはなめらかで，半透明のベールのような雲．しばしば全天を覆い太陽や月のまわりに暈（かさ）*をつくる．寒冷前線*にともなうものは，くっきりとした縁で画されている．⇨ 雲の分類
元素鉱物 native element
　遊離状態で鉱物*として産する元素．金，銅，炭素など．
元素の合成 nucleosynthesis
　元素が形成される過程．現代の理論によれば，元素の合成は星の一生（星の進化）における段階と密接に関連しており，星の中心部での温度・圧力下で，水素に始まる軽い核種*の核融合により重い元素がつくられる．軽い元素が消費されてエネルギーが発生するので，この熱核融合反応*は '燃焼' と呼ば

れているが，〔化学反応である〕燃焼とは無縁の現象である．星の進化の段階は，原子番号*（Z）の順に増大していく宇宙の元素存在度*に見られる谷とピークによく一致している．最初の最も長く続く段階（主系列）では，星の構成物質中で圧倒的に多い水素が消費されてヘリウムができる（水素'燃焼'*）．これにヘリウム-*，炭素-*，酸素-*，珪素'燃焼'* が続く．いずれの段階でも軽い元素から重い元素がつくられる．最も重い元素は系列の最終段階でつくられる．この段階は，平衡過程（e過程）*（'鉄のピーク'の元素，Cr, Mn, Fe, Co, Ni が生成），ついで低速中性子過程（s過程）*（原子量83のBiまで）と続き，最後の高速中性子過程（r過程）* で原子量83以上の元素がつくられる．
⇒ 原始星

肩　帯　pectoral girdle
脊椎動物（⇒ 有頭動物亜門）で，前肢あるいは前鰭を支持する骨格構造．

懸濁物質（懸濁運搬物質）　suspended load
懸濁状態で水流によって運ばれる物質．沈降速度が水の渦の上昇速度よりも小さい，比較的細粒の粒子からなる．水流底近くで乱流*が最も顕著な層に最も濃集している．その量は高エネルギーの浅い水流で最大となる．

原地砂礫鉱床　eluvial deposit
鉱床*母岩*の上にあって移動していない鉱石鉱物*の残留集積体．砂礫鉱床では母岩物質から可溶性の元素が除去されているため，有用鉱物の濃度が下位にある母岩より高くなっていることが多い．ブラジルのロンドニア（Rondonia）錫鉱床がその例．

原地性-　autochthonous
現在ある位置に形成され，ほとんどあるいはまったく運搬されていない物質（滴石*や石炭*など）に冠される語．→ 異地性-

現地調査　site investigation
地上建築物，道路などの基礎*として適切かどうかを吟味するための地質調査．物理探査，試験縦坑〔直径1m足らずの浅い穴〕掘削，試錐などをおこなう．

原点走時　intercept time
走時曲線*の屈折波部分の延長が，オフセット*がゼロである縦軸を切る点で示される地震波*到達時間．

剣　盤　sicula
筆石類（綱）*の群体のなかで最初に形成された個虫がもつ骨格．

堅氷（雨氷）　clear ice (glaze)
地表近くの物体あるいは飛行中の航空機につく，雨が凍って生じた透明な氷の層．

玄武岩　basalt
暗色の細粒噴出岩*．斜長石*，輝石*，磁鉄鉱*からなり，かんらん石*をともなうこともある．SiO_2 を53重量%以上含む．かんらん石，斜長石，輝石の斑晶*を含むものが多い．アルカリ玄武岩*とソレアイト*の2つの主要な型に大別され，ソレアイトはさらにかんらん石ソレアイト，ソレアイト，石英ソレアイトに細分される．アルカリ玄武岩の石基*がチタン輝石（チタンに富む輝石）であるのに対し，ソレアイトではピジョン輝石*（カルシウムに乏しい輝石）が石基をなす．両者とも SiO_2 含有量はほぼ等しいものの，Na_2O や K_2O の量はアルカリ玄武岩のほうが多い．玄武岩の溶岩* は地球表面の約70%を覆い，地球型惑星*表面の大部分を占める．このため地殻*構成岩石のなかで最も重要な岩石とみなされる．玄武岩はマントル*かんらん岩*の部分溶融*によって生成する．アルカリ玄武岩は海洋島および地殻撓曲とリフト*形成が進行している大陸地殻*で典型的に発達する．ソレアイトは海洋底と安定した大陸地殻に見られ，後者では，インドのデカン・トラップ（Deccan Trap）のような広大な玄武岩高原を形成している．

玄武岩質隕石　basaltic meteorite
玄武岩*質地殻*をもつまでに発展した母天体から由来したエコンドライト*隕石*（これに対してコンドライト*は比較的原始的な天体から由来）．ユークライトとホワルダイト（ユークライトに似るが，輝石*に富む）も同じ天体（月の可能性もある）での火成活動によって約45億年前に形成されたと考えられる．シャゴッタイト-ナクライト-チャッシニー隕石*の玄武岩は，酸素同位体比*，揮発性成分*の量，年代（約13億年）が明瞭に異なり，別の母天体，おそらく火

星*で生じたものであろう．

研磨岩石値 PSV, polished stone value ⇒ 骨材試験

研磨片 polished section

反射（鉱石）顕微鏡*で研磨面からの反射光によって観察するために作製された鉱石（不透明）鉱物*の試料．鉱物を常温硬化エポキシ樹脂でスライドガラスに接着し，カットして平坦面をつくる．ついでこれを裏返しにして研磨機の回転盤上でダイヤモンドを混ぜた液体によって何回もの段階を経て研磨していく．厚さ0.03 mmの通常の薄片*も同様の手順で作製し，不透明鉱物の同定に用いる．研磨片はX線マイクロアナライザー*による分析にも必要となる．

研磨レリーフ polishing relief

研磨片*作製の際に，硬い鉱物*が軟らかい鉱物よりわずかに飛び出しているために生じる凹凸．好ましい状態ではないが，共存している鉱物の相対的な硬度*を知るうえに役立つ．⇒ カーブ輝線テスト．

原　油 crude oil ⇒ 石油

検量線図 calibration graph

サンプルセットの既知のスペクトル線強度（内部標準*に対する相対値）をプロットした図．放射分光法などで試料のスペクトル線強度から元素の濃度を計算するときに用いる．

コ

弧 arc ⇒ 島弧

古-（パレオ-） palaeo-, paleo-

'太古の'を意味するギリシャ語 *palaios* に由来．'非常に古い'または'太古の'を意味する接頭辞．

コア（岩芯） core

掘削によって得られた円筒形の岩石試料．

コア検層 core-logging

試錐孔*から得たコア*の岩相*・化石*・構造などによって地質学的な記載をすること．工学的な特性を重視する傾向が強い．⇒ 孔井検層；検層

コア採取率 core recovery

試錐孔*から回収されたコア*の長さを，コア採取のための掘削深度で割った商（％）．⇒ 全コア採取率

コアストーン corestone（woolsack）

丸い巨礫*．単独で存在することも積み重なって地上や崖面に現れていることもある．節理*にかこまれた岩塊が地下で化学的風化作用*を受けて球状となり，地表が侵食*された結果露出するに至ったもの．

コア・スライサー core slicer

1．試錐孔*の壁から幅2〜3 cm，長さ1 m程度までの三角形のスライスを切り取るダイヤモンド・カッター．**2**．コア*からスライス試料をつくるためのダイヤモンド・カッター．

コアバレル corebarrel

試錐孔*掘削装置のうちコア*を採取するための部品．中空の円筒で多くは直径50〜100 mm，一端にビット*がとり付けてある．軟弱岩の採取には，回転を防止するためのスイベル〔swivel；ベアリングによって下部の回転が上部に伝わらないようにしてある装置〕で内部円筒が連結されている二重コアバレル，場合によっては三重コアバレルを使用することもある．

コイグニンブライト角礫岩 co-ignimbrite breccia ⇨ ラグ角礫岩

古緯度 palaeolatitude
　過去のある時代に，地理学的または地質学的な要素が，赤道に対して占めていた相対的な位置．その情報は古気候学のデータ（⇨ 古気候指示者）からもたらされることもあるが，古地磁気測定によって得られることが多い（⇨ 古地磁気学）．

コイパー統 Keuper ⇨ ムッシェルカルク 2

コイン coign
　結晶の対称性*を調べるために，親指と人差し指でつまむ結晶*の上端と下端．立方体の角など，結晶の三次元的な角をもいう．

孔（殻頂孔） foramen
　孔あるいは開口部のこと．たとえば腕足類（動物門）*の，肉茎*が外に出てくる茎孔（殻頂孔），頭足類（綱）*の，肉体管が通じている隔壁*の開口部など，生物のさまざまな開口部に対して用いられる．

甲 plate
　カメ類の体を覆う骨質の覆いで，肢と癒合している．上の甲を背甲，下の甲を腹甲*と呼ぶ．

後- post-
　post は'の後'を意味するラテン語．'の後'，'の背後'，'より後'を意味する接頭辞．

梗（こう） pedicel ⇨ 蛛形綱

紅亜鉛鉱 zincite ⇨ 酸化物鉱物

高アスペクト比イグニンブライト（HARI） high-aspect-ratio ignimbrite
　水平的な広がり（H）に対する平均の厚さ（V）の比が 10^{-2} から 10^{-3} の値を示すイグニンブライト*体．H はイグニンブライトの表面積と同じ面積をもつ円の直径．→ 低アスペクト比イグニンブライト

高アルミナ玄武岩 high-alumina basalt
　斜長石*モード*が高く，アルミナ含有量が17重量％以上，無斑晶*の玄武岩*質噴出岩*．ソレアイト*とカルクアルカリ玄武岩*も17％以上のアルミナを含むことがあるので，この語は厳密に玄武岩型を指すものではない．むしろカルクアルカリ型の高アルミナ玄武岩というように，玄武岩の型を特定する使い方が望ましい．

後位 opisthodetic
　二枚貝類（綱）*の靭帯が殻頂*の後方に位置するものを指す．→ 両位

広域侵食 areal erosion
　氷床*による広域にわたる侵食作用*．範囲があまりに広大であるため侵食地形とは見えず，大陸規模のマッピングによってはじめて同定される．

広域層序尺度 regional stratigraphic scale ⇨ 層序尺度

広域（重力，磁）場 regional field
　基盤岩*または下部地殻*内の物体に起因すると考えられる重力や地磁気が観測される領域．通常，地表に近い物体によるものよりもはるかに長い波長が観測される．⇨ 残留重力場

高域フィルター high-pass filter
　リモートセンシング*：画像から低い空間周波数*データを選択的に除去し，高い空間周波数データ間のコントラストを増大させる空間周波数フィルター*．これによって物標のエッジ*をなす線が明確となる．⇨ エッジ強調

広域変成作用 regional metamorphism
　プレート*が収束している造山帯*で，温度・圧力および多くの場合剪断応力*が同時的に変化するのに応じて，既存の岩石が再結晶*する過程．造山帯は広い面積を占めているため，それにともなう変成作用*も広域的な規模で起こるのでこの名がある．広域変成作用は変成現象が造山変形運動の前・同時・後のいずれであるかによって，それぞれ，先構造時-，構造時-，後構造時-と呼ばれる．広域変成作用によって形成される典型的な岩石ファブリック*には，粒径*（変成度*が高くなるに対応）が大きくなる順に，スレート状-，千枚岩状-，片状-，片麻状組織がある．変成度が上昇するにつれて，変成帯の変成相*は，ぶどう石-パンペリー石相→緑色片岩相*→角閃岩相*→グラニュライト相*の系列に沿って移行していく．個々の広域変成帯は，それぞれの変成期間に卓越する特定の圧力・温度勾配を反映する固有の鉱物帯系

列で特徴づけられる．

高位泥炭 fen peat ⇨ 泥炭

広塩性- euryhaline
　生物が広い範囲の塩分濃度*に耐える能力をもっていること．

好塩性古細菌 halophile
　極限環境微生物*（始原菌*ドメイン*）の1つで，極端に高い塩分濃度*の環境に生息する．

高温岩体（HDR） hot dry rock
　残留熱に加えて，放射性元素の崩壊により異常に高い熱が生産されている岩石で，多くは花崗岩*．地熱の熱源となっていることが多い．熱を利用するには，小さい井戸を地下深くまで掘削し，岩石を爆破によって砕き，地表との間で水を循環させる．井戸に注入された冷水は熱せられて地表に戻ってくる．その熱エネルギーを熱交換器によって取り出す．⇨ 地熱地帯；地温勾配

高温期 hypsithermal ⇨ フランドル間氷期

高温交代鉱床 pyrometasomatic deposit（**スカルン鉱床** skarn）
　火成岩*との接触部およびその近傍で，石灰岩*中を通過する鉱化溶液の交代作用*によって形成される鉱床*．

広温性- eurythermal
　生物が広い範囲の温度に耐える能力をもっていること．

恒温動物 homoiotherm (homeotherm)
　体温がせまい範囲で変動するのみで，ほぼ一定に保たれている動物．体内のメカニズムで体温を調整しているもの（すなわち内温動物），行動上の手段で維持しているもの（すなわち外温動物），両方を組み合わせているものがある．最後の例としてヒトが挙げられる．ヒトは，寒冷な環境では火を使い厚い服を着ることで暖をとり，温暖な環境では涼しげな薄い服を着るが，同時に内温動物でもある．

降下 precipitation
　大気から塵，〔テフラ*〕，その他の物質（大気汚染物質など）が落下すること．

硬化 induration
　嵩密度（かさ-）*が高く，硬くもろい土壌層位*や硬盤*が形成される作用．セメント*物質が硬化にあずかっていることもある．

紅海 Red Sea
　全長2,000 km，対岸との距離が最大の部分で360 km，アデン湾に連なる部分〔バブエルマンデブ海峡；Strait of Bab el Mandeb〕ではわずかに28 kmの細長い海盆．内部に正の重力異常*をともない，玄武岩*と高温の鹹水（かんすい）*を含む中軸谷*を有する．ウィルソン・サイクル*でいう海洋の若いステージにあると考えられる．

口蓋 palate
　口腔の上側の部分．鼻腔と口腔を分ける．

高海水準期堆積体（HST） highstand systems tract
　シーケンス層序学*のモデルの1つ，成因論的層序シーケンス・モデル*において定義されている堆積体で，海水準が高く安定であるか，ゆっくりと下降しているときの最大海氾濫面*によって限られている地層．⇨ 堆積体．→ 低海水準期堆積体；海進期堆積体

光解離 photodissociation
　光を吸収することによって分子が原子または他の分子に解離すること．

光化学スモッグ photochemical smog
　炭化水素と窒素酸化物の分子が太陽光中で反応して生じた複雑な有機分子（過酸化アセ

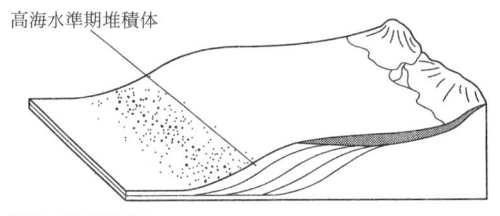

高海水準期堆積体

高海水準期堆積体

チル硝酸塩）が，湿った条件下で発生させるスモッグ*（大気に霧がかかったような状態）．この現象は，安定した状態の大気中に，自動車エンジン内での不完全燃焼によって炭化水素が高レベルで放出される大都市圏（たとえばロサンゼルス盆地やアテネ）で日常的となっている．

甲殻亜門 Crustacea（甲殻類 crustaceans；節足動物門* phylum Arthropoda）

大顎*をもつ節足動物の多様性*が高い亜門．体は通常，頭部，胸部，腹部に分かれている．ザリガニなど一部の甲殻類では，頭部と胸部が癒合して頭胸部をなす．頭部には2対の触角と1対の大顎，2対の小顎がある．肢は二肢形*で，さまざまな機能をもつ．肢に密に生えた剛毛*は，濾過食性の種ではフィルターとして機能する．わずかな種を除いて付属肢に呼吸鰓をもつが，その位置と数はさまざまである．触角以外の感覚器としては，1対の複眼と，3～4個の単眼（光受容体の集合体）がまとまっている背側中央の小さいノープリウス眼（nauplius eye）がある．ノープリウス眼は幼生段階の特徴で，多くの甲殻類では成体になるとなくなる．また，複眼を欠く種類もある．

甲殻類は主に海生であるが，淡水生のものも多く知られており，一部は陸上へと進出している．4綱の甲殻類が重要な化石記録をもつ．軟甲綱（カニ，エビ，ワラジムシなど；カンブリア紀*から現世）は，最も初期の甲殻類であるコノハエビ亜綱を含む．鰓脚綱（さいきゃく-）（現生のミジンコとその仲間；デボン紀*前期から現世）は非海成層における重要な示準化石*である．蔓脚綱*（フジツボ類とそれに近縁なグループ）はシルル紀*後期から現在まで産出し，介形虫綱*はカンブリア紀前期から現在まで知られている．現生のカシラエビ綱（たとえばハッチンソネラ属 *Hutchinsonella*）は甲殻類の祖先系統に最も近いと考えられているが，疑いのないこの綱の化石記録は残されていない．

光学測角 optical goniometry ⇨ 測角
光学的屈折率楕円体 optical indicatrix ⇨ 屈折率楕円体

光学的連続性 optical continuity
鉱物光学：光学的性質が一致する2つの鉱物*粒子が，基本的な結晶学的性質に関して同じ方位に並んでいる状態をいう．

光学比重計 photohydrometer
水管を沈降中の粒子を通過する光の強度の変化を測定して，堆積物の粒径*を求める機器．

鉱化作用 mineralization
1. 有機物が土壌*中の微生物により分解されて無機物に変化する現象．〔2. さまざまな過程によって鉱床*が形成される作用．〕

降下水頭浸透計 falling head permeameter
⇨ 浸透計

高カリウム玄武岩 high-potassium basalt
石基*中にサニディンと曹灰長石を含み，$K_2O/Na_2O>1$で特徴づけられる玄武岩*質噴出岩*．通常，プレート*の沈み込み帯*よりかなり内陸側で見られる．沈み込み帯にともなう玄武岩のK_2O含有量は，沈み込んでいる海洋スラブの深さが増す内陸に向かって多くなる．

後管型 retrochoanitic ⇨ 隔壁

交換可能イオン exchangeable ion
土壌*（主に粘土*および腐植*のコロイド*）の吸着体*表面のサイト（イオンと反対に荷電）に吸着されるイオン*．交換可能イオンはこの面で相互に置換され，植物が栄養素として利用することができるようになる．多くは陽イオン*（カルシウム，マグネシウムなど）が負に帯電したサイトで交換されるが，正に帯電したサイトで交換される化合物（硫酸塩，燐酸塩など）もある．⇨ 陽イオン交換容量；交換容量

交換時間 turnover time
生物地球化学サイクル*における元素移動の尺度．交換速度*の逆数．あるプール（貯留領域）に存在する元素量を，その元素の流入・流出速度で割った商で表す．つまり元素があるプールを満たしたりプールから枯渇するのに必要な時間．

交換速度 turnover rate
生物地球化学サイクル*を元素が移動する速さの尺度．あるプール（貯留領域）への流入速度またはプールからの流出速度を，その

交換プール exchange pool ⇒ 活性プール

交換容量 exchange capacity
陽イオン*または陰イオン*を吸着*することができる，土壌*中の吸着体*のイオン電荷総量．

高気圧 anticyclone
気圧の高い範囲または大気系．気流が下降し中心部の地表近くで水平方向に広がるという特徴的な大気循環のパターンを有する．一般に気圧傾度が小さいため，風は弱く，北半球では時計まわりに，南半球では反時計まわりに吹く．下降気流の底では気温逆転*層が生じやすく，このため雲の鉛直方向の発達が妨げられ，天候は安定していることが多い．顕著な気温逆転にともなって，大陸では冬季に，極地方では年間を通じて寒冷高気圧が発生し，空気が澄んでいると霜が降り，地表は著しく寒冷となる．陸域が温暖高気圧（上空に暖かい下降気流が存在するためこう呼ばれる）に覆われると，安定した暖かい天候が長続きする．⇒ 高気圧性グルーム

高気圧性グルーム anticyclonic gloom
高気圧*に覆われて視程が低下する状態．寒冷期に顕著な気温逆転*層が生じ，これが塵や大気汚染物質を封じ込め，また大気下層に放射霧*が発生しやすいことによる．高気圧が安定していると視程の低下が長びき，またスモッグ*が発生しやすくなる．

高気圧の衰弱 anticyclolysis
高気圧*または気圧の峰*が消散あるいは弱まること．

高気圧の発達 anticyclogenesis
高気圧*または気圧の峰*が形成され，発達すること．

後期隔壁 metaseptum（複数形：metasepta） ⇒ 隔壁

好気生物 aerobe
成長するために酸素を必要とする生物．

好気的過程 aerobic process
酸素の存在を必要とする過程．

後期デベンシアン亜間氷期 Late-Devensian Interstadial ⇒ ウィンダミア亜間氷期

光　球 photosphere
太陽のまわりの非常に明るい球殻．これが太陽光を発し，太陽スペクトルの源となっている．

広弓亜綱 Euryapsida
眼後方に上側側頭窩をもつ爬虫類*の亜綱．長頸竜類（亜目）*，偽竜類（亜目）*，板歯類（亜目）*がこれに含まれる．魚竜類（目）*も頭蓋*の同じ場所に側頭窩をもつが，その周辺の骨の配列に本質的な違いが見られるため，広弓類とは異なる魚鰭亜綱（ぎょき-）に分類されるのがふつうである．しかしながら三畳紀*中ごろ以降は，広弓類も魚竜類と同じように典型的な海生爬虫類であった．広弓類はペルム紀*に出現し，中生代*末に絶滅*した．

後頬型縫合線（こうきょう-） opisthoparian suture ⇒ 頭線

光共生 photosymbiosis
2種の生物の共生関係（⇒ 共生）で，片方が光合成*の能力をもつもの．たとえば，有孔虫（目）*と光合成をする藻類*の共生．

高強度場元素（HFE） high-field-strength elements
Sn，W，Uなどのようにイオン価*が高い（2以上）ために，普遍的な造岩鉱物*である珪酸塩鉱物*の格子*に組み込まれにくい元素．火成岩*の結晶作用に際して，一般にジルコン*やモナズ石*などの副成分相（⇒ 副成分鉱物）に入るか，残留ペグマタイト*や熱水*溶液に濃集されていく．これらの元素が熱水溶液からの晶出物で可採濃度に達していることもある．

工業用鉱物 industrial mineral
金属鉱石*，燃料など，経済的な価値をもつ地球物質の総称．たとえば，重晶石*，蛍石*，陶土（カオリン*）．

膠結作用 cementation
堆積物*を構成している粒子や破片がたがいに結合される過程．膠結物質（セメント*）は堆積物の間隙*中に浸透している鉱物成分に富む水から沈積する．セメントの割合は間隙の量と堆積物中の泥*含有量によってきまる．

膠結土壌 cemented soil
 間隙*が充填されて固結された塊状の鉱質土壌*．土壌粒子が，炭酸カルシウム，シリカ*，鉄酸化物，アルミニウム酸化物，腐植*などの膠結物質によって結合されているため，多くが堅くもろい．膠結土壌は抵抗性の高い極めて特異な土壌層位*をなすことが多い．→ セメント；膠結作用

高原霧 hill fog
 高地を覆う低い雲を指す日常語．〔高地で身のまわりを包み込んでいる雲を表現．〕

光合成 photosynthesis
 独立栄養生物〔二酸化炭素など単純な無機物から有機栄養素を直接合成することができる生物〕がおこなう一連の物質代謝反応．葉緑素によって太陽光から吸収されたエネルギーを用い，二酸化炭素を還元して有機化合物を合成する．緑色植物の光合成では，水が水素を提供し，次の実験式のように要約される．

$$CO_2 + 2H_2O \xrightarrow[\text{日光}]{\text{葉緑素}} [CH_2O] + H_2O + O_2\uparrow$$

 酸素はガスとして放出される．光合成をするバクテリアは水を使うことができないため，酸素を生産しない．水素の供給源として硫化水素（赤紫色および緑色の硫黄バクテリア）あるいは有機化合物（赤紫色の非硫黄バクテリア）を利用する．

後構造時-（後造構時-） post-tectonic
 たとえば深成岩*の貫入*のように，構造変形の後に起こった過程または事件．→ 先構造時-；構造時-

考古磁気学 archaeomagnetism
 考古学の観点から物体や物質の磁気的性質を研究する分野．地磁気年代測定*，物体や構造の復元，文化遺物の修復，使用された火の温度の推定，などをおこなう．

硬骨魚綱 Osteichthyes（**硬骨魚類** bony fish）
 内骨格*の骨化が進んでいる魚類で，歯と甲，皮骨*からなる鱗をもつ．それ以外の特徴としては，体の末端にある口，正尾*，鰓を覆う鰓蓋（さいがい）*，皮膚に埋め込まれ表皮に覆われた薄い骨質の鱗，後の進化の過程で失われていることがあるものの鰾（うきぶくろ）をもつことである．25,000種以上が知られており，脊椎動物*のなかでは最大の綱である．デボン紀*前期にまでさかのぼる化石記録をもつ．この綱には総鰭亜綱（そうき-）*，肺魚亜綱*，軟質上目*，全骨上目*，真骨上目*が含まれる．

後鰓亜綱（こうさい-） Opisthobranchia（**軟体動物門** phylum Mollusca，**腹足綱** class Gastropoda）
 海生腹足類の亜綱で，殻が著しく退化して，軟体部がむき出しとなっていることが多い．ウミウシや翼足類がこれに含まれ，白亜紀*以降現在まで知られている．後鰓類の鰓は1つで，前鰓亜綱*（鰓が1つ）腹足類と有肺亜綱（外套腔が肺として機能する腹足類）の中間の進化段階を示していると考えられる．

鉱察学（オリクトグノシー） oryctognosy
⇒ ウェルナー，アブラハム・ゴットロブ

交差劈開（-へきかい） intersection cleavage
 他の面構造と交差している劈開*．これによって交線線構造*がつくられる．

好酸性古細菌 acidophile
 pH*5.0以下の環境に生息する極限環境微生物*（始原菌*ドメイン*）．

格子 lattice（**結晶格子** crystal lattice）
 結晶*中で原子が順序正しく配列してつくっている規則的な三次元構造．完全な形の格子（単位格子）が何重にもくり返して結晶をつくっている．単位格子の形態は空間内における格子点の配列（空間格子）によってきまる．

格子エネルギー lattice energy
 1モル*の物質の結晶格子*を，その基本的な構成単位〔原子やイオン*〕に分解し，十分な距離だけ引き離すのに必要なエネルギー．

厚歯型 pachydont
 ある種の著しく肥厚化した二枚貝類（綱）*に見られる蝶番*の歯生状態*．歯は大きく重厚で，通常数が少ない．

公式な層序単元名 formal stratigraphic unit name
　層序命名法*にのっとって設定された層序単元*の名称．固有名詞として扱われ，英字表示では頭文字を大文字とする．例，バレミアン階（Barremian Stage）*，後期デボン紀（Late Devonian Period）*．→ 非公式な層序単元名

光　軸 optic axis
　鉱物光学：屈折率楕円体*の円形断面に垂直な方向．この円形断面に平行に切った鉱物薄片*は等方性*を示す．

格子検索法 grid reference
　イギリスの陸地測量部（OS）が発行するすべての地図に採り入れられている検索システムで，最大縮尺の地図では10m以内の精度で地表上の1点を示すことができるようになっている．シリー諸島（Isles of Schilly）西方を基点とする距離座標系によって，全国（アイルランドは含まない）を100×100kmの格子に分割し，個々の格子を2字からなる記号で表示する．この格子をさらに1×1kmの格子に細分し，その西辺および南辺に数字番号をつける．これより縮尺が大きい地図では100×100mの格子をつくる．ある地点を表示するには，その地点が含まれる100km格子の文字（たとえばSH），次に1km格子の西辺を示す2桁の数字（たとえば60），ついでこの格子内で西辺から目標地点までの距離〔100m単位〕を示す数字（たとえば9）を列記する．この手順を'東進（easting）'と呼ぶ．同様に'北進（northing）'では，1km格子の南辺を示す2桁の数字（たとえば54），ついで南辺からの距離を示す数字（たとえば3）を示す．このようにして，ある地点は，2つの文字記号と6つの数字によって100m以内の精度で示される（たとえば，SH 609543はスノウドン山岳鉄道頂上駅の格子検索位置）．さらに縮尺が大きい地図では，100m格子について東進と西進のそれぞれに1つずつ，計2つの数字〔10m単位〕を加え，地点が10m以内の精度で示される．

光子検層 photon logging
　試錐孔*にシンクロメーター*を降ろしておこなう検層*．基本原理はガンマ線検層と同じであるが，ゾンデを孔井の中央におくため，試錐孔の大きさを感知する点で異なる（ガンマ線ゾンデは孔井の壁に接触しているため，孔径を感知しない）．

格子すべり lattice gliding ⇒ 変形双晶

鉱質土壌 mineral soil
　主として鉱物*からなる土壌*．性質は有機物含有量よりも鉱物によってきまる．

硬質物食性 durophagic
　有殻底生無脊椎動物のような硬い殻をもつ生物（餌）を食べることに適応*した状態．たとえばガンギエイやエイは，堅牢な歯と強力な吸引力のある突き出た口をもち，海底の岩などに付いている貝や甲殻類*を引き剥がして食べる．

厚歯二枚貝類 rudist bivalves
　サンゴ状あるいは角状の殻をもつ，絶滅*した二枚貝綱*（異歯亜綱*）のグループ．さまざまな形態のものがあり，多くの種が二枚貝には見えない．下側の殻が非常に大きいことが多く，複雑な構造をもっている．下側の大きい左殻の上に平坦な蓋のような右殻をもつもの，下側の大きい殻が右殻であるものもあった．円筒状あるいはサンゴのような形態を発達させる傾向が見られる．厚歯二枚貝類は固着性*の生活様式に適応*していた．白亜系*に見られ，広大なマウンドを形成することがある．

向　斜 syncline
　地層*がなす上方に開いた溝または窪み状の褶曲*で，上にある地層ほど若い．→ 背斜

向斜山稜 synclinal ridge
　向斜*構造の上で向斜軸と平行して発達する細長い丘陵．向斜部が高まりをなすのは，隣接する伸張性の背斜*部よりも圧縮によって相対的に強度が高くなっているためと考えられるが，別の説明もなされている．⇒ 逆転地形

鉱　床 ore deposit
　地殻*中で特定の（通常は人間生活に有用な）鉱物が濃集している部分．

恒常河川 perennial stream
　乾燥期に流量がごく少なくなることはある

ものの，年間を通じて水が流れている川.

恒常斜面 constant slope ⇨ 斜面断面

鉱床成因論 metallogenesis
鉱床の生成*，および造構造運動*など他の地質過程と鉱床形成との時空的相互依存性を研究する分野.

鉱床生成区 metallogenic province
特定の鉱化作用*または特定の鉱物*組成の鉱床*で特徴づけられる地域．いくつかの鉱床生成期を経ているところもある.

鉱床の生成 ore genesis
鉱床*が形成される過程．金属鉱床は同成*（母岩*と生成時期が同じ）か後成*（母岩より後に生成）のいずれか．形成過程によっても，火成-，堆積性-，変成-，熱水性鉱床などに分類される.

後初生変質 post-deuteric alteration
高温時相*における初生変質*が完了した後に火成岩*の組織*や組成に起こる変質.

更新世 Pleistocene
第四紀*にある2つの世*のうち最初の世．約164万年前から，1万年前に完新世*が始まるまでの時代．北半球で数回の氷期*と間氷期*があった.

更新世レフュージア（更新世避難地） Pleistocene refugium
いくつかの生物種が更新世*の氷期*を生き延びるのに適していた地域．そのような種を遺存種*という.

黄塵地帯（こうじん-） dust-bowl
1930年代中頃にアメリカの大平原地帯（the Great Plains）で，旱魃*と過度の農耕，とくに小麦農場の拡大が複合して深刻な風食*と土壌侵食*に見舞われた地域．風食が起こっている農耕適地一般をも指す.

降水雲 praecipitatio
'落ちる'を意味するラテン語 *praecipitatio* に由来する副次的な雲の形状．雲底からの降水が地表に達するもの．通常，積雲*，積乱雲*，層雲*，層積雲*，高層雲*，乱層雲*にともなう．⇨ 雲の分類

降水効果指数 precipitation-efficiency index
月平均降水量*と，蒸発速度を左右する月平均気温との比で表される指数．1931年にソーンスウェイト*が考案．この月間値を12カ月について積算したものが降水効果指数（P-E）で，気候区の大区分に利用されている．⇨ ソーンスウェイトの気候区分

降水（降水量） precipitation
雨，霙（みぞれ），雪，雹（ひょう），霧およびそれ以外の特殊な形態のものも含めて，空中から地表に落ちてくる水（H_2O）およびその量．降水が雲から落下するのが視認されながら，地表に達する前に蒸発してしまうこともある.

洪水説 diluvialism
主要な地質学上の現象を聖書の'ノアの洪水'によって説明する地球観．1800年ころまでは化石*，堆積作用，堆積物，層理面*などの成因として聖書でいう洪水がしばしば引き合いに出された．19世紀になると，何回かの洪水が種の絶滅*や地層*の欠如を招いたとする説がキュビエ*やバックランド*らによって展開された．ウェルナー*の理論を洪水説とする見解があるが，これは誤り.

洪水ピーク予測法 flood-peak formula
降水*の強度と頻度，地形，気温その他の関連要因を考慮して洪水が極大となる時期や規模を予測する方法．ベンソン-*，ポッター-，ロッダ-，森沢法*などの手法がある.

洪水予知 flood prediction
降水パターン，集水域*の特性，河川のハイドログラフ*を研究して，将来洪水が発生する平均的な頻度を予知する作業．ある期間内で流量が一定値を超える事態を1回想定するので，'50年に1度'とか'100年に1度'といった表現がなされる．→ 洪水予報

洪水予報 flood forecasting
河川の集水域*の特性と観測された降水の量に基づいて，洪水の発生時期，流量，水位を予測し，洪水の危険にさらされる住民に警告を発する手続き．→ 洪水予知

合成開口レーダー synthetic-aperture radar
人工衛星からの高解像度のリモートセンシング*に用いる実開口レーダー*．プラットフォーム前方と後方から戻ってくる後方散乱*波を長いアンテナでドップラー偏移*効果を利用して識別することにより，方位分解

能*が高くなっている.

坑井間地震探査 cross-well seismic
石油*や天然ガス*の探査に用いる技術.1つの坑井中で異なる深度から強力な音波を発振し,その振動を2つ以上の別の坑井内部で受振する.受振された信号の特性〔到達時間,振幅など〕から,坑井間の岩盤構造についての情報〔速度,構造など〕が得られる.

合成岩石 synrock
石油を原料とする人造物質.防壁,グラウチング*などに用いる.

恒星月 sidereal month
恒星を基準として測定される,月が地球のまわりを1周するのに要する平均時間で,27日7時間43秒.

孔井検層 borehole logging
試錐孔*から地球物理学的・地質学的なデータを得る技術.地球物理上のログ*(柱状図*)と孔壁サンプルやコア*から孔井周辺の地質層序*を確立し,地質学的な解釈を加える.検層記録からは,地層の間隙率*,節理*の発達程度,流体の性質,炭化水素*の飽和度,封圧などが見つもられる.水井戸では,水流の追跡,流入量,水温,電気伝導率*などの検層をおこなう.

後成鉱床 epigenetic ore
母岩*よりも後に生成した鉱床*.

合成地震記録 synthetic seismogram
個々の層速度*と厚さが(たとえば試錐孔*での検層*から)わかっている成層構造についてモデル化された地震記録*.これと観測された地震記録とを比較して,地質学的な解釈や地球物理学モデルを検証する.

後生植物 Metaphyta ⇒ 植物界

後成説 epigenesis
生物は,個体発生*を通じて構造や機能が新しく付け加えられて発展していくとする説.これとは逆の考えが前成説で,それによると,生物のもつ最終的な形態や構造は個体発生の出発点である卵にあらかじめ設定されているデザインが,発生を通じてそのまま展開されていく.

孔井注入法 well injection method
孔井*の切羽に液体(通常は水)を注入する溶解採掘法の1つ.鉱物を溶解した液体は,地表または孔井中に設置したポンプによって,隣接する孔井または孔井に同心管のケーシング*を挿入してつくったアニュラス(環)を通じて地表に汲み上げる.岩塩*採掘に広く適用されている.

後生動物 Metazoa
多細胞動物を指す. ⇒ 動物界

恒星日 sidereal day
地球が自転軸のまわりに1回転して,地表のある点が恒星に対して元の位置に戻るまでに要する時間.太陽系中での地球の自転運動に公転が重なっているため,平均太陽日より4.09秒短い.

構成要素模式層 component-stratotype
複合模式層*を構成している個々の地層区間.

剛性率 rigidity modulus ⇒ 剪断弾性率

鉱石 ore
採掘して採算が採れる鉱物*または岩石*.

高積雲 altocumulus
'高さ'を意味するラテン語 *altum* と '積み重ね'を意味する *cumulus* に由来.10種雲形の1つ.主に水滴からなり,灰色ないし白色で,薄い板状,縞をなす層状,ロール状などをなす.雲塊に分裂していることもある.縞状をなすものは,鯖(さば)雲と呼ばれる外観を呈することが多く,中高度における強い鉛直方向のウインドシア*にともなうと考えられる. ⇒ 雲の分類

航跡角 feather angle
横からの海流を受けて側方に流されているストリーマー*・ケーブルとそれを曳航している船舶の航跡がなす角度.ストリーマーの長さが数 km にわたり,かつ重合数*が多い場合には,ストリーマーの位置が共通反射点*の決定に影響するので,航跡角を無視することはできない.

鉱石顕微鏡 ore microscope ⇒ 偏光顕微鏡;反射顕微鏡

鉱石鉱物 ore mineral
採掘して採算が採れる量の金属を含む鉱物*.鉱物学では,含有金属が低濃度であっても研磨面が金属光沢*を呈する鉱物をも指す.

降雪計（積雪深計） snow-gauge
降雪を集めてその量を測る計器．通常，融かした水の量で表す．〔積雪深計は文字通り積雪の鉛直方向の深さを測る計器．〕

硬石膏 anhydrite
硫酸塩鉱物*．$CaSO_4$；比重 2.9～3.0；硬度* 3.0～3.5；斜方晶系*；通常無色～白色，ときに帯青色あるいは帯赤灰色；条痕* 白色；ガラス-* ないし真珠光沢*；結晶* はまれ，通常は塊状，粒状，繊維状；劈開* は直交する3面に発達，{010} に完全，{100} と {001} に良好．42℃以上で海水から石膏*，岩塩* とともに沈積するほか，石膏の脱水作用によっても生成する．岩塩ドーム（⇒ ドーム**3**）を覆うキャップロック* をなすことがあり，また熱水* 脈中に脈石鉱物* として少量産する．セメントの原材料となる．

鉱染鉱床 disseminated deposit
微粒の鉱石鉱物* が岩石中に散在している鉱床*．斑岩銅鉱床* のように大規模なものは重要な鉱床となる．

交線線構造 intersection lineation ⇒ 有方向性ファブリック；交差劈開（-へきかい）；線構造

高層雲 altostratus
'高さ'を意味するラテン語 altum と '広がり'を意味する stratus に由来．10種雲形の1つ．灰色の薄板状または層状をなし，筋状，繊維状または一様な外観を呈する．水滴と氷晶* からなる．⇒ 雲の分類

高層気象ダイアグラム aerological diagram
大気の物理的特性，とくに気温，気圧，湿度* の高度による変化を表すダイアグラム．

紅藻綱 Rhodophyceae（**紅藻類** red algae）
海生藻類* の綱で，多くは紅色を呈しており，基本的な形態はフィラメント状か膜状．緑藻類（門）* が生息する水深よりも深い海からも産する．カンブリア紀* 以降知られている真核藻類（⇒ 真核生物）のなかの最も古いグループの1つである．カンブリア紀からデボン紀* にかけて知られているエピフィトン属 *Epiphyton* はマウンドを形成し，カンブリア紀前期から白亜紀* まで生存したソレノポーラ属 *Solenopora* は密にからみ合ったチューブからなる塊状体を形成する．リソタムニオン属 *Lithothamnion* などのサンゴモ類がつくった堅固な構造は，死後に細片化し堆積物に大量の石灰泥* を供給する．

構造時-（造構時-） synkinematic (syntectonic) ⇒ 造山時-

構造成相 tectofacies
造構造運動* によって形成された岩相*．

構造土 patterned ground
凍結作用によって擾乱を受けた表土の表面に広く発達する幾何学的な微地形．平坦地または緩斜面では円形・多角形・網目状，急斜面では階段状・条線状の形態をなす．いずれにも淘汰型（礫質）と不淘汰型（土質）がある．淘汰型は粗い礫が輪郭をなしているため，礫質円形土，礫質多角形土，礫質網状土，礫質階状土，礫質条線土と呼ばれる．構造土の成因は凍結にともなう地表の割れ目，凍結融解* による分級と凍上*，集合流* などいくつかの地形学的過程の複合作用とされている．氷楔多角形土は主要な構造土である．通常，直径15～30mほどで，著しい低温下で生じた収縮割れ目を満たす幅3m，深さ約10mの氷楔* で区切られている．成長中の氷楔は高まり，融解しているものはくぼみとなっている．礫質ガーランドは淘汰型階状土の変種で，斜面の傾斜側で礫からなる高さ1m足らずの高まりが斜面側の比較的礫の少ない平坦面（幅8m足らず）を支えている．勾配5～15°の斜面（アラスカの例）で見られ，礫を地表に浮き上がらせる凍結押上げ* と凍結引張り* および集合流の複合作用によって生じると考えられている．構造土は，降雨が著しく季節的であるモンモリロナイト* 土壌* 地域でも見られ，ギルガイ* と呼ばれる．

構造等高線図 structural contour map
地質構造，たとえば褶曲* 構造を三次元的に表現している図．読み方は等高線地形図と同じ．等高線は基準面* との位置関係が明らかな層準*（たとえばある地層* の上面）の高さを表す．

構造トラップ structural trap
褶曲* 運動，断層* 運動などによって，多

孔質層と不透水層とが変形して生じた,石油や天然ガスが蓄積する可能性のあるトラップ. ⇨ 天然ガス;石油;間隙率. ➡ 背斜トラップ;断層トラップ;礁トラップ;層序トラップ;不整合トラップ

高速中性子過程(r過程) rapid-neutron process

極めて短時間に進行する中性子獲得反応系列. 超新星の重力性崩壊の結果起こり,それに続く熱核爆発では大きい核種*が数秒間でつくられると考えられている. ⇨ 元素の合成

高速中性子増殖炉 fast breeder reactor

高速の中性子*によってウラニウム^{238}U〔燃料〕をプルトニウム^{239}Puに変え,その消費量よりも多い燃料プルトニウム^{239}Puをつくる原子炉. 中性子によって核分裂を始めた〔炉心の高濃度の〕^{238}Uから高速中性子が放出され,これによって〔ブランケット(炉心内部またはまわりに置かれる燃料親物質の層)の〕^{238}Uが核分裂してプルトニウムとなる. ^{238}Uの分裂によって過剰の中性子が放出されるため,プルトニウムが増えていく. 燃焼炉*のエネルギー変換率が0.5〜1%であるのに対して,燃料元素の約60%が有効なエネルギーに変換される. プルトニウムは新たな燃料として再利用されるが,それ以外の放射性産物は廃棄される. ⇨ 放射性廃棄物

高速フーリエ変換(FFT) fast Fourier transform

デジタル化*した波形のフーリエ変換*をコンピューターによって,通常のフーリエ積分を直接おこなうより高速でおこなうアルゴリズム(たとえばクーリー-チューキー法;Cooley-Tukey method). FFTには逐次代入法を用いることが多い. ⇨ フーリエ解析;フーリエ変換

鉱体 ore body

母岩*と区別され,商業的な開発に値する十分な量の金属を含む鉱物*の集積体.

後退海岸の浅瀬砂体 shoal retreat massif

海進*中または海進の終了後に,大陸棚*に保存されている巨大な砂*の集積体. かつてのエスチュアリー*の砂州*(入り江にともなう瀬*),あるいはつながった沿岸砂州*(岬にともなう瀬). 今日のハドソン川,デラウェア湾,チェサピーク湾などアメリカ東海岸沖の大西洋では,砂体*は幅20 km,長さ70 kmに及ぶ. ハッテラス岬には沿岸漂砂*の複合体が見られる.

後体管型 retrosiphonate

頭足類(綱)*の隔壁襟(⇨ 隔壁)が後方,すなわち胚殻*のほうに向いていること.

交代作用 metasomatism

変成作用*にともなって,揮発相を通じて化学成分が岩石から除去または岩石に添加される過程(あるいはその両方). 鉱物*が完全に交代されることもあるが,元の岩石の組織*が仮像*のかたちで残されることもある.

後体部 opisthosoma ⇨ 蛛形綱;鋏角亜門(きょうかく-)

後退変成作用 retrograde metamorphism, retrogressive metamorphism(**ダイアフトレシス** diaphthoresis)

流体相が存在するとき,変成条件が低下するにつれてすでに形成されている変成岩*中で起こる再結晶作用*. ふつうは変成作用*の最盛期に岩石系中の水がすべて排除されているため,その後に変成条件が低下しても後退変成反応は起こらず,高い変成条件の鉱物組み合わせが保存される. しかしながら,いくらかの水が系に残されている場合,あるいは変成条件の低下とともに水が浸透した場合には,この水が後退変成反応の触媒として機能する. 昇温変成作用*では脱水作用*が起こるのと対照的に,この反応によって水和鉱物(⇨ 水和作用)が生成する.

溝帯目 Bothriocidaroida(**棘皮動物門*** phylum Echinodermata, **海胆綱*** class Echinoidea)

オルドビス紀*中期からシルル紀*後期にかけてのみ生息した,棘皮動物のなかではあまり知られていない目. 殻の表面に,穴のあいた2列の歩帯*板と穴のない1列の間歩帯*板が,それぞれ5列ずつある. 長らくすべてのウニ類の祖先とされていたが,最近の研究によりその可能性は低いことが明らかになっている. ボスリオキダリス属 *Both-*

riocidaris（最初のウニ類），ネオボスリオキダリス属 *Neobothriocidaris*，ユニボスリオキダリス属 *Unibothriocidaris* の3属が知られている．

光　沢　lustre
鉱物*が光を反射する能力．反射量とその性質は鉱物同定に有効な手がかりとなる．ふつう，'ダイヤモンド'，'金属'，'樹脂'，'蠟'，'真珠'，'絹'，'脂肪'，'ガラス' など，性状を表わす語が冠される．反射の強さは '明るい'，'鈍い'，'輝く' などと表現される．

光沢斑　lustre mottling
石灰質砂岩*の表面で斑状に輝いている部分．石英*・砕屑粒子をとり巻いている粗い結晶質*のセメント*によって光が反射されて現れる．

後地（こうち）　hinterland ⇒ 前地（ぜんち）

紅柱石　andalusite（空晶石 chiastolite）
Al_2SiO_5（または $Al_2O_3 \cdot SiO_2$）がなす多形*鉱物の1つ．他は藍晶石*と珪線石*；ムライト*（$3Al_2O_3 \cdot 2SiO_2$）もこのグループに類縁；比重3.2；硬度* 6.5～7.5；斜方晶系*；桃～赤色，ときに灰褐，緑色；透明な変種は宝石*；ガラス光沢*；結晶形*は断面が特徴的な擬四面体型の角柱状，ときに塊状；劈開*は直交し{110}に顕著；主に，変質して白色雲母*の集合体となっている熱変成岩*と低変成度*の広域変成岩*のほか，花崗岩*やペグマタイト*にもコランダム*，電気石*，トパーズ*などとともに産する．英語名称はスペイン，アンダルシアに由来．

腔腸動物門　Coelenterata
今日異なる門をなしている刺胞動物門*と有櫛動物門を合わせたタクソン*（門）に対して，以前用いられていた名称．腔腸動物門という語は，現在の刺胞動物門のみを指す場合に用いられることもある．

高調波　harmonic
基本周波数の整数倍の周波数*の総称．二次高調波は2倍，三次高調波は3倍，というように n 次高調波は n 倍の周波数をもつ．

交点距離（X_c）　cross-over distance
走時曲線*上で直接波*と屈折波*の走時が等しくなる距離．この距離は屈折波が直接波に追いつく地点までの距離で，これより遠距離では屈折波が先に到達する．交点距離 X_c と屈折層の深さ h，上位層と屈折層の地震波速度* V_1，V_2 の間には次の関係がある；$X_c = 2h[(V_1+V_2)/(V_1-V_2)]^{1/2}$．$X_c$ はつねに屈折層までの深さの2倍よりも大きい．

硬　度　hardness
1．沸騰した水に炭酸塩の湯垢が生じる尺度あるいは石鹼の泡立ちが抑えられる尺度．永久硬度は主に炭酸塩岩*の風化作用*によって溶存しているカルシウムやマグネシウムの硫酸塩または塩化物による．一時硬度は主に二酸化炭素から生じた重炭酸塩イオンによる．**2**．鉱物*を鑑定するうえに有効な鉱物の物性の1つ．モース硬度階（H）*は鉱物を硬度によって階級区分したもので，ある硬度階の鉱物で他の鉱物に搔き傷をつけることによって硬度をテストする．1822年に考案され，現在もなお硬度の基準として用いられている．爪（H 約2.5）やナイフ（約5.5）も硬度をきめるうえに便利な道具である．硬度階で表す場合には，硬度階の鉱物により引っ搔き傷がつけられるかどうかによって，それと硬度が同じであるか，あるいは2つの鉱物の中間（たとえば，5と6のあいだであれば，5.5とする）と判定する．⇒ ビッカース硬度数

高度異常（フリーエア異常）　free-air anomaly
重力加速度*の実測値を高度補正（フリーエア補正)*した値と理論値（国際標準重力式*で示されている標準重力加速度*）との差．測定点と基準面*（海水面）の間に存在する岩石の引力は考慮しない．

後　頭　occipital
一般に頭蓋*後部を指す．

口　道　stomodeum ⇒ 花虫綱

黄道（こうどう）　ecliptic
太陽のまわりを公転する地球の軌道面．地球の赤道と23°27′の角度をなす．惑星の軌道面は冥王星*（17.2°）と水星*（7°）を除いてすべて地球の軌道面と3.4°以内にある．

後頭顆（-か）（後頭関節丘） occipital condyle

頭蓋*後部にある骨質のこぶ（高まり）で，第一頸椎（脊椎*）と関節する．魚類には見られないが，両生類*と哺乳類*には2つある．

黄道光（こうどうこう） zodiacal light

宵の薄明*後と朝の薄明前に，太陽光が大気中の微粒子により散乱されて夜空の一部に現れる光．

黄道（こうどう）の傾斜 obliquity of the ecliptic ⇨ ミランコビッチ周期

高度補正（フリーエア補正） free-air correction（Faye correction）

基準面*つまり海水面からの高度による重力加速度*の違いを考慮して実測値に施す補正．基準面と測定点の間に空気のみが存在すると仮定し，0.3086 mgal/m を加える．⇨ ブーゲー補正

高度補正 elevation correction

1. 理論的な基準面*と測定点の鉛直距離およびその間に存在する岩石の引力について重力測定値に施す補正．フリーエア補正*とブーゲー補正*を合わせたもの．2.（静補正）：地震波*の走時*データを不規則な地形について補正し，データを共通の基準面上に揃える処理．陸地'静補正'は陸上での地震探査*では欠かすことのできない重要な処理である．'静補正'作業の一環として，風化層（低速度層；LVL）の深さと地震波速度*を求めるための屈折法地震探査*をおこなう．これによって効果的な振源パラメーターの設定が可能となる（たとえば，理想的にはショット*深度は風化層の下位にあるのが望ましい）．LVL探査によって反射法地震探査*の条件設定を最適とすることができる．海上探査では，'静補正'探査によって，振源-ハイドロフォン*の配置パターンがきめられ，振源群列*とハイドロフォン・ストリーマー*の間のオフセット*についての補正が可能となる．

孔内効果 borehole effect

孔井*の直径や泥水置換域*の幅が変化することが原因となってログ*に現れる擾乱．

孔内スクリーン well screen

水頭*の大きい低下をともなわず，また砂*やシルト*が入り込むことなく，水が井戸または試錐孔*に流入するように設計されたメッシュ状スクリーンまたは導管システム．通常，固結がそれほど進んでいない地層に対して用いる．

孔内ゾンデ borehole sonde ⇨ 検層

好熱性古細菌 thermophile

高温環境下，とくに60℃以上の熱水*中で繁栄する極限環境微生物*（始原菌*ドメイン*）．➡ 超好熱性古細菌

勾配計 gradiometer

ポテンシャル場の絶対値ではなく勾配を測定する計器．⇨ 重力計；磁力計

後背湿地 backswamp

氾濫原*上で主流路*から離れている水はけの悪い低地．上流の谷側から延びている沖積扇状地*よりもわずかに低く，また主流路に向かって高くなっている自然堤防*よりも低い．シルト*や粘土*が緩慢に堆積する．

後背地 provenance

砕屑性*堆積物*の供給源．

広場所性-（広条件性-） eurytopic

生物が広い範囲のいくつかの要素に耐える能力をもっていること．〔これから転じて広い分布をもつこと．〕

硬盤（デュリクラスト） duricrust

とくに亜熱帯環境下にある風化帯*の堆積物．最終的には硬化*した塊状体に移行する．さまざまなタイプがあり，卓越する鉱物*によって区別される．三酸化二鉄と三酸化二アルミニウムに富むものをそれぞれフェリクリートとアルクリート，シリカ*に富むものをシルクリート，炭酸カルシウムに富むものをカリーチ（カルクリート)*という．

硬盤 hardpan

土壌断面*の中部または下部に見られることの多い，硬くなっている土壌層位*．さまざまな物質により膠結*されて硬化*したもの．⇨ カリーチ；硬盤；盤層

広範囲傾斜地質探査アズディク Geological Long Range Inclined Asdic（**グロリア** GLORIA）

観測船が曳航し，音響ビームを右舷と左舷

で発信して海底を調査するソナー．〔アズディク ASDIC は，イギリスの対潜水艦探知調査委員会 Anti‐Submarine *Detection Investigation Committee* のアクロニム．〕

広汎分布（コスモポリタンな分布） cosmopolitan distribution（**汎有分布** pandemic distribution）

世界規模にわたる生物の分布．雑草や片利共生する動物，ある種の原始的な隠花植物（種子でなく，胞子*や配偶子で増える植物）を除くと，6大陸すべてに生息する生物はそれほど多くはない． ⇨ 動物地理区；共生

紅砒ニッケル鉱 niccolite（nickeline）

金属鉱物*，NiAs；比重 7.8；硬度* 5.0；帯灰赤色；通常は塊状あるいは鉱染状．塩基性岩*に，不規則な集合体や，他の硫化物鉱物*との複雑な連晶をなして産する．

後氷期 post‐glacial ⇨ フランドル間氷期；完新世

甲皮類 Ostracodermi（ostracoderms）

古い教科書では，甲皮類はオルドビス紀*から石炭紀*前期に生存した硬い鎧甲をもつ顎のない化石魚類と説明されている．確かに一部の甲皮類は現生の無顎類*（ヤツメウナギやメクラウナギ）の祖先系統と近縁であるが，むしろ顎をもつ脊椎動物*の祖先に近縁なものもある．おそらく，甲皮類という名称は魚類の系統発達の1つの段階を示すにすぎず，分類学的な意味のない，非公式な*分類名である．

降伏応力 yield stress

物体が降伏する応力*．降伏点を越えると弾性変形*が粘性変形（⇨ 粘性）に移行する．応力がさらに続くと破壊*が起こる．

降伏点 yield point ⇨ 弾性限界

鉱　物 mineral

天然に産する結晶*構造をもつ無機物質で，岩石*の構成要素．鉱物はそれぞれ特有の化学組成を有し，硬度*，光沢*，色，劈開*，裂開，比重*などの特徴から同定される．ある種の鉱産有機物も鉱物と呼ぶことがある．

鉱物学 mineralogy

鉱物*を研究する科学．結晶学*，鉱物化学，応用鉱物学，鉱物同定法（主として物理的性質による）などが含まれる．

鉱物成層 mineral layering

1つの鉱物*型またはいくつかの鉱物型組み合わせが厚さ数 cm から 2～3 m の層をなしている状態．通常，大きい貫入岩体*に見られる．特定の鉱物が突然出現したり見られなくなったりするところが層の境界にあたる．相成層とも呼ぶ． ➡ キュームレート

鉱物飽和指数（SI） mineral saturation index

ある鉱物*が水に溶解するかあるいは沈殿する傾向を表す指数．指数は，溶解の場合には負，沈殿の場合は正，水と鉱物が化学的平衡にある場合にはゼロ．鉱物の溶解によるイオン*の化学的活量（イオン活量度積 IAP；ion activity product）を溶解度積（solubility product；K_{sp}）と比較して，次の式によって求める．$SI = \log(IAP/K_{sp})$．

光分解 photodisintegration

光，とくに太陽光によって化合物が分解すること．

口辺- adoral

生物体中で，口側の部分を指す．

後方散乱 backscatter

表面がレーダー*光線によって照射されたとき，エネルギーの一部は反射して（鏡面反射*）アンテナに戻ってくるが，それ以外の部分は，光が非反射面から散乱するのと同様に後方に散乱する．後方散乱の割合は，表面の粗さや誘電特性などの要因および入射する光線の波長に依存する．

鉱　脈 vein deposit

マグマ*の活動または循環地下水*からの沈殿によって形成された，境界が明瞭な板状の形態をなす鉱体*．薄いものの長く延びることが多い．幅が膨縮することもある．

剛　毛 seta

動物あるいは植物の，短く硬い毛状の構造．

後模式層 lectostratotype

ある層序単元*が最初に設定された後に選定された模式層*．単元設定時に十分な模式層（すなわち完模式層*）が指定されていない場合の標準となる模式層．模式地*外から選定してもよい． ➡ 新模式層． ⇨ 副模式

層；参照模式層

後模式標本 lectotype
ある標本の記載が最初に刊行された後に，総模式標本*のなかから選定され，公表論文において'模式標本'と指定された唯一の標本．→ 完模式標本；新模式標本；副模式標本

コウモリ bat ⇒ 翼手目

肛門繊帯（-ほうたい） selenizone ⇒ 古腹足目

後軛突起（こうやく-） postzygapophyses ⇒ 脊椎

広有分布 pandemic ⇒ コスモポリタンな分布

広翼類 eurypterid ⇒ 鋏角亜門（きょうかく-）；節口綱

交流 alternating current
正弦波形をもつ〔1秒間に何回も周期的に方向が逆転する〕電流．

合流 confluence
隣合った気流が収束すること．これによって気流の速度が大きくなる．⇒ 収束

交流消磁 alternating-magnetic-field demagnetization（**AF消磁** AF demagnetization, **熱消磁** thermal cleaning）
簡便で岩石試料に化学変化をもたらさない利点があるため，古地磁気学*や考古磁気学*で広く用いられている消磁法（⇒ 消磁）．非履歴性残留磁化*や回転残留磁化*を発生させる可能性があるため，磁鉄鉱*を含む岩石試料に限って適用される．

硬 鱗 ganoid scale
魚類の鱗の1タイプで，ある種の化石*あるいは現生硬骨魚類*（たとえばポリプテルス属 *Polypterus* やレピソステウス属 *Lepisosteus*）に見られる．この鱗は偏菱形で，表面のエナメル*質層，その下の象牙質*層，そして血管が通る骨質層の3層からなる．

好冷性古細菌 psychrophile
極限環境微生物*（始原菌*ドメイン*）のうち，通常15℃以下の寒冷環境で生息するもの．

高レベル廃棄物 high-level waste ⇒ 放射性廃棄物

ゴエス GOES ⇒ 静止実用環境衛星

コエノプテリス目 Coenopteridales ⇒ 先シダ類

コエルロサウルス下目 Coelurosauria（**コエルロサウルス類** coelurosaurus；**竜盤目*** Saurischia, **獣脚亜目*** suborder Theropoda）
三畳紀*から白亜紀*にかけて知られている，二足歩行する肉食性恐竜*の下目．生存期間全体を通じて体の基本構造にそれほど大きい変化は見られない．最大のものは体長約3mに達するが，大半はこれより小型で，俊敏な恐竜であった．

コエロフィシス属 *Coelophysis*
北アメリカの上部ジュラ系*から知られている初期の肉食性恐竜*の属．二足歩行する細身のコエルロサウルス類*で，体長は2m以下，体重は約23kg程度．小さい頭部と鋸歯状の歯，長い頸と尾，物をつかむのに適した長い指のある手をもつ．

氷 ice
1．凍結して結晶格子*をもっている水．純粋な水は 1,013.24 mb〔hPa〕の気圧のも

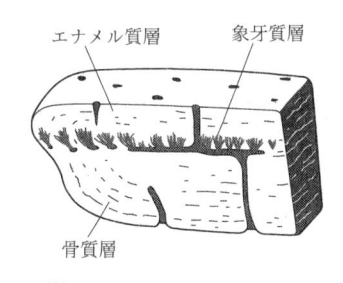

硬鱗

とでは0°Cで凍る．塩分が溶解していると凝固点が下がる．液相の水は4°Cで密度が最も高いため氷は水に浮く．圧力が高くなるにつれて，より密度の高い氷の他形*が生じ，それぞれにローマ数字が付けられる．通常の氷は氷Ⅰ．2．氷の特性と形態は地形の形成過程にとって重要である．凍結の際の膨張（比容積で9.05%）によって非常に高い圧力が発生する．実験室での密閉空間では-22°Cで圧力は216 MPaにも達するが，自然の状態にある自由空間ではその10%程度である．しかしながら，その応力*は凍結破砕作用*をもたらすのに十分である．天然の氷Ⅰは低温では密度の高い氷Ⅲに変わるが，それが及ぼす応力はほとんど小さくならない．'地中氷'は間隙水*が凍ったもので，凍上*と凍結破砕作用をもたらす．'氷河氷'では結晶が組み合わっており，やや不透明で，密度は$0.85〜0.91 g/cm^3$．'復氷'*は温暖氷河*の下の融氷水が凍ったもので，比較的透明．3．惑星地質学で扱う氷は地球上の氷とは性状が異なる．水は太陽系星雲（⇒太陽系）の圧力下では160 Kで凍る．大量に存在し，木星*の3つのガリレオ衛星*，エウロパ*，ガニメデ*，カリスト*の表層を構成しているようである．木星の衛星*はほとんどが水の氷と岩石の混合体からなる．水の氷は，衛星内部では約15〜20 kb〔1,500〜2,000 MPa〕以上の圧力のもとで高圧型他形（たとえば密度 $1,670 kg/m^3$ の氷Ⅷ）として存在しているらしい．衛星（ティタン*など）に多量に存在する可能性のある水以外の氷として，$NH_3・H_2O$，$CH_4・nH_2O$，$H_2O・CO_2$がある．

氷映え ice blink

氷河や流氷の表面で光が反射することによって，水平線（地平線）の上が白っぽく輝く現象．

固 化 consolidation

未固結*の物質が固まる過程の総称．膠結作用*，続成作用*，再結晶作用*，脱水作用*，変成作用*などがある．

鼓 蓋（上蓋） tegmen

ウミユリ類（綱）*の腕の間にある腹側*面．非石灰質表皮と，その中に埋もれた石灰質小板（鼓蓋板）で覆われている．

鼓蓋板（上蓋板） tegeminal plates ⇒ 鼓蓋

五角十二面体 pentagonal dodecahedron （黄鉄鉱型十二面体 pyritohedron）

立方晶系*のうち，12の結晶面*からなる閉形*の結晶形*．各面は5つの稜をもつが正五角形をなしていない．黄鉄鉱*にふつうの結晶形．

古河川系学 palaeofluminology

過去の河床の研究．

枯 渇 desiccation

広域にわたる気候変化にともなって水が長期間なくなること．

古鰭亜綱（こき-） Palaeopterygii

魚類の古い分類体系において，いくつかの原始的な種類を亜綱としてまとめたタクソン*の名称．多くの化石系統をもつ硬骨魚類*で，現生の科でいえばチョウザメ科，ヘラチョウザメ科，ポリプテラス科がこれに含まれる．しかし，今日ではこれらの種類はたがいに近縁でないことがわかっており，古鰭亜綱という名称も現在では使用されていない．

古期クレーター・テレーン Ancient Cratered Terrain ⇒ 火星のテレーン単元

古気候学 palaeoclimatology

地質記録に残されている痕跡から過去の気候を研究する科学．斉一性の原理*が適用されるという前提に立っているが，それがかならずしも正しくない．地質学のデータは古気候学の目的には十分とはいえない．年代測定値や古地理復元には疑問がつきまとい，化石動物群*と植物群*はただちに年代決定につながるわけではない．氷河成堆積物の年代値にはかなりの幅がある．岩石に記録を残さない気候事変も多い．

古気候指示者 palaeoclimatic indicator

過去の気候に関する情報を与えるもの．たとえば，氷河*成-，周氷河*成-，多雨性堆積物*は気候が関与する地形の情報；洞穴堆積物，砂丘，砂丘原は岩石の情報；植物（花粉*を含む），軟体動物（門）*，有孔虫（目）*，甲虫，貝介類（亜綱）*は生物相の情報となる．

古期ドリフト Older Drift
イギリス諸島で，最終（デベンシアン*）氷期〔の間に何回かあった氷河拡大期のうち氷期前半〕の氷河最大拡大範囲を示す堆積物． ⇒ 新期ドリフト

コキナ coquina
貝殻や骨格の粗い破片が炭酸カルシウムによって膠結*されてできている砕屑性*石灰岩*．

古ギルド palaeoguild
過去に存在したギルド*．

国際海洋掘削計画（IPOD） International Programme of Ocean Drilling
深海掘削計画（DSDP）*を発展させた国際計画．アメリカ，旧ソ連，旧西ドイツ，フランスの共同出資による．多くの国から研究者が参加し，深海と大陸棚*における試錐孔*の掘削とコア*の分析をおこなった．

国際重力基準網 International Gravity Standardization Network
重力加速度*の絶対値が得られている地点を結ぶネットワーク．地点は通常，空港またはその近くに設定されている．これによって，重力計*で測定した相対値から絶対値を求めることができる．

国際彗星探査機（ICE） International Cometary Explorer ⇒ 国際太陽-地球探査機 C

国際太陽-地球探査機 C International Sun-Earth Explorer-C
地球と太陽の関係，太陽風*，宇宙線*を研究する目的で，NASA*が1978年に打ち上げた3機の宇宙探査機 [ISEE-3, ISEE-C, エクスプローラ (Explorer)-59] の1つ．1982年には，ISEE-3が，ラグランジュ点*の1つをまわる軌道から地球の前を行く日心軌道（heliocentric orbit）に移された．これはジアコビーニ-ジナー彗星*と交差する軌道で，この時点から ISEE-3 は国際彗星探査機と改称され，1985年9月に彗星の尾のプラズマを横断した．

国際単位系（国際単位） SI (*Système International d'Unités*, SI units)
国際的に受け入れられている科学分野の測定単位．7つの基本単位と2つの補助単位がある．基本単位は次の通り．メートル (m)，キログラム (kg)，秒 (s)，アンペア（電流；A），ケルビン（温度；K），モル（物質の量；mol），カンデラ（光度；cd）．補助単位はラジアン（平面角；rad）とステラジアン（立体角；sr）．さらにこれらから誘導された単位が18ある．ベクレル（放射能；Bq），クーロン（電荷；C），ファラッド（静電容量；F），グレイ（吸収線量；Gy），ヘンリー（インダクタンス；H），ヘルツ（周波数；Hz），ジュール（エネルギー；J），ルーメン（光束；lm），ルクス（照度；lx），ニュートン（力；N）*，オーム（電気抵抗；Ω），パスカル（圧力；Pa）*，ジーメンス（電気伝導度；S）*，シーベルト（線量等量；Sv），テスラ（磁束密度；T）*，ボルト（電位・電圧；V），ワット（仕事率・電力；W），ウェーバー（磁束；Wb）． ⇒ 付表 D

国際標準重力式 International Gravity Formula
地球を，自転している扁平な楕円体とみなし，ある緯度（ϕ）における重力加速度*（g_ϕ）を求めるための式．$g_\phi = g_0(1 + \alpha \sin^2\phi + \beta \sin^2 2\phi)$．$g_0$ は赤道における重力加速度，すなわち 978.0318 ガル，α と β は定数で，それぞれ 0.0053024 と -0.0000058．

国際標準地球磁場（IGRF） International Geomagnetic Reference Field
任意の時刻に観測される地球磁場*と数学的に最もよく合致している磁場．通常，毎年見直される．

谷柵（こくさく） bar, riegel
氷食谷*の谷床を横切っている岩石の高まり．谷氷河*の侵食力が局部的に低下したか，節理*密度が小さいため基盤岩の強度が局部的に大きくなっていることによる．凹部と交互していると氷食谷の縦断面が不規則となる． ⇒ 氷食谷階段

黒色頁岩 black shale
嫌気性*環境で堆積した，有機物含有量が多い泥岩*．炭化水素*の重要な根源岩*となる．

黒色土 black earth ⇒ チェルノゼム

コークス coke ⇒ チャコール

黒体　black body
　電磁エネルギーを完全に吸収する物体．黒体が一定温度に保たれていれば，吸収する電磁放射*と放射する電磁放射は完全な平衡状態にある．⇒ シュテファン-ボルツマンの法則

谷頭壁（氷河の）　headwall, glacial
　カール（圏谷）*や谷氷河*の上流端にある急勾配の岩壁．主として凍結破砕作用*による活発な侵食*の場．

極微小プランクトン（フェムトプランクトン）　femtoplankton
　大きさが0.02～0.2μmの微小な海生プランクトン*で，詳細はほとんどわかっていない．

黒氷（こくひょう）　black ice
　道路や船舶の上部構造に付着する霜*の一種．凍結温度以下の表面に落ちた水が凍ったもの．霜とちがって氷の薄膜が黒っぽく，硬く見える．⇒ 雨氷

谷壁ベンチ　valley side bench（ロックベンチ　rock bench）
　谷斜面に発達し，沖積層*の被覆を欠いている段丘状の地形．河岸段丘*から被覆沖積層が侵食*によって削剥されたもの，あるいは抵抗性のある岩石からなる水平層が斜面に突出しているもの．

黒曜岩，黒曜石　obsidian
　石英安山岩*質または流紋岩*質組成の火山ガラス*．

古鯨亜目　Archaeoceti（昔鯨　ancient whales；足無区 cohort Mutica，鯨目　order Cetacea）
　始新世*に繁栄し，絶滅*した，最も古い原始的な鯨類の亜目．起源はおそらくアフリカと考えられる．多くは現生のネズミイルカ類と同じ程度の大きさで，突出した鼻をもち，鼻孔は頭蓋*の上にあった．脳頭蓋は長く平たい．前歯はくぎ状，頬歯は異歯性*を示し，原始的な食肉類の特徴を有する．歯数は全部で44本．後肢は痕跡程度にまで退化しているが，初期の属（アンブロケタス属*，バシロサウルス属*）では軀体から突き出ているものもある．古鯨類は魚食性の肉食性動物で，現代のアザラシなど以上に海生環境に適応していた．古鯨類という語は現実には原始的な鯨類の総称であって，単系統*のグループを定義するものではないかもしれない．

苔状　mossy
　鉱物*の樹枝状（枝分かれした）集合体をいう．鉄-またはマンガン酸化物（たとえば苔めのう）などの二次的な化学沈殿物であることが多い．

コケ植物門（蘚苔植物門）　Bryophyta（コケ植物　bryophytes）
　ミズゴケなどの蘚類とゼニゴケなどの苔類を含む植物門．コケ植物は維管束系を欠き，水分の摂取は降水や大気中の水蒸気からの吸収に大きく依存しているが，いくつかの大型の種では単純な維管束細胞の発達が見られる．真の根のかわりに仮根をもち，それによって底質に固定するとともに水分と養分を吸収する．コケ植物には明瞭な世代交代が見られ，なじみのある緑色植物様の配偶子世代と，柄の先に付いたカプスラの形で配偶子に寄生する胞子体世代をくり返す．ほとんどのコケ植物が陸生で，さまざまな環境に分布している．最初の化石コケ植物は，デボン系*から見つかったパラヴィシニテス・デヴォニカス *Pallavicinites devonicus* という苔類の葉状体である．一方，最初の蘚類は，フランスの上部石炭系*から産出したムシーテス・ポリトリカセウス *Musites polytrichaceus* である．コケ植物が緑藻類（門）*や，より進化型の植物であるシダ植物*と分類学的に近縁であるという証拠は今のところない．

コケムシ動物門　Bryozoa（コケムシ類，苔虫類，蘚虫類　moss-animals）
　水生の群体性動物の門で，分類学的には腕足動物門*に近縁とされている．群体は，方解石*骨格がよく発達した虫室と呼ばれる，顕微鏡的な大きさをもつ多数の箱様の部屋からできており，その中に繊毛状の触手と体腔*をもつ小さい個虫が1つずつ入っている．口のまわりには採餌・摂食用の触手があり，惣担（ふさかつぎ）と呼ばれる特徴的な構造をつくっている．生殖は，無性的な出芽と新しい群体をつくるための幼生の放出によってなされる．上部カンブリア系*からコケムシの可能性がある化石が知られているが，

多産し始めるのはオルドビス紀*になってからであり，その後現世まで豊富な記録が残されている．コケムシの化石には分枝した群体をなすものもある．コケムシは顕生累代*の重要な造礁性生物で，いくつかの時代で大規模な放散が認められる．

苔めのう moss agate (mocha stone) ⇒ めのう

古原生代 Palaeoproterozoic
　原生代*の最初期．年代は約2,500～1,600 Ma．

後　光 crepuscular rays
　層積雲*など形状の不規則な雲の間隙を通過する太陽光が，大気中のもやによって線状に見えるもの．'ヤコブの縄ばしご；Jacob's ladder' とも呼ばれる．水平線または地平線近くにある太陽が雄大積雲*の上に放つ上方に向かって広がる光条も指す．

ココス・プレート Cocos Plate
　太平洋の海底の一部をなす小さいプレート*．ファラロン・プレート*の残存物で，北アメリカ・プレート*とカリブ・プレート*の下に沈み込んでいる．太平洋プレート*とは東太平洋海膨*をもって，ナスカ・プレート*とはガラパゴス海膨*をもって生産縁*をなしている．

古個生態学 palaeoautecology
　過去における1種または2種からなる群集を研究する古生物学*の1分野．

鼓骨（鼓小骨） tympanic bone
　哺乳類*に見られる，鼓膜を支持するための小骨で，下顎の隅骨に由来する．多くの哺乳類では胞を形成している．

ココープ（大陸反射法断面作成計画） COCORP (*CO*nsortium for *CO*ntinental *R*eflection *P*rofiling)
　アメリカのコーネル大学が遂行した計画．目的はアメリカの基盤岩地図を作製し，特定の地質学的問題に焦点をあてること．対象とする地域で50～200 kmにわたる長い断面を作製し，往復走時*18～20秒のデータを記録した（往復走時1秒は結晶質基盤岩の3 kmに相当する）．

誤　差 error
　測定値と真の値との差．確率的なものと系統的なものがある．確率的誤差は測定値の相加平均を中心とするガウス分布*をなすはずで，測定数を増やすことによって真の値に近づく．系統的誤差は真の値とのあいだの一定の差であって，その相加平均は真の値から偏移している．このように確率的誤差は一連の測定の精度を表し，系統的誤差は測定精度の限界を表す．年代測定では誤差を最小にするためにアイソクロン*を用いる．

古細菌 archaebacteria (**始原菌*ドメイン*** domain Archaea)
　クレンアーキオータ界*とユーリアーキオータ界*に属する微生物．これらはかつて古細菌界に一括されていた．

コーサイト coesite
　石英*（SiO_2）の多形*．4 GPa以上の高圧で生成し，大きい隕石*の衝突を受けた岩石に見いだされる．

コサバ kosava
　ドナウ河谷を吹く局地風．成因的な意味をこめて渓谷風*の一種を指すこともある．

古サピエンス archaic *sapiens*
　人類（ホモ・サピエンス *Homo sapiens*）ではあるものの，ホモ属に属さない初期の種と共通した解剖学的特徴（頭蓋腔容量や，現世人類にはもはや見られない頑丈な歯と骨）をもつ人類．古サピエンスはホモ・サピエンスに分類されているが，現世人類と同じ亜種（すなわちホモ・サピエンス・サピエンス *Homo sapiens sapiens*）には属さない．

小　潮 neap tide
　月-地球と地球-太陽が直角をなす月の上弦と下弦のころ，すなわち14日ごとに生じる干満の差が小さい状態．潮差*は平均潮差より10～30%小さい．

腰掛け石 perched block
　氷河*によって運ばれてきて，氷河が融解した跡に基盤の上に置き去りにされた巨礫．壮観を呈し，その地の伝説のもととなっているものもある．

古磁極 palaeomagnetic pole
　地球磁場*を地芯双極子モデルに近似して，古地磁気または考古地磁気方位から計算した磁極*の位置．過去の地球磁場の永年変化*を平均化するために，十分な数の測定を

おこなってその平均方位を求める必要がある．⇒ 古地磁気学；地球双極子磁場

古地震学 palaeoseismology
　過去の地震*の研究．主たる手法は，現地調査または歴史記録に基づいて過去の地震による破壊域を地図に表すこと．

五指性 pentadactyl
　5本の指をもつ肢，あるいは5本指をもつ祖先から形態が進化した肢に対して用いられる．これは，すべての四肢動物*類に共通する特徴である．

湖沼性-（湖沼成-） lacustrine
　湖沼に関わることに冠する．

弧状組織 Bogen structure ⇒ 石炭マセラル

古植物学 palaeobotany
　植物化石*を研究する古生物学*の1分野．

古水理学 palaeohydraulics
　過去の河川地形，たとえば残されている流路*，流路側方に付加した河川堆積物の堆積面，流路埋積堆積物*の幾何学的な特徴などを解析して，その水系の形成時に作用していた水理学的パラメーターを明らかにする水理学の1分野．

古水流 palaeoflow
　後の時代の堆積物*に充填されている河谷をうがった水流．その流向は水流が堆積物に残した斜交葉理*などから求められる．

コスタ（肋） costa
　1．サンゴ：隔壁*がコラライト*壁の外側へ突き出ることにより生じた肋骨様の部分．**2**．腕足類（動物門）*と二枚貝類（綱）*：殻頂*から腹縁へ延びる肋状の構造．**3**．腹足類（綱）*：コスタには螺管（らかん）に平行（らせん方向）なものとそれに垂直（らせんの旋回軸方向）なものがある．

ゴースティアン階 Gorstian
　上部シルル系*中の階*．グリードニアン階*の上位でルドフォーディアン階*の下位．年代は424～415.1 Ma（Harlandほか，1989）．

ゴースト GHOST ⇒ 地球水平観測技術

ゴースト ghost
　地中でのショット（発振）*で上方に伝播した振動エネルギーが地表面または海面で下方に反射されて生じる偽の反射波．ゴーストの波連*は他の下方進行波と干渉しあってその波形を乱し，リバーバレーション*となって後を引くことがある．この型のゴースト反射波は多重反射波*の一種である．地震探査*断面の外側（断面側方）にある反射面*の波形は，'オフセクション・ゴースト；off-section ghost' と呼ばれ，地下構造の形態が三次元的に変化する地域で二次元地震探査を実施する場合に問題となる．

ゴースト層序学 ghost stratigraphy
　大規模な花崗岩*体中で，母岩*の捕獲岩*が，あたかも周囲の母岩の層序*や構造が貫入体*内まで続いているかのように配列していることから，花崗岩が母岩の交代作用*によって形成されるとする説にとって有利な証拠とみなされた古い考え．

コストニアン階 Costonian
　オルドビス系*，下部カラドク統*中の階*．ハルナジアン階*の下位．

コスミン層 cosmine ⇒ コスミン鱗

コスミン鱗 cosmoid scale
　化石肺魚（亜綱）*と，現生のシーラカンス*を含む総鰭亜綱（そうき-）にのみ見られる鱗のタイプ．これらの魚類の厚く硬い鱗は，表層のエナメル*質の層（象牙質*よりも硬く有機物を欠く）とその下のコスミン層（象牙質の一種で，枝分かれした細管が貫いている），さらにその下の血管が分布するラミナ状の骨質層からなる．

コスモラーフェ属 Cosmorhaphe
　生痕属*の1つ．深海成フリッシュ*堆積物に特徴的な，複雑な形態をした移動摂食痕*．堆積物食者*による1本の曲がりくねった這い跡*で，生物生産量の低い場所での効果的な摂食行動を反映している．

古生痕学 palaeoichnology ⇒ 生痕学

古生シダ目 Protopteridales ⇒ 先シダ類

古生代 Palaeozoic
　顕生累代*の3つの代*のうち最初のもの（570～248 Ma）．カンブリア紀*，オルドビス紀*，シルル紀*が前期古生代，デボン紀*，石炭紀*，ペルム紀*が後期古生代．古生代には，前期にカレドニア*，後期にバリスカン*の2回の大きい造山運動*があった．

古生代動物群*は多様な無脊椎動物で特徴づけられる；三葉虫（綱）*，筆石（綱）*，腕足類（動物門）*，頭足類（綱）*，サンゴ*など．古生代末までには両生類*と爬虫類*がさまざまな環境で優勢となり，巨大な木生シダ，トクサ，ソテツ*が広大な森林をつくっていた．

古生態学 palaeoecology
　化石*や堆積学上の記録に生態学*の方法論を適用して，先史時代および地質時代における地表，気圏*，生物圏*相互の関係を研究する古生物学*の1分野．

古生物学 palaeontology
　化石*植物群*・動物群*を研究する科学．得られた情報は過去の環境の復元〔と生物進化の検証〕に利用される．

古生物地理学 palaeobiogeography
　化石*生物の地理的分布を扱う古生物学*の1分野．⇒ 生物地理学

古生マツバラン目 Psilophytales（**古生マツバラン類** psilophytes）
　シルル紀*とデボン紀*に知られている原始的なシダ植物*で，最古の維管束植物*でもある．茎は高さが最大50 cmほどで，細く先端が尖っており，葉をもたず茎表面に鱗片状構造が発達する．しばしば茎の先端に球果型の胞子囊（⇒ 胞子）が見られる．伝統的な分類法では，化石マツバラン類を現生のマツバラン類（マツバラン属 *Psilotum*，イヌナンカクラン属 *Tmesipteris*）とともにマツバラン綱に分類し，そのなかに現生種からなるマツバラン目と化石種からなる古生マツバラン目を設けている．最近の分類系では，従来の古生マツバラン目は3つの異なる亜門にまとめられ，それぞれリニア亜門〔クックソニア属 *Cooksonia*（⇒ クックソニア・ヘミスフェリカ）やリニア属*など〕，トリメロフィトン亜門（プシロフィトン属 *Psilophyton* やトリメロフィトン属 *Trimerophyton* など），ゾステロフィルム亜門（ゾステロフィルム属*など）と呼ばれている．この分類体系では，現生のマツバラン類はマツバラン亜門という別の亜門に分類されている．

古生裸子植物綱 Progymnospermopsida（**古生裸子植物類** progymnosperms）
　裸子植物*の祖先で，デボン紀*に出現，石炭紀*の後半に衰退し絶滅*した．裸子植物に似た木質の樹幹をもつが，その生殖枝あるいは生殖葉には胞子囊（⇒ 胞子）が見られ，群葉はシダ様であることが多い．おそらく，種子はさまざまな古生裸子植物類ごとに独立して発達したのであろう．⇒ アーケオプテリス属

コセット coset ⇒ 斜交葉理

固相-液相平衡 solid-melt equilibrium
　岩石の部分溶融*の程度．岩石種ごとに，温度・圧力・含水量の関数で，通常，白雲母*，黒雲母*，角閃石*などヒドロキシ基を含む鉱物*の量と熱的安定性に依存する．

固相線（ソリダス） solidus
　温度-成分図*において，平衡状態にある固相/液相と完全な固相との境界を画する点を連ねた線．二成分系*では直線または曲線，三成分系*では平面または曲面．⇒ 相状態図

古第三紀 Palaeogene
　第三紀*の前半．白亜紀*の後で新第三紀*の前．約65〜23.3 Ma（Harlandほか，1989）．暁新世*，始新世*，漸新世*に分けられている．

個体発生 ontogeny
　卵の受精から成体に至るまでの，生物個体の生物学的な発達過程のこと．

個体発生的異時性 ontogenetic heterochrony
　群体性動物で，群体全体が受ける異時性*ではなく，個体それぞれに影響を与える異時性．→ アストジェネティックな異時性；モザイク様異時性

古多歯型 palaeotaxodont
　二枚貝類（綱）*に見られる多歯型*鉸歯（こうし）の1タイプ．古生代*初期の種類では，明瞭に大きさの異なる2つの歯が認められる．前側の列の歯は大きく，後側の列の歯はそれよりはるかに小さい．

ゴチアン階 Gothian
　バルト楯状地*の下部原生代*中の階*．スベコフェニアン階*の上位でジョトニアン

階*の下位．年代は約2,100〜1,600 Ma．Van Eysinga (1975) によればカレリアン階と同義．

古地磁気学 palaeomagnetism
残留磁化*すなわち過去の地球磁場*の記録を測定，解釈する，地球物理学*の1分野．これによって磁極移動*，大陸移動*に関する重要な情報が得られた．

コチチ正亜磁極期（コチチ正サブクロン） Cochiti
ギルバート逆磁極期（逆クロン）*（鮮新世*）中にあった正亜磁極期（正サブクロン）*．

固着すべり stick-slip
断層面*に沿う一過性で間欠的な転位運動．地震との関連性が指摘されている．

固着性 sessile
1. 柄部をもたず，体が底質に直接付着していること．2. 底質に直接付着していること．固着性の動物は移動能力はもたない．

固着リップル adhesion ripple（ウォートwart）
砂層の表面に瘤ないし水ぶくれ状の畝が不規則に並ぶ堆積構造*．湿った地表上を吹く風が乾いた砂*を運搬することによって生じる．畝の断面はわずかに非対称的で，風上側の斜面が急となっている．

古地理学 palaeogeography
地質時代の自然地理を復元する科学．古地理図には，対象地域に推定される海岸線，水系，大陸棚*の位置とそれぞれの堆積環境に加えて，古緯度*を示すのが一般的である．これまでにつくられた古地理図は現在の地理的位置にある大陸を基準としているものが多いが，今日では基本図は古地磁気データ（⇒古地磁気学）に基づいてつくるのがふつう．構造地質学にバランス断面図*の手法が導入されたことを受けて，地理的な短縮を考慮して各地域を元の位置に戻し本来の堆積条件の配列を復元した古地理図が多くなっている．

骨格形成物質 skeletal material
ほとんどの脊椎動物*の骨格は，燐酸カルシウム（とくに水酸燐灰石）の骨*からできているが，無脊椎動物*の骨格形成物質はさまざまである．腕足類（動物門）*や軟体動物（門）*では，方解石*や霰石（あられいし）*が最も一般的である．通常，無脊椎動物の骨格は，それぞれ独自の構造をもついくつかの層から構成されている．殻の中で最も主要な石灰化した部分を殻層（石灰質層），死後には分解してしまうタンパク質の薄層からできている表面の層を殻皮層という．石灰質の骨格はサンゴやコケムシ（動物門）*にも見られる．棘皮動物（門）*はいくつかの要素からなる骨格をもつ．各要素の形成には生体組織もかかわっているが，硬質物質は光学的性質が均質な単結晶*をなす方解石である．キチン（セルロースに似る炭化水素）は昆虫類の外皮の基本的な構成要素である．三葉虫類（綱）*の外骨格*は炭酸カルシウムが浸透したキチンからできていたのではないかと考えられているが，有機物は認められるもののその性質はよくわかっていない．筆石類（綱）*の骨格形成物質はキチンではなく硬タンパク質（繊維質の不溶性タンパク質）であったことが最近の研究から明らかにされている．放散虫*やある種のカイメン類（海綿動物門*）など一部の単純な動物では，骨格は非晶質*のシリカ*からできている．

骨格石灰岩 skeletal limestone ⇒ レイトン–ペンデクスターの石灰岩分類法

骨格ミクライト質石灰岩 skeletal micritic limestone ⇒ レイトン–ペンデクスターの石灰岩分類法

骨　起 apophysis（複数形：apophyses）⇒ 脊椎

骨甲目 Osteostraci（**セハラスピス目** Cephalaspida）（**骨甲類** osteostracans；**無顎上綱*** superclass Agnatha）
顎のない魚型脊椎動物*の目で，シルル紀*からデボン紀*にかけて生存した．やや扁平な体，骨質の幅広い頭甲*，背側*に位置する眼とその間にある松果体孔，体の中央先方に1つの鼻をもつ．頭甲の側方および後方は，おそらく感覚器官を保護するための多角形の板*によって覆われている．頭部の内部構造は現生のヤツメウナギのそれと似る．胴部は縦に配列する一連の骨質鱗で覆われており，1つあるいは2つの背鰭と異尾*がある．内部骨格には部分的な骨化が認められ

る．骨甲類は小型で，体長は30 cm程度であった．眼が背側高所にあり，胴部が扁平であることから，海底を這いまわる生活様式をもっていたことがうかがえる．⇒ セハラスピス属

コッコリス coccolith

顕微鏡的な大きさの石灰質の板または円盤．長円形のものが多く，表面に複雑な組織と装飾をもつものも多い．コッコリソフォア*と呼ばれる単細胞藻類*を覆う殻はこれの集まり．現世の深海石灰質軟泥*の主要構成物．中生界*とくに白亜系*に著しく卓越しており，チョーク*の主要な成分となっている．

コッコリソフォア coccolithophorids (プリムネシオフィセア綱 class Prymnesiophyceae)

海生の単細胞浮遊性藻類*．生活環の少なくとも一時期，コッコリス*と呼ばれる，ゼラチンのさやに包まれた微小な石灰質の板に覆われる．コッコリスの形態は球形ないし卵形で，大きさは径 $20\,\mu m$ 程度以下．疑わしいものは先カンブリア累代*後期や古生代*の地層からも産出するが，化石として確実なものは三畳紀*後期から完新世*まで知られている．季節的に大増殖し，堆積物にも大量に残されていることから，コッコリソフォアは地球規模の炭素循環に重要な役割を担っていると考えられる．

骨　材 aggregate

建設：セメント*などと練り混ぜて膠結させ，コンクリート*，マスチック（漆喰），モルタル，プラスターなどをつくる無機物質，たとえば，砂，礫，砕石，高炉スラグ，その他の物質（石炭屑，粉砕燃料灰など）の総称．また膠結させず，路床材，鉄道のバラスト，フィルター層，製造過程での流動材として使用する．路床にはビチューメン（瀝青）*と混ぜて，舗装*を構成する何層かの層ごとに物性の異なるものを使用する．直径 6.35 mm 未満の骨材を細骨材，それ以上のものを粗骨材という．⇒ 骨材試験；舗装

骨材試験 aggregate test

骨材*の用途に応じた適正を決定するための試験．以下のものがある．(a) 形態と組織（成角の数）；内部摩擦角*を測定し粒子の接着性を判定．(b) 粒度と分級；粒子の充塡性を判定．(c) 含水量；凍結融解作用*による破壊を招くほどの水量を吸収するかどうかを決定．(d) 密度；作業の経済性に影響．(e) 強度；岩石を標準的な方法で打撃し，それによって生じる細粒物質の量から骨材打撃値（AIV）を決定．(f) 破砕に対する抵抗性；eと類似の方法で骨材粉砕値（ACV）を決定．(g) 磨耗に対する抵抗性；標準試験機によって骨材磨耗値（AAV）を測定．AAVが低いほど岩石の磨耗抵抗が大きい．(h) 研磨に対する抵抗性；研磨岩石値（PSV）を測定．PSVが高いほど研磨に対する抵抗性，したがって横すべりに対する抵抗性も大きく，材質が良好とされる．

骨材打撃値 AIV, aggregate impact value ⇒ 骨材試験

骨材粉砕値 ACV, aggregate crushing value ⇒ 骨材試験

骨材磨耗値 ABV, aggregate abrasion value ⇒ 骨材試験

ゴッサン（焼け） gossan

硫化物鉱物*の酸化と溶脱*によって生成し，地表付近で硫化物鉱床*を覆っている，酸化鉄に富む黄〜赤色層．硫化物鉱床の指示者として鉱床探査で重視される．

骨針（骨片） spicule

〔海綿やナマコなどがもつ〕骨質の微小な針状または棘状骨格．

骨針チャート spicular chert

極めて細粒の珪質堆積岩*．シリカ*は海綿（動物門）*の骨針*が蓄積したもの．海綿骨針は大陸棚*環境における主要な生物源シリカとなっていることがある．⇒ チャート

骨　盤 pelvis

脊椎動物（⇒ 有頭動物亜門）における四肢骨の一部．仙椎と癒合し，後肢あるいは後鰭（こうき）を支持する．⇒ 脊椎

固　定 fixation (1), immobilization (2)

1. 土壌*：植物が必要とする特定の栄養化学物質が，可溶性で取り込むことができる形態からはるかに難溶性で取り込みがほぼ不可能な形態に変化する土壌中での過程．2. 生物の活動によって化合物が無機質から有機質

に変換されること．固定された化合物は植物の根を経て生物地球化学サイクル*の貯留プール*から除去される．

固定オフセット constant offset
物理探査において振源と受振器の間の距離を一定に保つこと（⇒ オフセット）．発振船と記録（受振）船が一定のオフセットをおき測線に沿って進む固定オフセット断面作製（COP）は，特殊な方式の地震記録*断面作製*法である．COPは広い範囲にわたる地殻*構造の変化を断面図に表わすのに利用される．

固定頬 fixigena ⇒ 頭部

固定発生源法 fixed-source method
発信源（発信器）をある地点に設置し，調査地域内で探知器（受信器）を移動させて測定する地球物理探査法．得られたデータは断面図や地図にプロットされる．超低周波電磁探査法*やチュラム法*などの電磁気探査法*はその例．

コテクティック曲線 cotectic curve
ブロックダイアグラムで表した鉱物*三成分系*の相平衡図において，液相面（リキダス*面）は固結温度が最も低いメルト*の組成を表す溝をなす．コテクティック曲線はこの溝の軸．

コテクティック曲面 cotectic surface
ブロックダイアグラムで表した鉱物*四成分系*の相平衡図において，2種またはそれ以上の固相がメルト*から同時に結晶化する温度領域を表す曲面．三成分系*でのコテクティック曲線*に相当する．

古テチス海 Palaeotethys
テチス海*（または新テチス海）と古テチス海の関係についての見解には混乱が見られる．古生代*後期には，パンゲア大陸*が後にローラシア大陸*とゴンドワナ大陸*に分裂する部分に，パンサラサ海*から湾が入り込んでいたとする見解があり，これを古テチス海と呼ぶ．この海洋は古キンメル-インドシナ沈み込み帯（Palaeocimmerian-Indosinian subduction zone）で消滅した．ジュラ紀*に古テチス海の北縁に開口し，白亜紀*にかけて存続した新たな海洋が新テチス海またはテチス海（狭義）とされる．

ゴテーンブルク逆亜磁極期（ゴテーンブルク逆サブクロン） Gothernburg ⇒ ブルン正磁極期（ブルン正クロン）

古銅輝石（ブロンザイト） bronzite
$(Mg_{1.4}Fe_{0.6})Si_2O_6$ から $(Mg_{1.8}Fe_{0.2})Si_2O_6$ の範囲の化学組成をもつ斜方輝石*（斜方晶系*の輝石*）〔Mgに富む頑火輝石*〕．今日では用いられることが少ない名称．塩基性*～超塩基性岩*，まれな変成岩*に産する．

古土壌 palaeosol (paleosol)
土壌形成*過程の初期に形成された土壌*．埋没しているもの，埋没後に再び露出するに至ったもの，そのまま地表にあって現在の土壌形成に引き継がれているもの，がある．

ゴート造山運動 Gothian Orogeny (Gothic Orogeny) ⇒ ダルスランド造山運動；グレンビル造山運動

コトラシア・プリマ Kotlassia prima
両生類*セイムリア目に属するいくつかの属は，爬虫類*へと進化しつつあったことを示す多くの特徴をもっている．この点を重視して，セイムリア目両生類が最初の爬虫類へとつながる進化の途中段階にあったという見解がある．しかしながらパンチェン（Panchen）らは，コトラシア・プリマとそれに近縁なグループは，側線系をもち発生の初期にオタマジャクシの段階を経たと主張してこの考えには否定的である．ペルム系*上部から見つかっているコトラシア・プリマは，この意味で重要な系統の最後の生き残りの1種である．⇒ セイムリア属

古ドリアス期 Older Dryas ⇒ ドリアス期

コートリヤン階 Cautleyan
オルドビス系*アシュギル統*中の階*．プスジリアン階*の上位でロウテヤン階*の下位．

コナ嵐 kona storm
ハワイ諸島に強い南風と大雨をもたらす嵐．北側を通過する低気圧*が起こす．

コニアシアン階 Coniasian
ヨーロッパにおける上部白亜系*中の階*．模式地*はフランスのコニャック（Cognac）．年代は $88.5 \sim 86.6$ Ma（Harlandほか，1989）．⇒ セノニアン統

ゴニアタイト目 Goniatitida（ゴニアタイト類 goniatites）⇨ アンモノイド亜綱

コニーベアー，ウィリアム・ダニエル（1787-1857） Conybeare, William Daniel

イギリスの牧師．最も権威のある層序学の教科書として名声を博した，ウィリアム・フィリップス（William Phillips）との共著『イングランドとウェールズの地質概要』（Outline of the Geology of England and Wales）（1822年）の著者として知られる．イングランドのライム・リージス（Lyme Regis）地域から発掘された竜盤目恐竜*化石を記載し，その軀体を復元した．バックランド*の友人にして共同研究者で，オックスフォード学派地質学界の枢要なメンバーの一人．

コノスコープ conoscope

透過顕微鏡で，載物台*の下のコンデンサー*を入れてさまざまな方向の光が薄片*を通過するようにセットした状態．これによって鉱物の干渉像*と特徴的な光学的性質が観察される．→ オーソスコープ

コノドント conodonts

燐酸カルシウムを主成分とする，歯の形をした微化石*で，カンブリア紀*から三畳紀*にかけての岩石から産する．かつてはコノドントフォリダ*という高次のタクソン*に置かれていた．コノドントは細長い体型の原始的な魚類の体内器官の一部と考えられている．この動物は，脊索動物（門）*，あるいは脊椎動物に属し，活発な捕食者であったと思われる．2つの眼が先端の丸まった突起部にあり，体軀の中心を脊索*が後端まで延びていた．後端には筋肉質の鰭がある．摂食器官の一部をなすコノドントのみが硬質の物質からできていた．

コノドントフォリダ Conodontophorida

コノドント*が位置する高次のタクソン*に対して以前用いていた名称．コノドントは燐酸カルシウムからなり，歯の形をした微化石*で，カンブリア紀*から三畳紀*にかけての岩石から産する．

古杯動物門 Archaeocyatha

絶滅*した造礁性生物の門で，カンブリア系*からのみ知られている．杯状で，径が通常10～30mm，高さが50mm程度．解剖学的な面からは，古杯類は海綿動物*とサンゴ*の両方に類似しているが，これらよりも明らかに進んだ進化段階にあるとみられる．ある種の三葉虫*と共生*関係を築いていた可能性がある．絶滅の原因は不明．完整綱*と不整綱*の2綱が知られている．

琥珀（こはく） amber

松柏類の樹脂の化石*．もろく，堅固，半透明から透明で，黄色ないし褐色，美しい光沢*をもつ．堆積物*に含まれるが，それから洗い出されて河岸や海岸にクラスト*として産する．

小春日和 Indian summer ⇨ 特異日

ゴビ gobi

砂漠舗石*を指す中央アジアの語．

コピエ koppie (kopje)

丘を意味するアフリカーンス語〔南アフリカ共和国の公用語〕．アフリカ各地で広く用いられている．トア*に似て，側面が急勾配で大きさが家屋程度の孤立した地形．花崗岩*に典型的に発達する．角ばった城を想わせる輪郭をもつものは'城郭コピエ（castle koppie）'と呼ばれる．ボルンハルト*崩壊の後期段階にある地形．

ゴーフ goaf

1．廃石．2．石炭*が採掘された跡．〔古洞と訳されることもある．〕

こぶ（小突起） tubercle

三葉虫綱*の体表面に見られる小丘状の構造．中空であったり感覚器官の部位であったと考えられている．

コーフイラン統 Coahuilan ⇨ コマンチアン統

古腹足目 Archaeogastropoda

腹足綱*に属する目で，カンブリア紀*初期に出現した．現生のパテラ・ブルガータ *Patella vulgata*（カサ貝）もこの目に含まれる．腹足類は，呼吸器の構造に基づいて分類されているが，古腹足類は鰓が2つのみの最も原始的な腹足類．吐き出した水と老廃物を容易に除去するための切れ込みを殻口*外縁部にもつものもある．切れ込みは後方にいくらか伸びているが，殻の成長にともなって徐々に埋められていく．埋められた切れ込み

[肛門繊帯（-ほうたい）]は完全にふさがれていることが多いが，たとえばハリオティス属 *Haliotis* のように直線的に並ぶ一連の開口部（排出孔；tremata，単数形：trema）として残されていることがある．

コープの規則　Cope's rule

1871年，アメリカ人古生物学者エドワード・ドリンカー・コープ（Edward Drinker Cope）は，哺乳類*，爬虫類*，節足動物*，軟体動物*など多くの動物群の系統発生*で体型の大型化が進む傾向を認めた．今日，この考えはコープの規則として知られている．コープの規則は，1996年に1,000種以上の昆虫が検討されるまでは疑問の余地のない考えと考えられていた．1997年にデイビッド・ジャブロンスキー（David Jablonski）は白亜紀*後期の1,600万年間に産する1,086種の化石軟体動物について6,000以上の計測をおこない，体型が大型化する系統とほぼ同数の系統で小型化が起こっていることを証明し，コープの規則を最終的に論駁した．このように系統発生は，進化の過程における体型増大の一般傾向を示さない．しかし，現在の生物がその直接の祖先よりも体型がたまたま大きい場合（ウマはその好例），コープの規則に合致しているように見える．

コブル・クリープ　Coble creep

原子が粒子の境界に沿って移動する拡散クリープ*の一種．→ ナバロ-ヘリング・クリープ

コベリン（銅藍）　covellite

鉱物．CuS；比重4.6；硬度*2；暗青色；条痕*白色，見る角度により色調が変わる；亜金属光沢*；結晶形*は薄い板状または塊状．銅鉱床*上（⇒浅性富化作用）に産する．

コペルニクス紀　Copernican ⇒ 付表B：月の年代尺度

五放射相称　pentameral symmetry

体構造に見られる五面対称性で，ほとんどの棘皮動物門*の種類に当てはまる．五放射相称に左右相称*が重なっているものもある．

コホウテク彗星　Kohoutek

公転周期6.24年，近日点*距離1.571 AU*．最近の近日点通過は1973年12月28日．

コホークトニアン階　Cohoktonian ⇒ セネカン統

コマ　coma

彗星*の核をとりかこむ希薄なガスの外被で，典型的なものは直径150,000 km程度．コマと核が彗星の'頭'をなしている．

こま型（サザエ型）　turbinate

腹足類（綱）*の殻形態を表す語で，螺塔（らとう）*は糸紡型で，下面が丸まっているものを指す．

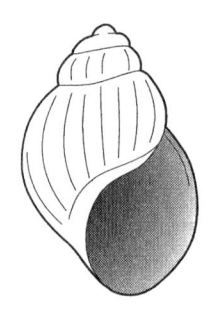

こま型

こま状　trochoid ⇒ 単体サンゴ

コマチアイト　komatiite

かんらん岩*の組成をもつ噴出岩*．主成分鉱物*はマグネシウムかんらん石*で，少量のアルミナ単斜輝石*とクロム鉄鉱*をともなう．始生代*と原生代*の岩層中で溶岩流や浅所シル*をなす．溶岩*の多くが液相線（リキダス）*温度以上，おそらく1,600℃以上の温度で噴出したと考えられる．このためコマチアイトの溶融温度は玄武岩*や堆積岩*などよりもはるかに高く，溶岩流の下になった岩石は容易に溶融した．一般に溶岩流の上部層はスピニフェックス組織*をもつマグネシウムかんらん石またはアルミナ単斜輝石を含んでおり，溶岩流が流出した際に大気と接触した上部層が極端な過冷却*状態にあったことを物語っている．コマチアイトはかんらん岩質マグマ*の唯一知られている証拠である．

コマンチアン統　Comanchean

北アメリカにおける下部白亜系*中の

統*．上部ジュラ系*の上位でガルフィアン統*の下位．上部アプチアン階*，アルビアン階*，セノマニアン階*にほぼ対比される．この統の下部を独立させてコーフイラン統とし，コマンチアン統を大幅に削減している研究者もいる．

コムリー統 Comely (Comly) ⇒ ケアフェ統

固有 endemism

種または他の階級のタクソン（⇒ 分類，分類学）が，孤立化や気候・土壌条件などの環境要因によって特定の地理的範囲に限られて分布する場合，そのタクソンはその地域に固有であるという．ここでいう地域の大きさは，タクソンの地位による．通常，科のほうが種よりもはるかに大きい地域について固有であり，他の階級間でも同様の関係にある．分布がごく限られた，すなわち著しくせまい固有性を示すタクソンに，進化上の残存種がある．イチョウ植物門*の唯一の現生種であるイチョウ *Ginkgo biloba* はその代表例である．1758年に中国の浙江省で自生しているイチョウが発見され，その後日本を含む他地域で栽培されるようになって広がった．

固有運動 proper motion

ある星が，他の'不動の'星に対して観測者の視線に垂直な方向に相対移動すること．たとえば年に10秒の弧を描いて動くバーナード星（Barnard' star）の固有運動は，これまでに観測されているなかで最大のもの．基準となる絶対座標はない．なじみぶかい星座をつくっている恒星も数千年の間にはかなり位置を変える．

固有透水率 intrinsic permeability ⇒ 透水性

固有派生形質 autapomorphy

1つの生物グループにおいて，ある種またはある系統でのみ進化した固有の派生形質*のこと．

固溶体 solid solution

2つ以上の端成分*が溶け合った状態の結晶*相．他の相*を経ることなく組成が一定の範囲内で変化する．鉱物*は同形置換鉱物*の原子によって固溶体をなす．たとえば，マグネシウムと鉄のイオン*は大きさが似ており，かんらん石*系列は，苦土かんらん石 Mg_2SiO_4 と鉄かんらん石 Fe_2SiO_4 を端成分として，置換型固溶体と呼ばれる最も普遍的なかたちの完全な固溶体をなす．

コラーゲン collagen

引張強度が高い繊維質硬タンパク質で，結合組織と骨*の有機物の主要構成成分である．最大で全体重の約6％を占める．加熱するとゼラチンとなる．

コラージュ collage

生成条件・年代が異なり，したがって構成岩石が異なるテレーン*が集まっている状態．さまざまな大きさの大陸地殻*片や微小大陸*が年代を追って収束・合体したと解釈されている．

コラライト corallite

単体，群体を問わず，個々のサンゴポリプによってつくられる骨格．

コララム corallum

群体サンゴの骨格．1匹のポリプがその外殻として分枝した骨格（コラライト*）の集合体．さまざまな形態を呈し，形態ごとに名がつけられている．

コランガン階 Korangan ⇒ タイタイ統

コランダム（鋼玉） corundum

鉱物．Al_2O_3；比重3.9～4.1；硬度*9；三斜晶系*；変種は青，緑色を呈するが，黄または褐色からほとんど黒色のものまである；透明；ダイヤモンド-*～ガラス光沢*；結晶形*は通常，不規則で樽型，先細り，ときに平滑な板状；劈開*なし，裂開は{0001}{01$\bar{1}$2}．a) 霞石閃長岩*などシリカ*に乏しい岩石や不飽和（⇒ シリカ飽和度）アルカリ火成岩*に，b) 熱変質を受けたアルミナに富む頁岩*や石灰岩*の接触変質帯に，c) 塩基性岩*中の捕獲岩*にスピネル*，菫青石*，斜方輝石*と共生して，d) 変成作用*を受けたボーキサイト*鉱床*に，e) エメリー*鉱床に，f) 硬度が大きく削磨に対する抵抗性が高いため，白雲母*，赤鉄鉱*，ルチル*とともに沖積*堆積物に，産する．ひびのない結晶は，青色のものがサファイア，赤色がルビー，緑色がエメラルドと呼ばれて宝石*となる．それ以外には高い硬度を利用して主に研削ホイール，紙やすり，研

磨材に使用される．

コリー corrie ⇨ カール（圏谷）

コリオリのカ Coriolis force（Cor F）

　地球が自転していることによって地表または地表上を運動中の物体に働く見かけの力．運動物体や海流，気流を北半球では右に，南半球では左にそらせる．力は物体の運動速度と緯度に比例するため，赤道ではゼロ，極では最大となる．

コリナイト collinite ⇨ 石炭マセラル；石炭マセラル群

コリネクソカス目 Corynexochida

　カンブリア紀*前期からデボン紀*中期にかけて生息した三葉虫綱*に属する目．頭鞍（⇨ 頭部）の形態はさまざまであるが，通常は両側が平行あるいは前方に向かって広がる．3亜目が知られている．

古流系解析 palaeocurrent analysis

　流水，風，氷河によって形成された堆積構造*から，方向性をもつデータを収集，整理してこれら運搬営力の流向を解釈すること．扱う対象は，1つの堆積構造から堆積盆地*全体にまたがるデータにわたる．したがって復元される古流系も，ごく小規模のもの，たとえば1つのリップル・トレーン*をつくった局所的な水流の方向から，砂州*や流路*の移動方向，河川系やデルタ系（⇨ デルタ）における堆積物*の移動方向，堆積物の後背地*と盆地内での分散といった広域的なパターンまである．

コル col

　山稜にある峠または鞍部．かつての谷あるいは氷河*の通過路を示していることがあり，地形発達における初期段階の情報をもたらす．

コルダイテス目 Cordaitales

　絶滅*した裸子植物*球果綱*の目．石炭紀*前期に出現し，ペルム紀*の終わりまで産出する．高さ30 m以上の巨木に成長し，靴べら状の葉と原始的な球果をもつ．コルダイテス類には竹馬状根〔熱帯域のマングローブに見られる支持根〕が発達するものがあることから，現生のマングローブのように湿地に生息していたと考えられている．茎，葉，根，球果の化石が，石炭層で局所的に密集していることがある．コルダイテス属 *Cordaites* という名は形態属*の名称であり，厳密には葉の化石に限って用いるべきであるが，非公式に植物体全体に対して使われている．コルダイテス類の形態属名として，ほかに，球果に対するコルダイアンタス属 *Cordaianthus*，根に対するアメリオン属 *Amelyon*，さまざまな時代の茎や材の形態に対応したダドキシロン属 *Dadoxylon*，アラウカリオキシロン属 *Araucarioxylon*，メソキシロン属 *Mesoxylon*，ペンシルバニオキシロン属 *Pennsylvanioxylon* がある．

ゴルダ・プレート Gorda Plate

　オレゴン州の西方で北アメリカ・プレート*の下に沈み込んでいる小さいプレート*．沈み込み帯*に海溝*をともなわず，内陸にカスケード山脈（Cascade Mountains）の安山岩*質火山脈が連なっている．トランスフォーム断層*によってファンデフカ・プレート*と隔てられている．両プレートともかつての巨大プレート，ファラロン・プレート*の残存物．

コルディレラ cordillera

　1．プレートの破壊縁（辺部）*で，年代を異にして形成された造山帯*に属する山脈からなる大山系．2．山脈およびこれに介在する高原と山間盆地*を含めた全体を指す．たとえば北アメリカのコルディレラは，グレート・プレーンとメキシコ低地より西方の山脈と高原の総称．3．山系を構成している個々の山脈．たとえば，アンデス山系の東コルディレラ〔オリエンタル山脈；Cordillera Oriental〕と西コルディレラ〔オクシデンタル山脈；C. Occidental〕．4．独立した山脈．たとえばアンデス山系南部のコルディレラ・パタゴニカ（Cordillera Patagonica）．

コルデリア Cordelia（天王星Ⅵ Uranus Ⅵ）

　天王星*の小さい衛星*．半径13 km．1986年の発見．

ゴールデンスパイク golden spike ⇨ 境界模式層．→ シルバースパイク

ゴル統 Gore

　ニュージーランドにおける三畳系*基底の統*．バルフォー統*の下位で，マラコビア

ン階，エタリアン階，カイヒクアン階からなる．

コールドシープ cold seep
同じく海底から浸出する熱水*（⇨ 熱水孔）とは異なり，周囲温度で浸出する高塩分濃度*の鹹水（かんすい）*または炭化水素の混合物．メタンに富み，化学合成*バクテリアの一次生産に依存するさまざまな生物共同体を支えている．たとえば，メタンは優勢な群集をなすイガイ（*Bathymodiolus*）の鰓から吸引され，細胞間のバクテリアにより酸化されてエネルギーを放出する．

ゴールドシュミットの相律 Goldschmidt's rule
温度と圧力という2つの変数が外的条件によってきまる系では，相*の数はその系の成分の数を超えない．これを地質学に適用すれば，ある温度・圧力領域において鉱物組み合わせが安定である岩石では，共存できる鉱物相*の最大数は成分の数に等しいということになる．

ゴールドシュミット，ビクトール・モリッツ (1888-1947) Goldschmidt, Victor Moritz
ノルウェーの地球化学者．X線回折，地球化学，分光学などで使われる基本的な物理学的技術を開発した．変成作用*や微量元素*について挙げた重要な業績を，死後の1954年に出版された教科書『地球化学』（*Geochemistry*）に著した．

ゴールト粘土 Gault Clay
イングランド南東部とフランスに分布する粘着性のある海成堆積層．二枚貝*，腹足類*，アンモナイト*，脊椎動物の化石*を豊富に産する．年代は前期白亜紀*（アルビアン期*）．

コールドロン陥没 cauldron-subsidence
大規模なマグマ溜まり*が空となったため起きる火山クレーター*の崩落で，生成したコールドロンには環状裂罅（-れっか）*や環状岩脈*がともなう．スコットランドのグレンコー（Glen Coe）など，その例は多く知られている．個々の形成機構はさまざま．

コルンブ石 columbite（**ニオブ石** niobite，**タンタル石** tantalite）
酸化物鉱物*．$(Fe, Mg)(Ta, Nb)_2O_6$；このうち $Ta<Nb$ の岩石がコルンブ石（ニオブ石）で，$Ta>Nb$ のものはタンタル石と呼ばれる．比重5.2～6.5，Taの含有量とともに増大；硬度*6.0～6.5；斜方晶系*；弱い磁性を帯びる；黒または黒褐色；条痕*は濃い暗赤色；亜金属光沢*；結晶形*は通常は板状および短い角柱状，ときに刃状；劈開*は卓越．花崗岩*とペグマタイト*に錫石（すずいし）*，鉄マンガン重石，電気石*，石英*，長石*などの高温型鉱物とともに産する．ニオビウムの主要な鉱石鉱物*．

コレログラム correlogram
時間間隔をずらしたデータの相関*の強さを表すグラフ．これから周期の存在とその位相がわかる．

コロイド colloid
1. 2種の均質な相*からなり，他方の中に分散している一方の物質．2. 土壌コロイド：鉱物*（粘土*など）あるいは有機物（腐植*）のいずれかよりなる物質で，粒径がごく小さいため単位体積あたりの表面積が大きい．コロイドは通常，表面の陽イオン交換容量*が大きく，また土壌*の化学的条件によっては不安定となる．

コロナ corona
1. 太陽や月のまわりに現れる色のついた光の輪．典型的なものは内側の青から外側の赤に〔虹の色の順で〕移り変わる．高積雲*などの雲の水滴によって光が回折されて生じる．2. 核となる鉱物*を1種類または数種類の鉱物が同心円状にとりかこんでいる組織*．いくつかの成因がある．(a) マグマ*の冷却速度が速いため，鉱物とマグマの不連続反応*が不完全に終わり，高温時の鉱物のまわりに保存されているコロナ，(b) 後期段階のメルト*が初生鉱物*と反応して生じた二次鉱物*からなるコロナ，(c) 岩体が冷却していく過程で，平衡を保つために固相線（ソリダス）*下の反応（サブソリダス反応；岩石が固化した後の反応）によって分離して生じた低温型鉱物からなるコロナ．この型のコロナは反応縁（reaction rim）と呼ばれる．⇨ 結晶の累帯構造．3. 金星*の表面に認められる成因不明の大きい環状の構造（直径150～600 km）．10個ないし12個のほぼ

同心円状の峰と溝が，不規則な起伏をなす内部をとり巻いている．多くが緯度55°N～80°Nの範囲内でイシュタール（Ishtar）とテチュス・レジオ（Tethus Regio）の境界に沿って見られる．大部分が溶岩*流とみられるものをともなっている．

コロネード colonnade
厚い溶岩*流の下部で，柱状節理*に限られて規則正しく並ぶ岩柱．→ エンタブレチュアー

コロフェン collophane
燐灰石*の隠微晶質*の変種で，化学式は燐灰石と同じく $Ca_5(PO_4)_3 \cdot (OH, F, Cl)$．通常，燐酸塩堆積物に産し，化石*骨と魚類の鱗の主要構成鉱物でもある．

コロフォーム組織 colloform banding
結晶*が放射状および同心円状に成長している組織*で，ある種の鉱床*にしばしば見られる．着床の化学的な影響を反映しているとみられる．堆積起源の鉛-亜鉛鉱床*では，黄鉄鉱*と閃亜鉛鉱*がコロフォーム組織をなしていることが多い（たとえばアイルランドのシルバーマインズ；Silvermines）．

小割り発破 pop-shooting（**二次発破** secondary blasting）
大きい岩塊を扱いやすい大きさに砕くためにおこなう発破．火薬を岩塊の中心に装塡することができるように発破孔を岩塊の中心より先まで開ける．騒音を軽減し，かつ経済的な方法．

コン-（コ-） com-（co-, con-）
'と共に'を意味するラテン語 *cum* -, *com*-に由来し，'と共に'，'と共同で'を意味する接頭辞．一般に，'com-'はb, m, pで始まる語，ときには母音で始まる語に，'co-'は母音で始まる語の大部分とh, gn, l, rで始まる語，'con-'はそれ以外の子音で始まる語に用いられる．

コーン・イン・コーン構造 cone-in-cone structure
小さい円錐が密に重なり合っている二次的堆積構造*．炭酸カルシウムからなるものがほとんど．堆積物が可塑的な段階で，繊維状の結晶*が成長してできると考えられている．

コンクリート concrete
用途に応じて，セメント*，骨材*，水をさまざまな割合で混合した建築材．これらの物質は混じり合うと固化して岩石に匹敵する硬度をもつようになる．

コンクリート・ダム concrete dam
ポルトランド・セメントまたは巨石コンクリートでつくったダム．水の浸透を防ぎ，耐久性を確保するうえに高密度の材料を使用．比較的乾いた混合物に入念な突固めを施す．

根源岩 source rock
炭化水素*を胚胎する堆積岩*（通常は頁岩*または石灰岩*）．有機物を5％以上含み，石油*を生成する潜在能力がある岩石．

混合雲 mixed cloud
水滴と氷晶*とが共存している雲．積乱雲*，乱層雲*，高層雲*がその典型．

混合凝結高度 mixing condensation level
温度が異なる空気塊*同士が合体するなどして空気が鉛直方向に混合すると，過飽和条件となり凝結が起こる．混合凝結高度は凝結が起こりうる最小の高度．

混合深度 mixing depth
空気とそれに含まれる汚染物質が対流や乱流*を起こしている層（亜逆転層であることが多い）の厚さを高度で表したもの．

混合層 mixolimnion
部分循環湖*で化学躍層*より上の層．水が風によって自由に循環して混合している密度の低い表層．→ 停滞継続層

混合比 mixing ratio
混合空気塊における，あるガス（たとえば水蒸気）とそれ以外のガス（たとえば乾燥空気）の質量比．水蒸気と乾燥空気の質量比は'湿潤混合比（humidity m. r.）'と呼ばれ，便宜的に乾燥空気1 kgあたりの水蒸気のグラム数で表すことが多い．⇒ 比湿

混合ピクセル（混合画素） mixed pixel
リモートセンシング*：ある領域内に存在するいくつかの異なる表面から放射もしくは反射されたエネルギーの平均値を，1つのデジタル数値*で表したピクセル（画素）*．

コンコーディア図 concordia diagram
さまざまな一致年代*を示す試料について $^{206}Pb/^{238}U$ 比（x 軸）と $^{207}Pb/^{235}U$ 比（y

軸）をプロットして得られる，原点を切る曲線．ウェザーリル（G. W. Wetherill, 1956）がコンコーディア曲線（年代一致曲線）と命名．両者の比が，期待されるコンコーディア曲線より下にプロットされる場合は，その試料岩石の年代が不一致年代*であることを意味する．このような点を2点以上結んで得られる直線はコンコーディア曲線と2点で交わる．このうち，古いほうの年代はその岩石の真の年代，若いほうの年代は鉛損失*（年代不一致の原因）が起こった年代を示す．

コンジェリターベーション congeliturbation ⇒ ジェリターベーション

コンジェリフラクション congelifraction ⇒ 凍結破砕作用

コンター CONTOUR
3つの彗星*の核を調査するために2002年にNASA*が打ち上げを予定している探査機．

コンターダイアグラム contour diagram
方向性をもつデータ（各種構造の方位*）を等面積ネット*に点としてステレオ投影*し，点の密度の等しい領域をコンター（等値線）でかこみ，データの分布範囲と集中度を視覚的に表したもの．手作業またはコンピューターによる作図法がいくつかあり，また表示されたデータ密度の意義を評価するには統計学的な検定をおこなう．

コンターミナス- conterminous
'境界を同じくする'の意．層序学*で，たとえば〔統*と階*のように〕異なる階層の層序単元*に共通している時間面（境界）に適用される．

コンターライト contourites
等深流（コンターカレント）*によってコンチネンタルライズ*に堆積した堆積物．薄い層理*をなす粘土*，シルト*，砂*からなる．砂は良好に分級され，平行葉理または斜交葉理*をなし，多くの侵食面を含んでいる．重鉱物〔heavy mineral；比重が2.85以上の鉱物〕の濃集も見られる．地層*は上下境界面がシャープで，側方にそれほど長く連続しない．

コンチネンタルライズ continental rise
大陸斜面*の基部に形成される表面が滑らかな堆積体．表面は1:100から1:700の勾配でゆるく傾斜する．幅はさまざまであるが，多くは数百km程度．堆積物には，大陸斜面を流下した乱泥流（混濁流）*から堆積したタービダイト*と，大陸縁の基部をライズに沿って流れる等深流*から堆積したコンターライト*の2種類がある．〔大陸縁膨という邦訳語が使われたことがあるが，現在では用いられていない．〕

昆虫綱 Insecta（**六脚綱** Hexapoda）（**昆虫** insects；**節足動物門*** phylum Arthropoda）
節足動物の綱の1つ．胸部に3組の脚と，通常2組の翅をもち，頭部に1対の触角と2つの複眼がある．呼吸は気管系を通じてなされ，体の後端に生殖輸管が開口する．最も古い化石昆虫類はデボン系*から産出するもので，翅をもつ種類の最初の化石は石炭系*から知られている．トンボ類と甲虫類は古生代*末までには出現しており，アリやスズメバチなどの社会性昆虫は，すでに白亜紀*には生息していた．また，多くの新しい種類が白亜紀と第三紀*に出現した．顕花植物の進化はこの時代における昆虫類の発展に大きく影響を受けている．現生ではおよそ95万種の昆虫が記載されている．この数は昆虫以外の動物の全種数よりも多い．

コンテッサ・デル・ベント contessa del vento
底が丸みを帯び，上方にふくらんでいる雲．無数の分離した円盤をなし，上下に重なって現れることがある．高山の風下側の渦流帯に生じる．エトナ山（Mt. Etna）では西方からの気流がこの雲をつくる．

コンデンサー condenser
顕微鏡観察；口径の大きさを変えることによって，対物鏡*に最適の光量を導入するために用いる半面鏡またはレンズ系．コンデンサーは通常，載物台（ステージ）*とその下のポラライザー*の間（すなわち鉱物試料とポラライザーの間）にとり付けてある．光源からの光が視野で均等になるように光の面積をコンデンサーによってカットして光量を調節する．このようにして，周縁からの光の干渉による'ぎらつき'を最小にする．

コンドボリニアン階 Condobolinian

オーストラリアにおけるデボン系*中の階*．カンニングハミアン階*の上位でハービアン階*の下位．ヨーロッパのジベーティアン階*とおそらくはフラスニアン階*にほぼ対比される．

コンドライテス属 *Chondrites*

ズーフィコス属*とともに，枝分かれして放射状をなす生痕化石*の生痕ギルド*．蠕虫（ぜんちゅう）が堆積物の中を行き戻りしてつくられたと考えられる．1つひとつの枝は生痕形成者が探査したルートである．

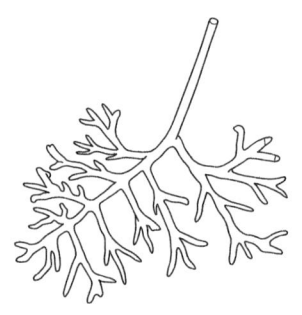

コンドライテス属

コンドライト chondrite

石質隕石*．大部分のコンドライトはコンドルール*を含むことで特徴づけられる．落下隕石*の約86％を占める．主要構成鉱物は，かんらん石*，輝石*，斜長石*，トロイライト*および鉄・ニッケル鉱物であるカマサイト(kamacite)とテーナイト(taenite)．岩石型（組織*，結晶*構造など）によって6タイプに区分される．化学組成に基づく分類では次の5グループがある：エンスタタイト・コンドライト（強還元状態，鉄は金属鉄）；高鉄コンドライト（Hコンドライト）；低鉄コンドライト（L-）；低鉄/低金属コンドライト（LL-）（鉄の一部は珪酸塩として含まれる）；炭素質コンドライト（C1～C6-）（酸化度が比較的高く，揮発性成分*を含む）．C1コンドライトは地球の組成*の化学モデルとされることが多いが，両者のあいだには，たとえば揮発性元素の存在比などに大きい差異が認められる．

コンドライト質未分化始原物体 chondritic unfractionated reservoir（クール CHUR）

元素存在度が太陽大気と基本的に同じで，コンドライト*の母体と目される未分化の物体（⇨ 隕石の元素存在度；太陽の元素存在度）．このためクールは太陽系*の化学的進化（とくに同位体化学的進化）を論じるうえの出発点となる．

コンドライト・モデル chondrite model (chondritic Earth model)

地球全体の化学組成は炭素質コンドライト*のそれに近いとする仮説．⇨ 地球の組成

コントラスト contrast

リモートセンシング*：ある物体およびその周辺から放射または反射されるエネルギーの比．

コントラスト強調 contrast stretching

リモートセンシング*：コントラストを強調するために，画像のピクセル（画素）*のデジタル数値*の範囲を人工的に大きくすること．⇨ エッジ強調

コンドルール chondrule

コンドライト*を特徴づける，球状ないし長球状の小さい（0.1～2.0mm）ガラス質*の粒．既存の珪酸塩鉱物*が溶融，急冷*されて生じたものと考えられる．

コンドロ石 chondrodite

ヒューマイト族の鉱物．ヒューマイト族にはコンドロ石のほかに，ヒューマイト，単斜ヒューマイト，ノルベルジャイトなどがある．一般式は $n\mathrm{Mg}_2[\mathrm{SiO}_4]\mathrm{Mg}(\mathrm{OH},\mathrm{F})_2$ で，かんらん石*族に似る．$n=1$ がノルベルジャイト，2がコンドロ石，3がヒューマイト，4が単斜ヒューマイト．石灰岩*の接触変成帯*とスカルン*に産する．

ゴンドワナ大陸 Gondwanaland

かつて南半球に存在した超大陸*．これから南アメリカ，アフリカ，マダガスカル，インド，スリランカ，オーストラリア，ニュージーランド，南極大陸が生まれた．これらの陸塊がかつてつながっていたと考えることによって，今日たがいに遠く隔たっている陸塊に類縁の動物と植物が見られることが説明される．そのような動植物の例として，南アメ

リカ，アフリカ，オーストラリアに共通の肺魚類（亜綱）*，オーストラリアには現在も生息し，南アメリカでも新生代*の大部分の期間にわたって生息していた有袋類（目）*，南アメリカとオーストラリアに共通のアメリカウロコモミ（*Araucaria*）などがある．

コンバー comber

強風によって前方に押し進められる，崩れた波頭をもつ深層水波．長周期の崩れ波*にも適用される．⇨ 砕波

コンパスクリノメーター compass clinometer ⇨ クリノメーター

コンピテンシー competency

共存する各種岩石の相対的なレオロジー上の性質（⇨ レオロジー）．コンピテンシーの高い岩石（コンピーテントな岩石）は低い岩石より粘性*が高く，破断しやすく，変形に際して厚さを保持する傾向がある．コンピテンシーの低い岩石は高い岩石より延性的で，流動しやすい．

コンピーテント competent ⇨ コンピテンシー

ゴンフォテリウム科 Gomphotheriidae（**長鼻目** order Proboscidea）

マストドン類*に属する絶滅*した科で，複数の副次的咬頭の発達で特徴づけられる歯をもつ．現代のゾウにつながる系統の祖先ではなく，後のマストドン類の祖先であると信じられている．ゴンフォテリウム類は，中新世*に分化した3つの主要な長鼻類の系統の1つである．これらの系統はその後多数の子孫系統を生みだし，そのいくつかの系統は非常に特殊化した下顎をもつ．ゴンフォテリウム科は，旧世界と新世界の両方で更新世*まで生き残った．長く突き出た鼻は最初期の種類にも見られ，中新世のゴンフォテリウム属 *Gomphotherium* では下顎と前上顎骨（上顎前部の骨）は非常に長く，地面の掘り起こしに使われたと考えられる上下2対の牙が付いていた．初期の種類では鼻はあまり長くはなかったが，後期のものになると顔は短くなり，鼻は長くなったと考えられる．ゴンフォテリウム科には多くの属と種が知られている．このグループの進化学的な重要性は，真のゾウ類につながる系統と並行して発展した点にある．⇨ マムート科

コンプレックス complex ⇨ 岩相層序単元

コンボルート葉理 convolute lamination（**コンボルーション** convolution）

単層内部の葉理*が一連の正立-*〜転倒褶曲*をなしている堆積構造*．褶曲は単層内で上方，下方ともに消滅する．地震など外部からの衝撃，急速に堆積した堆積物*の脱水，波浪の影響，堆積物内部での地下水位*の上下によって形成される．

コンラッド不連続面 Conrad discontinuity

大陸地殻*内の深度約10〜12 kmに地震学的に検出されている境界面．これによって地殻は上部の花崗岩質層*と下部の塩基性岩*層に分けられている．深層掘削でその位置が確認されるには至っていない．

コーンワンゴアン階 Conewangoan（**ブラッドフォーディアン階** Bradfordian）⇨ チョートクアン統

サ

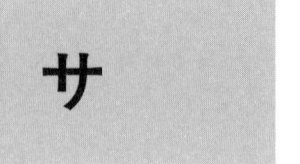

砕易- friable
指で容易につぶすことができる程度の土壌*の粘稠度*.

彩雲 iridescent cloud
縁が赤,緑,黄または紫色に彩られている上層の雲.ふつう太陽からの視半径30°以内で見られる.細かい雲の粒子が太陽光を分散させるために現れる.

細円錐状(角状) ceratoid ⇒ 単体サンゴ

鰓蓋(さいがい) operculum
硬骨魚類(綱)*の鰓にかぶさる皮膚の覆い.

再活動面 reactivation surface
前置層*が前進を再開する前に起こった侵食*,または流れの強さの変化によって前置層を切っている不連続面.

細管 nema
筆石類*で,剣盤*の先端から伸びる,長い糸状をした中空の構造体. ⇒ 正筆石目

鰓弓(さいきゅう) branchial arch
一対の鰓裂を支持する部分を指す.同時に内臓骨の一部である鰓籠(さいろう)を構成する.

細菌(バクテリア) Bacteria
従来細菌とされていたものは,現在では始原菌界*と真正細菌界*に2分され,それぞれ独立したドメイン*を構成している.

細菌化学合成 bacterial chemosynthesis ⇒ 化学合成

細菌植物 Schizomycophyta
かつて,バクテリア*に与えられていた名称. ⇒ 真正細菌

サイクロ珪酸塩 cyclosilicate(リング珪酸塩 ring-,メタ珪酸塩 meta-)
SiO_4正四面体が結合して環状の構造をなす珪酸塩.Si:O比は1:3で,3,4または6個のSiO_4正四面体が結合している.電気石*,緑柱石*,斧石(おのいし)*,菫青石(きんせいせき)*などがある.

サイクロザム cyclopsam
氷河-海性〔および融氷河湖性〕環境に形成される,砂*と泥*の互層からなり,葉理*をもつ堆積物. ➡ サイクロペル;氷縞粘土

サイクロセム cyclothem
周期的または律動的な堆積作用のいずれかによって形成された堆積物*の単元あるいはセット.周期的なシーケンス*では,サイクロセムは1234321のように全系列からなる.律動的なシーケンスでは,12341234のようにサイクロセムの単元(1234)がくり返される. ⇒ サイクロ層序学

サイクロ層序学 cyclostratigraphy
地層*の形成と破壊の周期にかかわる層序学*.第1級の周期は2~4億年で,超大陸*の形成と分裂に関係.第2級の周期(スーパー周期)は0.1~1億年で,プレートの運動*に関係.第3級の周期(メソ周期)は100万~1,000万年で,プレートの動きと氷期*・間氷期*のくり返しに関係.第4級の周期(サイクロセム*)はミランコビッチ太陽放射曲線に対応.第5級の周期(小周期)は1万~20万年で,ミランコビッチ周期*と地球の動きに関係.

サイクロペル cyclopel
氷河-海性〔および融氷河湖性〕環境に形成される,シルト*と粘土*の互層からなり,葉理*をもつ堆積物. ➡ サイクロザム;氷縞粘土

サイクロン cyclone
1. インド洋とベンガル湾で発達する熱帯低気圧*.北上してバングラデシュを襲うことが多い. 2. ⇒ 低気圧

再結晶作用 recrystallization
1. 温度,圧力または岩石の組成の変化に応じて,既存の鉱物*粒子から固相状態でのイオン*の拡散*によって新しい鉱物粒子が成長すること. 2. 結晶構造または結晶*の大きさが化学組成の変化をともなうことなく変化すること. 3. ⇒ 化石化作用

再現期間 return period
過去の記録を統計解析することによって予測される,特定の環境上の危険性が発生する頻度.

最高温度計 maximum thermometer
　ある時間帯における最高気温を記録する温度計．気温の上昇によって膨張し毛管中を上昇した水銀柱が，その後の気温低下によって収縮して下へ戻らないようにしてある．通常，1日の最高気温を記録するのに使用す．

再構成型相転移 reconstructive transformation ⇨ 多形相転移

最高潮時 highstand
　海水面が最高潮位にある時間．→ 最低潮時

最古ドリアス期 Oldest Dryas ⇨ ドリアス期

歳差運動 precession
　回転物体の回転軸に垂直な軸をもつ偶力（トルク）が働くため，回転軸が一定の姿勢を保たず，平均位置のまわりに輪を描くこと．すなわち回転軸自身が中心位置のまわりに回転して円錐を描くこと．地軸は，地球表面の質量分布の変化，月・太陽・他の惑星との相対位置の変化による重力場の変化などに起因する何種類かの力によって歳差運動をしている．

採算基盤 economic basement
　経済的にひきあう鉱物資源を見いだす見込みが極小となる深度以下の岩石．たとえば，商業生産に必要な量の石油が6～7 km以下の深さで産することはまれ．

再従- resequent
　必従*地形が，形成後の複雑な過程を経て再び形成時と同じ向きをとるに至ったものに冠される．たとえば，再従断層線崖は元の断層崖と同じ方向に面している（⇨ 断層）．

再褶曲 refolded fold
　最初の褶曲作用の後に，別の褶曲作用を受けて複雑な構造をもつに至った褶曲*．個々の褶曲あるいは褶曲作用は$F_1, F_2, F_3, \cdots F_n$というように生成順に記号化される．地質図*では再褶曲は干渉*パターンをなして現れる．

最終出現面 last-appearance datum (LAD)
　生層序学*的に重要なタクソン*が，最後に産出する層序断面中の層準*．

再従断層線崖 resequent fault-line scarp ⇨ 再従-

採取率 recovery factor
　1．鉱業：石炭層や鉱石*から得られた石炭*や金属の割合（％）．2．石油鉱業：産油地で採取することができる石油*の割合（％）．一次採取ではふつう20～40％程度．注水，粘性を低下させる界面活性剤の使用などによって75％にまで向上させることができる．天然ガス*の採取率は90％に達することがある．

最小エネルギー消費断面 least-work profile
　地形形成過程*が最小のエネルギー消費で進行するような勾配をもつ断面．たとえば，上方に凹の形態の河川縦断面は，下流ほど量が増える水と運搬物質を運搬するうえに最も適した，最小エネルギー消費の原理*に従っている，エントロピー*が高い状態の形態．

最小エネルギー消費の原理 least-work principle
　地形形成過程*は，つねにエネルギー消費が最も小さい（エントロピー*が最も大きい）かたちで進行しているという理論．このことはある種の地形の断面や形態に典型的に現れる（たとえば，河川の蛇行*は最小のエネルギー消費で水と運搬物質を運ぶのに最も適した形態とみられる）．

最小溶融曲線 minimum melting curve
　圧力-温度ダイアグラムで，水に飽和した固体が溶融を始める温度を表す1変量固相線（ソリダス）*．溶融温度は圧力の関数で，水に飽和した条件でつねに最小となる．

再生可能な資源 renewable resource
　自然界における作用の一環として，消費される速度と同じ速度で生産される資源．たとえば光合成*による食物の生産．資源が再生可能でありうるかどうかは消費される速度によってきまる．消費速度と生産速度が同じであれば，資源を持続的に得ることができる．
→ 再生不能の資源

再生カルデラ resurgent caldera ⇨ カルデラ

再生不能の資源（有限な資源） non-renewable resource (finite resource)
消費される速度にくらべ，自然界における過程で濃集または生成される速度がはるかに遅く，したがって実用化のために再生することが不可能な資源．→ 再生可能な資源

砕屑岩 clastic rock
既存の岩石の破片（クラスト*）からなる堆積岩*．礫岩*，砂岩*，頁岩*〔または泥岩〕がある．

砕屑性- clastic (fragmental) (1), detrital (2)
1. 堆積岩*が砕屑物からなることを表す語．2. 風化作用*と侵食*によって岩石が機械的に破壊されて生じた物質に冠される．

最節約樹法 maximum-parsimony tree
すべての可能な系統樹*トポロジー*から，形質状態*の変化回数の総和が最小になるような1つの系統樹を選別する方法．

最節約性（最節約原理） parsimony
分岐解析*における1つの原則．分岐解析に際して複数の仮説が対立した場合，最も単純にデータを説明する分岐図*が選ばれる．最節約的な説明がかならずしも正しいとは限らないが，推測が少ないほうがより簡潔明瞭で望ましい．

最大強度 ultimate strength（**破壊強度** failure strength）
物体が破壊されるまでに支持することができる最大の応力*．応力-歪曲線での最高点で示される．⇒ 応力-歪ダイアグラム

再堆積- remanié (reworked) ⇒ 誘導-

最低温度計 minimum thermometer
ある時間内における最低気温*を記録する温度計．気温の低下に応じて毛管中を下降した水銀柱が，その後の気温上昇にともなう膨張によって上へ戻らないようにしてある．通常，1日の最低気温を記録するのに使う．

最低気温 minimum temperature
1日，月間，季節，年間あるいは記録史における最低気温．1日の最低気温は最低温度計*で測定する．

最低接地気温 grass minimum temperature
夜間に，開けた地表で短い芝生の葉の先あたりに温度計の乾球を露出させて測った最低気温*．

最低潮時 lowstand
海水面が最低潮位にある時間．→ 最高潮時

彩度 saturation
リモートセンシング*：1. 1つのピクセル（画素）*に割り当てることができる最大のデジタル数値*．2. 色消し線*とピクセルカラー*の純粋な色相の間の点で表される．色を構成する相対的な色相混合に相当する．

細土 fine earth ⇒ 土壌粒度

サイドウォール・コアラー sidewall corer
掘削孔井*の孔壁から試料を採取する器具．⇒ コア・スライサー

サイドスキャン・ソナー side-scan sonar
海底面から反射される高周波（30～110 Hz）の音波を利用して，海底地形図を作製するための側方監視音響探査装置．海底の起伏（砂浪*，岩石露頭，パイプ，難破船など）を探るのに最もよく用いられるが，船舶から鉛直に降ろして海面下の氷山や大きい海氷の前面など，海面と直交する鉛直方向の面を調べることもできる．

砕波 breaker
海岸に近づき浅い水域に達して砕ける（または崩れる）波．水深が小さくなると波長と波の速度が減少し，波高が増大する．その結果，波形勾配が急となって波は不安定となり，波高が水深の約0.8倍に達すると砕ける．砕波にはいくつかのタイプがある．崩れ波は波頭が崩れて波の前面に崩れ落ちるもの．巻き波は波頭が立ち上がって前面の空気塊を大きく巻き込んで垂直に落下するもの．

最頻値（モード） mode
統計学：データセットのなかで最も多く現れる数．

載物台（ステージ） stage
顕微鏡で観察する試料を載せる平坦な台．生物顕微鏡や金属顕微鏡では固定されており，岩石顕微鏡〔偏光顕微鏡*〕では360°目盛つきで回転するようになっている．透過顕微鏡では下から光を通す穴が中心に開けられている．反射顕微鏡*では，上から投射されて反射された光で試料を観察する．

細密褶曲劈開（-へきかい） crenulation cleavage ⇨ 劈開

最尤樹法 maximum-likelihood tree
系統学*：仮定した形質*変化の速度で，確度が最も高いトポロジー*を求めるために最尤推定法を用いる系統樹*復元法．

最尤分類 maximum-likelihood classification
リモートセンシング*の分類システム．トレーニング領域（⇨ 分類**2**）のまわりの確率等値線を用いて最尤推定法の手法により未知のピクセル（画素）*をクラス分けすること．⇨ ボックス分類；平均-最短距離分類

細礫 granule
直径2～4 mmの粒子．⇨ 粒径（粒度）

細礫礫岩 granulestone
細礫*からなる砕屑岩*．

鰓籠（さいろう） branchial basket ⇨ 鰓弓（さいきゅう）

サイロメレン psilomelane
水和マンガン酸化物鉱物*．推定化学式はBa₃(Mn²⁺Mn⁴⁺₇)O₁₆(OH)₄；比重3.7～4.7；硬度* 5～6；灰黒色；亜金属-*または土色光沢*；塊状，ぶどう状．二次的マンガン鉱床*に沈殿物として産し，採鉱されているものもある．

サウザリー・バースター southerly burster
オーストラリアの南東部から南部にかけて吹く広域的な風．寒冷前線*の背後で北西風から急変する南風．10月から翌年の3月にかけてとくに頻繁に発生する．風向の変化とともに風速が急に強くなり，気温が大きく急低下することがある．この現象は線スコール*に酷似しており，南アメリカのパンペロ*に相当する．

サウセシアン階 Saucesian
北アメリカ西海岸地域における上部第三系*中の階*．ゼモリアン階*の上位でレリジアン階*の下位．アキタニアン階*とブルディガリアン階*にほぼ対比される．

差応力 differential stress（σ_d）（**応力差** stress difference）
最大主応力*と最小主応力の差．モールの応力図*をつくるのに用いる．モールの応力円の直径は，ある応力状態におけるσ₃とσ₁（⇨ 応力軸交差）の差．応力-歪ダイアグラム*は，差応力σ_dと歪*（パーセント値）の関係を表示する．⇨ 主応力軸；モールの応力図

サーカリットラル帯 circalittoral zone
最干潮線より下位の大陸棚*海域．浅海帯*にほぼ同じ．⇨ 沿岸帯

砂岩 sandstone（**アレナイト** arenite）
砕屑性*堆積岩*の一種．径62.5～2,000 µmの粒子からなる砂*が，泥*の基質*および埋没中の続成作用*時に生成した鉱物*の膠結物質（セメント*）によって結合されて固結したもの．主な構成物質は石英*，長石*，雲母*，岩片で，その構成比は多様．

さきがけ Sakigake
1985年にハレー彗星*に向けて打ち上げられた日本ISAS*の探査機．

砂丘 dune
未固結の堆積物，通常は砂*が風の作用によってつくる地形．風成砂丘の大きさは，高さ1 cmに満たない小さいリップル*から高さ300 mに及ぶサハラ砂漠のドゥラ*まで多様である．3つの基本的な型がある．a. バルハン*，b. 卓越風向に平行な縦列砂丘またはセイフ*，c. 卓越風向に直交する横列砂丘．温帯地域の砂質海岸では縦列砂丘が最初に形成され，風によって局部的に侵食*されて湿った窪地のある砂丘スラック*が生じる．放物線型砂丘は風下側が閉じた三日月型の砂丘で，バルハンとは逆向きの平面形をなす．⇨ アクレ；茂み砂丘；デューン砂床形；星状砂丘

砂丘スラック dune slack
不透水性の岩石地域に発達する，砂丘*にかこまれた底が平坦な窪地．砂丘の侵食*またはブロウアウト*の産物で，平坦な底面は恒常的な地下水面*に近いか一致している．典型的な灌木群落をつくる*Salix*（ヤナギ）をはじめとする豊かな沼沢地植物によって特徴づけられる．

サクソニアン階 Saxonian
上部赤底統*と白底統に相当するヨーロッパにおける層序単元名．⇨ オーチューニアン階

座屈褶曲 buckle folding
　地層*に平行な短縮にともなう機械的な'座屈'により，インコンピーテント*層にはさまれているコンピーテント層が中軸線から外側に向かって反り曲がること．2種類の地層の厚さとレオロジー*特性，コンピテンシー比に応じて規則的な卓越波長が現れる．⇒ コンピテンシー

座屈褶曲

削剝作用 denudation
　'剝いで裸にする'という意味のラテン語 *denudare* に由来．風化*，運搬，侵食*の過程を包括する語．

削剝年代学 denudation chronology
　削剝作用*，とくに先第四紀*における削剝作用による地形発達の歴史を扱う地形学*の1分野．地形の発達段階は，侵食面*とその被覆層，水系型，河川縦断面，地質構造の研究から得られる証拠に基づいて組み立てられる．

朔望月 synodic month
　新月と次の新月の間の平均期間で，29日12時間44秒．この期間は奇妙なことにヒトの女性の平均月経周期（29.5日）に一致しており，さらにヒトの平均妊娠期間（266日）は9朔望月（265.8日）にあたる．

削　磨 abration (corrasion, ablation)
　さまざまな粒径*の岩石粒子が地表上をひきずられたり，地表に打ちつけられることによって進行する侵食作用*．削磨は主に，流路におけるベッドロード（掃流運搬物質）*，氷河*底面に封じ込められている岩屑，風や波により運搬される砂*や礫*によってなされる．このうち，ablation はとくに風の作用によるものを指すことがある．

サクマリアン Sakmarian
　1．サクマリアン期．前期ペルム紀*中の期*．アッセリアン期*の後でアルティンスキアン期*の前．年代は281.5〜268.8 Ma（Harlandほか，1989）．以前は独立した期ではなく，アッセリアン期に含められてペルム紀最初の期をなすとされていた．**2**．サクマリアン階．サクマリアン期に相当する東ヨーロッパにおける階*．赤底統*（西ヨーロッパ）の一部，上部ウルフキャンピアン統*（北アメリカ），上部ソモホロアン統（ニュージーランド）にほぼ対比される．

ざくろ石 garnet
　重要な造岩鉱物のグループ．一般式は $X_3Y_2Si_3O_{12}$ で，Xは Ca，Mg，Fe^{2+} または Mn，Yは Al，Fe^{3+} または Cr^{3+}；主なものに，グロシュラー*（X=Mg, Y=Al），パイロープ*（X=Mg, Y=Al），アルマンディン*（X=Fe^{2+}, Y=Al），スペッサルティン*（X=Mn, Y=Al），アンドラダイト*（X=Ca, Y=Fe^{3+}），ウヴァロヴァイト*（X=Ca, Y=Cr^{3+}）があり，グループ内で固溶体*をなしている．ハイドログロシュラーと呼ばれる特殊な変種 $Ca_3Al_2[SiO_4][SiO_4]_{1-m}(OH)_{4m}$ は，ヒドロキシル・イオンをもち，ロディンジャイト*というまれな岩石に産する．比重3.6〜4.3；硬度*7.0〜7.5；色は化学組成によって極めて多様で，濃赤褐色からほぼ黒，緑，白，黄，褐色にわたる；多くはガラス光沢*；結晶形*は立方体，最も普遍的な形態は十二面体；劈開*なし．高度変成岩*や火成岩*，浜砂や沖積*砂鉱床*に産する．透明なパイロープ結晶は宝石*とされることもあるが，ざくろ石の主たる用途は研磨材．

鎖形電光 chain lightning ⇒ 真珠首飾り形電光

裂け断層 tear fault ⇒ 走向移動断層

砂鉱床（漂砂鉱床） placer deposit
　機械的な作用で濃集した物質（金，ダイヤモンド，錫，白金など）の堆積物．これらの物質は一般に密度が高く抵抗性が強いため，さまざまな型の風化作用*の過程で濃集しやすい．

座　骨　ischium
　四肢動物*の骨盤*の一部を形成する骨で，腹側左右から後方に対をなして突き出ている．霊長類*では座ったときにこの骨が体重を支える．

砂嘴（さし）　spit
　岸から水塊中に細長く突き出ている砂*または礫*の積成体．沿岸漂砂*がその形成にあずかっていることが多い．

サージ　surge（**火砕サージ**　pyroclastic surge）
　ガスと火山砕屑物*からなる，膨張した希薄な混合体が乱流*をなして流れる現象．マグマ水蒸気噴火または水蒸気爆発によって発生するベースサージ*は低温で湿っている．火砕流*の先端から生じるグランドサージは高温で乾燥している．火砕流の上を覆うガスと火山灰*が起こす噴煙サージも高温で乾燥している．⇨ 水蒸気活動

砂質-　arenaceous
　外観または組織*が砂状であること．粒径 $62.5\,\mu m \sim 2.00\,mm$ の砕屑性堆積岩（堆積物）*に適用される．砂質岩は次の主要な3グループに分けられる．石英砂岩（珪岩*あるいはクォーツァイト*；石英*が95%以上を占める），アルコース*（長石*を25%以上含む），グレーワッケ*（泥質基質*中に岩片が含まれる分級不良の砂岩*）．

匙板（椎板）　spondylium
　ある種の腕足類（動物門）*で，腹殻の殻頂*付近に見られる，筋肉が付着するための湾曲した台状構造．

砂　床　sheet sand（sand sheet）
　砂丘*をかこむ，平坦ないしゆるやかにうねる砂原．

砂床形（ベッドフォーム）　bedform
　空気または水の1方向性の流れによって粒子がなす堆積層の表面につくられる形態．その形は流れの強さと深さ，堆積物の粒径*によってきまる．一定の水深で，流れが強くなるにつれて，細粒～中粒砂*に現れる典型的な砂床形系列は次の通り．粒子は不動 → リップル* → デューン砂床形（砂堆）→ 砂浪* → 高流れ領域の平滑床*．〔リップルを小リップル，砂浪とデューン砂床形を合わせてメガリップルと呼ぶこともある．〕粗粒砂では，低流れ領域の平滑床が最初に生じ，ついでリップル → デューン砂床形 → 砂浪 → 高流れ領域の平滑床と続き，さらに流れが強くなると，平滑床は反砂堆*に移行する．

鎖状珪酸塩　chain silicate ⇨ イノ珪酸塩

砂塵嵐　dust strom
　視程が1km以下に落ちるほどに大量の塵*を運んでいる風．

砂　州　bar
　1. 海の埋積作用*によって海岸線近くの浅水域に堆積した砂*や礫*からなる低い高まり．いくつかの種類がある．湾口砂州は湾の両岸をつないでいるもので潟*を抱えている．沿岸砂州またはバリアー砂州は海岸線に平行に延び，長さ40kmに達するものがある．2. 突出河床．典型的には礫（均等に配列していることが多い）がなす砂床形*で，早瀬あるいは水深の浅い区間となっている．

サスペクト・テレーン　suspect terrane
　1. テレーン*をなしている疑いがあるが，境界断層*が確認されていない地帯または地域．〔2. 現在の位置に移動してくる以前に存在していた位置が不明であるテレーン．多くのテレーンがこれにあたる．〕

サースンストーン　sarsen stone
　数種類の岩石や鉱物*と珪質セメント*からなる堆積岩*の巨礫または岩塊．イングランド南東部，とくにチョーク*地帯に広く見られる．膠結*されているクラスト*としては，角ばった石英*粒子とフリント*の円礫ないし角礫が多い（'ハートフォードシャーの子持ち石；Hertfordshire puddingstone'）．サースンストーンの年代は前期第三紀*で，おそらく熱帯条件下で硬盤（デュリクラスト）*として形成されたと考えられる．

サソリ　scorpions ⇨ 鋏角亜門（きょうかく-）

砂　体　sandbody
　特定の堆積場（たとえば，河川流路*，浜*，沿岸砂州*）に蓄積した砂*（または砂岩*）の単元．砂の分布と三次元的な形態（砂体のアーキテクチャー*）は堆積場の特性に大きく依存する（たとえば，流路の砂体は曲線状，浜や沿岸砂州の砂体は直線状で海岸

線に平行).

砂体アーキテクチャー architecture of sandbodies

砂*（砂岩*）層がなす大規模な堆積体およびその配列．⇨ 砂体

サッカミノプシス属 *Saccaminopsis*

重要な有殻原生生物*のグループであるフズリナ亜目有孔虫の最初期の属の1つで，最も古い種はオルドビス紀*から知られている．⇨ 有孔虫目

サッグ・アンド・スウェル地形 sag and swell topography ⇨ ノブ・アンド・ケトル

ザップ・ピット zap pit（微小クレーター microcrater）

月の岩石の露出面に生じている，大きさが1 μm未満〜約1 cm程度の微小なクレーター*．質量が10^{-3} g以下の微小隕石*と塵粒子が高速で衝突して形成される．典型的なものは，表面がガラス*となっている穴，穴のまわりと下側の物質が破砕されているハロ帯（halo zone），穴に同心的な破砕*帯からなる．この破砕帯が，表面がガラスの穴をなしていることもある．

殺戮曲線 kill curve

絶滅*の時間的間隔と，絶滅したタクソン*の数の関係（その絶滅がどの程度の期間に1回起こる規模か）を表すグラフ．ラウプ（D. M. Raup）が考案．これによれば，たとえば30％の種がいなくなるような絶滅は，平均しておよそ1,000万年に1回起こる．

雑鹵石（ざつろせき） polyhalite

蒸発物鉱物*．$K_2Ca_2Mg(SO_4)_4 \cdot 2H_2O$；比重2.8；硬度* 2.5〜3.0；三斜晶系*；通常は鮮桃〜赤褐色で透明；絹-*〜樹脂光沢*；劈開* {100}，裂開 {010}．層状の蒸発物に産する．水溶性が高いため，塩水から最後に沈殿．苦味がする．

さなぎ型 pupaeiform

文字通り，形が昆虫のサナギに似る，腹足類（綱）*の殻形態を表す．さなぎ型の巻貝では，殻は背の高い卵形をしており，外側の螺層（らそう）*ほど，1つ内側の螺層に対する旋回半径の増加率が小さくなる．

サーニアン層 Thurnian

イングランド東部ルダーム（Ludham）の試錐孔*で得られた3層からなる堆積物のうち，中部を占める前期更新世*寒冷期の海成

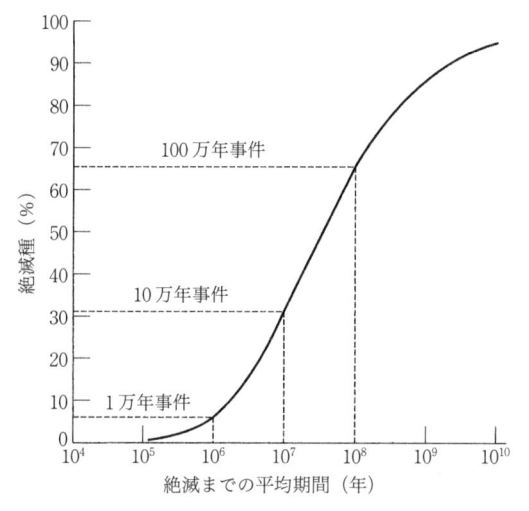

出典：Skelton, P.(1993) *Evolution: A biological and palaeontological approach*. Addison-Wesley & OU, p. 797.

殺戮曲線

さなぎ型

シルト*堆積物. ⇒ アンチアン層；バベンチアン層；ルダーミアン層；パストニアン階

サニディン sanidine ⇒ アルカリ長石

サネティアン Thanetian
1. サネティアン期. 暁新世*の2つの期*のうち後のもの. ダニアン期*の後でイプレシアン期*の前. 年代は60.5～56.5 Ma (Harlandほか, 1989). 2. サネティアン階. サネティアン期に相当するヨーロッパにおける階*. 上部イネジアン階*とブリティアン階*（北アメリカ），チューリアン階*と下部ウェイパワン階*（ニュージーランド），上部ワンガーリピアン階*（オーストラリア）にほぼ対比される. 名称はイングランド，ケント地方のサネット砂層（Thanet Sands）に由来.

砂 漠 desert
厳密な定義はないが，生物群系の観点からは，蒸発が平均降水量*を上まわっている地域とされよう. 蒸発の速度は気温によって変化するが，年間降水量が250 mm以下であれば砂漠条件が卓越するようである. 砂漠では降雨は極めて不規則. 動植物は生息していないか，長期間の乾燥や気相の水が得られない状態に適応*したものがまばらに生息.

砂漠漆（－うるし） desert varnish
暑い砂漠*の露岩を覆う，暗色の鉄・マンガン酸化物の薄い皮膜. 化学的風化作用*によって岩石から析出した物質が表面に沈着したもの.

砂漠化 desertification
乾燥または半乾燥地域で，人間の活動の影響や気候変化によって砂漠*環境が拡大すること.

砂漠のバラ desert rose
花弁の形をした方解石*や石膏*が放射状に配列しているもので，バラに似ることが多いためこの名がある. 乾燥地域，とくにサブカ*で砂*の続成作用*の初期段階に形成される.

砂漠舗石（デザート・ペーブメント） desert pavement
多くの砂漠*に見られる，砂礫からなる薄い被覆層. 細粒の土壌*物質が風や水による侵食*によって取り除かれた跡に残されたもの.

サハラ横断海路 trans-Saharan seaway
後期白亜紀*に2回の期間を通じて，北方のテチス海*から今日のリビア，チャド，ニジェール，ナイジェリアを経て，新たに開いて成長しつつあった南大西洋に通じていた海. 1回目は最後期セノマニアン期*から最初期チューロニアン期*，2回目は後期カンパニアン期*から初期マーストリヒティアン期*. このいずれにおいても，アンモナイト（亜綱）と貝形類（亜綱）がこの海路を通って移動した. ベヌエ・トラフ（Benue Trough）による造構運動*の影響を受けていた南端部（今日のナイジェリア）を除いて，全域が汎地球的な海水準変動のみに支配されていたと考えられている.

サヒュージョン suffusion
物質が地下で拡散すること.

サブ-（亜-，準-，-下） sub-
'下に'，'に近い'を意味するラテン語 sub に由来. '下に'，'下位にある'を意味する接頭辞.

サファイア saphire ⇒ コランダム

サブアトランティック期 Sub-Atlantic
大陸性気候が卓越したサブボレアル期*に続く，冷涼で湿潤な気候時期*. イギリスでは，両期の境界は青銅器時代から鉄器時代への移行期にほぼ一致する. サブボレアル期後期には十分に乾燥・腐植化して，Calluna vulgaris（エリカ）などのヒース植生を支えていた沼沢地でふたたび泥炭*の形成が始まった. この泥炭形成の復活によって大きい再生面（グレンツ層準）が生じた. イギリスでは，この層準*が標準花粉層序での花粉帯Ⅶb帯/Ⅷ帯（サブボレアル期/サブアトランティック期）境界を画している. ⇒ 花粉分析；花粉帯

サフィール-シンプソン・ハリケーン階級 Saffir/Simpson Hurricane Scale

熱帯性サイクロン*を記載するために，アメリカ気象局が1955年に採用した基準尺度．ビューフォート風力階級*に5階級を加え，低気圧*の地表中心気圧と高潮*の高さを加味した．⇒ 付表C：風力

サブカ sabkha

潟*を限る広大な海岸平坦地．主に炭酸塩-硫酸塩堆積物からなる蒸発岩*が形成されている．名称はアラビア半島のトルーシャル（Trucial）海岸の典型的な環境にある地名に由来．

サープクホビアン Serpukhovian

1．サープクホビアン世．ミシシッピ亜紀*最後の世*．ペンドレイアン期，アーンスベルギアン期，チョキーリアン期，アルポーティアン期からなる（これらは西ヨーロッパにおける階*の名称でもある）．ビゼーアン世*の後でバシキーリアン世*（ペンシルバニア亜紀*）の前．年代は332.9〜322.8 Ma（Harlandほか，1989）．2．サープクホビアン統．サープクホビアン世に相当する東ヨーロッパにおける統*．上部チェステリアン統*（北アメリカ）とナムーリアン統*A（西ヨーロッパ）にほぼ対比される．

サブソルバス- subsolvus

固溶体*が，混じり合っていない2相に分かれて共存している状態．

サブソルバス花崗岩 subsolvus granite

2つの型のアルカリ長石*をもつことで特徴づけられる花崗岩*組成の火成岩*．1つはカリウムに富む型でパーサイト*組織を，もう1つはナトリウムに富む型でアンチパーサイト組織を示す．溶融体（メルト）*の含水量が多いため，液相線（リキダス）*が下がって固相線（ソリダス）*下のソルバス*と交わり，ハイパーソルバス花崗岩*のように1つの中間組成の長石*が結晶化せず，2つの端成分*に近い組成の長石が結晶化したもの．

サブソルバス閃長岩 subsolvus syenite ⇒ 閃長岩

サブプリニー式噴火 sub-Plinian eruption ⇒ ベスビオ式噴火

サブボレアル期 Sub-Boreal

アトランティック気候最良期*（夏季には今日よりも高温）に続く時相*で，スカンジナビアで得られている証拠から，冷涼で乾燥した大陸性気候が卓越したと推定される期間．イギリスでは明瞭な気候変化の証拠（たとえば泥炭*堆積物の変化など）を欠いており，アトランティック期/サブボレアル期境界は，花粉層序（⇒ 花粉分析）中でニレ〔属〕の花粉*が顕著に減少し始める点におかれている．ニレ花粉の減少（種に関係なく，ヨーロッパ全域の花粉層序に共通する現象）の原因については研究が重ねられ，気候の寒冷化から疾病の流行，さらには新石器時代の森林居住民がニレを家畜の飼料に用いたことによるとする仮説が提唱されている．ヨーロッパ各地の花粉層序で，ニレの減少に続いて樹木花粉の全般的な減少が見られる．これは焼き畑農耕にともなう森林伐採による．サブボレアル期は花粉帯*Ⅶb帯にあたり，約5,000年BPから2,800年BPまで続いた．

サプロペライト sapropelite

水が停滞している湖底あるいは無酸素*状態の浅い海底に蓄積した有機物質，とくに藻類*からなる腐泥炭*．

サプロライト saprolite

現位置に生じた化学的風化作用*の産物．風化断面*の下部を指すこともある．花崗岩*上のサプロライトには'グラス'とか'グローワン'という俗称がある．〔わが国では'まさ'と呼ばれることが多い．〕ただ，グローワンは機械的風化作用*によって分解した物質を含んでいるものもある．⇒ レゴリス

サーベイヤー Surveyor

1966年から1968年にかけて，NASA*による一連の月着陸計画で使用された探査機．

サーペンティコーン serpenticone ⇒ 包旋回

ザマイト psammite

1．変成*を受けた砂岩*，アルコース*，珪岩*．著しく石英*に富む．〔2．砂質岩のこと．〕

サマリウム-ネオジミウム年代測定法 samarium-neodymium dating

アルファ崩壊*による^{147}Smから^{143}Ndへの壊変(^{147}Smの半減期は2.5×10^{11}年)は,地球年代学*で最新の年代測定法*として利用されている.壊変によって物質中の^{143}Ndが安定同位体*^{144}Ndに対して富むようになる.ただし^{143}Nd/^{144}Nd比は変質*や変成作用*などの二次過程に極めて鋭敏である.この方法は地球物質および地球外物質に適用され,地殻*やマントル*の岩石成因論*に貴重な情報をもたらす.

サーマル thermal

局所的な熱源によって密度が小さくなり,大気中を鉛直に上昇していく空気塊*.陸地(とくに熱を蓄積しやすい土地)の上で強く熱せられた空気は断熱*膨張によって上昇する.サーマルが凝結高度*に達すると,雲が発生することがあるがこれはすぐに消える(晴天時の巻雲*).強いサーマルが長く続くと雲は巨大な積雲*または積乱雲*に成長することがある.上方への雲の成長が安定層に達すると雲頂は側方に広がる.

サーミスター thermistor

温度の上昇とともに電気抵抗が顕著に減少する半導体.精密に温度を測定する装置に用いる.

サーミック thermic ⇨ パージェリック

サーモカルスト thermokarst

閉じた凹地(水を湛えていることもある)が特徴的に発達しているためカルスト*に似た景観を呈する周氷河*地形.流水や湖水による熱的侵食,気候変動あるいは人類の活動によって地中氷が差別的に融解することによって形成される.

サーモパイル thermopile

ガラス製などの透明なドームで覆われた熱伝対列を用いて,直射または散乱短波放射を測定する機器.

鞘 rostrum(guard)

ベレムナイト類(矢石目)*の骨格の後端にあり,繊維質方解石*からできている円筒状の塊状殻.

左右相称 bilateral symmetry

多くの生物に見られる体制で,体または構造の半分がもう一方と鏡対称になっているもの.左右相称に別のタイプの相称性が重なることもある.たとえば,ある種のウニ類(綱)*は左右相称であると同時に五放射相称*でもある.

皿状構造 dish structure

砂岩*層内部で,上に凹の皿に似た葉理*の層準*がくり返す堆積構造*.皿は薄い粘土*の葉層*($0.2\sim2.0$ mm)からなっていることが多く,垂直のピラー構造*によって隔てられている.皿状構造もピラー構造も未固結*の砂*から間隙水が脱水することによって形成される.

サラッサ Thalassa(**海王星Ⅳ** Neptune Ⅳ)

海王星*の衛星*.直径 80 km,アルベド*0.06.

サリック鉱物 salic mineral

珪素とアルミニウムを含む,火成岩*のCIPWノルム*成分鉱物.石英*(Q),コランダム*(C),正長石(Or),曹長石(Ab),灰長石(An),霞石*(Ne),白榴石*(Lc),カリオフィライト*(Kp)などがある.

サリック層位 salic horizon

通常は,表層下にある土壌層位*.塩(えん)を2%以上含有し,層位の厚さ(cm)に塩のパーセント値を乗じた数値が60ないしそれ以上となる特徴層位*.

サリーナ salina

1.蒸発によって塩類堆積物が形成されている塩類平坦地*または類似の地域.塩類堆積物が見られる地域をいうこともある.**2**.太陽池.蒸発によって塩類の結晶が形成されている,塩分濃度*が高い池などの水塊.池には天然のものも人工のものもある.**3**.⇨ プラヤ

サリン・ジャイアント saline giant

塩分濃度*が高い大きい海で蒸発によって形成された厚く広大な塩類堆積物*.地中海の中新世*蒸発岩*がその一例で,地中海で蒸発がくり返して形成された.北西ヨーロッパのペルム紀*苦灰世*塩類は,一部閉塞された,面積250,000 km²以上に及ぶ海盆(⇨ 苦灰海)での蒸発によって生じた.

サール sarl

遠洋性*ないし半遠洋性*の堆積物（アール*の一種）．非生物源堆積物と石灰質または珪質軟泥*の中間の成分をもち，厚さ1.5 m程度までの不純物の少ない軟泥*と互層をなす．粘土* 30%（体積），微化石* 70%からなり，少なくとも石灰質微化石は15%含む．→ アール；スマール；マール

サルガッソー海 Sargasso Sea

高気圧状〔時計まわり〕の環流*の静穏な中心部が停滞している北大西洋の海域．表面水の巨大な渦流は，メキシコ湾流*，カナリー海流*，北大西洋海流*などの大海流系と境界を接している．広いレンズ状の水塊をなし，温暖で（水温18℃），塩分濃度*が高い（36.5〜37.0パーミル）．浮遊性の褐色海草（*Sargassum*）が繁茂していることで特徴づけられる．

サルタン・ドリフト（漂礫土） Sartan Drift ⇒ バルダヤン‐ジルヤンカ・シルト層

ザーレ氷期 Saalian

北ヨーロッパにおける0.25 Maから0.1 Maにかけての氷期*．イギリス東部でのウォルストン氷期*に相当する．

砂浪（サンドウェーブ） sand wave

水流を横切って延びる大規模な砂*の峰．北海南部などの大陸棚*に特徴的に発達している．形態はこれより小規模なリップル*やデューン砂床形*（砂堆*）と同じ．〔砂浪とデューン砂床形を合わせてメガリップル*と呼ぶこともある．〕波長（峰の間隔）は3〜15 m，高さ3〜15 m．砂浪が下流方向に移動することによって大規模な斜交葉理*が形成される．

サロス周期 saros unit

地球，月，太陽が同じ相対的位置に回帰するのに要する18年（閏年を除く）と10.3日の期間．これにしたがって日食や月食がくり返され，たとえば，日食は1973年6月30日の次は1991年7月11日にあった．1回のサロス周期に日食と月食がそれぞれ約43回，28回起こる．⇒ 食

酸 acid（形容詞：acidic）

ブレンステッド‐ローリー理論（Brønsted-Lowry theory）によれば，溶液中で水素イオン*または陽子を放出する物質．ルイス理論（Lewis theory）では電子対の受容体として機能する物質とされる．pH*が7以下．塩基*と反応して塩（えん）と水をつくる（中和作用）．

酸化 oxidation

酸素がある物質と結合，あるいは水素がある物質から除去される反応をいうが，もっと広く原子が電子*を失う作用全般を指す．たとえば，亜鉛と硫酸銅との反応では：

$$Zn + Cu^{2+} + SO_4^{2-} \longrightarrow Zn^{2+} + SO_4^{2-} + Cu$$

亜鉛は2個の電子を失って酸化され，逆に銅は還元*されている．

3回対称軸 triad ⇒ 結晶の対称性

三角孔 delthyrium

ある種の腕足類（動物門）*の茎殻側殻頂部に見られる，三角形の開口部あるいはスリット状の切れ込み．これを通じて肉茎*が出る．

山岳性 orographic

気流が山岳を越える際に発生する降雨や雲に適用される．雲や雨は，湿った空気が強制上昇させられて，飽和点まで冷却され凝結することによって発生する．〔山岳に限定せず，一般に地形性という語が使われることもある．〕

三角帯 triangle zone

先に生じた衝上断層*面が後にバックスラスト*によって切られて，2つの衝上面によって区切られている，断面が三角形をなすブロック．

三角板 deltidial plate

三角孔*の両側にある石灰質の板．三角孔の一部または全体を塞ぐ．

酸化電位（E^{θ}） oxidation potential（**電極電位** electrode potential, **還元電位** reduction potential）

ある元素または化合物に（から）電子を加える（除去する）のに必要なエネルギー変化（単位はボルト）．基準反応は，標準水素半電池の水素から電子*を除去する反応（白金電極によって，25℃，1気圧でH_2（気体）から1.0 MのH^+イオン溶液をつくる反応）；すなわち$H_2 \rightarrow 2H^+ + 2e^-$．このエネルギー変化をゼロとする．他の物質の酸化電位は，

その物質の酸化体と還元体の水溶液を含む半電池と標準水素半電池の電位差を測定して相対的に求める．たとえば，$Fe^{2+} \rightarrow Fe^{3+} + e^-$ では $E^0 = 0.77$，$Mn^{2+} \rightarrow Mn^{3+} + e^-$ では $E^0 = 1.51$．酸化電位の値が小さくなるにつれて，カップルの還元体（たとえば Fe^{2+}）は高い酸化電位をもつカップルの酸化体（たとえば Mn^{3+}）を還元させる．このように規定条件で得られた酸化電位は標準電極電位または標準還元電位と呼ばれる．⇒ レドックス電位

酸化物鉱物 oxiside mineral
　酸素が一種または数種の金属元素と化合した単純酸化物または複酸化物からなる鉱物．単純化合物の例として，赤鉄鉱* Fe_2O_3，ルチル* TiO_2，紅亜鉛鉱 ZnO がある．複酸化物の例には，スピネル* $MgAl_2O_4$ と水和酸化鉄，たとえばゲーサイト* $FeO \cdot OH$ がある．酸化物には有用鉱物が多く，錫 (SnO_2)，鉄 ($Fe_2O_3 \cdot Fe_3O_4$)，クロム ($FeCr_2O_4$)，チタン (TiO_2)，マンガン (MnO_2)，アルミニウム ($Al_2O_3 \cdot 2H_2O$) の主要な原料となる．酸化物は比較的高温型の鉱物でさまざまな火成岩*に産する．酸化環境では化学的の沈殿物を形成していることもある．

サンガモン間氷期 Sangamonian
　北アメリカ大陸中央部で認められている4回の間氷期*のうち3番目のもの．イリノイ氷期*に続く期間で，アルプス地方のリス/ビュルム間氷期*にほぼ相当する．保存良好な花粉*層序*が期間初めの温暖気候と終わりの冷涼気候を示している．

山間- intermontane
　1．山岳または山脈の間の．**2**．周囲の山岳から侵食*によってもたらされた堆積物によって埋積されている盆地に適用される．

山　脚 spur
　高い位置から谷底にかけて落ち込んでいる山稜．抵抗性の高い岩石の露頭がなすものも，蛇行*河川の凹側が側方侵食*されて形成されるものもある．

残丘（モナドノック） monadnock
　準平原*をなす周囲の平坦面から突出している孤立した丘または丘陵．相対的に抵抗性の高い岩石や侵食*にとり残された分水界*からなる．名称はニューハンプシャー州のモナドノック山（Mt. Monadnock）に由来．

ザンクリアン Zanclian
　1．ザンクリアン期．前期鮮新世*中の期*．メッシニアン期*（中新世*）の後でピアセンツィアン期*（後期鮮新世*）の前．年代は $5.2 \sim 3.4$ Ma（Harland ほか，1989）．
　2．ザンクリアン階．ザンクリアン期に相当するヨーロッパにおける階*．ほぼ同義に用いられているタビアニアン階よりも対比*のうえで有効．デルモンティアン階*（北アメリカ）の一部，上部カピティーン階*とオポイティアン階*（ニュージーランド），上部ミッチェリアン階*，チェルテンハミアン階*，下部カリムナン階*（オーストラリア）にほぼ対比される．

三　形 trimorphism ⇒ 多形
三型（三型性） trimorphism ⇒ 多形性
サンゴ coral ⇒ 花虫綱；異放サンゴ目；ヒドロ虫綱；アナサンゴモドキ目；八放サンゴ亜綱；四放サンゴ目；イシサンゴ目；サンゴモドキ目；床板サンゴ目；多放サンゴ亜綱
三溝型長口 tricolpate sulci ⇒ 花粉
サンゴ状- coralloid
　湾曲した，あるいは不規則な，サンゴに似た丸い形態を指す．化学的に沈殿した鉱物*（白鉄鉱* など）にも用いられる．

サンゴ石灰岩 coralline limestone ⇒ レイトン-ペンデクスターの分類
サンゴの成長線 coral growth lines
　すべてのサンゴ類*の外殻表面には微細な成長線が現れている．外殻の炭酸塩は，共生*している藻類*（褐虫藻）が海水から抽出したもので，昼間のほうが夜間よりも活発に抽出されるため，1日に対応した成長分をなして連なっている．デボン紀*の単体サンゴの成長線からデボン紀には1年が約400日，すなわち1日が約22時間であったことがわかっている．デボン紀後のデータは，地球の自転速度が今日の1日24時間に向かって直線的に減少していることを示している．日成長線の数は地質記録に時間の目盛りをつける大まかな目安として用いられる．⇒ 成長輪

サンゴモドキ目 Stylasterina（枝状ヒドロサンゴ類 branched hydrocorals；ヒドロ虫綱* class Hydrozoa）
　造礁性刺胞動物*の目で，アナサンゴモドキ目*に似るが触手をもたない．サンゴモドキ目は白亜紀*後期から現世まで知られている．

三軸圧縮試験 triaxial compression test
　三軸圧縮室*を用いて，土壌*や岩石試料のあらゆる方向の圧縮強度を求める試験（→一軸圧縮試験）．脱水が起こらないようしておこなう試験を'非排水'試験，その強度を'非排水'強度という．間隙水*を排水させておこなう試験を'排水'試験，強度を'排水'強度という．

三軸圧縮室 triaxial cell
　土壌*や岩石の圧縮強度を試験する機器．不透水性の膜で覆った試料に流体中で荷重をかけ，破壊*が起こるまで荷重を増やしていく．

三軸楕円体 triaxial ellipsoid ⇒ 平面歪；形態ファブリック

三次クリープ tertiary creep
　長時間低い応力*下におかれている物体で進行するクリープ*の最終段階．永久粘性歪*が加速されて破壊*に至る．

三次元地震探査 three-dimensional seismology（3D seismic）
　石油・天然ガス探査で用いる地震探査法*．多数のジオフォン*を精確な位置に配して，広範囲に散開させた振源からの振動を記録する．面積 49 km² の地域で 1,700 の振源から 725,000 本の波形線*を記録した例がある．この方式によってかつて予想していたよりも大きい貯留岩*体が確認され，生産量も増加している．

三斜晶系 triclinic
　7つの結晶系*の1つで，結晶の対称性が最も低いもの．長さが異なる3本の結晶軸*のいずれも直交しないことで特徴づけられる．対称心に関して1組の平行な面がある．斜長石*が最もよく知られた例．⇒ 結晶の対称性

三重会合点 triple junction
　3つのプレート*が会合している点．海嶺*(R)，トランスフォーム断層*(F)，海溝*(T) のいずれが関与しているかによってさまざまな型が生じる．3つの海嶺が会合しているもの（RRR三重点）はドーム状隆起*から発展したものと考えられている．安定しているものと，地質学的な時間スケールでは急速に発達して異なる形状に移行するものがある．RRR三重点の例として，南大西洋におけるアフリカ・プレート*-南アメリカ・プレート*-大西洋プレート*の会合が挙げられる．

三重会合点法 triple-junction method
　三重会合点*で会合しているプレート*のうち2つの速度がわかっている場合に，第3のプレートの相対速度をベクトル図を用いて計算する方法．

三重コアバレル triple core barrel ⇒ コアバレル

三重点 triple point
　相状態図*で面または相*が会合する点．物質の3相（固相・液相・気相）が共存しうる温度・圧力を示す（⇒ ケルビン温度目盛）．固体*系では，物質の3相が平衡に達する温度・圧力．

三畳紀 Triassic
　中生代*の3つの紀*のうち最初の紀（245〜210 Ma）．古生代*後期の大量絶滅*を経て，新しい動物と植物の要素が多数出現した．代表的なものに，近代的なサンゴ，アンモナイト（亜綱）*を含むさまざまな軟体動物（門）*，恐竜，裸子植物*がある．

三条溝型 trilete ⇒ 胞子

参照断面 reference section ⇒ 参照模式層

参照模式層 hypostratotype（参照断面 reference section，補助参照断面 auxiliary reference section）
　層序単元*が設定された後，公式の*模式層*（完模式層*）に含まれている情報を補完するために他の地域で選定された補足的な模式層．→ 副模式層．⇒ 後模式層；新模式層

酸性雨 acid rain
　大気中に存在する二酸化炭素，硫酸塩，窒素酸化物が雲の雨滴に溶け込んでいるため，pH*が約5.0よりも低くなっている雨．酸性度の上昇は地表水，土壌*，植生に複雑な

影響を及ぼす.

酸性岩 acid rock

シリカ* SiO_2 を重量で約 60% 以上含む火成岩*. シリカの大部分は珪酸塩鉱物* のかたちで含まれているが, 約 10% 強が遊離の石英* をなしている. 典型的な酸性岩に花崗岩*, 花崗閃緑岩, 流紋岩* がある. ⇒ 超塩基性岩；塩基性岩；中性岩；アルカリ岩

酸性土壌 acid soil

pH* が 7.0 以下の土壌*. 土壌の酸性度には幅がある. USDA* は土壌の酸性度を 5 段階に分けている. pH 4.5 未満, 極強酸性；4.5〜5.0, 強酸性；5.1〜5.5, 明酸性；5.6〜6.0, 弱酸性；6.1〜6.5, 微酸性. 一般に pH 5.0 以下の土壌は '強酸性' とされる. 酸性褐色土* の表面土壌層位* は pH 5.0 以下.

三成分系 ternary system

3 つの端成分* をもつ鉱物系. たとえば, 透輝石* (Di)-灰長石 (An)-曹長石 (Ab). ⇒ コテクティック曲線；相；状態図

三セル・モデル three-cell model

子午面内で隣接して並ぶ 3 つの鉛直な対流セル* が赤道域から極域へ熱エネルギーを輸送しているとして, 半球の大気循環系を説明しようとするモデル. 最近では, 波動の移動という新しい考え方がこの子午面循環による熱輸送モデルにとって替わりつつある. ⇒ ハドレー・セル；ロスビー波

酸素同位体 oxygen isotope

酸素には, ^{16}O, ^{17}O, ^{18}O の 3 つの同位体* がある. このうち, 地質学で重要なものは, 炭酸塩岩* や鉱物* に含まれる ^{16}O と ^{18}O である. 海中に棲む動物の殻の $^{16}O/^{18}O$ 比 (⇒ 酸素同位体比) や, 続成作用* による炭酸塩セメント* の $^{16}O/^{18}O$ 比は, それぞれが生成した海水や地下水の温度や化学組成によって変わる. したがって, これらの物質で後の時代に同位体組成の変化が起こっていなければ, $^{16}O/^{18}O$ 比は古温度測定 (⇒ 酸素同位体分析法) や続成作用の研究 ($^{13}C/^{12}C$ 同位体比と併用するとさらに効果的) にとって貴重な手がかりとなる.

酸素同位体期 oxygen-isotope stage

酸素同位体曲線* から明らかにされた氷期* と間氷期*. 大西洋と太平洋の深海底コア* はエミリアニ (C. Emiliani) によって氷床* の消長に対比される 16 の期に分けられた. シャックルトン (N. J. Shackleton) とオプダイク (N. D. Opdyke) は西太平洋からのコアの研究により, この区分を改訂して 23 の期を設定した (1973 年). これは約 87 万年 BP 以降の連続した記録と目されている. 1976 年バン・ドンク (J. Van Donk) は赤道太平洋のコアに基づく曲線から 21 の氷期, 21 の間氷期, 合わせて 42 の期を認めた.

酸素同位体曲線 oxygen-isotope curve

2 つの酸素同位体* (^{16}O と ^{18}O) の相対比の時間的変化をグラフに表したもの. 酸素には 3 つの同位体があるが, 酸素同位体分析法* で用いるのは ^{16}O と ^{18}O のみ. 天然における $^{16}O/^{18}O$ の現在の平均値は約 1/500 で, 測定値はこの値を基準として評価される. 海水中のこの比が氷期* と間氷期* のくり返しにつれて周期的に変化したことが知られている (⇒ 酸素同位体分析法, 酸素同位体期). 最後の氷期 (デベンシアン氷期)* の最盛期には, 深海水は 1.6 パーミルほど ^{18}O に富んでいた. これは, 今日にくらべて海水準が約 165 m 低下した時期に一致する.

酸素同位体比 ($^{16}O/^{18}O$ 比) oxygen-isotope ratio

酸素の 3 つの同位体* のうち, 2 つの同位体 (^{16}O と ^{18}O) の存在比. 両者は同じ電子構造をもつため化学的性質は似ているが, 原子核の質量が異なることにより振動数が異なるため, 物理化学反応に際してわずかに異なる挙動を示す. このような性質から, 過去の環境における水の起源やさまざまな反応が起こった温度などに関する情報が得られる. たとえば, 軽い水 ($H_2^{16}O$) は重い水 ($H_2^{18}O$) より蒸気圧* が高いため $H_2^{16}O$ が優先的に蒸発するので, 地球表面の水の同位体比に違いが生じる. つまり淡水や氷河氷は軽く, 海水は重い. 海水から沈殿した $CaCO_3$ や SiO_2 は淡水からのものより重い. さらに, 蒸発・凝結という気象サイクルを通じて, 海水中では ^{18}O が極に向かって系統的に少なくなっている. ⇒ 同位体分別作用；酸素同位体分析法

酸素同位体分析法 oxygen-isotope analysis

過去の海水温度を見つもる方法．海水中の酸素同位体比（$^{16}O/^{18}O$）は温度に依存し，^{18}O は温度が低下すると増加する．海生生物のカルシウム炭酸塩殻にとり込まれた酸素は，その時代の $^{16}O/^{18}O$ 比を反映している（⇨ 酸素同位体比）．この原理に基づいて，海生生物の化石*から酸素をとり出し，過去の海洋温度の記録を読みとる．

酸素熱発光 oxyluminescence ⇨ 熱発光

酸素'燃焼' oxygen 'burning'

星の進化過程で水素'燃焼'*に続く段階の'燃焼'．約 $2×10^9$ K で起こる．^{16}O の核が反応して ^{32}S, ^{31}S, ^{31}P, ^{28}Si がつくられる．⇨ 炭素'燃焼'；元素の合成

残存構造 relict structure

低変成度*の変成岩*に，ほとんどないしまったく変形することなく残されている，元の火成岩*や堆積岩*の組織*または構造．

残存堆積物 relict sediment

現在堆積作用が見られない大陸棚*に，今日では働いていない作用によって堆積して残されている堆積物*．過去の環境における堆積物の残存物で，今日の環境とは平衡状態にない．現在の大陸棚の約50%が更新世*の低海水準期に堆積した堆積物に覆われている．

サンダンス海 Sundance Sea

後期カロビアン期*からオックスフォーディアン期*にかけて，北方の外海から今日のカナダとアメリカ中西部を経てワイオミング州とサウスダコタ州にまで湾入していた浅海．この海の南縁部（今日のコロラド州）は干潟*となっていた．この海の堆積物，とくにサンダンス累層のレッドウォーター頁岩部層（Redwater Shale Member）は豊富なアンモナイト（亜綱）*群（*Quenstedtoceras* と *Cardioceras*）によって特徴づけられる．

山頂光 alpine glow

日没時，太陽が山稜に近づくと始まる．日光の直射を受けている東方の山岳，とくに冠雪している山肌の色が黄-オレンジ色からローズピンク，そして最後に赤紫色に変化していく．日の出時には西方の山肌にこれと同じ一連の色が逆の順で見られる．

サンテルニアン階 Santernian ⇨ 第四紀

三突起歯目（三丘歯目，三錐歯目，三錐歯目） Triconodonta（哺乳綱* class Mammalia, 原獣亜綱 subclass Prototheria）

三畳紀*後期から白亜紀*前期にかけて現在のユーラシアや北アメリカなど北半球の大陸に生息した，最初期の哺乳類を含む目．臼歯は小臼歯と大臼歯に分化しており，それぞれ3つの鋭い円錐形の咬頭が配列している．また，上顎と下顎の歯は剪断の機能を有していた．若い個体は雌親が分泌する乳汁によって育ったと考えられる．三突起歯類はおそらく夜行性の樹上性恒温動物*で，食虫性というよりは真の肉食性であったと考えられている．トリコノドン属 *Triconodon* は上部ジュラ系*から産する，三突起歯類としては大型の属で，大きさはネコほどであった．この目は哺乳類進化の主要系統とは独立して獣弓類*から進化したとみなされており，子孫系統を残していない．

サンドゥール sandur（複数形：sandar）⇨ アウトウォッシュ平野

サントニアン階 Santonian

ヨーロッパにおける上部白亜系*中の階*．年代は 86.6〜83 Ma（Harland ほか，1989）．模式地*はフランスのサント（Saintes）．⇨ セノニアン統

サンドライン sand line

電気検層*記録上で，夾雑物のない砂*に特徴的な見かけ比抵抗*を示す線．

三二酸化物 sesquioxide

鉄とアルミニウムの水和物または水酸化物の総称．

山腹噴火 flank eruption

溶岩*や火山砕屑物*が中心の火道や割れ目から離れた火山体の斜面から噴出すること．噴火場所は局所的な膨張応力*によってきまることが多い．火山体の内部で中心火道から山腹に向かって延びていく割れ目を通ってマグマ*が移動，この割れ目が山腹に到達したときに起こる．

サンプリング間隔 sampling interval（観測点間隔 station interval）

測定地点間の距離または測定の時間間隔．

サンプリング間隔はサンプルの数で記録区間（測線）の長さまたは記録時間を割った商．たとえば，250 m の測線上に 25 の観測点があれば，サンプリング間隔は 10 m．2 ミリ秒ごとに波形を記録すれば，サンプリング間隔は 2 ミリ秒（サンプリング周波数* は 500 Hz）．

サンプリング周波数（サンプリング頻度） sampling frequency（**観測点頻度** station frequency）

データを採取した頻度．単位距離または単位時間あたりのサンプリングの数で，サンプルの数を記録区間（測線）の長さまたは記録時間で割った商．たとえば，波形を 1 秒間に 1,000 回記録すれば，サンプリング周波数は 1 kHz（ナイキスト周波数* は 500 Hz）．500 m の測線中に 50 の観測点があれば，サンプリング頻度（観測点頻度）は 1/10 m．

サンプリング法 sampling method

膨大な地質体から少量の代表的な部分を採取する方法．対象とする地質体の特性と必要な情報の種類に応じた方法が選ばれる．次のものが普遍的：(a) 確率的サンプリング（ランダム・サンプリング）；採取点の選定が偶然で，分布が系統的でない．(b) 系統サンプリング；採取点が規則的に分布．(c) 層化（層別）サンプリング；累重している各層序学単位* の採取．採取点が上下方向に垂直に分布．(d) グラブ・サンプリング；機械的なグラブ〔つかみ取る機械〕を外部から操作して試料を採取（海底や他の惑星表面でのサンプリングなど）．(e) チップ・サンプリング；試錐孔* から掘削泥水* によって地表に運ばれた，試錐孔が貫通している岩石に由来する掘削チップ（掘穿屑）の採取．

三方晶系 trigonal（**菱面体晶系** rhombohedral）

7 つの結晶系* の 1 つ（六方晶系* と密接に関係）．単位格子* はそれぞれ 2 組の平行な辺をもつ 6 つの結晶面* からなる菱面体* をなす．結晶* は 4 本の結晶軸* で表される．3 本は同価で 120° の角度で交わる水平の 2 回対称軸，1 本はこれらに垂直な 3 回対称軸．方解石* と石英* がこの結晶系に属する．⇒ 結晶の対称性

サンマルコのスパンドレル（三角小間） spandrels of San Marco

グールド（Stephen Jay Gould）とレウォンティン（Richard Lewontin）による古典的な論文で，進化* の過程でいかにして非適応的な形質* が現れるかを示すために用いられた比喩．スパンドレルとは，教会（この場合はベネツィアのサンマルコ大聖堂）の隣合う 2 つのアーチの間にある空間のこと．この空間は，建築学的には何の機能ももたないが，それゆえに機能に関係のない装飾を自由に施すことができる．

散漫反射 diffuse reflection

電磁放射* が物体の表面からすべての方向に向かって均等に反射される現象．⇒ 鏡面反射

三葉虫綱 Trilobita（**三葉虫** trilobites；**節足動物門*** phylum Arthropoda）

節足動物門の最も原始的な綱で，3,900 以上の化石種が知られている．古生代* の海域に生息し，カンブリア紀* 前期に出現，カンブリア紀とひき続くオルドビス紀* に分布域，多様性* とも最大となり，ペルム紀* 末に絶滅* した．

体は 3 つの部位に分かれている．前方に位置する頭部* は少なくとも 5 つの節が癒合してできており，中間部の胸部* は種類によって異なる数の体節をもつ．体後方の部分は尾板* と呼ばれる．これら 3 部位はすべて，体を前後に走る 2 本の溝によって中央の軸葉とその両側の側葉，すなわち 3 葉に分かれてい

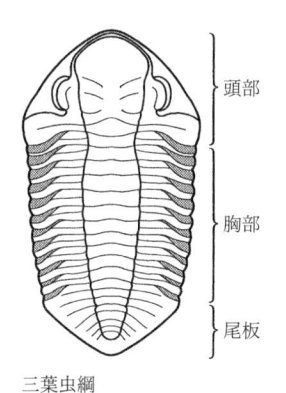

三葉虫綱

るため，三葉虫と呼ばれている．口は頭部腹側中ほどにあったようであるが，詳しくわかっていない．鰓のある1対の肢が薄膜質の肋*骨格に付着している．X線を用いた研究によると，三葉虫の眼は現生節足動物の複眼と類似していたことがわかっている（⇨ 三葉虫の眼）．体長は0.5mm程度の浮遊性（⇨ 浮遊性生物）のものから，最大1m近くに達するものまでいた．大半の種は3～10cmほどである．

三葉虫綱には，レドリキア目*，アグノスタス目*，ナラオイア目*，コリネクソカス目*，リカス目*，ファコプス目*，プティコパリア目*，アサファス目*，プロエタス目*の9目が知られている．

三葉虫の眼 trilobite eye
三葉虫（綱）*の眼は複眼で，放射状に配列した個眼からできている．大半の三葉虫の眼はホロクロアル（多数の多角形をした個眼がたがいに接し，それが単一の角膜に覆われている）である．ファコプス*目はシゾクロアルと呼ばれるタイプの眼をもつ．このタイプでは，対をなすレンズからなる個眼がそれぞれ角膜をもち，離れてついている．このような眼は焦点のはっきりした像をつくることが証明されている．

散　乱 scattering
大気*の構成分子，靄（もや）*，水滴などの粒子によって入射光線が分散されること．分散された光線は大気を通過中に何回も屈折*をくり返すことが多い．⇨ ミー散乱；レイリー散乱

散乱図 scatter diagram
統計学：対をなす2種類の観測値を直交座標にプロットしたダイアグラム．両者の相関関係を明らかにするために作製する．

残留磁化 remanent magnetization
外部から加えられた磁場を除去した後に残されている，強磁性*物質に起因する磁気．⇨ 自然残留磁化；等温残留磁化；回転残留磁化；非履歴性残留磁化

残留時間（滞留時間） residence time
1．除去時間（removal time）．ある物質が生物地球化学サイクル*中の特定の領域に留まっている時間．2．水が水循環*に組み入れられるまで帯水層*，湖，河川その他の水塊の状態で留まっている時間．浅所の礫質帯水層での数日間から透水性*が著しく小さい深部の帯水層での数百万年にわたる．河川水では数日，大きい湖や小氷河*で数十年，大陸の氷床*では数十万年．3．ある元素が，海水中に取り込まれてから除去されるまでに溶存している時間．4．水分子または特定の汚染物質が大気中に留まっている平均時間．汚染物質（たとえば火山噴火に由来する塵*）が降下して除去されるまでの滞留時間は，対流圏*での数週間から成層圏*上部での数年にわたる．水分子については一般に9～10日間と考えられている．

残留重力図 residual gravity map
大局的な重力をとり除いた後に残される重力加速度*の擾乱要素の分布図．地殻*下部または基盤*に起因する広域重力場*（通常は勾配）をとり除いたものはブーゲー異常*図と呼ばれる．⇨ スミスの法則

残留剪断強度 residual shear strength ⇨ 剪断強度

残留堆積物 residual deposit
1．溶解性の成分が除去された後に，その場に残っている風化*物質．2．地表近くでの酸化作用によって形成された粘土*層中に胚胎する鉱床*．たとえば，ボーキサイト*（アルミニウムの鉱石*），残留ニッケル，広く分布するラテライト*，土壌*など．

三　稜　石 triangular facet；dreikanter ⇨ 風食礫

三列型 triserial
有孔虫目*の室配列に見られる1つのパターンで，殻*の1巻きごとに3室が形成されるものを指す．種によっては，最初は室が数珠つなぎに形成され（一列型*），その後たがい違いにつくられるようになり（二列型*），最後に三列型になるというように，個体発生*の過程で室配列のパターンが変化するものもある．

山　麓 piedmont
山岳の麓に広がる地帯．たとえば，アルプス山脈の麓を占めるイタリアのポー平野（Po Valley）．英語名は'山麓'を意味するイタリア語ピエモンテ *piemonte* に由来．

山麓氷河 piedmont glacier

谷氷河*が谷から出て谷壁による拘束から解放され，隣接する低地または山麓帯に広がってつくる舌状の氷河*．氷河表面の大部分は低い高度にあり，急速に消耗*する．アラスカのマラスピナ氷河（Malaspina Glacier）が1例．

シ

^{14}C ⇨ 放射性炭素年代測定法
g ⇨ 重力加速度
G
1. ⇨ ガウス．2. 引力定数．

CIPWノルム計算 CIPW norm calculation

火成岩*の酸化物成分を，厳密に規定した順序（かつてはほとんどのマグマ*における鉱物*晶出の順序とみなされていた）に沿って，無水標準鉱物成分（ノルム組成*）に換算すること．19世紀後期にアメリカの鉱物学者，クロス（W. Dross），イディングス（J. P. Iddings），ピアソン（L. V. Pirson），ワシントン（H. W. Washington）が考案し，岩石型をそのモード*鉱物組成に関係なく比較，分類する基準を与えた〔CIPWはこの4人の名のアクロニム〕．結晶化する際の圧力 P_{total} および $P(H_2O)$ 条件が異なっていれば，化学組成が似る岩石でモード鉱物組成が異なる．CIPWノルム計算によってこのような影響を排除し，元のマグマの化学組成のみに支配される理想的な鉱物組成に基づいて岩石を比較することができる．

ジアコビーニ-ジナー彗星 Giacobini-Zinner

公転周期6.52年．最近の近日点*通過は1998年11月21日，近日点距離0.996AU*．

シアノバクテリア cyanobacteria

バクテリアのなかの多様で大きなグループ．クロロフィルaを細胞内のチラコイド（thylakoid）という特殊な膜の上にもち，光合成*をおこなって副産物の酸素を放出する．葉緑体はもたない．シアノバクテリアは，以前は藻類*（藍藻植物門）とみなされて藍藻と呼ばれていた．化石はおよそ3,000Maの岩石から見つかっており，2,300Maの岩石中には，ストロマトライト*という形でそのコロニーが数多く残されている．シア

ノバクテリアは光合成により酸素を放出した最初の生物で，大気中の酸素の蓄積に大きく寄与し，その後の生物進化に深い影響を与えたと考えられている．単細胞あるいはフィラメント状（糸状）で，群体を形成するものもある．硬い物体表面の上ですべるように運動する能力をもっているものもある．多くの種が大気中の窒素を固定している．

CRM ⇒ 化学残留磁化

GRM ⇒ 一般化相反法；ジャイロ残留磁化

始維管束植物期 Eotracheophytic
　シルル紀*前期のランドベリ世*最後期（およそ432 Ma）からデボン紀*最前期のロッコビアン期*中頃（およそ420 Ma）まで続いた，植物進化における1つの段階に対する名称．1993年にグレイ（J. Gray）が提唱．この時期を通じて個々に分散することのできる単純な植物胞子が，最初の維管束植物*を含むいくつかの植物群でしだいに一般的になった．最初の疑いない大型植物化石が産出するのも，この時代の地層からである．

CEC ⇒ 陽イオン交換容量

シヴァピテクス属 Sivapithecus
　初期のヒト上科*霊長類の属で，いわゆるラマピテクス属*と同属の可能性もある．東アフリカ，ヨーロッパ南東部，トルコ，アラビア半島，パキスタン，インド北部，中国南部の中・上部中新統*（およそ15～8 Ma）から産出している．この属は，大型類人猿*と人類の共通祖先に相当する属を含むと考えられている一方で，明らかにオランウータンにつながる系統の初期の種も含まれている．シヴァピテクス属と人類の歯には共通点が認められるが，それは系統的な類縁性を示すものではないと考えられる．現在，シヴァピテクス属はオランウータンのみの祖先か，すべての現生大型類人猿と人類の共通祖先のいずれかに相当する類人猿とみなされている．

シェインウッディアン階 Sheinwoodian
　中部シルル系*中の階*．テリチアン階*の上位でウィットウェリアン階*の下位．

シェジーの公式 Chezy's formula
　川の流量*（Q）と流路*の大きさ，水面勾配の関係を表す実験式．$Q=AC\sqrt{(rS)}$ で示される．A は川の断面積，C はシェジーの流量係数，r は水理学的径深*，S は水面の勾配．この公式は河川流量曲線を描くうえに有用である．

CST ⇒ 定間隔トラバース

ジェット jet
　有機物に富む頁岩*中に孤立した塊をなして産する，光沢*を帯びた固い黒色の褐炭*．水漬けとなった流木の破片から生じたと考えられている．

ジェット気流 jet stream
　西から東に向かって吹く，幅がせまい高速の気流．地球規模の主要なジェット気流には，それぞれ10～12 kmと12～15 kmの高度にある寒帯前線ジェット気流と亜熱帯ジェット気流，および高度約50～80 kmの上部成層圏*ないし中間圏*を冬季に吹く極夜ジェット気流（polar-night jet stream）がある．最大速度はふつう50～100 m/秒であるが，これ以上の速度もしばしば観測される．このような強い気流がせまい通路に集中しているのは，ジェット気流の下における極-赤道間の気温勾配にしたがって上空ほど極方向への気圧傾度が大きく増大するため．すなわち，気圧は気温が低いほど高度とともに急速に減少するため，寒冷の極地域の気圧は温暖な地域よりも高度とともに急激に小さくなる〔⇒ 地衡風〕．ジェット気流の上の成層圏では大気の熱構造が異なっているため，高度とともに気圧傾度が小さくなり，ジェット気流は消滅する．⇒ 寒帯前線ジェット気流；亜熱帯ジェット気流．

CAT ⇒ 晴天乱流

ジェニトゥス genitus
　ある雲から新しい雲が成長する現象．これによって元の雲が影響を受ける部分は限られている．⇒ 雲の分類；ムタトゥス

ジェネシス Genesis
　太陽風*からの荷電粒子を収集して地球に届けようというNASA*の計画．2001年に開始する予定．

J 波 J-wave ⇒ 地震波の記号

ジェフリーズ，サー・ハロルド（1891-1989）Jeffreys, Sir Harold
　イギリスの地球物理学・天文学・数学者．

地震波*に基づいて, 地球の内部構造のモデルを構築した. ブレン (K. E. Bullen) (1906-76) との共同研究による地震の走時*表は今日なお利用されている. 太陽系の起源に関する潮汐説*を提唱した.

ジェフリーズ-ブレン曲線 Jeffreys-Bullen curves

地球内部における地震の直接波*・屈折波・反射波の走時曲線*. 地球内部の密度構造を決定する基本となる.

シェブロン褶曲 chevron fold (**アコーディオン褶曲** accordion fold, **ジグザグ褶曲** zig-zag fold)

ヒンジ*部が鋭く折れ曲がって短く, 翼*が平板で長い褶曲*. 典型的なシェブロン褶曲では翼間角*が60°. 曲げすべり*によって変形するコンピーテント層と, 延性*流動によって変形するインコンピーテント*層の規則的な互層に生じやすい. ⇨ コンピテンシー

シェブロンマーク chevron mark

底痕*の一種. 粘性のある泥*層の表面を引きずられる物体がつけた, 直線状に並ぶV字型の小さい突起. V字は下流側に閉じているので, 有効な古流向指示者となる. ⇨ 古流系解析

ジェムソン, ロバート (1774-1854) Jameson, Robert

エディンバラ大学の自然史教授. ウェルナー*の研究家で, その水成論*を自身の学生に熱心に説き, また『エディンバラ哲学雑誌』に紹介した. キュビエ*の『序論』(Discours preliminaire) を, 水成論の観点から解釈を加えて英訳した (1813年).

ジェリターベーション geliturbation (**コンジェリターベーション** congeliturbation, **クリオターベーション** cryoturbation)

凍上*, ジェリフラクション (gelifluction)* など, 凍結と融解に起因する表土の動きの総称. それによって擾乱を受けた物質はジェリターベートと呼ばれる.

ジェリターベート (geliturbate) ⇨ ジェリターベーション

ジェリフラクション gelifluction (**コンジェリフラクション** congelifluction)

水分で飽和した岩屑の層が永久凍土*層上を流動する現象. 勾配がわずか1°の斜面でも移動する. 寒冷気候地域におけるソリフラクション*の一種で, 活動層* (深さ3m以内) に限って起きる.

ジェリフラクション gelifraction ⇨ 凍結破砕作用

ジェリベーション gelivation ⇨ 凍結破砕作用

ジオ geo

崖からなる海岸のせまい入り江. ほぼ垂直の大きい断層*または節理*に沿って発達する.

ジオ-(地-) geo-

地球 'Earth' (大地の女神ガイア 'Gaia' の英訳語) を意味するギリシャ語 ge に由来. '地球にかかわる' の意の接頭辞.

Cor F ⇨ コリオリの力

ジオイド geoid

平均海水準に相当する重力の等ポテンシャル面*. 大陸では, 大陸内に延長した仮想の海面がなす面がこれにあたる.

ジオット Giotto

ハレー彗星*とグリッグ-スクエレルプ彗星*に向けて1985年に打ち上げられたESA*の探査機.

COD ⇨ 化学的酸素要求量

ジオード (晶洞) vug (vugh) (1), **ジオード** geode (2)

1. 溶解によって生じた岩石中の空隙. 壁面が鉱物*結晶*で覆われていることがある. ⇨ 間隙率. **2.** 内壁から, 石英*や方解石*などの結晶が内側に向かって成長している丸い空洞. 結晶は空洞内で成長を妨げられることがないため, 完全な形態を呈する. 美しいため, 珍重され, 蒐集愛好家も多い.

COP ⇨ 固定オフセット

ジオフォン geophone (**地震計** seismometer, **ピックアップ** pickup, '**ジャグ**' 'jug')

地震波*による地表面の振動を電圧に変換して検知する機械. → ハイドロフォン

潮吹き穴 gloup (blow-hole) ⇨ 海岸過程

ジオペタル構造　geopetal structure
　通常，石灰岩*に見られる堆積構造*．間隙の下部が堆積物，上部がセメント*によって充填されていて，これから堆積時の上方方向が判定される．

萎れ係数　wilting coefficient ⇨ 永久萎れ含水率

萎れ点　wilting point ⇨ 永久萎れ含水率

紫外-可視分光測光法　ultraviolet-visual spectrophotometry
　有色化合物の吸光度（透過度）を電磁スペクトルの紫外*または可視*領域の特定の波長で測定する分析法．可溶性で適当な吸収極大をもつ有色化合物をつくっている金属やイオン*の濃度を，その化合物の吸光度と濃度がわかっている標準物質の吸光度と比較することによって，定量的に求めることができる．

磁界勾配測定法　magnetic gradiometry
　下層土をなす物質の磁気特性の測定．考古学でも用いることがある．

紫外線（UV）　ultraviolet radiation
　可視光線*と X 線の間の領域に位置する波長 1～400 nm の電磁放射*．〔下限は，研究分野および/または研究者によって，1 nm から数十 nm のあいだとされ，明確に定められていない．〕波長は，近紫外線で 400～300 nm，中紫外線で 300～200 nm，遠紫外線で 200～1 nm．

紫外線分光計（UVS）　ultraviolet spectrometer（**紫外線分光光度計** ultraviolet spectrophotometer）
　紫外線*帯域*のスペクトルを測定するリモートセンシング*用分光計*．惑星の表面と大気に関する情報が得られる．

視角（ルックアングル）　look angle
　レーダー*：アンテナと目標物を結ぶ線とレーダーアンテナに直交する平面とがなす角度．

磁化率　magnetic susceptibility
　試料がおかれた磁場（H）と誘導された磁気モーメント*（J）との比例定数（κ）．すなわち，$J=\kappa H$．κは無次元の国際単位*で表示される．⇨ 磁化率計

磁化率計　suspectibility meter
　試料の磁化率*を測定する計器．低磁化用（10 mT 以下），中磁化用（10～100 mT），高磁化用（100 mT 以上）がある．

時間尺度　time-scale
　地質時代を細分するうえに用いる尺度．堆積速度（⇨ 沈降），海洋底の拡大速度*，放射年代（⇨ 放射年代測定法）などに基づく尺度がある．

時間的種　chronospesies（**進化学的種** evolutionary species）
　進化*モデルの1つである系統漸移説*によると，ゆっくりとした安定的な変化が主体をなす進化過程により，新しい形質*を備えた子孫集団が祖先から生じる．その違いが著しい場合，新しく生まれた子孫集団はその祖先と同じ種であるとはみなせない．このような漸進的な進化により祖先から生まれた新しい種を時間的種という．

時間面　time plane
　地層のシーケンス中で年代が等しい層準*を結んで得られる仮想の面．

時間領域　time domain
　測定を周波数*の面ではなく時間の面で扱う方法が採られる場．→ 周波数領域

磁気嵐　magnetic storm
　太陽フレア*の発生に続いて高速の荷電太陽粒子が通過することによって，地球磁場*が大きく擾乱される現象．太陽粒子は地球の磁気圏*で両磁極方向にそらされて収束する．

閾値（しきいち）　threshold
　物理的環境に調節作用が働いて過程に変化が起こる臨界値．氷河*を例にとると，長期間にわたって蓄積した氷や雪の量がある臨界値（閾値）に達してそれを超えたとたんに，底面すべり*と氷河サージ*の様相がそれまでと一変する．

自記温圧計　barothermometer
　気圧と気温を回転記録紙上に連続的に記録する計器．

自記温度計（サーモグラフ）　thermograph
　1日または1週間の気温を連続的に記録する計器．膨張係数が異なる2種の金属からなるバイメタルを使用している．その曲率変化

が記録ペンに伝わり，回転する円筒時計にセットされた記録紙に線が描かれていく．

自記気圧計 barograph
気圧*を連続的に記録する気圧計*．アネロイド気圧計*の真空容器［空盒（くうごう）］の変形をてこで拡大し，円筒時計の記録紙にトレースとして記録する．

磁気圏 magnetosphere
惑星のまわりで，イオン化した粒子が惑星の磁場の影響を受ける領域．地球の磁気圏は気圏*を越えてはるか先まで広がっている．磁気圏では荷電粒子が約3,000 kmと約16,000 kmの高度に集中し，北半球と南半球の間を往復している．磁気圏の外縁は明瞭な境界を画しており，太陽側（昼間側）で地球半径の約10倍，反対側（夜間側）ではおそらく40倍程度まで広がっている．ただ，磁場が太陽風*によって押し縮められるので，境界の位置は太陽活動に応じて変化する．⇒ 外気圏；電離圏

磁気圏界面 magnetopause
磁気鞘（-さや）*の惑星側の境界面．惑星が太陽風*から遮蔽されている領域の外縁．

磁気鞘（-さや） magnetosheath
太陽風*粒子の速度が超音速から亜音速に低下するボウショック*面（衝撃面）と磁気圏界面*との間の領域．

色 相 hue
物の色をつくっている加色混合の三原色*の相量を表す尺度．

磁気的定位 magnetic orientaion
ある種の生物が地球磁場*を感知して向きを決定すること．⇒ 生物磁気；地磁気試料採取法

磁気特性 magnetic signature ⇒ 特性
磁気によるファブリック決定法 magnetic fabric determination
磁気的性質を利用して岩石のファブリック*を決定する方法．一般には，強磁性*の磁鉄鉱*粒子の形態や赤鉄鉱*粒子の結晶*配列に依存する磁化率*楕円体を決定することで．常磁性*物質や反磁性*物質によっても磁性ファブリックが求められる．強磁性物質を欠く岩石に対しては，電気伝導率*の異方性*に鋭敏な機器が使用される．

色 票 chroma
色に関する3つの尺度のうちの1つ（他の2つは色相*と色値）．色の強度，波長の純度，あるいは彩度の尺度．⇒ マンセル色票系

磁気分離法 magnetic separation
鉱石*の粒子を磁場または一連の磁場を通過させることによって求める元素を濃縮する方法．磁場は永久磁石または電磁石によってつくる．湿式と乾式とがある．

磁気モーメント（M） magnetic moment
試料の体積または重さに関係なく，測定された磁化全体の強さ．単位はA/m^2．

磁 極 dip pole
磁力のベクトルが鉛直，すなわち伏角*が90°となる地球表面上の点．正（下向き）の伏角については正（北）磁極，負（上向き）の伏角については負（南）磁極．磁極は2つの地磁極*とは一致していない．

磁極移動経路 polar wander path
過去の磁極*の位置を連ねた曲線．磁極の位置は，地球磁場*を地芯地球双極子*（⇒地球双極子磁場）に近似して求められている．地球自転軸*の姿勢は黄道*に対して不変であるので，年代とともに磁極の位置が移動して描く経路は，古地磁気測定用の岩石を採取したプレート*の移動による見かけのものである．一般に，磁極移動経路の急変部（ヘアピン*）は大陸プレートの衝突を，ヘアピンの間に長く延びる経路はプレートが他のプレートと接触または衝突することなく移動していたことを示す．

磁極エクスカーション polarity excursion
亜磁極期のこと．

磁極期（クロン） polarity chron
地磁気層序年代尺度*の基本的な単元．地球磁場*が全期間を通じて1つの極性を維持あるいはほぼ維持している時間間隔．たとえばガウス正磁極期*，松山逆磁極期*など．持続期間はさまざまであるが，一般に10万年より長い．1つの磁極期中に亜磁極期（サブクロン）*が介在することがある．いくつかの磁極期が超磁極期（スーパークロン）*をなす．クロンという語はエポックに替るものとしてISSC*が提唱したものであるが，現段階では両者が使われている．磁極期に相

当する地磁気年代層序単元*は磁極節（クロノゾーン）*.

磁極事件 polarity event ⇨ 亜磁極期

磁極節（クロノゾーン） polarity chronozone

ある磁極期（クロン）*の期間に形成された岩石すべてを含む地磁気年代層序*の単元．岩石が磁性鉱物（⇨ 強磁性）をもつか否かを問わない．

磁極帯（ゾーン） polarity zone, magnetozone

岩体の磁気極性を測定して得られる基本的な地磁気層序単元*．磁極帯は上下を極性逆転層準*または極性移行帯*によって限られる．いくつかの亜磁極帯（サブゾーン）に分けられ，高次の超磁極帯（スーパーゾーン）にまとめられる．英語の公式表示では，たとえば，Gaus Polarity Zone（ガウス磁極帯）のように頭文字を大文字で表す．

軸 virgella

筆石類（綱）*で，剣盤*の開口部背側*から突き出した針状突起．

ジグザグ褶曲 zig-zag fold ⇨ シェブロン褶曲

軸弾性率 axial modulus (ϕ)

横方向の歪*をともなわない，一軸性の縦歪に対する縦応力*の比．ヤング率*の特殊な形態．

軸柱 columella

1. サンゴの軸構造の1つで，対隔壁*の先端部が肥大してつくられる棒状構造．2. 腹足類（綱）*で，螺管（らかん）の巻き*が非常に密な場合に，螺層の旋回軸近傍の殻が癒合してできるらせん型の棒状構造．

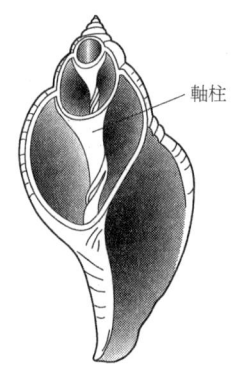

軸椎 axis vertebra ⇨ 脊椎

軸放射状 radiaxial

岩石中の空洞で内壁から中心部に向かって結晶*が成長して生じたパターンをいう．とくに方解石*に多い．⇨ ジオード

シグマ－ティー密度 sigma-t density (σ-t 密度 σ-t density)

1気圧のもと，したがって海水面で測定した海水の密度．kg/m³で表示した密度から1,000を差し引いた数値．水温0℃，塩分濃度*が35パーミルの海水は1,028 kg/m³の密度，あるいは1気圧で28のσ-t密度をもつ．

軸面劈開（–へきかい） axial plane cleavage

褶曲軸面*に対して一定の向きを有する褶曲*内部の劈開*．とくにヒンジ*部では軸面と平行ないしほぼ平行となっている．ヒンジ部から離れるにしたがって平行性を失い，軸面を対称面として収束あるいは発散する扇形をなすことが多い．

軸率 axial ratio (intercept ratio)

結晶学：結晶面*の空間位置は面が結晶軸*と呼ばれる3本（または4本）の仮想的な直線となす切片で表現される．X線回折結晶学*では単位格子*の大きさをオングス

	結晶軸		
	$a(x)$	$b(y)$	$c(z)$
a, b, c 軸上における結晶面 DEF の切片の原点からの距離（Å）	OD 20 Å	OE 10 Å	OF 40 Å
b 切片を1としたときの結晶の軸率	20 10 2	10 10 :1	40 10 :4
面 DEF の切片を，切片 (111) をもつ単位形態の面であるパラメトラル面の切片で除して得られる指数	1 2	1 1	1 4
整数で表した結晶面 DEF のミラー指数	2	4	1

軸柱

トローム（Å）の単位で測定することができるが，軸率は，結晶軸に対応する単位格子の各稜の長さを絶対値ではなく相対値として表す．その比率（パラメーター）は，ミラー指数*などのように逆数で表されることが多い．面DEFをパラメトラル面とすれば，指数は2/2，1/1，4/4で111となる．

自　形　euhedral（idiomorphic）

火成岩*中で規則的な結晶学的形態をもつ粒子に冠する．自形は，結晶*がメルト*中でまわりに存在する結晶によって妨げられることなく自由に成長するときに発達する．こうして成長する結晶は，固有の結晶学的な形態をなす．→ 他形

自形組織　idiotopic fabric（idiomorphic fabric）

結晶*の大部分が自形*を呈している結晶質*岩石の組織*．idiotopicは堆積岩*に，idiomorphicは火成岩*と変成岩*に適用される．

ジーゲニアン　Siegenian

1．ジーゲニアン期*．前期デボン紀*中の期*．ジュディニアン期*の後でエムシアン期*の前．年代は401～394 Ma．**2**．ジーゲニアン階．ジーゲニアン期に相当するヨーロッパにおける階*．メリオンジアン階*（オーストラリア），上部ヘルダーバージアン階，ディアパーキアン階，下部オンスケタウィアン階（北アメリカ）にほぼ対比される．

茂み砂丘　coppice dune

植生の茂みの周辺および風下側に形成される砂丘*．

始原菌（古細菌）　Archaea

かつて，古細菌*界に一括されていた生物からなるドメイン*．現在はクレンアーキオータ界*とユーリアーキオータ界*に2分されている．始原菌にはメタン生成古細菌*，硫黄還元古細菌，極限環境微生物*の3つの表現型*が含まれる．

シーケンス層序学　sequence stratigraphy

たがいに成因的に関連している（すなわち生成過程が類似している）堆積単元を，年代層序尺度*の枠組みのなかで解析する層序学*の手法．エクソン・プロダクション・リサーチ社（EPR）の堆積シーケンス・モデル*と成因論的層序シーケンス・モデル*[1989年にギャロウェー（W. E. Galloway）が提唱]の2つの学派がある．両者の違いは主に地層*を定義する境界のタイプにある．

指交関係　interdigitating（インターフィンガー interfingering, interlocking）

1つの堆積岩型と側方に隣接する堆積岩型のあいだの岩相*境界線が，ジグザグとなっている状態をいう．このような岩相境界は，堆積環境の局地的な違いを反映しており，両型の堆積岩*が同時的に堆積したことを物語っている．

指向性フィルター　directional filter

リモートセンシング*：選択した方位にある画像のエッジ*を強調するための空間周波数フィルター*の一種．

自己拡散　self diffusion　⇒ 拡散**2**(a)

自己逆転　self-reversal

強磁性*物質が周囲の磁場と逆方向の熱残留磁化*を獲得すること．通常，これが起こるには，2つ以上の磁気格子の相互作用，あるいはネール温度*またはキュリー温度*を異にする鉱物の相互作用が必要とされている．

子午線循環　meridional circulation

南北方向の成分が大きく，異なる緯度帯にわたる対流セル*または他の様式の大気環流．⇒ ハドレー・セル；帯状風

自己相関　autocorrelation

1つの波形記録とその波形*自身との相関*のこと．相互相関*の特別な場合．自己相関関数（ACF）は，地震記録*に含まれる多重反射波*を識別するうえでとくに有用である．ACFは原波形の振幅*と周波数（振動数）*についての情報をすべて含んでいるのに対し，位相についての情報は含んでいない．

自己励起発電機　self-exciting dynamo

周囲に磁場を形成する発電機．磁力線のなかで電気伝導体を運動させることによってさらに電流が発生し，究極的には安定な外部磁場が形成されるに至る．地球磁場*は2つの自己励起発電機によるモデルで説明されており，その相互作用によって極の逆転*が起こると考えられている．

視　差　parallax
　見る位置を変えることによって対象物の位置が見かけ上変わること．⇨ 立体視
自在頰（-きょう）　librigena ⇨ 頭部
c.g.s. 単位系　c.g.s. system
　メートル系に由来する計量単位のセットで，センチメートル，グラム，秒を基本とする．今日では国際単位系（SI）＊にとって替わられつつある．
GCM　⇨ 大気大循環モデル
CCL　⇨ 対流凝結高度
CCD　⇨ 1. 炭酸塩補償深度．2. 電荷結合素子
四肢動物上綱　Tetrapoda
　四肢をもつ脊椎動物＊で，両生綱＊，爬虫綱＊，鳥綱＊，哺乳綱＊が含まれる．
四射サンゴ目　Tetracorallia
　四放サンゴ目＊の別名．
示準化石（標準化石）　index fossil（**指標種** index species，**帯化石** zone fossil）
　ある化石帯（⇨ 生帯）を代表する化石＊で，化石帯にはその化石名がつけられる．示準化石は年代の示差性と産出の豊富さに基づいて選ばれる．生層序学＊で利用するためには，示準化石は産出期間が限られている（すなわち進化的変化が急速）だけでなく，地理的分布が広汎であることが理想的である．代表的な示準化石に，三葉虫＊（古生代＊を通じて産出するが，カンブリア紀＊で最も特徴的），筆石＊（オルドビス紀＊とシルル紀＊），アンモナイト類＊（ジュラ紀＊と白亜紀＊），浮遊性＊有孔虫類＊（白亜紀と新生代＊），などがある．
枝状体（枝）　stipe
　筆石の群体である胞群（⇨ 筆石綱）に見られる枝状の構造物．枝状体は円錐形をした単一の杯状構造物（剣盤＊）から延び，その数は1から64にわたり，配列様式もさまざまである；原始的な種類に見られる剣盤から垂れ下がるもの（懸垂型），剣盤から水平に延びるもの（水平型），細管＊に沿って上に延びるもの（反転型），剣盤からまっすぐに斜め下方に延びるもの（下斜型），湾曲して下方外側に成長しているもの（下曲型），反対に，剣盤からまっすぐ斜め上方に延びるもの（上斜型），湾曲して上方外側へ成長しているもの（上曲型），などがある．
シシリーアン階　Sicilian ⇨ 第四紀
地　震　earthquake
　地面の振動．構造性の地震は，脆性破壊によって蓄積していた歪＊が解放されることにより起こる．岩石に作用していた応力＊は岩石の破壊＊のかたちで消費される．地震は震源＊の深さによって，70 km より浅い浅発地震，70〜300 km の中発地震，300 km より深い深発地震に分類される．720 km より深い地震は知られていない．地震は火山活動＊や人為的な爆発（たとえば原子爆弾）によっても起こることがあるが，これには構造性地震を説明する弾性モデル〔⇨ 弾性反発説〕は適用されない．この種の地震によって解放されるエネルギーは蓄積していた運動エネルギーではなく化学的・物理的エネルギーであり，これが岩石の強度を局部的に上まわる急激な応力をもたらす．岩石が破壊する際に，応力による歪はほとんど蓄積していない．
地震-（サイスモ-）　seism-
　'地震' を意味するギリシャ語 *seimos* に由来．'地震にかかわる' を意味する接頭辞．
地震学　seismology
　弾性波（地震波＊）そのものおよびその発生に関する研究分野．自然の地震＊（およびそれより規模が小さい核爆発）の震源＊から発した地震波を利用して地球内部の構造と現象を研究する．探査地震学では，人工的に発生させた地震波を用いて資源（炭化水素＊など）探査や地球表層部の研究をおこなう．惑星地震学は地震波を利用して太陽系＊の惑星およびその衛星＊内部の構造と現象を研究する．
地震記録　seismic record（seismogram）
　地震探鉱機（地震計＊）から紙やフィルムなどにウィグル表示＊で出力された地震波形＊．通常は1つのショット＊-展開＊についてのもの．屈折法地震探査＊では，1つの受振器展開で受振された多数のショット記録が，エンハンスメント地震計により垂直重合＊され，1つの記録となる．データ処理では，地震記録断面図を作製するために，断面に沿って地震波形を横に並べる．

地震空白域　seismic gap
　活発な地震帯*にあって，大きい地震*が記録されていない地域．この地域で，緩慢な動きが進行しているため歪*が蓄積していないためなのか，動きが阻止されて歪が蓄積しているのかは，かならずしも明らかではない．

地震計　seismograph
　地震学上のデータを記録する装置．増幅器，データをフィルター処理し磁気テープまたはコンピューター・ディスクに搬送する機器を含めて，装置全体を指すことが多いが，ジオフォン*のみを指すこともある．エンハンスメント地震計では，連続的なハンマー打撃*またはショット*を1つのジオフォン群列*で受振し，信号/ノイズ比を高める．この方式は地盤調査で広く採用されている．

始新世　Eocene
　第三紀*の世*．暁新世*の終了（56.5 Ma）をもって始まり，漸新世*の開始（35.4 Ma）をもって終了．哺乳綱*の爆発的な発展（ウマ，コウモリ，クジラが出現）とヌンムリテス*（有孔虫目*に属する原生動物）の繁栄が特筆される．イプレシアン期*，ルテティアン期*，バートニアン期*，プリアボニアン期*に細分されている．

地震性縁（辺部）　seismic margin ⇒ 活動的縁（辺部）

地震帯　seismic zone
　地震の活動度*が高い地域．

地震探査　seismic survey
　人工的に発生させた地震波*を利用して地下の地質構造を調べる技術．反射法*が最も普遍的な手法．屈折法*は静補正*の面から，陸上探査にとくに有効．地盤工学*では現場調査に小範囲の屈折法を用いることが多い．

地震トモグラフィー　seismic tomography
　地震波*を用いるトモグラフィー*．地下を立体格子に分割し，個々の格子に地震波の'光線を照射'してその物理的特性を計算する．データは地下〔さまざまな深さの〕面にカラーコード等値線として表示される．試錐孔*トモグラフィーでは2本の孔井を使う．1つの孔井で振源を上方に移動させ，他の孔井でその全長にわたって受振する．ショット*位置を連続的に変えていくことによって2つの孔井を含む平面内の立体格子の大部分が地震波で'透視'され，地質構造の詳細が解明される．この方法はマントル*にも適用され，さらに炭化水素*貯留層*での採収工法の有効性を判定するうえにも利用されるようになっている．

地震のエネルギー　earthquake energy
　地震波形*の振幅は地震*によって解放されたエネルギー（E）に比例する．エネルギーを求めるうえで使われている計算式は統一されていない．計算式の基本形は $\log E = aM + b$ でリヒター・マグニチュード（M）*に基づいているが，現実には地震波*の周波数，震源*からの距離などにも依存する．この方式で見つもった年間に放出されるエネルギーは 10^{11} ワット以上，そのうちの75%が浅発地震で，深発地震によるものは3%にすぎない．

地震の活動度　seismicity
　ある地域での地震*の起こりやすさ．すなわち，地震が頻発する地域は活動度が高い地域（日本やカリフォルニア州など）．

地震の規模　earthquake intensity
　地震動の大きさは〔身体の感覚や周囲の事物の揺れの程度，あるいは〕破壊性の程度から見つもられ，メルカリ震度階*で表す．震度は〔ある地点における地震動の相対的な大きさを表す尺度であり，〕局地的な地質条件や建造物の状況にも依存するので，最近ではもっぱら〔地震動の加速度（ガル）に基づいてきめている．地震全体の規模は，地震観測点における〕地震波*の振幅と震央*距離の関係に基づいてきめられるリヒター・マグニチュード尺度*によって表す．

地震波　seismic wave
　天然地震や人工地震の震源*から伝わっていく1群の弾性歪エネルギー．⇒ 実体波；表面波

地震波速度　seismic velocity
　地震*で発生した弾性波が媒質中を伝播する速度．非分散性の実体波*では位相速度*および群速度*に等しい．分散性の表面波*ではふつう位相速度を地震波速度としている．地震波速度は一般に深度とともに大きく

なると考えられている．また，層構造に垂直な方向では平行な方向よりも 10～15% 小さくなる．⇒ 異方性

地震発生機構 earthquake mechanism

地震*の原因となる自然的・人為的・誘発的な現象．自然現象としては，岩石崩落，地すべり，自然発生的な山跳ね*，火山噴火*，プレートの運動*がある．人為的・誘発的な原因は，爆発（発破採石，核爆発），ダムサイト工事や採鉱による圧力解放に起因する山跳ねなど．一般にこれらの現象によって急激に解放される応力*が地震エネルギーとなる．緩慢地動*では応力がゆっくりと解放されるため地震発生にはつながらない．

地震波の陰 shadow zone

1. 反射地震波*の波線経路が地表に達しないため，反射地震波が検出されない地下の領域．2. 地震*によって発生した P 波*および／または S 波*がまったく検知されないかごく微弱である地球表面上の地帯．地球内部のさまざまな層〔上位層より地震波速度*が小さい層〕での屈折*が原因．マントル*内部で屈折した地震波は幅約 10° の範囲内で検知されにくい〔⇒ 低速度帯*〕．震源から 103～142° の範囲では P 波はほとんど観測されない．ただ，110° と 142° の間でごく弱い P 波が観測されることがあり，これは外核*／内核*の境界で屈折したものと考えられている．S 波は液相の外核を通ることができないため，103° 以遠では観測されない．

地震波の記号 seismic-wave mode

震源*からの伝播時間に基づいて地震波*につけられる便宜的な記号．その伝播経路と波の型を文字記号で表す．P と S はそれぞれ核*を通過していない P 波*と S 波*を指す．K は核の中を通った P 波，I は内核の中を通った P 波．J は内核と外核の境界で元の P 波から転換して生じ，固相の内核のみを通った S 波．J 波は上に向かって外核との境界に達すると P 波に再転換される．文字のくり返し（たとえば PP，SS）は地球表面で反射された波を表す．核の外側境界での反射波には c をつける（たとえば PcP，PcS）．たとえば，PKIKP は地表からマントル*を通り，外核ついで内核に入り，再び地表に戻っ

てきた波．PPP は地殻*とマントルのみを通り，地表で 2 回反射された P 波．

地震波の屈折 seismic refraction ⇒ 屈折
地震波の反射 seismic reflection ⇒ 反射
地震モーメント seismic moment

断層面*をつくった破断とそれによる転位*を，断層面上の 1 点を中心とする回転運動とみなして，地震の規模*を表す尺度 (M_0)．$M_0 = \mu A d$．μ は物質によって異なる定数〔剛性率〕．A は断層面の面積，d は平均転位量．

地震予知 earthquake prediction

ほとんどの手法が岩石の破壊*に先行する応力*の蓄積を検知しようとするもの．地盤の水平方向の動きや高さの変化などを監視する測地学*的な測量，あるいは応力の蓄積に起因する現象（地磁気，地温，ガス濃度などの変化－動物は感知することもあるらしい）の検知などがなされている．これまでのところ，ほとんどの方法が地震発生の確率が増大したことを指摘するにとどまっており，前震*から判定された以外は，実際の発生の予知に成功した例はない．前震に基づく予知は大きい主震のわずか数分前に発表されることが多いうえ，小さい地震がかならずしも大きい地震につながるわけではない．地震活動が活発な地域で静穏状態が続いている場合には，応力がゆっくりと増大しているか，応力が緩慢に解放されているかの，いずれかが考えられる．⇒ 地震発生機構

試錐孔 borehole（**孔井** well, **掘削井** dug well）

岩石および岩石中に賦存している地下水*・天然ガス*・石油*などの流体の性質を調べるために岩盤に掘った孔．多くは回転掘削*による．直径は数 cm から 30 cm 以上にわたり，掘削角度は任意，深さ数 km に及ぶものがある．岩石は，試料を地表に回収したり，地球物理学的・化学的な孔井検層*によって調べる．揚水試験*をおこなうこともある．試錐孔は水・天然ガス・石油の生産井としても使用される．掘削が完了した試錐孔は'井戸'または'孔井'（well）と呼ぶことが多い．⇒ 孔井検層；検層

止水壁 core wall ⇒ 隔壁

シーズフィヤットル正亜磁極期（シーズフィヤットル正サブクロン） Sidufjall
ギルバート逆磁極期（逆クロン）*中の正亜磁極期*.

地すべり landslide ⇨ マス・ウェースティング

ジスボーニアン階 Gisbornian
オーストラリアにおける中部オルドビス系*中の階*．ダリウィアン階*の上位でイーストニアン階*の下位．

沈み込み subduction
プレート収束縁*でプレート*が消費される過程．⇨ 沈み込み帯

沈み込み帯 subduction zone
プレート*が地球表面に対して一定の角度で地表下に沈み込んでいる帯．今日の沈み込み帯はほとんどが海溝*に一致している．震源*の帯（ベニオフ帯*）も海溝から，ほぼ水平〜ほぼ垂直の間の角度をなして深度700 kmまで延びている．安山岩*質の火山*が，沈み込んでいるスラブの約100 km上に形成されている．そのため，地質記録中に存在する安山岩質火山岩*は過去の沈み込み帯，つまりプレート収束（破壊縁）*の存在を示す証拠とみなされる．

姿勢 attitude
1. 層理面（地層面）*または他の面構造：ある面の，水平面およびコンパス方位に対する関係．それぞれ面の傾斜*と走向*によって定義される．2. 褶曲*：全体としての配置．褶曲軸面*の走向・傾斜，ヒンジ線*の方向とプランジ*によって定義される．

自生- authigenic
堆積中または堆積後に堆積物内に生じ，それ自身が岩石の構成要素となっている物質（鉱物*，セメント*など）に冠される語．➡ 他生-；アロケミカル石灰岩

歯生状態 dentition
二枚貝類*軟体動物*の，2枚の殻の蝶番*に見られる歯と歯槽からなる歯列構造を指す．退歯型*，貧歯型*，異歯型*，等歯型*，厚歯型*，分歯型*，多歯型*など，さまざまな型がある．

始生代（始生累代） Archaean (Archaeozoic, Azoic)
先カンブリア累代*を3分する代（累代）*の1つ．約4,000 Maから約2,500 Maにわたる．

次世代気象レーダー Next Generation Weather Radar（ネックスラド NEXRAD）
1996年に完成した175のドップラー・レーダー*からなる観測網で，アメリカ全域をカバーする．レーダーは気象台，空港，陸軍基地の塔屋に設置されており，高解像度で半径200 km，低解像度で320 kmの範囲内の気象条件の三次元画像が得られる．

嘴線（しせん） rostral suture ⇨ 頭線

自然アンチモン native antimony
金属元素鉱物*．Sb；柔軟；優白色；結晶形*は板状の六面体；劈開*{0001}に完全．輝安鉱*にともなって産する．

自然硫黄 native sulphur
非金属元素鉱物*．S；比重2.0；硬度*2.0；黄色；塊状であるが，結晶*しているものは板状．火山活動にともなう噴気孔*や温泉に産する．石膏*や岩塩ドーム*にともなう成層堆積物をなすものは採鉱されている．今日では硫黄の大部分が，原油を脱硫する過程で副産物として得られている．

自然金 native gold
金属元素鉱物*．Au；比重19；硬度*2.5；黄金色，銀を含むものは黄白色；条痕*白色；粒状，糸状，針金状，海綿状などさまざまな形態をなす；展性をもつ．自然銀*，自然銅*，パラディウム，ロディウム，自然ビスマス*などさまざまな鉱物と共存していることが多い．砂鉱床*，残留土壌*，各種の火成岩*と変成岩*にともなう脈*に産する．

自然銀 native silver
金属元素鉱物*．Ag；比重10.5；硬度*2.5；白色；結晶形*は立方体，薄い層状，または鱗片状；展性をもつ．銀鉱床*の酸化帯と熱水*鉱脈*に他の銀鉱物とともに産する．

自然残留磁化（NRM） natural remanent magnetization
岩石および天然に産する物体が，自然の過程すなわち実験室での磁化のような人為的な

過程を経ることなく獲得した磁化．火成岩*や加熱された考古学的物体では熱または化学起源，堆積物*では堆積作用起源，堆積岩*では化学起源など，さまざまな磁化の過程がある．

自然神学　natural theology (physico-theology)

自然における調和と秩序は神の意志によることを強調して，自然現象と神の摂理とを結びつけようとする哲学．18世紀のイギリスで，ジョーン・レイ (John Ray)，ウィリアム・ペレイ (William Paley) ら多くの神学者の活動によって台頭した．19世紀の『ブリッジウォーター論』(*Bridgewater Treatise*) は自然神学を説く最後の大著．⇨ バックランド

自然選択（自然淘汰）　natural selection ('**適者生存**' 'survival of the fittest')

種を構成する個体のうちどの個体が生殖し，自身の遺伝子*を次世代に伝えるために生き残るかを決定する，環境のすべての要因がかかわる複雑な過程．この過程はかならずしも生物間の競争を意味するわけではない．

自然鉄　native iron

天然に産する金属元素鉱物*．地球構成物質と隕石*起源のものがある；Fe；比重7.5；硬度* 4.5；灰色；塊状または粒状．隕石起源のものはニッケル合金で，小さい破片をなす；展性をもつ．地球の自然鉄はかなりまれな存在であるが，グリーンランドの火成岩*と炭質堆積岩*から知られている．

自然電位ゾンデ　self-potential sonde（**自発電位ゾンデ** spontaneous potential zonde，**SPゾンデ** SP sonde）

試錐孔*内で岩石の電気化学的活性を測定する機器．真の自然電位反応が高い地層*は粘土*に富む堆積物*と硫化物鉱物*を含んでいる．自然電位法*は，塩水でつくった掘削泥水*を使う海底での検層*には適用できない．

自然電位法（SP法）　spontaneous potential method (self-potential method)

2つの不分極電極*間の自然の電位差を測定する探査法．硫化物および石墨*鉱体*の探査によく使われる．

自然銅　native copper

金属元素鉱物*．Cu；比重8.9；硬度* 2.5；立方晶系*であるが，ふつうは塊状または板状片；火山岩*の割れ目や気孔*を充塡したり展性をもつ．銅に富む鉱床*の風化*産物として産する．

自然淘汰　natural selection ⇨ 自然選択

自然の雄型　natural cast ⇨ 化石化作用

自然発生　abiogenesis

非生物物質から生物が発生するという概念．古くは，この自然発生説によって地球生命の起源が説明されたり，生命が親なしに自発的に生まれると考えられたりしていたが，進化過程（⇨ 進化）の理解が進んだ現代においては時代遅れの考えとされている．

自然ビスマス（自然蒼鉛）　native bismuth

金属元素鉱物*．Bi；比重9.7；硬度* 2.5；灰白色；柔軟または菱面体結晶*．鉱脈*や花崗岩*ペグマタイト*に，錫，銀，コバルト，ニッケルの鉱化作用*にともなって産する．

C 層　C-layer

上部マントル*の下部を占める370 kmから720 kmまでの部分〔遷移層とも呼ぶ〕．この層における地震波速度*の急激な増大は，鉱物*の相転移*を反映していると考えられる．

G 層　G-layer

固相の内核*．深度約5,150 kmから地球の中心の6,371 kmまでを占めている．

示相化石　facies fossil

特定の岩相*に産出が限られる化石*．その化石を含む地層*の堆積環境を知るうえで重要である．

歯槽板基　cardinalia

腕足類（動物門）*の腕殻内部の後部に発達する蝶番*構造の総称．開殻筋が付着する主突起（蝶番突起）だけからなる単純なものから，はるかに複雑な構造までさまざまである．

紫蘇輝石（ハイパーシン）　hypersthene

斜方輝石*族の鉱物．組成は$MgFeSi_2O_6$で，MgとFeの量がほぼ等しい；頑火輝石* (En) から（斜方）フェロシライト (Fs) にわたる固溶体*に属する．最近ではEnまた

はFsの含有量（％値）を斜方輝石に付ける共通の表示法〔たとえば，En 30 斜方輝石〕が紫蘇輝石という名称に替わって用いられている；比重3.5；硬度* 5〜6；斜方晶系*；緑〜帯緑または帯褐黒色；ガラス光沢*；結晶形*は通常は不定形の粒状，ときに角柱状，板状；劈開*は良好，角柱状{110}．ノーライト*質はんれい岩*，粗面岩*，安山岩*など，鉄に富む苦鉄質*火成岩*に産する．

磁　束　magnetic flux

近接する物体の表面に垂直な磁束密度*に，物体の表面面積を乗じたもの．

磁束磁力計（フラックスゲート磁力計） fluxgate magnetometer

透磁率*の高い鉄芯にコイルをそれぞれ逆方向に同じだけ巻いてある2つの平行なソレノイド（solenoid）からなる磁力計で，高周波交流電流を加える．信号検出用コイルが，周囲に存在する磁界によって生じるバイアス電圧を検出する．

磁束密度（B）　magnetic induction

物体の透磁率*(μ)に，その物体にかけられている磁界の強さのベクトル（H）を乗じたもの．ベクトルBで表す．

シゾクロアル　schizochroal ⇒ 三葉虫の眼

シダ綱　Pteropsida（シダ類 ferns；真正シダ綱 Filicopsida）

シダ植物亜門*の綱で，現生および絶滅*したすべてのシダ類が含まれる．シダ類は，デボン紀*に古生マツバラン目*のトリメロフィトン類（精巧な枝分岐の体制を発達させており，やがてこれが真の葉の形成へとつながる）から生まれ，石炭紀*植物群*では重要な構成要素となった．シダ綱はシダ植物亜門のなかでは最も進んだ体制をもっており，産出量も多く，多様性*も最も高い．多くの種類が大型の，細かく分かれた葉をもち，現在でも地球上のさまざまな植物群落の重要な要素となっている．

シダ種子目　Pteridospermales（シダ種子植物類 seed ferns）

裸子植物*の目で，種子を形成する最初の植物．石炭紀*に繁栄し，白亜紀*には絶滅*した．葉の外観はシダによく似るが，繁殖葉には種子と花粉*製造器官が認められる．真のシダ植物以外の種子植物は1903年に同定されたリギノプテリデールス・オルドハミア *Lyginopteridales oldhamia* が最初である．

シダ植物亜門　Pteridophytina（シダ植物類 pteridophytes）

ヒカゲノカズラ綱*，トクサ綱*，マツバラン綱（ただし，⇒ 古生マツバラン目），シダ綱*（さまざまなシダ類）からなる亜門．シダ植物の最初の化石記録はシルル紀*のものである．隠花植物で，明瞭に異なる2つの世代をくり返す．最初は無性で，胞子*をつくる胞子体世代である．通常この世代のシダ植物は大型で，茎には水と養分を送る維管束組織が発達し，葉と根をもつ．胞子は，葉（シダ類）の上か，球果を構成する特殊化した鱗片（胞子葉；トクサ類とヒカゲノカズラ類）の上，あるいは特殊化していない茎の葉腋（ある種のヒカゲノカズラ類）にある胞子嚢でつくられる．有性で配偶体を形成する次の世代では，比較的小型で，茎，葉，あるいは根の分化は認められない．この世代では，雄性繁殖器官（造精器）と雌性繁殖器官（造卵器）を単一の植物体あるいは個別の植物体の中にもつ．造卵器中の卵が造精器から出た精子と受精すると胚が形成される．この胚が成長して新しい胞子体世代の個体となる．

下盤（したばん）　footwall

傾斜した断層面*の下側にある断層地塊*．→ 上盤

下盤粘土（したばん-）　seatearth

石炭層の直下に見られる粘土*に富む化石土壌*．石炭*となっている植物が生育していた土壌．

GWP　⇒ 地球温暖化指数

シダ類　ferns ⇒ シダ綱

実移動　net slip ⇒ すべり

実開口レーダー　real-aperture radar

方位分解能*がアンテナの長さ，波長*，距離範囲*によってきまるレーダー*装置．→ 合成開口レーダー

湿球温度計　wet-bulb thermometer

清潔な水（蒸留水が望ましい）を入れた水槽と芯でつないだ薄い布袋（モスリン製）で下端の感温球をくるんで湿った状態に保っている温度計．湿球温度計は大気が飽和されな

い限りモスリンからの蒸発によって併置されている乾球温度計よりも低い温度を示す．この湿球温度降下*は飽和までの水蒸気不足分の尺度で，したがって大気の相対湿度*を表す．

湿球温度降下 wet-bulb depression
通風状態にある湿球温度計*が示す温度と乾球温度計の温度との差．

疾強風 gale
風速30ノット（17m/秒）以上の風〔⇒付表C〕．

実効温度（T_e） effective temperature
大気がない場合の惑星表面の温度．地球の実効温度は，大気の温室効果*を受けている現実の表面温度（T_s）約15°Cよりも35～40°C程度低い．

実在反応 realistic reaction
組織*や鉱物*組み合わせの変化から，変成作用*時に岩石に起こったことが確実とみなされる化学反応．

失歯 edentulous
1．ある種の二枚貝類*に見られる，鉸歯（こうし）を欠く状態．2．哺乳類*で，もともとあるいは何らかの原因で歯が抜け落ち，歯のない状態．

湿潤指数 moisture index
ソーンスウェイト*（Thornthwaite, C. W. and Mather, J. R., 1955）が考案した年間の水分収支*に基づく指数．$I_m=100\times(S-D)/PE$．I_mは湿潤指数，Sは降水量*が蒸発散*量を上まわる月の水分余剰量，Dは降水量が蒸発散量を下まわる月の水分不足量，PEは可能蒸発散量（蒸発散位）*．

実蒸発散（AE） actual evapotranspiration
土壌*中の水量が限定されているとき，地表から蒸発する水と植物によって蒸散される水の量．→ 可能蒸発散量（蒸発散位）

実視連星 visual binary ⇒ 連星

失水河流 losing stream
河床が浸透性であるため，流水が地下水面*まで浸漏していく河川．⇒ 間欠河流

実数成分 real component（**同期成分** in-phase component）
電磁場は導体中に二次場を誘導させ，2つの場の合成ベクトルは2つの成分に分解される．その1つが実数成分で，一次場と同じ位相をもつ．他の1つは虚数成分（矩）*．

実体鏡 stereoscope
1組の少しずつ重複する二次元写真から，詳細な解釈が可能となる三次元的な映像（立体映像*）を得るための光学装置．

実体波 body wave
P波*とS波*のように媒質の内部を伝播する地震波*．→ 表面波

湿地性- paludal
沼沢地，あるいは沼沢地にともなう生物や土壌*などに冠される．

湿度 humidity
大気中の水分含有量の程度．空気1m³中に含まれる水分の全質量（絶対湿度），任意の大きさの空気塊の全質量とその中の水蒸気質量との比（比湿*），相対湿度*，水蒸気圧，湿度混合比*，などさまざまな表示方法がある．

湿度計 hygrometer
大気の湿度*を測定する計器．乾湿球湿度計，露点湿度計，毛髪湿度計*などの型式のほかに，電気抵抗に基づく型式が1種類ある．⇒ 乾湿球湿度計

ジッヘルバンネン sichelwannen
氷河*の作用によって，平坦または傾斜した裸岩の表面につけられた三日月型のP地形*．典型的なものは，長さ1～10m，幅5～6m．三日月の先端は氷河の下流方向を向いている．成因は不明であるが，飽和したティル（氷礫土）*と氷河の下の融氷水の作用と考えられている．'鎌状の桶'を意味するドイツ語．

質量収支 mass balance
1．ある系に入り込む量と出ていく量とを比較するのに用いる語．2．海水中の元素収支は一定，すなわち元素の流入と除去が同じ割合で起こっていると仮定されている．流入源は，河川水，堆積物の間隙水，氷の融解．海水と岩石との反応は無視できる程度と考えられている．除去は，沈殿（化学的堆積物を形成），イオン交換*，堆積物中への間隙水の封入による．3．氷河*の蓄積（涵養）と消耗*の関係．蓄積は降雪に，消耗は表面から

の蒸発による．氷河の１年間における蓄積と消耗の差が正味の質量収支となる．これがプラスであれば氷河は成長，マイナスであれば後退，ゼロの場合には停滞している．

質量数 mass number
原子核*中の陽子と中性子の個数の和．

質量分析 mass spectrometry
原子や分子の質量を測定する技術．物質を真空中で蒸発，イオン化*させ，最初に強く加速した電位中を，ついで強い磁場を通過させる．これによってイオンは電荷/質量比にしたがって分別される．イオンを電位計で検出し，電荷間の力，つまり電位を測定する．この方法は岩石の放射年代測定法*と同位体地球化学*で用いる．

CTD 記録計 CTD recorder
〔Conductivity-Temperature-Depth のアクロニム〕．海水の電気伝導率*（これから塩分濃度*を求める），温度，深さ（実際には水圧）を測定，記録する装置．船から感知機を水中に降ろしケーブルを通じて伝えられる情報を船上の記録器で記録する．

CDP ⇒ 共通反射点

CDP 重合 CDP stack ⇒ 共通反射点

磁鉄鉱 magnetite (loadstone, lodestone)
スピネル*族の重要な酸化物鉱物*．$Fe^{2+}Fe^{3+}_2O_4$；マグネシオフェライト（$MgFe^{3+}_2O_4$），フランクリン鉄鉱*，ヤコブス鉱（$MnFe^{3+}_2O_4$），トレボライト（$NiFe^{3+}_2O_4$）とともに磁鉄鉱系列に属する．比重 4.6〜5.2；硬度*5.5〜6.5；立方晶系*；ふつう青味を帯びた鉄黒色；条痕*黒色；亜金属光沢*；結晶形*は通常は八面体，菱面十二面体，幅広い板状，ただし塊状，粒状のこともある；劈開*は八面体に貧弱；強磁性*．塩基性岩*，ペグマタイト*，接触交代帯（とくに水酸化鉄が脱水した広域変成帯*の石灰岩*），金のクラストをともなう黒色砂に広く産する．

シデロライト siderolite ⇒ 石鉄隕石

自転軸の傾き axial tilt
地球の自転軸が公転面の法線となす角度．40,000年周期で21.5°と24.5°の間で変化する．現在の傾きは約23.5°．⇒ ミランコビッチ周期

自動気象観測所 automatic weather station
気圧，気温，湿度，風向，風速その他の気象状況の測定記録を，自動的に中央局に伝える気象観測所．

自動懸濁 autosuspension
流動中の乱泥流（混濁流）*内部における次のようなフィードバック機構．乱流渦が懸濁物質を維持 → この懸濁物質によって懸濁濃度が増大 → 高濃度の懸濁が流動を促進 → 流動により乱流渦が発生．

自動ポイントカウンター automatic point counter
偏光顕微鏡*下で，せまい間隔で薄片*を横切る線上に特定の鉱物*が現れる回数を計測する機能をもつ電子コントロールパネル．あらかじめ特定の鉱物に割り当てた個々の記録ボタンが並ぶパネルが，顕微鏡の載物台*に載せた薄片ホルダーと連動する．接眼鏡*の十字線*にかかった鉱物に割り当てたパネルボタンを押すと，ホルダーが薄片を一方向に一定の距離（0.001〜1 mm の間であらかじめ設定）移動させる．1 つの測線の末端に達するとホルダーはあらかじめ設定してある間隔をおいた次の測線に自動的にリセットされる．すべての測線について計測が終わると，パネルには鉱物ごとの計測数が表示され，これを全計測数のパーセント値（岩石中で個々の鉱物種が占める体積％）に換算することもできる．

シナリー chenier
海岸の沼沢地に形成された，砂質の海浜物質からなる尾根または直線状の高まり．幅は少なくとも150 m あり，高さは3 m，延長は50 km に達する．アメリカのメキシコ湾岸に典型的に発達する．川によって運ばれてきた物質が波の作用で再堆積したもの．通常その前面と背後に泥質の沼沢地が広がっている．

シナリー平野 chenier plain
泥質の沼沢地によって内陸と隔てられた，砂質の物質がつくる高まり（シナリー*）からなる海成埋積地域．アメリカのメキシコ湾岸沿いに見られるように，尾根は植生に覆われていることがある．南アメリカの北岸に

は，長さ約 2,250 km に及び，幅が 30 km に達する広大なものもある．

シニアン亜代 Sinian
新原生代* 最後の亜代．年代はおよそ 825～570 Ma（Harland ほか，1989）．名称は中国中央部の呼称に由来．

シヌーク chinook
ロッキー山脈の東側で吹く，暖かく乾燥したフェーン* 型の西風．春季に急速に強まり，気温が大幅に急上昇するため，急激な雪解けを招く．

シヌス sinus
'曲がり'，'湾' を意味するラテン語．1651 年リッチオリ（Giovanni B. Riccioli）が月の海* に見られる湾状の形態を記載するのに用いた．よく知られている例は '雨の海（Mare Imbrium）' 北西縁の '虹の湾（Sinus Iridum）'．

シネムリアン階 Sinemurian
ヨーロッパにおける下部ジュラ系* 中の階*．年代は 203.5～194.5 Ma（Harland ほか，1989）．上部アラタウラン階*（ニュージーランド）にほぼ対比される．

シネレシス synaeresis (syneresis)
水中で，凝集あるいは塩分濃度* の変化に起因する体積変化により粘土* が間隙水* を失って収縮する現象．この収縮によってシネレシス・クラック* が形成される．

シネレシス・クラック（収縮割れ目） synaeresis crack
地層* 表面に放射状に発達する不規則なレンズ形の割れ目．鳥の足跡に似た形状を呈するものが多い．水中での収縮によって生成する割れ目であって，大気中に露出して乾燥したことの証拠ではない．⇒ シネレシス．→ 乾裂

シノーペ Sinope（木星 IX Jupiter IX）
木星* の小さい衛星*．直径 28 km．逆行軌道* をもつ．

シノルニス属 Sinornis
中国遼寧省から知られている白亜紀* 前期の鳥類*．進化型の鳥の特徴をもつ最初の属の 1 つで，広い腰仙椎*，および完全に中足骨* と癒合した遠位の足根骨* をもっている．

G 波 G-wave ⇒ ラブ波

自破砕溶岩 autobrecciated lava
通常，シリカ* に富む粘性の高い溶岩* 流の固結した皮殻が，まだ流動している内部のマグマ* の動きにより応力を受けて変形，脆性破壊してなめらかな面をもつ角ばった破片に破砕されたもの．破片は温度が十分に高ければたがいに溶結することもあるが，そうでなければ流動を続ける内部に取り込まれる．

自発電位 spontaneous potential ⇒ 自然電位ゾンデ

ジバール zibar
粗粒砂* からなり起伏の小さい丸みを帯びた砂丘*．順走斜面* をもたない．規則的に配列して発達し，波状の地表面をつくる．

指板 brachiole
海蕾類（うみつぼみ-）と海林檎類（棘皮動物門*，海蕾亜門*）に見られる，採餌のために水流を起こす腕．二列型* の石灰板からできており，ウミユリ類（綱）* がもつ腕の単純化したものに相当する．指板が化石* として残されることはほとんどない．

地盤工学 engineering geophysics
地球物理学的な探査技術を採り入れた土木工学．通常の調査には次のものがある．基礎* となる基盤岩までの深さの見つもり，掘削に向けて岩石の破砕されやすさの決定，岩石の破砕度の測定，地下の割れ目・空洞・坑道の追跡，パイプの位置決定，海底では堆積物の強度決定，ジャッキアップ・リグによる掘削にそなえて海底面下の危険なガスポケットの追跡．

地盤振動 ground vibration
地震その他の原因（工業など）に起因する地盤の振動．建造物への影響は，振動の振幅，岩盤や土壌の特性，振動の持続時間による．⇒ バイブロサイス

地盤沈下 subsidence
1. 自然にあるいは人間の活動が原因で地表が沈んでいく現象．まわりを固定された地表の物体は水平移動をまったく（ほとんど）ともなうことなく下方に垂直転位する．2. 地下での鉱業活動によって起こる地表面の局部的な低下．

地盤の押し出し squeezing ground
粘土* などからなる軟弱な地盤が，周囲の

荷重によって変形し，応力状態が過剰となって，掘削面に向かって押し出してくる現象．

CBR ⇒ カリフォルニア式支持力試験
GPS ⇒ 汎地球測位システム
cpx ⇒ 単斜輝石

指標鉱物 index mineral
　広域変成帯*において，変成度*が高くなる方向に変成相*系列を横切るとき，最初の出現地点をもってある変成分帯*の外側（低変成度側）の境界とする鉱物*．この地点を連ねる線は'アイソグラッド'と呼ばれ変成度が同じである線を表す．それぞれの変成度の分布は，ふつう鉱物学的に変成度の変化に極めて鋭敏な泥質*岩（頁岩*）中で指標鉱物が最初に出現する地点をもって表される．

示標種 index species ⇒ 示準化石

シーファイト psephite
　礫岩*，角礫岩*など粗粒の砕屑性*堆積岩*の総称．G. W. Tyrrell (1921) が，この語を変成*した礫岩，角礫岩に限って使用することを提唱して以来，それにしたがって使われることが多い．

CVS ⇒ 定速度重合法
CVG ⇒ 定速度ギャザー法

シプカ Shipka
　太陽系*の小惑星*（No. 2530）．公転周期は5.25年．2008年10月に探査機ロゼッタ*が調査に向かう予定．

ジプクリート gypcrete
　乾燥地域に発達する石膏*質の土壌層位*．毛管作用*によって地表にもたらされた塩水から$CaSO_4$が沈殿して形成される．

シーブ堆積物 sieve deposit
　中礫〔径4〜64 mm〕を主とする礫のみが運搬されて堆積した，分級良好で基質*を欠く礫岩*．砕屑物*が，節理*の発達した珪岩*など抵抗性の高い岩相*からなる供給地からもたらされた沖積扇状地*に多く見られる．

シーフレット sea fret
　イングランドのコーンウォール州および南-，東-，北東海岸で春と夏によく発生する海霧の俗称．

自噴水 artesian water
　被圧されて水頭*が高くなっている帯水層*中の地下水*が，人工の掘抜井戸，ときには自然の泉*を通じて地表に流出するもの．帯水層が向斜*構造をなしている場合には普遍的に見られる．イングランドのロンドン盆地では，粘土*層によって封塞されたチョーク*の帯水層から自噴水が19世紀を通じて得られた．英語名称はフランス北西部アルトア地方（Artoir）に由来．

自噴井 artesian well (overflowing well)
　被圧帯水層の水頭*が地表面より高くなっているため，汲み上げることなく地下水*が得られる井戸．⇒ 帯水層；自噴水

ジベーティアン Givetian
　1．ジベーティアン期：中期デボン紀*中の期*．アイフェリアン期*の後でフラスニアン期*の後．380.8〜377.4 Ma（Harlandほか，1989）．**2**．ジベーティアン階：ジベーティアン期に相当するヨーロッパにおける階*．ゴニアタイト（アンモナイト*）とスピリファー*（腕足動物）に基づいて分帯されている．下部コンドボリニアン階*（オーストラリア），エリーアン統*（アメリカ）にほぼ対比される．

シベリア高気圧 Siberian high
　年間の寒い季節にシベリア上空で発達する高気圧*．シベリア平原上空の空気塊が著しく低温で密度が高いことによって高気圧の勢力が強くなっている．

枝　胞 stolotheca
　筆石（綱）*の胞*に見られる3つの型のうちの1つで，主芽茎*および幼期の単胞*と双胞*をとり巻く．

脂肪光沢 greasy luster
　油膜に覆われているように見える鉱物*の光沢*．表面の顕微鏡的な大きさの凹凸によって光が散乱されるため．

脂肪酸 fatty acid
　枝分かれしていない長い鎖をなすカルボン酸．飽和しているものも不飽和のものもある．一般式は$R-(CH_2)_n-COOH$．RはCH_3，C_2H_5などの炭化水素，nは1から16までの整数．

四放サンゴ目（ルゴササンゴ目，皺皮サンゴ目） Rugosa（**四射サンゴ** tetracorals；**多放線亜綱*** subclass Zoantharia）
　単体および群体性のサンゴ類からなる目

で，オルドビス紀*に出現しペルム紀*末に絶滅*した．コララム*には放射状の仕切り板（隔壁*）と水平な仕切り板（床板*）が見られ，これに加えて斜めの仕切り板（泡沫組織*）が発達することもある．隔壁の発達は四点挿入を基調としており，多くの種が左右相称*．単体の四放サンゴ類は固着する手段をもたないため軟らかい底質を好んだようであり，群体性の種は骨格自身の重みによる安定性に依存していたようである．

刺胞動物門 Cnidaria（腔腸動物門* Coelenterata）

イソギンチャク，クラゲ，サンゴなどからなる門で，先カンブリア累代*後期以降産出する．南部オーストラリアで最初に報告されたエディアカラ動物群*（680〜580 Maに生息）には，明らかなクラゲ類あるいはそれに類似する化石が知られている．最初のサンゴ類はオルドビス系*から産出する．刺胞類はすべて水生で，大部分が海生である．体制としては，1つの体腔*と腸があり，両者をあわせて腔腸という．体壁は2層の細胞列からできており，その間には間充ゲルというゼラチン質の層がある．基本的な体設計としては，イソギンチャクやサンゴなどの固着性*のポリプと，自由遊泳するクラゲの2種類が見られる．口の周囲には，刺胞類に特有の刺細胞（刺胞）を備えた触手が発達する．体形は放射相称*で，いくつかのグループは左右相称*でもある．⇒花虫綱；ヒドロ虫綱；鉢虫綱

姉妹群 sister groups

単一の親系統から分岐進化*によって生みだされた，たがいに系譜的に最も近縁なタクソン*．両者は系統学*の規約にしたがって同じ分類学上のランクに分類される．

姉妹タクサ sister taxa

系統学*：単一の内部分岐点*から分岐した2つのタクサ*．

縞状構造（葉状構造） foliation

板状または葉片状の鉱物*が定方向配列*してほぼ平面的に連続する薄層をなしている岩石組織*．薄層は平板状でたがいに平行であるが，層理面*や劈開*面とはかならずしも平行ではない．この語は通常，変成度*の高い変成岩*の組織に適用される．

縞状鉄鉱床（縞状鉄鉱層）(BIF) banded iron formation

先カンブリア累界*中で，厚さ数千mの層状体をなして150 km以上にわたって続く，細かい縞状の珪質赤鉄鉱*鉱床*．砕屑物*をほとんど欠く安定な浅海盆地で堆積して形成された同成鉱床*と考えられる．鉄に富む（鉄含有量が40〜60％）部分では露天採掘*されている．オーストラリア西部ハマーズリー（Hammersley），アメリカのスペリオル湖，カナダのラブラドル，ウクライナ，ブラジルなどの縞状鉄鉱床は世界で有数の重要な鉄鉱床である．

シムーン simoon

アフリカやアラビアの砂漠の広い地域で砂塵を巻き上げて吹く，乾燥した熱い旋風．持続時間はごく短い．

湿ったメルト（含水メルト） wet melt ⇒ メルト（溶融体）

ジーメンス（S） siemens

1オームの抵抗をもつ回路における電気伝導度の国際単位系*誘導単位．したがってオームの逆数（モーmhoまたはΩ^{-1}）．電気伝導度の測定でS/mを単位として用いる．名称はサー・ウィリアム・ジーメンス（Sir William Siemens, 1823-83）に因む．

四面体 tetrahedron

4つの正三角形の面をもつ結晶形*．結晶*の反対側にある〔接していない〕稜の中点を結び，たがいに直交する3本の同価な結晶軸*をもつ．(111)の記号で示される等軸晶系*の特殊な形態．

四面銅鉱（テトラヘドライト） tetrahedrite

四面銅鉱（Cu, Fe)$_{12}$Sb$_4$S$_{13}$から砒四面銅鉱（テナンタイト）（Cu, Fe)$_{12}$As$_4$S$_{13}$にわたる連続した固溶体*の端成分*．銀が多量に（30％に達することもある）存在するものは銀四面銅鉱（フライベルジャイト）と呼ばれる；比重4.5〜5.1；硬度* 3.0〜4.5；灰黒色；金属光沢*；条痕*黒．ふつう塊状であるが結晶質の場合には四面体をなす．熱水*鉱脈*に他の銅硫化物や鉄硫化物と共生して産する．

霜 frost
気温が水の凝固点（0°C）以下のときに草や樹木などの物体の上につく氷の結晶の層．大気中の水蒸気が凝固点より低い露点*で凝結するときに発生する．

霜窪地（しもくぼち） frost hollow
多量の霜*が頻繁に発生する谷底や小さい窪地．夜間などに起こる放射冷却*により冷えて密度が高くなった空気が斜面を下り（カタバ風*），滞留することによる．

霜柱 pipkrake (needle ice)
周氷河*環境で石や表土の下に生じる柱状の氷．そのような場所は，熱伝導率が比較的高く気温が降下すると凍結が起きやすいため，霜柱が大きく成長して10 cm程度の凍上*をもたらすことがある．

ジャイロコンパス gyrocompass
〔たがいに垂直に十字型に釣られた〕ジンバル（gimbal；称平環）の中にあり，縁を重くしてあるジャイロスコープの軸は自転により，真北のまわりに歳差運動*する．この装置は，真北の方向を正確に決定するうえに用いる．

ジャイロ残留磁化 gyroremanent magnetism
磁気的に異方性*の試料を交流磁場内で回転させることによって獲得される磁化．⇨ 回転残留磁化

蛇灰岩 ophicalcite ⇨ 蛇紋石

ジャカール指数 Jaccard's index（ジャカール係数 Jaccard's coefficient）
2つの地域における動物相*の類似性を示す生物地理学*の用語．$C/(N_1+N_2-C)$で表される．Cは2つの地域に共通するタクサ*の数，N_1とN_2はそれぞれの地域における種の数．

蛇函綱（じゃかん-） Ophiocistioidea（蛇函類 ophiocistioids；棘皮動物門* phylum Echinodermata，有棘亜門 subphylum Echinozoa）
絶滅*した自由生活性の有棘類の綱で，腕のない，ドーム型の低い殻*をもつ．囲口部*は中央腹側*に位置し，複雑な顎からなる咀嚼器官をもつ．歩帯*は腹側表面にのみ見られ，それぞれ三列板からできている．間歩帯*はせまく，一列板のみからなる．オルドビス系*からデボン系*にかけて知られている．

弱化 weakening
総観気象学*：気圧系のまわりの気圧傾度が時間とともに小さくなる現象を指す．これにともなって風が弱くなる．⇨ 強化

斜傾型 apscline
ストロフィック型（⇨ 蝶番）腕足類（動物門）*で2枚の殻の接合面*と蝶番面（主面）のなす面が90°～180°のものを指す．腕足類の殻で最も普遍的に見られるものの1つ．➡ 正傾型

斜交層理（斜層理） cross-bedding ⇨ 層理；斜交葉理

ジャコウネコ科 Viverridae ⇨ 食肉目

斜交葉理 cross-stratification, cross-lamination（斜交層理，斜層理 cross-bedding）
非対称的なリップル*または砂浪*などの順走斜面*が下流方向に移動することによって形成される初生的堆積構造*．傾斜した葉理*（前置層*，葉層*）が平坦な面あるいはスプーン形の面によって上下を限られている（前者は平板型またはプラナー型斜交葉理；tabular/planar cross-stratification，後者はトラフ型斜交葉理；trough cross-stratification）．前置層は順走斜面上における堆積物の安息角*をもって傾斜し，下流方向に面している（⇨ 古流系解析）．平板型（プラナー型）斜交葉理は峰が直線的なリップルまたは砂浪の移動によって，トラフ型斜交葉理は舌状リップルまたはデューン砂床形*の移動によってつくられる．'斜交葉理（cross-lamination）'はリップルの移動によってつくられたものに，'斜交層理（cross-bedding）'は，デューン砂床形，砂浪，砂州*など大型の構造の移動によってつくられたものに適用される．'クロスセット'は上下を境界面で限られている斜交葉理の単元を指す．クロスセットをつくった元の砂床形*がセットの上限をなす面に保存されている場合には'フォームセット'という．単層内部にいくつかのクロスセットが含まれている場合には，その全体を'コセット'と呼ぶ．

〔わが国では，層理（bedding）は単層を限る面，葉理（lamination）は単層内部に発達する葉層を限る面と，いちおうは使い分けられている．両者を区別することなく堆積岩*に発達する初生的な面あるいは堆積岩が成層している状態を指す語 stratification には特別の邦訳語はない．欧米では，1cmより薄いものを葉層，その境界面を葉理，1cmより厚いものを地層，その境界面を層理と使い分けている．⇨ 葉理；葉層．しかしながら，日本でも外国でも bedding と lamination が混用されているきらいがある．さらに厚さをもたない面である葉理（lamination）と厚さをもつ葉層（lamina）の使い分けも混乱している．〕

車骨鉱 bournonite
硫化物鉱物*．$CuPbSbS_3$；比重6；硬度* 3；灰色；亜金属光沢*；塊状，まれに歯車状の集合体．銅，鉛鉱床*にともなう熱水*鉱脈*に産する．

シャゴッタイト-ナクライト-シャシナイト隕石 shergottyite/nakhlite/chassignite meteorites（SNC）
大部分の隕石*（4,600 Ma）にくらべてはるかに若い（1,300 Ma）隕石のグループ．1ダースほど発見されている．火成岩*の組織*をもち，鉄に富む珪酸塩鉱物*と鉄酸化物を含んでいるので，酸素に富む環境から飛来したものにちがいない．少量の含水鉱物も含まれている．すべてが，同じ惑星，おそらくは火星*から由来したと考えられる．

シャージアン階 Chazyan
北アメリカにおけるオルドビス系*，中部チャンプレーニアン統*中の階*．

車軸藻綱（輪藻綱） Charophyceae（車軸藻類，シャジクモ charophytes）
ある面ではコケ植物（門）*に類似する藻類*の綱．車軸藻門とされることもある．淡水ないし汽水域に産し，石灰化した結実器官の表面はらせん状の溝で装飾されている．1959年までは注目されることはなかったが，現在では新生代*における示準化石*として用いられている．⇨ ジロゴナイト

車軸藻門 Charophyta ⇨ 車軸藻綱

斜消光 oblique extinction（inclined extinction）
鉱物光学：直交ポーラー*で観察している鉱物*の劈開*トレースまたは結晶*境界が，ポラライザー*とアナライザー*の振動方向*であるE-W（左右）面とN-S（上下）面と斜交する方位位置にあるとき，鉱物が暗黒となる現象．同じ鉱物について消光角を何回か測定し，そのうち最大のものを鉱物の同定に使う．

写真赤外線 photographic infrared ⇨ 近赤外線

写真測量 photogrammetry
リモートセンシング*：空中写真*や衛星画像を用いて地上対象物間の距離を正確に測定する技術．

写真地質学 photogeology
写真データ（⇨ 空中写真撮影）を解読することによってある地域の地質全般を判定する技術．色彩・色調・形態・相対起伏の違いおよび地形・露頭*境界・植生型などの表面形状に注目する．

遮水壁 cut-off trench ⇨ 隔壁

ジャスピライト jaspillite
赤鉄鉱*と細互層をなす碧玉（へきぎょく）*．オーストラリアにおける縞状鉄鉱石*の呼称．

遮断 interception
植物が降水*を捕獲すること．降水は植物体から蒸発するため，地表面に達することができず，表面流出水*，土壌水分*，地下水*の涵養が阻止される．

斜長花崗岩 plagiogranite ⇨ 花崗閃緑岩

斜長岩 anorthosite
ほとんど（90％以上）が斜長石*（灰曹長石，中性長石，曹灰長石，亜灰長石）のみからなる深成岩*．先カンブリア累代*の楯状地*地域に非層状貫入岩体*あるいは層状岩体として産するものが最も多い．月の高地（⇨ テラ）の構成岩石で，そこでは主として斜長石のカルシウム側端成分*である灰長石からなっている．

斜長石 plagioclase
最も重要な珪酸塩鉱物*の1つ．一般式は$(Na, Ca)(Al)_{1-2}(Si)_{2-3}O_8$；2つの端成

分*，曹長石（Ab；NaAl$_2$Si$_2$O$_8$）と灰長石（An；CaAl$_2$Si$_2$O$_8$）のあいだで固溶体*系列（⇨斜長石系列）をなし，灰長石含有量（％）によって6種の長石に区分されている；曹長石（0〜10モル％ An）；灰曹長石（10〜30モル％ An）；中性長石（30〜50モル％ An）；曹灰長石（50〜70モル％ An）；亜灰長石（70〜90モル％ An）；灰長石（90〜100モル％ An）；(1) 曹長石；比重2.61；硬度* 6.0〜6.5；白色；ガラス光沢*；結晶形は板状または不定形；2つの劈開* {010}，{001} が {100} 面でほぼ直角に交わる．酸性岩*とスピライト*に産する．(2) 灰曹長石；比重2.64；三斜晶系*；劈開は底面 {001} に完全，{010} に良好．An含有量が異なる点以外は曹長石に類似．(3) 中性長石；比重2.66；三斜晶系；劈開は底面 {001} に完全，{010} に良好．曹長石に類似；ただし中性岩*に産する．(4) 曹灰長石；比重2.67；灰白色であるが劈開面の格子欠損のため角度によって色が変わることがある；結晶形は薄い角柱状で {010} 面に平行に扁平；劈開は底面 {001} に完全，{010} に良好．塩基性岩*に産する．(5) 亜灰長石；比重2.72；三斜晶系；灰白色；結晶形は薄い角柱状，ただし通常は不定形の粒状；劈開は底面 {001} に完全，{010} に良好．塩基性〜超塩基性岩*に産する．(6) 灰長石；比重2.75；三斜晶系；灰白色；結晶形は薄い角柱状，ただし通常は不定形の粒状；劈開は底面 {001} に完全，{010} に良好．塩基性〜超塩基性岩，変成*した石灰岩*に産する．

標本で斜長石を区別することはできない．顕微鏡下では，消光*角が異なる値を示し，同定に有効．また，集片双晶*が極めて特徴的な性状を呈し，アルカリ長石*と識別するうえに役立つ．離溶*したカリ長石を含んでいる斜長石はアンチパーサイトと呼ばれる構造をなす．

斜長石系列 plagioclase series

曹長石 NaAlSi$_3$O$_8$ の組成から灰長石 CaAl$_2$Si$_2$O$_8$ の組成にわたる斜長石の多形*がなす系列．この2つの端成分*の間で，曹長石，灰曹長石，中性長石，曹灰長石，亜灰長石，灰長石が連続固溶体*系列をなす．通常，晶出温度が高いほどカルシウムに富む斜長石，低いほどナトリウムに富む斜長石ができやすい．斜長石が電気的中性を保っているのは Ca^{2+}，Al^{3+}，Na$^+$，Si^{4+} と O^{2-} が相殺していることによる．⇨ 斜長石

尺　骨 ulna

四肢動物（上綱）*の前肢先端側にある2本の骨のうち，中軸外側の骨．

シャッターコーン shatter cone

群をなして発達する円錐形の割れ目がなす条線状構造．個々の錐の大きさは1 cm 以下から数 m にわたる．隕石*の衝突によって発生する 20〜250 kb の衝撃波によって形成されたとみられる．錐の先端は衝突の中心に向いている．1940年代にディーツ*によって初めて発見され，それ以来衝突に起因するとされている多くのクレーター*で見いだされている．たとえば，カナダ，オンタリオ州のサドベリー構造（Sudbury Structure），ドイツ南部のリース盆地（Ries Basin）とシュタインハイム盆地（Steinheim Basin），オーストラリアのゴッセス・ブラフ（Gosses Bluff）．

シャッティアン Chattian

1．シャッティアン期：漸新世*の最後の期*．ルペリアン期（スタンピアン期）*の後でアキタニアン期*の前．年代は 29.3〜23.3 Ma（Harland ほか，1989）．**2**．シャッティアン階：シャッティアン期に相当するヨーロッパにおける階*．上部ゼモリアン階*（北アメリカ），上部ウェインガロアン階*，ドゥントルーニアン階*，ウェイタキアン階*（オーストラリア），ジャンジュキアン階*（ニュージーランド）の大部分にほぼ対比される．年代決定には海洋底拡大*速度，小哺乳動物，プランクトン*が利用されている．

シャディアン階 Chadian

石炭系*ビゼーアン統*中の階*．年代は 349.5〜345 Ma（Harland ほか，1989）．

シャープサンド sharp sand

円磨されていない角ばった粒子からなり，不純物をほとんど含まない砂*．モルタルに使われる．

遮蔽間隙 shelter porosity ⇒ チョケット-プレイの分類

斜方角閃石 orthoamphibolite (orthorhombic amphibolite) ⇒ 角閃石

斜方輝石 orthopyroxene (opx)
斜方晶系*の輝石*．頑火輝石* $MgSiO_3$ とフェロシライト* $FeSiO_3$ を端成分*とする固溶体*系列をなす．この系列には，古銅輝石*，紫蘇輝石*，ユーライトなど多くの鉱物が属する．

斜方晶系 orthorhombic system
長さが異なる3つの稜が直交しているブラベ格子*をもつ結晶系*．長さが異なり，たがいに直交する3本の結晶軸*，a, b, c (x, y, s) 軸で表される．⇒ 結晶の対称性

斜方フェロシライト orthoferrosilite ⇒ 頑火輝石

シャーマニアン階 Shermanian
北アメリカにおけるオルドビス系*，上部チャンプレーニアン統*中の階*．

ジャーマネート系 germanate system
珪酸塩と同じ構造をもちながら，相転移*温度が珪酸塩よりも低い化合物のグループ．マントル*の正確な圧力分布が明らかにされる以前に，マントルにおける相転移を考えるうえに想定されていた．

シャマール shamal
夏に暑い乾燥した天候をイラクやペルシャ湾にもたらす広域的な北西風．日中強く吹く．

斜面安定化 slope stabilization
斜面の安定は，露天掘削*，採石，基礎*などのための掘削を設計するうえにも，崖，谷斜面，貯水池など斜面崩壊が重大な結果を招く天然の斜面にとっても重要である．斜面の安定度は，その形態，地質構造，土壌強度の調査によって判断される．安定化は，勾配の削減，植被植えつけ，排水*，網かけ，グラウチング*，ショットクリーチング（⇒ ショットクリート），ロックボルチング（⇒ ロックボルト）などの工法あるいはこれらを併用して施工する．

斜面作用 slope process
丘陵斜面の表面および表面下で働き，表土*と基盤*に影響を与える地形形成営力*の作用．重要なものに，雨食*，面状洪水*，風化作用*，マス・ウェースティング*およびリル*やガリ*による線状侵食がある．それぞれの営力の作用の程度は斜面断面*によって異なる．

斜面断面 slope profile
丘陵斜面を最も急勾配の部分で切ったときの二次元形態．慣例的に，それぞれ特有の地形形成営力*を反映するいくつかの単元に区分されている．たとえば，1957年，キング (L. C. King) は十分に成長した斜面を次の4つの単元に分けた．(a) クリープ*が卓越する頂部（満斜面，凸型斜面），(b) リル*の形成やマス・ウェースティング*の影響を受けるスカープ*（自由面），(c) 崖錐*が蓄積する岩屑斜面または恒常斜面，(d) 面状洪水*によって改変されるペディメント*（弦斜面）．後に9単元に区分するモデルも提唱されている．

斜面の角度 slope angle
斜面が安定となる勾配．表面を覆う表土*の粒径*をある程度反映している．たとえば，表土が岩屑と粗粒土壌*の混合物からなる斜面は，最大傾斜が26°程度であることが多い．

シャモサイト chamosite
緑泥石*族の珪酸塩鉱物*，セプテ緑泥石（シャモサイトおよびアメサイト，グリーナライト，クロンステッダイトの4種類）に属する．$Fe^{2+}_{10}Al_2[Si_3AlO_{10}]_2(OH)_{16}$；柔軟で塊状．堆積性アイアンストーン*中で元の菱鉄鉱*が変質して生じ，チャート*や粘土*をともなって産する．

蛇紋岩 serpentinite
超塩基性岩*が低温で水と反応して生成した変質岩．元のかんらん石*と輝石*から変わった含ヒドロキシル・マグネシウム珪酸塩を主成分とする．緻密でさまざまな色を呈するので，装飾用石材としての価値が高い．

蛇紋岩やせ地 serpentine barrens
蛇紋岩*分布域に多い，植生に乏しく低木やヒースが卓越する地．風化*した蛇紋岩から過剰のマグネシウムが土壌*に供給されて，正常な森相の発達が妨げられることが多いため．

蛇紋石　serpentine

1:1型のフィロ珪酸塩（層状珪酸塩）*鉱物のグループ．クリソタイル（繊維状），リザーダイト，アンチゴライトを含む．$Mg_6[Si_4O_{10}](OH)_8$；比重 2.55～2.60；硬度* 2.0～3.5；単斜晶系*；さまざまな色合いの緑色，時に褐，灰白，黄色；油脂-*～蠟-*，ときに絹光沢*；クリソタイルは繊維状であるが，リザーダイトとアンチゴライトは板状の結晶*または塊状．かんらん石*と斜方輝石*の変質産物で，超苦鉄質*岩体が後期段階の熱水*変質作用*または変成作用*を受けて生じる．最初にクリソタイルが生じ，これがアンチゴライトに変質する．珪質苦灰岩*の脱ドロマイト化作用*によって形成される蛇灰岩（蛇紋石-方解石*を含む岩石）にも見られる．蛇紋石は化粧石材や飾り石に用いられる．クリソタイルはかつてカナダのセトフォード（Thetford）でアスベスト*の原料として採掘されていた．リザーダイトの模式地はイギリス，コーンワル州リザード（Lizard）半島．

蛇紋石化作用（蛇紋岩化作用）　serpentinization

火成岩*中に入り込んだ低温の水が触媒となって，高温で生じた初生*的な鉄苦土鉱物*が変質を受けて二次的*な蛇紋石*族の鉱物に変化する作用．蛇紋石化作用は超塩基性岩*ではごく普遍的で，とくにオフィオライト*中の超塩基性岩は全体が蛇紋石に変化して，蛇紋岩*となっていることがある（蛇紋岩化作用）．元の鉱物が残存鉱物または仮像*組織*からわかる場合は，その鉱物名が付けられる．たとえば，蛇紋岩化したダナイト*は，かんらん石*蛇紋岩．

瀉利塩（しゃりえん）　epsomite（エプソン塩 Epsom salt）

硫酸塩鉱物*．$MgSO_4 \cdot 7H_2O$；比重 1.7；硬度* 2.5；斜方晶系*；無色～白色；ガラス-*～土色光沢*；局部的なものを除いて結晶*はまれで，繊維状構造を呈する；劈開*は1方向に完全．洞窟や廃坑の壁の表面，乾燥地帯の黄鉄鉱*鉱床*の酸化帯に産する．水に容易に溶け，苦味がする．名称はイングランド，エプソム（Epsom）の鉱泉に由来．

射流洪水　flash flood

継続時間は短いものの激しい突発的な洪水．地表面に広がって流れるもの（'面状洪水'または'布状洪水'）とふだんは干上がっている流路*を流下するもの（'流路洪水'）とがある．対流性の〔積乱雲*からの〕短時間の激しい降雨が原因で，半乾燥および砂漠環境に典型的．

シャルペンティエ，ジャン・ド（1786-1855）　Charpentier, Jean de

スイスの鉱山技師．アルプス地方で広くフィールド調査をおこなった．迷子石*とモレーン*の分布を証拠に，スイスの氷河はかつてははるかに広い範囲に広がっていたと論じた．その考えはアガシー*によって受け入れられてさらに発展した．

ジャワ海溝　Java Trench

インド-オーストラリア・プレート*がユーラシア・プレート*の下に沈み込んでいる東インド諸島沈み込み帯*で，その外側寄りの深い縁をなしている海溝*．ジャワ島沿いでは深さが約6kmに達するが，北西方に向かうにつれてベンガル海底扇状地*タービダイト*による埋積が進んでいるため，浅くなっていく．外側に付加体*からなる非火山性の島弧*および前弧海盆*がある．

ジャンジュキアン階　Janjukian

オーストラリア南東部における第三系*中の階*．アルディンガン階*の上位でロングフォーディアン階*（中新統*）の下位．下部第三系ルペリアン階*とシャッティアン階*および上部第三系アキタニアン階*最下部にほぼ対比される．

ジャンダルム　gendarme ⇒ アレート

種　species（単複同形）⇒ 分類

周囲温度　ambient temperature

ある物体の周囲をとり巻いている大気の乾球温度．

重液　heavy liquid ⇒ 密度測定；重液分離法

重液分離法（HMS）　dense-medium separation（heavy-medium separation）

鉱物*を最終的に粉砕・分離する前におこなう最も単純な比重選鉱*処理．石炭*をそれより重い頁岩*から分離するにも用いる．

適当な密度の重液内で軽い鉱物は浮かび，重い鉱物は沈む．工業用の重液には，重鉱物を水と混ぜた濃密なパルプを用いる．この方法は，回収対象の鉱物と廃石との比重差が十分に大きい鉱石*に適している．

周縁隔離種分化 peripatric speciation ⇨ 創始者効果

周顎骨 perignathic girdle
ウニ類（綱）*の囲口部*周辺にある，連続あるいは不連続な環状の内部器官．提灯（顎器 ⇨ アリストテレスの提灯）を支持し，それを動かすための筋肉が付着している．

周期(T) period
波形の同じ位相がくり返すのに必要な時間．すなわち1つのサイクルが完了するのに要する時間．単純な調和関数では，$T=2\pi/\omega$（ω は角速度）．単一の振動数*f の波連*では $T=1/f=\lambda/V$（λ は波長*，V は位相速度*）．

獣脚亜目 Theropoda
竜盤目*恐竜*の亜目で，すべて二足歩行する肉食性恐竜からなる．コエルロサウルス類*とカルノサウルス類*を含む．三畳紀*後期から白亜紀*にかけて生息．

獣弓目［獣窩目（じゅうか-）］ Therapsida
単弓亜綱*爬虫類*の目で，哺乳類*の祖先にあたる．ペルム紀*の後半からジュラ紀*前期まで生息した．

褶　曲 fold
地層*または面構造の屈曲．面構造（たとえば層理面*や劈開*面）が反り，屈曲点（ヒンジ*）を境に傾斜の方向と角度が変わる．褶曲は4つの主要な原因によって形成される．(a) 面に平行な（側方からの）圧縮，(b) 面に垂直な差別的な上下運動，(c) 差動的な剪断作用，(d) 衝上*運動．単純な背斜*-向斜*の対では，個々の褶曲は湾曲部のヒンジと2つの平板状の翼*からなる．褶曲軸*は褶曲面のヒンジを連ねるヒンジ線（帯）*に平行な実在しない線で，褶曲軸面*とヒンジ線との交線に相当する．褶曲は基本的な幾何学的形態によって，さまざまな断面形を呈する．平行褶曲*，相似褶曲*，同心褶曲*，開いた褶曲*，等斜褶曲*など．また，褶曲の姿勢はヒンジ線と褶曲軸面の姿勢によ

って定義され，その姿勢にしたがって，正立褶曲*，傾斜褶曲*，転倒褶曲（過褶曲）*，横臥褶曲*，水平褶曲，軸傾斜褶曲（直立褶曲*，リクライン褶曲*，⇨ プランジ）などに分類される．

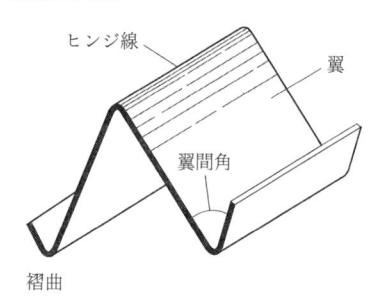

褶曲軸 fold axis
褶曲面のヒンジ*を連ねるヒンジ線（帯）*に平行な実在しない線（姿勢のみが定義され特定の位置に限定されない線）．

褶曲軸跡 axial trace
褶曲軸面*と他の平面または曲面との交線．現実には，軸面と地表面あるいは軸面と褶曲*層の水平断面との交線を指す．

褶曲軸面 axial plane (1), axial surface (2)
1. 褶曲*の2つの翼*がはさむ角を二等分する面．2. 褶曲面のヒンジ線*をすべて含む面．平面をなす場合は axial plane と呼ぶ．

褶曲-衝上帯 fold-and-thrust belt
圧縮によって形成された衝上*と褶曲*からなる直線状または弧状の地帯で，通常，造山帯*の前地*の上に寄りかかっている．衝上面の傾斜は深さとともに減少する．褶曲-衝上帯を地殻*の短縮過程における衝上運動の重要性を示すものとする解釈もある．⇨ 褶曲帯

褶曲帯 fold belt
圧縮性の造構造運動*によって形成された，褶曲*が発達する直線状または弧状の帯．

褶曲テスト fold test
岩石の残留磁化*の時期を決定する古地磁気学テストの1つ．褶曲*両翼*における自然残留磁化の方位を，褶曲作用により変化した地層*の姿勢を元に戻して比較することに

よって磁化の時期を決定することができる．方位の差が極小であれば磁化は褶曲前ということになる．

重合 stacking
〔いくつかの地点で受信した共通反射点*からの〕多数の地震記録*に現れている波形線*を加算処理すること．これによって信号/ノイズ比が向上し，コヒーレントな信号〔反射波振幅〕が強化された合成記録（重合波形線*）が得られる．⇨ 共通反射点重合；垂直重合

重合数 fold
反射法地震探査*で，1つの共通反射点(CDP)*について取得される異なるオフセット*をもつ記録波形線*（トレース）の数．たとえば1つのCDPが24個の異なるオフセットをもつトレースからなる場合には，24重合という．異なるオフセットで取得したトレース上の反射波は，信号/ノイズ比を向上させるため，CDPごとに重合*処理によって足し合わされる．

重合波形線（重合トレース） stack
反射波データを重合*処理して得られる波形線*．反射法地震探査*の記録に標準的な処理を施した最終結果．さらにこれに，たとえばマイグレーション*処理を加えることもある．

集合流（質量流，マスフロー） mass flow
重力によって斜面をすべり下る表層物質．次の形態がある．岩石崩落（蓄積して崖錐*を形成），地すべり（スランプ；明瞭な剪断面*，すなわちすべり面に沿って斜面を移動），土石流*（内部強度を失って斜面を流下），液状化*による地層の流動，粒子流*，乱泥流（混濁流）*．

十字石 staurolite
ネソ珪酸塩*鉱物，重要な変成度*指標鉱物*．おおよその化学式は$(Fe^{2+}, Mg)_2(Al, Fe^{3+})_9O_6[Si_4O_{16}](O, OH)_2$；比重3.74~3.85；硬度*7.5；単斜晶系*；帯褐色；結晶形*は通常は幅広い角柱状．Fe^{3+}/Fe^{2+}比が高く鉄に富むペライト*などが中程度の広域変成作用*を受けて生じた片岩*，片麻岩*に，ざくろ石（アルマンディン）*，藍晶石*とともに産する．変成度が上昇するとクロリトイド*から生成することがある．

十字線 cross-wires (cross-hairs)
顕微鏡の接眼鏡*に入れてある，直交する2本のごく細い黒線．通常，アナライザー*とポラライザー*の方位に平行な南北（上下）と東西（左右）の方向を示す．消光*角など，光学的性質の多くを十字線となす角度で測定する．

収縮 shrinkage
コンクリート*が水分を失って体積を減じること．細粒のセメント*は透水性*が小さいため，細粒の土壌*と同じような挙動を示す．

収縮クラック shrinkage cracks ⇨ 乾裂
収縮限界 contraction limit ⇨ アッターベルク限界
収縮節理 shrinkage joint ⇨ 節理

重晶石 barite (baryte)
硫酸塩鉱物*．$BaSO_4$；天青石*（$SrSO_4$）と固溶体*系列をなす．比重4.3~4.6；硬度*3.0~3.5；斜方晶系*；無色~白色，黄，褐，青，緑，赤色を帯びることが多い；条痕*白色；ガラス光沢*；結晶形*はふつう板状，角柱状であるが，ときに繊維状，ラメラ*状で，粒状をなすことも多い；劈開*は{001}に完全，{210}，{010}に不完全．a) 鉛，銅，亜鉛，銀，鉄，ニッケルの鉱脈*の脈石鉱物*（方解石*，石英*，蛍石*，ドロマイト*，菱鉄鉱*と共生），b) 石灰岩*中の低温型置換鉱物，c) 砂岩*のセメント*，として産する；酸に不溶解．掘削泥水*の増量剤，各種化学製品，ゴム，紙製品，高級顔料の加工材，X線吸収剤として用いられる．

自由振動 free oscillation
物体，たとえば地球がほぼ自由に振動する現象（すなわち共振*）．2つの基本型がある．ねじり振動（地球の半径に垂直な振動）と回転楕円体振動（地球の半径に対して垂直と平行の両方の振動）．巨大地震によって地球全体がベルのように振動し，鋭敏な地震計*は地震後の数週間にわたって振動を記録し続けることがある．大きい地震によって発生したこのような振動の減衰は地球内部の弾性成層構造，とくに低速度帯*についての情

報をもたらす．月震（ムーンクェーク）*でも同様の現象が見られる．

集水域（流域） catchment

1つの地表水系あるいは地下水*系に水が供給される範囲．その境界を分水界*という．地表集水域は帯水層*系と重なっていることもあるが，透水性*の低い難透水層*が介在する場合には帯水層と連絡していないこともある．アメリカでは catchment とはいわず 'watershed' という．

重錘落下法 weight drop

重い錘を落下させて地面に振動を発生させる地震探査*の発振法．浅所を対象とする簡易反射法探査*では数kgの錘を2～3m落下させる程度であるが，大規模な探査では重量数トン，落下距離3～4mほど．数十kg程度の錘を圧搾空気で加速して地面を打撃する加速重錘落下法もある．⇒ ハンマー打撃振源；ショット

集積加熱 accretional heating

恒星のまわりを公転している天体が微小な物体〔微惑星*〕の衝突によって加熱されること．衝突物体の運動エネルギー（$1/2 \cdot mv^2$；m は質量，v は速度）が主として熱のかたちで解放されることによる．

集積作用 illuviation

土壌*物質が，懸濁または溶解して上方または側方から排出され，通常は下位の土壌層位*に沈積する過程．

縦走型海岸 longitudinal-type coast ⇒ 太平洋型海岸

収束 convergence

1．ある期間を通じて，ある地域に流入する空気のほうが流出する空気よりも多い状況．主に流線の合流にともなって起こるが，風が海岸や山岳がなす障壁にぶつかる場合など，地表面との摩擦によって流速に差が生じるため起こることもある．→ 発散．2．2つの海水塊または表層海流が会合する点，線あるいは海域．そこでは一方からの重い海水が他方からの軽い海水の下に沈み込む．

収束縁（収束縁辺部） convergent margin

たがいに近寄りつつある2つのプレート*の境界．海洋プレートの沈み込み*が起こっている境界は'破壊縁（破壊境界）'*または'消費縁（消費境界）'と呼ばれる．それ以外の収束縁は大陸同士の衝突帯*となっており，海洋プレートはすべて沈み込んでしまい，海洋盆がウィルソン・サイクル*の最終ステージに達しているとみなされる．

自由大気 free atmosphere

地表面との摩擦の影響が及ぶ高さ（通常，500m程度）より上の大気．

集中ラーゲルシュテッテ concentration-Lagerstätte ⇒ ラーゲルシュテッテ

充電度（M） chargeability

時間領域*の強制分極法*で測定される単位．真の充電度は，ある電極群列*で印荷された電位差 V_s に対する過電位差（二次電位差）V_0 の比，$M = V_0 / V_s$ で，パーセント値またはミリボルト／ボルトで示す．この値は地形や電極配置*の影響を受けず，強制分極の良好な尺度となる．実際に測定するのは，グラフ上で一定時間（t_1 から t_2）で区切られた時間-電位差減衰曲線の下の面積〔電流切断後の漸減電位差の時間積分量〕（A）を電流切断前の電位差 V_p で割った商である見かけの充電度（M_a）で，$M_a = A/V_p = (1/V_p) \times \int_{t_1}^{t_2} V(t)\,dt$．

自由度 degrees of freedom

1．物質が熱せられるとその運動エネルギーが増大する．運動エネルギーは，粒子の移動や回転および物質の分子を構成する原子の振動から生じる．つまり物質は加えられた熱エネルギーをさまざまな方法で吸収するので，多くの自由度をもつとされる．一般に N 個の原子からなる分子は $3N$ の自由度をもつ．したがって2原子分子は6の自由度を有し，そのうち3は移動，2は回転，1は振動である．2．相状態図*：たとえば三相系（氷-水-水蒸気など）においては，1つの相*のみが存在する領域では，圧力および／あるいは温度を独立に変化させても1相という条件は保たれる．2つの相を分ける線上では，温度（圧力）を変えればそれに応じて圧力（温度）が変化して，2相間の平衡が保たれる．3つの相が平衡している点では，温度あるいは圧力のいずれかを変化させると1つの相がなくなる．したがってこの系は，面内で

は自由度が2，線上では自由度が1，点では自由度をもたない．**3**．統計学：統計計算における独立変数の数．この数は対象とするデータ点の総数と制約の数の差に等しい．制約の数はパラメーターの数に等しく，積算数や平均など観測データでも理論データでも同じである．

十二面体 dodecahedron

12の菱型の結晶面*からなる結晶形*．各面は2本の結晶軸*と交わり，第3の軸と平行．立方晶系*に属する．

始有胚植物期 Eoembryophytic

オルドビス紀*中期のランビルン世*前期（およそ476 Ma）からシルル紀*前期のランドベリ世*後期（およそ432 Ma）まで続いた，植物進化における1つの段階に対する名称．1993年にグレイ（J. Gray）が提唱．膜で接している四分胞子がこの時期に出現し，広い範囲に広がっていった．

周波数領域 frequency domain

測定を時間の面ではなく周波数*の面で扱う方法が採られる場．→ 時間領域

集斑状 glomeroporphyritic

細粒の石基*中に斑晶*が集まって塊をなしている組織*に冠される．塊はメルト（溶融体）*に懸濁していた結晶*粒子が凝集したものか，マグマ溜まり*の壁が部分的に壊れ落ちたもの．

周氷河- periglacial

厳密には，現世および更新世*の氷河*または氷床*に近接していることを表す語であるが，一般に，現在あるいは更新世において凍結融解作用*が卓越している（いた）環境に適用されている．

秋分（春分）の大風 equinoctial gale

秋分（春分）の前後には強風が吹くことが多いという，広く流布されている俗説に由来する語．

集片双晶 multiple twinning ⇒ ラメラ

集片双晶 polysynthetic twin ⇒ アルバイト双晶

自由面 free face ⇒ 斜面断面

鷲竜類（しゅうりゅう-） Aetosauria

主に三畳紀*に生息していた原始的な槽歯類（'穴にはまった歯'を意味する）に属する爬虫類*（⇒ 槽歯目）．硬い甲をもつワニのような外形を呈し，特殊化した草食性動物，あるいは雑食性動物であったらしい．体長は最大3 mに達し，全身が骨質の甲板*で覆われていた．

重量分析法 gravimetric analysis

溶液から目的元素を，組成が正確にわかっており，純粋な形で分離することができる化合物として沈殿させ，その重量を測定して含有量を求める定量分析法．

重力アシスト〔スウィング・バイ〕 gravity assist〔swing-by〕

角運動量*を惑星から探査機に変換させることによって，燃料を使うことなく探査機を加速または減速させる技術．探査機が惑星に接近すると，その重力によって加速され，離れるにつれて減速して元の速度に戻る．この加速・減速は惑星に対する速度変化であって，太陽に対する速度変化ではない．探査機が同じ方向に進む惑星の背後から接近するときには，角運動量を得て太陽に対して加速する．惑星の進行方向から接近するときは，角運動量が惑星に移されて太陽に対して減速する．

重力異常 gravity anomaly

重力以外の要因を考慮して補正した値と標準重力値との差．ブーゲー異常*，高度異常（フリーエア異常）*，アイソスタシー異常*がある．しかし，各種の重力モデルごとに補正後の異常が定義されている．

重力加速度（g） gravitational acceleration

ニュートンの法則によって，rの距離にある質量 m_1 と m_2 の2物体間に働く引力 F は $F = Gm_1m_2/r^2$ の式で与えられる．G は重力定数*〔万有引力定数〕．したがって，単位質量に働く重力加速度 g は $g = F/m_1 = Gm_2/r^2$ で与えられ，重力単位*で表される．〔この場合，m_2 は地球の質量，r は地球の半径．〕

重力計 gravimeter

重力加速度*を測定する計器．ほとんどの野外測定器は，一定質量の錘によるバネの伸びの変化から相対値を与える．すなわち，得られるのは地点間の重力加速度の差．室内計器では物体の落下，バネの振動，振り子の振

動に基づいた絶対値を求めることができる.

重力コアラー gravity corer
海底または湖底の堆積物に自重によって貫入して試料を採取するパイプ. ⇨ 水圧コアラー

重力水 gravitational water
重力に従って土壌*中を下方へ移動する水. これが排除された後の土壌の保水量を圃場容水量（野外容水量）*という.

重力性滑動 gravity sliding (slide, gravity gliding)
変動帯で, 岩体が重力的に不安定となり, ある面に沿って移動すること. その結果, 衝上*, ナップ*, スランプ構造*が形成される.

重力測定 gravimetry
重力加速度*を測定する作業.

重力単位 gravity unit
国際単位系（SI）*に組み入れられた公式のものではないが, 重力加速度*を測定する際に使われる単位. 1重力単位は 10^{-6} m/秒^2 あるいは0.1ミリガルに等しい.

重力調査 gravity survey
ある地域の重力加速度*を測定する作業. 測線沿いに, あるいは地域を区切ったグリッドごとにおこなうことが多い.

重力沈積 gravity settling
重い鉱物*がマグマ溜まり*の底に沈積, 濃集すること. 超苦鉄質岩*中で重力的に沈積したクロム鉄鉱*がその例.

重力定数（G） gravitational constant
r の距離にある質量 m_1 と m_2 の2物体間に働く引力 F ($=Gm_1m_2/r^2$) に関する比例定数〔万有引力定数〕で, $G=6.672\times10^{-11}$ Nm^2/kg^2.

重力テクトニクス gravity tectonics (gliding tectonics)
重力に従って巨大な岩体が斜面をすべり下り, 規模や複雑さがさまざまな褶曲*や断層*が形成される機構.

重力特性 gravity signature ⇨ 特性

重力の等ポテンシャル面 gravitational equipotential
ジオイド*など, 重力加速度*が等しい面.

重力の二次微分 second derivative
重力の一次微分が重力加速度（g）*. 重力異常*が存在するため重力加速度が水平方向に変化している場合, 変化の方向への勾配が二次微分. この計算によってノイズ*は増大するが重力場の極大と極小が強調される.

重力場 gravitational field
理論的には単位質量がもつ引力は無限遠に及ぶが, 物体の引力が実際に有効な力となっている範囲をいう.

重力風 drainage wind ⇨ カタバ風

収斂進化 convergent evolution
同じような生活型に適応*した結果, 系統の異なる生物の間で類似した形態が発達すること. サメ（魚類）, イルカ（哺乳類*）, 魚竜*（絶滅*した爬虫類*）の間に見られる形態の類似は, 水生生活への適応による収斂の好例である.

主応力軸 principal-stress axis
最大主応力*, 中間主応力および最小主応力の方向に平行で, たがいに直交する3本の軸（σ_1, σ_2, σ_3）. それぞれの長さと方位は, 任意の段階における応力状態を表す. 応力楕円は σ_1 と σ_3, 応力楕円体は3本の軸のすべてを含む.

主隔壁 cardinal septum
四放サンゴ（目）*の個体発生*で最初に形成される隔壁*の1つ. 個体発生の最初期には, 四放サンゴの莢（きょう）*内部に単一の原隔壁が生じ, やがてこれが主隔壁と対隔壁に分かれる. ついで側隔壁が現れて隔壁の基本配列が完成する.

樹冠通過雨量 throughfall
植生によっていったん落下を遮断された後に地表に落下した降水*の量.〔これとはまったく逆に, 樹冠通過雨量は, 雨滴が樹体のすき間を通り林床に直接降下する降水の量を指し, 上に解説したものを樹冠滴下雨量（drip）とする解釈がある.『地形学辞典』（二宮書店）参照.〕⇨ 遮断

ジュグ jug
ジオフォン*の口語呼称.

熟成 maturation
炭化水素*が埋没し, 圧力・温度が上昇することによって変化すること. 未熟成段階で

はガスがつくられる．熟成が進むにつれて重油，ついで中油，最終的に軽油が生じる．温度が約100°Cを超えると，変成作用*の初期段階に達し，すべてが乾性ガスとなる．

樹形 dendroid
 1．サンゴ（⇨ 群体サンゴ）：コララいト*が不規則に枝分かれしてできた群体に対して用いられる．個々のコララいトはたがいに分離しているが，連結管でつながっていることもある．2．筆石（綱）*：枝状体*が不規則に分岐して，草むら状を呈する群体に対して用いられる．

蛛形綱 Arachnida（蛛形類 arachnids；ダニ類 mites, サソリ類 scorpions, クモ類 spiders など）
 陸生の鋏角類（きょうかく-）（亜門）*に属する非常に多様性*の高い綱で，書肺〔book lung；多くの膜が重なって書物の頁のように構成されている呼吸器〕あるいは鰓から発達した気管をもつことから，もともとは水生であったと考えられる．現生の陸上動物のなかで蛛形類はおそらく最も古い起源をもつ綱．シルル紀*にはすでに出現していたサソリの仲間であるパレオフォヌス・ヌンシウス Palaeophonus nuncius はおそらく最初の陸上動物であろう．最古のクモ類化石はデボン系*から産出する．その体は，ダニ類を除いて2つの部分に分かれている．前体部（先の部分）には4対の肢，眼，触角（2番目の付属肢の対），鋏角（1番目の付属肢の対で，通常はさみ状）があり，後体部（後の部分）には大半の内部器官と腺が入っている．両部分の接続部は広いか，くびれた軸（梗）となっている．前体部は背甲あるいは頭胸甲で覆われており，後体部は多くの目で体節に分かれている．ただしクモ類とダニ類では体節分化が見られず，ザトウグモでも分化はごく弱い．眼の数はさまざまで，サソリ類では12個の眼をもつものも知られている．

樹型目 Dendroidea（樹型類筆石 dendroid graptolites, 腸索動物亜門 subphylum Stomochordata, 筆石綱* class Graptolithina）
 筆石類の目の1つで，カンブリア紀*中期から石炭紀*前期にかけて生存した．多くは海底面に付着する生活様式をもち，その群体は扇形の樹枝状を呈する．枝状体*には多くの胞*が付き，枝状体の間は横枝*で連結されていることもある．群体には，枝状体に沿って形成される開口部のない枝胞*と，枝状体から分枝する開口部のある房状の単胞*および双胞*という，3種類の胞が見られる．これらの胞が，胞群*と呼ばれる群体をつくる．樹型目には，アカントグラプタス科，デンドログラプタス科，プティログラプタス科の3科が含まれる．

主系列 main-stage sequence ⇨ 水素'燃焼'；元素の合成

受光帯 euphotic zone ⇨ 一次生産量

受光太陽エネルギー（インソレーション） insolation
 地球表面の単位面積が受け取る太陽放射*の量．季節，緯度，大気の透明度，地表面の傾斜によって異なる．平均して赤道地域での受光量は極地域の約2.4倍．

手根骨 carpus
 指（中手骨*）と間接する手首の骨．

主歯 cardinal tooth
 ある種の二枚貝類*の殻頂*直下に見られる大型の蝶番*歯．それぞれの殻*に複数の歯がある．

樹枝型水系 dendritic drainage
 樹木の枝あるいは葉脈がなすパターンに似る形態をなす水系*．均質な岩石からなる地域に発達しやすい．

樹脂光沢 resinous lustre
 鉱物*が呈する帯黄～褐色の半透明の光沢*．

樹枝状- dendritic（arborescent）
 細い木の枝のような形状をなして沈積または沈殿した結晶*の形態または晶癖*に冠される．このような結晶（マンガン酸化物など）は節理*のせまいすき間に産することが多い．

種子植物 seed plants
 裸子植物*と被子植物*からなるグループで，胞子ではなく種子により繁殖をおこなう植物の総称．種子植物は，異型胞子（同一の植物が有する小胞子と大胞子，⇨ 胞子）を発達させたある種のシダ植物*の祖先からデ

ボン紀*に進化したと考えられる．初期の種子植物は裸子植物であった．被子植物には，白亜紀*前期より古い確かな化石記録は残されていない．

種子植物門　Spermatophyta

従来の植物分類体系では植物界*の1つの門で，裸子植物*亜門と被子植物*亜門の2亜門からなる．種子植物門は公式の*タクソン*ではなく，現在では慣例的に種子植物*と呼ばれている．

樹状図（系統樹）　dendrogram

生物の分類*とその系統を示すための図で，最高次のタクソン*を垂直の線の下端に置き，そこから次元の低いタクソンが適当な間隔をおいて順次枝分かれしていく．表現型*の類似性に基づく表形図*，および分岐図*の2つの基本的な表現法がある．

主　震　principal shock

一連の地震活動のうち，最大の振幅を示す地震*．

取　水　abstraction（抽水　extraction）

井戸，貯水池，河川から水を取り出す（取り入れる）こと．

ジュース，エドゥアルト　(1831-1914) Suess, Eduard

ウィーン大学の地質学教授．構造地質学の大著『地球の容貌』(Das Antlitz der Erde)を1833年から1909年にかけて刊行．造山運動を研究し，とくにアルプス山脈は自身の命名になるテチス海*という地向斜*から生じたと考えた．また，ユースタシー性変動と名づけた海水準変動の原因を海洋底の沈降に求め，アイソスタシー*の考えに反対した．⇒造山運動；ユースタシー

数珠湖　paternoster lake

かつて氷河作用*を受けた地域でロザリオの数珠のように点々と直線状に連なっている湖．氷河*が弱線に沿って基盤岩を不規則にうがったために生じた．

ジュース・リグル　Suess wriggle

同じ木材試料についての^{14}C年代（⇒放射性炭素年代測定法）と年輪年代*の間に現れる，多くは2～3年程度のくい違い．かつては分析機器に起因する系統的誤差*と考えられていたが，今日ではなんらかの原因によって^{14}Cの生成量そのものが変化したことを反映しているとみなされている．

主成分解析　principal component analysis

多変量解析*において，共分散*値を多次元空間の軸上にプロットすることにより，データの広がりを最大にする解析法で，データの中に隠されている可能性のある相関*を同定することができる．第1主成分は多次元空間の第1軸に相当し，データの広がりの主要因を表す．それ以降の高次の主成分軸は第1軸と直交する．高次の軸ほど変化が少なく，データは相関が小さくなり，統計的ノイズ*が多くなる．

主成分鉱物　essential mineral

火成岩*の一次鉱物で，岩石種や岩石型を決定する基準となる鉱物*．たとえば，はんれい岩*は主成分鉱物である普通輝石*と斜長石*の存在によって定義される．岩石種をきめるうえに重要な意味をもたない一次鉱物は副成分鉱物*と呼ばれる．

種選択　species selection

選択が個体ではなく種全体に働くことを前提とした進化過程．たとえば，種を構成する集団の地理的分布の状況によっては，その集団全体に自然選択*が働くことがあるかもしれず，それが種の寿命や発展にも影響を与えることになろう．

種　帯　species zone ⇒ タクソン区間帯

シュタインマンの三つ組岩石　Steinmann trinity

アルプス山脈などの褶曲*山脈に見られる，深海堆積物として形成された岩石，すなわちスピライト*・蛇紋岩*・放散虫チャート*の岩石組み合わせに対して，G.シュタインマンが1905年に用いた語．

ジュディニアン　Gedinnian

1．ジュディニアン期：デボン紀*最初の期*．シルル紀*の後でジーゲニアン期*の前．年代は408～401 Ma．**2**．ジュディニアン階：ジュディニアン期に相当するヨーロッパにおける階*．クルーディニアン階*（オーストラリア），中・下部ヘルダーバージアン階（北アメリカ）にほぼ対比される．模式境界層*（シルル/デボン系境界）はプラハ近郊のクロンク（Klonk）にある．

シュティレ，ウィルヘルム・ハンス（1876-1976） Stille, Wilhelm Hans
　ゲッティンゲン大学，ベルリン大学出身のドイツの地質学者．造山運動*の研究に大きい業績を残した．造山運動は周期的に起こり，その結果生じた造山帯*が古いクラトン*に合体することによって大陸が形成されたと考えた．

シュテッティン氷期　Stettin
　ポーランドとヨーロッパ・ロシアに見られるエンド・モレーン*などの氷河成堆積物で示される氷期*．堆積物の層序的位置は確かではないが，おそらくバイクセル氷期初期またはロデバエク氷期*のものに相当すると考えられている．

主　点　principal point
　空中写真*の中心点．

受動的貫入（許容貫入）　permitted intrusion
　マグマ*が母岩*を押しひろげて上昇する強制的な貫入ではなく，受動的な貫入．貫入は母岩の溶融と同化*をともなうストーピング*によって進行する．

受動的物理探査法　passive geophysical method ⇒ 能動的物理探査法

受動的リモートセンシング　passive remote sensing
　自然源の電磁放射*による照明を利用する光景のリモートセンシング*．写真撮影がその例．→ 能動的リモートセンシング

受動マイクロ波　passive microwave
　波長が1mmから1mの間の電磁放射*．温度が絶対0度（⇒ ケルビン温度目盛）よりも高いあらゆる物体から放射される．

シュードスィシディウム属　*Pseudosycidiuim*
　緑藻類*のなかで独立した進化系列を形成するシャジクモ目の最も古い属で，シルル系*上部から産出する．繁殖は有性である．よく発達した雄性器官（造精器）と雌性器官（造卵器）が認められ，雌性器官周辺部は炭酸カルシウムが分泌されるため保存されやすい．⇒ 車軸藻綱；ジロゴナイト

シュードタキライト　pseudotachylite
　断層*または衝上*帯における激しい剪断運動によって発生した摩擦熱のため，まれに母岩*が融解して生じる，ガラス質*の岩石．

シュトラーレルの気候区分　Strahler climate classification
　A. N. シュトラーレルが，気候を主要な気団*と関連づけて，1696年に提唱した世界の気候分類体系．(a) 赤道-熱帯気団*が生み出す低緯度気候；(b) 熱帯気団と寒帯気団*が生み出す中緯度気候；(c) 寒帯気団が生み出す高緯度気候．これらの基本型が気温と降水量*にしたがって14の地方型に分けられ，さらに，それとは独立のカテゴリーとしていくつかの高地気候型が加えられている．⇒ ケッペンの気候区分；ソーンスウェイトの気候区分

ジュノー　Juno
　太陽系*の小惑星*（No. 3）．直径268km，質量約 2×10^{19} kg，自転周期7.21時間，公転周期4.36年．1804年にハーディング（K. Harding）が発見．

種の長寿命　species longevity
　種の出現から絶滅*までの期間が長いこと．たとえば腹足類（綱）*や二枚貝類（綱）*では長期間種が持続している．

種の発生　origination
　新しい種が出現すること．新しい種の出現の割合（発生率）と種の絶滅*の割合（絶滅率）を比較することにより，その生態系*が安定しているのか（種の発生率＝絶滅率），多様性*が増大しているのか（種の発生率＞絶滅率），多様性が減少しているのか（種の発生率＜絶滅率）を知ることができる．

シュバッスマン–バックマン3彗星　Schwassmann-Wachmann 3
　公転周期5.35年の彗星*．2006年6月2日に0.933 AU*の距離で近日点*を通過する．

主歪軸　principal strain axes
　歪んだ物体で，伸張*が最大，中間および最小である方向に伸びて，たがいに直交する3本の軸（x軸，y軸，z軸）．任意の段階における歪*状態を表す．

主歪率　principal strain ratio（**楕円率** ellipticity）
　最小歪軸*に対する最大歪軸の比（R）．最も単純な二次元形態では，歪マーカー*の

円から変形した楕円の長軸と短軸を直交座標にプロットする．原点を通り多数のプロットに最もよく合致する線の勾配が歪率である．礫岩*の礫のように歪マーカーが球ではない物体での R を求めるには，複雑な方法が必要となる．

樹　氷　silver thaw
　強い降霜の後，急速な解霜の期間中に雨が低温の物体表面に付着して生じた氷．

シュミット・ハンマー　Schmidt hammer
　スプリングで金属製ピストンを岩盤面に打ちつけてその圧縮強度を測定する装置．掘削に先だって岩盤の硬度と磨耗性を調べるために用いる．

シュミット・ハンマー試験　Schmidt hammer test
　岩盤の強度または硬度を比較するために岩石力学*で用いる手法．たとえば，風化（⇒風化作用）した表層の石灰岩*や砂岩*とその下の未風化岩石の物理的な強度を比較するためにおこなう．⇒ シュミット・ハンマー

シュミット-ランベルト・ネット　Schmidt-Lambert net ⇒ 等面積ネット

シューメーカー，ユージン・マール (1928-97) Shoemaker, Eugene Merle
　アメリカの地質学者．地球，月，太陽系*の惑星とその衛星*の衝突クレーター*に関する科学的な研究を創始した．また近地球彗星*と小惑星*研究の草分けでもある．いずれも妻のキャロリン（Carolyn）との共同研究に負うところが少なくない．これらの研究を通じて，太陽系の歴史におけるクレーター形成過程の重要性を認識するに至った．1952年アリゾナ州のメテオール・クレーター（Meteor Crater）も月のクレーターも衝突によってつくられたものであることを確認した．1956年，核実験によって形成されたクレーターの地形図を作製し，その放出物に基づいてクレーター層序学を確立．
　ロサンジェルス生まれで，カリフォルニア工科大学卒業，1960年にプリンストン大学から博士号を取得．1948年から1993年にかけてアメリカ地質調査所（USGS）に勤務．以来，名誉所員として貢献している．1960年代にはUSGSに天文学部を創設し，本拠をアリゾナ州フラッグスタッフに置いた．大気を欠く月や他の天体の研究を通じて，その表面は放出物の層によって覆われているはずであるとし，それをレゴリス*と命名．また，表面の年代はクレーター形成過程から推定することができることを提唱した．1993年3月，ジーン・シューメーカー（Gene S.）およびキャロリン・シューメーカーはデービッド・レビー（David Levy）とともに分裂した彗星が木星に接近していることを発見．この彗星，ジーン-デービッド9は1994年7月に木星に衝突するという壮大な宇宙ドラマを演じた．ジーンはユージン，キャロリンとともにオーストラリア奥地のクレーター調査に赴く途中，衝突事故にあい二人を残して亡くなった．

主要進化革新　key evolutionary innovation (KEI)
　分岐群*を新しい生態的状況に前適応*させる，新たな進化形質*．

ジュラ型地形　Jura-type relief ⇒ 逆転地形

ジュラ紀　Jurassic
　中生代*の3つの紀*の1つ．三畳紀*の後で白亜紀*の前．年代は208〜145.6 Ma．ジュラ紀に相当する年代層序単元*ジュラ系は11の階*に分けられている；下位より，ヘッタンギアン*，シネムリアン*，プリンスバッキアン*，トアルシアン*，アーレニアン*，バジョシアン*，バトニアン*，カロビアン*，オックスフォーディアン*，キンメリッジアン*，チトニアン*．いずれも粘土岩*，石灰質砂岩*，石灰岩*が卓越する．腕足類*，二枚貝*，アンモナイト*をはじめとする無脊椎動物の化石に富む．爬虫類*が陸上でも海上でも栄えたが，哺乳類*は劣勢で主に夜行性のものが多かったと考えられる．最初の鳥類である始祖鳥（*Archaeopteryx*）*が後期ジュラ紀に出現した．

ジュリエット　Juliet（天王星XI Uranus XI）
　天王星*の小さい衛星*．直径は42 km．1986年の発見．

主竜亜綱（祖竜亜綱） Archosauria（主竜類 archosaurs）
　双弓類（そうきゅう-）*の爬虫類*に属する亜

綱で，ワニ*，恐竜*，翼竜*，槽歯類* が含まれる．このなかでは槽歯類が最も原始的で，三畳紀* 最前期に出現した．英語名称は，ギリシャ語の arkhi（'主な' あるいは '先導する' の意）と saura（'トカゲ' の意）に由来．

シュリーレン　schlieren
火成岩* 中で，鉄苦土鉱物* が縞状，線状，面状または円盤状に他の部分よりも濃集している部分．境界は不鮮明．苦鉄質* の捕獲岩* がまわりのマグマ* の流動によって部分的に変形し，縞状となったものもある．

シュリンプ　SHRIMP ⇒ 鋭敏高解像度イオンマイクロプローブ

シュルンベルジェ群列　Schlumberger array
〔比抵抗探査法* で〕2個の電位電極* の間隔が，群列* 中点と〔群列両端にある〕電流電極* の間隔の1/5よりも短い電極群列．⇒ 幾何学的因数

シュレーダー・ヴァン・デル・コルク法　Schroeder Van Der Kolk method ⇒ 半影テスト

順圧-　barotropic
1. 等圧面と等密度面が平行となっている大気の状態を指す．2. 等圧面が等密度面と平行になっている水塊の状態を指す．この状況下では水塊の密度勾配は，等温淡水湖におけるように，深度のみに依存する．→ 傾圧-

準アルコース（サブアルコース）　subarkose
泥質基質* が15%以下，長石* が粒子の5～25%を占め，かつ岩片よりも多く含まれている砂岩*．⇒ ドットの砂岩分類法

準安定　metastable
見かけ上安定であるが，擾乱を受ければ反応が起こりうる相* をいう．平衡に達する速度が遅い系に現れる．過飽和溶液がその例．蒸気圧* が低い相が安定である温度領域と同じ温度領域にある別の相は準安定である．高温・高圧のもとで生成する変成岩* の大部分が常温・常圧の地表では準安定である．準安定の系（鉱物組み合わせ）は一時的な平衡状態にあるのであって，わずかな擾乱によって完全な平衡状態への変化が始まる．高温・中圧で結晶化し，その条件下で平衡状態にあるはんれい岩* の鉱物組み合わせは，侵食* によって地表〔に露出して〕低温・低圧環境にさらされれば準安定状態となる．落ちてきた雨水が擾乱の原因あるいは触媒となって，その鉱物組み合わせは低温・低圧で安定である緑泥石*-粘土鉱物* 組み合わせへの反応を開始し，やがて平衡状態に達する．

瞬間視野　instantaneous field of view
リモートセンシング*：検出器が電磁放射* を検出することのできる角度．ある瞬間に見ることができる地上面積の関数として表すことが多い．高度と検出器の向きによってきまる．

循環プール　cycling pool ⇒ 活性プール

準輝岩　pyroxenoide ⇒ 珪灰石

純粋剪断　pure shear（均一非回転歪　homogeneous non-rotational strain）
押しつぶし* による歪*．主歪軸*（x, y, z）がそれぞれの主応力軸*（$\sigma_1, \sigma_2, \sigma_3$）と平行に保たれたまま変形する物体の変形様式．⇒ 均一歪．→ 単純剪断

準生物制限元素　biointermediate element
生物活動の結果，深層水とくらべて表層水で部分的に欠乏している，Ba, Ca, C, R の4元素．⇒ 生物制限元素；非生物制限元素

準石質アレナイト　sublitharenite
泥質基質* が15%以下，岩片が粒子の5～25%を占め，かつ長石* よりも多く含まれている砂岩*．⇒ ドットの砂岩分類法

準閃長岩　syenoid
閃長岩* に類縁の火成岩*．アルカリ長石* に替わって準長石* が含まれる．アイヨライト* が例．

順走斜面　slipface〔lee side〕
砂丘*〔やリップル*〕の風下〔下流〕側の斜面．砂* の安息角*（30～34°）で傾斜している．〔逆走斜面* より急勾配をなす．〕

準長石　feldspathoid
構造は長石* に似るが，それよりシリカ* に乏しい珪酸塩鉱物* グループの総称．霞石*（ナトリウム準長石），白榴石*（ナトリウム準長石），方ソーダ石*（含ナトリウム・塩素準長石）などがある．方沸石* は沸石*

であるが，準長石と密接な関係にあるため，いっしょに記載されることが多い．準長石類の鉱物はシリカに乏しい（シリカに不飽和な）マグマ*のメルト（溶融体）*から晶出し，長石に代わって産することも長石と共生することもある．

準分岐群 paraclade

進化系統*の1グループ．偽系統*群あるいは単系統*群であるが，多系統*群ではない．

準平原 peneplain (peneplane)

ほぼ平面の意．起伏の小さい広大な地域．上方に凸の盛り上がった丘陵斜面が卓越する．連続した表土に覆われ，広く浅い河谷が発達し，残丘（モナドノック）*が点在する．侵食輪廻の最終産物で，長期間にわたる下刻作用によって形成される． ⇨ デービス輪廻

潤辺 wetted perimeter ⇨ 水理学的径深

順問題 forward problem（**直接問題** direct problem, **正問題** normal problem）

想定されたモデルについて観測されるはずの物理量を計算すること．たとえば，岩塩ドーム*のモデルを想定し，それによって生じるはずの重力異常*を計算する． ⇨ 逆問題

楯鱗（じゅんりん） placoid scale（**皮歯** dermal denticle）

サメ類の硬い皮膚を構成する基本単位をなす鱗．真皮中に埋め込まれた硬い基底板と，前方と後方に突き出る突起からなる．全体が象牙質*からなり，中央には歯髄腔がある．表面は硬いエナメル*質物質で覆われている．硬骨魚類*の鱗と違って，楯鱗はある大きさにまでなるとそれ以上成長せず，新しい鱗が付け加えられる．

ジョイデス JOIDES ⇨ 深海底試料採取国際研究所連合

ショイヒェル，ヨハン・ヤコブ（1672-1733） Scheuchzer, Johann Jacob

スイスの数学・物理学者．化石魚類と植物を研究し，それらを汎世界的な大洪水で説明したことで知られる．1726年 *Homo Diluvii Testis*（'大洪水を目撃したヒト'の意）という化石を発見し，モーゼが著した大洪水の証拠とみなした．しかし，後にキュビエ*がそれを巨大なサンショウウオと鑑定した．

礁 reef

炭酸塩の殻をもつ生物によってつくられた，波浪に対する抵抗性の高い堅固な構築物．パッチ礁（離礁ともいう；小規模で平面形が円形），尖礁（円錐形），裾礁（海岸に接している），堡礁（潟*によって海岸から隔てられている），環礁（潟をかこむ孤立した礁）などさまざまな型がある．礁の成長を支配する要素には，(a) 水温（最適水温は25°C），(b) 水深（10m以浅），(c) 塩分濃度*（通常の海洋の塩分濃度），(d) 波の作用（強い波の作用が礁の成長を促進），(e) 清澄度（水が澄んでいて，陸源の懸濁物質がないことが必要）．礁に見られる生物種の多様性は塩分濃度と水温の関数で，ストレスの多い条件下では共存する種数は減少する．

上位種 metaspecies

祖先種全般を指す．これらの種は厳密な意味での単系統性*をなしていず，したがって，タクサ*は常に単系統をなしていなければならないという規範からはずれていることになる．

小円 small circle

球面上にあり，その中心が球の中心と一致していない円．したがって円周は小円をなし，球を2等分しない．小円はステレオ投影面*で基円*の中に中心をもつ円を描く．小円の面が水平であれば基円と同心的で，それより小さい円として投影される．鉛直であれば，基円の中心に向かって凸の弧として投影される．

昇温変成作用（累進変成作用） prograde metamorphism (progressive metamorphism)

変成作用*の強さの増大，すなわち圧力・温度および/または水の分圧 $P(H_2O)$ の増大にしたがって岩石の再結晶作用*が進行すること． → 後退変成作用

昇華 sublimation

氷〔固体〕が直接蒸発する現象．その逆の，水蒸気〔気体〕が直接固相に変化する過程にも適用される．

上殻 epitheca ⇨ 渦鞭毛藻綱

城郭コピエ castle koppie ⇨ コピエ

昇華物 sublimate
気体から〔液相を経ずに〕直接固化した固体.〔その逆のものもいう.〕

条鰭亜綱（じょうき-） Actinopterygii（条鰭類 ray-finned fish）
硬骨魚綱*（⇨ 骨）の亜綱の1つ.現生の海生および淡水生硬骨魚類の大部分がこの亜綱に含まれる.いくつかの鰭条によって支えられた鰭膜からなる水かき状の鰭*をもつ.デボン紀*に出現.

蒸気圧 vapour pressure
閉じた系内で,同じ物質の液相と共存して平衡状態にある気相分子の圧力.その大きさは温度と液相の特性に依存し,液相の量には依存しない.水の飽和蒸気圧は0℃で610 Nm^{-2},20℃で2,340 Nm^{-2},40℃で7,380 Nm^{-2}.⇨ 分圧

蒸気霧 steam fog ⇨ 北極海霧

小気候 microclimate
地表に近接し地表面の影響を受ける大気の層の,限られた範囲内での特性.植被が,湿度（蒸発散*による）,気温,風に大きく影響する.⇨ 都市気候

上曲型 reflexed ⇨ 枝状体

晶系 crystal system（**結晶群** crystal group）
結晶軸*との関係に基づいて結晶*は7つのグループ（晶系）に分類される.この7つの晶系を通じて,それぞれ単純格子（primitive lattice；単位胞）によって特徴づけられる14のブラベ格子*が認められている.

象形彫刻 graphoglyptid
定常的なすみかや,食料の生産あるいは罠のために使われた水平な横穴系からなる生痕化石*.

鐘型ピット bell pit
鉱業：浅い鉱床*から鉱石*または石炭を得るための,現在は使われていない方法.物質を採掘し中央の立坑に移した跡に,鐘の型の掘り跡が残される.名称はイギリスのダービーシャー州における鉄鉱石の採掘法に由来.

衝撃残留磁化 shock-remanent magnetization
磁場内で急激に作用する応力*を受けた物質が獲得する磁気.ふつう隕石*の衝突による.⇨ ピエゾ残留磁化

衝撃式掘削（パーカッション・ボーリング） percussion boring
たがね型のビット*をくり返し岩盤に打ち付けて孔を開ける掘削法.生じるごく細粒の掘穿屑は掘削流体で洗い流す.ドリルビットのみが上下に振動して打撃を与える方式は,ダウンホールハンマー掘削*と呼ばれる.掘削孔の外側で駆動されて全体が振動する掘削ロッドはドリフターと呼ばれる.

衝撃変成作用 shock metamorphism
隕石*,彗星*,小惑星*の衝突により10〜13 km/秒の速度で伝播する衝撃波を受けて,岩石や鉱物に生じる変化.衝突の際には5,000 kbを超える圧力がかかるものと考えられる.圧力が100 kb以下の場合には物質は著しく変形,破壊される.100〜250 kbではテクト珪酸塩*が扁平となる.250〜400 kbではマスケリナイト（maskelynite；ガラス*化した斜長石*）が生じる.400〜600 kbでは石英*と長石*が融解する.600〜700 kb以上の圧力にさらされると岩石そのものが融解する.起こりうる最高の圧力では岩石は蒸発する.

小月面 lunule
二枚貝類*で,殻頂*前方の鉸線（こうせん）に沿う凹面あるいは湾入した小領域.→ 楯面

礁原 reef flat
礁*頂部の背後で波浪から保護された側で,大きい骨格破片と礁砕屑物*が膠結されて舗装のような皮殻をなしている平坦な部分.この帯の水深は小さく,せいぜい数mにすぎない.礁原の上には砂*からなる浅瀬,州*や小さい島が存在することがある.

条件付き不安定 conditional instability
安定している気塊が（たとえば山岳がなす障壁によって）強制上昇させられるときに,気塊の断熱*膨張による気温減率が高度による大気の気温減率*よりも小さいことによって起きる現象.気塊は周囲の大気よりも暖かいままで上昇を続けることになる.気塊の気温減率が小さいのは,上昇とともに凝結が起こって潜熱*が放出されるため.したがっ

て，不安定となるかならないかは上昇気塊の相対湿度*しだいという条件付きとなる．⇨ 不安定

消光 extinction

鉱物光学：複屈折*する結晶*の2つの光線の振動方向*が，顕微鏡の2つの偏光板（ポラライザー*とアナライザー*）の振動方向と一致する状態におけば，光線は眼に達しない．この状態を鉱物の消光という．この現象は載物台*を360°回転させる間に4回起こる．⇨ 斜消光；直消光；対称消光；波動消光

娘鉱物 daughter mineral ⇨ 流体包有物

小骨 ossicles

1. 棘皮動物*の殻をつくる，さまざまな形（板，棒，十字）をした小殻片．配列した小骨が連結組織で結合され，棘皮動物の骨格をなす格子状構造がつくられる．2. 脊椎動物の小さい骨．

小根（細根，植物根） rootlet

植物の細い根．化石土壌*や堆積物*中に保存されている植物根の痕跡は，その大小にかかわらず'小根'と記載されることが多い．

条痕 streak

鉱物*を素焼きの陶器の板（条痕板）にこすりつけることによって生じた粉末が呈する色．鉱物本体の色とは異なることがある．

条痕板 streak plate ⇨ 条痕

蒸散 transpiration

水分が，植物の根によって吸収されて茎から葉に転流され，気孔を通じて蒸発すること．植物体を通過する水の流れは蒸散流と呼ばれる．蒸散は，葉の温度を下げ，植物が鉱質物質を吸収し転流を維持するうえに重要で，多くの環境条件に依存している．たとえば，水の供給が不十分であると萎凋（いちょう）や枯死が起こる．

小歯 denticle

多くの魚類の体表面に見られる髄腔をもつ歯に似た象牙質*の鱗．板鰓亜綱（ばんさい-）*では小歯が体全体を覆っている．

消磁 demagnetization (magnetic cleaning)

地質学，考古学の試料の保磁度*および/または閉鎖温度*スペクトルを決定するために，順次程度を強めながら段階的にその磁化の一部を消去すること．粘性残留磁化*は熱残留磁化*や化学残留磁化*よりも容易に消去されるため，試料が生成したときに獲得した初生（一次）磁化を分離できることが多い．これには交流消磁*または熱消磁をおこなう．透水性*の堆積物試料には化学消磁*が適用される．セメント（膠結物）*は酸によって容易に溶脱されることが多いので，セメントにともなう磁化を選択的に除去して，試料が堆積中に獲得した堆積残留磁化*を分離する．残留磁化をゼロとするには，試料を全残留磁化の有効平均保磁度に相当する磁場に置く．新しい技術に，同調マイクロ波*を用いて，磁性鉱物に大きい熱的・化学的変化を与えることなく消磁する方法がある．

消磁機 demagnetizer

試料の残留磁化*を段階的に消去する機器．交流磁場*，無磁場中での熱処理，化学処理，同調マイクロ波*のいずれの方法を用いるかによって，4つの主要な型式がある．

常磁性 paramagnetism

原子やイオン*の永久自発磁気モーメント*が，かけられた磁界の方向に向くことに起因する磁性．通常はその物質の反磁性*よりもいくらか大きく，その上に強磁性*が重なることがある．

常時微動 microtremoro ⇨ 脈動

礁斜面 reef front

磯波*帯から礁*の風上側に，水深100m程度の外洋まで続いている，勾配が不規則な斜面．旺盛に成長している生物の骨格が斜面下方で前礁*帯の堆積物に移行している．今日の礁にふつうに見られるがんじょうな分枝型のサンゴ，アクロポラ・パルマータ（*Acropora palmata*）がこの礁域を特徴づけている．

小褶曲 minor fold

一般に大きい褶曲*の特定の部位に，M型，S型あるいはZ型の特徴的な断面をもって現れる褶曲．⇨ M型褶曲；S型褶曲；Z型褶曲

衝上断層（スラスト） thrust

大きい傾斜移動*成分をもって上盤*が下

盤*にのし上がっている低角の（一般に45°以下）逆断層*．シンセティック*な衝上断層群は扇状の覆瓦構造をなし，全体が衝上断層によって下底を限られている場合にはデュープレックス*をなす．水平面内に生じた衝上断層はランプ*とフラット*からなる典型的な'階段状'の断層面*を示す．

衝上地塊 upthrust block
逆断層*運動によって上方に転位した地塊．

小進化 microevolution
自然選択*に反応して，群集を構成する個体の生存率に変化が生じた結果，種の内部で起こる進化的な変化．選択が働く遺伝的変異は，突然変異*と各世代での生殖による遺伝子*組み合わせの入れ替えにより起こる．

硝　石 nitre (saltpetre)
鉱物．KNO_3；比重1.9〜2.3；硬度*2；斜方晶系*；白，灰，赤褐色またはレモンイエロー色；ガラス光沢*；結晶形*は針状，通常は粒子からなる皮殻に包まれた不均質な塊状の集合体をなす．植生がごくまばらな著しい乾燥条件下で乾燥砂漠型の蒸発鉱物*（ソーダ硝石*，石膏*，岩塩*，ときには沃素酸塩など）とともに産する．降水がほとんどない状態であっても洗い流されて凹地に蓄積し，サルティエラ〔saltierra；塩類堆積物を指すスペイン語〕や塊状の鉱床*を形成する．肥料として用いられる．

条線（氷河擦痕） striation
氷河底に埋め込まれている堅固な岩石破片が氷河*の滑動につれて露出した岩石につけたせまい溝またはひっかき傷．かつて存在した氷河の移動方向を知る手がかりとなる．

上層路盤 road base ⇨ 舗装

晶　族 crystal class（**点群** point group）
結晶*は，空間における格子*点で規定される単位胞構造の三次元的なくり返しからできている．対称要素との組み合わせから空間格子の配列は32通りに限られ，これらを晶族と呼ぶ．

晶帯軸 zone axis
結晶*の軸．通常，結晶の中心を通り，結晶軸*とはかならずしも一致しないが，結晶面*のなす稜（⇨ **帯2** 晶帯）とは平行し．したがって稜は晶帯軸のまわりに回転される．

晶帯の指数 zone symbol
結晶軸*に対する晶帯軸*の姿勢を示す記号．指数が面ではなく線を表すことを示すために［UVW］のように［　］でくくる．晶帯（⇨ **帯2**）中の2結晶面*のミラー指数*から，あるいは結晶面のステレオ投影*から求められる．

沼沢地性（沼沢地成） palustrine
沼沢地にかかわるの意．

焦電気 pyroelectricity
温度の変化に応じて，結晶*の両軸端が帯びる正と負の電荷．電気石*に現れる．

秤　動 libration
母惑星のまわりを公転している衛星*が，母惑星からゆっくりと揺れ動いているように見える現象．1つは視差効果による．地球‐月系では，地球の自転のため月の出には月の東側が，月の入りには西側がよく見える．2つ目は約1ヵ月周期の経度方向の秤動．地球をまわる月の公転が地球の自転に先行したり遅れたりするため．3つ目は〔約1ヵ月周期の〕緯度方向の秤動．月の赤道は公転面に対して6°傾いているため，月が黄道*の南または北にあるときには，一方の極付近の広い領域が見えるようになるため．

章　動 nutation
自転軸の歳差運動*に重なって地球や他の惑星の公転運動に現れる不規則性．地軸に見られる主要な章動の周期は18.6年．

晶　洞 druse（形容詞：drusy）
火成岩*または脈*中の空洞（ジオード）*で，岩石または脈の自形*結晶*が成長しているもの，あるいはその鉱物を指す．空洞は，結晶した岩石中に取り込まれた，蒸気に富む後期段階のマグマ*が占めていた空間である．結晶はこの媒質内で自由に成長することができるので，結晶面*が良好に発達した完全な形態を形成する（たとえば花崗岩*中の煙水晶 smokey quarz）．英語名称は'分解または風化した鉱石'を意味するドイツ語（ドゥルーゼ；Druse）に由来．

衝突痕 percussion mark ⇨ チャッターマーク

衝突帯 collision zone
　プレートの収束縁（辺部）*の一種で，2つの大陸または島弧*が衝突している帯．若い褶曲*山脈，縫合帯，オフィオライト*，全域で頻発する地震*（多くは浅発），延長が比較的短い断層*などによって特徴づけられる．

衝突理論 collision theory
　雲の中で水滴が雨滴に成長する過程を，衝突，併合*，掃引（sweeping）という機構で説明する理論．物体の落下速度はその直径に比例して大きくなるため，速く落下する大きい水滴は小さい水滴に衝突する．衝突の確率は雲中での水滴の間隔（すなわち平均自由行程）と水滴の相対径によってきまる．たとえば，直径50 μmの水滴が存在すれば，これより小さい水滴からなる雲の中での衝突は頻繁に起こりうる．衝突して水滴を併合することによって径が増大していき，雨滴大の水滴が形成される．掃引は，小さい水滴が大きい水滴の背後に引き寄せられて吸引される副次的な現象．熱帯の対流雲からの降雨はこの機構によるとされ，中緯度の他の型の雲でもこの機構が有効に働いていると考えられている．⇨ ベルシェロン理論

礁トラップ reef trap
　間隙性の礁性石灰岩*（貯留岩*）が不透水性の地層*に被覆されてつくる，天然ガス*や石油*の層序トラップ*．石灰岩の間隙率*は堆積後の続成*変化の程度による．礁トラップは，循環している鹹水（かんすい）*から沈積した物質中で鉛や亜鉛の鉱化作用*が起こる場ともなる．→ 背斜トラップ；断層トラップ；層序トラップ；構造トラップ；不整合トラップ

鍾乳石 stalactite
　石灰洞の天井からたれ下がっている細長い滴石*．洞窟に浸透した水から過剰の二酸化炭素が逸散し，方解石*が晶出して形成される．

蒸　発 evaporation ⇨ 蒸発散

蒸発岩 evaporite
　塩田，潟*，潮上帯*，塩湖*からの蒸発によって天然の鹹水（かんすい）*から沈殿した塩類堆積物の総称．石灰岩*，苦灰岩*，石膏*，硬石膏*，岩塩*が一般的．

蒸発計 atmometer
　水分の蒸発量を測定する機器．通常，ガラス管の端から水が蒸発するようになっている．

蒸発皿 evaporation pan
　水を満たした広く浅い皿．皿の中に残存している水の量から蒸発量を読みとる．皿の大きさには規格が定められており，たとえばアメリカ気象局が用いているクラスAパンは，直径が122 cm，深さが25 cm．

蒸発散 evapotranspiration
　土壌*または開けた水面からの蒸発による水分の放出と，植物表面から主に気孔を通じておこなわれる放出（蒸散*）を合わせ指す語．水収支や大気の研究にあたって，この2つの放出源からの水蒸気を区別することが極めて困難であるため，実用的な語としてよく使用される．

床　板 tabula（複数形：tabulae）
　サンゴや古杯類（動物群）*の内部を水平に仕切る板*．⇨ 四放サンゴ目；床板サンゴ目；完整綱；不整綱

床板サンゴ目 Tabulata（多放線亜綱* subclass Zoantharia）
　古生代*のサンゴの目．コラライト*は小さく，つねに群体性で単体のものはない．床板*が骨格の主要構造をなし，ふつう隔壁*をもたない．コララム*は個々のコララライトからつくられているが，コラライト同士がつねにたがいに接しているわけではない．被覆性の群体，薄いシート状の群体，塊状の群体などが見られる．コラライトが連なって，栅状（鎖状）の構造をなしている群体もある．小型の床板サンゴ類は深い海に生息していたようであるが，大型のものにはサンゴ-層孔虫*群集内から産出するものもある．

小氷期 Little Ice Age
　1550年ころから1860年ころにかけて，中緯度地域で気候が全体的に寒冷となり，氷河が世界的に拡大した期間．氷河拡大の証拠はアルプス山脈，ノルウェー，アイスランドに記録されている．これらの地域では農場や建造物が破壊された．この期間内でもとくに寒冷な時期が数回あり，たとえば，1600年代

初頭にはフランス・アルプス山脈のシャモニー峡谷（Chamonix valley）で活発な氷河作用*があった．

晶癖，晶相 habit, crystal habit
結晶*は生成中の条件に支配されて発達するため，〔同じ鉱物*の〕個々の結晶または結晶集合体が異なる外形をもつこと．〔結晶面*の発達程度が異なるものを晶癖，結晶面の組み合わせが異なるものを晶相という〕．単結晶には，針状，板状，繊維状，角柱状など，集合体には，ぶどう状，樹枝状，腎臓状などがある．

上方細粒化 fining-upward succession
粒子の径が基底の地層*から上位に向かって小さくなっていく岩相*の垂直的変化．⇔ 上方粗粒化

小胞子 microspore ⇒ 胞子
小胞子囊 microsporangium ⇒ 胞子

上方接続 upward continuation
ある観測面で得たポテンシャル場（通常は磁場，重力場）の測定値から，それより上方にある基準面*における値を算定すること．下方接続とは異なり，場の原因となる物体が存在せず，場が擾乱を受けることのない自由空間に変換されるため，下方接続よりも信頼性が高い．地表近くの特性に起因する高波数の異常が効果的に除去されるので，深部の構造を有効に近似する方法．重力調査*では，広域にわたる重力パターンの決定に利用する．異なる高度からなされた空中磁気探査データを総合するうえでとくに効力を発揮する．→ 下方接続

上方浅水化炭酸塩岩サイクル shallowing-upward carbonate cycle
しだいに浅くなっていくプラットフォーム*，大陸棚*，湖底などの環境で，炭酸塩岩*が堆積したことを物語る層序シーケンス．炭酸塩岩の堆積速度が堆積盆地*の沈降速度を上まわり，堆積物の表面がしだいに水面に近づいていくと同時に堆積場の面積が広がっていく場合に発達するシーケンス．（⇒ 前進作用）

上方粗粒化 coarsening-upward succession
粒子の径が基底の地層*から上位に向かって大きくなっていく岩相*の垂直的変化．⇔ 上方細粒化

消　耗 ablation
雪氷が，融解したり固相から気相に直接変わることによって失われる現象．消耗速度は主に気温，風速，湿度*，降水量*，太陽放射*によってきまる．雪原における消耗は，雪原が面する方位，積雪量，基盤の性質による．アブレーション・ティルは氷の消失によって集積したティル*．氷河の消耗域はカービング*によるものを含めて消耗が蓄積を上まわる部分．

消耗域（消耗帯） ablation zone ⇒ 消耗
小　葉 microphyll ⇒ 隆起説

擾乱（大気の） disturbance
低気圧*や気圧の谷*などを指す一般的な語．擾乱は，通常，対流圏*中層の主要な気流，たとえば赤道偏東風，中緯度で卓越する偏西風，貿易風*の波曲として現れる．

擾乱水系 deranged drainage
造構造運動*や氷河作用*などの外因によって改変された水系*．

常　流 tranquil flow（**低次流** sub-critical flow）⇒ 臨界流；フルード数

小惑星 asteroid
火星*と木星*の軌道の間（およそ2.2～3.2 AU*にかけて）の小惑星帯で太陽のまわりを公転する岩石質または金属質の小天体．トロヤ群小惑星（Torojans）は5 AUの距離で，木星の2つのラグランジュ点*付近にある．2つの群［アポロ*群とアテン群（Aten）］およびアモール群（Amor）の一部は地球の軌道と交差する軌道をもつ．最大の小惑星はセレス（No.1）（直径987±159 km）．3,000個以上が見つけられており，そのうち直径200 km以上のものは約30個ある．⇒ セレス（No.1）；パラス（No.2）；ジュノー（No.3）；ベスタ（No.4）；イーダ（No.243）；マシルデ（No.253）；エロス（No.433）；ガスプラ（No.951）；イカルス（No.1566）；ゲオグラフォス（No.1620）；アポロ（No.1862）；キロン（No.2060）；シプカ（No.2530）；ミミストロベル（No.3840）；トウタティス（No.4179）；ネレウス（No.4660）；カスタ

リア（No. 4769）．

上腕骨 humerus
　四肢動物*の前肢上部の骨．

食 eclipse
　1つの天体が他の天体の影に入って完全または部分的に見えなくなること．過去における食が正確に記載されていると，その間に経過した時間が求められる．

触手 cirrus（複数形：cirri）
　'髪の房'または'束'を意味するラテン語 sirrus に由来．繊毛*をもつある種の原生動物*において，いくつかの繊毛が融合してつくられた小器官．移動や摂食の機能を担う．

触手冠〔総担（ふさかつぎ）〕 lophophore
　⇒ 腕足動物門；コケムシ動物門；翼鰓綱

植食性- phytophagous
　〔動物が〕植物を食すること．

植生指数 vegetation index
　リモートセンシング*：植生を画像で表示する技術．規格化植生指数がその1例．これは，超近赤外線*デジタル数値*を多重スペクトル・データセット〔複数の波長帯域*で取得したデータ〕の赤色デジタル数値で割った商．画像内でピクセル（画素）*がソイルライン*からどれほど離れた位置にあるかを示す．

食像 etch figure（**食像痕** etch mark）
　結晶面*を適当な化学試薬で処理すると，全体として結晶*の対称要素の方向と一致する方向に発達する規則的な形の孔（ピット）や溝．このため，食像は結晶の晶系*を確認するうえに有効．〔通常，食丘（etched hillock；腐食されて残った丘状の模様）も含める．〕

食像痕 etch mark ⇒ 食像

燭炭（しょくたん） cannel coal
　細粒，強靭，緻密，均質な瀝青炭*．暗灰色ないし黒色で，鈍い油脂光沢*を呈し，貝殻状断口*を有する．揮発性成分*と灰分に富み，煙を出し，輝きのある炎をあげて燃える．主としてヒカゲノカズラ*の胞子*と藻類*からなり，水生動物化石をともなう腐泥炭*．主にイングランドのランカシャー地方に産する．cannel は'ろうそく石炭'を意味するこの地方の方言．

食肉目 Carnivora（**食肉有蹄区*** cohort Ferungulata, **食肉上目** superorder Ferae）
　現生の肉食性有胎盤哺乳類*と，それに近縁の祖先からなる目．従来，陸上生活する裂脚（趾脚）亜目とアザラシ，アシカ，セイウチなどの鰭脚亜目（ききゃく-）の2亜目に分けられていたが，最近ではイヌ型亜目とネコ型亜目に区分されている．この分類法では，従来の鰭脚類はイヌ型亜目に含められる．食肉目は白亜紀*前期に生息した食虫性の有胎盤哺乳類を祖先とする単一の系統から生じたと考えられ，このことは歯生状態*の変化に反映されている．強靭な切歯と犬歯は祖先である食虫性哺乳類から受け継いだものであるが，一般に食肉目の裂肉性臼歯には剪断のための特殊化が認められる．これら肉食用に特殊化した臼歯は，後に草食食性に適応していった食肉類では退化した．爪を用いて獲物を捕握するので，蹄が発達するものは少ない．指は大きく伸びることはなく，四肢の親指以外は短くもなっていない．最初の確実な食肉類の化石は，暁新統*から産するイタチ様のミアキス科に属するものである．この科は始新世*末までに多様化し，イヌ科とイタチ科の系統およびジャコウネコ科とネコ科の系統を生み出した．後にイタチ科からアザラシ科が分岐し，イヌ科が多くの系統に分岐して，アンフィキオン科，アシカ科，アライグマ科，最後にはクマ科を生み出したとする見解がある．しかし分子生物学的な検討から，アザラシ科とアシカ科はイタチ-クマ-アライグマ系統に属する単一の共通祖先から派生したことが示されている．最後に，中新世*後期になってからハイエナ科がジャコウネコ科の祖先より分岐した．ハイエナ科は食肉目のなかで最も若い科である．

食肉有蹄区（肉蹄区） Ferungulata（**哺乳綱*** class Mammalia, **真獣下綱*** infraclass Eutheria）
　古生物学的見地から提唱された哺乳類の区（コホート）*であるが，人為的な区分であるとして認めていない研究者もいる．食肉目*（すべての現生肉食性哺乳類），原始的有蹄類

(ゾウや海牛を含む)，奇蹄目*（バク，サイ，ウマなど），偶蹄目*（ブタ，ラクダ，ウシなど）を含む．これらは暁新世*に共通の祖先系統から派生したと考えられている．

植物界 Plantae (Metaphyta)

すべての植物を含む最上位のタクソン*．最初の真性植物は，おそらく単細胞の緑色藻（⇒ 藻）で先カンブリア累代*に出現したと考えられている．最古のコケ植物門*（コケやゼニゴケの類）はデボン系*から，維管束植物門*はシルル系*からそれぞれ見いだされている．

植物群（植物相） flora（形容詞：floral, floristic）

a) ある地域の植生をつくっているすべての植物種，b) ある地質時代の化石植物群集，または c) ある地域から産するある地質時代の植物化石群集に対しても用いられる．これら3通りの用法の例はそれぞれ次の通り．a) イギリスの植物群，b) 石炭紀*の植物群，c) ゴンドワナ*植物群．→ 動物群

植物地理学 phytogeography (floristics)

植物の地理学，とくに科・属・種など異なる分類学上のレベルごとの植物の分布を扱う植物学の1分野．分布パターンは，気候および人類の介入の観点から解釈されるが，過去の大陸の形状や移動経路を物語るものとして関心が向けられている．

所在地価 place value

鉱床*の所在地の経済的重要度．ダイヤモンドや金など真性価値が高い鉱物*や金属は，運搬経費が市場価格に上乗せされることが実質上ないため，所在地価が低く，地球上のどこででも採掘される．それとは対照的に，砂利は所在地価が高いため，消費地近くで採取する必要がある．

初室（初房） proloculus

有孔虫類（目）*の殻*の最初の室．

処女水 juvenile water

マグマ*活動の過程で発生し，気圏*を経由したことのない初源的な水．マグマの平均的な水含有量は5重量％程度と推定される．密度 2.5g/cm^3，厚さ1km，面積 10 km^2 のマグマ体に，$1.25 \times 10^9 \text{ m}^3$ 程度の水が含まれていることになる．⇒ 地下水

初生原鉱（プロトオア） protore

低品位の鉱石*．これから浅成富化作用*のような過程を経て経済的に見合う鉱物*が形成されることがある．技術の向上あるいは市場価値の変化によって，経済的価値をもつこともありえよう．

初生堤防 initial levée ⇒ 溶岩堤防

初生的間隙 primary porosity ⇒ チョケット-プレイの分類

初生的堆積構造 primary sedimentary structure

堆積物*の堆積中または直後に形成される構造．→ 二次的堆積構造

初生反応 deuteric reaction

火成岩*が同源の高温流体と反応すること．珪酸塩メルト*が完全に結晶化して固相の岩石が生成した後，岩石の大部分を占める無水鉱物の結晶化によって濃集した水に富む残留蒸気が，結晶*の粒界や裂罅（れっか）*に沿って浸透し，初生鉱物*と反応する．低温の蒸気と高温の鉱物との反応は初生変質作用*と呼ばれる．

初生変質作用 deuteric alteration

火成岩*が珪酸塩メルト*から結晶化する最終段階で濃集している水に富む残留蒸気と反応して起きる組織*や鉱物*の変化．通常は室温以上のかなりの高温で起こる．固結後，数年程度遅れて起きる変化もある．⇒ 初生反応

ショット shot

ハンマー打撃*，爆破，エアガン*，ウォーターガン*など，実験または探査の目的に供される衝撃波の振源．

ショットクリート shotcrete

金属やガラス繊維で強化されたコンクリート*の一種．ふつう数mmの厚さに吹き付けて掘削表面を保護する．軟弱な岩盤を保護するのに最も有効な工法で，さまざまな条件に適合するよう材質を調整することができる．アーチング*やロックボルチング（⇒ ロックボルト）など他の支持工法と併用することが多い．

ショット深度 shot depth

振源の深さ．非爆薬振源の場合は振源となる衝撃が発生する深さ．爆薬振源では爆薬の

上端の深さ．孔井*の深さに対して爆薬が短い場合にはその中点，非常に長い場合には上端と下端の両方（すなわちショット深度を2つとみなす）．

ショットドリル掘削（ショットドリル） calyx drill

鋼鉄のシリンダーを回転させ，直径約2.4 mmのショット〔鋼鉄の球〕を冷却しながら地層のコア*を切削する掘削法．掘穿屑は循環水でコアバレル*上端のバスケット状部分に取り入れられる．1操作でバレル全長分のコアをバレルに引き上げる．直径2mまでの孔井*の掘削が可能で，掘削深度は300 m以上．

ショット・バウンス shot bounce

受振器を載せた観測車の物理的・機械的な動きによって地震記録*上に現れるノイズ*．

初動 first break (first arrival)

天然または人工地震の震源*から最初に到達して地震計*に記録された地震波*．屈折法地震探査*で利用する．⇒ ブレーク

ジョトニア造山運動 Jotnian orogeny

現在のスカンジナビア，バルト楯状地*の原生代*堆積岩を巻き込んだ造山運動*．

ジョトニアン階 Jotnian

中・上部原生界*中の階*．バルト楯状地*での年代はおよそ1,600〜650 Ma．ゴチアン階*の上位でバレジアン階*の下位．

ジョハニアン階 Johannian

オーストラリア南東部における下部第三系*中の階*．ワンガーリピアン階*の上位でアルディンガン階*の下位．イプレシアン階*とルテティアン階*にほぼ対比される．

ジョリー，ジョーン (1875-1933) Joly, John

アイルランドの物理学・地質学者．放射能が地球内部熱の熱源であり，地球内部に対流を発生させる可能性があることを示した．その一方で，地球の年齢決定には海洋水の塩分濃度*に基づく自身の算定のほうが信頼性が高いとして，放射性崩壊*の利用を受け入れようとはしなかった．

ジョリーのバネ秤 Jolly balance ⇒ 密度測定

ションキナイト shonkinite

暗色の粗粒火成岩*．主成分鉱物*は，透輝石*（全体の50％近くを占める），アルカリ長石*，黒雲母*，で，かんらん石*および/または霞石*を含むこともある．かんらん石または霞石が豊富なものには，その鉱物名を付ける（たとえば，かんらん石ションキナイト）．この岩石は本質的には閃長岩*の一種である．

シラー sillar

気相晶出作用*によって全体が変質しているイグニンブライト*を指すペルーの方言．元の軽石*やガラス・シャード〔shard；ガラス質*の破片〕の変質は，イグニンブライト冷却ユニット上部の基質*や軽石の空隙に，鱗珪石*，クリストバル石*，アルカリ長石*が晶洞*充填物として沈積することによる．ガスは火砕流*中の初生*ガラス片からの拡散や火砕流に浸透した地下水が熱せられることによってもたらされる．生成物は，通常白色を呈し，軽量で加工が容易な優れた石材となる．ペルー南部のアレキッパ市（Arequipa）はシラー造りの建物で有名．

シーラカンス目（空棘目） Coelacanthiformes（**シーラカンス** coelacanth；**硬骨魚綱*** class Osteichthyes, **総鰭亜綱*** Crossopterygii）

硬骨魚綱*の目（分類法によっては上目）で，1938年に南アフリカ沖で現生シーラカンス（ラティメリア・カルムナエ Latimeria chalumnae）が発見されるまでは，中生代*末に絶滅*したと考えられていた．現生および中生代の化石シーラカンスとも大型の海生魚類で，両尾*または3葉に分かれた尾鰭をもつ．背鰭，臀鰭，胸鰭，腹鰭はふつうの魚類と大きく異なり，柄状の突起の先についている．デボン紀*から白亜紀*にかけて，淡水生のはるかに小型の種が知られている．三畳紀*になって海生の種が現れた．

シリカ（珪酸） silica

二酸化珪素 SiO_2．天然に産するものには3つの主要な型がある．(a) 結晶質*シリカ；石英*，鱗珪石*，クリストバル石*，(b) 隠微晶質*〜微晶質*シリカ；玉髄*，チャート*，碧玉（へきぎょく）*，フリント*，

(c) 非晶質*水和シリカ；オパール*，珪藻土*，玉髄．コーサイト*とスティショバイトは石英の高密度の多形*で，天然には産出がまれ．実験的に合成されている．

シリカ過飽和岩 silica-oversaturated rock ⇒ シリカ飽和度

シリカ不飽和岩 silica-undersaturated rock ⇒ シリカ飽和度

シリカ飽和岩 silica-saturated rock ⇒ シリカ飽和度

シリカ飽和度 silica saturation

火成岩*中における，シリカ*（SiO_2）と結合して珪酸塩鉱物*をつくる成分の濃度に対するシリカの濃度．これに基づいて火成岩は3つの型に区分される．(a)過飽和岩（例，花崗岩*）；主要な珪酸塩鉱物をつくるのに必要な量以上にシリカが存在し，フリーのシリカが石英*をつくっている．(b)飽和岩（例，閃緑岩*）；主要な珪酸塩鉱物をつくるのにちょうど必要な量だけシリカが存在し，岩石中でシリカの過不足がなく，石英も準長石*も生じていない．(c)不飽和岩（例，霞石閃長岩*）；主要な珪酸塩鉱物をつくるのに必要な量のシリカが存在しないため，長石*よりもシリカの少ない準長石（霞石*，白榴石*）が長石に替わって晶出している．

磁硫鉄鉱 pyrrhotite

鉱物．FeS；比重4.6～4.7；硬度* 3.5～4.5；六方晶系*；青銅黄色，ただし空気にさらすと急激に黒ずんで赤褐色となる；条痕*灰黒色；金属光沢*；結晶形*は葉片状または板状であるがまれ，通常は塊状または粒状；壁開*なし；磁性をもつ．はんれい岩*やノーライト*などの火成岩*に鉱染粒子として，また接触変成帯*に黄銅鉱*，黄鉄鉱*とともに産する．かつては硫酸の原料に用いられていた．

磁力計 magnetometer

磁場の強さまたは向きを測定する機器．簡便な野外測定用機器としては磁束磁力計（フラックスゲート磁力計）*と核歳差磁力計（プロトン磁力計）*がある．磁束磁力計は勾配計*としても使用することができるので，浅い磁気源に対して極めて鋭敏．室内計測機器には，伏角計*と無定位磁力計がある．

シリンゴポラ・フィッシェリィ *Syringopora fischeri*

後期古生代*に繁栄した，床板サンゴ目*に属する群体サンゴの最後の種の1つで，ドイツのペルム系*上部から知られている．ペルム紀末に四放サンゴ*とともに絶滅*した．

シ ル sill

調和的*な接触面をもつ板状の火成岩*貫入体*．

シルクリート silcrete ⇒ 硬盤（デュリクラスト）

ジルコン zircon

鉱物．$ZrSiO_4$；比重4.6；硬度* 7.5；正方晶系*；淡褐～赤褐色であるが，灰，黄，緑色を呈するものがある．ガラス光沢*；結晶形*は両端が錐状の正方角柱；劈開*は角柱状{110}に不完全，{111}に微弱．火成岩*（花崗岩*，閃長岩*，ペグマタイト*など）に含まれる最も普遍的な副成分鉱物*で，変成岩*（片麻岩*，片岩*）に巨晶として産することもある．浜や河床の砂に濃集することがある．ジルコニウムの主要な供給源．鋳造工業で広く利用されている．

シルト silt

1. 広く用いられているアデン-ウェントウォース尺度で粒径が4～62.5μmの粒子．他の分類法もある．土壌学*では，国際分類法では直径2～20μmの鉱物土壌粒子，USDA*（アメリカ）では2～50μmとされている．⇒ 粒径．2．土壌組織の一階級．

シールド shield

スラスト・ラム〔水圧機〕や補強枠を備えた遮蔽体からなるトンネル掘削装置．掘削機本体とカッターヘッド〔切削工具をつけた装置〕がシールド内に据えてある．土壌*や多様な岩相*からなる堆積層（たとえば，砂層-岩石-礫層のシーケンス）で用いる．

シルト岩 siltstone

固結したシルト*．粒径が4～62.5μmの粒子からなる砕屑性*堆積岩*．

シルバー・スパイク silver spike

広域的に累重する地層*の中で基準として選定された時間面．→ 境界模式層

シルル紀 Silurian

古生代*に6つある紀*のうち古い方から

3番目（439～408.5 Ma）．この紀の終了時期はカレドニア造山運動*の最盛期にあたり，いくつかの古生代堆積盆地*で堆積作用が進行していた．

シレジア亜系 Silesian
西ヨーロッパにおける上部石炭系*．ディナント亜系*の上位．ナムーリアン統*，ウェストファリアン統*，ステファニアン統*を含む．年代は332.9～290 Ma．最上部ミシシッピ亜系*（サープクホビアン統*）とペンシルバニア亜系*にほぼ対比される．

シレックス silex ⇨ フリント

シレノイド型 cyrenoid
二枚貝類（綱）*の歯生状態*の1つである異歯型*のなかで，各殻に3つの主歯*があるものを指す．→ ルチノイド型

白雲母 muscovite
重要な雲母*族の鉱物．$K_2Al_4[Si_3AlO_{10}]_2(OH,F)_4$；NaがKを置換しているものはパラゴナイトと呼ばれ，フィロ珪酸塩（層状珪酸塩）*のリシア雲母*やチンワルド雲母*（いずれもリチウムを含む雲母）に類似する．比重2.8～2.9；硬度*2.5～3.0；単斜晶系*；通常は無色からごく淡い灰～緑色または明るい褐色；ガラス-*～真珠光沢*；結晶形*は板状，六面体であるが，葉片状の集合体，不純な葉片をなすこともある；劈開*は底面{001}に完全．長石*が分解して生じた二次鉱物*として，アルカリ花崗岩*やペグマタイト*に広く産する．砕屑性*堆積岩*（砂岩*，シルト岩*など）の主要構成物をなすこともある．

ジロゴナイト gyrogonite
車軸藻類（シャジクモ，⇨ 車軸藻綱）の雌性生殖器官（造卵器）の外皮の化石*．車軸藻類の造卵器は小さく（400～600 μm程度），堅果様で，シルル紀*から化石記録がある．ジロゴナイトにはさまざまな特徴的な放射状装飾があるので，ある種の淡水成堆積物では示準化石*となっている．⇨ シュードスィシディウム属

シロッコ scirocco (sirocco)
地中海南方からの暖かい風系を指して広い地域で使われている語．東進する低気圧*の前面で吹き，アルジェリアやレバント地方〔ギリシャからエジプトまでの地中海東部沿岸地方〕に砂塵が舞う暑く乾燥した天候をもたらす．地中海をわたるため北方では湿度が急増し，ヨーロッパ沿岸地方に湿った空気をもたらす．

Gy
10億年（Giga years）の省略形．'×10億年前'を意味することもある．⇨ Ma

皺のある rugose
凹凸あるいは皺のある殻に冠される．ある種のサンゴ（たとえば四放サンゴ目*）の外壁*の状態を記載する際に使われることが多いが，表面に皺のような稜がある殻全般に用いられる．'皺'を意味するラテン語 *ruga* に由来．

シン-（同時-，-時） syn-
'とともに'を意味するギリシャ語 *sun* に由来．'とともに'，'と同時に'，'に似た'を意味する接頭辞．〔邦訳語では接尾辞とすることが多い．〕

深- bathy-
'深い'を意味するギリシャ語 *bathus* に由来．'深い'を意味する接頭辞として海洋用語などに用いられる．

真維管束植物期 Eutracheophytic
デボン紀*最前期のロッコビアン期*後期（およそ398 Ma）からペルム紀*中期（およそ256 Ma）まで続いた，植物進化における1つの段階に対する名称．1993年にグレイ（J. Gray）が提唱．この時期を通じて，胞子*と大型植物化石の多様性*が著しく増大し，いくつかの古い型の植物群集が知られるようになった．とくに維管束植物*の多様性が著しく増加した．

真海胆亜綱 Euechinoidea（海胆綱* class Echinoidea）
ウニ類の亜綱で，通常5つの歩帯*と5つの間歩帯*からなる固い殻*をもつ．歩帯と間歩帯はそれぞれ縦2列の殻板からできている．この亜綱は正形ウニ類*（たとえばヘミキダリス属 *Hemicidaris*）と不正形ウニ類*（たとえばクリペウス属 *Clypeus* やミクラスター属 *Micraster*）の両方を含んでおり，三畳紀*後期に出現した．

浸液法 immersion objective method（油浸法 oil immersion）
　反射顕微鏡*観察でとくに高倍率で高解像度が必要なときに用いる方法．屈折率*約1.51の浸液または水を鉱物*の研磨面に1滴たらし，対物鏡*を注意深く下げて液体中に入れる．この方法の長所は，色の違い，反射多色性*，異方性*を精度よく観察できることにある．

真猿亜目 Anthropoidea（猿猴亜目 Simi-iformes；**有爪区** cohort Unguiculata, **霊長目** order Primates）
　猿，類人猿*，ヒト（⇒ヒト上科）からなる亜目．猿と類人猿は共通の祖先から，漸新世*に分化した．次の時代である中新世*に出現したドリオピテクス類 dryopithcines が類人猿であることは疑いないが，伝統的な古生物学的見地からは，これら中新世の類人猿から3つの系統が分岐し，それぞれテナガザル類，大型類人猿，ヒトの系統につながったとされている．しかしながら，解剖学的な特徴と遺伝学的な情報からは，テナガザル類とオランウータンの祖先はより早い時期に高等霊長類の祖先系統から分岐しており，その後になってその高等霊長類の系統からヒトのグループとゴリラおよびチンパンジーのグループが分かれたという考えが長らく唱えられている．最近の古生物学的な証拠は後者の見解に有利なようである．

震央 epicentre
　震源*の真上に位置する地表の点．

震央角度（Δ） epicentral angle
　震央*と地震観測点との間の角距離．

進化 evolution
　世代を追って認められる生物の連続的な変化．この現象は化石記録により十分に論証されている．地質時代を通じて起こった生物の変化は十分に大きいため，地質時代は，著しく異なる動植物群によって特徴づけられるいくつかの代*に区分されている．⇒ダーウィン；大進化；小進化；自然選択；系列内進化；系統漸移説；系統；断続平衡

深海海丘 abyssal hill
　周囲の海底からの比高が50〜250 m，幅数kmのほぼ平坦な高まりをなす比較的小規模な海底地形．深度3,000 m から6,000 m の範囲の太平洋底に典型的に見られる．

深海掘削計画（DSDP） Deep Sea Drilling Programme
　1963年に始まった国際的な計画で，大西洋，太平洋，インド洋，地中海の海底で掘削された試錐孔*の数は500以上に及ぶ．1975年までは主にアメリカ国立科学基金から資金を仰いでいたが，その後はイギリス，フランス，旧西ドイツ，日本，旧ソ連からの資金によって賄われていた．管理機関はスクリップス海洋研究所で，掘削船はグローマー・チャレンジャー号 Glomar Challenger. この計画はさらに野心的な国際海洋掘削計画（IPOD）*，さらに今日は海洋掘削計画（ODP）へと発展している．

深海ストーム abyssal storm（**深海底ストーム** benthic storm）
　おそらく海面から伝播したと考えられる大きい波動エネルギー．これによって海底近くの等深流*が約40 cm/秒にまで加速され，大量の細粒堆積物が運搬される．

深海扇状地 deep-sea fan
　大陸斜面*またはコンチネンタルライズ*基部の海底峡谷*末端に蓄積した，平面形が扇型の堆積体．

深海帯 abyssal zone
　水深2,000 m 以上の，海洋で最も深い部分．これより浅い半深海帯*の海側にあって，全海洋底の約75％を占める，地球上で最も広い環境領域．寒冷，暗黒の世界で水流は遅い（数 cm/秒以下）．繊細な構造をもち，流線型を呈しない暗色ないし灰色の動物相*を抱えている．

深海底試料採取国際研究所連合 Joint Oceanographic Institutions for Deep Earth Sampling（**ジョイデス** JOIDES）
　深海掘削計画（DSDP）*，さらに国際海洋掘削計画（IPOD）*へと発展した，最初の深海掘削計画．

深海平原 abyssal plain
　深海底のうち，なめらかでほとんど平坦な部分．勾配は極めて小さく，1：10,000程度．被覆堆積物は薄い遠洋性軟泥*か末端相*のタービダイト*であることが多い．

進化学的種 evolutionary species ⇨ 時間的種

真核生物 eukaryote（形容詞：eukaryotic）
細胞内に明瞭な核*をもつ生物．すべての植物，動物，菌類，原生生物*がこれに属する．最初の真核生物が緑藻類（門）*であることはまずまちがいなく，およそ1,500 Maの先カンブリア累代*堆積物から産出する．
➡ 原核生物

真核生物上界 Eucaryota (Eukarya)
真核生物*の界すなわち植物界*，動物界*，菌界*，原生生物界*からなるドメイン*．

進化傾向 evolutionary trend
適応*にある方向性が認められる着実な変化．1つの進化系統*全体で見られる場合から，たとえば歯生状態*のような特定の属性に認められる場合まで，その規模はさまざま．直接の系統関係がないタクサ*が同じような進化傾向を示すことがしばしば認められる．このような現象は，以前は定向進化*を示すものとされていたが，今日では定向選択*あるいは種選択*の競争原理に起因すると考えられている．

進化系統 evolutionary lineage
祖先タクソン*からあるタクソンまでの系譜のこと．種から属へ，属から科へ，科から目へと，基本的には各分類階級を通じて系統をたどっていくことができる．⇨ 分類

進化速度 evolutionary rate
一定時間あたりの進化的変化の量．進化速度を決定することはむずかしい．たとえば，単位時間として地質学上の時間を採用するべきか，世代の数で示される生物学的なものを採用するべきか，また系統的な関連のないタクサ*の間では，形態的変化をいかにして比較するべきかなど，さまざまな問題がある．現実的には，100万年間に出現した新しい属の数など，具体的なパラメーターを用いる必要がある．

進化帯 evolutionary zone ⇨ 系列帯

進化段階（進化階級） grade
生物の組織の機能的あるいは構造的な面での複雑さのレベルのこと．脊椎動物*では，魚類，両生類*，爬虫類*，哺乳類*の順で脊椎の進化段階が向上している．進化段階は単一の系統内でも見られるし，異なる系統が同じ段階に独立して到達することもある．たとえば，温血性という進化段階は，鳥類*と哺乳類で独立して発展した．

親気- atmophile
H, C, N, O, I, 不活性気体など，地球大気に典型的に濃集している気体の元素に冠される．非結合状態か，たとえば水 H_2O，二酸化炭素 CO_2，メタン CH_4 のような結合状態で存在する．➡ 親生-；親石-；親銅-；親鉄元素

新期ドリフト Newer Drift
最終氷期（デベンシアン氷期*）〔の間に何回かあった氷河拡大期のうち氷期後半〕の最大拡大範囲を示す堆積物．イギリス諸島では，風化*が進んだ南方の古期ドリフト*と風化が進んでいない北方の新期ドリフトで形態上の違いが認められている．両者の境界はかつて予想されたよりも明確でないことがわかってきた．

蜃気楼（しんきろう） mirage
大気下層の気温が鉛直方向に大きく異なっているため，光線が差別的に屈折することによって発生する光学現象．たとえば，物体の像が伸び上がったりすき間をおいて浮上して見える．物体が水面に映っているかのように見えることもある．

シンク sink
エネルギーや物質が変化することなく取り込まれる天然の資源貯留体．

ジンクのダイアグラム Zingg diagram
T. ジンクが1935年に考案した粒形*を区分するためのダイアグラム．粒子の長軸，中間軸，短軸の相対比をプロットし，その形状を刃状*，偏球状*，等粒状*，長球状*に分類．

シンクホール sink hole ⇨ ドリーネ

シングルカップル single couple（Ⅰ型震源 Type Ⅰ earthquake source）
それぞれ圧縮と引張りが対をなす，4つのP波*波面と2つのS波*波面からなる地震波*パターン．地震波は単一の断層面*に沿う運動によって発生する．⇨ ダブルカップル

神経突起 neural spine ⇨ 脊椎

震源 hypocentre (focus)
　地球の内部で，地震*の初動が起きた場所，すなわち地震の中心．震源の真上にあたる地表上の点は震央*という．

新原生代 Neoproterozoic
　原生代*のうち最も若い時代．年代はおよそ1,000〜575 Ma．

人工- anthoropogenic
　人類または人類の活動に起因する物質や作用などに冠される．

人工降雨 rain-making (1), artificial rain (2)
　1. ドライアイス（凍った二酸化炭素），沃化銀，その他の適当な粒子を，凝結核*として過冷却*した水雲に'種まき'をして降雨を促進する試み．⇨ 雲の種まき．2. 雲の種まきによって発生したり，強化された降雨．

人工地形学 anthoropogeomorphology
　侵食*の加速，河川流路の開削（固定され，ときにはコンクリートで仕切られた流路），永久凍土の融解，揚水や鉱石採掘による地盤沈下など，人類活動の直接の産物である地形および地形形成過程を研究する地形学の1分野．人工地形の例として，泥炭*採掘場が冠水したイングランドのノーフォーク・ブローズ（Norfolk Broads），ダムによって生まれ，オランダの海岸地形に重大な影響をもたらしたゾイデル海（Zuider Zee）が特筆される．

人工注水 artificial recharge
　自然現象に待つことなく，工学的な方法で帯水層*中の水量を補給する作業．注入井の掘削，池の造成，あるいは帯水層集水域*への地表水の転流によっておこなわれる．一連の水資源利用計画の一環として実施されることが多い．

人工凍結法 artificial freezing
　チューブを通じて地下に塩化カルシウムや液体窒素などの冷媒を注入し，地下水*を凍らせて地盤の強度を高める方法．密に並ぶチューブのまわりの地盤が凍ることによって，連続した凍結層が形成される．経費のかかる工法であるが，排水*やグラウチング*よりも効果が及んでいる範囲を確認しやすいので，軟弱層に向いている．

人工土地 made ground (made land)
　一般に，沼沢地，湖，海岸を天然の物質（岩石）や廃棄物で埋め立てて干拓した，人間がつくった乾陸．

進行波 progressive wave
　波形の前進運動によって代表される波．波形の伝播速度は主に水深に依存する．⇨ 位相速度

新鉱物形成作用 neomineralization
　変成作用*の過程で既存の鉱物*から新しい鉱物がつくられる作用．

真骨上目（あるいは真骨下綱） Teleostei **（真骨類** teleost, **真骨類の** teleostean）
　真骨類とはやや定義のあいまいな語で，下綱または上目に分類されることがある．いくつかの原始的な種類を除いて，現生のすべての硬骨魚類（綱）*が真骨類に含まれる．ジュラ紀*に全骨類（上目）*の系統から派生した．海成上部ジュラ系から産する，その中間グループであるレプトレピス属 *Leptolepis* はニシンに似る魚で，体長は23 cmほど，正尾*と体のかなり後方に位置する腹鰭をもつ．鱗はエナメル*の痕跡をとどめている．真骨類は白亜紀*に多様化し，現在では脊椎動物*で最も数の多いグループである．形態は著しく多様化しているが，すべての種類で全体が骨*からできた内骨格*が見られ，鱗は薄くなり，正尾をもつ．また，背側*の鰾（うきぶくろ）で浮力をコントロールし，機能的に運動する顎関節と硬化して棘状になった鰭条が発達する．

新参異名 junior synonym
　同じタクソン*につけられた複数の名称のうち，後から提唱されたもの．

シンシナティアン統 Cincinnatian
　北アメリカにおける上部オルドビス系*中の統*．一般に中部カラドク統*から最上部アシュギル統*に対比される．

辰砂（しんしゃ） cinnabar
　水銀鉱物．HgS；比重8.0〜8.2；硬度*2.0〜2.5；三方晶系*；深紅〜赤褐色；条痕*朱色；ダイヤモンド光沢*；結晶形*は菱面体または厚い板状，ただし塊状または粒状のこともある；劈開*は角柱状{10$\overline{1}$1}に完全．火山地帯の裂罅（れっか）*および温泉

の周囲に，黄鉄鉱*，輝安鉱*，鶏冠石* とともに産する．水銀鉱石* として主要な唯一の鉱物．

真獣下綱（正獣下綱） Eutheria（哺乳綱* class Mammalia, 獣亜綱 subclass Theria）

すべての有胎盤哺乳類を含む下綱で，おそらく白亜紀* に出現した．進んだ個体発生* 段階で生まれる胚は子宮内に保たれ，尿膜性の胎盤を通じて栄養を得る．

真珠雲 nacreous cloud（**真珠母雲** mother-of-pearl cloud）

日の出直前または日没直後に約22～24 km の高度に現れる虹色の雲．細いレンズ状の形を呈する．

真珠雲母（マーガライト） margarite

八面体型雲母*．$Ca_3Al_4(Si_4Al_4O_{20})(OH,F)_4$；細粒の低度広域変成岩* に見られる．雲母の構造をなす珪酸塩層を結合している主な陽イオン* はカルシウム．雲母に典型的な形状をもつが，ふつうの雲母よりもはるかに硬く，劈開* 片も弾性に乏しい．このため真珠雲母は脆雲母（ぜいうんも）のグループに属する．かつてこの鉱物はまれな変成鉱物と考えられていたが，X線回折* により，変成したペライト* にごくふつうに含まれていることが明らかにされている．コランダム* とともにエメリー* 鉱床に，電気石* と十字石* をともなって雲母片岩* に，産する．

真珠首飾り形電光 pearl-necklace lightning（**鎖形電光** chain lightning, **数珠形電光** beaded lightning）

まれな型の放電．明るさが糸で連なった真珠のようなむらを呈する．

真珠光沢 pearly lustre

鉱物* が呈する，真珠のように乳白色で半透明の光沢*．

真珠状- perlitic

ガラス質* または脱はり作用* の進んだ火成岩* に見られる曲面状ないし亜球面状の割れ目を指す．マグマ* が急冷* して収縮することによって生じる．

浸 出 seep ⇒ 泉

浸出水（浸出液） leachate

透水性* の物質を浸透して出てくる溶液．固体廃棄物からのものは有毒物質やバクテリアを含んでいることがある．斑銅鉱* や金の鉱山では，廃石から溶脱された鉱物に富む浸出水が再処理されていることもある．

針 状 acicular

針のように尖った状態．

針状断口 hackly fracture

銀や白金などの脆い金属鉱物* に典型的な，鋭いまたはとげとげした割れ口．

侵食基準面 base level

陸上で侵食作用* が及びうる下限を表す理論的な面．海水準は広域的な規模の基準面となる．局地的な基準面は，丘陵斜面の麓，湖面，支流と本流の合流点などによって定まる．

侵食作用 erosion

1．幅広い過程にわたる削剝作用* のうち，岩石の物理的な破壊，化学的な溶解，物質の運搬にかかわる部分．**2**．土壌* や岩屑が流水，風，氷河*，重力性のクリープ*（またはマス・ウェースティング*）などの営力によって移動すること．⇒ ブブノフ単位

侵食速度 erosion rate

侵食作用* によって地表が削られていく速度．働く作用の種類と環境によって大きく変化する．主な作用は次の通り．氷河* の削磨*；1,000 B（ブブノフ単位*）．土壌クリープ*（温暖海洋性気候下）；1～5 B．ソリフラクション*（寒冷気候下）；25～250 B．斜面の面状洗い流し；2～200 B．溶解による運搬；2～100 B．海崖後退（中程度の堅さの岩石）；4,000 B．人間の活動による土壌* 侵食；2,000～8,000 B．

侵食平坦面 planation surface

1．侵食面* と同義．**2**．褶曲* した地層* の上に発達した逆転地形* が，侵食* によって平坦化されたもの．侵食過程の最終段階に現れる地形．

侵食面 erosion surface

1．侵食平坦面．地質構造を完全に切り，ゆるく波状にうねる地表面で，長期間にわたる侵食作用* の最終産物．環境によってタイプが異なる．主なものに，準平原*（温暖湿潤気候），エッチプレーン*（熱帯湿潤気候），ペディプレーン*（半乾燥気候）がある．海

洋の作用によっても海成侵食面が形成される．2. 流水，風，氷河*の侵食作用によって岩石や堆積物に刻まれた不規則な面．

侵食輪廻 cycle of erosion ⇒ デービス輪廻

深水層 hypolimnion
夏季に温度成層している湖水の下層をなす，循環していない低温の水塊．水温躍層(変温層)*が補償深度〔湖水中で光合成量と生じた有機物の分解量が等しい深さ〕より下にあると，光合成*や大気との接触による酸素の補給はとだえて，深水層の溶存酸素量はしだいに減少していく．酸素の再供給は温度成層がくずれる秋まで起こらない．

新　星 nova
新しい星．〔既存の恒星が爆発的に明るくなったため初めて観測されるものであって，新たに生まれた星のことではない．〕

親生- biophile
生物が必要とする，あるいは生物体に見られる元素に冠される．C, H, O, N, P, S, Cl, I, Br, Ca, Mg, K, Na, V, Fe, Mn, Cuなど．→ 親気-；親銅-；親石-；親鉄元素

深成- plutonic (1), hypogene (2)
1. 広く使用されている語でありながら，明確な定義はなされていない．非常な深部で結晶化した火成岩*〔深成岩〕を指して用いる岩石学者が多いが，'非常な深部'がどの程度の深さであるのか定められているわけではない．やや大きい貫入岩体*(岩脈*やシル*などを除く)をなす火成岩に限定して使用する研究者もいる．地殻*基底付近または上部マントル*から由来するマグマ*とガスの成因についても，この語が冠される〔深成作用〕．**2.** 地殻*の内部またはそれより下から上昇してくる溶液によって形成される鉱床*，あるいは地殻内で進行する火成作用*に冠される．

真正細菌界 Eubacteria (**細菌*ドメイン***, domain Bacteria)
細菌ドメインに属する唯一の界で，真のバクテリアのグループから構成されている．以下の11の主要なグループがある：紅色細菌(光合成*種)，グラム陽性細菌，シアノバクテリア*，緑色非硫黄細菌，スピロヘータ，フラボバクテリウム，緑色硫黄細菌，プランクトマイセス，クラミジア，デイノコックス，サーモトーガ．これらすべてのバクテリアに共通な唯一の特徴は，原核細胞からなるという点である．バクテリアは単細胞で，多くは強固な細胞壁をもっている．細胞分裂は二分裂がふつうで，有糸分裂はけっしておこなわない．

バクテリアは地球表層のあらゆる領域に存在しているといって過言ではなく，腐食者，寄生生物，共生*生物，病原体，などとして生きている．分解や鉱化，あるいは生物圏*における諸元素(たとえば栄養)のリサイクルにあずかる生物として，自然界において重要な役割を果たしている．バクテリアは人類にもかかわりが深い．疾病や食物の腐敗の原因になるばかりでなく，たとえば食用酢や抗生物質，あるいは日常品といった工業製品の製造にも使われている．

知られている最古の化石*はバクテリアで，南アフリカの3,200 Maとみなされる岩石から産出した．これは従属栄養的なバクテリアであったはずであり，当時の海洋中に溶存していた有機分子を食料として利用していたのであろう．嫌気性*タイプの最初の光合成バクテリアはその少し後，およそ3,000 Maに出現した．

真正シダ綱 Filicopsida ⇒ シダ綱

新生代 Cenozoic (Cainozoic, Kainozoic)
約65 Maから現在まで続いている地質時代の代*．第三紀*と第四紀*を含み，いわゆる'哺乳動物と人類の時代'．この代は，軟体動物*と微化石*によって細分されている．アルプス-ヒマラヤ造山運動*は新生代に頂点に達した．

親石元素 lithophile element
酸素との強い親和性をもち，金属-または硫化物鉱物*よりも珪酸塩鉱物*として地殻*に濃集している元素，あるいは酸素単位重量あたりの酸化自由エネルギーが鉄よりも大きい元素．酸化物鉱物*，とくに珪酸塩鉱物として産し，地殻の99%を構成している．主なものに，Al, Ti, Ba, Na, K, Mn, Fe, Ca, Mgがある．→ 親気-；親生-；親銅-；親鉄元素

新赤色砂岩 New Red Sandstone
　石炭系*を覆う，赤色を呈するペルム*～三畳系*陸成堆積岩．

シンセティック衝上断層 synthetic thrust
　転位センスが主衝上と同じ衝上断層*．主衝上の上盤*にも下盤*にも発達する．この定義によればバックスラスト*はアンチセティック衝上断層ということになる．⇨ アンチセティック断層

シンセティック断層 synthetic fault
　断面での転位センスが主断層と同じである断層*．伸張場（⇨ 伸張）では，下降中の上盤*にリストリック断層*として生じる．

シンセム synthem
　上下を不整合*で限られている大きい層序単元*．

唇　線 hypostomal suture ⇨ 頭線

新千年紀深宇宙 1 号 New Millennium Deep Space-1
　NASA* が 1998 年に打ち上げ予定の探査機．小惑星* マッカーリッフェ* とウエスト-コホウテク-イケムラ彗星* を探査することになっている．

新千年紀深宇宙 2 号 New Millennium Deep Space-2
　NASA* が 1999 年に火星* に向けて打ち上げ予定の探査機．

塵旋風（じんせんぷう） dust devil (dust whirl, sand pillar)
　砂漠* 地域のごくせまい範囲に発生する旋風．強い対流によって塵や砂が舞い上げられ，数十 m の高さにまで達することがある．

腎臓型 reniform
　腎臓の形に似た．

深層散乱層（DSL） deep scattering layer
　音響測深* 器に音響散乱が記録されるほどに海水中で動物性プランクトン* や魚が密集している層．厚さは 50〜200 m 程度．

靱帯受 chondrophore
　退歯型* の歯列様式をもつある種の二枚貝類* で，蝶番の部分にある，靱帯を支えるためのへら状突起構造．

新第三紀 Neogene
　第三紀* の後半．古第三紀* の後で第四紀* の前．年代は 23.3〜1.64 Ma（Harland は

か，1989）．中新世* と鮮新世* に分けられる．

シンタキシャル成長 syntaxial growth
　鉱物* 粒子のまわりにその鉱物と光学的連続性〔同じ結晶学的方位〕をもってセメント* の結晶* が二次的に成長すること．

震探層序学 seismic stratigraphy (seismostratigraphy)
　地下の層序断面* を作製するための反射法地震探査* によって得られた情報の研究と解釈．地震波断面（⇨ 地震記録）に現れた地震波反射面* を解析するにあたって，側方に連続的に追跡される地下の面は同時堆積面かあるいはその面に相当する不整合* 面と解釈される．岩相* 境界では反射特性に変化が見られるものの，反射面が岩相境界を横切って連続していることは年代層序学* 的に重要な意味をもつ．地下の地層* の年代や岩相に関する詳細な情報は地球物理学的な検層* にまたなければならない．⇨ 年代層序対比図；堆積シーケンス

伸張（引張） extension
　直線の長さの変化を元の長さとの比で表したもの．直線の長さが増加したか減少したかによって，正（伸張）あるいは負（短縮*）となる．最も簡単なかたちの伸張（e）は，変形後の長さを L_f，元の長さを L_0 として，$e = (L_f - L_0)/L_0$ で表される．

伸長指数（I_E） elongation index
　長軸が標準篩で測った中間軸の 1.8 倍以上ある粒子の重量百分率．伸長性 n は長さを幅で割った商，伸長率は $1/n$．

伸長性 elongation ⇨ 伸長指数

伸長率 elongation ratio ⇨ 伸長指数

伸張裂罅（-れっか）（伸張割れ目） tension fracture (tension crack, tension gash)
　岩石中で，最大伸張* 方向に直交して発達する，シャープで多くは細いレンズ形の割れ目．エシェロン* 配列していることが多い．

シンチレーション計数管 scintillation counter（**シンチロメーター** scintilometer）
　ガンマ放射を測定する機器で，空中および地上放射能調査で広く用いられている．適当な '発光体'（たとえば，タリウムを加えた

沃化ナトリウムの大きい結晶*）の原子がガンマ線*に当たって活性化して発する閃光（シンチレーション）を利用する．この閃光を光電子増倍管の光に鋭敏な陰極*で検出，管内の一連の電極によって1本の電子線に変換し，メーターに表示する．今日では，シンチレーション計数管は，携帯用および空中調査用のガンマ線スペクトロメーターに改良されている．これはウラニウム，トリウム，カリウムの複雑なガンマ線スペクトルを分析し，地表から放射される各元素のガンマ線の相対的な量を連続して読みとることができる．

シンチロメーター scintillometer ⇨ シンチレーション計数管

シンチロメーター探査 scintillometer survey

放射能によって結晶*が発する閃光を光電子増倍管でとらえるシンチレーション計数管*を用いた地球物理探査．ガイガー計数管*を用いるよりも検出効率がはるかに高く，異なる型の放射能を識別することができる．

シンテクシス syntexis

マグマ*と岩石の反応過程の総称．アナテクシス*と同化作用*はさまざまなシンテクシスの最終段階とみなされる．マグマ貫入*による母岩*の破砕，マグマ中への母岩の捕獲，被熱または流体の浸透による捕獲岩*の溶融や固相反応などがある．

新テチス海 Neotethys ⇨ テチス海

親鉄元素 siderophile

酸素や硫黄との親和性が弱く，融解した鉄に溶ける元素．たとえば，隕鉄*に見られ，地球の核*に濃集していると考えられるNi，Co，Pt，Ir．⇨ 親気-；親石-；親生-；親銅元素

針鉄鉱（ゲーサイト） goethite

含水酸化鉄鉱物．α-FeO(OH)；鱗鉄鉱 γ-FeO(OH) と系列をなす；比重4.0；硬度*5；赤褐色；塊状または土状．鉄を含む鉱物の変質産物として，褐鉄鉱*または赤鉄鉱*とともに産する．英語名称はドイツの文豪ゲーテ（J. W. von Goethe，1749-1832）に因む．

シンデボルフ，オットー H. (1896-1971) Schindewolf, Otto H.

ドイツ，チュービンゲン大学の古生物学者．アンモナイト（亜綱*）とその進化の研究を通じて不連続進化（discontinuous evolution）という，今日では一般には受け入れられていない概念に到達した．

震度 intensity (earthquake) ⇨ 地震の規模；メルカリ震度階；リヒター・マグニチュード尺度

浸透 seepage (1), percolation (2), infiltration (3)

1．水が水塊と水塊の間を緩慢にたえまなく移動すること．河床から地下の帯水層*への流入，あるいは地下水*の河川流路*への浸出を指すことが多いが，異なる帯水層間の流れも浸透という．**2．**水が，土壌*を飽和ないし飽和に近い状態にして下方へ移動する現象．**3．**水が土壌*中に入り込むこと．

浸透厚（Z_s） skin depth

周波数*f Hzの電磁波*が導体に入射して，その振幅*が表面における値より1/e（37%）だけ減衰する深さ（メートル）．次の式で計算される．$Z_s=503.8/\sqrt{(\sigma f)}=503.8\sqrt{(\rho/f)}$．$\sigma$は媒質の電気伝導率*（S/m），$\rho$は媒質の抵抗（$\Omega$/m）．

浸透計 permeameter

岩石や土壌*の透水性*を測定するための室内装置．水を動かして測定する降下水頭浸透計と静止水でおこなう定水頭浸透計とがある．

親銅元素 chalcophile element

硫黄との親和性が強い元素．硫化物に濃集し，マントル*に典型的に存在する．硫化物の鉱物*や鉱石*にふつうに含まれる．典型的な元素にCu，Zn，Pb，As，Sbがある．
→ 親気-；親生-；親石-；親鉄元素

振動数（周波数）（f） frequency

ある時間に特定の点を通過する一定波長の波の数．単位はヘルツ（Hz；1ヘルツは1秒間に1周期）．周期的な波形の振動数は$f=1/T$（Tは周期*）および$f=v/\lambda$（vは速度，λは波長）で与えられる．

浸透性 osmosis

水あるいは他の溶媒が，半浸透膜を通って

溶質濃度の低い溶液から高い溶液へ移動すること．植物が水を吸い上げるうえに重要な機構．

浸透速度 seepage velocity
ダルシーの法則*にしたがって計算した地下水*の流速．間隙内を流れる地下水の実際の流速ではなく，多孔質の媒質内を通過する見かけの流速．実際の流速は，間隙の効果と，鉱物の粒間や周囲の流路が曲がりくねっていることとがあいまって，これより速い．

浸透能 infiltration capacity
土壌*や岩石が降水を吸収する最大速度．表層の土壌水分量が少ないほど大きい．粒径，植被などの要因にも依存する．

振動波 oscillatory wave
水塊をある点の前後に動かすのみで，波の進行方向に実質的な移動を起こさせることのない波．波形は進行するが，個々の水粒子はほぼ閉じた軌跡を描いて運動するにとどまる．

振動方向 vibration direction
電磁振動である光の伝播を，光源からの経路沿いの'粒子'が振動することによるエネルギーの搬送とみなすと，単一波長の光線の波動は光線の経路上に並ぶ'粒子'の振動によってつくられていることになる．しかし異方性*の鉱物*を通過する光線は，たがいに直交する方向に，その方向での鉱物の屈折率*に依存して振動する2つの不等成分に分解される．

振動リップル oscillation ripple ⇨ ウェーブ・リップル

振動累帯 oscillatory zoning ⇨ 結晶の累帯構造

浸透ルート filter route
ある種の動物には通過して移動することが容易であるが，他の動物にはそれが困難な動物移動経路．アメリカ人古生物学者シンプソン*が導入した語．したがってこの移動経路は，動物群集の一部をとり除いた残りを通過させるというフィルターの役割をもつことになる．砂漠や山脈は浸透ルートの代表例．

心土耕 subsoiling
下層土（心土）を起耕すること．下層土は固まっているので掘り返すことはせず，土壌*を切削するチズル〔chizel；トラックで引っ張って畑を耕すのに用いる，曲がった刃先をつけた強く重い農具〕などの道具を土壌中で引っ張って通す方法をとる．

新ドリアス期 Younger Dryas ⇨ ドリアス期

針ニッケル鉱 millerite
鉱物．NiS；比重 $5.2～5.6$；硬度* $3.0～3.5$；三方晶系*；真鍮色で不透明；条痕*帯緑黒色；金属光沢*；結晶形*は細長い針状で放射状の集合体をなす；劈開*は菱面体に完全．(a) 空隙中の放射状繊維の塊，(b) 他のニッケル鉱物の置換鉱物，(c) ニッケル鉱物や他の硫化物鉱物*を含む脈，(d) 火山地帯の昇華*産物，として産する．ニッケルの主要な鉱石鉱物*．英語名称はイギリスの鉱物学者ミラー*に因む．

深熱水鉱床 hypothermal deposit
中熱水鉱床*より深所で，$300～500℃$ の条件下で形成された鉱床*．

新熱帯動物地理区 Neotropical faunal realm
メキシコ南部を含む中央アメリカ，南アメリカ，西インド諸島，ガラパゴス諸島にまたがる地方．この動物地理区は大部分が第三紀*のほとんどの期間にわたって孤立していたため，特異な動物群*で特徴づけられ，有袋類や貧歯類など原始的な特徴をもつ哺乳類が生き残っている．

真の傾斜 true dip
平面の走向*と直角の方向に測った傾斜*で，その面の最大の傾斜となる．⇨ 見かけの傾斜

真の層厚 true thickness
走向*と直角に測った構造や地層*の厚さ（直交層厚*）．傾斜している構造や地層は，地表や試錐孔*で真の厚さよりも大きく現れる．〔水平投影した〕露出幅に傾斜*角度の正弦を乗じたものが真の厚さである．〔垂直の試錐では，余弦を乗じたもの．〕

真の年代 true age ⇨ 絶対年代

シンフォーム synform
地層*がなす上方に開いた溝または窪み状の褶曲*で，古い地層と若い地層の上下関係がわからないもの．複雑な構造をなす造山

帯*にしばしば見られる．→ アンチフォーム

振　幅　amplitude
 1．褶曲*：翼*部における曲率の変換点*を連ねた中位面と最寄りの冠*までの高さ．
 2．波の最高位点と最低位点との距離．

シンプソン，ジョージ・ゲイロード（1902-84）Simpson, George Gaylord
　アメリカの古生物学者．哺乳動物の進化を専攻しその移動も研究した．1926年，中生代*哺乳動物の研究でエール大学から博士号を取得後，ニューヨーク市のアメリカ自然史博物館に勤務，1942年に館長に就任．1945年コロンビア大学教授として転任．1959年から1970年までハーバード大学比較動物学博物館の古脊椎動物学アレクサンダー・アガシー名誉教授．1967年アリゾナ大学地球科学教授．化石哺乳動物，とくにマダガスカル*の化石哺乳動物の研究を通じて，最初は大陸漂移説*に反対を唱えた．種の分散ルートとして大穴分散ルート*を提唱した．

新北動物地理区　Nearctic faunal realm
　メキシコと北アメリカ大陸を含む動物地理区*．目と科のレベルでは動物群は旧北動物地理区*と基本的に同じで，ベーリング陸橋*経由の交流がかつてあったことがうかがわれる．しかし属およびとくに種には独特のものがある．

新模式層　neostratotype
　元の模式層*（完模式層*）が破壊されたり無効となった場合に，それに替わって選定される模式層．模式地*以外に設定されることもある．⇨ 参照模式層；副模式層

新模式標本　neotype
　完模式標本が公表された後に'模式'種として〔後模式標本，総模式標本*以外から〕選定された標本．元の模式標本が失われた場合と国際動物命名法審議会（ICZN）によって〔学名の安定性と普遍性を維持するために〕廃止された場合に設定される．⇨ 完模式標本；後模式標本；副模式標本

針葉樹　conifers ⇨ 球果目

信頼区間　confidence interval
　統計学：特定の時間帯（信頼水準；通常百分率で表示する）について，真に未知の値を含んでいる可能性のある観察データの確率範囲．

信頼水準　confidence level ⇨ 信頼区間

人類紀　Anthropogene ⇨ 第四紀

ス

州 cay
サンゴ礁*物質や砂*からなる平坦で小さい島．たとえば，フロリダ州南部海岸沖の，まばらな植生をもつ低い島嶼など．

巣孔 burrow
摂餌，移動，休息あるいは居住によって，動物が残した生痕化石*．軟らかい堆積物*につくられ，堆積物表面にあるものも表面下にあるものもある．

錐 pyramid
1点で交わるいくつかの平行していない結晶面*がつくる結晶形*．結晶学的な表示では，結晶面がすべての結晶軸*を単位長さで切る (111) または {111} であることが多い．

水圧傾度力（PGF） pressure-gradient force
水圧の差によって水塊に働く力．水圧に水平方向の違いがあると水圧の高い方から低い方への運動がひき起こされる．⇨ 地衡流

水圧コアラー hydraulic corer（**ピストン・コアラー** piston corer）
流体の圧力により海底または湖底堆積物を貫通して試料を採取するための管．マッケレス・コアラー*はその1型式．➡ 重力コアラー；ドリル掘削

水圧破砕 hydrofracturing (hydraulic fracturing)
水または他の流体を注入し，その圧力で岩石を破砕する技術．通常，石油*・天然ガス*・熱の貯留岩*の間隙率*を高める目的でおこなう．水圧によっておし広げられた節理*，亀裂，層理面*に，砂，ガラスビーズ，アルミニウム玉を充填して割れ目の開口を維持する．水圧破砕は，天然でも貫入岩体*内部の過剰流体圧によって起こることがあり，これによって斑岩鉱床*が形成される．⇨ 地熱地帯；斑岩銅

水圧裂罅（-れっか） hydraulic fracture
荷重圧が急激に増大して流体が堆積物*から排除される際に，その高い流体圧によって生じた伸張割れ目またはクラック．

水位 stage
ある基準水位〔たとえば危険水位〕と比べた河川水面の高さ．'水位降下'，'水位上昇'などという．

水位観測点 gauging point (gaging point)
河川の流量*や地下水位*を測定する地点．⇨ 地下水面

水位曲線 stage hydrograph ⇨ ハイドログラフ

水位降下 drawdown
地下水*の取水によって地下水面*または静水面*が低下すること．

水位降下円錐 cone of depression
地下水*をポンプ揚水している井戸のまわりで，円錐を逆さにしたような形をなして低下している地下水面*．

推移帯（移行帯） ecotone
2つあるいはそれ以上の群集*の間にあって，範囲が明瞭に特定される幅のせまい群集漸移帯．

水位標（量水標） staff gauge
河川流路*の中や脇に設置された目盛つきの柱または棒尺．これによってある基準水位〔たとえば危険水位〕との差を直接読みとることができる．

水鉛鉛鉱（すいえんえんこう） wulfenite
鉱物．$PbMoO_4$；比重 6.5～7.0；硬度* 3；正方晶系*；橙黄，オリーブグリーンまたは褐色；条痕*白色；樹脂光沢*；結晶形*は通常は四角の板状，ときに塊状，粒状，ぶどう状のこともある；劈開*は {101} に良好．亜貝殻状断口*．鉛とモリブデン鉱床*の酸化帯に二次鉱物*として，硫酸鉛鉱*，白鉛鉱*，緑鉛鉱*とともに産する．

水温躍層（変温層） thermocline
本来は水深に対する水温勾配のことであるが，一般に，高温の表水層*と下位のそれより低温の深水層*の間にあって水温が急激に変化する層を指す．海洋では，この層は水面下10～500 mに始まり1,500 m以深まで続いていることがある．極圏では，冬季には海

水面が氷に覆われ,夏季も受け取る太陽放射量が少ないため,高温の表水層が現れず,水温躍層を欠くのがふつう.夏季に熱的に成層している湖では典型的な水温躍層が見られる.

水　管　hydrospire (1), siphon (2)

1. ⇨ 海蕾綱. 2.二枚貝類（綱）*と腹足類（綱）*がもつ,水の出し入れをおこなう管状の器官.水管を通して水を鰓に送り込み,不要になった水をそこから排出する.二枚貝類では水管は対になっている.

水管系　water vasicular system　⇨ 棘皮動物門

水管溝　siphonal canal

ある種の腹足類（綱）*の殻口に見られる,水管*をしまい込むための切れ込みまたは溝状の構造.

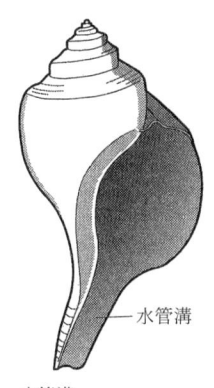

水管溝

水　系　drainage

地表面上の流水の通路.最終的には海につながっている.⇨ 樹枝型水系；擾乱水系；非調和水系；水系密度；水系型

水系型　drainage pattern

ある地域における個々の河川流路区間〔⇨水系網解析〕の配置関係.地表下の岩石型や地質構造を反映していることが多く,いくつかの型が識別されている.樹枝型*が最も普遍的で,ランダムに分岐する配列で特徴づけられる.構造に支配されていないもので,均質な岩石の上に発達する.梨棚型は地層*の走向*に沿って並ぶほぼ平行な流路からなり,これに支流が直角に合流している.短冊型は直角の屈曲を見せるもので,節理*または断層*によって支配されていることを反映している.求心型は中心の凹地に集まる流路からなる.水系網はこの水系型を幾何学的に表現したもの.

水系密度（谷密度）　drainage density

ある地域における河川流路*の平均間隔を表す尺度.流路の全延長距離を流域面積で割った商で表す.その値には降水量*,地表面の透水性*,岩石の年代などの因子が関係する.⇨ 水系

水系網　drainage network　⇨ 水系型

水系網解析　drainage-network analysis

流域内の流路*のパターンがどのように構成されているかを研究すること.古典的な方法では,水系網の構成要素間の関係,すなわち区間流路〔谷頭から1次上の流路との合流点までの流路〕の重要度（次数）とそれぞれの次数の頻度の関係を重視した.これから水系網の要素に関するいくつかの法則が導き出された.最近ではこれらの法則をランダム過程を用いて説明しようとする推計学的手法が採られ,水系密度*（＝流路の全延長距離/流域面積）に関心が寄せられている.

水　圏　hydrosphere

固体地球の表面上またはそれに近接して存在している水の総称.地球が創生後に冷却する過程で,大気中の水蒸気が凝結して生まれた.

吸い込み　entrainment

成長過程にある雲の外側の空気が雲の中の上昇気流に取り込まれて雲の空気と混合する現象.冷たい乾燥した空気が入り込むことによって,上昇気流の浮力*が減殺され,雲の成長が抑制される.著しく乾燥した空気が吸い込まれると,雲が速やかに消散してしまうこともある.

吸い込み穴　swallow hole　⇨ ドリーネ

水酸化鉱物　hydroxide

OH基をもつ鉱物.水分子をもつ鉱物も含水酸化物としてこれに含めることが多い.主なものに,ブルーサイト* $Mg(OH)_2$,ギブサイト* $Al(OH)_3$,ダイアスポア* $\alpha\text{-}AlO(OH)$,ベーマイト* $\gamma\text{-}AlO(OH)$,褐鉄鉱* $FeO(OH)\cdot nH_2O$,針鉄鉱* $\alpha\text{-}FeO(OH)$

がある.

水酸燐灰石（ハイドロオキシアパタイト） hydroxyapatite

含水カルシウム燐酸塩鉱物*. フッ化物, 塩化物, 炭酸カルシウム塩も含んでいる. 多くは骨などの硬組織をつくる生体鉱物形成作用（バイオミネラリゼーション）*によって形成される.

水晶 rock crystal ⇨ 石英

水蒸気 water vapour

大気中に含まれている気相の水. 量はさまざま. 水循環*の中間的な階梯にあたる. 大気中の水蒸気量は地球上の水の0.01%. 大気中における水分子の滞留時間*は極めて幅広いが一般に短く, 最低数分程度から平均して約9日. 水は蒸発・蒸散*・昇華*によって地表から大気中に移る. 水蒸気の量は高度とともに減少するが, 高度20 kmでいくらか増加する. 水蒸気量は, 蒸気圧*, 混合比*, 絶対湿度*, 相対湿度*によって表される. 大気中の水蒸気は凝結して雲や降水*をもたらしたり（凝結によって潜熱*が解放されて気流の上昇が促進されることが多い）, 太陽放射*線を吸収・散乱させるなどの物理的な効果をもっている.

水蒸気活動 phreatic activity

高温のマグマ*が湖水, 海水, 地下水と反応して起こす火山噴火*. マグマに接する水は熱せられて気化, 膨張して周囲の水壁に圧力を及ぼす. その圧力が上を覆う水塊の静水圧を上まわれば, 水蒸気は爆発的に膨張して水蒸気を主体とする水蒸気爆発を起こす（phreaticは'帯水した'の意）. かなりの量のマグマ物質が水蒸気とともに放出される場合は, マグマ水蒸気活動という.

水蒸気分圧曲線 vapour-pressure curve ⇨ 脱水曲線

水上竜巻（ウォーター・スパウト） waterspout

水上の竜巻*. 渦巻きの中心部付近では気圧が低く大気中の水蒸気が凝結するため眼に見える（水が水面から吸い上げられるため見えるのではない）. 陸上の竜巻が移動してきたものも水上で発生したものもある. またメソ低気圧*の雲の下のみで発生するとは限らない.

すいせい Suisei

日本のISAS*がハレー彗星*に向けて1985年に打ち上げた探査機.

水星 Mercury

太陽系*で太陽に最も近い惑星. 太陽からの距離は0.387 AU*. 地球からの距離は77.3×10^6 kmから221.9×10^6 kmの間. 表面での気圧が約10^{-15}バール〔10^{-10}パスカル〕の希薄な大気をもつ. 大気の成分は, 酸素（42%）, ナトリウム（29%）, 水素（22%）, ヘリウム（6%）, カリウム（0.5%）で（割合はおおよその値）, おそらくアルゴン, 二酸化炭素, 水蒸気, 窒素, キセノン, クリプトン, ネオンを微量成分として含む. 直径4,889 km, 体積6.085×10^{10} km^3, 質量$3,302 \times 10^{22}$ kg, 平均密度5,427 kg/m^3（惑星中で最大）, 表面重力3.7（地球を1として）, アルベド0.11, 平均表面温度440 K（太陽に面する側では590〜725 K）.

彗星 comet

極端な長楕円軌道または放物線軌道を描いて太陽をめぐる, 隕石*塵と凍ったガス（H_2O, CO_2, CO, $HCHO$）からなる小さい天体. 平均近日点*と平均遠日点*は, それぞれ1 AU*以下と10^4 AU. 彗星はオールトの雲*から由来し, 平均寿命は100周回程度. 核は不定形で直径数km, 密度は低い（100〜400 kg/m^3）. 太陽から数AU以内の距離に近づくと, 太陽放射*によりガスと塵を放出して特徴的な尾を形成する. 塵の成分は原始的な炭素質コンドライト*の成分に似ているようである.

彗星核ツアー Comet Nucleus Tour（コンター CONTOUR）

彗星*の核を精査し, これから尾を引いているガスを分析しようというNASA*の計画. 2002年に1.54億ドルの経費をかけて打ち上げられる予定で, 2002年, 2006年, 2008年に彗星を通過する予定.

水性火山作用 hydrovolcanic process

マグマ*とマグマ外部の水との相互作用によって起こる一連の現象. たとえば, 外部からの地下水*が上昇中のマグマと出会うと, 地下水は水蒸気に変わり, 急速に膨張して周

囲の岩石やマグマを破砕して水蒸気マグマ噴火をひき起こす（⇒ 水蒸気活動）．溶岩* が水中に噴出すると，溶岩流の表面は熱を急速に奪われてガラス* となり，収縮する際に破砕，断片化される．断片化したガラス質* 皮殻は溶岩流を包み込むハイアロクラスタイト* となる．

水性岩脈 neptunian dyke（**砂岩岩脈** sandstone dyke）

火成岩* の岩脈* と同じようなかたちで成層堆積物* を切っている板状の砂* 体（砂岩* 体）．多くは地震によって液状化* した砂が割れ目を通って上方に注入して形成される．〔未固結* の堆積物が基盤岩の割れ目に落ち込み，これを充塡している岩脈もある．〕

水成論 neptunism

ウェルナー* を旗頭として 18 世紀末から 19 世紀初めにかけて広まった地球の起源に関する理論．ウェルナーの説くところは次の通り．花崗岩* や玄武岩* をはじめ最古の始原岩石が原始海洋から結晶化した．これに中間層と水成層の沈積，さらに沖積層と火山岩の堆積が続いた．

水　槽 flume

水底の堆積物* の動きと水流条件の関係を研究するために水を流す実験装置．いくつかのタイプがあるが，大部分が，さまざまな深さの水をさまざまな速度で 1 方向に流すか，さまざまな速さの波をつくるように設計されている．粒子の大きさ（⇒ 粒径）と侵食* 速度の関係および堆積物の各種床形* の安定領域を決定するうえに大きい役割をはたしてきた．

吹送距離 fetch

1．風が波をつくって水面上を吹き渡る距離．波の高さは，風速，風の持続時間および吹送距離によってきまる．一般に海岸の堆積地形は最大吹送距離の方向と直交する．2．海洋上を気流が吹き抜ける距離．

推測樹 inferred tree

現存するタクサ* から得た経験的データに基づく系統樹*．

水素 '燃焼 ' hydrogen 'burning'

星の進化過程で主系列に属している段階で，水素の原子核が融合してエネルギーが発生する熱核反応．星の芯をなす水素が消費しつくされるとこの段階が終わり，星の中心部は収縮し外層が膨張して赤色巨星となる．⇒ 炭素 '燃焼 '；ヘリウム '燃焼 '；珪素 '燃焼 '；元素の合成；熱核融合反応

衰退相組み合わせ abandonment facies association

海水準の上昇期に形成される岩相* 組み合わせ．堆積速度が極めて小さく，粗粒砕屑性* 堆積物* をともなわない．

水中音速 water velocity

水中を伝わる音波の速度（v m/秒）は水温（T℃）と塩分濃度*（S パーミル）に依存し，ある深さ（Z）での速度は次の式によって与えられる：$v = 1,449 + 4.6T - 0.055T^2 + 0.00037T^3 + (1.39 - 0.012T)(S - 35) + 0.017Z$．

垂直応力（σ） normal stress

面に直交する方向に働く応力*．垂直圧縮応力*（値は正）では面に沿うすべりは発生しない．垂直引張応力*（値は負）によって岩石は面に沿って分割される．

垂直地震記録断面（VSP） vertical seismic profile

地表の固定点でショット* を作動させ，試錐孔* 内でジオフォン* の深さを連続的に変えて受振して作製される地震記録断面．⇒ ウォークアウェー垂直地震記録断面

垂直重合 vertical stacking

多数のショット* から受振した信号を，1 つのオフセット* 距離にあるジオフォン* の記録に加算してまとめることにより，信号／ノイズ比を向上させる陸上屈折法地震探査* 記録の処理法．255 までのショット（ハンマー打撃震源*，重錘落下法* など）からの信号を受振することができるエンハンスメント地震計を用いて良質の地震記録* を得る．海洋探査では効率が劣るため，共通反射点重合* のほうが重用されている．

垂直双晶 normal twin

結晶学：双晶軸* が結晶面* に直角である双晶*．

垂直電気探査（VES） vertical electrical sounding

電極* の間隔を長くして見かけ比抵抗* を

測定する探査法.

垂直入射 normal incidence
波面が境界面と平行である状態,すなわち光線が境界面に垂直の(直交している)状態.入射角は0°. ⇨ スネルの法則

推定埋蔵量 inferred reserve ⇨ 埋蔵量

水頭 hydraulic head
広義では,特定の基準面*より上にある水塊の高さ.狭義では単位重量あたりの水がもつエネルギーで,実験室規模ではマノメーター*での水位により,野外では井戸*,試錐孔*またはピエゾメーター*での水位により測定する.水頭には,基準面からの高さできまる位置水頭(⇨ 位置エネルギー),気圧との比較によってきまる圧力水頭,速度水頭の3つがある.水は常に水頭の高い地点から低い地点へ,動水勾配*を下る方向に流れる.

翠銅鉱(すい-) dioptase
希産鉱物,$CuSiO_2(OH)_2$.比重3.3;硬度5;三方晶系*;エメラルドグリーン色;透明~半透明;ガラス光沢*;結晶形*はふつう両端が菱形の短柱状であるが,塊状のものもある.劈開*は六面体面に完全.銅硫化物鉱床*の酸化帯に産する.

水簸(すいひ) elutriation
上昇水流によって軽い細粒粒子はもち上げられ,重い粗粒粒子が沈むことを利用して,細粒粒子を粗粒粒子から分離する粒度分析*の方法.流速を調節することによってさまざまな粒径*の粒子を分離することができる.

水分収支 moisture budget (moisture balance, **水収支** water budget)
一定時間内にある地域へ出入りする水の量.おおまかに次の式で表される.降水量=表面流出量+蒸発散量+土壌水分保持量の増減.たとえば中緯度地方では,夏季には大きくなる可能蒸発散量*と土壌水分*の消費が,冬季における弱い蒸発と多い降水によって補償されて,年間の収支が均衡している.

水平掘削 horizontal drilling
掘削井が石油*や天然ガス*を胚胎している地層*に平行となるように,鉛直面に対してある角度をなす掘削.このような掘削井(水平孔井)からの生産量は,鉛直掘削井の

3~4倍に達することが多い.

水平孔井 horizontal hole ⇨ 水平掘削

水平重合 horizontal stack ⇨ 共通反射点重合

水平堆積性 original horizontality ⇨ 地層水平堆積の法則

水マンガン鉱(すい-) manganite
鉱物.$MnO_2Mn(OH)_2$;比重4.2~4.4;硬度3~4;単斜晶系*;暗鋼黒~黒色;条痕*赤褐~黒色;亜金属光沢*;結晶形*は角柱状で面に条線,束状または放射状の集合体をなすこともある;劈開*は卓面に完全.酸素欠乏状態の堆積環境での沈殿物に,また低温熱水*脈中に重晶石*,ゲーサイト*とともに産する.塩酸に溶解して塩素を発生させる.製鉄に利用される.

水文学 hydrology
水循環*を研究する科学.地質学,海洋学,気象学の分野にもまたがっているが,陸地の表面水とその時間的変化の研究に重点がおかれている. ⇨ 水理地質学

水文学シミュレーション hydrologic simulation ⇨ 水文学モデリング

水文学モデリング hydrologic modelling (**水文学シミュレーション** hydrologic simulation)
小規模な模型,数学的近似,コンピューター・シミュレーションによって,実際の水文学*上の特性や系の機能を解明しようとする作業.

水文観測網 hydrologic network
各地に設置されている気象,地下水位,河川水流の観測点を結んで,ある地域の水循環*を総合的に把握するためのシステム.最近では,数多くの気象観測点と水位観測点*の測定データが中央モニターに送信され,洪水予知*がなされることが多くなっている.

水文区 hydrologic region
水文学*上のデータを収集するため,広い地域を小さく分割した単位.水文区を設定することにより,基準を同じくするデータが毎年蓄積されていくため,経年解析が可能となる.気候上,地質上,地形上の特性が共通で,したがって水循環*が同じように進んでいる区が識別される.

水文・水資源計画 Hydrology and Water Resources Programme

世界気象機関*による計画で，水資源の評価および水文観測網*と観測業務の発展のために国際共同体制を促進しようとするもの．

水理学的径深 hydraulic radius

河川流路*の断面積とその断面内で水に接する部分の長さ（潤辺）の比．流路の通水効率の尺度で，この比が大きいほど通水効率が高い．

水理幾何 hydraulic geometry

流量*の変化に応じて働く河川水流の調整作用を，断面と下流方向の両方について記載すること．調整される変数には，水流の幅，平均水深，平均流速，勾配，摩擦抵抗〔粗度*〕，懸濁物質*の量，水面勾配がある．流量と調整作用の関係は次の関数で表される．$y=aQ^b$．yは調整される変数，Qは流量，aとbは経験係数．

水力学的等価- hydraulic equivalent

密度の異なる粒子は流体中を異なる速度で沈降する．ある鉱物粒子の粒径*は，その鉱物粒子と同じ速度で沈降する石英*粒子の粒径と水力学的に等価であるという．たとえば，粒径0.2mmの磁鉄鉱*粒子（比重5.18）は粒径0.5mmの石英粒子（比重2.65）と水力学的に等価．

水理境界 hydraulic boundary

地下水*系の中で，間隙率*，貯留性（⇒貯留係数），透水性*または透水量係数*などの水力学的特性が異なる領域を分ける界面．たとえば，地下水系をモデル化したり，揚水試験を実施するにあたり，地下水系の均質性についての判断が必要となる．水力学的特性が明白かつ顕著に変化するところ（たとえば帯水層*が難透水層*に接しているところ）は，水理境界として注意を払う必要がある．

水理地質学 hydrogeology

地下水*の賦存状態と流動様式，地質への影響にかかわる地質学の分野．

水理地質図 hydrogeologic map

水理地質学上の要素を強調した地質図*．たとえば，岩石はその年代や岩相*が示されるほか，帯水層*か難透水層*かの区別がなされ，地下水位，湧泉*，水源なども記入される．一般に，地質図よりも利用者の解釈にまつ程度が高い．

水流次数 stream order

水系網をなしている水路の等級（支流の区間長により決定される）．支流をもたない最先端の支流を一次とし，一次水流が合流したものを二次と，合流するにしたがって次数を増やしていく方法が一般的．水系網の定量的な解析の基本となっている．⇒ 水系型

水和作用（水化作用） hydration

水と他の物質が化学的に結合すること．鉱物*（たとえば硬石膏*）に水が加わって水和鉱物（石膏*）が生じる．ふつう膨張をともなう．岩石の風化*によって粘土*や経済的価値のある鉱物（カオリン*，滑石*，針鉄鉱*など）が形成されるうえに重要な過程．

スウィングバイ swing-by ⇒ 重力アシスト

スヴェードベリ単位（S） Svedberg unit

沈降係数*の測定単位．10^{-13}秒に等しい．数字と記号を字間をあけずに列記する．例，64S．

スウェール swale

1．浜*上を海岸線にほぼ平行に延びる高まり（浜堤；ridged beach）にはさまれた狭長な低所．2．平坦な地表に見られる凹地．3．波曲をなすグランド・モレーン*表面の低い部分．氷河*からの不等堆積による．〔4．ハンモッキー斜交層理*のうち，上方に凹の谷部．〕

スウェール状斜交層理 swaley cross-bedding

ハンモック部をほとんど（あるいはまったく）欠き，スウェール*部のみが残されているハンモッキー斜交層理*．

数値分類学 numerical taxonomy

純粋に数学的な生物の分類法．観察される生物の特徴を数値化することに基礎を置き，種やそれより高次の分類階級での検討をおこなう．形質*をグループ化してその類似性の評価を行い，その結果を表形図*あるいは系統樹*として図示する．この方法による分類が有効で，かつ正しく系統発生*を反映しているかどうかについては議論の余地がある．⇒ タクソン；分類1

スエバイト suevite

隕石衝突クレーター*内に見られる，ガラス*基質*と岩石破片からなる角礫岩*．隕石*の衝突にともなう衝撃波は，数マイクロ秒にわたって岩石に極端な高圧と高温をもたらす．これが衝突地点近くの岩石を破砕したり溶融したりする．衝撃波の通過後，溶融体は冷却してスエバイト中のガラス成分（インパクタイト*・ガラスと呼ばれる）となる．

スカー scar

イングランドのヨークシャーデールズ地方（Yorkshire Dales）で，ほぼ水平な石炭紀*の石灰岩層に発達する，裸岩の崖状の急斜面．露頭*をなす石灰岩*が純粋で厚く成層しているほど急傾斜かつ高いスカーをつくっている．その基部に崖錐*が形成されていることが多い．

スカープ scarp（**エスカープメント** escarpment）

水平ないし緩傾斜する地塊の縁を限る急斜面または崖．さまざまな型があり，成因によって区分される．断層崖（断層スカープ）は断層*によって地表面が転位した結果，片側が高くなって生じたもの．断層線崖（断層線スカープ）は古い断層の片側が侵食*されて生じたもので，逆従*断層線崖と再従*断層線崖とがある．複合断層線崖（複合断層線スカープ）は侵食と断層運動とが重複したもの．侵食性のスカープは下方侵食またはペディメント*における谷頭侵食による．

スカープ基部の遷移点 scarp-foot knick

半乾燥環境のスカープ*とそれから延びるペディメント*の接点にしばしば見られる，勾配の急変点．スカープ後退*が起こっている領域とペディメント化が起こっている領域の境界にあたる．節理*がスカープ後退の原因となっている場合には，著しく顕著な急変が見られる．

スカープ後退（斜面後退） scarp retreat

ビュート*，メサ*，ケスタ*，その他の高原の頂面を限る比較的急な斜面が後退すること．斜面下を流れる河川の側方侵食*，泉*のサッピング〔sapping；崖などの下を掘ること〕，マス・ウェースティング*，雨食*，風化作用*などいくつかの地形形成営力が

かかわっていると考えられる．半乾燥条件下では斜面は同じ勾配を保ったまま後退していく〔平行後退〕．

スカープ斜面 scarp slope

スカープ*がなす比較的急勾配の斜面．急勾配は，相対的に弱く侵食*されやすい地層*を抵抗性の大きい地層が覆っていることによって維持される．侵食営力は，泉*のサッピング〔⇒ スカープ後退〕，マス・ウェースティング*，面状洪水*など．

スカポライト scapolite

準長石*．$(Na, Ca, K)_4[Al_3(AlSi)_3Si_6O_{24}](Cl, SO_4, CO_3, OH)$；２つの端成分*，曹柱石（NaとCl）および灰柱石（CaとCO$_3$）のあいだで固溶体*系列をなす；比重2.5（曹柱石）〜2.7（灰柱石）；硬度*5〜6；白色または淡青〜緑色を帯びる；結晶形*は小さい角柱状または塊状．ペグマタイト*の石英*または斜長石*を置換していることもあるが，主に変成岩*や交代岩〔⇒ 交代作用〕に産する．スフェン*，グロシュラー*，透輝石*，緑簾石*と共生する．

スカルン skarn

接触交代変成岩〔⇒ 接触変成作用〕．カルシウム，マグネシウム，鉄の珪酸塩からなり，鉄，銅，マンガンの硫化物と酸化物をともなうこともある．近くの貫入岩体*（多くは花崗岩*）からもたらされた大量の珪素，アルミニウム，鉄，マンガンと石灰岩*または苦灰岩*との交代作用*によって形成される．スカルンには磁鉄鉱*と硫化銅の鉱床*をなしているものが多い．

スカンジナビア氷床 Scandinavian ice sheet

第四紀*にスカンジナビア地方を覆って発達した氷河*．スカンジナビアとその周辺地域における下方への撓曲〔地殻*のゆるやかな曲がり〕の程度および地表面の部分的な高度回復の程度に基づいて，氷の厚さは2,600mと推定されている．

スキチアン統 Scythian（Skythian）

元来はアルプス地方の三畳系*基底をなす階*として設定された．今日では統*として認められている．アンモナイト*帯に基づいて，グリーンバッキアン階*，ディーネリ

アン階，スミシアン階，スパシアン階*の4つの階*に区分されている．この統に相当するスキチアン世の年代は245〜240 Ma (Harlandほか，1989)．

スキップマーク skip mark
物体痕*の一種．泥質の堆積物表面に物体が低角度でぶつかって弾みながら進んでつけた，直線状に続くへこみ．

隙間雲 perlucidus
'光を通過させる'を意味するラテン語 perlucidus に由来．大きく広がった層状の雲で，隙間があり青空や上の雲が見えるもの．層積雲*や高積雲*の変種．⇨ 雲の分類

ずきん雲 pileus
'帽子'を意味するラテン語 pileus に由来．鉛直に発達する雲の頂部またはその上に小さい覆いとして現れる付随雲．積雲*または積乱雲*にともなう．⇨ 雲の分類

スクィーズ・アップ squeeze-up
溶岩流の固結した表面の割れ目または裂け目を通って，少量の粘性*の高い溶岩*が内部の圧力によって押し出されてつくる地形．一般に球形または直線形で，高さは数cmから数mにわたり，側壁に鉛直方向の溝がついていることがある．

スクーリアン亜階 Scourian
ルーイシアン階*中の亜階*．年代は約2,600〜2,300 Ma．スクーリー岩脈*とスクーリー片麻岩*で特徴づけられる．名称はスコットランド北西部のスクーリー(Scourie)に由来．⇨ インベリアン亜階

スクーリー造山運動 Scourian orogeny
始生代*中の約2,600 Maにラックスフォード造山運動*に先だって起こった造山運動*．ただしラックスフォード造山運動の初期時相*である可能性もある．ラックスフォード地域に南接する北西-南東方向の褶曲*で代表され，今日のスコットランド北西端に分布するルーイス片麻岩*の一部に影響を与えた．

スクレロチナイト sclerotinite ⇨ 石炭マセラル

スクロール・バー scroll bar
突州*上で等高線とほぼ平行に並ぶ砂*の峰．

スコアー・フィル構造 scour and fill
高い流速の水流が下位の地層*をうがってつくった，上方に凹の侵食面によって特徴づけられる堆積構造*．水流の流速が減衰していく過程で，洗掘痕(スコアー)が粗粒の堆積物*によって充塡されたもの．

スコアー・ラグ堆積物 scour lag
洗掘痕(スコアー)の表面に直接接する粗粒の堆積物*．

スコリア scoria
ストロンボリ式噴火*をする火口のまわりに集積する，玄武岩*質の粗い未固結放出物．これが厚く積もると，スコリアの安息角*をもって斜面をなす，高さ数十mから300mのスコリア丘*に成長する．スコリアのクラスト*は，粒径が多様で，泡だったような組織*を呈し，気孔*に富んでいる．暗灰色を呈することが多いが，新鮮なものは真珠光沢*を示すことがある．ただし，火口から出る蒸気と反応して酸化され，暗赤褐色を呈することが多い．

スコリア丘 scoria cone(**噴石丘** cinder cone, **火山灰丘** ash cone)
通常，組成が玄武岩*質ないし安山岩*質で粒径が2〜64 mm程度の火山砕屑物*(噴石，スコリア質*放出物)からなる火山錐*．空中降下火砕物の安息角*である約30°の勾配をもつ直線的な斜面をなす．溝や裂け目をもつもの，錐に寄生する錐など，複雑な変種もある．

スコリア質 scoriaceous
気孔の多い溶岩*または火山砕屑岩*がもつ，泡だったような組織*をいう．⇨ スコリア；気孔

スコリシア属 Scolicia
第三紀*および第四紀*の砂層あるいは泥質砂層中にしばしば見つかる生痕属*．移動能力をもち化学共生*をする動物によりつくられた構造からなる生痕ギルド*．多くはブンブクウニ類に属するオカメブンブク(エキノカルディウム・コルダータム Echinocardium cordatum)が残したものであり，まれに生痕中にそのままオカメブンブクが残されていることがある．

スコリトス属 *Skolithos*
定住的浮遊物食者が形成した生痕属*．オフィオモルファ属*とともに，鉛直ないし急傾斜した管状またはU字型の巣孔*よりなる生痕ギルド*を構成する．スコリトス属にはスプライト*構造は見られない．浅海の分級のよい砂質底で形成されるこのタイプの生痕化石*は，カンブリア紀*以降，現世に至るさまざまな地質時代の堆積物に見られる．

スコール squall
少なくとも16ノット（30 km/時〔約 8.3 m/秒〕）に達する強風をともなう一過性の気象現象．激しい雷雨をもたらすことがある．⇒ 線スコール

スコレコドント scolecodont
環形動物（門）*の顎器官や小歯の化石を指し，通常対をなして見つかる．黒色のものが多く，キチン質．さまざまな地質時代の堆積物から見つかっている．

錫石（すずいし） cassiterite
鉱物．SnO_2；比重 6.8～7.1；硬度* 6～7；正方晶系*；通常は赤褐～ほぼ黒色，ときに帯黄ルビー色；条痕*白～灰色；ダイヤモンド光沢*；結晶形*は通常は錐状，角柱状，ときに塊状，粒状；劈開*は角柱状で{100}，{110}．花崗岩*やペグマタイト*にともなう高温熱水*鉱脈*に，黄玉*，石英*，電気石*，雲母*，緑泥石*，高温型金属鉱石と共生して産する．また化学的・物理的な抵抗性が高いため，沖積*堆積物中に濃集する．最も重要な錫の鉱石*．

スタイロライト stylolite
深く埋積された岩石中で圧力溶解*によって形成された，縫合状の不規則な粒子接触面．石灰岩*で最もよく見られ，不溶性の粘土*残滓が縫合面に沿って濃集して目につきやすくなっていることもある．スタイロライト化作用によって石灰岩層の厚さが 40% ほど減少することもある．

スタイロライト化作用 stylolitization ⇒ スタイロライト

スターダスト Stardust
ワイルド2彗星*のコマ*から試料を採取するため，1999年打ち上げ予定の NASA*の探査機．

スタート紀 Sturtian
原生代*で2番目に若い紀*．年代は約 825～625 Ma（Harland ほか，1989）．

スタンピアン期 Stampian ⇒ ルペリアン

スティグマリア属 *Stigmaria*
石炭紀*に繁栄したリンボク（鱗木）目の地下茎に対する形態属*．

捨石 rip-rap
波浪にさらされるダム，防潮堤，その他の構築物を侵食*から保護するために，選別されていない不定形の大きい岩片を水底や軟弱地盤上に敷いてつくる基礎．灌漑工事や護岸工事で広く用いている工法．

スティショバイト stishovite
シリカ*の高密度相，化学式は石英*と同じ SiO_2；10 GPa 以上の圧力で生成する；隕石*の衝突跡で見られるが，地球の岩石ではまれ；比重 4.3；これと同じ格子*構造をもつ鉱物*は上部マントル*に存在すると考えられている．

スティルプノメレン stilpnomelane
鉱物．$(K, Ha, Ca)_{0-1.4}(Fe^{2+}, Fe^{3+}, Mg, Al, Mn)_{5.9-8.2}[Si_8O_{20}](OH)_4(OH, Fe)_{3.6-8.5}$；比重 2.59～2.96；硬度* 3.0～4.0；三方晶系*；性状は黒雲母*に似る．鉄とマンガンに富む堆積岩*起源の変成岩*に産するほか，藍閃石片岩*に産することもある．

ステゴサウルス亜目 Stegosaurida
四足歩行性竜盤目*恐竜*の1亜目で，主にジュラ紀*に生存した．背と尾に沿って発達する2列の骨板と棘が特徴的．

ステップアウト stepout ⇒ ムーブアウト

ステノ, ニコラウス（1638-87） Steno (Stenonis), Nicolaus（**ニールス・ステンセン** Niels Stensen）
デンマークの医師．1665年にフィレンツェに移住．化石*を太古の生物の遺骸とみなして，化石が地中で成長するという当時の考えに異論を唱え，また結晶などの無機物質と区別した．トスカナ地方の地層*が累重して形成されたと考え，層序学*の基礎概念を示した．

ステファニアン統 Stephanian
ヨーロッパにおけるシレジア亜系*（上部

石炭系*）中，最上位の統*．ウェストファリアン統*の上位．年代は305～290 Maで最上部モスコビアン統*，カシモビアン統*，グゼーリアン統*にほぼ相当する．ステファニアン統の最下部は以前はウェストファリアン統Eとされていた．

ステファン-ボルツマンの法則　Stefan-Boltzmann law
　黒体*から放射されるエネルギーはその絶対温度*の四乗に比例するとする法則．

ステレオ投影　stereographic projection
　三次元立体を二次元的に表示する方法．立体の面や線の方位は，立体を中心におく仮想的な球の赤道面の円周〔基円*〕との関係で表される．構造地質学や結晶学で広く用いられている．

ステレオ投影図　stereogram
　ステレオ投影*によって二次元的に表された図．地球の北半球上の点を南極と，南半球上の点を北極と結ぶことによって，赤道面に投影することができるように，球面上の点は投影面*に投影される．ウルフのステレオ・ネット*は，2°間隔の大円*と小円*からなり，直径が20 cmほどの投影面（赤道面）．フェデロフ・ネットは，基円*と共通の同心をなす10°間隔の小円および垂直な大円を表す放射状の半径からなる．ステレオ・ネットにトレーシングペーパーを重ね，中心をピンでとめて回転させて投影する．

ステレオ・ネット　stereonet (stereographic net)
　球面上で座標系（ネット）をなす経線・緯線を大円*・小円*として球の赤道面に二次元的に投影したもの．構造データを解析するうえに，等角度ネット（ウルフ・ネット）と等面積ネット（シュミット-ランベルト・ネット）*の2種類がある．後者はデータに等値線をほどこして定方向配列*の集中度を判定するのに用いる．

ステレオーム　stereom (stereome)
　棘皮動物（門）*に見られる，主にマグネシウム方解石*からできているメッシュ状の器官で，そこで骨格が形成される．イシサンゴ目*では，霰石（あられいし）*結晶の束からできた横方向に発達する二次的構造を指し，外壁*を肥厚化して補強する．

ステロポドン属　Steropodon
　オーストラリア中央部ライトニングリッジ（Lightning Ridge）の白亜系*から知られている，最初期の哺乳類*である単孔類*の属．現在までに，オパール*化した顎と歯のみが知られている．白歯のパターンは，単孔類が獣亜綱（類）から派生したもので，別の先哺乳類系統から由来したものではないことを示している．属名は産出地名'lightning（稲妻）'を意味するギリシャ語 steropeに因む．

ステンセン，ニールス　Stensen, Niels ⇨ ステノ，ニコラウス

ストークスの法則　Stokes's law
　懸濁粒子が沈降する速度を定めた法則．ストークス（Sir George Gabriel Stokes, 1819-1903）が1845年に発表した．沈降速度 V（cm/秒）は $V=CD^2$ で与えられる．Cは流体の密度と粘性*および粒子の密度によってきまる定数，Dは粒子を球と仮定したときの直径（cm）．

ストス・アンド・リー　stoss and lee
　氷河*によって削磨*された基盤岩の突起の上流側斜面（ストス）と下流側斜面（リー）．上流側斜面は研磨されてなめらか，下流側は剥ぎ取られてごつごつしている．この地形が卓越する景観を'ストス・アンド・リー地形'という．⇨ 羊群岩

ストス・アンド・リー地形　stoss-and-lee topography ⇨ ストス・アンド・リー；羊群岩

ストーピング　stoping
　1．火成岩*が貫入*する機構．進入してきたマグマ*が母岩*を引き剥がして上昇する．分離した岩塊はマグマ中に沈下する．**2**．地下採鉱で，鉱体中の岩石を破砕して除去する作業．

ストーム層　storm bed
　嵐によって堆積した堆積物からなる地層*．通常，浅海における波浪作用の産物で，'イベント堆積物'，すなわち持続時間の短い高エネルギー堆積環境における堆積物とみなされることが多い．

ストーム堆積物　storm deposit ⇨ テンペスタイト

ストーム浜 storm beach
　嵐によって粗粒堆積物が蓄積された高潮位よりも上の領域．礫，貝殻破片などの粗い物質が強い嵐の間に打ち上げられて畝または堆状をなしている．

ストラット，ジョーン・ウィリアム (1842-1919) Strutt, John William (**ロード・レイリー** Lord Rayleigh)
　ケンブリッジ大学の数学・物理学者．光学，希ガス，波動力学などを研究．地球科学の分野では岩石の放射能を研究し，また地震の表面波*の1型式に自身の名を冠した．⇨ レイリー波；レイリー数；レイリー散乱

ストラトメア stratomere
　クロノメア*に同義．⇨ 年代層序学

ストリーマー streamer
　海洋での地震探査*に使用する，多数（ときには数百個）のハイドロフォン*を内蔵した長い（ときには数km）チューブ・ケーブル．船舶が曳航できるようにチューブは油で満たし全体として海水の比重とほぼ同じにしてある．中立ブイや深さを一定に保つための深度制御装置を備え，ケーブルの航跡角*を監視するためのコンパスが間隔をおいてとり付けてある．

ストリング string
　フライヤー．最大10個までのジオフォン*をまとめて恒常的に接続し，受振ケーブルへの信号の取り出し口が1つ付けてあるセット．1つのジオフォン群*を構成する．

スードレヤン階 Soudleyan
　オルドビス系*カラドク統*中部の階*．ハルナジアン階*の上位でロングビリアン階*の下位．

ストロフィック型 strophic ⇨ 蝶番

ストロフォメナ目 Strophomenida (**ストロフォメナ類** strophomenids；**有関節綱*** class Articulata)
　腕足類（動物門）*で最大の目で，現在では絶滅*している．一方の殻*は凸型，もう一方は平坦か凹型で，直線的な蝶番*線をもつ．肉茎*は退化して失われており，茎孔*は成体の殻では1枚の板*に覆われている．底質に茎殻を固着させるものや，殻表面の管状の棘により固着するものもある．殻構造は偽斑（⇨ 有斑 **2**）．オルドビス紀*前期に出現し，ジュラ紀*前期に絶滅した．最大の腕足類である石炭紀*のプロダクタス・ギガンテウス*はこの目に含まれる．

ストロマタクティス stromatactis
　方解石*セメント*によって充填されている一連の細長い空隙．頂面が湾曲しているか不規則で床面は平坦．石灰泥丘*にごくふつうに見られる．生物起源とみなされていたが，最近では，石灰泥*の脱水作用によって生じた空隙，あるいは皮殻が局部的に膠結*されてその下に生じた空隙と考えられている．

ストロマトシスティテス・ウォルコッティ *Stromatocystites walcotti*
　カンブリア紀*前期に生存していた，座海星綱の棘皮動物（門）*に属する最初期の種の1つ．体（殻*）は五角形で，表面には明瞭な5本の'腕状'の歩帯*が認められる．殻は多数の殻板から構成されているが，各殻板の癒合は弱い．

ストロマトライト stromatolite
　シアノバクテリア*が堆積粒子を捕らえて形成した層あるいはマットが，長期間にわたり積み重なってできた層状，小丘状の生物源*堆積構造*．温暖な浅海域で見られる．オーストラリア西部シャーク湾（Shark Bay）では現生の，まさに形成されつつあるストロマトライトが知られている．シアノバクテリアが形成したものかどうかは定かではないものの，先カンブリア累代*前期の岩石からも化石*ストロマトライトが産出する．

ストロンチアン石 strontianite
　鉱物．$SrCO_3$；比重 3.7；硬度* 3.5〜4.0；斜方晶系*；白〜淡緑，灰，淡黄色；条痕*白色；ガラス光沢*；結晶形*は角柱状または針状，ただし塊状，繊維状のこともある；劈開*は角柱状{0001}に良好．低温型熱水*鉱脈*，石灰岩*に，しばしば天青石*，重晶石*，方解石*とともに産する．希塩酸に溶解して発泡．名称は模式地のスコットランド高原地域（アーガイル，ストロンチアン；Argylle, Strontian）に由来．

ストロンチウム同位体比初生値 initial strontium ratio (common strontium)

ストロンチウムには4種の天然の同位体*, ^{88}Sr, ^{87}Sr, ^{86}Sr, ^{84}Sr がある. このうち, ^{87}Sr はルビジウムの同位体 ^{87}Rb の放射性崩壊*によってつくられる. このことをふまえて地球年代学*の重要な方法が考案されている. 岩石のストロンチウム（普通ストロンチウム）同位体比初生値とは, 岩石が結晶化したときの, 放射性起源同位体である ^{87}Sr と通常の非放射性起源の同位体 ^{86}Sr との比を指す. ルビジウムを含まない仮想的な岩石ではこの比は永久に変わらない. しかし, ほとんどの岩石は多少ともルビジウムを含んでいるため, その崩壊によって ^{87}Sr の量はたえず増え続け, 岩石中のルビジウム量に比例する速度で ^{87}Sr/^{86}Sr 比も増え続ける. 岩石の同位体比初生値はその構成鉱物*のいくつかについて今日の ^{87}Sr/^{86}Sr 比を測定して求める. 岩石中の各鉱物が最初に結晶化したときには同じ ^{87}Sr/^{86}Sr 比を示していたはずである. しかし, 各鉱物のルビジウム含有量が異なるので, ある時間後にはその ^{87}Sr/^{86}Sr 比は, 含んでいるルビジウムとストロンチウムの相対量によってきまる量だけ初生値より増大する. そこで, 鉱物の今日の比をアイソクロンとしてプロットすれば, ストロンチウム初生値と岩石の年代が容易に求められることになる.

ストロンチウム同位体比初生値は, 火成岩*の源岩〔溶融してマグマとなる前の岩石〕の化学組成と年代について, 他の方法では得られない情報をもたらすので重要視されている. たとえば, 放射年代がごく若いにもかかわらず初生値が極めて高い火成岩は ^{87}Sr に富む源岩から由来したにちがいない. この源岩はルビジウムに富んでいて ^{87}Rb の放射性崩壊によって ^{87}Sr が十分に蓄積するに必要な年代を経ていたはずである. 大陸の衝突帯*（アルプスなど）の若い花崗岩*は極端に高い（0.8にも及ぶ）初生値をもち, 古い地殻*片麻岩*の溶融によって形成されたものである. 同じ源岩が時代を異にして溶融し て生じた花崗岩は, 源岩が溶融したときに蓄積されていた ^{87}Sr の量が異なるので, ストロンチウム同位体比初生値からただちに識別される. 島弧*で形成された花崗岩は若いマントル*物質から由来しているので, 著しく低い（0.704〜0.706）初生値で特徴づけられる. 同じことがマントルにおける玄武岩*の源岩についても適用される. ただ, マントルはルビジウムに乏しいため現在の ^{87}Sr/^{86}Sr 比と初生のそれの違いははるかに小さい. 典型的な海嶺玄武岩*の初生値は 0.703 に近い. 46億年前の地球創生時には, 地球全体についての初生値は 0.699 であったと推定されている. ⇒ アイソクロン

ストロンボリ式噴火 Strombolian eruption

比較的おだやかな噴火*を頻繁にくり返す型式の火山活動*. 溶岩*は玄武岩*質であるが, 粘性*が高いため, ガスが閉じ込められて圧力が蓄積し, 小爆発をくり返す. 空中に放出された溶岩は落下して, テフラ*と交互層をなして急斜面の火山錐*を形成する. 山腹の割れ目から溶岩流が流出することが多い. ⇒ 火山. → ハワイ式噴火；プレー式噴火；プリニー式噴火；スルツェイ式噴火；ベスビオ式噴火；ブルカノ式噴火

砂 sand

1. 広く用いられているアデン-ウェントウォース尺度では, 粒径が 62.5 μm から 2 mm までの粒子. 他の分類法もある（⇒ 粒径）. 土壌学では, 国際分類法で粒径 20 μm 〜2.0 mm, USDA*（アメリカ）で 0.5〜2.0 mm の鉱物*粒子と定義されている. **2.** 土壌組織の1階級. **3.** ⇒ シャープサンド

砂嵐 sandstorm

乱れた風によって砂*や塵粒子が, ときには相当な高度まで舞い上げられる現象. 視程が著しく低下する.

砂火山 sand volcano

砂*がなす小さい火山*に似た形態の円錐体. 直径が数 m を超えることはまれで, 高さは 50 cm 以下. 内部は, 中心部の塊状の栓とこれをとり巻いて外形に平行な葉理*をもつ砂からなる. 上位層による封圧下にある砂が液状化*し, 局所的な通路を通って地表に噴出することによって生成する.

砂リボン　sand ribbon

直線状またはうねった細長い砂体*．長さが15 kmにも達することがあるのに対して幅はせまく200 m程度，厚さは1 m以下．流れが速く，砂*に乏しい大陸棚*の水深20〜100 mの海底に発達する．一般的に幅/長さが1/100以上，厚さ/幅が1/10以上の形状をもつ大規模な砂体を指すこともある．

スネルの法則　Snell's law

反射角（r）の正弦に対する入射角（i）の正弦の比は，共通の境界面で境された2つの等方性*媒質に関して一定であるという法則．反射係数*nは次の式で与えられる．$n = \sin i / \sin r$ および $n_1 \sin i = n_2 \sin r$．n_1 と n_2 は2つの媒質の反射係数．この法則は，ある境界面に入射したP波*は一部P波として，一部S波*として反射*および屈折*することも示している．オランダの天文学・数学者ウィレブロード・スネル（Willebrord Snell, 1591-1626）が公式化した．

スパイク　spike

1種類の同位体*の自然増加によって同位体組成が変化してきた元素を既知量含んでいる溶液（液体または気体）．同位体希釈分析*で，質量分析*による同位体分析をおこなう際に，試料溶液に一定量のスパイクを混ぜる．

スパイダー・ダイアグラム　spider diagram

2種の火成岩*または火成岩型に含まれる各種元素の量の違いを示すダイアグラム．通常，片方の岩石，たとえば海嶺玄武岩*や炭素質コンドライト*での存在度を基準値とする．もう一方の岩石の各元素存在度をこれらの標準岩石で'規格化'（標準岩石のそれで割ること）した値を，原子番号*（x軸）の順にプロットする．標準岩石と同じ含有量の元素では1となる．もし両岩石の組成が同じであれば，プロットはy軸の1を通りx軸に平行な直線上に並ぶ．含有量が標準岩石より多い元素では1より大きい値，少ない元素では1より小さい値となる．プロットを直線で結ぶと山と谷からなる折れ線グラフ（スパイダー・ダイアグラム）が得られ，組成の系統的違い，たとえば不適合元素*の相対的な濃集が一目でわかる．

スーパーインターバル　superinterval

磁極*の見かけの移動経路*のなかでヘアピン*にはさまれる期間．通常数億年にわたる．

スパーカー　sparker

電極からの高圧の火花放電によって海水をイオン化し，ガス・プラズマの泡を急激に発生させる振源．貫通距離は限られているが（100 m），解像度は高い（1〜2 m）．

スーパーサウルス属　*Supersaurus* ⇒ 竜脚亜目

スパシアン階　Spathian

スキチアン統*最上部の階*．ナンマリアン階*の上位．

スパストリス　spastolith

軟らかい物質からなるため，埋没後の機械的な圧密作用*によってつぶされて変形した粒子．

スパースミクライト　sparse micrite ⇒ フォークの石灰岩分類法

スーパーセル　supercell

積乱雲*のなかで小さい対流セル*がいくつか合体して発達した極めて大きい対流セル．スーパーセル内では大気は45 m/秒もの速度で上昇し，圏界面*をつっ切って高度16 km以上に達することもある．ふつうの雷雨を起こす対流セルよりもはるかに長時間持続し，激しい嵐をもたらす．竜巻*が発生することもある．

スパター（溶岩餅）　spatter

ストロンボリ式噴火*によって放出されて積み重なり，火道の周囲にランパート（高まり）を形成する流動性の高い玄武岩*質火山砕屑物*．個々の塊は接地時に極めて粘性*が小さいため，たがいに溶結して，扁平なパンケーキのようなランパートをつくる．

スパター・コーン　spatter cone（溶岩滴丘 driblet cone）

流動性の高い玄武岩*質溶岩*の塊として放出された火山砕屑物*からなる，小さい火山錐*（多くは高さ5〜20 m）．

スパター溶岩流　spatter-fed flow ⇒ ハワイ式噴火

スパーライト　sparite

スパーリー方解石*セメント*．石灰岩*の

堆積後，その間隙空間を通過する炭酸塩に富む溶液から沈殿して，間隙を充塡した粗粒方解石からなる結晶質セメント．

-スパーライト -sparite ⇨ フォークの石灰岩分類法

スピクライト spiculite
1. 主として海綿（動物門)*の骨針*からなる堆積岩*または堆積物*．〔2. ガラス質*火山岩*の石基*中に産する微小な結晶*胚種の一種．桿状に延び，両端がとがっているもの．〕

スピニフェックス組織 spinifex texture
ほぼ平行な刃状*ないし板状の骸晶*をなすマグネシウムかんらん石*またはアルミノ輝石*が十文字に交叉している組織*．そのすき間を，脱はり化*したガラス*や骸晶状の輝石とクロム鉄鉱*からなる細かい集合体が充塡している．通常，マグネシウムに富むコマチアイト*溶岩*の極端な急冷*によってできる．

スピネル spinel
酸化物鉱物*の重要な族．スピネル系列，磁鉄鉱*系列，クロム鉄鉱*系列の3系列からなる．スピネル系列はXAl_2O_4で，スピネルで$X=Mg$，鉄スピネルで$X=Fe^{2+}$，亜鉛スピネルで$X=Zn$，マンガンスピネルで$X=Mn$；この4つのスピネルおよびマグネシオクロマイト（$MgCr_2O_4$）を端成分*とする完全な固溶体*が存在する；相当量のFe^{2+}（$Mg:Fe=1:3$）をもつスピネルはプレオナステ，Fe^+とCr^{3+}をもつものはミッチェライトと呼ばれる；比重3.5〜4.1；硬度*7.5〜8.0；スピネルは暗緑色，鉄スピネルは暗青緑色；スピネル系列のスピネルはすべて小さい八面体をなす．超塩基性*貫入岩*に産するクロム鉄鉱系列とは異なり，片岩*と片麻岩*に，珪線石*，ざくろ石*，菫青石*とともに産する．接触変成作用*を受けた不純な石灰岩*ではコンドロ石*，かんらん石*，斜方輝石*と，エメリー*鉱床*ではコランダム*と共生する．塩基性岩*のアルミナ質捕獲岩*に見られることもある．沖積*堆積物に濃集しているもののなかには宝石*となるものもある．鉄スピネルは変成したラテライト*，亜鉛スピネルは，花崗岩*ペグマタイト*，マンガンスピネルはマンガン鉱脈*に産する．

スピライト spilite
低変成度*の変成岩*．曹長石，緑泥石*，アクチノ閃石*，スフェン*，方解石*からなり，緑簾石*，ぶどう石*，ローモンタイト*をともなうこともある．海嶺玄武岩*の海底における交代作用*によって生成する．海洋地殻*内を循環している海水とナトリウムが冷却中の玄武岩岩脈*と溶岩*に加熱されて岩石と反応し，玄武岩の鉱物組成を変化させる．

スピリファー目 Spiriferida（**スピリファー類** spiriferids；**有関節綱*** class Articulata）
腕足動物門*の目の1つで，らせん状の腕骨*と，有斑あるいは無斑で両凸の殻，大きい体腔*をもつ．オルドビス紀*中期に出現し，ジュラ紀*前期に絶滅*した．

スーファ thufur（**アース・ハンモック** earth hummock）
高さ0.5m程度，直径1〜2mのドーム状の構造土*．現在および過去の周氷河*環境に見られる．堆積物の核をもつものが多い．地中氷による一種の不等凍上*によって形成される．〔スーファはアイスランド語．〕

ズーフィコス属 *Zoophycus*
コンドライテス属*とともに，数多く枝分かれして放射状に広がる生痕ギルド*を構成する生痕属*．ズーフィコス属は蠕虫（ぜんちゅう）様の動物が堆積物中を行き来してつくった生痕化石*（定住摂食痕*）であり，各枝は新しい場を開拓した跡である．

スフェリコーン型 sphaericone ⇨ 包旋回

スフェルール spherule
微小な球状の粒子．月のレゴリス*には，隕石*衝突の衝撃による溶融あるいは溶岩噴泉*によって生じたガラス・スフェルールが普遍的に含まれる．径100μm程度のものが多い．隕石衝撃起源のガラス・スフェルール中に含まれている隕石物質からなるニッケル-鉄スフェルールは通常30μmより小さい．

スフェン sphene（**チタン石** titanite）
ネソ珪酸塩*鉱物．$CaTiSiO_4(O,OH,F)$；比重3.45〜3.55；硬度*5；単斜晶

系*；褐，灰，赤褐，黄，黒色；条痕*白色；ダイヤモンド-*～樹脂光沢*；結晶形*は楔形，ときに塊状．カルクアルカリ*〜アルカリ*火成岩*の副成分鉱物*として，燐灰石*，霞石*，エジリン輝石*とともに産するほか，接触変成作用*を受けた石灰岩*，とくにスカルン*にふつうに産する．

スプラ-（-上） supra-
'上に'，'を超えて'，'より先の時期に'を意味するラテン語 supra に由来．'上に'，'より優位に'を意味する接頭辞．〔邦訳では接尾辞であることが多い．〕

スプライト spreiten（単数形：spreite）
動物の摂食，掘削，あるいは移動行動によって堆積物中に形成される葉理*構造．この語は，'延ばす'あるいは'広げる'を意味するドイツ語 spreiten に由来．スプライトにはU字型，波状，刃型，らせん型のものがあり，つねにある範囲内でくり返されている．これは，動物による堆積物の強い擾乱を反映している．明瞭なスプライトをともなう生痕属*として，ディプロクラテリオン属*，リゾコラリウム属*，ダエダルス属*などが知られている．ズーフィコス属*などでは，スプライトは中心にある軸構造のまわりにらせんをなして配列している．⇒ 逃避痕

スプリッギナ属 Spriggina ⇒ エディアカラ動物群

スプリンゲリアン階 Springerian ⇒ チェステリアン統

スプレー断層 splay fault
主断層*末端部から分岐し，主断層に沿う転位を広い範囲に分散させているシンセティック断層*．

スペクトル spectrum（複数形：spectra；発光スペクトル optical emission spectrum）
原子が強く熱せられることによって高いエネルギー準位に移った外殻電子*が元のエネルギー準位に戻る際に，過剰エネルギーが特徴的な赤外線*・可視光線*・紫外線*として放出されて生じる線（線スペクトル）の系列．元素ごとに特徴ある線スペクトルをもっており，その強度は励起された元素の濃度によってきまる．

スペクトル色相 spectral hue
白色光をプリズムで分解して得られる光のスペクトル中に存在する色相*．赤，緑，青などがある．→ 非スペクトル色相

スペクトル・ラジアンス spectral radiance
特定波長の電磁放射*のラジアンス*．

スベコノルウェグ造山運動 Sveconorwegian orogeny ⇒ ダルスランド造山運動

スベコフェニアン階 Svecofennian
バルト楯状地*における下部原生界*中の階*．年代は約 2,600～2,100 Ma．ゴチアン階*〔Van Eysinga（1975）のカレリアン階に相当〕の下位．

スベコフェン造山運動 Svecofennian orogeny
前・中期原生代*（およそ 1,700 Ma）に，今日のスウェーデンとフィンランド南部を占めるバルト楯状地*に起こった造山運動*．ハドソン造山運動*やラックスフォード造山運動*とほぼ同時期の造山運動．

スペッサルタイト spessartite
1. ホルンブレンド*と斜長石*を主成分鉱物*とするランプロファイアー*の一種．無斑晶*のものは'孔雀石'と呼ばれる．2. ⇒ スペッサルティン

スペッサルティン（満礬ざくろ石） spessartine（spessartite）
ざくろ石*族の鉱物．$Mn_3Al_2(SiO)_3$；比重 4.18；硬度* 6.5～7.5；立方晶系*；暗赤～橙，または褐色；条痕*白色；油脂-*～ガラス光沢*；結晶形*は通常は十二面体．変成岩*と火成岩*に広く産するほか，浜砂や河川砂に濃集する．英語名称はドイツ，バイエルン州シュペッサルト（Spessart）山地に由来．

すべり双晶 gliding twin ⇒ 変形双晶

すべり摩擦係数 coefficient of sliding friction ⇒ 内部摩擦角

スペールアウ正亜磁極期（スペールアウ正サブクロン） Thvera
ギルバート逆磁極期（逆クロン）*中の正亜磁極期*．

スポット SPOT（地球観測探査機 Système Probatoire d'Observation de la Terre）
1986年に打ち上げられたフランスの観測

衛星．解像度10m（ランドサット*を上まわる）のモノクローム立体画像用のデータを送信してきた．

スポディック層位 spodic horizon
　非晶質*の有機物とアルミニウム化合物が蓄積した下層土*の特徴層位*．鉄の酸化物をともなうことも多い．

スポドソル目 Spodosol
　下層土*をなす土壌*．集積作用*により蓄積した鉄やアルミニウムの化合物と有機物からなる非晶質*物質を含む．湿潤冷温帯気候下で組織の粗い酸性物質中で生成する．

スポリナイト sporinite ⇒ 石炭マセラル

スマッジング smudging
　地表直上の大気の放射冷却*を防ぐため，物質（油など）を燃焼させて煙の層をつくること．とくに霜窪地*にある果樹園の防護策としてなされる．

スマトラ sumatra
　マラッカ海峡で通常夜間に発生する広域的なスコール*．巨大な積乱雲*がもたらすもので，強い雷雨と，南から南西ついで北西と時計まわりに風向が変わる（⇒ 風向順転）強風をともなう．

スマール smarl
　遠洋性*ないし半遠洋性*の堆積物（アール*の一種）．非生物源堆積物と石灰質-または珪質軟泥*の中間の成分をもち，厚さ1.5m程度までの不純物の少ない軟泥と互層をなす．粘土*30体積％，微化石*70％からなり，石灰質微化石と珪質微化石をほぼ等量含む．→ サール；マール；アール

スミシアン階 Smithian ⇒ スキチアン統

スミス，ウィリアム（1769-1839） Smith, William
　測量技師として運河建設工事に従事し，これを通じて化石*内容に基づいて地層*を同定，対比*することができることを学んだ．1815年，地層累重を示す最初のイングランドの地質図*と断面図を出版．

スミスの法則 Smith's rule
　重力のデータを用いて形態不明の物体の最大地下深度を決定する式．周囲の岩石と当該物体の密度の差がプラスでもマイナスでも適用される．最大深度 $d_{max} = Ag_{max}/(\delta g/\delta x)$．

$\delta g/\delta x$ は重力異常*の最大水平勾配，g_{max} は最大異常値，A は三次元物体についての0.86から二次元物体の0.65にわたる．

スメクタイト smectite
　モンモリロナイト*とベントナイト*を含む粘土鉱物*．

スモウ SMOW ⇒ 標準平均海水

スモーカー smoker ⇒ 熱水孔

スモッグ smog
　目に見える煙（*smoke*）および/または見えない汚染物質と天然の霧*（*fog*）が混合したもの．⇒ 光化学スモッグ

スモールフィヨルド階 Smalfjord
　〔原生界*最上部，ベンド系*〕バランゲル統*中の階．年代は610〜600Ma（Harlandほか，1989）．

スラー SLAR ⇒ 側方監視空中レーダー

スラストシート上面盆地 thrust-sheet-top basin ⇒ ピギーバック盆地

スラッキング slaking
　土や岩石が空気や水にさらされ，砕けて分解すること．岩石のスラッキングに対する抵抗性はスラッキング耐久試験*で測定する．

スラッキング耐久試験 slaking-durability test
　水濡れと削磨*に対する岩石，とくに泥質岩*の抵抗性を見つもる試験．抵抗性はスラッキング耐久指数として表す．

スラブ引き slab-pull
　プレート*の破壊縁*で低温・高密度の岩石圏（リソスフェア）*が流動圏（アセノスフェア）*に沈み込むことによって生じる仮想的な力．プレートを動かす2つの主要な駆動力の1つとされている（他の1つは海嶺押し*）．

スランプ構造 slump structure
　堆積構造*の一種．半固結状態にある堆積物*が，重力に従って斜面を滑動することによって形成された転倒褶曲*．

スリック slick
　水塊表面がなめらかな部分．周囲にくらべてなめらかな部分は，表面張力*を変化させる油の薄膜に覆われている場合が多い．

スリッパ状 calceolid ⇒ 単体サンゴ

スリーブ・エクスプローダー sleeve exploder（**アクアパルス** aquapulse）
　海洋での地震探査*で使用する振源．ゴム製のスリーブ（筒形の容器）を，内蔵している混合気体（プロパンと酸素）の爆発によって急速に膨張させて周囲の水塊に衝撃波を与える．バブルパルス*がもたらす問題を避けるために，発生したガスはパイプを通じて水面に排出される．

スリングラム法 slingram method
　二重コイルを用いた電磁気探査*断面作製法．一定距離を保って発信器と受信器を移動させる．

スルクス sulcus（複数形：suluci）
　'溝'を意味するラテン語．衛星*の表面に見られるいくつかの平行な峰と溝からなる複雑な地形．ガニメデ*にとくに顕著なものがある（ガリレオ・レギオ*を限る明るく輝くウルク・スルクス Uruk Sulcus）．

スルツェイ式噴火 Surtseyan eruption
　海水や湖水が開口した火道に流入したり，地下水*が浅所でマグマ*と会合することによって起こる高エネルギーの火山噴火*．噴煙柱は20 kmの高さにまで達することがあり，著しく破砕された火山砕屑物*が周囲に散布される．この語は，1963年にアイスランド南方の海底に誕生した新火山，スルツェイ火山（Surtsey）の活動を契機に生まれた．

ずれ（すべり，移動） slip
　元は接していた点が断層面*上で相対転位した距離．総転位量（傾斜移動成分と走向移動成分を合成したもの）は実移動と呼ばれる．⇒ 移動傾斜断層；走向移動断層

スレート劈開 slaty cleavage
　粘板岩*の全体にわたって，フィロ珪酸塩*鉱物が均等に分布して定方向配列*をなしているために現れる連続的な劈開*面．低変成度*の広域変成作用*によって形成される．⇒ 変成作用

スロック sloc
　ヘブリーディス諸島のマル島（Mull）とスカイ島（Skye）の海岸に多く見られる，両壁が平行で長く深い凹地を指すゲール語．片麻岩*を切っている岩脈*が侵食されたもの．

スロンボライト thrombolite
　シアノバクテリア*によって形成された，塊状の微小組織からなり葉理*を欠く構造．沿岸相石灰質岩に見られる．

スワジ亜代 Swazian
　始生代*中の亜代*で，年代は約3,525～2,825 Ma（Harlandほか，1989）．南アフリカのオンベルバハッツ層群，フィグツリー層群，ポンゴラ層群を含む．

スワール swirl
　水星*と月*の表面に見られる謎の明色の模様．地形上の起伏をもたない．大きい衝突構造と対蹠的な関係にあるようである．月のライナーガンマ・スワール（Reiner Gamma Swirl）は強い磁気をともなっている．彗星*の衝突痕との見方もある．

スワローフロート Swallow buoy ⇒ 不偏浮標

スンダランド Sundaland
　マレー半島，スマトラ，ジャワ，ボルネオからなる地域（島嶼を含む）の呼称．水深200 m以内の浅いスンダ陸棚（大陸棚*）でつながっている．この陸棚は更新世*の低海水準期には陸地となっていた．

セ

背 dorsum
　アンモノイド（亜綱）*の殻の背側*，つまり平面的に巻く殻の内周縁に沿う部分．反対側の部分は腹*．

瀬（浅瀬） shoal
　浅海の海底で盛り上がっている，未固結底質がなす，あるいは覆っている高まり．干潮時には海面上に現れることがある．

世 epoch
　国際層序委員会層序区分小委員会が定めた地質時代の期間を指す名称の1つ．第三次の地質年代単元*で，年代層序単元*の統*に相当する．いくつかの期*に細分される．いくつかの世が紀*を構成し，いくつかの紀が代*を構成する．英字による公式な*表示では，頭文字を大文字とする．例，Miocene Epoch（中新世*）．

生-（バイオ-） bio-
　1．生物そのものまたは生物がかかわる過程を表す接頭辞．'人の命'を意味するギリシャ語 bios に由来．**2．**生砕物*からなるアロケム*に冠する接頭辞．⇨ フォークの石灰岩分類法

生育蛇行 ingrown meander ⇨ 蛇行

斉一性 uniformitarianism（**現在主義** actualism）
　ハットン*が提唱した原理．'現在は過去を解くうえの鍵である'というパラフレーズで簡潔に表現される．ただ，地質時代に生起した現象で現在は起こっていない（見られない）現象もあるはずであり，その逆についても同様．したがってこれは極端に単純化した考えといえよう．

斉一性の原理 principle of uniformitarianism ⇨ 斉一性

成因的層序単元 genetic stratigraphic unit
　大規模なセットをなしている岩相（層相）*シーケンス．緩慢な堆積作用によって形成され，堆積の中断によって境されている．相互に対比*して，岩相解析などがなされる．

成因論的層序シーケンス・モデル genetic stratigraphic sequence model
　シーケンス層序学*の2学派の1つが唱えるモデル．W. E. Galloway（1989）がメキシコ湾岸での研究に基づいて提唱（『盆地解析における成因論的層序シーケンス．1．海氾濫面を境界とする堆積体の構成と成因』，*Bull. Am. Assoc. Petrol. Geol.*, **73**, 125-142）．海氾濫面*が堆積系を再編成しており，その同定と対比*が容易であるとして，海氾濫面を地層の境界とするもの．→ 堆積シーケンス・モデル

星雲説 nebular hypothesis
　カント（Immanuel Kant, 1724-1804）とラプラス*が独立に提唱した太陽系成因論．ゆるやかに回転する巨大なガス状星雲が，冷却するにしたがって，中心部のガス球とそれをとり巻く土星の輪のようなガス環に分裂．中心のガス球が太陽となり，ガス環が収縮して惑星になったとする説．

静穏 calm
　風速1ノット（0.5 m/秒）以下の無風状態．⇒ ビューフォート風力階級

静穏帯 quiet zone ⇨ 地磁気静穏帯

静穏日 quiet days（Q days）
　各月で最も地磁気擾乱の小さい5日について，地磁気の強度と方向を平均し，地球磁場*の静穏日変量を算定する．⇒ 地磁気の日変化

生化学的酸素要求量 biogeochemical oxygen demand ⇨ 生物学的酸素要求量

成角数 angularity number ⇨ 骨材試験

静岩圧 lithostatic pressure（geostatic pressure）
　地下のあるレベルにおける封圧*のうち，そのレベルより上にある岩石の荷重圧による成分．

星間雲 interstellar cloud
　異常に濃密なガスと塵がなす円盤状の集合体．質量が太陽*の10,000倍にも達するのがふつう．雲はいくつもの回転する小さい円盤に分かれ，これから星が生まれると考えられている．

西岸強化 western intensification
すべての海洋の西縁部で海流がとくに幅せまくなって勢いを増し，北半球では北方に，南半球では南方に速く流れるようになる傾向．海洋の東縁部ではこれと反対の傾向が見られる．

西岸強化底層流（西岸境界底層流） Western Boundary Undercurrent ⇨ 等深流

星間物質 interstellar medium
主に銀河系の面内で天体間の空間に存在する物質．主として水素からなり，カルシウム，ナトリウム，カリウム，炭化水素，シアンをともなう．

正規分布 normal distribution（**ガウス分布** Gaussian distribution）
統計学：〔グラフが，階級を表す軸に〕漸近的で，平均*に関して対称的なベルの形をなす確率分布*．モデルの連続変化を表すものとされている．分布型を決定する2つのパラメーターは平均と分散*．⇨ 中心極限定理

制御系 control system
人間の干渉によって機能が改変されている自然に見られる，地形学的な作用-反作用の系*．たとえば，浜*に防砂堤*を建設することによって堆積物*が集積すると，隣接地域で侵食*が促進され，さらにこれに起因する現象が誘発されるというように，作用-反作用の系全体が改変されることになる．

正形ウニ類 regular echinoids
肛門が頂上系内にあるウニ類（綱）*を指す一般用語．ペリスコエキノイデア類，ディアメダ（ガンガゼ）類，エキヌス（ホンウニ）類がこれに含まれる．

正傾型 anacline
腕足類（動物門）*で，2枚の殻の接合面*と蝶番面（主面）のなす角が90°以下のものを指す．ストロフィック型腕足類の蝶番面に一般的な型．→ 斜傾型．⇨ 蝶番

正珪岩（オーソクォーツァイト） orthoquartzite ⇨ 珪岩（クォーツァイト）

整合的 conformable
一連の地層*が連続した層序をなして累重している状態．⇔ 調和的

生痕 lebensspuren
堆積物*中に形成された生物源堆積構造*の1種．這い痕*，歩き痕*，巣孔*，穿孔*，糞粒*，糞石*などを含む．

生痕学 ichnology
底質上あるいは内部に，動物が残した這い痕*や巣孔*，その他の痕跡を研究する古生物学*の1分野．現生の動物によって形成された生痕の研究は現生生痕学と呼ばれる．また，地質時代に生きていた動物による生痕が化石*として残されているものについての研究は古生痕学（化石生痕学）と呼ばれる．

生痕化石 trace fossil (ichnofossil)
堆積物*表面あるいは内部で動物が行動することにより形成された生物源*堆積構造*．生痕化石を研究する古生物学*の分野を生痕学*と呼ぶ．這い痕*は，異なる岩相*の境界面（たとえば砂岩*と頁岩*）で最も頻繁に認められ，形態や保存様式などさまざまな基準をもとに分類される．このうち，保存様式の違いは産地分類（産出した場所による分類）に用いられる．保存過程のほかに，生痕が産出した堆積単元内での位置（層準*）も考慮される．1970年にマーチンソン（A. Martinsson）は生痕がついている堆積物との関係に基づいて生痕を4グループに区分した．(a)表生生痕；堆積物表面に形成された稜や溝など．(b)内生生痕；堆積物内につくられた管や巣孔*．(c)下生生痕；堆積物の底面に保存された稜や溝など．(d)外生生痕；生痕が残されている堆積物の外側での生物擾乱*によって形成されたもの．⇨ 化石化作用

生痕ギルド ichnoguild
ギルド*と同様，特定の利用資源や類似した行動をもつ生痕種*のグループ．

生痕群集 ichnocoenosis
単一の群集*に属する動物によって形成された生痕化石*群集．

生痕種 ichnospecies（省略形：isp.）
ある生痕属*のなかの1つの生痕化石*の種グループに与えられた種（小）名．生痕種の名称は，生物の種名と同じように慣例的にイタリックで表示され，頭文字は小文字．英語表記ではichnospeciesはisp.と略記することもある．

生痕相 ichnofacies
　岩相*，非生物源堆積構造*，特有の生痕化石* により特徴づけられる岩石あるいは岩石シーケンス．それに残されている生痕は，固有の環境下での化石生物の行動を記録している．生痕相を正確に決定するためには，異なる行動タイプを示す生痕化石の相対頻度を明らかにすることが不可欠である．

生痕属 ichnogenus（複数形：ichnogenera，省略形：igen.）
　形態の類似性から，系統的にごく近い動物によって形成されたことが明らかなため，公式な*名称が与えられている生痕化石*のグループ．生痕分類学*では，動物そのものではないものに動物命名の原則を適用して，国際動物命名規約に則った命名法をとっている．この規約によると，属より高次の分類階級のなかで，規約が規定している公式な*分類名は科のみで，科より高次の分類名は規約の規定外にある，いわば非公式な*分類名である．生痕属の名称は，生物の属名と同じように慣例的にイタリックで表示し，頭文字を大文字とする．英語表記では ichnogenus は igen. と略記することもある．⇨ ディプロクラテリオン属；リゾコラリウム属；ズーフィコス属

生痕分類学 ichnotaxonomy
　生痕化石*の分類を扱う研究分野．

生痕分類基準 ichnotaxobase
　生痕化石*の分類に用いられる形態的特徴．

生痕礫 ichnoclast
　生物活動によって壊され，破片化した生痕化石*．

生砕物 bioclast
　殻や化石*の破片．⇨ クラスト

生産縁（生産縁辺部） constructive margin**（生産境界** constructive boundary**）**
　発散しつつあり，したがって新しい地殻*が形成されつつある2つのプレート*の境界．海嶺*が発達し，浅発地震*，高い地殻熱流量*（平均の10倍にも達する），ソレアイト玄武岩（⇨ ソレアイト）をともなう．

生産境界 constructive boundary ⇨ 生産縁（生産縁辺部）

生産検層 production logging
　主にパイプ内の流体の挙動を計測するために，ケーシング内部でなされる検層*．

生産井 production well
　水力学的な特性を測定するための井戸，帯水層*に注水するための井戸，石油を移動させる注入井などとは異なり，水・天然ガス*・石油*などを実際に採取するための井戸．

静止軌道 geostationary orbit（**クラーク軌道** Clarke orbit）
　約 36,000 km（地球半径の5倍弱）の高度で，赤道面を地球の自転と同じ方向に周回する人工衛星の軌道．軌道周期*が精確に1恒星日*であるため，地球表面上のある定点の真上に静止していることになる．この高度からはほぼ半球全体が視界に入る．このような軌道の可能性を初めて示唆したクラーク（Arthur C. Clarke）に因んでクラーク軌道とも呼ばれる．⇨ 地球同期軌道

静止実用環境衛星 Geostationary Operational Environmental Satellite（**ゴエス** GOES）
　NASA* が静止軌道*に打ち上げた一連の気象衛星．ゴエス8号は1994年に打ち上げられた．

正磁場 normal field
　現在と同じ極性を示す地球磁場*．北磁極*が北半球あるいは北磁極の移動経路*上にある状態．

正写真図 orthophotograph
　高さや勾配などの地表地形によるゆがみを除いた空中写真．個々の対象物が地形図のように真上から眺めた形をなしている．ゆがみの除去には写真測量*の技術を用いる．

セイシュ（静振） seiche
　湾や湖などの閉じた水塊中の定在波（定常波）*．強い嵐の暴風によって発生することが多い．

正常圧縮粘土 normally consolidated clay
　現にかかっている荷重の圧力から期待される量だけ圧密*されている粘土*．過剰な荷重を受けたことのない粘土．⇨ 過圧縮粘土

星状砂丘 star dune
　中心からいくつかの順走斜面*が放射状に

⇨ 印は風向を示す

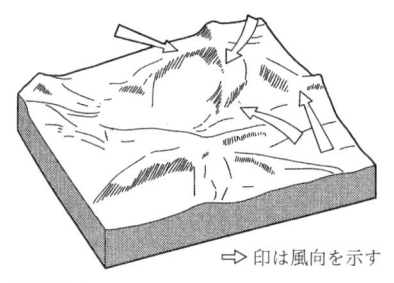

星状砂丘

延びているため星の形を呈する複雑な風成砂丘*．風向が頻繁に変化する風によって形成され，したがってその斜交葉理*が示す古流向（⇨ 古流系解析）は広く分散している．

青色片岩 blueschist

低温・高圧の広域変成作用*を受けた変成岩*．青色を呈する藍閃石*（青色の角閃石*）を多量に含む．ふつうプレート*の破壊縁*で形成される．

青色片岩相 blueschist facies ⇨ 藍閃石片岩相

静水応力 hydrostatic stress

封圧*のうち，特定の水準より上にある岩石柱に含まれる間隙水*の重量に起因する成分．主応力*はどの方向でも等しく，その変化によって物体は体積と密度が変化するのみ．容器の中に物体を封入し，全体が均圧となるまで液体を注入することによって，この状態を実験的につくり出すことができる．

静水面 potentiometric surface（piezometric surface）

観測井*における被圧帯水層*の水位によってきめられる仮想的な面．実際には，井戸での観測値を地図上で内挿して求める．不圧帯水層の地下水面*と同様，静水面の勾配によって動水勾配*と地下水流*の方向がきまる．

脆性 brittle ⇨ 耐性

生成熱 heat of formation

1モル*の物質がその構成元素からつくられる際に，発生または吸収される熱の量．

脆性変形 brittle deformation

応力*が弾性限界を越えたとき，コンピテントな岩石が破断面を境にして結合力を失うこと．温度と圧力が比較的低い上部地殻*領域で，これによって断裂（断層*または節理*）が発生する．⇨ コンピテンシー

生相 biofacies

特定の岩相*にのみ特徴的に現れる，特定の環境に典型的な化石*群集*によって定義される地層単元または単元群．→ タフォノミー

成層火山 strato-volcano（複合火山 composite volcano）

溶岩*・火山灰*・その他の火山砕屑物*の層と火山錐*上部から侵食された物質の交互層からなる火山*．世界最高級の火山は多くがこの型で，富士山やエグモント山（Egmont；ニュージーランド北島）などがある．

成層圏 stratosphere

気圏中で対流圏*の上にある安定した層．固体地球表面から平均約10 kmから50 kmの高度にわたる．下限は圏界面*．温度は，圏界面付近では全体にわたっておよそ−60°C，下部は等温層をなしているが上部では著しく上昇し，成層圏界面*で最高の0°Cに達する．高温の原因は高度15〜30 kmで濃集しているオゾンが紫外線*（波長 $0.20 \sim 0.32$ μm）を吸収するため．この高度では大気の密度が著しく低いためオゾンは総量は少ないながら，紫外線を極めて効率的に吸収し，50 km付近での高温をもたらしている．基底に等温の気温逆転層*が存在するため成層圏は安定しており，また雲の鉛直方向の成長は阻止され，背の高い積乱雲*は横に広がって鉄床（かなとこ）形の雲頂をなす．⇨ 気圏

成層圏界面 stratopause

高度約50 kmで成層圏*の上限を画する面．これより上の中間圏*では，成層圏上部で高くなっている温度（成層圏界面で約0°C）が高度とともに低下する．⇨ 気圏

生層準（生層序層準） biohorizon

1．なんらかの生層序学*的な変化が認められる地層*の境界面．2．生層序学的な鍵層*．

生層序学 biostratigraphy

層序学*の1分野．化石*植物や動物を用いて，それが発見された層準*の相対年代*決定と対比*をおこなう．生層序帯（生帯）*

が生層序学における基本的な区分単元.

生層序間隔帯 biostratigraphic interval zone ⇨ 間隔帯

生層序帯 biostratigraphic zone ⇨ 帯；生帯

生層序単元 biostratigraphic unit
特定の化石*内容によって特徴づけられる地層*からなる単元．これらの地層は同時代に堆積した堆積物*であって，それがなす単元は上下の地層から含有化石の違いによって区別される．生層序単元は年代層序学*上の意義をもつほかに地球環境を反映している．

成層堆積物 Layered Deposits ⇨ 火星のテレーン単元

正則走時曲線 normal travel time
地質構造が一様である地域のみについて，初動*から合成した走時曲線*．扇状配置爆破*屈折法地震探査*で得られた任意のオフセット*についての走時*を調整するうえに用いる．

生存曲線 survivorship curve
1つの集団において，最長年齢までの任意の個体の生存率を表したグラフ．通常，年齢に対する生存個数の対数をプロットする．1つの集団が一定の死亡率をもっているとすると，グラフは水平な直線で表される．この表示法は個体群全体，種，属，あるいはそれより高次のタクソン*の生存率を表すのにも用いられる．⇨ 同齢集団

生帯（生層序帯，バイオゾーン） biozone
1．あるタクソン*の年代層序学*的区間．すなわち，そのタクソンが生存していた期間に堆積した地層*全体を指す．2．生層序帯の省略形．⇨ 帯

生態学 ecology
生物群内部，生物と生物，生物とその環境のすべての事象（生物的，非生物的を問わない）の相互関係に関する科学．ヘッケル（Ernst Heinrich Haeckel）（1834-1919）が1869年に'家'あるいは'居住地'を意味するギリシャ語 oikos からつくりだした語．

生帯区分の要領 zonal scheme
層序*を区分するために多くの化石*を層序指示者として用いるうえの要領．

生体群 biocoenosis ⇨ 生体群集

生体群集（生体群） life assemblage (biocoenosis)
地層*が堆積した場に生息していた生物群集を反映していると考えられる化石*群集*．生体群集と解釈された群集のほとんどが，実際には過去の生物群集の一部分を代表しているにすぎない．

生態系 ecosystem (ecological system)
生物の世界（生物群系あるいは群集*）では，種はたがい同士，および周囲をとり巻く非生物的な環境と相互依存の関係にあることを述べるなかで，1935年にタンズリー（A. G. Tansley）が導入した語．基本的な概念は，食物連鎖と食物網を通じてのエネルギーの流れと，生物地球化学的な栄養素の循環（⇨ 生物地球化学サイクル）からなる．生態系の原理は，たとえば一時的に出現した水たまりから，湖や海洋，さらには地球全体まで，あらゆるスケールの領域に同等に適用することができる．ロシアや中部ヨーロッパの文献では，同様の概念を表す用語として'biogeocoenosis'という語が使われている．

生態圏 ecosphere ⇨ 生物圏

生体鉱物形成作用（バイオミネラリゼーション） biomineralization
塩（えん）などの無機成分を生物体に取り込み，その強度を増大させること．約590 Maに腕足動物門*，三葉虫綱*，介形虫綱*，筆石綱*が初めてこの作用を達成し，これらの動物の出現によってカンブリア紀*が定義されている．脊椎動物では水酸燐灰石*が一般的であるが，無脊椎動物がもつ鉱物*は多様である．方解石*と霰石*（あられいし；方解石より硬い不安定な多形*）が普遍的で，キチン質に浸透して節足動物門*の外骨格*と貝の石灰質殻をつくっている．放散虫*とある種の海綿動物門*では，骨格はオパール*質シリカ*からできている．放散虫のなかには珪質の殻の替わりにストロンチウム硫酸塩をもつものもある．

生体磁気〔生体磁気効果〕 biomagnetism
磁場が生物に及ぼす影響．種によってはこれが著しい．スピリルム科 Spirillum のバクテリアには地球磁場*の磁力線に沿って並ぶ

種がある．高等な動物，たとえばカタツムリ，ミツバチ，鳥，イルカ，おそらくヒトも感知した地球磁場を利用して向きを変えているらしい．強い磁場が人体に有害である場合があることはわかっているが，中程度の磁場の影響は研究されていない．磁気は生体の走査に利用されている．

生態層序学 ecostratigraphy
　生相*の分析に基づいて地質時代における生物群集*の状態と発展を研究する層序学*の1分野．とくに層序対比*や生物地理学*，盆地解析*など他の分野への適用に重点がおかれている．

生態的礁 ecologic reef
　1970年にダナム（R. J. Dunham）が提唱したサンゴ礁*の分類名．生物の活発な活動により堆積物が結合されてつくられた，波に対する抵抗性が高い堅固な構造物．→ 層序的礁

生態表現型 ecophenotype ⇨ 生態表現型形成

生態表現型形成 ecophenotypy
　局所的な環境状態の変化により引き起こされた発生上の変化に起因する表現型*の変化のこと．これにより，性質の異なる生態表現型がつくられる．このような表現型の出現は非遺伝的であるが，化石記録として残された場合，種分化と見あやまる可能性がある．

生態表現型効果 ecophenotypic effect
　化石*に保存されている非遺伝的な表現型*の修正で，環境あるいは生息場の要素が変わったことへの反応として形態の変化が現れること．

正断層 normal fault
　上盤*が下盤*に対し相対的に下方転位した高角度（50°以上）の傾斜移動断層*．共役断層*セットをなして断層塊*を上昇，下降させ，地溝*と地塁*を形成することがある．

生地化学探査 biogeochemical exploration
⇨ 地球植物学探査

成長曲線 growth curve
　^{238}U，^{235}U，^{232}Thの放射性崩壊*によってつくられる^{206}Pb，^{207}Pb，^{208}Pbの量の変化を表すグラフ．地球の冷却史のごく初期には放射性起源の鉛は存在しなかった．ウラニウムとトリウムが存在することによって，時間の経過とともに放射性起源の^{206}Pb，^{207}Pb，^{208}Pbが蓄積されてきた．U/Pb比とTh/Pb比とが一定である環境では，放射性起源の鉛は，娘同位体*の時間的な増加を反映して，^{207}Pb/^{204}Pb比をy軸，^{206}Pb/^{204}Pbをx軸とする図で単純な成長曲線に沿って蓄積していくはずである．曲線は原始鉛*のレベルで始まり，^{235}Uのほうが^{238}Uよりも崩壊速度が速いため，^{206}Pbよりも^{207}Pbが多くつくられる初期には急に立ち上がるが，やがて乏しくなっていくことを反映して漸減していく．この形からわかるように，成長曲線は崩壊曲線*の逆となっている．実際には試料の形成年代によって^{235}U/^{204}Pb比がさまざまであるため，いくつもの成長曲線ができる．個々の曲線は現在ある値の^{235}U/^{204}Pb比を含んでいる系内で鉛同位体比が変化してきた経路を表している．この曲線の形をきめる式は時間のみの関数であるから，年代が同じで^{235}U/^{204}Pb比が異なる系が含む鉛同位体比は，アイソクロン*と呼ばれる直線上にのる．アイソクロンは普通鉛*同位体比から逸れ，その勾配が年代を示す．

正長石 orthoclase ⇨ アルカリ長石

成長線 growth line ⇨ 成長輪

成長繊維 growth-fibre
　裂罅（れっか）*や脈*中で，壁が開いた方向（すなわち幅が拡大した方向）に伸びている細長い結晶*．

成長繊維解析 growth-fibre analysis
　石英*や方解石*の成長繊維*の方位解析．方位の変化は裂罅（れっか）*や脈*の幅が拡大する方向が変化したことを表す．

成長双晶 growthtwinning
　結晶*成長の過程で，単結晶よりもエネルギー状態が少し高い部分を境として形成される双晶*の一型．ほとんどの双晶が，原子の束を一時に1層付加させて成長する．たとえば，霰石（あられいし）*の成長双晶．

成長輪 growth band（**成長線** growth line）
　多くの生物に見られる，成長を記録する帯あるいは線．たとえば，腕足類（動物門）*

の成長線は接合面*の前面に見られる．腹足類（綱）*では，成長の中断や急速な成長が帯として殻に記録される．

性的二型性 sexual dimorphism

単一種内で雄と雌の形態が，初生的な性的形質*（生殖器官など）の違い以外でも明らかに異なっている現象．たとえば，雄シカは雌シカよりも大きい角をもち，多くの鳥類*では雄のほうが雌よりも明るい色彩の羽をもっている．性的二型性はアンモノイド類（亜綱）*でも一般的であることが知られている．またかつて別種とされていた化石*生物が実は同一種の性的二型であったという例が数多くある（たとえば，ジュラ紀*のコスモセラス・ジェイソン *Kosmoceras jason* とコスモセラス・グリエルミィ *K. gulielmi* は，前者の性的二型である）．⇨ 二型性

晴天乱流（CAT） clear-air turbulence

雲がまったくない状況でも発生する，上昇気流と下降気流からなる複雑なパターンの乱気流．対流圏*上部から成層圏*下部にかけてのジェット気流*にともなう強いウインドシア*が原因．航空機にとって危険な現象．

精　度 precision ⇨ 誤差

正の逆転 positive inversion ⇨ 逆転 2

セイフ（シフ） seif dune

頂部が屈曲した刀のように鋭い線状となっている砂丘*．暑い砂漠に見られる．バルハン*の腕が側方に伸びたもので，2系統の卓越風によってつくられる．

セイフ（シフ）

西風海流 West Wind Drift ⇨ 環南極海流

生物埋め込み bioimmuration

化石化作用*の1様式．骨格をもたない被覆生物が他の骨格性被覆生物により埋め込まれた状態を指す．このような非骨格性被覆生物は化石*としては残らないが，その痕跡は骨格性被覆生物内部の型として残される．

生物学的古生物学 palaeobiology

化石*生物のさまざまな側面を生物学的に解釈することを主張する古生物学*の分野．これより幅広い古生態学*分野のなかの機能的形態学の研究手法と結びついている面がある．

生物学的酸素要求量 biological oxygen demand（**生化学的酸素要求量** biochemical oxygen demand, BOD）

微生物が汚水中の有機物質を分解して，溶存酸素を消費することで発生する汚染の程度を表す指標．$1l$ の汚水サンプルを $20°C$ で暗所に5日間放置して消費される酸素量を，mg または ppm で表す．

生物群系 biome ⇨ 群集

生物群集 biogeocoenosis ⇨ 生態系

生物圏 biosphere

地球環境のなかで生物が存在する領域．生物は環境との相互作用を通じて定常的な系，すなわち全地球的な生態系*をつくり上げている．生命をもつ構成要素と生命をもたない構成要素との相互の結びつきを強調するために生態圏*とも呼ばれる．

生物源- biogenic

現存する生物またはかつて生存していた生物に由来する物質，その作用や活動に冠される．

生物源堆積物 biogenic deposit

生物の活動によって生じた岩石，痕跡（⇨ 生痕），構造．

生物源物質 biogenesis

一般に，生物がもとになって生じたあらゆる物質，たとえば石炭*やチョーク*，化学物質などを指す．

生物指標 biotic index

河川の動物相*の多様性と生存量を，汚染に対する耐性がわかっている特定の'鍵種（key species）'と対照して，河川の水質を等級づける指標．10（多様な動物群を抱える良質の水）から0（動物が棲息していないかわずかな嫌気性*の種のみが見られる，汚染の著しい水）までの等級がある．

生物擾乱作用 bioturbation

生物による堆積物*の改変．堆積物を完全に撹拌して堆積構造*を破壊するものと，巣孔*，這い跡*などの孤立したかたちで生痕を残すものとがある．⇨ 生痕化石

生物制限元素 biolimiting element

生物活動の結果，深層水と比べて表層水でほぼ完全に欠乏しているN, P, Si, Sなどの元素．これらは生物にとって必須元素であるので，湧昇流*などによって補われないかぎり，生物の再生産が制限される．⇨ 非生物制限元素；準生物制限元素

生物相 biota

ある地域に共存するすべての生物．たとえば，海生生物相，陸上生物相．

生物地球化学 biogeochemistry

生物が地表地質に及ぼす影響，あるいは生物圏*における化学元素の分布と定着を扱う科学．その原理は鉱床*探査における植物の系統的な収集と分析に応用されている．有機的堆積物，化石*および化石燃料*の化学組成の研究もこの分野に含まれる．⇨ 地球植物学探査

生物地球化学サイクル biogeochemical cycle

生物から非生物環境へ，そしてまた生物へと化学元素が多少とも循環経路を経て移動すること．元素が生命に不可欠のものである場合には'栄養サイクル'という．元素はサイクル中の位置により，固体，液体，気体あるいはさまざまな化合物のかたちをとる．通常，無機的な貯留プール*にある量のほうが活性プール*にある量よりも多い．両プールの間での交換は，物理的過程（たとえば風化作用*）および/または生物による過程（たとえばタンパク質の合成・分解）を通じてなされる．後者がサイクルを制御する絶対的な負のフィードバック機構をなしている．サイクルには完全なものから不完全なものまである．完全なサイクル（たとえば窒素サイクル）には関与が容易な非生物的（多くは気体）貯留と，多くの負のフィードバック制御がある．これとは対照的に，燐サイクルでは，緩慢に働く物理的過程のみが関与する堆積貯留があり，生物による負のフィードバック機構はほとんど機能していない．人間の活動はこのサイクルを乱して汚染を招きかねない．理論的には完全なサイクルは不完全なサイクルよりも回復が速い．

生物彫刻（バイオグリフ） bioglyph

巣孔*（生痕化石*）の側面に発達する装飾のこと．

生物地理学 biogeography

分類学上のさまざまなレベルにおける動植物の過去および現在の地理的な分布を研究する生物学の1分野．今日では，世界の植生型の生態学的特徴や人間と環境の間で展開しつつある関係にも大きい力点がおかれている．⇨ 古生物地理学

生物年代（バイオクロン） biochron

1つの生層序帯*が占める時間の長さ．

生物年代学 biochronology

地質年代の単位を生物学的な事象によって区分する編年法．あるグループの出現と消滅を生物界における顕著で汎世界的な事件とみなし，これを対比*に用いることが多い．

生物発生 biogenesis

生物はかならず生物から生じるという原理で，生物は非生物からも生まれるとした自然発生*とは対照的な考え．

生物発生原則 biogenetic law

発生学者ベアー（K. E. von Baer, 1792-1876）により提唱された考え．個々の動物の初期発生段階には相互の相違点が少ないが，発生が進むにつれ，タクソン*ごとの違いが大きくなるというもの．

正筆石目 Graptoloidea（**腸索動物亜門** subphylum Stomochordata, **筆石綱*** class Graptolithina）

オルドビス紀*前期からデボン紀*前期にかけて生存した筆石の目．胞群*は，初期の種類では枝状体*を8本までもつが，後のものでは2本になり，最終的には1本のみとなる．胞*は樹型目*の単胞*に相当する単一のタイプのみからなり，形態が非常に多様で，枝状体の片側または両側に並ぶ．成体では，つねに細管*をともなう剣盤*が見られる．3亜目が知られているが，そのうちの1つは偽系統的*な科であるアニソグラプタス科のみからなり，無名．残りの2つはディコ

グラプタス（対筆石）亜目とバージェラ亜目．

成分一定の法則 law of constant proportion
純粋な物質はつねに同じ元素を同じ重量比で含む，という法則．

西方移動 westward drift
地球磁場*（大部分は非双極子磁場*の成分）のパターンが時間とともに見かけ上西方に移動していること．過去100年間では経度にして1年に約0.2°と見つもられている．

正方晶系 tetragonal system
7つの結晶系*の1つ．同じ長さの2組の稜とこれより長いか短い第3の稜をもつ．格子*構造は3本の結晶軸* a_1, a_2, c（または x, y, z）で表され，a_1 と a_2 (x と y) は等しく，$c(z)$ はこれより長いか短い．3本の軸はたがいに直交している．⇒ 結晶の対称性

静補正 static correction (statics)
地球物理学的データ，とくに地震学データに施す補正．不規則な地形，振源（ショット*）と受振器（ジオフォン*，ハイドロフォン*）の基準面からの高度および水平的・空間的配列，地表近くの低速度層（風化補正*），などについて補正する．静補正は走時*に時間要素を加えたり差し引いたりする直接的補正（反射法地震探査*）で，生データを変換する動補正とは対照をなす．⇒ 高度補正；ムーブアウト

正マグマ期 orthomagmatic stage
マグマ*から主要な珪酸塩鉱物*が結晶化する時期．無水珪酸塩鉱物が結晶化する初期と無水および含ヒドロキシ基珪酸塩鉱物が結晶化する後期に分けられる．

セイムリア属 *Seymouria*
分類学上の問題が残されている化石両生類*の属．両生類と爬虫類*の特徴を備えており，その高次分類の帰属に関して意見が分かれている．この属およびそれに近縁なグループと他の両生類とを分ける形質*の1つは，前方へ大きく広がった耳裂孔（鼓膜に覆われていた場所）の存在である．セイムリア属は中型の両生類で，北アメリカの下部ペルム系*から知られている．

生命をもつ- biotic
生物圏*または生態圏*中で，生命をもつ構成要素を，生命をもたない物理的および化学的構成要素から区別するために用いる語．

正問題 normal problem ⇒ 順問題

正立褶曲 upright fold
褶曲軸面*が垂直ないしほぼ垂直である褶曲*．

正累帯構造 normal zoning ⇒ 結晶の累帯構造

世界気候計画（WCP） World Climate Programme
気候データの収集と保存を目的として，1979年に世界気象機関*によって策定された計画．

世界気象監視計画（WWW） World Weather Watch
気象状況を観測・解析・予報するための汎世界的な体制で，1963年世界気象機関*の後援のもとに策定された．世界気象機関の全構成員に最新の気象情報と予報をたえまなく供給している．データは，4個の極軌道*衛星，5個の静止軌道*衛星，約10,000ヵ所の陸上観測ステーション，7,000隻の気象観測船，300個の係留・漂流ブイから得ている．熱帯低気圧計画*はWWWの一環をなす計画の1つ．⇒ 世界気候計画

世界気象機関（WMO） World Meteorological Organization
気象データの収集・解析・交換を目的とする国際連合の専門機関．国際気象機関（International Meteorological Organization）を引き継いで1947年に設立が合意されて1951年に発足，同年末に国連の機関となる．185の構成員（179ヵ国・地域，6植民地）からなる．

世界標準地震計観測網（WWSSN） World-Wide Standard Seismograph Network
地震を感知し，震源*位置を決定するための地震計*群列*の国際的なネットワーク．⇒ 大規模地震観測群列

背　側 dorsal
生物の上面側の部分．脊椎動物では，脊柱に近い側．背側の反対は腹側*．

堰 weir

開水路*を横断して設置される構造物.堰の上を通過する水量はその形態の関数として与えられる.流量を求める目的でさまざまな形態が考案されている.最も普遍的なものは次の通り：全幅堰〔suppressed weir；幅が上下流の水路幅と等しい〕,四角堰〔contracted weir；越流部が四角形〕,三角堰〔V-notch weir；越流部が三角形〕,台形堰〔trapezoid；越流部が台形〕,広頂堰〔broad weir；縦断面形の横幅が広い〕.このほか,河川水位を制御するための堰,分流のための堰などがある.

赤 緯 declination

天体と天の赤道がなす角度.

積 雲 cumulus

10種雲形の1つ.'積み重なり'を意味するラテン語 cumulus に由来.濃密で輪郭の明瞭な孤立した雲.鉛直方向に盛り上がり,雲底は平坦で暗い.輪郭が明瞭なもくもくとした雲頂は,雲がいきおいよく成長していることを物語る.輪郭が崩れているものも多い. ⇒ 雲の分類

石 英 quartz（水晶 rock crystal）

広く分布するテクト珪酸塩鉱物*.SiO_2；比重2.65；硬度*7；三斜晶系*；通常は無色〜白色,ただしさまざまな色を帯びることがある；ガラス光沢*；結晶形*は通常,末端が六角錐をなす六角柱で条線をもつことが多い,ただし塊状のものも多い；劈開*なし；貝殻状断口*.多くの火成岩*,変成岩*に見られ,砕屑性*堆積岩*に普遍的に含まれる.変種として,準貴石のローズクォーツ（ピンク色）,アメシスト（紫水晶,紫色）,煙水晶（暗褐色）,黄水晶（淡褐色）がある.ただし,スコットランドのケーンゴーム山地（Cairngorms）産で最初に煙水晶とされたものは黄玉（おうぎょく）*. ⇒ めのう；玉髄；コーサイト；クリストバル石；フリント；碧玉（へきぎょく）；オニックス；オパール；スティショバイト；鱗珪石

石英アレナイト quartz arenite ⇒ ドットの砂岩分類法

石英安山岩（デイサイト） dacite

明色,細粒の火成岩*.63〜70重量％の SiO_2 を含み,斜長石*,アルカリ長石*,石英*,黒雲母*,ホルンブレンド*を主成分鉱物*として,スフェン*,燐灰石*,磁鉄鉱*を副成分鉱物*として含む.斜長石とアルカリ長石の量比は2:1で斜長石のほうが多い.石英安山岩は花崗閃緑岩*組成の火山岩*で,カルクアルカリ岩系列*に属する.海洋プレート*沈み込み帯*の大陸側における火山活動の産物として典型的な岩石で,溶岩*としては異常に粗粒となっていることがある.

石英砂岩 quartz sandstone ⇒ 砂質

石英ドレライト quartz dolerite ⇒ ドレライト

石英の二次成長 quartz overgrowth

砕屑性*の石英*粒子のまわりに石英のセメント*が生じること.セメントはとりかこんでいる石英粒子と同じ結晶学的方位をもって連続的に成長する.

石英斑岩 quartz porphyry（**エルヴァン** elvan）

斑状*のマイクロ花崗岩*,マイクロ花崗閃緑岩*,マイクロトーナル岩.

石英ワッケ quartz wacke

泥質基質*を15％以上含み,砕屑粒の95％以上が石英*である砂岩*. ⇒ ドットの砂岩分類法

赤外線 infrared

波長*が0.7〜100μmの電磁放射*. ⇒ 近赤外線；中赤外線；反射赤外線；熱赤外線

赤外線リモートセンシング infrared remote sensing

ふつうのカメラでモノクロ-またはカラー赤外線フィルムに撮影した空中写真*によって,植生や岩石の型を識別する技術.赤外線フィルムとカラーフィルターによる空中写真は地質図*作製に効果的.長波長赤外線では大部分の岩石を識別することができ,短波長赤外線は鉄酸化物などを感知する.鉱床*の周囲の変質域,たとえば斑岩銅*とそれにともなう粘土鉱物*も識別されるほか,土壌*やその下の岩石の性質を反映している植物種を特定することもできる.

石化作用 lithification (**1**), petrification (**2**)

1.未固結の*堆積物*が岩石に変化する過

程．粒子*の膠結作用*（⇒ セメント）による．かならずしも埋没変質作用や圧密作用*を経るわけではない．**2**. ⇒ 化石化作用

石　管　stone canal
　棘皮動物（門）*で，穿孔体*と水管系をつないでいる．石灰質物質で補強された壁をもつ管．

積載河川　superimposed drainage（表成河川　epigenetic drainage）
　過去の地表面（おそらく直下に存在していた地層*の構造と調和的で，今日の地形面よりかなり上にあったもの）の上に形成された水系．この水系型*が，河川の下刻が進むにつれて下がっていき，現在では地質構造と無関係となり，それを切っているもの．

積載層　overburden
　1. 基盤*を覆う未固結物質．**2**. 堆積シーケンス*中のある層準*より上にあって，それより下の堆積層を圧縮し，固化させている地層*．**3**. 鉱床*を覆う，鉱石*を含まない部分．固結，未固結を問わない．その深さと性状によって露天採掘か坑道採掘のいずれの採掘方法を採るかがきまる．鉱床に対する積載層の厚さの割合を積載比という．

積載比　overburden ratio　⇒ 積載層

脊　索　notochord (chorda dorsalis)
　円盤状の空胞化した細胞からなるいくぶんしなやかな棒状構造で，脊索動物門*の成体，および/あるいは幼生の胴のほぼ全長にわたって延びている．脊索は神経索の下，腸の背側*にあって，しなやかさをもつ体の中軸支持器官として機能する．脊椎動物*では，脊索は一部あるいは全体が脊柱に替わっているが，頭索亜門*と無顎上綱*では終生脊索が保持される．

脊索動物門　Chordata（脊索動物　chordates）
　中心軸（脊索*）と呼ばれる棒状の屈曲性のある組織をもつ動物からなる大きい門．高等な種類では，中心軸は脊柱（⇒ 脊椎）によって保護されている．この門には有頭動物亜門*，尾索亜門*，頭索亜門*が含まれる．最初の脊索動物も最初の脊椎動物*（有頭動物亜門）もカンブリア紀*に出現した．⇒ ピカイア属

積算気温　accumulated temperature
　ある期間，たとえば1カ月，1シーズン，1年にわたって，特定の平均気温を上まわる気温あるいは下まわる気温の総和．たとえば，植物が成長を続けるには6℃の基準値が限界温度とされていて，これに対する過剰または不足の積算値として表される．

石質アレナイト　lithic arenite
　泥質基質*が15％以下，岩片が25％以上で長石*よりも多い砂岩*．⇒ ドットの砂岩分類法

石質隕石　stony meteorite（アシデライト　asiderite）
　主に珪酸塩鉱物*（かんらん石*，輝石*，斜長石*）からなり，ニッケル・鉄をともなう隕石*．落下が目撃された隕石の90％以上がこのタイプ．コンドルール*を含むものはコンドライト*，含まないものはアコンドライト*と呼ばれる．

石質岩片　lithic fragment
　火山砕屑物*中の高密度または結晶質*の構成成分．3つの型がある．(a) 同源岩片：気孔*をもたない，初生的マグマ*物質の破片．角ばった密度の高いガラス*片など．(b) 類質岩片：噴火*の際に放出された母岩*の破片．(c) 異質岩片：火砕流*またはサージ*が取り込んだクラスト*．石質岩片の大きさは岩塊*から火山灰*大にわたる．多くは角ばっているが，噴火時に火道内で削磨されて丸みを帯びていることもある．

石質グレーワッケ　lithic greywacke　⇒ 石質ワッケ

石質ワッケ　lithic wacke（石質グレーワッケ　lithic greywacke）
　泥質基質*が15％以上で75％以下，岩片が25％以上で長石*よりも多い砂岩*．⇒ ドットの砂岩分類法

石筍（せきじゅん）　stalagmite
　カルスト*地域の石灰洞の床から佇立している滴石*の尖塔．水滴が洞床に落下した際に過剰な二酸化炭素が逸散し，方解石*が沈殿することによって成長する．

赤色層　red bed
　粒子が赤鉄鉱*の薄膜で覆われているため，赤色を呈する堆積岩*．多くは砂岩*．

赤色層銅鉱 red-bed copper
　陸性条件下で堆積し，通常赤色を呈する砂岩*層中に整合的*に含まれる銅鉱床．間隙に富む砂岩に多く，銅鉱物（多くは輝銅鉱*）は間隙中に胚胎している．たとえば，ウラル地方のペルム系*，イングランド中央部，ノバスコシア，アメリカ南西部の三畳系*など，世界各地で知られている．

赤色鉄鉱 red iron ore ⇒ 赤鉄鉱

赤色銅鉱 red copper ore ⇒ 赤銅鉱

赤色粘土，赤粘土 red clay（**褐色粘土** brown clay）
　細かい層理*を呈する粘土*物質からなる褐色または赤色の深海堆積物*．風や海流によって陸からはるかに離れた海域まで運ばれてきて海洋盆とくに中緯度海洋盆の最深部に堆積したもの．赤色粘土は，大西洋底とインド洋底の約1/4，太平洋底のほぼ半分を覆う．

赤色ポドゾル性土 red podzolic soil
　ポドゾル化作用*の過程で風化作用*と溶脱*によって形成される土壌層位*．外観と性質はポドゾル*に類似するが，湿潤熱帯環境を反映して，化学的風化作用*の程度が高く，鉄酸化物を多く含む．⇒ アルティソル目

積成波 constructive wave
　寄せ波*が引き波*よりも堆積物を効果的に運搬することによって浜*を形成する波．通常，勾配がゆるく，低エネルギー条件の沖浜*に特徴的．

積雪連鎖説 snowblitz theory
　冬季に豪雪があった後の夏季には，期間を通じて低地に残っている雪がアルベド*を増大させて太陽光が地表を暖めるのを妨げる．そのため次の冬にはさらに雪が加わり，年々雪が蓄積していくことになるとする説．このようにして氷帽*が発達し，わずか数百年後には氷河作用*が始まる．この一連の過程は低緯度地域よりも高緯度地域で起こりやすい．

積層欠陥 stacking fault
　結晶*の構造（たとえば双晶*）に影響を及ぼしている，原子格子*の欠陥．結晶成長中の局部的な物理的・化学的条件の変化によって生じる．

石炭 coal
　植物の遺体から形成された炭素に富む堆積岩*．最初は泥炭*として堆積するが，深部に埋没して温度が上昇することによって物理的・化学的変化を受ける．この石炭化作用によって，泥炭から褐炭*，瀝青炭*を経て無煙炭*に至るさまざまな品位の石炭が形成される（石炭系列）．この順に，揮発性成分*と水分が減少し，炭素が増加する．樹木や灌木の破片から生じた石炭は‘木質炭（woody coal）'とか‘腐植質炭'と呼ばれる．主要構成物が花粉あるいは植物体の微片である石炭は‘腐泥炭'*と呼ばれる．

石炭化作用 coalification ⇒ 石炭

石炭紀 Carboniferous
　古生代*のうち最後から2番目の紀*．デボン紀*の後でペルム紀*の前．約362.5 Maに始まり約290 Maに終わった．ヨーロッパでは石炭系の下部はディナント亜系*と呼ばれ，2つの統*に区分されている．いずれも豊富なサンゴ*と腕足類*の化石群をともなう海成石灰岩*で特徴づけられる．それとは対照的に上部のシレジア亜系*は3つの統に区分され，陸成および淡水成堆積岩*が卓越する．北アメリカでは石炭系は2つの亜系に分けられている．古いほう（362.5～322.8 Ma）はミシシッピ亜系*と呼ばれ，ディナント亜系＋シレジア亜系下部に対比される．若いほうのペンシルバニア亜系*（322.8～290 Ma）はシレジア亜系の主部に対比される．
　石炭紀後期の広大な森林は，南部ウェールズ，イングランド，スコットランド，その他世界中の多くの地域に豊かな石炭*層をもたらした．

石炭紀石灰岩 Carboniferous Limestone ⇒ ディナント亜系

石炭系列 coal series ⇒ 石炭

石炭の組織成分 coal lithotype
　石炭*の組織*の性質は根源植物の組織によってきまる．クライン（縞炭）はやや明るく輝く光沢*をもち，細かい葉理*を呈して層理*に平行な縞状構造をなす；断口は滑らかまたは不規則．デュレイン（暗炭）は灰

〜黒褐色，縞状で，鈍い光沢をもつ；表面は粒状で粗い；ビトレイン（輝炭）より固く，産出頻度が高い．フューゼイン（炭母炭）はすすけた黒色，絹光沢*を呈し，繊維状構造で木炭のように砕けやすい．薄く；長く続かないものが多い．ビトレインは黒色，輝度の高いガラス光沢*，貝殻状断口*を呈し，立方体劈開*をなす；構造を欠き，薄い層またはレンズをなして産する．

石炭の母 mother-of-coal ⇒ フューゼイン

石炭マセラル coal maceral

石炭*の顕微鏡的な基本構成単位．多数の型がある．アルギナイトは藻類の遺体から生じ，ボッグヘッド炭*に典型的．クチナイトは，植物の葉の，表皮細胞からなり固い外皮膜をなす角皮*からできる．スポリナイトは胞子*の外膜*からでき，層理*に平行に扁平となっていることが多い．レジナイトは細胞内容物である樹脂の微細な楕円体ないし紡錘状体から形成される．以上4者はエクジナイト・マセラル群*に属する．フュージナイトは木質部から生じ，反射率と微小硬度が高い（個々の粒子が硬いこと）；明瞭な細胞組織（弧状組織）をもち，炭素含有量が多い．ミクリナイトは反射率が高く，硬度*は中程度；不透明，粒状（粒径は10μm以下）；細胞組織をもたない．スクレロチナイトは菌核類または胞子起源と考えられる，さまざまな大きさの球または楕円体で，硬度と反射率はフュージナイトに類似．以上3者はイナーチナイト・マセラル群．テリナイトは細胞壁からできたもの．コリナイトは細胞の内容物から生じ，無構造．この2つはビトリナイト・マセラル群．

石炭マセラル群 coal-maceral group

石炭マセラル*を分類したグループ．(a) エクジナイト群またはリプチナイト群は胞子*，角皮*，樹脂，蠟に由来するグループで，水素に富み，クラレイン（縞炭）に典型的．スポリナイト，クチナイト，アルギナイト，レジナイトがある．(b) イナーチナイト群は木炭状で，バクテリアの作用または森林火災による．炭素含有量が多く，石炭化作用の過程で不活性．ミクリナイト，セミフュージナイト，フュージナイト，スクレロチナイトがある．(c) ビトリナイト群は腐植*に由来するビトレイン炭（輝炭）に特徴的で，反射率は中程度．細胞組織が肉眼で認められるテリナイトと無構造のコリナイトがある．

脊柱 spinal column, vertebral column ⇒ 脊椎

脊椎 vertebra

脊椎動物の中軸骨格のうち，脊索*に替わって脊柱（あるいは背骨）を形成している一連の骨の1つ〔日常語として使っている脊椎は脊柱のことであり，脊椎は連なって脊柱をつくっている1個1個の骨をいう〕．脊髄を包んで保護している．脊椎は前方から後方に向かって，頸椎，胸椎，腰椎，仙椎，尾椎に分化している．このうち，頸椎は頭部を動かす機能をもつ．脊柱の最初の2つの脊椎骨（環椎と軸椎）は非常に特殊化した頸椎で，環椎は頭蓋*の後頭部に関節している．胸椎は胸骨と癒合した肋骨と関節する．腰椎は脊椎のなかで最も大きく，椎体（下記1）に癒合する短い肋骨突起をもち，腹部の筋肉系を支えている．仙椎は骨盤*と癒合し，荷重を両下肢骨に分散させている．尾椎は小さくそれほど特殊化していず，尾を形成している．通常，脊椎には以下の6つの解剖学的な特徴が認められる．1. 椎体：堅固な円筒形の骨で，脊索をとり巻き，しばしばそれを置き換えて，脊椎の中軸を形成する．2. 椎弓：脊髄の周囲背側に環を形成する．3. 血管弓：肛後脊椎の腹側で血管を包み込んで発達する．4. 神経突起と血管突起：前後に向いた骨の葉状片で，それぞれ背側*と腹側*に向かって突起する．5. 骨起：側方に延びる1対の突起で，筋肉系が付着する．これには脊椎骨の前端と後端の前軛突起と後軛突起があり，前後の脊椎骨の軛突起と関節する．6. 横突起：椎弓の左右両側にある1対の側方突起で，肋骨が関節する．

脊椎動物亜門 Vertebrata（**脊椎動物** vertebrates）⇒ 有頭動物亜門

赤底層 Rotliegende

苦灰層*の下位を占める前期ペルム紀*の赤色層*．古い語であるが，北ヨーロッパの天然ガス*の大部分がこの層から得られてい

赤底統 Rotliegendes
ペルム系*最初の統*．年代は290～256.1 Ma (Harlandほか，1989)．

石鉄隕石（パラサイト） pallasite
ほぼ同量のかんらん石*と鉄が共存している特異で異常な隕石*．隕石と隕鉄*の中間にあたる．世界で35個の標本が得られているにすぎない．

石鉄隕石 stony-iron meteorite（**シデロライト** siderolite）
ニッケル・鉄と鉄苦土*珪酸塩鉱物*（多くは輝石*とかんらん石*）をほぼ等量に含む，比較的まれなタイプの隕石*．

赤鉄鉱 hematite (iron glance, kidney ore, red ironore)（**鏡鉄鉱** specularite）
酸化物鉱物*．Fe_2O_3；比重4.9～5.3；硬度*5～6；三斜晶系*；灰黒～黒色，見る角度によって色が変わる，塊状のものは鈍い赤～明るい赤色；条痕*赤～赤褐色；金属光沢*；結晶形*は板状または菱面体で結晶面*は湾曲し条線をもつ，ただし柱状，乳房状，ぶどう状をなすこともある；劈開*なし．火成岩*の副成分鉱物*として産するほか，熱水*鉱脈*，堆積岩*にも産する．主成分鉱物*，結核*や膠結*物質の成分，他の鉱物の交代鉱物をなすこともある．鉄の主要な鉱石*の1つ．北アメリカをはじめ各地の先カンブリア累界*中で層をなして膨大な鉱床*をなしている．⇒ 縞状鉄鉱床

赤道海流 Equatorial current
すべての海洋の赤道海域を東西方向に流れる海流．西方に向かう幅広い（1,000～5,000 km）海流（北・，南赤道海流）が比較的幅のせまい東方に向かう反流（赤道反流）によって隔てられている．海水の動きは表層の深度500 mの範囲で，流速は0.25～1.0 m/秒．海流の強さと位置は海上の風系に支配されている．

赤道軌道 equatorial orbit
軌道面が惑星の赤道面となす角度が45°以内である人工衛星の軌道*．→ 極軌道

赤銅鉱 cuprite (red copper ore)
酸化物鉱物*．Cu_2O；比重5.8～6.1；硬度*3.5～4.0；立方晶系*；黒色に近い赤色；条痕*赤褐色；ダイヤモンド-*～亜金属光沢*；結晶形*は通常は八面体で針状，ただし粒状，菱面十二面体のこともある；劈開*は{0001}に貧弱．銅鉱床*の酸化帯に二次鉱物*として，孔雀石*と藍銅石*とともに産する．銅の鉱石鉱物*．

赤道潜流 Equatorial undercurrent（**クロムウエル海流** Cromwell current）
太平洋中央部の1.5°Sと1.5°Nの間を東方に流れる海面下の浅い海流．幅は300 km，深度50～300 mで流速が1.3 m/秒に達する．この海域の表層海流とは反対方向に流れている．

赤道低圧帯 equatorial trough
赤道付近の浅い低気圧*の地帯．貿易風*が収束する．⇒ 熱帯収束帯；赤道無風帯

赤道反流 Equatorial countercurrent ⇒ 赤道海流

赤道無風帯 doldrums
低圧で風が弱く風向の一定しない赤道海洋域．季節によって赤道をはさんで南北に移動する．

赤道面 equatorial plane ⇒ 投影面

石墨（黒鉛，グラファイト） graphite
炭素のみからなる元素鉱物*．C；比重2.1；硬度*2；三方晶系*；灰黒色；手触りが軟らかく，油脂様；結晶形*は鱗状，柱状，粒状または土状；劈開*は底面{0001}に良好．脈に産するが，炭素に富む元の堆積岩*が変成作用*を受けた結果，岩石中に散在していることもある．潤滑剤，導電材，顔料やるつぼの原料に用いられる．

石油 petroleum（**原油** crude oil）
有機物質が嫌気的*に分解して生成する液体の炭化水素*．本来の生成場所で発見されることはまれで，移動して条件の適合したトラップ*に集積している．塩水やガス状の炭化水素と共存していることが多い．⇒ 天然ガス；オイルシェール

石油地質学 petroleum geology
地殻*中で炭化水素*が生成する過程とそれが集積する条件を研究する分野．探査とそのための地球物理学*，地球化学*，古生物学*，層序学*，構造地質学*の技術の応用お

積乱雲 cumulonimbus

10種雲形の1つ．'積み重なり'と'雨'を意味するラテン語 cumulus と nimbus に由来．もくもくとした濃密な形状で，大気が不安定*な空に非常な高さまでそびえ立つ雲．発生後まもない雲は表面が繊維状またはぼやけた外観を呈するが，多量の氷晶*からなる成長した雲は輝きをもち，雲底は暗黒．典型的なものは雲頂が広がって鉄床（かなとこ）状または羽毛状をなす．降雨をもたらし，尾流雲*をともなうことが多い．⇒ 雲の分類

セジウィック，アダム（1785-1873）Sedgwick, Adam

ウッドワード*学派のケンブリッジ大学地質学教授．地質学の教育を近代化した．北ウェールズ地方の層序*（カンブリア系*）を明らかにしたが，このことがカンブリア系とシルル系*の境界に関してマーチンソン*との確執を招く結果となった．構造地質学の分野でも，層理*，節理*，スレート劈開*を識別するなど，重要な貢献がある．

セストン seston

海水中に懸濁している微粒子．

節 node

定在波*を伝える媒質中で転位がゼロである点．反対方向に伝播している波との弱めあう干渉*によって発生する．

石灰 lime

主に炭酸カルシウムからなり他の塩基性（アルカリ）物質を含む化合物．酸性土壌*を中和したり，マグネシウムを補給する肥料として用いられる．

石灰海綿綱 Calcarea (Calcispongea)（**海綿動物門*** phylum Porifera）

カンブリア紀*から現世まで産出する海綿の綱で，骨格の全体がふつう音叉型の石灰質骨針*からできている．石灰海綿類はジュラ紀*の生物礁*にともなわれることや多産層をなしていることもある．

石灰岩 limestone

主に方解石*および/またはドロマイト*からなる堆積岩*．構成成分は，有機的，化学的または砕屑性*起源．⇒ フォークの石灰岩分類法；ダナムの石灰岩分類法；レイトン-ペンデクスターの石灰岩分類法

石灰岩舗装 limestone pavement ⇒ クリント

石灰砂岩 calcarenite

砂*粒子と石灰質基質*からなる石灰質堆積岩*．粒子の多くが石英*であることもある．これとは別に，粒子・基質ともに石灰質の砕屑性*石灰岩*を指すこともある．いずれも粒径*は $62.5\,\mu m \sim 2.00\,mm$ の範囲．

石灰質脊索動物亜門 Calcichordata（**石灰質脊索動物** calcichordates）

石灰質の外骨格*をもつ古生代*前期の動物のグループ．脊索動物*の祖先とも，海果類（亜門）*の棘皮動物（門）*ともみなされている．⇒ 海果亜門

石灰質土壌 calcareous soil

遊離炭酸カルシウムを相当量含む土壌*．$0.1\,N$ の塩酸をかけると二酸化炭素が発泡する．塩基性土壌*またはアルカリ土壌*ともみなされる．

石灰質軟泥 calcareous ooze

炭酸カルシウムを30％以上含む遠洋性*の深海細粒堆積物．炭酸カルシウムは，有孔虫*の殻*（石灰質），コッコリス*（同），翼足類*の殻〔霰石（あられいし）*質〕など，さまざまな動植物プランクトン*の骨格物質に由来する．海洋底に最も広範に分布する堆積物であるが，約3,500 m より浅い海底に限られる．⇒ 炭酸塩補償深度

石灰集積作用 calcification

土壌断面*の他の部分から二次炭酸カルシウムが再沈着する作用．十分に濃縮すると，カリーチ（カルクリート）*，カルシック層位*となる．これらはいずれも類似した土壌*で，通常，厚さ150 mm 以上で炭酸カルシウムを15重量％以上含む．石灰集積作用にともなって，わずかながらカルシウム塩の溶液が上方および側方へ，低湿期には下方へ移動する．溶脱*が深くまで及んでいる場合には，その一部が再溶解することがある．

石灰小球（カルシスフェア） calcisphere

方解石*からなる球状体で，直径 $500\,\mu m$ 以下．藻起源と考えられている．中空またはスパーリー方解石*（スパーライト*）で充填

された内部とそれを包むミクライト*壁からなる．古生代*の石灰岩*によく見られる．

石灰シルト岩 calcisiltite
　粘土*大の粒子を含まず，シルト*大の炭酸塩粒子（粒径4～62.5 μm）からなる細粒の石灰岩*．

石灰シンター calc-sinter ⇒ トラバーチン

石灰泥 lime mud
　径62.5 μm以下の粒子からなる炭酸塩堆積物*の総称．遠洋から潮間帯*にわたる広範な堆積環境で見られる．泥*の起源は，微細な動物や石灰質藻類*，機械的または生物の作用によって分解された粗い粒子の破片などさまざま．化学的な沈殿によって生じる可能性もある（現世の海洋では確認されていない）．

石灰泥岩 calcilutite (lime mudstone)
　シルト*または粘土*大の炭酸塩粒子（粒径62.5 μm以下）からなる細粒の石灰岩*．
⇒ダナムの石灰岩分類法

石灰泥丘 mud mound
　泥*を多く含む炭酸塩堆積物*がなす堤または円丘状の高まり．泥はさまざまな機構で集積する．(a) サンゴやウミユリ*など固着性*生物の下流側に沈積．(b) 流れにより掃き寄せられて堤を形成．(c) 藻類*など障害物となる生物により捕捉されて沈積．

石灰礫岩 calcirudite
　径2 mm以上の石灰岩礫*と炭酸塩基質*からなる粗粒の石灰岩*．礫は円礫のことも角礫のこともある．

雪花石膏（せっか-） alabaster ⇒ 石膏

接眼鏡 eyepiece (ocular)
　接眼レンズ，十字線*つきの固定絞り，視野レンズを収めた短い筒で，顕微鏡筒の頂部に挿入する．接眼鏡の内部構造は，焦点面が視野レンズの上にあるか（ホイヘンス接眼鏡または負接眼鏡），下にあるか（ラムスデン接眼鏡または正接眼鏡）によって異なる．大部分の接眼鏡の倍率は5倍あるいは10倍．

石基 groundmass
　火成岩*中で，相対的に大きい結晶*（斑晶*）や捕獲岩*を包み込んでいる細粒の物質．マグマ*が急速に冷えた部分にあたる．マグマが急冷すると結晶の核形成*の場が無数に発生するため，結晶が成長する大きさが制限される．溶岩*では，地表（または水底）に噴出したマグマが空気（または水）の対流によって急冷するため，細粒の石基が形成される．→ 基質

セッキー円盤 Secchi disc
　海水の透明度を測定するのに用いる，白と黒の4象限に分けた直径20 cmの円盤．これを紐で吊して海水中に降ろし，視覚で黒白の区別がつかなくなる深さを記録する．時間とともに変わる海水の透明度を比較するうえに簡便な方法．

節頸類（目） Arthrodira（節頸類 arthrodiriformes；板皮綱* class Placodermi）
　デボン紀*に生息した化石魚類のグループ．分類学的には目として扱われることもある．体は鎧状の頭甲*をはじめ硬い骨板でしっかりと覆われ，鰓は頭甲と体甲板の間にある．

石　膏 gypsum
　蒸発物鉱物．$CaSO_4 \cdot 2H_2O$；比重2.43；硬度* 1.5～2.0；単斜晶系*；澄んだ白色，ときに黄，灰，赤，褐色を帯びる；条痕*白色；ガラス光沢*；結晶形*は通常は板状で結晶面*がしばしば湾曲，塊状，粒状のこともある；劈開*は{010}に完全，{100}と{011}に良好．岩塩*，硬石膏*とともに層状堆積物をなして産する．難溶性であるため，海水の蒸発に際して最初に沈殿し，硬石膏ついで岩塩がそれに続く．火山地帯で硫酸が石灰岩*と反応して，あるいは硬石膏の二次的な水和作用*によって生成することもある．透明石膏は無色透明の変種．繊維石膏は繊維状の変種．雪花石膏（せっか-）は細粒の変種で彫刻に使われる．

節口綱（腿口綱） Merostomata（節足動物門* phylum Arthropoda，鋏角亜門（きょうかく-）Chelicerata）
　カブトガニと絶滅*した広翼類（いわゆるウミサソリ）を含む綱．広翼類の多くは体長10～20 cmほどであるが，これよりはるかに大型のものもあり，プテリゴタス属 *Pterygotus* では体長が2 m以上になるものも知られている．広翼類はオルドビス紀*から古生

代*末まで生存した．カブトガニも古生代前半に出現し，今日まで生き残っている．

石膏層位 gypsic horizon
二次石膏* $CaSO_4$ が土壌*中で150 mm 以上にわたって蓄積しており，下位の層位より少なくとも5%以上多く石膏を含んでいる土壌層位*．

接合面 composition plane (composition surface) (1)，commissure (2)
1．双晶*関係にある2つの結晶*個体が接合している面．双晶面*または反射面と一致していることも一致していないこともある．
2．腕足類（動物門）*や二枚貝類（綱）*の2枚の殻が接合する線あるいは面．

舌骨（舌弓骨） hyoid
第二内蔵弓から発達した，舌を支持する骨．

切削バー cutting bar ⇒ 切削ブーム

切削ブーム cutting boom
石炭*その他の層状岩石の上層切りまたは下層切りに用いる電動カッター．ゴムタイヤ台車据えつけの切削バーは長さ3 m，幅380 mm で，その外縁をビット*付きのチェーンが回転する．

舌状突起 lappets ⇒ 殻口

舌状リップル linguoid ripple
峰が著しい屈曲を呈し，平面形が舌状の非対称的なリップル*．⇒ アクレ

接　触 contact
2つの異なる型の岩石が堆積面，貫入*面，断層面*をもって隣合っている状態．とくに深成岩*体が母岩*中に貫入している状態に関してよく使われる．この意味で'接触'という語には伝導あるいは対流による熱移動が母岩に及ぼす影響も包含されている（⇒ 接触変成作用）．

雪食（ニベーション） nivation
雪の被覆下で起こる凍結破砕作用（ジェリフラクション）*やソリフラクション*による岩屑の除去，融雪水による侵食*など．カール（圏谷）*形成の初期段階に働く作用．

雪食性（雪食成） nival
雪の作用に起因する地形形成過程*に適用される．

接触双晶 contact twin
双晶関係にある2つの結晶*個体が接合面*で接触している双晶*．

接触測角器 contact goniometer ⇒ 測角

接触変成作用 contact metamorphism
火成岩*貫入体*からの熱によって周囲の岩石に起こる再結晶作用*．貫入体の周辺における圧力勾配はほとんど増大しないので，再結晶作用は温度勾配の増大のみに起因する．このため接触変成作用は'熱変成作用'とも呼ばれる．広域変成作用*とは異なり，接触変成作用はしばしば交代作用*をともなう．⇒ 接触変成帯

接触変成帯 contact aureole (metamorphic aureole)
火成岩*貫入体*をとり巻く母岩*が貫入体からの熱によって再結晶*した地帯．その幅は極めて変化に富む．一般に貫入体が大きいほど変成帯の幅は広くなる．貫入体の大きさが同じであれば，熱伝導のみによって生じた変成帯よりも，貫入体からの鉱化流体が対流することにより熱移動が効果的になされて生じた変成帯のほうが広い．⇒ 接触変成作用

雪線 snow line
フィルン（万年雪）*の下限．緯度によって高度が異なる．局地的には，卓越風や降雪量，夏季の気温などが関係するため斜面の向きによっても異なる．

接線縦歪 tangential longitudinal strain
褶曲*構造における座屈歪（⇒ 座屈褶曲）の分布．この歪*は褶曲層に沿うすべりとは異なり内部歪であって，ヒンジ*域に集中しており，翼*部では比較的に軽微である．主歪軸は地層*に平行で，断面内で歪ゼロの中立面*が褶曲構造全体にわたって存在する．

接　続 continuation
ある面におけるポテンシャル場（重力場*または磁場）の測定データを，他の面（通常は高度の異なる面）におけるそのポテンシャル場の状況を知るために使用すること〔その面に変換すること〕．⇒ 上方接続；下方接続

節足動物門 Arthropoda (節足動物 arthropods)
節のある肢をもつ，極めて多様性*に富む

動物の門．甲殻類*，蛛形類*，昆虫類*が主要なメンバーで，結合綱，少脚綱，唇脚綱（ムカデ類），倍脚綱（ヤスデ類），および絶滅*した三葉虫類*と広翼類［⇨ 鋏角亜門（きょうかく-）；節口綱］を含む．節足動物はカンブリア紀*に出現したが，その段階ですでに三葉虫類，三葉虫様類，介形虫類*，甲殻類など著しく多様化していた．このことは，節足動物には先カンブリア累代*にまでさかのぼる隠れた初期進化の歴史があることを示している．発生学的な証拠から，節足動物は原始的な環形動物*，とくに多毛類*から進化したことが示されている．節足動物と環形動物はいずれも体節に分かれた体（⇨ 体節制分節）をもち，少なくとも胚の段階では両者とも背側に心臓があり，背側前方に脳が位置し，腹側に節ごとに分離した神経節肥大をともなう神経系が見られる．すべての節足動物の肢は節に分かれており2本一組である．体はキチン質でできた外骨格*で覆われている．本来，肢とクチクラ*板は体部の体節分節に対応しているが，多くのグループで体節が消減または癒合している．

絶対渦度 absolute vorticity ⇨ 渦度

絶対温度 absolute temperature
　ケルビン温度目盛*による温度表示．

絶対花粉量 （APF）absolute pollen frequency
　花粉*データ解析：堆積速度が明らかにされている堆積物について，一定期間に形成された一定量の堆積物あたりに含まれる種，属，科の花粉の数を実数で表示したもの．状況によっては，相対花粉量（RPF）*を用いる解析法よりも明確な情報が得られる．APF法は，主たる花粉供給植物の種類が変化する場合の比較に際して，とくに有効である．たとえば，ある地域の花粉記録中に木本類が多産し始めた場合，RPF法においては草本類の相対的な減少となって表れるが，APF法では草本種の数は一定に表現され，木本類の量に左右されることはない．

絶対間隙率 absolute porosity ⇨ 間隙率
絶対湿度 absolute humidity ⇨ 湿度

絶対年代 absolute age（真の年代 true age）
　地質時代に起こった現象の年代を，他の現象との前後関係（→ 相対年代）ではなく，実際の年数で表す年代．年代を測定する方法（放射年代測定法*，年輪年代学*）はかならず誤差をともない，得られた年代は厳密な値ではないため，'絶対年代' という語は誤解を招くおそれがある．そこでそれにかわる語 '見かけ年代' を用いるのが望ましい．〔'見かけ年代' という語は普及していない．放射年代とか同位体年代，あるいはもっと具体的にカリウム-アルゴン年代など，測定方法を併記した年代値が示されることが多い〕．⇨ 年代測定法；地球年代学

絶対0度 absolute zero ⇨ ケルビン温度目盛

切断関係 cross-cutting relationships ⇨ 切断の法則

切断山脚 truncated spur
　河川水流よりも直線的に移動する氷河*によって基部が削られ，谷斜面の途中で唐突に終わっている山脚．

切断の法則 law of cross-cutting relationships
　ある岩石を切っている火成岩*，断層*，その他の地質形態はその岩石よりも若い，とする法則．

接地逆転 surface inversion
　地表面に接する大気下層で起きる気温の逆転*．地表およびそれに接する大気の放射冷却*，あるいは冷たい地表大気上への暖気の移流*によって起こる．

接地抵抗 contact resistance
　アースした電極と地面，分極化可能な電極と岩石試料，あるいは電気回路中の接点の間で測定した抵抗．

Z
　地球磁場*の鉛直成分．

Z型褶曲 Z-fold
　褶曲*構造の褶曲軸*に直交する断面で見られる，ほぼZ字状の非対称な寄生褶曲*．この褶曲を含む地層が主背斜*の左翼または主向斜*の右翼をなしていることを物語る．⇨ S型褶曲

雪片（せっぺん） snowflake
　氷の結晶がくっつきあってさまざまな形態に成長したもの．ごく低温では小さいのがふつう．凝固点近くの気温では，結晶が多数結合して大きい雪片が形成される．

接峰面（切峰面） gipfelflur
　山岳地帯の山頂を連ねる仮想の面．*Gipfelflur* は '山頂平野' の意味のドイツ語．

絶　滅 extinction
　生物のある系統が死に絶えること．絶滅にはいくつかのケースがある．最も単純なものは，他のタクソン*と入れ替わることなくあるタクソンが記録から姿を消す場合．これとは対照的に，1つのタクソンが他のタクソンにとって替わられて消滅することもある．このタイプの絶滅の場合には，タクソンの入れ替わりの過程が含まれる．絶滅は普通さまざまな時代に限られた場所で起こるが，大量絶滅のように絶滅が短期間に集中して起こることもある．原因が何であれ，環境の大変革が発生すると多くの生物が一掃され，生態系*が崩壊する．いずれは，新しいタイプの生物が出現して進化が再開される．したがって，大量絶滅が時期をおいて進化のパターンをコントロールしているようにも見える．

絶滅種 palaeospecies
　他のすべての生物のグループ〔種〕とは何らかの差異を有する，化石*としてのみ知られている生物のグループ〔種〕．

楔面（せつめん） sphenoid
　4面からなる楔形の閉形*．通常，立方晶系*または斜方晶系*に見られるが，特殊な型（単斜楔面または二面体*）は単斜晶系*に見られる．楔面という用語には混乱があるが，一般に1対の三角形の面が交わる稜の中点を結晶軸*が通るとされている．〔わが国では，日本家屋の屋根のような，二回回転軸をもつ錐面と定義されている．〕

節　理 joint
　1．脆性*破壊による岩石のシャープな割れ目で，破断面に平行な転位*がまったくないしほぼなく，軽微な垂直の転位が起こっているもの．破断の原因は，岩石が冷却または乾燥して起こる収縮，あるいは侵食*または造構造運動*によって被覆岩体が除去されて起こる膨張．成因が同じ節理の群を節理セットと呼ぶ．セットをなす個々の節理はたがいに平行ないしほぼ平行．節理系は2つ以上の節理セットからなり，広域的な変形の主応力軸*に関して系統的な配列を呈するものが多い．冷却節理（収縮節理）はマグマ*が冷却・収縮するときに体積が不等変化することによるもので，溶岩*にごく普遍的に発達し，これによって岩体は長柱状または柱状に分離する（柱状節理）．荷重からの解放による膨張節理は水平の節理セットをなし，岩石は板状に割れる．花崗岩*質岩によく見られる．2．⇒ 間隙型

節理系 joint system ⇒ 節理

切離高気圧 cut-off high
　優勢な亜熱帯高圧帯から切り離された高気圧*．上空の偏西風がそのまわりで迂回するため，中緯度地域におけるブロッキング*をひき起こす．

節理セット joint set ⇒ 節理

切離低気圧 cut-off low
　優勢な亜寒帯低圧帯から切り離されて中緯度，ときには亜熱帯近くまで移動してくる寒冷低気圧*．切離高気圧*がこれより高緯度まで張り出していると典型的なブロッキング*状態となる．夏季には，このような動きの遅い低気圧は雷雨をともなう不安定な天候をもたらす．

セディグラフ sedigraph
　沈降中の懸濁物質を通過する平行X線の減衰を，沈降管*の底からの高さと時間の関数として測定し，堆積物粒子の粒径を測定する装置．

ゼード系 Zedian
　北アメリカにおける上部原生界*中の系*．年代は 800〜590 Ma．

ゼードル閃石 gedrite ⇒ 角閃石；直閃石

セネカン統 Senecan
　北アメリカにおける上部デボン系*中の統*．エリーアン統*の上位でチョートクアン統*の下位．フィンガーレーキアン階とコホークトニアン階を含む．ヨーロッパのフラスニアン階*にほぼ対比される．

ゼノタイム xenotime
　副成分鉱物*．YPO；モナズ石*(Ce, La,

Th)PO₄にともなう．比重4.4～5.1；硬度*4～5；正方晶系*；黄褐，灰白，または淡黄色；条痕*淡褐色；樹脂-*～ガラス光沢*；結晶形*はジルコン*に酷似する正方柱；劈開*は柱状．花崗岩*質岩およびアルカリ火成岩*，ペグマタイト*や片麻岩*に産する．

ゼノトピック組織　xenotopic fabric
結晶質炭酸塩岩*やセメント*あるいは蒸発岩*で，ほとんどの結晶*が他形*を呈している組織*．

セノニアン統　Senonian
白亜系*最上位の統*．年代は88.5～65 Ma（Harlandほか，1989）．コニアシアン階*，サントニアン階*，カンパニアン階*，マーストリヒティアン階*を含む．マーストリヒティアン階をセノニアン統に含めないとする見解もある．

セノマニアン　Cenomanian
1．セノマニアン期：後期白亜紀*中の期*．アルビアン期*の後でチューロニアン期*の前．年代は97.0～90.4 Ma（Harlandほか，1989）．2．セノマニアン階：セノマニアン期に対応するヨーロッパにおける階*．模式地*はフランスのルマン近く．

セハラスピス属　Cephalaspis（骨甲目* order Osteostraci）
骨甲類のなかで最もよく知られている属の1つ．骨質の頭甲*は後方に向かって尖り，側方では2つの角状突起を形成している．頭部後方の体を覆う骨板と頭甲が分離しているため，動きが自由になった．

ゼファー　zephyr
北半球では夏至（⇨二至）のころに西から吹く軽やかで暖かい微風．

セマティック・マッパー　thematic mapper
1つの区域を異なる波長帯域*で同時に撮像する改造型多重スペクトル・スキャナー*．

セマティック・マップ　thematic map
リモートセンシング*：範疇が異なる対象物の画像を重ね合わせて作製した地図．

セミフュージナイト　semifusinite ⇨ 石炭マセラル

セメント　cement
1．石灰岩*と粘土*からできている人工の粉．水を混合すると固体となる．商業用のセメントは一定の基準を満たしていることが要求される．骨材*を混合するとコンクリート*となる．2．砕屑性*および生物源*の堆積物*中の間隙*を充填する方解石*などの物質．

ゼモリアン階　Zemorrian
北アメリカ西海岸地方における第三系*中の階*．レフジアン階*の上位でサウセシアン階*の下位．ルペリアン階*，シャッティアン階*（下部第三系*）およびアキタニアン階*（上部第三系）にほぼ対比される．

セラストロフィルム・シルシナーヴ　Celastrophyllum circinerve
最古の顕花植物の1種．顕花植物のなかではニシキギ科が最も古いものであるが，白亜紀*前期のセラストロフィルム・シルシナーヴがこの科で最初の種として知られている．現生のニシキギ科植物としてはセイヨウマユミ Euonymus europaeus が挙げられる．

セラタイト目　Ceratitida（**セラタイト類** ceratites）⇨ アンモノイド亜綱

セラック　serac
堅い表層に伸張割れ目が生じて乱雑になった氷河*の表面に見られる氷の小尖塔．伸張割れ目は，氷河が上方に凸をなす斜面を移動するとき，平原に出て幅を広げるとき，あるいは谷の屈曲部を通過するときなどに生じる．

セラバリアン　Serravallian
1．セラバリアン期．中期中新世*の期*．ランギアン期*の後でトートニアン期*の前．年代は14.2～10.4 Ma（Harlandほか，1989）．2．セラバリアン階．セラバリアン期に相当するヨーロッパにおける階*．ヘルベティアン階（ヨーロッパ），上部ルイシアン階*と下部モーニアン階*（北アメリカ），リルバーニアン階*（ニュージーランド），バーンスデーリアン階*（オーストラリア）にほぼ対比される．模式地*はイタリアのスクリヴィア峡谷（Scrivia Valley）．

セリール（礫砂漠）　serir
サハラ平原を覆っている砂と礫からなる薄い層．面状洪水*や網状流*によって運ばれてきて，乾燥条件下で風化*を受けて改変されたもの．このような砂礫層に覆われている

砂漠（礫砂漠）をも指す．

ゼルザーテ亜間氷期 Zelzate ⇨ デネカンプ亜間氷期

セレス Ceres
最大の太陽系小惑星*（No.1）．直径974 km，質量約10^{21} kg，自転周期9.078時間，公転周期4.6年．1801年にピアッツイ（G. Piazzi）によって発見された．太陽系小惑星全体の推定質量の半分近くを占める．

セレネ Selene
日本のISAS*が2003年に打ち上げ予定の，月周回軌道にのせる探査機．

ゼロ点 null point
1．沿岸の瀬*において堆積物*が陸側にも海側にも移動しないと仮定される点．粒径ごとに位置が異なる．波頭と波底で波の速度が異なるために発生する，粒子を陸側に移動させようとする波の力が，斜面上で海側に向かって働く重力の成分と均衡している点．2．エスチュアリー*内で，陸側に向かう海水の流れと海側に向かう河川の流れが均衡している点．

先-（プレ-） pre-
'の前に'を意味するラテン語 prae に由来．'の前の'，'より先の'，'より重要な'，'より良好な'を意味する接頭辞．

閃亜鉛鉱 sphalerite（zinc blende）（ブラックジャック black jack）
鉱物．ZnS；比重3.9～4.1；硬度* 3.5～4.0；三方晶系*；色はさまざまであるが，通常，黄，褐または黒色，透明～半透明のものもある；条痕*赤黄～明黄～白色；樹脂-*～ほぼ金属光沢*；結晶形*は四面体または十二面体で結晶面*が湾曲，ただし粒状，繊維状，ぶどう状のこともある；劈開*は底面{011}に完全．最も普遍的な亜鉛の鉱石鉱物*．Zn-Pbは鉱脈*と塊状硫化物鉱床*にふつう．熱水*鉱脈では方鉛鉱*をともなうことが多い．石灰岩*に置換鉱物として黄鉄鉱*，磁硫鉄鉱*，磁鉄鉱*とともに産する．濃硫酸に溶解して硫黄を析出する．

遷移クリープ transient creep ⇨ 一次クリープ．

繊維状 fibrous
鉱物*がなす細い糸状の形態をいう．平行なものも放射状のものもある．例，アスベスト*．

漸移説 gradualism ⇨ 系統漸移説

繊維石膏 satin spar ⇨ 石膏

遷移点 knick point（headcut）
河川のなだらかな縦断面中で勾配が急変する点．この点によって縦断面は上方に凹の2つの区間に分けられる．侵食基準面*が低下して生じた遷移点はしだいに上流に移動していく．流域の岩石型または運搬物質の量が変化するところ，あるいは支流の合流点でも生じる．

先インブリア紀 Pre-Imbrian ⇨ 付表B：月の年代尺度

閃ウラン鉱 uraninite（瀝青ウラン鉱 pitchblende）
鉱物．UO_2；比重8.5（塊状）～10（非変質結晶*）；硬度* 5～6；立方晶系*；灰黒～黒褐色；条痕*黒褐色；亜金属-*～油脂光沢*；結晶*は極めてまれで，ぶどう状の集合体をなす；劈開*なし；放射性．ペグマタイト*にモナズ石*，ジルコン*，電気石*をともなって，熱水*鉱脈*に錫石（すずいし）*，黄鉄鉱*，黄銅鉱*，方鉛鉱*とともに産する．また沖積*堆積物中に砕屑物質として濃集する．ウラニウムの主要な鉱石鉱物*．

全縁- holostomatous ⇨ 殻口

全縁葉率解析法（LMA） Leaf Margin Analysis
双子葉植物中で全縁葉（縁がギザギザとなっていないなめらかな葉）をもつ種が占める割合と年間平均気温との間に強い正の相関が認められていることに基づいて，化石*植物によって過去の年間平均気温を推定する手法．古気温の推定法にはこのような一変量解析のほかに，多変量解析もある．⇨ 気候・植物葉多変量解析計画

全応力 total stress
ある深さにおける間隙水圧を差し引いた，岩体が受けている荷重による応力*．

浅海（浅海帯） neritic zone（neritic province）
低潮位から深度200mまでの海域または沿岸域．全海洋底面積の8%を占める．海底まで日光が透過するため底生生物*が最も繁

栄している海域.

旋　回　coiling ⇨ 巻き

旋回乾湿球湿度計　whirling psychrometer（振り回し乾湿球湿度計　sling psychrometer）
　感温球のまわりの空気の流れを維持するために，ハンドルによって急速に回転することができるようになっている乾湿球湿度計*.

尖角岬　cuspate foreland
　海岸での堆積作用によって生成した，平面形が三角形をなす地形．砂礫からなる峰が多数発達し，陸側が排水不良の地帯となっていることが多い．相対する2方向からの波〔沿岸漂流〕による海岸埋積作用*〔砂州*の会合〕の結果つくられる．イングランド南岸のダンジネス（Dungenes）が典型例．

前管型　prochoanitic ⇨ 隔壁

全岩年代測定法　whole-rock dating
　鉱物*の分離が不可能な細粒の火成岩*や変成岩*の年代は，全岩試料についてのRb/Sr比（⇨ ルビジウム-ストロンチウム年代測定法）から求めることができる．1つの岩体の異なる部分からとった試料は一般にルビジウム含有量が異なり，それぞれの^{87}Rb/^{86}Sr比に対する^{87}Sr/^{86}Sr比をアイソクロン*・ダイアグラムにプロットする．結晶作用の直後には，各試料はルビジウム含有量にかかわらず同じ^{87}Sr/^{86}Sr比を有しているはずであるので，プロットは横軸に平行に並ぶことになる．時間とともに^{87}Rbが崩壊して少なくなり，それに応じて放射性起源の^{87}Srが増えていく．^{87}Sr/^{86}Sr比は岩体の部分によって異なるので，アイソクロンの勾配は時間とともに大きくなり，その勾配が結晶作用の年代を示す尺度となる．アイソクロンと縦軸との交点が出発時におけるストロンチウム同位体組成を表している．

先カンブリア累代（先カンブリア紀）　Precambrian
　地殻*が固化して以来，約570 Maにカンブリア紀*が始まるまでの約40億年間続いた，地質時代のなかで最も長い期間．冥生代*，始生代*，原生代*からなる．この時代の岩石は変成*しているものが多く，また硬質部や骨格をもつ化石*をほとんど産しない．先カンブリア累代の岩石はカナダ北部やバルト海などの楯状地*に広く露出している．

扇鰭目（せんき-）（骨鱗目）　Rhipidistia
　総鰭亜綱（そうき-）*魚類の1グループ．デボン紀*からペルム紀*まで生存した．2つの背鰭，房状あるいは'柄'の先に付いた胸鰭および腹鰭，そして内鼻腔をもっていた．現生のシーラカンス*とは遠い類縁系統にある．扇鰭類を四肢動物*（陸生脊椎動物*）の祖先とする考えもある．

前頬型（ぜんきょう-）　proparian（protoparian suture）
　三葉虫（綱）*に見られる頭線*の1タイプで，顔線が頭鞍（⇨ 頭部）前方から頬端（きょうたん）*の外側縁へ延びているものをいう．

尖胸目　Acrothoracica ⇨ 蔓脚綱

ゼン系　Xenian
　北アメリカにおける下部原生界*中の系*．年代は2,500〜1,600 Ma．

線形回帰　linear regression
　統計学：2組のデータの間に直線関係があるかどうかを見るため両者を比較すること．

前　弧　fore-arc ⇨ 島弧-海溝ギャップ

全コア採取率（TCR）　total core recovery
　試錐孔*から回収されたコア*の長さの総和を試錐孔の深さで割った商（%）．⇨ コア採取率

穿　孔　boring
　生物の硬組織あるいは岩石の表面を貫く生痕化石*．また，この語はタマガイ科の巻貝（腹足綱*）などが獲物である貝にあけた孔，あるいはある種の二枚貝類（綱）*，たとえばフォラス属 *Pholas* の水管*によってつくられた大きな穿孔に連なる短いチューブ状の孔をも指す．

選　鉱　beneficiation
　鉱石*を粉砕した後に，浮遊・重力・磁性・静電気などによる選別により，有用鉱物*を分離して品位*を上げる作業．脈石鉱物*を除去する作業も含む．⇨ 浮遊選鉱

先行河川　antecedent drainage
　地質構造を横切っているため構造よりも古いと解釈されている河川．発達中の褶曲*や

断層*を横断して河道が維持されたと考えられている．ヒマラヤ山脈中のアルン川（Arun）やロッキー山脈中のコロラド川グランドキャニオンのように，地質学的に活発な地質構造を横切る河川を説明するうえに好都合な概念．

閃光光沢 schiller lustre
　月長石*（⇨ アルカリ長石）にみられるような，青銅色の金属光沢*．

線構造（リニエーション） lineation
　岩石の表面に現れている直線状の形態．成因はさまざま．(a) 変形作用によって平行配列している鉱物*，化石*，礫*．(b) 劈開面*がなす平行な微褶曲*．(c) 断層面*や曲げすべり*褶曲*層面などに，岩石の転位によってつけられた条線や溝（⇨ 鏡肌）．(d) 劈開面と層理面*など，2つの面がなす交線（交線線構造）．(e) 高流れ領域の平滑床*条件で運搬され堆積した砂粒がなすもの〔分界面線構造〕．(f) 移動する氷河*が基盤岩につけたもの〔氷河擦痕〕など．

先構造時-（先造構時-） pre-tectonic
　構造変形の前に起こる過程または事件に適用される．→ 後構造時-；構造時-

穿孔体（穿孔板，多孔体） madreporite
　棘皮動物*で，体の反口側*表面にみられる多孔質のボタン型をした器官．その孔を通じて，外界から水循環系に水を取り入れる．

前弧海盆 fore-arc basin
　島弧*と並列する前弧（⇨ 島弧-海溝ギャップ）上の凹部．付加体*の地形的な高まり（外弧；outer arc）の背後（島弧側）を占める．前弧海盆は，著しく変形した付加体を不整合*に覆って水平に累重する堆積物によって特徴づけられ，岩相は上方に浅海相に移行していく．堆積物は島弧の火山および隆起した深成岩*-変成岩*基盤からもたらされる．

全骨上目 Holostei
　海生および淡水生硬骨魚類*の1グループで，三畳紀*から白亜紀*のレピドーテス属 *Lepidotes* やジュラ紀*のダペディウス属 *Dapedius* など多くの化石種を含む．全骨類はペルム紀*末にパレオニスクス類*より派生し，とくにジュラ紀海成堆積物中に豊富にみられる．主要な特徴は次の通り．遊泳と摂食能力の改良，鰾（うきぶくろ）による浮力の調節，骨質の鰭条（現在は分離している）の縮小，短く良く動く顎の発達，鱗厚の減少，ほぼ対称的な尾鰭の発達．現生で知られている全骨類はガーパイク（レピソステウス属 *Lepisosteus*）とボウフィン（アミア属 *Amia*）のみで，ともに淡水生．

潜在エネルギー potential energy ⇨ 位置エネルギー；位置水頭

潜在円頂丘 cryptodome
　粘性*の高いマグマ*の貫入*によって現れたドーム状の隆起地形．

潜在不安定 potential instability（**対流不安定** convection instability）
　そのままの状態であれば安定である空気塊*が，たとえば高地の上で強制的にもち上げられることによって水蒸気の飽和点に達して不安定となる気象現象．これによって巨大な積雲*から激しい降雨がもたらされることが多い．⇨ 安定；不安定

潜在埋蔵量 potential reserve ⇨ 埋蔵量

前鰓類腹足類（ぜんさい-） prosobranch gastropods
　1つの鰓をもつ腹足類（綱）*で，原始的なグループである古腹足目*からの進化発達の最初の段階を示していると考えられている．

先シダ類 pre-ferns
　古生マツバラン目*と真のシダ類との間の過渡的な植物グループを指し，両者の特徴をあわせもつ．葉をもち，胞子*により生殖をおこなうが，成長形態はさまざまである．古生シダ目とコエノプテリス目が先シダ類に含まれる．

全循環湖 holomictic lake
　湖水が冷える冬季に，水の循環が水面から湖底までいきわたる湖．→ 部分循環湖

尖礁（ピナックル） pinnacle reef ⇨ 礁

前礁 fore reef
　たえず波浪と水流にさらされている礁*の海側に生じている崖錐*斜面．

線状稲妻 streak lightning
　雷雲内または雷雲と地表との間の放電で，主放電経路とそれからの分枝からなる．

扇状配置爆破 fan shooting

地震波速度*の違いを利用して，地下の地質構造（たとえば，岩塩*ドーム，埋没谷，埋め戻された坑道）を周囲の岩石から識別する屈折法地震探査*．ジオフォン*を扇形の弧に沿って並べて群列*をつくり，扇の要の位置にショット*を1つまたはいくつか配置して，屈折波の走時を測定する．地下構造が存在しないところに設置したショットの1つとジオフォンとの基線について走時曲線*をつくり，これに基づいて個々のショット-ジオフォン間の走時を較正する．地震波速度が異常に高い（低い）領域に出会った波線は，その距離で期待される走時より早く（遅く）到着する．

洗浄不良バイオスパーライト poorly washed biosparite ⇒ フォークの石灰岩分類法

扇状劈開（-へきかい） fan cleavage

褶曲層の全体にわたって，上方に向かって収束または発散した扇状の形状を呈している劈開*面．一般に，劈開面は褶曲*のヒンジ*部でのみ褶曲軸面*に平行で，それ以外では平行配列から系統的にはずれていく傾向がある．

染　色 stain（**染色法** staining technique）

鉱物*を化学的に染色して同定する方法．さまざまな方法があるが，いずれも，試料を腐食*して有機・無機化合物に浸すと鉱物ごとに特有の錯体が生じることを利用する．長石*はフッ化水素酸で腐食し，ナトリウム硝酸第一コバルト，塩化バリウム，重ロジゾン酸カリウムで処理する．この処理によって斜長石*は赤，アルカリ長石*は黄色に染色される．炭酸塩鉱物*には，アリザリンレッドS，ファイグル溶液，フェリシアン化カリウム，アリザリンシアニングリーン，チタンイエローなどを用いる．いくつもの染色法を組み合わせることによって，方解石*，高マグネシウム方解石，ドロマイト*，硬石膏*，石膏*が識別される．

染色体 chromosome

細胞核の中にある糸状のタンパク質物質で，DNAとヒストンからできており，通常RNAをともなう．染色体はすべての動植物に見られるが，細菌*とウイルスではタンパク質を欠き，DNAあるいはRNAのみからできている．このため細菌とウイルスのものは，他の生物の染色体と同様の機能をもってはいるものの，染色体とは呼べない．染色体は対をなし，その数は種によって決まっている（ヒトでは23対）．このように相同の染色体が対をなしている状態を二倍体相（複相）と呼び，配偶体（生殖細胞）と植物の配偶体細胞（配偶子を形成する時期）の核のように，一対の染色体のうち片方しかもたない状態を半数体相（単相）という．

染色分体 chromatid

細胞分裂時に染色体*が縦裂で二分されて生じた娘染色体．この一組の染色分体は動原体で接合し，並列している．細胞分裂（有糸分裂，還元分裂）の第3段階には動原体が切れて，姉妹染色分体は新しい細胞の染色体となる．

全磁力（F） total intensity

地球磁場*ベクトルの大きさあるいは物体の磁化の強さ．

前　震 foreshock

本震または火山噴火*に先行して発生する小さい地震*．群発することもある．

前進作用 progradation

デルタ*や沖積扇状地*などの堆積体が海側または下流側に成長していくこと．

鮮新世 Pliocene

第三紀*最後の世*（5.2〜1.64 Ma）．ザンクリアン期*（タビアニアン期）とピアセンツィアン期*がある．

漸新世 Oligocene

第三紀*の世*．始新世*の後で中新世*の前（35.4〜23.3 Ma）．ルペリアン期*（下位）とシャッティアン期*（上位）に分けられている．

前進的進化（向上進化） progressive evolution

進化*段階の長期にわたる着実な改良のことで，これにより動植物は，進化を始めた海性環境からさまざまな環境へ広がっていった．たとえば，植物に見られる，コケ植物*からシダ植物*，裸子植物*，そして被子植物*への一連の進化は，前進的進化の好例である．

潜水艇 submarsible
　海洋調査あるいは沖合での海底工事に用いる小型潜水艇．有人，無人の両方がある．

線スコール line squall
　風向の急変，気温の降下，しばしば雷雨をもたらす濃密な雲で特徴づけられる風雨．雲型と風向の境界をなし，寒気が暖気の下に入り込んでいる寒冷前線*の通過にともなって起こることが多い．

線スペクトル line spectrum ⇨ スペクトル

浅成富化作用 supergene enrichment（二次富化作用 secondary enrichment）
　鉱床*（⇨ ゴッサン）の表面域を溶脱*した酸性の地下水*が降下して，硫化物や酸化物が再沈殿すること．これによって，斑岩銅鉱床*におけるように現位置で鉱床の品位*が向上する．

前　線 front
　起源と性質を異にする気団*を分ける境界または境界域．前線を水平に横切る方向では気温勾配が大きい．前線の両側にある気団の性質，前線の移動方向，発達の段階によっていくつかの型に分けられる．この語は第一次世界大戦時にベルゲン学派*の気象学者（ビヤークネス*が主導）によって初めて導入された．⇨ 滑昇前線（アナフロント）；寒冷前線；温暖前線；滑降前線（カタフロント）；閉塞前線；寒帯前線

前線強化 frontogenesis
　隣合う気団*の間に前線*が発生し，発達すること．

前線弱化 frontolysis
　隣り合う気団*を隔てる前線*が消滅すること．両気団が接したまま長く停滞したり，同じ進路を同じ速度で進んだり，同じ温度の大気を取り込んだりして起こる．

前線性波動 frontal wave
　2つの気団*の境界をなす前線*に現れる波状の変形．波動は南側の暖気団が北方にくい込むことによって発生し，寒気団を前方と背後にともなって前線沿いに東に進む．典型的な場合には，前後にいくつか並んで（'家族をなして'）生じる．波動は発達して低気圧*となり，その背後に延びる寒冷前線*上でいくらかの距離をおいて別の波動が副低気圧となる．〔これにともなって副低気圧前方の寒冷前線は温暖前線となる．〕先に発生した低気圧が成熟期に達して進行速度が落ちると，副低気圧が追いついて両者が合体する．

前線帯 frontal zone
　暖気団とその下の寒気団のくさびを分けている傾斜した漸移帯．シャープな不連続帯となっていることもある．両気団の間で乱流*によって空気がいくらか混合する．水平投影幅は100 km程度で上空に1 kmほどの高さまで延びていることが多い．

前線をともなわない低気圧 non-frontal depression
　中緯度に典型的な，前線をともなう低気圧*とは異なり，発生源が前線性波動*ではない低気圧．熱帯低気圧*のほとんどがこれにあたる．形成条件はさまざま．⇨ 寒冷低気圧；風下低気圧；寒帯気団低気圧；熱的低気圧

前体部 prosoma ⇨ 蛛形綱；鋏角亜門（きょうかく-）

洗濯板モレーン washboard moraine ⇨ モレーン

洗　脱 eluviation
　土壌*中の懸濁物質または溶解成分が表面の層位*から除去され，一部が下位の層位に沈積する現象．溶解成分の除去は溶脱*とも呼ばれるので，洗脱を懸濁物質の除去に限定して使用することが多い．

剪断応力（τ） shear stress
　力が働いている面に平行に作用する応力*．面に沿うすべりを起こさせる．慣例的にτの記号で示し，$+\tau$は左ずれを，$-\tau$は右ずれを意味する．

剪断強度 shear strength
　剪断応力*に対する物体の内部抵抗．温度・形態・大きさ・間隙流体*量および封圧*と荷重速度などに依存する．元の断面積が支持することのできる最大剪断応力で表される．土壌*では特定の条件下にある土壌の剪断応力に対する最大抵抗値．臨界剪断強度は荷重をかけられた試料が完全に破壊*する直前の最大応力．破壊後は，応力は支持されなくなり，破断面に沿う転位*によって大き

く変形する.残留剪断強度は剪断作用が始まった後の土壌または岩石中の面に沿う最大強度.剪断を受けたことのない物体では,剪断が増大するにつれて強度が急速に低下して残留剪断強度に達する.

剪断褶曲 shear fold ⇒ 不均一単純剪断

剪断帯 shear zone
長さに比してせまい範囲で岩石が強い変形を受けている地帯.2つの代表的な型がある.脆性*剪断帯(断層*)では破断面が発生し,地殻*の浅いレベルに特徴的.延性*剪断帯では,地殻深部の高温・高圧のもとで変形を受けたことを反映して,変形は連続的で著しい延性歪*によって特徴づけられる.両者ともほぼ平行なセットあるいは共役*セットをなして発達していることがある.

剪断弾性率(μ) shear modulus (**ラメの定数** Lamé's constant, **剛性率** rigidity modulus)
剪断応力*(τ)とそれによって生じる剪断歪*(単純剪断*の場合には$\tan\theta$〔θ;剪断面の解説図において,剪断帯の側面が鉛直面となす角度〕)との比〔$\tau=\mu\tan\theta$〕.$\mu=1/2E/(1+\sigma)$でも表される.Eはヤング率*,σはポアソン比*.

剪断抵抗角(ϕ) angle of shearing resistance (**摩擦内部角** internal angle of friction, **摩擦抵抗角** angle of frictional resistance)
不純物を含まない砂*の安息角*にほぼ一致し,含水量が増すにつれて小さくなり,飽和粘土*ではゼロとなる.岩石の場合,2つのブロックを重ね,これを傾けていって上のブロックがすべり始めるときの傾斜角にほぼ相当する.

剪断波 shear wave ⇒ S波

剪断箱 shear box
土壌*や岩石の剪断強度*を試験するための室内装置.側圧によって試料の上半分と下半分に水平剪断*をかけ,その影響を測定する.

剪断歪 shear strain
単純剪断*によって,たがいに直交する2つの基準軸の1つが回転した角度(ψ)の正接.回転が基準軸から時計まわり,反時計まわりの場合をそれぞれ正,負とする.

剪断方向 shear direction ⇒ 剪断面

剪断面 shear plane
剪断帯*の境界面に平行で,剪断方向(変位ベクトル)を含む面.

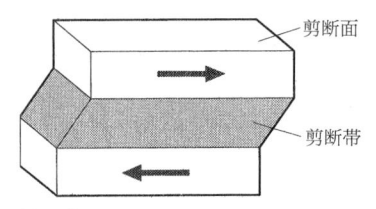

剪断面と剪断帯

前 地 foreland
造山帯*の縁辺部をなす安定地域で,ふつうクラトン*の縁に位置して大陸地殻*を基盤とする.造山運動*の間に撓曲〔地殻の曲がり〕を受け,また,褶曲・衝上帯*が上にのしかかっていることが多い.造山帯における運動は主として前地に向かって起こる.造山帯が2つの安定地域にはさまれている場合には,反対側の地域は後地と呼ばれる.

前置換 predisplacement
子孫系統でのいくつかの個体発生*過程が祖先よりも早い段階で始まるため,成体に成長したときにはその発生過程がさらに進んだ段階まで達してしまうという,個体発生上の変化.

前置層(フォーセット) foreset
1.斜交葉理セット(⇒ 斜交葉理)中の傾斜面.リップル*,デューン砂床形*,砂丘*,砂浪,砂州*の順走斜面*の前進によって生じる.2.ギルバート型デルタ(三角州)*の順走斜面.

線虫綱 Nematoda (**線虫類** nematodes, **酢線虫** eelworms, **蟯虫** threadworms, **回虫** roundworms; **袋形動物門** phylum Aschelminthes)
袋形動物門の綱の1つで,分類法によっては門にランクされている.大きさは1mmほどから5cmとさまざまである.外皮につば状の縁が見られ,稜や突起をもつものもある.線虫類はいずれも形態的によく似ているが,植物や動物に寄生するものと自由生活を

送るものがある．最初の化石記録は石炭紀*の岩石から見つかっている（たとえばスコルピオファガス属 Scorpiophagus）．

蠕虫状（ぜんちゅう-）（曲円筒状） scolecoid ⇨ 単体サンゴ

閃長岩 syenite

シリカに飽和した（⇨ シリカ飽和度）粗粒火成岩*．主成分鉱物*としてアルカリ長石*と鉄苦土鉱物*（黒雲母*，ホルンブレンド*，アルベゾン閃石*，エジリン質普通輝石*および/またはエジリン輝石*），副成分鉱物*として，燐灰石*，ジルコン*，酸化鉄を含む．長石*が全体の65％以上を占める．ハイパーソルバス*閃長岩は，1つの型の長石（通常はカリウムに富む長石）を含み，パーサイト組織*をもつことで特徴づけられる．サブソルバス*閃長岩は，2つの型の長石を含み，カリウムに富む長石はパーサイト組織，ナトリウムに富む長石はアンチパーサイト組織をもつことで特徴づけられる．閃長岩は粗面岩*に相当する深成岩*で，安定した大陸地殻*で環状岩脈*や貫入岩体*をなすほか，海嶺*軸から離れた海洋島火山の核に見られる．

閃長閃緑岩 syenodiorite ⇨ モンゾナイト

閃長はんれい岩 syenogabbro

主成分鉱物*としてアルカリ長石*，カルシウムに富む斜長石*，鉄苦土鉱物*（黒雲母*と普通輝石*），副成分鉱物*として燐灰石*を含む粗粒火成岩*．2つの型の長石*はほぼ等量．鉱物学的にははんれい岩*と閃長岩*の中間にあたる．

前適応 pre-adaptation

ある生物が新しい環境帯に移住する以前に，その環境に適応*する能力を備えていること．1つの環境帯で進化したある形質*が，まったく偶然に周辺の別の環境帯でも非常に有利なものであり，このことがその生物を新しい環境帯のなかに適応放散*させる結果となることがある．前適応には，将来起こりうる環境変化に備えて事前に働く選択，という要素はない．

尖度（クルトシス） kurtosis

頻度分布曲線に現れるピークのとがりの程度．尖度（K）が1の曲線はメソクルティック，1より大のものをレプトクルティック，1より小のものをプラティクルティックという．

セントデービッズ統 St David's

中部カンブリア系*中の統*（536〜517.2 Ma）．ケアフェ統*の上位でメリオネス統*の下位．

セントロセラータ目 Centroceratida（頭足綱* class Cephalopoda, **オウムガイ亜綱*** subclass Nautiloidea）

一般に開旋回*で緩巻き錐形*の殻をもつ頭足類の目．殻がオウムガイ型*のものもある．体管は中心近くに位置する．縫合線*は3総．デボン紀*前期からジュラ紀*後期にかけて生息していた．

穿入蛇行 incised meander ⇨ 蛇行

先ネクタリア紀 Pre-Nectarian ⇨ 付表B：月の年代尺度

潜　熱 latent heat

固体から液体あるいは液体から気体，すなわち高いエネルギー状態への相*変化を起こさせるに必要な熱（たとえば融解潜熱）．分子あたりのジュール（J/モル）で表す．この逆の過程では潜熱が放出される（たとえば，結晶作用時の潜熱解放）．

浅熱水性鉱床 epithermal deposit

上昇してくる高温（50〜200℃）の溶液によって，地表下約1 km以内で形成された鉱脈*・鉱床*．破砕帯*の性状を呈していることが多い．典型的な鉱石*に，輝蒼鉛鉱*，辰砂（しんしゃ）*，自然金，自然銀*などがある．

先ハデアン期 pre-Hadean

冥王代*で最も古い期*．地球創生期から約4,550 Maにわたる（Harlandほか，1989）．

全反射 total internal reflection

低速度の媒質からなる層を伝播している地震波*〔など，波〕が高速度の媒質からなる層との境界面に臨界角*より大きい角度で入射して完全に反射される現象．全反射された波の一部は他の型の波に変換される．⇨ S波

全変晶質 crystalloblastic

多角形の結晶*粒子が約120°で交わる境

界をもって三重会合して組み合わさっている，変成岩*の組織*．固相の結晶が成長する過程で岩石系にかかる圧力または岩石系の温度が増大することによって形成される．結晶が成長してたがいに接触するようになると空間を分け合って，典型的な三重会合線をなす多角形の粒子となる．変成作用*の間，定方向の応力*が作用しなければ組織は（粒子に定方向配列*がない）等方性*となり，作用した場合には異方性*（粒子が定方向配列）となる．

千枚岩 phyllite

変成度*の低い泥質*，細粒（0.1 mm 以下）の変成岩*．片理*が良好に発達する．片理面は，フィロ珪酸塩*鉱物（緑泥石*，白雲母*，絹雲母*など）が平行に配列しているため，絹光沢*を呈することが多い．➡ 粘板岩；片岩

尖滅トラップ wedge-edge trap

傾いている楔状の多孔質層の上端に石油・天然ガス・水が貯留される層序トラップ*．

繊　毛 cilium（複数形：cilia）

細胞表面にある短い毛状突起の総称で，通常長さが $2〜10\,\mu m$，径 $0.5\,\mu m$ 程度．ある種の原生動物*では，繊毛は移動や摂食の機能を果す．多数の繊毛が調和のとれた運動をおこない，細胞周辺の水に流れを発生させる．

前軛突起（ぜんやく−） prezygapophyses
⇒ 脊椎

前陸盆地 foredeep

クラトン*に隣接する堆積盆地*で，隆起中の造山帯*からもたらされる厚い堆積物によって充塡される．典型的な堆積物は非海成ないし浅海成で，数百万年にわたる堆積期間を通じて変形を受けていることが多い．

閃緑岩 diorite

粗粒の中性岩*．石英*を10%まで含む．斜長石*は灰曹長石−中性長石．輝石*，角閃石*などの鉄苦土鉱物*を含む．

ソ

ゾイサイト〔灰簾石，黝簾石（ようれんせき）〕 zoisite

緑簾石*族の鉱物．$Ca_2Al_3Si_3O_{12}OH$；比重3.3；硬度*6.5；灰白〜帯緑色；斜方晶系*で角柱状であるが，多くは塊状または柱状．広域変成岩*に産する．桃簾石はゾイサイトのピンク色を呈する変種．

ソイルライン soil line

リモートセンシング*：赤の波長のデジタル数字*のプロット上で，極近赤外*波長のデジタル数字に対して $45°$ の角度をなす線．土壌*はこの線にごく近接してプロットされ，植生は極近赤外線を反射する傾向が強いためこの線から離れてプロットされる．⇒ 植生指数

相（時相） phase

1．相：1つの系のなかで共存している，他とは異なる均質な部分．たとえば，液相の水と水蒸気はそれぞれ1つの相をなし，この2者の混合体は二相系をなす．同様に，メルト（溶融体*）から晶出した各種鉱物*は，メルト中でそれぞれ独自の相をなしている．相境界は2つの成分あるいは液相との接触面．

2．時相：長期間続く過程の途中で，発展または変化が見られる短い期間あるいは事件．この語は地球科学のさまざまな分野においてこのような意味合いで非公式*に使用されている．たとえば'火成活動の時相'，温暖期における'寒冷時相'．

層 measure

かつて，公式にも〔コールメジャーズ（Coal Measures），クルム層（Culm Measure）など，⇒ 公式な層序単元名〕，非公式にも（⇒ 非公式な層序単元名）にも用いられていた，石炭*をはさむ地層*を指す岩相層序名．

層　位 horizon

土壌*中で，上・下位の層（表層については下位の層）と区別される水平層．各層を，

大文字と，場合によっては下付文字でコード化して土壌型を表す．⇒ 土壌層位

層　雲　stratus
　'扁平な'，'広がった'を意味するラテン語 stratus に由来．底が平坦，なめらかで，灰色がかった雲．それほど濃密でないときには雲を通して太陽の輪郭が明瞭に見える．⇒ 雲の分類

双窩亜綱（そうか-）（二弓亜綱）　Diapsida
⇒ 双窩類

曹灰長石（ラブラドライト）　labradorite
⇒ 斜長石

相角度　phase angle
　地球，太陽および太陽系*の他の天体の中心を結ぶ線がなす角度．αで表す．サモスのアリスタルコス（Aristarchus；紀元前3世紀）は，地球-太陽-上弦の月がなす角度を測定して，太陽は月よりもはるか遠くにあることを明らかにした．

層化サンプリング（層別サンプリング）
stratified sampling　⇒ サンプリング法

相加平均　mean
　統計学：個々のデータの総和をデータの数で除して求められる平均値*．⇒ 分散

相　関　correlation
　1．地球物理学：時間領域*において1つの波形を他の波形と比較すること．周波数領域*におけるコヒーレンスに相当する．⇒ 自己相関；相互相関．**2**．地球物理統計学：2つのデータセットが関連する程度．

総観気象学　synoptic meteorology
　ある特定の時刻に広い範囲内の各地点で見られる各種気象データを総合的に表現して大気現象を理解しようとする手法の気象学．地上天気図と高層天気図に各地の観測点における気象条件を記号で記入する．synoptic は'同時に見られる'を意味するギリシャ語 sunoptikos に由来．

相関進化　correlated progression
　形質*の進化上の変化はたがいに関連を及ぼすという仮説．すなわち，1つの形質の変化は他の形質の変化の原因となり，このため2つの形質の変化速度が関連し合っているというもの．⇒ モザイク進化

掃　気　scavenging
　雨や雪が大気中の微粒物質を捕捉して除去すること．

総鰭（そうき）　lobe fin
　総鰭亜綱*に特徴的な対鰭で，軸骨格をもつ肉質の総（柄）に付く．

総鰭亜綱（そうき-）　Crossopterygii（硬骨魚綱* class Osteichthyes）
　化石および現生の，葉状あるいは房状の鰭をもつ硬骨魚類*の亜綱で，シーラカンス目*（あるいは上目）と扇鰭上目*からなる．前者は古生代*と中生代*の化石としてよく知られており，20世紀前半に現生種がインド洋で捕獲される以前は白亜紀*末までに絶滅*したものと思われていた．一方，扇鰭上目は，デボン紀*に両生類*を生みだした後に絶滅した．総鰭亜綱は，尾鰭を除くすべての鰭が自由に動く柄に付いているという特徴をもつ．尾鰭は異尾*あるいは両尾*である．

双弓類〔双窩類（そうか-）〕　diapsid
　爬虫類*で，眼の後に2つの側頭窩〔形状が弓に似る〕がある頭蓋*，あるいはこのタイプの頭蓋をもつグループをいう．双窩の頭蓋は，今日のトカゲ，ヘビ，喙頭類*（かいとう-）のムカシトカゲ Sphenodon を含む鱗竜亜綱と，絶滅*した槽歯類*，翼竜類*，恐竜類*および現生のワニ類*が属する主竜亜綱*の2亜綱がもつ．知られている最初の双弓類は，南アフリカのペルム系*上部と三畳系*下部から産する鱗竜類（たとえばヤンギナ属 Youngina）．従来，爬虫類の分類では側頭窩の特徴が重要視され，2つの側頭窩をもつ爬虫類は双弓亜綱というタクソン*にまとめられていたが，側頭窩の発達程度はかならずしも高次分類を反映しているとは言いがたく，現在ではこの分類体系は用いられていない．主竜類に近縁と考えられている鳥類*の頭蓋には1つの側頭窩しか見られないが，これは2つの側頭窩が癒合したためである．

双極子磁場　dipole field
　2つの反対方向の極性をもつ磁石が存在することによって発生する磁場．地球磁場*あるいは地磁気異常*の説明に適用される．

双　筋　dimyarian　⇒ 筋痕

層　群　group　⇒ 累層

象牙質 dentine
　骨*に似た物質であるが，細胞を欠く．主に繊維質基質とそれに含まれる燐酸カルシウムからなる．

走　向 strike
　傾斜面上の水平線の方位．動詞として使用される場合は'〜の走向をもつ'という意味．

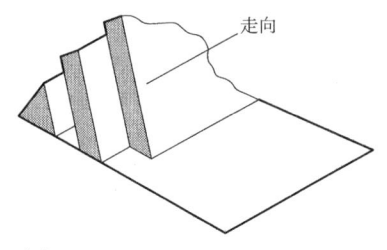

走向

走向

層　厚 thickness
　気象学：特定の気圧レベル〔等圧面〕の間，たとえば1,000 hPa と5,000 hPa のレベルの高度差．気圧配置図上でこの間隔が等しい線を等層厚線（thickness line）という．

走向移動断層（水平移動断層，水平ずれ断層，横ずれ断層） strike‐slip fault (wrenth fault, transcurrent fault, **裂け断層** tear fault)
　主たる転位*が，直立ないしほぼ直立している断層面*の走向*に平行，すなわち水平方向に起こっている断層*．転位のセンスは右ずれまたは左ずれのいずれか（⇨ 右ずれ断層；左ずれ断層）．断層の走向が屈曲する部分では，断層に直交する方向に圧縮または引張りが作用して局所的な変形帯が発生し，フラワー構造*，平面形が長方形のプル・アパート盆地や地溝*が形成される．走向移動断層とトランスフォーム断層*とは幾何学的に類似しているが，大きな違いがある（たとえば，走向移動断層とは異なり，トランスフォーム断層では転位量は断層面沿いのどこでも等しくかつ無限である）．⇨ トランスプレッション；トランステンション

走向河流　strike stream　⇨ 適従河流
走向峡谷　strike valley　⇨ 適従河流

走向山稜　strike ridge
　傾斜層からなる地域で，上下に隣接する地層*よりも抵抗性が高い地層が突出してつくっている，走向*方向に延びる細長い丘陵．⇨ ケスタ

走行時間 transit time
　P波*が1フィート（0.3048 m）進むのに要する時間．音響検層*ではマイクロ秒/フィートの単位で測る．

造構造運動（造構運動，構造運動，テクトニズム） tectonism（形容詞：tectonic）
　地殻*内部における変形運動およびそれによって地質構造が形成される過程．

総合層序年代尺度（UTS） Unified Stratigraphic Time-scale
　生層序学*，年代層序学*，層序学*，地磁気層序学*，放射年代測定法*などあらゆる方法によって得られている絶対-*・相対年代*尺度（⇨ 地球年代学）を駆使して策定されつつある，世界的に通用する年代尺度．

走向断層　strike fault
　付近の岩石の面構造（層理面*や劈開*面など）の走向*と平行な走向を有する断層*．

層孔虫　Stromatoporoidea
　絶滅*した群体性の生物グループ．その高次分類に関しては，ヒドロ虫綱*，カイメン（海綿動物門）*，有孔虫（目）*，コケムシ（動物門）*，藻類*，あるいは現生には近縁の生物が見られないすでに絶滅した門など，さまざまな意見がある．石灰質の骨格は共有骨*と呼ばれ，水平な層状構造（ラティラミナ）と垂直な支柱からできている．共有骨表面は多角形模様を示し，乳頭状の高まり（乳頭状突起）や星形の溝構造（星形溝）をもつものもある．層孔虫類はカンブリア紀*から白亜紀*にかけての石灰岩*に見られ，特にオルドビス紀*からデボン紀*にかけては礁*を形成した．

相互相関　cross-correlation
　1つの波形を，これと似ているが時間差がある他の波形と比較するための，デジタル化*した波形の相関．1つの波形線*を小さい時間ステップ（ディレイまたはラグという）をおいてずらせて他の波形線に重ね，ス

テップごとに波形要素を掛け合わせ，その積を合計する．2つの波形線の配列が酷似していれば，相関は最大値（ほぼ1）となる．−1は，波形は一致しているが位相が反対であることを意味する．値が0に近いほど類似性が低い．この方法は，とくにバイブロサイス*地震記録*の解析でノイズの多い波形を追跡するうえに極めて有効となる．⇒ 自己相関

走査型電子顕微鏡（SEM） scanning electron microscope

ごく細く収束させた電子線を試料の上に走査させる顕微鏡．反射電子（通常は二次電子を用いることが多い）の強度を測定し，ブラウン管に画像として映し出す．SEMは10万倍までの拡大能をもち，(焦点に限界がある) 通常の光学顕微鏡より深さ方向に対してはるかに良好な像をもたらし，小さい対象物（たとえば有孔虫類*）の三次元的な構造を鮮明に観察することができる．地質学ではもっぱら微古生物学*や続成作用*の研究，あるいは粒子組織の検査に利用されている．電子線プローブ・マイクロアナライザー*と組み合わせると粒子組成の半定量的な決定も可能となる．

造山運動 orogeny（orogenesis）

山脈を形成する作用，とくに地殻*が帯状にわたって側圧を受け，圧縮されて山脈を生じる現象．地殻の発展の過程で，それぞれが数百万年にわたる多くの造山運動が知られている．⇒ 褶曲帯；オロゲン；造山帯；造山輪廻

造山時- synorogenic（**構造時-，造構時-** synkinematic, syntectonic）

構造変形運動と同時に起こる現象または事件（たとえば，変成作用*，深成岩*体の貫入*）に冠する．造山時堆積岩*は，造山帯*が変形・隆起することによってその前面に生じた堆積場に生成したものではあるが，かならずしも堆積時に変形をこうむっているわけではない．'synorogenic'，'synkinematic'，'syntectonic'の3語が同義的に用いられることが多い．一方，'synkinematic'を，生成時に変形を受けた証拠を有する岩石に限るとする研究者もいる．また 'synorogenic' は造山運動*の主要な時相*と時を同じくして起こった事変または現象に限定して使用されることが多いようである．

造山帯 orogenic belt（**変動帯** mobile belt）

圧縮性の造構造運動（テクトニズム）*を受けた，直線状または弧状の広域的な地帯．多くの造山帯の発達史がプレート・テクトニクス*のモデルによって解釈されている．たとえば，海洋岩石圏（リソスフェア）*の沈み込み*（アンデス造山帯*），大陸塊の衝突（ヒマラヤ造山帯*），テレーン*の付加（アメリカ西部とカナダのコルディエラ*）．かつて造山帯は造山輪廻*中の1段階にあたるものと考えられていたが，今日では，造山帯をプレート・テクトニクスのモデルによって解釈できるかどうかを見るために，ウイルソン・サイクル*のいずれかのステージに適合するかどうかを吟味するようになっている．

造山輪廻 orogenic cycle

1つの造山帯*はいくつかの段階を追って形成されるという，地向斜*理論に結びついた概念．今日ではかえりみられなくなっている．多くのモデルが提唱されたが，その大要は，地向斜期（沈降と堆積）に始まり，造山期（圧縮性の運動）が続き，後造山期（隆起）をもって終わる，というもの．

走　時 travel time

地震波*が，振源（ショット*または発振器）から同じ媒質を通って，オフセット*のわかっている検知器（ジオフォン*または受振器）まで達するのに要する時間．これによって屈折法地震探査*の走時曲線*や反射法地震探査*の地震断面図〔⇒ 地震記録〕を作製する．⇒ 片道走時；往復走時．→ 走行時間

走時曲線 travel-time curve (1), time-distance curve (2)

1. P波*とS波*の伝播距離（震央*と観測点との間の距離kmまたは角距離）と到達時刻の関係を表す曲線．震央から地震計*が置かれた地点までの距離は，P波とS波の到達時刻の差およびS波とL波*の到達時刻の差から求められる．2. 地震波*の到着時刻（t）をショット*とジオフォン*間のオフセット*（dまたはx）の関数として表

したグラフ．屈折法地震探査* では $t-d$ 曲線とも $t-x$ 曲線とも呼ばれる．反射法地震探査* では走時* の二乗 (t^2) をオフセットの二乗 (x^2) に対してプロットして t^2-x^2 曲線* として表す．いずれの曲線でも，線分の勾配の逆数が線分に該当する層の地震波速度* を表す．

相似構造 analogous structure

類似した生活様式，移動方法あるいは摂食様式などへの反応として，系統的に関連のない生物間で個別に発達した，類似の機能をもつ体構造．たとえば，鳥の羽と昆虫の翅．

創始者系統 founder lineage

系統学*：他の系統を派生させた祖先系統．これが現存していることも多い．通常，この語は群集の種内研究で用いられ，系統樹* の内部分岐点* で生まれる作業上の分類単位を記載する際に使用される．

創始者効果 founder effect（周縁隔離種分化 peripatric speciation）

たとえば海洋島における新しい集団の形成は，移住してきた1個体あるいは少数の個体群から始まるのがふつうである．そのため，新集団の創始者はそれまで所属していた集団がつくる遺伝子プール* のなかのごく限られた遺伝的特徴のみを反映している個体（群）ということになる．このような，遺伝的多様性が限られた集団に自然選択* が働くと，その集団内の遺伝子組み合わせは祖先集団とは容易に変わってしまう．このように新しく生まれた小さい集団が進化の要因となることを，創始者効果と呼ぶ．

相似褶曲 similar fold

褶曲軸面* に平行な方向の地層* の厚さが一定で，直交層厚* が系統的に変化する褶曲*．単層はヒンジ* 部で厚く，翼* 部で薄い．平行褶曲*（同心褶曲*）とは異なり，相似褶曲では褶曲層の全体を通じて褶曲の形態が維持されている．

槽歯目 Thecodontia（槽歯類 thecodonts）

'歯槽に歯がはまった' 爬虫類* で，主竜亜綱*（優勢な爬虫類）の最も原始的な目である．ペルム紀* 後期から三畳紀* 後期にかけて生存し，恐竜類*，翼竜類*，ワニ類* の祖先である．最初の槽歯類の1つに，三畳紀前期に繁栄したテコドントサウルス・ブラウニィ *Thecodontosaurus browni* という種が知られている．この種は体長2〜3mで，小型の頭部と頸部をもつ．基本的には四足歩行性であるが，後脚だけで歩くこともできた．

層準 horizon

層序学：累重する地層* 中のある面を指す非公式な* 用語．岩相* 変化を画する境界面であることもあるが，ふつうはある岩相単元中の薄い特異な地層を指す．⇨ 生層準

双晶 crystal twin

単一の結晶* が，2つまたはそれ以上の部分で方位を異にしている結晶格子* からなっていること．〔2つの部分が結合している面を接合面* と呼び，2部分が鏡像をなしている場合は〕双晶面，〔2部分が180°回転した関係にある場合は，その回転軸を〕双晶軸と呼ぶ．2部分からなる双晶を単純双晶，3個以上の部分からなる双晶を繰返し双晶* という．⇨ アルバイト双晶；燕尾双晶；カールスバド双晶；貫入双晶；擬晶；ゲニキュレート双晶；垂直双晶；成長双晶；接触双晶；転移双晶；複合双晶；平行双晶；ペリクリン双晶；変形双晶；双晶軸；双晶則；双晶面

叢状（そう−）（束状） fasciculate

群体サンゴ* で，コラライト* が束になってはいるが，相互に密着せず，間隔を保っている状態をいう．

造礁（性） hermatypic

共生藻類をともない，礁を形成するサンゴを指す．現生の造礁性イシサンゴ類* は，内皮組織中に大量の共生藻類（褐虫藻；単細胞の鞭毛藻類）が存在することで特徴づけられる．造礁性サンゴは，通常の塩分濃度*，水温18℃以上，水深90mより浅の海域に生息し，強力な太陽光のもとで旺盛に成長する．

層状雲 layer cloud (1), stratiformis (2)

1. 雲の基本的な形態の1つ．扁平で層を呈し，高さが限られている雲．この型に属する雲には，(a) 霧*，層雲* などの下層の雲と，(b) 高層雲*，巻層雲*，乱層雲* などの多重雲がある．⇨ 雲の分類．2. '扁平な'，'広がった' と 'みかけ' を意味するラテン語 *stratus* と *forma* に由来．高積雲*，層積雲* ときには巻積雲* の変種で，これらの雲

が広く水平に広がって層またはシート状をなしているもの．⇒ 雲の分類

層状珪酸塩 layered silicate (sheet silicate) ⇒ フィロ珪酸塩

層状鉱床 stratiform deposit
層理面*に調和的*な鉱床*．通常は層をなすが，リボン状のものもある．

双晶軸 twin axis
双晶*の軸．通常は双晶面*に直角で，結晶軸*と一致することが多い．隣接する結晶*個体とは双晶軸のまわりに180°回転させた関係にある．

相称歯目（対錐目） Symmetrodonta（**汎獣下綱*** infraclass Pantotheria）
ジュラ紀*後期から白亜紀*前期にかけて生存した，初期の哺乳類*に属する絶滅*した目．出現は三畳紀*末にさかのぼるかもしれない．対称的に並んだ三咬頭の臼歯をもつ小型哺乳類で，捕食者であったらしい．この目は，有袋–および有胎盤哺乳類の祖先と考えられている．⇒ 有袋目；真獣下綱

双晶すべり twin gliding ⇒ 変形双晶

双晶則 twin law
結晶*がなす双晶*の基本的な要素を双晶面*や双晶軸*に関連づけた法則．双晶によって生じるさまざまな幾何学的形状は，たとえば，正長石がカールスバド*則および/またはバベノ則にしたがって双晶をなす，というようによく知られている例によっても表現される．

相状態図 phase diagram
不均質な物質系における相*の安定領域を表すグラフ．温度・圧力・組成などの変数を投影してその相互関係がわかるようにしたもの．

双晶面 twin plane
双晶*を隔てる反射面のことで，一方が他方の鏡像となっている．ふつうは結晶面*に平行であるが，複雑な多重双晶では著しく不規則な面をなすことがある．

層序学（層位学） stratigraphy
1. 岩石を時間と空間の観点から研究する地質科学の分野．異なる地域間での岩石の対比*をおこなう．対比は，化石*（生層序学*），岩相*（岩相層序学*），地質年代単位*または年代間隔（年代層序学*）による．2. 層序．地層の相対的な時空分布．

層序学的上位 facing direction (younging)
褶曲*をなす地層*が系統的に若くなっていく方向．背斜*では，その定義通り上方に若くなる．アンチフォーム*では上方に若くなる場合と下方に若くなる場合がある．上位方向は，級化成層*，底痕*，斜交葉理*などに基づく地層の上下判定によってきめる．

層序形態学 stratophenetics（**層序形態学的分類** stratophenetic classification）
分岐分類学*：化石*としてのみ知られている生物の間の進化関係を復元する方法．この方法は，化石生物の形態（表現型*）の類似度と地質年代（その化石を含む地層の層序*から求められる）の定量的評価に基づいている．

層序尺度 stratigraphic scale
過去1世紀半にわたって発展し受け入れられてきた地質年代尺度*の伝統的な要素と，境界模式層*によって定義され理想的かつ世界的に標準化されている基準点の両者をふまえた時間尺度を指す一般的な語．世界的に標準化された理想的な層序尺度は，標準層序尺度（SSS）*とも国際標準年代層序尺度（SGCS）*とも呼ばれている．W. B. Harland (1978) は，混乱を避けるため，模式層*（模式地*）を設定することによって生まれ，しだいに SSS (SGCS) にとって替られつつある旧来の地質年代尺度を，伝統的層序尺度（TSS）として区別することを提案している．将来，標準参照基準点が内部に選定される可能性がある地域の層序尺度は広域層序尺度（RSS）と呼ばれる．

層序対比 stratigraphic correlation
各地の層序*を研究して，異なる地域の間で層序の地質年代学的な関係を決定すること．

層序単元 stratigraphic unit
境界が明瞭で他と区別できる単元をなす地質体．岩相*（岩相層序単元*）あるいは化石*内容（生層序単元*）あるいは時間幅（年代層序単元*）に基づいて設定される．ある岩層がこれら3つのカテゴリーすべてに適合する単一の単元をなすことはまずありえな

い．層序単元はすべて模式層*によって定義される．地質年代単元*は抽象的な概念であって，現実の岩層を指しているわけではないので，層序単元には含めない．

層序断面図 stratigraphic cross-section
岩相層序単元*の厚さと累重関係を示す目的で作製する断面図．ふつうは水平縮尺に対して垂直縮尺をかなり大きくとってある．関係を見やすくするため，ある単元の上限を水平にし，地形を無視して地表面も水平としてある．岩相*変化，単元間の指交関係*，不整合*，層序間隙などを表示する．単元およびその境界と地質年代区分との関係も示す．

層序柱状図 stratigraphic column
1. ある地質時代に堆積した地層*の累重関係を垂直な柱のかたちで表示したもの．地質時代全体にわたる地層すべてを表示したものをいうこともある．2. ある特定の地域の岩相層序単元*の累重関係を地質年代区分と関連づけて示した柱状図*．

層序的礁 stratigraphic reef
純粋ないしほぼ純粋な炭酸塩の厚い岩体のみからなる礁．ダナム（R. J. Dunham）が1970年に提唱．→ 生態的礁

層序トラップ stratigraphic trap（岩相トラップ lithologic trap）
たとえば，デルタ環境でレンズ状の砂*層とシルト*層がなす交互層のように，岩相*の違いが原因となっている石油・天然ガスのトラップ．⇒ デルタ；天然ガス；石油．→ 背斜トラップ；断層トラップ；礁トラップ；構造トラップ；不整合トラップ

層序命名法 stratigraphic nomenclature
定められた原理と手続きにしたがって層序単元*や地質年代単元*の名称をつけること．模式層*を記載して層序単元を最初に提唱する際につけられた公式名称*がその後その単元の参照基準となる．二名法が理想的で，年代層序単元*と岩相層序単元*の場合には，模式地*の地名に単元名を続ける（必要に応じて地名と単元名の間に岩相*名を入れることもある）：例，ラドロウ統（Ludlow Series），エルクポイント層群（Elk Point Group）．生層序単元*名は，特徴となる化石*名と該当する単元名からなる：例，*Monograptus uniformis* 区間帯*．層序単元とする名称はその単元に固有のものでなければならず，頭文字を大文字とする．ごく特別な場合を除き，先に与えられた公式名称が優先されて変更されることはない．実際に，よく知られているコールメジャーズ（Coal Measures），ミルストン・グリット（Milstone Grit）など，今日の命名法が定められるはるか以前に命名されたものでありながら，混乱を避けるため元のかたちで残されている単元名も多い．地質年代単元名では，一般に，単元名（紀*，世*，期*）に対応する年代名を冠する：例，ジュラ紀*はジュラ系（模式地がジュラ山脈中にあることに因む）に対応している．累代*と代*の名（たとえば顕生累代*，中生代*）はこれとは別に設定され，相当する累界*と界*の名は年代単元に準ずる．→ 非公式な層序単元名

双神経綱 Amphineura（**軟体動物門*** phylum Mollusca）
左右相称*で細長い海生軟体動物の綱．カンブリア紀*後期に出現した．殻が保存されているものでは，背側に重なり合った7枚ないし8枚の石灰質の殻板がある．双神経綱には，多板亜綱*（ヒザラガイ類）と化石記録のない無板亜綱 Aplacophora が含まれる．

相成層 phase layering ⇒ 鉱物成層

層積雲 stratocumulus
'扁平な'，'広がった'と'積み重なり'を意味するラテン語 stratus と culumus に由来．灰色ないし白っぽい層状またはシート状の塊からなる雲．陰影をともなうことが多い．繊維状をなすことはない．⇒ 雲の分類

層速度（V_{for}）formation velocity
特定の均質な岩石型について一定である地震波速度*．厚さ h の岩層で片道走時*を t とすると，$V_{for} = h/t$．→ 区間速度

相対渦度 relative vorticity ⇒ 渦度

相対花粉量 relative pollen frequency (RPF)
堆積物*から産した種，属，科ごとの花粉*のデータを，全花粉数あるいは全木本花粉数に対する百分率で表したもの．花粉ダイアグラム*を作製するうえに，最も広く用いられている伝統的な方法．→ 絶対花粉量．

⇒ 花粉分析

相対湿度 relative humidity
　ある温度の大気中における水蒸気含有量．その温度で飽和に達する水蒸気含有量に対する百分率で表す．一般に，相対湿度は，昼間には気温の上昇とともに減少し，夜間では気温が降下するため増大する．

相対成長（アロメトリー） allometry
　身体のある部位が，他の部位あるいは身体全体に対して指数関数的に異なる一定の割合で変化する成長様式．たとえば，絶滅種であるオオツノジカ*（メガロケロス・ギガンテウス Megaloceros giganteus）の角はシカ類のなかでは最も大きく，最大級の個体では体の成長の2.5倍の速さで大きくなって3.5 mほどに達する．相対成長には，ある部位が遅く成長するという負の場合もある．

相対年代 relative age
　地質学的事変や化石*・鉱物*・岩石*を相互比較して定めた時間系列（地質年代尺度*）のなかで個々の事象が占める位置．たとえば，前期カンブリア紀*の三葉虫*，あるいは後期ジュラ紀*の海進*．具体的な年代は加味されない．→ 絶対年代．⇒ 年代測定法

相対年代尺度 relative time-scale ⇒ 年代測定法；地球年代学

争奪の肱 elbow of capture ⇒ 河川争奪

曹柱石 marialite ⇒ スカポライト

曹長石 albite ⇒ アルカリ長石；斜長石

曹長石化作用（アルバイト化作用） albitization
　既存の斜長石*またはアルカリ長石*が一部ないし完全に曹長石に置き換えられる現象．さまざまな過程で起こる．多くは，花崗岩*の結晶作用の最終段階で解放された水に富む残留蒸気による．この蒸気は高濃度のNa$^+$を溶存しており，花崗岩体中を上昇する過程で長石*と反応し，低温で蒸気に富む条件下で安定な曹長石に変える．その反応式は，$CaAl_2Si_2O_8 + 4 SiO_2 + 2 Na^+ \rightarrow 2 NaAlSi_3O_8 + Ca^{2+}$ ［灰長石＋石英＋ナトリウム（水溶液中）→ 曹長石＋カルシウム（水溶液中）］．岩石がそれ自身の熱水*にさらされて起こるこの型の反応は初生反応*と呼ばれる．曹長石化作用は，海洋地殻*の玄武岩質層内を循環する熱対流セルの海水と玄武岩*が反応することによっても起こる．

曹長石−緑簾石−角閃岩相 albite-epidote-amphibolite facies
　さまざまな源岩が同じ圧力温度条件の変成作用*を受けて生じた変成鉱物組み合わせの1つ．源岩が玄武岩*などの塩基性岩*である場合には，曹長石*−緑簾石*−ホルンブレンド*の鉱物組み合わせが発達することが特徴的である．これとは異なる組成の岩石，たとえば頁岩*や石灰岩*では，まったく同じ条件の変成作用によって，それぞれ独特の鉱物組み合わせが生じる．ある源岩組成から生じたさまざまな鉱物組み合わせは，それぞれを生み出した圧力，温度，水の分圧 ［$P(H_2O)$］の範囲を反映している．鉱物の圧力−温度安定領域についての実験によれば，この変成相*は低圧・中温条件を表している．⇒ 角閃岩相

相同− homologous
　祖先が共通の異なる種に見られる体の同じ部分あるいは対応する部分の関係を指す．たとえば脊椎動物*の前肢，羽，鰭は機能が大きく異なっているが，構造的には同じ部分に由来する．

層内− intraformational ⇒ 礫岩

層内褶曲（イントラフォリアル褶曲） intrafolial fold
　〔褶曲*していない地層*内部に孤立して発達する，閉じた褶曲*～等斜褶曲*．〕褶曲が生じている層準*の厚さは小さく，翼*はヒンジ*部で分断されていることが多い．層理面*に沿う剪断*と溶解をもたらすような強い変形にともなって生じる．⇒ 剪断応力

層平行短縮 layer-parallel shortening
　層状体に均一歪*が生じ，層に平行な方向に起こった短縮*．通常は褶曲*を形成する座屈不安定性が何らかの原因で抑えられ，地層は短縮して厚さが増大する．

双変組み合わせ divariant assemblage
　一定の温度と圧力にわたって平衡状態にある2種以上の変成鉱物*（⇒ 変成作用）．一定範囲内で圧力または温度を変えても共生*をなし，鉱物の間で反応は起こらない．圧力と温度という2つの独立変数を変化させても

平衡が破られない場合に，鉱物組み合わせは双変平衡にあるという．

双胞 bitheca
筆石類*の胞*に見られる3つの型のうちの1つで，おそらく雄個虫が入っていたものと考えられる．→ 双胞；枝胞．⇒ 筆石綱；正筆石目；樹型目

層面劈開（－へきかい） bedding cleavage
多くは閉じた褶曲*や等斜褶曲*の褶曲軸面*に平行ないしほぼ平行な翼*に見られる，層理面*に平行な劈開*．

総模式標本 syntype
完模式標本*が設定されていない模式系列のすべての標本．

装薬 charge
雷管と火薬のセット．発破のエネルギーは，火薬の品質と量，雷管の型，点火の方法によって異なる．

層理 bedding
堆積物*が地層*と呼ばれる層状単元をなしていること．地層は成層堆積物*の形態分類のうち最も低次の区分．斜交層理*は，ある地層が直上および直下の層理に対して斜めの姿勢を示していること．〔原著では，bed, stratum, layer が使い分けられているが，日本語ではこれらはいずれも地層または単層と訳され，厳密に区分されていない．〕⇒ 斜交葉理．→ 葉理

造陸運動 epeirogenesis
大陸地域または海洋地域の広範囲にわたる地殻*の上方または下方への垂直運動．著しい地殻の変形となる造山運動*とはまったく異質の造構造運動*．

相律 phase rule
平衡にある系では，$F=(C-P)+2$ という関係が成り立つとする法則．F は自由度*の数，C は成分の数，P は相*の数．

層面（地層面） bedding plane
1. 堆積物*がなす地層*を限る明瞭な平面．堆積作用の中断を表す．2. ⇒ 間隙

層流 laminar flow
流体の分子が，全体としての流れの方向と斜交したり，入り混じることなく，たがいに平行に移動している流れ．流路内に封じ込められている低速の水流では，なめらかな面に接する部分のみに見られる．流速はこれから離れるにしたがって規則的に増大し，層流は乱流*に移行する．層流は土壌*水分と地下水（カルスト*の帯水層*を除く）に普遍的な流れである．

掃流運搬物質 traction load ⇒ ベッドロード

藻類 alga（複数形：algae）
根，茎，葉に分かれていない，相対的に単純なタイプの植物に対して用いる一般的な（非分類学的）名称．基本的な光合成色素としてクロロフィル a をもつ．真の維管束を欠き，生殖器官のまわりに裸葉をつくる細胞は見られない．藻類には単細胞のもの（原生生物界*）から，長さが数 m にも達する大型のものまである．地球上のほとんどの場所で見られるが，大半は淡水あるいは海水の環境に産する．⇒ 珪藻綱；車軸藻綱；緑藻門；黄金藻綱；渦鞭毛藻綱；褐藻綱；紅藻綱

藻類石灰岩 algal limestone ⇒ レイトン-ペンデクスターの石灰岩分類法

藻類大増殖 algal bloom
水性の生態系で藻類*が突然大増殖する現象．ふつう自然界では一次生産量*が消費量を上まわる春から初夏にかけて発生する．また汚染などによる栄養塩の異常増加によっても引き起こされる．

藻類マット algal mat
藍藻類（シアノバクテリア*）がシート状に集積したもの．潮下帯*から潮上帯*にかけて，あるいは湖や沢沼地で見られる．藻類は堆積物*表面を覆い，その表面で堆積物を固定する．その結果，有機物に富んだ藻類の黒い薄層と，有機物に乏しい堆積物の薄層が交互に積み重なっていく．⇒ ストロマトライト

属 genus（複数形：genera） ⇒ 分類

側隔壁 alar
主隔壁*の両側に，最初に挿入される原隔壁（⇒ 隔壁）．この語は，四放サンゴ（目）*の隔壁発達の記載だけでなく，対応する位置に発達する隔壁溝*にも用いられる．

側火山 adventive cone ⇒ 寄生火山

属区間帯 genus zone ⇒ タクソン区間帯

足根骨 tarsus
　四肢脊椎動物*で，後肢の指（中足骨*）に関節する足の後半部の骨．ヒトの場合，7個の骨から構成されている．

足糸 byssus ⇨ 足糸付着型

束枝状 phaceloid ⇨ 群体サンゴ

足糸付着型 byssate
　ある種の二枚貝類*に認められる生活様式に冠される語で，底質や物に足糸（強靭な硬タンパク質の繊維束）で付着している様式を指す．

側所性 parapatry
　異なる種の生息場が重なり合うことはないものの，たがいに隣合っていること．→ 異所性；同所性

促進（加速） acceleration
　ある形質*の発現が，個体発生のより早期の段階（⇨ 個体発生）へと移行していく現象．促進が起こると，成体になる以前にさらにいくつかの個体発生段階が付け加わる．促進はヘッケル（E. H. Haeckel）により進化*の基本的様式の1つとして提案されたもので，異時性*のなかの1つのタイプとみなすことができる．

測深学 bathymetry
　海面から海底までの深さを測量する分野．海洋底を対象とする地形学といえよう．

続成作用 diagenesis
　堆積物*に低温・低圧条件で起こる堆積後の変化の総称．温度と圧力が高くなると変成作用*に移行する．続成作用には，圧密*，溶解（⇨ 圧力溶解），膠結*，置換，再結晶*などがあり，これによって未固結*のルーズな堆積物が堆積岩*に変化する．たとえば，砂*は砂岩*に，泥炭*は石炭*になる．

測地学 geodesy
　地球*の形や起伏，重力場*を測量する科学．GPS*やSPS*などの人工衛星による測位システムの出現によって，地形測量や天文学的な測量にまで範囲が広がっている．

測地学測量 geodetic measurement
　地球*（ジオイド*も含む）の形や起伏を測量すること．

測地学的緯度 geodetic latitude
　準拠楕円体（測地学*計算による地球の形；ジオイド*に最もよく合致している楕円体）に立てた法線が赤道面となす角度．準拠楕円体の中心は実際の地球の中心とは一致していない．

速度型流速計 current meter
　流路内の流速を測定する装置．水流によって回転する羽根車の回転速度から流速を求めるタイプが最も一般的．

速度検層 velocity logging
　音響ゾンデ*を試錐孔*内で引き上げて〔孔井周辺の岩石の弾性波速度を〕測定する検層*．

速度−深度分布 velocity-depth distribution
　地表から核*まで，深さとともに地震波速度*が変化するようす．顕著な不連続や境界が表れる（たとえば，モホロビチッチ不連続面*，低速度帯*，マントル*/核境界）．

速度水頭 velocity head ⇨ 水頭

速度探査 velocity survey
　累重している層を通過する地震波速度*が深さと水平距離にしたがって変化する状況および速度分布を明らかにするための探査．探査測線に沿う速度解析のデータを，等速度点を連ねた等値線で表示する．これは探査断面内の速度構造と異常を示し，地質構造解釈の手がかりとなる．

側方監視空中レーダー side-looking airborne radar（スラー SLAR）
　飛行経路からレーダー*で側方を走査し，地表面からの後方散乱（エコー）*を受信する装置．サイドスキャン・ソナー*で海底の画像を得るのと同様に，地表の画像を得る目的で使用する．物質ごとにレーダーの反射特性が異なるので，レーダー画像から地表の形態が判別される．

側方付加堆積物 lateral accretion deposit
　堆積物*が水平な地層*をなさず，傾斜した層として側方に次々と付け加わったもの．典型例は，斜面に堆積物が付加して成長していく河川の突州*で，層の傾斜は突州の成長方向を示している．側方付加堆積物の傾斜角は突州の大きさや流路*の形態を反映している．⇨ イプシロン斜交葉理

側流湖 exorheic lake
　1つ以上の流出河川をもつ湖. ⇨ 内部湖
底 trough
　褶曲*面の最も低い点.
組　織 texture
　岩石を構成する粒子の大きさと形状およびその相互関係.
組織間隙 framework porosity ⇨ チョケット-プレイの分類
組織熟成度 textural maturity
　分級度*・基質*量・粒子の円磨度*によって表される堆積物*の属性. 未熟成の堆積物では, 分級不良で基質量が多く, 粒子の円磨度が低い. 熟成度の高い堆積物は, その逆で, 基質を欠くか乏しく, 分級良好で粒子の円磨度が高い.
ソジャーナー Sojourner ⇨ マース・パスファインダー
ソーシュライト化作用 saussuritization
　カルシウムに富む斜長石*が, 一部または完全に, ナトリウムに富む斜長石, 緑簾石*, 白雲母*, 方解石*, スカポライト*, 沸石*の細粒集合体に変質すること. 斜長石を主成分鉱物*として含むはんれい岩*と玄武岩*の低度広域変成作用*にともなって起こるのがふつう.
ソーシュール, オラス・ベネディクト・ドゥ
(1740-99) Saussure, Horace Bénédict de
　スイスの博物学者. アルプス山脈の構造について幅広い研究をおこなった. これは4巻からなる『アルプス紀行』'Voyages dans les Alpes' (1779-96) に記載されている. 斉一論*をふまえた水成論*者であった.
ゾステロフィルム属 Zosterophyllum (**ゾステロフィルム亜門** Zosterophyllophytina)
　デボン紀*前期のマツバラン植物(古生マツバラン目*)で, 下部がH型に分岐する茂み状の成長形態を示す. 直立した枝表面はなめらかで, 胞子嚢(⇨ 胞子)はその先端にまとまって穂をつくる.
塑性限界 plastic limit ⇨ アッターベルク限界
塑性指数 plasticity index ⇨ アッターベルク限界

塑性変形 plastic deformation
　物体にかかる応力*が一定値を超えた後, それまでの弾性変形*に替わって起こる粘性的な変形. 高温・高圧下にある岩石に起こり, 形に永久的な変化が生じるが, 破断をともなわない変形.
粗石堤防 rubble levée ⇨ 溶岩堤防
ソーダ湖 natron lake (soda lake)
　ソーダ石(natron;ナトリウム炭酸塩 $Na_2CO_3 \cdot 10H_2O$) に富む塩湖*.
ソーダ硝石 soda nitre (**チリ硝石** Chile saltpetre, **ニトラティン** nitratine)
　鉱物. $NaNO_3$;比重2.2〜2.3;硬度*1〜2;三方晶系*;通常, 無色〜白色, 不純物のためさまざまな暗い色を帯びる;条痕*白色;ガラス光沢*;結晶形*は菱面体, 塊状のこともある;劈開*は菱面体状に完全. 潮解性で著しく水溶性. 乾燥地域で, 石膏*, 岩塩*, 他の水溶性硝酸塩と硫酸塩とともに沈積物として産する. 硝酸塩の原料.
ソーダ沸石 natrolite
　沸石*族の鉱物. $Na_2(Al_2Si_3O_{10}) \cdot 2H_2O$;比重2.2;硬度*5.0;白色;塊状, 繊維状または結晶質*. 塩基性*火山岩*の空隙を満たす二次鉱物*として, あるいは霞石*の変質鉱物として産する.
測　角 goniometry
　結晶*の面角*を測定する技術. これに使用する測角器(接触測角器)は180°の分度器で, ついている板状の指針が中心のまわりに回転する. 結晶面*に立てた法線の間の角度を目盛で読みとる. ごく小さい結晶について精度の高い測定をおこなうには, 望遠鏡がついた単円または複円反射測角器と呼ばれる光学測角器を用いる. 副尺つきの載物台*の上で, 結晶の稜を測角器上端の回転軸に平行に配置する.
測　光 photometry
　電磁スペクトルの紫外線*, 可視光線*, 赤外線*領域の物理学的性質を測定すること.
ソテツ科 Cycadaceae
　現生のソテツを含む, ソテツ目*のなかの科.

ソテツ植物門 Cycadophyta（ソテツ cycads）
　被子植物*のシュロやヤシに似た葉やその他の特徴をもつ植物からなる裸子植物*の門．ただし，ごく小型の種類もある．多くのソテツ類は，大きい有色の雌または雄の球果をつける．花粉*は，内部に運動性の精子をもつという，非常に原始的な特徴をもつ．ペルム紀*に出現し，中生代*を通じて世界の植物群集の重要な構成要素であった．白亜紀*後期になると，しだいに被子植物の木本類にとって替わられ，大きく衰退した．現存するソテツ類は生きた化石*とみなされている．

ソテツ目 Cycadales
　ソテツ科*およびそれに近縁な種類からなる裸子植物*の目．ソテツ植物門*に含まれている．

粗度 roughness ⇒ 底面粗度

外浜 shoreface
　低潮線から水深約10〜20 mまでの，海面上に現れることのない沿岸帯．この範囲内では波浪の作用が堆積作用を支配する．外浜の下限〔波浪作用限界水深〕より深いところでは波は海底には及ばない．〔⇒ 沖浜〕

外浜プラットフォーム shore platform（**海成プラットフォーム** marine platform, **海成段丘** marine terrace, **海成平坦地** marine flat, **海成ベンチ** marine bench, **波食ベンチ** wave-cut bench, **波食プラットフォーム** wave-cut platform）
　波とそれにともなう営力の作用によって陸地が削られて生じた潮間の平坦地．海側に約1°のゆるやかな勾配で傾斜し，陸側は海崖で終わる．

ソナー sonar ⇒ サイドスキャン・ソナー；音響検層；音響測深

ゾニュール zonule
　ある特定の種の存在に基づいてなされる亜帯*の細分．たとえば，ミネソタ州の上部カンブリア系*フランコニア砂岩（Franconia Sandstone）にはいくつかのゾニュールが認められている．この砂岩では，帯*は三葉虫（綱）**Ptychaspis*と*Prosaukia*，亜帯は*Prosaukia*，ゾニュールは*Prosaukia striata*と*P. granulosa*の存在によって認定されている．

ソノグラフ sonograph
　音波スキャナーからの反射音波をグラフに表示する装置．

ソノブイ sonobuoy
　海洋での大がかりな屈折法地震探査*で用いる，自由に浮かぶ使い捨てのブイ．ブイから吊した1個以上のハイドロフォン*がヘッドウェーブ*をとらえ，発振源の船舶に伝送し，その受振時刻が記録される．一定の時間が経過するとブイは自動的に沈むように設計されている．

ソーバイト sövite
　主に方解石*からなり，少量の磁鉄鉱*，燐灰石*，ときに金雲母*をともなうカーボナタイト*の一種．

ソービー，ヘンリー・クリフトン（1826-1908）Sorby, Henry Clifton
　イギリスのアマチュア科学者．イングランドのエスチュアリー*や内陸水の研究もおこなったが，ニコル*が発明した技術を用いて，薄片*による岩石研究法を発展させたことでよく知られる．この方法で，個々の鉱物結晶や鉱物粒を同定することができることを初めて示し，また隕石も研究した．

ソファー・チャンネル SOFAR channel（**音響チャンネル** sound channel）
　音響固定・測距チャンネル（*SO*und *F*ixing *A*nd *R*anging channelのアクロニム）．海水柱の中で音波速度が最も小さくなっている水深約1,500 mの帯域．この帯に入った音波は上方に屈折*，ついで下方に屈折し，エネルギーをほとんど消耗することなくこの深さの帯のなかに封じ込まれる．したがって，このチャンネルは音波を28,000 km以上の長距離にわたって伝えるのに有効で，自由に漂流する海面下の不偏浮標*を追跡するうえに利用される．

ソープストーン soapstone (steatite) ⇒ 滑石

ソマリ・プレート Somali Plate ⇒ アフリカ・プレート

粗密波 compressional wave ⇒ P波

粗面安山岩 trachyandesite ⇒ 安山岩

粗面岩 trachyte
アルカリ岩*系列に属する中性*の細粒噴出岩*. 閃長岩*に相当する火山岩*.

粗面完晶質 trachytoidal
閃長岩*などの粗粒火山岩*で, 平板状の長石*が平行に配列してつくっている縞状構造*をいう. 粗面岩*などの細粒岩に見られる同様の構造は粗面岩状組織*と呼ばれる.

粗面岩状組織 trachytic texture
火山岩*で, マグマ*の流動により短冊状の長石*が定方向配列*して面をなしている組織*. ⇒ 粗面完晶質

粗面玄武岩 trachybasalt
閃長岩*に相当する細粒噴出岩*. シリカに不飽和(⇒シリカ飽和度)のものは, アルカリ長石*に替わって準長石*が含まれ, テフライト*(かんらん石*を欠く)およびベイサナイト*(かんらん石を含む)と呼ばれる準長石質粗面玄武岩. 粗面玄武岩は安定した大陸地殻*と一部の海洋島に見られる.

ソモホロアン統 Somoholoan ⇒ アッセリアン;サクマリアン

ソリフラクション solifluction (solifluxion)
水で飽和した表土が斜面を移動する現象. 元は周氷河*地方のもの(ジェリフラクション*)を指したが, 後に環境にかかわらず用いられるようになった. 表土が厚く発達する熱帯湿潤地域で強い降雨の後にとくに起こりやすい.

ゾル sol
1. コロイド溶液(⇒コロイド)または完全に液状化*した泥*のように, 固体粒子が液体中に分散しているもの. ⇒ クィック粘土. 2. 火星の1日(=24.7時間).

ソルデス・パイロサス *Sordes pilosus*
1971年に発見された初期の翼竜類*の1種. 体は厚い毛皮で覆われていたことがわかっている. このため'毛の悪魔'を意味する学名がつけられている. このことは, この種とそれに近縁な爬虫類*が恒温動物*であったことを暗示している. この種はカザフスタン, チムケント(Chimkent)の上部ジュラ系*から産出したもので, 小型で尾が長く, 歯をもつ翼竜類である.

ソルバス(固相分離線) solvus
相状態図*中で, 離溶*または分解溶融*によって生じるいくつかの相*の領域と均質な固溶体*の領域を隔てる線または面.

ソルバン階 Solvan
中部カンブリア系*中の階*. レーニアン階*の上位でメネビアン階*の下位. 年代は536〜530.2 Ma(Harlandほか, 1989).

ソレアイト tholeiite
細粒でシリカに過飽和(⇒シリカ飽和度)の噴出岩*. 広汎に分布する玄武岩*の一種. 主成分鉱物*はカルシウム斜長石*, サブカルシックな普通輝石*, ピジョン輝石*で, 粒間をガラス*や指交状*の微細な石英*と長石*が埋めている. ソレアイトは大陸地殻*上では溶岩*台地をなし, 海洋底では噴出物質の主要部分を占めている. ⇒ 海嶺玄武岩

ソレノポーラ属 *Solenopora* ⇒ 紅藻綱

ソロ珪酸塩 sorosilicate ⇒ 珪酸塩鉱物

ソロディック土 solodic soil
塩類土壌*が半乾燥熱帯環境で溶脱*されたもの. A層は微酸性となり, B層はナトリウムで飽和した粘土*を含む(⇒土壌層位). ドクチャエフ*(1886)の研究に基づいてロシアで採用された初期の土壌分類体系用語で, 今日では用いられていない.

ソロネッツ solonetz
半乾燥熱帯環境で, 溶脱*の過渡期にある鉱質土壌*, またはソロディック土*に移行しつつある塩類土壌. 砂質, 酸性のA層と部分的にナトリウム粘土に富むB層を有する(⇒土壌層位). 初期の土壌分類体系で使用されていた語. 今日はアリディソル目*に含められている.

ソーンスウェイト, チャールス・ウォーレン (1889-1963) Thornthwaite, Charles Warren
自身の名を冠した気候区分体系を創設したアメリカの気候学者. オクラホマ大学(1927-43), メリーランド大学(1940-6), ジョンホプキンズ大学(1946-55)で教鞭をとった後, ニュージャージー州センタートン気候学研究所長, フィラデルフィア州ドレクセル工科大学気候学教授を歴任. 1941年から1944

年までアメリカ地球物理学連合気象学部会長．1951年には世界気象機関*気候委員会の委員長に選ばれた．

ソーンスウェイトの気候区分 Thornthwaite climate classification

アメリカの気候学者ソーンスウェイト*によって1931年に提唱された，気候を記載する概念．降水効果（P/E；Pは月間総雨量，Eは月間総蒸発量）の年間合計，すなわち降水効果指数*（$P\text{-}E$）によって，それぞれの植生により特徴づけられる以下の5湿潤区が設けられている；$P\text{-}E$ 127以上（多雨）は多雨林，64〜127（湿潤）は森林，32〜63（亜湿潤）は草原，16〜31（亜乾燥）はステップ，16以下（乾燥）は砂漠．1948年，気温と日長時間から計算される可能蒸発散量（蒸発散位）*（PE）に依存する湿潤指数*を導入してこの区分を改訂した．乾燥地域では降水量がPEより少ないため湿潤指数は負となる．また，気温の効果を考慮して，積算月間気温が0の凍土気候から127以上の熱帯気候にわたる気候区分もなされた．⇨ケッペンの気候区分；シュトラーレルの気候区分

ゾンデ sonde ⇨ ラジオゾンデ；レーウィンゾンデ；自然電位ゾンデ；音響ゾンデ；検層

ゾンド Zond

1965年から1970年にかけておこなわれた旧ソ連による一連の月探査．

ソンブリック層位 sombric horizon

溶脱*した腐植*が上方から入り込んだ，水はけのよい鉱質土壌*からなる熱帯〜亜熱帯の下層土*の特徴層位*．塩基飽和度*は50％未満．

タ

多-（ポリ-） poly-
'多い'を意味するギリシャ語 polus に由来. '多い'を意味する接頭辞.

帯（たい） zone
1. 生層序帯. 明確な化石*内容によって特徴づけられる岩石の単元. '帯' という語が他の意味で使われている場合との混同を避けるため, '生帯〔biozone; biostratigraphic zone（生層序帯）の省略形〕'という語を用いるのが望ましい. また, 異なる意味で使う場合には, 帯の内容を表す語を付けるのが普通. ⇨ アクメ帯; 群集帯; 共存区間帯; 系列帯; オッペル帯; 区間帯; 亜生帯; タクソン区間帯; タイルゾーン; ゾニュール; 示準化石. **2.** 晶帯. 平行な稜をもって接している一群の結晶面*. これらの結晶面は晶帯軸*とも平行で, そのまわりで回転した姿勢をなしていることもある. ⇨ 累帯構造. **3.** ⇨ 変成分帯

代 era
第一次の地質年代単元*. いくつかの紀*からなる. たとえば, 中生代*は三畳紀*, ジュラ紀*, 白亜紀*からなる. 英語表記では頭文字を大文字とする.

ダイアクロン diachron
場所によって年代が異なる岩相*単元. 〔単元の境界が時間面と斜交していることになる.〕

ダイアステム diastem
整合的*に累重する堆積層中で, 層理面*の形状にのみ現れている軽微な不連続. 侵食*をほとんどないしまったくともなわない, 堆積作用の短期間の中断を表す. 他の場所では堆積作用が続いているなかで起こった極めて局地的な現象によることもある. ⇨ ノンシーケンス

ダイアスポア diaspore
アルミニウムの水和物鉱物*. α-AlO(OH). 多形*のベーマイト* γ-AlO(OH) と連続した系列をなす; 比重 3.3~3.5; 硬度* 6.5~7.0; 白色; 塊状, 葉片状あるいは六方柱状結晶*. エメリー*やコランダム*とともにボーキサイト*やラテライト*鉱床*の成分.

耐圧- baroduric
高圧に耐えることができる性質.

ダイアトリーム diatreme
爆発的な噴火*によってつくられた, ニンジンのような形状の火道. 一般に, 非火山性の基盤岩を貫き, 非常な深部から激しいガス流によってもたらされたキンバーライト*などの, 粗い角ばった岩塊で充填されていることが多い.

ダイアピリズム diapirism ⇨ ダイアピル
ダイアピル diapir
岩塩*, 花崗岩*など相対的に軽い岩体が上位の被覆岩中にドーム状の形態をなして上昇した貫入体*. 貫入の過程をダイピリズムという.

ダイアフトレシス diaphthoresis ⇨ 後退変成作用

ダイアミクタイト diamictite
砂*やそれより粗粒の砕屑粒子が泥*基質*中に散在する, 分級不良の固結した礫岩*状珪砕屑性堆積岩*. 成因を示唆する語である'ティライト'*に替わってこの語が使われることが多い. 〔ダイアミクタイトにはティライトのほかに, 地すべり, 土石流*, ソリフラクション*などを成因とするさまざまなものがある.〕

ダイアミクト diamict
ダイアミクトン*とダイアミクタイト*を区別することなく指す語.

ダイアミクトン diamicton
ダイアミクタイト*になっていない未固結*の珪砕屑性堆積物*.

大イオン親石元素（LIL） large-ion lithophile
イオン半径*が大きく原子価*が1または2（たとえば, Rb^{2+}, Pb^{2+}, Ba^{2+}）の元素. マグマ*の分別結晶作用の間, メルト*中に濃集する傾向があり, これからアルカリ長石*や雲母*などのカリウム珪酸塩鉱物*に主に取り込まれる. ⇨ 分別結晶作用; 不適

合元素

帯 域 band
リモートセンシング*：探知しようとする波長*（または周波数*）の範囲．

帯域消去フィルター band-reject filter ⇨ 帯域フィルター

帯域精製（帯域精製法） zone refining
1．金属学：帯域精製法．不純物を含むメルト（溶融体）*が固化する際に純粋な結晶*が沈積する原理に基づいて，高純度の金属を小規模につくる方法．棒状試料の一端のごくせまい部分を溶融し，移動炉によって棒沿いに溶融部分を移していく．不純物はメルトに残り，金属棒の片方の一端に掃引される．2．地質学：帯域精製．帯域精製法と同じ原理で，不適合元素*がメルト中に移動して分配される現象．

帯域通過フィルター band-pass filter ⇨ 帯域フィルター

帯域フィルター band filter
一定帯域*内の周波数*をほとんど減衰*させることなく伝送する電気フィルター*（帯域通過フィルター）．帯域消去フィルターは逆に著しく減衰させることによって伝送を妨げるフィルター．

大 円 great circle
球の中心を通る平面と球面との交線．ステレオ投影*では，球の水平投影（赤道面*への投影）はその球の半径をもつ基円*で，大円でもある．赤道面と直交する大円はすべて基円の中心を通る直線として投影される．他の大円はすべて経線と同じ形の曲線となる．北極と南極はともに基面の中心に投影される．⇨ 投影面

帯化石 zone fossil ⇨ 示準化石

体 管 siphuncle
外殻性*の頭足類（綱）*の殻内部に見られる管状構造．体管は隔壁*にあいた孔を通じてすべての室を貫いており，その中には生体部の内臓から伸びる肉室の肉体管が通っている．体管から気房にガスが送られ，これにより全体の浮力が調節されている．

大間氷期 Great Interglacial ⇨ ミンデル/リス間氷期

大気汚染 atmospheric pollution
化石燃料の燃焼や工業活動により，塵，煙，硫黄酸化物，その他のガスのかたちで大気中にもたらされた固体や気体の汚染物質による．大気汚染は都市域でとくに深刻となっている．⇨ 光化学スモッグ

大気候 macroclimate
広域における気候特性．

大気シンチレーション atmospheric shimmer
屈折率*を異にするいくつかの空気塊が動いているなかを光が通過してくるときに現れる効果．星がまたたくのはこの効果による．リモートセンシング*の分解能は究極的にはこの効果によってきまる．

大気大循環 general circulation
地球大気は，その長期的・短期的・平均的な運動を把握することによって明らかにされている，多かれ少なかれ持続的な運動特性およびさまざまな規模の一時的な運動特性をあわせもつ．それらを含めて，地球全体あるいは半球全体にわたる大気の大規模な循環を指す．その性格上，風系にかかわっているが，風系は気圧に密接に関連しているため，ふつう気圧配置図によって考察する．

大気大循環モデル（GCM） general circulation model
気候学の研究を目的とする大気大循環*のコンピューター・シミュレーション．大気を概念上の三次元格子で分割し，格子の各交点における大気の条件を気体法則の計算によって求める．1つの交点での変化がまわりの交点に及ぼす影響をくり返し計算して気候の推移をシミュレートする．現行のGCMでは，格子が粗いため，雲の形成など小規模現象を反映することができず，また，たとえば海洋と大気の間のエネルギー輸送に影響を及ぼす過程など，いくつかの重要な過程の詳細を無視しているため限界に直面している．

大気の気温減率（ELR） environmental lapse rate
雲あるいは上昇中の空気塊*のまわりの大気温度が高度とともに変化していく割合．おおまかには平均約 6.5℃/km で低下するが，この割合は地域，気流，季節によって大きく

変動する．気温減率が負の値である場合（気温が高度とともに上昇する場合）を気温逆転*という．

大気の‘窓’ atmospheric 'window'
水蒸気による吸収が極めて小さい放射線の波長範囲（およそ$8.5〜11\,\mu m$）．この波長の地球放射は，雲による吸収がなければ宇宙に逸散してしまうことになる（雲の水滴はこの波長も吸収することができる）．⇨ 温室効果；地球放射

大気波動 air wave
地震*の震源域から大気中を伝播する音波．速度はおよそ$330\,m/秒$．

大規模地震観測群列（LASA） large-aperture seismic array
核爆発による地震*と自然の地震とを識別するために，アメリカ，モンタナ州に設置されたジオフォン*の群列*．

大圏距離 ground range
レーダー*：天底*と目標物との距離．⇨ 距離範囲

体 腔 coelom (1), enteron (2)
1. 多くの動物の胴体に見られる主要な腔所．環形動物*の多くと棘皮動物*および脊椎動物*では腸周辺にある．節足動物*と軟体動物*では，主要な腔所は血体腔として血管系の一部が拡大している部分であり，体腔は小さい．2. ⇨ 花虫綱

大後頭孔 foramen magnum
頭蓋*の底にある，脊髄が通っている開口部．

体腔動物 coelomate
体腔をもつ動物．

大骨針 megasclere ⇨ 六放海綿綱

第三紀 Tertiary
中生代*に続く新生代*最初の紀*．約$65\,Ma$に始まり約$1.64\,Ma$まで続いた．暁新世*，始新世*，漸新世*，中新世*，鮮新世*の5つの世*からなる．

ダイジェナイト（方輝銅鉱） digenite
銅の硫化物鉱物*，Cu_9S_5．輝銅鉱* Cu_2Sと密接にともなう；比重5.7；硬度*3；灰青色；亜金属光沢*；鉱床*中で，他の銅の硫化物鉱物たとえば黄銅鉱*や斑銅鉱*と共生し不定形の集合体をなして産する．

退歯型 desmodont
ある種の二枚貝類*に見られる蝶番*部の歯生状態*の1タイプで，歯がごく小さいか，歯を欠くものを指す．このタイプの二枚貝類では，靭帯は靭帯受*によって支持されている．

帯 状 zonal
特徴的な（土壌や植生などの）性状が緯度線にほぼ平行な境界によって限られた地帯をなしている状態（すなわち赤道に平行な地帯）をいう．

帯状湖 ribbon lake ⇨ トンネル谷

対称軸 axis of symmetry ⇨ 結晶軸；結晶の対称性

帯状指数 zonal index（**循環指数** circulation index）⇨ 帯状風

対称褶曲 symmetrical fold
両翼*の長さが等しい褶曲*構造．

対称消光 symmetrical extinction
鉱物光学：偏光の振動方向*が結晶面*または劈開*面のトレースがなす角を二等分するときに鉱物薄片*で見られる現象（たとえば輝石*や角閃石*の底面に平行な薄片）．〔アルバイト双晶*をなす〕斜長石*は特殊な型の対称消光を示し，その角度によって組成を決定することができる．

対称心 centre of symmetry ⇨ 結晶の対称性

対掌体 enantiomorph
同じ物質が示す異なる構造形態．たがいに鏡像のようでありながら，右手と左手のような関係にある結晶*の対．片方を回転させたり裏返しても他方に重ね合わせることができない．石英*がその好例．

対称トレンド symmetrical trend ⇨ ボウ・トレンド

帯状風 zonal wind
主として西から東または東から西へ吹く風．とくに中緯度の帯状偏西風など，一般的ないし大規模な大気循環をなす幅広い主要な気流．帯状指数（循環指数）は，中緯度（たとえば$35〜55°N$）における西から東への気流の強さを表す慣用的な尺度のこと．西から東へ向かう気圧系をともなう強い偏西風は高い帯状指数をもつ．南北方向の対流性気流あ

るいは子午線気流（⇨ 子午線循環．弱い乱れた循環パターンをなすこともある）では指数は低い．

対称面 plane of symmetry (symmetry plane) ⇨ 結晶の対称性

大進化 macroevolution
　種以上の分類階級で起こる進化*．すなわち，種，属，科，等々において新しいタクソン*が生まれること．大進化が小進化*による小さい変化の積み重ねであるのか，小進化とは関連のない現象であるのかについては意見の一致をみていない．

帯水層 aquifer
　不透水性の地層*の上位にあって，未固結の礫や砂など透水性の高い物質からなり，貯留している相当量の地下水*が移動している地層．不圧帯水層では地下水面*が地下水位の上限となっている．被圧帯水層は上下を不透水層によって封塞されている．宙水は下位の小規模な不透水層または難透水層*によって維持されている不圧地下水．⇨ 透水性

帯水層試験 aquifer test ⇨ 揚水試験

対数正規分布 log-normal distribution（**幾何分布** geometric distribution）
　対数で表した値がガウス分布*（正規分布）をなす頻度分布．粒径*など，地質学に関する事象によく見られる分布．

耐　性 tenacity
　振動，圧縮・曲げなどの応力*に対する鉱物*の物理的な対応のしかた．銅や金など容易に押しつぶされる軟らかい鉱物の性質は'展性'，容易に砕かれる黄鉄鉱*や蛍石*などの性質は'脆性'，雲母*などの性質は，曲げることはできるが元の形には戻らないという意味の'柔軟性（flexible）'と呼ばれる．

体制（構制） Bauplan（複数形：Baupläne）
　1つの生物系統における，原型*となる体構造の基本形式を指す．

耐性鉱物（耐熱鉱物，難融鉱物） refractory mineral
　熱，圧力，化学物質による分解に対する抵抗性．通常は，熱に対する抵抗性の大きい鉱物*をいう．

大西洋 Atlantic Ocean
　世界の主要な海洋の1つ．比較的浅く平均水深は3,310 m．主要な海洋のなかでは最も暖かく（平均水温3.73℃），かつ塩分濃度*が高い（平均で34.9パーミル）．

大西洋型海岸 Atlantic-type coast（**横断型海岸** transverse-type coast）
　内陸の褶曲山脈をなす地層の一般方向を切る沈降と断裂によって特徴づけられる海岸．拡大しつつある相対的に若い海洋に面する海岸に典型的．ジュース*によって定義された．➡ 太平洋型海岸

大西洋型縁（大西洋型縁辺部） Atlantic-type margin ⇨ 非活動的縁（非活動的縁辺部）

大西洋区 Atlantic Province（**アカドーバルト海区** Acado-Baltic Province, **ヨーロッパ区** European Province）
　カンブリア紀*前期のオレネラス類三葉虫*動物地理区*の1つ．カンブリア紀前期の三葉虫動物群集*は，古生物地理の面からオレネラス類を特徴的に産する北西ヨーロッパおよび北アメリカ地域と，レドリキア類の産出により特徴づけられるアジア，オーストラリア，アフリカ北部地域とに区分される．オレネラス区はさらに，イアペトゥス海*南東部の大西洋区と，北西縁の太平洋区*（アメリカ区）に二分される．大西洋区と太平洋区の名称は，ひき続くオルドビス紀*の三葉虫および筆石*群集の動物地理区にも用いられている．

大西洋コンベヤ Atlantic conveyor
　低緯度から高緯度への熱輸送を担って地球規模の気候に重要な役割を果たしている海流系．北方の海氷海域の縁で対流によって上下の海水が入れ替わり，冷たく塩分濃度*の高い海水が深層に沈み込んで北大西洋深層水*として南方に移動して南半球にまで達する．その上の海面付近では暖流が北方に流れている．

大西洋中央海嶺 Mid-Atlantic Ridge
　南-・北アメリカ・プレート*とアフリカ・プレート*およびユーラシア・プレート*を分ける海嶺*．起伏が激しく顕著な中

軸谷*が発達する．拡大速度*は小さい．

堆積学 sedimentology
　堆積物*，堆積過程，堆積岩*の研究，解釈，分類にかかわる地質学の1分野．

体積拡散 volume diffusion ⇨ 拡散

堆積岩 sedimentary rock
　堆積した物質が固結して形成された岩石．陸源（陸上に露出する既存の岩石〔母岩〕が分解して生じた鉱物*や岩片からなる），生物源（貝殻の形成や泥炭*の生成など直接，間接に生物の働きによる），化学源（水からの沈殿によって生成．たとえば，炭酸塩岩*の一部，蒸発岩*のすべて），火山源（火山砕屑性*．凝灰岩*やベントナイト*など）に分類される．化学的性質や挙動，堆積環境によっても分類され，それぞれの分類体系が他を補完している．

堆積空間 accomodation space
　堆積物が集積する場所．

堆積構造 sedimentary structure
　堆積作用や堆積時の生物の活動によって堆積岩*に形成された構造で，堆積岩体の形態，内部構造あるいは層理面*上に保存された形態となって現れる．内部堆積構造には，物理的な過程によるもの（斜交葉理*，平行葉理，ヘテロリシック層理*）；堆積後の変形によるもの（コンボルート葉理*，スランプ構造*，皿状構造*，ピラー構造*，火炎構造*，ボール・ピロー構造*など）；生物の動きによるもの（生物擾乱*，生痕*）；堆積後の化学的な擾乱によるもの（エンテロリシック構造*，溶解構造，結核*など）がある．層理面上に保存されている構造には，堆積作用によるもの（リップル*，線構造*）；侵食性の構造（フルートマーク*などの洗掘痕，⇨ スコアー・ラグ堆積物*）；地層上を運ばれた物体によるもの（物体痕*）；その他の構造（乾裂*，シネレシス*，砂火山*，固着リップル*，雨痕*，生痕*など）がある．地層の底面に保存されているもの（底痕*）には，荷重痕*，フルートマーク・物体痕・生物の這い痕*などのキャスト，スコアー・フィル構造*がある．堆積体の外形〔層状，流路埋積堆積物*，礁*またはマウンド（⇨ 石灰泥丘），レンズ状，など〕は堆積環境，ときに

は堆積後の圧密*によってきまる．

堆積後残留磁化 post-depositional remanent magnetization
　堆積岩*が磁気を獲得すること．続成作用*の過程で強磁性*鉱物*が成長することによる化学残留磁化*が主たる原因であるが，ルーズな状態にある堆積物中を流体が移動するのにともなって磁性鉱物が機械的に回転することにも起因している．

堆積サイクル sedimentary cycle (1), cyclic sedimentation (2)
　1．堆積作用（狭義）：既存の岩石〔母岩*〕の風化*に始まり，侵食*，運搬，沈積を経て埋没に終わる堆積過程のサイクル．一次サイクルの堆積物*は抵抗性の低い鉱物*や岩片が存在することで特徴づけられる．この堆積物が二次サイクルで再堆積すると，抵抗性の低い鉱物は消滅するか変質して安定な物質に変わる．堆積物は多くの堆積サイクルを経るにしたがって熟成し，円磨度*が高くなり抵抗性の高い鉱物が卓越するようになる．⇨ レジステート鉱物．**2**．周期的堆積作用：一連の堆積相が規則的にくり返し発達する堆積の様式．2つないしそれ以上の岩相*がサイクルを構成するが，その出現順序が対称的なことも律動的なこともある．たとえば，A→B→C→D，A→B→C→D，あるいはA→B→C→D→C→B→A，A→B→C→D→C→B→A．サイクルは気候の周期的変化（⇨ ミランコビッチ周期）に結びついた海進*と海退*のくり返し，堆積環境の側方移動あるいは堆積物供給源における構造活動周期のくり返しによって出現する．

体積散乱 volume scattering
　レーダー*：電磁放射*が植被や土壌などの層の内部で散乱すること．

堆積残留磁化（DRM） depositional remanent magnetization (1), detrital remanent magnetization (2)
　1．堆積物が堆積する過程で獲得した磁化．砕屑物*の残留磁化*であることが多いが，堆積時に獲得した磁化全般をいう．⇨ 堆積後残留磁化
　2．強磁性の*砕屑粒が水中を沈下していく途中で地球磁場*に従い定方向配列*をなし

て, 水底 (湖, 池, 河川, 海の底) に沈着し, これを含む堆積物が磁気を獲得すること.

堆積シーケンス depositional sequence
上下を傾斜不整合*面あるいはそれと同年代の平行不整合*面や整合面 (⇨ 整合的) によって限られている, 多かれ少なかれ連続的に堆積した一連の地層*群. 不連続面は反射法地震探査*地震記録*断面で側方に追跡される. 堆積シーケンスは震探層序学*の実用的な基本層序単元. 上下の不連続が側方で整合面に連なることが確認されれば, 堆積シーケンスはその単元が堆積した地質時代の区間を表すことになり, 年代層序学*的な意義をもつ. ⇨ ベースラップ; ダウンラップ; オンラップ; トップラップ

堆積シーケンス・モデル depositional sequence model
2つの有力なシーケンス層序*モデルの1つで, エクソン・プロダクション・リサーチ社が提唱した. 上下の不整合*面とそれに対比される整合的*な面を, 連続的に堆積した一連の地層*群 (堆積シーケンス*) の境界とみなすもの. → 成因論的層序シーケンス・モデル

堆積システム depositional system
ある堆積環境 (たとえば河川) の中で形成された岩相の集まり. ⇨ 岩相; 岩相組み合わせ

堆積システム体 depositional systems tract
たがいに関連する堆積システム*の組み合わせ, たとえば, 河性-・デルタ*性-・大陸棚*性堆積システムからなる地質体.

堆積時断層 (成長断層) growth fault
活発に沈降している堆積盆地*の未固結*堆積物*中で, 堆積と同時ないし堆積直後に発生する断層*. ふつうは正断層*で, 断層運動が堆積作用と同時進行しているため, 下降側の堆積物が厚くなる.

堆積心 depocenter
堆積盆地*内で堆積作用が最もさかんな場所. 堆積物が最も厚く発達する.

堆積性メランジュ sedimentary melange
⇨ オリストストローム; メランジュ

堆積速度 rate of sedimentation ⇨ 沈降

堆積体 systems tract
シーケンス層序学*: 境界と内部形態によって定義される三次元的な堆積単位. 海水準変動の1サイクル内には, 通常, 高海水準期堆積体*, 低海水準期堆積体*およびその中間の海進期堆積体*という3つの堆積体が存在する.

体積弾性率 (K) bulk modulus (非圧縮率 incompressibility)
応力*と歪*の比. 立方体に静水圧* (応力*) p が加わったときの歪は, 元の体積 V に対する体積減少分 δV の比で表される. したがって, $K = p/(\delta V/V)$.

大赤斑 Great Red Spot
木星*の南半球で, 水素・ヘリウム大気中の高気圧*がなす楕円形の斑点. 緯度にして10°にわたり直径約12,000 km (地球の直径に匹敵する). 300年以上前から知られている.

堆積物 sediment
既存の岩石〔母岩*〕から由来した物質や生物源*あるいは化学的に沈殿した物質が地表〔海底を含む〕に集積したもの.

堆積物食者 deposit feeder
海底堆積物*の上または中に棲み, 栄養を摂取するため有機物に富む泥*を食する動物.

堆積物の組織区分 end-member textural classification
粒径 (粒度)* がさまざまな粒子の混合物である堆積物*を, 3つの端成分 (砂*-シルト*-粘土*または礫*-砂-泥*など) の相対比によって区分すること. 数多くの分類法が提唱されている. いずれも3つの端成分の相対比を三角ダイアグラムにプロットして表す.

堆積噴気作用 (SEDEX) sedimentary exhalative process
鉱化液体が海底の堆積場に浸透することによって起こる現象. 多くの場合, 卑金属の硫化物からなる鉱床*が堆積物*中に胚胎される. ⇨ ブラックスモーカー

体積変化 dilatation (dilation)
応力*を加えることによって体積の変化を

ともなう歪*が生じること．体積変化率 Δ_V は，$\Delta_V = (V_f - V_0)/V_0$ で与えられる．V_0 は元の体積，V_f は変化後の体積．

堆積盆地 sedimentary basin
　堆積物*が蓄積されていく，地殻*の沈降域．

堆積盆モデリング basin modelling
　堆積盆地*内での石油*や地下水*の分布と移動を予測したり，温度・圧力を決定することを目的として，盆地内のいくつかの過程を定量化し，その地質学的発展をコンピューター・シミュレート化すること．

腿　節 femur
　昆虫綱*の脚のうち，第三番目の，通常最も大きくがっしりした脚．

体節制分節 metameric segmentation
　構造上基本的に等しい器官や組織が，動物の胴体のなかで，間隔をおいてくり返していること．

帯　線 fasciole
　大型の棘や隆起をもたない心形目ウニ類（綱）*の殻表面にある溝のこと．帯線にある微小な棘は繊毛*で覆われ，その運動で水と粘液を動かし，表面に付着した異物をとり払う．

大腿骨 femur
　四肢動物*の後肢上部の骨．

タイタイ統 Taitai
　ニュージーランドにおける下部白亜系*中の統*．オテケ統*の上位でクラレンス統*の下位．モコイワン階とコランガン階を含む．ネオコミアン統*とその上位のバレミアン階*，アプチアン階*，下部アルビアン階*にほぼ対比される．

タイダライト tidalite
　潮流*の影響を強く受けて堆積した堆積物．

台地玄武岩 plateau basalt（**氾濫玄武岩** flood basalt）
　広い面積を占めて低アスペクト比*の層状体をなす玄武岩*．高温で粘性*の小さい溶岩*が，長く続く割れ目から多数回にわたって噴出，地形的に低い地域を埋めて厚く蓄積し，広大な高原をつくっているもの．アメリカ，ワシントン州のコロンビア川台地溶岩（ロザ層 Roza Member）は面積 130,000 km²，厚さ 1,800 m 以上に達し，個々の溶岩流の体積は 100 km³ のオーダー．この層中で最大の溶岩流単層の体積は 700 km³ に達する．噴出源の割れ目から 300 km も流れた．インドのデカン高原（Deccan Trap）での面積は 260,000 km²．3,000 万年前に北東大西洋に形成されたチューレ海台（Thulean Plateau）では形成時の面積が 1.8×10^6 km² であった．この溶岩台地は，斜面勾配が極めて小さい無数の楯状火山*複合体から流れ出した数千枚の溶岩流からなっている．

大腸菌総数 coliform count
　最も標準的な水質汚染度の簡易表示法の1つ．水 100 ml 中の大腸菌型細菌の総数で示される．

帯電体ポテンシャル法 charge–body potential method ⇒ ミーズ・アラ・マッス法

第二動 second arrival
　初動*に続いて起こるコヒーレントな地震波*による振動．

第二波 secondary wave ⇒ S 波

対　比 correlation
　層序学：岩相*あるいは化石*内容などに見られる類似性に基づいて層序単元*・層序区間同士の対応関係を確立すること．かつて一つながりであって現在は分断されているか，異なる地域で同じ年代に生成した層序単元または層序区間が対比される．

対比ダイアグラム correlation diagram
　各地の層序単元*または層序区間の対応関係を図示したダイアグラム．

台　風 typhoon
　太平洋とシナ海の海上で発生する熱帯低気圧*の呼称．

対物鏡 objective
　顕微鏡筒の下端に付ける拡大レンズ．対物鏡は，特性（色消しレンズ，超色消しレンズ，蛍石レンズ），倍率（5×，10×，20×，それ以上），開口数（NA；レンズを通して試料に収束する光量の尺度；0.1 から 0.9 のものが多い）によって分けられる．

太平洋 Pacific Ocean

世界最大の海洋（面積 179.7×10^6 km²）．水温，塩分濃度*とも最も低く（それぞれ平均 3.36℃，34.62 パーミル），最も深い（平均水深 4,028 m）．

太平洋-インド洋水塊（PIOCW） Pacific- and Indian-Ocean common water

太平洋*とインド洋*の深層水は，平均水温 1.5℃，塩分濃度* 34.70 パーミルという極めてよく似た性状をもっているため，通常 1 つの水塊として扱われている．

太平洋型縁（太平洋型縁辺部） Pacific-type margin ⇒ 活動的縁（活動的縁辺部）

太平洋型海岸 Pacific-type coast **（縦走型海岸** longitudinal-type coast**）**

褶曲山脈列を縦走方向に限る海岸．このため海岸に沿う沈降と断裂は褶曲*構造の方向性にしたがっている．この海岸型はジュース*によって最初に認定された．→ 大西洋型海岸．⇒ ダルマチア型海岸

太平洋区 Pacific Province **（アメリカ区** American Province**）**

前期古生代*に存在したイアペトゥス海*の西縁部と北縁部を特徴づける三葉虫（綱）*と筆石（綱）*動物群*について設けられた動物地理区*．⇒ 大西洋区

太平洋-南極海嶺 Pacific-Antarctic Ridge

太平洋プレート*と南極プレート*の間にある海嶺*で，南東インド洋海嶺（90°E 海嶺）と東太平洋海膨*に続いている．

太平洋プレート Pacific Plate

地球最大のプレート*．東太平洋海膨*と太平洋-南極海嶺*以外の縁が沈み込み帯*[アリューシャン，クリル（千島），日本，伊豆-ボニン，マリアナ]であるため，縮小しつつある．海洋地殻*のみからなる唯一の大プレートで，最古の部分は三畳紀*にさかのぼる．

タイ・ポイント（連結点） tie point

リモートセンシング*：2 つ以上の画像に現れている地上の点．それらの画像を照合するうえに利用する．

体房（住房） body chamber

頭足類（綱）*の殻のうち，最後に形成される，生体の入る部屋．

大胞子 megaspore ⇒ 胞子

大胞子嚢 megasporangia ⇒ 胞子

ダイヤモンド（金剛石） diamond

炭素のみからなる元素鉱物*．天然に産する物質のなかで最も硬い（モースの硬度尺度* 10）．比重 3.5；立方晶系*；白色または無色，ときに黄，緑，赤色，まれに青または黒色．結晶形*は八面体；劈開*は {111} に完全．火成起源でキンバーライト*にともなうものが多い．

ダイヤモンド光沢 adamantine lustre

磨かれたダイヤモンド*のように輝く，鉱物*の光沢*．

ダイヤモンド・ドリル掘削 diamond drilling

ダイヤモンドを植えつけたビット*を用いて試錐孔*を掘削すること．多くは，調査試料のコア*を得ることを目的とする．

大葉 megaphyll ⇒ 隆起説

太陽 Sun

太陽系*の中心をなす星（G スペクトル型）．直径 696,000 km，質量は地球*の 333,000 倍，体積は 1,300,000 倍，平均密度 1,410 kg/m³．赤道は黄道*面に対して 7.25°傾斜．目に見える面を光球*という（温度 6,000 K）．ほとんど水素とヘリウムのみからなる．珪素の存在度で規格化した太陽の難揮発性元素存在度は C 1 炭素質コンドライト*の元素存在度に一致している．

太陽系 solar system

中心を占める太陽*（G スペクトル型の恒星）とそれを周回する 9 個の惑星，約 60 個の衛星*，発見されているものだけで約 3,000 個の小惑星*，そしておそらく 10^{12} 個の彗星*からなる系．ほとんどの天体が黄道*面近くにある．隕石*研究に基づいて回転する塵やガスの雲（太陽系星雲）から 45.6 億年前に太陽系が誕生したと推定されている．

太陽系星雲 solar nebula ⇒ 太陽系

太陽光偏光計・放射計（PPR） photopolarimeter-radiometer

太陽光可視スペクトルの強度と偏光*の程度を測定するリモートセンシング*機器．惑星や衛星*の表面形態とともに大気の温度と

雲の状態を調べることができる．

太陽池　solar pond ⇨ サリーナ

太陽定数　solar constant

地球と太陽が平均距離にあるときの，自由空間（地球の気圏*に入る前）における太陽光線の平均強度．厳密にはすべての波長の放射について強度は一定ではない．変動幅についてはなお論争の的となっているが，太陽の歴史のなかで長く続いた発展期を除けば，極めて小さいことは確実である．

太陽同期軌道　Sun-synchronous orbit

人工衛星が太陽に対する方向を一定に保っている軌道．両極付近を通り，子午線と一定角度で交叉する．高度は約860 km（地球半径の1/7），102分で1周し，地球表面上の軌跡は1周ごとにずれていく．つまり同じ地点の上を，12時間ごとに同じ太陽時に通過する．

太陽の元素存在度　solar abundance of elements

太陽スペクトルの研究から，太陽*大気中の約70種類の元素の相対存在度が決定されている．水素とヘリウムが卓越し，一般に原子番号*が増えるにつれて少なくなっている．しかしながら若干の例外もあり，たとえば珪素と鉄は高い存在度を示す．これは核結合エネルギーと核の安定に関係するものと考えられる．太陽スペクトルは太陽の外層から放射されているので，この値から直接太陽全体の元素存在度を求めることはできない．しかし，太陽全体の元素存在量は，その相対存在度よりもはるかに意義が小さい．

太陽風　solar wind

太陽*が放出する高エネルギー粒子（主に陽子・電子・アルファ粒子）の流れの総称．粒子の速度は秒速数千km．太陽風は太陽活動の極大期に最も強くなると考えられている．地球の近くでは太陽風の速度は300〜500 km/秒，平均粒子密度は10^7イオン/m^3. ⇨ 宇宙線

太陽フレア　solar flare

太陽*表面のせまい範囲から，短期間に太陽物質が磁力によって猛烈ないきおいで吹き出す現象．これによって放出される粒子のエネルギーは1〜100 MeVにわたり，月面に露出している鉱物などに飛跡をつける．

太陽放射　solar radiation

太陽*からの電磁放射*エネルギー．地球に入射する主要なエネルギーで，気圏*で弱められたうえ地表に吸収される．⇨ 放射収支

太陽放射宇宙線　solar cosmic ray ⇨ 宇宙線

太陽放射による地磁気の日変化　solar magnetic variation (**Sq日変化** Sq variation)
⇨ 地磁気の日変化

第四紀　Quaternary（**人類紀** Anthropogene, Pleistogene）

新生代*のうち最近のほぼ1.64 Maにわたる紀*．鮮新世*と完新世*からなり，北半球で大規模な氷床*が発達したことが特筆される．鮮新世までには大部分の動物群*と植物群*が現世と同様の様相をもつに至った．南ヨーロッパにおける海成堆積物*に関しては解釈が分かれている．ベルクグレンとバンクーベリン（Berggren & Van Couvering, 1974）が，カラブリアン階*，エミリアン階*，シシリーアン階*，ミラッツィアン階*，チレニアン階*，完新統*を識別しているのに対し，ルッギエリ［Ruggieri（国際第四紀学連合，1979）］はサンテルニアン階*，エミリアン階*，シシリーアン階，クロトニアン階*，ベルシリアン階*，チレニアン階を設定している．前者のエミリアン階は後者のエミリアン階よりも上位にあり，年代幅もかなり短いとされている．

タイライン　tie line

1. 変成岩*の組成-共生の関係を表す図（たとえばACF図*やAFM図*）で，平衡に共存している鉱物*の組成を結ぶ線．2. 他の測線*と交わる測線で，これによってすべての測線が同じレベルに補正される．

ダイラタンシー　dilatancy

岩石が変形にともなって膨張すること．間隙体積の増大，粒子の回転，粒子界でのすべり，微小な破断によって起こる．

大陸縁（大陸縁辺部）　continental margin

大陸棚*，大陸斜面*，コンチネンタルライズ*からなる領域．海岸線から水深2,000 mの深海底にわたり，大陸地殻*を基盤とす

る．プレート縁*と一致しているか否かによって，活動的縁*と非活動的縁*に分けられている．

大陸縁海 pericontinental sea（**縁海** marginal sea）

大陸をとりかこんでいる海．

大陸斜面 continental slope

大陸棚*の外縁からコンチネンタルライズ*〔または海溝*〕まで続く，勾配が1°から15°程度（平均4°）の比較的急な斜面．全体としての比高は大きく，1 kmから10 kmにわたる．斜面の基部に扇状の堆積物に連なる深い海底峡谷*がうがたれていることが多い．

大陸棚（陸棚） continental shelf

海岸線から水深約150 mの大陸斜面*頂部にかけてゆるく海洋側に傾斜する海底面．平均勾配は1：500から1：1,000．幅は著しく変化に富むが，平均およそ70 km．5つの型が認められている．(a)潮汐作用が卓越するもの，(b)波と暴風の作用が卓越するもの，(c)炭酸塩岩*の堆積が卓越するもの，(d)極地域で氷河作用*を受けているもの，(e)全面積の50％までが残存堆積物*に覆われているもの．

大陸地殻 continental crust

モホロビチッチ不連続面*より上の固体地球表層部．平均密度は$2,700 \sim 3,000 \text{ kg/m}^3$．厚さは変化に富むが，70 kmに達することもある若い造山帯*を除けば，多くは$30 \sim 40$ km．2層からなるが，その境界ははっきりしない．上の層は花崗岩*質の組成を有し，放射性元素*と親石元素*に富む．平均密度は$2,700 \text{ kg/m}^3$．下の層はかつてははんれい岩*質とされていたが，最近ではグラニュライト相*に変成した石英閃緑岩*からなると考えられている．

大陸度 continentality

ある地域の気候が，海洋および海洋性気団*から離れていることを反映する度合い．1月と7月における平均気温の違いが大陸度の指標として最もよく使われる．

大陸漂移説（大陸移動説，大陸移動） continental drift

大陸塊が地球表面上を移動することを唱えた1910年ころの仮説．ウェゲナー*（1880-1930）は大陸漂移説の第一人者で，この仮説を初めて科学のレベルに引き上げた．これは定性的なデータに基づくものであったが，近年になって大陸移動のメカニズムの説明をふまえたプレート・テクトニクス*理論の発展によって証明された．⇒ 磁極移動経路

大陸フリーボード continental freeboard

大陸に対する平均海水準．

大理石 marble

変成作用*によって再結晶*した，葉状構造*をもたない石灰岩*．緻密で堅い．荘重な大理石は古代より彫刻や建築用石材に用いられており，今日でも採石されている．ミケランジェロが好んで使った大理石はイタリア，カッララ（Carrara）採石場のもの．ワシントンDCリンカーン記念堂のエイブラハム・リンカーン像はジョージア州産の大理石でつくられている．化学組成と鉱物組成（大部分が方解石*）によってさまざまな色を呈し，また縞をなす．たとえば，カッララ大理石は純白であるが，トスカナ州シエナ（Siena）大理石は赤いまだら模様を呈する．

対立遺伝子 allelomorph（省略形：allele）

相同染色体*上の相対応する部位に，突然変異によって発生した1対またはそれ以上の遺伝子型*の1つ．

対流 convection

温度差に起因する密度の違いによって，流体が鉛直方向に循環する運動．**1**．海洋の対流では，下層の水塊よりも重い水塊が沈んで軽い暖かい水塊と入れ替わる．**2**．気象：地表近くで熱せられた大気が上昇する現象．空気塊*の対流性上昇が凝結と雲の形成をもたらす最も主要な過程．⇒ 回転皿実験；強制対流；ハドレー・セル；不安定；安定．**3**．地球内部：放射性起源熱*によって発生した対流運動がプレート運動*の原因となっている．対流セル*の位置や形は確定されていないが，マントル*全体にまたがり，放熱の大部分が海洋中央海嶺*でなされているらしい．マントル内での上昇肢と下降肢の温度差はわずか$1 \sim 2$℃にすぎない．海洋地殻*上部での放熱は，主に熱伝導とこの対流性循環

による．⇨ 地温勾配；熱流量；ヌッセルト数；レイリー数

対流凝結高度（CCL） convective condensation level
　対流*によって上昇した地表の空気塊*が飽和する高度．⇨ もち上げ凝結高度

対流圏 troposphere
　固体地球の表面と圏界面*の間を占める大気の層．この層内では気温は平均して6.5℃/kmの割合で高度とともに低下する．ときとして気温が逆転*（限られた範囲内で気温が高度とともに上昇）することがある．対流圏は気圏中の全水蒸気と懸濁状態にあるエーロゾル*の大部分を含み（高度約22 kmにも顕著なエーロゾル層が存在する），大気の擾乱と気象現象の場となっている．⇨ 気圏

滞留時間 removal time ⇨ 残留時間

対流セル convection cell
　暖められた部分が上昇し冷えて下降する，流体の運動パターン．低緯度地方の大気では，赤道付近の高温の空気塊*が上昇して赤道域から離れ，冷えて亜熱帯で下降することによって，ハドレー・セル*と呼ばれる対流セルが形成されている．

対流不安定 convection instability ⇨ 潜在不安定

大量絶滅 mass extinction ⇨ 絶滅

タイルクロン teilchron
　ある地域に産する化石種*の生存期間で定義される年代区間．タイルゾーン*に対応する．

タイルゾーン teilzone（**地域的区間帯** local range zone，**トポゾーン** topozone）
　化石タクソン*の区間帯*のうち，ある地域に存在し，その一部に相当する地層*．

タイルドレイン tile drain
　コンクリート製または陶製の短いパイプを土壌中の適当な深さに適当な間隔で並べてつくった排水渠．水はパイプの継ぎ目から入るようになっている．昨今では，細長い孔のあいたプラスチック製の長いパイプが使われることが多い．

大　礫 boulder ⇨ 粒径

タイロス TIROS ⇨ テレビジョン・赤外線観測衛星

ダーウィン darwin
　1949年，ホールデーン*が導入した進化速度を表す単位．単位時間あたりの形態変化率で示される．

ダーウィン，チャールズ・ロバート（1809-82）Darwin, Charles Robert
　進化論で知られるイギリスの博物学者．進化論は，1832～6年，海図作成に従事するHMSビーグル号に乗船して，世界周航をなしたときの観察に基づいている．1858年，同様の結論に達していたアルフレッド・ラッセル・ウォーレス（Alfred Russel Wallace）と共著で，短い論文『自然選択による進化の理論』（*A theory of evolution by natural selection*）をリンネ協会を通じて発表．1859年には，その著『自然選択による種の起源について』（*On the Origin of Species by Means of Natural Selection*）で詳しい解説を展開した．このなかで種に変化（進化）が起こってきたことを示唆する強力な証拠を提示し，進化の機構として自然選択*を提唱した．その理論は次のように要約されよう．(a) 種の個体には変異がある．(b) 平均的には両親よりも多い数の子孫が生産される．(c) 集団は無限には大きくなれず，大きさがほぼ一定に保たれる．(d) そこで生存競争が起こるはずである．(e) 生き残って再生産するのは最も適合した変異をもつもの（最適者）である．環境条件は長期にわたる間には変化するため，変異をもつものが有利となり，新しい種が出現する（'種の起源'）という自然選択が起こりうる．これがダーウィニズムとして知られている理論である．その後，染色体*や遺伝子*が発見され遺伝学が進展するにつれて，変異の発生機構についての理解が深まってきた．これらの新しい知見をふまえたダーウィンの理論はネオダーウィニズム（neo-Darwinism）と呼ばれる．

多雨期 pluvial period
　通常は乾燥または半乾燥状態の地域で，顕著に湿潤な気候が長く続く期間．

ダウントニアン階 Downtonian
　イギリスにおけるデボン系*最下部の階*．下部ジェディニアン階*にほぼ対比される．

最上部シルル系*を含むとする見解もある．

ダウンホールハンマー掘削 down-hole hammer drilling

圧気駆動のハンマードリルで直接くり返し衝撃を与え，岩盤を粉砕して試錐孔*を掘削する方法．中程度の直径の孔井が掘削されるが，経費がかかるきらいがある．位置を厳密に定める必要があるプレスプリッティング*のための掘削で用いることが多い．⇒ 衝撃式掘削

ダウンラップ downlap

地震反射面*や堆積シーケンス*を構成する堆積体*の基底がなす非調和的*な関係．初生的に傾斜する上位の地層*が傾斜方向で下位の〔シーケンスの上限をなす〕緩傾斜面または水平面にぶつかって途絶えている状態．→ オンラップ．⇒ ベースラップ；震探層序学

タエ・ウェイアン階 Tae Weian ⇒ クングリアン

ダエダルス属 *Daedalus* ⇒ スプライト

楕円偏光 elliptical polarization

鉱物光学：振幅が異なり，たがいに直角な方向に振動する2つの単色直線偏光波を合成するとき，合成振動の形は，位相差δが0およびπの場合には直線，それ以外の場合には一般に楕円となる．この楕円状に振動する偏光をいう．⇒ 偏光；平面偏光；円偏光

楕円率 ellipticity ⇒ 主歪率

多階層砂体 multistory sandbody

河川流路*を充填して堆積した何層にも累重している砂*層．個々の砂層の間に泥*はほとんどないしまったくはさまれていない．流路が沖積*平野の上で急速な移動をくり返して形成されるため，細粒の氾濫源*堆積物*が残されていることはほとんどない．

高潮（たかしお） storm surge

嵐のときに，風による吹き寄せと気圧低下のため，海水面が上昇する現象．大潮*の満潮と重なると，1953年にオランダとイングランド東部の海岸地帯を襲ったような水害をもたらすことになる．

タガニシアン階 Taghanician ⇒ エリーアン統

ダガラ dagalas ⇒ キプカ

多丘歯目（多突起歯目，多峯目，多峰目） Multituberculata（哺乳綱* class Mammalia）

絶滅*した齧歯類様哺乳類の目．最古の多丘歯類はヨーロッパのジュラ系*上部から報告されたもので，白亜紀*と暁新世*に繁栄し，始新世*の間に絶滅した．多丘歯類は齧歯類に類似した頭蓋*と歯をもち，最初の草食性哺乳類と考えられる．大半は小型であるが，なかにはウッドチャックほどの大きさのものもいた．他の哺乳類よりも肢を広く広げることができた．嗅球が大きいことから，行動は嗅覚に大きく依存していたことがうかがわれる．頭蓋はしっかりしているが，他の哺乳類のグループとは異なっている．多丘歯類は哺乳類の進化の主流をなす系統から派生した側系統のようであり，他の哺乳類とは分類学的にあまり近くないと信じられている．

タキライト tachylite（tachylyte）

玄武岩*質マグマ*が急冷*されて生じる黒色の火山ガラス*．ガラス中に無数の微細結晶*が存在するため黒色を呈する．枕状溶岩*の急冷外皮（皮殻）に見られるが，海水によって極めて変質しやすく，パラゴナイトに変わっていることが多い．

多金属硫化物 polymetallic sulphide

3種以上の金属を含む鉱床*．Cu，Pb，Zn，Fe，Mo，Au，Agなどがふつう．マグマ性-，火山性-，熱水*性の環境に産する．

卓越風 prevailing wind

ある地方において一定期間にわたって最も頻繁な風向．卓越風は季節によって変化するのがふつうで，その変化が極めて顕著なこともある．気候が変動すれば卓越風も変化し，たとえば氷期*には卓越風系は現在とは異なっていた．

タクソン（分類群） taxon（複数形：**タクサ** taxa）

科，属，種など，すべての生物分類学上の単元．⇒ 分類

タクソン区間帯 taxon range zone（**属区間帯** genus zone，**種区間帯** species zone，**全区間帯** total range zone）

生層序単元*の1つ．特定のタクソン*が産出する地理的範囲を占める地層*体および

年代層序*区間を占める地層体．⇒ 区間帯

ダクチル Dactyl ⇒ イーダ

ダクティロディテス・オットイ Dactylodites ottoi

摂食行動によりつくられた生痕化石*（定住摂食痕*）で，数多くの棲管（巣孔*）がバラ飾り様の形態をつくる．各棲管は鉛直方向にJ字型をしている．

卓　面 pinacoid

垂直の結晶軸* $c(z)$ 軸を切り，水平の $a(x)$ 軸と $b(y)$ 軸に平行な結晶面*をいう．水平の対称面（⇒ 結晶の対称性）によって，指数（001）で表される平行な1組の結晶面ができる．

タグモシス tagmosis

動物に，機能が異なる体節群（⇒ 合体節）をつくりだす（⇒ 体節制分節），機能的な面での特殊化のこと．

他　形 anhedral (allotriomorphic)

規則的な結晶形*をもたない，火成岩*の鉱物*粒子の形態を指す．他形結晶*はメルト（溶融体）*中で周囲に存在する結晶により自由な成長が妨げられて生じる．このため，成長中の結晶の形態はそれをとり巻く既存の結晶の配列と方位に支配される．→ 自形

多　形 polymorph（形容詞：polymorphic）(1), polymorphism (2)

1．1種類の元素あるいは化学組成が同じ化合物や鉱物*がなすいくつかの結晶*構造の1つ．**2**．元素や化合物が，化学組成が同じで2つ以上の結晶構造をもつ現象．多形鉱物はそれぞれの結晶構造が異なっているため物理的性質も異なる．たとえば，石墨*とダイヤモンド*（C），α石英*とβ石英（SiO_2），方解石*（六方晶系*）と霰石（あられいし）*（斜方晶系*）（$CaCO_3$）．多形鉱物が2種および3種存在する場合を，それぞれ'二形'，'三形'という．生物種内の形態的多形性を指すこともある．

多形相転移 polymorphic transformation

化学組成が変わることなく鉱物*の原子配列が変化して，異なる結晶*構造が生じる現象．再構成型相転移（たとえば，石墨*→ダイヤモンド*）では，原子間結合を絶って再結合するうえに大きいエネルギーの壁を越えなければならず，転移速度が遅い．変位型相転移（たとえば，α石英*→β石英）では原子間結合の角度が変わるのみで結合の破壊がないため，エネルギーをほとんど必要としない．

多系統性 polyphyletism（形容詞：polyphyletic）

1つのタクソン*を構成する下位のタクサが，異なる祖先系統に由来すること．従来は，生物はさまざまなレベルで収斂進化*や平行進化*を示すので，とくに高次タクソンにおける多系統性は，起源の異なる生物が同一のタクソンのなかにあやまって入れられた分類まちがいとは区別され認められてきた．しかしながら，現代の系統分類学では多系統性をもついかなるタクソンも不自然でまちがいであり，そのようなタクソンは除外するべきであると考えられている．

他形変晶 xenoblast

変成岩*に含まれる自形*を示さない変晶*．

多源礫岩 polygenetic conglomerate ⇒ 礫岩

蛇　行 meander

河川流路*が屈曲し，その長さが下流方向への直線距離の1.5倍以上となっている状態．氾濫源*の上で典型的に発達する．形態上の特性は屈曲の大きさにほとんど依存しない．たとえば，蛇行波長［隣り合う2つの屈曲部で同じ位置にある2点（たとえば外側の最大屈曲点）を結ぶ直線距離］は，屈曲の大きさにかかわらず，流路幅の10～14倍となっていることが多い．蛇行が発生する原因はよくわかっていないが，水流を最小エネルギー消費の原理*にしたがって運搬するうえに蛇行が最も適した形態なのであろう．

蛇行は側方および/または垂直方向に移動していく．側方移動は，屈曲の内側（滑走斜面）に蛇行スクロール（突州*）が堆積し，外側（攻撃斜面）で侵食*が起こって進行する．蛇行スクロールは水流から堆積し，流路に平行に配列している比較的粗粒の物質からなる低いなだらかな高まり．蛇行が及んでいる氾濫源の範囲〔蛇行の振幅に相当する〕を

蛇行帯と呼ぶ．隣り合う同じ方向への屈曲部の側方移動が進行すると，それにはさまれる氾濫源は蛇行頸部でくびれた球根形の蛇行の核〔袂部（べいぶ）〕となる．垂直方向の侵食（下刻）が進むと穿入蛇行が生じる．これには2つの型がある．(a) 下刻速度が小さい場合には，側方への移動も進行して生育蛇行となる．(b) 下刻が急速に進行すると掘削蛇行となる．

多鉱岩　polymineralic rock ⇨ 岩石
多孔質　vesicular ⇨ 気孔
蛇行スクロール（突州）　meander scroll ⇨ 蛇行
蛇行帯　meander belt ⇨ 蛇行
蛇行の移動　meander migration ⇨ 蛇行
蛇行の核　meander core ⇨ 蛇行
蛇行波長　meander wavelength ⇨ 蛇行
タコナイト　taconite
　北アメリカ，スペリオル湖地方の縞状鉄鉱層*の呼称．
タコニック造山運動　Taconic orogeny
　中・後期オルドビス紀*の造山運動*．名称はタコニック山地（アパラチア山系に属する南北方向の1分枝．ニューヨーク州ハドソン川東方）に由来．今日のニューイングランドからカナダ東部にかけてのアパラチア山脈全体に波及した．ニューファウンドランド島の一部にも及び，そこではハンバー造山運動と呼ばれている．南部では，イアペトゥス海*の西部海盆がその西縁での沈み込み*によって閉塞し，北アメリカ大陸とピーモント微小大陸*（Piedmont microcontinent）が衝突したことが原因．これにともなって北方では大陸棚*の沈降が起こった．⇨ アパラチア造山帯
多産帯　abundance zone ⇨ アクメ帯
多歯型　taxodont
　ある種の二枚貝類（綱）*の蝶番*部に見られる原始的なタイプの歯生状態*．歯と歯槽は小型で数が多く，両殻の殻頂嘴*両側に列をなして配列している．
多色性ハロー　pleochroic halo
　黒雲母*，電気石*，角閃石*，緑泥石*，白雲母*，菫青石*，蛍石*などに含まれている放射性包有物（ジルコン*，燐灰石*，スフェン*など）のまわりに見られる暗く強い多色性（⇨ 反射多色性）．結晶格子*内の原子とアルファ粒子との相互作用によって発生する．半径10～15μmの同心状の輪をなすハローもある．半径はアルファ粒子の運動エネルギーの違いを表している．

多室-　multilocular ⇨ 単室-
多四面体　polytetrahedron
　1．結晶学：負号形と正号形（⇨ 補遺形）が単一の結晶*内で程度を異にして発達している四面体．また，基本四面体の面の上に二次的な四面体面をもつこともある．**2**．鉱物学：SiO_4正四面体が酸素を共有してさまざまな珪酸塩構造に重合していること．これによって鎖（ネソ珪酸塩*；輝石*），複鎖（ネソ珪酸塩；角閃石*），層（フィロ珪酸塩*；雲母*），三次元構造（テクト珪酸塩；石英*と長石*）の珪酸塩がつくられる．
多重環盆地　multi-ring basin（**環状盆地** ringed basin）
　小惑星*または微惑星*が惑星表面に衝突してうがった巨大な盆地．高まりをなすいくつかの環がまわりを同心円状にとりかこんでいる．隣接する環の直径の比は$\sqrt{2}:1$程度．これまでに知られている最小の環は月面上の直径約300 kmの環．3,000 kmに達するものも知られている（カリスト*のバルハラ Valhalla）．古くから知られている月の東の海（Mare Orientale）は直径920 kmで，高さが3 km程度の環を3つもつ．この盆地をつくるのに必要なエネルギーは10^{27} Jのオーダーと見つもられている．
多重共通反射点収録　multiple common-depth-point coverage
　地下の同じ部分から異なる記録を得て地震記録*断面を作製する方式．
多重スペクトル画像化　multispectral imaging ⇨ 画像化
多重スペクトル・スキャナー　multispectral scanner
　リモートセンシング*：いくつかの異なるチャンネルでデータを記録するラインスキャナー*．

多重スペクトル走査システム　multi-spectral scanning systems

電磁スペクトルのさまざまな帯域*から画像やスペクトル情報を得るために，いくつかの異なるセンサーを同時使用するシステム．ランドサット*で使用した多重スペクトル・スキャナー*がその一例で，緑，赤，2つの赤外*スペクトル帯域を同時に記録した．物質（たとえば土壌，岩石，植被）によって反射光の量と波長が異なるため，そのスペクトル特性によって反射物体が同定される．

多重反射波　multiple

一般に，くり返し反射した地震波*のこと．具体的には，反射法地震探査*データにとって有害無益で，データ処理によって除去する必要があるもの．短経路の多重反射はゴースト*や地表付近の現象に起因する．識別と除去が比較的容易な長経路の多重反射は，地下深部での強い反射波に起因する．

多循環湖　polymictic lake

湖水がつねに垂直循環している湖（たとえば熱帯地方の高地の湖）．停滞期間はあっても極めて短い．

多状態形質　multistate charcter

いくつかの形質状態*で発現しうる形質*．

他生-　allogenic

既存の岩石に由来し，ある距離を運搬されて現在の岩石の一部をなしている，鉱物*その他の物質（たとえば，砂岩*中の石英*粒子）に冠される語．→ 自生-

たたみ込み（コンボリューション）　convolution

波動がフィルター*を通過することによって生じる波形の変化を与える数学的演算（記号が*）．インパルス応答関数*fが入力gにたたみ込まれる場合，出力hは$h=gf=\sum_{j} g(t-j) \times f(j)$で与えられる．

タターリアン　Tatarian ⇨ チャンシンギアン

ダチョウ恐竜　ostrich dinosaur ⇨ オルニトミムス類

脱塩　desalination

塩水を飲用水に変える工程．

脱出速度　escape velocity

惑星や衛星*の大気の高層にある原子や分子が重力場*から脱出するのに必要な速度．

惑星/衛星	脱出速度（km/秒）
地球	11.2
月	2.4
水星	4.3
金星	10.3
火星	5.0

脱水作用　dehydration

加熱，ときには触媒や硫酸などの脱水剤を用いて化合物から水を除去すること．結晶*，石油などから，蒸留，化学剤，加熱によっておこなう商業的な水の除去をいう．変成作用*では昇温変成*反応によって含水鉱物の脱水が起こるのがふつう．

脱水曲線　dehydration curve（**水蒸気分圧曲線**　vapour-pressure curve）

縦軸に圧力，横軸に温度をとったグラフに表した脱水*反応の平衡曲線．曲線の勾配は水蒸気分圧*によって変化し，系全体の圧力との関係に依存する．このことは，温度の上昇とともに脱水反応が進行して水蒸気分圧が増大する昇温変成作用*では重要である．後退変成作用*では，大部分の水がすでに放出されており，水のない条件では既存の鉱物*の分解，鉱物の核形成*と成長ははるかに遅いため，反応の進行は遅い．

ダッソニアン階　Datsonian

オーストラリアにおける下部オルドビス系*中の階*．ペイントニアン階*の上位でウォーレンディアン階*の下位．

ダッチコーン　Dutch cone

円錐針入度計*の一種．土壌断面*の成層シーケンスを連続的に検層するのに用いる．

脱ドロマイト化作用　dedolomite〔dedolomitisation〕

炭酸塩岩*中でドロマイト*が方解石*に置換されて石灰岩*が生じる作用．置換は主にドロマイトが天水*または硫酸塩に富む水にさらされることによって起こる．このようにして生じた石灰岩には，ドロマイトの菱面体結晶*を方解石が占めている仮像*が含まれるのが特徴．

ダットン，クラーレンス・エドワード (1841-1912)　Dutton, Clarence Edward

アメリカ陸軍将校．アメリカ地質調査所に転属し，コロラド高原の調査を通じて得た概念にアイソスタシー* という用語を導入した．火山学と地震学にも造詣が深く，1886年のチャールストン地震（Charelston Earthquake；アメリカ）を研究して，1904年に地震学の教科書を出版した．

脱はり作用（脱ガラス作用）　devitrification

ガラス* が結晶化すること．ガラス質* のイグニンブライト* でごくふつうに見られ，ガラスが微晶質* のクリストバル石* とアルカリ長石* に変わっている．

脱　皮　ecdysis

ある種の無脊椎動物，たとえば節足動物* に見られる外骨格* の周期的な脱落現象．あるいは，ある種の両生類* や爬虫類* の外皮が更新される現象．

竜　巻　tornado

ねじれて回転している比較的小さい（直径約100 m）漏斗型の大気の柱．強風をともない，幅のせまい通り路に大きい破壊力を及ぼす．アメリカ中部で大気が不安定な状態にあるときにとくに頻繁に発生する．

ダーティアップ・トレンド（上方泥質化）　dirtying-up trend（ベル・トレンド bell trend）

ワイヤーライン検層記録（⇨ 検層）で，ガンマ線ゾンデ* の放射量検出値が下位から上位に向かって累進的に増加すること．粘土鉱物* 含有量が下位から上位に向かって多くなっていることを示す．

立　坑　shaft well

ドリル掘削* ではなく，採掘によってつくる孔井*．断面積がドリル掘削井よりも大きい．

楯状火山　shield volcano ⇨ ハワイ式噴火

縦電導（たて-）(S)　longitudinal conductance

比抵抗* が ρ_n で半無限に広がる基板の上に重ねられた $(n-1)$ 個の層の厚さ/比抵抗の総和．$S = h_1/\rho_1 + h_2/\rho_2 + \cdots + h_{n-1}/\rho_{n-1}$（モー；mho）．$h_1, h_2, \cdots$，は重なっている個々の層の厚さ，$\rho_1, \rho_2, \cdots$，はその比抵抗．比抵抗のはるかに大きい層にはさまれている i 番目の層の h_i/ρ_i を知ることが，当量の問題を解決するうえに最も重要となる．

縦　溝　sulcus（複数形：sulci）

1．腕足類（動物門）* の腹殻の殻頂* から殻縁に至るやや丸みを帯びた溝状構造．背殻の相対する部分には中央を縦に走るやや丸みを帯びた高まり（褶）がある．2．⇨ 渦鞭毛藻綱

楯　面　escutcheon

ある種の二枚貝類* に見られる，蝶番* 後方で殻のくぼんだ部分を指す．種によりさまざまな形をしている．→ 小月面

縦流速分布　velocity profile

水流の速度や風速の変化を，河床あるいは地表からの高さについて見たもの．⇨ カルマン-プラントルの式

タドポール・プロット　tadpole plot

傾斜計検層* のデータを表示するグラフ．地層* の傾斜角を深さ-傾斜グラフに点としてプロットし，傾斜方向に短い線をつける．〔その形をオタマジャクシ（tadpole）に擬してこの名がある〕．たとえば北傾斜の地層では，短線は真上（北）に向いている．

ダナイト（ダンかんらん岩）　dunite

主にかんらん石* からなる粗粒の火成岩*．名称はニュージーランドのダン（Dun）山脈に因む．

ダナムの石灰岩分類法　Dunham classification

1962年にロバート・ダナム（Robert Dunham）により提唱され，広く使用されている石灰岩* 分類法で，組織* と泥質基質* の含有量に基づいている．初生の組織を保存している石灰岩は，主要な5タイプに区分されている．a．石灰泥岩（基質支持* で粒子が10％以下），b．ワッケストーン（基質支持で粒子が10％以上），c．パックストーン（粒子支持* で粒子間を基質* が埋める），d．グレインストーン（粒子支持で基質を欠く），e．バウンドストーン（原成分がサンゴや藻類などによって堆積中に結合されたもの）．再結晶作用* によって元の堆積構造* が消滅している石灰岩は，結晶質石灰岩（微細

な組織をもつ結晶質石灰岩)と糖粒状石灰岩(粗い組織をもつ結晶質石灰岩)の2タイプに区分されている.

ダナムの分類では,2mmより粗い粒子をもつ石灰岩や生物によって結合された石灰岩の細分はなされていない.これらはエンブリークローバンがダナムの分類法を修正して定義している. ⇒ エンブリー-クローバンの石灰岩分類法

谷(総) lobe ⇒ 縫合線
ダニ mites ⇒ 鋏角亜門(きょうかく-)
ダニアン Danian

1. ダニアン期:第三紀*暁新世*の2つの期*のうちの古い期.マーストリヒティアン期*(後期白亜紀*)の後でサネティアン期*の前.年代は65〜60.5 Ma(Harlandほか,1989). 2. ダニアン階:ダニアン期に相当するヨーロッパにおける階*.デンマークでは礁棲生物に富むチョーク*質石灰岩*で特徴づけられる.おおよそ以下の通り対比される.モンティアン階(ベルギー),ダニアン階(3を参照)と下部イネジアン階*(北アメリカ),下部チューリアン階*(ニュージーランド),ワンガーリピアン階*(オーストラリア).チョーク相を有するため,上部白亜系に属し,下部第三系モンティアン階に続くとみなされたこともある. 3. 北アメリカ西海岸地方の下部第三系最下位の階.イネジアン階の下位で,ヨーロッパで定義されているダニアン階の下部にほぼ対比される.

谷 風 valley wind
静穏な気象条件下で,日中谷筋を吹き上がるアナバ風(滑昇風)*,あるいは夜間谷筋を下るカタバ風(滑降風)*. ⇒ 山風;渓谷風
谷氷河 valley glacier
両側を谷壁に封じられている,リボン状の平面形をなす狭長な氷河*.アルプス型(Alpine type)は谷壁に沿って並ぶカール氷河*によって涵養される.この型の氷河は正味の質量収支*が正であるアルプス地方とアラスカ州の海岸山脈に見られる.溢流型(outlet type)は氷帽*または氷床*から涵養される.アイスランドのバトナ氷帽(Vatnajökull ice-cap)は数本の溢流氷河*を涵養している.

多板亜綱 Polyplacophora(**ヒザラガイ** chitons;**軟体動物門*** phylum Mollusca)
双神経綱*に含まれる亜綱(分類法によっては軟体動物門の綱とされることがある).背側*には肉帯にとりかこまれた7〜8枚の石灰質殻板*が見られる.殻板はたがいに関節し,さまざまな程度に重なり合っている.先端の頭板と後端の尾板はそれ以外の中間板とは異なっており,頭板にはしばしば肋が発達している.多板亜綱はすべてが海生で,最初の化石記録はカンブリア紀*後期のもの.
蛇尾亜綱(だび-)(クモヒトデ亜綱) Ophiuroidea(**クモヒトデ** brittle-stars;**星形亜門*(ヒトデ亜門)** subphylum Asterozoa,**星形綱** class Stelleroidea)
クモヒトデからなる亜綱.中央の丸い盤と長く細い腕が明瞭に区別される.腕の体腔はほとんど完全に中軸の石灰板で埋められている.この亜綱はオルドビス紀*以降,現在に至るまで知られている.
タビアニアン階 Tabianian ⇒ ザンクリアン
タービダイト turbidite
乱泥流(混泥流)*によって堆積した堆積岩*.
タフィクニア taphichnia
逃避することに失敗した動物が残した生痕化石*.
タフォニ tafoni
急斜面をなす岩面に局部的な風化作用*によって生じた浅い穴.成因は岩石構成粒子の分解や岩片の剥げ落ちで,これによって穴は深くなり,かつ斜面の上方に拡大していく.
タフォノミー taphonomy
生物およびその痕跡の全体または一部が,生物圏*から岩石圏*に移行する過程(化石化作用*)の研究.エフレモフ(J.A. Efremov, 1940)による造語.
タフォノミー相 taphofacies(taphonomic facies)
含有化石*の保存状況によって特徴づけられる堆積岩*の単元または単元の組み合わせ. → 生相
タフォノミー度 taphonomic grade
タフォノミー相*における化石*保存の程度.これから堆積環境が推定される.

WMO ⇒ 世界気象機関
W型褶曲 W-fold ⇒ M型褶曲
WWSSN ⇒ 世界標準地震計観測網
WWW ⇒ 世界気象監視計画
WPB ⇒ プレート内玄武岩
ダブルカップル double couple（**II型震源** type II earthquake source）
　それぞれ圧縮と引張りが対をなす4つのP波*波面と4つのS波*波面からなる地震波*パターン．地震波はたがいに直交する2つの断層面*に沿う運動によって発生する．⇒ シングルカップル
多分岐 multifurcation
　系統樹*において，1つの内部分岐点*から3つ以上の系統が分岐すること．これは，それら子孫系統が分岐した順序を決定できないことによる．
多変量解析 multivariate analysis
　統計解析学：観測単位ごとに数種類の属性を測定すること．
多放線亜綱（スナギンチャク亜綱） Zoantharia（**多放線類，スナギンチャク類** zoantharian corals；**花虫綱*** class Anthozoa，**六放サンゴ亜綱** Hexacorallia）
　単体および群体の花虫類からなる亜綱．数多くの触手と，対をなす多数の隔膜*で仕切られた体腔（消化循環腔）をもつ．基底部の組織から炭酸カルシウムが分泌されて，霰石（あられいし）*や方解石*からなるコラルム*（杯）がつくられる．コラルムには外皮*と，放射状に配列する隔壁がある．隔膜は隔壁の間にある．多放線類の最初のグループはオルドビス紀*に出現し，これには四放サンゴ目*，イシサンゴ目*，床板サンゴ目*，異放サンゴ目*の4目が知られている．イシサンゴ類（中生代*〜現世）は今日，熱帯域でサンゴ礁*を形成している．このグループは時として著しく厚く発達し，石灰藻類*など他の生物と結びついて波浪にも負けない強固な構造物をつくりだしている．このような構造の生物構築物は古生代*にも認められる．これには多放線類も含まれているものの，かならずしもつねに主要な群集構成要素をなしているわけではない．古生代の構築物は，層孔虫類*や藻類などが多放線類とともに形成しているが，構造的に現世あるいは中生代の礁に比較できるかどうかはかならずしも明確ではない．古生代の多放線類は現生のイシサンゴ類に比肩する礁の形成者ではなかったようで，サンゴ以外の生物が強固な構造をつくっていたものと思われる．
タマガイ型 naticiform
　腹足類（綱）*の殻形態を表す語．タマガイ属 *Natica* の殻に似た，臍が発達した球状の殻に対して用いられる．⇒ 臍
多毛綱 Polychaeta（**多毛虫** bristleworms；**環形動物門*** phylum Annelida）
　環形動物門の綱で，明瞭な体節制分節*を示す．すべての種類が，各体節の両側に剛毛性の亜脚（対になった付属運動器官）をもつ．眼をもつものもあり，雌雄異体．大半は海生であるが，淡水生あるいは陸生のものもある．カンブリア紀*に出現し，バージェス頁岩*の動物群集にもその印象化石が見つかっている．しかしながら，多毛類の化石記録として最も一般的なものは，その巣孔*（たとえばスコリトス属*）やスコレコドント*群集として残されているものである．
多毛積乱雲 capillatus
　'毛のある'を意味するラテン語 *capillatus* に由来．積乱雲*の一種で，雲頂部に繊維状の巻雲*をともなうもの．鉄床（かなとこ）雲*など雲頂の突出部から薄い雲の房が髪の毛のようになびく．にわか雨や雷雨をもたらす典型的な雲型．⇒ 雲の分類
多様化 diversification
　ある分類カテゴリー（種，属など，⇒分類）において，当該のカテゴリーを構成するタクサ*の多様性*が増大すること．よく発達した硬組織をもつ海生無脊椎動物は顕生累代*における多様化の好例となっている．すなわち，門レベルでの多様性は顕生累代を通じてほとんど変化しないものの，科のレベルでは古生代*中頃にピークを迎え，ペルム紀*/三畳紀*境界では著しく低下した．その後ふたたび科の数が着実に増加し，新生代*に二度目のさらに大きいピークを迎えた．
多様性 diversity
　ごく簡潔にいえば，1つの群集*または地域

における種の豊富さを意味する．群集内に見られる種の数だけでなく，それぞれの種の相対的頻度（個体数）を加味すると，群集の特徴をさらに具体的に表現することができる．

タラシノイデス属 *Thalassinoides*
水平からやや斜めに傾く，枝分かれした巣孔*あるいは巣孔系からなる生痕ギルド*．堆積物表面に生息する浮遊物食者が形成した生痕属*で，密集した産状を示すことが多い．巣孔の大きさは，まわりの水のエネルギーレベルを反映しているようである．この生痕は砕屑岩*や砕屑性*炭酸塩岩*に特徴的で，とくにジュラ紀*や第三紀*の地層から多産する例が知られている．コケムシ（動物門）*の化石が中から見つかることもある．

ダリウィリアン階 Darriwilian
オーストラリアにおける中部オルドビス系*中の階*．ヤピーニアン階*の上位でギスボーニアン階*の下位．

タリク talik ⇒ 永久凍土

多輪廻地形 polycyclic landscape (polyphase landscape)
未完結の侵食輪廻（⇒ デービス輪廻）を2回以上経て，それぞれの侵食作用*の跡を残している地形または景観．河川や丘陵斜面の断面に遷移点*が見られるのが特徴．

タールサンド tar sand
揮発性成分*が抜け出して炭化水素*残滓に富む砂*．カナダ，アルバータ州のアサバスカでは，露天採掘*された砂から石油が蒸気と熱水によって抽出され，商業生産されている．

ダルシー darcy
固有透水率の単位．とくに石油工業で用いる．1ダルシー＝0.987×10^{-12}ダイン/m²．⇒ 透水性

ダルシーの法則 Darcy's law
地下水*の流量をきめる要素間の関係を表す数式．最も単純な形は $Q = kIA$．Qは地下水の流量，kは岩石の透水係数*，Iは動水勾配*（水頭*の傾き），Aは水が流れる断面積．

ダルスランディアン階 Dalslandian
中・上部原生界*中の階*．年代は約1,600〜650 Ma．ジョトニアン階*に対比される（Van Eysinga, 1975）．

ダルスランド造山運動 Dalslandian orogeny（**ゴート造山運動** Gothian-, Gothic-, **スベコノルウェグ造山運動** Sveconorwegian orogeny）
原生代*のグレンビル造山運動*の東方延長で，現在の南部スウェーデンと南部ノルウェーに起こった．年代はおよそ1,050〜1,100 Ma．原因として，イアペトゥス海*北西縁に沿う沈み込み*，それまで存在していた海洋の閉塞，あるいは顕著な海洋底拡大*をもたらすことなく終了したリフト形成（⇒ リフト）などが考えられている．

タルビウム taluvium
粗い岩塊と細かい粒子の混合物からなる斜面堆積物．'talus（崖錐*）'と'colluvium（崩積物；流水の作用またはクリープ*によって斜面を下った比較的細粒の砕屑物*，⇒ 崩積性-)'の合成語．

ダルマチア型海岸 Dalmatian-type coast
海水準の上昇により部分的に沈水して，多数の狭長な島が海岸線に平行に並んでいる海岸．〔アドリア海に面するクロアチアのダルマチア地方に因む名称であるが，北アメリカ西海岸に見られるので〕太平洋型海岸*ともいう．

ダルラディアン統 Dalradian
スコットランドとアイルランドにおける先カンブリア累界*最上位の年代層序単元*．

タレオラ taleolae ⇒ 有斑2

ダレスト彗星 d'Arrest
公転周期6.51年．最近の近日点*通過は2001年8月1日．近日点距離は1.346 AU*．

単位応力 unit stress
単位面積にかけられた力の大きさ．地質工学の分野でよく用いられる語．

暖域 warm sector
寒気団にはさまれた，熱帯性・海洋性または変質した極地性の相対的に暖かい舌状の気団*．発達中の中緯度低気圧*にともなう温暖前線*と寒冷前線*のあいだの領域を占める．暖域内での気圧・風向・気温はおおむね一定．大気は一般に安定しており，雲の発生や降水の有無は局地的な条件による．山岳に

よってもち上げられる際には雲が，冷たい海面上を通過する際には霧*が発生することがある．→ 寒域

単位形 unit form ⇒ パラメーター；パラメトラル面

単一タイプ monotypic
あるタクソン*がその下位のタクソンを1つしか含まないこと．たとえば，1種のみからなる属は単一タイプの属である．

単位胞 unit cell ⇒ ブラベ格子

単位流量曲線 unit hydrograph ⇒ ハイドログラフ

単円反射測角器 one-circle reflecting goniometer ⇒ 測角

団塊（ノジュール） nodule
楕円体または卵型をなす結核*．

団塊状 nodular（**結核状** concretionary）
鉱物*集合体の表面が球形をなしている状態をいう．化学的沈殿によって同心殻が累重した結果生じると考えられる．〔海底の〕鉄団塊やマンガン団塊*，〔地層中の硬質団塊など〕はこのようにして形成される．

炭化作用 carbonization ⇒ 化石化作用

炭化水素 hydrocarbon
天然に産する炭素と水素の化合物．気体，固体，液体のいずれの形態でも産する．天然ガス*，ビチューメン（瀝青）*，石油* など．

段　丘 terrace
片側を急斜面で限られているほぼ平坦な地形面．成因はさまざまで，次の種類が知られている．アルティプラネーション*段丘，ケイム段丘*，河岸段丘*，海岸段丘*．

単弓亜綱（低窩亜綱） Synapsida（**哺乳類型爬虫類** mammal-like reptiles；**爬虫綱*** class Reptilia）
盤竜類（目）*と獣弓類（目）*を含む爬虫類の亜綱．盤竜類は石炭紀*後期に出現し，その後自身が派生した獣弓類にとって替わられてペルム紀*中頃に絶滅*した．その獣弓類はペルム紀の後半と三畳紀*に繁栄したが，その後衰退しジュラ紀*前期に絶滅した．獣弓類は哺乳類*の祖先となる爬虫類と考えられ，頭蓋*には1つの側頭窩（-か）が見られる．

単　筋 monomyarian ⇒ 筋痕

タングステン酸塩鉱物 tungstate minerals
非珪酸塩鉱物*．WO_4基が種々の金属陽イオン*と結合しているもの．鉄マンガン重石*$(Fe,Mn)WO_4$と灰重石*$CaWO_4$が重要．モリブデンがタングステンを置き換えてモリブデン酸塩鉱物である灰水鉛鉱$CaMoO_4$や水鉛鉛鉱*$PbMoO_4$など，構造が類似する鉱物をつくっていることがある．

単系統性 monophyletism（形容詞：monophyletic）
あるタクソン*に属するすべてのメンバーが共通した祖先に由来すること．その場合，そのメンバーは単系統であるという．たとえば，ある1つの目のなかの科が，すべて同じ科あるいはそれより低次のタクサ（亜科や属など）に由来するものであれば，単系統である．最も厳密な定義では，それらはすべて単一の種に由来するものでなければならない．
→ 多系統性

単元模式層 unit-stratotype
ある特定の年代層序単元*または岩相層序単元*の標準模式層序断面として，ある地点（模式地*）で選定され，記載された地層*の区間．世界中のあらゆる地域の層序単元を吟味・同定するうえの参照標準となる．⇒ 模式層（模式層序）

単鉱岩 monomineralic rock
1種類の鉱物*のみからなる岩石*．斜長岩*（斜長石*のみからなる火成岩*），大理石*（方解石*のみからなる変成岩*）など．

単孔目（一穴目） Monotremata（**単孔類** monotremes；**哺乳綱*** class Mammalia, **原獣亜綱** subclass Prototheria）
カモのようなくちばしをもつカモノハシ（オルニトリンクス・アナティナス _Ornithorhynchus anatinus_）とハリモグラ，アリクイ（タキグロッサス属 _Tachyglossus_ およびザグロッサス属 _Zaglossus_）からなる哺乳類の目．いくつかの絶滅*した種類が知られているが，大型のものもいたということ以外はほとんどわかっていない．

ハリモグラには更新世*より古い化石記録は残されていない．カモノハシ類では化石タクソン*であるオブドゥロドン属*が中新統*から知られており，さらに，1990年代初頭

には，明らかにカモノハシ類の特徴を備えたモノトレマータム・スダメリカーナム*の白歯の化石が，パタゴニアの暁新統*から発見された．カモノハシ類には，ステロポドン属*とコリコドン属 *Kollikodon* という白亜紀*の2つの属も知られている．

単孔類は爬虫類*的な諸特徴をもつことから，他の哺乳類を生みだした系統とは独立して，中生代*最初期の爬虫類から直接分岐した系統と考えられている．単孔類は多くの原始的な特徴をとどめており，有袋類*や真獣類*（有胎盤哺乳類）とはまったく異なっている．

短冊型水系 rectangular drainage ⇒ 水系型

炭酸塩塊 carbonate lump ⇒ 盆内成岩片

炭酸塩化作用 carbonation
大気および土壌空気*中の二酸化炭素が水に溶解して生じた炭酸と鉱物*が反応することによって起きる化学的風化作用*．石灰岩*（炭酸カルシウム）と炭酸を含む水との反応がその代表例で，溶液中にカルシウムと炭酸水素塩のイオン*が生じる：

$$CaCO_3 + H^+ + HCO_3^- \longrightarrow Ca^+ + 2\,HCO_3^-$$

炭酸塩岩 carbonate
方解石*またはドロマイト*を95%以上含む堆積岩*．石灰岩*と苦灰岩*の総称．

炭酸塩鉱物 carbonate
ほとんどが石灰岩*と苦灰岩*に見られる鉱物*のグループ．方解石*$CaCO_3$ が最も多くかつ重要．霰石（あられいし）*は化学式は方解石と同じであるが，それより不安定で，化石*動物の霰石からなる殻は時代とともに方解石に変化する．ドロマイト*（別称パールスパー）$CaMg(CO_3)_2$ はマグネシウムを含む炭酸塩鉱物．

炭酸塩補償深度（CCD） calcite compensation depth
海水中で固相炭酸カルシウムの溶解速度が供給速度と等しくなる深さ．海洋表層水は炭酸カルシウムで飽和しているため，石灰質物質は溶解しない．中深度では水温が低くなる海水中の CO_2 濃度が高くなるため，石灰質物質はゆっくりと溶解する．約 4,500 m 以深では海水が溶存 CO_2 に富むため，炭酸カルシウムは容易に溶解する．このため炭酸塩に富む堆積物は 3,500 m 以浅の海底では普遍的であるが，約 6,000 m 以深では完全に欠如している．⇒ 石灰質軟泥

炭酸鉄泉 chalybeate water
炭酸鉄を含む自然水．

単指- monodactyl
中手骨*と中足骨*の両側の骨が退化し，機能する指が1本のみとなっている状態．

単枝型 uniramous
付属肢の枝分かれしていないもの．

単軸分岐 monopodial
1．分岐の1様式．側枝が主軸（茎）から分岐すること．2．1本の軸に沿う，頂端からの伸展成長．

短歯性- brachydont
低い歯冠とよく発達した歯根，せまい根管をもつ歯に冠される．

単室- unilocular
有孔虫類（目）*で単一の室からなる殻*に対して用いられる．殻が2室以上の室からできている場合を「多室-」という．

単斜輝石（cpx） clinopyroxene
単斜晶系*の輝石*族の鉱物．カルシウム単斜輝石とソーダ輝石とがある．主要なものに，普通輝石*，透輝石*，ピジョン輝石*，エジリン輝石*などがある．

単斜構造 monocline
水平もしくは低角度で一様に傾斜している地層*が，一部分で撓曲して1方向に高角度で傾斜している構造．

単斜晶系 monoclinic system
ブラベ格子*が長さの異なる3つの稜をもち，そのうち2つがたがいに斜交している結晶系*．したがって同価でない3本の結晶軸* a, b, c (x, y, z) 軸で表される．$a(x)$ 軸（斜軸）は傾斜しており，垂直な $c(z)$ 軸と鈍角（通常 β で示す）で交わる．$b(y)$ 軸（直交軸）は水平で．$a(x)$ 軸，$c(z)$ 軸と直交する．

単斜ヒューマイト clinohumite ⇒ コンドロ石

短縮 shortening
圧縮による厚さの増大，褶曲*運動，衝

上*運動などの変形，あるいは溶解による物質の欠損によって長さが減少すること．単純な短縮は伸張*と同じ式で表される．$e=(L_F-L_0)/L_0$．L_F は短縮後の長さ，L_0 は元の長さ．短縮の場合には e はマイナスとなる．

単純剪断 simple shear（**均一回転歪** homogeneous rotational strain, **回転剪断** rotational shear）
　最大歪軸*と最小歪軸が，元の位置に対して向きを変える回転歪*．→ 純粋剪断

単条溝型 monolete ⇨ 胞子

淡水 fresh water
　塩化物イオンをほとんどないしまったく含まない水．汽水を塩化物の濃度（‰）で分類するベニス分類法*によれば，淡水の塩化物含有量は 0.03‰ 以下．→ 塩化物濃度

短錐形 breviconic
　頭足類*の殻の形状を表す語で，殻が短く急に広がるものを指す．殻口*は非常に広い．

弾性限界 elastic limit（**降伏点** yield point）
　物体の弾性歪*が最大に達したときの応力*で，それを超えると歪が応力に比例しなくなり，流動または破断によって永久歪が生じる．

弾性定数 elastic constants
　歪*が応力*に比例するというフックの法則*に従う等方性*の物体では，独立した弾性定数は歪にかかわるものと応力にかかわるものの2つしかない．このような物体の弾性的な性質は各種の弾性率，すなわち体積弾性率*，剛性率*，ヤング率*，ラメ定数*，ポアソン比*によって定義される．地震波速度*は地震波*を伝える媒質の弾性率〔体積弾性率と剛性率〕と密度*によってきまる．

弾性波 elastic wave
　音波や地震波*．

弾性反発説 elastic rebound theory
　弾性歪*として蓄えられたポテンシャル・エネルギーが，断層*運動（物体の破断現象）によって解放されるとする説．断層面に近接する地帯が弾性的に'反発して'歪が解消される．

端成分 end-member
　固溶体*系列の端をなす単純な物質〔二成分系では2つ，三成分系では3つ〕．たとえば，曹長石 $NaAlSi_3O_8$ と灰長石 $CaAl_2Si_2O_8$ は斜長石*系列の端成分．

弾性変形 elastic deformation
　加えられた応力*のもとで起こる一時的な変形で，応力が除去されると物体は歪*のない元の状態に回復する．理想的な弾性体の弾性変形では応力-歪の関係は直線的（⇒ フックの法則）．岩石の変形では弾性歪と粘性*歪とが複合している．

単成礫岩 oligomictic conglomerate
　クラスト*がわずかな種類の岩石種のみからなる礫岩*．→ 複成礫岩

炭素 carbon
　非金属元素，化学記号は C．原子が鎖状または環状に結合して極めて多様な化合物をつくることが特徴．他の元素と結合して複雑な大きい分子をつくることができる特性はあらゆる生物によって利用されている．有機化学は本質的には環状炭素化合物を研究する科学である．炭素は植物の光合成*によって気体の二酸化炭素から抽出されて生物体に組み込まれ，生物体が分解すると炭素は酸化されて二酸化炭素として大気中に戻る．純粋の炭素は天然ではダイヤモンド*，石墨，フラーレン（fullerene），非晶質*のカーボンブラックとして産する．有機物を乾留して得られるチャコール*も純粋な炭素である．地球科学では石灰岩*などの炭酸塩岩*をなしている炭素も重要．

断層 fault
　脆性*破壊*によって岩体中に生じたほぼ平坦な破断面で，隣接岩体との間で相対的な転位（ずれ）*が起こっているもの．隣接岩体の転位方向にしたがって，傾斜移動断層*，走向移動断層*，斜め移動断層*に大別される．傾斜移動断層には正断層*と逆断層*，その特別な形態として低角度のラグ断層*〔この語は日本では用いられていない〕と衝上断層*がある．走向移動断層は水平転位（右ずれまたは左ずれ）によるもので，広域的な規模のトランスプレッション*とトランステンション*もこれに含まれよう．

断層崖 fault scarp ⇨ スカープ

断層線 fault trace（fault line）（**断層露頭** fault outcrop）
　断層面*が地表となす交線で，一般にほぼ直線的．溝状の低地あるいは畝状の高まりとなっていることがあり，また湧泉をともなうこともある．

断層線崖 fault-line scarp ⇨ スカープ

断層帯 fault zone
　主断層*にはさまれ，副断層が主断層と平行または複雑に発達している，幅がメートルからキロメートル規模の地帯．ガウジ*，断層角礫，マイロナイト*で特徴づけられる．

断層地塊 fault block（**断層スライス** fault slice）
　少なくとも2つの側を断層面*によって限られている岩体．隣接地塊に対して相対的に上昇または下降している．

断層地塊山地（断層地塊山脈） fault-block mountains
　大きい断層地塊*が上昇して生じた山地または山脈で，正断層*または逆断層*によって限られた高地単元をなす．他の山地とは盆地や谷によって隔てられている．代表的な例として古くから知られているアメリカ，ユタ州のグレート・ベースン（Great Basin）では，傾動した典型的な断層地塊（⇨ 傾動地塊運動）が急傾斜の断層崖と反対側のゆるい傾斜斜面*によって限られている．侵食*によって開析されていることが多い．⇨ ベイスン・アンド・レンジ区；地塁

断層転位 displacement
　断層面*に沿う両盤の相対的なずれ*．面に平行なあらゆる方向に起こりうる．転位距離は断層面上のある点の転位前と転位後の位置を結ぶ直線の長さ．

断層トラップ fault trap
　断層*運動により不透水性の層準*が断層面*の上側を占めることによって，断層面の下側に地下水*，石油，天然ガス*が貯留されやすくなっている構造．→ 背斜トラップ；礁トラップ；層序トラップ；構造トラップ；不整合トラップ

断層メカニズム解 fault-plane solution
　異なる地点で観測した地震*の初動*方向から，地震発生の原因となった応力*場の特性と方位，すなわち発震機構*を決定する方法．

断層面 fault plane
　両側の岩体が，認められる程度の相対転位*を起こしている明瞭な平面．

断続平衡 punctuated equilibrium
　1972年にエルドリッジ（Niles Eldredge）とグールド（Stephen Jay Gould）により提唱された進化*理論．それによると，進化は，ほとんど種分化の起こらない地質学的に長期にわたる安定な期間にはさまれた，短期間に急激に起こる．この短期間のうちに，種はその祖先種から分化し，ほとんどの形態変化が完了する．

炭素質コンドライト carbonaceous chondrite
　光沢*の鈍い黒色の石質隕石*で，金属をほとんどないしまったく含まず，炭素に富む．鉄は硫化物，珪酸塩あるいは酸化物として含まれる．変成作用*の痕跡をほとんど示さず，水による生成後の化学変化の証拠を有するため，母天体は氷と岩石質物質の混合物であったと推測される．アミノ酸*など有機化合物のさまざまな組み合わせを含み，希ガスの含有量が高い．炭素質コンドライトの組成は，太陽*大気や太陽系*が生成した星雲の組成に比べて極めて原始的．⇨ 隕石．→ エコンドライト

炭素14（^{14}C） carbon-14 ⇨ 放射性炭素年代測定法

炭素循環 carbon cycle
　固体地球の内部と表面，気圏*にまたがる炭素の移動．炭素は気圏では気体，水圏*では溶存イオン*，そして固体としては有機物および堆積岩*の主要な構成成分として存在し，広く分布している．無機的な交換は主に気圏と水圏のあいだでおこなわれる．炭素の主要な移動は光合成*と呼吸による，生物圏*，気圏，水圏にまたがる交換である．交換速度は極めて遅いが，地質時代の間に，主として石灰岩*と化石燃料*として大量の炭素が岩石圏*に蓄積された．原始大気中では炭素はおそらく CO_2 として存在したと推定されている．化石燃料の燃焼と熱帯雨林伐採

による土壌空気*からのCO_2の解放によって炭素循環のバランスが根本的に変化しようとしている．ただ気候への影響は海洋の緩衝作用によっていくらかは緩和されるかもしれない．このような人為的な原因で1850年以降約2,000億トンのCO_2が大気中に加わったと見つもられている．⇨ 温室効果

炭素同位体　carbon isotope

天然の炭素*には次の3つの同位体*がある．^{12}C（約98.9％），^{13}C（約1.1％），^{14}C（量は無視できる程度に少ないが放射性であるため検出することができる）．これら同位体の相対存在度は変化に富み，その研究は地質学の研究とくに放射年代測定法*に重要な手がかりをもたらす．放射性炭素年代測定法*は，有機物に残っている重い放射性同位体^{14}Cの量に基づく年代測定法．^{14}Cの半減期〔⇨ 崩壊定数〕は5,730±40年で，約50,000年前までの年代を決定することができる．続成作用*の研究では$^{12}C/^{13}C$比からさまざまな供給源から沈殿した炭酸塩を識別する．

炭素 '燃焼'　carbon 'burning'

大きい恒星の中でその核の強烈な熱のため水素'燃焼'*，ヘリウム'燃焼'*に続いて起こる'燃焼'（⇨ 元素の合成）．星の進化のこの段階で，^{12}Cの原子核は約$8×10^8$ Kの温度で核融合反応を起こして^{20}Ne, ^{23}Na, ^{23}Mg, ^{24}Mgなどの元素をつくる．⇨ 酸素'燃焼'；珪素'燃焼'

担体元素　carrier element

1. 鉱物中で他の微量元素*を置換することができる主要元素．たとえば，Ni（微量元素）をMg（担体元素）が置換．2. 放射性崩壊*産物の同位体*である不活性元素．活性元素の担体〔ある元素といっしょになってそれを運ぶ物質〕として化学反応に組み入れられる．核反応で生じる放射性物質の量は一般に極めて微量であるため，沈殿や濾過などの通常の分析処理を適用できないため，担体元素が利用される．

単体サンゴ　solitary corals

単一のコララライト*がコララム*を形成するサンゴ．形や大きさは多様で，基部角度が120°あるいはそれ以上の大きく開いた杯状のもの（傘貝状）から，円盤状（ボタン型）のもの，さらに細い角型で基部角度が20°以下のもの（細円錐状）などがある．やや尖った円錐型で基部角度が40°ほどのものをこま状，コララライトがほぼ同じ太さでまっすぐに成長するものを円筒状と呼ぶ．また，円筒形のコララライトが蠕虫（ぜんちゅう）のように不規則に曲がっているものを蠕虫状，スリッパの先のような形をしたコララライトをもつものをスリッパ状という．これ以外の形態のものも知られている．

タンタル石　tantalite　⇨ コルンブ石

単段階鉛　single-stage lead

定常的な進化を続けている1つのウラニウム-トリウム-鉛系列から，ある年代に除去された普通鉛*（Pb）．普通鉛を用いる年代測定法（⇨ 鉛-鉛年代測定法）の基準として利用される．溶液中に移動した鉛が沈殿して生じた鉛鉱石（方鉛鉱*など）では，放射性起源の鉛が追加されることがないので同位体*組成が変化していないと考えられる．

単長口型　monosulcate　⇨ 花粉

断熱的（断熱-）　adiabatic

空気塊*〔物質〕が鉛直運動することによって，まわりの大気〔物質〕との間でエネルギーが交換されることなく，その温度・圧力・体積が変化する現象に冠せる．⇨ 乾燥断熱減率；飽和断熱減率

弾粘性変形　elastoviscous behaviour

基本的には粘性的であるが，短時間の応力*のもとでは弾性的に変形する物体が示す歪*．応力の解放に長い時間がかかるため，弾粘性体の歪の回復は理想的な弾性体の場合よりも不明瞭．

単杯綱　Monocyathea　⇨ 完整綱

短波長赤外線　short wavelength infrared　⇨ 近赤外線

単板綱（単殻綱）　Monoplacophora（軟体動物門* phylum Mollusca）

おおむね左右相称*を示す原始的な単殻性軟体動物．カサガイ様の殻は表層の非石灰質殻皮層，炭酸塩からなる稜柱層と内側の真珠層からできている．内部器官は体節制分節*を示し，腹側に円形の足と歯舌をもつ．単板綱は，1対の筋痕*で特徴づけられる．すべ

て海生で，底生の濾過食者である．カンブリア紀*前期に出現し，はじめは浅海に生息していたが，現生種は深海で見つかる．

単鼻類（単鼻綱） Monorhina
眼の間に単一の鼻孔をもつ，ヤツメウナギとそれに近縁な無顎魚類（⇨ 無顎上綱）を含むグループに対する古い名称．現在では使われていない．

ダンプ構造 dump structure
氷山が転覆または割れて放出された大量の岩屑がなす円錐形の小山．

単変組み合わせ univariant assemblage
相律*でいう自由度*が1の平衡鉱物組み合わせ．すなわち，どれか1つの変数（たとえば圧力）が変化すると，他のすべての外的変数［温度と $P(H_2O)$］が変化して平衡が保たれるもの．

単 胞 autotheca
筆石類*の胞*に見られる3つの型のうちの1つで，おそらく雌個虫が入っていたものと思われる．⇨ 筆石綱；正筆石目；樹型目．
→ 双胞；枝胞

単 面 pedion
結晶形*に1つだけ見られる面．

短 絡 avulsion
河川の主たる流路*が氾濫原*を横切って側方に新しい河道に移ること．元の流路が埋積*されて不安定となった結果起きることが多い．隣接する谷へ短絡したため，河川争奪*の様相を呈している場合もある．

炭 理 cleat
石炭*層に生じている節理*で，これに沿って石炭が割れる．通常2系統が直交して発達しており，一方が他方より顕著で，面における光沢*も強い．炭理の方向と発達の程度は炭鉱における掘削の方向を左右する．

団 粒 aggregate
たがいに結合してかたまりをなしている土壌*粒子の群．ペッド*と呼ばれ，土壌構造*の最小単位．ペッドが集まってより大きい土壌構造をつくる．

団粒化 aggregation
土壌*粒子が凝集，合体して団粒*がつくられる過程．有機物質，粘土*，鉄酸化物，イオン*（カルシウム，マグネシウムなど）などの結合物質が存在することによって促進される．

団粒構造 crumb structure
構造単位であるペッド*が球状ないし団粒状の形態をしている土壌構造*．団粒構造は，粒状の有機・無機複合体からなる表層の土壌層位*よりも多孔質の層位に多く見られ，土壌の肥沃化に最適の間隙*を有する．

単稜石 einkanter ⇨ 風食礫

断裂帯 fracture zone
深海底を走る割れ目．その両側で岩石圏（リソスフェア）*の年齢と水深が急変する．大部分の断裂帯は海嶺*を横断して，地球の球面上で小円を描いている．その曲率半径は，海嶺で発散している2つのプレート*のオイラー極*からの距離に相当する．深い海盆となっている断裂帯が多い．

単列竜骨 unicarinate
1列の竜骨（⇨ 竜骨 1）をもつこと．頭足類（綱）*の腹側*に沿って発達する構造，あるいは腹足類（綱）*の各螺層（らそう）*のまわりをとり巻く構造だけでなく，他のグループにも発達することがある．

チ

地域性 provinciality

明瞭に定義されている生物地理区内の群集*（種の組み合わせ）が示す地理的特徴．各地理区は特徴的な群集をもっており，構成種のなかにはその地理区に固有の（その区に分布が限られる）ものがある．⇨ 固有

地域的区間帯 local range zone ⇨ タイルゾーン

チェステリアン統 Chesterian

北アメリカにおけるミシシッピ亜系*中の統*．メラメシアン統*の上位でモロワン統*の下位．ビゼーアン統*のブリガンティアン階*とサープクホビアン統*にほぼ対比される．チェステリアン統上部はスプリンゲリアン階とも呼ばれる．

チェボタレフ系列 Chebotarev sequence

地下水*の化学変化の理想的な系列．地下水は岩石中を移動するにつれてその化学組成が変化する．一般に，帯水層*の岩石との接触時間が長いほど，水中に溶解する鉱物の量が多くなる．地下水が深部に移動することによっても組成が変化する．これは，表層の地下水に含まれている重炭酸塩の陰イオン*が，硫酸ついで塩素イオンにとって替わられ，カルシウムがナトリウムと交換されるためである．

チェムンギアン階 Chemungian **コホークトニアン階**(Cohoktonian) ⇨ セネカン統

チェルテンハミアン階 Cheltenhamian

オーストラリア南東部における上部第三系*中の階*．ミッチェリアン階*の上位でカリムナン階*の下位．ほぼ中部ザンクリアン階*（タビアニアン階*）に対比される．

チェルノゼム（黒色土） chernozem

水はけがよい，暗色の土壌断面*をなす土壌*．'黒い土'を意味するロシア語．温帯気候の草原植生にともなって発達し，断面全体にわたって腐植*および交換性陽イオン*（カルシウムとマグネシウム）が深く均質に分布していることによって同定される．今日ではモリソル目*に含められている．

チェルフォード Chelford

1．チェルフォード亜間氷期：デベンシアン氷期*中の65,000～60,000年BPにあった亜間氷期*．**2**．チェルフォード層：イングランドのチェシャー州チェルフォードとコングルトン（Congleton）の間の砂採掘場に露出する．チェルフォード亜間氷期の樹木遺体を含む沖積性*の砂と有機質泥の層準*で，上下をティル*にはさまれている．

チェルマーク閃石 tschermakite ⇨ 角閃石

チェーレ tjaele（**凍土面** frost table）

活動層*基底の凍結面．融解が起これば低下する．永久凍土*の上限（永久凍土面）と混同してはならない．

チェレムシャンスキアン階 Cheremshanskian

〔ロシアの中部石炭系*〕バシキーリアン統*中の階*．イードニアン階*の上位でメレケッスキアン階*の下位．

チェーン改変酸化物 chain-modifier

珪酸塩メルト*中で鎖状構造を改変したり分断する酸化物．CaO, K_2O, Na_2O, MgO, FeO, TiO, Al_2O_3 など．

チェーン形成酸化物 chain-former

珪酸塩メルト*中で鎖状構造をつくる酸化物．SiO_2, $KAlO_2$, $NaAlO_2$, $Ca_{1/2}AlO_2$, $Mg_{1/2}AlO_2$ など．

遅延時間 delay time

受振記録に長い空白部分が生じることを避けるために設ける，発振の時刻と地震計*が記録を開始する時刻の間隔のこと．特別な地質学上の意義をもたない水中を長い距離にわたって地震波*が伝播することになる水深の深い場所での反射法地震探査*で主に用いる．データの収録を，予測される初動*到着の直前に始まるよう設定する．時間領域*の強制分極法（IP法）*探査でも，過電圧とは直接関係しない過渡電圧の緩和を待つために使用する．

チェンバレン，トーマス・クラウダー（1843-1928）Chamberlin, Thomas Chrowder

シカゴ大学の地質学教授，アメリカ地質調

査所氷河局長．地質調査所在任中にウィスコンシン州の氷河堆積物の地質図*を作製．古い大陸クラトン*をとり巻いて造山運動*が段階的に生起するという理論を発展させた．モウルトン（Moulton）と共同で地球形成に関する微惑星説〔⇒潮汐説〕を提唱した．

遅延流出水　delayed flow

〔いったん地下水面*より浅い〕地中に浸透した降水や〔地下水面下の〕地下水*のうち河川流路*に達する水．表面流出*水と対照をなす．表面流出水と遅延流出水が河川の全水量となる．

地温勾配　geothermal gradient

深度とともに温度が上昇するようす．通常 200 m 以上の深度についていう．大陸ではふつう 20℃/km から 40℃/km．ただし火山地帯ではこれを大きく上まわることがある．海洋では試錐孔*が貫通する深さが短すぎるため，勾配は表層の数 m について求められているにすぎず，その値も一定していない．地殻*の平均地温勾配は 24℃/km 程度であるが，この値をそのまま外挿すると，マントル*が溶融していることとなるので，深部ではこれより小さくなると推定される．地殻について得られた勾配を補正して推定すると，上部マントルの低速度帯*上面で 1,200℃ となる．マントル内では断熱*圧縮による上昇分 0.33℃/km よりは大きいものの，1℃/km 以下と考えられている．

地温調査　geothermic survey

ある地域内における熱流量*の分布を調査すること．

地塊（マッシフ）　massif

広い範囲を占める地形学的または地質学的な単元．周囲の岩石より堅固な岩石からなっていることが多い．造山帯*では古期の結晶質岩からなる地帯を指す．

地化学的土壌調査　geochemical soil survey

土壌*下の基盤岩が地球化学的な異常を示す範囲を特定し，鉱体*を発見することを目的として，未固結土壌物質を採取，分析する作業．安定している表土や土壌は，母岩との間で，風化作用*，間隙水，生物の活動に関して平衡状態を保っている．成層した土壌断面*中で，バックグラウンドの異常が最も著しい層位*が調査の対象とされる．

地殻　crust

固体地球の最外部をなす薄い固体の層．地球全体の体積の 1% に満たず，厚さは海洋下での約 5 km から山脈の下での約 60 km にわたる．地球型惑星*の大部分は，内部の高密度の岩石とは成分が異なり，地殻に相当すると考えられる固体の表皮をもっている．⇒地殻の元素存在度；大陸地殻；海洋地殻

地殻の元素存在度　crustal abundance of elements

地殻*の平均密度は 2,800 kg/m³ で，厚さは大陸下で 30 km（山脈下では 60 km に達することがある），海洋下では 5 km．主要な岩石型の分布を推定し，その組成を平均することによって元素の存在度が求められている．地殻は不適合元素*（K, Rb など）と親石元素*に富むが，とくに珪酸塩鉱物*に卓越している元素は数種類．鉱石元素*（Cu, Sn など）は乏しい．地殻はマントル*から抜け出た物質から形成されたので，マントルは地殻をなす成分に乏しくなっていると考えられる．酸素 O は重量にして地殻のほぼ 50% を占める最も豊富な元素．他の重要な元素としては，2番目に多く 27.72% を占める珪素 Si，3番目のアルミニウム Al，ナトリウム Na，マグネシウム Mg，カルシウム Ca，鉄 Fe がある．それ以外の元素は，金 Au，銀 Ag，白金 Pt などの貴金属を含めて地殻にはまれ．

地殻変動　diastrophism

地殻*の大規模な変形．断層*運動と褶曲*作用に加えて，山脈，リフトバレー*，大陸，海洋底をつくるプレートの運動*もこれに含められよう．

地下水　groundwater

岩石中の間隙*に含まれる水．一般に，懸垂水（地表と地下水面*の間の土壌水帯*を流動している水）は除外される．大部分が地表からもたらされた水（天水*）で，それ以外はマグマ*の活動に由来するもの（処女水*）または遺留水*．

地下水相　groundwater facies

地下水*の性状および化学性を総合的に把

握する概念．相*の考えは，地下水の化学組成はその領域の卓越条件のもとで基質岩石との化学平衡に向かう傾向を反映している，という仮定に基づいている．⇨ チェボタレフ系列

地下水面 water table
　地下水*または不圧帯水層*がつねに水で飽和している領域の上限をなす面．⇨ 飽和帯

地下水流 groundwater flow
　飽和帯*中で連結している間隙を通って地下水*が移動すること．⇨ ダルシーの法則

置　換 replacement
　岩石と鉱物*が変化する過程を指して，広く用いられている語．岩石学でいう場合は，固相間でイオン*が拡散*，あるいは流体（ふつう水に富む）が浸透することによって，元の鉱物の一部または全体が別種の鉱物（二次鉱物*）の集合体に変化すること．拡散は，岩石の系の温度が個々の鉱物の安定限界以下であっても，触媒となる流体が存在する場合には容易に進行する．二次鉱物がすべてが1種類である場合も，数種類の鉱物の組み合わせからなる場合もある．たとえば，マグネシウムに富む高温型かんらん石*は蛇紋石*と緑泥石*からなる二次鉱物集合体に，斜長石*は細粒の白色雲母*（絹雲母*）集合体に置換される．⇨ 化石化作用

置換型固溶体 substitutional solid solution
⇨ 固溶体

地　球 Earth
　太陽*から数えて3番目の太陽系*惑星．太陽からの平均距離は 149.6×10^6 km．これが太陽系内での距離の尺度である天文単位（AU）*となっている．地球の平均半径は6,371 km，密度5,517 kg/m³，質量 5.99×10^{27} g．海洋地殻*（厚さ5～7 km）と大陸地殻*（平均の厚さ40 km）はモホロビチッチ不連続面*によってマントル*と隔てられている．マントルは珪酸塩からなり，深度2,900 km のグーテンベルク不連続面*まで．その下に鉄に富む溶融した核*がある．地球が形成されたのは約46億年前で，最古の岩石の年代は約39.8億年．

地球温暖化指数（GWP） global warming potential
　大気温暖化効果の観点から，二酸化炭素の放射線吸収容量を1とし，主要な温室効果ガス*の吸収容量をこれと比較して表したもの．各種ガスが吸収する放射線の波長と大気中での滞留時間*を考慮して求められている．メタンが11，窒素酸化物は270，CFC-11（クロロフルオロカーボン-11）は4,000，CFC-12は8,500．

地球化学 geochemistry
　地球あるいは太陽系*の天体における化学元素の存在度と分布，自然の系［岩石圏（リソスフェア）*，生物圏*，水圏*，気圏*］におけるその循環および分布と進化を支配する法則を探求する，地球科学の1分野．

地球化学的サイクル geochemical cycle
　岩石圏（リソスフェア）*・生物圏*・水圏*・気圏*の相互間およびこれらの圏を経て連続的に進行している物質循環．たとえば，ナトリウムは風化作用*によって岩石（岩石圏）から放たれ，溶解または懸濁によって海（水圏）まで運搬される．海洋で形成される堆積物にとり込まれて固化し，地質学的サイクルに組み込まれて，堆積岩*，変成岩*，究極的には新たな火成岩*へと移行する．

地球化学的親和力 geochemical affinity
　ある元素が特定の環境に結びつきやすい傾向．

地球化学的分散 geochemical differentiation ⇨ 一次地球化学的分散；二次地球化学的分散

地球型惑星 terrestrial planet （**内惑星** inner planet）
　太陽系*中で内側を占め，地球に似た岩石質の4つの惑星（水星*，金星*，地球，火星*）をいう．木星型惑星（外惑星）*に比べて小さく，密度が高い．金属相（主に鉄）と珪酸塩相からなり，気体成分は少ない．

地球観測衛星 Système Probatoire d'Observation de la Terre ⇨ スポット

地球磁場 geomagnetic field
　地球の磁場は，ナノ秒から100万年にわたるあらゆる時間尺度の周期で変化している．

過渡的変化*の大部分は地球外に原因があり，太陽風*と地球大気の相互作用がかかわっている．永年変化*と呼ばれる長期間にわたる変化は地球内部に起因する．平均年間磁場は衛星観測によって1980年のものについて精密に決定されている．それ以前は，年間パターンは地磁気観測所のデータをフィールド調査によって補完し，その前年までに観測された永年変化に基づき特定の時間について補正して求めていた．磁場の強さは赤道付近の30μTから，73°N・100°Wおよび68°S・143°Eにある磁極*付近の60μTにわたる．磁場の大部分（80%）は，自転軸に対して11.3°の傾きをもち，地磁気双極子として知られる単一の地芯双極子による（⇒地球双極子磁場）．その磁気モーメントは8.01×10^{22} A/m²．残りの磁場である非双極子磁場は±1.5μTの差を示す12の領域をなしている．地芯から340kmそれた傾斜双極子のモデルでは，地芯双極子モデルよりも観測される磁場によく合致する地磁気パターンが得られた．

地磁気パターンには，20世紀に約0.2°/年の割合で西方に移動する傾向（西方移動*）が認められている．しかしながら，考古学的時間尺度でみると，この傾向は持続的なものとは考えられない．地質学的時間尺度では磁場の極性の逆転*が起こっている．過去6,000万年間では100万年につき3回の割合で極性逆転があったが，およそ5,000万年間にわたって同じ極性が続いた期間も知られている．

地球磁場のほとんどが外核*内部における流体運動に起因するとされている．磁力線がこの運動に巻き込まれ（⇒電磁流体力学），対をなす自己励起発電機系*が発現し，極性の逆転が起こる．

地球収縮説 contracting Earth hypothesis

山脈の成因を地球の収縮に求める仮説．ひからびていくリンゴに生じる皺が地球上の山脈生成のてっとりばやいアナロジーとして用いられた．この仮説は地球内部における放射性の熱源が見いだされる前の19世紀と20世紀初頭に栄えた．地球はその誕生以来，おそらく体積が5%程度減少しているが，山脈の主たる成因はプレートの運動*である．

地球上の水分布 water inventory

地球の水の約97%が海洋に存在する．淡水の75%が氷床*および氷河*として固定されており，25%弱が地下水*．残りが湖沼水，河川水，生物圏*の水，大気中の水，土壌水分．水が水循環*の各階梯にあることを滞留という．

地球植物学探査 geobotanical exploration
（**生地化学探査** biogeochemical exploration）

指標植物種・群集を手がかりとする古くからの金属鉱床*探査法．特殊化した植物のみが金属で汚染された土壌*に耐えられるという，耐性限界の原理をよりどころとしている．実際には，土壌に対する植物の反応は極めて複雑で，たとえば，高濃度の毒性鉱物よりも栄養分の不足のほうに敏感．このため，指標としての植物種の信頼性は低い．現在では金属イオン*が濃集しているとみられる植物体や土壌（とくに腐植*）を採取して化学分析する方法が採られ，本格的な探査に先行する予備探査となっている．

地球植物学的異常 geobotanical anomaly

生態学的な群集*をなす要素のうち1つまたはいくつかの要素あるいは特定の植物が，局地的にバックグラウンドのレベル以上に集中していること．鉱床*の存在や炭化水素*の濃集を反映していることがある．

地球水平観測技術 Global Horizontal Sounding Technique（**ゴースト** GHOST）

大気中のさまざまな高度の定密度面を浮動するように設定した気球を用いて，大気から直接データを得る計画で，世界気象監視計画*の一環をなす．極軌道*気象衛星が気球を追跡し，気球のセンサーが記録する気温・湿度・気圧など各種の観測データを受け取る．個々の気球を衛星で追跡することによって，風系も明らかにされる．

地球双極子磁場 geomagnetic dipole field

地球の中心に位置し，地球自転軸にほぼ平行している1個の双極子を想定した，観測される地球磁場*に数学的に最もよく近似する磁場．この地芯双極子は，地球の自転軸に対して11.3°の傾きをもっている．地球双極子

磁場は，地磁気の永年変化*を平均化した地球磁場を表すものと考えられている．

地球大気開発計画 Global Atmospheric Research Programme（**ガルプ** GARP）

大気の構造について広範な知識を得て，気象予報の精度を向上させることを目的とした国際研究計画．陸上・海上の気象観測ステーションが緊密な連携をとって，上層大気の観測，気象衛星と気球センサーによる観測を推進する体制が整備された．

地球潮汐 Earth tide

地球のあらゆる潮汐現象は，地球に働く遠心力と月・太陽・惑星の重力場*の変化との間の不均衡に起因する．海洋の潮汐も，固体地球内部とくに液体の外核*に生じる潮汐も同じ現象である．表面で見られる潮汐はほとんどが，地球の自由振動*周期と同じ高周波振動数*をもつ潮汐成分の共振*効果の現れである．

地球同期軌道 geosynchronous orbit

24時間周期で地球をまわる人工衛星の軌道．この軌道上の衛星は地球表面上の同じ経路を毎日周回する．⇒ 太陽同期軌道

地球年代学 geochronology

絶対年代あるいは相対年代のいずれかを測定することによって，地質学上の時間の長さを決定する地球科学の1分野．前者は放射性元素の崩壊速度を利用する方法で，岩石や化石*の実年代が得られる．後者は化石や堆積物*に基づいて地質学上の事件や岩層を時代順に並べる作業で，絶対年代を与えるものではない．⇒ 年代測定法；絶対年代；相対年代；プランクトン年代学；地質年代学

地球の自転 Earth rotation（**1日の長さ** day length）

主に日食に基づいて求めた天体の動きによれば，自転速度は1世紀に41秒（角度）の割合で遅くなっている．化石サンゴ*の成長線*は約4億年前には400日/年に相当する自転速度であったことを示している．自転は永年的な現象と偶発的な現象の両方の影響を受けている．偶発的で短期間の変化はほとんどが気象と海洋に起因し，大気・海洋・固体地球の物理的な相互作用によるものであるが，これは地球の慣性モーメント*にも影響を及ぼしている．主要な永年変化は月とそれよりはるかに程度は低いものの太陽，惑星の潮汐摩擦*による自転速度の減少で，その大部分が海洋の潮汐* M_2 のかたちで影響している．原因不明の不規則な変動もあり，おそらくは核*とマントル*の間の電磁気学的な相互作用によるものと考えられている．⇒ チャンドラー揺動；食

地球の組成 bulk composition of Earth (whole Earth composition)

地球全体の化学組成は次の2点から推定されている．(a) 太陽系*のすべてのメンバーの化学組成は類縁関係にあり，地球の組成は，太陽とある種の原始的な隕石*中の非揮発性元素の存在度から推定できるとする宇宙化学モデル（⇒ コンドライト・モデル）．(b) 地震学的データの解析，密度決定，地磁気*調査などに基づく地球物理学上の証拠．

地球を構成する3つの層，核*，マントル*，地殻*は化学組成を大きく異にする．核とマントルは地球の質量の99%以上を占めているが，地殻の場合とは異なり，その組成は推定の域を脱していない（⇒ 地殻の元素存在度）．地球の密度と磁場，地震観測データ，鉄・ニッケル隕石*から，核は主として鉄からなり，少量の軽い元素をともなうと結論されている．ニッケルは，核の密度が過剰になるため主要構成成分ではありえないとされている．軽い元素については議論があるが，硫黄，炭素，酸素，珪素，ナトリウムが挙げられよう．マントルは，地震学上の証拠から，ダナイト*，かんらん岩*，エクロジャイト*など，組成がコンドライト*に似る岩石からなると推定されている．上部マントルはおそらく高密度の鉄・マグネシウム珪酸塩からなり，深度とともに珪素とマグネシウムの酸化物が増加するようである．

地球全体の組成に関する知識は地球と月の関係などの問題を解明するうえに欠かせない．地球の組成のうち，最も関心がもたれているのは，おそらくカリウム，ウラニウム，トリウムの存在量であろう．これら元素の放射性同位体*は放射性の熱を生産し，したがって地球の熱史と地史にかかわっているから

である．⇨ 元素の存在度；隕石の元素存在度；太陽系の元素存在度

地球の水収支 global water budget
年間の水循環*に組み込まれている水の量．地球全体の平均年間降水量は約86 cmで，うち77%が海洋に，23%が陸上に降る．陸地の降水量*のうち，16%が蒸発し（植物による蒸散*を含む），7%が河川水と地下水*流のかたちで海に戻る．

地球物理学 geophysics
地球と惑星の物理学的な性質と過程およびその解釈の全般にかかわる科学．たとえば，地震*，重力，地磁気，熱流量*，年代決定などの領域が含まれる．

地球物理学的風化層 geophysical weathering layer
地震波速度*が地震学的な下層よりも著しく低い，地表または地表近くの層．下層との境界はせまい遷移層となっていることが多い．地質学的に風化作用*を受けた岩石からなる層とはかならずしも一致しない．地下水面*より上の領域と解釈されることが多い．

地球放射 terrestrial radiation
地球表面および大気からの長波長電磁放射*（波長は4〜100 μm，10 μmにピーク）．⇨ 大気の'窓'；温室効果；放射収支；放射冷却

地球膨張説 expanding Earth
地球の直径が時代とともに増大し，大陸の分裂と拡大軸（海嶺*）での海洋底の成長をもたらしたとする仮説．マントバーニ（M. R. Mantovani）が1907年に初めて提唱，1930年代にはヒルゲンビルク（Hilgenberg）らによって再浮上した．現在は主にウォーレン・カレイ（Warren Carey）によって支持されている．1956年，カレイが主導してこれに関する会議がタスマニアのホバートで開催された．

ちぎれ雲 pannus (1), scud (2)
1. '切れ端'を意味するラテン語 *pannus* に由来．他の雲の下部などに付随しているちりぢりにちぎれた雲．通常，積乱雲*，積雲*，乱層雲*，高積雲*に付随する．⇨ 雲の分類．2. 雨雲の下を速く動いていく断片状の低い雲．片層雲（fractostratus；ラテン語 *stratus fractus* に由来）の俗称．

チキンワイヤー構造 chickenwire structure
石膏*または硬石膏*の団塊*が，金網のようにつながる薄い泥質物質によって隔てられて密に配列している構造．サブカ*の塩類堆積物中によく見られる．〔チキンワイヤーは，網目が六角形の金網で鶏小屋の柵に用いる．〕

蓄積域（蓄積帯） accumulation zone
氷*，フィルン（万年雪）*および雪の平均年間蓄積量が平均年間消耗量を上まわる氷河*の部分．この部分ではフィルン，雪，融解水の凍結による氷が成層している．蓄積域の下限を平衡線*と呼ぶ．

築堤 embankment dam
貯水池や流路の堰き止め，溢流の防止，尾鉱*プールの囲い，道路や鉄道建設などの目的で，地面の上に土または礫でつくった盛土．軟弱ないし未固結の堆積層の上に建設する場合には，荷重を分散させるため，幅を広くし，不透水性のコンクリート*または圧延粘土でつくった核を砕石または土で覆って固める．

地形学 geomorphology
地球表面の形態とそれを形成した過程に関する科学．最近は月および惑星表面の研究が進み，地球上以外の地形を対象とする地形学が発展してきた．

地形学的営力（地形形成過程） geomorphological process
地表ないし地表付近で作用し，岩石を解体，運搬して地形を改変していく一連の中・小規模の機構．地表上から働く作用を'外成的'，地表下に起因する作用を'内成的'と呼ぶ．(a) 氷河作用*のように，気候に大きく依存している気候帯に特有の過程と，(b) 河川作用のように，気候帯にとらわれない汎世界的な過程の2つに分けられる．このような過程が進行する速度は，フィールドにおける直接の観察や歴史記録の解読によって求められる．⇨ 侵食速度

地形カテナ toposequence
地形的な条件を反映する性質が顕著な土壌*のシーケンス．

地形の相似性 equifinality

それぞれ異なる過程によってつくられた地形が地形学的に類似していることをいう．たとえば，カール氷河*，回転地すべり，雪食*，湧水による侵食*のいずれによっても肘掛け椅子の形をした窪地が生じる．現在見られる地形からその成因を特定することが困難な場合もある．

地形補正 topographic correction（**地帯補正** terrain correction）

地球物理学の観測値から地形の影響を除去する操作．重力測定*では，観測地点より上にあって山をなす岩塊と下にあって谷を満たしている空気塊による引力を補正して，その地点の重力を決定する．地震探査*での補正については，⇒ 高度補正；静補正．

チ コ Tycho

月のクレーター*のうち最も明るく見えるクレーター．直径85 km，約100 Maに形成．⇒ 輝線条

地 溝 graben

2本の正断層*または正断層帯*にはさまれた地塊が相対的に降下して生じた，直線状に長く延びる構造地形．両側に隣接する地塊は侵食*によって低くなっていることもある．境界をなす正断層は高角度で，平走していることが多い．半地溝は片側のみが断層または断層帯で限られるもので，主に傾動地塊運動*によって形成される．地形的に顕著で広域的な地溝はリフトバレー*とも呼ばれる．→ 地塁

地向斜 geosyncline

大陸縁（辺部）*に沿ってかなりの範囲にわたって発達する沈降構造．1859年にホール*が初めて提唱した語で，その構成部分を記載，解釈するためにさまざまな用語が追加された．地向斜理論がプレート・テクトニクス*の統一的な理論にとって替わられたため，これらの用語はほとんどが死語となっている．そのうち，優地向斜*と劣地向斜*は，今日では特定の岩石組み合わせを指す語として用いられている．

地衡風 geostrophic wind

境界層*よりも上で吹いている風．高圧部から低圧部に向かって作用する気圧傾度力*と，運動している空気塊を北半球では右（南半球では左）にそらせるコリオリの力*がつり合った状態の風向と風速をもつ．このような平衡が保たれている風は等圧線に平行に（⇒ ボイス・バロットの法則），低圧部または高圧部を中心とする閉じた等圧線に沿って吹くので，遠心力も受ける．境界層では，地表面との摩擦の影響を受けて，等圧線と斜交する方向に吹く．斜交角度は海上で10〜20°，摩擦が大きい陸上で25〜35°．⇒ 傾度風

地衡風偏差（非地衡風） ageostrophic wind

実際の風と地衡風*との間のベクトル差．

地衡流 geostrophic current

圧力傾度力（⇒ 気圧傾度力）とコリオリの力*が平衡した状態で流れている海流．海流は高圧部から低圧部に向かって（すなわち等圧面の傾斜に沿って）流れず，等圧線に平行に流れる．メキシコ湾流*など，主要な海流は理論的な地衡流に極めて近い．たとえば，メキシコ湾流は丘の斜面を流れ下るのではなく，丘のまわりを流れている川に例えられよう．

恥 骨 pubis

四肢動物*の腰帯*腹側前方にある骨．鳥盤目*恐竜*では，恥骨は座骨*と平行に伸び，進化型では前方に突き出た前恥骨も見られる．竜盤目*恐竜では，恥骨は股関節から下側前方に突起する．

地察学（ゲオグノジー） geognosy ⇒ ウェルナー，アブラハム・ゴットロブ

地磁気異常 magnetic anomaly

特定の地磁気モデルと比較したときに現れる地磁気の過不足．通常は国際標準地球磁場*との差であるが，さらに広域異常または表層異常を差し引いた後の磁気の差をいうこともある．

地磁気異常の縞模様 magnetic anomaly pattern（**地磁気年代** magnetic age）

海洋底の拡大が起こっている海洋中央海嶺*に平行に延びている直線状の地磁気異常*の縞．北東太平洋で初めて発見された現象．この縞模様は，海洋の拡大中心に関して対称的に並んでおり，地球磁場の極性がくり返し逆転することによって生じたもの（⇒

地球磁場）．したがって，縞模様は地磁気層序年代尺度（極性年代尺度）*と対比され，個々の縞の地磁気年代が求められる．⇒ 海洋底拡大説

地磁気極性の間隔 geomagnetic polarity interval ⇒ 極性間隔

地磁気極性反転年代尺度 geomagnetic reversal time-scale ⇒ 地磁気層序年代尺度

地磁気擾乱日 geomagnetic disturbed days (D days)

毎月のうち，地磁気の日変化*の観測記録から決定される，地球磁場*の擾乱が最大となる5日間．

地磁気試料採取法 magnetic sampling

実験室での磁気的性質の研究に供する試料採取には2通りの方法がある．岩石の磁化率*，磁気強度，など〔のスカラ量〕のみを知るためであれば，定方向の試料でなくてもかまわない．考古磁気学*や古地磁気学*の研究用である場合は，小型の携帯ドリルを使って採取し，太陽方位，コンパス，測量，あるいはジャイロコンパス*などによって試料の方位を求めなければならない．正確を期すために特別の方位測定装置を使用することも多い．

地磁気静穏帯 magnetic quiet zone

海洋底で地磁気異常*に変化がほとんどないしまったく認められない領域．海洋地殻*が形成されている間に地球磁場*の極性が逆転しなかったか，かつて存在した磁化が堆積物に被覆されることにより蓄積した熱によって消失したため．

地磁気層序学 magnetostratigraphy

地磁気極性の逆転*に基づいて層序区分をする層序学の分野．

地磁気層序年代尺度 magnetostratigraphic time-scale（**地磁気極性年代尺度** polarity time-scale, **地磁気極性反転年代尺度** geomagnetic reversal time-scale, **逆転年代尺度** reversal time-scale）

地球磁場*の周期的な極性逆転*に基づく年代尺度．岩石中の磁性鉱物は岩石が形成されたときの磁場によって誘導された磁気の向きを保持している（⇒ 自然残留磁化）．岩石が適当な鉱物*を含んでいれば，世界中の岩石がその生成時の地球磁場の極性を記録しているはずである．この逆転のパターンが各種岩石の間で対比*されており，カリウム-アルゴン年代測定法*などによる年代測定とあいまって，正の極性（現在と同じ）と逆の極性の単元を並べた年代尺度が組み立てられている．最初は，主に火山岩*のデータを用いた陸上の4.5 Maまでの正確な尺度が確立された．現在では海洋底の地磁気異常の縞模様*によって尺度は後期ジュラ紀*までさかのぼっている．国際層序分類小委員会*が提唱した地磁気層序年代尺度の名称は，超磁極期（スーパークロン）*，磁極期（クロン*；かつての'期，エポック'），亜磁極期（サブクロン*；かつての'事件'）．これに相当する年代層序単元*は，超磁極節（スーパークロノゾーン），磁極節（クロノゾーン），亜磁極節（サブクロノゾーン）．⇒ 付表A

地磁気断面 magnetic profile

通常，南北方向の測線〔緯度線〕に沿う一連の地磁気測定によって求めた地球磁場*の強さを表示した断面．

地磁気地電流探査法（マグネトテルリック法） magnetotelluric sounding

地磁気の成分の変化を利用して地球内部の岩石の電気伝導率*を研究する方法．地球磁場*の変化は地球内部の岩石にその電気伝導率に比例した渦電流*を誘起するが，これは位相差によって起誘導電流と容易に区別される．一般に，地殻*下部とマントル*上部の研究に適用される．

地磁気調査 magnetic survey

測線または格子に沿って，ある地域の地球磁場*の強度を磁力計*で測定する作業．

地磁気年代測定 magnetic dating

考古学上および地質学上の試料がもつ磁気によってその年代を明らかにする手法．試料が獲得した自然残留磁化*を用いる．磁化の向きは地磁気永年変化*の年代尺度，地磁気層序年代尺度*，あるいは磁極移動経路*と照合する．磁化の強さから試料が磁気を獲得した磁場の強さを求め，地球磁場*の強度変化の年代尺度と照合する．粘性残留磁化*からは試料がある条件におかれていた期間が明らかになる．

地磁気の赤道　geomagnetic equator
　地球表面上で地球磁場*の伏角*がゼロである点を連ねた線．地磁気異常*による擾乱を避けるため，通常，12以下の地球磁場高調波から計算して決定される．

地磁気の日変化　diurnal geomagnetic variation
　地磁気観測所で1時間ごとに観測される，地球磁場*の水平成分（H；偏角*）と鉛直成分（Z；伏角*）が1日のうちに示す変化．変化の大部分（Sq）は太陽放射*によって電離圏*に発生する電流に起因するが，月の影響によるもの（Lq）もいくらかある．

地磁気の変化　magnetic variations
　地球磁場*の周期的および不規則な変化．短周期の過渡的変化*と長期間にわたる永年変化*に分けられる．

地磁気微脈動　pulsations, geomagnetic (micropulsation)
　地球磁場*が示す，ほぼ正弦波振動の小さい変化．持続時間は秒から分のオーダー．

地磁気編年学　magnetochronology
　地球磁場*の極性逆転*に基づく地史の編年．個々の磁極期（クロン）*の出現と継続期間に関する理論はまだ確立されていないので，真の地磁気編年学は存在しないといえよう．⇒ 地磁気層序年代尺度

地磁極　geomagnetic pole
　地球双極子磁場*の，自転軸に対して傾いている地芯軸が地球表面と交わる点．磁極*とは異なる．

地質圧力計　geobarometer
　ある温度のもとで，その存在，共生*あるいは元素分布が安定である圧力領域が知られている鉱物*や鉱物組み合わせ．これを含む岩石が平衡状態にあった圧力範囲を知ることができる．たとえば，黄鉄鉱*および磁硫鉄鉱*と平衡状態にある閃亜鉛鉱*中のFeS含有量は，300～550℃の温度領域では温度による変化はないが圧力によって変化するため，広域変成帯*の地質圧力計として利用されている．

地質温度計　geothermometer
　地質事件（たとえばマグマ*からの結晶作用あるいは既存の岩石の変成作用*）が起こったときの温度あるいは温度範囲の指示者．ある温度領域内で安定である鉱物*ないし鉱物組み合わせ以外に次のものがある．(a) 安定同位体*分布．たとえば$^{18}O/^{16}O$比は鉱物ごとに温度によって異なる（⇒ 酸素同位体分析法）．(b) 温度に依存する鉱物相転移*．たとえば573℃でα石英*がβ石英に転移．(c) 流体包有物*の液相-気相均質化温度（〔包有物が沸騰状態で取り込まれたと仮定すると〕包有物内に共存している気体の泡が加熱によって消滅する温度が包有物をもつ結晶*の晶出温度）．(d) 鉱物*の不混和または離溶*ラメラ*が生じる温度．たとえば黄銅鉱*-斑銅鉱*では500℃．(e) 共生*している鉱物間における温度依存の元素分配．たとえば共生している鉱物対，磁鉄鉱*-ウルボスピネルとチタン鉄鉱*-赤鉄鉱*での鉄・チタン酸化物の分配（この場合は酸素のフュガシティー*もかかわっている）．

地質学・地形学上の重要地（RIGS）　Regionally Important Geological/Geomorphological Sites
　イギリスの法定あるいは任意の保存対象にかかわっているボランティア団体が選定して保護に努めている場所．この活動は1990年に始まった．

地質学的バリアー　geological barrier ⇒ 遠距離場バリアー

地質工学図（地盤図）　geotechnical map
　地盤の地質を表示し，さらに建築工法の選定や地盤と構造物の相互反応の予測に有効なデータとなる地質条件を評価した図．解析図，総括図，地質解釈図，斜面分類図などがある．

地質時間学　geochronometry
　地質時代が占める時間の長さを決定すること．さまざまな生物に基づく生帯*については，生帯および生帯にはさまれた区間の数で1つの統*の時間幅を除して求める．ただ，この操作で得られるのは時間幅の目安にすぎない．⇒ 年代測定法；地球年代学

地質時間尺度　geochronometric scale (chronometric scale)
　現在より前の年数をBP*で表示する時間尺度（現在を便宜的に1950年に設定）．尺度

の細分は，現実の地層中の基準点によらず，特定の時間単位（たとえば，10^6 年あるいは 10^9 年）によっておこなう．たとえば，始生代＊と原生代＊の境界はこのような細分の原理に基づいて 2,500 Ma（すなわち $2,500 \times 10^6$ 年 BP）に設定されている．

地質図 geologic map

地表における岩石種の分布を，その年代と相互関係および構造特性とともに表示する地図．

地質図記号 geologic map symbol

できるだけ面積をとらないように，データを簡潔かつ濃縮して地質図＊に図示するために用いられる記号類．

地質断面図 geologic cross-section

地球表面を切る鉛直断面上で解釈される地質状況を表わす図．地質学的・地球物理学的手法によって得られた事実あるいは地質図＊から読みとられる事実が表現されている断面図が最も有効．

地質年代尺度 geologic time-scale

地球創生以降の全時間を抽象的な時間単位に区分してそれぞれを命名した尺度と，地球創生以降に生成したすべての岩石を特定の時間帯ごとにグループ分けした尺度．岩石の時間的関係を扱う地質学の分野は年代層序学＊と呼ばれる．地質年代尺度の概念は，相対年代＊尺度（主として生層序学＊による）に始まり，過去1世紀半にわたって進展してきた．相対年代尺度に実年代を適用すること（年代測定法＊）がしだいに可能となってきたが，この作業はたえず改訂と修正を迫られている．1878年にパリで開催された第1回国際地質学会議以来，世界中のすべての岩石を組み込んだ地史体系の完成に向けて，全世界で受け入れられる完全な層序尺度＊を作成することが，層序学の主要な目的の1つであった（⇒ 標準層序尺度；年代層序尺度；総合層序年代尺度）．そのような標準層序の完成にはほど遠い状況ではあるものの，地質年代単元＊と年代層序単元＊における名称は紀＊（系＊）と世＊（統＊）のランクまでは普遍的に用いられるようになっている．期＊と階＊についてはなお地域ごとに異なる名称が用いられていて統一されていない．付表Bに，現在広く通用している地質年代尺度とその年代の大綱を示す（ただし，かならずしも世界中で受け入れられているわけではない）．

地質年代単元 geologic-time unit (geochronologic unit)

それぞれの年代層序単元＊に属する岩石の記録に基づいた地質年代の区分．すなわち各年代単元は，それぞれ特定の年代層序単元に一致し，年代層序単元と同様に継続時間が小さくなる順に階層区分されている．各単元は次元が1つ下の単元をいくつか含む（たとえば，世＊は2つ以上の期＊から，期は2つ以上の亜期からなる）．

年代層序単元	地質年代単元
累界	累代(最長)
界	代
系	紀
統	世
階	期
亜階	亜期

一般に，地質年代単元の名称は相当する年代層序単元と同じであるが，年代層序単元につけられる '下部'，'中部'，'上部' は，それぞれ '前期'，'中期'，'後期' とする．⇒ 年代帯（クロノゾーン）

地上基準点 ground-control point

直交座標によって画像と地形図に共通する二次元平面に位置を記入することができる点．これを用いて，ゆがんだ画像の方位づけと修正をおこなう．

地上較正 ground truth

リモートセンシング＊によって得た画像の解釈を地上で直接観察して確認すること．

地上データ ground data (**地上情報** ground information)

陸域の資源探査などにおいてフィールドで収集された情報．

地上風 surface wind

地表付近を吹く風．風速は，通常地表面から10 mの高さで測定したものを基準とする．地上風の風速は地表面との摩擦によって小さくなる．実際に吹いている風は，気圧傾度力＊，コリオリの力＊，摩擦効果がつりあったもの．

地図投影法 map projection

地球または天体の表面の一部または全部を平面に投影する方法．用途に応じてさまざまな投影法が採用されている．世界中の堆積岩の分布を表すには正積図法（equal-area projection），ゴンドワナ大陸*内部での各大陸の関係を表すには極立体図法（polar stereographic p.），プレート*の絶対運動を表すにはメルカトール図法（Mercator's p.），ヒマラヤ-アルプス褶曲帯*を表すには円錐図法（conical p.）など．メルカトール図法は，一般になじみの深い図法であるため，表示される情報が極端にゆがまないかぎり最もよく使用される．

地層 stratum（複数形：strata）

層をなす岩石．'bed' と異なり 'stratum' は厚さや広がりの概念を含まない．両者は区別なく扱われることがあるが，同義語ではない．〔わが国ではいずれも '地層' と訳され，区別なく用いられている．〕

地層水平堆積の法則 law of original horizontality

堆積岩*は，後の地殻変動*によって傾斜しているものであっても，もとは水平ないしほぼ水平な地層*をなして堆積したとするもの．17世紀なかばにニコラウス・ステノ*が提唱．

地層同定の法則 law of faunal succession

19世紀初頭にウィリアム・スミス*が確立した原理．すなわち，地層*はそれぞれ固有の化石*群を含んでおり，これによって地層は同定され，遠く離れた地層同士が対比*される．また，これらの化石形態は固有のある一定の順序にしたがって変遷している．この法則と地層累重の法則*によって，化石動植物の内容から岩石の相対年代*をきめることが可能となった．

地層評価 formation evaluation

試錐データ，掘削結果，地球物理孔井検層*記録などを綿密に分析・解釈して，孔井*が貫いている岩層の物理的特性を決定すること．主に，炭化水素*埋蔵量の採算性を確認し，採算性があると判断された場合に，最も経済的かつ効率的に抽出する方法を決定するためにおこなう．石油探査工学で重要な要素をなす．

地層面 bedding plane ⇒ 層理面

地層累重の法則 law of superposition of strata（principle of superposition）

地層*は順を追って重なって堆積していくので，変形を受けていないシーケンスにあっては上位の地層は下位の地層よりも若いとするもの．後の地殻変動*によってこの順序が逆転されることがある．17世紀にニコラウス・ステノ*が提唱．

地帯 terrain（北アメリカ：terrane）

地表が特定の物理的特徴をもつ地域または特徴的な地質（たとえば変成岩*）からなる地域（たとえば変成岩地帯）．イギリスでも，たとえば '地帯補正；terrain correction'（⇒ 地形補正）や '原野；rough terrain' など以外の，'転位した微小大陸*' というニュアンスを含む用法では terrane とつづることが多くなっている．

地帯型 terrain pattern

鉱業または工業用地周辺の地形型．⇒ 地帯評価

地帯単元 terrain unit

鉱業または工業用地の候補地域を，森林・裸岩・崖錐*・沼沢などの有無で区分した小区域．⇒ 地帯評価

地帯評価 terrain evaluation

ある地域が鉱業や工業に適しているかどうかを評価すること．以下の諸要件が満たされるかどうかが検討される．地上プラントに必要な空間，尾鉱ダム*など廃棄物処理に必要な面積，備蓄に適当な場所，従業員用の駐車場，道路・鉄道など港や空港へのアクセス，将来拡張する際の余地，火災防止策（たとえば，森林火災を予防するために近接する森林を伐採することができるかどうか），住居・食堂・娯楽施設など職員と訪問者用の適切な施設，緑化帯および空気浄化施設のためのスペース．大気汚染などの環境保全対策についても検討が必要である．

地帯補正 terrain correction ⇒ 地形補正

地帯要素 terrain component

鉱山や工場予定地にかかわりをもつ周辺地域の型や特性．⇒ 地帯評価

チタン輝石 titanaugite
チタンに富む普通輝石*.

チタン磁鉄鉱 titanomagnetite
チタンに富む磁鉄鉱*，すなわち磁鉄鉱 $Fe^{2+}Fe^{3+}_2O_4$ の Fe^{2+} の一部を Ti^{2+} が置換しているもの．

チタン石 titanite ⇨ スフェン

チタン鉄鉱（イルメナイト） ilmenite
鉱物，$FeTiO_3$；比重 4.5～5.0；硬度* 5～6；三斜晶系*，黒色；条痕* 黒～赤褐色，亜金属光沢*．結晶形* は通常厚い板状，しばしば塊状で緻密；劈開* なし；磁性をもつ．はんれい岩* や閃緑岩* などの火成岩に副成分鉱物* として，片麻岩* に赤鉄鉱* や黄銅鉱* と共生して，また石英* 脈やペグマタイト* に産する．風化作用* に対する抵抗性が高いため，磁鉄鉱*，モナズ石*，ルチル* とともに沖積* 堆積物* に広く産する．鉄とチタンの原料．名称はロシアのイルメン（Ilmen）山脈に因む．

チチウス-ボーデの法則 Titius-Bode law
（**ボーデの法則** Bode's law）
太陽と惑星との距離の関係を示す算術的経験則．太陽と地球との距離を10とすると，水星*，金星*，地球，火星*，木星*，土星* の距離はおおむね次の数列で表される；4，4+3，4+6，4+12，4+48，4+96．この '法則' をさらに精確に表したマリー・ブラッグ（Mary Blagg, 1858-1944）の式は，$r_n=AB^n$．r_n は n 番目の惑星の距離，A は定数，$B=1.73$．この '法則' が何らかの理論的な意義をもつかどうかはわからない．惑星と衛星* の誕生に続いて起こった引力と潮汐* の調整による軌道進化の結果にすぎないのかもしれない．小惑星* 帯は 4+24 あたりにあり，この系列中にかつて存在していて後に 'なくなった' と信じられている惑星の位置に一致する．1781年に発見された天王星* は土星の次の項，4+192 近くにあるが，海王星* の位置はこの '法則' に合っていない．巨大惑星の衛星もこの '法則' に準じる位置を占めている．'法則' は 1766 年にチチウス（J. D. Titius, 1729-96）によって案出され，ボーデ* によって広められた．

地中海型縁（地中海型縁辺部） Mediterranean-type margin ⇨ 活動的縁（活動的辺縁部）

地中海型気候 Mediterranean climate
北緯 35°と南緯 35°付近の温帯西海岸で卓越する顕著な気候型．一般に夏は暑く乾燥し，冬は温暖ないし冷涼で雨が多い．夏は西寄りの気流に，冬は亜熱帯高気圧* に大きく影響される．この気候型が典型的な地中海地域では，ユーラシア大陸南縁の海と山岳性の半島が東西 3,000 km にわたってなす複雑な形状のため，いくつかの気候区に分かれている．年降水量* は 500～900 mm であるが，大陸的な環境ではこれより少ない．地中海以外でこの気候が卓越する地域は，ほぼ同じ緯度にあるチリ海岸，カリフォルニア州南部，南西アフリカ，オーストラリア南西部．チリとカリフォルニア州では，沖合の冷たい海流が海岸に低温をもたらすが，降水量と気温は内陸の斜面や高度に大きく左右される．

地中海水塊 Mediterranean water
乾燥した東地中海海域で形成された水塊は，西流してアルジェリア-リグリア海盆（Algero-Ligulian basin）とアルボラン海盆（Alboran basin）でその高い塩分濃度*（36.5～38.1 パーミル）のため約 500 m の深度まで沈み込む．この密度の高い海水は比較的浅いジブラルタル海峡の水深 150 m より下を通過して大西洋* に流出し，約 1,000 m の深度まで沈み，周囲とは性状が明瞭に異なる水塊を形成する．海峡の水深 150 m より上を東流して軽い大西洋の水が地中海に入り込む．

地中氷 ground ice ⇨ 氷

地中流出 sub-surface flow ⇨ 中間流出

チチュルブ Chicxulub
メキシコ，ユカタン半島の小さい町．約 65 Ma に起きたとされる巨大隕石* の衝突によって形成されたクレーター* の中に立地している．クレーターは直径約 195 km で，二重の環状構造をなしている．これをつくった物体は直径 12 km に及ぶとされている．この衝突が白亜紀* の終焉を画する大量絶滅* を招いたと考えられている．

チップ・サンプリング chip sampling ⇒ サンプリング法

地電流 telluric current
地表付近の広大な範囲を約 10 mV/km の電位差をもって流れている自然の電流．どの観測地点でもその強さと方向がたえず変化している．

地電流異常 telluric anomaly
地電流*に現れる乱れ．等方的*で均質とみなされる地表付近の媒質中では地電流は均等に流れ，大きい電位差を生じないはずである．地下に岩塩ドーム*のような構造が存在すると，地電流の流線が乱されて電位差が生じる．この電位差を地電流異常として数百 m 離れて設置した無極電極*で測定する．

チトニアン階 Tithonian
南ヨーロッパにおける上部ジュラ系*中の階*で，キンメリッジアン階*の上位．北ヨーロッパのボルギアン階*とはテチス型アンモナイト（亜綱）*動物群*（⇒ テチス区）によって区別される（年代は 152.1～145.6 Ma，Harland ほか，1989）．かつてイギリスではこの階を上部キンメリッジアン階とポートランディアン階*とみなし，最下部パーベッキアン階*をも含めることがあった．⇒ マルム

地熱鹹水（-かんすい）（地熱塩水） geothermal brine
熱流量*が異常に高い地域で地殻*岩石中を循環し，岩石から溶出した物質（たとえば，Na, K, Ca の塩化物）に富む，塩分濃度*の高い高温の溶液．金属が溶存していることも多く，その場合には鉱床*形成の媒介物となる．カリフォルニア州南部で 1960 年代初期に発見されたサルトン海地熱地帯*（Salton Sea geothermal field）の試錐孔*から産出した塩水は最もよく知られている例で，温度は 300～325℃，密度 1,021 kg/m³，高濃度の Cu, Pb, Zn, Ag を含んでいる．地熱鹹水は紅海*中軸谷*など海嶺*の熱水*系において海水と岩石の反応によっても生じる．

地熱地帯 geothermal field
熱流量*が異常に高い地域．原因として，現在またはごく最近の造山運動*あるいはマグマ*の活動，あるいは地殻*の花崗岩*（高温岩体*）中に含まれるカリウム，トリウム，ウラニウムの放射性同位体*の濃度が著しく高いことが挙げられる．堆積盆地*における地熱地帯の高い熱流量は，大きい地温勾配*が堆積岩*の低い熱伝導率を補うことによって維持されていると考えられる．地熱地帯では，熱せられている深部の浸透水を深井戸によって汲み上げて地域暖房に使用することができる．温泉*や噴気孔*は地熱地帯に典型的な現象．

乳房雲 mamma (mammatus)
'乳房'を意味するラテン語 mamma に由来．高積雲*，高層雲*，層積雲*，積乱雲*，巻雲*，巻積雲*の雲底から垂れ下がっている雲．⇒ 雲の分類

乳房状 mammillary (mammillated)
結晶*が放射状に成長した結果，球面状となっている鉱物*集合体の外形に冠される．

乳房状地形 mammillated topography
氷床*の削磨*によって形成された流線型で丸みを帯びたなめらかな丘．アメリカ東部のアディロンダック山地（Adirondack Mts.）に例が見られる．タスマニアのベンローモンド山（Ben Lomond）のように，氷河作用*以外の作用によって結晶質岩に類似の地形が生じていることもある．

チベット高原 Tibetan Plateau
地殻*の厚さが 80 km 以上，海抜高度が 2 km 以上となっているチベットの地域．地殻がこのように異常に厚いのは，インド・プレート*の地殻が逆押し被せ断層運動*（すなわち A 型沈み込み*）によってユーラシア・プレート*地殻と合体したため，あるいは地殻が衝上*によって積み重なり，水平短縮を起こしたためとされている．隆起はごく最近に急速に進行し，更新世*以来の隆起が 2,500～3,000 m に及ぶとする見つもりもある．

チベット・プレート Tibetan Plate
インド・プレート*とユーラシア・プレート*にはさまれ，オフィオライト*をともなう縫合帯*で合体している北チベットと南チベットの2つの大陸塊からなる．新生代*におけるインドとユーラシアの衝突にともなう変形は主としてチベットの南側，すなわちヒ

マラヤ山脈で起こった．

チャイナストーン chinastone
　熱水変質*を受けた明色の火成岩*．石英*，著しくカオリン化*した正長石（⇒アルカリ長石），新鮮な自形*の曹長石（⇒斜長石）および白雲母*，黄玉（おうぎょく）*，蛍石*などの副成分鉱物*からなる．実質的には，カオリン化による変質過程にある花崗岩*といってよい．強いカオリン化を受けた正長石，カオリン化の産物である二次石英や蛍石の脈に貫かれていることがある．典型例はイングランド，コーンウォール州のセントオーステル花崗岩（St. Austell granite）で，カオリン化の産物である陶土（カオリン）が採掘されて，窯業，製紙業，製薬業などの工業に供されている．⇒ カオリナイト

チャイン chine
　侵食海岸に発達する険しい小峡谷．南部イングランドの中生代*と新生代*の軟弱な堆積物に典型的に発達する．海岸線が後退して地形が回春する過程で，水流による下刻が急速に進行して形成される．

チャコール char（charcoal）
　有機物の不完全燃焼によって得られる，高カロリーの炭素質固体残留物の総称．ブロックに成形され燃料として使用される．純粋なものは濾過材に使用される．木からつくられる木炭，石炭*からつくられるコークスなどがある．⇒ 熱分解

チャズマ chasma
　もともとは，火星*の構造起源と考えられる極めて大きい峡谷を指す．これより小さく，屈曲しているため流水起源と考えられる谷（⇒ バリス）や，地球の地溝*に似た直線的な溝（⇒ フォッサ）と区別されている．この語は今日では他の惑星や衛星*表面に認められる類似の大きい谷にも用いられている．

チャーチル造山運動 Churchillian orogeny
　現在のカナダ，サスカチュワン州北部とマニトバ州北部に起こった原生代*の造山運動*．北上して沈み込んでいた海洋プレート*上の微小大陸*と前弧*の衝突が原因と考えられている．約 1,900 Ma に始まり，約 1,850 Ma に終わったとされる．

チャッターマーク chattermark
　岩体，岩塊*，浜*の円礫の表面に典型的に見られる小さい（5 mm 以下）三日月型の傷痕．岩屑がぶつかり合って生じた割れ目．〔衝突痕ともいう．〕

チャート chert
　1．堆積岩*，とくに黒色頁岩*やスピライト*にともない，団塊*または不定形の塊として産する玉髄（カルセドニー）*（隠微晶質*シリカ SiO_2 の一種）．**2**．生物源*，火山源または続成作用*によって生じた隠微晶質シリカからなる細粒の岩石．

チャーニアン階 Charnian
　イングランドのチャーンウッド森（Charnwood Forest）における上部原生界*中の階*．チャーンウッド層はごく初期の後生植物*および後生動物*の印象化石*を含んでいる．

チャーノッカイト charnockite
　明色で中〜粗粒の火成岩*．主成分鉱物*として石英*と微斜長石（⇒ アルカリ長石）を含み，多い順に中性長石（⇒ 斜長石），紫蘇輝石*，黒雲母*，磁鉄鉱*をともなう．少量ながら紫蘇輝石（カルシウムに乏しく鉄に富む輝石*）を含むことが特徴．チャーノッカイトの鉱物組成をもつ岩石は，珪長質堆積岩がグラニュライト相*の変成作用*を受けることによっても形成される．模式地はインドのタミールナドゥ州（Tamil Nadu；旧名マドラス）にある．

チャーノッカイト片麻岩 charnockitic gneiss ⇒ グラニュライト

チャモフニチェスキアン階 Chamovnicheskian
　〔ロシアにおける上部石炭系*〕カシモビアン統*中の階*．クレフヤキンスキアン階*の上位でドロゴミロフスキアン階*の下位．

チャレンジャー探検（1872-5） Challenger expedition
　深海を探査する最初の探検航海は，マレー*が率いるイギリス海軍の軍艦 HMS チャレンジャー号によってなされた．生物学者，化学者，地質学者をのせて大西洋，インド洋，南極海，太平洋を調査し，水深測量とドレッジによる標本採取をおこなった．この探

検によって大西洋中央海嶺*の範囲が初めて明らかにされた.

チャンシンギアン（長興） Changxingian **（タターリアン）** Tatarian, Tartarian
  1. チャンシンギアン期：後期ペルム紀*苦灰世*の最後の期．ロンタニアン（竜潭）期*の後でグリースバッキアン期*（三畳紀*）の前．年代は254〜248 Ma（Harlandほか，1989）．2. チャンシンギアン階：チャンシンギアン期に相当する東ヨーロッパにおける階*．対比*に混乱があったため，これまで三畳系に含められていた．斑砂統*（西ヨーロッパ），上部アマラッシアン階（ニュージーランド），上部オコーアン統*（北アメリカ）にほぼ対比される．

チャンドラー揺動 Chandler wobble
  地球自転軸の自由振動*．435日の運動周期をもち，減衰時間は40年のオーダー．励起の原因は不明．大気の影響が原因となるには，大気の運動の時間スケールが短かすぎる．地震活動〔による地殻*の動き〕を原因とする説もあるが，証明されていない．主要な原因は地球の核*にあり，下部マントル*との磁気結合と関係しているようである．

チャンネル channel
  リモートセンシング*；画像を得るために1つの検知器によって記録される波長の帯域*．

チャンネル堆積物テレーン Channel Deposits Terrain ⇒ 火星のテレーン単元

チャンネル波 channel wave
  上下の層よりも伝播速度が低い層を伝播する弾性波．波がこの層（チャンネル）から逸脱し，離れるにしたがって速度が高くなるため，内部屈折と反射をくり返して戻ってきて，この層に閉じ込められることになる．⇒ 隠れ層

チャンバーズ，ロバート（1802-71）Chambers, Robert
  『チャンバーズ百科辞典』（*Chambers's Encyclopaedia*）の著者．1844年に『天地創造の自然史の痕跡』（*Vestiges of a Natural History of Creation*）を匿名で出版し，30年も前にラマルク*が提唱した進化*の考えを復活させた．この著作は好評，悪評半ばしたが，進化論争への関心を呼び戻し，一般大衆がダーウィン*の『種の起源』（*Origin of Species*）を受け入れる素地をつくった．

チャンプレーニアン統 Champlainian
  北アメリカにおける中部オルドビス系*中の統*．ランビルン統*と中部カラドク統*に対比される．

中央線 median suture ⇒ 顔線

中央値（メジアン） median
  統計学：平均の1つ．数値順に並べた一連のデータ中で，中央に相当する値．

中央値フィルター median filter
  リモートセンシング*：トレーニング領域（⇒ 分類2）周辺の確率等値線を用いて，画像中の各ピクセル（画素）*のデジタル数値*を，周辺のクラスから最尤法統計（⇒ 最尤分類）で計算した中央値で代用することにより，画像のノイズを減じる空間周波数フィルター．⇒ ボックス分類；空間周波数フィルター

中央ヨーロッパ海 Central European Sea ⇒ パラテチス海

中間圏 mesosphere
  1. 成層圏界面*（50 km）より上の気圏*の層．気温は高度とともに低下し，約80 kmで最低の-90℃となる．この高度に温度逆転層である中間圏界面*があり，それより上では気温が再び上昇に転じる．⇒ 気圏．2. メソスフェアともいう．流動圏（アセノスフェア）*の下位を占める部分．この語は今日ではほとんど用いられることはない．

中間圏界面 mesopause
  気圏*の高度約80 kmで，中間圏*を上の熱圏*から隔てている温度逆転層．下部の10 kmは等温状態．隕石*塵に凝結した氷晶*からなる夜光雲*はこの領域に現れるとされている．⇒ 気圏

中間流（中間流出） interflow (throughflow)**（地中流，地中流出）** sub-surface flow
  強い降雨の間またはその後に，降水量が下方に浸透する量を上まわり，水が〔地下水面*より上の〕土壌層位*上部を通って側方に移動すること．浅い地下水*や中間流は斜面の麓で地表に現れ，短い距離を地表面上を

流れることがある．これを'戻り流'という．

中気候 mesoclimate
谷間や都市域など，比較的せまい地域の気候特性を指す一般的な語．

中原生代 Mesoproterozoic
およそ1,600～1,000 Maの年代にわたる原生代*の中期．

中軸谷 median valley（**中軸リフト** axial rift，**中軸トラフ** axial trough）
海洋中央海嶺*の軸部に発達する谷．潜水艇による観察と中軸谷で発生した地震記録*の解析によれば，谷底には火山*やブラックスモーカー〔⇨熱水孔〕が散在し，内側に向かって傾斜する正断層*によって両側を限られている．中軸から離れた古い底の部分はこの断層によって海嶺頂部にもち上げられ，そこからは中軸と反対方向に傾斜する別の系統の正断層によって低くなっていく．中軸谷は拡大速度*の小さい海嶺（たとえば大西洋中央海嶺*，カールスベルク海嶺*）に発達し，外縁からの深さは3 kmに及ぶ．⇨海嶺頂部

中手骨（掌骨） metacarpus
四肢動物*の前肢先端部において，手前を手根骨*（手首）と，末端を指骨（手の指）と関節する棒状の骨．人間の場合，中手骨は手のひらの部分を占める．

柱状- columnar
1．結晶：平行な結晶面*をもつため柱状の外形を呈する結晶*の晶癖*または形に冠される．2．玄武岩*やドレライト*などの火成岩*では，冷却する際に岩体の冷却面にほぼ直交する多角形の節理*が発達することがある．風化*によってこの節理は明瞭となる．これは柱状節理と呼ばれる．

柱状図 columnar section (1), graphic log (2)
1．特定の地域における岩石の層序*を単純化して柱の形で図示したもの．最も古い岩石を柱の底に置く．岩石の種類ごとに適当な岩相記号*を用い，実際の厚さに比例させて表示する．地域内の各地点で作製したいくつかの柱状図を並べて岩相*や層序の側方変化を示すことが多い．2．フィールドにおいて，ある層序区間の地層*を実際の層厚に比例した長さで，適当な岩相記号を用いて柱の形に表示したもの．粒径*（異なる幅の線で表現），堆積構造*，産出化石*，色調，古流向（⇨古流系解析），風化*の程度，分級度*その他認められる顕著な特徴を，それぞれについて設けた欄に記載する．

柱状節理 columnar joint ⇨柱状-；節理

中心火道火山 central vent volcano
溶岩*，火山砕屑物*，ガスが地表に噴出する地点．噴出物は供給点の周囲で最も厚く蓄積し，勾配の小さい楯状の火山地形あるいは勾配の大きい錐状の火山地形をつくる．主活動期後の噴火*は，中心火道からマグマ*の供給を受けて放射状に延びる火山体の割れ目から起こることもある．爆発的にせよ静穏な状態にせよ，火道からガスの放出が続くと，火山体の頂部に火道が口を開ける．その壁が環状に崩壊して火道が拡大していくことが多い．⇨火山

中心極限定理 central limit theorem
統計学：任意の確率分布*から抽き出された一連のデータセットについて，その平均の分布が正規分布*に従うことを示す定理．

中新世 Miocene
第三紀*の5つの世*のうち4番目の世．漸新世*が終了した23.3 Maから鮮新世*が始まる5.2 Maまで．シカ，ブタ，数種類のゾウの祖先など，より近代的な多くの哺乳類が進化した．アキタニアン期*，ブルディガリアン期*，前期・後期ランギアン期*，セラバリアン期*，トートニアン期*，メッシニアン期*に細分される．

中心目 Centrales ⇨珪藻綱
中心類珪藻 centric diatoms ⇨珪藻綱
宙水 perched aquifer ⇨帯水層
抽水 extraction ⇨取水
中性岩 intermediate rock
塩基性岩と酸性岩の中間の化学組成をもつ火成岩*．安山岩*など．境界値は厳密に設定されていず，モード分析や全岩組成に基づいていくつかの分類案が提唱されている（⇨モード分析）．→酸性岩；塩基性岩．⇨アルカリ岩

中性子・ガンマ線ゾンデ　neutron-gamma sonde

　試錐孔*のまわりの岩石中に存在する水素の量を測定するための中性子源とガンマ線検知器を備えた機器．中性子の放射によって岩石から放出されるガンマ線量は，間隙*に存在する水素の量に比例するので，これから岩石の間隙率*を決定する．

中性子検層　neutron logging

　試錐孔*中に中性子・中性子ゾンデ*を降ろし，これから中性子を放射して地層*の間隙率*を測定する技術．間隙率は，目盛を石灰岩*の間隙率単位に合わせた計器に表示される．

中性子水分計　neutron moisture meter（**中性子土壌水分計**　neutron soil-moisture probe）

　高エネルギー（高速）中性子を用いて，土壌含水率*を間接的に求める機器．高速中性子は土壌水分中の水素原子によって減速されて低速中性子となる．低速中性子の後方散乱*密度を測定することによって，水分量が見つもられる．

中性子・中性子ゾンデ　neutron-neutron sonde

　試錐孔*中に降ろして放射能検層をおこなう，中性子源と中性子検知器を備えた機器．検知器に後方散乱*された中性子数は試錐孔のまわりの岩石中の水素原子数に比例するので，これから岩石の間隙率*を決定する．⇒中性子・ガンマ線ゾンデ；中性子検層

中性子放射化分析　neutron-activation analysis

　核反応炉内で試料に高速中性子を照射しておこなう分析．安定同位体*の核に中性子を加えることによって形成された新しい放射性核種は，それぞれ特徴的なエネルギーをもつ粒子を放出して崩壊していく．これをシンチレーション計数管*で計測する．

中生代　Mesozoic

　顕生累代*を構成する3つの代*のうち中間のもの．'中ほどの生命' を意味する．古生代*の後で新生代*の前．約245 Maに三畳紀*をもって始まり，65 Maの第三紀*の開始をもって終わった．三畳紀*，ジュラ紀*，白亜紀*からなる．

中性長石　andesine ⇒ 斜長石

中性土壌　neutral soil

　pH*値が6.6〜7.3の土壌*．

沖積-　alluvial

　河川の環境，作用，産物に冠される形容詞．沖積堆積物は，河川によって運搬され，氾濫原*をなして堆積している砕屑性*物質．沖積扇状地*やバハダ*など，表面流出*水によるものにも用いられる．

中赤外線　mid-infrared

　波長が8 μm と14 μm の間の赤外線*．

沖積扇状地　alluvial fan（**沖積錐** alluvial cone）

　山地と平野の間など，河道の勾配が急減する地点で河道沿いに集積した堆積体．河口のデルタ（三角州）*に相当する陸上の地形．

沖積堆積物　alluvium ⇒ 沖積-

中足骨（蹠骨）　metatarsus

　四肢動物*の後肢先端部で，手前を足根骨*（足首）と，末端を指骨（爪先）と関節する棒状の骨．

注入褶曲　piercing fold

　泥ダイアピル*または岩塩*ダイアピルが上方へ注入されるのにともなって形成される褶曲*．

中熱水鉱床　mesothermal deposit

　地殻*の中深度から上昇してくる約200〜300℃の熱水*溶液によって形成される鉱床*．

柱房法　pillar and stall（bord and pillar, room and pillar, stoop and room）

　採掘中の鉱石*，岩石，石炭*などの一部を柱として残して天盤を支え，広い区画を採掘する採鉱法．

中立褶曲　neutral fold

　水平方向に閉じている褶曲*〔地層*の屈曲が水平面にのみ現れている褶曲〕．このためアンチフォーム*，シンフォーム*のいずれの形態もなさない．褶曲軸*と褶曲軸面*が垂直に傾斜しているものは直立褶曲という．

中立面　neutral surface

　褶曲*層では，一般に曲率の中心*側では圧縮，その反対側では引張の応力*が働き，

それに応じた小構造が発達することがある．その間に介在する，圧縮も引張も作用しない領域．単層内にも，一連の褶曲層内にも存在する．

チュートニアン階 Chewtonian
オーストラリアにおける下部オルドビス系*中の階*．ベンディゴニアン階*の上位でキャッスルメイニアン階*の下位．

チュムラス tumulus
溶岩*流の表面殻に生じる，直径20m前後の丘ないしドーム状の小さい高まり．溶岩流内部の圧力によって，あるいは冷却して動きの遅い表面殻が流動する内部の溶岩に押しやられて形成される．中空の高まりである溶岩ブリスター*とは異なり，内部は詰まっている．

チュラム法 TURAM method
長い（数百mに及ぶ）絶縁ケーブルを使用する電磁気探査法*．両端でアースするか大きいループをなすケーブルに低周波（1 kHz 未満）の電流を通じる．受信コイルをケーブルと直角に移動させ，二次場の2つの直角成分を測定する．

チューリアン階 Teurian
ニュージーランドにおける下部第三系*最下位の階*．ウェイパワン階*の下位．ダニアン階*と下部サネティアン階*にほぼ対比される．

チューリンギアン階 Thuringian
ヨーロッパにおける年代層序単元*名．最初は苦灰統*の同義語として用いられたが，後に範囲を拡大して，上部ペルム系*全体を指すようなった． ⇨ オーチューニアン階

チューロニアン Turonian
1. チューロニアン期．後期白亜紀*中の期*．セノマニアン期*の後でコニアシアン期*の前．年代は 90.4～88.5 Ma（Harland ほか，1989）． 2. チューロニアン階．チューロニアン期に相当するヨーロッパにおける階*．模式地*はフランスのソーミュール (Saumur) とモンリシャール (Montrichard) の間．

超-（スーパー-） super-
'の頂点にある'を意味するラテン語 super に由来．'直上の'，'を超える'，'の上の'を意味する接頭辞．

超塩基性岩 ultrabasic rock
ほとんど鉄苦土鉱物*のみからなり，石英*を含まず，シリカ*（SiO_2）含有量が45％以下である火成岩*．超苦鉄質岩とほぼ同義．

潮縁帯 peritidal zone
最高潮位の上から最低潮位の下にかけての範囲．したがって潮間帯*よりもいくらか広い領域．

超過形成 peramorphosis
子孫系列がその祖先のすべての個体発生*段階（成体の段階も含む）を個体発生のなかに取り込み，子孫の成体段階がその祖先の成体段階を越えてしまうことによって起こる進化的な変化．これは，促進*，過形成*，あるいは前置換*によって起こる．

潮下帯 subtidal zone
大潮*の平均低潮位より下にある部分をいう．したがって通常はすべての潮位で水面下にある．この語は浅海堆積環境一般を指す語として用いられることも多い．

鳥眼状組織 birdseye fabric
炭酸塩岩*に見られる，径数mmから数cm，不規則で等粒状*の間隙によって特徴づけられる組織*．間隙はスパーリー方解石（スパーライト*）によって充塡されていることが多い．潮間帯*から潮上帯*にかけての泥質炭酸塩の堆積環境で，取り込まれたガスが抜け出した跡と考えられる． ⇨ フェネストレー組織

潮間帯 intertidal zone
平均高潮位と平均低潮位における汀線の間を占める海岸の領域． ⇨ 沿岸帯

鳥脚亜目 Ornithopoda
鳥盤目*恐竜*の亜目．このグループの恐竜は基本的に二足歩行能力をもっていた．イグアノドン科*やハドロサウルス科*など，いくつかの科を含んでいる．鳥脚類は鳥盤目に属する亜目のなかでは最も原始的と考えられている．

長球一軸歪 prolate uniaxial strain
基準球が x 軸方向で伸張し，x 軸に直交するすべての方位で同じ量だけ短縮する歪*．これによって球は長球楕円体となる．

長球状　prolate
短軸/中間軸比が2/3以上で中間軸/長軸比が2/3以下の，棒状の礫* に適用される．⇒ ジンクのダイアグラム

長期予報　long-range forecasting
数日より先の期間についての天気予報．

超近赤外線　very-near infrared ⇒ 近赤外線

超苦鉄質岩　ultramafic rock ⇒ 超塩基性岩

長頸竜亜目　Plesiosauria（**長頸竜類** plesiosaurs）
三畳紀*後期に初めて化石記録に登場した水生爬虫類*の亜目で，ジュラ系*と白亜系*から多産する．その外見から，バックランド*はこのグループのことを'カメの体から生えたヘビ'と称した．このような長い頸をもつ長頸竜類のなかには体長が15 mに達するものもあった．長頸竜類に属していながら頸の短い種類もいた．頸の長いグループ（たとえばプレシオサウルス属 *Plesiosaurus* やムラエノサウルス属 *Muraenosaurus*）はプレシオサウルス上科をなし，一方，頸の短いグループ（たとえばプリオサウルス属 *Pliosaurus* やトリナクロメラム属 *Trinacromerum*）はプリオサウルス上科に含まれる．この2上科が長頸竜亜目を形成する．

長 口　sulcus（複数形：sulci）⇒ 花粉

鳥 綱　Aves [**鳥類** birds；**脊椎動物亜門*** subphylum Vertebrata, **顎口上綱***（がくこう-）superclass Gnathostomata]
すべての鳥類がこの綱に属する．ジュラ紀*後期のアーケオプテリクス・リソグラフィカ（始祖鳥）*は中生代*の鳥類として最もよく知られているが，そのほかにも1980年代以降，たとえばスペインの白亜系*最下部から産出したノグエルオルニス属*のような種類の鳥類もある．同じスペインから，もう少し後のより進化型であるコンコルニス属 *Concornis* とイベロメソルニス属*の完全骨格が報告されている．また，白亜紀前期の種類としては，中国からシノルニス属 *Sinornis* とキャセイオルニス属 *Cathayornis* が産出している．白亜紀後期の鳥類には，いくつかの珍しい，特殊化したものも知られている．そのなかで，中央アジアから産出したモノニクス属 *Mononykus* は飛ぶことができず，前肢は短いかぎ爪ほどにまで退化している．また，ヘスペルオルニス属 *Hesperornis* のように潜水する種類もある．これら初期の鳥類はいずれも歯と長い骨質の尾をもつ．鳥類は獣脚類（亜目）*の恐竜*，ドロマエオサウルス科*（映画『ジュラシックパーク』で有名になったヴェロキラプトル属 *Velociraptor* を含む科）に最も近いグループから派生したことから，恐竜類の直系の子孫ということになる．

超好熱性古細菌　hyperthermophile
極端な高温環境下で生息する極限環境微生物*（始原菌*ドメイン*）の1つ．およそ105°Cの温度を好み，113°Cまで耐えることができ，90°C以下では繁殖できないというものもある．→ 好熱性古細菌

腸 骨　ilium
四肢動物*の骨盤*の背側上部を構成する対になった骨．1つあるいはそれ以上の仙椎（仙骨）と関節する．

潮 差　tidal range
前後の満潮と干潮の水位差．大潮*で最大，小潮*で最小となる．潮位表には，各地の毎日の高潮位と低潮位〔とその時刻〕が記載されている．

超磁極期（スーパークロン）　polarity superchron
地磁気層序年代尺度*で最も長い磁極期間．いくつかの磁極期（クロン）*を含み，地球磁場*の極性が明瞭なある傾向を示す期間（30 Maから100 Maの幅がある）を指す．その傾向には，正磁場*に向かうもの，逆磁場に向かうもの，あるいは両磁場が等分にくり返すもの（混合磁場）がある．たとえば，現在は白亜紀*-第三紀*-第四紀*混合超磁極期に属している．超磁極期に相当する地磁気年代層序単元*は超磁極節（スーパークロノゾーン）*．

超磁極節（スーパークロノゾーン）　polarity superchronozone
ある超磁極期（スーパークロン）*の期間に形成された岩石すべてを含む，地磁気年代層序尺度*のなかで最大の単元．岩石が磁性

鉱物*（⇨ 強磁性）をもつか否かを問わない．

超磁極帯（スーパーゾーン） polarity superzone ⇨ 磁極帯

潮上帯（ちょうじょうたい） supratidal zone (1), supralittoral zone (2)

1. 大潮*の平均高潮位より上にある部分をいう．例外的な高潮位あるいは嵐にともなう高潮（たかしお）*の際に冠水することがあるほかは海水面上にある．
2. 潮間帯*の直上で，波の飛沫を受けることはあるものの，満潮時にも冠水しない部分をいう．

超深海帯 hadal zone
深海帯*よりも深い海域．海溝*内に存在する．

長錐形 longiconic
頭足類（綱）*の殻形態を表す語．著しく長い円錐形の殻を指す．

長石 feldspars
珪酸塩鉱物*のなかで最も重要なグループ．$KAlSi_3O_8$ から $NaAlSi_3O_8$ までのアルカリ長石*（カリ長石から曹長石）と，$NaAlSi_3O_8$ から $CaAl_2Si_2O_8$ までの斜長石*（曹長石から灰長石）がある．カリウム，ナトリウム，カルシウムの端成分*を頂点にとった三角ダイアグラムにすべての長石がプロットされる（通常，斜長石を底辺に，アルカリ長石を左側の斜辺におく）．

潮汐 tide
1. 太陽・月・地球の引力に起因する，地球の海面の周期的な昇降運動．月の影響力が太陽のそれの約2倍あり，大潮*-小潮*の周期の主因となっている．潮汐に見られる変動は次の3つの原因による．(a) 太陽・月・地球の相対位置の変化；(b) 地球表面上における水の不均一な分布；(c) 海底地形の多様性．半日周潮は1潮汐日（24時間50分）に2回の高潮と低潮がある潮汐（周期が12時間25分）．日周潮は1回の高潮と低潮がある潮汐．2. ⇨ 地球潮汐

潮汐加熱 tidal heating
巨大な母天体がそのまわりの楕円軌道を巡っている天体に及ぼす強い潮汐摩擦*によって発生する熱．その強さは，軌道の大きさに逆比例，軌道の離心率の二乗に比例し，円軌道ではゼロ，放物線軌道で最大となる．

長石質グレーワッケ feldspathic greywacke ⇨ アルコース質ワッケ

長石質ワッケ feldspathic wacke ⇨ アルコース質ワッケ

潮汐成リズマイト tidal rhythmite
潮汐作用によって堆積したリズマイト*．

潮汐説 tidal theory
太陽系*の起源を説明するために20世紀初頭に提唱された激変説*．恒星が太陽*に遭遇，接近することによって発生した潮汐*作用を原因とする仮説．潮汐によって太陽に生じた巨大なガス物質の膨らみが恒星の方向に引っ張られて長いフィラメントとなり，これがいくつかに分裂，それぞれの部分が収縮して惑星になったという．チェンバレン*の微惑星説を発展させたもので，ジーンズ（Sir James H. Jeans, 1877-1946）とジェフリーズ*が提唱した．

潮汐バレッジ tidal barrage
発電所を運転するために潮流*の流路を横断して建設したダムまたは障壁．建設地点としては，潮差*が5mを超え，せまい水路を通じて大きい水塊が外海とつながっているところが理想的．フランス，ブルターニュ半島ランス湾（Rance Estuary）で1960年以来稼働している潮汐バレッジ上の発電所では，バレッジを通って出入りする水流で二方向性タービンを動かして発電している．イギリス諸島では，セバーン湾（Severn Estuary）とモーカム湾（Morecambe Bay）が潮汐バレッジの建設候補地となっている．

潮汐平野（干潟） tidal flat
メソタイダル*海岸では潟*内に，マクロタイダル*海岸では遮蔽された湾や入り江に発達する，砂*や泥*からなる平坦地および沼沢地．ウォッシュ湾（the Wash；イングランド東部），ワッデン海（Wadden Zee；オランダ），北海のドイツ海岸には広大な潮汐平野が広がっている．ペルシャ湾など温暖気候下でも見られ，炭酸塩堆積物や蒸発堆積物が発達している．熱帯地域ではマングローブ湿地*となっていることが多い．

潮汐摩擦 tidal friction
　潮汐*と月,太陽,惑星の引力の位相のずれが原因となって地球に働く摩擦力.大部分がM_2海洋潮汐による(M_2は月の方向に働く力の主成分).

潮汐流(潮汐水流) tidal stream
　潮の干満にともなって,エスチュアリー*,湾,その他外海から切り離されている海岸付近の広い水域を出入りする水の流れ.浅水域では,陸に向かう流れと海に向かう流れが異なる流路を通ることが多く,水底に引き潮時の流れと満ち潮時の流れにはさまれた回避州(avoidance cell)と網状のパターンをなす砂堆(デューン砂床形*)が形成される.

超層群 supergroup
　近接して分布し,かつ関係の深いいくつかの層群,または累層*と層群とをまとめて呼ぶ,公式の*用語.

超大陸 supercontinent
　今日の大陸のクラトン*をいくつか含んでいた大陸塊.パンゲア*,ゴンドワナ*,ローラシア*をいう.

超断熱減率 super-adiabatic lapse rate
　上昇空気塊*の温度が高度とともに通常の乾燥断熱減率*よりも大きく低下する割合.地表面または海水面が強く熱せられたときに起きる.

頂置層(トップセット) topset
　ギルバート型デルタ*の上部を占めるほぼ水平な堆積層.前進している(⇨前進作用)デルタ*中で最も粗粒の堆積物からなる.⇨前置層;トウセット

超長基線干渉法(VLBI) very-long-baseline interferometry
　遠く離れた電波放射源(クェーサー;quasar〔準恒星状天体〕)からの信号を長い基線間隔をおいた2つの電波望遠鏡で検知し,その位相差から望遠鏡間の距離をセンチメートルのオーダーで精密に測定する技術.〔これから望遠鏡の正確な方位角がわかり,方位分解能*が改善される.〕135個の電波源が定常的に利用されている.

蝶番 hinge
　腕足類(動物門)*と二枚貝類(綱)*の殻の接合面*内で,2枚の殻が定常的に接している部分.関節をもつ腕足類(有関節綱*)で,殻が開いている間,接合面の後部全体が接したままでいるものをストロフィック型,蝶番軸が歯と歯槽を通り,それらが支持器をなしているものをノンストロフィック型という.

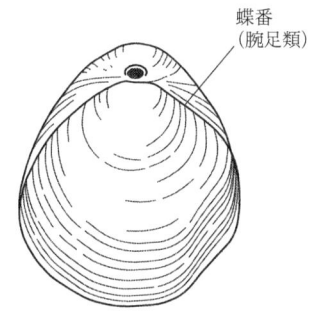

蝶番
(腕足類)

蝶番

超低周波電磁探査法 very-low-frequency method(**VLF法** VLF method)
　軍用の強力な耐久性発信器から不変調搬送波を発信して,数百kmも離れた地下の電導体に二次電磁場を誘起させる電磁気探査法*.一次電磁場の関数である二次電磁場のさまざまな直交成分を測定し,地下の導電体の位置と特性に関する情報を得る.

跳動 saltation
　空気中および水中での粒子の主要な運搬様式.急角度でもち上げられ,空中または水中を飛び,低角度で接地する.これが起こるには,風速や流速が底面に沿う部分よりも大きくなっている高さまで粒子をもち上げる乱流*が存在することが必要である.

蝶ネクタイ状反射波 bow-tie reflection
　〔最近ではバリッド・フォーカス反射波と呼ばれることが多い.〕入射波の波面よりも大きい曲率をもつ上方に凹のくぼみは,重合*処理記録断面図上で蝶ネクタイ現象として現れる.これは,個々の地表測定点から見て反射面*上に3個の反射点が存在することによって生じる.ゼロオフセット記録(垂直入射の波形記録)上に蝶ネクタイ現象が現れるためには,曲率の大きい反射面が必要であるが,オフセット*が大きい記録では小さい曲率の反射面で同様の現象が現れる.このた

め，蝶ネクタイ現象は，地震記録*断面図上のオフセットの長い記録と深い部分の記録に現れやすい．断面の側方に曲率をもつ反射面がある場合には，蝶ネクタイのゴースト*が現れることがある．

長　波　long wave

極のまわりを西から東に向かって吹いている上層気流の蛇行．波長はふつう2,000 kmほどで，ときには振幅が大きくなることがある．⇨ 回転皿実験；ロスビー波

鳥盤目　Ornithischia（**鳥盤目恐竜** ornithischian dinosaur）

中生代*恐竜類*に2つある目の1つ．両目は，基本的に骨盤の形態の違いで区別され，鳥盤目は鳥のような骨盤（⇨ 腰帯；恥骨）をもつ．鳥盤目恐竜はもっぱら草食性で，二足歩行するもの（鳥脚亜目*）と四肢性のものがいた．

超微化石（ナンノ化石，ナノ化石）　nanofossil, nannofossil

最も小さいプランクトン*のグループ（微小プランクトン*）の化石*．植物プランクトンで，さまざまな形態のものがある．コッコリソフォア*は5〜60μmの大きさで，これより大きい微化石*とともに層序指標として利用されている．

長鼻目　Proboscidea（**長鼻類** proboscideans；**真獣下綱*** infraclass Eutheria, **食肉有蹄区*** cohort Ferungulata）

ゾウ類とそれに近縁の絶滅*したグループ，たとえばマストドン類（⇨ マムート科），ゴンフォテリウム類（⇨ ゴンフォテリウム科），マンモス（⇨ マムーサス属）で構成される目．長鼻目はかつて繁栄を極めたタクソン*で，アメリカ大陸，ユーラシア大陸，アフリカ大陸を支配していた．その進化史には，体形が大型化する傾向が見られる．中新世*後期以降の多くの長鼻類がもつ長い鼻は，鼻と上唇から発達したもの．歯の数は減少して，若い成熟個体は両顎の左右にそれぞれ3本の臼歯をもっている．一時に使われるのはこのうちの1本であり，古くなった歯は抜け落ち，その後に控えている新しい歯に生え替わる．上側の切歯は巨大化して牙となっている．顎筋は大きく，頭蓋*は短く高い．脊椎*と20本ほどの肋骨が腹側の体重を支え，前肢が支点となり頭部の重量とつりあっている．後肢が歩行の推進力をもたらす．よく発達した脳をもつ．幼体は成熟するまでの長期間両親に保護され，群れの社会構造は複雑である．

重複板　doublure ⇨ 頭部

チョウフニオガン階　Tioughniogan (Tioughiogan) ⇨ エリーアン統

超プリニー式噴火　ultraplinian eruption

最も激烈な型のプリニー式噴火*．放出物の柱は高度45 km以上に達する．紀元186年ころにニュージーランド北島のタウポ火山（Taupo）で起こったこの型の噴火では，噴煙柱は50 kmにも達した．

潮　流　tidal current

潮汐*による海面の上昇と下降にともなって方向が交互反転する海水の水平的な動き．潮汐は相対運動をしている月・太陽・地球の引力が原因となって発生する．沖合の潮流は旋回パターンをなすことがあるが，海岸付近では直線的に流れ，周期的に方向が逆転する（引き潮と満ち潮）．海岸近くでは流速が2.5 m/秒に達することも多い．

潮流口［潮口（しおぐち）］　tidal inlet

潟*と外海を結ぶせまい水路．いくつもの潮流口がバリアー島*を切っていることが多く，干潮時に外海に流出する高速度の潮流によって，それぞれの外海側に小規模なデルタ*が発達している．

超臨界反射　supercritical reflection

屈折法地震探査*で，界面*の臨界角*より大きい角度で入射して，地表に強く反射される地震波*．界面より上の層を屈折波のヘッドウェーブ*よりも遅い速度で伝播する．

超臨界流（高次流）　shooting flow ⇨ 臨界流；フルード数

超臨界流体　supercritical fluid ⇨ 臨界点

調和褶曲　harmonic fold

褶曲層全体にわたって，幾何学的形態，全体としての波長，対称性を保持している褶曲*．コンピテント層がほぼ同じ厚さで均等に分布し，地層間のコンピテンシー比が一様なシーケンスに形成される．⇨ コンピテンシー

調和的（調和-） concordant
 1. 火成岩*が母岩*の構造（層理*，縞状構造*など）と平行に貫入*している状態．シル*は調和的貫入岩体*の典型例． 2. 隣接する地層*群の構造が同じあるいは平行となっている状態． → 非調和的． ⇔ 整合的

チョキーリアン階 Chokierian
 〔ロシアの下部石炭系*〕サープクホビアン統*中の階．アーンスベルギアン階*の上位でアイポーティアン階*の下位．

チョーク chalk
 コッコリソフォア*，有孔虫*などの微生物の石灰質骨格を主体とする多孔質で細粒の岩石．ヨーロッパの上部白亜系*チョーク層はドーバー海峡の白亜の崖やカレー南方の海崖をつくっている．

直 縁 rectimarginate
 平坦な接合面*をもつ腕足類（動物門）*の殻に対して用いられる．

直消光 straight extinction（**平行消光** parallel extinction）
 鉱物光学：偏光の振動方向*が結晶面*または劈開*面のトレースに平行なときに鉱物*薄片*で見られる現象．直交ポーラー*で鉱物の薄片を回転させ〔鉱物の振動方向が〕ポラライザー*の振動方向に平行となった位置でポラライザーを通過した光が，アナライザー*によって遮断されるため，〔結晶面または劈開面のトレースが十字線*に直交/平行したときに〕消光する．消光は薄片を360°回転させるうちに4回起きる．

直錐形 orthoconic
 頭足類*の殻がまっすぐな円錐形をしているものを指す．

直接循環 direct circulation
 軽い気塊が上昇し，重い気塊が下降するかたちで潜在エネルギーが運動エネルギーに変換される，大気循環の形式．弱い陸風，海風はこのような循環の現れ．

直接波 direct wave
 震源*から観測点まで，下位の層によって反射または屈折することなく，直接伝わる地震波*．

直接問題 direct problem ⇒ 順問題

直線距離 slant range
 レーダー用語：レーダー*発信器と地上の物標との距離．

直線距離分解能 slant-range resolution
 地上の2つの物標をレーダー*で識別するうえに必要な2物標間の最小距離．最小距離はレーダーのパルス長の半分かそれ以上であることが必要．⇒ 方位分解能

直線斜面 rectilinear slope
 丘陵斜面の断面のうち，直線をなす部分または区間．一般に断面中で最も急勾配の部分となっている．岩質が均質な地域では勾配はほぼ一様で，きわだった斜面をなす．W.ペンク*は，一定の速度で下刻している河川に面して発達した斜面とみなした．

直線状サンドリッジ linear sand ridge
 浅海および大陸棚*の海底で見られる砂の高まりで，嵐や潮汐作用の産物．高さ3〜10 m，幅1〜2 kmで数十 kmにわたって延びる．平均間隔は3 km程度．典型例は北海（イングランドのノーフォーク州沖）やアメリカ東海岸沖で知られている．

直閃石 anthophyllite
 カルシウムに乏しい斜方晶系*の角閃石*で，ゼードル閃石*となす固溶体*系列のマグネシウム側端成分*．$(Mg,Fe)_2(Mg,Fe)_5[Si_4O_{11}]_2(OH,F)_2$．直閃石ではMg>Feであるのに対して，ゼードル閃石ではMg<Fe．もっぱら変成岩*に産し，菫青石*と共生していることがある．アモサイトは直閃石のアスベスト*状変種．

直立褶曲 vertical fold ⇒ 中立褶曲

直 流 direct current
 1方向に流れる電流．強制分極法*や比抵抗探査法*などで用いるが，電極*や地盤の分極の問題を解決するため，最近ではごく低周波の交流*を使うことが多くなっている．

チョケット-プレイの分類 Choquette and Pray classification
 炭酸塩岩*に発達する間隙*の類型区分．初生的間隙には次のものがある．(a) 粒子間間隙（粒子と粒子の間の間隙）．(b) 組織間隙（礁*などの基本構造をつくる堅固な組織間の間隙）．(c) 遮蔽間隙（湾曲した貝殻または不規則な形状の粒子間の間隙が泥質基

質*によって完全に充塡されていないもの).(d) 粒子内間隙(骨格内の間隙が続成過程*でセメント*によって充塡されていないもの).(e) フェネストレー間隙(⇨ フェネストレー組織).続成過程およびその後の造構造運動*によってつくられた二次的間隙には次のものがある.(a) 結晶間間隙(セメントをなす鉱物*のドロマイト化作用*または選択的な溶解によって生じたもの).(b) 鋳型間隙(ウーイド*や貝殻などの溶解によって生じたもの).(c) チャンネルとジオード*〔岩石が間隙水によって溶解して生じた連続する間隙(チャンネル)および孤立した間隙(ジオード)〕.(d) 間洞(岩石が溶解して生じた,人体大ないしそれ以上の大きい間隙).(e) 割れ目(岩石内の構造的な応力*による).

貯　水　reservoir
堰堤,土手,スルースゲート〔sluice gate;堰口における鉛直滑動ゲート〕などによって人工的に制御されて一定量を保っている地表水.洪水調節,公共水供給などの目的で放流される.

直交層厚(*t*)　orthogonal thickness
褶曲*層の上下の層理面*に接する平行な2直線と直交する方向に測った褶曲層の厚さ.

直交ポーラー (XPL)　crossed polars (**直交ニコル** crossed nicols, **X ポル** xpols)
反射-または透過顕微鏡でアナライザー*と載物台*下のポラライザー*の偏光板(ポラロイド*)を光の経路に挿入した状態.2つの偏光板はたがいに直交しているので,光は観察者には到達しない.しかし〔光学的異方性*の〕鉱物*の薄片*を載物台に載せると,それによって2つに分かれた光線が干渉して干渉色*が現れる.⇨ 複屈折

チョートクアン統　Chautauquan
北アメリカにおける上部デボン系*中の統*.セネカン統*の上位でキンダーフッキアン統*(ミシシッピ亜紀*)の下位.カッサダギアン階とブラッドフォーディアン階からなる.ヨーロッパにおけるファメニアン階*(上部デボン系)とおそらくはハスタリアン階*(トルネージアン統*)にほぼ対比される.

貯留岩　reservoir rock
石油*・天然ガス*・水を蓄積するうえに十分な間隙*をもつ岩石の総称.砂岩*,石灰岩*,苦灰岩*であることが多いが,割れ目が多い火成岩*や変成岩*がなすこともある.

貯留係数　storativity (**貯留度** storage coefficient)
帯水層*の単位水平面積あたりから流出する地下水*の容積,および地下水面*または静水面の単位降下量をもたらす流出水の量を表す無次元の比.不圧帯水層*では比浸出量(⇨ 比浸出量 **2**)に等しいが,被圧帯水層*では,貯留係数は帯水層の弾性圧縮率に依存し,10^{-3} よりも小さいことが多い.

貯留プール　reservoir pool
生物地球化学サイクル*中に,通常は無生物体として存在する栄養元素の大きい集積領域.貯留プールと活性プール*の間の交換は,活性プール内での交換にくらべて著しく緩慢.鉱物資源の採掘など人間の活動は,この交換速度を大きく変え,新たな平衡状態をつくりだすことができる量をはるかに超えて活性プールに持ち込んでいる.その結果発生した好ましくない条件が,過剰な燐による富栄養化 (eutrophication) や硫黄による酸性雨*,湖水の酸性化などの化学汚染のかたちであらわれている.

塵　dust
風によってもち上げられ運ばれる,粘土*およびシルト*大の固体粒子.⇨ 粒径(粒度)

チリ海膨　Chile Rise
ナスカ・プレート*と南極プレート*とを隔てる海膨*.

チリ硝石　Chile saltpetre　⇨ ソーダ硝石

チリディアルプレート　chilidial plate　⇨ 背三角孔

地　塁　horst
急斜面をなす2つの断層地塊*にはさまれて突出している地塊.⇥ 地溝.⇨ リフト

チレニアン階　Tyrrhenian　⇨ 第四紀

沈　下　settlement
1.基礎*の下で土壌*や地層*が圧密*を受けて構築物がゆっくりと沈んでいくこと.ふつう沈下量は均等であるが,場所による不

等沈下が起こると構築物に損傷が出ることがある. ⇨ 不等沈下. **2**. 坑内採掘によって上位の地層が下がってくること.

チングアアイト tinguaite
シリカに不飽和（⇨ シリカ飽和度）の中～粗粒の火成岩*. 主成分鉱物* はアルカリ長石*, 霞石*, エジリン輝石* で, ナトリウム角閃石* または黒雲母* をともなうこともある. フォノライト* に相当する半深成岩*. 今日では貫入性フォノライトと呼ばれることが多い.

沈　降 subsidence
地殻* が緩慢に低下していく現象. 沈降域には堆積物が蓄積して保存される. 沈降の原因はマントル* の対流と堆積物の荷重. 沈降速度によって保存される堆積物の量がきまる. 一般に堆積盆地* と呼ばれる沈降域での沈降速度は 0.3 mm/年から 2.5 mm/年にわたる.

沈降管 sedimentation tube
砂* サイズの堆積物* の粒径* 分布を迅速に測定するための装置. 原理は, 粒径, 形態, 密度が異なる粒子は液体中を異なる速度で沈降するという, ストークスの法則* に基づいている. 沈降管の上端から堆積物を入れ, 各粒度の粒子が管底に定着する時間を読みとる. 〔具体的には, 一定時間ごとに定着した堆積物をもって階級区分し, その高さを読みとる. 沈降管はエメリー管（Emery tube）の名でも知られている.〕

沈降係数 sedimentation coefficient
分子または粒子の沈降速度を表す尺度. 単位遠心力場（加速場）での速度に等しく, 単位はスヴェードベリ* 〔10^{-13} 秒に等しい〕.

沈降時間 settling lag
運搬の停止後に細かい粒子が水中を落下して沈着するまでに要する時間. 粒径* と粒形* に依存し, ストークスの法則* に従う.

沈降流 downwelling (sinking)
開けた海洋で異なる水塊が収束* することによって表層水が沈んでいく現象. 表層水が海岸に向かって流れるときにも起こる. 後者の例は冬季のワシントン～オレゴン州海岸で見られる. 南極収束帯* は南半球の海洋中の主要な沈降流の場で, 南極中層水* の源となっている.

沈　殿 precipitation
過飽和溶液から固体物質が析出して沈着すること.

チンワルド雲母 zinnwaldite
2：1 型フィロ珪酸塩（層状珪酸塩）* で, 雲母* 族の鉱物. $K_2(Fe^{2+}{}_{2-1}, Li_{2-3}, Al_2)[Si_{6-7}Al_{2-1}O_{20}](F, OH)_4$；比重 2.9～3.2；硬度* 2～3；単斜晶系*；灰, 褐, 暗緑色；条痕* 白色；ガラス-*～真珠光沢*；結晶形* は板状；劈開* は良好. 花崗岩* およびペグマタイト* に灰重石*, 鉄マンガン重石*, 錫石（すずいし）*, 蛍石* とともに産する. 気成作用* によって生成する. 名称はドイツ, ザクセンのツィンヴァルト（Zinnwald）に由来.

ツ

椎弓 neural arch ⇨ 脊椎

椎体 centrum ⇨ 脊椎

対の変成帯 paired metamorphic belts
たがいに隣接して並走している高圧低温型変成帯*と低圧高温型変成帯．日本で最初に認められたもので，高圧低温型変成帯が沈み込み帯*寄りの位置を占めている．同様の変成帯が世界各地の顕生累代*造山帯*でも知られるようになり，プレート*の破壊縁（辺部)*を指示するものと考えられている．最近，日本では両変成帯が厳密には同年代ではなく，大きい走向移動断層*〔中央構造線〕で境されていることが明らかにされている．

通過帯域 pass band
ほとんど減衰*することなく帯域通過フィルターを通って伝送される周波数帯．⇒ 帯域フィルター

通気帯 vadose zone ⇨ 土壌水帯

通常光 ordinary ray ⇨ 異常光

通洞（横坑） adit
入坑，排水，探査のために地表から鉱山に通じる水平ないしほぼ水平な坑道．

ツォイゲン zeugen
風で飛ばされている砂*の削磨*によって基部が削られてキノコ型を呈する岩．削磨は砂の運動が最も大きい地表付近に集中するので，比較的弱い地層*が最下部を占めている水平層ではとくに生じやすい．

月 Moon
地球の衛星*．質量は地球の1/81，密度3,344 kg/m³，半径1,738 km．地球との平均距離は384,500 km．大気をもたず，表面温度は最高127℃から最低−173℃にわたる．長石*質岩石からなりテラ（高地)*をなす厚さ60〜120 kmの地殻*が，珪酸塩なるマントル*を覆っている．玄武岩*質溶岩*が表面の17%を占める．半径300〜400 km程度の小さい鉄の核*（体積にして2〜3%）があるものと考えられている．

月気温差 month degrees
月間平均気温から6℃（43°F）を差し引いた数値．これを積算した積算気温を植物の成長にかかわる指標として用いている気候区分*がある〔たとえばミラー（A. Miller, 1951）の気候区分〕．

月による地磁気の日変化（Lq 日変化） Lq variation ⇨ 地磁気の日変化 2

月の lunar
'月'を意味するラテン語 luna に由来．'月に関する'，'月が原因となっている'，'月に影響を与える'あるいは'月を含む'を意味する形容詞．

月の海 mare（複数形：maria）
mareは'海'を意味するラテン語で，ガリレオが，肉眼でも見えるなめらかで暗い月*の部分を指して1610年に初めて用いた．今日では，これが，微惑星*の衝突によって生じた円形の凹地を玄武岩*溶岩*が満たしている平原であることがわかっている．玄武岩溶岩は主に海に分布し，月の表面の17%を占めている．そのほとんどが地球に面する側にある．火星*の低地も海と呼ばれる．

月の海の嶺 mare ridge ⇨ リンクル・リッジ

月の高地 Lunar Highlands ⇨ テラ

月の年代尺度 lunar time-scale ⇨ 付表B

土色光沢 earthy lustre
粘土*，ラテライト*，ボーキサイト*など，鉱物*の多孔質集合体が呈する非金属光沢．

槌骨 malleus
哺乳類*の中耳に見られる中耳外側の小骨*．祖先の脊椎動物の関節骨に由来．

津波 tsunami
海底の地震*や火山噴火*，海底堆積物の大規模な重力性滑動*によって発生する，水中の長周期波．外海ではこのような波が700 km/時の速度で進んでいても気づかないことが多いが，浅海に近づくと30 m以上の高さに立ち上がり，海岸地帯に甚大な被害を与える．

つむじ風（旋風） whirlwind
低圧部を中心として発生する渦巻き状の

風．乾燥地域では塵が数百 m の高さに巻き上げられることがある．

ツ ヤ tuya
氷河*の下で中心火道火山*が噴火して生成した平頂の山を指す．カナダ，ブリティッシュコロンビア州での呼称．

ツンドラ tundra
樹木を欠き，丈の低い草で特徴づけられる北極圏と南極圏の平原．草を欠くことはまれ．主要な植物は，スゲ（*Carex* 属），イグサ（*Juncus* 属），スズメノヤリ（*Luzula* 属）で，ほかに多年生の草本，低い木本，各種コケ類（植物門）*，地衣類が見られるにすぎない．

ツンドラ土 Tundra Soil
USDA*土壌分類体系（1949）で，成帯土壌目の亜目 1〔寒帯の土壌*〕に含まれる大土壌群の 1 つ．この分類体系はドクチャエフ*（1886）の研究に基づくもので，今日では廃されて，ツンドラ土はインセプティソル目*に含められている．主に永久凍結のため水はけの悪い酸性の地盤に生じ，深さは 30〜60 cm．表面は有機物の含有量が多く，凍結と融解のくり返しによって微起伏が形成されている．土壌形成作用*も有機物の分解も低温条件によって抑制されている．⇨ 土壌分類

テ

T 1. ⇨ テスラ．2. ⇨ テイラー数
di$_{ss}$（**Di**$_{ss}$） ⇨ 透輝石

低アスペクト比イグニンブライト（LARI）
low-aspect-ratio ignimbrite
水平的な広がり（H）に対する平均の厚さ（V）の比が 10^{-4}〜10^{-5} の値を示すイグニンブライト*体．H はイグニンブライトの表面積と同じ面積の円の直径．→ 高アスペクト比イグニンブライト

ディアパーキアン階 Deerparkian（オリスカニアン階 Oriskanyan）⇨ アルステリアン統

ディアルスログナタス・ブルーミィ *Diarthrognathus broomi*
三畳系*から報告されている多くの哺乳類様爬虫類（⇨ 単弓亜綱）のなかでも，この種は哺乳類*の祖先に最も近いものの1つと考えられている．イクチドサウルス目に属し，その頭蓋*にはいくつかの進化型の形質*が認められる．ディアルスログナタス属の頭蓋は長さわずか 4〜5 cm ほどで，歯は三畳紀後期に生息した他の哺乳類様爬虫類の一部のようには特殊化していない．

T_e ⇨ 実効温度
TEM ⇨ トランシェント電磁気探査法
低位泥炭 bog peat ⇨ 泥炭
D/H 比 D/H ratio
　天然水やそれ以外の水，加水鉱物*中で結合している水の重水素（^{2}H）と水素（^{1}H）の比．水の起源と地質学的な履歴および水-岩石間の相互作用に関する情報をもたらす．⇨ 同位体分別作用
T_s
　大気に覆われている地球表面の平均気温（約 15℃）を表す記号．⇨ 実効温度
TSS ⇨ 伝統的年代尺度
DSL ⇨ 深層散乱層
TST ⇨ 海進期堆積体
DSDP ⇨ 深海掘削計画

***t-x* 曲線**　*t-x* curve ⇨ 走時曲線
***t²-x²* 曲線**　*t²-x²* graph
　反射波の走時曲線*.走時*の二乗 (t^2) をオフセット*の二乗 (x^2) に対してプロットしたグラフ.各線分の勾配の逆数が各層の平方二乗平均*速度の二乗 (v_{rms}^2),線分の交点が反射面*までの深さ (z).すなわち,$v_{rms}^2 t^2 = 4z^2 + x^2$. 走時曲線

DMO　⇨ ムーブアウト

ディオーネ　Dione（土星Ⅳ Saturn IV）
　土星*の大きい衛星*.半径 560 km,質量 10.52×10^{20} kg,平均密度 1,440 kg/m³,アルベド* 0.7.1683 年にカッシニ（G. D. Cassini）によって発見された.

低温-　cryogenic
　1.氷の作用によってつくられる地形または物質に冠される.2.絶対 0 度（0 K＝-273.15℃）に近い低温で〔生み出される超伝導によって〕作動する装置に冠される.

低温火山活動　cryovolcanism
　衛星:低温で進行する火山活動*.上を覆う氷の層を通って流体が噴出する.流体はおそらくマグネシウムとナトリウムの硫酸塩からなると考えられる.極端に低温の場合にはアンモニアも含まれるかもしれない.エンケラドゥス*,エウロパ*,ガニメデ*で知られている.

低温雪食性（低温雪食成）　cryonival
　寒冷*作用と雪食*作用の両方によって進む地形形成過程*に冠される.

泥灰岩　marlstone
　なかば石化*したマール*.完全に石化したマールは泥質石灰岩*と呼ばれる.

低海水準期堆積体（LST）　lowstand systems tract
　シーケンス層序学*のモデルの1つ,成因論的層序シーケンス・モデル*において定義されている,低海水準期に形成される堆積体で,盆地底にできる海底扇状地*と大陸斜面*の低海水準期の楔状堆積物からなる.⇨ 堆積体.→ 高海水準期堆積体;海進期堆積体;海退期堆積体

低角断層　low-angle fault
　傾斜*が 45°以下の断層*.上盤*が上昇したものを衝上断層*,降下したものをラグ*と呼ぶ.〔わが国で衝上断層を逆断層*の同義語として用いることもある.また,低角の正断層*をラグとする用法はない〕.

低カリウム・ソレアイト　low-potassium tholeiite ⇨ 海嶺玄武岩

泥　岩　mudstone（mudrock）
　1.泥質物〔粒径が 62.5 μm 以下〕を多量に含む堆積岩*.可塑性をもたず,塊状*（葉状構造*を示さない）.→ 粘土岩.2.⇨ 石灰泥;ダナムの石灰岩分類法;エンブリー‐クローバンの石灰岩分類法

定間隔トラバース（CST）　constant-separation traversing
　電極の間隔を一定に保って群列*（ふつうはウェンナー群列*）を測線沿いに移動させる電気探査法*の方式.2 極配置〔2 組の電位電極*と電流電極*を用いる〕の電磁気探査法*でも同様の方式を採るが,この場合は 1 組のみを移動させる.

低気圧　depression（low）
　天気図上で円に近い閉じた領域として表される気圧が低い部分.欧米ではサイクロンとも呼ばれる.特徴的な風向分布を示す(北半球では低圧部のまわりに反時計まわり).中緯度低気圧は寒帯気団*と熱帯気団*が収束

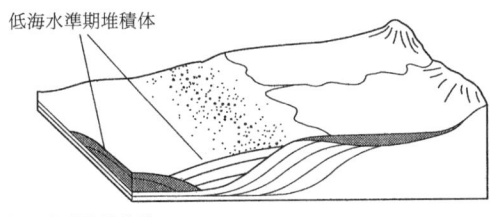

する前線*沿いに発生する．前線に生じた折れ曲がり〔北半球では北に凸〕の部分に低気圧が発生し，両気団の大気は低気圧の進路（とくにその南側）に近い部分の前線に向かう．このためまず温暖前線*が，ついで寒冷前線*が通過することになる．lowは低気圧の日常語．

低気圧の衰弱 cyclolysis
　低気圧*のまわりの低気圧性大気循環が消滅するか，弱まること．

低気圧の発達 cyclogenesis
　低気圧*性の大気循環が発生，発達し，気圧が降下すること．前線*帯の上または近傍での大気の上昇によって起こる．

ディクティオネーマ・フラベリフォルメ *Dictyonema flabelliforme*
　筆石類*のなかで最もよく知られた種の1つで，群体の外形は円錐ないしベル型．無数の枝状体*と，その間を橋渡しする水平な横木構造（横枝*）が見られる．ディクティオネーマ・フラベリフォルメは樹型目*筆石類に含まれ，浮遊性の生活様式をもっていたと考えられる．ディクティオネーマ属はカンブリア紀*から石炭紀*にわたる．

ティグリアン階 Tiglian
　大西洋と太平洋の熱帯海域から採取されたコア*の同位体*データをはじめ，気候を指示するさまざまな記録に基づいて，低温化が進んでいたとされる鮮新世*後期における階*（約2 Ma）．

t 検定 t-test
　ある測定によって得た平均値が2つのデータセットで有意に異なっている確率を計算する検定．

定向進化 orthogenesis
　ある生物群において，祖先から子孫に向かい方向性をもって続いているように見える，長期間にわたるほぼ一定の進化傾向．定向進化は，かつては生物自身に内在するある方向性をもつ力，あるいは生物自身によるある種の必要性の結果として説明されてきた．今日，定向進化はこのような形而上学的な解釈ではなく，定向選択*と種選択*という概念で説明されている．

定向選択 orthoselection
　ある種の方向性を帯びた初源的な選択圧であり，結果として自己継続的な進化傾向を生みだす．このような進化傾向の替案として，種選択*という考えが提案されている．⇨ドロの法則

ディコグラプタス亜目（対筆石亜目） Dichograptina ⇨ 正筆石目

ディコグラプタス科 Dichograptidae（ディコグラプタス類 dichograptid）
　筆石綱*の1つの科．この語は，オルドビス紀*前期に繁栄したディコグラプタス類からなる筆石動物群を指す場合もある．

底痕 sole structure〔mark〕
　地層*の基底面に見られる堆積構造*の総称．そのほとんどが，水流が洗掘するかあるいは物体が通過して泥質層上に生じたくぼみを，砂*が充填することによってつくられる（スコアー・フィル構造*）．乱流*によって形成されるフルートマーク*，泥上を運搬される物体が付けたスキップ-*，プロッド-*，バウンス（bounce）-，ドラッグ（drag）-，グルーブマーク*，高密度の砂が下位の低密度の泥層中に不等沈下して生じる荷重痕*がある．底痕は地層の上下判定に有効な手がかりで，古流向の重要な指示者となることも多い．⇨ 古流系解析

定在波 standing wave
　前方へ伝播することなく，節*と呼ばれる固定点の間を表面が垂直に振動する波動．ある瞬間の波頭は次の瞬間には波底となり，波底は次の瞬間には波頭となる．最も大きく垂直に上下する部分は波腹（antinode）と呼ばれる．節では粒子の垂直運動は見られず，水平振動が最大となる．定在波は，逆方向に進行する2つの相似した波群が合体することによって生じる．⇨ セイシュ

TCR ⇨ 全コア採取率

泥質- argillaceous
　シルト*大から粘土*大（粒径が62.5 μm以下）の砕屑粒子からなる堆積岩（堆積物）*に適用される．堆積岩の50%以上を占め，粘土鉱物*含有量が著しく高いものが多い．有機物を多量に含むものが多く，炭化水素*の潜在的な根源岩*とみなされる．

泥質石灰岩 argillaceous limestone ⇨ 泥灰岩

定住摂食痕（フォディニクニア） fodinichnia
堆積物食者*が食料を探し求めて穿った孔。定住摂食痕には，たとえばコンドライテス属*のような放射状の生痕（⇨ 生痕化石）や，リゾコラリウム属 *Rhizocorallium* のようなU字型の管状生痕がある。

定常流 steady flow
流速が時間とともに変化しない流れ。地下水*にも開水路*中の流れにも適用される。汲み上げ井戸の流れについては平衡流と呼ぶことがある。時間とともに流速や流向が変わる流れは非定常流または過渡流。

泥水検層 mud logging
1. 掘削孔井*の泥壁（でいへき）*の比抵抗*をマイクロ検層*によって測定すること。
2. 孔井から回収された掘穿屑の記録をとること。

泥水置換域 invaded zone（**フラッシュゾーン** flashed zone）
試錐孔*のまわりで地下水*が泥水濾過水*に置換されている領域。

定水頭浸透計 constant head permeameter ⇨ 浸透計

泥水濾過水 mud filtrate（**濾過水** filtrate）
掘削泥水*のうち，固体の泥壁（でいへき）*を残して透水性*の岩石に浸透し，岩石中の地下水を一部または完全に置換する液体部分。

ディスカバリー計画 Discovery
NASA*による一連の宇宙飛行計画。1.5億ドル以下の経費で3年以内に，開発から飛行に進むことを目的に建造された小型宇宙探査機を用いるもの。

ディスミクライト dismicrite
多数のフェネストレー組織*または鳥眼状組織*が発達する，ミクライト*が卓越した石灰岩*。潮間帯*から潮上帯*環境で生成した石灰岩に特徴的。⇨ フォークの石灰岩分類法

底生生物 benthos（形容詞：benthic）
淡水あるいは海水環境の生態系*で，水底の堆積物の表面および内部にすむ生物の総称。すなわち表生*生物と内生*生物を合わせたもの。

底節 coxa
昆虫で，脚が胴部に付く部分の関節。

汀線 strandline
海や湖と陸地の境界線。古いものを指すことが多い。陸地と水域の相対位置がある期間一定であった結果形成された汀線が，その後，水面または地表面の変動によって現在の位置に変位したもの。

D層 D-layer
下部マントル*。深度約720kmから核*との境界の2,886kmまでを占める。地震波速度*は下方に向かって断熱*圧縮の関数として増大する。

底層逆流 undertow
局所的な離岸流*とは異なり，波によって海岸近くに運搬された水塊が砕波*の下を沖に向かう幅広い流れ。

底層水 bottom water
海洋の最深部を占める水塊。表層水に比べて密度が高く低温。たとえば北大西洋*の底層水の温度は1～2℃。底層水の循環は海水の密度差によって起こり（熱塩循環*），緩慢で海底地形に大きく左右される。

低速中性子過程 slow-neutron process（**s過程** s-process）
〔元素の合成過程で〕最も重い核種*がつくられる最終過程〔e過程*に続き，r過程*に先行〕。第二世代の星で中性子が時間をかけて次々と獲得される。中性子は，エネルギーを生み出す水素'燃焼'*，ヘリウム'燃焼'*など先行する一連の過程によってもたらされ，それから先の元素形成過程を維持する。⇨ 元素の合成

定速度ギャザー法（CVG） constant-velocity gather
反射法地震探査*の速度解析において，速度が波線の経路全体にわたって一定と仮定する方法。そうすることによって，反射波形*のノーマル・ムーブアウト（NMO）*量を往復走時*の関数として計算することができる。ある反射面*に対して適正な速度が適用されれば，NMO補正により反射波はCVG上で水平に並ぶ。適用された速度が大きすぎ

るか小さすぎると，反射波は曲がって現れる．CVGは重合*の前処理である．

定速度重合法（CVS） constant-velocity stack

原理的には定速度ギャザー法（CVG）*に類似する方法．CVGの場合と同様に定速度を仮定してノーマル・ムーブアウト*補正を適用した後に，最大10個のギャザーを重合し（⇒重合），CVS速度パネルとして表示する．ある反射面*について最も強い反射波が得られる速度が適正な重合速度である．CVSは，CVG法ほどには速度に関して正確な値を与えない傾向がある．

低速度帯（低速度層）（LVZ） low-velocity zone

海洋底下の上部マントル*でP波*，S波*とも地震波速度*が低下し，S波が一部吸収される帯．この帯の上面の深さは，海洋中央海嶺*近くで40〜60 km，古い海洋地殻*の下では120〜160 km．底面は明確にわかっていないが，250〜300 km程度の深度にあるらしい．大陸地殻*下では，過去600万年の期間に造山運動*を受けた地域の下に薄く存在するが，クラトン*の下では認められていない．一般にこの深度でマントル物質が部分的に溶融（⇒部分溶融）しているためと解釈されている（0.1%程度が液相）．流動圏（アセノスフェア）*と一致するとされることが多いが，このことは海洋でのみあてはまる．

停滞（停滞期） stasis

進化上の変化がほとんどあるいはまったく起こらない期間．断続平衡説*でいう，'断続'期と交互に現れる'平衡'期のこと．

停滞継続層 monimolimnion

部分循環湖*で化学躍層*より下の層．密度の高い水が停滞していて上層との間で混合がなされない層．→混合層

停滞進化（スタシジェネシス） stasigenesis

1つの進化系統*が，長期間にわたり種分化はいうにおよばず，系統内の形態変化もほとんど示さないこと．いわゆる生きた化石*は停滞進化を物語る好例．

停滞前線 stationary front

寒気団*と暖気団の間で停止状態にある前線*．

ティタニア Titania（**天王星Ⅲ** Uranus Ⅲ）

天王星*の最大の衛星*．半径788.9 km，質量35.27×10²⁰ kg，平均密度1,710 kg/m³，アルベド* 0.18．表面には明るい放出物にかこまれた衝突クレーター*が多数存在する．

汀　段 berm

前浜*の背後（陸側）で，平均高潮位のすぐ上に見られる高まりまたはほとんど平坦な段．浜*斜面上の明瞭な段差で，後浜*の海側の縁を画している．

泥　炭 peat

〔植物遺骸に由来する〕有機質の土壌*または堆積物*．イギリスでは，少なくとも厚さ40 cmの有機質土壌層位*を含む土壌をいう．泥炭は水位が保たれている環境の嫌気性*条件下で植物遺骸がゆっくりと分解されて生成する．このような環境に繁殖するミズゴケ属（*Sphagnum*）のセルロース，ヘミセルロースはとくに分解されにくく，このためミズゴケが泥炭の主要な材料となる．高位泥炭と低位泥炭はかなり異なる．高位泥炭は，地下水*中に溶存するカルシウムによって酸が中和され，植物組織が破壊されて，黒色で無構造となる．低位泥炭はこれよりはるかに酸性の水中で形成され，主体をなす植物によりさまざまなものがある．生成後長期間経っても構成物（植物も動物も）の種の同定が可能．現世の湿地ゴケ（ミズゴケ）泥炭は明色で，コケの組織が完全に保存されている．

ティタン Titan（**土星Ⅵ** Saturn Ⅵ）

土星*の大きい衛星*．半径2,575 km，質量1345.5×10²⁰ kg，平均密度1,881 kg/m³，アルベド* 0.21．1655年にホイヘンス（C. Huygens）が発見．

泥炭ポドゾル peat podzol

表層に最大30 cmの深さのモル*（泥状）腐植*を有し，通常は，B層（⇒土壌層位）の上部に鉄盤層*をともなうポドゾル*．ドクチャエフ*（1886）が提唱した名称で，ほとんどの土壌分類体系で使用されているが，今日ではスポドゾル目*に含められている．

泥炭ボーラー peat-borer

泥炭*のコア*をできるだけ乱さずにとり

出すように考案された道具．最も普及しているヒラー泥炭ボーラー（-コアラー）は，泥炭を貫通しやすくするため，望みの深さで開閉できるチャンバーの先端に短いらせん状のオーガー*・ヘッドをとり付けてある．チャンバーの刃口が鋭いので，固結の進んだ泥炭試料のとりはずしが容易になっている．軟らかい泥炭にはピストン・サンプラーを用いる．ロシア・ボーラーはコアを完全なかたちで剝脱させるうえではヒラー・ボーラーよりも優れているが，らせん状ヘッドがないため固結泥炭には向かない．

テイチクヌス属 *Teichichnus*
壁状の生痕化石*．水平な管状の這い痕*の下に，上方に凹の葉理*構造（スプライト*）をともなう．スコットランドの石炭系から報告されている．上方に凹のスプライトは，層位学的な上位を示すジオペタル構造*として利用される．

底置層 bottomset bed
1．堆積物*がなす斜交葉理*のうち，デューン砂床形（砂堆）*あるいはリップル*の下流側の基底部をなす部分．2．前進するデルタ（三角州）堆積層の基底部に堆積した沖合相の粘土*層．⇨ デルタ（三角州）；前進作用

停 潮 stand of the tide (tidal stand)
潮周期のなかで，高潮位あるいは低潮位のまま潮位がほとんど（あるいはまったく）変化しない期間．海面の高さはほぼ一定で変わらず，潮位変化が始まるまで潮流の流速はゼロとなっている．

ディッカイト dickite ⇨ カオリナイト

ディッキンソニア属 *Dickinsonia* ⇨ エディアカラ動物群

ディックスの式 Dix formula
地震記録*断面で地下に存在する1つの層における区間速度*（v_{int}）を求める計算式．層の上限と下限をなす2つの反射面*について，それぞれ反射波の走時*を t_1, t_2, 平方二乗平均速度を v_{rms1}, v_{rms2} とすると，$v_{int}=[(t_2 v_{rms2}^2 - t_1 v_{rms1}^2)/(t_2-t_1)]^{1/2}$．重合速度はふつう真の平方二乗平均速度とみなされるが，傾斜の効果について補正する必要がある場合もある．

ディップ・アイソゴン法 dip-isogon method
J. G. Ramsay（1967）が考案した方法．アイソゴン*の傾きに現れる褶曲*層の厚さの変化と褶曲面の曲率に基づいて，褶曲は3つの基本型に分類される〔発散型；ヒンジ*部に向かってアイソゴンが開くもの．平行型；褶曲のどの部分でもアイソゴンが平行であるもの．収斂型；ヒンジ部に向かってアイソゴンが閉じるもの〕．

ディップ・シューティング dip shooting
反射法地震探査*で，振り分け展開（split-spread）および/あるいはクロス展開（cross-spread）による発振により，反射面*の構造的な傾斜角を決定する方法．振り分け展開による発振記録では，上り勾配側のノーマル・ムーブアウト（NMO）補正量が小さいという現象により，NMOの非対称性が現れるので，傾斜している反射面を識別するうえに有効である．真の構造傾斜角は，クロス展開による発振がもたらす情報から決定する．⇨ 展開；ムーブアウト

ディップ・ムーブアウト dip moveout ⇨ ムーブアウト

ディーツ，ロバート・シンクレア（1914-95）Dietz, Robert Sinclair
アメリカ海軍の海洋学者．北東太平洋の地磁気異常の縞模様*を研究し，1961年，新しい海洋底が海嶺*で生産されるという自身の説に海洋底拡大*という語を冠した．月面のクレーター*も研究して，地球上のクレーターが隕石*起源であることを明らかにした．

D デー D days ⇨ 地磁気擾乱日

t-d 曲線 t-d curve ⇨ 走時曲線

T-d 曲線 T-d curve
温度-深度曲線．

ディトモピゲ属 *Ditomopyge*
石炭紀*とペルム紀*を通じて三葉虫*の属の数は漸減し，やがて古生代*末に絶滅*を迎えた．ディトモピゲ属はフィリップシア科三葉虫の最後の属の1つ．小型の属で，後類型縫合線（⇨ 頭線）とよく発達した眼，癒合した尾板*をもつ．代表的な種として北アメリカの上部石炭系から知られているディトモピゲ・スシチュラ *D. scitula* がある．

ディナント亜系 Dinantian

西ヨーロッパにおける下部石炭系*．シレジア亜系*の下位で，トルネージアン統*とビゼーアン統*からなる．年代は362.5〜332.9 Ma（Harlandほか，1989）．石炭紀石灰岩〔岩石名ではなくイギリスにおける岩相層序単元*名〕，北アメリカのキンダーフッキアン統*，オサージアン統*，メラメシアン統*，下部チェステリアン統*にほぼ対比される．

ディーネリアン階 Dienerian ⇨ スキチアン統

ディノフィシス目 Dinophysiales ⇨ 渦鞭毛藻綱

底 盤 batholith

大きい火成岩*貫入岩体*（100 km^{2}以上）．深部の巨大な貫入岩体から派生しているものもあると考えられる．ほとんどが花崗岩*質で，その成因はプレート・テクトニクス*によって説明される．一般にまわりの母岩*を切る非調和*岩体をなす．

dB ⇨ デシベル

ディプリクニテス属 Diplichnites

動物が堆積物表面を這いまわってつくった生痕化石*．代表的な匐行痕*の生痕属*．

ディプリューロゾア綱（双肋動物綱） Dipleurozoa（刺胞動物門* phylum Cnidaria）

絶滅*した原始的な刺胞動物の綱で，カンブリア紀*前期にのみ生存した．断面が楕円形のベル型の体をもち，明瞭な左右相称*を示す．中央に1本の溝があり，これから外縁まで，幅のせまい溝で区切られた単純な構造の平坦な節が数多く延びる．このため外縁は波状をなしており，波の凸部にはそれぞれ1本の触手がついている．

ディプロクラテリオン属 *Diplocraterion*

堆積物*中に棲む浮遊物食性動物の定住性巣孔*．形態は鉛直方向にU字型で，その2本の平行な管は横断面が円形．急速な堆積や侵食に反応することができる動物の場合には，この反応により，平行な2本の管の内側あるいはU字型の底の部分に同心円状のラミナ（⇨ スプライト）が形成される．ディプロクラテリオン・ヨーヨー *Diplocraterion yoyo* では，管全体に沿ってU字型のラミナが見られる．

ディプログラプタス科 Diplograptidae（ディプログラプタス類 diplograptids）

筆石類*（正筆石目*）の科で，ランビルン世*からシルル紀*最前期にかけて繁栄した筆石群集の主要な構成要素．

ディプロポリタ綱 Diploporita〔海蕾亜門（うみつぼみ-）* subphylum Blastozoa〕

ウミリンゴ類*の絶滅*した綱．一列型*の指板*と不規則に配列する多数の殻板からなる萼苞（がくほう）*をもつ．すべての殻板に対をなす小孔が見られる．オルドビス紀*前期からデボン紀*中期にかけて知られている．

低平化作用 planation ⇨ アルティプラネーション

泥壁（でいへき） mud cake（cake）

掘削泥水*過水*が周囲の透水性*の岩石に浸透することによって，孔井*の壁に付着した固体の泥質物質．

T ペグ T-peg

地表付近のクリープ*速度を測定するための装置．金属製の桿と横尺からなる．桿を表土層中に挿入して横尺を水平にセットする．表土のクリープによって横尺が傾斜するので，その傾度を目盛つきの水準器で測定する．地表面と桿を挿入した深度との間の相対運動をこれによって知ることができる．

堤 防 levée

1．河川流路*から離れる方向にゆるく傾斜している堤の高まり．洪水時に河川水が堤を越える際，流速が低下することによって粗粒物質が堆積して形成される．このため河川の水位が堤防の外側の氾濫原*よりもかなり高くなっていることがある．2．⇨ 溶岩堤防

定方向配列 preferred orientation

伸長性または扁平性を有する鉱物*粒が，岩石中で二次元的な面状のファブリック*または三次元的な線状のファブリックをなして配列していること．配列の原因として，変成作用*にともなう変形，結晶*を含むマグマ*の流動，扁平な鉱物の水中での沈着などが挙げられる．〔細長い化石や化石片の配列にも適用される．〕

ディム・スポット　dim spot
　貯留岩* 中に炭化水素* が存在するため，上位層と貯留岩層の音響インピーダンス* の差が小さくなることによって，反射法地震探査* 記録上で地震波形* の振幅が減少する部分．⇨ ブライト・スポット；フラット・スポット

ディメトロドン・アンジェレンシス　Dimetrodon angelensis
　北アメリカの下部ペルム系* から知られている，特殊化した大型の肉食性爬虫類*．ディメトロドン属は双窩（そうか）* の頭蓋* をもち，盤竜目* に分類されている．体長3m 以上に達し，背中に皮膜のある大きい棘状突起をもつ．頭蓋は高く，幅がせまく，肉食性の習性によく適応し，特殊化した歯をもっている．

底面すべり　basal sliding
　温暖氷河* が基盤の上を移動する過程．次の3つの機構がある．(a) 基底層における氷の比較的急速なクリープ*．(b) 圧力融解*（基盤の小突起物前面の氷が圧力によって融解し，その背後で圧力から解放された水が再び凍る）．(c) 基盤と氷の間に介在する水膜上のすべり．

底面スラスト　sole thrust（**基底スラスト** basal thrust）
　衝上断層*（スラスト）帯で最下位を占める広域的な衝上面．⇨ フロアースラスト

底面粗度　bed roughness
　流動している流体が接している底面の凹凸の程度．底面をなす堆積層表面の砂床形* によるもの（形態粗度）と堆積層表面から突出している粒子によるもの（粒子粗度）とがある．底面粗度は，底面が流れに及ぼす摩擦の効果を表す定量的な要素である．粗度の要因が，流れ基底部の粘性底層〔viscous sublayer；底面との摩擦によって層流* となっている部分〕を突き抜けていない場合には底面は滑らか（滑面），突き抜けている場合には粗い（粗面）という．

デイモス　Deimos
　火星* がもつ2個の衛星* の1つ．

ティライト（氷礫岩）　tillite
　氷河* の作用によって堆積したボウルダー粘土* またはティル* が固化したもの．⇨ ダイアミクタイト

テイラー数（T）　Taylor number
　回転が対流系に及ぼす影響に関する無次元数．対流セル* の規模，回転速度，動粘性率* に依存する．T が1以上であれば，回転効果〔回転している流体の相対速度が，回転軸に垂直な面内で等しくなろうとする現象〕は有意．⇨ 対流

ディラック関数〔$\delta(t)$〕　Dirac function
　時間尺の一点でのみ振幅と単位エネルギー（測定方法にかかわらず）を有するスパイク型のインパルス*．

ティラノサウルス・レックス　Tyrannosaurus rex
　白亜紀* 後期の巨大な肉食性恐竜* で，北アメリカとおそらくアジアにも生息していた．全長12m，体高5m，体重7トンにまで成長した．'暴君（tyrant）のようなトカゲの王' という意味の種名は，まさにこの恐竜にふさわしい．

テイラー，フランク・バースリー　(1860-1939)　Taylor, Frank Bursley
　アメリカの傑出した氷河学者であるが，空想的な宇宙観，すなわち月は白亜紀* に捕捉された彗星* であるという説によって知られる．大陸移動* の考えをウェゲナー* の3年前に発表したが，ウェゲナーがその根拠とした証拠をほとんど無視しており，この考えがかえりみられることはなかった．

泥流　mudflow
　1. 砂漠の沖積扇状地* 上を流れるうちに，蒸発によって水が少なくなり，相対的に多量の運搬物質を含む粘性* の高い間欠河川* 水．**2.** 急速に流れる型の土砂流*．粘土* が卓越する地域に典型的な現象．細粒物質が衝撃によって地すべりを起こし，それが液状化* して流動する．**3.** ⇨ ラハール

ティル（氷礫土）　till
　流水が介在することなく，氷河* から直接堆積した砕屑物* の総称．粒径* については，供給源および運搬距離に応じて粘土* が卓越するものから岩塊* が卓越するものにわたる．砕屑物が氷から解放される様式によっても分類される．すなわち，氷河下底部の融解

によるロジメント・ティル，氷河表面の消耗*によるアブレーション・ティル（消耗ティル），それが流動して二次的に堆積したフロー・ティル（流動ティル），停滞氷河全体が融解して生じたメルトアウト・ティル，がある．

ティルファブリック解析 till fabric analysis
　ティル（氷礫土）*に含まれているクラスト*の方位と傾斜を測定し，そのデータを解析する作業．ロジメント・ティル（⇒ ティル）のクラストは氷河*の移動方向に平行に配列する傾向があり，これによって氷河の移動方向を知ることができる．

ティル平野（氷礫土平野） till plain
　ティル（氷礫土）*からなる平野．アメリカ中西部におけるように良好に保存されているものも，イングランド中・東部におけるように後の侵食*によって開析されているものもある．

低レベル廃棄物 low-level waste ⇒ 放射性廃棄物

ティロイド tilloid
　大きい岩塊が粘土*に富む基質*中に乱雑に含まれている堆積物*の総称．泥流*堆積物，地すべり堆積物，ティライト（氷礫岩）*などがある．

デカッセイト組織 decussate texture
　〔主にホルンフェルス*中で〕結晶*が無秩序な方向に成長し，定方向配列*を示さない組織*．

デカルト投影 Cartesian projection
　空間を図化するための技法の一つで，対象領域のすべての平面は地図上の平面に投影され，すべての線は図上の線に投影される．対象領域の各点は，たがいに直交する3本の軸に関する3つの値（デカルト座標）によって特定される．これらの座標は4つの座標値をもつ同次座標に数学的に変換され，画像（地図）に表現される．Cartesianはデカルト（Rene Descartes, 1596-1650）に因む．

適　応 adaptation
　1．環境に応じて生物に起こる全般的な調整のこと．このような調整は，好ましい遺伝的特徴を備えた個体がそうでない個体よりも多くの子孫を残すという自然選択*（遺伝子型適応）や，生理学的調整（たとえば順化）あるいは行動上の変化（表現型適応）など，個体の非遺伝的変化によって起こる．⇒ アバプテーション．**2**．進化学：与えられた環境を開拓するために生物が一般的にも具体的にも適応していく現象．

適応帯 adaptive zone
　ある単一生物グループの占有という見地から定義される1つの環境．生物は，たとえば食性の特殊化などにより，1つの環境へと適応*していく．

適応放散 adaptive radiation
　1．多くの生息場が開拓されることによって，単一の祖先種から急激な分散*が起こる爆発的な進化．この現象はさまざまな分類学的レベルで認められている．たとえば，新生代*の始まりにおける哺乳類*の放散は，目のレベルで起こったものであるのに対し，ガラパゴス諸島での'ダーウィンフィンチ'〔スズメの1種〕の放散は種レベルにとどまった．**2**．分岐進化*と同義．

適　合 aptation
　生物が，形質*を環境に適合させること．アバプテーション*，適応*，適合外*がある．

適合外 exaptation
　形態的あるいは生態的なある形質*を獲得した生物が，それまで届かなかったニッチ*に到達すること．その形質が，他のニッチへの適応*の結果（たとえば羽毛は本来体温調節への適応であったが，飛翔能力の開拓をもたらした），あるいは中立突然変異として現れたものであるかは問わない．

適従河流 subsequent stream
　軟弱な地層*の露出部，顕著な節理*帯，断層*線，背斜*軸部など，地質学上の弱線に沿う流路*をもつ河川．谷頭を活発に侵食*して上流側に延び，河川争奪*によって支流を獲得していく傾向が強い．地質要素の走向*に沿っている河流を走向河流，それにともなう谷を走向峡谷という．

滴　石 dripstone（流華石 flowstone, 洞窟生成物 speleothem）
　洞窟内に沈積した炭酸塩岩*．水中の過剰

な溶存二酸化炭素が大気中に拡散することによって水から沈殿した方解石*よりなる．鍾乳石*，ヘリクタイト（らせん形を呈する），カーテン，リボン，石筍*など，多様な形態がある．

滴定分析法　titrimetric analysis

定量しようとする物質の溶液を濃度が正確にわかっている適当な試薬の溶液で処理する分析法．試薬の量がその物質の量と平衡に達するまで試薬を加える．平衡（終了）点は通常は補助試薬（指示薬）の色の変化で決定するが，電気的な方法（電位差法，導電法，滴定法など）を用いることもある．

テクタイト　tektite

世界の特定の地域で広い範囲（テクタイト飛散地域*）に散在する，半透明，黒色でシリカ*に富むガラス*片（通常 2.5～5.0 cm の大きさ）．大部分が'水しぶき'（しずく，啞鈴など）の形状をなし，空中を飛翔中に急冷・固化したことがうかがわれる．彗星*または隕石*が珪酸塩に富む（おそらく地球の）岩石に衝突した際に飛び散った物質と考えられている．原物質が衝突によって溶融し，気圏*または宇宙まで飛散して固化した後，はるかに離れた地点に落下したのであろう．これまでに知られているテクタイトの年齢は約 0.7 Ma から 35.0 Ma にわたる．顕微鏡的な大きさのテクタイト（マイクロテクタイト）が，コートジボアール沖，オーストラリア南部沖およびインド洋の海洋堆積物から報告されている．

テクタイト飛散地域　tectite strewnfield

形成年代と化学組成に特徴をもつ1群のテクタイト*とマイクロテクタイトが見いだされ，ある特異な衝突事件を表していると考えられる地域．次の4地域が主なものとして知られている．(a) オーストラレシア飛散地域（0.7 Ma に形成）が最大で，オーストラレシア〔オーストラリア，ニュージーランドおよび付近の諸島の総称〕から東南アジアにかけて約 3×10^7 km² の面積を占める．(b) コートジボアール地域（1.3 Ma に形成）は西アフリカ沿岸とその沖合にかけての少なくとも面積 4×10^6 km² の地域．(c) チェコ地域（14 Ma に形成）ではマイクロテクタイトは未発見．(d) 北アメリカ地域（34 Ma に形成）は東南アジアから太平洋を横切って西大西洋に及ぶベルト地帯．その南北幅は不明．

テクト珪酸塩　tectosilicate ⇨ 珪酸塩鉱物

テクトナイト　tectonite

鉱物*ファブリックが縞状構造*や線構造*あるいはその両者をなしている変形岩．⇨ 形態ファブリック

デコルマン　decollement

'引き離すこと'を意味する．スイス・ジュラ山脈の地質構造を説明するために導入された概念．中生界*被覆層が結晶質基盤*の上をすべり，座屈して褶曲*したとするもの．三畳紀*の蒸発岩*層が'潤滑油'の役を果たしたとされている．

デコンボリューション　deconvolution

逆フィルター，すなわちコンボリューション*過程の影響を元に戻す処理．地下のインパルス応答* R（R は特定の地層の反射係数*のセット）と波形 W とのコンボリューションが，観測される地震波形* S である．つまり，$S=R*W$．時間ゼロにおけるスパイク波形（ディラック関数*）δ は，波形 W と設計されたオペレーター D とのコンボリューションで，$D*W=\delta$ として表される．そこで，オペレーター D を地震波形 S に適用すれば，R を得ることができる．つまり，$D*S=D*R*W=D*W*R=\delta*R=R$ である（スパイク関数 δ とのコンボリューションでは，元の波形は変化しない．それゆえ $\delta*R=R$ となる）．

デジタル化　digitize

1. 画像情報を，コンピューターで処理できる一連の数字に変換すること．たとえば，地形図に表示されている地形の詳細を，デジタル化すればコンピューターによって地形断面図をつくることができる．このように，直交座標系を画像に重ね，データを機械が認識できるかたちで記録することによって二次元画像を解析すること．立体像では三次元的な解析をおこなう．このような処理をおこなう完全自動化システムも開発されている．**2.** アナログ・データ*である画像的な記録を離散的な間隔をおいてサンプリングすることにより，デジタル形式に変換すること．⇨ エ

イリアシング；サンプリング周波数

デジタル画像 digital image
　リモートセンシング*：検出した光景内の連続的な変化を，それぞれデジタル数値*を割り当てた一定範囲の整数値（ピクセル*）のかたちに変換して離散的に表現した画像．
→ アナログ画像

デジタル数値 digital number
　リモートセンシング*：通常，二進法のかたちでピクセル（画素）*に割り当てられた，0〜255の範囲内の変数（つまり1バイト*）．リモートセンシングで調査するエネルギー範囲は256ビン*に分割される．1つのピクセルは，記録をとった帯域*のそれぞれに対応するいくつかのデジタル数値*をもつ．

デシベル（dB） decibel
　1ベル（アレキサンダー・グラハム-ベル Alexander Graham-Bell に因む）の1/10．2つの強度を比較するうえの単位．もっぱら音響学と電気信号の記述に使用される．測定可能最大振幅（A_{max}）と最小振幅（A_{min}）の比（N）は，$N = 20 \log_{10}(A_{max}/A_{min})$で与えられる．2つの強度，$P_1$と$P_2$の比は$N = 10 \log_{10}(P_1/P_2)$で表される．

デスデモナ Desdemona（天王星Ⅹ Uranus X）
　天王星*の小さい衛星*．直径は29 km．1986年の発見．

デスピナ Despina（海王星Ⅴ Neptune V）
　海王星*の衛星*．直径は148 km．アルベド*は0.06．

デスモイネシアン統 Desmoinesian
　北アメリカにおけるペンシルバニア亜系*中の統*．アトカン統*の上位でミズーリアン統*の下位．モスコビアン統*のポドルスキアン階*とミャフコフスキアン階*にほぼ対比される．

テスラ（T） tesla
　磁束密度の単位．1 T = 1 Wb/m² = 10^{-4} ガウス．

テチス Tethys（土星Ⅲ Saturn III）
　土星*の大きい衛星*．半径529.9 km，質量6.22×10^{20} kg，平均密度1,000 kg/m³，アルベド*0.9．1684年カッシニ（G. D. Cassini）が発見．

テチス海 Tethys Sea（新テチス海 Neotethys）
　中生代*に存在した2つの巨大な超大陸*，北側のローラシア大陸*と南側のゴンドワナ大陸*を隔てていた海．恐竜*動物群*が世界各地に分布していることから，2つの超大陸をつなぐ陸橋*が中生代の大部分の期間にわたって存在していたと考えられている．⇒ 古テチス

テチス区 Tethyan realm
　テチス海*を中心とする生物区．この領域はジュラ紀*から白亜紀*にかけて温暖な海域であり，熱帯ないし亜熱帯動物群*・植物群*によって特徴づけられる．テチス海地方以外の中生代*の温暖海域動物群・植物群を，ボレアル区（北方区）*やオーストラル区（南方区；Austral realm）区と対照させて指す場合にも使われる．

鉄- ferro-
　鉄を含む鉱物*にとくに富むか，全岩の鉄含有量が多い火成岩*の名称につける接頭辞．

鉄苦土鉱物 ferromagnesian minerals
　鉄とマグネシウム〔苦土〕の陽イオン*が主要な成分をなしている珪酸塩鉱物*．かんらん石*，輝石*，角閃石*，黒雲母*，金雲母*などの鉱物を総称する際に用いる．

鉄鉱床 iron formation
　鉄を15％以上含む堆積岩*体．ほとんどが先カンブリア累代*のもの．鉄は酸化物，珪酸塩，炭酸塩，硫化物のかたちで，深海・大陸棚*・潟に沈積した縞状の堆積層をなし，しばしばチャート*をともなう（⇒ 縞状鉄鉱床）．これ以外の鉄鉱床は，鉄に富むウーイド*，ペレット*，盆内成岩片*を含み，浅海成石灰質堆積物と同様の堆積環境を物語っている．鉄鉱床をなす鉄の起源については論争となっており，火山活動*，生化学的な沈殿，続成作用*による石灰岩*の交代作用*などの成因説がある．

テッシェナイト teschenite
　シリカに不飽和（⇒ シリカ飽和度）の中〜粗粒の火成岩*で，主成分鉱物*としてカルシウム斜長石*，方沸石*，チタン輝石*，

バーケビ閃石*を，副成分鉱物*として酸化鉄を含む．エセックサイト〔essexite；完晶質アルカリはんれい岩*〕に似るが霞石*に替わって方沸石をともなう．スコットランド，エアシャー（Ayrshire）地方のルガー（Lugar）シル*のテッシェナイトがよく知られている．

鉄集積作用　ferrallization
熱帯の土壌*に見られる溶脱*過程の一環．これによって大量の酸化鉄と酸化アルミニウムがクラスノゼム（赤色土）などの土壌としてB層（⇨ 土壌層位）に集積する．

鉄スピネル　hercynite　⇨ スピネル

鉄盤層　iron pan
通常，B層（⇨ 土壌層位）の頂部に見られる硬化*した土壌層位*．膠結*物質は主に鉄からなる．

鉄マンガン重石　wolframite
鉱物．$(Fe, Mn)WO_4$；比重 7.0～7.5；硬度* 5.0～5.5；単斜晶系*；灰黒～黒褐色；条痕*黒褐色；金属光沢*；結晶形*は通常は板状，角柱状，しばしば刃状，また粒状，塊状のこともある；劈開* {010} に完全．花崗岩*質岩にともなう高温型熱水*鉱脈*，石英*脈，ペグマタイト*に錫石（すずいし）*，硫砒鉄鉱*，電気石*，灰重石*，方鉛鉱*，閃亜鉛鉱*，石英とともに産する．タングステンの鉱石鉱物*．

鉄明礬石（てつみょうばんせき）（ジャロサイト）　jarosite
明礬石*族の鉱物．$KFe_3(SiO_4)_2(OH)_6$；比重 3；硬度* 3；黄褐色；条痕*白色；樹脂光沢*；塊状の被膜または細粒の結晶．二次鉱物*，および鉄に富む鉱床*の変質*産物として広く産する．

デーナ，ジェームス・ワイト（1813-95）Dana, James Dwight
アメリカの鉱物学・地質学者．地向斜*の概念を導入．地球は冷却するにつれて収縮しており，それによる変形が大陸縁辺部の地向斜に集中し，山脈や変成帯*などを形成すると主張した．

デネカンプ亜間氷期　Denekamp（ゼルザーテ亜間氷期　Zelzate）
オランダにおけるデベンシアン氷期*中期の亜間氷期*．年代は約 30,000 年 BP．この時期，オランダの7月の推定平均気温は 10℃．メールスフーフト亜間氷期*，ヘンゲロー亜間氷期*とともにおそらくイギリス諸島のアプトンワーレン亜間氷期*に相当する．

デバークル（解氷）　débâcle
ユーラシア北部や北アメリカで春季に川の氷が割れること．解氷は低緯度では3月に始まり，北方ほど遅くなる．

テヒグラム　tephigram
大気の性質の鉛直方向の変化を表す図．〔高層気象観測によって得られた〕気温と湿度が気圧〔高度〕の関数として，乾燥-*および飽和断熱減率*などの基本量を表す曲線とともにプロットされている．上昇空気塊*の温度と湿度の変化を，環境（周囲の大気）の基本量曲線と照合することによって気団*の安定性や上昇空気塊で凝結が起こる高度〔⇨ 凝結高度〕を知ることができる．

テーピー構造　tepee
カルクリート土壌*や潮間帯*，塩湖*縁の堆積物中で，鉱物質層位*がなす頂部の尖った背斜褶曲*状の構造．テーピー・テント〔北アメリカ平原地方先住民の尖ったテント〕に似ているのでこの名がある．水位の変動と化学的沈殿速度の変化によって形成される．

デービス，ウィリアム・モリス（1850-1934）Davis, William Morris
ハーバード大学出身のアメリカの地質学者で，地形学*の発展に貢献した．侵食輪廻（デービス輪廻*）の考えを発展させ，地形発達における河川の役割を論じた．

デービス輪廻　Davisian cycle（侵食輪廻　cycle of erosion）
土地の隆起に始まり侵食*による最終的な平坦化に至る，地形形成過程*が経る系統的な変化の系列．主なステージは以下の通り．丘陵斜面が急で，川の縦断面が不規則な幼年期 → 川の縦断面がなめらかで上方に凹となり下刻速度が大きく低下する壮年期 → 地表面がゆるやかな波曲を呈する準平原*となる老年期．このような観点からの地形研究は現在ではほとんどなされていない．

テフラ　tephra
火山*から放出された火山砕屑性*の粒子

や破片の総称．大きさ・形態・成分を問わない．通常，降下物質に対して用いられ，火砕流*堆積物には適用されない．

テフライト tephrite

シリカに不飽和（⇒シリカ飽和度）の細粒噴出岩*で，主成分鉱物*のカルシウム斜長石*，霞石*，チタン輝石*と，副成分鉱物*の燐灰石*，酸化鉄からなる．ほぼ例外なく斑状*をなす．⇒粗面玄武岩

デブライト debrite

土石流*堆積物のこと．

デプレッション depression

非円筒状背斜（⇒円筒状褶曲）の冠線*が下方に湾曲している部分．

テフロクロノロジー tephrochronology ⇒火山灰編年学

テーベ Thebe（**木星 XIV** Jupiter XIV）

1979年に発見された木星*の14番目の衛星*．直径100 km（±20 km）（100×90 km），質量 7.77×10^{17} kg，木星からの平均距離222,000 km．

デベンシアン氷期 Devensian

イギリスにおける最終氷期．およそ70,000年BP（おそらくはそれより先）から約10,000年BPまで続いた．北アメリカのウィスコンシン氷期*，北ヨーロッパのバイクセル氷期，アルプス地方のビュルム氷期とほぼ同時代．イプスビッチ間氷期*の後でフランドル間氷期*（すなわち現在）の前．⇒アレレード-；ベーリング-；チェルフォード亜間氷期；ドリアス期；晩氷期；ロッホローモンド亜氷期；アプトンワーレン-；ウィンダミア亜間氷期

デポジットゲージ deposit gauge

〔地表に降下する〕固体および液体の大気汚染物質を収集する機器．

デボン紀 Devonian

古生代*の6つの紀*のうちの4番目で，後期古生代最初の紀．約408.5 Maから約362.5 Maまで．ヨーロッパでは海成相，陸成相ともに存在し，後者は旧赤色砂岩*として知られている．模式地*はイングランドのデボン州であるものの，海成デボン系は，ベルギー，アルデンヌの地層に基づいて以下の階に区分されている．下部デボン系のジュディニアン階*（408.5〜401 Ma），ジーゲニアン階*（401〜394 Ma），エムシアン階*（394〜387 Ma），中部デボン系のアイフェリアン階*（387〜380 Ma）とジベーティアン階*（380〜374 Ma），上部デボン系のフラスニアン階*（374〜367 Ma）とファメニアン階*（367〜362.5 Ma）．この層序*区分は岩相*およびゴニアタイト類（アンモノイド亜綱*），スピリファー類*（腕足動物*）をはじめとする豊富な無脊椎動物*化石群に基づいている．陸成の旧赤色砂岩は無顎魚類*と原始的なプシロフィトン（⇒古生マツバラン目）に属する植物を含む．後期シルル紀*のカレドニア造山運動*の後，イギリス諸島はこの陸成赤色層*に広く覆われた．

テマイカン階 Temaikan ⇒カウヒア統

デマルチプレックス demultiplex

マルチプレックス*化された磁気テープのデータを，コンピューター処理するために再配列すること．データは，各波形線*ごとに時間順のフォーマットに並べ替えられる．すなわち，チャンネル1のすべてのデータの後にチャンネル2，…，チャンネルn，と続く．

デマレ，ニコラ（1725-1815） Desmarest, Nicolas

フランスの百科事典編集者，アマチュア地質家．オーベルニュ（Auvergne）の地質調査をおこなって地質図*を作製する過程で，玄武岩*が溶岩*起源であることを明らかにした．また，玄武岩の六角形の割れ目が冷却の結果生じることに気づいた．

テミスパック Temispack

フランス石油研究所が開発し，広く利用されている堆積盆モデリング*の手法．

テーム・バレー亜間氷期 Tame Valley

ビュルム（バイクセル）氷期中のアプトンワーレン亜間氷期*に属する亜氷期*の1つ．

デュトア，ジェームス・アレクサンダー・ロジェ（1878-1948） Du Toit, James Alexander Logie

南アフリカの地質学者．ゴンドワナ大陸区のフィールド調査を重ね，大陸漂移*の証拠を多数見いだしてその考えを『漂う我らが

大陸：大陸漂移の仮説』(Our Wandering Continents : An Hypothesis of Continental Drift) (1937) に著した.

デュープレックス duplex
上位のルーフスラスト*と下位のフロアースラスト*，およびそれにはさまれている一連のホース*からなる地質構造．圧縮性デュープレックスには後背地傾斜デュープレックス (hinterland dipping duplex)，前縁地傾斜デュープレックス (foreland d. d.)，背斜状累重 (antiformal stacks) の3種類があり，正断層*性の傾斜移動領域 (⇒ 傾斜移動断層) には伸張デュープレックスもある．2本の大きい走向移動断層*にはさまれたブロックがエシェロン*状の走向移動を起こしている場合もデュープレックスと呼ばれる．走向移動領域場では伸張性デュープレックスと圧縮性デュープレックスが共存していることもある．

デュリパン duripan
シリカ*によって膠結*された鉱質土壌*の特徴層位*．水中や塩酸中でもスラッキング*を起こさない．炭酸塩や酸化鉄などの二次セメント*を含むことがある．デュリパンが地表面に露出している部分は硬盤（デュリクラスト）*と呼ばれる．⇒ カリーチ

デュレイン（暗炭） durain ⇒ 石炭の組織成分

デューン砂床形（砂堆） dune（**メガリップル** megaripple）
流水によって水底につくられる，砂*の山ないし峰．形態は，これより小さいリップル*や大きい砂浪*に似て〔砂浪とデューン砂床形を合わせてメガリップルと呼ぶこともある〕，上流側斜面（逆走斜面*）がゆるく傾斜し，下流側斜面（順走斜面*）がそれより急に傾斜する非対称的な断面形を呈する．峰は流向に直交し，流速が大きくなるにつれて，平面形が直線から波線，三日月状と変化する．高さは0.1mから2mにわたり，波長（間隔）は1〜10m程度．大きさと発達の程度は水深によって規制され，一般に高さは水深の1/6以下．デューン砂床形が下流方向に移動することによって堆積物中に斜交葉理*が形成される．

テラ（高地） terra （複数形：terrae）
月面で高地をなす明るい部分を指してガリレオが用いた語．現在では'月の高地'と呼ぶことが多い．クレーター*が密集する原始的な長石*質地殻*で，月面の83%を占める．この語は惑星表面の広大な（大陸規模の）高地にも用いられる（たとえば金星*のイシュタール・テラ；Ishtar Terra）．

デラウェア効果 Delaware effct
ラテロ検層ゾンデ*や電磁気ゾンデ*を引き上げる途中で，上下に隣接する地層の間で比抵抗*が変化することによって生じた力線の歪．岩質の変化は信号擾乱の始点と対応する．

テラタン階 Teratan ⇒ ロークマラ統

デラミネーション delamination
1．岩石圏（リソスフェア）*の下部の密度が，冷却と鉱物相転移*によって過大となり，上部から分離してマントル*中に降下し，これより高温で密度の小さいマントルの岩石と入れ替わるという仮説．最近有力になりつつある．このような物理的・化学的な変化によって新たな造構造運動*の場が発生する．2．⇒ Ａ型沈み込み

テラロッサ terra rossa
ヨーロッパに見られる赤色の土壌*．石灰岩*を覆う鉄酸化物に富む風化*残留物に発達する．深層にまで達する古い土壌で，先更新世*のものもある．現在はインセプティソル目*あるいはモリソル目*に分類されている．

デリアン統 Derryan ⇒ アトカン統

テリチアン階 Telychian
下部シルル系*中の階*．アエロニアン階*の上位でシェインウッディアン階*の下位．

テリナイト telinite ⇒ 石炭マセラル；石炭マセラル群

デーリー，レジナード・アードワース（1871-1957） Daly, Reginald Aldworth
ハーバード大学教授．数学から地質学に転向し，火成岩*や火山を研究した．1920年代のアメリカ地質学界ではごく少数派の大陸漂移説*の信奉者であった．大陸移動は，ガラスの性質をもつ溶融したマントル*の上を大陸が重力に従って'滑落する'ことによって

起こる，と主張．1936年，海底峡谷*が懸濁流によって形成されることを初めて示唆した．⇨ 乱泥流

デルタ（三角州） delta

河川水が海や湖などの開けた水塊に流入する河口で，運搬されてきた砕屑物*が流速の低下にともなって急速に堆積して形成された，水塊中に突出する地形．堆積物は特徴的に上方粗粒化*を示す．デルタの形態や特徴は，気候，流入量，堆積物の量，湖底または海底の沈降速度，河口部で働く営力（とくに潮汐*と波のエネルギー）など，さまざまな要素に支配される．デルタ上での物質運搬の様式に基づいて3つの型に分類される．(a) 河川卓越型．例；ミシシッピ川，(b) 波浪卓越型．例；ローヌ川，ナイル川，(c) 潮汐卓越型．例；ガンジス川，メコン川．⇨ ギルバート型デルタ

ΔT 法 ΔT method

ノーマル・ムーブアウト*（ΔT）補正の際の地震波速度*解析の方法．真下に向かった波線の往復走時*（t_0）とあるオフセット*（x）での ΔT から，反射面*までの平方二乗平均速度（V_{rms}）は次の式で与えられる．$V_{rms}=x/(2t_0\Delta T)^{1/2}$．$V_{rms}$が求められれば反射面の深度（$z$）は次の通り．$z=V_{rms}t_0/2$．

デルタテリディウム属 *Deltatheridium*

上部白亜系*から産する，肉食性と考えられる小型哺乳類*の属．かつては食虫性とされていたが，歯に残された特徴から，現在ではおそらく肉歯目*と食肉目*の祖先もしくは姉妹群*と考えられている．

デルタフロント（前置斜面） delta front

デルタ*外縁の砂州*から沖側のトウ（toe；斜面の傾斜角度が小さくなる変換点）にかけての，デルタ前面をなす斜面．トウを経てプロデルタ（底置斜面）*に移行する．活発で急速な堆積作用の場で，堆積体が過度の勾配をなすため，堆積時断層*やスランプ構造*が生じていることが多い．

デルモンティアン階 Delmontian

北アメリカ西海岸地方における上部第三系*中の階*．モーニアン階*の上位でレピティアン階*の下位．上部メッシニアン階*，ザンクリアン（タビアニアン）階*および下部ピアセンツィアン階*にほぼ対比される．

テレスト Telesto（**土星 XII** Saturn XII）

土星*の小さい衛星．1980年にボイジャー*1号が発見．半径$15\times12.5\times7.5$ km，アルベド* 0.5．

テレビジョン・赤外線観測衛星 Television and Infrared Observation Satellite（**タイロス** TIROS）

1960年4月1日，アメリカが打ち上げた最初の気象衛星で，海洋気象庁（NOAA）

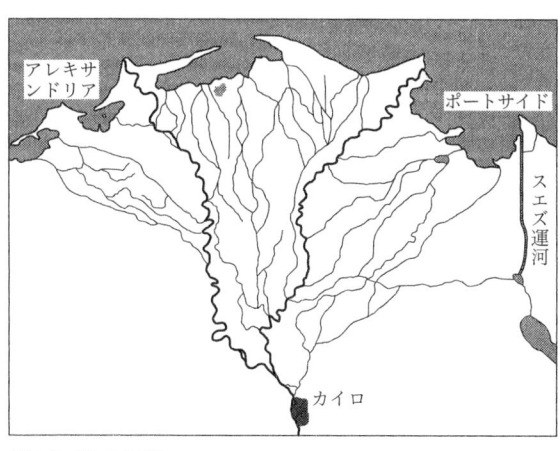

デルタ（ナイル川）

デルタ平野　　　　　　海水準

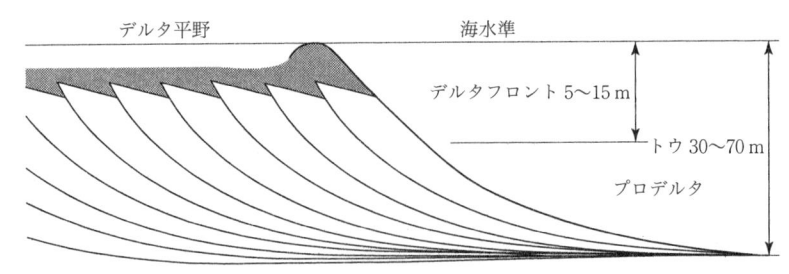

デルタフロント 5〜15 m
トウ 30〜70 m
プロデルタ

デルタフロント

が運用．準極軌道*から地表を帯状に観測した．タイロスNと呼ばれる次世代の衛星2機がその後に打ち上げられた．

テレブラチュラ目　Terebratulida（**テレブラチュラ類** terebratulids；**有関節綱*** class Articulata）

有斑*の殻，湾曲した蝶番*線，機能的な肉茎*，三角板*，通常1組のクルーラ*とループ型石灰質リボンからなる腕骨*をもつ腕足動物門*の目．デボン紀*前期に出現し，3亜目が知られている．このうち，セントロネラ亜目 *Centronellidina* はペルム紀*末に絶滅*したが，テレブラチュラ亜目 *Terebratulidina* とテレブラテラ亜目 *Terebratellidina* は現在も生存している．

テレーン　terrane

1．隣接地域とは層序*・構造様式・地史を異にし，かつ隣接地帯と断層*で境され，不整合*や岩相*側方変化の関係にはない地帯．付加体*・島弧*・微小大陸*を起源としている可能性のある地帯を指す語として造山帯*の研究分野で最近よく用いられている．最初は，'テレーン'という語の性格を明確にするため，また単なる'サスペクト・テレーン'*と区別するため，'転位-'とか'異地性-'という語が冠されたが，これら3つの修飾語はいずれも使用されなくなっている．**2**．terrain（地帯*）の北アメリカでのつづり．イギリスでもこのつづりに替わって広く使用されるようになりつつある．

テロム説　telome theory

シダ植物*の葉は，枝分かれする茎系がさまざまに再配列して生まれたとする，茎と葉の分化に関する説．

転　位　dislocation

1．割れ目に沿う相対変位．**2**．結晶*構造内の原子を連ねる線に沿って生じた格子*欠陥で，原子の列が変位，あるいは正常な構造中に原子列が割り込む．原子列が割り込む転位を刃状転位，転位面に沿う原子列の変位をらせん転位という．

転位クリープ　dislocation creep ⇨ クリープの機構

転移双晶　transformation twinning

異なる温度・圧力条件下におかれた結晶*の構造が変化して生じる双晶*（多形*）．クリストバル石*-鱗珪石*-石英*の系列がその例．この場合，高温型は六方晶系*，低温型は三方晶系*．

転位テレーン　displaced terrane ⇨ テレーン

電位電極　potential electrode

電位測定回路に接続し地表に設置して用いる．比抵抗探査法*や強制分極法*では，2個の電極をさまざまに配置する．自然電位法*では無分極電極*（多孔質の壺など）を使うことが多い．

電　荷　charge (electric charge)

電界力の発生源で，電子*がもつ負の電荷 (electronic charge) の代数和．導電体中での電荷の移動が電流．

展　開　spread

1つのショット*からの信号を記録するために，同時に使用するジオフォン*群*の配置パターン．たとえば，インライン展開，L字展開，振り分け展開，T字展開．⇨ 群列

電解型電気伝導　electrolytic conduction

電解質*におけるようにイオン*の移動に

よって電気が伝わること.

電解質 electrolyte
　溶融体あるいは溶液中に電流を通すことによって分解される化合物.電流は,金属中におけるように自由電子*の移動によるのではなく,イオン*の移動によって流れる.

電解分極 electrolytic polarization
　電解型電気伝導*によって電解質*が分解されること.これにより一定の極性のイオン*は極性が反対の電極に引き寄せられる.たとえば,希硫酸に電流を通すと,正に帯電した水素イオンは陰極*に,負に帯電した硫黄イオンは陽極*に移動する.時間が経過して両電極付近に多量の電荷が集まっている状態を溶液の分極という.

電荷結合画像カメラ(固体画像カメラ) solid-state imaging camera
　リモートセンシング*:可視*スペクトルで作動し,電荷結合素子*によって画像を強化する機器.

電荷結合素子(CCD) charge-coupled device
　物体から得た微弱な信号を増幅して画像をつくる,光に鋭敏な半導体.光が当たったピクセル*の位置に電荷を蓄積して留めておき,ついで各ピクセルの信号を移し,つなぎ合わせて画像を形成する.

填間状(てんかん-)(インターサータル) intersertal
　斜長石*などの板状結晶がなす網目の楔状空隙を,他の鉱物*の微細な結晶*またはガラス*が充填している火成岩*の組織*を指す.この組織は玄武岩*にとくによく発達する.

電気陰性度 electronegativity
　1.陰イオン*を形成する能力の尺度.ある元素の原子が電子*を引きつける強さの程度は電離電位*と電子親和力によって測られる.2.通常,非金属で酸*を形成する元素の原子が電子を引きつける能力.電気陰性度が著しく異なる元素はイオン結合*化合物を形成しやすい.たとえばNaClではNaとClの電気陰性度はそれぞれ0.9と3.0.電気陰性度が同程度の元素は共有結合*を形成しやすい.たとえばCH_4(メタン)ではCと CHの電気陰性度はそれぞれ2.5と2.1.⇨イオン価

電気泳動 electrophoresis
　静止している液体中で,荷電粒子が電界の影響を受けて移動する現象.通常の溶液でも多孔質の媒体(たとえば,でんぷん質,アクリルアミド・ゲル,セルローズ・アセテート)に保持されている液体でも生じる.移動速度は,粒子の電荷量,大きさや形によって変わる.この現象は,巨大分子の研究でさまざまな分析法やその準備調整として利用されている.

電気試錐法 electrical drilling ⇨ 電気探査法

電気浸透 electro-osmosis
　透水性*の低い細粒堆積物に電流を流すことによって,堆積物の間隙水*が排除される現象.地下水*量を減らすためにこの現象を利用することがある.

電気石 tourmaline
　サイクロ珪酸塩*鉱物で硼素珪酸塩.$Na(Mg, Fe^{2+}, Mn, Li, Al)_3Al_6(BO_3)_3[Si_6O_{18}](OH, F)_4$;このグループの鉱物には次の3種がある;ドラバイト $NaMgAl_6(BO_3)_3[Si_6O_{18}](OH, F)_4$,黒電気石* $Na(Fe^{2+}, Mn)_3Al_6(BO_3)_3[Si_6O_{18}](OH, F)_4$,リシア電気石 $Na(Li, Al)_3Al_6(BO_3)_3[Si_6O_{18}](OH, F)_4$;比重2.9〜3.2;硬度*7.0〜7.5;三方晶系*;黒,帯青,桃あるいは緑色で,無色のものはない;結晶形*は通常,長柱状,ときに針状,塊状あるいは放射状集合体;劈開*角柱状{11$\bar{2}$0}に良好.黒電気石とリシア電気石は,気成作用*によって硼素がもたらされた花崗岩ペグマタイト*,花崗岩,気成鉱脈*に,黄玉(おうぎょく)*,リシア輝石*,錫石(すずいし)*,蛍石*,燐灰石*とともに産する.ドラバイトは,変成作用*を受けた不純な石灰岩*,まれに塩基性岩*に産する.電気石は堆積岩*に普遍的に含まれる砕屑性*重鉱物.多色で良質の結晶は宝石*となる.

電気石花崗岩 luxullianite ⇨ 電気石;電気石化作用

電気石化作用 tourmalinization
　既存の火成岩*が受ける気成作用*による

変質*の一種．マグマ*の固結末期に放出される硼素に富む流体と一次岩石（多くは花崗岩*）との反応によって，電気石*と石英*からなる岩石が生成する．この過程の中間産物，すなわち電気石の集合体が部分的に置換したアルカリ長石*が保存されている花崗岩も多い．イギリス，コーンワル州ルクスリアン（Luxulyan）の電気石花崗岩（ルクスリアナイト luxullianite）がその典型例．

電気ゾンデ electrical sonde
　岩石の電気比抵抗*（電気伝導率*の逆数）を測定するための検層*用機器．さまざまな型がある．⇒ 自然電位ゾンデ；マイクロ検層；電磁気ゾンデ

電気探査法 electrical sounding（**垂直電気探査法（VES）** vertical electrical sounding，**電気試錐法** electrical drilling）
　電極あるいはコイルの間隔を大きくして，深部から情報を得る電気探査断面作製法．比抵抗探査法*や強制分極法*では，さまざまな電極配置*を採用している．比抵抗探査では，みかけ比抵抗値が電流電極*間隔の関数として両対数グラフに記録される．標準曲線*を用いて予備的に解釈したうえで詳細なコンピューター解析をおこなうことが多い．電磁気探査法（EM）*ではコイル間隔を大きくし，時間領域のEMでは周波数を変える．⇒ 定間隔トラバース

電気的断面 geo-electric section
　比抵抗探査法*による見かけ比抵抗*から同定された成層構造の模式的な断面．地下水面*を追跡したり，地下水面レベルの水が塩水か淡水かを判定するうえで有効．

電気伝導度（コンダクタンス）（κ） conductance ［**電気伝導率（電導率）（σ）** electrical conductivity］
　1． 直流回路においては回路の抵抗の逆数．交流回路においては，回路の抵抗をインピーダンス*〔絶対値〕の二乗で割った商で，アドミッタンス〔admittance；回路中での交流の流れやすさを示す尺度〕の実数部を与える．いずれも国際単位系*での単位はジーメンス（S）．かつてはモー［mho；オームohmの逆］と呼ばれていた．**2．** 地球内部：表層部では各種電気探査法*や電磁気探査法*によって決定する．上部マントル*では，主として地球磁場*の変動とくに日変化*から，また地磁気地電流探査法*により研究する．下部マントルでは地磁気の永年変化*の影響から推定する．

電気トモグラフィ electrical tomography
　地中に挿入した金属電極間で地下に電流を流す地球物理学的探査法．考古学でも利用される．電極の深さや方向を変えて比抵抗*を測定し，地下構造の三次元像を得る．

天泣（てんきゅう） serein
　雲がないのに雨が落ちてくる現象．雨滴が生じた後に雲粒子が蒸発してしまった場合，あるいは雨が地上に届いたときには雲が通り過ぎているためと説明されている．〔わが国では俗に'狐の嫁入り'と呼ばれている．〕

電極電位 electrode potential ⇒ 酸化電位
電極の分極 electrode polarization
　電極の周囲にイオン*が集まり，電荷が蓄積すること．

電極配置 electrode configuration（**電極群列** electrode array）
　電気探査法*，定間隔トラバース*，強制分極法*で用いる電極の幾何学的配置型．ふつうは2つの電流電極*と2つの電位電極*を幾何学的因数*から定間隔に配置する．主な配置に，双極子群列，シュルンベルジェ群列*，方形群列*，ウェンナー電極群列*がある．

点　群 point group ⇒ 晶族
点載荷試験器 point load tester
　点載荷指数*を測定する器具．試料（多くは掘削コア*）の両側に60°円錐をあてがうジャッキと破壊*が起こる直前の圧力を示す計器からなる．

点載荷指数（I_s） point load index
　円錐の先端にはさまれた岩石試料が破壊*を起こすに要する力．$I_s=P/D^2$．Pは力，Dは先端間の距離（いずれも破壊時）．I_sは一軸圧縮強度*に関係する量．

電　子 electron
　質量9.11×10^{-31} kg，1.602×10^{-19} C（クーロン）の負の電荷をもつ基本的な粒子．単独で，または原子核*のまわりにグループをなして存在する．原子内の電子は核からさま

ざまな距離にあるが，一定の低エネルギーの軌道または殻のなかに位置している．殻のなかにはさらに副殻がある．このため1つの原子のなかでまったく同じ性質をもっている電子はない．電子がある副殻から低エネルギーの他の副殻に移る際には電磁放射*を放出する．高エネルギーの副殻に移る際には電磁放射が吸収される．電子は核のまわりを円ないし楕円軌道を描いてまわっており，それ自身も軸のまわりにスピンしている．

テンシオメーター tensiometer

不飽和帯*で土壌*水分の表面張力*を測定する装置．底が多孔質の密閉管とマノメーター*からなる．張力は陰圧であるため通常の開放式ピエゾメーター*では測定できない．

電磁気検層 induction logging

電磁誘導*を利用して，孔井*のまわりの岩石の電気伝導率*と比抵抗*を測定する検層*．

電磁気ゾンデ induction sonde

孔井*のまわりの岩石に誘起させた渦電流*を測定する電磁機器〔渦電流の強さは岩石の電気伝導率*（比抵抗*の逆数）に比例〕．ラテロ検層*よりも離れた地層からの信号を受信することができる．炭化水素*の探査と開発では主として水の飽和度の見つもりに用いる．ただデータにはデラウェア効果*が影響している．

電磁気探査法 electromagnetic method

地表下の導電体に人工的に誘導させた渦電流*によって発生させた電界または磁界を測定しておこなう探査法．レーダー*による測定，電磁気学的な地下の電気伝導率*測定，超低周波電磁気探査法*，自然に発生する電気信号を用いるAFMAG EM法*などがある．比抵抗探査法*，強制分極法*など誘導が大きくない探査法，マイクロ波センシングなど検知深度が大きくない探査法，地球磁場*の成分の変化を利用する地磁気地電流探査法*はこれに含めない．

摸電子線プローブ・マイクロアナライザー（EPMA） electron-probe microanalyser

研磨片や薄片*の表面で径1μmほどの鉱物*やガラス*の化学組成を決定するのに用いる装置．細い電子線を，試料表面の直径1μmの点に焦点を合わせて照射すると，試料の原子が励起されてX線を放出する．X線の波長は試料中に存在する元素に固有のものであり，強度は当該元素の相対濃度に比例する．X線強度を化学組成が既知の標準試料のX線強度と比較することによって，試料中に存在する元素の絶対濃度を推定することができる．

電磁単位系 emu

c.g.s.単位系*による電気と磁気単位（ガウス，エルステッドなど）．現在ではこれに替わって，国際単位系*のアンペア毎メートル*，ウェーバー/m^2，テスラ*が使われるようになっている．

電磁波 electromagnetic wave

位相と周波数*が同じで，たがいに直交する電気成分と磁気成分からなる波動．電気成分は電界の強さE，磁気成分は磁束密度*Bに相当する．電磁波は光速（自由空間では約2.998×10^5 km/秒）で伝播し，その波動速度*は$v = 1/\sqrt{\mu_0 \varepsilon_0}^{1/2}$．$\mu_0$と$\varepsilon_0$はそれぞれ透磁率*（$4\pi \times 10^{-7}$ H/m）と自由空間の誘電率*．

電磁放射（EMR） electromagnetic radiation

波長は10^{-12} m以下から10^3 m以上にわたる．波長が大きくなる順に，宇宙線*，ガンマ線*，X線，紫外線*，可視光線*（紫→赤），赤外線*，マイクロ波*，ラジオ波，電流がある．

電磁放射スペクトル electromagnetic spectrum

電磁放射*の周波数*あるいは波長*の範囲．

電子捕獲 electron capture

原子核が1個の核外電子*を吸収して陽子数を減らし中性子数を増やす機構．核外電子1個と核の陽子1個とが反応し，中性子とニュートリノがそれぞれ1個ずつ生じ，ニュートリノは核から放出される．この反応が起こった核は励起状態となり，ガンマ線*を放射する．k殻またはそれより高エネルギーの殻から電子が捕獲されて生じた空位は移動してきた他の電子によって充填される．この過程で電子は検出可能なX線を放出する．

電磁流体力学　magnetohydrodynamics
　主として数学を用いて，運動している導電媒質内での磁場を研究する科学．地球の核*に適用されて地球磁場*の発生機構が追究されている．核では，磁力線の動きによって磁場が形成されているが，この磁力線は運動している導電媒質〔に引きずられて，その〕中に'凍結されている'．しかし，磁場内で流体運動している導電物質をもつ系全体にも磁場が現れることになる．

天水　meteoric water
　降水*として，あるいは地表水塊からの浸出水として，地殻*あるいはその内部に達した気圏*起源の水．⇒ 地下水

天青石　celestite
　鉱物．$SrSO_4$；重晶石*と固溶体*をなす；比重3.9〜4.0；硬度*3.0〜3.5；斜方晶系*；淡青〜無色，ときに赤色を帯びる；条痕*白色；ガラス光沢*；結晶形*は通常は重晶石に似た板状，ただし繊維状，粒状のこともある；劈開*は底面{001}に完全，{210}に良好，{010}に不良．しばしば蛍光*を発する．堆積岩*とくに苦灰岩*の間隙を連ねて重晶石，石膏，硬石膏*，岩塩*と共存して，蒸発岩*に石膏，硬石膏と共存して産するほか，熱水*鉱脈*に方鉛鉱*，閃亜鉛鉱*とともに産する．また粘土岩*や泥灰岩*中で結核*状の塊をなすこともある．ストロンチウムとストロンチウム化合物の主要な鉱石鉱物*．

天底（てんてい）　nadir
　リモートセンシング*機器直下の地表にある点．

転倒褶曲　overturned fold（**過褶曲** overfold）
　褶曲軸面*が傾斜する非対称褶曲*のうち，両翼*が同じ方向に傾斜するため片翼が逆転*している褶曲*．両翼の傾斜角度はかならずしも等しくない．

伝統的層序尺度（TSS）　Traditional Stratigraphic Scale ⇒ 層序尺度

テント岩　tent rock（**ウィグワム** wigwam，**土柱** earth pillar）
　多くは火山砕屑岩*からなる，高さ数十 mに達することもある円錐形の柱．分岐・合流する水流にはさまれている岩体や，溶岩*など抵抗性のある岩石によって上を保護されている岩体が，周囲の岩石が侵食*されたなかで孤立しているもの．〔ウィグワムはアメリカ先住民のテント住居．〕

デンドログラプタス科　Dendrograptidae
⇒ 樹型目

天然ガス　natural gas
　岩石中の間隙*空間に閉じ込められている気体の炭化水素*．主にメタン CH_4，エタン C_2H_6，プロパン C_3H_8，ブタン C_4H_{10}．液体の石油*と共存していることもしていないこともある．熱量が高く，煙やすすを出さずに燃焼する．プラスチック，合成洗剤，肥料などの原料ともなる．上記の成分をもつガスは，排煙塔から出るものも生産過程の副産物も'天然ガス'と呼ばれる．

天然ガスハイドレート　natural gas hydrate
　水の氷の格子*内に天然ガス*（多くはメタン）を含んでいるクラスレート*の1種．水温0℃以下，圧力4 MPa以上で，多くは永久凍土*となっている海底堆積物の上部300〜2,000 mに胚胎する．ガス輸送管がハイドレートによって詰まり，破損してメタン（温室効果ガス*）が漏出することがある．堆積物中のハイドレートに含まれるメタンの量は，炭素に換算して，他のあらゆる化石燃料*の総埋蔵量の2倍に達すると見つもられている．

天然の雄型　natural cast ⇒ 化石化作用

天王星　Uranus
　太陽系*の7番目の惑星．1781年にこれを発見したサー・ウィリアム・ハーシェル（Sir William Harschel）は彗星*とみなした．命名はボーデ*による．赤道半径25,559 km，極半径24,973 km，体積6,833 km^3，質量 86.83×10^{24} kg，平均密度1,318 kg/m^3，アルベド* 0.51，黒体温度35.9 K．黄道*面に対する赤道の傾斜が97.86°であるため，横転していることになる〔1846年にガレ（J. Galle）が発見〕．地球との最短距離は $2,581.9 \times 10^6$ km，最長距離は $3,157.3 \times 10^6$ km．大気をもっており，表面気圧は優に100バール〔10^7パスカル〕を超える．大気は水素分子（89%），ヘリウム分子（11

％），エーロゾル*をなすメタン，アンモニアの氷・水の氷，アンモニアの水硫化物おそらくメタンの氷からなる（海王星*の大気に類似している）．表面における風速は 200 m/秒に達し，気温は 58 K．

1997 年に 2 つの衛星*が新たに発見されて衛星の数は 17 個となったが，未発見のものがあると推定されている．2 つの衛星（現在のところ固有名がなく，S/1997 U 1 と S/1997 U 2 という記号がつけられている）は，それぞれ直径が 60 km と 80 km と推定され，母惑星からの平均距離 5.8×10^6 km（天王星の直径の 227 倍）の離心軌道をまわっている．ティタニア*以外の衛星は木星*の衛星よりも密度が高い．最大のティタニア〔789 km〕とオベロン〔761 km〕は 1787 年ハーシェルによって，ウンブリエル*とアリエル*は 1851 年にウィリアム・ラッセル（William Lassell）によって，ミランダ*は 1948 年カイパー*によって発見された．アリアル，オベロン，ティタニアはおそらく水および他の氷，珪酸塩からできている．いずれもごく低温であるため溶融した核をもたないと考えられるが，いくらかの地質活動の徴候が知られている．これ以外の 10 個の衛星については，ボイジャー*2 号が地球に送ってきた映像によってはじめて詳細が明らかとなった．

天王星の衛星 uranian satellites
アリエル（天王星Ⅰ）；ウンブリエル（天王星Ⅱ）；オフェリア（天王星Ⅶ）；オベロン（天王星Ⅳ）；クレッシダ（天王星Ⅸ）；コルデリア（天王星Ⅵ）；ジュリエット（天王星ⅩⅠ）；ティタニア（天王星Ⅲ）；デスデモナ（天王星Ⅹ）；ビアンカ（天王星Ⅷ）；プク（天王星ⅩⅤ）；ベリンダ（天王星ⅩⅣ）；ポルティア（天王星ⅩⅡ）；ミランダ（天王星Ⅴ）；ロザリンド（天王星ⅩⅢ）．⇒ 天王星

電波掩蔽（電波星食） radio occultation
探査機から発射した電波を利用して惑星の気圏*を探査する技術．惑星の背後に入った探査機から地球に届く信号は惑星の電離圏*の垂直構造と気圏の密度に関する情報をもたらす．非常にせまい帯域*に限られた波長の電波を用いると，星食〔月による恒星や惑星の食〕を利用するよりも精確な測定が可能となる．

電波探査器 radio sounder
惑星または衛星*の表面に向けて，短い電磁エネルギー・パルスを連続的に放射する機器．戻り信号から表面地形が明らかにされるほか，表面下の電気伝導率*分布図も作製され，これから表面下の構造が推定される．この技術は月の地下構造の研究を目的としたアポロ計画*17 号で採用された．

テンプル-タットル彗星 Temple-Tuttle
軌道周期 32.92 年の彗星*．最近の近日点*通過は 1998 年 2 月 27 日，近日点距離は 0.982 AU*．

テンプルトニアン階 Templetonian
オーストラリアにおける中部カンブリア系*中の階*．オーディアン階*の上位．

テンペスタイト tempestite（**ストーム堆積物** storm deposit）
1 回の嵐の間に形成された堆積物*．潮差*が小さく強風の影響を受けやすい大陸棚*に多い．

点放射源 point source
1 点から発し，及ぼす効果に比べて実質的な広がりをもたないとみなされるエネルギー源．たとえば，発破における火薬，比抵抗探査法*における電極*．

点　紋 spotting
低～中程度の接触変成作用*を受けた泥質岩のスレート劈開*表面に見られる，径 2 mm 程度，ときにはそれ以上の円形の暗色部．頁岩*など元の泥質岩中に含まれていた不純な有機物の集合体が変成して生じた石墨*に富むものが多い．紅柱石*が点紋をなしていることもある．

天文単位（AU） astronomical unit
地球*と太陽*との間の平均距離．1 AU は 149,597,870 km．

電離圏 ionosphere
高度約 80 km から上の気圏*部分．イオン*と遊離電子*の含有率が高く，100～300 km で最高となる．長距離無線通信で使用する電波は，これらの荷電体がとくに濃集している部分で反射される．これによって湾曲し

電離電位（イオン化ポテンシャル） ionization potential

電子*に運動エネルギーを与えることなく，電子を原子または分子から排除するのに必要なエネルギー．この場合には正電荷のイオン*（陽イオン*）が生じる．

転　流 translocation

土壌学：土壌*物質が溶解または懸濁されて1つの土壌層位*から別の土壌層位に移動すること．

電流電極 current electrode

電流を導電体に送り出す，あるいは導電体から受け入れる電極．比抵抗探査法*（垂直電気探査*と定間隔トラバース*）や強制分極法*は2つの電流電極をさまざまに配置しておこなう．

ト

トア tor

周囲から突出して佇立している基盤岩の高まり．花崗岩*に典型的に発達するが，それ以外の岩石でも見られる．地下深くに及ぶ差別的な風化作用*によって生じた岩屑が除去されたり，差別的な凍結融解作用*によって形成される．半乾燥条件下ではスカープ*後退の最終産物．

トアルシアン階 Toarcian

ヨーロッパにおける下部ジュラ系*中の階*（187〜178 Ma；Harlandほか，1989）．ウルロアン階（ニュージーランド）にほぼ対比される．⇒ ライアス

ド・イェール・モレーン de Geer moraine

モレーン*地形の一種．氷河*前縁に平行に並んで連なる，孤立したせまい峰．峰が毎年1つずつ形成されることもある．峰の長さは最大300 m，高さは15 mに達する．典型的なものでは，ティル*が核をなし，これをやや円磨された礫の層が覆っている．湖または海の中に張り出した氷床*の前縁で形成されたものもあるようである．名称はスウェーデンの地質学者の名に因む．

統 series

系*を細分した年代層序単元．地質年代単元*の世*に相当．ある世に形成された地層または岩体を指す．統は階*に細分される．英語で公式に*記述する場合には，頭文字を大文字とする．たとえば，Lower Cretaceous Series（白亜系*下部統）．

頭- cephalic

頭部に関連した語に冠される．

等圧線 isobar

天気図上で気圧の等しい点を連ねた線．地上天気図では，気圧の値は海水準における値に換算する．線は一定のミリバール〔ヘクトパスカル〕間隔で引かれる．等圧面*上の等値線は，上空で気圧が等しい高度を連ねた線となる．

等圧面 isobaric surface
　気圧が等しい点を連ねた面．⇨ 等圧線
頭　鞍 glabella ⇨ 頭部
同位体 isotope
　陽子と電子*の数（すなわち原子番号*）が同じで中性子の数（すなわち質量数*で表される原子の重さ）が異なる2種類以上の化学元素．たとえば，水素には^1_1H（陽子1，中性子1），^2_1H（重水素；陽子1，中性子2），^3_1H（三重水素；陽子1，中性子3）がある．^2_1Hが^1_1Hに替わって多量に含まれる水は'重水（heavy water）'と呼ばれる．天然に存在する元素は92種にすぎないが，天然には300種の同位体が知られており，各元素は1種の同位体が大部分を占める混合体をなしている．同位体はさまざまな核反応でつくられ，その産物は放射性であることが多い．同位体は3通りの方法で表される．質量数235のウラニウムを例にとれば，^{235}U，U-235，ウラニウム235．⇨ 同位体年代測定法

同位体希釈分析 isotope dilution
　試料中における特定の元素の存在度を，質量分析*により同位体*組成に基づいて測定する分析法．ある元素を未知量含む一定量の化合物にスパイク*（その元素の放射性同位体）を一定量加えて混合する．スパイクの比放射能（specific activity；1 mg，1秒あたりの崩壊数）は精確にわかっているので，混合物の同位体組成を知って試料中におけるその元素の量を求めることができる．試料から微量の混合物を分離，秤量してその比放射能を測定する．試料中の非放射性元素の濃度は同位体トレーサー*で希釈することによって見つもることができる．ある元素の同位体の1つをスパイクとすることができれば，天然の同位体を2種以上もつ元素（約80％の元素）のすべてにこの方法を適用することができる．共存する他の元素の干渉を受けないなど他の分析法にくらべていくつかの利点がある．精度はスパイク溶液の補正によってきまる．

同位体水文学 isotope hydrology
　天然に存在する同位体*や人工同位体を用いて，水塊の年齢や挙動を明らかにする技法．最もよく利用される同位体は，トリチウム，重水，炭素13，炭素14，塩素36，酸素18．

同位体地球化学 isotope geochemistry
　地質学的な問題や過程を解明するために，岩石の主成分元素および微量元素*の同位体*（安定および放射性）の存在比（たとえばRb/Sr，Pb/U）を研究する地球化学*の分野．岩石の時代的関係や地球の年齢そのもの（⇨ 地球年代学；同位体年代測定法；放射年代測定法），古温度と地質温度測定（⇨ 酸素同位体分析法；地質温度計），天然水・鉱石を形成する流体・マグマ*の起源（⇨ 同位体分別作用；標準平均海水；D/H比；酸素同位体比；安定同位体研究）などが研究対象となる．

同位体トレーサー isotope tracer
　挙動をモニターすることができる放射性同位体*．ある物質が有機体，生物系，非生物的環境などを通過する経路を追跡するうえに用いる．非放射性化学物質も，移動が追跡できるものであれば，同じ目的で使用することがある（たとえば，カリウムを交代することができるセシウム）．

同位体年代測定法 isotopic dating
　ある物質中の親同位体*（放射性）と娘同位体（放射性，非放射性を問わない）の相対存在比に基づいて，物質の年代を決定する方法．崩壊定数*（親同位体の半減期または崩壊速度）と娘同位体の存在量がわかれば，年代を計算することができる．⇨ 年代測定法；放射性崩壊；放射性炭素年代測定法；放射年代測定法

同位体分別作用 isotope fractionation
　原子核*の質量差が原因で，天然に起こる過程において元素の同位体*が分離すること．同位体の化学的性質は同じであるが，軽い同位体ほど振動エネルギーが大きいため物理的性質（密度，蒸気圧，沸点，融点など）が異なる．分離（分別）は，蒸発-凝結，溶融-結晶化，結晶*内での拡散*，メルト*中での水と鉱物*または鉱物対の間での同位体交換，などの過程で起こる．分別の程度は温度に依存し，相対的な質量差が大きいほど顕著となる．天然では，炭素，酸素，硫黄，水素-重水素で分別効果が大きい．分別比と同

位体比は古温度，地質現象，岩石・鉱物の生成様式を決定するうえに利用される．⇒ D/H 比；酸素同位体比；酸素同位体分析法；安定同位体研究；同位体地球化学

等雲量線 isoneph

天気図上で雲量*が等しい点を連ねた線．

投影面 plane of projection（**赤道面** equatorial plane）

球面上の点を投影して二次元的に表す水平面．'赤道面'とも呼ぶのは，ステレオ投影*が，赤道で半截した地球を北極または南極から眺めるのに例えられるため．投影面の円周を基円*と呼ぶ．この面は球の中心を通るので大円*であり，球の南北軸となす角度は90°．

トゥエンホーフェル，ウィリアム・ヘンリー
(1875-1957) Twenhofel, William Henry

アメリカの地質学者，ウィスコンシン大学教授．アメリカの古生代*堆積岩を研究，その著『堆積学』(*Treatise on Sedimentation*) (1926, 1932) に著された堆積作用の研究で知られる．

等温残留磁化（IRM） isothermal remanent magnitizaion

室温の磁場に置かれた強磁性*物質が獲得する残留磁化．⇒ 保磁度；飽和磁化

等温線 isotherm

気候図上で平均気温が等しい地点を連ねた線．

等　価 equivalence

電気探査*データを解釈するうえに発生する非一意性の問題．3層モデルで，中央の層のモデルを変えても，見かけ比抵抗*グラフには同じ形のピークまたは谷がつくられること．ピークが同じ形をなすグラフは，横断抵抗 R_t が $h\rho$ に等しい値にとどまるときにつくられる（h は層の厚さ，ρ はその真の比抵抗）．縦断抵抗 R_x が $h\rho$ に等しければ，谷が同じ形をなすグラフがつくられる．試錐孔*によって h または ρ をおおまかに知ることができれば，この問題は解消する．

頭　蓋 cranium (skull)

脊椎動物の中軸骨格で，脳を包んでいる骨質構造．頭蓋は，皮骨頭蓋，軟骨頭蓋，内臓頭蓋の3部分から構成されている．皮骨頭蓋は頭蓋の上部にあり，眼窩（がんか）の周辺の領域と顎を含む．軟骨頭蓋は頭蓋の下部をなす．内臓頭蓋は内臓骨〔鰓弓*（さいきゅう）と喉頭や気管などの派生物〕を形成する．

等価開口幅 equivalent aperture width

エネルギー量が同じで，一定のピーク振幅をもつ，時間領域*における長方形の開口の幅．

倒　角 hade

断層面*，鉱物脈*，ロード*などの面構造要素が鉛直面となす角度．〔面の傾斜*の余角〕．

透過係数（T） transmission coefficient

入射光線の振幅（A_0）に対する透過光線の振幅（A_2）の比．$T = A_2/A_0$．垂直入射の場合には媒体境界面の上下の屈折率*（Z_1 と Z_2）で表すと，$T = 2Z_1/(Z_2+Z_1)$ となる．$T = 1-R$．R は反射係数．透過係数はエネルギーのかたち（T）でも表すことができる．エネルギーのかたちで表した反射係数 R' は R^2 であるので，$T = 1-R' = 1-R^2 = 1-(Z_2-Z_1)^2/(Z_2+Z_1)^2 = 4Z_1Z_2/(Z_2+Z_1)^2$．⇒ 反射係数

同化作用 assimilation

岩石学：マグマ*の母岩（側岩）*が溶融または溶解してマグマ中に吸収される作用．マグマとの接触部，深部で分離してマグマ中に取り込まれたブロック（捕獲岩*）は，一部または完全に溶融することがある．同化作用によって元のマグマの組成が変化すると，混成岩が形成される．この語は溶融や溶解の機構を問わない．

透過性 permeability

1. 膜または他の障壁が物質を拡散*または通過させる能力．2. 物質が流体を通過させる能力．透水係数*で表される．土壌学では，ガス，液体，植物の根が土壌*の中または土壌を通過する能力．

塔　型 turreted (turriculate)

腹足類（綱）*の殻形態を表す語で，殻は尖塔状で，下面が平坦あるいはゆるやかに丸まっているものを指す．

同化分別結晶作用（AFC） assimilation-fractional crystallization

マグマ*の同位体*や微量元素*含有量が

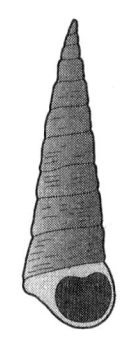

塔型

多様に変化する過程で，火成岩*岩石学で重要視される．玄武岩*マグマなどの始原マグマが地殻*岩石中に貫入*すると，母岩（側岩）*の一部が分離して捕獲岩*としてマグマ中に取り込まれることがある．玄武岩マグマは高温で熱容量が大きいため，捕獲岩や母岩の一部を溶融し，これによってマグマは熱を失って一部が結晶化する．その結果変化するマグマの組成は，a) 元来存在していたマグマと母岩の相対量，b) 同化作用*と結晶作用が進行する速度，c) 固相-液相間のさまざまな元素の分配係数*，によってきまる．

透過率 transmittance

物体の表面に入射した電磁放射*が物体を透過する割合．

塔カルスト tower karst

カルスト地形の1つ（⇒カルスト）．平坦地から突出している石灰岩*体がなす，外壁がほぼ垂直な塔に似た形の残丘*．主に低緯度地方に発達する．

同期成分 in-phase component ⇒ 実数成分

透輝石 diopside

斜方輝石*に属する主要な輝石*．$CaMgSi_2O_6$；ヘデン輝石* $CaFeSi_2O_6$ と連続的な固溶体*系列をなす（透輝石固溶体系列；di_{ss} または Di_{ss} と略記）；比重 3.22（透輝石）～3.44（ヘデン輝石）；硬度* 5.5～6.0；単斜晶系*；通常，淡いくすんだ緑または灰色（まれに無色）；ガラス光沢*；結晶形*は通常，短柱状，柱状であるが，全体として不定形の粒子集合体をなす；劈開*は{110}に発達．輝岩*，かんらん岩*，はんれい岩*，輝緑岩*などの塩基性*～超塩基性岩*に普遍的な鉱物で，玄武岩*やドレライト*にも見られる．多くの変成岩*にもふつうに産し，とくに変成した苦灰岩*と石灰質堆積岩*に多い．クロム透輝石はクロムに富む（1～2% Cr_2O_3）明緑色の変種で，キンバーライト*パイプにふつうに見られる．

等揮発線 isovol

炭田図上で石炭*の揮発性成分*の含有量が等しい地点を連ねた線．

等　級 grade

同じ値を有するもののグループ．

撓曲（とうきょく） flexure

1. 平板が短縮されるにつれて直線状の基準線から側方に湾曲すること．2. 翼間角*が120～180°の開いた褶曲*あるいは単斜構造*．

頭棘（とうきょく） cephalic spine

三葉虫（綱）*の頭部*に見られる棘で，その代表的なものが頭部側方両側から後方に突き出した棘状部である頰棘（きょうきょく）*．

陶　玉 porcelain jasper ⇒ 碧玉（へきぎょく）

等　筋 isomyarian ⇒ 筋痕

洞窟- spelean

洞窟にかかわることがらに冠する語．

洞窟生成物 speleothem ⇒ 滴石

東経90°海嶺 90°E Ridge（ナインティ・イースト海嶺 Ninety-east Ridge）⇒ インド-オーストラリア・プレート

同形形質（非相同共有） homoplasy

進化の過程で，異なる系統に類似した構造が現れること（すなわち共通祖先から由来する形質*ではない）．この語は収斂進化*と平行進化*の両方を含む．⇒ 逆転

同形鉱物 isotype (isostrucutre)

イオン*の相対的な大きさは同じであるが，絶対的な大きさが異なる1対の同形置換鉱物*．固溶体*をつくることはできない．

同形置換 diadochy, proxy ⇒ イオン置換

同形置換鉱物 isomorph

同じないしほぼ同じ結晶*構造をもち，大きさまたは相対的な大きさがほぼ同じである

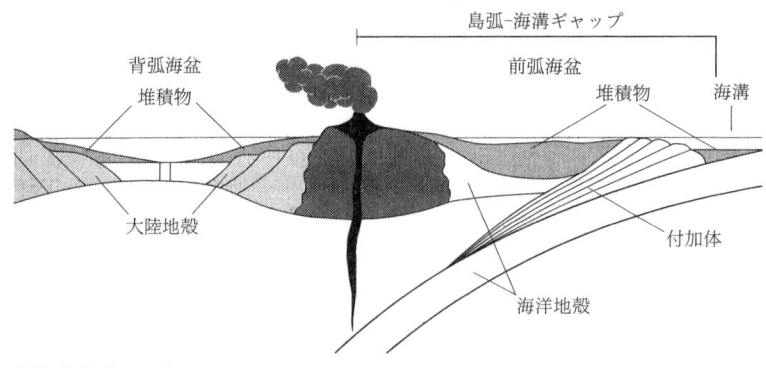

イオン*を含んでいる2種類の鉱物*．固溶体*をつくりやすい．⇨ 同形鉱物

同型胞子 homospory ⇨ 胞子

凍結渦 frost boil ⇨ インボリューション

凍結押上げ frost push, **凍結引張り** frost pull

周氷河*環境で表土中の岩塊を浮き上がらせる作用．凍結押上げは，氷のレンズが岩塊の下に生じてそれを押し上げる現象．凍結引張りは，凍結した表土中の氷に岩塊が固着し，凍上する表土とともに引きずり上げられる現象．〔いずれも氷が融解して沈下した表土面上に岩塊が浮き上がった状態でとり残されることになる．〕⇨ 凍上

凍結核 freezing nuclei

温度が0℃以下の雲の内部に存在し，衝突した過冷却*水滴が氷の結晶としてそのまわりに成長する核となる物質．ふつうは氷晶*であるが，形状が適当であればそれ以外の物質も核となる．⇨ 核．⇨ 氷晶核

凍結破砕作用 frost-shattering (frost wedging), **コンジェリフラクション** congelifraction, **ジェリフラクション** gelifraction, **ジェリベーション** gelivation)

岩石の微細な割れ目または間隙*中の水が凍結する際に膨張する圧力によって，岩石が破壊される現象．

同源岩片 cognate lithic ⇨ 石質岩片

島弧 island arc

海溝*の大陸側に位置する火山列．火山活動*は海洋プレートの沈み込み*に起因し，沈み込んでいくプレート*の上約100 kmで起こり，その産物は主に中性岩*．島弧は強い地震活動の場であり，特異な熱的および磁気的性質を有する．⇨ ベニオフ帯；プレート運動；プレート・テクトニクス

頭甲 head shield

1．三葉虫（綱）*の頭部*を指す語であるが一般的ではない．**2**．多くの甲皮類*（⇨ 無顎上綱）の頭部背側に見られる硬い骨質からなる鎧状の覆い．

等降水量線 isohyet

気候図上で平均降水量*が等しい地点を連ねた線．

島弧-海溝ギャップ arc-trench gap (前弧 fore-arc)

海溝*とそれに隣接する火山性島弧*との間の地域．幅はほとんどが100 km以上，アリューシャン弧の東端では570 kmに達する．付加体*の成長と前弧海盆*の発達によって時代とともに増大する．

島弧間海盆 inter-arc basin

背弧海盆*の1型で，盆底が海洋地殻*からなるもの．主な堆積物は，火山弧からもたらされるタービダイト*性の火山砕屑物*．→ 島弧間トラフ

島弧間トラフ inter-arc trough

外側の非火山弧〔外弧*〕と内側の火山弧の間を占める前弧海盆*．→ 島弧間海盆

橈骨（とうこつ） radius

四肢動物*の前肢先端側にある2本の骨のうち，第1指側（ヒトの場合には親指側）に

あるもの. → 尺骨

頭索亜門 Cephalochordata（無頭亜門 Acrania）

脊索動物門の1亜門で，現生脊索動物で最も原始的なアンフィオクサス属 Amphioxus（ナメクジウオ）のみがこれに含まれる．カンブリア紀*に知られている骨格をもたない化石生物の一部も，このグループに入るかもしれない．頭索類は，頭部，鰓裂（さいれつ），筋節に延びる脊索*をもち，脊椎動物の祖先に似た特徴を備えている．

同時- isochronous

継続期間または形成期間，あるいは発生または形成時期が同じ事件または層序単元*に冠される． → ダイアクロン

等歯型 isodont

二枚貝類（綱）*に見られる蝶番*歯の歯生状態*の1つ．蝶番帯の前後に対称的に配列した少数の歯をもつ．歯が不明瞭なものから大きな腕状の歯をもつものまでさまざま． → 異歯型

同軸相関法 co-axial correlation

嵐の時の流出水体積を予測するために，〔降水量と流出量の〕相関を求める図法．

同歯性 homodont ⇒ 異歯性

同時潮線 cotidal line

同時に，ある潮位（平均高潮位または平均低潮位）となる点を連ねた線．海図に表示される．同じ情報が'基準港'における高潮位または低潮位の時刻との時間差として潮位表に掲載されている．

等斜褶曲 isoclinal fold

2つの翼*が平行となっている褶曲*構造．

等重力線 isogal

重力加速度*が等しい地点を連ねた線．

凍上 frost heave (frost heaving)

表土中に氷のレンズないし層（厚さは30mm程度まで）が形成されることによって地表面または個々の粒子が押し上げられる現象．シルト*が卓越している表土では氷の体積が最大となる（体積で68％以上を氷が占める）ため，凍上は最も大きくなる．地表面の全上昇量が氷層の厚さの合計にほぼ相当する．針状の氷の柱（霜柱*）が発達して地表の石がもち上げられることもある．

塔状雲 castellanus

'城'を意味するラテン語 castellum に由来する雲の名称．高積雲*，層積雲*，巻積雲*の雲頂から鋸歯状に並ぶ塔のように垂直に延びる雲． ⇒ 雲の分類

凍上試験 frost heave test

岩屑または土壌*を所定の条件下で凍結させる室内試験．試料を入れた高さ150 mm，直径100 mm の円筒を凍結条件下におき，その下端を250時間流水にさらす．〔凍上を避けるための客土*に使うものについては〕円筒内での凍上*が12 mm 以下であることが要求される．

同所性 sympatry

同一の地理的範囲内に複数の種が共存すること．近縁種間の差異が，形質置換と呼ばれる，形態あるいは生態の面で働くプロセスによって増大（多様化）することが多い．

同所的進化 sympatric evolution

同一の地理的範囲内で，祖先タクソン*から新しいタクソンが分岐すること．新しいタクソンとなるかもしれない集団と同一種ではあるが同所的な別の集団（のちに親タクソンとなる）の間で交雑が起こることは地理的には可能であるが，何らかの理由でそれが起こらず，新しいタクソンが独立する．それがどのような理由によるのかを説明することができないため，特殊な種類の生物を除くと，この型の進化*が現実に起こる可能性はほとんど受け入れられていなかった．しかしながら最近では，ある種の染色体*突然変異*が交雑に対する障壁となり，その結果同所的進化が起こりうることが指摘されている．

透磁率 magnetic permeability

磁界強度に対する試料中の磁気誘導*の比．自由空間（すなわち大気）中では一定．$\mu_0 = 4\pi \times 10^{-7}$．

同心褶曲 concentric fold

個々の地層*の直交層厚*が一定に保たれている平行褶曲*．理想的な褶曲面は共通の中心をもつ円弧となる．この幾何学的な制約のため，褶曲面の断面形は上方にも下方にも漸移的に変化することになる． ⇒ 褶曲

等深線 isobath
　水面からの深さが等しい地点を連ねた線.

等震度図 isoseismal map
　地震*の震度*または頻度が等しい地点を連ねた線からなる地図.

等深流（コンターカレント） contour current
　コンチネンタルライズ*付近で典型的な,海洋盆の西縁に沿って流れる底層流.両極付近からの冷水塊を受け入れて安定した密度層ができている海域でとくに顕著.よく知られている例に北アメリカ東部のコンチネンタルライズ沖を流れる西岸強化*（西岸境界）底層流がある.等深流は,粘土*,シルト*,砂*を運搬することができる程度の流速（5～30 cm/秒）をもつ恒常的な流れである.

動水勾配 hydraulic gradient
　一定の距離を隔てた地点間における地下水頭*の深度差の尺度.通常,単位水平距離あたりの最大水頭低下の方向,すなわち最大動水勾配の方向で流量が最大となる. ⇒ 水頭

透水性,透水率 permeability （**透水係数** hydraulic conductivity）
　一般に,岩石,堆積物*,土壌*が流体を通過させる能力.正確には,一定の温度と動水勾配*のもとで,多孔質媒質の単位断面積を通過する水の体積流量のこと.簡便に m/秒または m/日の単位で表す.典型的な値は,粘土*の 10^{-6} m/日から粗礫*の 10^3 m/日にわたる.透水性は温度および流体と媒質双方の性状に依存する.透水率（K）は,断面積 A,長さ L の岩石試料を流速 Q で通過する粘性*μ の流体の圧力低下 (P_1-P_2) を浸透計*で測定し,ダルシーの法則*から求める.$K = Q\mu L/(P_1-P_2)A$.石油工学では,これに替わって固有透水率という m² で表す尺度（またはダルシー*という工学単位）を用いている.これは岩石の性状のみに依存する.

透水量係数（T） transmissivity
　地下水*が単位動水勾配*のもとで帯水層*の単位幅を通過する割合.透水係数*と水で飽和した帯水層の厚さの積で表され,単位は m²/日.

同成鉱床 syngenetic ore deposit
　母岩*と同時に,同じ成因によって形成された鉱床*.たとえば,層状アイアンストーン*,マグマ*性分結鉱床など.

トウセット toeset
　ギルバート型デルタ*で,デルタの前進方向に漸近的に薄くなっている基底部分.前置層（フォーセット）*の先端に堆積した細粒堆積物*からなる. ⇒ 頂置層（トップセット）

套線（とうせん） pallial line ⇒ 筋痕

頭縁 cephalic suture
　三葉虫（綱）*の頭部*に見られる背甲側顔線と腹側顔線を合わせたもの.背甲側顔線には3つの主要なタイプがある.顔線が頭部前方から頬端（きょうたん）*の外側縁へ延びるものを前頬型,頭部前方から頬端の間を通り頭部後端へ延びるものを後頬型という.また,顔線が頭縁に沿っている頭縁型では,背甲表面には顔線が見られない.例は少ないものの,顔線が直接頬端に延びるものを頬端型という.背甲側顔線は頭部腹側で腹側顔線に続いている.腹側中心線前方にある細長い嘴板（しばん）は,前方側の嘴線と後方側の唇線で区切られている.腹側側方の縫合線が中央で癒合し,1本の線（中央線）になっている属もある.

透閃石 tremolite
　単斜晶系*の主要なカルシウム角閃石*.化学式は $Ca_2(Mg, Fe^{2+})_5[Si_4O_{11}]_2(OH, F)_2$；フェロアクチノ閃石と固溶体*系列をなす（ ⇒ アクチノ閃石）；比重 3.02～3.44；硬度* 5.0～6.0；単斜晶系*；白～灰白色,ガラス光沢*；結晶形*は単純で長い角柱状,針状であるが,しばしば放射状,棒状,繊維状,フェルト状の薄い集合体をなす；劈開*柱面{110}に完全.火成岩*に広く産する角閃石*で,変成作用*を受けた石灰岩*,苦灰岩*,片岩*やホルンフェルス*にも産する.英語名称はスイス,セントゴタード（St. Gotthard）近くのトレモラ谷（Tremola Valley）に因む. ⇒ 翡翠（ひすい）輝石

套線湾入（とうせん-） pallial sinus
　ある種の二枚貝類（綱）*で,殻内面の套

線が切れ込んでいる部分．套線湾入が見られる二枚貝類は，ほとんどが海底面に巣孔*を掘って生活する内生*型．⇒ 筋痕

動相関 dynamic correlation
オフセット*が異なる波形線*と，多数の隣接する反射点について類似する波形の対の相互相関*を加算したものとの相互相関．少しずつずらしたオフセットについての相互相関を二乗して表示し，各測線についての残差ノーマル・ムーブアウト*と重合*速度を計算する．

等層厚線（アイソパック） isopach
ある地層*の厚さが等しい点を連ねる線．地層の傾斜による影響を補正して真の厚さ*を表すべきであるが，そのような例はまれ．火山の火道を中心とする空中降下火山灰の厚さをcmまたはmで示した等層厚線は火山灰*の体積と分布を見つもるうえに不可欠．

等層厚線（アイソコア） isochore
2つの基準面*の間で地層*の鉛直方向の厚さが等しい点を連ねた線．

等層厚線図（アイソパック図） isopach map
ある地域について等層厚線（アイソパック）*を平面的に表した地表下地質図*．石油貯留岩*の大きさと形態を見つもったり，伏在する古い地表面がなす地形を推定するために作製する．

頭足綱 Cephalopoda（**頭足類** cephalopods）
軟体動物*に属する綱．Cephalopodaは'頭に足のある'を意味する．すべて海生で，二枚貝綱*や腹足綱*と近縁である．頭足綱にはオウムガイ亜綱*（オウムガイ類），コウイカ目（コウイカ），ツノイカ目（イカ），八腕目（タコ），そして絶滅*したアンモノイド亜綱*（ゴニアタイト類，セラタイト類，アンモナイト類）とベレムナイト（矢石）目*が含まれる．最初の頭足類はオウムガイ亜綱に属するもので，カンブリア紀*後期に出現した．

等速度点 isovelocity plot ⇒ 速度探査
トウタティス Toutatis
太陽系*の小惑星*（No. 4179）．直径 $4.6 \times 2.4 \times 1.9$ km，おおよその質量 10^{13} kg．自転周期は不規則で，公転周期は1.1年．接触しているとみられる2物体からなり，それぞれの直径は2.5 kmと1.5 kmと推定されている．2004年9月29日に地球に約150万kmの距離まで最接近する．

等地磁気図 isomagnetic chart
地磁気の要素，通常は全磁力*または方向が等しい地点を連ねた線からなる地図．

同調停滞 coordinated stasis
いくつかの種が構成する群集*が数千万年間にわたって変化しない安定期の後，ごく短期間に絶滅*と種分化を経験することがあるという考え．1992年にゴードン・ベアード（Gordon Baird）が提唱した．これは，群集レベルでの断続平衡*ともいえる．それは，群集を構成する種の間にあまりに緊密な相互作用が働いているため，環境変化に対して種自身が進化する代わりに，群集全体がより適した環境場に移住することによるとされている．シルル紀*からデボン紀*中期にかけて，海底の泥質底質中に生息していた動物群集の化石記録はこの考えを支持するように見えるが，同調停滞というアイデアが全面的に受け入れられているわけではない．

動的平衡 dynamic equilibrium ⇒ 平衡
等伝導率図 isoconductivity map
電気伝導率*または熱伝導率*が等しい地点を連ねた線からなる地図．

陶　土 china clay ⇒ チャイナストーン
凍土面 frost table ⇒ チェーレ
等日照線 isohel
平均日照時間が等しい地点を連ねた線．

動粘性率 dynamic viscosity
流体の形態変化に対する抵抗性の尺度．流体の断面形の変形速度に対する剪断応力*の比で表す．

頭　板 cranidium ⇒ 頭部
等尾（正尾） homocercal tail ⇒ 異尾
等　尾 isopygous ⇒ 尾板
逃避痕（フギクニア） fugichnia
堆積速度や侵食速度の急激な変化あるいは捕食者に対して反応した動物がつくった，いわゆる逃避構造．元は定住用の巣孔*であったと考えられるが，三日月型の細かいラミナ

（スプライト*）が存在することから，動物が埋没や露出から免れる努力をしたことがうかがわれる．⇨ 生痕化石

等比抵抗図 isoresistivity map

見かけ電気比抵抗*が等しい地点を連ねた線からなる地図．

頭部 cephalon

三葉虫（綱）*の体前方にある頭の部分を指す．半円形で，少なくとも5つの部分が癒合してできている．頭部の中央にある盛り上がった部分を頭鞍という．その大きさや構造はさまざまで，その直下に胃があったと考えられる．頭鞍の側縁と顔線（⇨ 頭線）の間の頬を固定頬，その外側にある，顔線と縁線の間の頬を自在頬（遊離頬）という．頭鞍と固定頬を合わせた部分は頭蓋と呼ばれる．眼の内側には瞼翼（けんよく）［眼瞼葉（がんけんよう）］がある．カンブリア紀*に生息していた三葉虫の多くは，眼と頭鞍がせまい眼稜によって結ばれている．頭鞍は，横方向の頭鞍溝によりいくつかに区切られていることがあり，また頸溝（額溝）により頭部後方の頸環（額環）と境されている．トリヌクレウス科などいくつかの科では，小さい穴のあいた葉状の'縁飾り'が頭部をとり巻いている．頭部背甲側の外骨格*は外縁部で腹側に折り返し重複板となって続いている．

トゥファ tufa（**石灰トゥファ** calc-tufa）

塩性の泉*のまわりに薄層をなして，あるいは鍾乳石*と石筍*の外皮として沈積した炭酸カルシウム，まれにシリカ*からなる堆積岩*．⇨ トラバーチン

動物界 Animalia（**後生動物** Metazoa）

発生の初期に胚の段階を経る生物で，多細胞生物がなす3つの界のうちの1つ（他の2つは菌界*と植物界*）．動物界には，まれに群体をつくることのある原生動物*以外のすべての動物が含まれる．海綿動物門*（カイメン）は他の動物とは基本的な体構造が大きく異なるため，真の後生動物から除かれることがある．動物は先カンブリア累代*の後半に祖先である原生生物*から派生したが，海綿動物とそれ以外の動物はそれぞれ異なる原生生物から独立に進化したようである．最も古い動物の化石記録は，少なくとも約700 Maの岩石に残されている体腔動物*の巣孔*（生痕化石*）である．

等伏角図 isoclinic chart

地球磁場*の伏角*が等しい地点を連ねた線からなる地図．

動物群（動物相） fauna（形容詞：faunal, faunistic）

ある地域またはある地質時代における動物界のようす．具体的には，ある地域に生息しているすべての動物種，ある地質時代の化石*動物の群集またはある地域から産するある地質時代の動物化石群集．→ 植物群．

動物群化石帯 faunizone ⇨ 群集帯

動物地理区 faunal realm（faunal province, faunal region, zoogeographical region）

多少とも地域を特徴づける動物群集*に基づいて，世界の動物分布状態を表す地域区分．特異性の程度は対象とする地域によりさまざまで，気候や，移住にとっての障壁の有無などの要因を反映している．現在の地球にあるとされる動物地理区の数は研究者ごとに異なるが，少なくとも以下の6地理区が識別されている：オーストラリア動物地理区*，エチオピア動物地理区*，新北動物地理区*，新熱帯動物地理区*，アジア動物地理区*，旧北動物地理区*．

等偏角図 isogonic chart

地球磁場*の偏角*が等しい地点を連ねた線からなる地図．

等胞子 isospore ⇨ 胞子

等方性 isotropy（形容詞：isotropic）

測定する方向にかかわらず光学的または他の物理的性質が同じであること，またはそのような物質に冠される．等方性の鉱物*では，光線は2つの振動方向*に分かれることなく，光学的特徴を変えずに鉱物を通過したり鉱物によって反射される．したがって，その薄片*や研磨面を顕微鏡で観察する際に，どのような方位を向いていても，直交ポーラー*での屈折率*あるいは反射率*は1つ．→ 異方性；非均質性

動補正 dynamic correction ⇨ 静補正

等ポテンシャル equipotential

1．（線）ポテンシャル場においてポテンシ

ャルが等しい点を連ねた二次元の軌跡．**2.**（面）ポテンシャル場においてポテンシャルが等しい点の三次元的な分布．

等ポテンシャル線あるいは等ポテンシャル面はそのポテンシャル場による力線と直交する．たとえば，海面は地球の重力場*の等ポテンシャル面である．

ドゥマイル，ベノア（1656-1738）　de Maillet, Benoît

フランスの外交官・旅行家．死後の1748年に出版された地球の創生と先史時代を論じる著作『テリアメド』（*Telliamed*）（姓の逆綴り）では，岩石と生物はすべて消滅していく海洋で発生し，地球の年齢を20億年以上と考えた．その人魚信仰がわざわいして，この本は後世の博物学者の嘲りの的となった．

等密度線　isopycnal

水塊〔または大気〕中で密度が等しい点を連ねた線．密度が等しい三次元的な面は等密度面という．

透明　transparent

物体の輪郭が明確に見える程度に光を透過させる物質（鉱物*など）に冠される．

透明石膏　selenite ⇨ 石膏

透明度　transparency

物質がさまざまな波長の光を吸収することなく通過させる程度．⇨ 吸収

等面積ネット　equal-area net（**シュミット-ランベルト・ネット**　Schmidt-Lambert net）

構造の方位データをグラフで表現するためのステレオ・ネット（球面を二次元的に表現する座標形）．ネットは大円*と小円*によって2°目盛の区画に分割されていて，それに投影された構造の方位を示す．これによって方位データの分布範囲や特定方向への集中の程度を読みとることができる．

ドゥラ　draa

サハラ砂漠の，高さ300m以上に及ぶ砂の峰または砂丘*の列．列の間隔はおよそ0.5〜5km．年に2〜5cm程度移動する．エルグ*（砂砂漠）における最大の地形．2つのドゥラが交差するところではルールド*（星型砂丘）が発達する．

等流　uniform flow

1. 水路の全延長にわたって流速と流量*に変化のない流れ．流路内で不等流が発生するのは，流路の断面形態が変わるか流量に変化が生じた結果．**2.** 流域内のすべての地点で流速と流向が同じである地下水*．

等隆起線　isobase

過去のある時期に海水準でつくられ，その後隆起した地表面上で，海抜高度が等しい地点を連ねた線（すなわち等高線）．

等粒状　equant

長軸，中間軸，短軸の長さがほぼ等しい粒子．⇨ 粒形；ジンクのダイアグラム

糖粒状石灰岩　sucrosic limestone ⇨ ダナムの石灰岩分類法

動力変成作用　dynamic metamorphism

強い変形作用をともなう断層*または衝上断層*に沿って岩石が圧砕され，再結晶*する過程．岩石が粉砕されて生じた粉状の物質は，粒径が小さいため，極度に高い剪断応力*と変形過程で発生する摩擦熱によって再結晶しやすい．粉状物質が再結晶してフリント*様となった岩石をマイロナイト*と呼ぶ．マイロナイトは変形領域で粉砕を免れた母岩*の破片を含んでいることが多い．変形作用が極端に進行して破片がすべて粉状化され，これが再結晶すると，縞状構造*をもつ細粒の岩石ウルトラマイロナイトとなる．摩擦熱によって岩石が融けることもあり，それが固化したものをシュードタキライト*と呼ぶ．

同齢集団　cohort

同時期に生まれた個体群あるいはタクソン*内の集団．

桃簾石　thulite ⇨ ゾイサイト

道路砕石　roadstone

圧潰や摩耗に対する耐性があり強度の大きい，道路建設用の骨材*．

トゥローワル　trowal

カナダで用いられている気象用語．地表から切り離された暖気がまだ低い位置にある状態の閉塞前線*上限を画する線およびその付近の領域を指す．上昇中の暖気がなす気圧の谷*で，雲と降水によって特徴づけられる．

ドゥントルーニアン階 Duntroonian
ニュージーランドにおける下部第三系*中の階*．ウェインガロアン階*の上位でウェイタキアン階*の下位．中部シャッティアン階*にほぼ対比される．

土　塊 clod
緻密に固まった土壌*の塊．締まっている土壌を掘り起こしたり，耕したりすることによって生じる．大きさはさまざま．

ドキュメンテーション地図 documentation map
開設予定の鉱業所に関して，たとえば採鉱権，土地所有権など，すべての文書記載事項を表した地図．

特異日 singularity
年間のある特定の時期に特定の気象が続く（あるいは現れる）日．ブリテン島と中央ヨーロッパで9月から10月上旬にかけて続く晴れて乾燥した温暖な天候がその一例．これは '古女房の夏 (old wives summer)' とか '小春日和 (Indian summer)' と呼ばれ，動きの遅い高気圧*がもたらす天候．

トクサ綱 Sphenopsida (**トクサ類** horsetails)
シダ植物*の綱で，デボン紀*に出現した．トクサ類は石炭紀*に多様な分化を遂げ，沼沢地における植生の主要な構成要素となり，石炭*を形成した．節に分かれた茎をもつことが特徴で，葉や枝は節部で輪状配列する．茎の各節には縦溝線が見られ，胞子*はふつう実枝の先端にある球果内で環状に配列する胞子嚢でつくられる．唯一の現生の属であるトクサ（イクイセタム属 *Equisetum*）は比較的小型の植物（種によって異なるが，4～5cmから最大で12mほど）であるが，最もよく知られた化石属の1つであるロボク（カラミテス属 *Calamites*）には高さが30mを超える大木のような種類のものがあった．これもよく知られている化石トクサ類スフェノフィルム属 *Sphenophyllum* は，径は1～7mmで細いものの，長さは数mに達し，他の植物にはい登って成長したのであろう．⇒ アーケオカラミテス・ラジアータス；カラミテス・システィフォルメス；イクイセティテス・ヘミングウェイ

毒重土石 witherite
炭酸塩鉱物*．$BaCO_3$；比重4.3；硬度*3.5；灰白色；ガラス光沢*；結晶形*は板状で双晶*をなす．ただし塊状，粒状のこともある．熱水*鉱脈*に脈石鉱物*として重晶石*，方鉛鉱*とともに産する．

特殊化 specialization
ある生物の環境への適応*の度合い．高度な特殊化は，せまい生息域あるいはニッチ*，および熾烈な種間競争の両方を意味する．

得水河流 gaining stream (**流出涵養河流** influent stream)
水面下の湧泉あるいはそれ以外の地下水*浸出によって総流量*が増加していく河川．

特　性 signature
ある地域内または断面沿いの地球物理的異常の特徴．多くは，重力（重力特性）または地磁気（地磁気特性）の残留異常*をフーリエ解析*またはパワースペクトル解析して求める．

ドクチャエフ，バシリー・バシリービッチ (1840-1903) Dokuchaev, Vasily Vasilievich
ロシアの土壌学者，ハリコフ農業森林研究所所長．土壌*，とくにチェルノゼム*の生成について研究し，土壌の分類法を発展させ，土壌図を作製した．

特徴層位 diagnostic horizon
ある土壌*に典型的な特徴をいくつか合わせ有している土壌層．

都市気候 urban climate
広い地域が 'たて込んでいる' ことが原因となって改変された地表大気条件がもたらす気候．改変の結果生じた現象として，大気汚染，都心での風速の減少，ビル周辺における乱気流*〔いわゆるビル風〕，都市構造から出る熱による気温上昇〔いわゆるヒートアイランド現象〕，水の蒸発と除去（排水と流出）の増大，などがある．

閉じた褶曲 close fold
M. J. Fleuty (1964) が提唱した，閉塞性による褶曲*の分類で，翼間角*が30°から70°の褶曲．

土砂流（アースフロー） earth flow
斜面を下る未固結物質の流れ．通常，間隙

水圧が上昇して粒子間の摩擦が低下することによって発生する．速度は水の含有量を反映して，流動物質が塑性的な場合には遅いが，液体に近い状態となっている場合には速い．地震によって粒子間の結合が攪乱されると乾いた状態でも起こる．

土壌 soil

1. 基盤岩の上に見られる，天然の鉱物*と有機物の固結していない混合体．植物が成長する媒体をなす．2. 地質工学：未固結のため軟弱で変形しやすい物質．固まっていない砂*や粘土*などを指す．

土壌- edaphic

'土壌の'あるいは'土壌の影響を受ける'という意味の形容詞．土壌生物に影響を及ぼす土壌要因は土壌の発達にかかわっており，物理的要因と生物学的要因がある（鉱物*と腐植*の含有量，pH*など）．

土壌アソシエーション soil association

1. 地理区に特徴的な土壌*型の分布パターンをなす土壌群．2. 土壌型の分布を地図で表示するための単位．土壌図の縮尺の関係で，個々の土壌を区別することが必要でないか，それが不可能な場合に用いる．⇒ 土壌コンプレックス

土壌雨洗 soilwash ⇒ 雨食

土壌学 pedology

自然の状態にある土壌*の成分・分布・生成機構を研究する科学．

土壌含水率 soil-moisture content

土壌*の全体積に対する，土壌に含まれている水の体積の割合．土壌が十分に飽和していると，水はその下の飽和していない層へ容易に流出していく．流出が終わった後に土壌が保持している毛管水分*の量を圃場容水量*という．さらに（蒸発などにより）土壌が乾燥すると土壌水分不足となる．不足量とは，圃場容水量を回復するうえに必要な水量を降水量*で表したもの．

土壌管理 soil management

植物の生産性を支えるために土壌*に加える種々の作業および操作．将来にわたって収量が持続することを目標に立案される．

土壌空気 soil air

地表の上の大気と組成は同じであるものの，組成比が異なる土壌*中の気相．土壌の間隙*を占めている．

土壌-空気調査 soil-atomosphere survey

土壌*の間隙*に取り込まれているガスの化学的特徴から，地化学異常を発見する方法．この方法により，風化作用*もしくは放射性崩壊*によってガス（ウランの崩壊によるラドンなど，分析が容易なガス）を放出した鉱石*を発見することができる．

土壌形成作用 pedogenesis (1), soil formation (2)

1. 自然界で土壌*が形成される過程．腐植化作用*，風化作用*，溶脱*，石灰集積作用*など，多様な作用がある．2. 一次過程（風化作用*と腐植化*）と二次過程が複合して，無機・有機物質を変質，再配列し，土壌を形成する作用．風化した岩石からのルーズな土壌の生成から，土壌断面*の分化にわたる．

土壌系列 soil series

土壌図作製および土壌分類*の基本単位．1つの系列にある土壌*はいずれも同様の土壌断面*特性を有し，同一の土壌母材*から発達したもの．

土壌構造 soil structure

個々の土壌*粒子が結合して形成している二次単位，すなわち団粒*およびペッド*の配列のしかた．

土壌個体 soil individual ⇒ ポリペドン

土壌固定 soil anchor ⇒ アンカー

土壌コンプレックス soil complex

土壌*の分布を地図で表示するための単位で，土壌アソシエーション*を用いるよりも詳細な表示となる．種々の土壌が地理的に混在しており，土壌図の縮尺の関係でそれぞれを図示することが必要でないか，それが困難な場合に用いる．

土壌湿潤指数 soil-moisture index ⇒ 湿潤指数

土壌水帯 soil-water zone (**不飽和帯** unsaturated zone, **通気帯** vadose zone)

地表面と地下水面*との間の領域．水はこの層を通過して地下水面に達するが，土壌*や岩石の粒子および毛管作用*によって保持されるため，容易に井戸へ流入しない．⇒

地下水

土壌水分状況　soil-moisture regime

年間を通じた土壌*水分の変化の状況．月間の降水量*と地表面での可能蒸発散量*の収支が変化することを反映している．後者が前者を上まわっていれば，土壌水分が不足していることになる．

土壌相　pedofacies

土壌*の層相*．河川流路*の短絡によって形成された古土壌の熟成度と現在の河道からの距離との関係を明らかにするうえに，土壌相の組成が有効となることがある．

土壌層位　soil horizon

土壌断面*の任意の深さに存在する比較的均質な土壌*の層．土壌表面に平行ないしほぼ平行で，上下に隣接する層位とのあいだに有機物や鉱物*の特性に明確な差異が認められる．土壌層位は，O，A，B，C層の基本単位に分けられる．O層〔Oは有機物 organism の頭文字；かつての Ao 層〕は有機物からなる地表の層．O層は，地表の落葉枝がなすL層〔Lは落葉枝 litter の頭文字〕，その下の発酵物質（F層）〔Fは発酵 fermentation の頭文字〕，さらに下位の腐植物質（H層）〔Hは腐植* humus の頭文字〕に分けられる．A層は有機物と鉱物の混合体からなる地表層位．鉱質物質が失われているA層はE（溶脱）層と呼ばれることがある〔Eは溶脱* elluviation の頭文字〕．また，鉱質物質が存在する場合には，通常，層位系列の中ほどにB層が存在する．B層は物質（鉱物と有機物）が沈積することによって特性が変質した層位である．C層は土壌母材*であり，風化*以外には土壌形成作用による変質を受けていない．その下にある未風化部分をD層またはR層と呼ぶことがある〔Rは岩石 rock の頭文字〕．多くが膠結*されている鉱質層はK層と呼ばれることがある．⇒ 土壌形成作用

土壌体　solum（複数形：sola）

土壌母材*より上の土壌断面*上部．土壌形成作用*が進行しており，植物根と土壌動物の大部分が見られる部分．

土壌断面　soil profile

地表から比較的変質度の低い土壌母材*まで，土壌*を構成する全土壌層位*を含む鉛直断面．

土壌調査　soil survey

1．野外で土壌*を系統的に吟味し，その分布図を作製すること．2．地化学異常を検出するための土壌の化学分析．⇒ 地化学的土壌調査；標定調査

土壌皮殻　crust

土壌*表層部．厚さは数 mm から数 cm で，炭酸カルシウム，シリカ*，鉄酸化物によって弱く膠結*されていることがあり，下位の土壌より固く，締まっている．皮殻は，主に乾燥環境で機械的な作用（土壌生成作用*）によって現在もつくられている．埋没していた遺存土壌または化石土壌の皮殻が現れていることもまれにある．

土壌肥沃度　soil fertility

植物の成長に必要な元素の量とその利用しやすさに関する土壌*条件．水分と酸素，あるいは化学的な栄養素の供給などの物理的要因に支配される．

土壌分類　soil taxonomy

生物分類法に類似した土壌*の区分．USDA*の土壌調査所が考案した体系が最も広く用いられている．それによれば，土壌は次の11の目（もく）に分類されている．アリディソル*，アルティソル*，アルフィソル*，アンディソル*，インセプティソル*，エンティソル*，オキシソル*，スポドソル*，パーティソル*，ヒストソル*，モリソル*．これらの土壌目はさらに特徴層位*に基づいて亜目，大土壌群，ファミリー，土壌統に細分される．

土壌平衡曲線　soil grading curve ⇒ 平衡曲線

土壌母材　parent material

土壌形成作用*を経て土壌断面*に変化する材料物質．通常，風化*を受けたのみでそれ以外の変質を被っていない鉱物*または有機物質のかたちで断面の基底に見られる．

土壌保全　soil conservation

侵食*による物理的な消耗を防止し，化学的な劣化を回避する（つまり土壌肥沃度*を維持する）など，慎重な管理によって土壌*を保護すること．

土壌力学 soil mechanics

固結していないルーズな粒子集合体の力学的特性,とくにその構成,剪断強度*および水の影響の研究を土壌*に応用して,建築や採鉱などへの土壌の適正を評価する.また,岩盤の機械的*・化学的風化作用*にともなう安定性の低下といった工学上の問題にも適用される.

土壌粒度 soil separates

粒径2mm以下の細かい土（細土）をなす鉱物粒子の粒径区分（砂*,シルト*,粘土*）.

トスカナイト toscanite ⇨ 流紋石英安山岩

土 性 soil texture

土性クラス区分法によって定義されている,砂*,シルト*,粘土*が土壌*の細土中で占める割合（重量比）.その違いがそれぞれ特有の手触り感を与える.

土 星 Saturn

太陽系*の6番目の惑星.太陽からの距離は9.52 AU*.半径60,000 km,密度704 kg/m³,質量は地球の95倍,体積は地球の833倍.赤道面が黄道*に対して29°傾いている.水素とヘリウムからなる外層の下に金属水素の層があり,中心に氷-珪酸塩からなる核*をもつ.18個の衛星*が知られており,輪をもつことで親しまれている.

土星の衛星 saturnian satellites ⇨ アトラス（土星XV）;イアペトゥス（土星VIII）;エピメテウス（土星XI）;エンケラドゥス（土星II）;カリプソ（土星XIV）;ディオーネ（土星IV）;ティタン（土星VI）;テチス（土星III）;テレスト（土星XII）;パン（土星XVIII）;パンドラ（土星XVII）;ヒペリオン（土星VII）;フェーベ（土星IX）;プロメテウス（土星XVI）;ヘレネ（土星XIII）;ミマス（土星I）;ヤヌス（土星X）;レア（土星V）

土石流 debris flow

粗粒の岩屑（クラスト*）が泥-水混合物によって支持されて運搬される重力流.移動速度は低速から高速にわたる.陸上でも海底でも発生する.その堆積物は分級不良（⇨分級度）で内部構造をもたず,礫質泥岩*が典型的な岩相*.大陸斜面*上で発生した地すべりは深海平原*に達して数千km²を覆う土石流堆積物をもたらす.

ドッガー Dogger

1. ドッガー世：178.0 Maから157.1 Maにわたる（Harlandほか,1989）中期ジュラ紀*の別称.ライアス世*の後でマルム世*の前.アーレニアン*,バジョシアン*,バトニアン*,カロビアン*の各期*を含む.アーレニアン期を独立した期と認めず,バジョシアン期を広げてその中に含める研究者もいる. 2. ドッガー統：ドッガー世に相当するヨーロッパにおける統*.最上部ヘランギ統*と下部カウヒア統*（ニュージーランド）にほぼ対比される. 3. ドッガー層：イングランド,ヨークシャー地方のアーレニアン階*中の岩相層序単元*.

突形- cuspidate

鋭頭をもっている,先端が鋭い.

凸型斜面 convex slope ⇨ 斜面断面

突州（寄州） point bar

河川の湾曲部の凸岸側（内側）に見られる三日月型の低い砂州*.対岸または上流の凹岸側（外側）から侵食*された比較的粗粒の物質からなり,上流に向かって傾斜していることが多い.

突然変異 mutation

1. 遺伝子*あるいは染色体*のセットが構造的な変化を受ける現象. 2. 構造的な変化を受けた遺伝子あるいは染色体のセット.突然変異は進化*を生みだす根源であり,すべての遺伝的変異の源となる.しかしながら,配偶子（生殖細胞）あるいは後に配偶子になることが決まっている細胞に突然変異が起こった場合にのみ,その突然変異が次世代に受け継がれることになる.体細胞で発生した突然変異は体細胞突然変異と呼ばれ,その細胞から有糸分裂により分裂したすべての細胞に伝えられる.ほとんどの突然変異は生物にとって有害なものであるので,進化はごくわずかな有利な突然変異を通じて進行する.

突然変異率 mutation rate

系統学*：単位時間に1つの遺伝子*の1つのヌクレオチドに発生する突然変異*の数.

ドット・チャート dot chart

中心点からの距離に比例した点が同心円状にプロットされている透明なシート．測定域周囲からのポテンシャル効果を決定する際，とくに重力測定*における地形補正*計算にあたって補助的に用いる．各点の高度と密度が決定され，それを個々の点をとり巻く直近領域の代表値とみなす．

ドットの砂岩分類法 Dott classification

広く使用されている砂岩*の分類法．砂岩*を泥質基質*の量によって，アレナイト（基質が15％以下）とワッケ（基質が15％以上で75％以下）に2分する．〔泥質基質が75％以上のものは泥岩*〕．アレナイトは，石英アレナイト（石英*粒子が95％以上），長石質（アルコース質）アレナイト（長石*が25％以上で，岩片より多い），準アルコース質アレナイト（長石が5～25％で，岩片より多い），石質アレナイト（岩片が25％以上で，長石より多い），準石質アレナイト（岩片が5～25％で，長石より多い）に細分される．ワッケもこれとまったく同じ基準で5タイプに細分される．

突　風 gust

地上付近で急激に風速が増す現象．気流中の物理的な擾乱によるほか，気温の上昇や晴天乱流*などのようにウインドシア*によることもある．

トップラップ toplap

もともと傾いている地層*（たとえばデルタ*の前置層*）や地震反射面*が上側で切られてとだえている非調和的な*関係．おそらくは軽微な侵食*をともなう無堆積を表している．海岸トップラップは海水準安定期*に形成される．地層の各ユニットは海側に傾斜し，その上端部は陸側に向かって尖滅する．次の地層のユニットは海側に付加してシーケンスが側方に成長していく．→ベースラップ

ドップラー偏移（ドップラー・シフト） Doppler shift

観測者から遠ざかっていく発生源と近づいてくる発生源からの電磁波または音波の振動数*が見かけ上変化すること．オーストリアの物理学者クリスティアン・ドップラー (Christian Doppler, 1803-53) が発見．

ドップラー・レーダー Doppler radar

回転しているメソ低気圧*や竜巻*の両端の雨滴が反射したレーダー*光線のドップラー偏移*を測定する装置．片側の赤方偏移と反対側の青方偏移の程度から気流の角運動量が求められる．

トートニアン Tortonian

1．トートニアン期．後期中新世*中の期*．セラバリアン期*の後でメッシニアン期*の前．年代は10.4～6.76 Ma（Harlandほか，1989）．**2**．トートニアン階．トートニアン期に相当するヨーロッパにおける階*．モーニアン階*（北アメリカ）の一部，ウェイアウアン階*と下部トンガポルチュアン階*（ニュージーランド），ミッチェリアン階*（オーストラリア）にほぼ対比される．模式地*はイタリアのトルトナ (Tortona)．

ドナウ/ギュンツ間氷期 Donau/Günz Interglacial

アルプス地方における間氷期*．北ヨーロッパのバール間氷期*，北アメリカのアフトン間氷期*に相当する．

ドナウ氷期 Donau

更新世*の始まりとほぼ時を同じくして始まった氷期*．北アメリカのネブラスカ氷期に相当する〔ギュンツ氷期*に相当するという見解もある〕．この氷期の証拠はその後の氷期における作用によってほとんど失われている．

トーナル岩 tonalite

シリカに過飽和（⇨シリカ飽和度）の粗粒の火成岩*．主成分鉱物*はナトリウム斜長石*（An 27～36），石英*，ホルンブレンド*，および/または黒雲母*，副成分鉱物*は燐灰石*，ジルコン*，酸化鉄．

トナワンダン階 Tonawandan

北アメリカにおける中部ナイアガラン統*（シルル系）中の階*．

ドニエプル-サマロボ層 Dnepr-Samarovo

アルプス地方のリス氷期*のものに対比されるヨーロッパ・ロシアの氷河堆積物．年代はザーレ氷期*前期．

トーバナイト torbanite（**キャネル頁岩** cannel shale）
　腐泥質で炭質の油頁岩*．石炭*層中にレンズ状に産することが多く，植物遺骸に富む泥*から生成すると考えられる．⇨ 腐泥；腐泥炭

トポゾーン topozone ⇨ タイルゾーン

トポタイプ（**同地基準標本，同産地標本，同地模式標本，原地模式標本**）topotype
　ある種あるいは亜種の模式地*から得られたそのタクソン*に属する標本．かならずしも模式系列*にある標本である必要はなく，通常はそれ以外のものであることが多い．

トポロジー topology
　系統学*：系統樹*の分岐パターンのこと．

ドミニオンリーフ層 Dominion Reef ⇨ ランド系

ドーム dome
　1．地層*があらゆる方向に傾斜している背斜*構造．2．溶岩ドーム，トロイデ (lava dome, tholoid)：多くは流紋岩*の組成をもつ粘性*の高い溶岩*が火道の上につくる高まり．ドームの表面で冷却して固化した溶岩は，ドームがマグマ*の注入によって成長するにつれて破砕される．こうして生じた粗い角ばった岩塊がドームの周囲に蓄積し，崖錐*をなしている．ドームはマグマが内部にくり返し注入されることによっても（内生ドーム），マグマがドーム頂部で小規模な噴出をくり返すことによっても（外生ドーム）成長する．3．岩塩ドーム：周囲および上位の岩石よりも密度の低い蒸発岩*（通常は岩塩*）が浮力によって上昇してつくった，平面形が円ないし楕円の岩栓．直径は1〜2 kmであるが，地下に何kmも続いている．上昇作用は，不等圧密*の結果相対的に厚くなった部分から始まるようである．⇨ ダイアピル．4．⇨ ペリクライン褶曲．5．⇨ アイスドーム

ドーム−クレセント−マッシュルーム型 dome-crescent-mushroom ⇨ 干渉縞

ドーム状隆起 domal uplift
　地表が隆起してドームの形態をなす現象．通常，高さ1km程度で直径は10^2〜10^3 km．負の重力異常*とアルカリ火山活動*によって特徴づけられる．放射状のリフトバレー*系を有していることがある．多くは海洋盆の発展につながる大陸分裂の先駆現象で，ウィルソン・サイクル*の第1ステージにあたると考えられている．

トムソン，ウィリアム（ロード・ケルビン） (1824-1907) Thomson, William (Lord Kelvin)
　グラスゴー大学の数学・物理学者．熱力学の理論で知られ，これを地球の年代推定に応用した．地球の内部熱，太陽の年齢，潮汐摩擦*の研究に基づいて，地球の年齢を約2,000万年と見つもった．この値は，地球がこれよりはるかに古いとみなす地質学者・進化学者との論争の種となった．⇨ ケルビン温度目盛

トムソン，チャールズ・ウィビル (1830-82) Thomson, Charles Wyville
　アイルランドの博物学者．エジンバラの自然科学教授を務めた．深海生物にとくに興味を抱き，海洋を詳細に研究する探検を計画し，チャレンジャー探検*として実現させた．探検終了後は収集品の整理と成果刊行に向けて整備を始めたが，完成を見ずに急死した．

トムプソン，ベンジャミン（カウント・ラムフォード） (1753-1814) Thompson, Benjamin (Count Rumford)
　アメリカ生まれの発明家．1799年実用科学を振興する目的でイギリスに王立科学研究所を創立した．熱の研究を通じて，火薬の研究からランプ・調理器・暖炉の改良にまで及んだ．

ドーム−ベースン型 dome and basin ⇨ 干渉縞

ドメイン domain
　最も基本的な生物の分類単位．始原菌*，真正細菌*，真核生物*の3ドメインがある．

トモグラフィー tomography
　地下にある面の詳細を図示する技術．⇨ 地震トモグラフィー

トモティアン階 Tommotian
　カンブリア系*基底の階*．パウンディアン階*（先カンブリア累界*）の上位でアッダバニアン階*の下位．年代は約570〜560

Ma. ⇨ ケアフェ統

ドライアイス dry ice
　固相の二酸化炭素．過冷却*雲中の大気に含まれる水分を低温で昇華*させることによって雲を冷却する雲の種まき*に使用する．種まきにより多量の氷晶をつくって氷晶核*を増やすことができる．

トラクション・カーペット traction carpet ⇨ ベッドロード

トーラス（円環面） torus
　ドーナツの形．円または閉じた曲線をその外側にある点のまわりに1回転させて得られる幾何学面．

トラップ trap ⇨ 背斜トラップ；断層トラップ；礁トラップ；層序トラップ；構造トラップ；不整合トラップ

ドラバイト dravite ⇨ 電気石

トラバース（測線） traverse
　2点の間で測量または調査を進めていく線．1本の線をなしているものも，閉じている（すなわち起点に戻ってくる）ものもある．

トラバーチン（温泉沈殿物） travertine
　炭酸に飽和した水，とくに温泉水から沈殿した炭酸カルシウム．塊状のものもあるが多くは同心状または繊維状の内部構造をもつ．巨大な同心状の球体をなすこともある．石灰洞の鍾乳石*や石筍*としても産する．多孔質で海面状組織をもつトラバーチンはトゥファ*または石灰シンターと呼ばれる．

トラフ型斜交葉理 trough cross-stratification ⇨ 斜交葉理

ドラムリン drumlin
　なめらかな流線型を呈し，平面形が卵形の地形的高まり．一端がゆるい円を描き，もう一端が細くなって尖滅する．単独で存在することもあるが，密集して発達し，ドラムリン・フィールドとかドラムリン群と呼ばれる大きいグループをなしていることのほうが多い．通常はボウルダー粘土*からなるが，堅い岩石からなることも多い（岩石ドラムリン）．氷河拡大期に，前進してきた氷河前縁の下で形成されると考えられる．氷河が運んできた物質〔や古い氷河成堆積物〕が氷河の動きによって流線型に成形されたもので，その長軸は氷河の前進方向と平行．

ドラムリン群 drumlin swarm ⇨ ドラムリン

ドラムリン・フィールド drumlin field ⇨ ドラムリン

虎目石 tiger's eye ⇨ リーベック閃石

トラモンタナ tramontana
　北方より山脈を越えて地中海沿岸地方に乾燥した冷涼な天候をもたらす局地風．

トランジェント電磁気探査法（TEM） transient electromagnetic method
　連続的な波形ではなく，パルス列を発信する時間領域*の電磁気探査法*．擬似トランジェント法（たとえばインプット*）では連続断面を作製するのに対して，この方法ではふつう深度を測定する．

トランステンション transtension
　断層*に沿って走向移動運動と斜め方向の伸張とが同時に起こっている造構造運動*領域．拡大している海嶺*やトランスフォーム断層*に現れる．⇨ 走向移動断層

トランスファー断層 transfer fault
　走向移動断層（横ずれ断層）*領域で，2つの断層帯*を，それとは転位様式が異なる傾斜移動運動または走向移動運動によって連結する，垂直ないしほぼ垂直な断層*．衝上断層*領域ではランプ*がこの断層に相当する．⇨ 傾斜移動断層

トランスフォーム断層 transform fault
　海洋でプレート*境界をなしている一種の走向移動断層*．断層両側の地塊の移動方向が，陸上の走向移動断層とは逆となっている（'変換されている；transformed'）．海洋中央海嶺*のずれはトランスフォーム断層による．海嶺のずれが右ずれ*（左ずれ）である場合には，海洋底拡大*による断層運動は左ずれ*（右ずれ）である．一般に海嶺に直交しており，海洋底の拡大の方向を示している．活動的なトランスフォーム断層はその延長上〔ずれている海嶺にはさまれた区間の外側〕で非活動的な断裂帯*に移行する．〔断層の両側のプレートが同じ方向にほぼ同じ速度で動いているため．〕

トランスプレッション transpression
　断層*に沿って走向移動運動と斜め方向の

圧縮とが同時に起こっている造構造運動*領域．フラワー構造*が派生することが多い．
⇨ 走向移動断層

ドリアス期（ドリアス層） Dryas

最終氷河拡大期（デベンシアン氷期*）の後で，現在のフランドル間氷期*の温暖な条件が始まる前の晩氷期*に起こった，3回の特徴的な気候変動とそれにともなう堆積物．デンマークのアレレードで初めて記載された模式層*は，チョウノスケソウ（*Dyas octopetala*；高山性のバラ科植物）の遺骸に富む上部粘土堆積物（新ドリアス層）と下部粘土堆積物（古ドリアス層），およびそれらにはさまれカンバなど冷涼・温暖植物群*の遺骸を含む湖成泥質堆積物（アレレード層）からなる．寒冷な2回のドリアス期には，現在の温帯ヨーロッパ全域がツンドラ*様の気候条件であった．古ドリアス-アレレード-新ドリアスの3層は，ヨーロッパにおける晩氷期—後氷期編年学で広く受け入れられている花粉帯*Ⅰ，Ⅱ，Ⅲにそれぞれ相当する．北西ヨーロッパでは，花粉帯Ⅰはa, b, cに細分されており，花粉帯Ⅰbにあたる期間にベーリング期*を設定し，Ⅰa，Ⅰcをそれぞれ最古ドリアス期，古ドリアス期に対比*している．

トリウム-鉛年代測定法　thorium-lead dating

^{232}Th が半減期（⇨ 崩壊定数）139億年で ^{208}Pb＋6 He^4 に壊変*することを利用した放射年代測定法*．スフェン*，ジルコン*，モナズ石*，燐灰石*その他の希少のU/Th鉱物*が使用される．この方法は信頼性が高くないため他の方法を併用することが多い．鉛の欠損のため得られる年代は，ほとんどが不一致年代*である．〔^{235}U → ^{207}Pb 系の〕^{207}Pb/^{235}U 比にくらべて〔この ^{232}Th → ^{208}Pb 系の〕^{208}Pb/^{232}Th 比のほうが有効．ルビジウム-ストロンチウム年代測定法*の場合と同様のアイソクロン*図を用いることもある．

トリチウム時計　tritium clock

トリチウム（T）は天然に存在する水素（^{2}H）の放射性同位体*（^{3}H）で，核は2個の中性子と1個の陽子からなる．ベータ粒子を放出（⇨ ベータ崩壊）して，安定なヘリウム（^{3}He）に壊変する（半減期＝12.26年，⇨ 崩壊定数）．この崩壊を利用して約30年前までの水の年齢を測定することができるので，このように呼ばれる．トリチウムは気圏*上層で高速の宇宙線*中性子と安定な ^{14}N との反応でつくられる．その生産速度は15～45原子/分/cm^2．このトリチウムが水素・酸素と化合してHTOとなり，水圏*全体にゆきわたる．このほか，地下水*調査では人工的につくったトリチウムを地下水に加えて，その移動と速度を追跡する〔⇨ トレーサー〕．また海流の混合過程とその速度を測定するうえにも利用される．

トリドニアン階　Torridonian

スコットランド北西部における上部原生界*中の階*．年代は約1100～600 Ma．名称はトリドン湖（Loch Toridon）に由来．

トリトン　Triton（海王星Ⅰ Neptune Ⅰ）

海王星*の衛星*．直径 2,705.2 km，質量 214.7×10^{20} kg，平均密度 2,054 kg/m^3，アルベド* 0.7．逆行軌道*をまわっている．

ドリーネ　doline（吸込み穴 swallow hole，シンクホール sink hole）

石灰岩*地域に見られる急な側壁をもつ漏斗状の穴．節理*が密に発達しているところに多い．これを通って地表水が地下に落ち込む．溶食*と陥没によって拡大する．前者を溶食ドリーネ，後者を陥没ドリーネと呼ぶ．ドリーネの底と地下の石灰洞が縦孔によってつながっていることもある．

ドリフター　drifter ⇨ 衝撃式掘削

ドリフト（漂礫土）　drift

氷河氷の運動にともなって堆積した堆積物の総称．氷河環境の海成および湖成堆積物をも指すことが多い．イギリス地質調査所はかつて地表の未固結堆積物をすべてドリフトと呼んでいた．氷河堆積物は氷期*に海から漂ってきた流氷が融解してもたらされたと考えるライエル*（1797-1875）によって導入された語．最近では氷河堆積物の分類法が整備されて，この古い語はほとんど使われなくなっている．

ドリフト　drift

機器の記録装置に表示される読みが機器内

部の要因によって変化すること．系統的なドリフトは基準点*でくり返し測定することによって補正することができる．

ドリフト図（漂礫土図） drift map
最近の氷河成-*，河成-*，融氷河水流成-*，沖積成-*，海成堆積物の分布を示す地質図*ないし地形学図．ドリフト*の量と分布範囲によっては，ドリフトを載せている基盤岩も図に表示される．

トリム線 trim line
基盤岩が氷河作用*を受けた領域と周氷河*条件下で凍結融解作用*を受けた領域との境界線（または帯）．すなわちかつての氷河の限界*の位置を示している．

トリメロフィトン亜門 Trimerophytina ⇒ 古生マツバラン目

ドリル掘削 drilling
ドリルを使って地下に穴を掘る作業．ケーブル掘削*と回転掘削*の2方法がある．⇒ ビット；ショットドリル掘削；ダイヤモンド・ドリル掘削；ダウンホールハンマー掘削；衝撃式掘削

ドリルストリング drill string
パイプ，ドリルカラー〔drill collar；ビットの刃を固定する輪〕，ビット*などを連結して試錐孔*を掘削する装置．

トルコ石 turquoise (tourquoise)
燐酸塩鉱物*．$CuAl_6(PO_4)_4(OH)_8\cdot 4$-$5H_2O$；比重2.60～2.91；硬度*5.0～6.0；三斜晶系*；空～青緑色；条痕*白～帯緑色；油脂光沢*；自形*結晶*は極めてまれで，ふつう塊状，粒状から隠微晶質*あるいは被殻状の塊をなす；貝殻状断口*．変質*を受けたアルミニウムに富む火成岩*や堆積岩*にともなう脈*に産する．縞目が細く美しい変種は半貴石とされる．

ドルジェリアン階 Dolgellian
上部カンブリア系*中の階*．マエントロジアン階*の上位．年代は514.1～510 Ma（Harlandほか，1989）．

トルタ torta
平坦な地表で噴出がくり返されて生じた，扁平で断面がほぼ対称的な低い火山ドーム*．火口から新たな噴出物が加わるたびに先の噴出物が外側に押しやられ，扁平な火山体となったもの．アンデス山脈で多く見られる．トルタは'パイ'を意味するスペイン語．

トルネージアン Tournaisian
1．トルネージアン世．ミシシッピ亜紀*最初の世*．ファメニアン期*（デボン紀*）の後でビゼーアン世*の前．年代は362.5～349.5 Ma（Harlandほか，1989）．ハスタリアン期とアイボリアン期からなる．
2．トルネージアン統．ヨーロッパとロシアにおけるトルネージアン世に相当する統*．石炭紀石灰岩下部（イギリス），キンダーフッキアン統*と下部オサージアン統*（北アメリカ）にほぼ対比される．⇒ ディナント亜系

トルンキスト線 Tornquist Line ⇒ フェノスカンディア境界帯

トレーサー tracer
直接観察することができない地下水*の動きを追跡するために用いる物質．蛍光染料と塩類が最もよく使われる．地下水の年齢を決定するにはトリチウムや炭素14などの放射性同位体*を使用する．いずれの場合にもこれ以外の物質を少量併用することもある．

ドレスバッキアン階 Dresbachian
北アメリカにおけるカンブリア系*クロイアン統*中の階*．フランコニアン階*の下位．

トレーニング領域 training area ⇒ 分類2
トレボライト trevorite ⇒ 磁鉄鉱
トレマドック統 Tremadoc
オルドビス系*の6つの統*のうち最下位の統（510～493 Ma）．この時代に北イアペトゥス海*の南縁をなしていた大陸棚*と大陸斜面*に堆積した泥岩*と砂岩*が北アメリカ，アイルランド，ウェールズ，イングランド，スカンジナビアに産する．

ドレライト（粗粒玄武岩） dolerite（**輝緑岩** diabase, **マイクロはんれい岩** microgabbro）
暗色の中粒火成岩*．主成分鉱物*は曹灰長石，単斜輝石*（普通輝石*またはチタン輝石*）．副成分鉱物*は磁鉄鉱*，チタン磁鉄鉱またはチタン鉄鉱*．かんらん石*を含むものは'かんらん石ドレライト'，石英*を石基*中に含むものは'石英ドレライト'

と呼ぶ．中粒の玄武岩質岩で，玄武岩*同様にソレアイト型とアルカリ型とに分けられる（⇒ ソレアイト；アルカリ玄武岩）．岩脈*，シル*，火山岩栓*などの浅所貫入岩体*をなすものが多い．

トレンド trend
地質構造要素，ふつうは褶曲軸*の方位．コンパス方位で表す．

トレンピロウアン階 Trempealeauan
他の大陸におけるカンブリア系*/オルドビス系*境界付近にあたる北アメリカの年代層序単元*名．

泥 mud
粒径が $62.5\,\mu m$ 以下の粒子からなる未固結の砕屑物*．$3.9\,\mu m$ より粗粒のシルト*（固結したものはシルト岩*）とそれより細粒の粘土*（固結したものは粘土岩*）に区分される．両者を区分しない場合に用いる．

トロイダル磁場（環状磁場） toroidal field
導電性の球面上に磁力線が存在し，放射方向の成分をもたない磁場．地球の核*は表面にこのような磁場をもつが，これはポロイダル磁場*とは異なり地表面では検出できない．

トロイデ tholoid ⇒ ドーム

トロイライト（単硫鉄鉱） troilite
鉄の硫化物鉱物*．化学式FeS；比重4.8；硬度*4.0；灰褐色；金属光沢*；条痕*黒色；塊状または粒状．隕鉄*中に団塊*をなして産する．

トロクトライト troctolite
粗粒の火成岩*．主成分鉱物*としてマグネシウムに富むかんらん石*とカルシウムに富む斜長石*，副成分鉱物*としてチタン鉄鉱*を含む．すなわち輝石*を欠くはんれい岩*である．トロクトライトは輝石が増加し，かんらん石が減少するにつれてはんれい岩*に漸移する．

トロコイド状旋回型（こま旋回型） trochospiral
有孔虫目*の殻*の成長パターンを表す語で，殻がらせん状に成長する場合を指す．

ドロゴミロフスキアン階 Dorogomilovskian
〔ロシアの〕上部石炭系*カシモビアン統*中の階*．チャモフニチェスキアン階*の上位でクラズミンスキアン統*（グゼーリアン統*）の下位．

泥支持 mud-support ⇒ 基質支持

ドロップストーン dropstone
1. 漂流している氷または氷山が融解し，その中に閉じ込められていた岩石片が解放されて水底の堆積物中に沈着したもの．葉理*を呈する泥質堆積物中に孤立して含まれる粗粒礫として産する．2. 火山*から噴出した火山弾*が湖底または海底に落下して，堆積物中に沈着したもの．

ドロップボール drop ball
採石業：発破の後，大きい岩塊を簡便かつ安上がりに細かくするためにクレーンから落とす重い鋼球．

トロナ trona
塩湖*堆積物*中に見られる鉱物*．$NaHCO_3 \cdot Na_2CO_3 \cdot 2H_2O$．

トロニエム岩 trondhjemite ⇒ 花崗閃緑岩

ドロの法則 Dollo's law
進化*の不可逆性を述べた法則．進化の不可逆性は，かつては必然であるとみなされていたが，今日では特殊なケースにのみ適用できると考えられている．著しく特殊化した生物では，その生物がせまいニッチ*を維持することができるような突然変異*のみが有利に働くのがふつうであり，このような生物にそれ以上に有利な突然変異が起こる可能性はごく限られているといえる．したがってこのような場合には，この生物がその地に永住せざるをえないような進化的傾向が存在することになる．このことは実質的に1つの法則とみなすことができ，これを古生物学者ドロ*に因んでドロの法則という．この進化傾向は，つねにある方向に向かわせる選択圧，特殊化によって強化された定向選択*あるいは発生学的な運河選択*から生じる．

ドロマイト（白雲石） dolomite
広範に分布する炭酸塩鉱物*．$CaMg(CO_3)_2$；比重2.8～2.9；硬度*3.5～4.0；三斜晶系*；白～無色，ときに帯黄，褐色；条痕*白色；ガラス光沢*；結晶形*は湾曲した面をもつ菱面体，ただし塊状，粒状のこともある；劈開*は菱面{1011}に完全．石灰

岩*がマグネシウムを含む溶液と反応（ドロマイト化作用*）して生成する二次鉱物*，また，熱水*鉱脈*中にとくに方鉛鉱*，閃亜鉛鉱*とともに産する脈石鉱物*．冷温の希酸にごくゆっくりと溶けるが，高温の希酸には発泡して容易に溶解する．建築用石材，溶鉱炉用の煉瓦として用いられる．

ドロマイト化作用 dolomitization

$CaCO_3$ が $CaMg(CO_3)_2$ に変わることによって石灰岩*が苦灰岩*となる過程．石灰質堆積物または堆積岩にマグネシウムがつけ加わること〔Ca が Mg に置換されること〕によって起こり，堆積直後から続成作用*のさまざまな段階にかけて起こる．潮上帯*では，堆積物中に浸透した海水が蒸発し，間隙水中のマグネシウム/カルシウム比が高くなって起こると考えられる．深く埋没した石灰岩は淡水と海水の混合水が浸透することによってドロマイト化作用を受ける．ドロマイト化作用によって間隙率*が13％増大するため，苦灰岩は重要な貯留岩*となる．

ドロマエオサウルス類 dromaeosaurid

獣脚類*恐竜*のなかのコエルロサウルス類*の系統に属するグループで，ドロマエオサウルス属 *Dromaeosaurus* から発展した．この属はカナダの上部白亜系*下部から知られている．ドロマエオサウルス類は相対的に大きい頭蓋*をもっていることから，爬虫類*のなかではおそらく最も知能の高いグループであったと考えられている．

ドロミュ, デオダ・ド・グラテ・ド （1750-1801） Dolomieu, Déodat de Gratet de

フランスの探険家，鉱物学者．パリの国立自然史博物館（Jardin du Roi）の鉱物学教授．ドロマイト〔苦灰岩*〕とドロミテ・アルプスは自身の名をあてた名称．

ドロリサイト dololithite

既存の苦灰岩*が風化作用*と侵食作用*を受けて生じた砕屑片からなる苦灰岩．

ドロ, ルイ・アントワーヌ・マリ・ジョセフ （1857-1931） Dollo, Louis Antoine Marie Joseph

フランス出身のブリュッセル大学古生物学教授．化石爬虫類*の進化の研究に貢献．他の脊椎動物化石および現生の有袋類*，とくにその四肢についての研究もある．

トンガ－ケルマデック海溝 Tonga-Kermadec Trench

西太平洋の海溝*．インド－オーストラリア・プレート*と太平洋プレート*の境界の一部をなす．海溝の北西方には，ルイスビル海膨（Louisville Rise）の沈み込み*に関係すると考えられる火山ギャップ（すなわち島弧-海溝ギャップ*）がある．

トンガポルチュアン階 Tongaporutuan

ニュージーランドにおける上部第三系*中の階*．ウェイアウアン階*の上位でカピティーン階*の下位．上部トートニアン階*とメッシニアン階*にほぼ対比される．

トンシュタイン tonstein

カオリン質古土壌*起源の，カオリン鉱物*に富む緻密な泥岩*．石炭*層中あるいはそれを覆う薄層として産する．分布範囲が極めて広いものもあり，これは火山灰*の風化*産物とみなされている．〔トンシュタインはドイツ語で粘土岩を意味する．〕

トンネル谷 tunnel valley

氷床*の下から流出していく氷河下水流がうがった谷．側壁は急斜面をなし谷床は平坦．デンマークとドイツで良好に発達している〔それぞれ 'ツンネルダール(tunneldal)'，'リンネンタール（Rinnental）' と呼ばれる〕．長さ75km，深さ100mに達するものもある．氷の荷重圧を受けている水は上り勾配を流れることもあるため，谷の縦断面は凹凸に富み，谷に沿って湖（帯状湖）が連なっていることが多い．

トンネル・トレンド tunnel trend ⇒ クリーニングアップ・トレンド

ナ

ナイアガラン統 Niagaran
 北アメリカにおけるシルル系* 中の統*. 上部ランドベリ統* と下部ラドロウ統* に対比される.

ナイアド Naiad(**海王星 III** Neptune III)
 海王星* の衛星*. 直径58 km, アルベド* 0.06.

内温動物 endotherm ⇒ 恒温動物

内 海 inland sea
 陸地にほぼ完全にかこまれている巨大な水塊. 外洋への連絡は1つか2つのせまい水路に限られている. バルト海や地中海がその例.

内殻性 endocochlear ⇒ 外殻性

ナイキスト周波数 (f_N) Nyquist frequency
 サンプリング周波数* の半分の周波数. ナイキスト間隔はゼロから f_N にわたる周波数範囲. $f_N=1(2\Delta t)$ で, Δt はサンプリング間隔*. たとえば, サンプリング間隔 Δt が2 ms(すなわちサンプリング周波数が500 Hz)であれば, $f_N=1(2\times 0.002)=250$ Hz. f_N より大きい周波数は同定不能の低い周波数として現れるため, ナイキスト周波数の値を知ることが重要になる.

内 曲 re-entrant
 主谷斜面が湾状にくぼんでいる部分. 支流が生じる程度の長さにわたることも多い.

内形雌型 internal mould ⇒ 化石化作用

内肛亜門 Entoprocta(**コケムシ動物門*** phylum Bryozoa)
 鉱質の骨格をもたない淡水生コケムシ類からなる亜門. 多くの化石が知られているものの, 産出は新生界* に限られている. 肛門と口の両方を触手冠がとりかこんでいる. 内肛類は, 外肛亜門コケムシ類との類似点が多く認められていたものの, 以前は独立した門をなすと考えられていた.

内骨格 endoskeleton
 動物の体内にある骨格. 脊椎動物では, 内骨格は中軸骨格と四肢骨格からなる. 棘皮動物* は一見外骨格をもつように見えるが, 骨格は体表面の下にあるので, 内骨格ということになる. ⇒ 外骨格

内在生物 endobiont
 海底や湖底などの底質表面下, すなわち堆積物内部に生息する生物. 内生* 生物ともいう.

内座層 inlier
 古い岩石がまわりを若い岩石によって完全にかこまれて現れている構造. 断層* 運動や褶曲* 作用の後に侵食* が進んで生じる.

内 錐 endocone
 オウムガイ類(亜綱)* のあるグループで体管* 内部を埋めている, 先端が尖った円錐形の石灰質層. 殻の後方から前方に向かって形成される.

内生- infaunal
 底質内に巣孔* などを掘って生活している底生生物* に対して用いられる. 内生生物は潮下帯* 以深, すなわち低潮線よりも海側に多い. ⇒ 表生-

内成過程 endogenetic processes
 地球内部に原因がある過程. とくに造構造運動*(断層* 運動や地震*)および火山活動* をいう.

内生生痕(エンディクニア) endichnia ⇒ 生痕化石

内生足糸付着型 endobyssate
 堆積物* 中に生息する特殊な二枚貝類(綱)* の生活様式. 表生足糸固定型* とは対照的に, この型の足糸(⇒ 足糸付着型)は巣孔* や穿孔* 内部に自身を固定するために使われる.

内生ドーム endogenous dome ⇒ ドーム **2**

内臓頭蓋 splanchnocranium ⇒ 頭蓋

内突起 apodeme ⇒ 外骨格

内 破 implosion
 圧力が著しく低い内側に向かって起こる突然の崩壊. 海洋地震探査* では, 水中に空気を発射して気泡域をつくり, これに向かって内破を起こした水が衝突する衝撃を信号(バブル・パルス*)とする.

内斑 endopunctate ⇒ 有斑2
内鼻孔亜綱（内鼻孔類） Choanichthyes（**肉鰭亜綱*** Sarcopterygii）
総鰭亜綱（そうき-）*（総鰭魚）と肺魚亜綱*（肺魚）をまとめて，この名称が用いられることがある．このグループは，付け根が細くなっている総（葉）状の肉鰭対をもち，機能的な肺と内鼻孔，外鼻孔を備えていたと考えられている．

内部湖 endorheic lake
蒸発のみによって水を失う湖（すなわち流出河川をもたない湖）．→ 側流湖

内部波 internal wave
密度が異なる2つの層の境界をなす水塊内部に発生する波．境界はシャープなことも漸移的なこともある．波の速度が遅く，水温または塩分濃度*を機器観測するか，音響散乱によってのみ検知することができる．

内部反射（IR） internal reflection
錫石（すずいし）*や閃亜鉛鉱*など，わずかに光を透過する鉱石鉱物*の表面直下にある劈開*や割れ目によって光が反射されること．反射（鉱石）顕微鏡*で直交ポーラー*で観察すると，かすかな輝きとして認められる．

内部標準 internal standard
分析に供する試料に混合した，量が正確にわかっている適当な元素または化合物．たとえば発光分光分析では，内部標準によってスペクトル線の強度と濃度の関係を求める．

内部分岐点 internal node
系統樹*における2つの系統の結合点．祖先種あるいは祖先遺伝子*を表す．

内部摩擦角 angle of internal friction（**摩擦角** friction angle）
岩石または土壌*の剪断応力*に対する抵抗性の尺度．剪断応力（S）によって破壊*がまさに起きようとしているときの，剪断面*に対する垂直応力*（N）と剪断応力との合力（R）がなす角度（ϕ）．その正接（S/N）がすべり摩擦係数で，実験的に求められる．

内惑星 inner planet ⇒ 地球型惑星
長さゼロのバネ zero-length spring
固定点からの長さが実質上ゼロのバネ．重力計*に用いられる．

ナグシュグトキッド造山運動 Nagssugtoqidian orogeny
今日のグリーンランド西部を占める幅240～300 kmの地帯に起こった後期始生代*～原生代*の造山運動*．約2,600 Maと約1,900～1,500 Maの2つの主変動期があり，後者はハドソン-*，ラックスフォード-*，スベコフェン造山運動*とほぼ同時期とされている．

ナクライト nacrite ⇒ カオリナイト
梨棚型水系 trellis drainage pattern ⇒ 水系型

ナスカ・プレート Nazca Plate
ペルー-チリ海溝*で南アメリカ・プレート*の下に沈み込んでいるプレート*．それ以外の縁は，太平洋-*，ココス-*，南極プレート*との境界をなす海嶺*とトランスフォーム断層*．かつての広大なプレート［フェニックス・プレート（Phoenix Plate）とも呼ばれる］の残存物．

なだれ風 avalanche wind
なだれまたは地すべり崩壊の前面に生じる突風．大きい破壊力をもつことがある．

'ナチュラル・ブレーク説' 'natural break'
地球の歴史は層序*記録では検出されない汎世界的な自然変革によって区切られている，とする考え．

ナップ nappe
'覆い'を意味するフランス語 *nappe* に由来．〔低角度の〕断層*によって転位*した岩体，または翼*と褶曲軸*がほぼ水平な褶曲*をなす岩体．

ナテリアン階 Ngaterian ⇒ クラレンス統
ナトリウム化 sodication
土壌*中の交換性ナトリウムの含有量が多くなること．ナトリウムが土壌中の陽イオン交換*部位に吸着することによって団粒*が分散し，このため間隙*が閉塞されて土壌が不透水性となる．⇒ ナトリウム吸着率

ナトリウム吸収率（SAR） sodium-absorption ratio
土壌*中でナトリウム陽イオン*が他の陽イオンと交換して吸着される尺度．土壌中の

カルシウムとマグネシウムに対するナトリウムの割合．正確には（カルシウム＋マグネシウム量）/2の平方根でナトリウム量を割った商．ナトリウムの量が少なければSAR値は低い．イオン*濃度はリットルあたりのミリ当量で与えられる．土壌中の他の反応が，ナトリウム量には関与しないものの，カルシウムとマグネシウムの濃度に与える影響を考慮する必要がある．SAR値を変える最大の原因は灌漑水．

ナトリウム長石（ソーダ長石） sodium feldspar ⇨ アルカリ長石

ナトリウム土壌 sodic soil
1．大半の植物の成長を妨げるほどにナトリウム含有量が多い土壌*．2．交換性ナトリウムを15%以上含む土壌．

ナトリウム硫酸塩安定性試験 sodium-sulphate soundness test
風化作用*とくに凍結融解作用*に対する抵抗性の試験．試料をナトリウム硫酸塩飽和溶液に浸して乾燥させる．これをくり返し，試料に生じた亀裂を調べる．〔試料の間隙中での〕水の凍結をナトリウム硫酸塩の結晶化で擬したもの．

ナトリック層位 natric horizon
鉱質の土壌層位*．土壌断面*の下層土*をなし，アルジリック層位*の定義を満たしている．円柱状構造をもち，陽イオン交換容量*の15%がナトリウムで飽和されている．

斜め移動断層 oblique-slip fault
走向移動成分（⇨ 走向移動断層）と傾斜移動成分（⇨ 傾斜移動断層）がともにかなり大きく，斜め方向の転位*が起こっている断層*．

ナノ-（n） nano-
'矮小な'を意味するギリシャ語 *nanos* に由来．'極端に小さい'を意味する接頭辞（たとえばナノ化石*）．国際単位×10^{-9} を表す．

ナバロ-ヘリング・クリープ Nabarro-Herring creep
原子が結晶*の格子*内を移動する拡散クリープ*の一種．→ コブル・クリープ

ナフェ-ドレークの関係 Nafe-Drake relationship
水に飽和した堆積物*および堆積岩*の密度とP波*速度の関係を表す経験式．浅発地震*を観測して堆積岩の密度を見つもるうえに利用されることが多いが，100 kg/m³ のオーダーの誤差が含まれる．⇨ 密度

海鼠綱（なまこ-） Holothuroidea（**ナマコ類** holothuroids, sea cucumbers；**有棘亜門** subphylum Echinozoa）
蠕虫（ぜんちゅう）様の棘皮動物*の綱で，自由生活型のものと固着型のものがある．さまざまに枝分かれした触手にかこまれた口が芋虫のような体の一端にあり，その反対側の端には肛門がある．しっかりした石灰質の骨格はなく，鉤型，錨型，環状，板状などさまざまな形の微小なスクレイト（骨片*）をもつ．ナマコ類の化石骨片はオルドビス紀*以降の岩石に見つかっている．

鉛損失 lead loss
ウラニウムが放射性崩壊*して鉛となる過程，すなわち $^{238}U \to ^{206}Pb$ と $^{235}U \to ^{207}Pb$（⇨ 崩壊系列）の過程で，娘鉛核種が失われること．この2つの鉛同位体*と $^{232}Th \to ^{208}Pb$ 系列でつくられた鉛同位体が占める割合は，非放射性起源の ^{204}Pb が存在するため小さくなっている．試料の鉱物*が閉鎖系をなしていれば，初期値を補正して分析すると，^{238}U-^{206}Pb 年代と ^{235}U-^{207}Pb 年代は一致するはずである．一致年代*はすべて，$^{207}Pb/^{235}U$ 比（x 軸）に対する $^{206}Pb/^{238}U$ 比（y 軸）をプロットしたコンコーディア曲線（年代一致曲線）と呼ばれる1本の曲線上にのる（⇨ コンコーディア図）．不一致年代*はこの曲線からはずれる．娘核種は，とくに熱の影響や他の擾乱を受けると系から逃げ出しやすい．^{207}Pb と ^{206}Pb は化学的に等価であるので，天然の過程では分別されず，鉱物からの鉛の損失は，鉱物中での同位体比を保ったまま，岩石のすべての部分について同じ量だけ起こる．このため $^{207}Pb/^{235}U$ 比に対する $^{206}Pb/^{238}U$ 比はコンコーディア曲線より下側の直線上にプロットされる．この直線がコンコーディア線と交わる2点が岩石の年代（高いほうの値）と鉛損失の年代（低いほう

の値)を表す．系によっては鉛損失が単一の時期に起こるのではなく，拡散*によって連続的に進行することがある．この場合には，直線の低値側の末端部では本来の直線的な関係が失われて，損失の起こった年代を示す低値側の点はさらに低いほうに移る．

鉛-鉛年代測定法　lead-lead dating
　鉛（Pb）の同位体*比に基づく年代測定法*．地質時代を通じて普通鉛*の同位体組成は，原始鉛*にウラニウムとトリウムの崩壊（⇒放射性崩壊系列）に由来する放射性起源の鉛（^{206}Pb, ^{207}Pb, ^{208}Pb）が加わることによって変化してきた．^{204}Pbは放射性起源ではないので，他の鉛同位体の存在量と比較する基準となる．形成時の地殻*とマントル*には，原始鉛のほかにウラニウムとトリウムが含まれており，放射性起源の鉛はまったく存在していなかった，と仮定される．時間の経過とともに放射性起源の^{206}Pb, ^{207}Pb, ^{208}Pb原子がしだいにウラニウムとトリウム原子にとって替わっていく．ある年代における瞬間に，ある岩石試料中の鉛のすべてを溶液中に除去し，鉛鉱石として沈殿させたとすれば，この沈殿物はそのときの鉛同位体比の記録を保存しているはずである．この鉱石がウラニウムとトリウムをまったく含んでいなければ，この同位体比は鉛の成長曲線*上の特定の点を表すことになる．ホルムス-ハウタマンズのモデル（Holmes-Houtermans model）を用い，いくつかの試料の^{207}Pb/^{204}Pb比（x軸）と^{206}Pb/^{204}Pb比（y軸）をプロットすれば，それぞれ試料ごとに異なる同位体比に応じた一群の成長曲線が得られる．この曲線から求めたアイソクロン*の勾配が当該の鉛（を含む試料）の年代である．

波　wave
　固体，液体または気体中をエネルギーが伝わる際に媒質中に起こる周期的な擾乱（光などの電磁波は真空中を通過することができる）．水では波は表面波*あるいは内部波*のかたちをとる．水の波の大きさは微細な表面張力波*から巨大な津波*まであり，周期*は数秒から数時間にわたる．

波の回折　wave diffraction
　波が防波堤の開口部を通り，その内側で外海から遮断されている水塊に進入する際に見られる現象．波は開口部から扇状に広がり，波高が小さくなる．

波の屈折　wave refraction
　浅い水塊上を等深線と斜交して進む波*の方向が変化する現象．浅い水域を進む波は深い水域にある波よりも速度が低くなるため，波が岸に接近するほどその稜線が等深線と平行に近くなる．

ナムーリアン統　Namurian
　ヨーロッパにおける石炭系*シレジア亜系*中で最下部の統*．ビゼーアン統*の上位でウェストファリアン統*の下位．ナムーリアン統A，B，Cに細分されている．年代は333～315 Ma（Harlandほか，1989）．ミルストン・グリット統（西ヨーロッパ），サープクホビアン統*と下部バシキーリアン統*（東ヨーロッパ）に対比される．

ナラオイア目　Naraoiida
　カンブリア紀*中期に知られている三葉虫*の目．石灰質の骨格をもたず，胸部体節も見られない．

ナリジアン階　Narizian
　北アメリカ西海岸地方における下部第三系*中の階*．ウラティザン階*の上位でレフジアン階*の下位．上部ルテティアン階*とバートニアン階*にほぼ対比される．

縄状火山弾　rope bomb　⇒火山弾

南極隕石　Antarctic meteorites
　南極氷河の消耗域*で発見された隕石*．これまでに発見されている全隕石の25%を占める．落下した時代は100万年ほど前にまでさかのぼる．成分は多様であるが，極めて新鮮であることが多く，隕石の研究にとって重要．月および火星から由来したことが初めて明らかにされた隕石も南極隕石．

南極海　Antarctic Ocean
　南極大陸をとり巻く海洋．南極地方からの浮氷の北限となっている南緯40°付近が北縁で，これを境にして水温と塩分濃度*が顕著に異なる．低い水温（-1.8℃～10℃）によって特徴づけられる．

南極海流 Antarctic polar current
氷帽*から吹き下る東風によって南極大陸のまわりを西方に流れる表層の海流．

南極気団 Antarctic air
凍りついた南極大陸の表面，周囲の積氷，南極海*で最も低温となっている海水の上空に発生する，著しく寒冷な大陸性寒帯気団．この気団*が相対的に暖かい海水上を北上すると，対流を起こして不安定となる．

南極収束帯（AAC） Antarctic convergence
南極大陸をとり巻く海域で，南緯50°と60°の間にある収束帯．南極地方からの冷たい水塊が中緯度からの暖かい水塊と会合してその下に沈み込み，南極中層水*を形成しているところ．南極前線*とも呼ばれる．

南極前線 Antarctic front(Antarctic polar front)
1. 冷たい南極気団*とその北側にある暖気団との境界．2. ⇨ 南極収束帯

南極中層水（AIW） Antarctic intermediate water
南極収束帯*付近のほぼ南緯50°に形成される水塊．低い塩分濃度*（33.8パーミル）と低温（2.2℃）によって特徴づけられる．これが北方に広がるにつれて900 mの深度に沈み込み，北大西洋の北緯25°付近まで追跡されることがある．

南極底層水（AABW） Antarctic bottom water
ウェッデル海とロス海で形成される密度の高い底水塊．吹送流である表層の環南極海流（西風海流）*が深層まで及ぼす影響を受けて，南極大陸の周囲を東方に移動している．34.66パーミルの塩分濃度*と低温（-2℃〜0.4℃）によって特徴づけられる．塩分濃度と密度が高いのは純水が海氷として除去されるため．

南極プレート Antarctic Plate
南極大陸から周囲のプレート生産縁（辺部)*まで広がっている大きいプレート*．

軟甲綱 Malacostraca（**節足動物門**＊ phylum Arthropoda，**甲殻亜門**＊ subphylum Crustacea）
甲殻亜門の8つの綱の1つである軟甲類は，カンブリア紀*に出現した．8対の二肢形*胸脚をもち，鋏状の付属肢をもつものもある．肢は遊泳や摂食，その他の用途に適したさまざまな形態をとる．軟甲類は多様性*が高く，極めて豊富な化石記録が残されている．カニ，ウミザリガニ，エビがこのグループに含まれる．

軟　骨 cartilage
脊椎動物がもつ弾力性に富んだ骨格組織で，コラーゲン*繊維を豊富に含む結合組織からなる．軟骨は胚（発生初期）の段階では骨格の大部分を構成し，成体では骨の末端部や椎間板，耳介に見られる．板鰓亜綱（ばんさい-)*では，全体の骨格が真の骨*というより石灰化した軟骨からできている．

軟骨魚綱 Chondrichthyes
軟骨*からなる内骨格*，楯鱗（じゅんりん)*で覆われた皮膚，特徴的な鰭条（きじょう），非骨質の鰓蓋（さいがい)*，肺，および鰾（うきぶくろ）によって特徴づけられる魚類の綱．板鰓亜綱（ばんさい-)*（サメとエイ）と全頭亜綱（ギンザメ）に分けられる．化石記録はデボン紀*後期にまでさかのぼる．⇨ 軟骨魚類

軟骨魚類 cartilaginous fish
頭蓋や顎骨を含めすべての骨格が軟骨*からできており，成体になっても真の骨組織をもつことのない魚類．顎をもたないヤツメウナギやメクラウナギ（無顎上綱*）など他の原始的な魚類と同じように，サメやエイ（軟骨魚綱*）の骨格も軟骨のみからなる．

軟骨性骨 endochondral bone ⇨ 骨

軟質上目 Chondrostei（**軟質類** chondrosteans，**軟質魚類** chondrostean fish）
条鰭亜綱（じょうき-)*に属する硬骨魚類*のグループで，通常は上目に分類される．骨格は一部が軟骨*からできており，異尾*で，呼吸孔をもち，小腸にらせん弁がある．現存のチョウザメ目とポリプテルス目，絶滅*したパレオニスクス目*がこれに含まれる．

軟骨頭蓋 chondrocranium ⇨ 頭蓋

軟体動物門 Mollusca（**軟体動物** mollusks）
著しく多様性*の高い無脊椎動物*の門で，

さまざまな変更が加えられてはいるが，共通の基本的な体構造をもっている．通常，外套膜*と呼ばれる一続きの組織から分泌された殻をもち，そのなかに鰓のある空間（外套腔）と軟体動物の本体がある．体設計の変更の様式により，主要な綱が識別される．単板綱*では内部に原始的な体節構造が見られる．双神経綱*（ヒザラガイ類）は8枚の殻からなる左右相称*の体構造をもつ．掘足綱は先細りの湾曲した殻をもち，その両端は開口している．二枚貝綱*は軟体部が2枚の殻に包まれている．腹足綱*は通常，1つの巻いた殻をもつ．軟体動物のなかで最も進化しているのが頭足綱*で，部屋に分かれた内殻性または外殻性*の殻をもつ．軟体動物門にはほかに少数派のグループ（たとえばカリプトプトマティダ綱*）もあるが，豊富な地質学的記録が残されているのは頭足類，二枚貝類，腹足類のみである．

軟　泥　ooze

遠洋性*生物の石灰質または珪質の遺骸［コッコリス*，有孔虫*や珪藻（植物門)*の殻］と遠洋性粘土*からなる泥．石灰質軟泥は炭酸塩補償深度（CCD）より浅い海底に蓄積する．⇨ グロビゲリナ軟泥；珪藻軟泥；翼足類軟泥；放散虫軟泥

難透水層　aquiclude (aquifuge)

透水性が極めて低い岩石がなす地層*．地下水*で飽和していても，その移動はほとんどない．帯水層*をはさんで加圧層となる．
⇨ 透水性

南東太平洋プレート　South-east Pacific Plate

現在は南極プレート*と一体となっているプレート*であるが，かつてはチリ南部と南極半島の下に沈み込んでいたと考えられている．

南方振動　southern oscillation

熱帯海域間，とくにインド洋上のインドネシア熱帯低気圧*と南東太平洋の亜熱帯高気圧*との間で，両海域の水温の違いによって起こる大気循環の振動．一般に太平洋上で気圧が高ければ，インド洋上では低くなり，逆に太平洋上で気圧が低くなれば，インド洋上では高くなる．この現象はエルニーニョ*と強くむすびついている．

ナンマリアン階　Nammalian

三畳系*スキチアン統*中の階*．グリースバッキアン階*の上位でスパシアン階*の下位．

軟マンガン鉱　pyrolusite

酸化物鉱物*．MnO_2；比重4.5〜5.0；硬度*，結晶*では5〜6，塊状のものは〜2；正方晶系*；黒〜青灰色；条痕*黒色；金属光沢*；結晶*は針状，棒状であるがまれ，通常は塊状，隠微晶質*，節理*面や層理面*上で樹枝状を呈する；壁開*をもつものは角柱状．マンガン鉱床*の酸化帯に二次鉱物*として，また石英*脈に産するほか，海底で団塊*をなす．合成MnO_2が乾電池，ガラス脱色剤，化学工業の原料として用いられている．

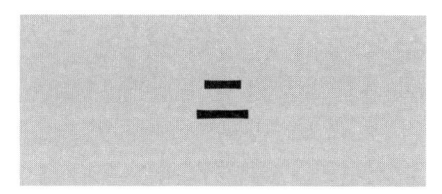

ニ ア NEAR ⇒ 近地球小惑星ランデブー

二横堤歯 bilophodonty
　ある種の哺乳類*に見られる歯の形状で，臼歯の4つの咬頭が2つの横走隆起によって癒合しているもの．⇒ 横堤歯

ニオブ石 niobite ⇒ コルンブ石

2回対称軸 diad axis ⇒ 結晶の対称性

II型震源 Type II earthquake source ⇒ ダブルカップル

二極分布 bipolar distribution ⇒ 二頂分布

肉鰭亜綱（にくき-） Sarcopterygii
　肉質の鰭をもつ硬骨魚類*のグループで，分類法によってはシーラカンス*を含む総鰭亜綱*と，肺魚類からなる肺魚亜綱*とを合わせて肉鰭亜綱とすることがある．デボン紀*に出現した総鰭亜綱は中生代*にも広く分布していたが，現生では唯一シーラカンス（ラティメリア属 *Latimeria*）が知られるのみである．総鰭亜綱の目である扇鰭目*は，進化型の脊椎動物*（四肢動物*）の幹系統ではないかと考えられている．肺魚亜綱もデボン紀に出現したが，現生では3種のみが知られているにすぎない．肺魚類は淡水に棲み，呼吸器官として肺が発達している．

肉　茎 pedicle
　腕足類（動物門）*を海底面に付着させる肉質の柄．肉茎は殻の後端の，2枚の殻の間，あるいは腹殻（茎殻）後端の三角形の切れ込み（三角孔*）から出る．腹殻に開いた丸い茎孔*から肉茎を出すものもある．また肉茎が発達していないか，著しく退化しているものもある．

肉歯目 Creodonta（哺乳綱* class Mammalia）
　有胎盤肉食性哺乳類に2つある目の1つ．オキシアエナ科とヒアエノドン科の2科からなり，白亜紀*後期に出現，鮮新世*に絶滅

肉茎

肉茎

した．オキシアエナ類（オキシアエナ属 *Oxyaena* など）の多くはイタチ様の小型哺乳類であったが，なかにはクマほどの大きさをもつパトリオフェリス属 *Patriofelis* のような大型のものも知られている．ヒアエノドン類はほっそりとした頭蓋*，長い肢，そしてよく発達した裂肉歯*をもち，イヌ，ネコ，あるいはハイエナを思わせる形態へと多様化した．ヒアエノドン科のみが中新世*以降も産出し，現代のハイエナ類にとって替られるまで，腐肉食性動物としての生態上の地位を占めていた．肉歯類は脳容積が小さく，動きも遅く，現代の食肉類とは直接の系統関係はない．

肉歯類様歯 creodont-like teeth
　肉歯目*がもつ歯に似たタイプの歯．裂肉歯*は現代の食肉目*のような大臼歯と小臼歯ではなく，大臼歯のみからなる．このタイプの歯は白亜紀*後期に出現した肉食性哺乳類*にも知られているが，多くは第三紀*前期の肉歯類に見られる．

ニグリの岩石分類法 Niggli method
　ニグリ*が，火成岩*の酸化物成分を化学的類似性に基づいて，（$Al_2O_3+Cr_2O_3+$希土類*），（$FeO+MnO+MgO$），（$Na_2O+K_2O+Li_2O$），（$CaO+BaO+SrO$）に区分したもの．各グループの陽イオン*の重量百分率を合計し，それらを足し合わせた数値が100%となるようにする．各グループの数値（ニグリ値）をシリカ*（横軸）に対してプロットし，随伴関係にある岩石相互の比較に用

いる．

ニグリ，ポール (1888-1953) Niggli, Paul

スイス，チューリッヒ大学の結晶学・鉱物学者．マグマ*と変成岩*を研究し，岩石学に相状態図*を導入．また粒子の形態に基づいて堆積岩*を分類した．1928年学生と共同で地球の全化学組成の計算を試みた．⇒ ニグリの岩石分類法

二型性 dimorphism

1. 同一種に1つ以上の形態的な違いが存在するため，その種が明瞭な2つのグループに分けられること．代表例として，体長（通常，雄は雌よりも大きい）や羽衣〔うい；鳥類の羽根を集合的にいう語〕（雄は雌よりも色彩に富むことが多い）といった，性の違いに関連した特徴の二型性が挙げられる．⇒ 性的二型性．**2**．⇒ 多形

二項分布 bimodal distribution (**1**), binomial distribution (**2**)

1. 2つの明瞭な集団によって特徴づけられるデータの分布．たとえば，粒径*の二項分布は粒度に2つの最頻値*があること，古流向〔⇒ 古流向解析〕の二項分布は2つの卓越した流向（正反対とは限らない．正反対の場合には二極分布という）があることを表している．**2**．統計学：ある回数の試行で，特定の事象が起きる回数の分布を示す離散的な確率分布*．ただし，各試行は独立しており，2種の事象のいずれかが必ず起き，一方の事象が起きる確率は一定．

ニコル，ウィリアム (1768-1851) Nicol, William

エジンバラ出身の鉱物学者．偏光顕微鏡*に用いる方解石*プリズム（⇒ ニコルプリズム）を発明．このプリズムを用いた顕微鏡による記載は，その使用開始よりはるかに後の1829年に公表された．

ニコルプリズム niccol prism

2片の光学的に透明な方解石*をカナダバルサム*の薄層で接合したプリズム．ニコル*の考案になる．プリズムの底面に入った光は複屈折*し，カナダバルサム層に達すると，1つの光線〔通常光*〕は全反射されるが，もう1つの光線〔異常光*〕は平面偏光*としてプリズム内を進行する．初期の偏光顕微鏡*ではアナライザー*とポラライザー*にこのプリズムを使用していたが，今日ではポラロイド*がこれに替わっている．このため'直交ポーラー'*というべきところを今なお'直交ニコル'*ということがある．

二至（にし） solstice

太陽が赤道から最も北，または南に離れるとき．北半球では，6月22日ころ（夏至）と12月22日ころ（冬至）．南半球ではその逆．

虹 rainbow

大気中の水滴によって太陽光が屈折*されて，色のスペクトラムが円弧を描いて現れる現象．主虹は観測者の影の方向を中心とした視半径42°〔虹角〕の範囲に見られる．主虹の外側に虹角51°の副虹が現れることもある．副虹やさらにその外側の虹は，光の一部が屈折する前に雨滴の内部で反射されることによって現れる．主虹では赤が外縁を占める色スペクトルをなす．副虹ではこれと逆の配色を呈する．虹の色と強さは雨滴の大きさによって異なり，雨滴が大きいほど赤が勝った鮮やかな色が現れる．

二次移動 secondary migration

炭化水素*が，貯留岩*へ，あるいは貯留岩の内部で主として側方に移動すること．

西オーストラリア海流 West Australia Current

オーストラリア西岸に沿って北流する海流．流れは夏季には強く安定しているが，冬季には大きく減速する．塩分濃度*（34.5パーミル），水温（3〜7℃）とも低いのが特徴．

二次回収法 secondary recovery method

1940年代以来，石油*の回収率を約50%向上させた技術．石油の上の天然ガス*を石油貯留岩*中に注入して石油を押し下げたり，水を石油の下に注入して押し上げたりする．

二次間隙 secondary porosity

岩石が固化する過程またはその後に生じた間隙*．鉱物*粒やセメント*の選択的な溶解または変質，造構造運動*による岩石の破砕による．⇒ チョケット-プレイの分類

二軸性干渉像 biaxial interferrence figure ⇨ 干渉像

二次クリープ secondary creep
長時間にわたって応力*にさらされ変形を続けている物体に起きる,粘性歪*で特徴づけられるクリープ*の第2段階.

二肢形- biramous
二分岐した肢に冠される.多くの節足動物*に見られる.

二次鉱物 secondary mineral
火成岩*中の一次鉱物*が固相線*下(サブソリダス)の変質*を受けて生じた鉱物*.マグマ*から晶出した鉱物は高温条件下でのみ安定であり,水などの流体が岩体に入り込むと,容易に低温型の二次鉱物に変化する.ほとんどの二次鉱物が水和珪酸塩.典型例はかんらん石*の緑泥石*および蛇紋石*への変質.

二次石英 secondary quartz
続成作用*の間にセメント*として生成する石英*.

二次前線 secondary front
低気圧*から延びる寒冷前線*後方の寒気内に,気圧の谷*のかたちで発生する前線.

二次地球化学的分化 secondary geochemical differentiation
地殻*と気圏*で起こったと考えられている,生物圏*の発達につながる有機的反応をはじめとする過程.

二次地球化学的分散 secondary geochemical dispersion
風化作用*,侵食作用*および堆積作用を通じて,地表またはその直下で起こる元素の移動.

二次的堆積構造 secondary sedimentary structure
堆積物*の固結中またはその後に,物質が間隙*中に沈殿したり構成物質を交代することによって形成される構造.

二次破砕 secondary crushing ⇨ 破砕

二次発破 secondary blasting ⇨ 小割り発破

二次富化作用 secondary enrichment ⇨ 浅成富化作用

二重雲 duplicatus
'二重の'を意味するラテン語 *duplicatus* に由来.2層に重なっている雲.層積雲*,高積雲*,高層雲*,巻層雲*に現れる.⇨ 雲の分類

二重コアバレル double core barrel ⇨ コアバレル

二重ジグザグ double zig-zag ⇨ 干渉縞

二重侵食平坦面 double planation
熱帯地方では,地表下の風化前線*が侵食平坦面*となるが,地表でも風化物質が風や水の作用を受けてもう1つの侵食平坦面がつくられる.2つの侵食平坦面の発達の程度は気候と局地的な条件によってきまる.エッチプレーン*は地表下の風化前線上に形成される.

二重崩壊 dual decay ⇨ 分岐崩壊

二重惑星系 double-planet system ⇨ カロン

二色性 dichroism (形容詞:dichroic)
鉱物*が,1つの振動方向*の光をもう1つの振動方向の光よりも多く吸収するため,振動方向によって異なる色を呈する性質.多色性*の1形態で,2つの振動方向の色で記載する.

二成分系 binary system
2つの成分をもつ化学系.たとえば MgO-SiO_2.

日気温差 day degrees
特定の基準温度,たとえば多くの植物種の生育に必要な最低温度とされている 6°C と日平均気温との差.これの積算値は,年間の穀物生育期における暖かさの目安として用いられる.⇨ 積算気温;月気温差

日射計(全天日射計) solarimeter
太陽放射*を測定する機器.

日射風化作用 insolation weathering ⇨ 熱風化作用

日照計 sunshine recorder ⇨ キャンベル-ストークス日照計

ニッチ(生態的地位) niche
ある生物が,生態系*や群集*内で占める役割または生活形(地位).狭義には,生息場を指すこともある.

ニトラティン nitratine ⇨ ソーダ硝石

二分岐　bifurcation

系統樹*において，祖先系統の枝*が二叉分岐すること．種分化に相当する．

ニボシティ係数　coefficient of nivosity

パルド（Parde）が提唱した，温暖季の河川流量に加わる融雪量を求めるための尺度．

日本海溝　Japan Trench

ユーラシア・プレート*を縁どる日本列島北半部（島弧*）と太平洋プレート*の間に介在する海溝*．

日本型縁（日本型縁辺部）　Japan-type margin ⇨ 活動的縁（活動的縁辺部）

二枚貝綱　Bivalvia（**二枚貝類** bivalves；**軟体動物門*** phylum Mollusca，**斧足綱** Pelecypoda，**弁鰓綱（べんさい-）** Lamellibranchia）

軟体動物門の綱の1つで，軟体部は円形ないし長形の2枚の殻に覆われている．2枚の殻は，背側の歯のある蝶番*で接合しており，殻が接する面（接合面*）に対して左右相称*である種が多い．殻は弾力性のある角質の靭帯で開き，1つないし2つの閉殻筋により閉じる．繊毛*を備え採餌用に改良された大きい鰓をもち，完全に水生の体制となっている．二枚貝類は穿孔*性，巣孔*性（内生*），固着性*などのさまざまな生活様式を採る．これらの生活様式はさまざまに改良された殻形態に反映されている．カンブリア紀*前期に出現した二枚貝類は，古生代*の間は発展は限られていたが，中生代*以降は海生動物群集の主要な構成要素となった．現在，二枚貝綱は軟体動物門のなかで腹足綱*に次いで2番目に優勢な目で，2万種以上が知られている．

二面体　dihedron ⇨ 楔面（せつめん）

二有溝-　bisulcate

2つの溝またはへこみをもつ殻に冠する．腕足類（動物門）*の腹殻は二有溝であることが多い．アンモノイド類（亜綱）*の腹側*に2列の溝が見られることをも指す．

入射角　angle of incidence（incident angle）

入射光線（入射波）と反射面*（屈折面）の法面とがなす角．スネルの法則*により，入射角と屈折角*との間には一定の関係がある．⇨ 臨界角

入植窓　colonization window

ある底質に生物が移住することができる期間を指す．生痕化石*としてその記録が残される．

ニュートン（N）　newton

力の国際単位系*誘導単位．ニュートン（Sir Isaac Newton）（1642-1727）に因む．質量1kgの物体に1m/秒^{2}の加速度を生じさせるのに必要な力．1 N＝1 J/m．

ニュートン挙動　Newtonian behaviour

理想的な粘性*歪*を示す流体の流動．応力*を加えると，応力を除いても回復しない永久歪が生じる．➡ 弾性変形

ニュートンの重力の法則　Newton's law of gravitation ⇨ 重力加速度

ニュートン流体　Newtonian fluid ⇨ ビンガム流体

二列型　biserial

1. 筆石類*（正筆石目*）の胞*の配列様式の1つ．枝状体*の両側に胞が並んで配列している．**2.** ウミユリ類（綱）*の腕を構成する石灰板（⇨ 腕板）が，交互に2列に配列していること．**3.** ⇨ 三列型

にわか雨［**驟雨（しゅうう），夕立**］ shower

通常は連続して全天を覆うことのない対流性の雲がもたらす短時間の降雨．降雨強度はさまざまで，小雨程度から激しい雷雨まである．降雨に霰（あられ）や雪がまじることもある．

ヌ

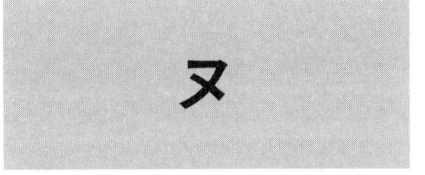

ぬかるみ土　poached soil ⇒ 起耕土

ヌクマルアン統　Nukumaruan
　ニュージーランドにおける第四系*基底の統*．鮮新統*の上位でキャッスルクリフィアン統*の下位．カラブリアン階*の大部分にほぼ対比される．この統が鮮新統最上部のマンガパニアン階*の上部に重なり，したがって第三系*/第四系の境界を含むとする見解もある．

ヌッセルト数　Nusselt number
　レイリー数*と関連する無次元数．初期対流運動では1，対流発生の確率が高いほど大きくなる．

ヌナタク　nunatak
　氷河*に覆われている地域にあって，まわりの氷床*の上に突き出ている岩峰または山稜．

ヌニバーク正亜磁極期（ヌニバーク正サブクロン）　Nunivak
　ギルバート逆磁極期（逆クロン）*における正亜磁極期*．

沼鉄鉱（ぬま-）　bog iron ore
　褐鉄鉱*を含み，不純物の多い多孔質の堆積物*．沼沢地条件下でバクテリアの作用により形成されると考えられる．かつては製鉄原料として大量に消費されていた低品位の鉄鉱石*．

ヌラギニアン階　Nullaginian
　オーストラリア南東部における下部原生界*中の階*．カーペンタリアン階*の下位．

ヌンムリテス属（貨幣石）　Nummulites
　大型有孔虫*に含まれる属で，殻*は平たい円盤型あるいはレンズ型．暁新世*から漸新世*後期にかけての温暖な浅海に生息し，場所によっては岩石の主体をなすほどに多産する．多くの種が記載されており，産出層準および岩相*組み合わせも多様である．
　クイジアン期〔始新世*最初のイプレシアン期*と同義〕のヌンムリテス・プラニュラータス *N. planulatus* はしばしば砂質相堆積物中でアルベオリナ類およびミリオリナ類〔の大型有孔虫〕と共存している．ヌンムリテス・グロビュラス *N. globulus* はピレネー山脈に分布するイレルディアン期のマール*質・砂質相堆積物中より産する．ヌンムリテス・ギザエンシス *N. gizahensis* はこの属で最大のものの1つで，テチス区*の後期ルテティアン期*の礁性石灰岩*に広く分布している．また，ヌンムリテス・ヴァリオラリウス *N. variolarius* は浅海の穏やかな環境を好み，ミリオリナ類とともに中・後期ルテティアン期の砂質石灰岩から見つかっている．

ネオコミアン統 Neocomian

白亜系*最下部の統*．バレミアン階*の下位．年代は 145.6～131.8 Ma （Harland ほか，1989）．ベリアシアン階*，バランギニアン階*，オーテリビアン階*を含む．ネオコミアン統をベリアシアン階とバランギニアン階に限定する見解がある一方で，年代幅を拡大してバレミアン階とアプチアン階*までを含むとする見解もある．

ネオテニー（幼形成熟） neoteny

体の個体発生*がゆっくりしているため，幼生形態をもったまま性的に成熟してしまうこと．この現象は幼形進化*につながる．多くの生物では，幼生段階のほうが成体段階と比べて特殊化が進んでいないため，幼形成熟により新しい進化の方向へ向かいやすくなる．英語名称は，'若い'を意味するギリシャ語 neos に由来．人類進化のいくつかの特徴はネオテニーに起因する．

ネオヘリキアン亜階 neohelikian

カナダ楯状地*の上部ヘリキアン階*中の亜階*．

ネオボスリオキダリス属 *Neobothriocidaris* ⇒ 溝帯目

ネオモルフィズム（新組織形成作用） neomorphism

続成過程（⇒ 続成作用）で，ある鉱物*が組成は同じで結晶形*が異なる鉱物に置換される現象．石灰岩*のネオモルフィズムでは方解石*がより粗粒の方解石結晶に置換されることが多い．たとえばミクライト*はマイクロスパー*（4～10 μm の結晶）あるいは偽スパー（10～50 μm の結晶）となる．ネオモルフィズムによるスパーは不規則な形態の結晶をなして未変質の領域中にパッチ状に発達し，周囲に漸移的に移行していることが多い．

ネクタリア紀 Nectarian ⇒ 付表B：月の年代尺度

ネクタリアン世 Nectarian

初期始生代*中の世*．この期間に地球への激しい隕石*の衝突が終息した．年代はおよそ 3,975～3,900 Ma （Harland ほか，1989）．

ネコ科 Felidae ⇒ 食肉目
ネコ型亜目 Feliformia ⇒ 食肉目
猫目石 cat's eye ⇒ リーベック閃石
ねじり秤 torsion balance

レバーをまわして目盛盤上の針を必要とする試料の重さの位置にセットする．次に，この重さと正確に釣り合って針がゼロの位置に戻るまで試料を秤量皿に載せる．0.01～5.0 g の範囲で大量の秤量を迅速におこなうのに便利な秤である．

ねじれ torsion

1. 物体の両端を反対方向にねじったときの変形．ねじり試験では，棒状の試料を大きく歪む状態までねじって，その延性変形*特性を調べる． 2. 捩転：腹足類（綱）*の個体発生*初期に見られる現象で，体軸が180°反転し消化管系や神経系は U字型に折れ曲がる．このため，外套腔*，肛門，鰓，2つの外腎門（排出口）は頭部後方にあたる体の前方に位置することになる．

ネソ珪酸塩 nesosilicates （**オルソ珪酸塩** orthosilicates）

珪酸塩鉱物*の1グループ．共有する酸素をもたない，独立した SiO_4 正四面体で特徴づけられる．構造は正四面体間の陽イオン*との結合によって保たれている．このグループには，かんらん石*，ざくろ石*，スフェン*，ジルコン*，十字石*，クロリトイド*，黄玉（おうぎょく）*，コンドロ石*および Al_2SiO_5 の多形*などがある．

熱雲 nuée ardente

火山ドーム*が崩壊することによって発生して斜面を流下する重力流．地表を這う火砕流*とその上にともなう火山灰*からなる．'灼熱の雲'を意味するフランス語で，アルフレッド・ラクロア（Alfred Lacroix, 1863-1948）が1903年に用いた．火砕流と火山灰は移動中にたがいに異なる挙動をとって性状がまったく異なる堆積物を残すので，この語は使用されなくなりつつある．

熱塩循環（ねつえん-） thermohaline circulation

大きい水塊で表層水が冷却されることによって起こる鉛直方向の循環．冷却によって対流性の逆転と，それによる水の混合が起こる．海洋では，この循環によって鉛直方向の水温差と塩分濃度*の差がせばめられる．

熱核融合反応 thermonuclear reaction

非常な高温下で，さまざまな軽い元素の核が融合する反応．恒星のエネルギー源．⇨ 元素の合成

熱間加工 hot working（焼鈍，焼きなまし annealing, **ポリゴン化** polygonization）

高度な歪*を受けた結晶*粒子を高温で熱処理することによって歪を除去すること．歪を受けた粒子から歪のない新たな多角形粒子が生じて歪を受けた粒子を置換する．

熱慣性 thermal inertia

温度変化に対する物質の対応の尺度．リモートセンシング*では温度の日変化で測定される．熱容量*の大きい物質は高い熱慣性を示し，1日を通じて温度変化が小さい．

ネックスラド NEXRAD ⇨ 次世代気象レーダー

熱圏 thermosphere

約80 kmより上の気圏上層部．ここで最も波長が短い太陽放射*が吸収される．電離圏*を含む．気温は高度とともに上昇するが，大気密度が極めて低いため，熱容量*はごく小さい．⇨ 気圏

熱残留磁化（TRM） thermoremanent magnetization

熱せられた強磁性*物質が室温またはそれ以下の温度にまで冷える過程でキュリー点*を通過する際に獲得する残留磁化*．

熱消磁 thermal demagnetization (thermal cleaning) ⇨ 消磁

熱水（熱水溶液） hydrothermal solution, **熱水-** hydrothermal

火成*活動がもたらす極めて高温の水，およびその作用にかかわる過程の総称．熱水は，火成岩*貫入体*の結晶作用の最終段階に残留していた液（処女水*）や，貫入体の結晶作用の間に熱せられた地下水*で，通過する岩石と反応して，変質させたり，鉱物を沈積させたりすることがある．熱水反応には，蛇紋石化作用*，緑泥石化作用（⇨ 緑泥石），ソーシュライト化作用（⇨ ソーシュライト），ウラライト化作用（⇨ ウラライト），プロピライト化作用*などがある．一方，熱水脈や交代鉱石*にはCu, Pb, Znの硫化物が含まれる．熱水活動は地熱活動と混同されることが多いが，後者は高温の水の対流と移動をともなうものの，かならずしも火成活動と結びついているわけではない（⇨ 地熱地帯；地温勾配）．

熱水孔 hydrothermal vent

海洋中央海嶺*上または近くの海洋底で，溶融岩石と接触することによって熱せられた熱水*（通常300℃程度）を噴出している孔．熱水に溶存している硫化物は化学合成*バクテリアによって酸化され，その産物である二酸化炭素から有機化合物が合成される．水温が40℃ほどに達する噴出孔の近くでは，有機化合物を餌とする動物あるいは化学合成バクテリアと共生*する動物からなる，生産性の高い共同体が形成されており，これが肉食性動物や浮泥食性動物を支えている．共同体をなすものには，消化管をもたないノギムシ[有鬚動物門（ゆうしゅ-*）]，ムニドプシス（*Munidopsis*；カニ，ガラテア上科），巨大なハマグリ（カリプトゲナ・マグニフィカ *Calyptogena magnifica* など），イガイ，ギボシムシ[腸鰓綱（ちょうさい-）]，その他多くの種類がある．鉄，マンガン，銅の含有量が多い熱水は高温（約350℃）で黒色を呈し，ブラックスモーカーと呼ばれる．ホワイトスモーカーは噴出速度が小さく，低温で砒素と亜鉛に富む．⇨ 熱水；熱水鉱物；コールドシープ

熱水鉱物 hydrothermal mineral

非常に高温の熱水*から，その温度または圧力が低下していく過程で沈殿して生じた鉱物*．脈*や空洞に沈殿する代表的な鉱物に，石英*，蛍石*，方鉛鉱*，閃亜鉛鉱*がある．

熱赤外線 thermal infrared

波長が3.0 μmから100 μmまでの赤外放射線*．通常の環境温度では物体はこの波長の赤外線を放射する．火など高温の物体はこれよりも短波長の赤外線を放射する．→ 反

射赤外線

熱赤道　thermal equator

地球上で平均気温が最高となっている地帯．年間あるいは長期間の平均気温についても，ある瞬間の最高気温についても適用される．長期間の平均気温についての熱赤道は5°N付近にある．地理上の赤道の北側に熱赤道が存在するのは，北半球が南半球よりも高温となっているため．これは，南半球では南極大陸を覆う氷河*が夏の気温を抑えているのに対し，北半球では北極圏の陸地面積がはるかに小さいためそのような効果が小さいことによる．⇒ 寒極

熱　帯　torrid zone

北回帰線と南回帰線の間の地帯を指す気候学用語．おおむね赤道帯にあたる．

熱帯気団　tropical air mass

熱帯*で発現する気団*．海洋上で発生する海洋性熱帯気団と，陸上，とくに北アフリカと中東地域で発生する大陸性熱帯気団とに大別される．この気団が極方向に移動するにつれて変質し，中緯度の天候に大きな影響を及ぼすことがある．

熱帯合流域　intertropical confluence

熱帯収束帯*に替わる語．'熱帯収束帯'内で，収束が連続した帯をなして起こっているわけではないことを考慮した厳密な表現．

熱帯収束帯（ITCZ）　intertropical convergence zone（**赤道低圧帯** equatorial trough）

北半球の気団*からの北東貿易風*と南半球気団からの南東貿易風が収束する低緯度帯で，季節によって南北に移動する．低緯度低気圧*がしばしばこの海域に発生し，発生場所（すなわち収束帯）が赤道よりかなり北にずれているときには，発達して熱帯性ハリケーンまたは台風となることがある．陸上，たとえばアフリカでは，大陸性の風系すなわち南西寄りのモンスーン*と砂漠からの高温で乾燥した風が収束する帯をいう．⇒ 熱帯合流域

熱帯前線　intertropical front

〔熱帯収束帯*と同義〕．北半球と南半球の大気循環の一部をなす貿易風*が会合する線を前線*と見たてた語．明確な前線をなしているわけではなく，気団*の収束帯となっている．〔このため，用語としては熱帯収束帯のほうが正しい．〕

熱帯低気圧　tropical cyclone（**回転性暴風** revolving storm）

熱帯*の海洋上で発生する，小さいながら強力な閉じた〔すなわち前線*をともなわない〕低気圧*．風速が33 m/秒以上（ビューフォート風力階級*の風力12，風速64ノット以上）のものとされ，2倍以上の直径をもつ'弱い熱帯低気圧（tropical depression）'〔風速17～34ノット（9～18 m/秒）〕や熱帯暴風（tropical storm）〔風速34～64ノット（18～33 m/秒）〕と区別されている．気圧は外縁部の1,000 hPaから中心部の950 hPaに低下しているのがふつう．

熱帯低気圧計画（TCP）　Tropical Cyclone Programme

熱帯低気圧*に対する予報と警報を改善しようとする計画．世界気象監視計画*の一環．

熱抵抗率　thermal resistivity

物質中を熱が伝わりにくい程度を表す尺度．熱伝導率*の逆数．

熱的低気圧（ヒート・ロウ）　heat low

地表が日中強く熱せられて発生する，前線をともなわない低気圧*．対流圏*上層における主要な気流の乱れもその発生にあずかっている．夏を中心に，アリゾナ州やスペイン，北インド低気圧中で発生する．

熱伝導率（K）　thermal conductivity

物質が熱を伝える程度を表す尺度．たとえば，銅では$K=385$ W/m/K，空気では$K=0.02$ W/m/K．Kは次に示す熱伝導方程式の比例定数．$dQ/dt=-KAd\theta/dl$．dQ/dtは熱伝導速度（ジュール/秒），Aは均質な試料物体の断面積（m²）；$d\theta/dl$は物体内〔断面に垂直な方向〕の温度勾配．→ 熱抵抗率

熱発光　thermoluminescence

白熱〔incandescence；熱せられた物質からの可視光*の放出〕状態以下の温度でゆっくりと熱せられた鉱物*が光を発する現象．酸素（または空気）と接触している条件下でのみ発光する鉱物もあり，これは酸素熱発光

と呼ばれる．放出される光エネルギーを光電子増倍管で測定し，温度の関数として'グロー曲線'で表す．

熱風化作用（日射風化作用） thermoclastis (insolation weathering)

くり返し加熱・冷却されることによって岩石内に応力*が蓄積し，岩石が破壊される機械的風化作用*．岩石は熱伝導率*が低いため風化は表面部分で進行し，その結果岩体表層が剥げ落ちていく．鉱物*ごとに熱膨張係数が異なるため，多種の鉱物からなる岩石ではとくに有効に働く．ただ，実験や野外観測によれば，この作用の影響はかつて考えられていたよりも小さいようである．⇒ 剝脱作用

熱分解 pyrolysis

無酸素状態で有機分子を加熱し，高い熱量をもつ炭化水素*（チャコール*）をつくる技術．この方法で有機物を高品位で保存のきく燃料に変えることができる．有機廃棄物の利用も可能．

熱変成作用 thermal metamorphism ⇒ 接触変成作用

熱放射（熱輻射） thermal emission

分子がその温度に応じた振動を起こして発する電磁放射*．

根積み basecourse

れんが積み，石積みの基礎*となる最も下の部分．

熱容量 heat capacity

物質の温度を1℃上げるのに必要なエネルギー．

熱流量 heat flow (heat flux)

固体地球の表層を通って出ていく熱の量．試錐孔*中または試料採取管中の上下の2点以上で測定した温度と測定点間の岩石の実測-または推定熱伝導率*から求める．陸上での測定は，気温変化の影響を避けるため，ふつう200m以上の深さでおこなう．地下水*の循環による局所的または広域的な熱輸送が最大の障害となる．海底堆積物中では熱流量が$t^{0.5}$に比例して小さくなる（tは海洋地殻*の年齢）．海嶺*軸付近では平均で$100\,mW/m^2$，100Maより古い海洋地殻では$50\,mW/m^2$以下．大陸では，古い地殻地域では若い地殻地域より低い傾向があり，平均で$38\,mW/m^2$，中生代*や第三紀*の造山帯*では$65\sim75\,mW/m^2$．クラトン（楯状地）*の熱流量はほとんどすべてが表層部の放射性起源熱*によってまかなわれており，この地域の地殻*と上部マントル*の放射性元素は乏しくなりつつあると考えられる．地球が年間に放出する熱の量は，対流によって失われる熱があるためやや不確実であるが，約$(4.1\sim4.3)\times10^{13}\,W$（$1.3\times10^{21}\,J$）と見つもられており，そのうちの75%が海洋地殻を経て出ていく．

地球内部熱の熱源としては次のものがある．(a) 放射性元素が生産する熱，(b) 核*の形成によって解放された重力エネルギー，(c) 発熱性の化学反応による熱，(d) 地球創生期からの残留熱，すなわち，地球に集積した物質がもっていた熱；初期の隕石*および微小惑星*衝突の際に運動エネルギーから転換した熱；化学反応による熱，など．これらの熱源が占める割合は不明であるが，おそらく放射性起源熱が最大であろう．重力エネルギーの解放も核形成の期間には重要であったと考えられる．

熱流量異常 heat-flow anomaly

ある地域の熱流量*が平均値より高いか低いこと．

熱流量単位（HFU） heat-flow unit

$1\,cal/cm^2/秒$．今日では国際単位系*が用いられ，$1\,HFU=41.8\,mW/m^2$．

ネフェロイド層 nepheloid layer

大陸斜面*の基部に近接した深海底付近を占める，懸濁物質*の濃度が高い水塊．通常，厚さ$100\sim300\,m$，$0.3\sim0.01\,mg/l$の濃度で，粒径$12\,\mu m$以下の粒子を懸濁している．物質は熱塩性底層流（⇒ 熱塩循環）によって懸濁，運搬されている．⇒ 等深流（コンターカレント）

ネフライト（軟玉） nephrite ⇒ 翡翠（ひすい）輝石

ネ ベ névé ⇒ フィルン

ネライテス属 Nereites

層理面*上でくり返しうねる這い痕*．この生痕化石*は両側に葉状の装飾をもち，堆積物食者*が食を求めて規則正しく這った

結果できたもの．ネライテス相という語は，ネライテス属およびそれと同じ深度に特徴的な生痕属*によって特徴づけられる深海堆積物を指す．

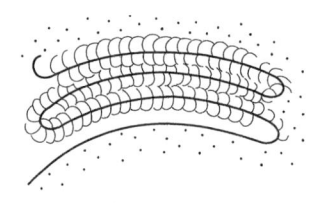

ネライテス属

ネール温度 Néel temperature
　反強磁性*物質中の2つの磁気亜格子間の磁気結合よりも熱振動が大きくなる温度．ネール温度以上に熱せられると物質は反強磁性を示さなくなり，この温度まで冷却されると反強磁性が回復する．

ネール，ルイ・ユージーヌ・フェリス(1904-) Néel, Louis Eugène Félix
　フランスの物理学者．1956年にグルノーブルの核研究センター所長に就任．地磁気をはじめ電磁気学の研究で知られ，岩石に残留磁化*が存在することを初めて指摘した．

ネレイド Nereid (**海王星II** Neptune II)
　海王星*の衛星*．直径340 km，アルベド* 0.2．

ネレウス Nereus
　太陽系*の近地球小惑星*(No.4660)．直径2 km，公転周期1.82年．探査機による試料採取が計画されている．

燃焼炉（専燃炉） burner reactor
　^{235}Uを燃料とする原子炉．効率を上げるため濃縮ウラン*を用いる．核分裂*反応を抑えるため，高速の中性子を減速剤（石墨*または重水）によって減速し，反応速度は中性子を吸収する制御棒（硼素）で調節する．いくらかの中性子が反応してプルトニウムが生じるが，その量は元のウラニウムより少ないので燃焼炉と呼ばれる．〔これに対して核分裂で消費されるよりも多くの核分裂物質が生じる原子炉を増殖炉という．⇨ 高速中性子増殖炉〕

粘性 viscosity
　剪断応力*による流動に対する物質の内部抵抗．定量的な定義は，歪速度*に対する剪断応力の比で，単位はパスカル秒(1 Pas＝10ポアズ)．流動に対する抵抗は基本的には分子あるいはイオン*の凝集による．流紋岩*質マグマ*のようにシリカ*含有量が多いマグマでは，分子間凝集力が極めて強く，マグマが流れるうえに必要な最小限の力すなわち降伏強度が大きい（⇨ 降伏応力）．マグマ中に存在する結晶*は内部抵抗を大きくし，逆に溶存ガスは小さくする．一般に，玄武岩*質マグマは流紋岩質マグマより粘性が低い．

粘性残留磁化（VRM） viscous remanent magnetism
　常温で一定の磁場に長時間おいた試料が獲得する磁化．時間の対数に比例して増大する．岩石は生成以来地球磁場*におかれているため，ほとんどの岩石がこの型の磁化を獲得している．

年代岩石単元 time-rock unit ⇨ 年代層序単元

年代系列 chronosequence
　〔成因が同じでありながら〕年代が異なるため，土壌断面*の発達程度が異なる一連の土壌*の系列．年代系列は，氷河*の後退，火山活動*，風成およびその他の堆積作用で形成されつつある景観で見られる．

年代誤差 dating error ⇨ 誤差；アイソクロン

年代層準 chronohorizon ⇨ 鍵層

年代層序学 chronostratigraphy
　時間概念をとり入れた層序学*．一般に地質時代における時間間隔はクロノメア*と呼ばれるが，その継続期間は一定していない．地質時代の時間間隔につけられた公式名*は，累代*，代*，紀*，世*，期*，亜期*，クロン*で，この順に上位から下位へと階層化されている．それぞれ年代層序単元*の累界*，界*，系*，統*，階*，亜階*，年代帯（クロノゾーン）*に相当する．この年代区分名に固有名詞がつくときには，英語表記では頭文字を大文字とする．年代層序学と生層序学*とを同義とみなす研究者がいるが，両者

は独立しているとするのが大方の見解である．

年代層序学的層準 chronostratigraphic horizon ⇨ 鍵層

年代層序尺度 chronostratigraphic scale (chronostratic scale)

理想的には，地質年代単元*とそれに相当する年代層序単元*の両者が，境界模式層*において，国際的に受け入れられている標準的な時間面によって定義されている時間幅．しかし，境界模式層について合意が得られているのは年代層序尺度の一部にすぎず，その尺度のなかでの年代層序単元はいぜんとして生層序学的*な方法できめられているのが実状である．⇨ 標準層序尺度；層序尺度

年代層序対比図 chronostratigraphic correlation chart

ある特定の地域の層序*を総合的に表示する図．縦軸に地質年代，横軸に距離をとり，その地域で知られている層序単元*の年代幅と分布範囲を記入する．地震記録*断面，検層*，露頭*など情報源の種類も併記する．図示される項目は，岩相層序単元*の位置，シーケンス*上限または基底をなす不整合*（⇨ ベースラップ；ダウンラップ；オンラップ；トップラップ），岩相*，岩相変化，試錐孔*の位置，など．⇨ 震探層序学

年代層序単元 chronostratigraphic unit (time-stratigraphic unit, **年代岩石単元** time-rock unit)

地質時代の中のある限定された特定の期間に形成された一連の岩石．単元が記録している時間の長さによって階層化されている．累界*（最長），界*，系*，統*，階*（実質的に最も基本的な単元），亜階*，年代帯（クロノゾーン）*（最短）．それぞれの単元は下位の階層の単元をいくつか含んでいる．たとえば，系はいくつかの統からなり，同様にいくつかの階が1つの統を構成する．世界のどこにあっても，岩相*やその地における層厚にかかわらず，岩石はすべて，その生成の時代に対応する年代層序単元に対比される．たとえば，カンブリア紀*に堆積した岩石はすべてカンブリア系に属する．伝統的な'層序尺度'*では，年代層序単元とそれに相当する地質年代単元*は模式地*を基本として定義されてきた（⇨ 模式層）．そのため，地質年代単元をきめていたのは年代層序単元であって，その逆ではなかったことに注意する必要がある．⇨ 年代層序学；層序命名法

年代測定 chronometry

地質学的な時間を測定することで，実質的には絶対年代*測定を意味する．

年代測定法 dating methods

19世紀には古生物学的データと層序学的データを対比*することによって相対的な年代尺度が組み立てられた．堆積物の堆積速度も年代決定に利用された．最近では放射性同位体*を利用して絶対年代を求めることができるようになった．この方法が最も正確であることは疑いないが，化石*，岩相*，切断の関係*もおおよその相対年代*をきめるうえに野外地質学ではなお重要な手がかりであることに変わりはない．⇨ 絶対年代；放射性崩壊；放射年代測定法；同位体年代測定法；放射性炭素年代測定法；年輪年代学；地球年代学；地質年代学

年代帯（クロノゾーン） chronozone

〔**1**.最新の定義では，階層に属さない，つまり階層が特定されていない年代層序単元*．この単元に相当する地質年代単元*はクロン*．〕**2**.〔原著による．〕最低位の階層の年代層序単元．年代帯の継続期間は模式断面で定義される．模式断面は生帯（生層序帯）*に基づいていることも，岩相層序単元*が占める時間間隔に基づいていることもある．生帯に基づいている場合には，年代帯は化石*内容や岩相*にかかわらず，その期間に堆積したすべての岩石を含む．知見が増加するにつれて，年代帯の境界はそれが属している階*の境界とかならずしも一致しないことが明らかになり，階を亜階*に細分するほうがより正確とみなされるようになっている．年代帯に相当する地質年代単元*はクロン*．

粘着力 cohesion

粒子同士が粒子間の摩擦によらずにくっつく能力．土壌*の粘着力は個々の粒子を隔てているセメント*または水膜の剪断強度*による．粉体工学*では，圧密*または結合物質のいずれかによって支持されている粒子同

土が引き合う力のことをいう．

粘稠度 consistence (consistency)

耕し，掘り起こし，手こねなど物理的な衝撃に対する土壌*の抵抗性．土壌粒子間の粘着性の程度に依存する．乾燥している土壌ではルーズ，軟，固；湿潤土壌ではルーズ，砕易，堅硬；多湿土壌では粘性，可塑性に判定・分類される．

粘 土 clay

1. アデン-ウェントウォースの粒度区分で，径 $3.9\mu m$ 以下の粒子．⇒ 粒径．2. 土壌粘土：アッターベルク分類法（Atterberg classification）と USDA* 分類法で，径 $2\mu m$ 以下の鉱物粒子からなる土壌部分をいう．3. 土性〔土壌粒径組成〕の階級：全体としての粒径を問わないが，土壌粘土粒子を少なくとも 20％（重量）含んでいるもの．⇒ 粘土鉱物

粘土岩 claystone

主に粘土*大（径 $3.9\mu m$ 以下）の粒子からなる，緻密，塊状の細粒堆積岩*．→ 泥岩

粘土鉱物 clay mineral

フィロ珪酸塩（層状珪酸塩）*に属し，化学組成が類似する含水アルミニウム珪酸塩のグループで，いずれも層状構造をもつ．SiO_4 の正四面体からなり $[SiO_4O_{10}]^{4-}$ の組成をもつ層が Al-O の層によって（ギブサイト*型層状構造），あるいは (Mg, Fe)-O の層によって（ブルーサイト*型層状構造），結合されている．1:1型層状珪酸塩では1枚の Si-O 層が1枚のギブサイト層またはブルーサイト層と結合しており，蛇紋石*族と粘土鉱物のカオリナイト*またはカンダイト族がある．2:1型では1枚の Si-O 層が2枚のギブサイト層またはブルーサイト層と結合しており，粘土鉱物のスメクタイト*とイライト*族やベントナイト*，モンモリロナイト*，および滑石*と雲母*がある．2:2型層状珪酸塩では2枚の Si-O 層が2枚のギブサイト層またはブルーサイト層と結合しており，緑泥石*族がある．

肉眼や顕微鏡で粘土鉱物を同定することは困難であり，精確な同定には X 線回折*や走査型電子顕微鏡（SEM）*観察など，精密な機器分析が必要となる．

粘土砂丘 clay dune ⇒ リュネット
粘土盤 clay pan ⇒ 盤層
粘土被膜 argillan (clay film, clayskin, tonhäutchen) ⇒ キュータン
粘板岩 slate

剝げやすい細粒の低変成度*広域変成岩*．剝離性*（スレート劈開*）は，圧縮変形によって細粒のフィロ珪酸塩*鉱物（白雲母*や緑泥石*など）が平行に配列しているために生じる．剝がされた粘板岩の面は平滑，堅固，不透水性であるため，建物の屋根や外壁，ビリヤード台，実験台，黒板などに適しており，商業的価値が高い．→ 千枚岩；片岩

年輪気候学 dendroclimatology

年輪年代学*の1分野．樹幹の年成長分と気候の関係を明らかにすること，とくに年輪による暦年に基づいて過去の気候を復元することを目的とする．現在の年輪パターンと気候の関係を古い時代の年輪に適用し，詳細な気候・気象記録が残されていない時代の気候条件を知ろうとするもの．

年輪水理学 dendrohydrology

年輪による暦年を用いて水理学上の問題，とくに河川流量*と洪水の周期性を研究する水理学の1分野．

年輪地形学 dendrogeomorphology

年輪による暦年を用いて地形発達過程を研究する地形学*の1分野．

年輪年代学 dendrochronology（**年輪分析** tree-ring analysis）

1. 樹木の年輪に基づいて年代決定をおこなう年代学の分野．2. 木材の年輪を対象とする研究．

ノ

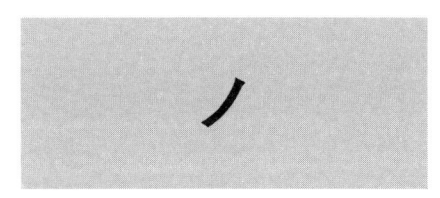

ノア世 Noachian
火星学*上の年代区分の1つ．ハルトマン‐タナカ（Hartmann‐Tanaka）モデルによれば4.60 Gyから3.50 Gy，ノイクム‐ワイズ（Neukum‐Wise）モデルによれば4.60 Gyから3.80 Gy．前期（4.60～3.92 Gyまたは4.60～4.50 Gy），中期（3.92～3.85 Gyまたは4.50～4.30 Gy），後期（3.85～3.50 Gyまたは4.30～3.80 Gy）に3分されている．⇒ 付表B：火星の年代尺度

ノイズ noise
不要な情報を伝える信号（たとえば会話を聴きとるうえに邪魔になるまわりの雑音）．有用な信号がデータとして記録されていれば，記録された信号を重ね合わせることによって無秩序ノイズ（ホワイトノイズ）を減らすことができる．コヒーレントでないノイズが効果的に減衰し，コヒーレントな信号が強化されて，信号/ノイズ比が改善される．

ノイストン neuston ⇒ 遠洋性

ノーウェスター nor'wester
3月から5月にかけてインドのアッサム地方とベンガル地方を北西方から襲う対流性の嵐．線スコール*など激しい気象現象をもたらす．

農業気象学 agrometeorology
地表付近の大気の条件と地表条件との関係を，農業の観点から扱う気象学の1分野．

農耕痕（アグリクニア） agrichnion（複数形：agrichnia）
生物の定常的なすみかとしての巣孔*を形成している生痕化石*の一種．小型生物を餌として捕まえるための罠，あるいは餌や化学共生*する生物を培養するために使われたもの．

濃縮 concentration
鉱石*を処理して精鉱を生産すること．あるいは蒸発などによって濃度を高めること．

濃縮ウラン enriched uranium
^{235}Uを3％まで含むウラニウム．核反応炉用に工業的に生産される．天然のウラニウムの^{235}U含有率は0.7％にすぎない．

濃縮係数 concentration factor
ある元素を含む鉱石*を採掘して採算を得るうえに最低限必要な，鉱石の元素含有量と地殻*における平均存在度の比．

濃度 concentration
一定体積の物質中に存在する分子またはイオン*の数．溶液1 l あたりの溶質のモル数で表す（モル濃度）．

能動的物理探査法 active geophysical method（**能動的探査法** active method）
信号を人工的につくっておこなう物理探査．たとえば，爆破地震学，電磁気探査法*，電気比抵抗探査法*，リモートセンシング*，強制分極法*など．受動的物理探査法の対語．

濃密雲 spissatus（**偽巻雲** false cirrus）
'厚さを増した'を意味するラテン語 spissatus に由来．巻雲*の変種で，太陽の下にあっても灰色を呈するほどの厚さをもつもの．⇒ 雲の分類

ノギンスキアン階 Noginskian
ペンシルバニア亜系*グゼーリアン統*中の階*．クラズミンスキアン階*の上位でアッセリアン階*（ペルム系*赤底統*）の下位．

ノグエルオルニス属 Noguerornis
ジュラ紀の始祖鳥*（アーケオプテリクス属）の次に古い鳥類*．スペイン北部モンツェック（Montsec）の最下部白亜系*から産出したスズメほどの大きさの化石で，よく発達した羽をもつ最初の鳥類化石である．前肢の先端部が伸び，その骨はしっかりと結合している．

ノゼアン nosean
方ソーダ石*族の準長石*．$Na_8[Al_6Si_6O_{24}]SO_4$；アウイン*に極めて近い；比重2.3～2.4；硬度*5.5～6.0；立方晶系*；灰，白または帯緑色，しばしば淡青色を帯びる；ガラス光沢*；結晶形*をなすものは菱面十二面体，塊状のこともある；劈開*菱面十二面体に貧弱．ノゼアン・リューシトファイア

一やフォノライト*などシリカに不飽和（⇨シリカ飽和度）のアルカリ噴出岩*に産する．

ノック・アンド・ロハン knock and lochan

抵抗性の低い岩石が氷河*によって削られて生じたロハン*（小さい湖）とそれにはさまれるノック（低い丘）からなる，起伏の小さい氷河侵食地形．北西スコットランド海岸地方のルーイス片麻岩（Lewisian Gneiss）地域に典型的に発達する．

ノット knot

時速1海里（0.515 m/秒）を1とする速度の単位．風速や流速，船舶や航空機の速度の尺度として多くの国で使用されている．

ノード nodes

惑星の軌道が黄道*面と交差する点，または衛星*の軌道が母惑星の公転面と交差する点．いずれも2つあり，たがいに点対称をなす．

ノバキュライト novaculite

細粒〜隠微晶質*の緻密なチャート*．

ノビー（こぶ状）テレーン Knobby Terrain ⇨ 火星のテレーン単元

ノブ・アンド・ケトル knob and kettle（**サッグ・アンド・スウェル地形** sag and swell topography）

現世のエンドモレーン*上で，ハンモック（小丘）状の高まり（ノブ）と凹部（ケトル*）が交錯している地形．ケトルはドリフト（漂礫土）*に含まれていた氷塊が融解した跡．

ノーマル・ムーブアウト normal moveout ⇨ ムーブアウト

ノモン gnomon

鉛直線や色の基準とするため，観察する岩体や構造のわきに立てる指柱．有人月面調査の際にも使用された．

ノーライト norite

粗粒の塩基性岩*．斜長石*，斜方輝石*（紫蘇輝石*または古銅輝石*）と単斜輝石*（普通輝石*）を主成分鉱物*とし，副成分鉱物*としてチタン鉄鉱*を含む．斜方輝石は単斜輝石よりも多く，斜長石はカルシック型（曹灰長石，亜灰長石）．ノーライトは，はんれい岩*と同様，巨大な層状塩基性貫入岩体で層をなしているほか，単独で貫入岩体*をなしていることもある．

ノーリアン Norian

1．ノーリアン期．後期三畳紀*中の期*．カーニアン期*の後でレーティアン期*の前．年代は 223.4〜209.5 Ma（Harlandほか，1989）．**2**．ノーリアン階．ノーリアン期に相当するヨーロッパにおける階*．フーバチョン階（Houbachong，火把冲；中国）とウォーパン階（ニュージーランド）にほぼ対比される．

ノルテ norte（norther）

冬季のメキシコ湾沿岸に吹く北寄りの冷たい局地風．降雨をともなうこともある．

ノルベルジャイト norbergite ⇨ コンドロ石

ノルム成分 normative constituent（**ノルム** norm）⇨ CIPWノルム計算

ノンシーケンス non-sequence

整合的*にに累重している地層*中に見られる軽微な地層の欠如．堆積物が堆積しなかったり，堆積後に削剥された時期があったことを物語る．そのような期間は短く，地理的にも限られていることが多いが，例外的に規模の大きい場合もある．→ダイアステム

ノンストロフィック型 non-strophic ⇨ 蝶番

ハ

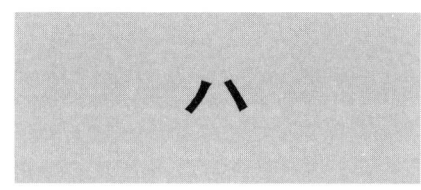

歯 teeth
1. ⇨ 歯生状態. **2**. ⇨ 骨. **3**. ⇨ 二枚貝綱. **4**. ⇨ 哺乳綱

這い痕 trail
カタツムリ，二枚貝，ヘビなどが堆積物の表面を移動してつけた生物源の堆積構造*．歩き痕*とともにスコエニア（Scoyenia）生痕相に分類される生痕化石*．

ハイアロクラスタイト hyaloclastite
高温で流動的なマグマ*が水塊または水に飽和している堆積物*と接触することによって形成される，ガラス質*の細かい破片の集合体．水によって急激に熱を奪われたマグマのガラス質表皮殻が冷却・収縮するにつれて内部で膨張応力*が発生して，破砕され破片となる．玄武岩*の溶岩*流が海中に噴出あるいは流入すると，溶岩流の上に厚いハイアロクラスタイト層が形成される．形成後も水との接触が続くとガラス質破片は水和*してパラゴナイト*となる．

ハイアロピリティック hyalopilitic
針状または短冊状の微晶からなる石基*がガラス*中に包有されている，噴出岩*の組織*を指す．微晶は液相からの初期の結晶*成長の産物．ガラスは微晶の成長が阻止されて生じたもの．

配位子 ligand
1つ以上の配位結合で電子供与体となっている原子，イオン*，分子．配位子が有機化合物である場合には複素環がつくられ，その産物をキレートという．⇨ キレート化；配位数

配位数 coordination number
複雑な分子中で，ある原子をとり巻く原子・イオン*・分子あるいはそれらの群の数．地質学で最も一般なものは陽イオン*をとり巻く酸素原子．たとえば，珪酸塩鉱物*では珪素は4個の酸素原子にとりかこまれている．

梅雨シーズン bai-u season
日本の南部と中央部における南東季節風による第一級の雨季．

ハイエイタス（層序間隙） hiatus
1. 堆積層序*における欠如．**2**. 堆積層序における欠如（間隙）に相当する地質年代間隔．

ハイエナ科 Hyaenidae ⇨ 食肉目

バイオストローム biostrome
自生生物からなる，シート状の成層堆積岩体．バイオハーム*とは，明瞭な高まりあるいは内部に礁*のような構造をもたない点で区別される．

バイオスパーライト biosparite
バイオクラスト（生砕物*）とスパーリー方解石*セメント*（スパーライト*）からなる石灰岩*．泥*は洗い出されて残っていず，骨格破片（バイオクラスト）のみが集積し，続成過程（⇨ 続成作用）で間隙*中にセメントが成長して形成されたもの．⇨ フォークの石灰岩分類法

パイオニア Pioneer
太陽系*を探査したNASA*の一連の探査機．1972年3月2日に打ち上げられたパイオニア10号は1978年に太陽系を離れてその外に出ていった最初の探査機．〔NASAによれば，2001年4月末現在，地球から110億km離れた太陽系外を飛行中〕．11号は1973年4月5日に土星*に向けて打ち上げられた．1978年に金星*に向けて打ち上げられたパイオニア・ビーナスは軌道周回機をもち，金星表面に探査機を届けた．

バイオハーム bioherm
礁*や生物源のマウンドをなす，主に現地性生物がつくりだした構築物．丘状の高まりをもつ形状を示す．

バイオミクライト biomicrite
バイオクラスト（生砕物*）とそれを含むミクライト*基質*からなる石灰岩*．骨格破片（バイオクラスト）と泥*（ミクライト）が分級されずに集積したもの．⇨ フォークの石灰岩分類法

バイオリサイト biolithite
原地に固着して成長する生物から生じた炭酸塩岩*．生物の堅固な枠組みとその生砕物*

からなる．礁*は典型的なバイオリサイト．⇨ フォークの石灰岩分類法

胚殻（原殻） protoconch
　軟体動物（門）*の殻で最初に（幼生期に）形成される部分．腹足類*や頭足類*ではしばしば螺塔（らとう）*，螺管の先端に残されている．

灰褐色ポドゾル性土 grey-brown podzolic
⇨ アルフィソル目

肺魚亜綱 Dipnoi (Dipneusti) **（硬骨魚綱* class Osteichthyes）**
　'Dipnoi' は，'2つの呼吸'を意味する．現生の肺魚とその化石近縁種（たとえばデボン紀*中期のディプテルス属 *Dipterus* や三畳紀*のケラトダス属 *Ceratodus*）を含む．初期の種類は紡錘型の体形で，骨化の進んだ内部骨格，異尾，肉質の葉状鰭，コスミン鱗*をもつ．歯はもたないが，小型無脊椎動物を咀嚼する機能をもつ幅広い扇型の歯板が化石として残される代表的な部分である．肺魚類はデボン紀前期に出現し，古生代*後半と三畳紀には淡水環境で一般的であった．ジュラ紀*以降，化石記録は著しく乏しくなる．現生の肺魚類としては，ネオケラトダス属 *Neoceratodus*，プロトプテルス属 *Protopterus*，レピドシレン属 *Lepidosiren* の3属が生き残っている．これらはすべて熱帯域に生息する．

バイキング Viking
　1975年に打ち上げられたNASA*の2機の宇宙探査船．火星の軌道に探査機をのせ，バイキング1号は6月20日に，2号は9月3日にこれを表面に着陸させて測定機器を設置した．これによって火星表面で初めて撮影されたカラー写真とともに大量のデータが地球に送信された．

バイクセル氷期 Weichselian ⇨ デベンシアン氷期

背弧海盆 back-arc basin
　島弧*の背後〔大陸側〕にあり，伸張テクトニクス*の場となっている地帯．堆積物は極めて厚く多様で，遠洋性*堆積物からタービダイト*，海底扇状地*堆積物にわたり，火山砕屑岩*も普遍的．圧縮領域であるプレート*の破壊（消費）縁（辺部）*に平行する，このような伸張領域を説明するためにいくつかの対流モデルが提唱されている．背弧海盆はレトロ背弧海盆*と弧間海盆*に区分される．日本海やマリアナ海溝*西方の海盆が例．

背弧拡大 back-arc spreading
　縁海*海盆〔背弧海盆*〕で海洋地殻*が形成される機構．大洋における海洋地殻の形成と同様であるが，沈み込みプレート*の上に発達する対流システムによると考えられている．最もよく解明されている例では，新たな海洋地殻の注入が，海嶺*をつくることなく分散して起こっているようである．

背三角孔 notothyrium
　腕足類（動物門）*の腕殻（背殻）後端にある三角形の開口部で，これを通じて肉茎*の一部分が出る．背三角孔がつねに開いている種類と，背三角板あるいはチリディアルプレートと呼ばれる殻板により閉じられている種類がある．

背三角板 chilidium ⇨ 背三角孔

背斜 anticline
　地層*がなす上方に閉じたアーチ状の湾曲．最も古い地層がアーチの中心部を占めている．

背斜谷 anticlinal valley
　背斜*軸に沿って発達した谷．背斜構造の冠部*が抵抗性の高い地層*からなっている場合には，内側に面するエスカープメント*が発達し，下位の抵抗性の低い地層が谷底を占める．イギリス南部のように，たがいに抵抗性を異にする地層が緩やかな褶曲*をなしている地域でふつうに見られる地形．

背斜トラップ anticlinal trap
　多孔質の地層*（貯留岩*）とそれを覆う不透水性の地層が背斜*をなしているため，石油・天然ガス・水が集積するトラップ構造．中東の油田では，何kmも続く大規模な正立褶曲*をなすコンピテントな石灰岩*厚層が背斜冠部*で破砕されているため透水性*が高くなっている．⇨ 石油；天然ガス；コンピテンシー．➡ 断層トラップ；礁トラップ；層序トラップ；構造トラップ；不整合トラップ

排出口 osculum ⇨ 海綿動物門

排出孔　trema（複数形：tremata）⇨ 古腹足目

背礁（後礁）　backreef
　礁*の背後（陸側）で陸地との間を占める地帯．潟*を抱えていることが多い．

排水　drainage (1), dewatering (2)
　1．人為的あるいは自然の状態で，重力に従って自由に移動することができる地下水*，すなわち重力水*を土壌*から除去すること．⇨ もぐら暗渠；タイル排水．2．流速や水圧を抑えるために地下水を除去すること．方法は，地盤の透水性*，水理地質境界（⇨ 水理境界）との距離，土壌*の貯留係数*，水圧および動水勾配*によってきめられ，井戸*，電気浸透*，サンプ・ドレーン〔samps and drains；小型ポンプによる排水〕，垂直ドレーンによる抽水*や，グラウチング*，圧搾空気*による圧排，凍結法（⇨ 人工凍結法）などの方法がある．多くの場合，掘削にあたって地表条件を改善したり，地表または地表付近での建設作用を円滑に進めるためにおこなう．

排水試験　drained test ⇨ 三軸圧縮試験

バイスタティック・レーダー　bistatic radar
　送信機と受信機を異なる場所に設置し，レーダー*波の反射によって惑星表面の電気的性質を研究する方法．送信機と受信機を同じ場所に設置している場合にはモノスタティック・レーダーという．アポロ*飛行の際になされたバイスタティック・レーダーによる月面調査では，送信機が月を周回する司令船に，受信機が地球におかれた．

パイ・ダイアグラム　pi diagram（π diagram）
　褶曲*の姿勢解析に用いるステレオ投影図*．褶曲面に直交するいくつかの法線を投影し（π極；線が投影されて点となっている），ステレオ・ネット上でトレーシング・ペーパーを回転して，π極に最もよく一致する大円*（πサークル）を求める．πサークルが示す面への法線（極）が褶曲軸*のプランジ*の角度と方位．

バイト　byte
　2進法で8ビット*のデジタルデータからなる単位．1バイトで$0 \sim 255$〔$2 \sim 2^8 -1$〕の数値を表すことができる．

ハイドリック　hydric ⇨ メーシック

ハイドロクラスト　hydroclast
　マグマ*と水の反応によって生じたクラスト*．⇨ アロクラスト；オートクラスト；エピクラスト

ハイドログラフ　hydrograph
　河川流路*のある地点における水流または試錐孔*中の地下水*の水位の時間的変化を表すグラフ．'単位流量曲線'は，降雨量から河川水流となる量を算定する方法〔降雨後の河川の流量変化を表すグラフ〕で，これによってさまざまな降雨パターンに対して，ある流域がどのように反応するかを予測することができる．'流量曲線'は河川流量の時間的変化を表すグラフ．'水位曲線'は河川水位の時間的変化を表すグラフ．

ハイドロフォン　hydrophone
　音波（または地震波*）を水中で感知するマイクロフォン．多数を連結してストリーマー*を構成する．

ハイドロリゼート（水解岩）　hydrolysate
　母岩*の風化*〔加水分解*〕によって生じた細粒の不溶性物質からなる堆積物*．Al，Si，K，Naを主要成分とする粘土*，頁岩*，ボーキサイト*がその典型．

ハイパー-　hyper-
　'越えて'あるいは'以上に'を意味するギリシャ語 huper に由来．'越える'あるいは'通常より大きい'を意味する接頭辞．

ハイパーサーミック　hyperthermic ⇨ パージェリック

ハイパーソルバス花崗岩　hypersolvus granite
　ソルバス（固相分離線）*温度より高温で結晶化し，1つの相*のアルカリ長石*のみを含む花崗岩*．ソルバスより低い温度で結晶化した花崗岩（サブソルバス花崗岩*）では，平衡して存在できるカリウムとナトリウムに富む2種のアルカリ長石が同時に晶出する．ハイパーソルバス花崗岩，サブソルバス花崗岩のいずれの長石*も，冷却が十分に緩慢に進めば固相線*下（サブソリダス）離溶*を起こす．これは岩石が完全に固結して

から起こる平衡過程で，イオン*の内部拡散*によって長石はカリウムとナトリウムに富むラメラ*に分かれ，パーサイト*またはアンチパーサイト構造が形成される．

ハイパーソルバス閃長岩 hypersolvus syenite ⇨ 閃長岩

ハイパーピクナル流 hyperpycnal flow
河川が流入する水盆の水よりも密度が高い，河口部の水流．洪水時に生じる〔多量の運搬物質を含んでいるため〕．高密度の水塊は密度流として水盆の水塊の下を流下して運搬物質を沖に運び，デルタ（三角州）*の前進を止める．→ ホモピクナル流；ハイポピクナル流

バイビマラガス目 Bibymalagasia
分類学的な位置がよくわからない属（⇨ 不可解なタクソン）とされたマダガスカル産の現世に近い化石標本プレシオリクテロプス属*をもとに，1994年，マックフィー（R. D. E. MacPhee）が設立した哺乳類*の目．腰椎，後部胸椎，前部仙椎（⇨ 脊椎）の椎弓に弓体を横切る多孔質の大きな溝がある．また，屈筋腱のための腹側溝をもつ距骨*の中央やや後寄りには突起があり，大きく広がった座骨*をもつことで他の目と区別される．プレシオリクテロプス属はそれまでは管歯目に含められていた．

ハイプ- hyp- ⇨ ハイポ-

パイプ pipe
1．岩石中のほぼ垂直な円筒形物体または空洞．**2**．2本の貧鉱脈の交差部に生じている富鉱部．**3**．南アフリカ，キンバリーの，ダイヤモンドを胚胎する角礫岩*からなるパイプ．**4**．堆積岩*，とくに石灰岩*中の筒状体．泥*で充塡されていることが多い．**5**．火山体の下にあってマグマ*が地表に向かって上昇する鉛直の通路．

バイブロサイス Vibroseis
車両に積んだバイブレーターで，周波数をゆっくりと変えながら7秒間ほどにわたって弾性振動波を発生させ，これを振動板から地中に送る装置の商品名（商標）．周波数が漸増（または漸減）する振動の記録を相互加算し，これを振源への入力信号と比較して，他の方法によるものと同様の地震記録*断面図を作製する．陸上探査で爆薬振源に替わって使用することが多くなっている．

ハイポ-（ハイプ-） hypo-（hyp-）
'下に'を意味するギリシャ語 hupo に由来．'下に'，'わずかに'あるいは'通常より小さい'を意味する接頭辞．一般に，hypo-は子音で始まる語の前に，hyp-は母音で始まる語の前につく．

ハイポピクナル流 hypopycnal flow
河川が流入する水盆の水よりも密度が低い，河口部の水流．低密度の水塊は浮力によって水盆の水塊の上を流れる．鹹水（かんすい）*からなる海に流入する淡水の河川に典型的．→ ホモピクナル流；ハイパーピクナル流

ハイム，アルベルト（1849-1937）Heim, Albert
スイスのアルプス地質学者で地球収縮論*者．造山運動*およびアルプス山脈における衝上*運動とナップ*形成に関する重要な業績を残した．岩石の変形機構も研究し，岩石が圧力のもとで可塑的に変形しうること，圧力によって変成作用*を受けることを論じた．

杯竜目〔頰竜目（きょうりゅう-）〕 Cotylosauria
無弓亜綱*に属する，いわゆる爬虫類*の幹系統である目．石炭紀*に迷歯亜綱*の両生類*から派生し，古生代*を通じて繁栄したが，三畳紀*には急激に衰退し，絶滅*した．

パイル pile
地盤や水圧による荷重を鉛直方向または水平方向で支持するために，軟弱な地盤または試錐孔*に打ち込む木材，鋼鉄，コンクリートの板や柱．

パイロ-（火-） pyro-
'火'を意味するギリシャ語 pur に由来．'火'を意味する接頭辞．

パイロクロア pyrochlore
酸化物鉱物*．$(Na, Ca, U)_2(Nb, Ta, Ti)_2O_6(OH, F)$；比重 4.3～4.5；硬度* 5.0～5.5；立方晶系*；通常，褐～黒色，加熱すると緑色；条痕*淡黄色；ガラス-*～油脂光沢*，結晶形*は通常は八面体または不

定形の粒状；劈開*をもつものは八面体状．カーボナタイト*とペグマタイト*に産するほか，アルカリ岩*にジルコン*，燐灰石*とともに産する．結晶格子*中のカルシウムとナトリウムはウラニウム，トリウムまたは希土類元素*に置換されていることがある．

パイロープ（苦礬ざくろ石） pyrope

ざくろ石*族の鉱物．$Mg_3Al_2(SiO_4)_3$；比重3.51；硬度*6.0～7.5；立方晶系*；暗赤，赤桃，黒色；ガラス光沢*；結晶形*は十二面体，ただし塊状のこともある．高度変成岩*（グラニュライト*など）やマントル*起源と考えられる深成岩（ざくろ石かんらん岩*など）に産する．沖積*堆積物にも見られる．なお，ほとんどのアルマンディン*がパイロープ分子をさまざまな量で含んでいる．名称は'燃えるような眼をした'を意味するギリシャ語 puropos に由来．

パイロライト・モデル Pyrolite model

リングウッド（Ringwood）が提唱した上部マントル*物質の組成についてのモデル．1/4が玄武岩*，3/4が主にかんらん石*と輝石*からなるダナイト（ダンかんらん岩）*で，その部分溶融*によって玄武岩質マグマ*が発生するというもの．

バインドストーン bindstone

初生粒子が堆積中に生物の作用によって固定された原地性*炭酸塩岩*．生物が細粒の基質*堆積物を被覆し，たがいに連結したもの．ただ，ストロマトライト*のように，結合にあずかった生物体がかならずしも保存されているわけではない．⇨ エンブリー–クローバンの石灰岩分類法

ハインリッヒ事件 Heinrich events

8,000～10,000年の間隔で，氷河が氷山として大量に海洋に放出され，海洋循環とグローバルな気候に大きい影響をもたらす事件．1988年にハインリッヒ（Hartmut Heinrich）が発表．

ハインリッヒ層 Heinrich layers

北大西洋の海洋底堆積物中で，氷山によって運ばれた岩屑が有孔虫*殻に対して大きい割合を占めている層．ローレンタイド氷床*から大規模な氷山や氷塊が分離あるいは崩落したことを記録しているとされる．

バウンス bounce ⇨ 物体痕

パウンディアン階 Poundian

エディアカラ統*中の階*．年代は約580～570 Ma（Harlandほか，1989）．

バウンドストーン boundstone

堆積物がサンゴ（サンゴ虫綱*）あるいは藻類*などの生物によって堆積中に結合された原地性*炭酸塩岩*の総称．バフルストーン*，バインドストーン*，フレームストーン*に細分される．⇨ エンブリー–クローバンの石灰岩分類法；ダナムの石灰岩分類法

破　壊 failure (rupture)

物体が応力*を受け脆性変形*を起こして結合力を失い，2つ以上に分かれる現象をいう．

破壊縁（破壊縁辺部） destructive margin 〔**消費縁（消費縁辺部）** consuming margin〕

2つのプレート*がたがいに近づき，海洋プレートのほうが大陸プレートの下に沈み込んで破壊されているプレート境界．プレートの収束縁（辺部）*の1タイプで，浅発–深発地震，安山岩*質の火山活動*，海溝*によって特徴づけられる．⇨ プレート縁（プレート縁辺部）

破壊応力包絡線 failure stress envelope

モールの応力図*において，さまざまな応力*状態での破壊点を連ねた曲線．（包絡線内側の）破壊*が発生しない応力状態の領域と包絡線外側の破壊領域との明確な境界をなす．

破壊強度 failure strength ⇨ 最大強度

破壊性の波 destructive wave

浅水域で陸に向かって吹く風にともなう比較的エネルギーの高い波．振動数が大きく，1つ前の引き波*によって寄せ波*が阻止されるため，引き波のほうが寄せ波よりも物質を効率的に移動させる．その結果，海側に運ばれる物質のほうが陸側に運ばれる物質よりも多くなって，浜*を侵食*する営力となる．砕波*に際して波頭がほぼ垂直に落下することも侵食の効果を高めている．勾配が比較的急な沖浜*に発生しやすい．

パーガス閃石 pargasite ⇨ ホルンブレンド

バギオ baguio
インドネシアやフィリピンおよびその近隣で形成される熱帯性粘土岩*の呼称（バギオはフィリピンのルソン島にある都市名）．

パキケファロサウルス科 Pachycephalosauridae
白亜紀*後期に生存した，'骨の頭をもつ'鳥脚亜目*恐竜*．高地で群をなして生息していたことが明らかにされている．

白亜紀 Cretaceous
中生代*の3つの紀*のうち最後の紀．約145.6 Maに始まり約65 Maに終わった．イングランド，ドーバーの白亜の崖をなすチョーク*の堆積，末期における恐竜*，モササウルス*，長頸竜*，魚竜*をはじめとする脊椎動物や無脊椎動物の大量絶滅*が特筆される．⇒ K/T境界事件

白鉛鉱 cerussite
鉱物．$PbCO_3$；比重 6.4〜6.6；硬度* 3.0〜3.5；斜方晶系*；通常白または灰色；条痕*白色；ダイヤモンド光沢*；結晶形*は多くは角柱状または板状，針状，ときに塊状，粒状で緻密；劈開*は{110}，{021}に良好．鉛鉱脈*の酸化帯に二次鉱物*として，硫酸鉛鉱*，方鉛鉱*，菱亜鉛鉱*，緑亜鉛鉱*，閃亜鉛鉱*とともに産する．高温の希硝酸に溶けて発泡する．鉛の鉱石鉱物*．

剥脱作用 exfoliation (desquamation)
侵食*によって荷重圧が除去された結果，応力*が解放されて岩体が膨張し，表層部が分離する現象．花崗岩*では，風化作用*により黒雲母*が分解され長石*が水和*して膨張し，これが原因となって剥脱が起こることがある．岩体の膨張とそれにともなう割れ目形成は，温度変化に起因することもある（ただし，これは疑問視されることが多い）．⇒ 熱風化作用

白底統 Weissliegende ⇒ クングリアン；サクソニアン階

白鉄鉱 marcasite
硫化物鉱物*．FeS_2；比重4.8〜4.9；硬度* 6.0〜6.5；斜方晶系*；淡い青銅黄色；条痕*灰黒色；金属光沢*；結晶形*は板状，錐状，ただし塊状，鍾乳石*状，放射状のこともある；劈開*は{101}．低温熱水*鉱脈*に亜鉛・鉛鉱石*とともに産するほか，堆積岩*，とくに石灰岩*，チャート*，粘土岩*に産する．硫酸製造に用いられていた．

爆発火球 bolide
地球大気を通過中に爆発する大きい隕石*．火球*と同義に使用されることがあるが，爆発する隕石を'爆発火球'，それより輝きが劣る隕石を'火球'と使い分けることが多い．

薄筆石型 leptograptid
中〜後期オルドビス紀*に見られる筆石類*（正筆石目*，ディディモグラプタス亜目）の1タイプ．水平型あるいは上曲型の，2股に枝分かれした細い屈曲性のある枝状体*をもつことが特徴．

薄片 thin section
鉱物*や岩石を，透過型偏光顕微鏡*で観察するために，光が通過することのできる0.03 mmの厚さにすりへらし，特定の屈折率*（通常は1.540）をもつ樹脂でガラス製スライドに接着したもの．水と混ぜたカーボランダム*その他の適当な研磨材で鉱物片や岩石片を研磨していき，所定の厚さになったところでカバーガラスを樹脂で接着して完成．大部分の造岩鉱物はこのように作製した薄片によって研究する．

薄明 twilight
太陽が地平線より数度下にあるとき，大気上層で太陽光が散乱，反射されて天空が明るい時間．

剥離性 fissility
岩石が薄く剥がれる性質．頁岩*，フラッグストーン（flagstone；雲母*など葉片状の鉱物*を多く含むため薄く剥がれる砂岩），粘板岩*，片岩*などに特徴的．

剥離断層 detachment fault
隆起地塊が重力的に不安定となって発生する低角度の正断層*．水平転位成分も大きい．

白榴岩 leucitite
シリカに不飽和（⇒ シリカ飽和度）の苦鉄質*噴出岩*．主成分鉱物*は白榴石*と普通輝石*，副成分鉱物*は酸化鉄と燐灰石*．かんらん石*または霞石*を含むものは，それぞれかんらん石白榴岩，霞石白榴岩と呼ばれる．フォノライト*に類似し，随伴して産

白榴石 leucite
　重要な準長石*．KAlSi$_2$O$_6$；比重2.5；硬度* 5.5～6.0；正方晶系*；通常は灰～白色；ガラス光沢*；結晶形*は非常に特徴的な偏菱3八面体；劈開*は底面{100}に不完全．白榴石ベイサナイト*，白榴石テフライト，アンプロアイト，リューシトファイアー，白榴岩*など，シリカ*に乏しくカリウムに富む岩石に産する．

白榴石ベイサナイト leucite-basanite ⇨ ベイサナイト

白　露 hoar frost
　放射冷却*によって物体表面の水蒸気が昇華*したり露が凍結して生じた氷の結晶．さまざまな形態（羽状，針状，棘状など）を呈する．葉に付いているものがとくに形態の観察に適している．

波形線 trace
　1成分（チャンネル）での受振データセット．12成分地震計*による屈折法地震探査*記録では，各成分が1つの波形線をつくる．これらを総合したものが地震記録*となる．⇨ ウィグル波形

ハゲドーン法 Hagedoorn method ⇨ プラス-マイナス法

バーケビ閃石 barkevikite
　アルカリ（ナトリウムとカリウム）と鉄に富む角閃石*．薄片*で特異な色を呈する．

箱形褶曲 box fold
　翼間角*が直角に近く，長方形をなす共役褶曲*．この型の褶曲*は2つの角ばったヒンジ*と3つの翼*をもつ．

破　砕 crushing (1), spallation (2, 3)
　1．採石業：大きい岩塊を鋼鉄板ではさんで圧迫し，細かく割る作業．一次破砕で径100～50 mmに，二次破砕で10 mmに砕く．**2**．高エネルギーの粒子が衝突することによって，標的核から多数の粒子が放出され，その原子核の質量数*と原子番号*がともに変化する核反応．**3**．惑星地質学：微小隕石*の衝突がひき起こす圧縮衝撃波によって表層の岩石が粉砕されて飛散すること．⇨ ザップ・ピット

パーサイト perthite
　アルカリ長石*中に指交状*に生じている一連の層状構造．高温で生成した長石*が徐々に冷却するにしたがって離溶*したもの．緩慢に冷却した深成岩*中のほとんどのアルカリ長石が，冷却の間に離溶したナトリウムに富む斜長石*〔高温時にはカリ長石と固溶体*をなしていた〕を含んでいる．指交状の構造が肉眼で見えるマクロパーサイトから，顕微鏡下で観察可能なマイクロパーサイト，X線回折*などの機器分析でのみ検出可能なクリプトパーサイトまである．パーサイトの性状は，冷却時の結晶格子*内で珪素とアルミニウム原子がつくる配列状態による．

バザン平均流速式 Bazin's average velocity equation
　1897年，バザン（H. E. Bazin, 1829-1917）は開水路*における水流について，シェジー流量係数（C）と水理学的径深*（r）および流路*の粗度係数（k_1）の関係を，$C=157.6/[1+(k_1/r^{1/2})]$という式で示すことができることを提唱した．シェジーはさらに複雑な式も提唱している．⇨ シェジーの公式；底面粗度

バージェス頁岩 Burgess Shale
　無脊椎動物の軟体部が例外的に良好に保存されている，カナダ，ブリティッシュ・コロンビア州カンブリア系*中の層準*．化石*は1909年にウォルコット（C. D. Walcott）が発見し，ウィッティントン（H. B. Whittington）ら（1967-8）が改めて記載した．海底扇状地*またはその近くの深海底に堆積したもの．さまざまな型の節足動物*が30%以上を占めるが，他のグループも見つかっており，多くが奇妙な形態をもっている．その多様性（119属140種）からこれがカンブリア紀に典型的な動物群*であったらしいとされている．

バージェラ亜目 Virgellina ⇨ 正筆石目

パージェリック pergelic
　温帯地域の土壌*に適用される土壌分類体系のなかで，土壌ファミリー（⇨ 土壌分類）を区分する土壌温度階級のうち最も温度が低いもの．土壌温度の階級区分は，深度50 cm，または下位の岩盤表面のいずれか浅い

ほうで温度を測定し，これによって求めた年間平均土壌温度と，夏季と冬季の平均温度の差に基づいてなされる．土壌温度が高くなる順に，パージェリック，クライック，フリジッド，メシック，サーミック，ハイパーサーミックの階級がある．熱帯地域では，イソフリジッド，イソメシック，イソサーミック，イソハイパーサーミックとなる．

バシキーリアン Bashkirian

1. バシキーリアン世：ペンシルバニア亜紀*最初の世*．イギリスではキンダースコーティアン期*，マースデニアン期*，イードニアン期*（これらはイギリスにおける階*の名称ともなっている），ロシアではチェレムシャンスキアン期*とメレケッスキアン期*（ロシアにおける階の名称）とに分けられている．サープクホビアン世*の後でモスコビアン世*の前．両者の境界（すなわち，ペンシルバニア亜紀/ミシシッピ亜紀*境界）の年代は 322.8 Ma（Harland ほか，1989）．〔最近では，サープクホビアン世がペンシルバニア亜紀最初の世とされ，したがってペンシルバニア亜紀とミシシッピ亜紀の境界はサープクホビアン世とビゼーアン世*の間に設定され，その年代は 333 Ma（Harland ほか，1989）．〕 2. バシキーリアン統：バシキーリアン世に相当する東ヨーロッパにおける統*．ナムーリアン統* B, C とウエストファリアン統* A（西ヨーロッパ）およびモロワン統*（北アメリカ）にほぼ対比される．

パーシステンス persistence

ある異常が，予測される時間または空間の範囲を越えて持続していること．

パシファエ Pasiphae（木星 VIII Jupiter VIII）

木星*の小さい衛星*．直径 36 km．逆行軌道*をもつ．

刃 状- blade (bladed)

1. 粒形を記載する語の1つ．中間軸/長軸比，短軸/中間軸比が，ともに 2/3 以下である粒子を指す．⇒ 粒形；ジンクのダイアグラム． 2. 鉱物学：たとえば藍晶石*のように，ナイフの刃に似た平たく細長い鉱物*の形を指す．

波状雲 undulatus

'波うった'を意味するラテン語 undulatus に由来．雲の変種の1つ．層の列が波を打って帯状に並ぶ雲．⇒ 雲の分類

波状層理 wavy bedding

ヘテロリシック層理*の一形態で，リップル*をなす砂*と泥*の互層によって特徴づけられるもの．暴風が卓越する大陸棚*や海台（⇒ プラットフォーム）に多いが，湖，潮間帯*，その他エネルギー・レベルの変動が激しい環境でも形成される．

刃状転位 edge dislocation ⇒ 転位

波食プラットフォーム wave-cut platform ⇒ 外浜プラットフォーム

波食ベンチ wave-cut bench ⇒ 外浜プラットフォーム

バジョシアン階 Bajocian

ヨーロッパにおける中部ジュラ系*中の階*（173.5〜166.1 Ma；Harland ほか，1989）．⇒ ドッガー統

バージリアン統 Virgilian

北アメリカにおけるペンシルバニア亜系*最上位の統*．ミズーリアン統*の上位でウルフキャンピアン統*（ペルム系*）の下位．カシモビアン統*の上部チャモフニチェスキアン階とドロゴミロフスキアン階およびグゼーリアン統*にほぼ対比される．

バシロサウルス属 *Basilosaurus*（鯨目 order Cetacea, **古鯨亜目*** suborder Archaeoceti）

古鯨類のなかでは最もよく知られた属の1つで，始新世*後期に生息していた．体長はおよそ 20 m に達する．最近，バシロサウルス属は小さい後肢をもつことが明らかにされた．この後肢は移動のためではなく，交尾時に捕握器として使われたと考えられる．

波 数 wavenumber

1. 空間周波数（k）：単位距離あたりで波動*が完全にくり返す回数で，波長*（λ）の逆数，すなわち $k=1/\lambda$． 2. 伝播定数：電磁気学では，波数は $2\pi/\lambda$ で定義され，時間因子を $e^{-i\omega t}$ とすると，$k^2 = \mu\omega(\varepsilon\omega + i\sigma)$ となる．μ は透磁率*，ω は角周波数（ラジアン/秒），ε は誘電率*，σ は電気伝導率*．

パスカル（Pa） pascal

フランスの数学者パスカル（Blaise Pascal, 1623-62）に因む．**1**．Pa．国際単位系*の圧力の誘導単位．$1 N/m^2$ に等しい．**2**．高度なコンピューター・プログラミングの用語．

ハスタリアン階 Hastarian

トルネージアン統*中の階*．年代は 362.5～353.8 Ma（Harlandほか，1989）．

パスツール効果 Pasteur effect

気圏*の酸素濃度が現在の濃度の1％に達したときに，ある種の生物が嫌気性*から好気性*の生活型に転換したこと．転換する臨界濃度をパスツール点という．地球大気の酸素は先カンブリア累代*に漸増し，約 700 Ma にパスツール点を通過，好気性生活型への全般的な転換が進行した．

パスツール点 Pasteur point ⇒ パスツール効果

パストニアン階 Pastonian

イングランド東部ルダーム（Ludham）の試錐孔*で得られた海成粘土*層にはさまれた，エスチュアリー*成シルト*と淡水成泥炭*で代表される，中部更新統*中の階*．⇒ アンチアン層；バベンチアン層；ルダーミアン層；サーニアン層

バスレオアン階 Basleoan ⇒ カザニアン；ウフィミアン

派生形質（子孫形質） apomorph

進化の過程で新たに派生した形質*のこと．すなわち，共通の祖先から分岐した1つの生物群と別の生物群を区別する形質．キリンの長い頸がその例で，その祖先がもっていた短い頸は原始形質（祖先形質）*と呼ばれる．

波　束 wave packet

固定された空間でのみ振幅をもつように，異なる波長の波を重ね合わせた波．

旗　雲 banner cloud

山頂から風下側にかけて生じる，動きのない旗状の雲で，多くはレンズ形をしている．強い湿った気流中に発達する．独立峰にはそれぞれ独特の旗雲をともなうものが多い（たとえばマッターホルン，テーブル・マウンテン）．⇒ 風下波

破断劈開（-へきかい） fracture cleavage

ごく細密に発達した平行な節理*や裂罅（れっか）*に似た性状を呈する劈開*［レイス（Leith, 1905）が定義］．実際には'裂罅'は圧力溶解*によって物質が失われることによって現れている．今日では不連続な劈開と呼ぶことが望ましいとされている（⇒劈開）．

蜂の巣状雲 lacunosus

'穴のある'を意味するラテン語 *lacunosus* に由来．ふつう高積雲*や巻積雲*にともなう雲の変種の1つ．縁がひだ状の隙き間が規則的にあいているため，網目状となっている薄い雲の層．

八分法 okta ⇒ 雲量

鉢虫綱（はちむし-） Scyphozoa（**クラゲ類** jellyfish；**刺胞動物門*** phylum Cnidaria）

海生の，主に遠洋性クラゲ類からなる綱で，通常4回対称の放射相称*を示す．基本的にはポリプの段階を経ない．骨格をもたないため，化石記録は乏しい．ただし先カンブリア累代*末のエディアカラ動物群*では，このグループが重要な構成要素となっている．⇒ メドゥシナ・マウソニ

八面体 octahedron

1．8個の正三角形からなる立体（すなわち角錐を上下に重ねた形）．**2**．結晶学：結晶面*が3本の結晶軸*を等しい距離で切る結晶*．

爬虫綱 Reptilia（**爬虫類** reptiles）

変温*脊椎動物*の綱．タクソン*としては多様で大きい．爬虫類は石炭紀*に迷歯亜綱*両生類*から派生し，中生代*には主要な動物であった．鳥類*と哺乳類*は爬虫類から分岐したグループである．爬虫類は体表面に外皮性の鱗をもち，これが骨質の角鱗となっているものもある．幼生期に鰓はなく，羊膜性*の卵の中で初期発生を経るが，卵胎生のものもふつうに見られる．孵化後は肺呼吸する．

爬虫類の幹系統 stem reptiles ⇒ 杯竜目；カプトリヌス型亜目

波　長 wavelength

1．波：前後の波の上で同一位相にある2

点間の距離（λ）．水の波では峰と次の峰との距離．波長と波の速度（v），振動数*（f）のあいだには次の関係がある：$\lambda=v/f$．波長の逆数が波数*．**2**．褶曲*構造：隣り合うヒンジ*間の距離．褶曲の波長を正確に測定することは困難なことが多く，その必要性も低い．

発芽孔 archaeopyle ⇨ 渦鞭毛藻綱

パッカー試験 packer test（**ルジョン試験** Lugeon test）

ある区間の地盤の透水性*を試錐孔*で測定するための試験．可膨張性の管（パッカー）を試錐孔に降ろし，膨張させて上下の区間を遮断する．2つのパッカーを用いれば特定の区間を孤立させることができる．水を測定対象区間に注入して漏出を測定する．メートルあたりの孔井から水が吸収される速度をルジョンの単位で表す．名称はフランスの地質学者ルジョン（Maurice Lugeon, 1870-1953）に因む．1ルジョンはおよそ 1.0×10^5 cm/秒に等しい．

パックストーン packstone（lime packstone）

ダナムの石灰岩分類法*でいう，基質*が石灰泥*からなり，粒子支持*の石灰岩*．⇨ ダナムの石灰岩分類法

バックスラスト back thrust

主衝上（スラスト）と反対方向に転位する衝上断層*．衝上運動の後期段階で地層*に平行な短縮によって形成されると考えられている．

発掘地形 exhumed topography

若い岩石または堆積物の下に埋没していた古い地形が，侵食*によって露出するに至ったもの．

パック・バイオミクライト packed biomicrite ⇨ フォークの石灰岩分類法

バックランド，ウィリアム（1784-1856）Buckland, William

オックスフォード大学最初の地質学・鉱物学講師．1846年にウエストミンスター寺院の司祭長に就任．地球の歴史の前進性（進化性ではない）を強調してイギリス学派の地史学を発展させた．初めは洪水論者で，その著作『洪水の遺物』（*Reliquiae Diluvianae*）はカークデール洞穴（Kirkdale Cavern）をはじめとする洞穴中の化石*の研究に基づくもの．後に洪水説*から離れ，アガシー*の氷河説*に賛同して，それを初めてイギリス地質学界に紹介した．『ブリッジウォーター論』（*Bridgewater Treatise*）（1836年）は地質学と自然神学*とを融和させる試みであっただけではなく，当時にあっては最新の地史学の解説書であった．⇨ 激変説

発見隕石 finds

組成と構造から隕石*と同定されているが，落下が目撃されていないもの．→ 落下隕石

発光スペクトル optical emission spectrum ⇨ スペクトル

発光体 illuminator

透過-，または反射顕微鏡*で使用する光源．通常の作業では加減抵抗器〔照射光量の調節用〕を備えたタングステン・フィラメント白熱球を用いる．色温度は一般に 2,800 K で，白日光に近い色温度を得るには，薄青色のフィルターを使用する．標準的な照射系にはこのほかにレンズ，絞り，偏光器がついている．

発散 divergence

1．気象：ある期間を通じて，ある地域から流出する空気のほうが流入する空気よりも多い状況．上空で気塊の下降が起こっていると考えられる．**2**．海洋：共通の中心または線から水流が異なる方向に水平に流れること．海洋における発散は湧昇流*がある海域で見られる．→ 収束

発震機構 focal mechanism, earthquake

浅発地震*は長期間にわたって岩石にかかっていた構造的な応力*が局所的に岩石の強度を超えたときに発生すると考えられている．脆性破壊が突然起こって応力は解放される（⇨ 脆性変形）．中発・深発地震は，大部分が断層面*に沿うすべりに起因するが，ほかにいくつかの発震機構があるようである．たとえば，急激な相転移*によって鉱物*密度が増大し，体積が減少することによる内破*．⇨ 断層メカニズム解

発振点ギャップ shotpoint gap ⇨ ギャップ

パッチ patch ⇒ 群
パッチ礁（離礁） patch reef ⇒ 礁
バッドランド（悪地地形） badlands
　もとは，サウスダコダ，ネブラスカ，ノースダコダの各州に見られる複雑に侵食*された高原地帯を指す語であるが，同じように強く開析された不毛の土地をいう．まれにある豪雨以外には降雨が少なく，植生の被覆がほとんどない地域にごくふつうに見られる．

ハットン，ジェームス (1726-97) Hutton, James
　スコットランドの自然哲学者で，火成論と斉一説の提唱者．『地球の理論』(The Theory of the Earth) (1795) の著者．結晶質岩の理論を展開したが，層序*や化石*にはほとんど興味を示さなかった．不整合*を地殻変動*が生起した証拠と解釈した．その研究内容はプレイフェア*の著述によって広く普及した．⇒ 火成論；斉一性

発熱動物 exotherm ⇒ 変温動物

発破係数 blast ratio
　使用した爆薬の量と破砕によって破壊された岩石の量の比．一般に 1 kg あたりの爆薬に対する岩石の重量（トン）で表す．

ハッブル定数 Hubble constant ⇒ ハッブル変数

ハッブルの法則 Hubble's law
　1936年にアメリカの天文学者ハッブル (Edwin Powell Hubble) (1889-1953) と共同研究者のヒューメーソン (Milton Lasell Humason) (1891-1972) が提唱．地球と銀河系外星雲との距離（光年）は，星雲の赤方偏移速度（マイル/秒）の 100 分の 1 に等しいというもの．⇒ ドップラー偏移

ハッブル変数 (H_0) Hubble parameter
　銀河系外星雲の後退速度が距離とともに変化する割合．ハッブルの法則*，H_0＝50〜100 km/秒/Mpc から計算される〔Mpc はメガパーセク；1 Mpc＝$3.258×10^6$ 光年〕．かつてはハッブル定数と呼ばれた．

八放サンゴ亜綱 Octocorallia（八放サンゴ octocorals）
　花虫綱*に属する亜綱で，オルドビス紀*から現世まで産出が知られているものの，化石記録は乏しい．群体は扁平な扇形をなしており，そこから多数の個虫が付いた枝状のチューブが出ている．八放サンゴ類の青サンゴ（ヘリオポーラ属 Heliopora）は重要な礁*形成者として知られている．ウミエラ類（海鰓目）も八放サンゴに属する．

破堤 crevasse
　河川に沿う自然堤防*の切れ目．洪水時にこれを通って水が流出し，破堤堆積物*を形成する．

バーティソル目 Vertisol
　鉱質土壌．膨潤性の粘土*（モンモリロナイト*など）を 30 重量％ 以上含有し，濡れば膨張，乾燥すれば収縮する自己反転性の土壌*をなし，波状の微起伏（ギルガイ*）をつくる．雨季と乾季がくり返される環境で発達し，熱帯に広く分布する．

破堤堆積物 crevasse splay
　自然堤防*の決壊によって形成される堆積物．シート状をなし，決壊口から遠ざかるにつれて薄くなる．急速に堆積した砂*からなり，洪水の減水を反映して上方に細粒化し，表層部の泥*に移行する．

パテラ patera
　火星*の，縁が波形を呈する不規則ないし複雑な構造．多くは火山性のカルデラ*．古くから知られているアルバ・パテラ (Alba Patera；110°W, 40°N) は火星で最大の面積を占める火山*であるが，高さは 3 km にすぎない．木星*の衛星*イオ*に見られる不規則な溶岩*流にかこまれた火口もパテラという．名称はローマ人が使った浅い装飾皿（パテラ）に由来．

パテラ浜 patella beach
　イングランド南海岸，アイルランド南部と西部，フランスのイギリス海峡岸沿いの一部で，現在の高潮位より約 3 m 上に発達している浜*を指す古い語．従来より間氷期*を表すものとされてきたが，対比*に問題があるため，今日ではほとんどかえりみられていない．名称は浜に多量に産するカサ貝 (Patella vulgata が代表的) に由来．

パテラ・ブルガータ Patella vulgata ⇒ 古腹足目；パテラ浜

波動雲 wave cloud
　山岳障壁を越える気流が波動をなすことに

よって現れる雲．スコットランド東部やスウェーデンでは，山並みの風下側で波の峰に留まっているレンズ状の雲や雲片が季節を通じて見られる．

波動周期（波の周期） wave period

前後する2つの波*が定点を通過するに要する時間，あるいは1つの波の峰が波長*に等しい距離を移動するに要する時間．

波動消光 undulose extinction

鉱物光学：鉱物*粒子（たとえば石英*）の薄片*を回転させたときに，鉱物が不規則または波状に消光*すること．結晶*が部分ごとに異なる方位で消光することによる．応力*によって結晶構造が歪み，各部分の方位がわずかに変化したことに起因する．

波動スペクトル wave spectrum

波動周期*に対する波動エネルギー（波の振幅の二乗に比例）の分布を数学的に記述する概念．この概念により，著しく擾乱された干渉*波の形を，構成要素をなす波形に分解することが可能となり，その結果を波動予測に用いることができるようになる．

波動速度（波の速度） wave velocity

エネルギーの波*が媒質中を伝わる速度．媒質の物性，たとえば地震波*では弾性特性と密度に依存する．媒質にかかわらず，波動速度（v）と振動数*（f），波長*（λ）は次の関係にある：$v=f\lambda$．

波動低気圧 wave depression

前線*に沿って発達中の波動擾乱の頂部に発生する低圧部．中緯度低気圧*の連なりが典型例．

波動方程式 wave equation

波動の変位（ψ）と波動速度*（v）を空間と時間（t）の関数として表す波動力学の方程式．空間を直交座標（x, y, z）で表すと，波動方程式は $v^2\psi=\delta^2\psi/\delta x^2+\delta^2\psi/\delta y^2+\delta^2\psi/\delta z^2=(1/v^2)\delta^2\psi/\delta t^2$ となる．極座標では，$(1/v^2)\delta^2\psi/\delta t^2=(1/r^2)[\delta(r^2\cdot\delta\psi)\delta r+(1/\sin\theta)(\delta(\sin\theta\times\delta\psi/\delta\Phi)\delta\theta)+(1/\sin^2\theta)(\delta^2\psi/\delta\theta^2)]$ となる．rは動径，θは余緯度*，Φは経度．

ハードグラウンド hardground

本来は海洋学用語であるが，1897年に本来の意味をせばめて地質学に導入されたもので，海底面直下で初生的に石化した特定の層準*を指す．石化作用*は散在する核のまわりに方解石*が沈殿して結核*が生じることによって始まる．結核をつくる膠結作用*は堆積物*中に生息する動物が及ぼす化学的影響によって起きる．結核の上と周囲の堆積物は未固結*のままであるため生物擾乱作用*を受ける．膠結された領域が未固結の軟らかい堆積物内でしだいに波及していき，全体が石化される．膠結作用が中断している時期には，団塊（ノジュール）*〔丸みをおびた結核〕と軟らかい堆積物とが共存する，未成熟のハードグラウンドが見られる．膠結された領域も底生生物*群を支えており，二枚貝*による穿孔*がおびただしく生じていることがある．黄鉄鉱*のフィルムで内張りされたり，シリカ*で充填された巣孔*もある．

ハドソン造山運動 Hudsonian orogeny

約1,750～1,800 Maに終わった原生代*の造山運動*で，今日のカナダ楯状地*で起こった．この造山運動の前後には，それぞれケノラ造山運動*とグレンビル造山運動*があった．

バートニアン Bartonian

1．バートニアン期：前期始新世*中の期*．ルテティアン*期の後でプリアボニアン期*（後期始新世）の前．上限年代は38.6 Ma（Harlandほか，1989）．**2**．バートニアン階：バートニアン期に相当するヨーロッパにおける階*．上部ナリジアン階*（北アメリカ）の大部分，上部ボートニアン階*とカイアタン階*（ニュージーランド），アルディンガン階*（オーストラリア）の一部にほぼ対比される．もとはプリアボニアン階（上部始新統）の同時異相と考えられていた（ボートニアン階 Bortonian*との混同に要注意）．

バトニアン階 Bathonian

ヨーロッパにおける中部ジュラ系*中の階*（166.1～161.3 Ma；Harlandほか，1989）．北海沿岸やスカンジナビアを除くヨーロッパ各地に見られ，炭酸塩堆積物からなる．豊富な無脊椎動物群*を含むことで知られる．⇒ドッガー統

ハドリニアン階 Hadrynian

カナダ楯状地*における上部原生界*中の

階*，ヘリキアン階*の上位．

ハドレー・セル　Hadley cell
　地球規模の大気大循環*のなかで基本的な系の1つ．赤道付近で対流によって上昇した気塊を補うため亜熱帯高圧帯*に下降気流が発生し，これが気象学上の赤道（赤道収束帯*）に向かって吹く貿易風*となる．名称は，低緯度地帯で熱によって駆動される単純で大規模な対流が貿易風の原因と考えたハドレー（G. Hadley，1735年）に因む．

ハドロサウルス科　Hadrosauridae（**ハドロサウルス類，カモノハシ竜** hadrosaurs）
　いわゆるカモノハシ竜で，平均体長約9mの鳥盤目*恐竜*．おそらく両生類*のような生態をもっていたと考えられている．知られているいくつかのミイラ化した化石から，皮膚に装甲をもたず，前肢の指の間には皮膚が伸びた水かき様の膜があることが明らかになっている．このグループは白亜紀*後期に繁栄した．

花形の系統　star phylogeny
　系統樹*で，1つの内部分岐点*から多数の短い系統が多岐分岐していること．このようなトポロジー*は，共通祖先（創始者系統）から短期間に個体群が放散したことを示すものと考えられている．花形の系統は，創始者効果*が働く集団にしばしば認められる．

パナマ地峡　Panama Isthmus
　北アメリカとメキシコ・南アメリカを結ぶせまいネック状の陸地．中生代*には存在せず，大西洋と太平洋とは海でつながっていた．ララミー-コロンビア造山運動*（後期白亜紀*）の最盛期に，南北アメリカの間に一時的な連絡が生じた．この時代のカリフォルニアと南アメリカの植物群*の類似はこれによって説明される．初期の哺乳類にもこの地峡を通って南下したものがある．新生代*初期にこの連絡は断たれたが，鮮新世*には復活して，新たに14科の哺乳類が南に移動した．いくつかの科やゾウ（⇨ 長鼻目）は，おそらく移住経路*を横切っていた気候帯にさえぎられて南方に移動することができなかったらしい．

離れ岩　stack
　現在または過去の海岸の近くに佇立しているほぼ垂直な外壁をもつ岩柱または岩塊．多くは，崖をなす岩石に発達する急傾斜の断層*や節理*に波食が集中して海崖から切り離されたもの．

ハーナンティアン階　Hirnantian
　上部オルドビス系*アシュギル統*中の階*．ロウテヤン階*の上位でラッダニアン階*（シルル系*）の下位．

バーネット，トーマス（1635?-1715）Burnet, Thomas
　初期の洪水説である『地球神聖論』（Sacred Theory of the Earth）（1680, 1689年）を著した自然哲学者．天地創造の7日間を地球の歴史に当てはめようとした．地球は巨大な貝殻であり，ノアの洪水は神によって壊された貝殻から発したもので，殻の破片が山々をつくった，というもの．⇨ 洪水説

バネ秤　spring balance
　皿が鉛直にたれるバネによって吊されている荷重測定装置．岩石や鉱物の重さや密度を測定するのに用いる．試料を皿に載せるとバネが目盛に沿って伸び，指針が指す値を読みとる．ジョリーのバネ秤（⇨ 密度測定）などがある．

パネル・ダイアグラム　fence diagram
　ある地域の堆積層の位置と相互関係を三次元的に表現するための，'壁'または'屏風'にかこまれた部屋のような立体図．実際の地点に相当するいくつかの位置に層序*断面を描き，それぞれの地層*をつないで作製する．

バハダ　bajada (bahada)
　半乾燥環境の山地前面の山麓に発達する，未固結の岩屑からなる緩傾斜の広大な平原．典型的なものは，間欠河流*が山地を離れて勾配が小さくなるところに生成した沖積扇状地*が多数合体したもの．堆積物質は山地前面の風化作用*によっても供給される．ペディメント*前面の沖積*面を指すこともある．

ハーバート・スミス屈折計　Harbert Smith refractometer ⇨ 屈折計

ハービアン階　Hervyan
　オーストラリアにおけるデボン系*中で最

断面1
断面2
断面3
断面4
S

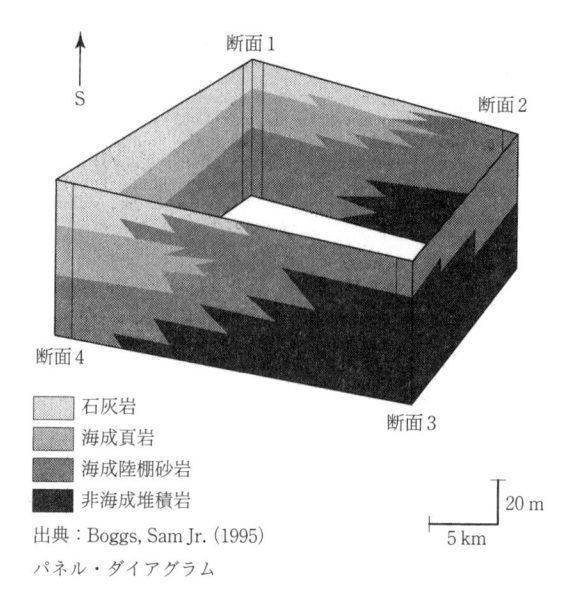

石灰岩
海成頁岩
海成陸棚砂岩
非海成堆積岩

出典：Boggs, Sam Jr. (1995)
パネル・ダイアグラム

20 m
5 km

上部の階*．コンドボリニアン階*の上位で石炭系*の下位．ヨーロッパにおける上部フラスニアン階*とファメニアン階*にほぼ対比される．

ハブーブ haboob

'吹く'を意味するアラビア語 habb に由来する，スーダン北部の砂嵐を指す現地語．夏季の夕刻に発生しやすい．

バフルストーン bafflestone

元来の構成成分が堆積過程で生物によって固定された原地性*炭酸塩岩*．生物体が細粒基質*物質の沈積を促す調節壁として機能したことによる．⇒ エンブリー‒クローバンの石灰岩分類法

バブル・パルス bubble pulse

水中で爆薬を爆発させたりエアガン*を作動させると，発生した気泡はエネルギーを失いつつ収縮と膨張をくり返し，そのつど音波パルス（バブル・パルス）を発生する．不要なバブル・パルスの発生を避けるには，振源を水面近くに設置することによって気泡が崩壊する前に大気中に逃してしまえばよいが，振動の効果が落ちてしまう．発生エネルギーを調節したエアガン群列*を大深度で作動させると，個々のバブル・パルスが干渉しあっ

て相殺され，必要な振動信号をつくることができる．この場合，個々の振源によるバブル・パルスの周期 T と振源のエネルギー Q（ジュール），バブルの中心までの水深 D (m) の関係は，レイリー‒ウィリスの式（Rayleigh-Willis formula），$T=(0.0452\cdot Q^{1/3})/[(D/0.3048)+33]^{5/6}$ で表される．

パーベッキアン階 Purbeckian

イギリスで設定されている上部ジュラ系*～下部白亜系*の階．ポートランディアン階*の上位でウィールデン階*の下位．模式地*はイングランド南部にあり，沿岸帯*から汽水～淡水環境で堆積した地層からなる．⇒ チトニアン階；リャザニアン階

バベンチアン層 Baventian

イングランド東部ルダーム（Ludham）の試錐孔*で得られた3層からなる堆積物の一部をなす前期更新世*寒冷期の海成シルト*と粘土*．⇒ アンチアン層；ルダーミアン層；パストニアン階；サーニアン層

パホイホイ溶岩 pahoehoe ⇒ 溶岩

浜 beach

海岸線（あるいは湖岸線）の陸側で砂や礫が集積している領域．上限と下限はそれぞれ最高水位と最低水位にほぼ一致する．浜の勾

配と堆積構造*は，構成物質の粒度*およびその地域における波の作用や他の堆積過程の特性によってきまる．

ハマダ hamada (hammada)

岩石砂漠*．表土をもたず主として礫と裸岩からなる．結晶質岩のぎざぎざした面が露出している岩石ハマダと，基盤岩を切る面がその岩屑に覆われている礫質ハマダとがある．

浜　礫 shingle

削磨*によって良好に円磨された，礫浜をなす礫．直径 0.75～7.5 cm のものが多い．〔堆積学では 2 mm 以上のクラスト*を礫と呼ぶが，ここでいう礫とは玉砂利または玉石というほどの意味．〕抵抗性のある岩石からなり，イングランド南東部の礫浜はもっぱらフリント*の礫からなる．側方に分級されていることがあり，たとえば，ドーセット州チェシル浜（Chesil Beach）では，西から東へ 29 km にかけて礫の径が大きくなっている．

バーミキュライト（苦土蛭石） vermiculite

2：1型フィロ珪酸塩（層状珪酸塩）*鉱物．$(Mg, Ca)(Mg, Fe^{2+})_5(Al, Fe^{3+})[(Si, Al)_8O_{20}](OH)_4 \cdot 8H_2O$；粘土鉱物のスメクタイト*に類縁；比重約 2.3；硬度*約 1.5；単斜晶系*；黄，青または褐色；真珠光沢*；結晶形*は平板；劈開*は底面 {001} に完全．黒雲母*や金雲母*の熱水*変質*産物．熱水変質を受けた超塩基性岩*にも産する．加熱すると著しく膨張する．絶縁材と潤滑剤に広く用いられている．⇒ 粘土鉱物

パーミネラリゼーション permineralization ⇒ 化石化作用

バーミューダ高気圧 Bermuda high

バミューダ海域の高気圧*．アゾレス高気圧*が西方へ張り出したもの，あるいはその一部が分裂したもの．

ハムシン khamsin

通常 4 月から 6 月にかけて北アフリカに発生し，エジプトから紅海を吹き抜ける，砂塵まじりの乾燥した南寄り～南西寄りの熱風．地中海または北アフリカを東方ないし北東方に進む低気圧*とその前方（東方）の高気圧*にはさまれた地域で吹く．

波　面 wave-front

石を投げ込んだ池の水面に広がっていくさざ波のように，進行している波の同一位相にある面．

パラ- para-

'のそばに'，'の向こう側に'を意味するギリシャ語 para に由来．'のそばに'，'の向こう側に'を意味する接頭辞．

腹 venter

アンモノイド（亜綱）*やオウムガイ（亜綱）*の殻の腹側*，つまり平面的に巻く殻の外周縁に沿う部分．反対側の部分は背*．

腹側- ventral

動物の下部あるいは下側の部分のこと．脊椎動物では脊椎から遠い側．背側-*の反対．

ばら輝石 rhodonite

イノ珪酸塩*鉱物．$(Mn, Ca)Si_2O_6$；輝石*に似るが，結晶*構造が異なるため準輝石と呼ばれる（⇒ 珪灰石）；比重 3.57～3.76；硬度* 5.5～6.0；ピンク～赤褐色；結晶形*は板状または塊状．マンガン鉱床*に産する．

バラグワナシア・ロンギフォリア Baragwanathia longifolia

最も古い維管束植物門*の 1 種．デボン紀*から石炭紀*にかけてヒカゲノカズラ類は多様化のピークを迎えた．バラグワナシア・ロンギフォリアはヒカゲノカズラ綱*ドレパノフィカス科としては最古のもので，デボン系下部より報告されている．

パラゴナイト palagonite (1), paragonite (2)

1．淡黄～黄褐色を呈する，玄武岩*質ガラス*の破片状加水変質物．陸上では地下水，海底では海水によって，準安定*なハイアロクラスタイト*が水和*，イオン交換*されて形成される．ラピリ*大のガラス片は表面積/体積比が高いため，水との化学的交換が効果的に進む．元のガラスに含まれていたカルシウム，カリウム，ナトリウムの大半とアルミニウムと珪素の一部が除去され，鉄は酸化され，水が入り込む．鉄，チタン，マンガン，アルミニウムは除去されるか添加されることがある．模式地はシシリー島パラゴニア（Palagonia）．火星*の表面全体がパラゴナイトの塵で覆われているとする説がある．

2. ⇨ 白雲母

パラサイクル paracycle
シーケンス層状学*の成因論的層序シーケンス・モデル*でいう，200万年程度の期間にわたる海水準の変化を表すシーケンス．堆積サイクル*の階層の一部をなす．

パラシーケンス parasequence
シーケンス層状学*の成因論的層序シーケンス・モデル*でいう，整合*関係にあって成因的に関連している地層*がなすシーケンス．上下を海氾濫面*によって限られる．成因的に関連しているパラシーケンスの重なりをパラシーケンス・セットという．

パラシーケンス・セット parasequence set
⇨パラシーケンス

パラス Pallas
太陽系*中でセレス*に次いで2番目に大きい小惑星*(No.2). 直径538 km, 質量約 2.5×10^{20} kg, 自転周期7.811時間, 公転周期4.61年. 1802年にオルバース (H. Olbers) が発見．

パラダイム paradigm
現実の世界を研究するための視点を与える広範で一般化したモデル．現実の世界からのデータに基づいて抽象化したモデルとは異なる．

パラタクソン parataxon
類似性が疑わしいか，あるいは帰属がわかっていないある種の生物（たとえば化石花粉，恐竜の足跡）に用いられている，人為的なタクソン*.

パラテチス海 Paratethys (**中央ヨーロッパ海** Central European Sea)
最大拡大時にはアルプス山脈北側からアラル海東方まで4,500 kmの距離にわたって延びていた，弧状の大内陸海．漸新世*の終わりまでに，ウラル-，ポーランド-，アルザス海峡が閉塞してボレアル海 (Boreal Sea) から隔てられた．中新世*末にかけて潟*の性格が強くなり，鮮新世*には乾陸にかこまれた一連の湖，すなわちハンガリーのバラトン湖 (Lake Balaton), 黒海（第四紀*の断層*運動によって再び地中海に連絡), カスピ海，アラル海に分裂した．

バラト barat
スラウェシ（セレベス）島北岸で例年12月から2月にかけて吹く猛烈な北西風を指す現地語．

バラード，エドワード・クリスプ (1907-80) Bullard, Edward Crisp
イングランド，ケンブリッジ大学の地球物理学者．プレート・テクトニクス説*を支持するデータを収集するため，重力，熱流量*，古地磁気*などの地球物理学分野で多くの技術を開発した．早くからのプレート・テクトニクスの支持者で，1964年には大西洋両岸の大陸棚*が合致することをコンピューター図で示した．

パラピテクス科 Parapithecidae (**霊長目** order Primates, **猿猴亜目** suborder Simiiformes)
霊長類の絶滅*した科．エジプトの始新統*と漸新統*から産出が知られている．ミャンマー産の始新世化石霊長類のいくつかもこの科に含まれることがある．歯生状態*が顆節目（かせつ-）*哺乳類*と一部類似するが，顔は短く，顎はメガネザルに似た形状を呈する．

ハラミヨ正亜磁極期（**ハラミヨ正サブクロン**) Jaramillo
松山逆磁極期（逆クロン)*中の正亜磁極期*. 年代は0.98〜1.05 Ma (Bowen, 1978).

パラメーター parameter (**切片比** intercept ratio)
結晶学：結晶面*に平行な面（パラメトラル面）が切りとる結晶軸*の切片の比率．これが個々の軸での切片の単位長さとなる．結晶が1要素となっている結晶形*は単位形，基本形あるいはパラメトラル形と呼ばれる．⇨ 軸率

パラメトラル形 parametral form ⇨ パラメーター

パラメトラル面 parametral plane ⇨ パラメーター

バランギニアン階 Valanginian
ヨーロッパにおける下部白亜系*中の階*. 年代は140.7〜135 Ma (Harlandほか, 1989). 模式地*はスイスのバランギン

(Valangin). ⇨ ネオコミアン統

バランゲル統 Varanger
　上部原生界*（ベンド系*）中の階*．年代はおよそ 610～590 Ma．

バランス断面図 balanced section
　褶曲帯*や衝上*帯の現在の形態から，広域的な短縮量を見つもり，褶曲*や衝上の形成過程を推定して，変形前の本来の形態を復元した地質断面図*．これらの構造をつくった圧縮の軸に平行な方向で，変形していない地層を基準点として作製する．変形像と復元像のあいだに重大な矛盾がないかどうかを，主に線長，面積，歪の3つの面から検証する．

バリアー barrier
　海岸線より海側に存在する堆積地形の総称．⇨ バリアー砂州；バリアー浜；バリアー島，堡礁，湾頭バリアー；湾口バリアー

バリアー砂州 barrier bar
　礫*や砂*からなる大きい沿岸砂州*で，表面は平均海水面より下にある．堆積物が十分に供給される，緩勾配の堆積海岸の沖に形成されることが多い．⇨ バリアー

バリアー島 barrier island
　いくつかのバリアー砂州*の連なりからなる細長い高まりで，長さ数百 m から 100 km に及ぶものまである．両端に潮流口がある．陸側には潟*を抱え，海側の部分に風成砂丘*と植生をもつことが多い．バリアー島の成因に関して次の主要な3仮説がある．(a) 海面下の砂州*が成長して離水．(b) 砂嘴（さし）*が海岸に平行に前進，潮流口により分断．(c) 海水準の上昇により浜*の高まりが孤立．バリアー島は潮差*が小さい地域に最も普遍的に発達する．

バリアー浜 barrier beach
　急勾配の海岸の前面に延びる，比較的小さい礫質の地形．⇨ バリアー

ハリオーマ・ヴェトゥスタム *Haliomma vetustum*（**アクチノーマ科** family Actinommidae）
　知られている最も初期の放散虫*の種の1つで，珪質の殻をもつ．アクチノーマ科に属する放散虫の殻は球形ないし亜球形で，内部に骨格は見られない．この種はヨーロッパの オルドビス系*から知られている．

バリオリティック variolitic
　斜長石*または輝石*の細い繊維が放射状に集合している球状体の組織*をいう．浅所型の塩基性岩*・貫入体*（岩脈*やシル*）のガラス質*急冷周縁相あるいは急冷*した玄武岩*溶岩*のガラス質岩基*に見られる．

ハリケーン hurricane
　1．北大西洋やカリブ海上で発達する熱帯低気圧*．西進した後に進路を北に転じ，西インド諸島やメキシコ，アメリカの海岸地方を襲う．**2**．風速 120 km/時（33 m/秒）以上の暴風．ビューフォート風力階級*の風力12にあたる．

バリス vallis
　惑星や衛星*の表面に見られる谷地形の総称．火星*のバリス・マリネリス（Vallis Marineris）は最大級のもの．大部分が河川による侵食*起源と見られるうねった小さい谷．

バリスカン造山運動 Variscan orogeny（**ヘルシニア造山運動** Hercynian orogeny）
　後期デボン紀*に始まり石炭紀*を通じて続いた顕著な造山運動*．現在のイングランド南西部と北西ヨーロッパから南ヨーロッパ，イベリア半島，北アメリカ東部，アンデス地方にわたる，ほぼ東北東―西南西方向の幅広い地帯に及んだ．地殻*の境界沿いの北方への衝上*運動と深成*活動があったと考えられる．

バリッド・フォーカス反射波 buried focus reflection ⇨ 蝶ネクタイ状反射波

パリノモルフ（有機質微化石） palynomorph
　化学物質に対して高い耐性をもつ有機質物質からできた，大きさ 5～500 μm の微化石*．

パリビンキュラー型 parivincular
　二枚貝類（綱）*の，長い円筒形の靭帯が両殻にまたがって発達する状態を指す．靭帯は殻頂嘴（-し）*の後方に位置する．

パリンジェネシス palingenesis
　既存の岩石が一部または完全に溶融して，新しいマグマ*が生成すること．

パリンプセスト palimpsest
2つ以上の地形*形成過程の痕跡を残している地形景観．たとえば，アフリカのサヘル地方〔サハラ砂漠以南の地方〕にはかつての湿潤期と乾燥期にそれぞれ形成された地形が見られる．この語は，'こすって再びなめらかにする'を意味するギリシャ語 palimpsestos に由来．本来は羊皮紙，紙，装飾用黄銅に記されている元の字や彫刻を完全に消さないまま再使用したもののこと．ある生痕*に別の生痕が重なっている状態の堆積構造*にも用いられる．⇨ 緩和時間 2

ハール haar
スコットランド東部とイングランド北東部の海岸地方で，とくに初夏によく発生する海霧．

バール bar
おおよそ1気圧に等しい気圧の単位〔14ポンド/(インチ)²；b と表記〕．正確には国際単位系*の 10^5 パスカル（10^5 N/m²）に等しい．海面上の平均気圧はごく大まかに1気圧あるいは約1,013ミリバール（1,000ミリバールが1バール）〔わが国ではミリバールに替わってヘクトパスカル hPa が用いられている〕．

バール間氷期 Waalian
北ヨーロッパでおよそ1.3 Ma から 0.9 Ma にあった間氷期*．アルプス地方のドナウ/ギュンツ間氷期*，北アメリカのアフトン間氷期*に相当する．

バルキング bulking
1．粉体が水分を吸収して体積が増大する割合．乾燥した砂*や粘土*では50%にも達する．**2**．固結岩石または土壌*が破砕されて体積が増大する割合．

バルコンビアン階 Balcombian
オーストラリア南東部における上部第三系*中の階*．ベーツフォーディアン階*の上位でバーンスデーリアン階*の下位．ほぼブルディガリアン階*とランギアン階*に対比される．

パルサ palsa
多年性氷レンズを含む泥炭*がつくっている小山または峰．周氷河*地域の沼沢地で湿気が多い部分に見られる．幅10～30 m，長さ15～150 m，高さ1～7 m程度．解離氷の成長にともなう盛り上がりによってできると考えられる．⇨ ピンゴ

パルス palus
'沼沢地'を意味するラテン語 palus に由来．1651年リッチオリ（Giovanni B. Riccioli）が玄武岩*からなる月の海*の小さい斑点にこの語を用いた．アポロ*15号は'腐敗の沼（Palus Putredinis）'に着陸した．

パールスパー pearlspar ⇨ ドロマイト

パルス幅（パルス長，パルス持続時間） pulse length
レーダー*：電磁放射*の全長．波長，周波数*および放射の持続時間の積．

バルダー vardar (vardarac)
北からバルダー川河谷を吹き降りてギリシャのテッサロニキ地方に寒冷な天候をもたらす一種の渓谷風*．

バルダヤン–ジルヤンカ・シルト層 Valdayan/Zyryanka
シベリアに分布するバイクセル氷期のレス*状シルト*層．基底のジルヤンカ・ドリフト，その上のカルギンスキー亜間氷期*の堆積物，最上部のサルタン・ドリフトの3層に区分されている．

バルティカ Baltica（**バルトスカンジア** Baltoscandia）
イアペトゥス海*の南東縁を画していた，北西ヨーロッパ（現在のイギリス，スカンジナビア，ヨーロッパ・ロシア，中央ヨーロッパの大部分を含む）の大陸塊．カレドニア造山運動*時のシルル紀*からデボン紀*前期にかけて，イアペトゥス海の沈み込み*によってこの大陸塊は北アメリカおよびグリーンランドと合体した．

ハルナジアン階 Harnagian
下部オルドビス系*カラドク統*中の階*．コストニアン階*の上位でスードレヤン階*の下位．

バルハン barchan（形容詞：barchanoid）
卓越風が吹く砂砂漠に見られる三日月型の砂丘*．風上側斜面〔逆走斜面*〕の砂が侵食*され，風下側の勾配約32°の急な順走斜面*に付加することにより砂丘全体が風下側に移動する．平均移動速度は10～20 m/年．

風向
バルハン

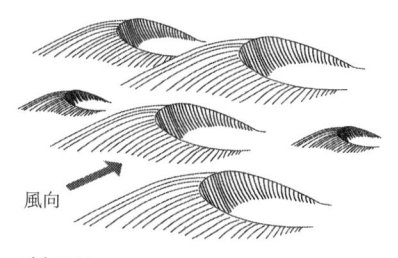

バルブ（弁） valve
流体が一方向にのみ流れるように閉じることができる弁などの狭窄栓．

バルフォー統 Balfour
ニュージーランドにおける上部三畳系*中の統*．ゴル統*の上位でヘランギ統*（ジュラ系*）の下位．オレティアン，オタミタン，ウォーパン，オタピリアンの4階*を含む．

ハルマッタン harmattan wind (医者風 the doctor)
赤道以北の西アフリカで吹く，砂塵を含み乾燥した北東ないし東寄りの風．1月に赤道のすぐ北側で吹き始め，7月にはほぼ北回帰線に達する．熱帯の湿った空気に比べて爽やかな乾燥した風であるため，西アフリカでは'医者風'と呼ばれている．ハルマッタンの気流は北半球の冬季には赤道を越え，南西季節風の上の上層気流として南半球に及ぶこともある．

パルマー法 Palmer method ⇒ 一般化相反法

ハルミロリシス halmyrolysis
海底における堆積物*の初期続成作用*，変質作用または分解作用．代表例は，海底堆積物中で起こる鉄苦土鉱物*の分解と海緑石*の成長．

パレイアサウルス科 Pareiasauridae
爬虫類*の幹系統をなすタクソン*（胚竜類*）のなかでは最大で，体長が3mに達するものもあった．ヨーロッパとアフリカの中・上部ペルム系*から見つかっている草食性爬虫類で，沼沢地で半水生の生活を送っていたものと考えられる．胚竜類のなかでは独特の体構造をもち，肢が胴の下側に移ったため体を正立させることができた．

パレオゾーム palaeosome
岩体中で他の部分よりも古いとみなされる部分．ミグマタイト*中で，元の岩石がアナテクシス*時の溶融を免れて残っている部分を指すことが多い．

パレオタクサス・レディヴィヴァ Palaeotaxus rediviva
イチイ目に属する最初の種で，ヨーロッパの下部ジュラ系*から報告されている．葉の形態とそのクチクラ*構造により識別される．イチイ類は球果類（綱）*とは異なり，液果様構造にくるまれた1つの胚珠をもつ．種子は短枝の先端に付く．

パレオニスクス類 palaeoniscids
原始的な魚類［条鰭亜綱（じょうき-）*］の1グループで，体長は多くがニシン程度の中型．エナメル*質の厚い偏菱形の鱗をもつ．体構造は著しく多様性*が高く，石炭系*に最も多産する．三畳紀*前期以降急速に衰退し，白亜紀*に絶滅*した．

パレオヘリキアン亜階 Palaeohelikian
カナダ楯状地*における下部ヘリキアン階*中の亜階*．

バレジアン階 Varegian
上部原生界*中の階*．年代はおよそ650～580 Ma．ジョトニアン階*の上位でケアフエ統*（カンブリア系*）の下位．

ハレー彗星 Halley
公転周期が76.1年．最近の近日点*通過は1986年2月9日，近日点距離は0.587 AU*．

バレートレイン valley train
後退していく氷河*から出る融氷河水が谷に堆積させた融氷河水流堆積物．表面は下流側に急勾配で傾斜しており，位置を頻繁に変える網状流*によって開析されている．

バレーバルジング valley bulging
1．谷の軸に沿って基盤岩が盛り上がる現象．谷底が侵食*されて地表面には現れていないこともあるが，地質構造の擾乱によって認められる．原因として凍上*，両側の谷壁の荷重による圧縮が考えられる．〔**2．**侵食や掘削によって硬岩が除去された谷底または掘削底の表面が側壁の荷重によって盛り上が

バレミアン Barremian

 1. バレミアン期：前期白亜紀*中の期*．ネオコミアン世*（この世の定義には混乱がある，⇨ ネオコミアン世）の後でアプチアン期*の前．年代は131.8～124.5 Ma（Harlandほか，1989）． 2. バレミアン階：バレミアン期に相当するヨーロッパにおける階*．模式層*はフランスのアングル（Angles）にある．

バレル，ジョセフ（1869-1919） Barrell, Joseph

 エール大学の鉱山地質学者．堆積速度と放射年代測定*に基づく顕生累代*の編年を1917年に発表．堆積速度から算出した地球の年齢が異常に小さいことを，堆積記録中にダイアステム*と呼ばれる大きい間隙が介在すること，および堆積岩*は沈降が進行しているときにのみ形成されるとして説明した．アイソスタシー*理論に立脚して，岩石圏（リソスフェア）と流動圏（アセノスフェア）*という語を初めて用いた．

バレル・トレンド barrel trend ⇨ ボウ・トレンド

波連 wave train

 同じ攪乱によって生じた一連の波．

ハロイサイト halloysite ⇨ 粘土鉱物

波浪作用限界水深（波浪限界） wave base

 水底の堆積物が波の作用による攪乱を受けなくなる深度．表面波の波長の半分にほぼ等しい．

バロー型変成作用 Barrovian-type metamorphism

 中程度の温度・圧力勾配を反映して，変成度*が段階的に高くなっている帯に分帯される広域変成作用*．スコットランド北東部グレンエスク（Glen Esk）地方の泥質変成岩*（変成した頁岩*ないし砂質頁岩）についてバロー（George Barrow, 1853-1932）が1912年に報告した．バロー型変成作用を受けた泥質岩は一連の示標鉱物*が次の順序で出現することで特徴づけられる．変成度が最も低い岩石に出現する緑泥石*に始まり，変成度が上がるにつれて黒雲母，ざくろ石*，藍晶石*を経て最高の珪線石*に至る（⇨ バローの変成分帯）．

ハロゲン化鉱物 halides

 ハロゲン元素，とくに塩素とフッ素を含む鉱物．岩塩*（NaCl），カリ岩塩*（KCl），蛍石*（CaF_2）など．ハロゲン化鉱物はイオン結合*しており，結晶*は一般に立方体で，軟らかく軽い．塩水の蒸発による沈殿物として産する．

バローの変成分帯 Barrow's zones

 バロー（George Barrow, 1853-1932）が，スコットランド北東部グレンエスク（Glen Esk）地方の泥質変成岩*地域を変成鉱物*の出現の順序に基づいて細分したもの．各帯は，変成度*が上昇する方向で新たな示標鉱物*の出現をもって認定される2つのアイソグラッド*によって限られ，変成度の低い側のアイソグラッドを画する示標鉱物の名がつけられている．（たとえば，藍晶石*帯の境界は低変成度側の藍晶石アイソグラッド，高変成度側の珪線石*アイソグラッド）．各帯では他の示標鉱物は出現せず，このような一定の鉱物組み合わせは帯ごとに変成条件〔温度・圧力など〕が平衡に達していたことを物語っている．

ハワイアイト hawaiite ⇨ 安山岩；ベンモレアイト

ハワイ式噴火 Hawaiian eruption

 極めて流動性の高い玄武岩*質溶岩*を噴出する形式の火山噴火*．爆発的な噴火をともなわず，壮大な溶岩噴泉*によって特徴づけられる．溶岩噴泉から流出した溶岩流は'スパター溶岩流'と呼ばれる．この型の噴火によって緩傾斜の広大な火山錐*（楯状火山*）がつくられる．➡ プレー式噴火；プリニー式噴火；ストロンボリ式噴火；スルツェイ式噴火；ベスビオ式噴火；ブルカノ式噴火

ハワイ-天皇海山列 Hawaiian-Emperor chain

 ハワイ島南東方の海底活火山からカムチャツカ半島近くの最古の海山*〔明治海山〕（年代は78 Ma）まで延びている地球上最大の火山列．プレート*がプルーム（⇨ マントルプルーム）上を動いた軌跡を表すとみなされている．約43 Maの地点で折れ曲がる2つのゆるやかな曲線をなす．〔北西側が天皇

海山列，南東側がハワイ群島．〕これは不動のホットスポット*上を通過する太平洋プレート*の運動方向が変化したことを物語っている．

ハワード，リューク（1772-1864）Howard, Luke
イギリスの気象学者．ロンドン在住の薬剤師で，薬種商によって生計を立てていた．実用的な雲の分類体系を初めて考案し，1803年に『雲の変態について』（On the Modifications of Clouds）と題する論文で，'層雲'，'積雲'，'巻雲'，'乱雲' の4基本型と7つの変種を定義した．この分類法が今日用いられているものの基本となった．

パン Pan（土星 XVIII Saturn XVIII）
土星*の小さい衛星*．半径 10 km，アルベド* 0.5．

バン・アレン帯 Van Allen belt
磁気圏*内で地球磁場*によって捕捉された高エネルギー荷電粒子が濃集する帯．内側と外側の2帯がある．内側の帯は高度約 800 km から始まり，約 2,000 km でエネルギーが最高となる．外側の帯のエネルギーは地球半径の 3〜4 倍（18,000〜25,000 km）の距離で最高となる．'放射線帯' と呼ばれることが多いが，粒子からなっているのであって放射線を含んでいるのではない．J. A. バン・アレン（1914-）がその存在を予告した．

反一致回路（反同時回路） anticoincidence circuit
放射性炭素年代測定*にあたって発生する誤差*を極小に抑えるための装置．放射性炭素の放射線レベルはごく低いため，測定を極めて精確におこなう必要がある．得られた放射性炭素年代の誤差は計数処理の誤差にほかならず，試料の汚染，宇宙線*，使用機器内の放射性汚染物質，などに起因する．これらの影響を防ぐため，まず，計数管を鉄，鉛，蒸留水銀，硼酸・パラフィン蠟の混合物などの吸収剤をなす厚い壁でかこんでシールドする．さらに，これによって除去されない放射線の影響を排除するために，シールド内に多数のガイガー計数管*を〔試料からの放射線を測定する〕主計数管のまわりにそれと平行に配置して反一致回路（測定試料以外からの放射線をまわりの計数管が検知して主計数管からの出力を打ち消す回路）を構成する．このガイガー計数管の束によって検出されたシールド外または内側からの放射線は主計数管では計数されない．今日では，反一致回路計数管が主計数管の内部に組み込まれ，システム全体で同じガス〔放射線によって生じたイオン*の数を計測する〕を用いる特殊な計数装置が開発されている．この計数管は，両側をアルミニウムで覆われたポリスチレン・フォイルの壁と，それをとり巻いて反一致回路の陽極*をなす電線リングからなる．

半影テスト half-shadow test（**影テスト** shadow test, **シュレーダー・ヴァン・デル・コルク法** Shroeder Van Der Kolk method）
鉱物*を，屈折率*が既知の液体（浸液）に浸して，おおよその屈折率を求める方法．カードを載物台*の下に挿入して光線の半分を遮り，コンデンサー*の焦点を絞るかカードをぼやけさせる．鉱物と浸液の屈折率が異なっていれば，鉱物粒子の片側に明瞭な影が現れる．影がカードと同じ側に現れれば，鉱物の屈折率は浸液よりも高く，反対側に現れればその逆．

半遠洋性堆積物 hemipelagic sediment（**ヘミペラジャイト** hemipelagite）
大陸縁辺部近くの深海性の泥質堆積物*．全体の 5〜75%（体積）を生物源の物質が占め，陸源*物質の 40% 以上がシルト*からなる． → 遠洋性堆積物

半拡大速度 half-spreading rate ⇒ 拡大速度

反殻頂側- abapical
腹足類の殻の殻頂*から離れる方向を指す． ⇒ 殻頂側-

パン皮火山弾 bread-crust bomb
噴出口から放出され空中を飛来した溶岩*塊で，大きさは 64 mm 以上〔直径による火山放出物の分類名では火山岩塊 volcanic block にあたる〕であることが多い．溶岩塊の表層部は急冷*され，細粒ないしガラス質*の皮殻となり，内部の熱い溶岩で続いている気泡形成による膨張によって割れ目が生じたもの．皮殻の割れ目は，伝統的な焼き方

で焼いたパンに見られるものに似る．

斑岩　porphyry
中粒から粗粒の珪長質*貫入*火成岩*．斑晶*を体積で25％以上含み，顕著な斑状組織*を呈する．斑晶鉱物はアルカリ長石*であることが多い．たとえば石英斑岩*のように，他の岩石や鉱物名の接尾辞としても使われる．

斑岩金　porphyry gold ⇒ 斑岩鉱床 **3**

斑岩鉱床　porphyry deposit
1．斑岩銅鉱床：斑状*の中性*〜酸性岩*の岩株*にともなう大規模な斑岩銅の鉱床*．大部分が中生代*と第三紀*の造山帯*に属する．鉱物*が同心円状の帯をなして分布する．たとえば，ユタ州ビンガム（Bingham）では，内側をCu/Moの帯，外側をPb/Zn/Agの帯が占める．鉱床は大規模な変質ハロー*によっても特徴づけられる．鉱床の大部分は直径3〜8 km，深さ数km．鉱染状の黄銅鉱*と他の硫化物鉱物*からなり，露天掘削*によって大規模に採鉱されている．鉱石*の品位*は低い（＜1％ Cu）ものの，〔大量に産するため〕経済的価値は高い．揮発性物質が地表近くで急激に解放され，それを包有していた岩石が破砕されて形成されたと考えられている．**2**．斑岩*状組織*をもつ岩石にともなう，モリブデン鉱物（通常は輝水鉛鉱*）の鉱床．少量の銅をともなう．成因は斑岩銅鉱床と同様であるが，鉱体*が貫入岩体*にかぶさる逆さにしたカップのような形態をなしていることが多い．**3**．金に富む斑岩銅鉱床．島弧*に多く見られる．現在のところ，金と銅が共産*する鉱床のみで，真性の斑岩金鉱床は知られていない．

斑岩銅　porphyry copper ⇒ 斑岩鉱床 **1**

斑岩モリブデン　porphyry molybdenum ⇒ 斑岩鉱床 **2**

反強磁性　antiferromagnetism
磁気格子がまったく同じ大きさで逆向きに磁化していることに起因する広義の強磁性*．反強磁性体では，格子が完全であれば外部磁界をともなわないが，格子が歪むと寄生磁化*が生じる．

半空間　half-space
境界が1つのみで他の境界はすべて無限遠にあるとする数学モデル．通常，構成媒質は完全に均質かつ等方性*と仮定される．

パンゲア大陸　Pangaea
後期ペルム紀*に出現し，三畳紀*末期に分裂を始めるまでの約4,000万年間にわたって存在した単一の超大陸*．三畳紀までの全地球史の大部分にわたって存在していたとする見解もある．パンゲアが占める領域を除いて全地球を覆っていたパンサラサ海*にかこまれていた．

半径比　radius ratio
陽イオン*の半径を陰イオン*の半径で割った比．珪酸塩鉱物*では，陽イオンの半径と酸素陰イオンの半径の比．低エネルギーの安定した状態では，イオン*は密に充填する傾向があるので，安定性は陽イオン/陰イオン半径比で測られる．鉱物は多くがイオン結合*しており，酸素がほとんどの鉱物中で主要な陰イオンであるため，酸素に対する各種陽イオンの半径比は，配位数*，したがって珪酸塩の構造（鎖，立体網など）を支配している．

半月形-　lunate
半月の形をしていること．

半減期　half-life ⇒ 崩壊定数；放射年代測定法

反口側-　aboral
生物体で，口とは反対側を指す．

板鰓亜綱（ばんさい-）　Elasmobranchii
サメやエイの仲間の魚類の亜綱．5〜7対の鰓裂とやや硬い鰭，楯鱗（じゅんりん）*，顎の後部で開いている呼吸孔，多数の歯をもち，雄は胸鰭に鰭脚がある．板鰓類の骨格は軟骨質のため，化石記録としては主に歯と鰭条が残されている．よく知られた化石板鰓類の属としては，デボン紀*のクラドセラケ属 *Cladoselache* とデボン紀後期からペルム紀*前期のクテナカントス属 *Ctenacanthus* がある．⇒ 軟骨；軟骨魚類

半索動物門　Hemichordata（ギボシムシ　acorn worms）
カナダ，ブリティッシュ・コロンビア州の中部カンブリア系*バージェス頁岩*から最初に報告された門．ギボシムシは脊索*はもたないものの脊索動物*と近縁であり，鰓裂

は原始的な脊椎動物*のものに酷似する.

反砂堆（反砂丘） antidune

フロード数*が0.8以上の, 速く浅い水流によって形成される堆積物*の砂床形（ベッドフォーム）*. 周期的に急となり上流側に移動して崩れる定在波*の下でつくられ, 約10°の角度で上流側に傾斜する薄い前置層*（⇨ 斜交葉理）によって特徴づけられる. この砂床形がそのまま保存される可能性は低いが, 前置層の存在によって, 反砂堆を形成するような強い流れがあったことがわかる. 高流れ領域の平滑床*に密接にともなっていることが多い.

斑砂統（はんさとう） Buntsandstein ⇨ チャンシンギアン

パンサラサ海 Panthalassa

超大陸*パンゲア大陸*をかこんでいた広大な海洋. テチス海*はこの海の1湾入部. パンゲア大陸が三畳紀*に分裂を始めた後は, 広がっていく海洋盆は, ごく小さいものの現在の海洋の前身で, 現海洋名で呼ばれることが多い.

板歯亜目 Placodontia

三畳紀*の広弓亜綱*爬虫類*で, 特殊化した貝食者であった. 体が重厚な装甲で覆われ, 亀のような外見を呈するものもある. また, プラコダス属 *Placodus* のように華奢な装甲をもつ種類では, 貝食に適応*した形態を除くと, 全体的な外形は偽竜類*に似ていた.

半自形 subhedral (hypidiomorphic)

結晶面*の発達が一部に限られている, 火成岩*中の結晶*に冠される. 結晶表面が不規則となっている部分は融食されたか他の結晶と指交関係*にあるため.

半自形組織 hypidiotopic fabric (hypidiomorphic fabric)

成分鉱物*の一部のみがその鉱物特有の結晶形*（すなわち自形*晶癖*）を示している岩石組織*. hypidiotopic は堆積岩*に, hypidiomorphic は火成岩*と変成岩*に適用される.

反磁性 diamagnetism

原子核*のまわりの軌道電子*に磁界が加えられると, 個々の電子のスピンが歳差運動*して, 加えられた磁界と逆方向の磁界を形成する. すべての原子と分子がこのかたちの磁化を示し, 負の磁化率*は通常10^{-5}のオーダーかそれ以下. ただ, その上に常磁性*および/あるいは強磁性*が重なることがある.

反射（反射物体, 反射波） reflection

物体または波動（光, 熱, 音波, 地震波*など）が面によってはね返されること, あるいははね返された物体または波. 地球物理学では, スネルの法則*に従って反射面*から反射された信号をいう. 地震波の反射は音響インピーダンス*の違いによって起こる. 電磁放射*の反射は電気特性と誘電*特性の違いによって起こる.

反射角 angle of reflection

反射光線（反射波）と反射面*の法面とがなす角.

反射係数 reflection coefficient

1. R: 入射波の振幅（A_0）に対する反射波の振幅（A_1）の比. したがって $R = A_1/A_0$. 垂直入射光線の場合には, 反射面*の上下の媒質の音響インピーダンス*（それぞれ Z_1 と Z_2）で表すと, $R = (Z_2 - Z_1)/(Z_2 + Z_1)$ となる. R の値の範囲は -1 と $+1$ の間. R が負であれば反射面で波に位相の反転（π）が起こる. 空気/水境界面では, R は -1 の典型的な値を示す. 岩石については R は 0.2 以下の平均値をもつ（⇨ 透過係数）. 反射係数はエネルギー（R'）のかたちでも, $R' = R^2$ として表される. **2.** k: 電気固有抵抗〔電気伝導度*の逆数〕の比. $k = (\rho_1 - \rho_2)/(\rho_1 + \rho_2)$. ρ_1 と ρ_2 は境界面上下の媒質の電気固有抵抗.

反射顕微鏡 reflected-light microscope（鉱石顕微鏡 ore microscope）

鉱石（不透明）鉱物*を調べるため, 偏光の反射を利用する顕微鏡. 反射率*と硬度*を系統的に測定することによって鉱物が同定され, 組織の相互関係と生成順を解釈することによって鉱物が晶出した過程が明らかにされる.

反射赤外線 reflected infrared

リモートセンシング*: 太陽起源の電磁放射*を物体が反射した赤外線*. 反射赤外線

は 0.7〜3 μm の波長で特徴づけられるので，近赤外線* である．→ 熱赤外線

反射装置　reflector

反射（鉱石）顕微鏡* 観察に用いる装置．ガラス反射板と半視野プリズムの 2 つの型がある．ガラス反射板は入射光線と 45°の角度でセットされており，水平の入射光線を鉛直方向に変えて鉱物* 試料の研磨面に当てる．研磨面で反射された光は反射装置を通り抜けて接眼鏡* に達する．〔反射光の一部はガラス板で反射され，光量が少なくなるため視野は暗くなる〕．半視野プリズム（または鏡面レンズ）で反射された光は対物鏡* の開口部の半分を通って研磨面に当たり，反射されて対物鏡の他の半分を通ってプリズムの後側から接眼鏡に達する．〔反射光がすべて接眼鏡に達するので視野は明るい．〕

反射多色性　bireflectance (pleochroism)

鉱物光学：反射（鉱石）顕微鏡* の載物台* を回転させると，有色鉱物* では結晶学的方位によって光の吸収率が異なるため，反射色が変化する性質．同じ色で明度が変化したり，色調が変化したりする．この性質をコベリン* などある種の鉱物の同定に利用する．⇨ 二色性

反射点　depth point

地震波* の波線を反射する，地下の反射面* 上の 1 点．⇨ 共通反射点

半視野プリズム　half-field prism ⇨ 反射装置

反射分光測定法　reflectance spectrometry

平面で反射する光の量を測定する方法．散漫反射* は，反射率計，分光反射率計，色彩計などで波長の関数として測定される．

反射法地震探査　reflection survey

振源から臨界角* よりも小さい角度で地下の反射面*（上位の低速層と下位の高速層との境界）に入射し，反射された地震波* を受信して，地下構造を明らかにする地震探査*．→ 屈折法地震探査

反射面　reflector

1．物体または波動（光，熱，音波，地震波* など）をはね返す面．2．地球物理学的性質が異なる上下の媒質を隔てる不連続面*．⇨ 反射

反射率　reflectance (reflectivity)

1．電磁放射* が入射表面から反射される割合．2．反射顕微鏡*：不透明鉱物* の表面から反射された偏光の量．特定波長での反射率（$R\%$）が鉱物* の同定に用いられる．$R\% = $（反射光の強度/入射光の強度）$\times 100$．

汎獣下綱　Pantotheria（哺乳綱* class Mammalia, 獣亜綱 subclass Theria）

中〜後期ジュラ紀* の絶滅* した原始的哺乳類の下綱で，北アメリカ，ヨーロッパ，東アフリカから産出が知られている．トガリネズミ様の卵を生む昆虫食性哺乳類で，その顎と歯の構造から後の有胎盤-* および有袋* 哺乳類すべての祖先と信じられている．ジュラ紀後半までに分布を広げ，さまざまな種類へと分化した．

斑晶　phenocryst

相対的に細粒の石基* 中に含まれる大きい結晶*．斑晶を有する岩石の組織* を斑状と呼ぶ．→ 斑状変晶

斑状　maculose (1), porphyritic (2)

1．接触変成岩*（⇨ 接触変成作用）で細粒変成鉱物* の集合体が斑点をなしている組織* をいう．2．⇨ 斑晶

板状　tabular

平坦で，テーブルに似た薄い直方体をなしている鉱物* の形態に冠される．重晶石* などのように，顕著な劈開* が発達していることによる．

半晶質　hypocrystalline

結晶* とガラス* の両方を含む火成岩* の組織* をいう．

斑状変晶　porphyroblast (metacryst)

変成作用* 時の再結晶作用* によって成長し，他の細粒の変成鉱物* がなす石基* にとりかこまれている，結晶面* が良好に発達した（自形* の）大きい結晶*．

半深海帯　bathyal zone

水深 200〜2,000 m の海域で，これより浅い浅海帯* の沖側，これより深い深海帯* の陸側を占める．上限は大陸棚* の縁にあたる．海洋生態学では大陸斜面* とコンチネンタルライズ* をいう．地質学的に活発なところでは，海溝* や海底峡谷* が存在し，海底侵食によって斜面崩壊が発生する．

半深成岩 hypabyssal rock
　地表下の浅所で結晶化した中粒の貫入* 火成岩*．ただ，'浅所' という語の明確な定義も用法上の統一もなされていない．

バーンズデーリアン階 Bairnsdalian
　オーストラリア南東部における上部第三系*中の階*．バルコンビアン階*の上位でミッチェリアン階*の下位．ほぼセラバリアン階*に対比される．

盤　層 pan（粘土盤）clay pan）
　圧密*，硬化*，膠結*を強く受けているか，粘土*含有量が著しく多い土壌層位*．多くは下層土（心土）*に見られる．

半帯水層 aquitard
　透水性*の低い岩石がなす地層*．地下水*は移動するが，流速は帯水層*におけるよりも低い．→ 難帯水層

反対貿易風 antitrade
　低緯度地方の上層を，下層の貿易風*と反対方向（極方向）に吹いている偏西風．

汎地球測位システム（GPS） Global Positioning System
　総計18個の人工衛星がそれぞれ異なる軌道上にあり，地球上のどの地点からも少なくとも4個が常に見えている体制．1,000 kmの基線について誤差2 cm以下という精度で位置を決定することができる．断層*の両盤や微小プレート*など，小さい地殻ブロックの動きを測定することができる（軍事目的をもつことはいうまでもない）．

半地溝 half-graben ⇨ 地溝

半値幅（半価幅）（$W_{1/2}$）half-width
　重力や地磁気のデータ断面において，異常を表すピーク振幅の半分となる点の間の長さ．原因となる物体の中心までの深さを決定するうえで用いられる．

反転型 scandent
　正筆石目*に属する筆石類（綱）*の枝状体*の配列を表す語で，2本の枝状体が細管をはさんで背中合わせに結合しているものをいう．

斑銅鉱 bornite（孔雀銅鉱 peacock ore）
　主要な銅鉱石*として重要な鉱物．Cu_5FeS_4；比重5.0～5.1；硬度* 3；立方晶系*；赤褐色からさまざまな明度の青紫色，曇った表面は玉虫色；条痕*淡灰色；金属光沢*；結晶形*はほぼ立方体，菱面十二面体，ときに塊状；劈開* {111}に貧弱．熱水*鉱脈*，二次鉱化帯，さまざまな同成*銅鉱床，斑岩銅鉱床*，スカルン*などに産する．硝酸に溶解する．

半透明 translucent
　光をある程度透過させるものの，物体の輪郭が見えるほど完全には透過させない物質（鉱物*など）に冠される．石英*や蛍石*の変種にふつうの性質．

半透明雲 translucidus
　'透明な' を意味するラテン語 translucidus に由来．半透明*で太陽や月，ときには星が透けて見える，広い層状ないし薄板状の雲．層雲*，層積雲*，高層雲*，高積雲*の変種．⇨ 雲の分類

バンド比 ratio
　リモートセンシング*：多重スペクトル画像のある帯域*のデジタル数値*を，別の帯域のデジタル数値で割った商．バンド比からチャンネル間の相対的な相違が分析される．

パンドラ Pandora（土星XVII Saturn XVII）
　土星*の小さい衛星*．ボイジャー*1号が1980年に発見．半径55×44×31 km，質量$0.13×10^{18}$ kg，平均密度420 kg/m^3，アルベド* 0.9．

反応時間 reaction time
　地形学：ある系*が外部条件の持続的な変化に対応するのに必要な時間．変化に対する系の抵抗性も外部条件の変化の大きさも一定ではないので，一般的な反応時間を示すことはできない．たとえば，河床が砂からなる河川は岩盤からなる河川よりも変化が容易である．⇨ 緩和時間

反応点（ペリテクティック点） peritectic point ⇨ ボーエンの反応原理

ハンバー造山運動 Humberian orogeny ⇨ タコニック造山運動

板皮綱 Placodermi
　顎をもち（顎口上綱*），体がしっかりした装甲で覆われている魚類で，デボン紀*のはじめに出現し，その終わりには実質的に絶滅*した．板皮類の体形はさまざまである

が，いずれも，骨質の板皮からなる頭甲*をもち，また，胸鰭と腹鰭をもっていたようである．コッコステウス属 *Coccosteus* など，大半の板皮類は体が扁平で異尾*をもち，海底を這いまわる生活をしていた．

晩氷期　late-glacial
デベンシアン氷期*の気温最低期後に気温が上昇し始めた時期と，後氷期（フランドル期*）の始まりを告げる気温の著しい急上昇期との間の期間．約15,000年BPから10,000年BPまで続き，3回の気候変遷，すなわち，寒冷な古ドリアス期*，温暖なアレレード期*，寒冷な新ドリアス期*で特徴づけられる．ヨーロッパではこのほかにもう1つの温暖期，ベーリング亜間氷期*が13,000年BPころ，すなわち古ドリアス期にあったとされている．このような短期間の温暖期がくり返し現れることは，大きい氷期の晩氷期に共通の特徴と考える研究者もいる．

反復進化　iterative evolution
単一の主系統内で，類似あるいは同等の構造がくり返して発達する進化*．化石記録では，さまざまなタクサ*で反復進化の例が多数見られる．このような進化的保守性は，ある種の調節遺伝子*が作用して，形態形成上すべてに優先して起こる制御によるものかもしれない．

反復説　recapitulation of phylogeny
ヘッケル（E. Haeckel：1834-1919）により提唱された，個体発生*（個体の発生上の発達過程）は系統発生*（その生物グループの進化史）をくり返す（あるいは反映する）という理論．反復説の基礎となる観察事項はベアーの生物発生原則*で十分説明できるので，そのような理論に一般性はないとして否定されてきた．しかしながら，性的な成熟に関する過形成*あるいは遅延はいずれも結果としては反復の具体的なケースとなりうる．

盤ぶくれ　heave
坑道の軟弱な床面が，近くの支持坑柱にかかっている上位の岩石の荷重に抗しきれずに盛り上がること．

パンプレイン　panplain（panplane, planplain）
氾濫源*が合体して生じた極めて平坦な地域．河川の側方移動によるもので準平原*の一部をなす．オーストラリアのカーペンタリア地方（Carpentaria）に好例が見られる．

パンペリー石　pumpellyite ⇨ ぶどう石-パンペリー石相

パンペロ　pampero
アルゼンチンとウルグアイを襲う線スコール*型の広域的な嵐．ときには降雨と雷をともなう．通過後は気温が低下．嵐は低気圧*通過後の南西風の前面に発生する．

ハンマー打撃振源　hammer source
屈折法地震探査*で，重い大ハンマーを地表の鋼板に打ちつけて地震波*衝撃をつくる発振法．ハンマーの反復打撃によって信号/ノイズ比が高くなり，エンハンスメント地震計を受振器として広く採用されている．ハンマー打撃は主にP波*をつくるが，S波*振源用にも転用できる．

ハンマーチャート　hammer chart
放射状直線と同心円で多数の区画に分割されたテンプレートをなす円形の経緯線ネット．重力調査で地帯補正*の計算に用いる．

ハンモッキー斜交層理（ハンモック状斜交層理）　hummocky cross-bedding
斜交葉理*の1形態．上方に凸の斜交葉理と凹の斜交葉理とが共存していることによって特徴づけられる．クロスセット（⇨ 斜交葉理）は上方に凸および凹の面でたがいに切りあっている．上方に凸の部分の表面形態は波長約1～5mの高まり（ハンモック〔小丘〕）となっている．暴風時の波浪によってつくられると考えられている．〔斜交層理と斜交葉理の用法については，⇨ 斜交葉理〕

ハンモッキー・モレーン（ハンモック・モレーン）　hummocky moraine
表面が著しい起伏を呈するグランド・モレーン*．比高が100mにも及び，急斜面の高まり（ハンモック〔小丘〕）と閉じた深い凹部からなる．停滞している氷河*が低下消耗（downwasting；すなわち薄くなること）してつくられる．ハンモックは，〔氷河が薄くなることによって〕氷から解放された岩屑が氷塊のクレバス*に集積したもの．

斑紋　mottling
鉱質土壌*中で，さまざまな色がパッチ状

をなしている状態（多くは灰色または青色の生地に橙色または赤褐色のパッチ）．嫌気性*の条件の時期があったことを示す．

氾濫原 floodplain

未固結の河川堆積物からなり，くり返し氾濫に見舞われる河谷の部分．流路*が側方に移動した跡に残される比較的粗粒の砕屑物*と流量が満水状態を越えて溢流したときに堆積する比較的細粒の堆積物からなる．

氾濫堆積物 overbank deposit

河川の堤を溢流した氾濫水から堆積した，流路*外側の氾濫原*堆積物．

盤竜目 Pelycosauria

石炭紀*後期からペルム紀*前期にかけて生存した，双弓類*爬虫類*に含まれる目．ヴァラノサウルス属 *Varanosaurus* やエダフォサウルス属 *Edaphosaurus*，ディメトロドン属 *Dimetrodon* が代表的．肉食性と草食性の種類がある．異常に目立つ帆のような背鰭をもつものもいた．ペルム紀中ごろに哺乳類様爬虫類（獣弓目*）が盤竜目から派生し，盤竜類にとって替わった．

はんれい岩（ガブロ） gabbro

粗粒の塩基性岩*．主成分鉱物*は，カルシウムに富む斜長石*（約60％），単斜輝石*（普通輝石*またはチタン輝石*），斜方輝石*（紫蘇輝石*または古銅輝石*）で，かんらん石*をともなうことがある．副成分鉱物*は磁鉄鉱*またはチタン鉄鉱*．玄武岩マグマ*からの緩慢な結晶作用によって生成し，玄武岩*と同様にソレアイト型とアルカリ型に分けられる（➜ ソレアイト；アルカリ玄武岩）．ソレアイトはんれい岩は2つの型の輝石（すなわち，単斜輝石である普通輝石と斜方輝石である紫蘇輝石）と粒間のシリカ*に富むガラス*の存在によって特徴づけられる．アルカリはんれい岩はカルシウムとチタンに富む型の単斜輝石（チタン輝石）と散点的な粒間の準長石*が特徴的．大きいはんれい岩貫入体*では鉱物が層をなしていることが多く，マグマ溜まり*内部で結晶作用が長期間にわたって段階的に進行したことを示している．はんれい岩は，環状岩体［たとえばスコットランドのアーナムルハン岩体（Adnamurchan）とスカイ島（Skye）］，大規模なロポリス*［南アフリカのブッシュベルト岩体（Bushveld）］，成層岩体［東グリーンランドのスカエルガード岩体（Skaergaard）が最も有名］として貫入したものが多い．

ヒ

B ⇨ バール
尾- caudal
　尾に関連した語に冠される．
BIRPS
　イギリス音波探査機関連合のアクロニム．主に岩石圏（リソスフェア）*深部を対象としている．
BIF ⇨ 縞状鉄鉱床
PIOCW ⇨ 太平洋-インド洋水塊
ピアセンツィアン Piacenzian
　1．ピアセンツィアン期．鮮新世*最後の期*．ザンクリアン期*（タビアニアン期）の後でカラブリアン期*の前．年代は3.4～1.64 Ma（Harlandほか，1989）．2．ピアセンツィアン階．ピアセンツィアン期に相当するヨーロッパにおける階*．かつて認知されていたアスティアン階（Astian）中の1区分として設定された．上部デルモンティアン階*，レピッティアン階*，ベンチュリアン階*（北アメリカ），ウェイピアン階*，マンガパニアン階*，最下部ヌクマルアン階*（ニュージーランド），カリムナン階*とヤトラン階*（オーストラリア）にほぼ対比される．模式地*はイタリアのカステッラルクアート（Castell' Arquato）周辺．
非圧縮率 incompressibility modulus ⇨ 体積弾性率
被圧帯水層 confined aquifer ⇨ 帯水層
ビアンカ Bianca（**天王星VIII** Uranus VIII）
　天王星*の小さい衛星*．直径は22 km．1986年の発見．
PE ⇨ 可能蒸発散量（蒸発散位）
PSC ⇨ 極成層圏雲
PSV ⇨ 研磨岩石値
ピエゾ残留磁化 piezoremanent magnetization
　〔磁場方向に〕試料が長時間にわたって圧力を加えられることにより獲得する磁化．⇨衝撃残留磁化
ピエゾメーター piezometer
　地下水面*または水頭*の高さを測定するための観測井*．通常，極めてせまいので，地下水は井戸全体に入り込むことなく，特定の深さまで浸透する．
ピーエッチ（ペーハー） pH
　溶液中の水素イオン濃度*を負の対数で表したもの；pH=$\log_{10}1/[H^+]$．水素イオン濃度が高くなればpHの値は小さく，低くなれば大きくなる．pHの尺度は0から14まで．中性の媒質（純粋の水など）のpHは7．7より大きい値はアルカリ性，小さい値は酸性を表す．自然界におけるpH値はほとんどが4～9の範囲内に入る．ヒトの血液は7.4，海水8.1～8.3，塩類土環境の水は9.0程度かそれ以上，酸性土壌*中の水は4.0あるいはそれ以下にもなる．'ペーハー'はドイツ語の発音．
BOD ⇨ 生物学的酸素要求量
ヒオリテス目 Hyolithida（**軟体動物門*** phylum Mollusca, **カリプトプトマティダ綱*** class Calyptoptomatida）
　幼殻は円錐形で，成体では四角錐になる殻をもつカリプトプトマティダ類の目．左右対称形の蓋*には1つあるいは2つの筋痕*があり，殻の表面に節は見られず，内部に隔壁*はない．この目はカンブリア系*下部からペルム統*中部に産出が知られている．代表的な属であるヒオリテス属 *Hyolithes* は世界各地のカンブリア系に広く分布し，100種以上が知られている．
ピカイア属 *Pikaia*
　バージェス頁岩*から産する初期の脊索動物（門）*で，おそらく現生のナメクジウオに近縁．
非回転波 irrotational wave ⇨ P波
非回転歪 non-rotational strain ⇨ 純粋剪断
日陰気温 shade temperature
　温度計を雨と直射日光からさえぎり，空気の出入りが自由となっている規格化された箱の中または遮蔽物の陰で測定された気温．
ヒカゲノカズラ綱 Lycopsida（**ヒカゲノカズラ類** lycopods）

シダ植物亜門*のなかの綱．石炭紀*には巨木となる種類があり，当時の湿地帯に優勢であったが，今日では比較的小型のヒカゲノカズラ類のみに代表される．最古のヒカゲノカズラ類はデボン紀*のもので，最も原始的な維管束植物*である古生マツバラン類*から派生した．ヒカゲノカズラ類は二叉分岐する枝が特徴であり，胞子*は繁殖葉（胞子葉）上部の胞子嚢につくられ，時として胞子嚢穂を形成する．また，茎の維管束組織から直接延びる（葉隙が見られない）1本の維管束組織をもつ小葉がある．ある種のヒカゲノカズラ類の葉は長く，アシのようである．葉が抜け落ちた樹幹表面にはらせん状に配列した明瞭な葉痕が残される．樹皮の破片は，石炭紀石炭層内の炭球や，石炭層直上の頁岩*層内の化石として多産する．重要なヒカゲノカズラ類の化石属として，レピドデンドロン属 Lepidodendron（リンボク⇒ レピドデンドロン・セラギノイデス），レピドフロイオス属 Lepidophloios（⇒ レピドフロイオス・キルパトリッケンゼ），らせん配列する葉痕が明瞭な縦の列をなすシギラリア属 Sigillaria（フウインボク）がある．

東オーストラリア海流 East Australian current

オーストラリア東岸に沿う幅のせまい海流（100～200 km）．南太平洋における半時計まわりの大環流の西側部分．流速は 0.3～0.5 m/秒．西岸強化海流*の1つ．

東太平洋海膨 East Pacific Rise

太平洋プレート*と南極-*，ナスカ-*，コ コス・プレート*とを分ける海嶺*．拡大速度*の速い海嶺で，最大半拡大速度は 4.4 cm/年と計算されている．大西洋中央海嶺*などの拡大速度の遅い海嶺に比べてややなめらかな断面を有する．

微化石 microfossil

詳しく研究するためには顕微鏡の使用が不可欠な，すべての小型化石*の総称．微化石には，体全体の大きさそのものが顕微鏡サイズの生物だけでなく，大型化石から分離した破片や大型生物の幼生期の個体も含まれている．アクリターク*，有孔虫*，介形虫*，コノドント*などの微化石は，地層*の生層序分帯や年代対比に用いられる．⇒ 鍵層；微古生物学

干潟 mudflat

シルト*や粘土*などの細粒堆積物*が蓄積している海岸域．適量の堆積物が供給され，外海から遮蔽されており，植物によって堆積物が捕捉される条件下で形成される．塩性沼沢*の発達の初期段階にある地形．

B型沈み込み B-subduction ⇒ A型沈み込み

非活動的縁（非活動的縁辺部） passive margin (trailing edge)

プレート縁*をなしていない大陸縁．'非地震性'縁辺部'あるいは'大西洋型縁辺部'とも呼ばれ，活動的縁（辺部）*と対照的．厚い堆積層が正断層*によってブロック化し，傾動地塊運動*を起こしていることが特徴．この堆積物は，大陸の分裂時に岩塩*ダイアピル*が隆起してつくったトラップ*をはじめ，各種のトラップを抱えているため，石油*や天然ガス*が極めて有望であることが多い．

p過程 p-process ⇒ 陽子付加過程

光吸収 light absorption

海洋水塊に入射した光の大部分は表層の 100 m で吸収される．光が透過する深さは，水中で光を吸収したり散乱する懸濁有機物質などの量によってきまる．吸収の程度は波長によって異なり，青色光は赤色光よりも深くまで透過する．〔このため，水中深くでは物が青く見える．〕

引き潮（下げ潮） ebb tide

潮位が下がること．満潮から次の干潮に向かっているときの潮位．

ひきずり drag

1. 層理面*や劈開*面のトレースが断層面*に沿って曲げられていること．トレースは断層面に向かって断層面の走向*に漸近的に近づいていく．**2**. 各種の面構造の姿勢が剪断帯*に向かって剪断帯の姿勢に近づいていく延性変形*．

引き波 backwash

浜*を下って海に戻る水．寄せ波*の波高と頻度，浜の勾配や透水性*などの特性によって規模が異なる．一般に浜の断面勾配を急

にする働きがある.

引抜き角 angle of draw
地下採掘場の外縁と採掘によって沈下した地表の範囲の外縁とがなす角度.通常,水平線と65～75°程度の角をなす.

ピギーバック・スラスト・シーケンス piggyback thrust sequence
衝上断層(スラスト)*が下盤*側に次々と形成されていくことによってつくられるスラストシート〔スラストにはさまれた薄い地塊〕の積み重なり.スラスト運動は新たに形成されたスラスト面に沿って進み,古いスラスト面とそれがはさんでいるスラストシートは受動的に前面に運ばれる.

ピギーバック盆地 piggyback basin(**スラストシート上面盆地** thrust-sheet-top basin)
衝上断層(スラスト)*が下盤*側に次々と形成されていく際に,前陸盆地*とは別にスラストシート〔スラストにはさまれた薄い地塊〕の頂面に形成される前地*盆地の一種.

避極力 Polflucht(flight from the poles)
ウェゲナー*がその大陸漂移説*を説明するために導入した考え.地球の曲率が両極地方で小さくなっているために重力に差が生じ,この力が大陸塊を赤道方向に移動させると考えた.しかし,この力は大陸を動かすにはあまりに小さすぎる.

非金属光沢 non-metallic lustre
鉱物*の表面が反射する,金属のような輝きをもたない光沢*.ガラス光沢*,絹光沢*,樹脂光沢*などと具体的に表現される.

ピクセル(画素) pixel
1. 写真の要素.一般には多重スペクトル画像で単一の光学ファイバーによって決定されるほどの最も小さい構成要素. 2. リモートセンシング*:画像に含まれる単位データサンプル.それが画像および地表の地域で占めている位置にかかわる空間的な属性と特定の波長の強度にかかわるスペクトル特性の属性をもつ.⇒ ピクセルカラー

ピクセルカラー pixel color
リモートセンシング*:個々のピクセル(画素)*の色で,次の3つのパラメーターに依存する.(a)明度;色の明るさ.(b)彩度*;色消し線*への垂線距離(色消し線に近接しているほど色が淡く,離れているほど鮮明).(c)色相.⇒ 明度-色相-彩度処理

ピーク帯 peak zone ⇒ アクメ帯

ビークマンタウニアン階 Beekmantownian
北アメリカにおけるオルドビス系*カナディアン*統*中の階*.

ピクライト picrite
かんらん石*に富み著しい斑状*を呈する玄武岩*.ハワイ島のピクライトは噴出速度が大きい噴火によって形成され,マグマ溜まり*底部の,かんらん石に富む結晶*キュームレート(集積岩)*からもたらされたことを反映しているようである.

PKP波 PKP-wave ⇒ 地震波の記号

非顕晶質 aphanitic
岩石顕微鏡を用いてはじめて同定することができる,ごく細粒の鉱物*粒子によって特徴づけられる火成岩*の組織*.マグマ*が熱と溶存ガスを急速に失って固化することによってこのように極端に細粒の組織が生じる.地下浅所に貫入した岩脈*や地表に噴出した火山岩*に見られる.

ピコ pico-
'くちばし','頂点(すなわち点)'を意味するスペイン語 pico に由来.国際単位系*で用いる接頭辞(記号は p)で,単位×10^{-12}.

尾鉱 tailings
品位*が劣るため鉱石処理場から廃棄される細粒物質.尾鉱ダム*に貯留されることが多い.

飛行機雲 condensation trail(contrail)
エンジンから放出される水蒸気が凝結して生じた水滴や氷晶*が,航空機の後に長く跡を引くもの.⇒ 雲の穴

非公式な層序単元名 informal stratigraphic unit name
次のように命名された層序単元*名は公式ではない.(a)たとえば,公式の年代層序単元では,紀*を意味する period を,'地質時代 geologic period' のように固有名詞ではなく,普通名詞として使用している場合.(b)単元の用語(帯*とか累層 forma-

tion*）をその定義以外の意味で使用している場合．たとえば '砂岩層 sandstone formation'，'鉱化帯'．非公式な単元名を英語表記するときには，頭文字を大文字としない．⇨ 公式な層序単元名；層序命名法

微構造（微組織，マイクロファブリック） microfabric
　顕微鏡スケールの鉱物*や生物破片の構造または配列．岩石顕微鏡（⇨ 偏光顕微鏡）を用いなければ観察することができない．

尾鉱ダム tailings dam
　鉱石処理場から出る，大量の水を含んだ細粒廃棄物を貯留するためのダム．定められた期間内に水分が排出されるよう，透水性*の高い物質でつくられる．

微古生物学 micropalaeontology
　微化石*を研究する古生物学のなかの1分野．その原理の創立者とされるドービニィ（A. D. d'Orbigny, 1802-57）の時代以来，さまざまな微化石について膨大な数の論文が書かれ，何千何万という種が記載されている．1877年，オーストラリアで試錐孔*の地層*の年代が有孔虫*化石*によって決定されて以来，微古生物学の商業的および応用的価値が認められるようになり，地質学研究の強力な手段となっている．多くの石油会社が自前の微古生物学研究施設を有するか，微古生物学者を雇用している．

皮　骨 dermal bone ⇨ 骨

腓　骨 fibula
　四肢動物*の後肢下部の中軸外側にある骨．

皮骨頭蓋 dermatocranium ⇨ 頭蓋

微細裂罅（－れっか） microfracture ⇨ 間隙

尾索亜門 Urochordata（**尾索類** tunicates；**脊索動物門*** phylum Chordata）
　ホヤ類からなる亜門．確実な化石がペルム系*から，おそらく尾索類と考えられる化石がシルル系*から知られている．幼生はオタマジャクシ様で，その尾部には脊椎動物*と系統的に近縁であることを示す脊索*が見られる．

PGF ⇨ 水圧傾度力

ビジコン vidicon
　電気伝導率*が電磁放射*の入射角*によって変わる透明物質を用いたリモートセンシング*撮像器．走査電子ビームによって測定した電導率を映像に変換する．

被子植物 angiosperm
　花の咲く植物．果肉により完全に包み込まれた種子をもつことで他の植物とは区別される．被子植物は最も進化した植物で，最古の化石は白亜紀*前期の地層から産している．すべてが顕花植物門に属する．

被子植物亜門 Angiospermae
　かつての植物分類体系で，種子植物門*を構成した2つの亜門のうちの1つ．もう一方は裸子植物*亜門．両者とも現在は公式な*分類学的名称としては用いられていない（⇨ 被子植物）．

非地震性 aseismic
　地震*がないこと．

非地震性海嶺 aseismic ridge
　多くの深海底に見られる，非活動的で火山性の長大な直線状地形．南東大西洋のウォルビス海嶺（Walvis Ridge）がその一例で，3,000 kmにわたって延び，ところによっては深海底からの高さが2 kmにも達する．

非地震性縁（非地震性縁辺部） aseismic margin ⇨ 非活動的縁（非活動的縁辺部）

比　湿 specific humidity
　単位重量の空気中に含まれている水蒸気の重量．⇨ 湿度；混合比

ビシネバイト vishnevite ⇨ カンクリナイト

PcP波 PcP-wave ⇨ 地震波の記号

砒四面銅鉱（テナンタイト） tennantite ⇨ 四面銅鉱

微斜長石 microcline ⇨ アルカリ長石

比　重 specific gravity（sp. gr.）
　ある物質の重量をそれと同じ容積の水の重量で除した数値．たとえば，比重が2.65の石英*の重さはそれと同じ容積の水の2.65倍ある．金属鉱物*の平均比重は約5．⇨ 密度

比重選鉱 gravity separation
　鉱石*と脈石鉱物*の比重の違いを利用する濃縮法．振動テーブル，ハンフリースパイ

ラル〔Humphreys spiral；粉砕した鉱石を通すらせん形の樋〕，ジグ〔jig；流体に脈動を与える装置〕，ハイドロクロン（hydroclone），重液（⇒重液分離法）などを用いて分離する．

比重測定 specific-gravity determinations

土壌*については，試料の重さが体積に比例するように空気を注意深く抜き出し，目盛つきの容器（比重瓶*）に粒子を入れて秤量する．岩石では，乾燥試料でも水で飽和した試料でもウォーカー竿秤*を用いておこなう．⇒密度測定

比重瓶 pycnometer (pyknometer)

土壌*・岩石・鉱物*片の比重または密度を測定する装置（⇒密度測定）．細い孔のあるすりガラスの栓を備えた小さい瓶からなる．

微晶（マイクロライト） microlite

極端に小さい結晶*．ガラス質*の石基*中に封じ込められているのがふつうで，高倍率の岩石顕微鏡（⇒偏光顕微鏡）を用いてはじめて解像することができる．結晶の核形成*と成長が初期段階で凍結されたもので，急冷*した溶岩*によく見られる．

微小クレーター microcrater ⇒ザップ・ピット

微小骨針 microsclere ⇒六放海綿綱

微小地震 microearthquake

リヒター・マグニチュード*が2以下の地震*．

非晶質 amorphous

結晶質*でない物質に冠される．岩石では一般にガラス質*と呼ぶ．

微晶質 microcrystalline

個々の結晶*が極めて小さいため肉眼で観察することができず，顕微鏡を用いてはじめて同定することができる結晶質組織*に冠される．

微小大陸 microcontinent ⇒微小プレート

微小プランクトン nanoplankton

大きさが2〜20μmほどの海生プランクトン*．

微小プレート microplate

小さいプレート*．岩石圏（リソスフェア）*の小断片は明瞭なプレート縁*〔生産，収束，保存のいずれか〕をもっているものにかぎりプレートとされる．ただし，この要件はかならずしも厳密に適用されているわけではない（⇒テレーン）．大陸地殻*をもつ微小プレートは'微小大陸'でもある．しかし，その逆はかならずしも成り立たない．日本列島は微小大陸であるがユーラシア・プレート*の一部である．ロッコール微小大陸（Rockall）は独自の運動を久しくおこなっていない．微小プレートとくに大陸地殻をもつプレートは，北アメリカ西部のコルディレラ*のような造山帯*形成にとって重要な役割を果たすと考えられている．ゴンドワナ大陸*の分裂によって多くの微小プレートが生まれ，後にそれらがユーラシアに衝突，合体して複雑なアルプス-ヒマラヤ帯*が形成された．その過程で微小プレートは滑動，回転，剪断され，また他のテレーンに変形作用を及ぼした．

微小惑星 planetismal

原始的な太陽系*星雲から凝縮した鉱物相が，引力によって付加して形成した直径数kmの小さい固体物体．これがさらに付加を重ねて太陽系惑星が生まれたと考えられる．

比色分析法 colorimetric analysis

岩石の溶液に試薬を加えて特定の元素との有色化合物をつくり，その元素の濃度に比例する色の強度を分光測光計*で測定する化学分析．

ビショファイト bischofite

水和蒸発物鉱物*．$MgCl_2 \cdot 6H_2O$．相対湿度*が30％程度の環境で沈積する．

ピジョン輝石 pigeonite

カルシウムが著しく少ない単斜輝石*．$Ca, Mg, Fe(Mg, Fe)Si_2O_6$；比重$3.30$〜$3.46$；硬度*$6.0$；普通輝石*に似るが，急冷*した火成岩*に産する．緩慢に冷却した岩石では，ピジョン輝石は冷却過程で斜方輝石*に変化する．

比浸出量 specific yeild

1．重力による排水やポンプ汲み出しによって岩石から排除される間隙水*の量と，岩石の全間隙水量との比．両者が異なるのは，分子の吸引または毛管作用*のため水が間隙

中に留まっているため．⇨ 比保持量．2. 地下水面*が低下することによって水で飽和している岩石から放出される水の量．

翡翠（ひすい）（硬玉） jade ⇨ 翡翠（ひすい）輝石

翡翠（ひすい）輝石（ジェード輝石，ジェーダイト） jadeite

まれな単斜輝石*．$NaAlSi_2O_6$；比重 $3.2～3.4$；硬度* 6；結晶形*は粒状または塊状．宝石*とされる翡翠は変種，ただし角閃石*族の鉱物であるネフライトも翡翠と呼ばれる〔わが国では翡翠輝石を硬玉，ネフライトを軟玉と呼んで区別している〕．プレート*の収束縁*での低温・高圧条件下で生成する青色片岩*に曹長石とともに産する．

ピスタサイト pistacite ⇨ 緑簾石

ヒスティック表層 histic epipedon

地表の土壌層位*．深さ 1 m 以上，有機炭素に富み，年間のある期間，水で飽和している．⇨ 腐植 2

ヒステリシス・ループ hysteresis loop

強磁性*体に直流磁界をある方向とその逆方向に順次かけたとき，直流磁界の強度に対して物体が獲得した磁化の強さをプロットして得られる曲線．このループは強磁性体の保磁率*，飽和磁化*，磁化率*を決定するのに用いる．

ヒストグラム histogram

データの分布範囲を幅が等しいいくつかの階級に区切って各階級の頻度を表示するグラフ．

ピストサウルス・グランダエヴァス *Pistosaurus grandaevus*

偽竜類*と長頸竜類*の両方の特徴をもつ．三畳紀*中期の地層から産する．この種は頭部のみが知られているにすぎないが，その特徴からすべての長頸竜類の祖先と考えられている．

ヒストソル目 Histosol

有機物質からなる土壌*．未固結の鉱質土壌の上にある場合には，厚さ 40 cm 以上のものを指すが，岩盤上のものについては厚さは問わない．

ビーストニアン Beestonian

1. ビーストニアン寒冷期．中期更新世*中の寒冷期．2. ビーストニアン層．イングランド，ノーフォーク州ビーストン（Beeston）を模式地*とする砂*とシルト*からなる極地性淡水成層．ノーフォーク州，サフォーク州，エセックス州にこれに対比されている礫層がある．

ピストン・コアラー piston corer ⇨ 水圧コアラー

ピストン・サンプラー piston sampler ⇨ 泥炭ボーラー

非スペクトル色相 non-spectral hue

白色光をプリズムで分解して得られる色のスペクトル中にない色相*．茶色やパステルカラーなど．→ スペクトル色相

歪 strain

応力*が働いた結果，物体の形態または体積に生じた変化．歪の量は，変化した長さ，面積または体積の，元の値に対する比．歪の状態は，均一歪*あるいは不均一歪*で，種類にはゆがみ，体積変化*，回転がある．⇨ フックの法則；ポアソン比；単純剪断；純粋剪断；剪断弾性率

歪 計 strain gauge

歪*を計測する器具．

歪-時間曲線 strain-time diagram

応力*に対する歪*の時間的変化を示すグラフ．弾性変形*，粘性変形，破壊*の領域や，一次-*，二次-*，三次クリープ*の領域を定めるのに用いる．

歪すべり劈開（-へきかい） strain-slip cleavage

細密褶曲劈開*と同義．ただし，C. McA. Powell（1979）などのように，この語は成因的な意味を含んでいるため，劈開*の記載に使用するべきでないとする見解もある．

歪速度 strain rate

応力*下で物体の寸法と形が変化する速度．応力の持続時間が歪*の特性をきめるうえで決定的な要因となる．ほとんどの地質現象では，降伏強度（⇨ 降伏応力）が大幅に低下するまでに数百万年にわたって応力が働くので，歪速度は比較的小さい．地質学的に歪速度が大きい例に，変形作用時の'瞬間的な'摩擦融解によるシュードタキライト*の形成がある．

歪楕円　strain ellipse

単位半径の基準円が均一歪*によって変形したときに，その最大主歪軸* x と最小主歪軸* z の大きさと方位を表すのに用いる二次元図形．

歪楕円体　strain ellipsoid

歪楕円*を三次元化したもの．単位半径の基準球が均一歪*によって変形したときに，その最大主歪軸* x，中間主歪軸 y および最小主歪軸 z の大きさと方位を表すのに用いる．

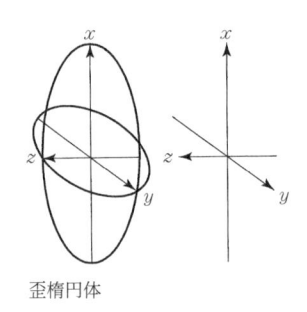

歪楕円体

歪平行六面体　strain parallelepiped

単位寸法の小立方体が変形してできる三次元立体．

歪マーカー　strain marker

元の形状がわかっており，それから変形後の主歪軸*の大きさと方位を求めることができる自然の指示物．よく用いられるものに次のものがある．化石*（ウミユリ*，ベレムナイト*，サンゴ*，アンモナイト*，腕足類*，三葉虫*），岩石の組織*（ウーライト*など），礫岩*の礫，クラスト*，単結晶粒（長石*のメガクリスト*など），接触変成帯*の斑状*組織，火山礫*，球晶*および捕獲岩*など．

ビ　ゼ　bise

南フランスの山岳地方で冬季に吹く北風の現地語．厚い雲をともなうものはラングドック地方では'ビゼ・ノアール bise noire' と呼ばれる．

ビゼーアン　Visean

1. ビゼーアン世．ミシシッピ亜紀*中の世*．シャディアン期*，アルンディアン期*，ホルケリアン期*，アスビアン期*，ブリガンティアン期*からなる．これらの期は西ヨーロッパにおける階*の名称でもある．トルネージアン世*の後でサープクホビアン世*の前．年代は 349.5～332.9 Ma（Harland ほか，1989）．2. ビゼーアン統．ビゼーアン世に相当するヨーロッパにおける統*．下限はイングランドのランカシャー州クリザロー（Clitheroe）付近のシャディアン階の基底．石炭紀石灰岩統の上部（イギリス），上部オサージアン統*，メラメシアン統*，下部チェステリアン統*（北アメリカ）にほぼ対比される．⇒ディナント亜系

非生物-　abiotic

非生物の，生物のいない．→生物-

非生物制限元素　biounlimiting element

深層水とくらべて，表層水では生物活動による欠乏がまったく起きていない B, Mg, Sr, S などの元素．⇒生物制限元素；準生物制限元素

尾　節　telson

カブトガニや広翼類（ウミサソリ）など，ある種の鋏角類（きょうかく-）（亜綱）*の後体部に見られる大型の棘状末端体節．三葉虫（綱）*の後端部付近に発達する，後方に尖った大型の棘も尾節と呼ばれるが，これは真の尾節に相当することも，そうでないこともある．

非選択性散乱　non-selective scattering

すべての波長の電磁放射*が大気中で均等に散乱*される現象．通常，エネルギーの波長よりもはるかに大きい粒子によって起こされる．

ヒーゼン，ブルース・チャールス（1924-77）Heezen, Bruce Charles

アメリカ，ラモント-ドハティ地球研究所の海洋学者．その名を最も高めたのはマリー・サープ（Marie Tharp）との共同製作になる海洋底地形図であろう．海洋中央海嶺*についても重要な業績を残した．ニューファウンドランド島沖の1929年グランド・バンクス地震（Grand Banks Earthquake）の研究によって乱泥流*の存在を初めて明らかにした．

ピソイド　pisoid　⇒ピソライト

B 層 B-layer
マントル*の最上部層．モホロビチッチ不連続面*より下で，深度約370 kmにある最初の主要な相転移*層より上．

非相関性強調 decorrelation stretching
リモートセンシング*：画像の色を人工的に強調するコントラスト強調*の一種．多重スペクトル・データの広がりが，主成分解析*によって割り出された自然の最大値に沿って増大される．

非双極子磁場 non-dipole field
地球双極子磁場*または惑星の双極子磁場から双極子成分（通常は地芯双極子成分）を除いた後に残る磁場．

非造山性- anorogenic
造山運動*に起因しない事象，すなわち造山時相*と造山時相の間に生成または生起した事象，あるいは造山時相の間の静穏期に冠される．

非造礁性- ahermatipic
褐虫藻（共生*する単細胞藻類*）を欠き，礁*をつくらないサンゴに冠される．

ピソライト（豆石） pisolith（形容詞：pisolitic）**（ピソイド** pisoid）
球状から楕円体状をなす非生物源の炭酸塩粒子．直径が2 μm以上で，10 cmに達するものもある．内部には同心状の葉理*が発達．ウーイド（魚卵石*）と同様の成因をもつものもあるとされるが，半乾燥環境でカリーチ*層位にできるものもある（ヴァドイド vadose pitholith）．オンコライト*は外観が似ているが生物源．

p 帯 p-zone
アンモナイト*や筆石*など，遠洋性生物の化石*によって設定される生層序帯*．1965年にミラー（T. G. Miller）が提唱．→ b 帯

b 帯 b-zone
腕足類*や三葉虫*などの底生生物*の化石*によって設定される生層序帯*．1965年にミラー（T. G. Miller）が提唱．→ p 帯

非対称谷 asymmetrical valley
片方の谷壁斜面が対岸の斜面よりも急傾斜で，両岸の斜面の勾配がかなり異なる谷．地質構造に起因するものも，侵食作用*の特性や強さの違いに起因するものもある．このような谷は，凍結破砕作用*の進行が斜面の面する方向によって大きく影響される．過去および現在の周氷河*環境でふつうに見られる．

非対称褶曲 asymmetrical fold
褶曲軸面*が中位面〔median plane；翼*における曲率変換点*を結んで得られる面〕と斜交しており，かつ隣合う翼部が反対方向に傾斜している褶曲*．

ビタウニアン階 Bitaunian ⇒ アルティンスキアン

比濁計（NEP） nephelometer
レーザー*光線を発射して大気中の粒子による光の散乱*を測定するリモートセンシング*機器．

左ずれ断層 sinistral fault（left lateral fault）
断層線の向こう側の地塊が手前側の地塊に対して左にずれている走向移動断層*．⇒ 断層．→ 右ずれ

左巻き sinistral coiling ⇒ 巻き

微段丘 terracette（sheep-walk）
急斜面を覆う未固結の表土に発達する，長く延びるせまい階段状の小地形．急勾配のため表土が安定を失ってわずかに滑り落ちてつくったもの．

ビーチカスプ beach cusp
浜*の斜面上で三日月形の構造が規則的な間隔をおいて浜に沿う列をなしている微地形．カスプの凸部あるいは'岬'は粗粒砂*ないし礫*からなり，海側に向いている．凸部の間に介在する凹部あるいは'湾入部'はそれより細粒の砂からなる．高さは数cm程度であるが，それより大きいこともある．カスプの大きさと間隔は浜で砕ける波の性状に関係しているようである．

ビチューメン（瀝青） bitumen
天然に産する固体または半固体の可燃性炭化水素．黒色ないし暗褐色で，特徴的なピッチ臭を発し，煙と炎をあげて燃える．アスファルト*，臭蠟（しゅうろう，mineral wax；〔天然パラフィン蠟〕）などの総称．

非調和的（非調和-） discordant
1. 岩脈*など，火成岩*体が母岩*の層理

面*や縞状構造*を切って貫入*している状態に適用される．⇒切断の法則．**2**．ある岩体の層理面や構造が隣接する岩体のそれと平行していない状態に適用される．⇒調和的

非調和貫入体 discordant intrusion ⇒底盤；岩株；岩脈

非調和褶曲 disharmonic fold
　隣接する地層*がなす褶曲*と幾何学的特性（波長・対称性・形状）が大きく異なる褶曲．互層をなすコンピーテント層とインコンピーテント*層（⇒コンピテンシー）とで座屈（⇒座屈褶曲*）の程度や様式が異なることによる．

非調和水系 discordant drainage
　地質構造を切っている（すなわち地質構造と非調和*な）水系*．

ビーチロック beach rock
　潮間帯*で砂粒子の間隙に霰石*の針状結晶*が沈殿して固結した海浜砂堆積物．膠結作用*は比較的急速で，10年程度で固結岩となる．セメント*物質の沈殿には温暖な気候が適しており，藻類やバクテリアの作用もこれを促進するらしい．

尾　椎 caudal vertebra ⇒脊椎

ビッカース硬度（VHN） Vickers hardness number
　鉱物*の同定に利用する定量的な硬度*．ダイヤモンド製の圧子を一定の圧力（通常100 g）で一定時間（通常15秒）鉱物に押しつけ，これによって生じたくぼみの断面積を硬度に換算する．

ピック pick
　屈折波や反射波の地震記録*で波形の特徴的な点を選定すること．選定された点も'ピック'と呼ばれる．たとえば，屈折波記録で初動*を選定すると初動が各波形線*のピックで，これを距離-時間のグラフ上にプロットし，さらにそれをつないで走時曲線*をつくる．

ピックアップ pickup ⇒ジオフォン

ビッグバン理論 big bang theory
　約150〜200億年前の極めて高温の初期条件から宇宙が膨張・発展しているという，宇宙の起源に関して現在広く受け入れられている理論．膨張時間はハッブル定数（銀河が後退していく速度，⇒ハッブル変数）の逆数．等方的な3K宇宙背景放射（allpervasive background radiation of 3K）はすべてビッグバン時から残存しているものとみなされ，この理論を支持する最大の証拠となっている．

必従河川 consequent stream
　新しく現れた地表面の形態に従っている河流．河道と地表面下の地質構造に直接の関係はない．ただ，古い文献では，緩傾斜する地層*上をその傾斜*方向に流れる河流に限定して用いている．

ピッチ pitch
　〔線構造*を含む鉛直面の走向*と線構造とがなす角度．〕

ピッチストーン［松脂岩（まつやにがん）］ pistacite
　ガラス質*の火成岩*．黒曜岩*に似るが，水を吸収しているため蠟-*〜樹脂光沢*を呈する．

ビット bit
　1．ドリルストリング*の切削工具．ドリルストリングの回転によって岩石を破砕または圧砕する．**2**．コンピューター：情報の2進数字または2進素子．

ピット掘り pitting
　孔を掘ること．スコットランドでは浅い穴を掘って採掘することを指す．鉱床探査：浅い（15〜20 m）試掘孔*によって沖積*堆積物を採取すること．

引張応力 tensile stress
　ある面をもって物体を両側に引き離す垂直応力*（負の圧縮応力*）．引張応力は，岩石を破壊するのに必要な剪断応力*の値を減少させ，岩石の強度を著しく低下させる．

引張強度 tensile strength
　引張りを受けたときの物体の強度．円柱試料を引っ張って破壊が起きるとき，または円盤試料を直径方向に加圧してこれと直交する直径に沿って引張破壊が起こるとき，の応力*から求める．点載荷試験器*を用いて測定することもある．

蹄　型 ungulate
　蹄のような形をしたもの．

比抵抗（電気比抵抗）（ρ） electrical resistivity

電気伝導率*（σ）の逆数．$\rho=1/\sigma$．

比抵抗検層 resistivity logging ⇨ ラテロ検層ゾンデ

比抵抗探査法 resistivity method

超低周波交流または直流を地盤に流し，その電位差を測定して地下の比抵抗*分布を求める物理探査法．見かけ電気伝導率*（σ_a）から見かけ比抵抗（ρ_a）を，$\sigma_a=1/\rho_a$の式で求める電磁気探査法*は比抵抗探査法の1型式．⇨ 定間隔トラバース；電気探査法；電極配置；強制分極法

非定常流 non-steady flow (unsteady flow) ⇨ 定常流

非同期成分 out-of-phase component ⇨ 虚数成分

ヒト科 Hominidae（霊長目 order Primates, 真猿亜目* suborder Anthropoidea, ヒト上科* superfamily Hominoidea）

現生人類と，絶滅*した人類の直系祖先を含む哺乳綱*のなかの科．ヒト科の霊長類はヒト科以外の類人猿*（ショウジョウ科＝類人猿科）と次の諸点で異なる．(a) 前頭葉と後頭葉がとくによく発達した大きい脳をもつため，言語によるコミュニケーションをはじめ複雑な行動が可能．(b) 頭蓋*の真下に大後頭孔*を位置させることにより完全に直立した姿勢をもち，頭部をまっすぐ保つことができる．(c) 完全な二足歩行能力を獲得．(d) 出生後のゆっくりとした成長による複雑な社会組織化と独自の文化の発達．ヒト科にはパラントロプス属 *Paranthropus*，アウストラロピテクス属*（ただし，⇨ アウストラロピテクス類），ヒト属 *Homo* が含まれる．祖先属の可能性のあるラマピテクス属*がヒト科に含められるかどうかについては，なお議論がある．

ヒト上科 Hominoidea（霊長目 order Primates, 真猿亜目* suborder Anthropoidea）

テナガザル科（テナガザル），ショウジョウ科（大型類人猿），そしてヒト科*（人類とその直系の祖先）からなる上科．ショウジョウ科とヒト科は大型類人猿*に属する共通の祖先に由来したと信じられている．この共通祖先はアジアとアフリカの系統を分岐し，およそ 6～4 Ma にアフリカの系統がふたたびアフリカの類人猿と人類を分岐した．ヒト上科の霊長類には尾と頬袋がなく，いくつかの種では退化してしまっているものの向かい合った親指をもっている．オナガザル科の霊長類とは，あまり特殊化していない歯と大きい頭，長い肢，幅広い胸部をもつ点で異なり，樹上生活していた祖先種からこれらの形質*を受け継いだと考える研究者もいる．今日では，テナガザル科のみが，腕を使って木の枝をわたり歩く能力をもつ，特殊化した樹上生活者である．

ビトリナイト vitrinite ⇨ 石炭マセラル

ビトレイン（輝炭） vitrain ⇨ 石炭の組織成分

ヒドロ虫綱 Hydrozoa（**ヒドロ虫類** hydroids；刺胞動物門* phylum Cnidaria）

主に海生の多細胞動物の綱で，ゼラチン質の中膠（mesoglea；間充ゲル）で分けられた表皮と腔皮（内皮）の2層が消化にかかわる長い体腔（腔腸）をとりかこみ，外部とは単一の開口部（口）でやりとりをする．刺胞をもたない腔皮は体腔と直接接している．ヒドロ虫綱はカンブリア紀*前期に出現し，現在も生存している．⇨ アナサンゴモドキ目；サンゴモドキ目

ビトロフィリック- vitrophyric

ガラス質*石基*中に斑晶*が含まれている火山岩*の組織*に冠される．

ピナイト pinite

細粒の白雲母*と緑泥石*の混合物で，いくらかの蛇紋石*または鉄酸化物をともなう．菫青石*の変質産物．無色～青緑色を呈し，構造，組成とも雲母*に似る．

ピヌス・ロンガエヴァ *Pinus longaeva*

カリフォルニア州に分布する長命のマツの1種［剛毛球果マツ（球果の鱗片が鋭く尖っている）bristlecone pine］．長期間にわたる年輪年代の確立に用いられる．現存の最古の個体はおよそ 4,600 年間の年輪記録をもつが，さらに枯れた個体を用いて年輪をクロスデーティング*することによって，年輪記録を 8,200 年 BP まで延ばすことができる．1

本の木で，最大5,500年にわたる年輪記録をもつものもある．またこれらのマツの年代が明らかにされた年輪について計測した $^{14}C/^{12}C$ 比が，放射性炭素年代測定法* において過去の大気中の $^{14}C/^{12}C$ 比を較正する際に使われる． ⇒ 年輪年代学

P 波 P-wave（**疎密波** compressional wave，**容積変化の波** dilatational wave，**非回転波** irrotational wave，**第一波** primary wave，**押し-引き波** push-pull wave）

実体波* の弾性波（音波と同じ）．反射法地震学*，屈折法地震学* において最もよく研究されている．媒質の粒子は波動エネルギーの進行方向に（定点の前後に）振動する．等方性* で均質な媒質中では，P波速度（V_P）は，$V_P=([K+4\mu/3]/\rho)^{1/2}$ で与えられる．K は体積弾性率*，μ は剛性率，ρ は密度．P波は地震波* のなかで最も速度が大きい．

非排水試験 undrained test ⇒ 三軸圧縮試験

p パラメーター p-parameter

楕円体の扁平率を表す数値．p が 0.9 より小さい場合には扁球状*，1.1 より大きい場合には長球状* という．

尾 板 pygidium（形容詞：pygidial）

三葉虫（綱）* の外骨格* の後端部分．通常，いくつかの体節が癒合してできているが，カンブリア紀* のある種類では単一の体節からできている．カンブリア紀の三葉虫は矮尾と呼ばれる小さい尾板をもっているものが多い．多くの三葉虫では尾板と頭部* がほぼ同じ大きさ（等尾）か，尾板のほうが頭部より小さい（異尾）が，尾板のほうが大きい（巨尾）ものもある．

微斑晶 microphenocryst ⇒ ミクロ-（マイクロ-）

P バンド P-band

225～390 MHz のレーダー* 周波数帯．植被を容易に通過するのでリモートセンシング* で多用されている．

BP

'before present（現在より前）' の頭文字で表したもので，現在（便宜的に 1950 年を設定）より前の年代に付ける．キリスト誕生前の年代を表す 'BC（紀元前）' と混同してはならない．

PPR ⇒ 太陽光偏光計・放射計

ピーピーエム p.p.m.

100万分の1を1とする濃度の単位．

PPL ⇒ 平面偏光

p 微地形 p-form

氷河作用* によって裸岩の表面に刻まれた，大きさが一般に 20 m 以下のなめらかな微地形（溝，三日月型の凹地，ポットホール* など）．直線状で条線を有するものは氷河* による削磨* の産物とみなされるが，それ以外の形態については成因不明．

ピーピービー p.p.b.

10億（10^9）分の1を1とする濃度の単位．

ヒーブ heave

1．傾斜移動断層* をはさんで，断層の走向* に直交する鉛直面内で測った水平（側方）転位量．2．凍結，荷重，粘土* の膨張などによる地表の上昇． ⇒ 凍上

微 風 breeze

多くは対流性の，比較的弱い風．山風*・陸風・海風* などと特定の局地的な大気の動きを指すこともある．

被覆岩体 load

ある地質体の上に載っている岩体．

被覆成層（マントル・ベッディング） mantle bedding

火山砕屑物* が，極端に急傾斜している部分を除いて，地形の起伏にかかわらず均一な厚さで〔すなわち起伏面と平行に〕堆積している状態．降下堆積物に典型的であるが，火砕流* の産物であるイグニンブライト* の層がなしていることもある．

被覆炭田 concealed coalfield

イングランド南東部ケント（Kent）炭田のように，若い地層* の下に埋没している炭田．

ヒプシロフォドン科 Hypsilophodontidae

三畳紀* 後期から白亜紀* 後期にかけて生存した，鳥盤目* 恐竜*，二足歩行性の鳥脚亜目* の科．下部白亜系のウィールデン層* から産するヒプシロフォドン属 *Hypsilophodon* は，中生代* のかなり後期になってから出現しているが，知られている鳥脚亜目のなかでは最も原始的なものである．

微粉 fines
 1. 特定の大きさ以下の鉱物粒，あるいはごくゆっくりと沈積する細粒物質．**2.** 鉱業：粉砕*の過程で生じる，通常の精錬法には適さないほど細かい物質または鉱石*．

微粉量10％試験 fines 10% test
 骨材粉砕値（ACV）を求める骨材試験*に似た試験．骨材*試料にかける荷重を変え，それぞれの荷重下で生じた微粉の百分率を測定する．荷重-微粉％のグラフから微粉10％が生じる荷重が求められる．

ピペット分析 pipette analysis
 細粒堆積物の粒径を測定する標準的な方法．沈降管*中の一定量の水中で堆積物を攪拌して懸濁させ，一定の時間間隔をおいて一定の深さから同じ量の試料をピペットで採取し，乾燥後秤量する．粒径（D）は次の式で求められる．$D=\sqrt{C}/\sqrt{(x/t)}$．C は粒子の密度および液体の密度と粘性*によってきまる定数，x は試料を採取した深さ（cm），t は経過時間（秒），x/t は沈降速度．

ヒペリオン Hyperion（**土星Ⅶ** Saturn Ⅶ）
 土星*の大きい衛星*．半径185×140×113 km，アルベド* 0.19〜0.25．1848年にボンド（W. Bond）が発見．

比保持量 specific retention
 重力による排水やポンプ汲み出しによって回収できない間隙水*の量と，岩石の全間隙水量の比．この水は分子の吸引または毛管作用*のため重力やポンプ汲み出しに抗して留まっている．

皮膜水 pellicular water (film water)
 地下水面*より上で土壌*や岩石粒子に付着している水の薄膜．

ヒマラヤ造山帯 Himalayan orogenic belt
 始新世*にインドがアジアと会合，衝突して形成されたと考えられている造山帯*．不等隆起，大きい起伏，速い侵食速度，地殻*の衝上*などのため，地殻中部に達する造山帯の最深部が露出しており，ウイルソン・サイクル*の最終段階にあると考えられる．インダス-ヤールン-ツァンボ縫合線*北側のチベット高原*では地殻の厚さが80 kmにも達する．その原因を，衝突後のインド-オーストラリア・プレートのA型沈み込み*に求める見解もあるが，前期中生代*以来の地殻内部の衝上運動の結果とする説が有力．

ヒマリア Himalia（**木星Ⅵ** Jupiter Ⅵ）
 木星*の小さい衛星*．直径は170 km（±20 km）．

微脈動 micropulsation ⇨ 地磁気微脈動

氷室時代 icehouse period
 氷河*が最大規模に発達して，海水面が低下し，海洋水の混合が進んで酸素がゆきわたった時代．サイクロ層序学*でいう第4級と第5級の周期が卓越していた．→ 温室時代

庇面（ひめん） dome
 屋根の庇のような結晶面*が対称面によって鏡面をなしている特殊な結晶*形態．対称軸のまわりの回転では鏡像が1回だけ得られる．⇨ 結晶の対称性

紐形動物門（ひもがた-） Nemertina（**吻虫** proboscis worms, **ヒモムシ** ribbon worms）
 体節構造のない，非寄生の蠕虫（ぜんちゅう）様動物の門．体は左右相称*で長い．成体では繊毛*が発達し，体の前方に出し入れができる細い管（吻）がある．口と脳はよく発達し，体腔*は不明瞭．ほとんどが海生であるが，淡水生あるいは陸生のものもある．通常，雌雄異体である．紐形動物の最古の化石は，カナダ，ブリティッシュコロンビア州の中部カンブリア系*バージェス頁岩*から産した．

微文象組織 micrographic ⇨ グラノフィリック組織

百武彗星 Hyakutake
 公転周期は65,000年以上．最近の近日点*通過は1996年5月1日．近日点距離0.230 AU*．

ビヤークネス，ヴィルヘルム・フリマン・コーレン（1862-1951） Bjerknes, Vilhelm Frimann Koren
 オスロに生まれ，オスロで没したノルウェーの気象学者．学生時代にはクリスティアニア大学（現オスロ大学）の数学教授であった父を手伝った．ストックホルムとライプチヒで教授職を得た後，1917年ノルウェーに戻り，ベルゲン地球物理学研究所（⇨ ベルゲン学派）を設立した．第一次世界大戦の期間

中に気象観測所を国内にくまなく設置し、そこからの情報に基づいて、共同研究者[息子のヤコブ(Jacob)やトール・ハロルド・ペルシバル・ベルシェロン(Tor Harold Percival Bergeron)(1891-1977)ら]とともに、前線*を介して接する気団*に関する理論を発展させた.

日焼け年代　sun-tan age ⇨ 露出年代

比誘電率(ε_r)　relative permittivity(**誘電定数** dielectric constant)

媒体が分極する尺度. 真空中で距離 d だけ離れた2つの電荷 e に働く力 F は $F=e^2/d^2$ で与えられる. それ以外の媒体中ではすべて $F=e^2/\varepsilon_r d^2$. ε_r は比誘電率. 代表的な値は, 空気で1.0, 水蒸気で1.013, 液体アンモニアで15.5, 20℃の水で80.36. 氷では通常は3.18であるが, 低い周波数では2桁大きくなることがある. 花崗岩*で5～19, 砂*(乾燥状態から湿った状態)で3～105. 比誘電率は温度に依存し, 温度の上昇とともに増大する. また周波数に強く依存し, 低周波数(100 Hz以下)では高周波数(100 Hz以上)より最大30%大きくなる. 比誘電率は透磁率*と類似している. 複素比誘電率 ε^* は $\varepsilon^*=\varepsilon'-j\varepsilon''$ で与えられる. ε' と ε'' はそれぞれ実数部(比誘電率)と虚数部(誘電損失係数*), $j=\sqrt{-1}$.

ビュート　butte

ほぼ水平な地層*が侵食*されて出現した, 孤立した小さい平頂丘で, 頂部をなすキャップロック*の幅が丘の高さより小さいものをいう. 硬盤*が発達する亜乾燥地域ではふつうに見られる. ⇨ メサ

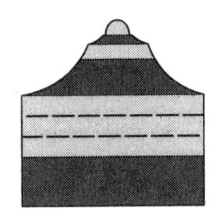

ビュート

ビューフォート風力階級　Beaufort scale

アドミラル・ビューフォート(Admiral Beaufort)が19世紀に設定した, 風の強さを表す0から12までの階級. 各風力は景観内の事物(塵, 旗, 樹木など)および開けた場所あるいは海洋上にいる人物が受ける影響を参考にしてきめられる.〔日本の気象庁風力階級もこれに依拠している.〕⇨ サフィール-シンプソン・ハリケーン階級;フジタの竜巻強度

ビュフォン, ジョルジュ・ルイ・ルクラール・コント・ド(1707-88)　Buffon, Georges Louis Leclerc, Comte de

絶大な権威を振るったフランスの自然哲学者. 広範な著作中には, 最後の思弁的な宇宙進化論の1つ『自然のエポック』(Les Epoques de la Nature)(1778年)がある. その中で地球の歴史を天地創造の7日間に擬して, 地球創生に始まる7期に分けた. 地球は創生期には高温であったとし, その冷却速度から地球の年齢を10万年以上と算出した.

ヒューマイト　humite ⇨ コンドロ石

ヒュルストローム効果　Hjulström effect

粘着性のある細粒物質が沈積する流速と, それを侵食する流速との対照性. F.ヒュルストロームは, 侵食*, 運搬, 堆積が起こる流速と粒径*の関係, および粒子の沈降速度を図に表示した〔ヒュルストローム・ダイアグラム〕. この図から読みとられる最も重要な点は, 粘着性のある細粒物質(細粒シルト*と粘土*)は流速がごく小さい場合にかぎって沈積するが, いったん沈積したものを侵食するにはそれよりはるかに高い流速が必要となる, ということ. シルトや粘土などの細粒物質は粘着性をもっているため中礫*よりも侵食されにくい.

ビュルム氷期　Würm ⇨ デベンシアン氷期

ヒューロニアン階　Huronian

下部～中部原生界*中の階*. 年代は約2,600～1,500 Ma (Van Eysinga, 1975).

ヒューロン系　Huronian

原生界*最下部の系*. 年代は2,475～2,225 Ma (Harlandほか, 1989). 3回の氷期*があった.

雹(ひょう)　hail

球形または不定型の粒子をなしている氷の降水*. 粒子の同心円状構造から, 過冷却*の水滴が併合され凍結して成長したことが

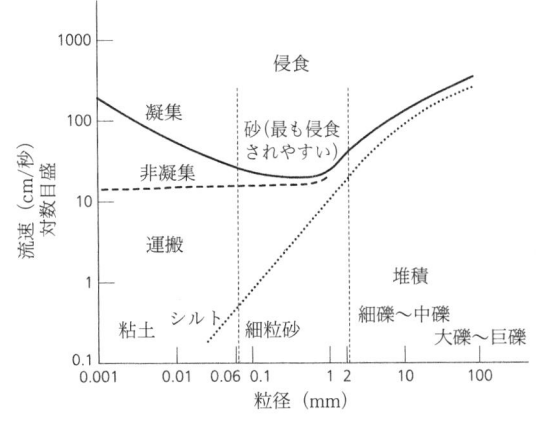

ヒュルストローム・ダイアグラム

わかる．積乱雲* にともなうことが多い．

氷河　glacier

陸上またはその近くにあって移動している巨大な氷塊．いくつかの分類法がある．温度による分類が最も有用で，3種類が識別されている．温暖氷河*（たとえばアルプス山脈の氷河）では，冬季に表層の数 m が 0℃ を大きく下まわる以外は，氷の温度は全体が圧力融解* 点となっている．移動はもっぱら氷底での滑動による．極氷河または寒冷氷河（たとえば南極大陸氷床* の一部）は氷温が圧力融解点以下，主として内部変形によって移動し，その速度は小さい．亜極氷河（たとえばスピッツベルゲン島の氷河）は，内部で温暖，縁辺部で寒冷の，複合構造をなす．形態的な分類は主に大きさ，形，氷塊の位置に基づいてなされ，カール（圏谷）氷河*，谷氷河*，山麓氷河* などがある．

氷河下-　subglacial ⇒ 氷河内-

氷河-海性-（氷河-海成-）　glaciomarine
⇒ 氷河性-（氷河成-）

氷河-海成堆積物　glaciomarine sediment

氷河作用* を受けた地域から氷河* または氷山によって運搬されてきた，高緯度における海底堆積物*．氷山から落下した大きい岩塊がドロップストーン* として細粒堆積物中に含まれていることがある．

氷河学　glaciology〔雪氷学　cryology〕

すべての形態の氷* に関する科学．したがって研究対象は，大気・湖・河川・海洋・陸上・地下に存在する氷全般ということになるが，もっぱら氷河* の研究を指す．

氷河湖性-（氷河湖成-）　glacilacustrine ⇒ 氷河性-（氷河成-）

氷河サージ　glacier surge

谷氷河* または大規模な氷床* 内の個々の氷舌* が比較的速い速度で移動する現象．移動速度は数カ月から数年の期間をかけて徐々に高まっていき，'通常の' 速度の 100 倍にもなることがある．氷の厚さが増大したり，氷底に過剰な水が存在すると発生する．

氷河作用（氷食）　glaciation

氷が広い地域を覆うこと，あるいはその氷が地形に及ぼす作用．〔英語の glaciation には氷期* の意味もある．〕

氷河時代　glacial period

ある氷期*（たとえばデベンシアン氷期*）や不特定の氷期を指して使われる語．

氷河上-　supraglacial- ⇒ 氷河内-

氷河性-（氷河成-）　glaci-（glacio-）

氷河* 氷にかかわる，の意．この接頭辞に環境あるいは作用を表す語が付けられる．たとえば，融氷河水性（氷河に由来する水の），氷河性ユースタシー*（氷床* の消長に起因する海水準変動に関する理論），融氷河水流性（氷河から出る流水の），氷河性アイソスタシー*（大規模な氷床の拡大・縮小にともなう荷重の負荷と除去によって地殻* の局地

的な湾曲が起こるとする理論），氷河湖性（氷河に隣接する湖の），氷河-海性（氷河近辺の海の）．

氷河性アイソスタシー glacioisostasy

氷床*が融解した後に起こる岩石圏（リソスフェア）*の調整運動．土地の緩慢な上昇速度から，岩石圏の曲げ剛性率とマントル*の粘性*を見つもることができる．かつて氷床に覆われていた地域での重力測定*に際しては，広域的なスケールで進行しているこの運動の影響を補正する必要がある．スカンジナビアは最終氷期*に1,000m程度沈降したとみられ，このうちの520m分が回復したことが隆起した海岸線によって示されている．

氷河性ブリーチ glacial breach

かつての分水界*を貫通して山稜を横断している氷食谷*．逸流が妨げられていた氷河*あるいは氷床*が厚さを増して，新たな突破口（ブリーチ）を開削したもの．谷から1本の氷河が逸流している場合を'氷河の分流'，氷床が大きく成長していくつかのブリーチをつくっている場合を'氷河の横断'と呼ぶ．スコットランド高地（Highlands of Scotland）西部を横切る数多くのブリーチは主分水界の東方から横断した氷河によってつくられた．

氷河性分水 glacial diversion

氷河*の作用によって氷期*以前の河川が流路*を変えること．高地では氷河性ブリーチ*が新しい流路となることが多い．低地では既存の谷がドリフト（漂礫土）*によって閉鎖されて分水が起こる．

氷河性ユースタシー glacioeustasy (glacioeustastism)

氷河*が間氷期*に融解し，氷期*に蓄積するのに応じて，海水準が上下すること．その変動幅は，大きい場合には200m程度に及ぶ．

氷河性流路 glacial drainage channel（**融氷河水流路** meltwater channel）

氷河*が融解した水または氷河堰き止め湖からの水によってうがたれた流路*．さまざまな型があり，氷河との位置関係によって，氷河縁辺-，氷河内-，氷河下-などに分類されている．ふつう急斜面にはさまれ河床が平坦で，現在の水系型*との関連性をもたない．

氷河説 glacial theory

1830～1840年代に，ベネッツ（Venetz），シャルペンティエ*，アガシー*らが発展させた説．北ヨーロッパ，北アメリカおよび北アジアの大部分が，後に更新世*と呼ばれる時代には氷床*によって覆われていたとするもの．この仮説は，侵食*地形，ティル（氷礫土）*やボウルダー粘土*などの堆積物，マンモス*など種の絶滅*を説明するために提唱された．それ以来，氷河説は発展をとげて，更新世には数回の氷期*があったこと，それらよりはるかに古い時代にも氷期があったことなどが明らかにされてきた．

氷河前縁- proglacial

氷河*のすぐ前面の地域に適用される語．氷河前縁湖はここに溜まった水塊で，汀線，堆積物，溢流流路などの証拠から更新世*に氷河作用*を受けた地域と推定されるものが多い．

氷河テクトニクス glaciotectonics

1．氷河*内部の構造変形およびそれに関する研究．氷河内部の変形は，含まれている岩屑層の擾乱によって同定することができる．氷河が基盤に凍りつき，衝上*と褶曲*のみによって動くときに，擾乱が最も大きくなる．2．氷河の移動によって基盤岩やドリフト（漂礫土）*に生じた構造変形，氷が融解して支持を失ったドリフトに生じる構造変形およびそれに関する研究．

氷河内- englacial

'氷河内部にある'の意．'氷河基底にある'（氷河下-; subglacial），あるいは'氷河表面上にある'（氷河上-; supraglacial）の対置語．通常，融氷河水やドリフト（漂礫土）*に用いる．

氷河の横断 glacial transfluence ⇒ 氷河性ブリーチ

氷河のクリープ glacier creep

応力*に対して氷の結晶内および結晶間ですべりが起こって氷河*氷が変形する様式．クリープ*の速度は応力の大きさと氷温による．剪断応力*が2倍になると歪速度*は8

倍，氷温が$-22°C$から$0°C$に上昇すると歪速度は10倍に増大する．

氷河の限界　glacial limit
　かつて氷河*が最も張り出した範囲を画する線．エンド・モレーン，ラテラル・モレーン，アウトウォッシュ*（サンドゥール*），氷河縁辺の融氷河水流路*，氷河前縁湖など，氷河前縁にともなう地形から決定される．⇒ トリム線

氷河のはぎ取り作用　glacial quarrying ⇒ プラッキング

氷河の分流　glacial diffluence ⇒ 氷河性ブリーチ

氷河氷　glacier ice ⇒ 氷

氷河風　glacier wind ⇒ フィルン風

氷　期　ice ages
　氷河*が両極地域で成長した時代．氷期の原因は詳しくはわかっていない．大陸は何回も氷河作用*を受けている．約2,300 Maの中期先カンブリア累代*に北アメリカ，南アフリカ，オーストラリアで氷河作用があったようである．950〜615 Maの氷期は，アフリカ，オーストラリア，ヨーロッパで知られている少なくとも2つの氷河性の層準*から推定されている．北アフリカにはオルドビス紀*末期の氷期を示す確かな証拠があるが，それ以外の地域からこの時代の氷河堆積物として報告されているものは疑わしく，氷河作用が及んだ範囲は不明．ペルム紀*〜石炭紀*の氷河作用は広範で，南アメリカ，南アフリカ，インド，オーストラリアにその記録が良好に保存されている．古生代*にこれ以外の氷期があったとする説もあるが，証拠となる事実に乏しい．古生代以降第四紀*までは氷期を示唆する事実は知られていない．更新世*の氷期の記録が最もよく揃っている．

表形図　phenogram
　種または種群間の類似性あるいは非類似性を示すための解析で使われる，樹型をした図．

表現型（表形型）　phenotype
　遺伝子型*と環境の作用が結びついてつくられる生物の表面的な特性．同一の総遺伝子型をもつ生物でも，環境の効果と遺伝子*の相互作用の結果，異なる表現型をもつことがある．逆に，同じ表現型をもつ生物でも遺伝子型が異なることがある．

氷縞解析　varve analysis（**氷縞計測** varve count）⇒ 氷縞層

氷縞層（バーブ）　varve
　氷床*近くの湖に堆積したシルト*と砂*からなる地層*．粗粒で明色の砂質物質は夏季の，細粒で暗色のシルト質物質は冬季の堆積物．1枚の氷縞層は明色縞と暗色縞それぞれ1つからなっているので，縞の数を数えれば堆積物の年齢を知ることができる（氷縞解析，氷縞計測あるいは氷縞年代学とも呼ばれる）．縞の厚さは垂直方向に独特の分布パターンを示すことが多いので，年輪年代学*と同じ原理によって遠く離れた堆積物間での対比*が可能となる．

氷縞年代学　varve chronology ⇒ 氷縞層

漂　砂　littoral drift ⇒ 海浜漂砂；沿岸漂砂

氷山カービング　iceberg calving ⇒ カービング

標準層序尺度（SSS）　Standard Stratigraphic (al) Scale（**国際標準年代層序尺度，SGCS** Standard Global Chronostratigraphic Scale）
　全世界的に標準として通用する層序尺度*．いずれ，その尺度に基づいた年代層序単位*の上限と下限がすべて境界模式層*によって設定されることになろう．

標準平均海水　Standard Mean Ocean Water（**スモウ** SMOW）
　D/H比*と酸素同位体比*（$^{18}O/^{16}O$ 比）について国際的な標準となる海水試料．この標準試料の同位体比との差をp.p.m.で表示する．

標準偏差　standard deviation
　データセットの標準的なばらつきを与える尺度．〔データが正規分布*をなす場合には，〕つねに，2/3のサンプルは平均値の両側の標準偏差の範囲内に収まり，95％は標準偏差の2倍の範囲内に収まる．分布関数がベル型であることにより，〔標準偏差の整数倍の範囲からはずれる〕割合は急激に小さくなる．標準偏差は偏差〔サンプルの数値と平均値の差〕の平方二乗平均*で与えられる．

氷　床　ice sheet
　面積が 50,000 km² 以上の巨大な氷塊．アイスドーム* と溢流氷河* からなる．南極大陸氷床は世界最大で，面積約 11.5×10^6 km²，平均の厚さは約 2,000 m．

氷　晶　frazil ice
　水塊中で 1 枚の層をなしていない微細な板状〔ないし軟泥状〕の結氷．カナダの河川でよく見られる．'燃えかす' を意味するフランス語 *fraisil* に由来．

氷晶（氷の結晶）　ice crystal
　水が凍って生じた結晶．針状，樹枝状，六角柱状，板状など，さまざまな形態を呈する．氷雲はほとんど氷晶のみからなる．

氷晶核　ice nucleus
　温度が $-25°C$ 以下の雲内で，飽和大気から氷晶* が成長する核をなす，顕微鏡的な大きさの氷または他の物質の結晶粒子．このように水が水蒸気から液相を経ることなく直接氷に変わることを昇華* という．成長中の氷晶が上昇気流などによって雲内に散布されると，これが新たに大量の核となる．→ 凍結核

氷晶石　cryolite
　鉱物．Na_3AlF_6；比重 3.0；硬度* 2.5；単斜晶系*；無色〜白色，ときに褐〜帯赤色；条痕* 白色；ガラス-*〜油脂光沢*；結晶* はまれ，ときに立方体状の六面体，塊状のこともある；劈開* なし，底面に裂開および弱い角柱状裂開．フッ素に富むペグマタイト* に菱鉄鉱*，石英*，方鉛鉱*，黄鉄鉱*，蛍石*，錫石（すずいし）* とともに産する．屈折率* が低いため氷晶石の粉は水中ではほとんど見えない．合成氷晶石がアルミニウムとエナメル生産の融剤に用いられている．

氷食谷　glacial trough
　氷河* の侵食* によってつくられた，ほぼ直線的で側壁が急な谷．横断面が放物線（U 字型）を呈する．縦断面は不規則であることが多く，敷居（谷柵*）と深くえぐられた裸岩の盆状凹地からなる．世界最大の氷食谷は南極大陸のランベルト氷河（Lambert Glacier）のもので，幅 50 km，深さ約 3.4 km．

氷食谷階段　glacial stairway
　岩の高まり（谷柵*）と窪地がくり返して階段様の形態を示す，氷食谷* の縦断面．氷の侵食力の差異，あるいは節理* の不均等な発達が原因とされる．

氷食力　glacier power
　氷河* が基盤を侵食* する能力．全氷食力（total glacier power；氷底における剪断応力* と氷河の平均移動速度の積）と有効氷食力（effective g. p.；移動量のうち氷底でのすべりによる分に依存）とが区別される．温暖氷河* の氷食力は，極氷河および亜極氷河のほぼ 10 倍とされている．

表水層　epilimnion
　水温の異なる層が成層している湖の表面に夏季に現れる温かい水からなる層で，層内では循環が起こっている．通常，深水層* よりも薄い層をなす．

表生-　epifaunal
　海底面上に生息する底生生物* に冠される．海底の底質に付着する生活様式と，海底を這いまわる様式がある．このタイプの生物は潮間干潟* に特徴的．→ 内生-

表成-（外因的-）　epigene
　'地表でつくられた' または '地表で起こる' の意．とくに風化作用*，侵食作用*，堆積作用* と関連して用いられることが多い．表成河川* が積載河川* の同義語として使われることがある．

表成河川　epigenetic drainage
　積載河川* と同義．⇒ 表成-（外因的-）

表成過程　exogenetic processes
　地表または地表近くで進行する過程の総称．風化作用*，マスウェースティング*，河成作用*，風成作用*，氷河作用*，周氷河* 作用，海岸過程* など．地球内部に原因がある内成過程* の対置語．

表生痕（エピクニア）　epichnia　⇒ 生痕化石

表生足糸付着型　epibyssate
　足糸（⇨ 足糸付着型）を使って自身を岩石や海草などに固定している動物に対して用いられる．→ 内生足糸付着型

表生底生生物　epibenthos
　海底面上や湖底面上に生息する生物．

氷楔（アイスウェッジ） ice wedge
　地中に垂直に発達し，下方に向かって先細る板状の氷塊．頂部の幅は約1mで，地下に3〜7m程度延びている．きびしい低温のため地表付近に生じた収縮割れ目に活動層*から浸出した水が凍結したもの．周氷河*環境の河川堆積物など，均質な堆積物に特徴的に発達する．

氷雪圏 cryosphere
　氷床*や氷河*に覆われている地域，永久凍土*地域および少なくとも冬季には氷に覆われる海域など，表面が凍結している地球上の部分．

氷楔多角形土 ice-wedge polygon ⇒ 構造土

氷舌端 snout
　急勾配の氷河*末端部．ふつう岩屑を多量にともなっている．

標定調査 orientation survey
　地化学的土壌調査*の最初の段階．試料採取計画，試料の型，分析方法を選択するための調査．

表　土 topsoil
　1．耕作により攪拌されている土壌*の表層．2．土壌断面*のA層（⇒ 土壌層位）．3．土壌の表層．

漂白土 bleicherde
　ポドゾル*で溶脱*層をなしている暗灰色の土壌*．

氷　棚 ice shelf
　海上に張り出している氷帽*または氷床*の外縁部．典型的なものは海面上30mほどの高さの急崖で終わっている．この場合，棚氷全体の厚さ〔海面下にある部分を加えた厚さ〕は200m程度である．カービング*（氷塊の分裂）と底部の融解によって消耗*していく．

氷帽（氷冠） ice-cap
　面積が50,000 km²以下の氷塊．それでも地形を隠蔽するには十分な大きさである．その流動特性は大きさと形態による．中央のアイスドーム*とその周縁から放射状に延びる溢流氷河*からなる．

表面張力（γ） surface tension
　液体表面は収縮しようとする傾向をもつため，伸張した弾性膜のような挙動を示す．このため現れる表面張力は，温度に依存し，液体表面の単位長さの線に沿って働く張力で表される．毛管作用*の原因となる．

表面張力波 capillary wave
　1．波長が1.7 cm以下の水の波．主な復元力は水の表面張力*．2．ごく弱い微風によって水面に発生する微妙な'しわ'のようなさざ波．この波は表面張力*によってならされて消滅する．

表面波 surface wave
　媒質の内部に入り込むことなく，その表面を伝播する地震波*．ラブ波*とレイリー波*がある．⇒ 実体波

表面流出 surface runoff（**表面流** overland flow, **ホートン流** Hortonian flow）
　降水強度が土壌*への水の浸透*能力を超えている際に，地表に滞留した水が地表面を流下すること．浸透速度，したがって表面流出の有無やその程度は，土壌型，植生，および相対的に不透水性の土壌層位*が地表近くにあるかどうかなどの要因によってきまる．地下水面*が一時的に上昇したため表面水の浸透が妨げられて表面流出が起こることもある．

氷　野 ice field
　ほとんど平坦な氷の平原．面積はおよそ5 km²から大陸規模にわたる．氷が蓄積するのに十分な高度をもち起伏の小さい地表に形成される．断面がドーム形をなしていないこと，氷の流動が基盤の起伏に支配されている点で，氷帽*と異なる．

氷　流 ice stream ⇒ 溢流氷河

開いた褶曲 open fold
　M. J. Fleuty (1964) が提唱した，閉塞性による褶曲*の分類で，翼間角*が90°から170°の褶曲．

ピラー構造 pillar structure
　皿状構造*にともなう直径数 cm のほぼ鉛直な筒状体．液状化*した堆積物から上方に向かう脱水*によって形成される．

ヒラコテリウム属 *Hyracotherium*
　かつてエオヒップス属（'暁の馬'の意）の名で知られていたヒラコテリウム属は，知られている最初の奇蹄類*で，ウマ科*に属

している．体高はわずか27 cm で，フォックステリアほどの大きさであった．頭部は現代の馬のように長くはなく，頬の歯は歯冠が低い．前脚は4趾で，後脚は3趾．北アメリカとヨーロッパの下部始新統*に多産し，最近ではモンゴルの晩新統*からも見つかっている．森林中の空き地などで枝葉や草を食べていたと考えられ，すべてのウマ類の祖先とされている．

この属の化石が最初にヨーロッパで見つかったとき，その小さい体形からアフリカのハイラックスに関連していると誤解されたためこの属名（Hylaco-）がある．一方，アメリカではこの化石は正しく解釈され，'エオヒップス'という属名が与えられたが，エオヒップスはヒラコテリウムの新参異名*であり，動物命名規約上ヒラコテリウムに先取権がある．

ヒラー泥炭ボーラー Hiller borer (Hiller peat-borer) ⇒ 泥炭ボーラー

ビラフランカ期 Villafranchian
化石哺乳動物群によって設定された階*．下限の年代はおよそ3 Ma で200万年ほど続く．したがって鮮新世*/更新世*境界にまたがっている．

平巻き isotrophic ⇒ ベレロフォン型

ピリパウアン階 Piripauan ⇒ マータ統

ビリミア造山運動 Birrimian orogeny
今日の西アフリカにあたる地域の原生代*緑色岩帯*に起こった造山運動*．

尾流雲 virga (fall-stripes)
'棒'を意味するラテン語 virga に由来する特徴ある雲の1つ．降水が雲底から尾を引いたように見えるものの地表に届いていない現象．積雲*，積乱雲*，高積雲*，層積雲*，巻積雲*，乱層雲*，高層雲*によく見られる．⇒ 雲の分類

微量元素 trace element
1．鉱物*や岩石に，1%よりはるかに微量ながら検出できる程度の量が含まれている元素．岩石に最も普遍的な元素（O, Si, Al, Fe, Ca, Na, K, Mg, Ti）以外の元素は，鉱石*中に濃集している場合を除いて，一般に微量元素として含まれる．**2**．生物学：植物や動物の組織に少量含まれている，生物の成長に不可欠な元素．

微量元素分別作用 trace-element fractionation
熱による部分溶融*によって固相と液相のあいだで微量元素*が再配分（分別）される現象．結晶化作用に際しても起こる．たとえば，外宇宙で熱により生じた微粒のメルト*が急冷されてコンドルールが形成されたときには，コンドライト中で微量元素が分別されたとみなされている．⇒ コンドルール；コンドライト

非履歴性磁化 anhysteretic magnetization
交流磁場におかれている試料に直流磁場を作用させて得られる磁化．⇒ 交流磁場；消磁

皮鱗 dermal denticle ⇒ 楯鱗（じゅんりん）

ビルタネン彗星 Wirtanen
公転周期5.46年の彗星*．最近の近日点*通過は1997年6月11日，近日点距離は0.339 AU*．

ピール法 peel technique
元来は古植物学で用いられた技術であるが，今日では改良を加えて炭酸塩堆積物や化石*一般に広く適用されている．炭酸塩物質を弱塩酸溶液で腐食*して表面に起伏をつくる．水洗後，表面をアセトンに浸してポリビニルアセテート（PVA）のシートをかぶせる．シートはアセトンによって軟らかくなり，試料表面の雌型をつくる．シートを乾燥させて表面から剥がす．このシートすなわち'ピール'を透明光で観察する．一連のピールを作製して繊細な構造を復元，解明する．さまざまな化学薬品による染色を併用すればさらに詳細が明らかとなる．

鰭（ひれ） fin
魚や魚様の水生動物がもつ付属器官で，移動，舵取り，バランスの維持に使われる．鰭膜（きまく）は軟骨質，角質，あるいは骨質の鰭条により支えられる．鰭条には軟らかく，しなるタイプ（軟条）と，硬くしならないタイプ（鰭棘）がある．

尋（ひろ） fathom
水深の単位．6フィートすなわち1.83 m．

ピロタキシティック組織 pilotaxitic texture

針状または短冊状の結晶*がフェルト状に密集している細粒火成岩*の組織*．結晶が平行に配列して流理構造をなすことがある．

ヒロノムス・ライエリ *Hylonomus lyelli*

おそらくは知られている最古の爬虫類*．ヒロノムス属は爬虫類の幹系統をなし，カプトリヌス型亜目*に属する．この種は，カナダ東部ノバスコシアに分布するコールメジャーズ〔Coal Measures；ヨーロッパ，とくにイギリスに分布する，炭層を頻繁にはさみ堆積サイクル*を示す上部石炭系*〕の化石化した樹幹の中から発見された．頭蓋*頂部は完全に骨質化しており，眼窩（がんか）後部に側頭窩は見られない．体長はおよそ25cmで，長い尾をもつ．

ビ ン bin

等間隔でいくつかの組に分けられているデータ系列中の1つの間隔．

貧アルミナ性 metaluminous

Al_2O_3分子が$(CaO+Na_2O+K_2O)$よりも少ない火成岩*に冠される．この語は，'過アルカリ性*'，'過アルミナ性'という語とともに，火成岩で通常シリカ*についで2番目に多い酸化物成分であるアルミナの飽和度を表す語．

品 位 rank (1), grade (2,3), ore grade (4)

1．物質の純度または等級（とくに石炭*について用いる）．2．鉱石*中に含まれている特定の元素の含有量（％）．3．鉱体*中に含まれている可採金属の量または純度による鉱石の区分．4．採掘可能な鉱床*における目的元素の濃度．

品位分析 assay

鉱物*や鉱産物の成分濃度を決定するための分析．

貧栄養- oligotrophic

栄養分に乏しく一次生産量*が小さい水塊に冠される．→ 富栄養-

ピンガー pinger

海洋での反射法地震探査*プロファイル作製*や沖合での地盤工学*調査で使用する，高周波・高解像度で透過深度の浅い振源装置．

ビンガム流体 Bingham fluid

流れ始めるにあたって，超えなければならない降伏強度（⇒ 降伏応力）をもつ粘性*流体．ほとんどの溶岩流はビンガム流体である．たとえば，斜面の傾斜角が大きくなって剪断応力*が流体の溶岩*に作用しても，溶岩はただちに流動することはない．勾配が増大し，剪断応力が流体の降伏強度を超えてはじめて流動が起きる．降伏強度がゼロで，どのような緩斜面でも流動するニュートン流体（⇒ ニュートン挙動）とは対照をなす．

瓶首効果（ボトルネック効果） bottleneck

ある生物集団の個体群サイズの壊滅的な減少を指す．ボトルネック事件は，通常その直後に急激な個体群の増大をともなう（⇒ 創始者効果）．新しく生まれた系統の絶滅率は著しく低く，その結果花形の系統*群が生まれる．

ピンゴ pingo

永久凍土*帯に発達する，平面形が長円をなすドーム状の丘．高さ2～50m，直径30～600m．核に氷をもち，大型のものには頂部が裂けて氷が露出しているものもある．隣接する高地から流入してきた水が局所的に凍結したり，湖の下にあった未凍結層が湖の消滅にともなって周囲よりも遅れて凍結することによって形成されると考えられる．⇒ パルサ

貧酸素- dysaerobic (poikiloaerobic)

水中の溶存酸素が$0.1～1.0 ml/l$の範囲にある堆積環境に冠される．⇒ 富酸素-；無酸素-

ヒンジ hinge

褶曲*構造で地層*の曲率が最大となっているヒンジ線*近くの領域．

貧歯型 dysodont

二枚貝類（綱）*の蝶番*に見られる歯生状態*の1様式．歯は小さく単純で，殻の背縁にごく近いところに位置している．

ヒンジ線 hinge line

褶曲*層のヒンジ*の領域で曲率が最大となっている点を結んだ直線または曲線．

貧循環湖 oligomictic lake

熱的に安定で混合がほとんど起こらない

ヒンジ線

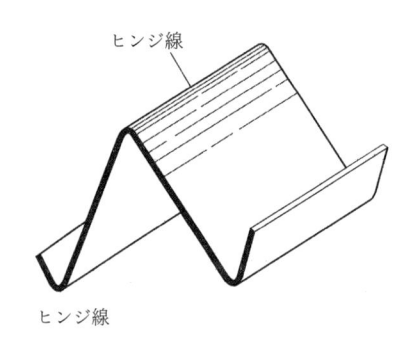

ヒンジ線

湖．表面水温が著しく高い（20〜30℃）熱帯の湖に特徴的．

貧毛綱 Oligochaeta（環形動物門* phylum Annelida）
　貧毛類では体節制分節*がよく発達している．体節は剛毛をもつが，亜脚（parapodium；移動のための対になった側部付属器官）を欠く．また，眼と触手をもたない．すべて雌雄同体であり，水生の種類では無性生殖が一般的である．15科が知られており，大半が淡水生あるいは陸生で，海生のものはわずかである．最古の貧毛類の化石は上部オルドビス系*から産する．

フ

-ファイア -phyre
　斑状*を呈する火成岩*に付ける接尾辞．
ファイ・スケール phi scale
　粒径*を対数表示したもの．ファイの値（ϕ）と粒径（d）の関係は，$\phi=-\log_2 d$．1,000 μm より細粒の粒子では，直径が小さくなるほど正のファイ値が大きくなり，1,000 μm より粗粒の粒子では，直径が大きくなるほど負のファイ値が大きくなる（たとえば，$2\phi=250\mu m$；$1\phi=500\mu m$；$0\phi=1,000\mu m$；$-1\phi=2mm$；$-2\phi=4mm$）．
ファコプス目 Phacopida
　三葉虫綱*に属する目．オルドビス紀*前期からデボン紀*後期にかけて生存した．通常，頭線*は前頬型（ぜんきょう-）*．3亜目が知られている．
ファコリス phacolith
　地層*がなす背斜*・向斜*構造と調和的*に湾曲しているレンズ状の火成岩*貫入体*．
ファース firth ⇨ フィヤルド
不圧帯水層 unconfined aquifer ⇨ 帯水層
ファブリック fabric（岩石ファブリック petrofabric）
　岩石中の粒子や鉱物*の物理的な配列状態．微視的から巨視的にわたる組織*と構造を包含する．
ファブリック解析 fabric analysis
　応力*に対する岩石の応答を解明するため，岩石のファブリック*を構成する要素を調べること．岩石のファブリックは，結晶*あるいは粒子の分布・形状・径・径分布の立体パターンで，たとえば堆積岩*の層理面*や変成岩*の縞状構造*（⇨ 片麻岩）などがある．岩石の強度は縞状構造に平行な方向と垂直な方向とで大きく異なることもあるため，ファブリック解析は土木工学で重視されている．土壌*のファブリックは，擾乱を受けていない試料の強度とリモールディング*

後の強度を比較することによって解析される．これから土壌の鋭敏度*が求められる．

ファブロサウルス・アウストラリス *Fabrosaurus australis*

1964年にギンスブーグ (Ginsburg) により記載された，知られている最初の鳥盤目*恐竜*の1つ．他の鳥盤目恐竜同様，ファブロサウルス属にも下顎の先端に前歯骨がある．歯は小型で尖り，植物をすりつぶすのに適している．この属は二足歩行し，短い前肢とバランスをとるための長い尾をもつ．

ファマチン鉱 famatinite ⇒ 硫砒銅鉱

ファメニアン Famennian

1. ファメニアン期：デボン紀*最後の期*．フラスニアン期*の後でハスタリアン期*（石炭紀*）の前．年代は367～362.5 Ma (Harlandほか, 1989). **2**. ファメニアン階：ファメニアン期に相当するヨーロッパにおける階*．上部ハービアン階*（オーストラリア），チョートクアン統*（北アメリカ）にほぼ対比される．

ファラロン・プレート Farallon Plate

現在，北アメリカ・プレート*の下に沈み込んでいる小プレート*で，かつての大プレートの残存物．沈み込んだファラロン・プレートの量は，このプレートと太平洋プレート*が太平洋/ファラロン生産境界*から対称的に拡大したと仮定して，現存している面積から見つもることができる．太平洋プレートと対をなして生じ，今日残存しているものとして，ほかにゴルダ・プレート*，ファンデフカ・プレート*，ココス・プレート*がある．

プアロアン階 Puaroan ⇒ オテケ統

ファングロメレート fanglomerate

沖積扇状地*を構成する礫岩*と角礫岩*の総称．

不安定 instability

上昇を始めた気塊が，上昇運動を続ける気象条件．次の場合に生じる．上昇気塊は断熱的に冷却されていくが，大気の気温減率*のほうが大きいと気塊は周囲の大気より高温のままで（むしろ温度差が大きくなり），浮力*が働き続けることになる．⇒ 条件付き不安定；潜在的不安定；安定

ファンデフカ・プレート Juan de Fuca Plate

北東太平洋の小プレート*．北アメリカ・プレート*の下にゆっくりと沈み込んでおり，カリフォルニア州北部からブリティッシュ・コロンビア州南部にかけて，安山岩*質の火山脈を生じさせている．ファラロン・プレート*の残存物．ファンデフカ海嶺はサンアンドレアス断層 (San Andreas Fault) により東太平洋海膨*が転位したもの．

ファン・デル・ワールス力 van der Waals force

電子*と核*の相互作用により発生する原子間の弱い引力．この引力による結合をファン・デル・ワールス結合という．オランダの物理学者ヨハネス・ファン・デル・ワールス (Johannes van der Waals, 1837-1923) に因む．

ファントホッフ，ヤコブス・ヘンリクス (1852-1911) van't Hoff, Jacobus Henricus

オランダの化学者，アムステルダム大学の化学・鉱物学・地質学者，後にプロシア科学アカデミー名誉教授．浸透圧と蒸気圧*の関係に関する業績によって1901年ノーベル化学賞を受賞．一連の温度範囲内にある海水についての，6個の端成分*からなる相平衡論的研究（⇒ 相状態図）は，堆積学に大きく貢献し，とくに岩塩*堆積物の成因論に理論的基礎を与えた．

ファンネリング funnelling

気流が谷にせかれて収束，上昇し，風速が増す現象．近づいてくる前線*と障壁山岳との間の大気中でも同様の現象が起こる．

V

地磁気ベクトルの鉛直成分．

プイ puy

1. フランス，オーベルニュ地方の火山丘．**2**. 急斜面でかこまれた塔状の火山岩体．アメリカ，ワイオミング州のデビルズタワー (Devil's Tower)，同ニューメキシコ州のシップロック (Shiprock) など．古い火山*の火山岩栓*をなしていた抵抗性の強い岩石からなる．

フィアメ fiamme

溶結したイグニンブライト*中に見られる

扁平で細長い軽石*のガラス質*クラスト*．火砕流*から堆積したときに高温で塑性的であった軽石クラストは上に重なるイグニンブライト層の荷重によって圧縮，押しつぶされて両端がぎざぎざした炎状をなす細長いクラストとなる（fiammeは'炎'を意味するイタリア語）．生成後も発泡を続け，楕円体の気孔*が発達しているものが多い．

VRM ⇒ 粘性残留磁化
VES ⇒ 垂直電気探査
VAD ⇒ 面積表示
VSP ⇒ 垂直地震記録断面；ウォークアウェー地震記録断面
VHN ⇒ ビッカース硬度
VLF法 ⇒ 超低周波電磁探査法
VLBI ⇒ 超長基線干渉法
フィグツリー層群 Figtree ⇒ スワジ亜界
フィコシフォン属 Phycosiphon
　生痕属*の1つ．堆積物食者*が海底面下を自由に動きまわることによってつくった構造からなる生痕ギルド*．
VGP ⇒ 仮想的地磁気極
フィッシャー，オズモンド（1817-1914）Fisher, Osmond
　イギリスの牧師．最初の地球物理学教科書『地殻の物理学』（The Physics of the Earth's Crust）（1881）の著者．地球は薄い殻をもっており，その内側で起こっている対流が造山運動*やリフト*などの原因となっていると主張した．また，太平洋*を月*が分離した跡と考えた．
フィッシュ fish
　各種の洋上測定で，船舶やその装備の影響が及ばないように，船舶が曳航する計測装置格納器．磁力計*やサイドスキャン・ソナー*を入れる．
フィッシュテール・ビット fish-tail bit
　軟弱な堆積物掘削用のビット*．
フィッション・トラック年代測定法（分裂飛跡年代測定法） fission-track dating
　鉱物*あるいは天然-，人工ガラス*中の^{238}Uが自発核分裂して放出する荷電粒子は媒質を通過中に損傷の跡をつくる（フィッション・トラック；分裂飛跡；放射トラック）．これによってエネルギーは粒子から媒質の原子に吸収される．このトラックをエッチングして〔⇒ 食像〕適当に拡大すると顕微鏡で観察することができる．試料が形成直後に冷却し，その後に熱の影響を受けていなければ，単位面積あたりのトラック数は試料の年代とウラニウム含有量の関数となる．原子炉内で試料に熱中性子を照射して^{235}Uの核分裂を起こさせ，それによるトラック数を計測して試料の^{238}U含有量を定量する．この年代測定法は，雲母*，燐灰石*，スフェン*，緑簾石*，ジルコン*などの鉱物のほか，テクタイト*，火山ガラス，考古学試料にも適用される．得られる年代は'冷却年代'であり，トラックの50%が保存される温度にまで低下してから経過した時間を示す．トラックは温度が上昇すると固体の焼なましによって消退する．
不一致年代 discordant age
　1つの岩石について各種の方法によって得られた年代測定値が同じでないもの（→ 一致年代）．物質が岩石または鉱物*から出入りし，それにともなって親核種または娘核種のいずれか，または両者が出入りしたことを物語っている．
不一致分解 incongruent dissolution
　液体が存在することによって鉱物*が分解または反応して，固相のまま別の物質に変化すること．たとえば，正長石（⇒ アルカリ長石）のカオリナイト*への変化：
$$2\,KAlSi_3O_8 + 11\,H_2O \longrightarrow Al_2Si_2O_5(OH)_4 + 4\,Si(OH)_4 + 2\,K^+ + 2\,OH^-$$
Vの法則 rule of Vs
　地層*の姿勢*と地形によるその露頭*パターンの関係を表す法則．地層の露頭パターンが地表面の傾斜方向にV型をなしていれば，Vの先端がその地層の傾斜*方向．中程度に傾斜している地層が谷を横切っている場合に地質図*上に現れ，一目瞭然の傾斜方向判別法である．
フィブリル fibril
　積乱雲*の雲底から垂れ下がっている細い雲の筋．終端速度〔自由落下する物体が到達できる最大速度〕に達し，雲塊から離脱する霧雨*大の雨滴からなる．
フィブロライト fibrolite ⇒ 珪線石

フィヤルド fiard (fjard)（**ファース** firth）
　フィヨルド*に似るが，それより起伏の小さい海岸の入り江．

フィヨルド fiord (fjord)
　氷食谷*の海側の末端が沈水し，断面がU字型をなす狭長で深い入り江．堆積物または基盤岩の高まりがある湾口付近を除いて，水深1,000 mを超えることが多い．

フィリック変質作用 phyllic alteration
　斑岩銅*および斑岩モリブデン鉱床の母岩*に見られる変質作用*．⇨ 斑岩鉱床

フィリピン海プレート Philippine Sea Plate
　小プレート*の1つ．沈み込み帯*（琉球-，フィリピン-，マリアナ-，伊豆-小笠原海溝）にかこまれ，マリアナ島弧-海溝系*の背弧*側でマリアナ諸島に沿って，約60 mm/年の速度で裂けつつある．

フィルター filter
　1．水から不要な成分を除去する装置．粗い物質は単純なメッシュふるいによって回収されるが，細かい物質や汚染物質には，活性炭や砂*など他のフィルターを用いる．**2**．デバイス（フィルター）に入る情報から，不要なノイズ*を除去したり特定の部分を分離して情報の一部を区別する操作（たとえば低周波数のデータから高周波数を分離）．周波数領域*で用いることが多いが，それ以外のものもある（たとえば速度フィルター）．周波数フィルターは，信号パルスの形を歪ませてパルスを長くし，位相のずれを生じさせて，ピークと谷の位置をずらせるという不都合をともなう．線形フィルターはたたみ込み*と呼ばれる．⇨ エイリアシング；帯域フィルター；空間周波数フィルター；ウィーンフィルター

フィルン（万年雪） firn (ネベ névé)
　夏季に融けきらずに残っている雪．雪から氷河*氷に変わる中間の状態．部分的に融解しているため粒状となっている．

フィルン線 firn line（**雪線** annual snow-line, **フィルン限界** firn limit）
　氷河*の上で，冬の降雪が夏の消耗*季に融ける上限を画する線．下側の固く青い氷河氷と上側の雪の明確な境界をなしている．

フィルン風 firn wind（**氷河風** glacier wind）
　通常，夏季の日中に氷河*上を斜面に沿って下る気流．氷河に接する大気が周囲の大気よりも密度が高いために発生する．

フィロ珪酸塩 phyllosilicate（**層状珪酸塩** sheet silicate, layered silicate）
　珪酸塩鉱物*の主要なグループの1つ．$[SiO_4]^{4-}$の正四面体が結合してつくる組成$[Si_4O_{10}]_n$の平坦な層からなるのが特徴．雲母*，緑泥石*，粘土鉱物*，滑石*，蛇紋石*など．硬度*が小さく，密度はさまざまであるが一般に小さい．低温で形成される．一部，とくに粘土鉱物は一次鉱物*が熱水*変質作用*や風化作用*の結果置換されたもの．泥質堆積岩*と一部の低変成度*変成岩*の主要構成物質．

フィロナイト phyllonite
　断層帯*で形成される，粘板岩*に似た動力変成岩*．断層運動による再結晶作用*とフィロ珪酸塩*の平行配列によって，断層面*に平行に並ぶペネトレーティブ*な劈開*面が発達する．

フィンガーレーキアン階 Fingerlakian（**フィンガーレークシアン階** Fingerlakesian）⇨ セネカン統

封圧 confining pressure
　静水圧*と静岩圧*とを合わせたもの．すなわち，ある深さより上にある間隙水と岩石の全重量．

フーウェル，ウィリアム（1794-1866）Whewell, William
　ケンブリッジの鉱物学・道徳哲学者．数学，自然神学*，科学史と科学哲学に関する著作がある．潮汐*の理論と原因についても，イギリス科学振興協会の協力を得て資料を収集，研究した．科学者，斉一性*，激変説*などの語を導入したとされている．

風化系列 weathering series
　普遍的な珪酸塩鉱物*を化学的風化作用*を受けやすい順に並べた系列．1938年ゴールディッヒ（S. S. Goldich）が考案したものがよく知られており，石英*（抵抗性が最高）から，白雲母*→アルカリ長石*→黒雲母*→斜長石*→かんらん石*（抵抗性が最低）．

これは，メルト（溶融体）*からの鉱物の晶出順を表すボウエンの反応系列*の逆となっている．風化作用の受けやすさを表す絶対的な尺度を設定することは，環境条件が多様であることもあって困難．

風化作用 weathering
物理的・化学的過程によって地表および地下の岩石*や鉱物*が砕片化および/または変質を受ける現象．地球物質が，その生成環境とは異なる低圧・低温下で，大気と水が存在する地表付近の環境に対応する現象．砕片化（⇒ 機械的風化作用）では，粗い角ばった岩塊，皮殻岩片（剝脱作用 desquamation による），砂*，シルト*が生じる．鉱物は化学的風化作用*によって溶解され，また侵食を受けやすい新しい物質に変化する．⇒ 炭酸塩化作用；侵食；凍結破砕作用；水和作用；加水分解；熱風化作用

風化指数 weathering index
化学的風化作用*の強さの尺度．相対的に安定な鉱物*または化合物と風化によって容易に除去されるものとを比較して求める．たとえば，石英*/長石*比が広く用いられている．重鉱物であるジルコン*・電気石*（抵抗性が高い）と角閃石*・輝石*（抵抗性が低い）の比も用いられる．

風化前線 weathering front
化学的風化作用*を受けた岩石*または風化作用の産物である表土と新鮮な岩石との境界面．表土と未風化の岩石の境界が，侵食*によって露出してエッチプレーン*を形成することがある．

風化帯 weathering zone
地表にほぼ平行に発達している風化断面*中の特定の層．上位および/または下位の帯とは，物理的・化学的・鉱物学的に異なる．酸化の程度と炭酸塩濃度によって特徴づけられる表土中の風化帯，風化物質がなす基質*とコアストーン*の量比によって基盤岩から区別される基盤岩上の風化帯，およびその中間を占める帯に大別されよう．

風化断面 weathering profile
地表面から風化帯*を経て未風化の基盤岩までの鉛直断面．湿潤な熱帯地方では深さ30 m程度と最も発達しており，100 mとい

う記録もある．断面の性状は，気候・地質の要因と地表面の長期的な変化に応じて複雑である．

風化補正 weathering correction
屈折法-*・反射法地震探査*で，低速度層や風化層について走時*を一定の基準値まで短縮する静補正*〔低速度層をその下の高速度層でおき換えたとしたときに得られるはずの走時に変換すること〕．

風向逆転 backing
風向が反時計まわりに変化すること．この逆を風向順転*という．

風向順転 veering
風向が時計まわりに変化すること．この逆を風向逆転*という．

風食 deflation
風によって地表の物質が除去される現象．浜*，乾湖底や河床など，未固結*物質が広く露出しているところで最も効果的に作用する．

風食凹地 deflation hollow
風食*によって形成された閉じた窪地．熱帯の砂漠*では固結の程度が低い表土に窪地がうがたれる．多くの砂漠に見られる巨大な閉じた窪地（たとえばエジプト，サハラ砂漠のカッタラ低地；Qattara Depression）は風食によって形成されたと考えられる．温帯地方でも，被覆植生が失われている砂丘*地帯に形成されることがある．

風食礫（ベンティファクト） ventifact
風に吹かれる砂や塵の摩耗作用によっていくつかの平滑な面が発達した礫．面の向きは風向に正対しているが，それぞれ異なる向きの風によるのではなく，礫の下の砂の状態が変化して礫が向きを変えたことを反映している．3つの面（三角形）が形成されて3つの稜をなしている礫は三稜石，平滑面が2つで稜が1つのものは単稜石と呼ばれる．

風成岩 aeolianite
風（風成作用*）によって堆積した堆積物の総称．

風成作用（風成過程） aeolian process (eolian process)
地表または地表近くで風の作用によって物質が侵食*，運搬，堆積される現象．植被が

不連続または欠如している場合に最も卓越する．

風配図 wind rose

一定期間におけるある地点の風向と風速の相対頻度を定量的に表したダイアグラム（ローズダイアグラム*）．

富栄養- eutrophic

栄養が豊富で一次生産量*が大きい水塊に冠される．→ 貧栄養-

フェスティニオジアン階 Ffestiniogian ⇒ マエントロジアン階

フェデロフ・ネット Federov stereographic net ⇒ ステレオ投影図

フェナイト fenite

ノルウェー南部フェン（Fen）のカーボナタイト*貫入体*で最初に記載された岩石．正長石，霞石*，アルベゾン閃石*，エジリン輝石*を含み，ナトリウムに富む交代岩で，カーボナタイト貫入体の周囲に発達する．結晶化しつつあるカーボナタイト・マグマ*から移動してきたアルカリに富む溶液が岩石と反応して，アルカリ鉱物からなる鉱物組成に変えたもの．この交代作用*はフェナイト化作用と呼ばれ，母岩（側岩）*が花崗岩*である場合には極めて顕著な影響をもたらす．

フェナイト化作用 fenitization ⇒ フェナイト

フェニックス・プレート Phoenix Plate ⇒ ナスカ・プレート

フェネストレー間隙（層状間隙） fenestral porosity ⇒ フェネストレー組織

フェネストレー状 fenestrated

微細な間隙*または透明部分が連なっている状態．

フェネストレー組織 fenestrae（フェネストラル組織 fenestral fabric）

潮間帯*から潮上帯*にかけての泥質炭酸塩堆積物に見られる不規則な間隙*をもつ組織．さまざまな形態がある．鳥眼状*（鳥眼の形をした不規則な間隙．径は数 mm から数 cm 程度；堆積物中にガスが取り込まれて生じる），ラミナ状（葉理*を示す藻石灰泥*に多い；葉理に平行な長く薄い間隙；有機物質が分解した跡），管状（ほぼ垂直な円筒状の管をなす；巣孔動物または植物の根によって生成）．間隙はスパーリー方解石*（スパーライト*）によって充填されていることがある．充填されず，たがいに連結している場合には層状の間隙をなす．このような層状間隙（フェネストレー間隙）をもつ炭酸塩岩*は透水性*が高く，良好な貯留岩*をなす．fenestrae の名称は，'開口' または '窓' を意味するラテン語（fenestra の複数形 fenestrae）に由来．⇒ チョケット-プレイの分類

フェノクラスト phenoclast

相対的に細粒の堆積岩*中に含まれている，径が目立って大きいクラスト*．たとえば，細礫礫岩*中の巨礫*あるいはシルト岩*中の細礫*．

フェノスカンジア境界帯 Fennoscandian Border Zone（**トルンキスト線** Tornquist Line）

スカンジナビア-ロシアの結晶質*岩石区と断片化した地殻*からなるそれ以外の北西ヨーロッパを隔てる，カレドニア造山運動*によって生じた北西-南東方向の構造帯．スコットランド北部の北東-南西方向の大断層［グレートグレン断層（Great Glen Fault），ハイランド境界断層（Highland Boundary Fault）など］と対をなしている．カレドニア造山運動以降も活動を続け，中生代*にはスウェーデン-バルト地方の安定な結晶質基盤岩地域と，その南西側で沈降を続けるデンマーク-ポーランド沈降帯や北海海盆との境界をなしていた．断層*，地塁*，半地溝*からなる複雑な構造帯で，スウェーデン南部スカニア地方（Scania），デンマークのボルンホルム島（Bornholm），ポーランド南部でその典型例が見られる．

フェノスカンジアの隆起 Fennoscandian uplift

更新世*の氷床*が融けて荷重から解放されたスカンジナビア地方で，荷重によって側方に排除されていたマントル*物質がアイソスタシー*平衡を回復するため地殻*の下に流入していることによって進行している隆起．

フェーベ Phoebe（**土星 IX** Saturn IX）

土星*の小さい衛星*．半径 $115 \times 110 \times 105$ km，アルベド* 0.06．1898年ピッカーリン

グ（W. Pickering）が発見．逆行軌道*をもつ．

フェーマス計画　FAMOUS project
フランス-アメリカ中央海洋底研究（Franco-American Mid-Ocean Undersea Study）計画のアクロニム．北緯36.5°と37°の間の50 kmにわたる大西洋中央海嶺*を研究した．

フェミック鉱物　femic mineral
岩石のノルム*鉄苦土鉱物*．CIPWノルム*組成の紫蘇輝石*（Hy），透輝石*（Di），鉄かんらん石（Fa），苦土かんらん石（Fo）など．

フェリクリート　ferricrete ⇨ 硬盤（デュリクラスト）

フェリ磁性　ferrimagnetism
2つの反平行な磁気格子の1つが他より大きいことに起因する強磁性*（広義）．フェリ磁性体は外部磁界がなくても固有の残留磁化*を有する．磁鉄鉱*は最も普遍的なフェリ磁性鉱物．

フェルチュ不連続面　Förtsch disconformity
大陸地殻*上部の深度8～11 kmにある不規則な地震学的不連続面．上位の花崗岩*質岩から下位の閃緑岩*質層への岩石組成の変化を表すとされている．⇨ コンラッド不連続面；モホロビチッチ不連続面

フェロアクチノ閃石（鉄陽起石）　ferro-actinolite ⇨ 透閃石；アクチノ閃石

フェロオージャイト　ferroaugite ⇨ ベンモレアイト

フェロシライト（鉄珪輝石）　ferrosillite ⇨ 斜方輝石

フェロヘスティングス閃石　ferrohestingsite ⇨ 霞石閃長岩

フェーン　föhn wind（foehn wind）
山脈の風下側に吹く暖かく乾燥した風の総称．もとはヨーロッパ・アルプス地方で使われていた語．飽和断熱減率*0.5℃/100 mで風上側斜面を上昇し，冷却，凝結して雨を降らせた空気が，風下側斜面を降下する過程での断熱圧縮によって1℃/100 mの乾燥断熱減率*で暖められ，山頂にあったときよりも温度が高い風をもたらす．

フェーン雲壁　föhn wall（foehn wall）
フェーン現象を起こしている障壁山岳の頂部にかかる雲塊．〔風上側から眺めた形状を表現．〕風上側斜面と風下側斜面の一部に降雨をもたらす．⇨ フェーン

フェンタースドルプ層　Ventersdorp ⇨ ランド系

フォアショートニング　foreshortening
レーダー*波面角度に対して地表面が低角度をなしていることに起因するレーダー画像の歪．レーダーに対向している斜面の長さが短く観測される現象．→ レイオーバー

フォイド　foid
feldspathoid（準長石*）の略記形〔日本では準長石として扱い，この語は使われていない〕．準長石モード*を60%まで含む深成岩*に付ける．たとえば，霞石*を相当量含む閃長岩は，準長石含有閃長岩または準長石閃長岩．この用法は色指数*が90以下の火成岩*にも適用されている．実際には準長石の具体的な鉱物名を使うことが多く，上記の例は霞石閃長岩となる．準長石のモード体積が60%を超える岩石はフォイドライトと呼ばれる．

フォイドライト　foidolite ⇨ フォイド

フォークト，ヨハン・ハーマン・リー（1858-1932）　Vogt, Johan Hermann Lie
ノルウェーの地質学者，ノルウェー工業大学冶金学教授．珪酸塩の化学とマグマ*冷却の際の分別結晶作用*の研究に重要な業績を残した．鉱床地質学とくに火成鉱床に関する業績も大きい．

フォークの石灰岩分類法　Folk limestone classification
粒子の型および基質*・セメント*の性質と量比に基づいて，ロバートL.フォーク（Robert L. Folk）が提唱した炭酸塩岩*の分類法．最初の分類案では次の3つが石灰岩*の主要な成分とされた．(a) アロケム*（粒子），(b) ミクライト*（微晶質方解石*からなる泥質基質*），(c) スパーライト*（スパーリー方解石*セメント）．主なアロケムとして，バイオクラスト（生砕物*），ペレット*，イントラクラスト（盆内成岩片*），ウーイド*がある．分類名として，粒子間を

満たしている物質（泥質基質かセメントのいずれか）に，卓越しているアロケムの省略形を冠した名称を用いる．すなわち，バイオクラスト（bioclast）はバイオ（bio-），ペレット（pellet）はペル（pel-），イントラクラスト（intraclast）はイントラ（intra-），ウーイド（ooid）はウー（oo-）．例を挙げると，泥質基質中にペレットを含む石灰岩はペルミクライト，セメントと貝殻破片からなる石灰岩はバイオスパーライト*．たとえばウーバイオスパーライトのように複数のアロケムを使うこともできる．アロケムを欠いてミクライトのみからなる石灰岩はミクライトと呼ぶ．フェネストレー間隙（⇨フェネストレー組織）をもつミクライトはディスミクライト*．生物組織によって結合されている石灰岩，たとえば礁*岩やストロマトライト*はバイオリサイト*．

フォークは，後にいくつかの炭酸塩組織をとり入れて自身の分類案を改訂した．これによれば，石灰岩はバイオクラスト・泥質基質・セメントの量比にしたがって，次のように分類される．泥質基質と1％以下の貝殻破片＝ミクライト；泥質基質と1～10％の貝殻破片＝含化石ミクライト；泥質基質と10～50％の貝殻破片＝スパースミクライト；泥質基質と50％以上の貝殻破片＝パックミクライト；泥質基質・セメント・貝殻破片が共存する石灰岩＝洗浄不良バイオスパーライト；分級不良の貝殻破片とセメント＝分級不良バイオスパーライト；分級良好の貝殻破片とセメント＝分級良好バイオスパーライト；摩耗して円磨度*の高い貝殻破片とセメント＝円磨バイオスパーライト；バイオクラスト以外のアロケムについてもミクライトとスパーライトを併記して，上と同様の分類をおこなう．⇨バイオミクライト；イントラミクライト；イントラスパーライト；ペルスパーライト；ウースパーライト；ウーミクライト

フォーゲサイト vogesite
ホルンブレンド*と正長石を主成分鉱物*とするランプロファイアー*の一種．

フォーチャイト fourchite
方沸石*またはガラス*からなる明色の石基*に，チタン輝石（チタンに富む普通輝石*），ケルスート閃石*，（土黒雲母*）の斑晶*を含む噴出岩*．カンプトナイト*，モンチカイト*，アルノーアイト*とともに，アルカリ・ランプロファイアー*の一種．

フォッサ fossa（複数形：fossae）
地球上の，断層*にはさまれた凹地帯または地溝*に酷似する，惑星表面に認められる線状の凹地帯．火星*のタルシス山（Tharsis bulge）から放射状に延びる正断層*性の割れ目群，すなわち，テンペ-（Tempe-），タンタルス-（Tantalus-），メノニア-（Menonia-），クラリタス-（Claritasu-）フォッサはその典型例．

フォト- photo-
'光'を意味するギリシャ語 phos, photos に由来．'光'を意味する接頭辞．

フォトメーター photometer
反射顕微鏡*で鉱石鉱物*の反射率*を測定する装置．可視*スペクトルの全領域にわたって高感度の光電子増倍管からなる．安定した光源で高品質のモノクロメター（単色光器）*に接続して使用する．読み取りは鉱石顕微鏡委員会（Commission on Ore Microscopy; COM）の標準にしたがっておこなう．

フォノライト phonolite
細粒，斑状の火山岩*．主成分鉱物*はアルカリ長石*（サニディンまたは灰長石），霞石*，ソーダ輝石*，ソーダ角閃石*で，鉄に富むかんらん石*を含むことと含まないことがある．副成分鉱物*はチタン石，燐灰石*，ざくろ石*．アルカリ長石，ソーダ輝石またはソーダ角閃石の斑晶*が含まれていることがある．霞石閃長岩*に相当する火山岩で，海嶺*拡大軸から離れた海洋島，非造山型の上方撓曲やリフト*形成が進行している大陸地域に見られる．英語名称は，ハンマーで打つとベルのような音を立てるため，'音'を意味するギリシャ語 phone に由来．〔これを直訳して響岩（きょうがん）と呼ぶこともある．〕

フォボス Phobos
1．1988年に打ち上げられた旧ソ連の火星探査機．**2**．火星*がもつ2個の衛星*の1

つ．

フォームセット　form set ⇨ 斜交葉理

フォラス属　*Pholas* ⇨ 穿孔；居住痕

フォラミナ　foramina（単数形：foramen）
有孔虫類*の部屋を連結する一連の小孔．

フォラモル-　foramol
平均海水温が15℃を下まわる海域に生息する，コケムシ*，有孔虫*，サンゴ藻（紅藻綱*），軟体動物*からなる群集*に冠される．特徴的な堆積物を形成する．⇨ クロラルガル-；クロロゾア-

フォルタン気圧計　Fortin barometer
水銀気圧計の一種．水銀柱の下端が入っている水銀槽中の水銀の水平面を定点（ゼロ点* ⇨ 基準点）に精確に合わせる必要がある．そのうえで，水銀柱の目盛にとりつけてある副尺を水銀柱の上端に動かしてその高さを読みとる．⇨ キュー気圧計

フォンダセム　fondathem
水塊の下に存在する，地震波*を反射する堆積物．

フォンダフォーム　fondaform
水塊の下に存在する，地震波*を反射する平坦な面．

付加　accretion
1. 新たな粒子が外側に加わることによって，無機物体が大きく成長していく現象．このような機構で，低温，均質な微細粒子が集積した結果，原始惑星体が生まれたとする説（均質付加）と，鉄に富む核*が最初に集積し，後に珪酸塩物質がそれを包み込んだとする説（不均質付加）がある．均質付加説によれば，惑星は生成時には核から表面まで同じ組成であり，不均質付加説では，生成時から層状の構造をもっていたことになる．2. 堆積速度が侵食*速度を上まわるため堆積物が蓄積していくこと．3. 大陸が既存の大陸，通常はその縁辺部に付け加わること．この意味での'付加'という語は，大陸核形成説から水平移動による付加を強調するプレート・テクトニクス*の理論に受け継がれたもの．後者によれば，元来一まとまりの大陸塊が分裂して生じた異地性*のテレーン*（通常，面積が100 km²以上）が水平的に移動して他の大陸に衝突，付加する．合体に際して回転・分解が起こることもある．4. ⇨ 付加体．

不可解なタクソン　enigmatic taxon
わずか1種あるいは数種のみで構成され，他の生物との類縁関係が不明な属あるいはそれより高次のタクソン*．これに相当する種の多くは，ごくわずかな標本が知られているにすぎない．最初の標本が記載されて以来，産出がないものもある．

俯　角　depression angle
レーダー*：レーダーアンテナを通る水平面と，アンテナと目標物を結ぶ線がなす角度．→ 視角

付加体　accretionary wedge（付加プリズム　accretionary prism）
海溝*の陸側で構造的に圧縮され厚くなっている楔状の堆積体．沈み込んでいくプレート*（沈み込み*）から剥ぎ取られた海洋性堆積物と陸側から海溝に供給された堆積物からなる．堆積物のスライスが逆押し被せ断層運動*によって付加体に付け加わり，海溝は海洋側に移動する．このような付加作用によって下位の地層ほど若いという年代の逆転*が生じる．

付加堤防　accretionary levee ⇨ 溶岩堤防

ブカン型変成分帯　Buchan metamorphic zones
特徴的な鉱物組み合わせによって代表される変成帯*の系列．変成度*が高くなる順に，黒雲母*帯，菫青石*帯，紅柱石*帯，珪線石*帯が配列．名称は，このような帯配列が見られるスコットランド北東部（アバディーン，Aberdeen北方）の地名に由来．

ブガンダ-トロ-キバリ造山運動　Buganda-Toro-Kibalian orogeny
約2,075～1,700 Maに，今日のザンビア北部からコンゴ東部のカタンガ州（Katanga）およびウガンダ国境にかけての中・東部アフリカで生起した造山運動*．北西方向への衝上*運動によって，今日北東−南西方向に延び，キバリ帯（Kibaride）の北東部分をなしている帯を形成した．

不均一単純剪断　heterogeneous simple shear
転位の量とセンスが異なる単純剪断*によ

って褶曲*が生じる機構．地層*と斜交する剪断面*に沿って地層が不均等に転位した結果，理想的な相似褶曲*が形成される．〔このような機構で生じる褶曲を剪断褶曲という．〕

不均一歪 inhomogeneous strain

変形した物体全体にわたって不均等に分布している歪*．変形前の物体中の直線と平行線が変形後には湾曲し，平行ではなくなる．不均一歪の数学的なとり扱いは極めて煩雑であるため，不均一歪を小さい均一歪*に分割して考えるのが一般的である．

不均質 inhomogeneity (heterogeneity)

物体の物理的性質が部分によって不規則に異なっていること．→ 異方性

不均質圏 heterosphere

高度約80kmより上の気圏*上層．この圏では，主として酸素が解離しているため，大気の組成が高度とともに顕著に変化している．→ 均質圏

不均質集積 heterogeneous accretion

原始的な太陽系星雲（PSN；primitive solar nebula）の物質が集積して惑星が生じたとするモデルの1つで，惑星への固体粒子の付加速度がPSNの冷却速度よりも遅いとするもの．そのため，惑星の表面層は，集積のどの段階にあっても星雲中での圧力・温度条件と平衡状態にあり，惑星は，成分の異なる物質からなる'タマネギの皮'を重ねるようにして成長していく．このモデルによれば，惑星の層状構造の一部は初生的ということになる．→ 均質集積

プ ク Puck（天王星 XV Uranus XV）

天王星*の小さい衛星．直径77km．1985年の発見．

複円反射測角器 two-circle reflecting goniometer ⇒ 測角

覆瓦構造（インブリケーション） imbricate structure（鱗片状構造 schuppen structure）

岩片，粒子，構造単元が，瓦のように一部をたがいに重なりあっている構造．礫層に覆瓦構造が見られる場合，礫*が倒れかかっている方向が下流方向〔礫の長軸が傾斜している方向が上流方向〕．⇒ 砂州

覆瓦状（インブリケート） imbricate

瓦のように一部がたがいに重なりあっている状態．

複屈折 birefringence (double refraction)

鉱物光学：異方性*の鉱物*を通過する平面偏光*が2つに分離する現象．たがいに直交方向に振動する2つの偏光は，屈折率*の違いに応じて長さの異なる経路で鉱物を通過する．一方の偏光は他の偏光よりも通過距離が長いため遅れが生じる．この遅れ（レターデーション；retardation）はアナライザー*を挿入すると干渉色*として現れ，その大きさは干渉色図表と照合することによって求められる．⇒ ミシェル・レビー図表．

複屈折図表 birefringence chart ⇒ ミシェル・レビー図表

腹 甲 plastron

1．カメ類の甲の腹側*の部分．2．⇒ 不正形ウニ類

複合海食崖 bevelled cliff

上部が第四紀*の周氷河*作用によって削られ比較的緩勾配となっているのに対して，下部は現世の海食を受けているため急勾配となっている海崖．南西イングランドに普遍的に見られる．⇒ 海岸過程

複合火山 composite volcano ⇒ 成層火山

複向斜 synclinorium

一連の小規模な背斜*と向斜*からなる大規模な向斜状構造（⇒ アンチフォーム）．小褶曲には1つの露頭*で観察できる程度の大きさのものもある．→ 複背斜

複合双晶 complex twin (compound twin)

2つ以上の双晶則*に従って生じている双晶*．

複合断層線崖（複合断層線スカープ） composite fault-line scarp ⇒ スカープ

複合プレート縁（複合プレート縁辺部） combined plate margin

漏出トランスフォーム断層*のように，平行移動（横ずれ）運動が若干の収束または発散の成分をともなっているプレート縁（辺部）*．

複合模式層 composite-stratotype

複数の区間が地層*の基準断面とされている模式層（模式断面）*．次のような場合に設

定される．(a) 1つの岩相層序単元*が1地域に単一の断面として完全には露出していない場合．1つの断面を完模式層*とし，ほかは補助的な副模式層*とする．(b) 年代層序単元*では，高次の階層単元（たとえば系*）が低次の階層単元（たとえば統*）の模式層からなっている場合．

副産物 by-product
鉱業；鉱床*から採掘された，目的とする鉱物*以外の副次的な物質．斑岩鉱床*から得られる金のように，副産物による収益が主産鉱物を上まわることもある．→ 共産物

副成分鉱物 accessory mineral
岩石の構成成分であるものの，岩石種や岩石型をきめるうえに重要な意味をもたない鉱物*相．たとえば，花崗岩*は主成分鉱物*である石英*，アルカリ長石*，雲母*の存在によって定義される．花崗岩にスフェン*が含まれていても，この副成分鉱物が存在することで花崗岩という岩石名が変わることはない．燐灰石*やジルコン*もごくふつうに見られる副成分鉱物である．

複成礫岩 polymictic conglomerate
多くの種類の岩石をクラスト*として含む礫岩*．→ 単成礫岩

腹足綱 Gastropoda（**腹足類** gastropod；**軟体動物門*** phylum Mollusca）
軟体動物門の綱で，巻貝のみでなくナメクジのような殻をもたないグループも含まれる．真の頭部と，体節に分かれていない胴からなり，広く平坦な足をもつ．カンブリア紀*に出現し，その後のすべての時代の，海性〜淡水性，および陸性と幅広い環境で見つかっている．現生腹足類の大部分と，化石として知られている腹足類はすべて巻いた殻をもつ．化石では殻に残された特徴によって種が同定される．一方，現生腹足類は主に軟体部の特徴に基づいて分類されるため，系統的に関連のないグループが類似した形態の殻をもつ場合には分類命名に混乱が生じる．

副低気圧 secondary depression
寒冷前線*に沿う'低気圧家族'または波動の擾乱の一部として発生する低気圧*．最初の低気圧の後方に生じる．⇒ 前線性波動

複背斜 anticlinorium
一連の規模の小さい背斜*と向斜*からなる大規模な背斜状構造（⇒ アンチフォーム）．小褶曲には，1つの露頭*で観察できる程度の大きさのものもある．

復　氷 regelation
温暖氷河*の下で圧力融解*によって解放された水が凍結する過程（⇒ 底面すべり；氷）．復氷の際に氷河底に取り込まれた基盤岩の岩屑が層をなすため，復氷領域の厚さは数 cm 程度に限られている．

複変成作用 polymetamorphism
岩石に熱と変形の作用（変成作用*）が複数回働くこと．

副模式層 parastratotype
1つの層序単元*を設定する際に，主たる模式層*（完模式層*）によって与えられる定義を補強するために追加して記載する層序断面．通常，模式地*を含む地域内から選定する．⇒ 参照模式層；後模式層；新模式層

副模式標本 paratype
ある化石*を最初に記載する論文で，完模式標本*以外の'模式'標本として指定された標本．→ 後模式標本；新模式標本

複硫化物 double sulphide ⇒ 硫化物鉱物

伏流水 underflow
河川流路*を充填している沖積*堆積物*中を河川と平行に流れる地下水*．堆積物が粗粒礫からなる河川では全流量のかなりの部分を占める．

ブーゲー異常 Bouguer anomaly
ある地点で実測した重力の鉛直成分に地形補正*，高度補正*，ブーゲー補正*を施した値から，その地点の理論値（〔標準重力〕；通常は国際標準重力式*による）を差し引いて得られる値．この異常は，地球が均質であるとしたときの地球内部の密度分布からはずれるあらゆる密度偏倚を反映する基本的な重力異常*である．

ブーゲー重力図 Bouguer gravity map
地形補正*，高度補正*，ブーゲー補正*を施した実測値から理論値を差し引いて得られた，ある地域の重力場*を表す地図，つまりブーゲー異常図．

ブーゲー，ピエール (1698-1758) Bouguer, Pierre

フランスの数学者．地球の形態を測定するために派遣されたエクアドル探検に参加．アンデス山脈で重力測定*をおこなって重力が高度とともに減少するようすを明らかにし，重力異常を求めるための補正に自身の名を冠した．⇨ ブーゲー異常；ブーゲー補正；重力異常

ブーゲー補正 Bouguer correction

重力測定地点と基準高度（通常は海水準）との間にある岩石の引力を考慮した，重力測定値の補正．補正値は $0.4185\,\rho h$．ρ は岩石の密度 (kg/m^3)，h は測定点と基準高度の高度差 (m)．

フゴニオット Hugoniot

地震波速度*から推定される，地球内部における圧力と密度の関係〔フランスの物理学者ユーゴニオ（1851-87）に因む〕．

房状雲 floccus

'房' を意味するラテン語 *floccus* に由来．先端が丸く雲底が不規則な房状の雲．尾流雲*をともなうことが多い．ほとんどが巻積雲*と高積雲*にともなっており，それらの種の1つ．⇨ 雲の分類

富酸素- aerobic

酸素が存在する環境．堆積環境では水 $1\,l$ 中に $1\,ml$ 以上の溶存酸素が含まれる環境をいう．➡ 無酸素-；貧酸素-

フジタの竜巻強度 Fujita Tornade Intensity Scale

竜巻*がもたらした被害の状況と範囲から推定される風力に基づいて，竜巻の強さを6階級に区分したもの．1971年にテツヤ・テオドール・フジタ（Tetsuya Theodore Fujita）とアレン・ピアソン（Allen Pearson）が提唱．⇨ 付表C

フジツボ barnacle ⇨ フジツボ科；蔓脚綱

フジツボ科 Balanidae（**フジツボ** acorn barnacles；**完胸目** order Thoracica，**フジツボ型亜目** suborder Balanomorpha）

放射相称*の殻をもつ固着性*のフジツボ型亜目の1つの科．干潮時の潮間干潟*でよく目にする最も一般的なフジツボ類，バラヌス属 *Balanus* もこの科に含まれる．バラヌス属は始新世*までさかのぼる化石記録が知られている．

腐食 etching

薬品を用いて，鉱物*や金属の表面に食像*をつくること．あるいは溶液によって鉱物や金属の表面が損なわれること．

腐植 humus

1．土壌*が年間で酸素を含んでいる期間に土壌中で分解された有機物質．暗褐色で非晶質*．母材である植物や動物の組織と成分は完全に失われている．2．表層の有機土壌層位*．モル*（酸性，層状）とムル*（アルカリ性，分解が進んでいる）に分けられる．今日はヒスティック表層*と呼ばれている．

腐植化作用 humification

一連の反応を経て，有機物質が分解して腐植*に変わる過程．

腐植質炭 humic coal ⇨ 石炭

跗蹠骨（ふしょこつ） tarsometatarsus

鳥類（綱）*とある種の恐竜*の脚骨格に見られる，中足骨*と足根骨*が癒合して形成された骨．この癒合はある種の獣脚亜目*恐竜*で最初に認められるが，白亜紀*前期の鳥類であるシノルニス属*までは完全ではなかった．⇨ 脛跗骨（けいふ-）

プシロニクヌス属 *Psilonichnus*

生痕属*の1つ．後浜*に発達する生相を構成する生痕ギルド*．

不浸透岩 impervious rock

石油，天然ガス，水などを通過させない岩石．⇨ 透水性

プスジリアン階 Pusgillian

オルドビス系*アシュギル統*中の階*．オニアン階*の上位でコートリアン階*の下位．

フズリナ（紡錘虫） fusulinid

いわゆる大型有孔虫（目）*に含まれる1つのグループで，通常紡錘形あるいは円盤形をしている．進化*が速く，多くの属が識別されており，石炭紀*とペルム紀*の重要な示準化石*となっている．

不正形ウニ類 irregular echinoids

左右相称*が放射相称*に重なっているウニ類（綱）*で，囲肛部*は頂上系の外にある．歩帯*の反口側*の部分が殻縁*の手前

で終わり，花紋と呼ばれる窪んだ花弁様構造をつくりだしているグループもある．口は前方に位置し，その後部には後部間歩帯*によって形成された，棘が平らに配列した殻の平坦な部分（腹甲）がある．

不整綱 Irregulares（**花杯綱** Anthocyathea）（**古杯動物門*** phylum Archaeocyatha）

カンブリア系*のみから産する無脊椎動物古杯動物門の綱で，多くは単体であるがまれに群体をなすものもある．外形は円錐型の杯状をなし，長く伸びたものから平坦に近いものまでさまざまで，不規則なものが多く，1層，多くは2層の多孔質の壁をもつ．間腔*は小突起をもつ隔壁*で仕切られ，床板*をもち，泡沫組織*も発達している．→ 完整綱

不整合 unconformity

堆積作用の中断と侵食*のため，2群の地層*が地質記録の間隙をはさんで重なっている関係．⇨ 傾斜不整合；平行不整合

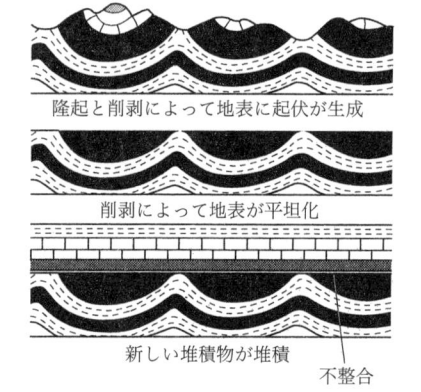

隆起と削剥によって地表に起伏が生成

削剥によって地表が平坦化

新しい堆積物が堆積　　不整合

不整合

不整合型ウラニウム鉱床 unconformity-type uranium ore

不整合*にともなうウラニウム鉱床*．ウラニウム鉱物*は酸化環境で容易に分解するため堆積岩*に濃集したり，地下水*から沈殿することが多い．いずれも前期原生代*の鉱床．カナダのオンタリオ州では，始生代*の花崗岩*を不整合で覆うロレーン珪岩（Lorrain Quartzite）の基底層に濃集しており，鉱化は厚さ1m，広さ数百km^{2}にわたる．

不整合トラップ unconformity trap

褶曲*・隆起の後に侵食*された多孔質の地層*が不透水性の地層によって覆われ，石油・天然ガス・水が封じ込められた層序トラップの1様式．このような構造が普遍的に存在するにもかかわらず，この型のトラップは世界の石油の4%を保有しているにすぎない．これは隆起と侵食にともなって流体が散逸することによると考えられる．⇨ 天然ガス；石油；間隙率．→ 背斜トラップ；断層トラップ；礁トラップ；層序トラップ；構造トラップ

斧石綱（ふせき-） Pelecypoda ⇨ 二枚貝綱

部　層 member ⇨ 累層

付属検板 accessory plate（**鋭敏色検板** sensitive plate）

鉱物光学：鉱物*の光学的特性を決定するために用いる板．異方性*鉱物の複屈折*によって生じる低速偏光波と高速偏光波の振動方向*の決定には，石英*，雲母*，石膏*の検板を使用する．この際，問題の鉱物を'レングス・ファスト(length-fast)である'とか'レングス・スロー(length-slow)である'と表現する．鉱物の干渉色*の程度は石英の楔（楔形石英検板）を用いて決定する．

蓋 operculum（複数形：opecula）

動物に見られる蓋の機能をもつ構造で，時として蝶番*をもつ．ある種の円筒形四放サンゴ*，コケムシ，腹足類（綱）*，頭足類（綱）*などに見られる．

淵 pool ⇨ 淵-早瀬

プチグマティック褶曲 ptygmatic fold

こぶ状の節をもち不規則に屈曲する褶曲*．コンピテンシー*の低い地層*にはさまれているコンピテンシーの高い単層がなすことが多い．褶曲面に直交する方向の層厚が一定せず，褶曲軸面*が湾曲しているのが特徴．

淵-早瀬 pool-and-riffle

河川の砂質ないし礫質河床に見られる，深い区間（淵）と浅い区間（早瀬）のくり返し．淵と淵の間隔は流路*幅の約5～7倍．

直流河川でも蛇行*河川でも見られる．後者では淵は曲流部の凹側を，早瀬は曲流部の間を占める．

普通海綿綱（尋常海綿綱）Demospongea (Demospongiae；海綿動物門* phylum Porifera)
海綿動物門の綱．カンブリア紀*に出現．軟らかい骨格全体が珪質の骨針*で支持されている．骨針は単一の針からなるもの（一軸針）か，60°または120°の角度で4つに分岐するもの（四軸針）のいずれか．ほとんどの化石種が骨針のみであるが，現生の科のものと同じであるものが多い．

普通輝石（オージャイト） augite
珪酸塩鉱物*に属する輝石*族の主要な鉱物*．カルクアルカリ輝石*の内で透輝石*－ピジョン輝石*の組成範囲をもつ．$Ca(Mg, Fe)Si_2O_6$；[Na と Al がそれぞれ Ca と Si を置換していることがある；Na と Fe^{3+}（Fe^{2+}を置換）の量が多くなると，アルカリ岩*の重要な構成成分であるエジリン輝石*$(Na,Ca)(Fe^{3+},Mg,Fe^{2+})Si_2O_6$ となる]；比重3.3；硬度*6.0；単斜晶系*；帯緑黒色；結晶形*は短い角柱状．塩基性岩*にふつうの構成成分で，高度変成岩*にも産する．⇒単斜輝石

普通輝石ミネット augite-minette ⇒ ミネット

普通ストロンチウム common strontium ⇒ ストロンチウム同位体比初期値；ルビジウム－ストロンチウム年代測定法

普通鉛 common lead
ウラニウムとトリウムの崩壊（⇒崩壊系列）に由来する放射性起源の鉛が加わっている点で，原始鉛*と異なる鉛．U/Pb比とTh/Pb比が極めて小さいため，鉱物*中の同位体*組成は時間経過につれて変わらないとみなしうる．

伏 角 inclination
地磁気ベクトルが水平線となす角度．慣習的に，北磁極*を指して水平線より下を向いているベクトルを正，上を向いているベクトルを負としている．

伏角計 geomagnetic inclinometer
地球磁場*の伏角*を測定する計器．ふつうは伏角計（dip circle magnetometer[鉛直面内で自由に回転する磁針をもつ]）を用いるが，磁場の水平成分と鉛直成分を測定して伏角を求めることもある．

フックの法則 Hooke's law
完全な弾性体の変形では，歪*と応力*とが直線的な関係にある，とする法則．名称はフック*に因む．物体が弾性的である（すなわち，弾性限界*を越えない）かぎり，歪は加えられた応力に比例する．応力は歪と弾性定数（ヤング率）*の積に等しい．逆に，歪で割った応力は一定．⇒弾性変形

フック，ロバート (1635-1703) Hooke, Robert
実験博物学者．極めて広範囲にわたる研究をおこない，著述もおびただしい．フックの法則*を生み，弾性の科学的な研究への途を拓いた．地球科学における研究は，重力，惑星運動，地震，地磁気，化石と結晶の形態の分野にわたる．

プッシュブルーム走査装置 pushbroom system
直線状に並べた感知器（電荷結合素子*）で観測地域を走査して映像を得るリモートセンシング*機器．同化されがちなデータの解像力がラインスキャナー*よりも高い．

プッシュ・モレーン（押し出し堆石） push moraine ⇒ モレーン

沸 石 zeolite
ナトリウム，カリウム，カルシウム，硼素の水和アルミナ珪酸塩鉱物*．ジオード*，変質した火成岩*，熱水*脈，一部の堆積岩*に産する．水分子の結合が弱いので，水和・脱水反応を利用した用途が広い．イオン交換*にも用いられる．

沸石相 zeolite facies
さまざまな源岩が同じ条件の変成作用*を受けて生じた変成鉱物組み合わせの1つ．源岩が塩基性岩*である場合には，（火成岩*の残留鉱物である斜長石*と輝石*に加え）スメクタイト*－沸石*の発達が典型的．これとは異なる組成の岩石，たとえば頁岩*や石灰岩*では，まったく同じ条件の変成作用によって，それぞれ独特の鉱物組み合わせが生じる．ある源岩組成から生じたさまざまな鉱物

組み合わせは，それぞれを生み出した圧力，温度，水の分圧［$P(H_2O)$］の範囲を反映している．鉱物の圧力-温度安定領域についての実験によれば，沸石相は低圧（1～4 kb）・低温（300～500℃）条件を表している．このような条件は，(a) 大陸縁*で厚く累重した堆積層，(b) 熱水*循環系にさらされた岩石，(c) 衝上*シートの先端部分〔構造的に被覆すること〕によって埋没した堆積物で卓越する．

物体痕 tool mark
水流によって運搬される物体（tool）が軟らかい堆積物*の層に衝突したり，上を引きずられて，その表面につけた印象．物体と堆積物の接触のしかたによって，バウンス-，プロッド-*，スキップ-*，グルーブ-*，シェブロンマーク*などができる．

腐泥 sapropel
無酸素*状態の浅い湖，沼沢，海底に蓄積した有機質軟泥*またはへどろ．泥炭*よりも炭化水素*に富み，乾燥すると鈍い光沢と暗色を呈し，強靭となる．石油*や天然ガス*を含んでいることもある．

プティコパリア目 Ptychopariida
カンブリア紀*前期からデボン紀*後期にかけて生存した三葉虫綱*の目．大型の骨格をもつ偽系統*のグループで，2亜目が知られている．

筆石綱 Graptolithina（**筆石** graptolites；**半索動物門*** phylum Hemichordata，**腸索動物亜門** subphylum Stomochordata）
絶滅*した，枝木状の群体海生動物の綱で，カンブリア紀*中期から石炭紀*前期にかけて生存した．筆石類の化石は，下部古生界*の年代層序を組み立てるために使われる．樹型目*と正筆石目*という代表的な2目以外にも，短期間のみ生存したいくつかの小さい目が知られている．

腐泥炭 sapropelic coal ⇨ 石炭

プティログラプタス科 Ptilograptidae ⇨ 樹型目

ブーディン構造 boudinage（**ブーディン** boudin）
〔インコンピーテント*層にはさまれた〕コンピーテント層が，1本に連なるソーセー

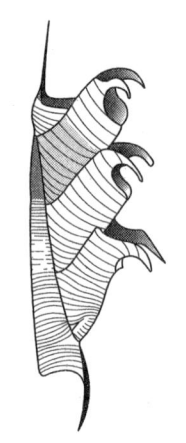

筆石綱（*Saetograptus chimaera*）

ジ（ブーディン）のような断面形態をなす小構造．インコンピーテント層のように塑性変形*しないコンピーテント層が引っ張られて生じる．まず，地層*に局部的なくびれが断続して生じ（膨縮構造），変形が進行するにつれてブーディンとなり，それが完全に分離してしまうこともある．⇨ コンピテンシー

不適合河川（過小適合河川） misfit stream (underfit stream)
自身がつくったとは考えられない幅広い河谷を流れている小さい河川．流路*が占めている河谷よりもはるかに規模の小さい蛇行*水流であることが多い．

不適合元素 incompatible elements（**液相濃集元素** hygromagmatophile element）
大きさ，電荷，原子価*が原因で，造岩鉱物*の結晶*構造に入り込みにくい元素（たとえば，小さいボロンのイオン*，電荷が+6と大きいタングステンのイオン）で，部分溶融*の際にマグマ*に選択的に濃集し，結晶化することが少ない．火成岩*の結晶作用に際して，不適合元素（Sn，Li，Rb，Srおよび希土類元素*）はペグマタイト*や熱水*に濃集する傾向がある．地殻*形成時に，これらの元素はマグマ活動を通じてマントル*から移動したため，マントルでは乏しくなっている．

不適合元素に乏しいマントル depleted mantle
　玄武岩*メルト（溶融体）*をつくる元素が除去されたかんらん岩*からなるマントル*の部分．地殻*が形成された際に，不適合元素*（Rb, U, 希土類元素*など）が選択的にメルトに分配されてマントルから除去されたため，あとに残されたマントル物質には不適合元素が欠如している．⇨ 不適合元素に富むマントル

不適合元素に富むマントル undepleted mantle
　玄武岩*に多く含まれる元素（Rb, U, 希土類元素*など）が除去されていない原始的なマントル*物質．⇨ 不適合元素に乏しいマントル

プテラスピス属 *Pteraspis* ⇨ 異甲亜綱

不等筋 anisomyarian ⇨ 筋痕

ぶどう状 botryoidal
　鉱物学：長球体の集合体をなして産する鉱物*の形状を指す．鉱物が同心的に成長して形成される．藍銅鉱*がその例．

浮動小数点 floating point
　大きすぎるか小さすぎる数を，計算機で演算するうえに有効数字を損なうことのないように表示する方法．たとえば，165400は浮動小数点を使って1.654×10^5と表される（ただしコンピューターは通常10ではなく2を基数としている）．地震記録*増幅装置には，デジタル記録の有効範囲を大きくするため，二進増幅器に替わって浮動小数点増幅器が使用されることが多くなっている．

不等成長 anisometric growth
　個体発生*の過程で，体の2つの部分の大きさの比率が変化すること．不等成長をする生物は成長とともに体形が変化する．

ぶどう石 prehnite
　水和フィロ珪酸塩（層状珪酸塩）*鉱物．$Ca_2Al[Si_3AlO_{10}]OH_2$；比重2.9；硬度*6.0；無色，白または緑色；結晶形*は板状，または粒状の集合体，雲母*と似た層状構造をもつ．塩基性岩*，接触変成作用*を受けた石灰岩*の空隙中に沸石とともに産する．⇨ ぶどう石-パンペリー石相

ぶどう石-パンペリー石相 prehnite-pumpellyite facies
　さまざまな源岩が同じ条件の変成作用*を受けて生じた変成鉱物組み合わせの1つ．源岩が塩基性岩*である場合には，ぶどう石*$Ca_2Al[Si_3AlO_{10}](OH)_2$，パンペリー石$Ca_2Al_2(Mg, Fe^{2+}, Fe^{3+}, Al)[SiO_4][Si_2O_7](OH)_2(H_2O, OH)$，石英*および残存斜長石*と輝石*からなる鉱物組み合わせが典型的．これとは異なる組成の岩石，たとえば頁岩*や石灰岩*では，まったく同じ条件の変成作用によって，それぞれ独特の鉱物組み合わせが生じる．ある源岩組成から生じたさまざまな鉱物組み合わせは，それぞれを生み出した圧力・温度・水の分圧$[P(H_2O)]$の範囲を反映している．鉱物の圧力-温度安定領域についての実験によれば，ぶどう石-パンペリー石相は大陸縁*または大陸内の堆積盆地*の厚い堆積物の埋没変成作用*でふつうに卓越する，中圧（2.5〜5.0 kb）・中温（150〜300℃）条件を表している．

不等沈下 differential settlement
　地表面が不均等に沈下する現象．土壌*の圧密*によって地盤がしだいに沈んでいくとき，沈下が不均等に起こると基礎*が損傷を受ける可能性がある．

不透明雲 opacus
　'影をなす'を意味するラテン語*opacus*に由来．大きく広がって太陽や月を隠す雲で，層雲*，層積雲*，高層雲*，高積雲*を指す．⇨ 雲の分類

不透明鉱物 opaque mineral
　平面偏光*による薄片*の偏光顕微鏡*観察で，暗黒に見える鉱物*．不透明鉱物という語を鉱石鉱物と同義に用いることが多いが，これは正しくない．たとえば，黄鉄鉱*は不透明であるが鉱石*として扱われることはほとんどなく，閃亜鉛鉱*は鉱石であるが不透明なものはほとんどない．

不等流 non-uniform flow ⇨ 等流

ブートストラッピング bootstrapping
　統計学：統計を抽き出した分布形が未知である場合に，統計の妥当性あるいは誤差*を推定する方法．統計分布の推測は，当該のサンプルデータから，くり返しランダムサンプ

リングして再計算をおこなうことによってなされる.

負の逆転 negative inversion ⇨ 逆転2

ブハン期間 Buchan spell
年間のおおむね特定の時期に,気温の順調な季節的上昇や下降がしばらくの間停止したり逆行する期間で,数回程度ある.たとえば,〔スコットランドでは〕5月9日〜14日は寒冷な期間,12月3日〜14日は温暖な期間.スコットランドの気象観測所の19世紀中期における気温記録を分析して,この現象を明らかにした気象学者アレクサンダー・ブハン(Alexander Buchan)に因んでこの名がある.1869年,ブハンは数年間にわたる記録を検討して,6回のこの種の寒冷期間,3回の温暖期間を識別した.⇨ 特異日

ブブノフ単位 bubnoff unit
地質学および地形学で侵食*速度を表す基準となる尺度.1ブブノフ単位(B)は,地表物質が1年間で1μm,あるいは1,000年間で1mm除去されるのに等しい.この名称はS.フォン・ブブノフ(S. von Bubnoff, 1888-1957)に因む.

部分区間帯 partial range zone
〔1区間帯*中で〕1つのタクソン*の産出下限と別のタクソンの産出上限にはさまれ,かつ両タクソンが層序的に重複していない地層*区間. ⇨ 間隔帯. → 共存区間帯

部分循環湖 meromictic lake
表水層*と深水層*とで化学的性質(たとえば塩分濃度*つまり密度)が異なるため,恒常的に成層している湖. → 全循環湖

部分溶融 partial melting
母岩*が不完全に溶融すること.これによって化学組成が母岩とは異なるメルト(溶融体)*が生成する.分化の進んでいない固相から組成幅が限られた液相が生じる機構として重視されている.たとえば,玄武岩*の多くは上部マントル*の超塩基性岩*の部分溶融によって生じ,花崗岩*は一部あるいは全部が大陸地殻*の部分溶融(アナテクシス*)に由来していることが多い.部分溶融によって不適合元素*に富むメルトが生成する.沈み込み帯*では中性岩*(安山岩*など)が形成される.沈み込んでいく海洋地殻*(塩基性岩*)は温度と圧力が増すにつれて変成作用*を受け,ついでメルトあるいは水に富む流体を放出し始める.この物質が上位のマントル中を上昇することによって,マントル物質が溶融して中性マグマ*が発生するのである.

不偏浮標(つりあい浮子) neutrally buoyant float (**スワローフロート** Swallow buoy)
スワロー(J. C. Swallow)が1955年に考案した,海洋で流れの速度と方向を測定するための器具.2つのアルミニウム管からなり,1つが電池と音波発信器を内蔵,もう1つに調節おもりが入っていて,浮標が任意の深さに留まって浮くことができるようになっている.一定間隔で発信される音響パルスを船で追跡して,対象とする深さにおける水の動きを測定する.

不飽和帯 unsaturated zone ⇨ 土壌水帯

ブーマー Boomer
コンデンサーから変換器を通じて高圧電流を水中に放電する海洋地震探査*用の振源.変換器のプレートの間に発生した渦流によってプレートが引き離されて低圧域が生じ,これに向かって海水が内破*することによって衝撃波が発生する.低エネルギー(1kJ以下),高解像度の振源として海洋高周波地震探査で用いる.名称は商標名で,大きい明瞭な反射面*による高振幅・低周波の反射を指す口語でもある.

ブーマ・シーケンス Bouma sequence
乱泥流(混泥流)*堆積物(タービダイト*)の単層内部に見られる各種の堆積構造*の理想的な配列.これを初めて記載した地質学者ブーマ(A. H. Bouma)に因む名称(『フリッシュ堆積物の堆積学』 *Sedimentology of Some Flysch Deposits*. Elsevier, Amsterdam, 1962).最下位にA(塊状*または級化*砂*部)があり,上位に向かって,B(下部平行葉理部),C(リップル漂移斜交葉理*部またはコンボリュート葉理*部),D(上部平行葉理部),E(遠洋性*泥*部)が順に重なる.完全なシーケンスを示す例はそれほど普遍的ではない.流速が減衰していく乱泥流からの堆積作用を示すもの

フミン酸 humic acid
　暗褐色の有機物の混合体．弱アルカリを用いて土壌*から抽出される．酸性溶液中でも溶けているフルボ酸とは異なり，pH* 1～2で沈殿する．

浮遊塵分析 airborne dust analysis
　空気中に浮遊している微粒子を収集し，その種類を決定すること．局所的な粒子のみを得るために上向きに動いている粒子を粒度別に収集する必要がある．最近では植物に付着している粒子を直接吸引する技術が開発されている．

浮遊選鉱法（浮選法） flotation separation
　特定の鉱物*に疎水性をもたせる浮選剤を混ぜた水に，粉砕した鉱石*を投入しておこなう濃縮法．粒子の懸濁液に空気を混和して撹拌すると，疎水性の粒子は〔気泡に付着して〕浮かび，親水性の粒子は沈む．浮かんだ粒子をすくい取るか，浮遊槽から溢流させる．

フュガシティー（フガシティー）(f) fugacity
　化学平衡の計算に用いる，気体が逸脱または膨張する傾向の尺度．フュガシティー(f_i)は，任意の温度の実在気体を，理想気体に適用する式，$f_i=\gamma_i P_i$に当てはめるための圧力に替わる状態量．γ_iはフュガシティー係数，P_iは実在気体のi成分の分圧*，理想気体では$\gamma_i=1$．

フュージナイト fusinite ⇨ 石炭マセラル

フューゼイン fusain（炭母炭 mother-of-coal）
　化石チャコール*．石炭の組織成分*の1つで，しばしば'石炭の母'と呼ばれる．植物体が無酸素条件で熱せられてほぼ完全に炭化したもの．微細な植物組織や細胞組織が保存されていることがある．

ブライト・スポット bright spot
　反射法地震探査*記録上で，地震波*が特徴的な位相反転を示す部分で，通常は天然ガス*を含む層の存在を示す．位相反転は，ガスで満たされた層の音響インピーダンス*が著しく低下し，含ガス層の頂面から強い負の反射が起こることに起因する．ブライト・スポットは下位にフラット・スポット*をともなうことが多い．

フライヤー flyer ⇨ ストリング

ブラインドホール blind hole
　掘削泥水*がすべて周囲の岩石中に漏出してしまった試錐孔*．

ブラウン運動 Brownian motion
　コロイド*溶液または懸濁液中に分散している微粒子の不規則な運動．

ブラウンエルデ Braunerde ⇨ 褐色土

ブラウン鉱 braunite
　酸化物鉱物*．Mn_2O_3，ただしシリカ*を約10重量％含むので，化学式は$3Mn_2O_3 \cdot MnSiO_3$；比重4.7～4.8；硬度*6.0～6.5；正方晶系*；黒褐～青灰色；条痕*黒褐色；亜金属光沢*；結晶形は錐体，ときに塊状または粒状．熱水*鉱脈*に他のマンガン酸化物と共生して産するほか，二次鉱物*として，あるいはマンガンを含む堆積岩*由来の変成岩*に産する．他のマンガン鉱物と酷似するが，塩酸に溶解しシリカの残留物を生じる．マンガン鉱石*で，製鋼に用いられる．

プラギアン階 Pragian
　デボン系*中の階*．年代は396.3～390.4 Ma（Harlandほか，1989）．

ブラキオサウルス属 *Brachiosaurus* ⇨ 竜脚亜目

プラキック層位 placic horizon
　湿潤熱帯から湿潤寒帯にわたる条件下で，最も容易に形成される下層土*の土壌層位*．鉄と酸化物，鉄とマンガン，あるいは鉄のみによって膠結*されている．

フラクソタービダイト fluxoturbidite
　分級*が不十分な堆積物*．重力流の内部で乱流*による粒子の混合がほとんど起こらない場合に形成される．スランプ*と乱泥流（混泥流）の中間にあたる移動形態の産物．

フラクタル fractal
　いかに拡大・縮小しても基本的な元のパターンがくり返し現れるような幾何学的な性質．したがってフラクタル図形は空間を埋めることができず，フラクタル次元をもつとされる．カオス*系や分枝電光など，天然にはフラクタルの例が多く存在する．

フラグマ phragma ⇨ 渦鞭毛藻綱

フラグミーテス・クリフウッデンシス
Phragmites cliffwoodensis
　アメリカ，ニュージャージー州に分布する白亜紀*中ごろの地層から報告されている，初期のアシ様化石．系統関係ははっきりしていないが，真のアシ類であれば最初のイネ科植物ということになる．

ブラケット，パトリック・メイナード・スチュアート（1897-1974）Blackett, Patrick Maynard Stuart
　ロンドン，インペリアル・カレッジの物理学者．第二次世界大戦中に磁力計*を作製，その後極めて小さい磁場を検知することができる計器を開発し，これを使って古地磁気*の研究に没頭した．地磁気が巨大な回転体に起因することを示そうとしたが，成功に至らなかった．

フラジアン　Frasien ⇨ フラスニアン

フラジ盤　fragipan
　酸性土壌*断面の深い部分に見られる，嵩密度*（かさ-）が大きい下層土*層位*．緻密で締まったもろい層で，膠結*層位をほとんどないしまったく欠く．

ブラジル海流　Brazil current
　ブラジル海岸沖を南流する温暖な強化海流*．北半球でこれに相当するメキシコ湾流*にくらべて，塩分濃度*が高く（36.0～37.0パーミル），流速が小さく，浅いこと（100～200 m）によって特徴づけられる．

ブラスト-　blasto-
　変成岩*の組織*に冠する接頭辞．元の岩石の構造要素が変成時の再結晶作用*によって成長した結晶*により一部あるいは完全に置換されて残っている組織を指す．たとえば，'ブラストポーフィリティック（残留斑状）'という語は，変成作用*を受けた斑状火成岩*（⇨ ひん岩）の斑晶*が，新たな変成鉱物の集合体によって置換されて残留している組織を指す．

ブラストポーフィリティック（残留斑状）
blastoporphyritic ⇨ ブラスト-

フラスニアン　Frasnian（フラジアン Frasien）
　1．フラスニアン期：後期デボン紀*中の期*．ジベーティアン期*の後でファメニアン期*の前．年代は 377.4～367 Ma（Harland ほか，1989）．単細胞の有孔虫*が最初の大放散をとげた時代で，ゴニアタイト，プロレカニタイト，クリメニア（以上いずれもアンモナイト*）の主要なグループが出現した．2．フラスニアン階：フラスニアン期に相当するヨーロッパにおける階*．セネカン統*（北アメリカ），コンドボリニアン階*の一部とハービアン階*（オーストラリア）にほぼ対比される．

プラズマ　plasma
　自由原子と自由電子からなる完全にイオン*化した，低密度・高温の気体．全体としては電気的に中性．〔固相，液相，気相に次ぐ〕'物質の第四の状態'といわれる．

プラス-マイナス法　plus-minus method（ハゲドーン法 Hagedoorn method）
　傾斜角が10°を超えない不規則な層構造に対応した屈折波の解析法．矛盾しない走時曲線*を得るために，順方向と逆方向の発振記録を用いる．この方法の正の要素部分から，屈折層までの垂直深度を計算する．負の要素部分は屈折層の弾性波速度を決定するために使用される．

プラッキング　plucking（氷河のはぎ取り作用 glacial quarrying）
　氷河*が基盤岩から比較的大きい岩塊を直接もぎとる作用．基盤岩の弱くなった部分が氷河の底に凍りついて氷河中に取り込まれたり，氷河中に取り込まれている岩片が基盤岩の上を引きずられる際にその一部をもぎとったりする．

ブラッグ，ウィリアム・ローレンス（1890-1970）Bragg, William Lawrence
　イギリスの物理学者．父ウィリアム・ヘンリー・ブラッグ（William Henry Bragg）とともに結晶*の原子構造を決定するためのX線回折結晶学*の技術を開発した．大陸漂移説*の早くからの支持者で，1922 年にウェゲナー*の著作の英訳と出版に関わったとされている．⇨ ブラッグの法則

ブラックジャック　black jack ⇨ 閃亜鉛鉱
ブラックスモーカー　black smoker ⇨ 熱水孔

ブラッグの法則 Bragg's law（**ブラッグの式** Bragg equation）
結晶学：結晶格子*内におけるX線の反射あるいは回折を表す法則で，次のブラッグの式で与えられる．$n\lambda = 2d\sin\theta$．nは任意の整数，λは入射X線の波長，dは結晶*の原子面間隔（d間隔），θは入射X線と原子面とがなす角（ブラッグ角）．X線回折*による鉱物*の同定に際して用いる．

ブラックリバーリアン階 Blackriverian
北アメリカにおけるオルドビス系*，中部チャンプレーニアン統*中の階*．

プラッゲン plaggen
長期間にわたる施肥が原因で生じた，深さ50cm以上に及ぶ人為的な土壌層位*．燐酸塩に富むものが多い．

フラット flat
水平層内に生じた衝上断層*は，層理面*に対して高角度で切り上がる部分（ランプ）と層理面に沿ってずれる部分（フラット）からなる階段状の形態をなす．フラットは結合性の弱い層理面に沿ってデコルマン*が起こった部分．形成時には水平であっても，後の圧縮によって傾斜していることもある．⇒ランプ

フラット・アイアン flat iron
1. 勾配が急で平坦な傾斜斜面*がほぼ三角形をなしている地形．ホッグバック*をほぼ直角に切る2つの平走する谷にはさまれて現れる．アメリカ，ロッキー山脈の東縁に普遍的に見られる．〔フラット・アイアンはいわゆる'アイロン'のこと．傾斜斜面をなす堅固な地層*が下位の地層をアイロンがけしているアイロンの先端のように見えることから，この名がある．〕**2**. 滑動する氷河*の侵食*によって形成された礫*．典型的なものは，一端が欠け落ち，もう一端が流線型の弾丸形を呈する．大きさは数cmから数mにわたる．

プラット，ジョーン ヘンリー（?1811-71）Pratt, John Henry
コルコタ（旧称カルカッタ）の副僧正にして，数学・物理学者．インドにおける三角測量中に見いだされた重力の理論値と観測値の間のくいちがいを説明するために，ヒマラヤ山脈の質量を計算．高山をなす部分の地殻*の密度はそれ以外の部分よりも小さいと考え，それに基づいたアイソスタシー*の理論を発展させた．⇒プラットのモデル

フラット・スポット flat spot
反射法地震探査*記録上で，他の部分では傾斜した反射面*を示すデータ中に，トラップ*構造に典型的なガス/水境界面〔水平面〕からの強い正の反射によって，強い反射波が現れる部分．ブライト・スポット*の下位に現れることが多い．

フラッド帯 flood zone ⇒ アクメ帯

プラットのモデル Pratt model
地下一定の深さに補償面を想定することによってアイソスタシー異常*を説明する岩石圏（リソスフェア）*のモデル．補償面より下の岩石の密度はすべて均等であるが，それより上では高度が高い部分ほど密度が小さいというもの．したがって補償面より上にあって単位面積を底面とする柱の質量はどれも同じということになる．すなわち，地殻*の密度をρ_c，高度をhとすると，$\rho_c h$は一定となる．海洋部分では$\rho_c h + \rho_d d$が一定．（ρ_dは海水の密度，dは水深）．⇒ エアリーのモデル

ブラッドフォーディアン階 Bradfordian ⇒ チョートクアン統

プラットフォーム platform（**陸棚** shelf）
勾配が緩やか，ないしほぼ水平な浅海の平坦地．炭酸塩堆積物*が卓越する海域の水平な平坦地はプラットフォーム，全体が緩やかに傾斜している炭酸塩浅海域はランプと呼ばれる．

フラッドベリー Fladbury
古生物学上の証拠から，アプトンワーレン亜間氷期*に続く寒冷期に，ツンドラ*状の不毛な景観を呈していたと推定されている，イングランド，ウースターシャー地方の地域．

プラティクルティック platykurtic ⇒ 尖度（クルトシス）

フーラー土 fuller's earth
モンモリロナイト*など膨潤性の高いスメクタイト*を主成分とする粘土*．その吸着活性が工業的に利用される．

プラニティア planitia（複数形：planitiae）

惑星表面の，周囲よりも低くなっている平原．典型例は火星*のヘラス・プラニティア（Hellas Planitia；42°S, 293°W）で，面積は2,000×1,500 km．隕石*衝突凹地が荒廃したものと考えられている．

プラネゼ planèze

火山*山腹の溶岩*がなす三角形の傾斜面．水流によって開析された火山錐*の原面の断片．

プラネットB Planet-B

日本のISAS*が1998年打ち上げ予定の，火星*を1年間周回する探査機．目的は，火星の大気と電離圏*に太陽風*が及ぼす影響の調査と，火星およびフォボス*とデイモス*の表面画像の送信．

プラノリーテス属 *Planolites*

生痕属*の1つ．堆積物食者*が堆積物内を自由に動きまわることによってつくった構造をもつ生痕ギルド*.

プラフマーク plough mark

風や潮流によって漂流する氷山の底が海底につけた溝．深さ数m，幅数十mに達するものもある．高緯度地方の大陸棚*の縁近くで多数見られ，過去に氷山が通過したことがうかがわれる．

ブラベ格子 Bravais lattice

結晶*は，規則正しい三次元的な配列をくり返す点〔原子〕からできているとみなすことができる．このくり返している最小の配列単位を単位胞という．1850年ブラベ（M. A. Bravais）は，同価点の空間的配置から，ブラベ格子として知られる14の規則的なパターンを提示した．

ブラベの法則（ブラベ則） Bravais law (Bravais rule)

結晶*は，格子*点の空間位置によってきまる単位胞構造が三次元的にくり返してできている．ブラベ（M. A. Bravais）が提唱したブラベの法則は，この格子点の密度あるいは格子面間隔が結晶の形を相対的に決定している，とするもの．すなわち，結晶に最も現れやすい面は格子点密度が最も高い格子面に平行な面ということになる．

プラヤ playa（**サリナ** salina）

近くの高地からの表面流出*または局地的な雨によって頻繁に氾濫する，山間盆地またはボルソン*内で，最も低くなっている部分．主にコロイド*，粘土*および岩塩*・石膏*・ナトリウム硫酸塩などの蒸発岩*が堆積．表面は一般に平坦で泥質の干潟*となっており，ところどころに小さい砂丘*をともなう．この名称（playa, salinaはそれぞれ'浜'，'塩鉱'を意味するスペイン語）は最初，アメリカ西部のコロラド高原とシエラネバダ山脈*の間の乾燥したベイスン・アンド・レインジ区*のものに使われたが，今日では世界中で同じような環境に対して用いられている．

フラワー構造 flower structure

走向移動断層*帯でトランスプレッション*の場に見られる上方に凸の衝上断層*または逆断層*群〔正のフラワー構造．これに対してトランステンション*の場では上方に凹の正断層*群（負のフラワー構造）が発達する〕．地震記録*断面でその形態が花弁に似ていることからこの名がある．ヤシの木の葉に見立てて'ヤシの木構造'とも呼ばれる．この構造は，走向移動運動を示唆し，この運動にともなってプル・アパート盆地が発達している可能性があり，石油の貯留が期待されるため，石油探査で重要視される．

ブラン buran

ロシアや中央アジアで夏季，冬季を問わず吹く強い北東風．冬季には著しく低温．激しい雪をともなう場合には'プルガ'とも呼ばれる．

プランクトン plankton（形容詞：planktonic）

運動器官をもたず，水の動きにつれて漂う微細な水生生物．植物性プランクトン（phytoplankton）の大部分が光合成*をする珪藻*で，水生生物の植物連鎖の底辺をなす．動物性プランクトン（zooplankton）は珪藻を餌とし，弱い運動能力をもつものもある．原生動物*，小型の甲殻類（綱）*などのほか，初夏には多くの大型生物の幼生がこれに加わる．大きさによって，ネットプランクトン（netplankton）（直径25μm以上）と

プランクトン・ネットで捕獲されないほどに小さいナノプランクトンに分けられる．⇨ ナノ-；微化石

プランクトン年代学 plankton geochronology

グロビゲリナ*，有孔虫*などのプランクトン*または顕微鏡的な大きさの藻類*を用いて海成堆積物*の相対年代*を求める方法．放射性崩壊*を利用する方法を適用して，プランクトンの絶対年代*（数値年代）や古気候上の情報を得ることもできる．

フランクリン鉄鉱 franklinite

スピネル*族の鉱物で磁鉄鉱*系列の端成分*．$ZnFe^{3+}_2O_4$；かなりの量のMn^{2+}とFe^{2+}を含む；比重5.0；硬度*6；黒色；金属光沢*；結晶形*は立方体であるが，通常は八面体または粒状の集合体をなす．ニュージャージー州フランクリン（Franklin）の変成*した石灰岩*に他の亜鉛鉱物と共生*して産する．

ブランケット型湿地 blanket bog

大陸性湿潤気候下で，好雨性の〔比較的長い雨期にあっても生活できる〕湿地植物群が成育しているところ．平坦地あるいは中程度の勾配をもつ地域に典型的．イギリス諸島では，ペニーン山脈山稜部，北西スコットランド，アイルランドの一部に広く発達する．

フランコニアン階 Franconian

北アメリカのカンブリア系*クロイアン統*中の階*．ドレスバッキアン階*の上位でトレンピロウアン階*の下位．

プランジ plunge

線構造（リニエーション）*が水平面となす角度．褶曲軸*の傾斜を記載するのに用いられることが多い．〔⇨ピッチ．➡レーク〕

ブランデンブルク・モレーン Brandenburg moraine

バイクセル氷期の氷河*南限を画する一連のモレーン*の1つ．北ドイツ平原を約500kmにわたって延びる．これがヨーロッパ・ロシアに続いてさらに2,000kmほど連なっている．

フランドル間氷期 Flandrian

現在を含む間氷期．最後の氷河*拡大期ないし寒冷期（デベンシアン氷期）に続く現在の温暖期を，後氷期ととらえるより第四紀*（または後期新生代*）における間氷期の1つと考えるほうが妥当であることを示唆する証拠が多い．ヨーロッパでフランドル間氷期における最温暖期（気候最良期*または高温期）は約6,000年BPのアトランティック期*．中・高緯度地方で再び氷河が前進するか極端な寒冷期が始まる時期，あるいはそれが進行する速度については，定説はない．フランドル間氷期は完新世*間氷期と呼ばれることもある．

ブランドン寒冷期 Brandon

ビュルム氷期（デベンシアン氷期*）中のアプトンワーレン亜間氷期*にあった寒冷期．

プリアボニアン Priabonian

1．プリアボニアン期．始新世*の最後の期*．バートニアン期*の後で漸新世*ルペリアン期*（スタンピアン期）の前．年代は38.6～35.4 Ma（Harlandほか，1989）．2．プリアボニアン階．プリアボニアン期に相当するヨーロッパにおける階*．北アメリカのレフジアン階*，ニュージーランドのルナンガン階*，オーストラリアのアルディンガン階*の一部にほぼ相当する．

フーリエ解析 Fourier analysis

任意の周期関数を，$f(x) = a_0/2 + \sum_{\infty}^{n=1}(a_n \cdot \cos nx + b_n \sin nx)$という収束三角関数の級数に分解する方法．$a_n$と$b_n$は定数．フーリエ解析は時間領域*の関数（たとえば地震波形）から周波数領域*の関数を導く処理法．⇨フーリエ変換

フーリエ合成 Fourier synthesis

周波数，振幅および位相がわかっている三角関数を重ね合わせて観測された波形を合成すること．周波数領域*の関数から時間領域*の関数を導く処理法．⇨フーリエ変換

フーリエ変換 Fourier transform

時間領域*の関数（たとえば地震波形）を周波数領域*の関数に，あるいはその逆に変換するための数学的な処理法．⇨フーリエ解析；フーリエ合成

ブリオベーリアン階 Brioverian

フランスのブルターニュ地方における上部原生界*中の階*．年代は約1,000～580 Maで，ペンテブリアン階*の上位．

ブリガンティアン階 Brigantian
　石炭系* ビゼーアン統* の最上位の階*.

プリケーション prication
　細密褶曲〔小規模な強い褶曲*〕.

ブリザード blizzard
　雪を吹きつける強風と低温をともなう嵐. 冬季のアメリカ中・北部で顕著な気象現象で, 低気圧* の通過によってもたらされる. アメリカではアメリカ国立海洋大気庁 (NOAA) によって, ブリザードは, 風速 56 km/時 (約 15 m/秒) 以上, 気温 -6.7℃ 以下, 降雪または地吹雪による視程が 0.4 km 以下となるような嵐と定義されている. 激しいブリザードでは, 風速が 72.5 km/時 (約 20 m/秒) を超え, 気温は -12.2℃ を下まわり, 視程はゼロに近くなる.

フリジッド frigid ⇨ パージェリック

フリーストーン freestone
　石材として用いる砂岩* や石灰岩* などで, 節理* が発達していず, どの方向にも容易に加工または切断することができる岩石. → 規格寸法の岩石

ブリックアース brickearth
　イングランド南東部に産するシルト* 質の細粒堆積物. 成因は複雑で, レス* が斜面から洗い出されるか, 静止水底に堆積するなど, レスの再堆積によって形成されると考えられている.

フリッシュ flysch
　堆積岩* の岩相*. 造山時* 堆積物の性格を有する, 厚く累重し, 〔級化成層* を呈する〕砕屑岩.

ブリティアン階 Bulitian
　北アメリカ西海岸における下部第三系* 中の階*. イネジアン階* の上位でペヌティアン階* の下位. おおむね上部サネティアン階* に対比される.

プリドリ統 Pridoli
　上部シルル系* 中でラドロウ統* に続く統* (410〜408.5 Ma).

プリニー式噴火 Plinian eruption
　大量の火山砕屑物* を放出する爆発的な火山噴火*. 噴煙柱は地中海地方に特有の松 (ストーンパイン Pinus pinea) に似た巨大なきのこ型をなし, 高さが 55 km にも達して, 500〜5,000 km² の範囲に噴出物を降らせることがある. 厚い軽石* の降下堆積物をもたらす. 噴煙柱が崩れて火砕流* が発生することもある. この名称は, 紀元前 79 年にポンペイを壊滅させたベスビオ火山噴火の際に死亡した大プリニー (Pliny the elder) に因む.

ブリュックナー周期 Brückner cycle
　寒冷湿潤期間と温暖乾燥期間が約 35 年の周期でくり返すという説で, 1890 年に A. ブリュックナーによって提唱された. その後の検証に多大な注意が払われているが, 年々の不規則変動幅のほうが大きく, また他の周期の変動が重なるため, その存在は実証されていない.

フリューム flume
　川に人工的につくった短い流路. ここに河川水を集めて臨界流* をつくり, その水深から流量* を求めるためのもの.

浮　力 buoyancy
　物体の密度とそのまわりの物質の密度の違いによって起きる鉛直方向の力. 水素あるいはヘリウムを詰めた気球や飛行船が空中に浮かんだり上昇するのはこの力による. 空気塊が周囲の大気より高温であれば, 空気塊には密度差による上向きの浮力 (正の浮力) が働いて上昇する. 空気塊が周囲の大気より低温であれば逆の状態となり, 下向きの浮力 (負の浮力) によって下降する. ⇨ サーマル

プリンサイト plinthite
　鉱質土壌* 中で, 鉄とアルミニウムの酸化物, 粘土*, 石英* の含有量が多い部分. 風化作用* が顕著な熱帯地方の土壌で溶脱* とグライ化作用 (⇨ グライ層) が相乗的に働いて発達する. 乾燥すると, 非可逆的に硬盤* に変化する.

フリン図 (フリン・ダイアグラム) Flinn diagram
　体積変化の有無にかかわらず, 変形した岩石の三次元歪* 状態を表現するグラフ. 膨張および/またはゆがみによって基準球から変形した楕円体 (⇨ 歪楕円体) の主歪軸* x/y と y/z の値を直交座標にプロットしたもの. 主歪のデータは歪マーカー* を用いた歪解析によって求める.

プリンスバッキアン階 Pliensbachian
ヨーロッパで設定されている下部ジュラ系*の階*.ニュージーランドのウルロアン階上部にほぼ相当.年代は194.5～187 Ma (Harland ほか,1989).⇨ ライアス

フリント flint（**シレックス** silex）
チャート*の一種.通常,チョーク*中に団塊（ノジュール）*または縞をなして産する.海綿*,珪藻*,棘皮動物*の多孔質で透水性の骨格および巣孔に沈積したもの.

ブルー blue
採石業で堅い石を指す業界語.

プル・アパート盆地 pull-apart basin ⇨ 走向移動断層

篩（ふるい） sieve
底がメッシュとなっている円形の容器.メッシュの目開きは,それよりも細かい粒子のみが通過することができるように精確に規格化されている.

篩分け（ふるいわけ） sieving
粒度分析（⇨ 粒径）の一方法.メッシュが最も粗いものを一番上,最も細かいものを一番下にして積み重ねた篩*に試料を入れ,上から順に粗い粒子を選別する.各篩に残った試料を秤量し,そのパーセント値をヒストグラムまたは累積頻度分布曲線*に表す.

ブルウンの法則 Bruun rule
海岸線の断面形は,水深および海流と波浪によってきまる勾配と平衡しているという,P. ブルウンが1962年に提唱した考え.

プルガ purga ⇨ ブラン

ブルカノ式噴火 Vulcanian eruption
比較的粘性*の高いマグマ*中に閉じ込められているガスの圧力が高まり,上を覆う固結した溶岩*皮殻が吹き飛ばされて起こる爆発型の火山噴火*.放出物質は火山体を構成していた古い岩石で,新たなマグマが含まれていないことが特徴.火山ガスと火山灰*からなる噴煙を上げ,あらゆる大きさの角ばった岩屑片を激しく放出する.噴火活動は長く続くことが多い.⇨ 火山.→ ハワイ式噴火；プレー式噴火；プリニー式噴火；ストロンボリ式噴火；スルツェイ式噴火；ベスビオ式噴火

ブルーサイト brucite
鉱物.$Mg(OH)_2$；比重2.4；硬度*2.5；三方晶系*；白色,ときに淡黄,青または緑色を帯びる；条痕*白色；真珠-*～蠟光沢*；結晶形*は通常は幅広い板状,ただし塊状,繊維状,葉片状のこともある；劈開*は底面{0001}に完全.変成*した石灰岩,熱水*脈中に方解石*,滑石*,蛇紋石*とともに産する.塩酸に溶解.名称は19世紀のアメリカ人鉱物学者ブルース（A. Bruce）に因む.

ブルージョーン Blue John ⇨ 蛍石

ブルチャン系 Burzyan
西部ロシアにおける中部原生界*中の系*で,年代はおよそ1,675～1,475 Ma (Harland ほか,1989).

ブルディガリアン Burdigalian
1.ブルディガリアン期：前期中新世*中の期*.アキタニアン期*の後でランギアン期*の前.2.ブルディガリアン階：ブルディガリアン期に相当するヨーロッパにおける階*.放射年代は約21.5～16.3 Maで,上部サウセシアン階*（北アメリカ）,上部オタイアン階*とアルトニアン階*（ニュージーランド）,上部ロングフォーディアン階*とベーツフォーディアン階*（オーストラリア）にほぼ対比される.模式地*はフランスのルコキラ（Le Coquillat）.ゾウをはじめとする哺乳動物によって特徴づけられる.

フルートキャスト flute cast ⇨ フルートマーク

フルード数（Fr） Froude number
水流の流速と重力波〔重力や表面張力*が支配的な,気/液層境界で生じる波〕の移動速度との比に等しい無名数〔$Fr = u/\sqrt{gh}$：u,流速；g,重力加速度*；h,水深〕.開水路*中の流れがゆるやかであるか,激しいか,その境目であるかを表すのに用いる.これが1以下,1,1以上の水流は,それぞれ常流または低次流,臨界流*,超臨界流または高次流と呼ばれる.

フルートマーク flute mark
水流中の乱流*によって泥*の表面につけられた舌状の洗掘痕.上流側の末端で最も深

くなっているため，古流向の指示者として利用できる（⇨ 古流系解析）．フルートが堆積物によって埋められるとキャスト（フルートキャスト）* として上位の地層* の底面に保存されることになる．かつてはタービダイト* を指示するものと考えられていたが，強い水流が未固結* の泥の上を通過することによって，どのような環境でも形成される．

フルート・モレーン fluted moraine

氷河* 前縁で直角な方向に群をなして延びている流線型の峰からなるグランド・モレーンの表面形態．一般に個々の峰は長さ 1 km 以下，高さ 10 m 以下．高い荷重圧の下にある氷河下の可塑的なティル（氷礫土）* が，大きい岩塊の下流側に生じる圧力の低い部分に押しやられて生じたと考えられる．

フルボ酸 fulvic acid

土壌* から抽出され，弱酸，アルコール，水に溶解する無色の有機酸の混合物．

ブルン正磁極期（ブルン正クロン） Brunhes

松山逆磁極期（逆クロン）* に続く，第四紀* 最新の正磁極期（正クロン）*，放射年代は 0.78 Ma から現在まで．いくつかの短い逆亜磁極期（逆サブクロン）* を含んでおり，そのなかではブレーク（約 110,000 年 BP），レークムンゴ（約 30,000 年 BP），ラシャンプ（約 18,000 年 BP），ゴーテンブルク（約 13,000 年 BP）の各亜磁極期が最も確実視されているが，なお不明確な点も多い．

プレー play

石油* や天然ガス* が特定の地域に蓄積する要因が複合すること．

プレイフェア，ジョーン（1748-1819）Playfair, John

スコットランドの数学者．ハットン* の火成論* と斉一説* をわかりやすく解説して（1802 年）普及させ，その進展に寄与した．

プレオナステ pleonaste ⇨ スピネル

ブレガー，ヴァルデマル・クリストファー（1851-1940）Brøgger, Waldemar Christofer

ノルウェーの地質学・鉱物学者で，1890 年から 1917 年までオスロ大学教授．ノルウェーの地質図* 作製，ペグマタイト* の研究など多くの分野に貢献したが，マグマの分化* に関する研究が特筆される．

ブレーク break

ある現象が始まること，とくに初動* を指す．著しく異なる振幅をもつ新しいエネルギーの始まりの時刻．タイムブレーク（time break）は，地震記録* 上における振源の発振時刻を表すマークのこと．⇨ アップホール時間

ブレーク逆亜磁極期（ブレーク逆サブクロン） Blake ⇨ ブルン正磁極期

プレクトロノセラス・カンブリア Plectronoceras cambria

初期オウムガイ類* の 1 種で，小型で角型の殻をもつ．その名が示すように，この種はヨーロッパとアジアのカンブリア系* から発見されている．

フレーザー岩 flaser rock（**フレーザー片麻岩** flaser gneiss）

縞模様を呈し，細粒の石基* 中に卵形のメガクリスト* を包有している異方性* の岩石．石基は強い変形によって形成されるマイロナイト* に典型的なファブリック* をもつ．メガクリストは元の岩石中で変形を免れた部分．フレーザーとは '不規則な脈' あるいは '結び目' を意味するドイツの方言．

フレーザー層理 flaser bedding

ヘテロリシック層理* の 1 形態で，斜交葉理* をなす砂* がシルト* または粘土* の薄層（マッドドレープ*）によって覆われているもの．フレーザー層理は，水流の強さが大きく変動する環境で，リップル* をなして運搬された砂が低エネルギーの期間に泥* で覆われることによって形成される．

フレーザー片麻岩 flaser gneiss ⇨ フレーザー岩

プレシオリクテロプス属 Plesiorycteropus

明らかに巣孔性の，アリを常食とする哺乳類* で，マダガスカルの現世に近い堆積物から発見された不完全な標本のみが知られている．体重は 10 kg 程度以下．現在，この属はバイビマラガス目* という新しい目に分類されている．

プレシオン plesion

分類学：1つの亜目に含まれるいくつかの上科からなる分類グループ．

プレー式噴火 Peléean eruption

熱雲*（ガスを含む高温の流体）の放出によって特徴づけられる極めて激しい火山活動．粘性*の高い溶岩*によるもので，噴火*に先だって溶岩ドーム*が形成される．熱雲はドームが爆発して生じることも，急斜面上に成長したドームが崩壊して生じることもある．→ 火山．⇨ ハワイ式噴火；プリニー式噴火；ストロンボリ式噴火；ベスビオ式噴火；ブルカノ式噴火

プレスプリッティング pre-splitting

大規模な発破をおこなう前に，〔小規模な〕発破により平面状のクラックを拡げて岩盤をクラックでとりかこむ作業．生じたクラックは，主発破による衝撃波が周囲の岩盤に及ぶのを遮蔽する．これによって起爆の時間差を最小とすることができる．

ブレーダイト bloedite

非海成の蒸発物鉱物*．$Na_2SO_4 \cdot MgSO_4 \cdot 4H_2O$．

プレッシャー・シャドウ pressure shadow

変成岩*中に共存する相対的に堅固な斑状変晶*またはポーフィロクラスト*の影で変形を免れている部分．変形変成組織であるまわりの片理*に直交している斑状変晶またはポーフィロクラストの側壁面に接した三角形の領域に不定方位の石英*や緑泥石*が生じている．変成作用*と変形作用の期間中に，堅固で変形しない斑状変晶またはポーフィロクラストをとり巻く基質*部が圧縮され，その領域から溶け出した成分が，結晶両側の面構造が包み込んでいる影の領域に再沈積したもの．

プレッシャー・フリンジ pressure fringe

広域変成岩*中で，斑状変晶*（通常は黄鉄鉱*か磁鉄鉱*）の壁面に垂直（ときには平行）に成長している石英*，方解石*，緑泥石*，白雲母*などの羽毛状結晶*．変成作用*と変形作用の期間中に，斑状変晶をとり巻く圧縮された基質*部から溶け出した成分が，結晶の両側に再沈積したもの．斑晶の壁面に結晶の核が形成され，壁面に規制された一定の結晶学的方位に成長していく．こうして生じた羽毛状結晶は直線的な境界面で交差していることが多い．変成作用の進行につれて斑状変晶が回転すると，プレッシャー・フリンジをなす鉱物は湾曲した羽毛として成長し，これから基質部に対する斑状変晶の運動過程を読みとることができる．

プレッシャー・リッジ pressure ridge

玄武岩*溶岩*流の表面に見られる，溶岩流の流向と直交する湾曲した畝状の高まり．冷却しつつある表面部がなお流動している下層にひきずられて生じた隆起構造．固結した表層部が破断してずり上がってできたものもある．

ブレッチオーラ brecciola

'小さい角礫'を意味するイタリア語．石灰岩*の小さい角礫が級化成層*をなしている地層．

ブレッチオ礫岩 breccio-conglomerate

円礫*と角礫*の両方を含む礫岩*．礫岩と角礫岩*の中間にあたる．

プレート plate

1. いくつかに分かれている岩石圏（リソスフェア）*の1つ1つの部分．その内部では地震活動や火山活動はほとんど起こらない．周囲はほぼ連続する地震帯*（プレート縁*）によって限られており，火山帯や若い陸上山脈または海底山脈をともなうことも多い．現在の地球上には7つの主要なプレート（アフリカ*，南極大陸*，ユーラシア*，インド-オーストラリア*，南・北アメリカ*，太平洋*の各プレート）がある．これより小さいプレートがいくつかあり（たとえば，アラビア*，カリブ*，ココス*，ナスカ*，フィリピン海*の各プレート），新たに認知される微小プレート*の数も増え続けている（たとえば，ゴルダ*，ヘレニック*，ファンデフカ*）．アルプス-ヒマラヤ帯のような衝突帯*内部やその付近では，現在のプレート境界の位置が明確に特定されていないところもある．まして，地質学的な過去におけるプレートの歴史に関しては，見解の一致をほとんど見ていない．2. 多くは炭酸カルシウムからなる骨格物質の扁平な片を指す一般用語．

プレート縁（プレート縁辺部） plate margin（プレート境界 plate boundary）

地球の表層部（岩石圏-リソスフェア*）をなし、全体として地球表面を覆っている個々のプレート*の境界. 海洋中央海嶺*, ベニオフ帯*, 若い褶曲*山脈, トランスフォーム断層*など構造地質学的な要素と地形学的な要素の組み合わせによって特徴づけられる. プレート縁には3つの型がある：(a) 生産縁*（生産境界）〔拡大-, 発散縁ともいう〕：海嶺で新たに生成した岩石圏がプレートに付加し、たがいに離れていく. (b) 収束縁*（収束境界）：2つの型がある. 破壊縁*（破壊境界）〔消費縁ともいう〕では沈み込み帯*において一方のプレートが他方のプレートの下に入り込み、マントル*に回収される. 衝突縁（衝突境界, ⇒ 衝突帯）では、2つの島弧*または大陸、あるいは島弧と大陸が衝突している. (c) 保存縁*（保存境界）〔横ずれ-, 平行移動縁ともいう〕：2つのプレートがトランスフォーム断層に沿ってたがいに反対方向に移動している. 上記の3境界とも地震活動*が活発で、生産縁と破壊縁では火山活動*をともなう. これら3つの型の境界のうち2つ以上の性格を有するプレート境界もあり、複合プレート縁*（複合プレート境界）と呼ばれる. ⇒ プレート・テクトニクス；海洋底拡大説

プレート層序学 plate stratigraphy

移動しているプレート*上に堆積物*が堆積した地理的位置や水深の復元を目的とする研究.

プレート・テクトニクス plate tectonics

大陸移動*, 海洋底拡大*, 地震活動*, 地殻*構造, 火山活動*を、地球表層部の発展過程に結びつけて一貫したモデルで説明する包括的な理論. 地球表層部についてのモデルは、低温でもろい表層の岩石からなる殻すなわち岩石圏（リソスフェア）*が、硬さがはるかに劣る下層の流動圏（アセノスフェア）*の上に載っているというもので、大陸移動説と海洋底拡大説を合体させている. 岩石圏はいくつかの堅固な単元（プレート*）に分かれており、それぞれが他のプレートに対して独自の運動をしている. プレート縁*は、個々のプレートの差別的な運動に起因する地震活動の場となっている. 新たな岩石圏が生産縁*（海嶺*）でたえず形成され、分離して拡大していく一方で、破壊縁*（海溝*）でマントル*中に沈み込んで回収されているため、地球の円周は一定に保たれている. プレートのマントルへの回収にともなって、安山岩*の火山活動が起こり、海洋地殻*よりも密度が小さく沈み込みにくい新しい大陸地殻*がつくられる. 古い山脈の多くは大陸地殻の衝突をもって消滅した初期の沈み込み*の場であると考えられている. プレートの運動*を初期原生代*にまでさかのぼって適用して、造山帯*を解釈することにもある程度成功している. プレートはマントル対流*によって駆動されていて、時代とともに地球表面の形状を変化させながら、全地球史にわたって起こっていたようである. この理論は地球史上の多くの事象を説明することができ、地球科学の大部分の分野にわたる統一的な理論となっている. ⇒ 海嶺押し；スラブ引き

プレート内玄武岩（WPB） within-plate basalt

プレートの生産縁*や破壊縁*ではなく大陸プレートまたは海洋プレート内部で生成した玄武岩*. 大陸の台地玄武岩*（たとえばアメリカ西部コロラド川台地）や海洋島玄武岩*がその典型例. 個々の玄武岩はそれぞれの地球化学的特性をもつが、その $Ti/100 : Zr : Y\times 3$ 比（標準試料との）から固有のグループを構成している. これによってWPBグループは、海嶺玄武岩（MORB）*, 低アルカリ・ソレアイト*, カルクアルカリ玄武岩*グループから識別される.

プレートの運動 plate motions

プレート*の運動はオイラー極*に対する相対的な回転で表される. 過去2億年間の運動は主として海洋底の地磁気異常の縞模様*によって復元されている. それより古い時代の運動は、古地磁気学*の情報や大陸の衝突と分裂の証拠に基づいて推定されている.

プレートの絶対運動 absolute plate motion

固定座標系に対するプレート*の動き. ホットスポット*や古地磁気学*上のオイラー

極*を固定点とする座標系，すべてのプレートの正味のトルクを考えない座標系など，さまざまな座標系が用いられている．

プレートの相対運動 relative plate motion
他のプレート*に対する1つのプレートの動き．オイラー極*とそのまわりの回転角速度で表される．

ブレブ bleb
ある鉱物*の大きい結晶*中に包有されている他の小さい鉱物．丸みをおびていることが多い．

プレボレアル期 Preboreal
フランドル間氷期*（完新世*または後氷期）の最初期．約10,300年BPから9,600年BPにかけて森林が急速に拡大した時期．プレボレアル期は気候条件に基づく名称で，植生の面では，イギリスとヨーロッパにおける後氷期標準花粉年代の花粉帯IVに相当する（⇒ 花粉帯）．

フレームストーン framestone
堆積過程で，サンゴ（花虫綱*）などの生物がつくる堅固な枠組みによって固定された原地性の石灰岩*．⇒ エンブリー–クローバンの石灰岩分類法

ブレラップ亜間氷期 Brørup（**ループシュテット亜間氷期** Loopstedt）
最終氷期（デベンシアン氷期*）における亜間氷期*．名称はユトランド半島の地名に由来．約60,000年BPに始まる．イギリス諸島のチェルフォード亜間氷期*に相当すると考えられる．この期間における7月の平均気温は15℃から20℃程度と見つもられている．

不連続 discontinuity
1. 地球内部で地震波*の伝播速度に顕著な変化が見られる境界または層．たとえばモホロビチッチ不連続面*．2. 前線*を境に，気温，風向，湿度などが急激に変化すること．3. 堆積作用の中断．

不連続な劈開（–へきかい） spaced cleavage ⇒ 劈開

不連続反応系列 discontinuous reaction series
マグマ*の冷却過程において特定の温度で起こる鉱物*の反応．高温型の鉱物はその反応温度に達するまではマグマと平衡を保っている．反応温度に達すると鉱物はメルト*と完全に反応して融け去り，そのときの温度と平衡状態にある新たな鉱物が生成する．この2番目の鉱物もマグマが冷え続けて次の反応温度に達するまでマグマと平衡を保つ．この過程がくり返される．不連続反応原理は1928年にボウエン*が提唱．非アルカリ・マグマではかんらん石*→輝石*→角閃石*→黒雲母*の不連続反応が起こる．

フロアースラスト floor thrust
デュープレックス*の下位境界をなすスラスト（衝上断層）*面で，デュープレックスの先端と末端でルーフスラスト*と合体する．広域的に最下底をなしているスラストは底面（基底）スラスト*とも呼ばれる．

ブロウアウト blow-out
植生によって安定していた砂丘*のうち風による侵食*を受けた部分．風食は過剰放牧や人間の営みによって植生被覆がはがされた部分から始まることが多い．その結果，放物線型砂丘が生じる．

プロエタス目 Proetida
オルドビス紀*からペルム紀*にかけて生存した三葉虫綱*の目．頭鞍（⇒ 頭部）は大きく明瞭に識別でき，しばしば頬棘（きょうきょく）*が発達する．胴部は8～10節からなる体節をもち，尾板*には棘はなく肋溝が見られる．プロエタス目は2上科を含む．

プロガノケリス・クェンステディ *Proganochelys quenstedii*（**トリアソケリス・クェンステディ** *Triassochelys quenstedii*）
1887年にドイツのヴュルテンブルク地方（Württemburg）の三畳系*ストゥーベン砂岩（Stubensandstein）から最初に記載された，最古のカメ類化石．歯をもち，頸椎には頑丈な肋がある．

プロキシミティ検層 proximity logging
改良型マイクロ検層*ゾンデによる検層*．

プロコロフォン亜目 Procolophonia
相対的に進化型の杯竜類（目*；爬虫類*の幹系統）であり，それよりも原始的な種類の杯竜類とは，動きがよくなった短い顎をもつことで区別できる．これらの無弓類（亜

綱)*はペルム紀*と三畳紀*に生存していた.

プロジェネシス progenesis
通常よりも若く,早い個体発生*段階で性的な成熟が始まること.

プロセラルム紀 Procellarum ⇨ 付表B:月の年代尺度

プロダクタス・ギガンテウス *Productus giganteus*(**ギガントプロダクタス・ギガンテウス** *Gigantoproductus giganteus*)
巨大な腕足類(動物門)*で,最大幅が37cmに達する個体が知られている.石炭紀*前期(ミシシッピ亜紀*)の温暖な海域に,ハマグリによく似た生活形態をとって生息していた.

ブロッキング blocking
総観気象学:中緯度に高気圧*が停滞し,帯状流〔zonal flow;緯度円に沿う大気の流れ〕中にある低気圧*その他の気象系の東進運動をそらしたり,かなりの期間にわたって阻止する現象.たとえば,西ヨーロッパでは,ブロッキングによって低気圧が北方のスカンジナビアあるいは南方のフランス,スペインへとそらされることがしばしばある.

ブロッキング温度(T_B) blocking temperature
熱残留磁化*が岩石中で固定される温度.

ブロッキング高気圧 blocking high (blocking anticyclone)
総観気象学:大気の鉛直循環の高度幅が大きいために停滞し,中緯度の帯状流〔zonal flow,⇨ ブロッキング〕中にある低気圧*その他の気象系の東進運動をそらしたり,かなりの期間にわたって阻止する高気圧*.これが発生すると,中緯度帯状流は高気圧域のまわりで南方または北方にそらされて安定した天候がもたらされる.⇨ 気団

ブロッキング体積(V_B) blocking volume
化学残留磁化*が岩石中で固定されるときの粒子の体積.

ブロッキング低気圧 blocking anticyclone
⇨ ブロッキング高気圧

ブロック・アンド・アッシュ堆積物 block-and-ash deposit
熱雲*によって形成される堆積物.

ブロック体積 block volume
節理*面や他の不連続面によって限られている岩石ブロックの自然状態における大きさ.ブロックの辺の長さによって以下のように分けられる.極大(2m以上),大(2m〜600mm),中(600〜200mm),小(200〜60mm),極小(60mm以下).

プロッドマーク prod mark
物体が軟らかい泥質の表面に衝突することによってつくられる物体痕*の一種.くぼみの下流側の縁が急となっている非対称な縦断面を示す.

フローティル(フロー氷礫土) flow till
氷河*の消耗*によって堆積した後に,流動した堆積物.⇨ ティル(氷礫土)

プロテウス Proteus(**海王星Ⅷ** Neptune Ⅷ)
海王星*の衛星*.直径436×416×402km,アルベド*0.06.

プロテーラス・ランパート protalus rampart
急勾配の内陸斜面の前面に岩屑がつくっている高さ10m以内の高まり.凍結破砕作用*によって生じた岩屑が斜面麓を占める雪堤の急斜面を滑落し,その少し前面に蓄積したもの.

プロデルタ pro-delta
デルタ(三角州)*の最も沖側でデルタフロント*の麓にあたる部分.細粒物質の緩慢な堆積によって特徴づけられる.

プロテロスカス属 *Proterosuchus*
主竜類(亜綱)*では原始的な系統である槽歯目*の代表的な属.北アメリカの三畳系*から見つかったこの属を最初のワニ類*とする見解もある.

プロトアウロポーラ・ラモーサ *Protoaulopora ramosa*
カザフスタンの上部カンブリア系*から見つかった床板サンゴ目*に属する小型の群体サンゴ.ビヤ・シビリカ *Bija sibirica*(ただし,サンゴ類であるかどうかは疑わしい)とともに重要な造礁*性生物であるサンゴ類の出現を示している.

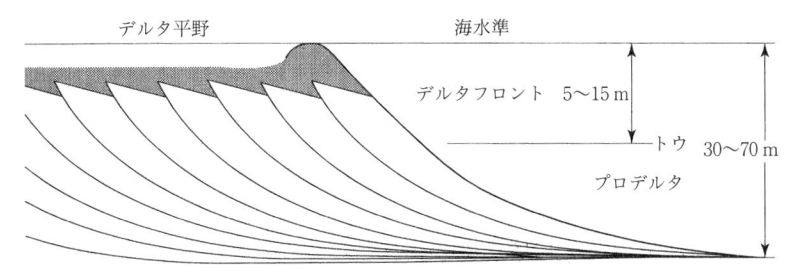

デルタ平野　　　　海水準
デルタフロント　5〜15 m
トウ　30〜70 m
プロデルタ
プロデルタ

プロトケラトプス・アンドリューシー
Protoceratops andrewsi
　角が生えた恐竜*（角竜亜目*）の最初の種で、モンゴルの中部白亜系*から産出した．この種は、後の角竜類に特徴的な嘴状の顎と頭部後方の骨質の襞をすでにもっていた．大きさは2mほどで、体重は1.5トン程度．

フロートストーン　floatstone
　粒子が基質支持*されており、その10%以上が径2mm以上である粗粒石灰岩*．⇨ エンブリー-クローバンの石灰岩分類法

プロトン磁力計　proton magnetometer ⇨ 核歳差磁力計

ブロニアール，アレクサンドル（1770-1847）Brongniart, Alexandre
　パリ自然史博物館の鉱物学教授．キュビエ*と共同でパリ盆地の地質図*を作製した．分類学的に下位の動物が層序柱状図*の下部から見いだされることを示し、生物系統における進化*の証拠を提供した．

フロニアン階　Fronian
　下部シルル系*中の階*．イドゥウィアン階*の上位でテリチアン階*の下位．

プロピライト化作用　propylitization
　変質*によって火成岩*中の斜長石*が緑簾石*-絹雲母*-二次曹長石の組み合わせに、鉄苦土鉱物*が緑泥石*-方解石*-緑簾石-二次鉄鉱石組み合わせに変わる作用．

プロファイル作製　profiling
　1. 受信器または発信器の群列*を測線に沿って次々と移動させることにより、地下構造を連続的に探査して1つの断面を作製すること．⇨ 定間隔トラバース．**2**. 反射法地震探査*では、1本の測線に沿って収録された

データから1つの地震記録断面がつくられる．⇨ 地震記録；共通反射点

プロブレマティカ　Problematica
　生物源と考えられるものの、その起源が不明である構造または物体をいう．

プロメテウス　Prometheus（**土星 XVI** Saturn XVI）
　土星*の小さい衛星．1980年ボイジャー*1号が発見．半径 $74×50×34$ km、質量 $0.0014×10^{20}$ kg、平均密度 270 kg/m^3、アルベド* 0.6．

プロモントリウム　promontorium
　火星*表面に見られる岬．たとえばデビル・プロモントリウム（Deville Promontorium）、ケルビン・プロモントリウム（Kelvin Promontorium）．

フロリダ海流　Florida current
　メキシコ湾流*の一部．フロリダ半島の南端からノースカロライナ州ハッテラス岬（Cape Hatteras）まで続く西岸強化海流*．流速が大きく（1〜3 m/秒）、せまく（50〜75 km）、深い海流．2,000 mの深度で10 cm/秒に達する流れが観測されている．

ブロントサウルス属　*Brontosaurus* ⇨ アパトサウルス属

分　圧　partial pressure
　気体の混合体が占めている空間を、混合体をなす1種の気体のみが占めていると仮定したときの、その気体の圧力．各気体の分圧の相互作用が混合体全体の圧力に等しい．

雰囲気圧　ambient pressure
　ある物体の周囲をとり巻いている大気の圧力．

噴煙サージ　ash-cloud surge ⇨ サージ

噴火 eruption

地球内部から地表および大気中に溶岩*やガスが放出される現象. 玄武岩*マグマ*のようにガス成分が少ない溶岩はおだやかに放出される. 流紋岩*マグマのようにガス成分が多いものは, ガスが放出時に膨張して溶岩は爆発的に粉砕され, 火山灰*と軽石*からなる高い噴煙柱を火道の上に形成する. このような爆発性の程度に基づいておだやかなハワイ式*から激しい噴火であるプリニー式*まで, いくつかの噴火型に分けられている.

分化 fraction (differentiation) ⇒ マグマの分化

分界面線構造 parting lineation

平行葉理をもつ砂岩*の層理面*〔および分界面 (層理面に平行な剥離面)〕上で, 数mm間隔で平行に並ぶ, かすかな直線状の峰と溝. 浅い高速の水流から砂*粒子が平滑床*をなして沈積する際に形成された, 流向に平行に配列する初生的な線構造*. ⇒ 砂床形

分解溶融 incongruent melting

鉱物*が分解または反応して溶融し, 異なる組成のメルト*と固相に変化すること. たとえば, 正長石* (⇒ アルカリ長石) が分解溶融してシリカ*に富む液体と白榴石*が生じる.

分化指数 differentiation index

火成岩*のノルム成分 (⇒ CIPWノルム計算) Q+Ab+Or+Ne+Kp+Lc の合計. Q=石英*, Ab=曹長石, Or=正長石, Ne=霞石*, Kp=カリオフィライト*, Lc=白榴石*. 1960年にアメリカの岩石学者トンプソン (Thompson) とタトル (Tuttle) が, 岩石の経た分化の程度を定量化するために定義したもので, 分化の程度が大きいほど岩石は珪長質*鉱物*に富み, したがって分化指数が大きい.

分岐解析 cladistic analysis

分岐群*とそれらの系統的相互関係を見つけだすことを目的とした解析の方法. 解析対象の生物グループの各タクサ*について, それらの形質*が示す方向性*をもとに形質状態*の派生順序を決定し, その分岐順序を推定する. 2つのタクソンが派生形質状態を共有している場合にのみ, それらが同じ分岐群に属しているということができる.

分岐学 (分岐分類学) cladistics (**分岐主義** cladism, **系統分類学** phylogenetic systematics)

ヘンニッヒ* (W. Hennig) により基礎がつくられた分類学*理論の1つで, 進化上の系統関係の研究に適用される. それによると, 形質*には原始形質*と派生形質*があり, ある複数のタクサ*が派生形質を共有していれば, それらは共通の起源 (祖先) をもつことを意味する. 系統関係を表現する分岐図*では, 分岐進化*あるいは進化上の系統分岐はつねに二叉分岐であり, それにより2つの等価な娘タクソンが生じると仮定されている. したがって, 2つの娘タクサは, 両者に共通な唯一の親 (幹) タクソンをもつ単系統群*を構成する. 娘タクソンにはそれぞれ親タクソンとは異なる別の名称が付けられるため, 親タクソンは分岐をもって消滅したことになる. このため分岐図は分類図と同じである. この理論の欠点は, 時間軸を考慮していないことが多いということであろう.

分岐群 (クレード) clade

'小枝', '細枝'を意味するギリシャ語 *klados* に由来. 分岐学*あるいは系統分類学においては, 以前の系統が枝分かれして生まれた系統を意味する. 分岐によって2つの独立した新しいタクソン*が生まれ, それぞれが系統樹*において1つの分岐群あるいは枝*をなす.

噴気孔 fumarole

火山活動*が活発な地域で, 高温 (100〜1,000℃) の水蒸気, ガス (SO_2, CO_2 など), その他の揮発性成分*を放出する孔. 噴気活動は火山活動の最終段階を示すと考えられていたが, 1980年のワシントン州カスケード山脈セントヘレンズ火山 (Mt. St Helens) 噴火の場合のように火山噴火に先行することもある.

分岐主義 cladism ⇒ 分岐学

分岐進化 cladogenesis

分岐学*によれば, 新しいタクソン*の派生は祖先系統の分岐を通じて起こり, 分岐ごとに2つ (あるいはそれ以上) の等価な姉妹

タクソンがつくられる．姉妹タクサは，基本的には親（幹）タクソンと分類学的に異なる．

分岐図 cladogram
分岐学* でいう，分岐の順序を表現する系統樹*.

分岐点 node
系統樹* において，1つの系統が2つに分かれる点（内部分岐点*）．種分化が起こったことを示す．

分岐比 bifurcation ratio
水系網〔⇒ 水系型〕において，ある次数（⇒ 水流次数）の水流数とそれよりも次数が1高い水流数の割合．洪水の発生しやすさを予測するうえで有効な目安となる．この比が高いほど洪水の確率が高くなる．

分岐崩壊 branching decay（**二重崩壊** double decay）
放射性同位体* が異なる様式で2種以上の最終娘核種に壊変すること．たとえば，^{40}K は陽電子を放出し，電子* を獲得して ^{40}Ar（12%）に，あるいは負のベータ粒子（陰電子；negatron）を放出して ^{40}Ca（88%）に壊変する．

分級度（淘汰度） sorting
堆積物（堆積岩）* 中に含まれている粒子の大きさ（⇒ 粒径）の範囲を表す．よく分級された堆積物では粒径の範囲が小さく，分級不良の堆積物では大きい．

分級不良バイオスパーライト poorly washed biosparite ⇒ フォークの石灰岩分類法

分級不良バイオスパーライト unsorted biosparite ⇒ フォークの石灰岩分類法

分級良好バイオスパーライト sorted biosparite ⇒ フォークの石灰岩分類法

分光器 spectroscope
スリット，コリメーター〔平行光線をつくりだす装置〕，プリズム，望遠鏡，計測器からなる分光学の機器．プリズムを通過した平行光線が，波長ごとに異なる角度で分散する状態を測定する．

分光計 spectrometer
2つの電磁ビーム強度の比または比を表す関数を，ビームのスペクトル波長の関数として求める装置．光源（発光分光計では試料自身が光源となる），異なる放射振動数を識別する手段を必要とし，プリズム，回折格子，せまい帯域* の放射を分離するスリット，試料保持装置，光検出器，増幅器，出力装置（メーター，記録計，VDU管）など多くの機器からなる．⇒ ガンマ線分光法；質量分析

分光写真機 spectrograph
主に元素分析に用いる分析機器．

分光測光計 spectrophotometer
化合物（通常は溶液中）によって吸収される光の強度を測定する装置．特定の波長の光が吸収される量は溶液中の化合物の濃度に比例する．

分光分析法 spectrochemical analysis
試料を通常，炭素アークによって高温に加熱し，これによって放出される，元素の量に比例した強度の発光線を利用する分析法．発光線の強度は，写真乾板上に記録したり，光電増倍管などの光感応型素子によって直接測定する．⇒ スペクトル

分光放射計 spectroradiometer
物体表面から放射または反射されたごく短い波長の電磁放射* を測定する分光計*．地表物質のスペクトル特性を決定するリモートセンシング* で用いる．

分光連星 spectroscopic binaries ⇒ 連星

粉砕 comminution
鉱石* を一定の粒度* まで砕いて，比較的純度の高い鉱石鉱物* 粒子と廃石に分け，有用鉱物を抽出すること．作業は，採掘された鉱石を処理しやすい大きさに砕くことから始まり，ついで粉砕動力を加減して適当な粒度に揃える．

分散 dispersion
1. 水塊が流れるにつれて広がっていくこと．地下水* は，個々の鉱物粒子を迂回して岩石の基質* 中を流れるうちに，その通路の幅が広がって横方向に分散する．明瞭な割れ目または裂け目を通過するとき以外は水は岩石中を直線的に進むことができず，基質が粒状であるため，流れの前面が横方向に広がっていく．水塊はその通路に沿って長く延びることで縦方向にも分散する．これは間隙* の大きさによって流速が異なるため．いずれの

分散もトレーサー*によって追跡することができる．河川流路*でも両タイプの分散が起こる．これは，流路断面内および水面と河床間での流速の差，乱流渦によって生じる流速の無秩序な変動が原因となっている．**2**．土壌*の団粒*（土壌粒子集合体またはペッド*）が分離して独立した粒子の機能をもつようになる過程．逆に粒子が団粒となる過程を凝集*という．**3**．波動速度*が振動数*とともに変わることによって波連に現れる擾乱，その結果，位相速度*と群速度*に違いが現れる．ほとんどの実体波*では分散は無視できる程度である（電磁実体波はかなりの分散を示す）．表面波*とくにラブ波*は地表付近に速度層構造が存在する場合には大きい分散性をもつ．**4**．鉱物光学：〔光の色によって鉱物*の〕屈折率*が異なる現象．その大きさは，可視*スペクトルの両端（赤と紫）の波長を用いた二軸性干渉像を直接観察することによって測定される．赤色と紫色についてのアイソジャイヤーがともに現れる．⇨干渉像

分　散　variance（二乗平均　mean square）
　統計学：データが平均*のまわりに広がる尺度．1組のデータでは平均値のまわりの偏差の二乗平均であり，二乗した各データ点から平均値の二乗を引いたものの平均．データセットの標準偏差*は分散の平方根で，次式で与えられる．$s^2 = \sum_{1}^{i=n}(x_i - \bar{x})^2/n$. s^2は分散，x_iはxのi番目の測定値，$\bar{x}$はxの平均値，nは測定の回数．

分散（分岐）　divergence
　1つのタクソン*内において，性質の異なる派生タクサを生みだす進化上の遺伝的分離と分化のこと．分散は，種，属，科，目，あるいはさらに高次の分類階級（⇨分類）など，さまざまなレベルで起こる．したがって，たとえば爬虫類*からの幹系統哺乳類*の分散，哺乳類の多様な目への分散，交雑可能な集団の2つの近縁種への分散など，さまざまな場合がある．

分歯型　schizodont
　サンカクガイ目二枚貝類*のいくつかのメンバーに典型的に見られる蝶番の歯生状態*を表す語．歯は大きく，歯には主軸に直交する平行な稜が見られる．左殻の歯は1つしかない．

分子篩法（-ふるい-）　molecular sieve action
　分子を合成沸石の結晶格子*に吸着させて分離する方法．格子間隔が特定の分子に適合する〔分子より大きい〕沸石*を使用する．

噴出（流出）　extrusion, effusion
　火道または割れ目からマグマ*が地表に放出され，溶岩*流を形成する現象．ガスは噴出源の火道でマグマから静穏に解放されるので，火山砕屑性*の活動をともなうことはほとんどない．ガスが火道以外のところから放出されることも，ガスがすでに抜け出した溶岩（マグマ）が噴出することもある．

噴出-　extrusive
　火山*からの放出物すべてに冠される語．火山砕屑岩*よりも溶岩*や溶岩流にあてられることが多い．

文象構造（ぶんしょう-，もんしょう-）　graphic
　花崗岩*やペグマタイト*に見られる組織*．径数μm程度の石英*とアルカリ長石*がなす粗い連晶で特徴づけられる．ペグマタイトでは著しく粗く，数mmに達することがあって，楔形文字に似た構造が肉眼でも容易に認められる．顕微鏡的な大きさのものはグラノフィリック構造*と呼ばれる．

分枝雷光　forked lightning
　主電光通路から枝分かれした通路で起こる稲妻放電．⇨幕放電

分水界　divide（watershed）
　2つの集水域（流域）*を分ける境界．地形的に高くなっているのがふつう．watershedはアメリカでは集水域を意味する．

糞石（ふんせき）　coprolite
　化石化した糞のこと（たとえば糞源ペレット）．糞石には特徴的な形態や模様をもつものがあり，これから当該動物の消化管構造に関する情報が得られる．また，糞石に含まれる物質の分析から，食性が明らかになることもある．

噴石丘　cinder cone　⇨スコリア丘

分　帯　zonation
　産出化石*を用いて層序単元*を細分すること．

粉体工学 powder technology
　細かい粒状物質の特性，挙動，扱いにかかわる研究．

ブンター統 Bunter ⇨ ムッシェルカルク

分　断 vicariance
　1つの種が地理的に分離することで，それにより近縁な2つの種あるいは地理的に分離した1組の同一種集団が生まれる．一方はもう一方の地理的な片割れである．

分点の歳差運動 precession of equinoxes ⇨ ミランコビッチ周期

分配係数 partition coefficient (distribution coefficient)
　1. 混合し合うことなく相接している2つの液体に溶解する物質は，一定の割合で両者に分配される．その比が分配係数で，溶媒A中の溶質の分子数を溶媒B中の溶質の分子数で割った商．係数の値は温度と媒質，溶質の種類に依存する．**2**. ある元素の，マグマ*での濃度（重量）とそれから結晶化した鉱物*での濃度の比．たとえば，$K_{Ti} = [Ti]_{min}/[Ti]_{magma}$．$K_{Ti}$ は Ti の分配係数，$[Ti]_{min}$ と $[Ti]_{magma}$ はそれぞれ鉱物とマグマにおける Ti の濃度．K の値は，温度，圧力，マグマと鉱物の組成によってきまる．

分別結晶作用 fractional crystallization
　晶出した結晶*がマグマ*から（たとえば重力により）除去され，メルト*との反応が絶たれる現象．〔ある組成をもつ鉱物が離脱することによって〕残りのメルトは相対的にある成分に乏しく，他の成分に富むようになり，その結果，組成を異にする鉱物*が順を追って沈積する．分別結晶作用はマグマの分化*の主要な過程の1つ．

フンボルト海流 Humboldt current ⇨ ペルー海流

フンボルト，フリードリッヒ・ハインリッヒ・アレクザンダー・フォン（1769-1859）Humboldt, Friedrich Heinrich Alexander von
　プロシアの博物学・物理学者で大探険家．火山，植生，植生と気候の関係，海流，山脈を研究した．地球物理学にも傾倒し，あらゆる資料を収集，整理した．全世界の偏角*と伏角*を決定した1834年の国際地磁気調査に際して重要な役割を演じた．

粉末写真 powder photograph ⇨ X線粉末写真

分離- disjunct
　2つの群集*がたがいに十分離れて分布する状態に対して用いる．地理的な隔たりが大きいため，両群集の個体間でDNAの交換がなされることはない．⇨ 結合-

分離劈開（-へきかい） disjunctive cleavage ⇨ 劈開

分流（支流） distributary channel
　本流（幹流）から自然に分かれている流路*．本流に再合流することもある．沖積扇状地*またはデルタ（三角州）*上で典型的に見られる．ここでは扇型に放射する複雑な水系をなし，本流の水と運搬物はいくつもの小さい分流に分配される．分流にはさまれて，湾，湖，干潟*，沼沢がさまざまな組み合わせをなして発達している．大きい分流は破堤堆積物*や自然堤防*をともなう．⇨ 分流流路

糞粒（ふんりゅう） faecal pellet
　無脊椎動物が排泄する，元来は軟らかい丸い粒子の化石*．多くは径100〜500μmで，ふつうは細かい物質からなる．環形動物門*，腹足動物門*，甲殻綱*は糞粒を大量に排泄する．潟*や潮汐平野*など，低エネルギーで動物群*が豊かな泥質環境では，糞粒が集積して保存されやすい．堆積物中で独自の岩相*を構成することもある．⇨ 糞石

分流流路 anabranching channel
　本流から分岐し，数kmを平行に流れた後再び本流に合流する，分流*の一形態．洪水時には本流と合体して単一の河道となる．この点で，分岐・合流をくり返すさらに規模の大きい網状流路*と異なる．

分　類 classification
　1. 生物群のグループ分けを目的としたデータを，組織的に組み立てた体系のこと．数値分類体系が生態学的あるいは分類学的研究に導入されつつある一方で，階層的あるいは非階層的なさまざまな分類手法もなお広く使われている．生物分類学では，種が基本単元となっている．現生生物では，種はたがいに類似する個体の集合であり，個体同士の交配

は可能であるが,他種とは交雑はできないものと定義される.古生物学*では種間の交配能力を判定することはできないので,もっぱら形態的類似性に基づいて種が定義される.公式の命名は,リンネの二名法に従ってなされる.この命名法では,種はそれが含まれる属を表す属名と,種を表す種名(あるいは種小名)という2つの名称により定義される.したがって,近い系統関係にあるいくつかの種は同じ属名を共有することになる.属(単数形:genus,複数形:genera)は近縁な他の属とともに1つ高次の分類単元である科(family)を形成し,関連した科が目(order)に,目は綱(class)に,綱はさらに門[動物では phylum(複数形:phyla),後生植物* では division]にまとめられる.たとえば,腕足類はおおむね11目に分けられているが,それらは2つの綱にまとめられ,両者が腕足類にとって最も高次の分類単元である腕足動物門*をつくっている.門は,植物では植物界*,動物では動物界*という,さらに高次の分類単元である界にまとめられる.

定性的・主観的な分類基準から生じる分類の不確実性を最小限にとどめるために,数値を用いた分類法も用いられている.この分類法では,十分に多くの形質*を計測し,それを統計的にクラスター分析*すれば,各クラスター間の距離が分類学的な距離(違い)として示されることになる.ただ,この方法であっても,計測で得た測定値の分析に最も適した分析法を主観的に決定しなければならず,その意味で純粋な客観性をともなわない.生物の各系統が分岐によって獲得した,階層性のあるパターンを示す形質に注目する分類法もある(⇒ 分岐学).

2. リモートセンシング*:地表面の物質をコンピューターによって認識すること.画像の個々のピクセル(画素)*を,画像の既知部分(トレーニング領域)のスペクトル特性と比較してカテゴリー(たとえば植生,道路)に割り当てる.異なるトレーニング領域のパラメーター空間がオーバーラップする場合には,ピクセル割り当てができないこともある.その場合には,分類に先立って主成分解析*をおこない,パラメーター空間全体を増大させてトレーニング領域の分割法を改善する.⇒ ボックス分類;平均-最短距離分類;最尤分類

分類学 taxonomy(形容詞:taxonomic, taxonomical)

生物や土壌*などあらゆるものについて,個々の構成要素間の関連性に基づいて公式な分類*をおこなうこと.

分類群 taxon(複数形:taxa)⇒ タクソン

分裂説 fission hypothesis

月*の成因に関する3つの古典的な仮説の1つ.1879年にジョージ・ダーウィン(George Darwin)が提唱.地球で核*が分離した後に,珪酸塩質のマントル*が分裂して月になったとするもの.月の密度が小さいこと,とくに月が金属鉄に乏しいことを説明することができるものの,分裂するためには現在の地球-月系の4倍の角運動量*が必要とされる.アポロ*月面探査によって月の岩石と地球のマントルの組成の違いが明確となるに及んで,この仮説は否定された.

へ

ヘアピン hairpin
磁極移動経路*の急変部．移動経路を割り出した当該プレート*が他のプレートと衝突したことを物語る．

閉殻筋 adductor muscles ⇨ 筋痕

平滑床 plane bed (flat bed)
砂*層または礫*層の表面がなすほぼ水平な面．2つの型がある．高次の平滑床は堆積物*が高速の浅い水流（高流れ領域）によりいきおいよく運搬されることによってつくられ，堆積層の表面には流れを反映する初生的な線構造*をともなう．これより低速の水流（低流れ領域）によって低次の平滑床が礫と粗粒砂に，リップル*が細粒砂につくられる．低次の平滑床には一連の浅い洗掘構造が見られる．平滑床堆積物が累重すると平行葉理〔層理*に平行な葉理*〕と呼ばれる内部堆積構造*ができる．

平 均 average
統計学：データを1つの数値で表すもの．相加平均*，中央値*，最頻値*など．⇨ 分散

平均海水面（平均海水準） mean sea level
長期間（通常は19年間）にわたる，あらゆる潮位における海面の高さの平均．潮位を毎時間観測して決定する．

平均－最短距離分類 minimum-distance-to-means classificaiton
リモートセンシング*の分類システム．既知のクラスのピクセル（画素）*について，デジタル・パラメーター空間の中央点を計算し，異なる帯域*のデジタル数値*がプロットされると，クラスが未知のピクセルは計算上最も近接しているクラスに割り当てられる．⇨ ボックス分類；最尤分類

平均速度 $\bar{v}$ average velocity (time-averaged velocity)
平行な層構造を横切って直進する地震波*がある深さに達するのにかかる時間でその深さを割った商．したがって，$\bar{v}=z_n/t_n$．z_nは上位n個の層の厚さ，t_nはn個の層での片道走時*．あるいは$\bar{v}=\Sigma z_i/\Sigma t_i$．$z_i$と$t_i$は，それぞれ$i$番目の層の厚さと片道走時，$\Sigma$は，それぞれ全層の厚さと走時．

閉形（へいけい） closed form
結晶学：対称要素によってくり返す位置を占めている結晶面*がなす鉱物*の形態．立方体や四面体のように空間を完全に閉じ込めているもの．→ 開形

併 合 coalescence
大きい水滴（19μm以上）が落下して小さい水滴と衝突することにより，雲の水滴が大きくなる現象．雲頂の氷晶*も落下し，下の水滴を併合して成長し，最終的には融けて雨滴となる．鉛直に発達している雲では，乱気流によって強制上昇させられた小さい水滴が上昇速度の遅い大きい水滴に追いついて併合され，水滴の成長が促進される．この過程がくり返されると水滴は雨滴の大きさにまで成長する．併合を促進する要件は，水分が多いこと，水雲が鉛直方向に大きく発達していること，上方に向かう強い乱気流が存在すること，である．⇨ ベルシェロン理論；衝突理論

平 衡 equilibrium (1), grade (2)
1．地形に作用する営力とその構成物質の抵抗性が拮抗して安定した状態にあり，長期間にわたって地形に変化がほとんど現れない状態．河川縦断面，丘陵斜面などにそのような平衡状態が生じる．エネルギー収支に完全なバランスが成立することはありえないので，'疑似平衡'とか'動的平衡'という語が使われることがある．疑似平衡とは，短期間にわたって認められる見かけの平衡のこと．

2．バランスがとれた状態，とくに河川が流域*で供給される物質を運搬するうえに十分なエネルギーをもち，侵食*と運搬の間でバランスがとれている状態をいう（平衡流路または平衡河川）．力学的に安定で，最も無駄のない形状をもつ斜面にも適用される（平衡斜面）．関与する諸要素を過度に単純化しているため，この概念が適用される現象は限られている．

平衡過程　equilibrium process（e過程 e-process）
　恒星の発達過程で珪素'燃焼'*後の温度上昇に続く反応の最盛期．核子〔陽子や中性子の総称〕が再編成されて最も安定な原子核がつくられる．⇒ 元素の合成

平衡曲線　grading curve（土壌平衡曲線 soil grading curve）
　粒径を横軸（対数目盛）にとり，縦軸（等差目盛）に各階級の頻度を重量百分率でプロットした累積頻度曲線*．曲線上の点は，その点より細粒の粒子の重量百分率値を示す．

平衡斜面　graded slope　⇒ 平衡2

平行褶曲　parallel fold
　個々の地層*の直交層厚*が一定に保たれている褶曲*．上下の褶曲面は平行となる．このような幾何学的な制約のため，平行褶曲の形態は上下に長くは保たれず，褶曲軸面*に沿う方向に変化する．

平行消光　parallel extinction　⇒ 直消光

平行進化　parallel evolution
　共通の祖先から派生した複数の系統において，類似した進化的発達が平行して現れること．したがって，平行進化を示す子孫系列はたがいに形態が似通っている．祖先の特徴が平行進化を促し，あるいはその発展に直接的な影響を与えている．

平衡線　equilibrium line
　氷河*の消耗域*と蓄積域*を分ける氷河上の線．

平行双晶　parallel twin
　双晶軸*が晶帯軸*に平行な接合面*内にある双晶*．たとえば，正長石におけるカールスバド双晶*がこれにあたる．

平行不整合　disconformity
　不整合面の上下の地層*が平行である不整合*．不整合面は著しく不規則であることも，凹凸が認められないこともある．

平衡流　equilibrium flow　⇒ 定常流

平衡流路区間　graded reach
　河川流路*のうち，勾配と断面形態が，上流から供給される水と物質を運搬するうえでバランスのとれている区間．このような状態となっている河川は平衡流路（平衡河川）と呼ばれる．定義された当時は，なめらかな長い縦断面をもつことが強調されたが，今日では縦断面が不規則であっても平衡に達している例が知られている．

ベイサナイト　basanite
　苦鉄質*の噴出岩*．準長石*（霞石*，方沸石*，白榴石*），かんらん石*，斜長石*，輝石*からなり，少量の副成分鉱物*を含む．鉱物組成上は玄武岩*に準長石と輝石が加わったもの．含まれている準長石の種類によって，霞石-，方沸石-，白榴石ベイサナイトに分類される．アルカリ玄武岩*に密接にともなって産する．⇒ 粗面玄武岩

閉鎖年代　closure age
　鉱物*あるいは岩石中の放射性崩壊*産物である娘核種の逸散が，蓄積にくらべて無視できる程度となり閉鎖系となってから経過した時間．閉鎖は通常は温度の低下による．

並進（すべり）　slip（translation gliding）
　結晶*構造のある部分がすべり面をはさんで，他の部分に対して単位構造の整数倍にあたる距離を平行移動すること．〔これによって結晶構造に変化は生じない．〕

ベイズ法　Bayesian
　統計学：経験的観察に基づいて確率を再評価する手法．

ベイスン　basin　⇒ ペリクライン褶曲

ベイスン・アンド・スウェル堆積作用　basin-and-swell sedimentation
　不等沈降が起こっている地域における堆積作用の様式．沈降*が緩慢に進んでいる高まり（'スウェル'）の上では薄い凝縮層*が，スウェル間の沈降速度が大きい凹地（'ベイスン'）には，一般に泥*に富む厚い堆積物が蓄積する．

ベイスン・アンド・レインジ区　basin-and-range province
　1．アメリカ西部で，東方のコロラド高原と西方のシエラネバダ*の間を占める地質構造区．一群の断層地塊*山脈と地溝*が発達する．山脈の多くは傾動地塊*で，幅約30〜40 km，断層*下降地塊を覆うバハダ*や沖積平原*から立ち上がっている．断層運動は最初中新世*に起こり，その後は後期鮮新世*から現世にかけて続いている．2．一般に，いくつかの長い非対称的な山地をなす

断層傾動地塊とそれを隔てる幅広い盆地からなる地形を指す.

並積雲 mediocris
'中間の'を意味するラテン語 *mediocris* に由来. 積雲*の種の1つで, 鉛直方向への発達が弱く, 雲頂にごく小さい突出がある雲. ⇨ 雲の分類

閉塞 occulusion
前線をともなう低気圧*が発達している段階で, 暖域*の気塊がしだいに寒域*の気塊の上にもち上げられ, 地表から切り離されること. 閉塞前線*が生じる現象. 寒冷前線*背後の寒気のほうが温暖前線*前面の寒気より暖かい場合には温暖型閉塞, その逆の場合には寒冷型閉塞という. 温暖型閉塞は温暖前線と似たかたちをとるが, 前面と上方に寒冷前線があるため, 積雲*や積乱雲*から驟雨がもたらされる. 寒冷型閉塞は寒冷前線のかたちをとるが, 温暖前線の雲が先行する. 低気圧発達の後期段階に発生した閉塞, とくに冬季の温暖型閉塞と夏季の寒冷型閉塞が, しばしば北西ヨーロッパを横断する.

閉塞前線 occluded front
温暖前線*とその背後の暖域*が寒冷前線*に追いつかれ, 地表から上空へもち上げられることによって生じる複合前線. ⇨ 閉塞

閉塞盆地 barred basin
基盤の高まりあるいは堆積物からなるバリアー*によって, 外洋との連絡が一部断たれ, 水塊の自由運動が阻害されている堆積盆地*. 無酸素*環境が生じ, 乾燥地域では蒸発岩*の堆積が起こることが多い.

平坦磯浜（海浜台, ストランドフラット） strandflat
グリーンランド, アイスランド, ノルウェー, スピッツベルゲンの海岸に沿って見られる, 幅60 kmに及ぶ平坦な海岸地形. 氷食*と海食とが複合して形成されたと考えられる.

柄板（コラムナル） columnal
ウミユリ類（綱）*の茎（柄）を構成する殻板. ふつうは円筒形であるが, 五角筒や楕円筒のものもある. 柄板が積み重なって, さまざまな長さの有節の柄を形成する. ⇨ 小骨

平板型斜交葉理 planar cross-stratification (tabular cross-stratification) ⇨ 斜交葉理

平板載荷試験 plate bearing test
弾性論（⇨ 弾性反発説）にのっとって物体の変形度を測定する静的試験. 測定値からヤング率*とポアソン比*が導かれる.

平方二乗平均速度（V_{rms}） root-mean-square velocity
地表下の媒質を通って n 番目の界面に達した地震波*の速度は次の式で与えられる. $V_{rms} = (\Sigma V_{int}^2 t_i / \Sigma t_i)^{1/2}$. V_{int} と t_i は i 番目の区間における区間速度*と片道走時*. V_{rms} は通常 $t^2 - x^2$ 曲線*からノーマル・ムーブアウト*を計算して求められる. 相当する平均速度より数%大きいのがふつう.

平面旋回（平巻き） planispiral
ある種の腹足類（綱）*に見られる殻の巻き方（⇨ 巻き）で, 水平面内で殻が巻く場合を指す. 成長とともに殻端は旋回軸から徐々に離れるため, 旋回の回転半径は大きくなる. 多くの頭足類（綱）*の殻も平面旋回である.

平面波 plane wave
波源から十分離れた領域では, 局部的な短い部分では曲率は無視できる程度であり, 波面を平面とみなすことができる.

平面歪 plane strain
球が, 直交座標をなす x 軸方向に伸張, y 軸方向に短縮し, z 軸方向には不変であるような変形をして, 三軸楕円体に変形するときの歪*の状態.

平面偏光（PPL） plane-polarized light
光は通常は進行方向に垂直なあらゆる方向に振動する. 光の経路にポラロイド*や電気石*のように強く光を吸収する結晶*を置くと, 1方向を除いてそれ以外のすべての方向に振動する光線が吸収され, 1つの面〔進行方向軸と振動方向を含む平面〕内で振動する光線のみが結晶から出てくる. つまり通常光が平面偏光となる. 偏光は複屈折（⇨ ニコルプリズム）や反射*によっても生じる.

ペイントニアン階 Payntonian
オーストラリアにおける最上部カンブリア系*の階*. 先ペイントニアン階の上位でダ

ッソニアン階*（オルドビス系*）の下位．

ベガ　Vega

金星とハレー彗星*に向けて1984年に打ち上げられた旧ソ連の2機の探査機．

劈開（へきかい）　cleavage

1. 鉱物：格子*構造に固有の結合力の弱い平面に沿って結晶*が割れる性質．劈開の程度は'良好'，'不明瞭'などの形容詞で表す．結晶学的な方位・面・結晶構造の完全さとの関係を示す際には，結晶の記載と区別するため指数*を大括弧｛ ｝でくくって示す．2. 岩石：通常，低変成度*の変成岩*に発達する，細密で平行な面をなす断裂構造．変成作用*や変形作用中に鉱物や各種の構造要素が定方向配列*することによって生じる．たとえば粘板岩*では劈開は鉱物の平行配列による．一般にこのファブリック*によって，鉱物における劈開に類似する断裂の優先方位が現れる．岩石の劈開は次の2種類に大別される．(a) 連続的な劈開．たとえばスレート劈開*（変成度の高い変成岩における片理*および縞状構造*にあたる）．(b) 不連続な劈開．細密褶曲劈開あるいは分離劈開のいずれか．細密褶曲劈開は既存の異方性*ファブリックの微褶曲によって形成される．分離劈開は初生的なファブリックが変形したものではない．

劈開屈折　cleavage refraction

コンピテンシー*が異なる岩相*を横切っている劈開*面の姿勢が（波の屈折*に似た）変化を示すこと．劈開面が層理面*となす角度は，コンピテンシーが最も高い岩相で最大となる．級化成層*内では〔下位の粗粒部での高角から上位の細粒部での低角に〕漸移的に変化する．

碧玉（へきぎょく）　jasper

シリカ*（SiO_2）からなる玉髄*の変種．赤褐色，不透明で隠微晶質*．累帯を呈するものはエジプト碧玉（リボン碧玉）と呼ばれる．接触変成作用*を受けた頁岩*には，外観は類似するが組成の異なる陶玉が形成される．

ペクトライト　pectolite ⇒ 珪灰石

ペグマタイト　pegmatite

著しく粗粒の火成岩*．多くは花崗岩*質の組成をもつ．結晶*粒の長径は少なくとも2.5 cmで，1 mあるいはそれ以上のことも珍しくない．結晶は揮発性成分*と微量元素*に富む後期のマグマ*から晶出したもの．希元素（リチウム，ボロン，フッ素，タンタル，ニオブ，希土類元素*，ウラニウム）が経済的に有効な濃度で濃縮していることがある．

ベースサージ　base surge

火山灰*と水または水蒸気がなす希薄な乱流*．マグマ*と水の爆発的な反応によって鉛直に上昇する噴煙柱の基部から環状の雲をなして放射状に広がる．100℃以下の水と灰の混合体からなり，低温で湿っていることが多い．マグマ/水容積比が高い場合には，高温で乾燥した混合体をなし，1965年フィリピンのタール火山（Taal）噴火時に発生したサージのように，極めて危険なものとなることがある．核爆発で地表上を放射状に広がっていく環状の雲は一種のベースサージである．⇒ サージ

ベスタ　Vesta

セレス*とパラス*についで3番目に大きい太陽系*小惑星*（No. 4）．直径526 km，およその質量 3×10^{20} kg，自転周期5.342時間，公転周期3.63年．1995年にハッブル宇宙望遠鏡（Hubble Space Telescope）で撮影された．かんらん石*からなるマントル*を覆う玄武岩*質の表層殻をもっているようで，分化が起こったらしい．

ヘスティングス閃石　hastingsite ⇒ ホルンブレンド

ヘス，ハリー・ハモンド（1906-69）　Hess, Harry Hammond

プリンストン大学出身のアメリカの地球物理学者．プレート・テクトニクス理論*に大きく貢献，海洋底拡大説*（⇒ ディーツ）を提唱した．またギョー*の発見・命名者でもある．その著『地球ドラマにおけるエッセイ』（*Essay in Geopoetry*）（1960, 1962）は海洋底に見られるさまざまな特徴を1つの共通の仮説にまとめようとするもので，大陸は堅固なプレート，すなわち'いかだ'に乗って受動的に動いていると説明した．

ベスビオ式噴火 Vesuvian eruption（亜プリニー式噴火 sub-Plinian eruption）

極めて爆発的な噴火*によって特徴づけられる火山活動*．長い活動休止期中にマグマ*のガス圧力が蓄積し，これが固結した溶岩*の栓を吹きとばして噴火が始まる．マグマに溶けていたガスが抜け出して溶岩は流動的かつ泡状（軽石*）となり，火山灰*とガスの雲が空中に放出される．→ ハワイ式噴火；プレー式噴火；プリニー式噴火；ストロンボリ式噴火；スルツェイ式噴火；ブルカノ式噴火

ベスブ石 idocrase（**ベスビアナイト** vesuvianite）

珪酸塩鉱物*．$Ca_{10}(Mg, Fe)_2Al_4Si_9O_{34}(OH, F)_4$；ざくろ石*族と密接な関係にある；比重3.4；硬度*6.5；緑色；多くは塊状または粒状．接触変成作用*を受けた石灰岩*にグロシュラー*，スカポライト*，珪灰石*とともに産する．

ヘスペリア世 Hesperian

火星学*上の年代区分の1つ．ハルトマン-タナカ（Hartmann-Tanaka）モデルによれば3.50Gyから1.80Gy，ノイクム-ワイズ（Neukum-Wise）モデルによれば3.80Gyから3.55Gy．前期（3.50～3.10Gyまたは3.80～3.70Gy）と後期（3.10～1.80Gyまたは3.70～3.55Gy）に2分されている．⇒ 付表B：火星の年代尺度

ベースラップ baselap

ある堆積シーケンス*が下底面で尖滅している非調和的*な関係．2つのタイプがある．オンラップ*は，上位層が傾斜方向と反対側に向かって尖滅するもの．ダウンラップ*は，初生的に傾斜している上位層が傾斜方向に尖滅するもの．

臍 umbilicus

腹足類（綱）*の殻の旋回軸部にある孔で，後から形成される螺層（らそう）*が中心部で会合しないことにより残されたすき間．種類によっては開口部として基底部側に見られることもあるが，殻物質で埋められていることも多い．頭足類（綱）*では，旋回軸部で前の螺環*が外から見えている領域を臍といい，後に続く螺管が軸部まで覆っていない場合に生じる．

臍のない non-umbilicate ⇒ 無臍孔-

ベタ基礎 raft foundation

軟弱な地盤の上に強化コンクリートの板を連続して並べ，大きい荷重または建造物を支える基礎*．ベネツィアの中世の大きい教会ではベタ基礎に木材が使われていることが多い．

βダイアグラム β diagram

2つの面がなす交線の方位とプランジ*を表すステレオ投影図*．構造地質学ではこれを次のように応用する．褶曲*面の傾斜*と走向*は1つの大円*で示される〔褶曲層がなす曲面を無数の平面の集合とみなす〕．褶曲の両翼*〔の一部分〕を表す2つの大円が交差する線（β軸）〔投影図では点〕は褶曲軸*を表す．

ベータ崩壊 beta decay

不安定な原子が，負の電荷をもつベータ粒子（陰電子；negatron）を放射エネルギー（ガンマ線*）とともに核*から放出して崩壊する現象．これによって中性子が陽子と電子*に変わり，中性子数が1減って原子番号*が1増える．

ベータ・メソハライン水 beta-mesohaline water ⇒ 塩化物濃度

ベチェ，ヘンリー・トーマス・デ・ラ（1796-1855） Beche, Henry Thomas de la

イギリスの地質調査所，応用地質学博物館，鉱山地質局，鉱山学校の創設者．鋭い観察眼をもつ熟達した地質図*作製者にして芸術家．層序学*の重要性を説き，古環境復元の途を拓いた．

ベッケ線テスト Beck line test

透過顕微鏡で鉱物*のおおよその屈折率*を求めるための比較テスト．平行ポーラー*で，載物台*の下の絞りをしぼると〔視野を暗くすると〕，鉱物粒子の縁に明るい細い線，ベッケ線が現れる．鏡筒を引き上げるとベッケ線は屈折率の高い物質のほう，下げると低いほうに移る．鏡筒を引き上げたとき，ベッケ線が周囲の鉱物あるいは常温硬化樹脂またはカナダバルサム*（屈折率1.54）のほうに移れば，問題の鉱物のほうが屈折率が低いことがわかる．

ベッケ，フリードリッヒ・ヨハン・カール
(1855-1931) Becke, Friedrich Johann Karl
　プラハ大学出身の旧チェコスロバキアの鉱物学・岩石学者．顕微鏡岩石学で光の相対的な屈折率*を決定する方法を開発し，後にその名が冠された．変成作用*による再結晶作用*にも重要な業績を残し，記載用語の体系と変成相*の分類法を発展させた．

ヘッタンギアン階　Hettangian
　ヨーロッパにおける下部ジュラ系*中の階*（208〜203.5 Ma；Harlandほか，1989）．ニュージーランドの下部アラタウラン階にほぼ対比される．⇒ ライアス

ヘッディング発破　heading blasting
　採石場でおこなう旧式の発破．採石面に適当な間隔をおいた小さいトンネルに爆薬を装填する．大発破の際には多数のトンネルが掘削される．

ヘッド　head
　イギリス各地で，凍結破砕作用*によって生じ丘陵斜面を覆って堆積している，分級*不良の角ばった岩屑からなる層．同様の堆積物は，北アメリカやヨーロッパの周氷河*地域でもふつうに見られる．クーム岩はチョーク*の上に見られる同様の堆積物．

ベッド　ped
　自然に形成される土壌構造*の単位（団粒*，顆粒，プリズムなど）．⇒ 土壌

ヘッドウェーブ　headwave
　臨界角*で地震波速度*の高い層に入り，戻ってきた屈折波．通常，最初に到達して初動*を起こす波をいう．

ベッドロード　bed load（**トラクション・カーペット** traction carpet, **掃流運搬物質** traction load）
　流れによって運搬される物質のうち，底面上を転動・滑動・跳動*によって移動する粗粒部分．運搬物質全体の5〜10%を占める．

ベーツフォーディアン階　Batesfordian
　オーストラリア南東部における上部第三系*中の階*．ロングフォーディアン階*の上位でバルコンビアン階*の下位．ほぼ中部ブルディガリアン階に対比される．

ペディプレーン　pediplain
　断面が上方にわずかに凹か直線状で，山地またはスカープ（崖）*の基部で唐突にとだえる広大な緩斜面．乾燥・半乾燥地域に典型的に発達する．地表面の低下によるものではなく，侵食*によってスカープが後退してつくられる．ペディメント*が合体または成長したもの．

ペディメント　pediment (concave slope, waning slope)
　山地またはスカープ（崖）*の基部からその前面に小さい勾配（通常5°以下）をもって延びる上方に凹の侵食*斜面．起伏に乏しく，部分的に岩屑に薄く覆われている．アメリカ西部の乾燥・半乾燥地域に典型的に発達し，古くより研究されている．

ヘテリアン階　Heterian ⇒ カウヒア統

ヘテロ-　hetero-
　'他の'を意味するギリシャ語 heteros に由来し，'異なる'を意味する接頭辞．

ヘテロトピー　heterotopy
　固有の発生が起こる段階での進化的な変化．1866年にヘッケル（E. H. Haeckel）により異時性*を補足するために導入された語．

ヘテロドントサウルス科　Heterodontosauridae
　鳥盤目*鳥脚亜目*の恐竜*の科．南アフリカの上部三畳系*のみから知られている．分化した歯をもち，牙のような犬歯も見られる．

ヘテロリシック層理　heterolithic bedding
　水流が頻繁に変化する環境でつくられる，砂*と泥*が密に互層している堆積物．フレーザー層理*，波状層理*，レンズ状層理*と呼ばれる3つのタイプがある．フレーザー層理では，砂がなすリップル漂移斜交葉理*の前置層*が泥の薄層（マッドドレープ*）によって覆われている．波状層理では砂がなすリップル*全体が連続したマッドドレープによって覆われている．レンズ状層理では泥の基質*中に砂のレンズとリップルが孤立して含まれている．ヘテロリシック層理は，暴風時の波浪の影響を受ける浅海底，河川の氾濫原*，干潟*，デルタフロント*など，水流や

堆積物の供給が変動するため，砂と泥の両方が堆積する環境で形成される．

ヘデンベルグ輝石 hedenbergite
単斜輝石*族の鉱物．透輝石*系列の鉄に富む端成分*；$CaFeSi_2O_6$；比重3.7；硬度6；黒色；結晶形*は短柱状またはラメラ*をもつ塊状；変成*した鉄に富む堆積岩*，スカルン*，ユーリサイト*，鉄かんらん岩，グラノファイアー*に，鉄かんらん石*とともに産する．

ペトロカルシック層位 petrocalcic horizon
無機物質の40重量％を占めるほどに濃集した炭酸カルシウムによって膠結*されている硬性のカルシック土壌層位*．植物根は貫入することができず，鋤による掘削もできない．

ペトロジプシック層位 petrogypsic horizon
石膏*によって強く膠結*された表層または下層土*の特徴層位*．乾燥片は水に浸けてもスラッキング*を起こさない．このため植物根は貫入することができない．

ペドン pedon
土壌*体の単元．深さは土壌母材*まで達し，水平的な広がりが，すべての土壌層位*の形状および表層下の移行土壌*を研究するのに十分な大きさのもの．

ベニオフ帯 Benioff zone（和達-ベニオフ帯 Wadati-Benioff zone）
地下で深発地震*の震源*が並ぶ帯．1927年，日本の地震学者和達清夫によって初めてその存在が明らかにされた．1940年代～50年代にベニオフ*がこの帯を断面図で示した．帯は海底面直下から最大深度約700kmまで傾斜して下っている．海溝*，島弧*，火山*列，若い褶曲山脈*をともない，プレート*の活発な沈み込み*を示すものと考えられている．⇨ 沈み込み帯

ベニオフ，ヒューゴ（1899-1968）Benioff, Hugo
アメリカの地震学者．1950年から64年までカリフォルニア工科大学の教授．地震研究用の地震計*をはじめ各種の観測機器を製作した．1954年，カムチャッカ半島下で震源*の深さが海溝*からの距離とともに大きくなっていることを示す断面図を発表．この地震多発帯はベニオフ帯と命名された．⇨ ベニオフ帯

ベニス分類法 Venice system
水に含まれている塩化物の重量百分率によって汽水を分類する方法．⇨ 塩化物濃度

ヘニッヒ，ウィリ（1913-76）Hennig, Willi
系統学*を創始したドイツの動物学者．1947年ライプチヒ大学から博士号を取得．ショウジョウバエ（Drosophila）の幼生を研究した．その著書『系統学理論綱要』（Grundzuge einer Theorie der phylogenetischen Systematik, 1950）は大きく注目されることがなかったものの，1966年その英訳版が『系統学』（Phylogenetic Systematics, 1979年に第2版）として出版されるや，たちまちのうちに『種の起源』にも比肩する権威書としての地位を獲得した．分類学*は類縁関係を明らかにすることを目的とし，'類縁'の客観的な意味は共通の祖先をもつことにほかならないので，分類学は系統発生*に基づいていなければならないと主張，ただちに反響を呼んだ．子孫形質*，相似形態*，姉妹群*などの用語をつくり出し，単系統*を再定義して，これを分類学の至上命題に据えた．

ペニナイト penninite ⇨ 緑泥石

ベニング-マイネス，フェリックス・アンドリース（1887-1966）Vening-Meinesz, Felix Andries
オランダのユトレヒト大学地球物理学教授．初期の大陸移動説*擁護者．重力の研究に大きく貢献した．1926年ジャワ海溝*で顕著な負の重力異常*を発見し，海溝*は地球内部の対流によって地殻*が座屈して形成されたもので，これを地震データによって裏づけた．潜水艇を利用して重力測定*をおこない，その精度を著しく向上させた．

ペヌティアン階 Penutian
北アメリカ西海岸地方における下部第三系*中の階*．ブリティアン階*の上位でウラティザン階*の下位．下部イプレシアン階*にほぼ対比される．

ペネ- pene-
'ほとんど'を意味するラテン語paeneに

由来．'ほとんど'または'ほぼ'を意味する接頭辞[たとえば peneplain（準平原）*は，ほとんど平野を意味する]．

ペネサライン penesaline
通常の海水とハイパーサライン（hypersaline〔異常に高い塩分濃度*〕）の中間の塩分濃度．72から352パーミルの間．多くの海生生物にとっては有害な塩分濃度で，特殊な動植物のみが耐えることができる．ペネサライン環境に特徴的な堆積物*は，硬石膏*や石膏*をはさむ炭酸塩（⇨ 蒸発岩）．このような環境はバリアー*の背後や背礁*で生じやすい．

ペネトレーティブ penetrative
肉眼では認められないような微小領域での破壊によって生じている岩石の変形をいう．⇨ カタクレーシス

ペネラ Venera
1967年から1983年にかけて金星に向けて打ち上げられた旧ソ連の一連の探査機．

ペーパーシェール paper shale
薄い平行な葉層*からなる暗灰ないし黒色の頁岩*．風化*すると，強靱でいくらかしなる紙束のような薄片に剝げる．

ペペライト peperite
溶岩*流の基底や貫入岩体*の縁に見られ，固化したマグマ*と堆積岩*の混合物．

ベーマイト boehmite
酸化アルミニウム水和物鉱物*．γ-AlO(OH)；その多形*であるダイアスポア* α-AlO(OH)と連続的な系列をなす．比重3.0；硬度*4；斜方晶系*；通常白色；ふつう顕微鏡的な粒子またはピソライト（豆石）*状の集合体をなす；劈開*{010}に良好．風化断面*にギブサイト*，ダイアスポア，カオリナイト*とともに広く産する．

ヘミ- hemi-
'半分'を意味するギリシャ語 hemi に由来．'半分'または'なかば影響している'を意味する接頭辞．

ヘミペラジャイト hemipelagite ⇨ 半遠洋性堆積物

ヘメラ hemera
ある化石*植物または動物が最も繁栄していた地質時代を表す単位．

ペライト pelite（形容詞：pelitic）
1. 頁岩*，泥岩*など粘土*に富む堆積岩*を源岩とするアルミニウムに富む変成岩*．アルミニウムを含む珪酸塩鉱物*の種類は変成作用時の圧力，温度によるが，通常は雲母*族．石英*は常に含まれる．〔2. 泥質岩のこと．〕

ペラジャイト pelagite ⇨ 遠洋性堆積物

ベラニーロ veranillo
南アメリカの夏の雨季に現れる短い好天の期間．

ベラーノ verano
熱帯アメリカの冬の乾季．

ヘランギ統 Herangi
ニュージーランドにおける下部ジュラ系*中の統*．バルフォー統*（三畳系*）の上位でカウヒア統*の下位．アラタウラン階とウルロアン階からなる．ライアス統*とアーレニアン階*にほぼ対比される．

ペリ- peri-
'まわりを'を意味するギリシャ語 peri に由来．'まわりを'，'を包む'を意味する接頭辞．

ベリアシアン階 Berriasian
ヨーロッパにおける下部白亜系*中の階*．年代は145.6～140.7 Ma（Harland ほか，1989）．模式層*はフランスのベリアス（Berrias）にある．⇨ ネオコミアン統

ヘリウム時計 helium clock
地球大気中のヘリウム蓄積量に基づいて地質年代を測定する方法．希ガス（貴ガス）であるヘリウムは化学的に不活性．原子量が小さいため地球の重力場*から逃げ出し，大気中での平均滞留時間*は数百万年にすぎない．したがって大気中にごくわずかながら存在しているヘリウムは地球創生以来残っているものであるはずはなく，地殻*でのアルファ崩壊*の産物であるにちがいない．放射性起源の新たなヘリウムの供給と外宇宙への絶えまのない逸散とのあいだには平衡状態が保たれているとみられる．

ヘリウム'燃焼' helium 'burning'
赤色巨星の収縮した核において，太陽内部よりも高い極端な高温でヘリウムが核融合する現象．この反応は炭素と酸素を生み出し，

その宇宙における存在度*を説明する手がかりとなるためとくに重視されている．⇨ 炭素'燃焼'；水素'燃焼'；珪素'燃焼'；元素の合成

ヘリウム量観測干渉計（HAD） helium abundance interferometer
惑星大気中のヘリウムと水素の相対存在度を精確に測定するためのリモートセンシング*干渉計．

ヘリオポーラ属 *Heliopora* ⇨ 八放サンゴ亜綱

ヘリキアン階 Helikian
カナダ楯状地*における原生界*中の階*．アフェビアン階*の上位でハドリニアン階*の下位．

ヘリクタイト helictite ⇨ 滴石

ペリクライン褶曲 pericline fold（periclinal fold）
地質図*上で地層*が同心円状の配列を示す褶曲*．振幅が外側に向かって減少してゼロとなる．背斜*ペリクラインは'ドーム'，向斜*ペリクラインは'ベイスン'と呼ばれる．

ペリクリン双晶 pericline twinning
斜長石*に見られる双晶*の一種．双晶面*はb軸（またはy軸）に平行で，集片双晶ラメラ*をなす〔平行な多数の双晶ラメラが1つの結晶粒に発達する状態〕．これが劈開面に細かい条線となって現れる．

ペリクレース periclase
酸化物鉱物*，酸化マグネシウム（MgO）．比重3.5；硬度*5.5；白，黄または緑色；結晶質あるいは粒状．接触変成作用*を受けた石灰岩*に産する．水和作用*によりブルーサイト*$Mg(OH)_2$に変質していることがある．

ヘリサイト構造 helicitic structure
変成作用*にともなう再結晶作用*によって形成された斑状変晶*中の鉱物包有物*がS字状の曲線をなして並んでいる構造．成因として次の2つが考えられる．(a) 斑状変晶の成長過程で取り込まれた既存の褶曲*ファブリック*をもつ鉱物が，斑状変晶の成長に寄与することなく，そのまま残存しているもの．(b) 石基*または外部のファブリックと成長途上の斑状変晶の間の相対運動による．剪断応力*の影響下で成長している斑状変晶が回転し，取り込まれていた鉱物の直線状ファブリックが斑状変晶内でS字状に変形したもの．

ペリディニウム目 Peridiniales ⇨ 渦鞭毛藻綱

ベーリング亜間氷期 Bølling
北西ヨーロッパにおける最終氷期（デベンシアン氷期*）末期にかけての比較的温暖な期間．名称はデンマークの模式地*に由来．放射性炭素年代*はおよそ13,000〜12,000年BP．⇨ ドリアス期

ベーリング陸橋 Bering land bridge
新生代*を通じて間欠的に出現したシベリアとアラスカを結ぶ陸地．大西洋の発展によってヨーロッパから北アメリカへの直通ルートが失われていたため，哺乳動物が北アメリカに移動する唯一のルートとなっていた．⇨ 陸橋

ベーリンジア Beringia
ベーリング海峡とその近傍のシベリア，アラスカを含む地域．後期中生代*と新生代*に海峡は何度も乾陸となり，旧北動物地理区*〔アジア側〕と新北動物地理*区〔北アメリカ側〕との間の重要な動植物移動ルートとなった．

ベリンダ Belinda（**天王星XIV** Uranus XIV）
天王星*の小さい衛星*．直径は34 km．1986年の発見．

ヘリンボーン斜交葉理 herringbone crossbedding
斜交葉理*の1形態．前置層（フォーセット）*が上下のクロスセット（⇨斜交葉理）で逆向きとなっており，断面が魚の骨に似る形態を呈する．前置層の二方向性は，瀬海環境で潮流*の流向が逆転することによる．

ペル- pel-
フォークの石灰岩分類法*でいう，粒子の大部分がペレット*からなる石灰岩*に冠する接頭辞．

ベール雲 velum
積雲*や積乱雲*の頂部あるいはすぐ上に広くベール状に広がる雲．⇨ 雲の分類

ペルー海流 Peru current（**フンボルト海流** Humboldt current）
ペルーとチリの西岸沿いに北流する海流．南東貿易風*に駆動されて西流する南赤道海流*の背後に生じた低海水準域に流入する'補流'．流れの遅い東岸強化流*で，幅広く浅い．底層の低温海水を海面付近にもたらす湧昇流*のため，この海流域の海面付近は栄養分に富み，海洋生物が豊富となっている．

ベルカノ層 Verrucano
赤紫色を呈する砂岩*と礫岩*からなるペルム紀*の陸成層〔スイス・アルプス地方に分布〕．

ベルクシュルント bergschrund（**ベルクシュルント・クレバス** bergschrund crevasse）
カール氷河*と氷河背後の谷頭壁*の間に見られる幅広く深いクレバス*．氷河が成長して，最上流端の岩壁から引き剝がされる際に生じる．単一のベルクシュルントが生じることも，多数の小さいベルクシュルントが生じることもある．

ベルク風 berg wind
南アフリカ沖合で吹く，成因上フェーン*に似た局地風．

ベルクマン，トーベルン・オロフ（1735-84）Bergman, Torbern Olof
スウェーデン，ウプサラ大学の化学教授．鉱物学に貢献した．大地を水成起源とみなす洪水論者で，岩石の生成に関するその著作の一部は後にウェルナー*によって発展させられ，広められた．⇨ 洪水説

ベルクマンの法則 Bergmann's rule
近い系統の恒温動物*では，温暖な地方から寒冷な地方に向かって個体の体サイズが増大するという説．1847年にベルクマン（C. Bergmann）が提唱．それによると，寒冷な地域の品種は，温暖な地域の品種よりも大きい個体で構成される傾向がある．これは体重の増大にともなって体重に対する体表面の割合が減少するためで，小さい個体より大きい個体のほうが体熱を失う割合が小さいことによる．体サイズの増大は寒冷な地域では有利に働くが，温暖な地域では不利になる．⇨ アレンの法則；グロージャーの法則

ベルゲン学派 Bergen School
1917年から20年にかけてノルウェーのベルゲン地球物理学研究所に勤務していた気象学者［ヴィルヘルム・ビヤークネス*，その息子ヤコブ・ビヤークネス（Jacob Bjerknes），ソルベルク（H. Solberg），ベルシェロン（T. Bergeron）］のグループに冠された名称．この学派によって前線*と気団*の存在およびその役割が解明された．

ベルシェロン理論 Bergeron theory（**ベルシェロン-フィンドアイセン理論** Bergeron-Findeisen theory）
1930年ころ，ベルシェロン（T. Bergeron）が提唱し，その後フィンドアイセン（W. Findeisen）が発展させた，氷晶・水滴混合雲*中での雨滴成長機構を説明する理論．この理論は，氷の上と過冷却*水の上とでは飽和水蒸気圧*が異なることに基づいている．温度が$-12°C$から$-30°C$の雲中では，大気は氷晶*のまわりでは飽和するが水滴のまわりでは不飽和であるため，水滴からは蒸発が起こり，その水蒸気が昇華*することによって氷晶が成長する．このように水滴を消費して十分に大きくなった氷晶が雲から脱落し，下層の温暖な空気中を通過する際に融ける．この過程は氷晶と水滴が混合している場合に限られ，中〜高緯度の雲では起きるが，あらゆる雲で進行するわけではない．たとえば，温度が氷点以上である熱帯の雲では起こらない．⇨ 衝突理論；氷晶核

ベルシリアン階 Versilian ⇨ 第四紀

ペルスパーライト pelsparite
フォークの石灰岩分類法*でいう，スパーライト*セメント*とペレット*からなる石灰岩．

ヘルダーバージアン階 Helderbergian ⇨ アルスデリアン統

ペルー-チリ海溝 Peru-Chile Trench
南アメリカ・プレート*とその下に沈み込むナスカ・プレート*の境界をなす海溝*．

ベルトラン・レンズ Bertrand lens
偏光顕微鏡*のアナライザー*の上で光の経路に挿入する付随レンズ．平行-*または直交ポーラー*で偏光の振動方向*あるいは干渉像*を観察するには，ベルトラン・レン

ズを挿入して干渉像に焦点を合わせる．あるいはベルトラン・レンズを用いずに接眼鏡*をはずして直接観察する．1878年にベルトラン（L. Bertrand）がアミシ（G. B. Amici, 1844年）の考案になるレンズを改良して初めて使用．

ベル・トレンド bell trend ⇒ ダーティアップ・トレンド

ベルヌーイ，ダニエル (1700-82) Bernoulli, Daniel

スイスの数学者（ベルヌーイ家が4世代にわたって生んだ11人の傑出した数学者の1人）で，流体力学の業績で知られる．その著作『流体力学』（Hydrodynamica）で流体中の圧力は流速と逆相関の関係にある（流速が大きいほど圧力は小さくなる）ことを示した．これはベルヌーイの定理として知られている（⇒ ベルヌーイの方程式）．ベルヌーイはオランダのフローニンゲンに生まれ，スイスのバーゼルで教育を受けた．ここで，父は兄（ダニエルの伯父）の死去にあたって，その数学教授の地位を受け継いだ．ダニエルは16歳で修士の学位，21歳で肺の機能に関する研究によって博士の学位を得た．1725年，ロシアのサンクトペテルブルク・アカデミー数学教授に任じられたが，1732年ロシアを離れ，1733年にバーゼル大学の解剖学・植物学教授に，1750年には自然哲学教授となり，1777年に引退するまでその地位に留まった．バーゼルで死去．

ベルヌーイの方程式 Bernoulli equation

摩擦のない理想的な非圧縮性流体の定常流*におけるエネルギー保存の法則を示す方程式．あらゆる流線に沿って $p_1/p_2 + gz + (v^2/2)$ が一定というもの．p_1 は流体の圧力，p_2 は流体の密度，v は流体の速度，g は重力加速度*，z は任意の水平面からの鉛直高さ．

ヘルベティアン階 Helvetian ⇒ セラバリアン階

ヘール-ボップ彗星 Hale-Bopp

公転周期は4,000年以上．最近の近日点*通過は1997年3月31日，近日点距離は0.914 AU*．

ベルマン秤 Berman balance ⇒ 密度測定

ペルミクライト pelmicrite ⇒ フォークの石灰岩分類法

ヘルミントイダ属 Helminthoida

底質表面に密に配列し，蛇行あるいは放射状をなす這い痕*からなる移動摂食痕*．堆積物食者*の効率的な摂食行動によってつくられる．

ヘルム風 helm wind

イングランドのカンブリア州で，冬から春にかけて，クロスフェル山脈（Crossfell Range）の西（風下）側斜面を頻繁に吹き下りる，北東寄りの冷たい暴風を指す方言．ヘルムは，暴風時に山脈にかかる厚い雲と風下側に延びるほとんど動きのない細長い雲のこと．

ペルム紀 Permian

古生代*の最後の紀*（290～248 Ma）．名称は中央ロシアのペルム（Perm）地方に由来．北半球では大陸性条件が広く卓越し，南半球は広範囲にわたって氷期*に見舞われた時代．四放サンゴ（目）*，三葉虫（綱）*，ウミツボミ（綱）*などの棘皮動物をはじめとする多くの動植物グループがペルム紀末の大量絶滅*（地球史上の大絶滅の1つ）によって姿を消した．ペルム紀は，前期（290～256.1 Ma）のアッセリアン期*，サクマリアン期*，アルティンスキアン期*，クングリアン期*，後期（256.1～248 Ma）のウフィミアン期*，カザニアン期*，チャンシンギアン期*の7期に分けられる．

ベレイスキアン階 Vereiskian

モスコビアン統*中の階*．メレケッスキアン階*（バシキーリアン統*）の上位でカシルスキアン階*の下位．

ヘレタウンガン階 Heretaungan

ニュージーランドにおける下部第三系*中の階*．マンガオラパン階*の上位でポランガン階*の下位．上部イプレシアン階*と下部ルテティアン階*にほぼ対比される．

ペレット pellet

糞起源の粒子*．石灰岩*や燐酸塩岩にふつうに見られる．糞起源と同定できないペレット類似の無構造の粒子は'ペロイド'と呼ばれる．⇒ 糞粒（ふんりょう）

ペレット石灰岩 pellet limestone ⇒ レイトン-ペンデクスターの石灰岩分類法

ヘレニック海溝 Hellenic Trench

アフリカ・プレート*とヘレニック・プレート*の境界をなし，イオニア海盆とクレタ島 (Crete) の間に介在する海溝*．両プレートの境界は，東方ではプリニー-ストラボ (Pliny-Strabo) 海溝に沿うトランスフォーム断層*となっている．これまでに幅数百 km のアフリカ・プレートがヘレニック・プレートの下に沈み込んだと見つもられている．

ヘレニック弧 Hellenic Arc

アフリカ・プレート*が沈み込んでいるヘレニック・プレート*上の，ほとんど活動していない東西方向の火山弧*．サントリニ島 (Santorini) をはじめとする死火山からなる．その南側約 150 km にあるクレタ島 (Crete) は非火山性の外弧*に属する．

ヘレニック・プレート Hellenic Plate

アフリカ・プレート*とユーラシア・プレート*の衝突帯*に介在する，東部地中海の微小プレート*．このプレートの南限をなすヘレニック海溝*の北側で非火山性の島弧*が隆起している．さらに北側のエーゲ海は広範囲にわたって拡大と沈降を続けている．

ヘレネ Helene (**土星ⅩⅢ** Saturn XIII)

土星*の小衛星*．1980年にボイジャー*1号が発見．半径 16 km，アルベド*0.7．

ペレーの毛 Pelé's hair

ハワイ式噴火*によって火山から放出された玄武岩*質溶岩*のスプレーが冷却して生じた細いフィラメント状のガラス*．名称はハワイの火山の女神ペレー (Pelé) に由来．溶岩は著しく流動的であるため，噴火の際に表面張力によって水滴状となり，その後方に糸を引くように長く延びたフィラメントがちぎれてペレーの毛となる．長さが数 m にもなることがあり，風下に数 km も流される．固化した水滴状の粒は'ペレーの涙'と呼ばれる．固化した溶岩スプレーの破片は'アクネリス'と総称される．

ペレーの涙 Pelé's tear ⇒ ペレーの毛

ベレムナイト目 (矢石目) Belemnitida (**ベレムナイト類** belemnites; **頭足綱** class Cephalopoda, **鞘形亜綱** subclass Coleoidea)

絶滅*した頭足類の1つの目で，内殻性の殻は房錐*，鞘*，前甲 (⇒ 骨格形成物質) からできている．ベレムナイト類はジュラ紀*に出現し，白亜紀*末に大半が絶滅したが，始新世*まで生き延びたものもわずかながらあった．鞘形亜綱の別な目で，石炭系*からジュラ系にかけて産出するオーラコセラス目は体房*をもっていたようであるが，ベレムナイト類ではこれが退化して前甲となっている．ベレムナイト類の殻後部の大部分が方解石*の放射状針状結晶*からできた鞘と呼ばれる弾丸型の円筒状殻となっており，その前端には円錐形の空隙（アルベオラス）があって，これに房錐がおさまっている．房錐はアラゴナイト質 [⇒ 霰石（あられいし）] の円錐形構造で，隔壁によって仕切られ，小さい体管*が通っている．ベレムナイト類の房錐は，他の頭足類における外殻と相同*である．前甲は房錐から前方へ突き出した舌状の部分を指し，軟体部の前部を保護していたと考えられる．

ベレロフォン型 bellerophontiform

腹足類（綱）*の殻形態を表す語で，ベレロフォン属 *Bellerophon* のように，平巻きの（すなわち旋回軸に垂直な面に対して対称な殻をもつ）形を指す．

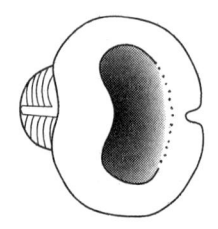

ベレロフォン型

ペロイド peloid ⇒ ペレット

ペロブスカイト（灰チタン石，灰鉄チタン石） perovskite

酸化物鉱物*．$CaTiO_3$；比重 3.98～4.26；硬度*5.5；単斜晶系*あるいは六方晶系*；微小な立方体結晶*；黄褐～黒色．シリカ不飽和（⇒ シリカ飽和度）のアルカリ火成岩*で，霰石*やメリライト*とともに副成分鉱物*をなす．ある種の超塩基性岩*に産する．

ペロブスカイト・モデル perovskite model
　深度600〜2,800kmで温度が2,000〜2,500℃となっているマントル*下部の大部分が，ペロブスカイト*$CaTiO_3$からなっているとする理論的モデル．ペロブスカイトはこれまでにかんらん石*，輝石*，ざくろ石*から人工的につくられており，実験室では2,000℃の温度下でも安定である．

ベーン vane
　風向を示す装置．正規の観測では，遮蔽物のない地表上で高さ10mのマストに設置する．

片- fracto- ⇨ 片雲

変位 translation ⇨ 巻き

変位型相転移 displacive transformation ⇨ 多形相転移

変異係数 coefficient of variation
　1つの集団または種からなるサンプルにおける変異の尺度．(標準偏差*×100)/平均．成熟個体からなる均質な集団では，この係数が10を超えることはほとんどないことが経験的に知られている．

片雲 fractus
　'ちぎれた'を意味するラテン語 *fractus* に由来．不規則で引きちぎられたような形態の雲．積雲*や層雲*の種の1つ〔片積雲，片層雲〕．⇨ 雲の分類

変温層 metalimnion ⇨ 水温躍層

変温動物 poikilotherm（**発熱動物** exotherm）
　たとえば太陽熱を浴びたり巣孔をつくるなどの，行動上の手段で自らの体温を維持している動物．このような動物はしばしば'冷血'動物と称されるが，実際には活動中はその体温は恒温動物*（'温血'動物）の体温とほとんど変わらない．変温動物は下級の脊椎動物（魚類や両生類*，爬虫類*）に限られ，鳥類*と哺乳類*には見られない．

片害作用（偏害作用） amensalism
　種間に働く作用の1つで，一方の種が害を受け，もう一方には影響がない場合をいう．

偏角 declination
　磁北と真の（地理学上の）北との間の角度．

片岩 schist
　広域変成岩*の一種．片理*を有する．粒径は1mm以上で，千枚岩*よりも粗粒．片理を構成する鉱物*は，白雲母*，雲母*，黒雲母*および/または伸張した石英*などで，その鉱物組み合わせは源岩の組成と変成時の温度・圧力による．同じく塩基性岩*を源岩とする変成岩で，片理をもつ岩石はホルンブレンド*片岩（角閃石片岩），緑色片岩*などと呼ばれ，片理を欠く岩石は緑色岩*と呼ばれる．このような命名基準からわかるように，'片岩'とはファブリック*に基づく名称であって，一般的な岩石型を指すものではない．

変換速度 stacking velocity
　重合*に先だって，CDPギャザー*〔の各受振点で得られた反射走時〕のノーマル・ムーブアウト*から〔CDP-CMP*間の走時*に変換して〕求めた反射波速度．⇨ 共通反射点

変換波 converted wave ⇨ S波

扁球一軸歪 oblate uniaxial strain
　基準球がz軸方向に短縮し，z軸に直交するすべての方向に同じ量だけ伸張する歪*．これによって球は扁球楕円体となる．

偏球状 oblate
　板状ないし円盤状を呈するクラスト*の形態をいう．中間軸/長軸の比が2/3以上，短軸/中間軸の比が2/3以下のものをいう．⇨ 粒形；ジンクのダイアグラム

ペンク，アルブレヒト（1858-1945）Penck, Albrecht
　ベルリン大学出身のドイツの鉱物学者．第四紀*の氷河地形を主に研究，分類した．息子のワルター・ペンク*との共同研究も知られている．

ベングエラ海流 Benguela current
　南部アフリカ西岸に沿って南緯35°と15°の間を北に向かって流れる，流速0.25m/秒以下の比較的弱い海流．〔沿岸帯に〕低温湧昇水の海域をともなう．

ペンク，ワルター（1888-1923）Penck, Walther
　ドイツの地質学者．地形学の分野で父アルブレヒト・ペンク*に協力した．それとは別

に，山脈とくにアルプス山脈の地質構造を研究し，大陸の隆起に関するジュース*の考えを修正した．

偏形（パラモルフ） paramorph
ある鉱物*の多形*の1つが他の型の多形に転移して生じた結晶*．シリカ*の多形がその好例．高温型のクリストバル石*から変わった低温型の鱗珪石*は偏形である．

変形双晶 deformation twinning（格子すべり lattice gliding）
結晶*が応力*を受けると結晶構造内の原子配列面に沿うすべりによって塑性変形*が起きる．すべりには，すべり面に沿って1つ以上の原子列が側方にずれる並進*と，格子*内部の個々の列でより小さい転位が起きる双晶すべりとがある．このようにして生じる双晶*は，それぞれすべり双晶，変形双晶と呼ばれる．

変形ラメラ deformation lamellae
双晶*をなす結晶*で，原子の列が偏圧によりずれて生じた葉片状のすべり双晶の形態．閃亜鉛鉱*，方解石*，輝石*などに認められる．

ヘンゲロー亜間氷期 Hengelo（ホーボーケン亜間氷期 Hoboken）
デベンシアン氷期*中期の約40,000年BPにオランダで知られている亜間氷期*．この時期のオランダにおける7月の気温は10℃程度と見つもられている．メールスフーフト亜間氷期*，デネカンプ亜間氷期*とともにイギリス諸島のアプトンワーレン亜間氷期*に対比される．

変玄武岩 metabasalt
変成作用*を受けた玄武岩*．⇨ メタ-

偏　光 polarized radiation
〔進行方向と平行な〕単一の面内で〔進行方向と垂直な1方向に〕振動する電磁波．〔⇨ 平面偏光〕

偏光顕微鏡 polarizing microscope
岩石*や鉱物*の薄片*を偏光*で観察するためのアナライザー*とポラライザー*を備えた顕微鏡．載物台*の下にある光源からの光線が試料を透過する．反射（鉱石）顕微鏡*では光源からの入射光を鉱石（不透明）鉱物*の研磨面で反射させる．レンズ，鏡体，回転載物台，アナライザー，ポラライザーなどの仕様は両型の顕微鏡ではぼ同じである．透過光と反射光のいずれも使用できる型の顕微鏡もある．

偏光測定 polarimetry
惑星表面での光の反射による偏光*の程度を測定すること．偏光の程度は表面物質の性質に依存する．偏光測定によって，たとえばティタン*の大気における粒径分布についての情報が得られた．

扁谷（デレ） dell
ケスタ*地形のスカープ*前面で，抵抗性の低い地層*部分に発達する，底が舟底型の浅い谷．

偏差応力（偏応力） deviatoric stress
大きさの異なる主応力*からなる系において，各主応力から平均（または静水*）応力 ($\bar{\sigma}$) を差し引いて得られる応力成分．3つの主応力に対応して3つの偏差応力がある ($\sigma_1-\bar{\sigma}$, $\sigma_2-\bar{\sigma}$, $\sigma_3-\bar{\sigma}$)．偏差応力は物体の歪*の程度を支配する．

偏三角面体 scalenohedron
多数（通常6または12）の不等辺三角形からなる結晶形*．結晶系*は正方晶系*あるいは六方晶系*のいずれかで，後者のほうが多い．各面は垂直な $c(z)$ 結晶軸*を切る．方解石*に多い．このような形態のものは'犬牙石'と呼ばれる．

ベーン試験 vane test
土壌*の剪断強度*の現位置試験．薄い長方形のブレード4枚を十字に取り付けた器具を用いる．これを地中に挿入して一定の速度で回転させる．土壌に円柱型の孔を開けるのに必要なトルクから土壌の剪断強度を決定する．

弁鰓綱（べんさい-） Lamellibranchia ⇨ 二枚貝綱

変質作用 alteration
化学的または物理的作用によって岩石に生じる変化．

変質ハロー alteration halo
鉱脈*の周囲の岩石中に熱水*によって変質鉱物*が生じている範囲．

-変晶 -blast
変成岩*の組織*につける接尾辞．変成時

の再結晶作用*によって成長した結晶*を指す．たとえば，斑状変晶*は岩石が変成作用*を受けているあいだに大きく成長した結晶．

ペンシルバニア　Pennsylvanian
1．ペンシルバニア亜紀．ミシシッピ亜紀*に続く石炭紀*後半の時代．バシキーリアン世*，モスコビアン世*，カシモビアン世*，グゼーリアン世*からなる．322.8～290 Ma（Harlandほか，1989）．**2**．ペンシルバニア亜系．ペンシルバニア亜紀に相当する北アメリカにおける亜系．モロワン統*，アトカン統*（デリヤン統），デスモイネシアン統*，ミズーリアン統*，バージリアン統*からなり，シレジア亜系*の大部分にほぼ相当（すなわちナムーリアン統*の上位）．

変成岩　metamorphic rock
圧力，温度，揮発性成分*含有量の変化に応じて既存の岩石が再結晶*して形成された鉱物*の集合体．一般に次の4型に分類されている．(a) 広域変成岩：造山運動にともなう高温・高圧（剪断応力*と静水圧，⇒ 静水応力）に応じて形成される（⇒ 造山運動；広域変成作用）．(b) 接触変成岩：火成岩*貫入体*の周囲が高温（低圧）にさらされることによる（⇒ 接触変成作用）．(c) 動力変成岩：とくに断層帯*や衝上*帯での転位にともなう圧力（剪断応力）の増大による．(d) 埋没変成作用：埋没による高圧（低温）による．

変成作用　metamorphism
圧力，温度，揮発性成分*含有量の変化に応じて既存の岩石の性質が変化する作用．ほとんどの変成作用では，全岩化学組成の変化はともなわず，新しい鉱物相の結晶化のみが起こる．このような等化学的変化によって大きい組織*変化がもたらされる．→ 交代作用．⇒ バロー型変成作用；バローの変成分帯；埋没変成作用；動力変成作用；広域変成作用；接触変成作用；変成度

変成相　metamorphic facies
組成の異なる岩石が同じ変成度*あるいは同じ条件の変成作用*を受けて生じる鉱物組み合わせ．たとえば，ある変成帯*でたがいに隣接している変成した頁岩*，塩基性*溶岩*，石灰岩*は同じ程度の変成作用を受けたにちがいないが，それぞれ源岩の組成を反映して異なる変成鉱物組み合わせをもっている．これら3種の岩石はすべて同じ変成度の変成作用を受けたのであるから，異なる鉱物組み合わせは源岩の組成のちがいのみによるものであり，したがって1つの変成相に属する．ある組成の岩石に生じた異なる鉱物組み合わせは，異なる変成条件に対する鉱物学的な反応（変成度）を表すもので，それぞれが1つの相をなす．ある相で表される変成条件はその相における鉱物組み合わせが安定である圧力・温度領域を実験からきめることによって求められる．ただ相の定義は純粋に記載的で，観察される鉱物組み合わせのみに基づいている．変成相の概念は，エスコラ*が，対照的な変成条件を経た2つの地域，ノルウェーのオスロとフィンランドのオリィエルビ（Orijarvi）の，組成が類似した岩石の鉱物組み合わせを比較して，1920年に提唱した．

変成度　metamorphic grade
変成作用*の相対的な強さの尺度．変成度の上昇は，泥質岩（⇒ ペライト）では鉱物組み合わせに見られる脱水作用*の進行によって，石灰岩*と不純な石灰岩では脱炭素作用によって特徴づけられる．一般に，変成度の増大は，より高温・高圧で安定な鉱物組み合わせの存在によって示される．

偏西風　westerlies
南北両半球の中緯度で西から東に向かっている卓越気流．

変成分化作用　metamorphic differentiation
高度な変成作用*（⇒ 変成度）によって，元は均質な岩石中に鉱物学的に異なる層が形成されること．

変成分帯　metamorphic zone
変成地域で2本の隣あうアイソグラッド*にはさまれた地帯．帯の名称は変成度*が低い側のアイソグラッドの名称から採る．たとえば，広域変成帯*の泥質岩（⇒ ペライト）に見られるざくろ石*アイソグラッドと藍晶石*アイソグラッドにはさまれた帯は，ざくろ石帯と呼ばれる．各帯では圧力・温度・$P(H_2O)$・$P(CO_2)$が一定範囲内にあり，

それを超えた鉱物学的反応は起こっていない．ふつう泥質岩の化学組成が指標とされる．

ベンソンの洪水ピーク予測法 Benson's flood peak formula ⇒ 洪水ピーク予測法

変堆積岩 metasediment ⇒ メタ-（変-）

ベンダバール vendavale
ジブラルタル海峡付近で吹く，低気圧*にともなう局地的な強い南西風．スコール*や強雨をもたらす．

ペンタメルス目 Pentamerida（**ペンタメルス類** pentamerids；**有関節綱*** Articulata）
腕足類（動物門）*の絶滅*した目．著しく両凸の厚い殻をもつ．茎殻（⇒ 肉茎）には匙板*が，腕殻（背殻）には腕突起と支持板が発達し，それらが殻内部に閉殻筋と開殻筋（⇒ 筋痕）が付着する石灰質の箱形構造を形成している．殻は無斑（⇒ 有斑-**2**）である．ペンタメルス類はカンブリア紀*中期に出現し，デボン紀*後期に絶滅した．

ベンチ bench
1．露天採掘*において採掘をおこなう水平な段．**2**．岩体に現れている，せまい平坦な面の総称．

ベンチュリアン階 Venturian
北アメリカ西海岸地方における上部第三系*最上位の階*．レピティアン階*の上位でホィーレリアン階*の下位．ピアセンツィアン階*最上部にほぼ対比される．

ベンディゴニアン階 Bendigonian
オーストラリアにおける下部オルドビス系*中の階*で，ランスフィールディアン階*の上位でチュートニアン階*の下位．

変泥質岩 metapelite ⇒ メタ-（変-）

ペンテブリアン階 Pentevrian
フランスのブルターニュ地方における中・下部原生界*中の階*で，年代は約 2,600～1,000 Ma．ブリオベーリアン階*の下位．

変動帯 mobile belt
造山帯*と同義．プレート・テクトニクス*・モデルの適用が困難な，古い（前期先カンブリア累代*の）造山帯に適用されることが多い．

偏東風波動 easterly wave
熱帯域の偏東気流中の弱い気圧の谷*．波長は一般に 2,000～4,000 km．西アフリカやカリブ海では，貿易風逆転*が弱くなるか消滅する夏と秋に発達する．中央太平洋では赤道低圧帯*が北に移動するときに発生．このような波状の擾乱からさまざまな強さの熱帯低気圧*が発達することが多い．

ベンド系 Vendian
原生界*最上位の系*．約 650 Ma からカンブリア系*基底まで（Harland ほか，1989）．エディアカラ統*とバランゲル統*を含む．

ベントナイト bentonite
モンモリロナイト*に富む粘土*．火山灰*や凝灰岩*が分解，変質して生じる．

ベンドビオンタ Vendobionta
エディアカラ世*に生息した，単系統*と考えられる化石動物のグループ．ザイラッハー（Adolf Seilacher）は，1984 年にこの動物グループの分類学的位置を界とした．1994 年には，バス（Leo W. Buss）と共同でベンドビオンタを，刺胞動物*の祖先ではあるが，刺細胞（刺胞）をもたない動物の門に位置づけることを提案した．

ペントランド鉱 pentlandite
鉄とニッケルの硫化物鉱物*．$(Fe, Ni)_9S_8$；比重 4.5～5.0；硬度*3～4；等軸晶系*；明るい真鍮黄色；条痕*帯緑黒色；金属光沢*．極めてまれによく発達した結晶*をなすが，ふつうは不定形の粒状または包有物；劈開*なし，裂開{111}．塩基性*～超塩基性岩*にともなう鉱床*に，磁硫鉄鉱*や黄銅鉱*など他の硫化物鉱物とともに産する．ニッケルの主要な鉱石鉱物*．

ペンドレイアン階 Pendleian
〔ミシシッピ亜系*〕サープクホビアン統*中の最初の階*．アーンスベルギアン階*の下位．

ヘンニッヒのジレンマ Hennig's dilemma
2 つあるいはそれ以上の形質*（たとえば 2 つの異なる遺伝子*）を検討して系統樹*をつくると，2 つの相容れない系統ができあがってしまうことがある．このようなとき，すべての形質に対して整合性のある単一の系統

樹をつくることができなくなり，ドイツの昆虫学者ヘンニッヒ（W. Hennig）がうち立てた分岐学*にジレンマが生じることになる．

ベンネティテス目 Bennettitales
　絶滅*した裸子植物*の目で，三畳系*から白亜系*にかけて産出する．ソテツ*に似ており，球果というよりも花のように見える繁殖器官をもつ．

扁平指数（I_F） flakiness index
　アスファルト舗装で，6.5 mm より粗粒の石の集合体を区分する指標．200 個以上のサンプルについて，最小軸長と平均軸長の比が 6/10 以下である粒子の重量百分率．

扁平積雲 humilis
　'低い'を意味するラテン語 humilis に由来．鉛直方向の発達が弱い積雲*の変種で，扁平なかたちで特徴づけられる．⇒ 雲の分類

片麻岩 gneiss（形容詞：gneissose）
　高度の広域変成作用*によって形成された粗粒で縞状構造*を示す岩石の総称．縞状構造（片麻状縞状構造または片麻状構造）は暗色の鉱物*（たとえば，黒雲母*，ホルンブレンド*，輝石*）と明色の石英*-長石*質鉱物の分離によって生じる．片麻状岩石は，組成を示す接頭辞をつけて記載されることが多い．たとえば，黒雲母片麻岩，ホルンブレンド片麻岩，泥質片麻岩．

片麻状構造 gneissosity（片麻状縞状構造 gneissose banding） ⇒ 片麻岩

ベンモレアイト（ベンモレ岩） benmoreite
　灰長石，ナトリウム斜長石*，鉄に富む輝石*（フェロオージャイト），鉄に富むかんらん石*からなる噴出岩*．アルカリ玄武岩*マグマ*系列の一員．この系列は分化作用（⇒ マグマの分化）が進んで SiO_2 量が増加する順に，アルカリ玄武岩，ハワイアイト，ミュージェアライト，ベンモレアイト，粗面岩*からなる．名称は模式地スコットランド，ムル島（Isle of Mull）のベンモア（Ben More）に由来．

片　理 schistosity
　広域変成岩*中で葉片状の雲母*類や柱状のホルンブレンド*が面をなして配列している構造．これらの鉱物が面構造をなす原因は，(a) 剪断応力*による鉱物粒子の機械的な回転，あるいは (b) 圧縮主応力軸*に垂直な長軸をもつ変成鉱物の成長．

偏六面体 trapezohedron
　〔等形の〕不等辺四辺形からなる閉形*の結晶形*で錐体に似る．立方-*，正方-*，六方晶系*に発達．対称軸はもつが水平の対称面を欠くことが多い．

ホ

ボア（潮津波） bore
　急激な潮位の上昇．水塊がそそり立つ波をなして前進する．アマゾン川，北アメリカ東岸のフンディ湾（Bay of Fundy），長江，イングランドのセバーン川（Severn），トレント川（Trent），ウーズ川（Ouse）などのように，潮差*が大きく平面形がじょうご型をした浅いエスチュアリー（三角江）*や河口に発生しやすい．

ポアソン比（Y） Poisson's ratio
　物体が加えられた応力*に垂直な方向に歪む程度を表す尺度．縦方向（応力に平行な方向）の歪*と横方向（応力に垂直な方向）の歪の比：
$$Y = e_{(\sigma_1 に垂直)} / e_{(\sigma_1 に平行)}$$
Yはポアソン比，eは歪，σ_1は最大主応力*．名称はフランスの数学・物理学者ポアソン（Poisson，1781-1840）に因む．

ポアソン分布 Poisson distribution
　統計学：ある事象が起こる回数に適用される離散的な確率分布*．

ポイキリティック- poikilitic
　火成岩*中で大きい結晶*が数種の小さい結晶（定方向に配列している場合もしていない場合もある）を取り込んでいる組織*をいう．大きい結晶の結晶化の核が分散していて成長速度が速く，周囲の小さい結晶粒を取り込んだもの．普通輝石*が多数の斜長石*結晶を取り込んでいる場合には，とくに'オフィティック構造*'と呼ぶ．

ポイキロトピック- poikilotopic
　堆積岩*中でセメント（膠結物質）*の粗粒結晶*が多数の小さい砕屑性*粒子を取り込んでいる組織*をいう．

ポイキロブラスト poikiloblast（形容詞：poikiloblastic）
　変成岩*中で数種の小さい結晶*をとりかこんでいる大きい結晶．前者が定方向に配列している場合もしていない場合もある．

補遺形 supplementary forms
　結晶面*が内部の原子構造に関して異なる位置に発達していながら，通常のものと同じ対称性をもつ結晶*．このような結晶は正号形あるいは負号形，または複形（diploid）として区別される．

ボイジャー Voyager
　木星*，土星*，天王星*，海王星*そして太陽系*の外側を探査するために1977年に打ち上げられたNASA*の2つの宇宙探査機（1号は9月5日，2号は8月20日に打上げ）．1号は1979年3月に木星を，1980年11月に土星を通過．1990年2月13日，その搭載カメラは水星，火星，冥王星を除く太陽系のほぼ全体を撮影して役割を終えた．2号は1979年7月に木星，1981年8月に土星に達した．両機とも1989年に探査を終了．

ボイス・バロットの法則 Buys Ballot's law
　北半球では風は低気圧*の中心のまわりを反時計まわりに，高気圧*の中心のまわりを時計まわりに吹くという，1857年にユトレヒト大学ボイス・バロット教授が提唱した法則．南半球ではその逆．

ホイヘンス Huygens
　NASA*とESA*による土星探査船カッシニ*に搭載された小型探査機．1997年に土星*の衛星ティタン*に向けて発射された．

ホイヘンス接眼鏡 Huygenian eyepiece ⇒ 接眼鏡

ホイヘンスの原理 Huygens' principle
　前進する波面の各点は二次的な小波の源となりうるというもの．これらの二次波すべてを包絡する面が新しい波面となる．

ホィーレリアン階 Wheelerian
　北アメリカ西海岸地方における更新統*に2つある階*のうち下位のもの．ベンチュリアン階*（鮮新統*）の上位でホーリアン階*の下位．南ヨーロッパの下部更新統*にほぼ相当する．

胞 theca（複数形：thecae）
　筆石類（綱）*の枝状体*に沿って発達する杯状構造で，それぞれの胞に群体を構成する個虫が入る．胞には，ほぼ円筒形の単純なものから，胞の開口部が下を向いて，内側にね

じれたカギ状のものまでさまざまな形態がある．また，ごく小さい口をもつ三角形の胞や，1つひとつが分離した長く細い胞（孤立状）もある．モノグラプタス類*には，種ごとに胞の形状が異なるだけでなく，1つの群体の単一の枝状体のなかでも構造が異なっているものがある．胞の形態は時代とともに変化している．

房　trail
ある種の腕足類（動物門）*の殻に見られる，前方への房状突起．殻*の後部がつくる一般的な面とは大きく斜交していることが多い．

房（室）　camera（camara，形容詞：cameral, camaral）
オウムガイ類（亜綱）*やアンモノイド類（亜綱）*などの，軟体動物*の殻内部で隔壁により分かれている1つひとつの部屋のこと．現生の頭足類（綱）*，たとえばノーチラス属 Nautilus では，0.3～1気圧（30～100 kPa）のガスが房（気房）内部を充填している．いくつかの気房には，体管*を通じて移動する房内液が含まれている．その量を調整することで，浮力のバランスや，生活する水深に合った体の密度を保っている．

方位　azimuth
1. 地球表面上で，ある線が地磁気の子午線となす角度．2. レーダー*：レーダーの伝播方向と直角の方向．

方位分解能　azimuth resolution
レーダー*：電磁放射*パルスによって照射される地表の幅．レーダーからの距離にしたがって増大する．レーダーの分解能は方位分解能と直線距離*分解能によってきまる．

方位分布　azimuthal distribution
斜交葉理*，リップル*，定方向配列*した化石などから読みとった，流向を示す方位データの方位別頻度．ローズダイアグラム*で表現する．方位分布を統計的に処理してベクトル平均や分散値を求める．

貿易風　trade winds
古くからの航海用語で，30～40°の緯度帯を占める亜熱帯高気圧*から北半球では南西方，南半球では北西方に向かって吹く，熱帯域の安定した卓越風．南緯・北緯とも15°付近に中心をもってほとんどその位置を変えない．高圧帯の東縁と極側の縁は下降気流のため安定した晴天で特徴づけられ，西縁と赤道側の縁では湿った空気が上昇して安定性に欠けるため，嵐が発生しやすい．

貿易風逆転　trade-wind inversion
貿易風*帯の主部における大気の気温減率*の逆転*現象．熱帯の気象に大きな影響を与える．逆転は，上空の亜熱帯高気圧*中を下降して乾燥し高温となった気塊が，下層を流れる低温で湿った海洋性気塊と会合する2～3 kmの高さで生じる．気温逆転層の基底は雲頂によって示される．

方鉛鉱　galena
鉱物．PbS；比重 7.4～7.6；硬度* 2.5；立方晶系*；鉛灰色；条痕*鉛灰色；金属光沢*；結晶形*は立方体または八面体，しばしば八面体双晶*；劈開*は立方体 {100} に完全．熱水*鉱脈*と同成*噴気鉱床*に広く産するほか，石灰岩*と苦灰岩*に産する．鉱脈では閃亜鉛鉱*，黄鉄鉱*，黄銅鉱*，重晶石*，石英*，蛍石*，方解石*と共生する．

ボウエンの反応原理　Bowen' reaction principle（ボウエンの反応系列　Bowen's reaction series）
マグマ*が冷却する過程で，変化していく平衡条件に鉱物*がいかに反応するかを説明する概念で，ボウエン*が1928年に提唱した．反応は，マグマとの間の拡散*に支配される連続的な元素の交換か，あるいは鉱物の不連続的な融解のかたちをとる．連続的な交換または反応では，長石*のように固溶体*をなす鉱物が，冷却中にマグマとの間で元素の分別を連続的におこなってその組成を変えていく．一方，不連続反応では，冷却の途中で経る特定の温度（反応点）で，ある鉱物（たとえばかんらん石*）が溶融し，同時に新たな鉱物がマグマと平衡状態を保って結晶し始める（この場合は輝石*）．ボウエンはソレアイト*マグマが冷却する際にこれら一連の反応（いわゆるボウエンの反応系列）が起こるものと考えたが，この系列は極めて複雑な反応を簡略化したものであり，かつソレアイト質マグマに適用されるこの反応系列がすべてのマグマの反応系列を説明するものではな

ボウエン, ノーマン・レビ（1887-1956）
Bowen, Norman Levi
　ワシントンDC,カーネギー研究所のカナダ人地球化学・実験岩石学者．その古典的な業績は『火成岩の進化』（The Evolution of the Igneous Rocks）（1928年）として出版された火成岩*の化学に関するもの．後年（1940年），石灰岩*とドロマイト*の変成作用*の研究に転じた．⇨ ボウエンの反応原理

ボウエン比　Bowen's ratio
　地球表面から大気に輸送される潜熱*に対する顕熱の比．潜熱は水蒸気と気温の鉛直方向の傾度*から計算される．水の蒸発量を見つもるうえに用いる．

崩壊曲線　decay curve
　指数関数的な放射性崩壊*速度をグラフに表したもの．親核種の半分がある時間後に残っていれば，次の同じ時間後には1/4が残っていることになり，以下，同様の割合で親核種が減っていく．半減期を時間軸にとり，残っている親核種の量をプロットすると，ゼロに漸近的に近づいていく崩壊曲線が得られる．n 回の半減期後に残っている親核種の数 N_t は $N_0/2^n$ である．残存親核種の量を時間の関数としてプロットすると，それぞれの核種ごとに崩壊曲線が得られ，その式は $N_t = N_0 e^{-\lambda t}$（$e = 2.718$）で表される．λ は崩壊定数*．

崩壊指数　decay index
　分岐解析*：ある分岐群*の系統を解くために必要な補足的分岐の数．

方解石　calcite
　ごく普遍的に産する炭酸塩鉱物*．$CaCO_3$ の2つの多形*の1つ［他は霰石（あられいし）］；比重2.7；硬度*3；三方晶系*；通常無色か白色，黄，灰，緑，赤，ときに褐または黒色を帯びることがある；条痕*白色；ガラス光沢*；結晶形*は通常は板状，角柱状，菱面体，ときに繊維〜粒状の結晶の集合体をなすこともある；劈開*は菱面{10$\bar{1}$1}に完全．菱面体の結晶は複屈折*を示す．大理石*など石灰質堆積岩*の主要な構成成分．方解石は海水から抽出されて，無脊椎動物*の殻の主成分をなす．最終段階の熱水溶液*から玄武岩*などの火成岩*の空隙に沈積することもある．希塩酸に溶解．セメント製造の融剤，肥料，建築用石材に用いられる．

崩壊定数（壊変定数）　decay constant
　放射性崩壊*は親核種の原子核に限られた現象であるので，崩壊速度は物理・化学的条件（圧力・温度など）にはいっさい依存しない．ラザフォード*は崩壊が指数法則に従うことを示した．崩壊速度の基本式は $-(dN/dt) = \lambda N$ で表される．λ は1個の親核種が単位時間 t 内に壊変する確率である崩壊定数，N は放射性核種の数．λ は一定であり，ある系における娘核種あるいは親核種の量の変化は放射性崩壊のみによる，という仮定が地球年代学*の基本となっている．λ の単位は 10^{-10}/年（たとえば ^{235}U は9.72，^{40}K は5.31，^{87}Rb は0.139，^{138}U は1.54）．放射性親核種の寿命を決定することは不可能で，理論的には無限大．しかし，親核種の半分が崩壊する時間は容易に求められ，これを半減期（T）と呼ぶ．崩壊定数との関係は，$T = 0.693/\lambda$ で表される．⇨ 崩壊曲線

包含岩片の原理　principle of included fragments（principle of contained fragments）
　他の岩石片を含んでいる岩石は，その岩石片が由来した岩石よりも若いという原理．

砲丸状火山弾　cannonball bomb ⇨ 火山弾

放棄流路　abandoned channel
　現在は水流を欠いているかつての流路*（たとえばカットオフ*）．

胞群　rhabdosome
　筆石（綱）*の完全な群体のこと．

方形群列　square array
　電流電極*と電位電極*を1辺の長さ a m の正方形の4隅に置く電極配置*．その幾何学的因子* は $K_g = 3.41\pi a$ m．

縫合角　sutural angle ⇨ 縫合線2

方向性（極性）　polarity
　進化上の変化の方向のこと．ある形質*で方向性が異なっていることは，その形質が原始的*なものであるか派生的*（⇨ 派生形質）なものであることを意味している．

縫合線　suture
　1. 頭足類（綱）*の殻の外壁と隔壁*が交

叉してつくっている線で，内型雌型として保存されている殻に見られる．ある種の頭足類では単純な曲線であるが，アンモノイド類（亜綱）*では細かい波形を呈する．縫合線の，前方に向かって凸の部分を山（鞍），後方に向かって凸の部分を谷（総）と呼ぶ．**2.** 腹足類（綱）*の隣合う2つの螺層（らそう）*が切りあう線のことで，その線が水平面となす角が縫合角．**3.** ⇨ 頭線

縫合帯 suture

高度に変形した構造性メランジュ*，オフィオライト*，深海堆積物，青色片岩*などの岩石からなる線状の地帯．衝突した2つの大陸または島弧*の境界と解釈されている．衝突した陸塊のあいだで縫合帯の位置を特定するにあたっては論争がなされることが多い．寸断されて回転したテレーン*片がモザイクのように乱雑に入り交じっている衝突帯*も知られており，縫合帯はかつて考えられていたようにせまい地帯ではなく，かなりの幅をもつものと認識されるようになってきた．

飽　差 saturation deficit

湿った空気の実際の水蒸気圧とその気温における飽和水蒸気圧との差．

防砂堤 groyne（groin）

砂礫の移動を阻止して沿岸漂砂*を防ぐために海浜に構築される，岩石製，コンクリート製，木材製，金属製の堤．

放散虫 Radiolaria

海生肉質虫類（原生生物*）の大きいグループ．内質を含む多孔質の皮膜と，骨針*や棒状体，棘状体からなるさまざまな形態の格子状構造をなす珪質または硫酸ストロンチウムの骨格（殻*）をもつことで特徴づけられる．放散虫は主に表層水中に生息し，最も初期のものはカンブリア紀*から知られている．海洋堆積物の生層序学*的対比*に用いられ，とくに石灰質微化石*が溶解してしまうような深海堆積物に多産する．⇨ 炭酸塩補償深度

放散虫岩 radiolarite

主に放散虫類*という海生動物性プランクトン*の珪質の殻*からなっている，固結した珪質堆積岩*．放散虫軟泥*が固結したもの．

放散虫土 radiolarian earth

未固結ないし半固結状態の放散虫軟泥*．地質時代の放散虫軟泥はほとんどが固結して堅固な放散虫岩*となっているため，地上で見られることはまれ．

放散虫軟泥 radiolarian ooze

構成物のうち少なくとも30%が放散虫*の珪質の殻*からなる深海軟泥*．放散虫に富む軟泥は，炭酸塩補償深度*（太平洋中央部で約4,500 m）より深い太平洋とインド洋の赤道海域に産する．⇨ 珪藻軟泥

胞　子 spore

非細胞性の外皮に包まれた配偶体からなる植物の繁殖細胞．胞子はカプスラ（胞子嚢）内にあり，胞子母細胞が減数分裂する際に四分割（四分子）されてつくられる．原始的な植物では胞子はすべて同じ型（等胞子）で，同型胞子と呼ばれる．進化型の維管束植物*では，大きさの異なる2種類の胞子が形成され，これを異型胞子という．雄小胞子は小型で，小胞子嚢で形成され，大型の雌大胞子は大胞子嚢に含まれている．四分子の状態をとる胞子には，それぞれの接触面上に三条溝型の痕がつくられ，前葉体はそこから発芽する．一般的ではないが，胞子が2面で接する場合には単条溝型の痕が表面に生じる．単一体として形成される胞子には明瞭な溝は見られず，無条溝型と呼ばれる．

胞子嚢 sporangium　⇨ 胞子

放　射 radiation

波が放出される現象．通常，電磁スペクトル*，音波，熱についていう．

硼砂（ほうしゃ） borax

蒸発物鉱物．$Na_2B_4O_7 \cdot 10H_2O$；比重1.7；硬度* 2.0〜2.5；単斜晶系*；白色，ときに帯灰または帯青色；条痕*白色；ガラス-*ないし樹脂光沢*；劈開*{100}，{110}に良好．塩湖*の堆積物として，岩塩*，硫酸塩鉱物*，炭酸塩鉱物*，その他の硼酸塩鉱物（灰硼石* $Ca_2B_6O_{11} \cdot 5H_2O$ やウレックサイト $NaCaB_5O_9 \cdot 8H_2O$ など）とともに産する．水溶性．硼素化合物の原料．

放射化分析 activation analysis　⇨ 中性子放射化分析

放射逆転 radiation inversion
　夜間における地表の放射冷却*によって大気下層で起こる気温の逆転*.

放射霧 radiation fog
　風が弱い晴れた夜に，放射冷却*により地表付近で水蒸気が凝結することによって発生する霧*.沼沢地のように，湿った空気が湿った冷たい表面に接している場合に発生しやすい.このような霧は冬季に最も頻繁に現れ，朝になって太陽が出ると晴れるのがふつう.しかし，冬季に上空の雲が太陽光をさえぎっている場合には濃霧が長時間にわたって続くこともある.

放射計 radiometer
　放射エネルギーを測定する計器.通常は赤外線*放射を監視する機器を指す.特定の周波数*に精確に同調するが，空間分解能が劣るものが多い.

放射収支 radiation budget（**エネルギー収支** energy budget）
　受け取る太陽放射*量と地球からの放射量〔地球放射*〕との差.収支は夜間には不足となる.すなわち太陽から到達するエネルギーよりも地球から出ていくエネルギーのほうが多い.低緯度地域では地球上で収支過剰が最大となっている.

放射状 radiating
　中心から外側に向かって成長している結晶*の形をいう.分岐して同心円的な成長パターンを呈することが多い.

放射状雲 radiatus
　'光線'を意味するラテン語 radiatus に由来.平行な帯状の雲が，遠近法効果のため地平線で収束しているように見えるもの.積雲*，層積雲*，高積雲*，高層雲*，巻雲*がなす. ⇒ 雲の分類

放射状岩脈群 radial dyke
　中心の火山岩栓*から放射状に延びる垂直ないしほぼ垂直の岩脈*.深部の貫入岩体*にともなう放射状岩脈は，理論的には岩体貫入時に生じた応力場の最小応力軸*に沿っている.

放射状水系 radial drainage
　中心域から放射状に延びる河川がなす水系型*.若い火山*やドーム状に隆起した地域に典型的.

放射状断層 radial fault
　中心域から放射状に延びる断層系をなす断層*.

放射スペクトル emission spectrum ⇒ スペクトル

放射性起源熱 radiogenic heating
　原子核が自発的に崩壊する際に放出される熱エネルギー.今日の地球で主要な熱源はウラニウム，トリウム，カリウムの同位体*であるが，地球創生期にはこれ以外にもさまざまな短命の同位体が重要な熱源であったと考えられる.

放射性炭素年代測定法 radiocarbon (^{14}C) dating
　過去およそ7万年前までの生物体に適用される放射年代測定法*.大気中の^{14}C/^{12}C比が一定であるとする仮定（現在ではあてはまらないことが知られている）と，$5,730\pm30$年（半減期）ごとに半分が減るという放射性炭素^{14}Cの崩壊速度に基づく.半減期を5,568年とする初期の'リビィ標準値（Libby standard）'が今なお広く使用されている.原理は次の通り.植物と動物は大気とのあいだで二酸化炭素の交換を常におこなっているので，生きている生物体中の^{14}C濃度は大気中の^{14}C濃度に等しい.生物が死ぬとこの交換が停止し，生物体中に固定された^{14}Cは一定の半減期にしたがった速度で崩壊していく.化石*中に残存している^{14}Cの放射能と現世の標準を比較することによって試料の年代を計算することができる.この方法が考案された後に，上層大気に照射して^{14}Cを生みだす宇宙線*の量に変動があるため，大気中の^{14}C濃度が変動することが明らかになってきた.このような変動は過去約8,000年間については，たとえば剛毛球果マツ（bristlecone pine〔北アメリカ西部の亜高山帯に生えるマツの一種〕；ピヌス・ロンガエヴァ*）などの長期間にわたる年輪中の^{14}C濃度を参照することによって補正することができる.

放射性廃棄物 radioactive waste
　不要となった放射能をもつ物質.放射能のレベルにしたがって高-，中-，低レベルに分

けられる．低レベル廃棄物には，病院などで放射性物質をとり扱う際に用いた衣類や道具がある．これは深さ9mの穴に埋め，厚さ2mの粘土層で覆うことによって安全性が保たれる．アルファ粒子やベーター粒子は粘土層を通過することができないからである．中〜高レベル廃棄物は，核分裂を利用する原子力発電所から出たものと軍事関係のものが主．高温で強い放射能を帯びている高レベル廃棄物は，温度が下がり，短命の同位体*が壊変して中レベルのクラスとなるまでの50年間ほど，通常は水槽に保管する．その後，硼珪酸ガラスまたは合成岩石に封入し，腐食速度のわかっているコンテナに密閉して危険性のない地上または地下施設に貯蔵する．500年から1,000年で放射性物質の壊変が進み，廃棄物の放射能は天然に産する岩石と同じレベルにまで落ちるはずである．

放射性崩壊（放射性壊変） radioactive decay

放射性の親元素が原子核の構成粒子を失って安定な娘元素に変わる過程．壊変速度は元素ごとに一定であるため，地質年代を測定するうえに極めて精確な尺度となる．

放射性崩壊系列 decay series

親核種が一連の放射性娘核種を経て，最終的な安定娘核種に至る放射性崩壊*．ウラニウムにはいずれも放射性の3つの同位体*，^{238}U，^{235}U，^{234}Uが天然に存在する．天然に存在するトリウムの同位体は放射性の^{232}Thが主であるが，それ以外に^{238}U，^{235}Uおよび^{232}Thの中間娘核種である短命の放射性同位体が5つある．これらの同位体は安定な鉛の同位体に終わる，放射性娘核種の系列（崩壊系列）の親核種である．^{238}Uから始まる系列（ウラニウム系列）は中間娘核種に^{234}Uをもち，安定な^{206}Pbに終わる．^{235}Uから始まる系列（アクチニウム系列）は，安定な^{207}Pbに終わる．^{232}Thの崩壊では6個のアルファ粒子，4個のベータ粒子（⇨アルファ崩壊；ベータ崩壊）を放出し，安定な^{208}Pbが生じる．

放射繊維状組織 radial fibrous texture

結晶*が，湾曲した面上でそれに垂直に並んで成長して生じた鉱物*の組織*．

放射相称 radial symmetry

生物の体制要素が体の中心のまわりにくり返している状態を指す．サンゴ*では口を中心にして体制が反復している．ある種の棘皮動物（門）*では，5本の列が体の上に放射相称をなして配列している．

放射測定 radiometry

放射計*で放射エネルギーを検出，測定すること．アポロ*17号の月飛行では，月を周回する司令船の小さい望遠鏡にサーミスター*を装着した赤外走査放射計を使って月面の温度を測定した．

放射束密度 radiant flux density (irradiance)

物体が受け取る，あるいは物体から放射される電磁放射*のエネルギー．平方メートルあたりのワット数で表す．

放射トラック radiation track ⇨ フィッション・トラック年代測定法

放射年代測定法 radiometric (radioactive) dating

放射性元素の親同位体*と娘同位体の存在比を測定しておこなう，最も精確な岩石の年代測定法．初期の方法はウラン-トリウム含有鉱物*によっていたが（⇨ウラン-鉛年代測定法），最近では，カリウム-アルゴン法*，ルビジウム-ストロンチウム法*，サマリウム-ネオディミウム法*，放射性炭素法*も重要となっている．ウラン238は半減期45億年で崩壊して鉛206となり，ルビジウム87は同500億年でストロンチウム87に，カリウム40は同15億年でアルゴン40となる．炭素14の半減期は5,730±30年（⇨放射性炭素年代測定法）にすぎないため，約7万年を超えると生物体中に残っている炭素14の量が精確な測定に必要な量を下まわる．→ストロンチウム同位体比初生値

放射能 activity

放射性崩壊*によって原子核が崩壊するのにともなって，α線，β線，γ線などを放出する性質．

放射能検層 radioactive logging ⇨ ガンマ-ガンマ・ゾンデ；ガンマ線ゾンデ；中性子・ガンマ線ゾンデ；中性子・中性子ゾンデ

放射能-磁気検層 nuclear-magnetic logging
　放射能ゾンデと磁気ゾンデを併用する方式の検層*.

放射能調査 radioactive survey
　ある地域の天然の放射能*の調査．通常，シンチレーション計数管*，分光計*，ガイガー-ミューラー計数管*を使う．地上でも，低空飛行する航空機（ヘリコプターを使うことが多い）からでもおこなわれる．

放射飛跡 radiation track ⇨ フィッション・トラック年代測定法

放射崩壊性（放射崩壊成） radiogenic
　放射性崩壊*によって生じた物質に冠する．

放射密度計 radiation densimeter
　放射*の強度を測定する機器．

放射免疫測定 radioimmunoassay
　非標識タンパク質が特殊な抗体によって（免疫反応など），標識タンパク質の結合を競争的に妨げる能力を利用した，タンパク質を極めて精確に分析する技術．試料のタンパク質の濃度は，その妨害の程度を，既知量のタンパク質を含む一連の標準試料がなす妨害の程度と比較することによって求められる．この技術はタンパク質以外の物質の分析にも適用されるようになっている．

放射率 emmissivity
　物体表面からの放射と，それと同じ温度にある黒体*の放射との比．

放射冷却 radiation cooling
　よく晴れた夜間，地表からの長波の放射*が雲によって反射されないため，地表付近が冷やされること．とくに風がないときには地表に接する空気は急速に冷却される．

膨縮構造 pinch-and-swell ⇨ ブーディン構造

膨潤係数（膨張係数） swelling coefficient
　粘土鉱物*が水和*したり，間隙水が凍結することによって，体積が増大する際の圧力の大きさ．イードメーター*で測定する．

ボウショック bow shock
　気相または液相の媒質中を移動する物体の前面に発生する衝撃波．太陽系惑星の磁場と太陽風*の相互作用で起きる衝撃波が最もよく知られた例．衝撃波の前面は惑星の磁気圏*の外縁にあたり，ここで太陽風は超音速から亜音速に減速される．磁気圏界面*（惑星を太陽風から遮断している境界）の太陽側で起きる．

房錐 phragmocone
　頭足類（綱）*に見られる仕切りをもつ殻．ベレムナイト類（矢石目）*の仕切りのある殻の部分（閉錐）も指す．これは小型化してはいるものの，他の頭足類の外殻と相同*である．

紡錘形 fusiform
　長球が両端に向かって細くなっている形．

紡錘形火山弾 spindle bomb ⇨ 火山弾

紡錘虫 fusulinid ⇨ フズリナ

宝石 gemstone
　天然に産する鉱物*を，装飾用にカット，研磨，整形したもの．通常，貴石（たとえば，ダイヤモンド*，ルビー，エメラルド）と準貴石（たとえば，ざくろ石*，ジルコン*，黄玉*）に分けられる．欠損のない硬く澄んでいるものが重用される．

崩積性-（崩積成-） colluvial
　クリープ*または流水の運搬によって斜面を下降した岩屑の集合体に冠される．

包旋回（閉旋回，密巻き） involute
　下側あるいは内側へ巻き込むような縁をもった巻き*のスタイル．最終旋回がそれ以前の旋回を包み隠してしまう頭足類（綱）*の巻き方に対して使われる．包旋回の反対は開旋回で，最終旋回以前の旋回が外側から見える．とぐろを巻いた蛇のような殻をもつ開旋回をサーペンティコーン型，横方向につぶれた円盤形のものをオキシコーン型，著しく平たく深い臍をもつものをキャディコーン型，球形に近いものをスフェリコーン型と呼ぶ．

方ソーダ石 sodalite
　準長石*に属する重要な珪酸塩鉱物*のグループ；このグループには，方ソーダ石 $Na_8[Al_6Si_6O_{24}]Cl_2$，ノゼアン*，アウイン*，カンクリナイト*，天藍石*，スカポライト*がある．比重 2.27～2.88；硬度* 5.5～6.0；灰～青，黄色；ガラス光沢*；結晶形*は菱面体または塊状．霞石*と蛍石*をともなって霞石閃長岩*に，またアルカリ

貫入岩*による交代作用*を受けた炭酸塩岩*に産する.
膨張節理 unloading joint ⇒ 節理
ボウ・トレンド bow trend（**バレル・トレンド** barrel trend, **対称トレンド** symmetrical trend）
　ワイヤーライン検層*記録（⇒ 検層）で，ガンマ線ゾンデ*の放射量検出値が下位から上位に向かってゆるやかに減少した後に増加すること．砕屑性*堆積物が，下位から上位に向かって多くなり，ついで少なくなっていることを示す．
房内液 cameral (camaral) fluid ⇒ 房
方沸岩 analcitite
　初生作用*（⇒ 初生反応）の後期段階に大量の斜長石*が方沸石*によって置換された火成岩*．初生的な斜長石が，劈開*や裂罅（れっか）*に沿って浸透したマグマ*由来の溶液と反応し，液体が存在する条件で安定な方沸石に変化したもの．
方沸石 analcime (analcite)
　沸石*族の鉱物．Na(AlSi$_2$O$_6$)H$_2$O；比重2.2〜2.3；硬度*5.0〜5.5；立方晶系*；無色または帯灰，帯赤，帯緑白色，ときに酸化鉄により変色；ガラス光沢*；結晶形*は多面体と偏菱三八面体で，粒状集合体をなすこともある；劈開*立方体状に貧弱．ソーダと水に富む低温起源の火成岩*（霞石閃長岩*など）および凝灰岩*に産する．
方沸石ベイサナイト analcite-basanite ⇒ ベイサナイト
放物線型砂丘 parabolic dune ⇒ 砂丘
胞膜 theca（複数形：thecae）
　珪藻*や渦鞭毛藻類（綱）*など，原生生物*である藻類*の細胞壁．
泡沫組織（泡板） dissepiment
　サンゴのコラライト*外周部内側に見られる水平，垂直，ドーム状，半球状の薄い板で，シスト様の泡状構造を形成する．縦断面では，泡板はコラライトを横切ることはない．この語は，古杯類（動物門）*に見られる同様の構造に対しても用いられる．
泡沫組織部（泡板帯） dissepimentarium
　サンゴのコラライト*内部で，軸に向かって凸の泡沫組織*が占める部分．

崩落 avalanche ⇒ マス・ウェースティング（マス・ムーブメント）
ボウルダー粘土 boulder clay
　さまざまな大きさの巨礫*と，粘土*を主とする基質*からなる，谷氷河*や氷床*が残した氷河堆積物．典型的なものは層理*を示さず，分級不良で，氷河が通過した地域から由来した岩石によって特徴づけられる．
飽和磁化，飽和磁気モーメント（M_{sat}） saturation magnetization and moment
　磁場に直接おかれた物質が獲得することができる最大の磁化*．体積または重量のいずれかについての補正をしていない磁化が飽和磁気モーメント．
飽和水分量（SMC） saturation moisture content
　岩石が含むことのできる水の最大量（すべての間隙*を満たしている水の量）．岩石の乾燥重量に対する百分率で表す．
飽和帯 phreatic zone（**下部帯** zone of saturation）
　地下水面*より下で，間隙*がすべて飽和している土壌*または岩石の領域．
飽和大気 saturated air
　ある気温と気圧のもとで含むことができる最大量の水蒸気を含んでいる大気．すなわち相対湿度*が100％の大気．
飽和断熱減率（SALR） saturated adiabatic lapse rate
　飽和している空気塊（飽和大気*）が上昇する際の断熱*冷却率．空気塊が上昇するにつれて凝結が起こり，蒸発時に得た潜熱*が解放されて断熱冷却を抑制する．SALRが乾燥断熱減率*（9.8℃/km）よりどれほど小さいかは気温に依存する．これは気温が高いほど空気からの凝結によって解放されるエネルギーが大きいからである．20℃の空気のSALRはわずかに4℃/kmであるが，同じ気圧下で−40℃では9℃/kmに近くなる．大気が鉛直運動に際して不安定*であるか安定*であるか（空気塊の上昇が持続するか否か）は，大気の気温減率*が断熱減率よりも大きいか小さいか（すなわち，上昇する空気塊の気温の低下率よりも大きいか小さいか）によってきまる．

飽和流 saturated flow
　一時的に飽和した土壌*中における水の動き．ゆるやかに保持されている水は大部分が下方に移動するが，それよりも緩慢に側方に移動する水もある．

母　雲 mother cloud
　形態が明瞭な雲に成長しつつある発達途上の雲．⇨ 雲の分類

吼える40度帯 roaring forties
　南半球の中緯度帯，とくに40°Sと50°Sの間の海洋では偏西風が強く吹くため，船乗りたちがこの海域をこの名で呼んできた．

ホーカー階 Hawker ⇨ アデレーディアン階

捕　獲 capture
　結晶格子*中で微量元素*（たとえばBa^{++}）が，原子価*の低い，あるいはイオン半径*の大きい主成分元素（たとえばK^+）を置換すること．結晶中の主成分元素に対する捕獲微量元素の含有比が，結晶を生じた液体中よりも大きくなっていることがある．→ カムフラージュ

捕獲岩 xenolith
　火成岩*に含まれる既存の岩石．火成岩体が貫入*した母岩*から取り込まれたものが多く，角が丸みを帯びたり接触変成*を受けるなど，まわりの火成岩と何らかの反応をした痕跡をもっているものが多い．

母　岩 country rock
　1.深成火成岩*貫入体*によって貫入されている，あるいはかこまれている岩石．2.変質*，変成*，変形などの作用によって性質が変化する前の岩石．

母岩変質 wall-rock alteration
　熱水溶液*と岩石の反応．鉱物*の変質は貫入岩体*に接している部分で最も顕著で，それから離れるにしたがって弱くなる．

ボーキサイト bauxite
　主にギブサイト*およびダイアスポア*とベーマイト*の3種のアルミナ水和物の混合物で，鉄，燐，チタンの不純物を含む．色調はくすんだ白，灰，黄，褐，赤色など変化に富む；比重2.0〜2.55；硬度*1〜3；緻密で，土状，結核*状，ピソライト（豆石）*状，ウーイド（魚卵石）*状を呈する．ボーキサイトは，アルミノ珪酸塩岩が地表面排水が良好な環境で熱帯性風化作用*によって粘土鉱物*となり，これが脱珪酸作用を受けたもの．ボーキサイトとラテライト*（鉄に富むボーキサイト）中でアルミナ水和物と共存する鉱物には，針鉄鉱*，鱗鉄鉱，赤鉄鉱*，およびカオリナイト*やハロイサイト*などの粘土鉱物がある．
　ボーキサイトは主要なアルミニウム鉱石*で，酸化アルミニウムを25〜30%以上含有するものは商業稼行されている．バイヤー法〔Bayer process；苛性ソーダ溶液中で加熱する方法〕などの処理法で生産されるアルミナの量によって稼行の是非が決定される．ボーキサイトの名称はフランス南部レボー・ド・プロバンス（Les Baux de Provence）に由来．主たる生産国はオーストラリアとブラジル．

母曲線 generating curve ⇨ 巻き

匍行（ほこう） reptation
　粒子が堆積床から静かにもち上げられ，床面に接地する際にはね返ったり他の粒子をはじき出したりすることのない，粒子運搬の様式．

匍行痕（レピクニア） repichnia
　生痕化石*の行動学的分類カテゴリーの1つで，動物の移動によってつくられたもの．動物は軟らかい堆積物*の表面上を歩きまわる際，独特な歩き痕*を残すことがある．匍行痕は歩き痕が化石化したもの．

星　形 astraeoid (astreoid)
　塊状サンゴ*におけるコラライト*の状態を表す語．星形の群体では，コラライトが密着し，その形状は多角形をなす．コラライトの壁は著しく退化するかなくなっているが，隔壁*は完全に残されている．⇨ 群体サンゴ

星形亜門（ヒトデ亜門） Asterozoa（ヒトデ starfish，**クモヒトデ** brittle star；**棘皮動物門** phylum Echinodermata）
　放射相称*を示す星形の体構造をもつ棘皮動物の亜門．⇨ 歩帯

保磁度 magnetic coercivity
　強磁性*物質の外部磁化をゼロとするうえに必要な磁場（交流または直流）．物質の組

成，粒径，温度に依存する．

星のまたたき star twinkling ⇒ 大気シンチレーション

堡　礁 barrier reef
　海岸に平行に延び，潟*によって陸地から隔てられている礁*．造礁生物によってほぼ低潮位の高さまで構築される．好例に，オーストラリア北東海岸沖の延長約1,900 km，幅30〜160 kmのグレート・バリアーリーフ（Great Barrier Reef）がある．

補償深度 compensation depth ⇒ 深水層

補償面 compensation level ⇒ プラットのモデル

圃場容水量（野外容水量） field capacity
　過剰な水分が重力によって排出された後に土壌*が保持することのできる水分量．土壌に対する体積百分率または乾燥土壌の重量百分率で表す．⇒ 土壌水分状況

捕食痕（プラエディクニア） praedichnia
　動物の捕食行動によって形成された構造からなる生痕化石*．

補助参照断面 auxiliary reference section ⇒ 参照模式層

ホース horse
　断層面*の傾斜方向と反対方向で合体する2つ以上の衝上断層*．これらの断層によって完全に境されたブロックはレンズ形ないしS字形をなす．走向*方向で合体して同じ性状を呈する走向移動断層*にも適用される．

ポーセラナイト porcellanite
　著しく珪質の堆積岩*．鈍い光沢*，多孔質の組織*，貝殻状断口*が特徴で，陶器に似た外観を呈する．チャート*ほど堅硬ではなくガラス*のような性状を示さない．生物源の珪質深海堆積物，再結晶*した中粒の酸性*凝灰岩など．

舗　装 pavement
　1．石炭*層の下の面．**2**．道路建設：交通荷重を分散させ，侵食と摩耗を防ぐため路床上に敷く物質．その材質と厚さは道路の型と使用目的によって異なる．一般に舗装は4層からなる．(a) 摩耗層．車道の最上面をなす層．耐久性と不透水性を備え，横滑りを防ぎ，摩耗に対する抵抗性が高いことが必要．交通量が多い道路では，研磨岩石値（PSV）（⇒ 骨材試験）が60%以上でなければならない．摩耗層の下が基層．(b) 基層は一定の規格を満たす砂利または砕石（骨材*）の層で，荷重を路盤に分散させ，排水をおこない，凍結を防ぐ．(c) 上層路盤は荷重を受け止める主要部分（道床）で，大きさが不揃いの岩石骨材の層．骨材を膠結*することもしないこともある．(d) 下層路盤はその下の粗い骨材からなる層．荷重支持と排水を補完する．寒冷地方では水が毛管作用*によって上昇し，凍結・融解して構造を破壊することを防ぐため，骨材の間隙を大きくしておく必要がある．(e) 路床は下層路盤を載せる岩盤または下層土*．

捕　捉 admission
　マグマ*が結晶する過程で，微量元素が，イオン半径*の似た原子価*の高い主成分元素にとって替わること．たとえば，Li^+は輝石*，角閃石*，雲母*でMg^{2+}と交代する．

保存縁（保存縁辺部） conservative margin
　2つのプレート*がトランスフォーム断層*に沿ってたがいにずれ動いており，地殻*の生成も破壊もともなわないプレート縁（辺部）*．

保存ラーゲルシュテッテ conservation-Lagerstätte ⇒ ラーゲルシュテッテ

歩　帯 ambulacrum （複数形：ambulacral）
　棘皮動物門*の大半の綱の体表面を覆う方解石*からできた殻板*のうち，体内で水を循環させるための水管系がある放射状の帯状

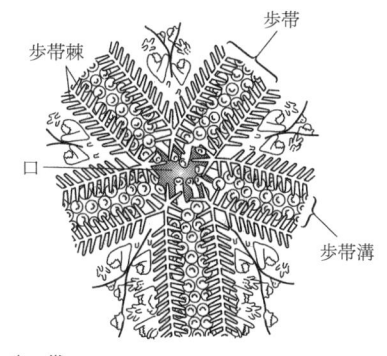

歩帯棘
歩帯
口
歩帯溝

歩　帯

部で，管足*をもつ．ある種の棘皮動物，たとえば星形綱（ヒトデ綱），海蕾綱*（うみつぼみ-），海百合綱*では，歩帯は深い直線状の溝（歩帯溝）をなしている．棘皮動物は基本的には5あるいは5の倍数の歩帯をもっている．⇒ 海胆綱（うに-）

歩帯溝 ambulacral groove ⇒ 歩帯

蛍石 fluorite (fluorspar)（**ブルージョーン** Blue John)

鉱物*．CaF_2；比重3.2；硬度*4；立方晶系*；多くは黄，青，緑，赤紫色，ときに無色，ピンク，赤あるいは黒色，色が累帯をなすことも多い；条痕*白色；ガラス光沢*；結晶形*は通常は立方体，ただし八面体，菱面十二面体のことも，さまざまな形態が共存していることもある；劈開*は{111}に完全．産出は広汎で，鉱脈*に単独で産するほか，金属鉱床*の脈石鉱物として石英*，重晶石*，方解石*，方鉛鉱*，錫石（すずいし）*，閃亜鉛鉱*，その他さまざまな鉱物と共生して産する．硫酸に溶解して硫化水素を発生させる．製鉄用の融剤，窯業や化学工業の原料として広く利用される．濃赤紫色の累帯を呈する変種ブルージョーンは飾り石に用いられる．

ボッカ bocca

'穴'あるいは'口'を意味するイタリア語．もともとはイタリアの火山学者が，溶岩*が噴出している噴火口を指すのに用いた．流動している溶岩流表面の二次的な噴気孔*や，大きい噴火割れ目線上に並ぶスコリア丘（噴石丘）*基部の初生的な噴出孔などに広く適用されている．

北極海 Arctic Ocean

主要な海洋のなかで最も小さく浅い海洋．浅いのは周縁の大陸棚*が広いため（幅1,700 kmにも達する）．海面は年間のほとんどを通じて流氷に覆われている．

北極海霧 arctic sea smoke（**霧煙** frost smoke)

北極海*の海氷あるいは凍結した陸域からの非常に冷たい大気が，北極海の開水域〔氷量が全水面の1/10以下である水域〕の相対的に暖かい海水上に達して発生する霧*．急速に暖められて発生した大気の対流によって海水面から上昇した水蒸気は，周囲の冷たい大気に接して再び速やかに凝結して眼に見えるようになる．英語名称は，霧がふつう薄くまばらで煙のように見えることと，寒冷な陸塊（たとえば，ラブラドル，グリーンランド，ノルウェー）の沿岸海域で普遍的に発生するため．同様の蒸気霧は，冬季に大気が水よりも10℃以上冷たくなれば，河川の開水面上でも見られる．

北極気団 arctic air

一般に北極圏より北側に生じる著しく寒冷な気団*．気団が発生域から南方に移動していくと，その進路にあたる地域に寒さをもたらすが，気団自体も暖められ対流を起こして不安定となる．北極低気圧*が発生することもあり，しばしば激しい寒冷な降水をもたらす．

北極光 northern lights ⇒ オーロラ

北極前線 arctic front

寒冷な北極気団*とその南側にある温暖な気団*の境界．低気圧*がこの前線上で頻繁に発生する．冬季のカナダ北西部には，アラスカ湾から大陸性熱帯気団*の北側にかけて，冷たい乾燥した大陸性北極気団と変質した海洋性北極気団とが前線帯をはさんで共存する．

北極底層水（ABW） arctic bottom water

グリーンランド海とノルウェー海の環流*から最大約6,000 mの深度まで沈み，これらの海盆を満たしている低温で高密度の海水．スコットランドからアイスランド，グリーンランドにかけて延びる海台を刻むせまい水路を通って南方に間欠的に逸流する．

ボックスカー・トレンド boxcar trend（**円筒トレンド** cylindrical trend)

ワイヤーライン検層*記録（⇒ 検層）で，ガンマ線ゾンデ*の放射量検出値が変化を示さないこと．河川流路堆積物，タービダイト*，風成砂などが卓越していることを示す．

ボックス分類 box classification

リモートセンシング*の分類システム．グラフ中のデジタル・パラメーター空間の周囲に長方形のボックスを置き，（道路などの）あるトレーニング領域（⇒ 分類2）を定義する．異なる帯域*のデジタル数値がこのボ

ホッグバック hogback (hog's back)

傾斜が40°程度の抵抗性のある地層*がつくっている，断面が対称的なせまい山稜．ケスタ*の特殊型．

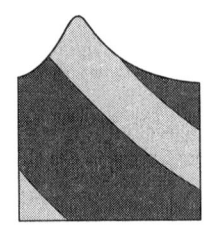

ホッグバック

ボッグヘッド炭 boghead coal

ガラス状の鈍い光沢*を呈し，葉理*をもたない腐泥質の*石炭*．外観や燃焼のようすが燭炭*に似るが，条痕*が褐色ないし黄色である点で異なる．藻類起源の物質と揮発性成分*の含有量が大きく，乾留によって多量のタールと石油が生じる．

ホッスン Hoxnian

1. 間氷期*の名称．2. ホッスン層：イングランド，サフォーク州のホッスン(Hoxne)に因んで命名された温暖気候下の堆積物．最初期氷期*のティル*（深い流路を埋積していることもある）にはさまれて産し，特徴的な植生層序*をもつ．大陸ヨーロッパにおけるホルスタイン間氷期*の堆積物に対比されよう．ホッスン間氷期には海水準が現在の高さを優に超えたことが何度もあった．ホッスン堆積面は，テムズ河谷のボインヒル（Boyn Hill）段丘*やサセックス海岸に見られる離水浜*（イギリス陸地測量部データによれば海抜高度が30 m）に対比されている．

ポッターの洪水ピーク予測法 Potter's flood peak formula ⇒ 洪水ピーク予測法

ポツダム重力 Potsdam gravity

ドイツ東部のポツダムで測定された重力加速度*の値．かつては世界の標準重力とされていた．現在は国際標準重力式*が用いられている．

ホットスポット hot spot

〔周囲に比べて〕火山活動*が活発な地域．プレート*の生産縁（辺部)*に存在することもある（アイスランドなど）が，プレート内部で火山列の最も若い端に位置していることが多い（ハワイ-天皇海山列*など）．まったくないしほとんど位置を変えず，上を通過していくプレートに火山を間欠的に生みだす．ホットスポットはマントルプルーム*の地表への現れ．

ポットホール〔甌穴（おうけつ）〕 pothole

渦によって高速で回転する石が河床の岩石をうがってつくったほぼ半球状のくぼみ．石が次々と入れ替わるため，穿孔作用は強力で長く続く．

ホッパー結晶 hopper crystal

結晶面*がくぼんでいる岩塩*の立方体結晶*または（岩塩が置換された）仮像*．

ポップアップ pop-up

バックスラスト*によって相対的にもち上げられた上盤*の地塊．地塊はバックスラストとそれを派生した主衝上断層（スラスト)*によって下を限られている．

北方区（ボレアル区） Boreal realm

北方地域に特徴的な動物群*または植物群*からなる生物地理区．新生代*については寒冷であった地方という意味をもつが，中生代*以前の時代についてはやや厳密さを欠き，熱帯域であるテチス区*と対置して用いられる．

ボーデの法則 Bode's law ⇒ チチウス-ボーデの法則

ボーデ，ヨハン・エラート（1747-1826）Bode, Johann Elert

ドイツの天文学者．後にボーデの法則として知られるようになった理論，すなわち太陽から惑星までの距離を簡単な数式で表したもの，を普及させた．この法則に適合しない海王星*が発見されてこの理論は失墜した．

舗　道 pavement

地質学：道路に似た裸岩の表面．たとえば，石灰岩*舗道．

ポドゾル podzol (podsol)
ポドゾル化作用*による溶脱*が進んだ段階で生成される土壌*.酸性のモル*腐植*,洗脱と漂白を受けたE層,上から移動してきたさまざまな物質を含み,鉄により着色したB層によって特徴づけられる. ⇨ スポドソル目

ポドゾル化作用 podzolization (podsolization)
土壌*の溶脱*が進んだ段階で,有機滲出溶液によって地表の土壌層位*から鉄-アルミニウムの化合物,腐植*,粘土鉱物*が除去され,その一部が下位のB層に集積する作用.

ボートニアン階 Bortonian
ニュージーランドにおける下部第三系*中の階*.ポランガン階*の上位でカイアタン*階の下位.上部ルテティアン階*と下部バートニアン階*とほぼ同時期.

ポドプテリクス・ミラビリス *Podopteryx mirabilis*
'すばらしい脚翼'という学名をもつこの種は,翼竜類*の祖先と考えられている.翼竜類とは違い,ポドプテリクス・ミラビリスの飛翔は滑空性であり,後肢と尾の間に張られた大きな膜に依存していた.この種はキルギスタンの下部三畳系*から知られている.

ポートランディアン階 Portlandian
イギリスで設定されているジュラ紀*最上部の階*.パーベッキアン階*の後でキンメリッジアン階*の前.南部イギリスでは軟体動物*に富む石灰岩*で特徴づけられる. ⇨ マルム;チトニアン階;ボルギアン階

ポドルスキアン階 Podolskian
モスコビアン統*中の階*.カシルスキアン階*の上位でミャフコフスキアン階*の下位.

ホートン解析 Horton analysis ⇨ 流域形状計測

ホートン流 Hortonian flow ⇨ 表面流出

哺乳綱 Mammalia (哺乳類 mammals;脊索動物門* phylum Chordata)
恒温脊椎動物*の綱の1つ.頭部は,2つの後頭関節丘*をもって7つの脊椎*骨からなる自由に動く頸部と関節する.下顎は歯をもつ単一の骨からなり,頭蓋*と直接関節する.中耳は3つの小骨*をもち,そのうちの2つは祖先である爬虫類*の下顎にあった骨に由来する.哺乳類の歯はそれぞれ形態が異なっており(すなわち異歯性*),顎骨の空隙(歯槽)にはめ込まれている.乳児期の乳歯は永久歯に生え替わる.硬い口蓋*が鼻腔と口腔を隔てている.皮膚には体毛が見られる.単孔類*を除き,卵は小さく子宮内で初期発生段階を過ごす.哺乳類という名は,乳児期に乳房から分泌される乳汁で育てられることに由来する.
哺乳類の特徴の多くが,三畳紀*の獣弓類*(哺乳類型爬虫類)にも見られる.哺乳類は三畳紀の末ごろまでには出現しており,それから1億年以上経った65 Maの白亜紀*/第三紀*境界での大量絶滅*の後,新生代*前期に急速に放散した.

哺乳類型爬虫類 mammal-like reptile ⇨ 真弓亜綱

骨 bone
脊椎動物*の骨格組織.骨は約70%が無機カルシウム塩類からなり,大部分は水酸燐灰石*で,一部は炭酸塩,クエン酸塩,フッ化物のアミノ酸である.有機組織は大部分が繊維状のタンパク質コラーゲン*からできている.

ポネンテ ponente
地中海地方で吹く西風.

ポーフィロクラスト porphyroclast
動力変成作用*により粉砕されて生じた細粒の石基*にとりかこまれている,大きい結晶*片または粒子.変形過程における粉砕を免れた源岩の残存物.

ポーペリング亜間氷期 Poperinge ⇨ メールスフーフト亜間氷期

ホーボーケン亜間氷期 Hoboken ⇨ ヘンゲロー亜間氷期

ボムサグ bomb sag
激しい噴火*によって噴出口から放出され,空中を飛来してきた大きい岩塊(火山弾*または結晶質の母岩の破片)が未固結の火山砕屑物*の層に衝突して初生的な層理面*につくった変形構造.構造の非対称性から,それをつくった岩塊の噴出口の位置が特

定されることもある．

ホームズ，アーサー (1890-1965) Holmes, Arthur
イギリスのダーラム大学，エディンバラ大学の地質学者．放射年代測定*に大きい足跡を残し，放射性起源熱*に起因するマントル対流*の理論を発展させた．後者の業績によって大陸漂移説*の早期の支持者とみなされている．その著『一般地質学原理』(Principles of Physical Geology) (1944, 1965, 1993) は50年以上にわたって優れた教科書の座を占めている．

ホームリアン階 Haumurian ⇒ マータ統

ポメラニア・モレーン Pomeranian moraines
北ドイツにおけるデベンシアン氷期*のリセッショナル・モレーン（後退堆石）の1つ．フランクフルト・モレーン（Frankfurt series）の後でベルガルト・モレーン（Velgart series）の前．

ホメリアン階 Homerian
中部シルル系*中の階*．シェインウッディアン階*の上位でゴースティアン階*の下位．

ホモ- homo-
'同じ'を意味するギリシャ語 homos に由来．'同じ'または'類似した'を意味する接頭辞．

ホモタクシス homotaxis
語源的には'同一の配列'の意（ギリシャ語 homostaxis に由来）．ハックスレー（T. H. Huxley, 1825-95）がロンドン地質学会での講演で提唱した語．地域を異にして，類似の岩相*層序*または化石*層序からなる地層*を指す．ただし年代はかならずしも同じである必要はない．

ホモピクナル流 homopycnal flow
河川が流入する水盆の水と密度が等しい，河口部の水流．さかんな堆積作用にともなって，両水塊が完全に混合するために，ギルバート型デルタ（三角州）*に典型的．➔ ハイパーピクナル流；ハイポピクナル流

ボラ bora
アドリア海東側の山岳地帯から吹き下ろす寒風を指す現地語．典型的なものは非常に乾燥している．アドリア海東岸地帯北部で冬季に最も頻繁に吹く．中部ヨーロッパの大陸性高気圧*と，南方の地中海低気圧とがあいまってもたらされる．アドリア海に低気圧*が存在すると大量の降水をともなうことが多い．アドリア海沿岸以外の地域では，高地から下ってくる冷涼なスコールに対して用いられる．

ホライズン horizon
物性が異なる2つの媒質を隔てている境界面〔わが国では単に'面'または'不連続面'と呼ぶことが多く，ことさらこの語を用いることはない〕．

ポラライザー polarizer
偏光顕微鏡*で用いるポラロイド*．光源と鉱物*薄片*の間で光の経路に挿入する．N-S または E-W 面で振動する平面偏光*のみが通過して出てくる．

ポラロイド Polaroid
有機沃化物の薄膜を装着したプラスチック板の商品名．〔板の中で2つに分かれ，たがいに直角に振動する偏光のうち〕一方がほぼ完全に吸収され，他の一方が板を通過する．1852年ヘラパス（W. D. Herapath）が沃化シンコニディンという沃化物を発見し，遊び心からヘラパサイトと命名．1928年ランド（E. H. Land）がこれをプラスチック板に装着してポラロイド板をつくった．今日ではすべての偏光顕微鏡*で，平面偏光*と直交偏光（⇒ 直交ポーラー）をつくるアナライザー*とポラライザー*に使用されている．

ポランガン階 Porangan
ニュージーランドにおける下部第三系*中の階*．ヘレタウンガン階*の上位でボートニアン階*の下位．中部ルテティアン階*にほぼ対比される．

ポリアニオン polyanion
さまざまな大きさの，安定で複雑な陰イオン*．酸素イオンを共有して結合しているアルミン酸塩と珪酸塩の陰イオンからなる．

ホーリアン階 Hallian
北アメリカ西海岸地方における更新統*の2つの階*のうち上位の階．ホィーレリアン階*の上位で完新統*の下位．南ヨーロッパにおける上部更新統にほぼ対比される．

ポリエ polje
 カルスト*環境に発達する，急斜面でかこまれ底が平らな大きい凹地．クロアチアとボスニアヘルツェゴビナにまたがるディナール地方のものが古くより知られており，断層*運動または局地的な侵食基準面*に支配される溶解作用によって生成したと考えられている．

ポリゴン化 polygonization ⇨ 熱間加工

ポリタクシック期 polytaxic times
 海生生物の多様性*が顕著な期間．海水準の上昇，気候の安定，海洋対流の沈静化，生活適地の拡大にともなう．→ オリゴタクシック期

ポリハライン水 polyhaline water ⇨ 塩化物濃度

ポリペドン（土壌個体） polypedon
 いずれも単一の土壌系列*に属するペドン*が2つ以上連続したもの．

ポーリング則 Pauling's rule
 イオン結合*している単純な結晶*が示す特定の規則的な性質から導かれた，化学結合に関する規則．ポーリング（L. Pauling）(1960) が提唱．

ボリンディアン階 Bolindian
 オーストラリアにおける上部オルドビス系*中の階*．イーストニアン階*の上位．

ボルギアン階 Volgian
 北ヨーロッパにおける上部ジュラ系*で，キンメリッジアン階*より上位の階*．南ヨーロッパにおけるチトニアン階*とはボレアル型アンモナイト（亜綱）*動物群*（⇨ 北方区）によって区別される．この階がほぼポートランディアン階*にあたるとみなす見解もある．

ホルケリアン階 Holkerian
 ビゼーアン統*中の階*．アルンディアン階*の上位でアスビアン階*の下位．

ホール効果 Hall effect
 強い磁界中でそれを横断している細長い金属または半導体に電流が流れると，磁界と電流の双方に直角に電圧が発生する．この現象を利用して鋭敏な磁力計*がつくられている．この効果はエドウィン・ホール（Edwin Hall, 1855-1938）が発見．

ホール，ジェームス (1811-98) Hall, James
 アメリカの地質学・古生物学者，アメリカ地質調査所研究員．アパラチア山脈の層序*を詳細に研究した．斉一性*論者で，堆積岩*は堆積物の荷重によって沈降していく盆地に堆積し，最終的に隆起して侵食*された，と主張して，山脈形成に関する激変説や地球収縮説に反対した．⇨ 激変説；地球収縮説

ホール，ジェームス (1761-1832) Hall, James
 スコットランドの地質学・物理学者で，実験岩石学の創始者．1800年玄武岩*メルト*はゆっくりと冷却すれば結晶化することを示し，火成論*に重要な論拠を与えた．

ホルスタイン間氷期 Holsteinian
 北ヨーロッパにおける間氷期*．年代は0.3〜0.25 Ma．おそらくアルプス地方のミンデル/リス間氷期*，東アングリア（East Anglia）地方のホッスン間氷期*に対比される．

ボルソン bolson
 並走する断層地塊*山地の間に広がる盆地．山麓部分，バハダ*，ペディメント*，プラヤ*からなる．アメリカ西部のベイスン・アンド・レインジ区*で古くより用いられている語．

ポルダー polder
 海が干拓され，堤防または堰堤によって保護されている低平な土地．とくにオランダの北海岸のものを指す．

ボルツマン定数（k） Boltzmann constant
 アボガドロ数*に対する理想気体定数の比．$k=R/N_A=1.3805\times10^{-23}$ J/K．R は理想気体定数（8.3 J/モル/K に等しい），N_A はアボガドロ数．

ポルティア Portia（天王星Ⅶ Uranus Ⅶ）
 天王星*の小さい衛星*．直径 55 km．1986年の発見．

ホールデーン haldane
 進化的な形態変化を表す単位で，世代ごとの標準偏差*によって示す．スコットランドの生理学・遺伝学者ホールデーン（J. B. S. Haldane）に因む．⇨ ダーウィン

ボルト bort (bortz)

粒状の集合体のかたちで天然に産する，ダイヤモンド*の緻密な変種．ドリルビット，鋸，宝石カッターの研磨材に用いられる．主に，南アフリカの角礫岩*様のキンバーライト*・パイプに産する．

ボルトウッド，バートラム・ボーデン（1870-1927）Boltwood, Bertram Borden

エール大学放射化学教授．1907年ウラニウムを用いて地球の年齢を決定し，2,000 Maまでさかのぼる長い地球の年代尺度を提示した．⇒ 放射年代測定法

ホルニト hornito

パホイホイ溶岩流の表面に見られる，溶岩*スパター*からなる小さい丘または尖塔．高さ数mのものが多い．溶岩スパターは，初生マグマ*ガスが爆発的に解放されたり，溶岩流の下の孤立した地下水塊が急激に水蒸気に変わることによって，溶岩流内部から放出されたもの．

ボール粘土 ball clay

花崗岩*その他の岩石が強い風化作用*を受けて生じた堆積性（多くは湖沼成）の特異なカオリン*質粘土*．可塑性が強く強度もある．産地のイギリス，デボン地方ボービィトレーシー（Bovy Tracy）で立方体として切り出されたものが，これを利用するストークスオントレント（Stokes on Trent）へ輸送される途中，船や馬車の中でたがいにぶつかり合って変形しボール状となるため，この名がある．

ボール・ピロー構造 ball and pillow structure

泥*層と互層をなす砂岩*層の基底で，砂岩が下位の泥岩中に球状の突出や分離した枕状の塊をなして入り込んでいる堆積構造*．未固結*の砂が密度の小さい下位の泥*中に不等沈下して生じる．〔⇒ 荷重痕〕

ポルフィリン porphyrin

窒素を含む環（テトラピロール環）4個が結合している，ポルフィンの複素環式誘導体．この構造のためさまざまな金属と結合することができ，ヘモプロテイン，クロロフィル，チトクローム，ビタミンB_{12}など，生物にとって重要な分子の構造の一部をなしている．

ボルンハルト bornhardt

湿潤な熱帯地域で，塊状の岩石がなす丸みのある孤立丘．その形状は大規模な剝脱作用*による．ブラジル，リオデジャネイロにある花崗岩*ドームの名に因んで'シュガーローフ丘（sugar-loaf hill）'と呼ばれることがある．

ホルンフェルス hornfels

塊状で細粒のグラノブラスティック*な接触変成岩（⇒ 接触変成作用）．ふつう貝殻状断口*を示し，ぎざぎざの破片に割れる．貫入岩*からの熱によって周囲の岩石が細粒に再結晶*したもの．頁岩*を源岩とするホルンフェルスでは，貫入岩との接触部から離れた部分で，頁岩に含まれていた有機物集合体から生じた石墨*に富む斑点が発達していることが多い．

ホルンブレンド hornblende

重要な珪酸塩鉱物*．カルシウムに富む単斜角閃石*のグループ（ホルンブレンド系列）の総称；グループにはこのほかに，ヘスティングス閃石* $Ca_2(Mg_4Al)[Si_7AlO_{22}](OH,F)_2$，チェルマーク閃石* $Ca_2(Mg_3Al_2)[Si_6Al_2O_{22}](OH,F)_2$，エデン閃石* $NaCa_2Mg_5[Si_7Al_6O_{22}](OH,F)_2$，パーガス閃石* $NaCa_2(Mg_4Al)[Si_6Al_2O_{22}](OH,F)_2$がある；比重3.0〜3.5；硬度*5.0〜6.0；黒または帯緑黒色；条痕*帯緑白色；ガラス光沢*；結晶形*は通常は角柱状，柱状，しばしば立方体；劈開*は124°をなす2方向，角柱状{110}．中粒の塩基性岩*（閃長岩*，閃緑岩*，花崗閃緑岩*など）にふつうに産するほか，広く変成岩*（片岩*，片麻岩*，角閃岩*）に，また接触交代帯*に産する．

ホルンブレンド-ホルンフェルス相 hornblende-hornfels facies

さまざまな源岩が同じ条件の接触変成作用*を受けて生じた変成鉱物組み合わせの1つ．源岩が塩基性岩*である場合には，ホルンブレンド*-斜長石*の発達が典型的．これとは異なる組成の岩石，たとえば頁岩*や石灰岩*では，まったく同じ条件の変成作用によって，それぞれ独特の鉱物組み合わせが生じる．ある源岩組成から生じたさまざまな鉱

物組み合わせは，それぞれを生み出した圧力・温度・水の分圧 $[P(H_2O)]$ の範囲を反映している．鉱物の圧力-温度安定領域についての実験によれば，ホルンブレンド-ホルンフェルス相は火成岩*貫入体*に近接した低圧・中温条件を表す．

ボレアル- boreal

北（方）を意味する形容詞（ギリシャの北風の神 Boreas に由来）．

ボレアル期 Boreal

後氷期（デベンシアン氷期*後あるいはフランドル間氷期*）で，アトランティック期*の気候最良期*に先行する約8,800年BPから7,500年BPの期間．花粉記録は，好熱性（高温度でよく増殖する）樹木種が増え，続くアトランティック期を特徴づける乾燥した大陸性気候への移行を示している．初期ボレアル期は花粉帯*V後期にあたるが，ボレアル期主部は花粉帯VIに相当するとされている．花粉帯VIは最も多い樹木花粉に基づいてVIa，VIb，VIcに細分される．ボレアル期は，後氷期においてイギリスがドーバー海峡を横断する陸橋*によって大陸ヨーロッパと陸続きであった最後の期間であるため，イギリスでは重要視されている．⇨ 花粉分析

ボレアル気候 boreal climate

ツンドラ*南縁から南側に広がる北方森林帯（'タイガ'）（ユーラシアでは，西は65〜70°N，東は50°Nまで，北アメリカの東部では55°Nまで）で卓越する気候．冬季は長く寒冷で，気温は6〜9カ月にわたって6℃を下まわる．夏季は短く，平均気温は10℃強．降水（冬季には降雪）は年間380〜635mmに達する．

ホロ- holo-

'完全な'を意味するギリシャ語 holos に由来．'全体の'または'完全な'を意味する接頭辞．

ポロイダル磁場 poloidal field

放射成分と接線成分をもつ磁場．地球表面で感知される磁場はこの型．系の外部からは測定することができないトロイダル磁場*と対照をなす．

ホロクロアル holochroal ⇨ 三葉虫の眼

ホロテリー horotely（形容詞：horotelic）

3つある進化速度*の型のうち100万年ごとの進化速度が平均的な値をもつ場合を指す．ゆっくりとあるいは急速に進化した系でも，進化史における各時期にはホロテリックであった（平均的な速度で進化した）はずである．⇨ 緩進化；急進化

ホワイティング whitings

霞石*からなる泥*が海面の広い範囲にわたって濃密に懸濁し白濁している斑状の部分．炭酸塩が卓越する浅海で発生・消滅をくり返す．多くは乱流や魚群によって海底の泥質物が乱されることによる．炭酸塩が飽和している塩分濃度*の高い海水から霞石が直接結晶化することによって発生するというかつての考えは，最近では否定されている．

ホワイトアウト white-out

積雪に覆われた地表面に低い雲が重なって視界が一様となり，事物の輪郭が見えなくなる気象状態．

ホワイトスモーカー white smoker ⇨ 熱水孔

ホワイトロッキアン階 Whiterockian

北アメリカにおけるオルドビス系*，下部チャンプレーニアン統*中の階*．

ホワルダイト howardite ⇨ 玄武岩質隕石

ポンゴラ層群 Pongola ⇨ スワジ亜代

本質-（初生-） juvenile

1．マグマ*から直接由来した火山性物質に冠される．周囲の母岩*からの物質は'外来'と呼ばれる（➡ 異質岩片；類質岩片）．

2．⇨ 処女水

ホンダ-ムルコス-パジュサコバ彗星 Honda-Mrkos-Pajdusakova

公転周期が5.29年．最近の近日点*通過は1996年1月17日．近日点距離0.581 AU*．

盆地 basin

侵食*起源であるか造構造運動*起源であるかを問わず，通常かなりの大きさを有する凹地．ドーム*の対語．

盆内成岩片 intraclast ⇨ イントラクラスト

ポンプ pump

圧力をかけて液体を移動させる装置．たとえば，遠心ポンプでは，まずインペラー（羽

根車）によって液体の速度を増大させ，ついでこの速度を適当な向きの案内翼または渦形室を用いて圧力に変換する．他の型に，多段タービンポンプ，ジェットポンプ，容積移送式真空ポンプ，吸い込み揚程がある．

マ

マイグレーション migration
傾斜している反射面*からの反射波を,その反射面の真の水平位置と垂直往復走時*位置に移動して,反射地震波断面を再構築する処理.いくつかの方式がある.たとえば,波動方程式法,ディップ・ムーブアウト*法,波線追跡法,差分法,共通波面包絡法,回折法,周波数領域法.

マイクロ花崗岩 microgranite
花崗岩*の鉱物組み合わせと化学組成によって特徴づけられる中粒(粒径1〜5mm)の火成岩*.

マイクロ花崗閃緑岩 microgranodiorite
花崗閃緑岩*の鉱物組み合わせと化学組成によって特徴づけられる中粒(粒径1〜5mm)の火成岩*.

マイクロ検層(薄層検層) micrologging
通常,キャリパー・ゾンデ(試錐孔*の直径を測定する)を併用し,3〜5cmの間隔の小さい電極を孔壁に押しつけておこなう検層*.主に泥壁*の比抵抗*と厚さを記録し,ラテロ検層*記録を解釈するための補助データとする.⇨ キャリパー検層

マイクロサーマル- microthermal
河川流量*の季節的な変化の型を指す語.少なくとも年間の1ヵ月の平均気温が-30℃以下である地域の河川に冠される.

マイクロサーマル気候 microthermal climate
夏が短い低温気候型.ケッペンの気候区分*で冬季の平均気温が-3℃以下と定義されている気候型にあたる.大陸内部や40〜65°の緯度帯にある東海岸地帯の寒冷なボレアル*樹林気候がその例.ソーンスウェイトの気候区分*では,可能蒸発散量*と水分収支*に基づいてこの語が定義されている.

マイクロ侵食計(MEM) micro-erosion meter
露出している岩石の表面が風化作用*によって後退していく速度を測定する装置.探針とその延びを表示する計器からなる.3点の埋め込みボルトによって装置を岩石表面に固定して探針を表面にあてがう.3点がなす面が基準面*となり,探針の延びは侵食*によるその面からの後退の量を示す.

マイクロスタイロライト microstylolite
圧力溶解*によって両側の不溶解部が不規則に入り組んでいる複雑な面.炭酸塩岩*にとりわけ発達する.

マイクロスパー microspar
ミクライト*が再結晶*して生じた粒径4〜10μmの方解石*微結晶.マイクロスパーライト*と同義ではなく,ネオモルフィズムを受けたミクライトのみを指す.⇨ ネオモルフィズム

マイクロスパーライト microsparite
粒径が5〜20μmのスパーリー方解石*.
→ マイクロスパー

マイクロ閃長岩 microsyenite
閃長岩*の鉱物組み合わせと化学組成によって特徴づけられる中粒(粒径1〜5mm)の火成岩*.

マイクロ閃緑岩 microdiorite
閃緑岩*の鉱物組み合わせと化学組成によって特徴づけられる中粒(粒径1〜5mm)の火成岩*.

マイクロタイダル- microtidal
潮差*が2m以内の海岸に冠される.地中海やメキシコ湾におけるように,このような海岸では波の作用が卓越する.

マイクロテクタイト microtektite ⇨ テクタイト

マイクロ波 microwave
波長が30〜100cm,周波数が1〜300GHzの電磁放射*.赤外線*と電波の中間.⇨ 受動マイクロ波

マイクロバイアライト microbialite
底生*の藻類や藍藻*群集の遺骸が水底に蓄積して形成された堆積体.

マイクロパーサイト microperthite ⇨ パーサイト

マイクロ波消磁 microwave demagnetization
マイクロ波*を用いてマグノン*を励起す

ることによって，加熱による化学的変化を起こすことなく磁化を消去する方法．

マイクロはんれい岩 microgabbro ⇒ ドレライト

迷子石 erratic

氷河*によって運ばれてきた岩石で，その岩質の違いから近隣の母岩*が侵食*されたものではありえないもの．たとえば，ウェールズのスノウドニア（Snowdonia）付近には，スコットランドから由来した花崗岩*が見られる．起源を正確に特定できる迷子石は，このように氷河の'道しるべ'となる．

埋積 filling

総観気象学：低気圧*中心部の気圧が上昇すること．⇒ 気圧の低下

埋積作用 aggradation

未固結堆積物が地表〔水底を含む〕に蓄積することにより，その堆積面が上昇していくこと．河川性-，風性-，海性-，斜面作用*など，この作用にかかわる機構は多岐にわたる．

埋蔵量（埋蔵鉱量） reserve

現在の条件で現在の技術によって採掘して採算性のある石炭*や鉱石*など鉱物資源の量．確認埋蔵量はトンネル，試錐孔*，掘削によって生産可能であることが確認されたもの．確定埋蔵量は，試錐，露頭*，探査データから計算した鉱量を，地質学上の証拠に基づいて広い範囲に敷衍して見つもる．推定埋蔵量は，実際に測定したり試料を採取することなく，鉱床*の特性や過去の経験に基づいて求めた推定値で，鉱床が賦存している範囲も示される．潜在埋蔵量は，未発見ながら存在が期待される量で，現段階では経済的に見合わないものも含まれる．

埋没地形 buried topography

若い地層*によって覆われている，丘や谷の起伏を有する侵食面*（不整合*面）．このような起伏は上位の被覆層の厚さや姿勢*に大きく影響する．

埋没土 buried soil

河成，崩積成*，風成，氷河成または生物源の堆積物*に覆われた土壌*．かつての土壌形成期の産物．アメリカでは，被覆層の厚さが埋没土の厚さの半分以上であれば，地表下 300〜500 m にあるもの，それ以外の場合には 500 m よりも深いところにあるものと定義されている．

埋没変成作用 burial metamorphism

造山運動*時の変成作用*に対して，造陸運動*にともなう変成作用を指して 1961 年にクーム（D. S. Coombs）が用いた語．発達中の盆地に堆積した堆積物や火山岩は，上に累重する地層*の荷重に応じて地殻*がたわんで沈降するにつれて埋没していくが，その温度は深部にあってもプレート*収束の場合の温度にくらべてはるかに低い．後者では，地層がそれよりはるかに高い温度・圧力の領域まで強制的に搬入されることによって広域変成作用*が起きる．⇒ 変成岩

マイロナイト mylonite

断層*や剪断帯などの構造転位帯で機械的な破砕と圧砕（カタクレーシス*）によって形成された，母岩*よりはるかに細粒で縞状構造*をもつ岩石．縞状構造は不鮮明であることが多いが，極めて顕著に発達することもある．堅固で，ラミナが良好に発達して剥げやすい．名称は'ひき臼'を意味するギリシャ語 mylon に由来し，'挽かれた岩石'の意．

マエストロ maestro

アドリア海西岸でとくに夏季に吹く北西寄りの局地風．イオニア海やコルシカ島，サルジニア島沖の北西風もこの名で呼ばれる．

前浜 foreshore

高潮時の汀線と低潮時の汀線の間の領域．浜*の下半分にあたる〔上半分は後浜*〕．前浜は，波の作用の性格によって，海側に低角度で傾斜する平坦面をなすか，沿岸砂州*（リッジ-ランネル地形*）の発達で特徴づけられる．

マエントロジアン階 Maentwrogian

上部カンブリア系*中の階*．メネビアン階*の上位でドルジェリアン階*の下位．年代は 517.2〜514.1 Ma（Harland ほか，1989）．フェスティニオジアン階という局地名もある．

マオウ植物門 Gnetophyta

裸子植物*に属する，特徴的な，そしておそらくは人為的な門で，グネツム（マオウ）目のみからなる．このグループに含まれる可

能性のある化石が下部ペルム系* から知られており，第三系* からは化石胞子* も見つかっている．このような断片的な化石記録しか残されていないことからわかるように，マオウ類と他の裸子植物との系統関係は不明である．

巻き（旋回） coiling

多くの単殻または双殻の軟体動物（門）* では，殻が巻いている．その状態は腹足類（綱）* と頭足類（綱）* で最も明瞭で，中空のコーン状の管［螺管（らかん）］からなる殻の巻きの程度はさまざまである．殻は殻口* 端でのみ成長し，対数らせんを形成する．1本の垂直軸のまわりに巻く中空の錐であり，殻口でのみ成長することから，さまざまな形態（パターン）を生みだすことが可能である．螺管の断面（母曲線）は，垂直軸のまわりを同一面内で螺管が広がりながら巻く場合には平面旋回* となる．旋回が同一面内にとどまらず，下方へ移動していくと（変位），らせん状に巻いた殻ができあがる．回転軸に対する下方への変位が時計まわりのものを右巻き，反時計まわりのものを左巻きという．多くの場合，成長していく螺層は1つ前の螺層と接しているが，場合によっては巻きのゆるい殻，あるいは螺層が離れた殻（螺層分離殻）ができる．

巻き波 plunging breaker

進行方向に巻き込むようにして砕け，波頭が空気塊を包み込んでその前面の波底に落ちる波．これによって波は消滅する．急勾配の礫質の浜* では低い波が立ち上がって典型的な巻き波に発達する．前面，背面ともなめらかで波頭が尖っている．

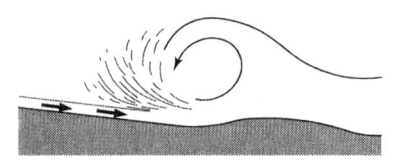

巻き波

マーキュリー・オービター Mercury Orbiter

ESA* が2006年に打ち上げ予定の水星* 周回探査機．

膜応力 membrane stress

完全な球体でない地球上を緯度方向に移動するプレート* に発生する応力* ．楕円体では緯度によって曲率が変わることによる．

マグニチュード（地震の） magnitude, earthquake ⇒ リヒター・マグニチュード尺度

マグネサイト（菱苦土鉱） magnesite

炭酸塩鉱物* ．$MgFeO_2$；菱鉄鉱* $MgFeO_3$ との固溶体* の端成分* ．比重3.0；硬度4；優白色；土色光沢* ；緻密または粒状．蛇紋石* ，ドロマイト* ，方解石* の変質産物．化学的沈殿物をなすこともある．商業的に採掘され，マグネシウム化合物，耐熱材，特殊なセメントの原料として用いられる．

マグネシウム硫酸塩安定性試験 magnesium-sulphate soundness test

基本的にはナトリウム硫酸塩安定性試験* と同じ．ナトリウム硫酸塩の代わりにマグネシウム硫酸塩を使う．

マグネシオクロム鉄鉱 magnesiochromite ⇒ クロム鉄鉱；スピネル

マグネシオフェライト magnesioferrite ⇒ 磁鉄鉱

マグネットグラム magnetogram

地球磁場* の時間的変化の記録．通常アナログ型式で表示される．⇒ 記録磁力計

マグノリア属（モクレン属） *Magnolia*

最初に出現した顕花植物の属の1つで，花は比較的原始的な構造をもっている．アメリカのダコタに分布する白亜紀* 中ごろの地層から見つかった葉がマグノリア属の最初の化石記録である．レピック（E. E. Leppick）は，ダコタ産の化石植物群集も含めて，これまでに見つかっている最初期の被子植物* の花弁に基づいて花全体を復元し，これにマグノリア・パエオペターラ *M. paeopetala* という名を与えた．この属には現生種もある．

マグノン magnon

磁性鉱物中のスピン波エネルギー量子．

幕放電 sheet lightning

雲が稲妻の閃光を分散して，明るく輝くこと．

マグマ magma

珪酸塩, 炭酸塩, 硫酸塩の高温のメルト(溶融体)*で, 溶存している揮発性成分*と懸濁している結晶*をともなう. 地殻*あるいはマントル*の部分溶融*によって生じ, すべての火成作用*の根源となる物質. 最も普遍的なマグマ型である珪酸塩マグマの溶融体成分は, 独立した Si-O 正四面体と鎖・分岐鎖・環をなす Si-O 正四面体の無秩序な混合体で, これらの間に陽イオン*（Ca^{2+}, Mg^{2+}, Fe^{2+}, Na^+ など）と陰イオン*（OH^-, F^-, Cl^-, S^- など）が無秩序に介在して正四面体の酸素とゆるく配位結合している. シリカ*濃度が高いマグマは, 鎖状および環状の正四面体が多く相互に障害となるため, 粘性*が高い. マグマが冷却するときにどのような鉱物*が結晶するかは, 圧力とマグマの組成によってきまる.

マグマ水蒸気活動 phreatomagmatic acitivity ⇨ 水蒸気活動

マグマ溜まり magma chamber

マグマ*が滞留する地下の空間. マグマは地殻*深部または上部マントル*からマグマ溜まりに供給されて滞留し, 地表の火山*に向けて出ていく. 溶岩*の化学組成を説明するために想定されている分別結晶作用*が起こる場と考えられている. 火砕流*噴出の場合のようにマグマが急速にマグマ溜まりから抜け出すと, 支持を失った天盤が崩落して地表にカルデラ*が形成される. カルデラの直径から推定される火山体下のマグマ溜まりの直径が 40 km に達することもまれではない.

マグマの分化 magmatic diffentiation (magmatic fractionation)

元の単一の親マグマ*からさまざまな岩石が形成される過程. 形成機構は問わない. ⇨ 分別結晶作用

マグマ分結集合体 magmatic-segregation deposit

マグマ*の固結過程でマグマ溜まり*のさまざまな部分に集積した特定の鉱物*の集合体. 重力による分離, 圧搾濾過, 流動, 分別結晶作用*, 不混和, ガスの移動などによる. たとえば, クロム鉄鉱*や磁鉄鉱*などの重鉱物は重力によって集積する.

枕状溶岩 pillow lava

細長い偏球体（'枕'）が積み重ねられたような外観を呈する玄武岩*の溶岩*. 全体の厚さが数百 m に達することも多い. 個々の枕は急冷した細粒の皮殻に包まれ, 下の枕のすき間に垂れ下がっている. 直径が 1 m を超えることはまれ. 断面では上面が上方に湾曲し, 放射状および同心状の節理*が発達する. 前進していく溶岩流先端への溶岩の通り道となっていた部分が, 枕の中心部で空洞または中空の筒状となって残っていることがある. このような形態は, 表面の殻が形成された後も枕の内部は流体として挙動していたことを物語り, 枕状溶岩が水底噴出の産物であることを証拠だてている. 水中に流れ出た溶岩は表面から熱を急速に失って, ガラス質*の皮殻ができる. 水は自身の温度をほとんど上昇させることなく空気よりも容易に熱を吸収するため, 空気中よりも表面の急冷殻が速やかにつくられ, これによって枕内部の溶融した可塑的な状態が長時間維持される. ハワイ島海岸の海底で, 海に入り込んだ溶岩から枕ができていくのが観察されている.

マクロタイダル- macrotidal

潮差*が 4 m を超える海岸に冠される. イギリス諸島におけるように, このような海岸では潮流の作用が卓越する.

曲げ剛性率 flexural rigidity

層状弾性体の曲げ剛性率は, $ET^3/12(1-\sigma^2)$ で定義される. E；ヤング率*, T；層の厚さ, σ；ポアソン比*. 岩石圏（リソスフェア）*は氷帽や火山噴出物などの載荷に応答する層状弾性体とみなされ, これから岩石圏の厚さやマントル*の粘性*が導き出されている.

曲げすべり（フレキシュラル・スリップ） flexural slip

地層*が接触面に沿って平行にすべることによって進行する褶曲*作用. 不連続的な単純剪断*で, 層理面*や劈開*面がすべり面となる.

摩擦角 friction angle ⇨ 内部摩擦角

摩擦抵抗角 angle of frictional resistance ⇨ 剪断抵抗角

マジェラン Magellan

金星*探査のため1989年にNASA*によって打ち上げられたレーダー・マッパー．

マジャンナ majanna

表面が塩類で覆われている乾燥した平原．

マーシュブルーキアン階 Marshbrookian

オルドビス系*，上部カラドク統*中の階*．ロングビリアン階*の上位でアクトニアン階*の下位．

マシルデ Mathilde

太陽系*の小惑星* (No. 253)．直径50×53×57 km，質量約 10^{17} kg，密度 1,300 kg/m³，自転周期417.7時間，公転周期4.32年．1997年6月に，近地球小惑星ランデブー探査機*によって映像が得られた．それによれば，直径が20 km以上のクレーター*が5個認められ，最大のものは直径30 km，深さ6 km．

マスウェースティング mass-wasting (**マスムーブメント** mass movement)

表層物質が重力にしたがって斜面を下り移動する現象の総称．流動，地すべり，崩落(⇨ 岩石崩落)，クリープ*という4つの主要な形態がある．このなかで，クリープは最も静的な動きであるが最も重要で，含水量が増加して結合性を失った物質が斜面を緩慢に下る現象．崩落は岩石または雪が急速に流下する現象で破壊的な力をもつことが多い．地すべりは1つまたはいくつかのすべり面上を表層物質が比較的急速に転位する現象．すべり面は平面のことも上方に凹の曲面であることもある．曲面をなすすべり面は粘土*中にできやすく，回転地すべりの原因となる．

マース・オブザーバー Mars Observer

1992年に火星*に向けてNASA*が打ち上げた探査機．火星を周回して調査，地図作製をおこなう予定であったが，軌道にのせる前に通信が途絶えて失敗に終わった．

マース 96 Mars 96

火星*の衛星軌道に観測機を投入し，表面に観測装置を設置する目的で，1996年に旧ソ連によって打ち上げられた火星探査機．打ち上げは失敗に終わり，ロケットと搭載機器は地球に落下した．

マースクェーク（火星の地震） marsquake

地球の地震*や月震*にあたる現象．バイキング*によって火星*表面に設置された地震計*では検知されていない．

マース・グローバル・サーベヤー Mars Global Surveyor

1996年に火星*に向けてNASA*が打ち上げた探査機．火星の衛星軌道に観測機を投入した．

マスコン mascon (**質量集積** mass concentration)

月面上の微惑星*衝突盆地である，いくつもの環状の峰にかこまれた大きい海 (⇨ 月の海)で，顕著な正の重力異常*が認められることから推定される質量の過剰．盆地を満たしている玄武岩*の質量はこの過剰の一部をまかなうにすぎない．衝突の際に盆地中央部の地下で密度の高いマントル*物質が長石*質の高地地殻 (⇨ テラ) 中に上昇してきたと考えると，$+2.2×10^{-3}$ m/秒² ($+220$ ミリガル) にも達する雨の海 (Mare Imbrium) の重力異常が説明される．

マース・サーベヤー Mars Surveyor

火星*に向けてNASA*が打ち上げ予定の4つの探査機．火星接近後2回の発射をおこなうものもある．マース・サーベヤー'98は1998年に打ち上げ予定で，軌道周回機と1999年に発射予定の着陸機からなる．同2001は2001年に打ち上げ予定で，軌道周回機を軌道にのせ，着陸機とローバーを表面に送り込む．同2003と2005は，それぞれ2003年と2005年に打ち上げ予定で，着陸機とローバーを表面に送り込む．

マスター曲線 master curve

既知のモデルについて計算したいくつかの理論曲線のうち，実測値から作製した曲線と一致するもの．両曲線が極めてよく合致していれば，モデルは実体を矛盾なく表現するものとみなされ，この実測曲線をマスター曲線とする．かつては比抵抗*による深部探査で広く採用されていたが，今日ではマイクロコンピューターで近似したはるかに正確に実像を反映する曲線がこれに替わりつつある．

マースデニアン階 Marsdenian

ペンシルバニア亜系*バシキーリアン統*

中の階*．キンダースコーティアン階*の上位でイードニアン階*の下位．

マストドン類 mastodon ⇨ ゴンフォテリウム科；マムート科

マーストリヒティアン階 Maastrichtian (Maestrichtian)

ヨーロッパにおける白亜系*の最上位の階*（74～65 Ma）．模式地*はオランダのマーストリヒト（Maastricht）地域．西ヨーロッパ全域を通じてチョーク*によって特徴づけられる．⇨ セノニアン統

マース・パスファインダー Mars Pathfinder

1996年に火星*に向けてNASA*が打ち上げた環境調査のための探査機．1987年7月に火星表面への軟着陸に成功．着陸後は，カール・サガン（Carl Sagan）を讃えて，サガン・メモリアル・ステーション（Sagan Memorial Station）と改称された．小型のローバー，ソジャーナー（Sojourner）がステーションの近くを踏査し，ステーションから地球に送られてくる画像から制御システムが選定した岩石を調査した．

マスムーブメント mass movement ⇨ マスウェースティング

マダガスカル Madagascar

アフリカ大陸東岸沖のインド洋*に位置する大きい島．約95 Maに，インド亜大陸がインド洋を北上していたときにアフリカ大陸本土から分裂した．肉食性の哺乳動物がいないため生き延びている原始的な原猿類（キツネザル）で有名．マダガスカル以外では，原猿類は漸新世*に出現して以来，おそらく真猿類や類人猿との生存競争の結果，大幅に衰退している．

瞬き twinkling

鉱物光学：複屈折*の大きい鉱物*（屈折率*の差が大きい異方性*の鉱物）の薄片*を載物台*上で急速に回転させると平面偏光*に現れる現象．瞬くように見えるのはレリーフ*の大きさが急速に変化するためで，方解石*でよく知られている．

マータ統 Mata

ニュージーランドにおける上部白亜系*中の統*．ロークマラ統*の上位でチューリアン階*の下位．ピリパウアン階とホームリアン階からなる．上部サントニアン階*，カンパニアン階*，マーストリヒティアン階*にほぼ対比される．

マーチソン，ロデリック・インペイ（1792-1871）Murchison, Roderick Impey

生涯の大部分を科学に捧げた資産家．1855年にイギリス地質調査所長に就任してからは地質学の専門家に転身．岩相*でなく化石*内容によって定義された最初の層序学上の系*であるシルル系*を1839年に設定．デボン系*の設定にも貢献，ロシアを訪れた後にはペルム系*を設定した．

マッカーリッフェ McAuliffe

太陽系*の小惑星*（No. 3352）．直径2～5 km，公転周期2.57年．軌道が火星*の軌道と交差する．1999年に新千年紀深宇宙-1探査機*がこの小惑星に向けて打ち上げられる予定．

マッケレス・コアラー Mackereth corer

湖底堆積物のコア*を採取するのに用いる水圧コアラー*．

末端- distal

堆積環境のうち供給源から最も離れた位置にある状態をいう．一般に細粒の堆積物によって特徴づけられる．→ 近源-

末端分岐点 terminal node

系統樹*で，子孫タクソン*を示す系の末端の点．

マッドクラック mudcrack ⇨ 乾裂

マッドドレープ mud drape

既存の堆積構造*，たとえば，砂州*，リップル*，デューン砂床形*を覆って堆積した泥*の薄層．

マッドロール mud roll ⇨ グラウンドロール

マツバラン綱 Psilopsida ⇨ 古生マツバラン目

松山逆磁極期（松山逆クロン） Matsuyama

鮮新世*の末期から更新世*の初めにまたがる逆磁極期（逆クロン）*．ガウス正磁極期*の後でブルン正磁極期*の前．放射年代は2.60～0.78 Ma．少なくとも3回の正亜磁極期*，レユニオン*，オルドバイ*，ハラ

ミヨ*を含む.

松山基範（1884-1958） Matsuyama, Motonori

京都帝国大学の物理地質学教授. 重力を調査し, また玄武岩*の磁化を研究した. 1929年, 若い時代の玄武岩が, その年代によって極性が異なる残留磁化*を示すことを明らかにして, 地球磁場*の極性が周期的に逆転していると結論した.

マデルング定数 Madelung constant

結晶*内におけるイオン*間のクーロン引力エネルギーの総和. 格子エネルギー*を表す式に含まれる.

窓 lunule

平坦な形をした多くの楯型目ウニ類*（タコノマクラ）の殻に見られる鍵穴状の開口部.

マノメーター manometer

真空度, 圧力, 圧力差を直接測定することができる計器. 水や水銀などの液体を満たした2本足の管で, 2本の管における液体面の差から圧力を求める. 仕様を変えて流れを測定することもできる.

マムーサス属 Mammuthus（マンモス mammoth）

ステップ*とツンドラ気候*に適応した更新世*ゾウ類の1系統. 牙は長く, 強く湾曲しており, 頭蓋*は他のゾウ類と比べ短く高い. 厚い体毛に覆われていたマンモスは, 北方の寒冷な環境に適応*していた. 最大のマンモス（あらゆる時代を通じて最大の長鼻類*）はユーラシアで見つかっているマムーサス・アルメニアカス M. armeniacus で, 肩までの体高はおよそ4.5 m あった.

マムート科（マンムト科） Mammutidae

マストドン類の絶滅*した科で, 現代のゾウにつながる進化系統を分岐した, ゾウに似る単一の属〔マムート属 Mammut. マストドン属 Mastodon はマムート属の新参異名*〕からなる. 生存期間は中新世*前期から現世と長く, アフリカ, 北アメリカ, ユーラシアでは少なくとも更新世*末まで生き残っていた. マムート属の種はゾウ類よりも体が短くがっしりしている. またゾウ類よりも短く高い頭蓋*と長い顎をもち, 通常, 上顎と下顎の両方に牙があった. そのうち上顎の牙は大きく, 上方外側へ湾曲している. 一度に3本以上の歯が使用されることはなく, 下顎の切歯は発達が悪い. 臼歯は歯冠が低く単純で, セメントを欠く. マムート類の進化はゴンフォテリウム類（ゴンフォテリウム科*）と並行して起こったと考えられている.

磨耗層 wearing course ⇒ 舗装

マラコビアン階 Malakovian ⇒ ゴル統

マリアナ海溝 Marianas Trench

太平洋プレート*とフィリピン海プレート*との間の破壊縁（辺部）*に位置する海溝*. 深さは約11 kmで, 付加体*はほとんど認められていない. 沈み込み帯*〔から延びるベニオフ帯*〕は深部では急傾斜となり, ほとんど直立に近くなる. 約700 kmの深さまで震源*が及んでいる.

マリナー Mariner

NASA*の一連の惑星探査機. マリナー2号（1962年）, 5号（1967年）, 10号（1973年）は金星*, 4号（1964年）, 6号（1969年）, 7号（1969年）, 9号（1971年）は火星*, 10号は水星*を, それぞれ探査した. マリナー1号は存在しない.

マール maar (1), marl (2)

1. マグマ*と地下水が反応して起こる爆発的な噴火*によって形成されたクレーター*. 水を湛えて浅い湖となっていることが多い. 母岩*とマグマが粉砕された火山灰*からなる放出物が環状の低い峰をつくってまわりをとり巻いていることが多い. 2. 遠洋性*ないし半遠洋性*の堆積物（アール*の一種）. 非生物源堆積物と石灰質または珪質軟泥*の中間の成分をもち, 厚さ1.5 m 程度までの不純物の少ない軟泥と互層をなす. 粘土*30%（体積）, 微化石*70%からなり, 少なくとも珪質微化石は15%含む. → サール; スマール

マルコフ連鎖 Markov chain

統計学：1つの事象発生が先に起こった全事象に依存している確率が, 1つの事象発生が直前の事象にのみ依存している確率と等しい事象の系列.

マルチプレックス multiplex

いくつかの成分（チャンネル）に含まれる

データを，たがいに干渉させることなく，1成分の磁気テープに収録すること．デジタルデータの収録順は次の通り．チャンネル1，データ1，チャンネル2，データ1，…チャンネルn，データ1；チャンネル1，データ2，チャンネル2，データ2，…チャンネルn，データ2；…．これは磁気テープにデータを収録するうえに非常に効果的な方法．デマルチプレックス*はコンピューターでテープを読みとってデータを処理するために，マルチプレックスを元の生データに戻す作業．

マルバーニアン階 Malvernian
ウェールズ地方とイングランド中部地方における上部原生界*中の階*．モニアン階*の上位でウリコニアン階*の下位．

マルム Malm
1. マルム世：後期ジュラ紀*の別称．ドッガー世*の後でネオコミアン世*の前．年代は157.1〜145.6 Ma（Harlandほか，1989）．オックスフォーディアン期*，キンメリッジアン期*，チトニアン期*を含む．2. マルム統：マルム世に相当するヨーロッパにおける統*．上部カウヒア統*とオテケ統*（ニュージーランド）にほぼ対比される．

マレー，ジョーン（1841-1914）Murray, John
カナダ生まれの生物学・海洋学者．業績の大部分をイギリス在住中にあげた．チャレンジャー探検*の指揮者で，その学術報告書を刊行させ，海図を作製した．これ以外の海洋調査にも参加．

マレット，ロバート（1810-81）Mallet, Robert
アイルランド，ダブリン出身の土木技師．地震と火山に興味をもち，1857年のナポリ地震を詳細に研究した．地震波速度*を研究．地震のカタログを編纂し，これから世界の地震図を作製した．

マンガオタニアン階 Mangaotanian ⇒ ロークマラ統

マンガオラパン階 Mangaorapan
ニュージーランドにおける上部第三系*中の階*．ウェイパワン階*の上位でヘレタウンガン階*の下位．イプレシアン階*の一部に対比される．

マンガパニアン階 Mangapanian
ニュージーランドにおける上部第三系*最上位の階*．ウェイパワン階*の上位でヌクマルアン統*の下位．ピアセンツィアン階*の一部にほぼ対比される．

マンガンスピネル galaxite ⇒ スピネル

マンガン団塊（マンガノジュール） manganese nodule
鉄およびマンガンの酸化物からなる結核*．銅，ニッケル，コバルトも含む．大きさ，形態，組成はさまざまで，内部は同心状の層構造をなす．平均化学組成は，マンガン30%，鉄24%，ニッケル1%，銅0.5%，コバルト0.5%．どの海洋底にも広く分布し，温帯の湖に産することもある．堆積作用を無視できる海域（たとえば水深3,500〜4,500 mの北太平洋深海平原*）および/または底層流が強い海域，たとえばアメリカ東岸沖の海流に洗われている浅いブレーク海台（Blake Plateau）に見られる．最近では，海底採鉱によって銅をはじめとする稀少金属を回収することが実現可能と目されている．団塊の成長は第三紀*初期にピークに達したらしい．

マンガン土 wad
サイロメレン*の一種．$BaMn_8O_{16}(OH)_4$，マンガンを銅やコバルトが置換していることがある；比重5.5；鈍い灰黒色；非晶質*または土状の集合体．排水不良の湿地で水から沈殿する．

蔓脚綱 Cirripedia（蔓脚類，ツルアシ類 cirripedes；**フジツボ** barnacles；**節足動物門*** phylum Arthropoda，**甲殻亜門*** subphylum Crustacea）
すべてが海生の，いわゆるフジツボ類からなる節足動物の綱．フジツボ類は岩石や沈んだ木材，サンゴ，貝殻，あるいは船底などに付着し生活している．自由遊泳するノープリウス幼生の後，キプリス幼生という2枚の殻をもつ段階を迎えると，第1触角からセメント物質を分泌して底質に固着する．その後体の向きを変え，胸部付属肢（通常6本）は蔓脚（櫛状の脚の意；摂食のためのしなやかな付属肢）に変化し，頭胸甲の開口部から上部または側方へ突き出る．頭胸甲は成体になっても石灰質の板で外側が覆われた外套膜とし

て残る．固着性*の，柄のないフジツボ類（たとえばバラヌス属 *Balanus*）では石灰質の殻板は大きく重いため，波浪の強い岩礁質の潮間帯のような環境に適応している．蔓脚綱の完胸目と尖胸目は，化石記録が残されている．完胸目には柄をもつグループ（たとえば現生のエボシガイ *Lepas*）と，柄のないグループ（たとえばフジツボ）がある．このうち，有柄のグループのほうが原始的と考えられる．蔓脚類の祖先型はおそらくキプリス幼生のような形態をしていたのであろう．

確実に完胸目とされる最古の化石記録は，上部シルル系*から産する有柄のキプロレピス属 *Cyprolepis* であるが，この目に属する可能性があるばらばらになった殻板の化石はカンブリア紀*あるいはオルドビス紀*からも知られている．小型の蔓脚類である尖胸目は，貝殻やサンゴなどの石灰質の物体に穿孔して生活する．尖胸目の化石は穿孔の痕跡として残されており，デボン紀*以降に生痕化石*の記録がある．

マングローブ湿地 mangrove swamp

熱帯の泥質海岸，とくに懸濁物質が大量に堆積した浅い河口に典型的に見られる湿地．特徴的な植生をなすマングローブの気根〔大気中に露出した根〕が堆積物をとらえ，陸地がしだいに海側に前進していく．

満斜面 waxing slope ⇨ 斜面断面

マンセル表色系 Munsell colour

色の3属性，色相・明度・彩度に基づく土壌*の色の表示法．たとえば '10 YR 6/4' のように記号化されている．アメリカで考案され，今日では土壌の色を記載する国際基準となっている．

マンテル，ギジュオン・アルゲーノン（1790-1852）Mantell, Gideon Algernon

イングランド，サセックス地方の外科医．チョーク*層およびウィールド地方産化石の傑出したアマチュア研究家．イグアノドン*をはじめとする恐竜*化石を発見し，他の化石コレクションとともに大英博物館に寄贈した．地質学に関する啓蒙書を数多く著した．

マント manto

水平に成層する鉱床*．堆積岩*層や堆積岩層にはさまれた交代*鉱床を指すこともある．

マントル mantle

地殻*と核*の間を占める部分で，約2,900 km の厚さがある．地球の体積の約84%，質量の約68%を占める．組成はざくろ石*かんらん岩*に近いと考えられる．マントルはほとんどの地球型惑星*と月*に存在するが，それぞれ組成が異なる．

マントル対流 mantle convection

マントル*内部における物質の運動による熱の伝達型式．マントル内部深くから対流によって上昇してきた物質はプレート*の生産縁（辺部）*で岩石圏（リソスフェア）*に加わる．冷えた岩石圏は沈み込み帯*でマントル内に下降していく．したがって，マントル内部では対流が存在しているはずである．対流が岩石圏の下の浅いレベルに限られているのか，マントル全体に及んでいるのかはわかっていない．2つあるいはそれ以上の対流層があり，この層の間で熱輸送がなされているのかもしれない．マントルプルーム*は，核*/マントル境界から対流とは独立に上昇してくる物質で，これが地表に到達している場所がホットスポット*．

マントルド・ナイスドーム mantled gneiss dome

堆積岩*起源の変成岩*の'覆い（mantle)'によって周囲をかこまれた，花崗岩*質ミグマタイト*と片麻岩*がなすドーム*状構造．覆いをなす変成岩は，組織*と縞状構造*がドームの外側に向かって傾斜していることによって特徴づけられる．密度の低い花崗岩・片麻岩の核が密度の高い岩石に覆われ，重力的に不安定となって上昇した結果形成されたと考えられている．

マントルの相転移 phase transition in the mantle

地震波速度*の観測と地球の慣性モーメント*の測定から，深度60〜100 km に低速度帯*が存在すること，および深度400〜900 km からは地震波速度の増加率が従来考えられていた値よりも高くなっていることが推定される．マントル*内におけるこのような変化は，組成の変化または相*転移，すなわちかんらん石*が立方晶系*のスピネル*に転

移することによると考えられる.

マントルプルーム　mantle plume
　マントル*を通過して上昇していると信じられている,場所が限定された高温で軽い物質.ホットスポット*の下で上昇しており,地表にドーム状の隆起をもたらしている.核*/マントル境界付近から由来し,半径約150 kmの円筒形をなしていると考えられている.

マントル列　mantle array
　火成岩*の^{87}Sr/^{86}Sr比に対する^{144}Nd/^{143}Nd比をダイアグラムにプロットしたもの.マントル*に起源をもつ岩石では直線となる.地殻*物質との混成が起こっている岩石では,直線から系統的にはずれる.

マンムース逆亜磁極期(マンムース逆サブクロン)　Manmmoth
　ガウス正磁極期*にあった逆亜磁極期*.

ミアキス科　Miacidae ⇨ 食肉目

ミアロリティック　miarolitic
　浅所型の貫入*火成岩*に見られる,空隙またはポケットが周囲を結晶*にとりかこまれて存在する組織*.貫入岩体が最終的に結晶化する段階で,マグマ*に発生した気泡がとり込まれた痕.

ミオ-　mio-
　'より劣る'を意味するギリシャ語 meion に由来.'より劣る'を意味する接頭辞.たとえば,中新世(Miocene)*は'mio'+'cene'('新しい'を意味するギリシャ語 kainos に由来)で,'それほど新しくない'という意味.

ミオジオクライン　miogeocline
　主に炭酸塩岩*,頁岩*,クリーンな〔基質*量が少ない〕砂岩*からなり,火山岩*をともなわない岩相*組み合わせ.大陸棚*上の浅海堆積物と考えられている.

ミオフォア　myophore
　ある種の二枚貝類(綱)*の殻内面に見られる板あるいは棒状の構造.蝶番*中央部に発達し,筋肉が付着していた.

見かけ速度(v_a)　apparent velocity
　ジオフォン*群列*から見た地震波*波面の速度.波面が角度 θ をもって群列に接近するとき,波面の真の速度 v は $v = v_a \cos\theta$.屈折法地震探査*では,v_a は走時曲線*をなす線分の勾配の逆数.

見かけ電気伝導率(見かけ電導率)(σ_a)　apparent conductivity
　見かけ比抵抗*の逆数.単位はジーメンス/メートル.

見かけ年代　apparent age ⇨ 絶対年代

見かけの傾斜　apparent dip
　傾斜面の走向*に直交しない鉛直断面で,面と断面の交線が水平線となす角度.→ 真の傾斜.⇨ 傾斜角

見かけの粘着 apparent cohesion

周囲の間隙水*の表面張力*によって土壌*の粒子同士が粘着していること.

見かけ波長 (λ_a) apparent wavelength

地震波*波面が角度 θ をもってジオフォン*群列*に接近するとき,ジオフォンが検出する波長は,続けて到達する2つの波形で同じ位相にある点の間の距離であって,真の波長ではない.真の波長は $\lambda = \lambda_a \sin\theta$.

見かけ比抵抗 (ρ_a) apparent resistivity

測定した比抵抗*(R)と幾何学的因数(K_g)*との積,すなわち $\rho_a = K_g R$ で表される比抵抗の尺度.単位はオーム/m.見かけ比抵抗値は物質を特定する固有の比抵抗値ではないため,解釈には注意を要する.

三日月湖 cut-off ⇒ カットオフ

右ずれ断層 dextral fault (right lateral-fault)

走向移動断層*において断層線の向こう側の地塊が手前側の地塊に対して右にずれているもの.⇒ 断層.➡ 左ずれ

右巻き dextral coiling ⇒ 巻き

ミグマタイト migmatite

(a) 片麻状構造(⇒ 片麻岩)をもつ高度変成岩*の部分と (b) 花崗岩*の鉱物*組成をもつ火成岩*の部分(縞状構造*をもつこともある)とが不均質に混在している粗粒の岩石.ミグマタイトが見られる高度変成帯*では,変成岩がミグマタイトを経て花崗岩に移行していることが多い.花崗岩部分は極端な変成作用*により岩石が部分溶融*して生成したと考えられている.したがってミグマタイトは膨大な花崗岩質マグマ*が形成される初期段階の記録とみなされ,変成岩の高温側(火成岩側)の境界に位置していることになる.ミグマタイトは,ほぼ純白から暗灰色にわたる対照的な色調の不定形の縞やパッチ模様を呈して美しいため,装飾用の研磨石材として広く用いられている.

ミグマタイト化作用 migmatization

極端な変成作用*によって岩石が部分溶融*を起こし,ミグマタイト*が生成する作用.

ミクライト micrite

1. 石灰泥:粒径4 μm 以下の微晶質方解石*.起源はさまざまで,次のものがある.霰石(あられいし)*からなる石灰藻類*などの生物に由来するもの;粗い炭酸塩破片が生物の作用によって分解または物理的に破壊されたもの;炭酸塩に飽和した海水から無機的に沈殿したもの;藻類の作用によって生物学的に沈殿したもの.2. 石化*した石灰泥*から主になる石灰岩*.⇒ フォークの石灰岩分類法;レイトン-ペンデクスターの石灰岩分類法

-ミクライト -micrite ⇒ フォークの石灰岩分類法

ミクライト化作用 micritization

藍緑色の藻類(藍藻*)が炭酸塩からなる骨格破片の粒子を穿孔することによってミクライト*が生じ,それが孔を充填していく過程.(堆積物中に棲息する)内生*の繊維状の藻類が粒子を包み込むことによっても起こる.⇒ ミクライト被膜

ミクライト質石灰岩 micritic limestone ⇒ レイトン-ペンデクスターの石灰岩分類法

ミクライト被膜 micrite envelope

炭酸塩からなる骨格破片の粒子の外縁に見られる暗色,細粒の炭酸塩物質.藍緑色の藻類(藍藻*)が骨格物質を穿孔することによって,粒子の元の鉱物*がミクライト*に変化したもの.藻類による微小な管状の孔が保存されていることもある.(堆積物中に棲息する)内生*の繊維状の藻類が粒子を包み込むことによって生じたミクライト被膜もある.被膜の発達が進むと,骨格破片の初生構造は完全にミクライト化*され,非晶質*のペロイド*(ミクライトの塊)となる.⇒ イントラクラスト

ミクラスター属 *Micraster*

白亜紀*後期のウニ類(綱)*の属.フランスとイギリスに多産し,それ以外のヨーロッパ各地でも知られている.1899年のローウェ(A. R. Rowe)による研究以来,この属の進化について多くの記述があり,そのなかで,穿孔*をはじめさまざまな底質への適応*が指摘されている.

ミクリナイト micrinite ⇒ 石炭マセラル

ミクリノ層 Mikulino

ロシアで見られるエーム間氷期*の堆積

ミクロ-（マイクロ-，微-） micro-

1. '小さい'を意味するギリシャ語 *mikros* に由来．'極めて小さい'を意味する接頭辞．国際単位* ×10^{-6} を表す．2. 地球科学：厳密な用法では，ごく細粒の火成岩*の組織*に冠される接頭辞．個々の粒子は，肉眼による解像力が及ばないことが多く，岩石顕微鏡（⇒偏光顕微鏡）を用いてはじめて解像することができる．そのような大きさの斑状組織*を'微斑状'，斑晶*を'微斑晶'という．3. 火成岩の名称につける接頭辞．たとえば，閃長岩*とするには細粒すぎるものの，組成上閃長岩に相当する細粒岩である粗面岩*よりは粗粒の岩石は，マイクロ閃長岩と呼ばれる．

未固結 unconsolidated

粒子が膠結*されていない堆積物*に冠される．

ミシェル・レビー図表 Michel-Lévy chart（**複屈折図表** birefringence chart，**干渉色図表** interference colour chart）

複屈折*を測定するための基準色図表．直交ポーラー*では，異方性*鉱物*の標準的な厚さ（0.03 mm）の薄片*は，複屈折の程度に応じて一連の干渉色*を呈する．さまざまな方位で数多くの薄片を調べて最も鮮やかな干渉色と一致する色を図表上で求める．その色の〔横軸に平行な帯ないし線〕上の厚さ0.03 mmの点から図表の右端（縦軸）に延びている放射状の斜線をたどれば複屈折の値が得られる．楔形石英検板〔⇒検板〕を用いても複屈折を測定することができる．

ミシシッピ Mississippian

1. ミシシッピ亜紀：北アメリカで用いられている前期石炭紀*の名称．ペンシルバニア亜紀*の後．トルネージアン世*，ビゼーアン世*，サープクホビアン世*からなる．年代は 362.5〜322.8 Ma（Harland ほか，1989）．2. ミシシッピ亜系：ミシシッピ亜紀に相当する北アメリカにおける亜系*．キンダーフッキアン統*，オサージアン統*，メラメシアン統*，チェステリアン統*を含む．西ヨーロッパにおけるディナント亜系*とナムーリアン統*にほぼ対比される．

水 water

水の分子は，原子量 1.00797 の水素原子2個と原子量 15.9994 の酸素原子1個からなる．液相，固相，気相のいずれの相*でも存在する．強力な溶媒であるため，地表および地下物質の運搬に大きくあずかっている．

ミーズ・アラ・マッス法 mise-à-la-masse method（**帯電体ポテンシャル法** charge-body potential method）

群列*のうち1つの電流電極*を帯電性の鉱体*に直接設置し，他の3つの電極を通常の電極配置*どおりに地表に置く定間隔トラバース*の1形式．この配置によって，他の電気探査法*よりも地表下の帯電体の広がりを容易に確定することができる．

湖（月の） lacus

'湖'を意味するラテン語 *lacus* に由来．玄武岩*からなる月の海*のなかで孤立している小さい斑点を指す．たとえば，'晴の海（Mare Serenitatis）'北部の'夢の湖（Lacus Somniorum）'．

水化学 hydrochemistry

水，通常は天然水の化学組成を研究，説明する化学の分野．

水吸収試験 water-absorption test

土壌*の水分含有量を，乾燥重量との比で決定する試験（イギリス標準規格 1377：1967 年）．標準条件のもとで試料を秤量し，炉で乾燥させた後にふたたび秤量する．水分含有量＝〔（湿った土壌重量−乾燥土壌重量）/乾燥土壌重量〕×100（％）．

水収支 water balance (water budget)

帯水層*，集水域*あるいはある地域における将来の水資源の量を表示するもの．全流入量・全涵養*量と全流出量・全取水量の差．

水循環 hydrologic cycle

気圏*，水圏*，岩石圏*にわたってさまざまな状態にある水の移動．水の滞留形態（ステージ）には，地下水*，表面水，氷河*，海洋水，大気がある．ステージ間の移動は，地表からの蒸発と蒸散*，凝結による雲の形成，降水*とそれに続く流出によってなされる．
⇒残留時間

水消費目録 water inventory
　鉄鋼工場や家庭など，ある過程または場所で消費・使用されるなど，何らかのかたちでかかわった水の明細．

ミストラル mistral
　スペイン南部からイタリア北部にかけての地中海沖で頻繁に吹く北寄りの冷たい強風．ローヌ川河谷の下流域でとくに顕著．数日間続くことがある．ジェノバ湾で気圧の峰*の東側に低気圧*が発生しつつあるときに発生しやすい．海洋性の寒帯気団*から流れ込む気流が原因．ローヌ川河谷やそれと地形が似ているところでは，重力による下降と谷間への吹き寄せによって気流が増速され，風速は海岸域での40ノット〔約20 m/秒〕程度をはるかに超える75ノット〔約38 m/秒〕にも達する．

水の滞留 water storage ⇒ 地球上の水分布

水ポテンシャル water potential（**浸透ポテンシャル** osmotic potential, **化学ポテンシャル** chemical potential）
　ある系の水と同じ温度の純水のエネルギー差．純水の水ポテンシャルはゼロで，溶液では負．2つの植物細胞のあいだにポテンシャル勾配が存在すると，水は平衡に達するまで勾配にしたがって浸透していく．

ミズーリアン統 Missourian
　北アメリカにおけるペンシルバニア亜系*中の統*．デスモイネシアン統*の上位でバージリアン統*の下位．カシモビアン統*のクレフヤキンスキアン階*と下部チャモフニチェスキアン階*にほぼ対比される．

未成熟なハードグラウンド incipient hardground ⇒ ハードグラウンド

溝がついたテレーン Grooved Terrain ⇒ 火星のテレーン単元

霙（みぞれ） sleet
　雨と融けた雪とが混じっている降水*．アメリカでは直径5 mm以下の氷片の降水をいう．

満ち潮（上げ潮） flood tide
　潮位が上がること．干潮から次の満潮に向かっているときの潮位．→ 引き潮（下げ潮）

ミッチェライト mitchellite ⇒ スピネル

ミッチェリアン階 Mitchellian
　オーストラリア南東部における上部第三系*中の階*．バーンスデーリアン階*の上位でチェルテンハミアン階*の下位．トートニアン階*，メッシニアン階*，下部ザンクリアン階*（タビアニアン階）にほぼ対比される．

ミッチェル，ジョーン（1724?-93）Michell, John
　ケンブリッジ大学出身の天文学・実験博物学者．地震波*について最初の科学的な研究をおこなった．地震現象，とくに1755年のリスボン地震を研究．地震波の運動に関する理論を提唱，地震波速度*を推定して震源*を決定する方法を示した．

密度 density
　単位体積あたりの質量．国際単位系(SI)*では立方メートルあたりのキログラム(kg/m³)で表される．直接測定または重力や地震波速度*から間接的にきめられる．未固結堆積物の密度は，湿ったもので1,200～2,600 kg/m³，乾燥したものでは1,000～2,000 kg/m³．固結堆積岩*では1,600～3,200 kg/m³（地震波による堆積物の密度決定については ⇒ ナフェ-ドレークの関係）．塩基性岩*は2,300～3,170 kg/m³．変成岩*では大部分が2,400～3,100 kg/m³であるが，密度の高いエクロジャイト*では3,200～3,540 kg/m³．上部マントル*の密度は深度とともに約3,330 kg/m³から4,000 kg/m³に増大する．これより下の下部マントルでは系統的に増大して核*の上では5,400 kg/m³に達する．外核は10,100～12,100 kg/m³，内核は均質で約13,000 kg/m³となっている．

ミッドウェー統 Midway ⇒ ガルフィアン統

密度検層 density logging
　通常，ガンマ-ガンマ・ゾンデ*からガンマ線*を放射し，泥壁*の影響を補正して試錐孔*が貫通している岩石の密度を測定する方法．蒸発岩*の同定にとくに有効．中性子検層*と併用すれば天然ガス層を検出することができる．

密度-深度断面 density-depth profile
　地球内部の密度分布は，密度に依存する地

震波速度*の解析を主とし，重力場*と自由振動*の測定を補助手段として求められている．上部マントル*では，とくに300 kmと650 km付近に相転移（⇨ マントルの相転移）があるため複雑となっている．下部マントルでは深度による密度増大は，核*の直上の部分を除けば基本的には断熱的*．外核の密度（約10,000 kg/m³）は組成の違いを反映して，下部マントルの密度（約5,000 kg/m³）のほぼ2倍．核の密度は深さとともに増大し，外核と内核の境界で12,000 kg/m³から13,000 kg/m³へとわずかに飛躍する．

密度測定 density determination

物質の密度を決定すること．鉱物*の密度測定にはいくつかの方法がある．(a) ジョリーのバネ秤で乾燥状態の試料を秤量し，ついで水に浸して再度秤量する．両方の重量の差から密度を決定する．(b) 小さい破片となっている鉱物の密度は，感度がごく高い捻り秤（ベルマン秤）を用いてジョリーのバネ秤の場合と同じ手順で求める．(c) 土壌*や粉砕した試料の密度測定には比重瓶を用いる．これは細い孔のあるすりガラスの栓を備えた小瓶で，試料を瓶に入れて秤量した後，瓶を水で満たして再度秤量する．(d) 重液を使用する．ブロモフォルム（比重2.89）と沃化メチレン（比重3.33）のような比較的密度の大きい液体にアセトン（比重0.79）を混合してさまざまな密度をもつ液をつくる．そのうちどれか1つの液に入れた試料が浮きも沈みもしなければ，その密度は液と同じと判定される．重液は有毒であるものが多いため，使用にあたっては，手袋とマスクを着用するなど十分な注意が必要．⇨ ウォーカー竿秤

密度躍層 pycnocline

水温と塩分濃度*の変化に応じて水深とともに海水の密度が急激に増大する領域．水温躍層（変温層）*および塩分勾配層*と一致することが多く，海洋の表水層*と深水層*とを隔てている．

密度流 density current

密度の差によって生じる流れ．密度の高い海水の流れはそれより密度の低い海水の下にもぐり込む．海水の密度は水温，塩分濃度*，懸濁物質の量によってきまる．乱泥流（混泥流）*は多量の懸濁物質を含んで高密度となり，重力に従って流下する密度流．海洋底付近を流れる底層流はほとんどが密度流．

ミトコンドリア・イブ mitochondrial Eve

すべての現生人類に想定された女性（雌）の共通祖先．14〜28万年前のアフリカに生きていた古人類．アラン・ウィルソン（Allan Wilson）に率いられた研究チームが現生人類集団からのミトコンドリアDNA*を解析して，その存在を想定．そのデータは，現生人類ホモ・サピエンス・サピエンス（*Homo sapiens sapiens*）を導いた種分化に関連して，顕著な瓶首効果*が見られたことを示唆している．⇨ アダム

ミトコンドリアDNA mitochondrial-DNA (mt-DNA)

ミトコンドリアに見られる環状のDNA．核*のDNAとは完全に独立しており，ほとんど例外なく雄親の関与なしに雌親のみから子孫に伝えられる．

南アメリカ・プレート South American Plate

大西洋中央海嶺*より西側で，ナスカ・プレート*の沈み込み帯*まで広がる大プレート*．他のプレート（南極-*，スコチア-*，カリブ-*，北アメリカ・プレート*）との境界は大部分にわたってトランスフォーム断層*となっている．

峰（嶺） ridge

1. 気圧の尾根．高気圧*から，相対的に気圧の低い領域に延びている高圧帯．**2**. 中緯度地域上空を西から東に向かう気流が極方向に蛇行している部分．⇨ 長波．**3**. ⇨ 海洋中央海嶺．**4**. ⇨ 峰-渓谷地形；リッジ-ランネル地形

峰-渓谷地形 ridge-and-ravine topography

分岐の多い谷とそれにはさまれた低い峰からなる単調な地形．開析が進んだ準平原*の地形に類似（⇨ デービス輪廻）．ただし成因的な意味は含んでいない．アメリカのアパラチア山脈中央部に発達している．

ミネット minette

ランプロファイアー*の一種．主成分鉱物*は黒雲母*と正長石．普通輝石*を含む

ものは普通輝石ミネットと呼ばれる.

ミネット・アイアンストーン　minette iron-stone
フランスのアルザスからロレーヌにかけて分布する鉄鉱床*をなす鉱石*. 主要な鉄鉱石は褐鉄鉱*（酸化鉄）で，菱鉄鉱*（鉄の炭酸塩）をともなう.

未発達リフト　failed rift (failed arm) ⇨ オラーコジン；リフトバレー

ミマス　Mimas（土星Ⅰ Saturn Ⅰ）
土星*の大きい衛星*. 半径198.8 km, 質量 0.375×10^{20} kg, 平均密度 $1,140$ kg/m^3, アルベド* 0.5. 1789年ウィリアム・ハーシェル（Sir William Herschel）が発見.

ミミストロベル　Mimistrobell
太陽系*の小惑星*（No. 3840）. 公転周期3.38年. 2006年9月に探査機ロゼッタ*が探査する予定.

ミメット鉱　mimetite ⇨ 褐鉛鉱（バナジナイト）

脈　vein
裂罅（れっか）*を充填して沈積した鉱物*の板状の集合体. 結晶*粒子は側壁から中央に向かって成長している.

脈石鉱物　gangue
商業的価値はないものの採鉱の際に除去することができない鉱物*. 採掘後の処理過程で廃石として排除される. 普遍的な脈石鉱物に, 石英*, 方解石*, 蛍石*がある. ⇨ 鉱石鉱物；鉱体；品位

脈　動　microseism
1. 微小地震*と同義.〔2. 海岸における波浪，風による樹木の揺れなどに起因する，地表面の軽微な振動. 人間の活動に起因する常時微動とともに微小地震観測にとってノイズ*となる.〕

ミャフコフスキアン階　Myachkovskian
モスコビアン統*中の階*. ポドルスキアン階*の上位でクレフヤキンスキアン階*（カシモビアン統*）の下位.

ミュージェアライト　mugearite ⇨ 安山岩；ベンモレアイト

ミューゼス C　Muses-C
日本のISAS*によって2002年に打ち上げられた探査機. 小惑星*ネレウス*に着陸し

て試料をもち帰ることになっている.

明礬石（みょうばんせき）　alunite（アルーナイト alumstone）
硫酸塩鉱物*. $KAl_3(SO_4)_2(OH)_5$；比重 2.6～2.8；硬度* 3.5～4.0；三斜晶系*；白色, ときに灰～帯赤灰色；条痕*白色；ガラス光沢*；結晶*はまれ, 晶癖*は塊状；劈開*底面｛0001｝に顕著；断口は不規則, 貝殻状*, 同心円状；わずかにアストリンゼント味. 熱水*によって変質した, カリ長石を含む火山岩*中に二次鉱物*として産する. ドロマイト*, 無水石膏*, マグネサイト*との識別が困難.

ミラー, ウィリアム・ハロウズ（1801-80）
Miller, William Hallowes
ケンブリッジ大学出身のイギリスの鉱物学者. 結晶軸*に基づく結晶*分類体系を発展させ, 『結晶論』(*Treatise on Crystallography*)（1839）を著した. ⇨ ミラー指数

ミラー指数　Miller indices
結晶軸*と結晶面*との交点を記号で表す方法. ミラー*が提唱. 記号 h, k, l は a, b, c 軸（x, y, z 軸）に沿う切片の逆比を整数で表す. 結晶軸に平行な結晶面は記号0で示す. 結晶面が負の側〔a, b, c 軸の交点＝原点の, それぞれ左, 向こう, 下側〕で結晶軸を切る場合には, 記号に上線を付ける. 角柱の指数は101または110, 卓面では001, 錐では101または111となる. 指数が結晶面を表す場合には ( ) を付けず, 結晶形*を表す場合には ( ) でくくることになっている.

ミラッツィアン期　Milazzian ⇨ 第四紀

ミラー−ブラベの指数　Miller-Bravais indices
六方晶系*と三方晶系*の結晶*では, 4本の結晶軸*がある. ブラベ(M. A. Bravais)はミラー指数*を適用して, これらの軸 a_1, a_2, a_3, c 軸（x, u, y, z 軸）と結晶面*との交点を切片の逆比である記号 h, k, i, l で示した.

ミランコビッチ周期　Milankovich cycles
ミランコビッチ*が気候に影響を及ぼすとみなした, 地球の自転と軌道に見られる周期的変化. 3つの周期が識別されている.（a）

地球軌道の離心率の変化で，これによって近日点*と遠日点*における地球と太陽の距離が変化する．周期は約100,000年．(b) 地球自転軸の傾斜角（黄道*の傾斜）の変化．周期は約40,000年．(c) 地球自転軸が軌道面となす角のふらつき（分点の歳差運動*）．近日点と遠日点の季節が変化する．周期は約21,000年．ミランコビッチ周期にともなう気候変化は堆積サイクル*に記録されていることがある．

ミランコビッチ，ミルチン (1879-1958) Milankovich, Milutin

ベオグラード大学出身のセルビアの数学・物理学者．太陽放射*に関する研究を通じて重要な結論に達した．すなわち，地球軌道の離心率［や自転軸の傾き］が原因となって，地球が受け取る太陽放射の量が周期的に変化することにより気候が周期的に変化して氷期*がもたらされる，というもの．⇒ ミランコビッチ周期

ミランダ Miranda（**天王星V** Uranus V)

天王星*の大きい衛星*．1948年にカイパー*が発見．半径240×234.2×232.8 km, 質量 $0.659×10^{20}$ kg, 平均密度 1,200 kg/m³, アルベド* 0.27, 重力 0.01（地球を1として），天王星からの距離 129,850 km．表面温度は約43 K．ほぼ同量の岩石質物質と水の氷からなる．1986年，ボイジャー*2号が重力アシスト*を得て海王星*に向かうためミランダに接近したときにその表面を初めて撮影した．表面はうねった起伏を呈し，クレーター*，地溝*，峡谷，崖をともなう．崖には高さ15 kmに及ぶものもある．3つのコロナ*が認められる．これは，1辺が約260 kmで角の丸い四辺形をなし，その中に暗い斑点と明るい斑点および平行な峰と溝のセットが見られる．コロナは，天王星による潮汐*変形を熱源とする内部の進化が進むにつれて，地殻*が内部からの力によって引き裂かれ，部分的に融解した氷が大規模に上昇した領域にあたると考えられている．

ミリ- milli-（m-）

'千'を意味するラテン語 *mille* に由来．'1,000分の1'を意味する接頭辞（たとえばミリ当量は〔化合物または元素の〕当量の1,000分の1）．国際単位* $×10^{-3}$ を表す．

ミリオリナ型旋回 milioline winding

有孔虫*のミリオリナ亜目で典型的に見られる殻*の巻き*のパターン．旋回は初室*のまわりの平面旋回*に始まり，その後管状の部屋が順次縦方向に旋回軸のまわりに加わる．旋回軸が1巻きごとに120°〜140°隔たることになるため，殻表面には3または5部屋が現れる．

ミリガル milligal

1ガルの1,000分の1．10重力単位に相当．

ミリバール millibar ⇒ バール

ミルストン・グリット統 Millstone Grit Series ⇒ ナムーリアン階

ミルン，ジョーン (1850-1913) Milne, John

東京で地質学・鉱山地質学教授を務めたイギリスの鉱山技術者．地震に興味をもつようになり，地震計*を開発，性能テストをおこなって，発破による地震波*を記録．遠隔地地震も記録できることを初めて示した．耐震建築物の研究もおこなった．

ミンジャラン階 Mindyallan

オーストラリアにおける上部カンブリア系*中の階*．イダミーン階*の下位．

ミンデル氷期 Mindel

更新世*に起こった4回の氷期*のうち2番目のもの．名称はアルプス地方の川の名に因む．1909年にペンク*とブルックナー（E. Bruckner）が設定．北ヨーロッパにおけるエルスター氷期*に対比される．

ミンデル/リス間氷期 Mindel/Riss Interglacial（**大間氷期** Great Interglacial）

アルプス地方における間氷期*の1つ．イングランド，東アングリア地方のホッスン間氷期*あるいは北ヨーロッパにおけるホルスタイン間氷期*に対比される可能性がある．

ム

霧煙（むえん） frost smoke ⇨ 北極海霧

無煙炭 anthracite
石炭*の一種．硬く漆黒で金属光沢*をもち，亜貝殻状断口*を呈し，縞状構造をもたない．揮発性成分*が10%以下で炭素が90%以上を占める．燃焼すると強い熱を放ち，炎は輝きをもたない．

無顎上綱 Agnatha（無顎魚類 jawless fish；脊索動物門* Chordata, 脊椎動物亜門* Vertebrata）
魚類の上綱の1つで，顎がなく吸盤状の口をもつ．ヤツメウナギ，ヌタウナギ，メクラウナギなどがその代表例．初期の脊椎動物である硬い甲をもつ魚類，セハラスピス属*（⇨ 骨甲目），プテラスピス属（⇨ 異甲亜綱），ヤモイティウス属（⇨ 欠甲目）などもこれに含まれる．オルドビス紀*に出現．

無関節綱 Inarticulata（無関節腕足類 inarticulate brachiopods, 腕足動物門* phylum Brachiopoda）
カンブリア紀*前期から現在まで生存する腕足類の綱．殻は石灰質であるが歯と歯槽からなる蝶番*構造をもたない．また，肉茎*は著しく退化しているか欠いている．この綱には3つの目が知られている．

無弓亜綱 Anapsida
爬虫類*の1グループで，眼窩（がんか）の後方の側頭窓を欠く頭蓋骨で特徴づけられる．これは最も初期の爬虫類である杯竜目*に見られる特徴．カプトリヌス型亜目*，パレイアサウルス科*，プロコロフォン亜目*，メソサウルス目*の4つのグループが古生代*に繁栄した．このうち，プロコロフォン亜目のみが三畳紀*まで生き延びた．カメ類（亀目）は現世で唯一の無弓類である．

無限小歪 infinitesimal strain
無限小の基準立方体を歪平行六面体*に変形させるのに要する伸張*とたわみ．この概念は，変形が進行する過程で，物質が逐次吸収する歪*の量を考察するうえに有用．

無鉸綱（むこう-） Ecardines
腕足動物門*無関節綱*の別名．

無効水分 unavailable water
土壌*中に存在するものの，土壌粒子との結びつきが強いため，植物が必要とする速度で吸収することができない水分．

無臍孔- imperforate（無臍- anomphalous）
臍*をもたない腹足類（綱）*に対して時として用いられる．ただし，巻貝にとって臍は穿孔（perforation）ではないので，この意味で用いるのであれば'無臍-'あるいは'臍のない'のほうが望ましい．

無産出層間帯 barren interzone
連続的に累重している層序において化石*が産出しない間隔帯*．

無産出層序区間 barren intrazone
1つの生層序単元*内で，〔地質図*や柱状図*に〕表現できる程度の厚さにわたって化石*が産出しない区間．

無酸素- anoxic（anaerobic）
酸素が著しく欠乏または欠如している状態．堆積環境では水1l中に含まれる溶存酸素*が0.0～0.1mlの環境をいう．無酸素堆積物や無酸素底層水は，表層での生物生産量が著しく大きいため，酸素が補給されず欠乏している停滞水塊や成層水塊のような環境で生じる．➡ 富酸素-；貧酸素-

無従河川 inconsequent drainage（insequent drainage）
地表下の岩石型や地質構造と関係のない方向に流れている河流．

霧状雲 nebulosus
'霧に覆われた'を意味するラテン語 *nebulosus* に由来．層雲*または巻積雲*の1形態で，輪郭がはっきりせずぼんやりとした層をなす雲．⇨ 雲の分類

無条溝 alete ⇨ 胞子

娘元素（娘核種） daughter ⇨ 放射年代測定法；放射性崩壊

無整合 non-conformity（heterolithic unconformity）
堆積岩*が火成岩*や変成岩*を覆っている不整合*．

無脊椎動物 invertebrate
　背骨をもたない動物の総称．無脊椎動物は全動物種の約95％を占め，地球上のあらゆる生息場で見ることができる．

霧雪（むせつ） snow grain
　通常，やや扁平な粒のかたちで降る氷の微粒子．

ムタトゥス mutatus
　ある雲から新しい雲が成長する現象．これによって元の雲が大きく影響を受ける．→ ジェニトゥス

無秩序な侵食成ハンモック状テレーン Fretted and Chaotic Hummocky Terrain
⇒ 火星のテレーン単元

無潮点 amphidromic point
　無潮区域または潮汐*系の中心をなす節点 (nodal point；潮差*のない点)．定在波*あるいは満潮位の峰がこの点のまわりを潮汐の周期で1回転する．北半球では反時計まわり，南半球では時計まわり．潮差はこの点から離れるにしたがって増大する．

ムッシェルカルク Muschelkalk
　1．ムッシェルカルク海：三畳紀*に北西ヨーロッパに広がっていた内陸海．西は今日のイギリスから東は北ドイツとポーランドにわたり，南北をそれぞれボヘミア地塊とバルト楯状地（⇒ バルティカ*）によって限られていた．**2**．ムッシェルカルク統：ヨーロッパで3区分されている三畳系のうち中部の統（上位はコイパー統，下位はブンター統）．ムッシェルカルクは'貝殻石灰岩'を意味するドイツ語．

無定位磁力計 astatic magnetometer ⇒ 磁力計

無定形雲 amorphous cloud
　乱層雲*など，一定の形をもたず連続した低い雲．雨をもたらすことが多い．

無斑- impunctate ⇒ 有斑-**2**

無斑晶状 aphyric
　細粒の非顕晶質*石基*からなり斑晶*を欠くことで特徴づけられる火成岩*の組織*．粗粒の懸濁結晶を欠くメルト*が急速に結晶化することによって形成される組織で，メルトは液相線（リキダス）*温度（冷却しつつあるメルト中で結晶作用が始まる温度）にごく近い温度であったと考えられる．

霧氷 rime
　過冷却*した霧滴が，氷点下の温度となっている物体に接触して，その上に生じた氷晶*からなる白色の氷の層．

ムーブアウト moveout（**ステップアウト** stepout）
　1．あるオフセット*をおいたジオフォン*で受振された反射波往復走時*の差．**2**．ノーマル・ムーブアウト；（normal moveout；NMO，ΔT）．オフセット x とゼロ・オフセット（反射点の真上）で受振された反射波往復走時（それぞれ，t_x と t_0）の差．$\Delta T = t_x - t_0 \fallingdotseq x^2/(2V^2 t_0)$．$V$ は反射面*より上の層の地震波速度*．**3**．ディップ・ムーブアウト：（dip moveout；DMO，ΔT_d）．反射面が傾斜した平面の場合，斜面上方側と下方側のムーブアウトの差は傾斜角 θ に比例する．$\Delta T_d = 2x\sin\theta/V$．$x$ は共通中央点*からのオフセット．

無分極電極 non-polarizable electrode
　通過する電流によって電位が影響を受けない電極．自然電位法*で広く用いられている多孔質ポット電極がその例．これは硫酸銅水溶液に浸した銅の棒からなり，電極は容器〔素焼きの壺〕の多孔質な底〔からしみ出る電解質の溶液〕を通じて地中と電気的に接続される．

ムーム moom
　惑星の環の内側を周回している衛星*．

無毛積乱雲 calvus
　'毛のない'あるいは'剥がされた'を意味するラテン語 calvus に由来．積乱雲*の一種で，雲頂部がドーム型のくっきりとした輪郭を示さず，ぼやけているもの．⇒ 雲の分類

無羊膜性- anamniotic
　下等な脊椎動物*（魚類や両生類*）に特徴的な系統発生*の様式に対して用いられる語．これらの卵は，卵殻と胚を保護する羊膜を欠くため，水中か適当な湿り気のある場所に産みつけられる必要がある．→ 有羊膜性-

ムライト（ムル石） mullite
　平均化学組成 $Al_2(Al_{2+x}Si_{2-2x})O_{10-x}$，$x=0.17\sim 0.59$；比重3.1；硬度*6.5；斜方晶

形*；無色；ガラス光沢*；劈開*｛010｝に良好．火山岩*中の泥質岩捕獲岩*，著しい高温条件下での接触変成岩*に産する．

ムーラン moulin

氷河*表面の融氷水が氷河内のトンネルに流入する吸い込み穴．

ムリオン構造 mullion structure

幅数十cm程度の構成要素（ムリオン）からなるロッディング構造*．成因は明確にはされていないが，コンピーテント層とインコンピーテント*層の交互層の褶曲*作用にともなう線構造*の一種と考えられている．⇒コンピテンシー

ム　ル mull

地表の腐植*土壌層位*の一種．中性～アルカリ性の反応を示す．通気がよく，そのため有機物が分解されやすい条件を備えている．分解が十分に進んでおり，無機物質とよく混ざり合っている．

メ

明暗境界線 terminator

円盤として見える惑星または衛星*面上で太陽光が当たっている部分と影となっている部分の境界，すなわちその星で日の出または日没となっているところ．この部分では太陽光角度が極めて低いため，表面起伏の細部（たとえば月面上の溶岩流の先端）が明瞭に認められる．

冥王星 Pluto

太陽系*で9番目，最も外側にある惑星．軌道は太陽から39.44 AU*の平均距離にあるが，離心率が著しく高いため，海王星*の軌道の内側に入り込むことがある．地球からの距離は $4,293.7 \times 10^6$ km から $7,533.3 \times 10^6$ km．太陽系で最も小さい惑星で（月よりもはるかに小さい），半径1,137 km，体積 0.616×10^{20} km，質量 125×10^{20} kg，平均密度2,050 kg/m³，表面での重力は0.66（地球を1として），アルベド*0.3，黒体温度42.7 K．メタンと窒素からなる大気は極めて希薄で，表面気圧は約0.003バール〔30ミリバール；30ヘクトパスカル〕．表面の平均気温は50 K．ただ1つの衛星*カロン*が異常に大きいため，冥王星とカロンは小規模な二重惑星系をなしている可能性もある．1930年クライド・トムバー（Clyde Tombaugh）が発見．

迷歯亜綱 Labyrinthodontia

原始的な特徴を備えた両生類*の亜綱で，大きさは数cmから数mにわたる．古生代*と三畳紀*に生存したが，他の両生類との系統的関係はよくわかっていない．迷歯類は，むしろ総鰭亜綱（そうき-）*の魚類や爬虫類*との類縁性を示している．

メイスビリアン階 Maysvillian

北アメリカにおけるオルドビス系*，中部シンシナティアン統*中の階*．

冥王代（冥王累代） Hadean (Priscon)

先カンブリア累代*の3区分のうち最初の

代*．年代は地球創生から 4,000 Ma まで (Harland ほか，1989)．始生代* がこれに続く．

明度-色相-彩度処理 intensity-hue-saturation processing

リモートセンシング*：ピクセルカラー* の視覚性を高めるコントラスト強調* の一種．通常，ピクセル（画素*）の彩度* 値がパラメーター空間を満たすように変換される．

メガ-（M-） mega-

'大きい' を意味するギリシャ語 megas に由来．'非常に大きい' を意味する接頭辞．国際単位* ×10⁶ を表す．

メガクリスト megacryst

火成岩* や変成岩* で細粒の石基* にかこまれている大きい結晶*．通常は自生*．この語は，マグマ* からの結晶作用による斑晶*，変成作用* 時の再結晶作用* による斑状変晶* とは異なり，成因を問わない．

メガサーマル- megathermal

河川流量* の季節的な変化の型を指す語．年間を通して高温と高い蒸発率によって特徴づけられるため，降水量* が最大の時期に流量が最大となる赤道帯の河川に冠される．

メガサーマル気候 megathermal climate

ヨーロッパではふつう亜熱帯または熱帯湿潤気候と呼ばれている高温気候型．ケッペンの気候区分* で最も寒い月の平均気温が 18°C 以上と定義されている気候型にあたる．ソーンスウェイトの気候区分* では，可能蒸発散量* と水分収支* に基づいてこの語が定義されている．

メガシーケンス megasequence

プレート* の生産縁（辺部）* に形成されることが多い構造性の伸張盆地に堆積した層序シーケンス．

雌　型 mould ⇒ 化石化作用

メガネウラ属 *Meganeura*（ムカシトンボ giant dragonfly；**蜻蛉目** order Odonata, **原蜻蛉亜目** suborder Meganisoptera, **メガネウラ科** family Meganeuridae）

石炭紀* 後期に知られている巨大なトンボ型昆虫の属．メガネウラ属は現世および化石を通じて最大の昆虫であった．メガネウラ・グラシリペス *M. gracilipes* は翅を広げた大きさが 70 cm, メガネウラ・モニィ *M. monyi* は 60〜70 cm ほどもあった．

メガブレッチャー megabreccia

最大長径が 1 km 以上のクラスト* を含む角礫岩*．

メガリップル megaripple ⇒ デューン砂床形

メガレゴリス megaregolith

月の高地（⇒ テラ）をなす地殻* で破砕と角礫化を受けている領域．地殻生成中の 44 億年前から 38.5 億年前にかけての期間［雨の海（Mare Imbrium）と東の海（Mare Orientale）をつくった衝突をもって終わりを告げた巨大な盆地の形成期間］に，隕石* の激しい衝突によって生じた．メガレゴリスの深さは 1 km から 25 km に及ぶと推定されている．25 km は観測される月震* の発生深度の下限と一致している．

メキシコ湾流 Gulf Stream

フロリダ半島南端沖から北大西洋にかけて流れる，北半球で最大級の海流．狭義のメキシコ湾流であるフロリダ海流* とその東方延長の北大西洋海流* からなる．フロリダ海流は，速く深く幅がせまいが，ハッテラス岬（Cape Hatteras）を過ぎると，深部では弱くなり，複雑に分裂・合流をくり返すいくつもの大きい蛇行流に変わる．ニューファンドランド島沖のグランド・バンクス（Grand Banks）を過ぎると，幅が広がって浅く遅い北大西洋海流に移行する．この海流が通過する沿岸の海水塊とは異なり，水温（18〜20°C），塩分濃度*（36 パーミル）とも季節ごとに一定している．

メ　サ mesa

平坦な頂部がビュート* よりも広い丘陵．ほぼ水平な地層* がなしていることが多い．これよりはるかに広大な類似の地形は '台地 (plateau)' と呼ばれる．

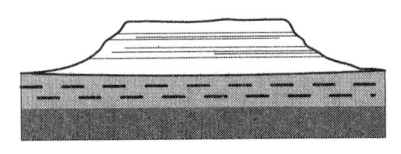

メサ

メーザー maser
誘導放出を用いたマイクロ波増幅 (*m*icrowave *a*mplification by *s*timulated *e*mission of *r*adiation のアクロニム). レーザー*と似た装置であるが, マイクロ波*を放出する点が異なる.

メシック mesic
極端に湿潤 (好湿性；ハイドリック) でも, 乾燥 (好乾性；ジリック) してもいない環境の生態に冠される. ⇨ パージェリック

メスバウアー分光法 Mössbauer spectroscopy
結晶*格子*に固溶されているある種の核種*が特定の温度より十分低い温度でガンマ線*を放射することを利用した分光分析法. 放射の反跳運動量は, 結晶格子の中に多数存在する原子によって吸収され, 無視できるほど小さくなるため, 見かけ上ガンマ線光子のエネルギー損失は生じない.

メソクルティック mesokurtic ⇨ 尖度 (クルトシス)

メソサウルス目 Mesosauria
無弓亜綱*爬虫類*の目で, メソサウルス科の1科のみがある. メソサウルス類 (たとえばメソサウルス属 *Mesosaurus*) は南アメリカと南アフリカの石炭系*上部とペルム系*下部にのみ産出が知られている. 体長は最大1mほどで, 華奢な体をしており, 淡水の生息場に適応していた.

メソサーマル- mesothermal
河川流量*の季節的な変化の型を指す語. 温暖な亜熱帯または温帯の河川に冠される.

メソサーマル気候 mesothermal climate
ヨーロッパではふつう温帯多雨気候と呼ばれている温暖気候型. ケッペンの気候区分*で最も寒い月の平均気温が-3°Cから+18°Cの間, 最も暖かい月で+10°C以上と定義されている気候型にあたる. ソーンスウェイトの気候区分*は, 可能蒸発散量*と水分収支*に基づいてこの語が定義されている.

メソ周期 mesothem ⇨ サイクロ層序学

メソタイダル- mesotidal
潮差*が2〜4mの範囲内にある海岸に冠される. このような海岸では潮汐作用と波の作用がともに顕著.

メソタイプ mesotype
色指数*が30から60の火成岩*.

メソ低気圧 mesocyclone
巨大な積乱雲*の内部で大気が急速に旋回している領域. 直径は10km程度まで. 旋回は雲の中ほどで発生し, 下方に伸びていく. これが雲底を越えて地表に達すると竜巻*となる.

メソハライン水 mesohaline water ⇨ 塩化物濃度

メタ- (変-) meta-
'とともに', 'の後に' を意味するギリシャ語 *meta* に由来. 変化および 'の背後に', 'の後に', 'を越えて' を意味する接頭辞. この接頭辞がついた岩石は変成作用*の産物であることを意味する. たとえば, 変成を受けた玄武岩*は変玄武岩 (metabasalt), 泥質岩*は変泥質岩 (metapelite).

メタクォーツァイト metaquartzite ⇨ 珪岩 (クォーツァイト)

メタ珪酸塩 metasilicate ⇨ サイクロ珪酸塩

メタジェネシス metagenesis
石油*と天然ガス*の生成過程においてカタジェネシス*に続く段階. 温度は150°C以上, 200°Cを超えることもあり, ケロジェン*が分解されてガス (主にメタン) が放出される. それ以上の高温では石油は分解して天然ガスのみが残される.

メタルファクター (MF) metal factor
強制分極法*で, 見かけ比抵抗*を2種の低周波 (ρ_{dc} と ρ_{ac}) により測定して求めた値. $MF = 2\pi 10^5 (\rho_{dc} - \rho_{ac}) / \rho_{ac}^2$.

メタン生成古細菌 methanogen
始原菌*ドメイン*に属する単細胞微生物で, 代謝の産物としてメタンガスを生成する.

メタンハイドレート methane hydrates ⇨ 天然ガスハイドレート

メチス Metis (木星XVI Jupiter XVI)
これまでに知られている木星*の衛星*のうち最も内側の衛星で, 軌道が木星の主環の内側にある (つまりムーム*). 1979年の発見. メチスとその外側にあるアドラステア*が環の構成物質の供給源であるらしい. 直径

40（±20）km，質量 $9.56×10^{16}$ kg，木星との平均距離 128,000 km．

メッシニアン Messinian

 1．メッシニアン期：中新世*最後の期*．トートニアン期*の前でザンクリアン期*（タビアニアン期）の後．上限の年代は 5.2 Ma（Harlandほか，1989）． 2．メッシニアン階：メッシニアン期に相当するヨーロッパにおける階*．上部モーニアン階*と下部デルモンティアン階*（北アメリカ），上部トンガポルチュアン階*と下部カピティーン階*（ニュージーランド），ミッチェリアン階*（オーストラリア）にほぼ対比される．新模式層*はシシリー島のカルタニセッタ（Caltanisetta）とエンナ（Enna）の間にある．地中海地域で厚い蒸発岩*が発達していることによって特徴づけられる．このことはジブラルタル海峡が 6.5～5.1 Ma に閉じて地中海が縮小し，いくつかの蒸発盆地に分化したことを物語っている．

メディアル・モレーン（中央堆石） medial moraine ⇒ モレーン

メディアンネットワーク median network
　系統復元のための最節約樹法*における特別な方法で，すべての最節約樹が三次元投影図において網目状格子のかたちで表される．この方法は，たとえば集団からのデータの場合のように同形形質*の割合が非常に高く，情報場の数が限られているデータに適用される．

メテオサット Meteosat
　アエロスパシアル社が建造し，ヨーロッパの気象を監視するためにヨーロッパ宇宙機関（ESA）*が打ち上げた6個の気象衛星．1号機の打ち上げは1977年．MOP 2 と MOP 3 と呼ばれる2機が1997年現在なお稼働中．

メドゥシナ・マウソニ Medusina mawsoni
　オーストラリア南部エディアカラの丘に露出する先カンブリア累界*最上部から産した初期のクラゲ類の1種．エディアカラでは，海浜堆積物が細粒の泥質堆積物に覆われ，その結果メドゥシナ・マウソニやメドゥシニテス属といったクラゲ類をはじめ多くの軟体性動物の軟体部が保存されるという極めてまれな例が生まれた．⇒ エディアカラ動物群

メドゥシニテス属 Medusinites ⇒ メドゥシナ・マウソニ；エディアカラ動物群

メナプ氷期 Menapian
　北ヨーロッパ平原における氷期*（0.9～0.8 Ma）．アルプス地方におけるギュンツ氷期*，北アメリカにおけるカンザス氷期*に対比されよう．

メネビアン階 Menevian
　中部カンブリア系*中の階*．ソルバン階*の上位でマエントロジアン階*の下位．年代は 530.2～517.2 Ma（Harland ほか，1989）．

めのう（瑪瑙） agate (mocha stone)
　玉髄*質のシリカ* SiO_2，すなわち隠微晶質*シリカの一種．玉髄に似るが，鉄やマンガンの不純物が，多くは同心円状の帯をなして沈積して顕著な色累帯を呈することがある．苔めのうは，繊細な羊歯（しだ）状～樹枝状のパターンを含んでいるように見える．めのうはカット，研磨して飾り石として用いる．

メラ- mela-
　ふつうよりも黒っぽい色を呈する火成岩*の名称につける接頭辞．たとえば，通常より暗色の閃長岩*は'メラ閃長岩'と呼ばれる．

メラメシアン統 Meramecian
　北アメリカにおけるミシシッピ亜系*中の統*．オサージアン統*の上位でチェステリアン統*の下位．ヨーロッパにおけるビゼーアン統*のアルンディアン階*，ホルケリアン階*，アスビアン階*にほぼ対比される．

メランジュ（メランジェ） mélange
　剪断された基質*と，起源を異にするさまざまな大きさの岩石の破片からなり，地質図*に表現できる程度の規模をもつ地質体．堆積性で混沌とした岩相*を示すメランジュはオリストストローム*と呼ばれる．構造性メランジュは沈み込み帯*の浅所で形成されると考えられている．

メリオネス統 Merioneth
　上部カンブリア系*中の統*（517.2～510 Ma）．セントデービッズ統*の上位でトレマドック統*（オルドビス系*）の下位．

メリオンジアン階 Merionsian

オーストラリアにおける下部デボン系*中の階*．クルーディニアン階*の上位でカンニングハミアン階*の下位．ヨーロッパにおけるジーゲニアン階*にほぼ対比される．

メリライト（黄長石） melilite

メリライト族の鉱物．$(Mg, Al)(Ca, Na)_2(Si, Al)_2O_7$；ゲーレナイト（Alに富む）とオケルマイト（Mgに富む）のあいだに固溶体*系列が存在する．メリライトはその中間の組成をもち，カルシウムをナトリウムが，珪素またはマグネシウムをアルミニウムがいくらか置換している；比重2.9；硬度*5.5；白〜帯緑白色；条痕*白色；板状の結晶*または粒状をなす．塩基性*溶岩*，変成*石灰岩*，溶鉱炉のスラグに含まれる．

メリリタイト（黄長岩） melilitite

暗色の超塩基性*アルカリ噴出岩*．主成分鉱物*としてメリライト*，かんらん石*，霞石*を含む．コンゴの活アルカリ火山ニーラゴンゴ（Nyiragongo）は，メリリタイトの溶岩*を他の超アルカリ溶岩（白榴岩*や霞岩*）とともに噴出することで知られている．

メール maerl

炭酸塩に富む砂（骨粉）と海草の混合物からなる農業用肥料．フランスのブリタニー地方における呼称．

メルカリ，ジュセッペ（1815-1914） Mercalli, Giuseppe

イタリアの自然科学教授．イタリアの主要な地震帯を研究．地震の震度階〔⇒ 地震の規模〕を考案したことで知られる．震度階は1897年に提唱され，何回か改訂された．⇒ メルカリ震度階

メルカリ震度階 Mercalli scale

人間の観察に基づく地震*の揺れの尺度〔⇒ 地震の規模〕．I（無感），II（安静にしている人の大部分が感じる）から，VII（人が立っているのが困難），X（大部分の建物が倒壊する）を経て，XII（壊滅状態となる）にわたる．破壊の程度は，地質構成の地域差，建造物の型などによるので，解放された地震エネルギー*をこの尺度によって見つもることはできない．〔日本の気象庁震度階では，0から7．震度5と6にはそれぞれ '弱' と '強' があり，したがって震度は10階級に区分されている．〕⇒ リヒター・マグニチュード尺度

メールスフーフト亜間氷期 Moershoofd（**ポーペリング亜間氷期** Poperinge）

デベンシアン氷期*中期にオランダで知られている亜間氷期*．気候は比較的冷涼で，7月の平均気温が6〜7℃．ヘンゲロー亜間氷期*およびデネカンプ亜間氷期*とともにイギリス諸島におけるアプトンワーレン亜間氷期*に相当すると考えられる．

メルテイジャイト melteigite

シリカに不飽和〔⇒ シリカ飽和度〕の貫入岩*．主成分鉱物*として霞石*とアルカリ輝石*（エジリン輝石*またはエジリン質普通輝石*）を含み，色指数*が70〜90．鉄苦土鉱物*の減少と霞石の増加にしたがって，アイヨライト*を経てウルタイト*に移行する．これら3種の岩石はいずれも本質的には，長石*を欠きシリカ不飽和の閃長岩*であり，ノルウェーのフェン（Fen）貫入岩体に良好に発達している．

メルテミ meltemi ⇒ エテジアン風

メルト（溶融体） melt

珪酸塩マグマ*の液相部分．マグマはメルトのみからなっていることも，メルト中に結晶*を含んでいることもある．'湿った'メルト（含水メルト）は溶存揮発性成分*（水が主）を含むもの．揮発性成分を含まないメルトは '乾いた' メルト（無水メルト）と呼ばれる．

メルトアウト・ティル melt-out till ⇒ ティル（氷礫土）

メルボルニアン階 Melbournian

オーストラリア南東部における上部シルル系*中の階*．アイルドニアン階*の上位．

メレケッスキアン階 Melekesskian

ペンシルバニア亜系*バシキーリアン統*中の階*．チェレムシャンスキアン階*の上位でベレイスキアン階*（モスコビアン統*）の下位．

面　角 interfacial angle

結晶学：2つの結晶面*への法線がなす角度．結晶面がなす外角や内角をいうのではな

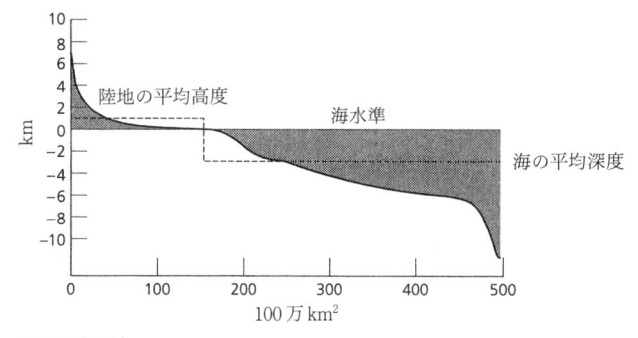

面積高度曲線

い〔法線がなす夾角は外角に等しい〕．つまり 180°−内角．⇒ 測角

面角一定の法則　law of constancy of interfacial angles

同種の物質がなす結晶*のあいだでは，同じ温度のもとでは対応する結晶面*がなす角度はつねに等しい．1669 年にステノ*が提唱し，1772 年にロメ（Rome de l'Isle）が法則化した．

面状洪水　sheetwash (sheet flood)

斜面上を水が薄い層をなして流れ，表土を運搬する地形形成営力*．半乾燥地域で著しい効力を発揮し，温帯でも植被がない斜面を大きく侵食*する．

面積高度曲線　hypsographic curve

惑星表面上の基準面*からの高度と深度の分布を表す累積頻度曲線*．地球では海水準を基準面としている．この曲線によれば，地球上では陸地の平均高度は 850 m，海洋盆の平均深度は 3,730 m．→ 面積高度比曲線

面積高度比曲線　hypsometric curve

惑星表面上の基準面*より高い部分と低い部分の比を表すグラフ．→ 面積高度曲線

面積表示（VAD）　variable-area display

地震記録*上に波形を表示する方式の 1 つ．波形の正の極性成分を黒く塗りつぶして表示し，負の極性成分は表示しない．

メンディップ　mendip

若い地層*に埋積された後，侵食*によって露出するに至った丘陵や山稜．模式例はデービス（W. M. Davis, 1912）が記載したイングランドのメンディップ丘陵（Mendip Hills）であるが，今日この語が使用されることはほとんどない．

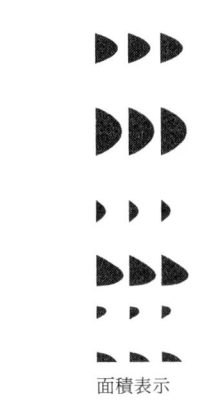

面の極　pole of a face (face pole)

結晶面*への法線（垂線）および法線が投影面と交わる点．結晶*のステレオ投影*では，結晶を球の中心に置いたと仮定する．各面の法線が球面と交わる点を〔北半球または南半球から〕それぞれ球の南極または北極と結ぶと，法線は水平面（赤道面）に投影され，結晶面と面角*が正確に二次元的に表示される．

面積表示

モ

モイニアン階 Moinian
スコットランド高原北西部における上部原生界*中の階*. ロングミンディアン階*の上位でダルラディアン統*（カンブリア系*）の下位.

モイン衝上 Moine thrust
スコットランド北西部からスカイ島（Sky Island）南端にかけての 200 km を北北東-南南西方向に走る, 東傾斜の低角度衝上断層*. 上盤*は原生代*のモイン片麻岩, 下盤*は始生代*のルーイス片麻岩とそれを覆う原生界〜下部古生界*. カレドニア*造山帯*の西縁を画する.

毛顎動物門 Chaetognatha
ヤムシからなる動物の門. 石炭系*に最初の化石記録がある.

毛管作用（毛管現象） capillary action (capillarity)
土壌*中の水分が, 土壌粒子との間の表面張力*によって, 土壌中の微細な間隙（毛管；capillary）を通って任意の方向に移動する現象. 土壌の間隙が, 円筒状ではなく, かつ表面が滑らかでも清浄でもない点を除けば, 一端を水槽につけた円筒状の毛管中を水が上昇する現象と同じ. ⇒ 毛管水分

毛管水縁層 capillary fringe ⇒ 毛管帯

毛管水分 capillary moisture（**毛管水** capillary water）
水が重力によって抜け出た後に, 吸湿水*や水蒸気とともに土壌*中に残されている水分. 毛管水は, 表面張力*によって土壌粒子やペッド*表面の水の薄膜および粒子間間隙の一部を充填する微細な形態の水として保持されている. メニスカス（meniscus；壁面に近いところで表面張力によって自由表面が曲がること）によって水の表面が曲がるため, 隔てられている間隙中の水膜同士がつながる. 毛管水は表面張力によって土壌中を移動するので（⇒ 毛管作用）, 植物の根が吸収することができる.

毛管帯 capillary zone（**毛管水縁層** capillary fringe）
地下水面*直上の帯. 毛管作用*によってこの部分まで水が上昇してくることがある. 間隙半径が 0.0005 mm の粘土*層中での毛管帯の高さは 3 m 程度, 同 0.02 mm の細粒砂*層中では 10 cm 以下.

網 状 reticulated
鉱物*中で結晶*が指交状*に配列し, 格子状の組織*を呈している状態.

毛状雲 fibratus
'繊維状'を意味するラテン語 fibratus に由来. たがいに分離している, 湾曲した繊維状を呈する雲または雲の束. 雲の端は鉤状となっていない〔巻雲*, 巻層雲*の種の1つ〕. ⇒ 雲の分類

網状鉱床 stockwork
網状に発達した, 不規則な小さい鉱脈*からなる鉱床*. 密集しているため, 母岩*ごと採掘する.

網状流 braided stream (anastomosing channel)（**網状流路** braided channel, **網状河川** braided river）
砂州*によって隔てられた多数の小さい流路*からなる河川. 砂州には, イギリス, テムズ川のアイト（小島）のように植生で覆われて安定しているものも, 氷河*縁に見られるような, 裸地で不安定であるため急激な形状変化が起きるものもある.

毛髪湿度計 hair hygrometer
ヒトの毛髪の伸縮によって相対湿度*を測る湿度計.

目（もく） order ⇒ 分類

木錫（もくしゃく） wood tin
錫石（すずいし）*（SnO_2）の変種. 同心状の帯および緻密で繊維状の組織*をもつ. 蛙目錫（がえろめしゃく）もこれより小さいながら類似の特徴をもつ. 酸性岩*にともなう熱水*脈に産する.

木 星 Jupiter
太陽から5番目にある, 太陽系*で最大の惑星. 太陽からの距離は 5.203 AU*. 半径 71,900 km, 質量と体積はそれぞれ地球の 318 倍と 1,403 倍. 密度は 1,310 kg/m³ で,

主に水素とヘリウムからなる．大気は9：1の割合で水素とヘリウムからなり（微量のH_2O，CH_4，NH_3をともなう），下方に液相の殻に漸移する．その下は金属水素の層となっている．中心には質量が地球の10倍程度の岩石−氷の核*が存在する．4つのガリレオ衛星*をはじめ，少なくとも16個の衛星*をもっている．

木星型惑星 jovian planet（**外惑星** outer planet）
太陽系*中で外側にある4つの巨大なガス状の惑星，すなわち木星*，土星*，天王星*，海王星*．小さい岩石質の地球型惑星（内惑星）*，すなわち水星*，金星*，地球*，火星*と対照をなす．〔⇒ 冥王星〕

木星の jovian
木星の形容詞．惑星地質学では，英語表記の頭文字を大文字としないのが慣例．

木星の衛星 jovian satellites ⇒ アドラステア（木星XV）；アナンケ（木星XII）；アマルシア（木星V）；イオ（木星I）；イラーラ（木星VII）；エウロパ（木星II）；ガニメデ（木星III）；カーメ（木星XI）；カリスト（木星IV）；シノーペ（木星IX）；テーベ（木星XIV）；パシファエ（木星VIII）；ヒマリア（木星VI）；メチス（木星XVI）；リシテア（木星X）；レダ（木星XIII）

木　炭 charcoal ⇒ チャコール

モグラ暗渠（弾丸暗渠） mole drain
弾丸型の装置を引っ張って通すことにより，土壌*中につくる暗渠．トンネルの周囲が締め固められ，数年にわたってその形が維持される．

モコイワン階 Mokoiwan ⇒ タイタイ統

モザイク進化 mosaic evolution
同一の進化系列において，いくつかの適応形質の進化速度が異なっていること．たとえば，頭部，体，肢に関して著しく異なる変化（進化）速度を示すタクソン*がある．これは一般的な現象で，このため移行段階にある化石生物の形態の復元が非常にむずかしくなる．

モザイク組織 mosaic texture
細粒ないし中粒の結晶*が3点接触で組み合わさっている組織*．有方向性の応力*をともなわない，温度変化に対応した変成作用*時の再結晶*によってつくられる．

モザイク様異時性 mosaic heterochrony
いくつかの異時的過程が同時に起こる異時性*のこと．そのため生物の異なる部分が異なる速さで発展する．→ アストジェネティックな異時性；個体発生的異時性

モササウルス科 Mosasauridae（**モササウルス類** mosasaurs；**有鱗目** order Squamata，**トカゲ亜目** suborder Lacertilia）
海生トカゲ類の科．化石は世界各地の上部白亜系*から見つかっている．さまざまな種類に進化したが，すべてが白亜期末に絶滅*した．大型で，体長が9mに達するものもあった．体は長くスリムで，頸は短く，頭部は長い．尾は遊泳に使われ，肢で舵取りをした．指は水かき状になっていたと考えられている．歯は顎に付着しているというよりも顎骨の穴にはまっている．ほとんどのモササウルス類が魚を餌にしていたが，軟体動物食性のものもいたと考えられる．

模式系列 type series
分類学：あるタクソン*の記載に用いられたすべての標本．

模式層（模式層序） stratotype（**模式断面** type section）
ある年代層序単元*または岩相層序単元*を代表するものとして，特定の地点（模式地*）に認定された実際に存在する地層*の累重．一般に，模式層は，層序単元*を設定する際に指定，記載された地層（完模式層*）であるが，事情によっては変更（⇒ 後模式層；新模式層）または拡大（⇒ 副模式層；参照模式層）されることもある．しかしながら，同じく標準となりうる地層が多数存在していても，代表となる模式層は1ヵ所に限られる．⇒ 境界模式層；複合模式層；成分模式層

模式地 type locality
ある層序単元*の模式層（模式層序）*が存在し，それが最初に記載された特定の地域．層序単元の名称のうち地理にかかわる部分はふつう模式地の地名もしくは地形の名称から採る．たとえば，キンメリッジ粘土層（Kimmeridge Clay）は，イングランドのド

ーセット州キンメリッジ湾（Kimmeridge Bay）に因む．初期に定められた層序単元名のなかには模式地域*から採ったものもある．たとえば，カンブリア系（Cambrian System）*は，ウェールズ語のキムリック（Cymry；'同国人'）とキムロ（Cymru；ウェールズ）のラテン名であるカンブリア（Cambria）に因んでアダム・セジウィック*がつけたもの．

模式地域　type area
　模式地*周辺の地域．

模式標本　type specimen ⇒ 完模式標本

モスクワ・ドリフト　Moskva Drift ⇒ モスコビアン 3

モスコビアン　Moscovian
　1．モスコビアン世：ペンシルバニア亜紀*中の世*．年代は 311.3～303 Ma（Harland ほか，1989）．バシキーリアン世*の後でカシモビアン世*の前．ベレイスキアン期*，カシルスキアン期*，ポドルスキアン期*，ミャフコフスキアン期*からなる（これらは東ヨーロッパにおける階*の名称でもある）．**2**．モスコビアン統：モスコビアン世に相当する東ヨーロッパにおける統*．アトカン統*とデスモイネシアン統*（北アメリカ），ウェストファリアン統* B, C, D と最下部ステファニアン統*（西ヨーロッパ）にほぼ対比される．**3**．モスクワ・ドリフト：ロシア東部のオディンツォボ亜間氷期*の堆積物を覆うドリフト*．西ヨーロッパにおけるザーレ氷期*の一部にあたる期間の堆積物．

モースの硬度尺度　Mohs's scale of hardness
　1812 年にドイツの鉱物学者モース*によって考案された，引っ掻きに対する硬度*によって鉱物*を分ける階級．今日でも用いられている．1, 滑石*；2, 石膏*；3, 方解石*；4, 蛍石*；5, 燐灰石*；6, 正長石*；7, 石英*；8, 黄玉*；9, コランダム*；10, ダイヤモンド*．硬度は 9 までは直線的に大きくなっているが，10 のダイヤモンドでは飛躍的に増大し，コランダムの約 10 倍．

モース，フリードリッヒ（1773-1839）Mohs, Friedrich
　ドイツの鉱物学者．ウェルナー*の弟子で，フライベルク大学でその跡を継いだ後，ウイーンで鉱物学教授に就任．1812 年，今日なお使用されている 10 階級の鉱物の硬度を考案した．その著『鉱物学概論』（Grundriss der Mineralogie, 英語版は Outline of Mineralogy）は 1825 年に出版された．⇒ モースの硬度

もち上げ凝結高度　lifting condensation level
　上昇させられた空気塊が飽和する高度．この高度は，テヒグラム*上で露点*を通る飽和混合比〔ある気温や圧力のもとでの飽和空気の混合比〕の線と乾燥断熱*曲線の交点として求められる．

モツアン階　Motuan ⇒ クラレンス統

もつれ雲　intortus
　もつれた糸状を呈する巻雲*．⇒ 雲の分類

モデル　model
　現実の現象や現象系のある面の理解を助け，予測を容易にするために，その面における主要な特徴を簡略化して再現したもの．

モーテンスネス階　Mortensnes
　上部原生界*バランゲル統*中の階*．年代は 600～590 Ma（Harland ほか，1989）．

モード　mode
　火成岩*を構成している各種鉱物*の容積百分率．変成岩*に適用されることもある．

モード分析　modal analysis
　岩石のモード*を決定すること．通常，自動ポイントカウンター*を偏光顕微鏡*に接続しておこなう．

戻り流　return flow ⇒ 中間流（中間流出）

モナズ石　monazite
　鉱物．$(Ce, La, Y, Th)PO_4$；比重 4.9～5.4；硬度* 5.0～5.5；単斜晶系*；黄褐～赤褐～橙色，緑色；条痕*無色～淡色；樹脂-*～蠟光沢*；結晶形*は小さい短柱状から板状の粒子，大きい結晶*は条線を示す；劈開*は底面 {001} に不完全．花崗岩*とペグマタイト*の副成分鉱物*として広く産するほか，片麻岩*，カーボナタイト*にも産し，沖積*砂，砂鉱床*に濃集．セリウム，トリウムほかの希土類*金属とその化合物の鉱石鉱物*．

モーニアン階 Mohnian

　北アメリカ西海岸地方における上部第三系* 中の階*．ルイシアン階* の上位でデルモンティアン階* の下位．上部セラバリアン階*，トートニアン階*，下部メッシニアン階* にほぼ対比される．

モニアン階 Monian

　北ウェールズのアングルシー島（Anglesey）とレーイン半島（Lleyn Peninsula）における中・上部原生界* 中の階*．下部トリドニアン階* に対比される．

モネラ界 Monera

　ホイタッカー（R. H. Whitaker : 1959, 1969）が提案した生物五界説における界の1つで，原核生物* である藍藻門* とバクテリア*（細菌植物）がなすいくつかの門からなる．地球上で最初の生物はバクテリアであり，少なくとも 3,300 Ma には出現している．一方，最初の藍藻類（シアノバクテリア*）はおよそ 2,600 Ma の地層より産する．

モノ- mono-

　'単独で'を意味するギリシャ語 *monos* に由来．'単一の'，'1つの'を意味する接頭辞．

モノクラテリオン属 *Monocraterion*

　1本のチューブ状の鉛直巣孔* 生痕化*．地層堆積面に向かって漏斗状に開いている．漏斗はいくつかの平行な段をもち，急激な堆積物の供給に対して動物が上方へ移動したことを表していると考えられる．

モノグラプタス属 *Monograptus*（筆石綱* class Graptolithina）

　モノグラプタス類* の最初の属で，ランドベリ世* 初期（シルル紀* 前期）に出現した．それ以降，胞* が片側のみに付くモノグラプタス類は連続的な進化的形態変化を見せる．胞は大型で幅広い形態的変異を示すが，1つの枝状体* に見られる胞の数は少ない．⇨ 正筆石目．→ 樹型目

モノグラプタス類 monograptid

　1．シルル紀* 前期からデボン紀* エムシアン期* にかけての海成堆積物から知られている正筆石目* の1グループ．胞* は片側にのみ見られ，一列型* の枝状体* をもつ．**2**．シルル紀とデボン紀に知られている4つの筆石群集中の最後の群集を指す．

モノクロメーター（単色光器） monochromator

　反射顕微鏡*：特定の波長の入射光線で鉱物* の光学的性質を観察するのに用いる付属装置．波長を 15〜50 nm の帯域* に固定した単色干渉フィルター〔波長を任意に変化させることができる〕と連続スペクトル・モノクロメーターとがある．元来は，546〜589 nm の波長の反射率* を測定するために考案された装置．

モノスタティック・レーダー monostatic radar ⇨ バイスタティック・レーダー

モノトレマータム・スダメリカーナム *Monotrematum sudamericanum*

　アルゼンチン南部パタゴニアに分布する暁新統* から見つかった化石カモノハシで，今のところその臼歯しか知られていない．単孔類（目）* が南アメリカから産出したことは，これが有袋類* 同様ゴンドワナ* 動物群* の一部であることを示している．

モベルク moberg

　氷河* の下で中心火道火山* が噴火して形成された，頂部が平坦な山を指すアイスランド語．

モホ面 Moho ⇨ モホロビチッチ不連続面

モホロビチッチ，アンドリヤ（1857-1936） Mohorovičić, Andrija

　クロアチアの地震学者．地殻*/マントル* 境界にあたる地震学的な不連続面（モホロビチッチ不連続面* と命名された）を発見．1909 年の地震のデータを解析して到達時刻が異なる2つのP波* があることを発見し，これから不連続面の深さを計算した．

モホロビチッチ不連続面 Mohorovičić discontinuity（**モホ面** Moho）

　モホロビチッチ* が発見した，地殻* とマントル* の境界をなす地震学的な不連続面．マントルでのP波* 速度は 8.1 km/秒で低密度の地殻よりも大きい．モホロビチッチは，屈折したP波が直接伝播してくるP波よりも早く到達することに基づいて，その深さを 20 km 程度と見つもった．当初はシャープな面と考えられていたが，今日ではかなり複雑な性状を示すことがわかっている．

靄（もや） haze (1), mist (2)

1. ごく微粒の乾燥した粒子（細かい塵など）によって光が分散されて，視程が低下している大気の状態． 2. 地表に接する大気の層にごく細かい水滴が懸濁しているため視程が低下している状態．総観気象学では，相対湿度*が95％以上で視程が1km程度以上の状態を指す． ⇒ 霧

モラー造山運動 Morarian orogeny

カレドニア造山運動*より前の1,050～730 Maに，今日のスコットランドのグレート・グレン断層（Great Glen Fault）北西方モラー湖（Loch Morar）地方に起こった変動．この時期に形成されたペグマタイト*が造山運動*を示唆するとされているが，造山運動とみなすには疑問もある．これが真性の造山運動であれば，イアペトゥス海*の閉塞につながる沈み込み*の開始を告げる変動ということになろう．

モラッセ molasse

もとは，造山運動*の最終段階後に，山岳地帯が侵食*されてもたらされた主に浅海成～非海成の堆積物*を指す語．今日では，いわゆるモラッセの大部分が構造後*のものではなく，隆起と変形の進行中にナップ*が侵食されて生じた構造時*の堆積物であることが明らかになっている．この意味でこの語を使用すべきではないとする意見もある． ⇒ フリッシュ

モーリィ，マシュー・フォンテーヌ（1806-73） Maury, Matthew Fontaine

アメリカの海洋学者，海軍将校．北大西洋とインド洋の風と海流を研究，北大西洋の海底地形図を初めて作製した．その著『海の地形学』（*Physical Geography of the Sea*）（1855）は海洋学教科書の草分けとされている．

森沢の洪水ピーク予測法 Morisawa's flood peak formula ⇒ 洪水ピーク予測法

モリソル目 Mollisol

鉱質土壌*．表層の深いモリック層位*（分解が進み有機物が細かく分布）とその下の塩基に富む鉱質土壌からなる．

モリック層位 mollic horizon

鉱質土壌*からなる表層の土壌層位*で，暗色，比較的深く，乾燥重量で有機物を1％以上，あるいは有機炭素を0.6％以上含有するもの．モリソル目*の特徴層位*で，塩基に富む鉱質土壌と草地植生をともなう．

モル mole

12gの炭素12に含まれる炭素原子数（すなわちアボガドロ数*）と同数の基本単位を含んでいる物質の量．基本単位とは，原子，分子，イオン*，電子*，基，その他とくに命名された構成要素．

モル mor

地表の腐植*土壌層位*の一種．酸性の反応を示し，真菌以外の微生物活性がなく，分解の程度を異にするいくつかの有機物層からなる．

モルタル組織 mortar texture

粗粒の岩石が破砕，再結晶作用*を受け，生じた細粒の結晶*が密に組み合っている状態．動力変成作用*時に岩石が剪断されて形成される．低度の動力変成岩では変形は主に結晶の境界に沿って起こり，モルタル組織はより粗粒の結晶のまわりをとりかこんで発達する．

モールド間隙 moldic porosity (mouldic porosity)

二次的間隙*の1形態．貝殻片などの粒子が選択的に溶解した跡に残された空隙． ⇒ 間隙率；チョケット-プレイの分類

モル濃度 molarity ⇒ 濃度

モールの応力図 Mohr stress diagram

物質に破壊*が発生するときの剪断応力*と垂直応力*および破壊角の関係を，剪断応力と垂直応力の直交座標系に表現したもの．差応力*（$\sigma_1 - \sigma_2$）を直径とする円（モールの応力円）の中心を横軸［垂直応力，$(\sigma_1 + \sigma_2)/2$］上において，実験で得た応力状態を表す．それぞれ異なる応力状態を表す円への接線は各応力状態での破壊点を結ぶ破壊線（破壊応力包絡線*）で，内側の安定な応力状態領域と外側の破壊領域とを画している．

モルブ MORB ⇒ 海嶺玄武岩

モルフォジェネティック帯 morphogenetic zone

主要な気候帯と一致し，特定の地形群で特徴づけられる地域．これらの地形は，気候に

支配される地表の作用が固有のかたちで複合して働いた結果，形成されると考えられている．

モルフォタイプ morphotype

分類学：同一種集団内の形態変異を示すために選ばれた標本．

モレーン（氷堆石） moraine

もとはアルプス氷河*の周辺で岩屑がなす高まりを指す語であったが，広く氷河成の岩屑堆積物一般に用いられるようになった．グランド・モレーン（底堆石）はティル（氷礫土）*，氷河成ドリフト*，ボウルダー粘土*からなる不規則な波状を呈する地形または堆積物をいう．エンド・モレーン（ターミナル・モレーン；終堆石）は活発な氷河の前縁に堆積物が蓄積してつくった峰．高さは1～100 m にわたる．氷河上の岩屑の放出と氷河による岩屑の押し出しがあいまって形成される〔前者の作用のみによるものはダンプ・モレーン（dump m.）〕．リセッショナル・モレーン（後退堆石）は形態的にはエンド・モレーンに似るが，氷河が後退していく過程で一時的に停滞した時期に氷河末端に堆積したもの．ラテラル・モレーン（側堆石）は谷氷河*の側面に形成された峰で，主に氷河上に崩落した岩屑からなる．現在のアルプス氷河の多くに見られる．メディアル・モレーン（中央堆石）は2本の氷河が合流することによって合体したラテラル・モレーン．ウォッシュボード・モレーン（洗濯板堆石）は，エンド・モレーン域で高さ1～3 m ほどの峰が密に並んでいるもの（1 km あたり9～12本）．プッシュ・モレーン（押し出し堆石）は前進している氷舌端*によって岩屑が積み上げられた高まり．⇨ ドイェール・モレーン；フルート・モレーン；ハンモッキー・モレーン

モロワン統 Morrowan

北アメリカにおけるペンシルバニア亜系*中の統*．チェステリアン統*（ミシシッピ亜系*）の上位でアトカン統*の下位．バシキーリアン統*に対比される．

門 phylum

動物分類学*で，界，亜界に次ぐ大分類単位．これより下位の超綱，綱，それ以下のすべてのタクサ*が含まれる．

モンス（山） mons（複数形：montis, montes）

惑星の大きい山に用いられる．mons は'山'を意味するラテン語．火星*の高さ26 km の火山オリンポス山（Olympus Mons）や金星のマックスウェル山（Maxwell Montes）など．

モンスーン（季節風） monsoon

'季節'を意味するアラビア語 *mausim* に由来．亜熱帯地方の陸上，海上で季節によって交代する，風向や性質を異にする卓越風系．気温の変化幅が大きい．季節による気圧配置の交代および上層の風系とジェット気流*の南北移動が原因．インド亜大陸の気候はモンスーンに大きく支配され，南西の季節風によって雨季がもたらされる．他にモンスーンが卓越する地域として，東南アジア，西アフリカ海岸地方（5～15°N），オーストラリア北部がある．

'モンスーン入り' 'burst of monsoon'

インド亜大陸や東南アジアで，高温で乾燥した気団*に替わって湿った南西風が到来することにより，気象条件に顕著な変化が始まることを表す．このような地上付近の風系の変化は高層における偏東風ジェット気流*の出現に関係がある．

モンゾ閃緑岩 monzodiorite

斜長石*，正長石，ホルンブレンド*，輝石*，（±）黒雲母*を主成分鉱物*とする粗粒の火成岩*．斜長石の組成は灰曹長石から中性長石にわたり，長石*全体の60～90%を占める．正長石が含まれる点で閃緑岩*と異なる．

モンゾナイト monzonite

斜長石*，正長石，ホルンブレンド*，黒雲母*，輝石*を主成分鉱物*とする粗粒の火成岩*．斜長石と正長石とはほぼ等量で，斜長石が長石*全体の40～60%を占める．

モンゾはんれい岩 monzogabbro

斜長石*，正長石，ホルンブレンド*，黒雲母*，（±）輝石*を主成分鉱物*とする粗粒の火成岩*．斜長石の組成は曹灰長石で，長石*全体の60～90%を占める．正長石が含まれる点ではんれい岩*と異なる．

モンチカイト monchiquite

ランプロファイアー*の一種．主成分鉱物*は方沸石*，バーケビ閃石*（アルカリ角閃石*）および/または普通輝石*．この型のランプロファイアーは長石*を欠く．

モンティアン階 Montian ⇨ ダニアン階

モンテス（山脈） montes

火星*の山脈に用いられる．モンテス・アルプス（Montes Alpes），モンテス・コルディレラ（Montes Cordillera）など．

モンモリロナイト montmorillonite

重要な粘土鉱物*．おおよその化学式は $\{Al_4[Si_3AlO_{10}]_2(OH)_4\}^{2-} \cdot nH_2O$ で，K^+，Na^+ または Ca^+ イオン*をいくらか含む；2:1型のフィロ珪酸塩（層状珪酸塩）*；モンモリロナイトまたはキブサイト*のグループにはベントナイト*がある；このグループの粘土鉱物は大部分が，多数の水分子を構造中に吸着させ，全体として負の電荷を帯びているため，膨張性粘土と呼ばれる．比重はさまざまであるが，2.0〜2.7；硬度*2；単斜晶系*；白〜灰色，青，桃，赤桃，緑色を帯びる；鈍い光沢*；通常は微晶質*の鱗片状結晶*からなる塊状の集合体をなすが，土壌*中では含水アルミノ珪酸塩（2枚の酸素-珪素正四面体層が1枚の八面体アルミニウム結晶層をはさむ）となっており，含アルミニウム層が吸着する水分子の量によって膨縮する．海性盆地での火山灰*の分解，輝緑岩*，玄武岩*，はんれい岩*，かんらん岩*などの塩基性*〜超塩基性岩*の風化作用*によって生成する．繊維・化学工業で懸濁物質を除去する吸着剤として用いられる．

ヤ

夜間放射 nocturnal radiation
　入射した太陽放射*の過剰分が，夜間に長波で地表から大気中に放射されること．⇨ 大気の窓；放射収支；地球放射

焼なまし annealing ⇨ 熱間加工

軛突起（やく-） zygapophyses ⇨ 脊椎

夜光雲 noctilucent cloud (luminous night cloud)
　成層圏*の上限付近の高度80～85 kmに現れる雲で，青から黄色を呈して巻積雲*に似た形状をなす．北半球，南半球ともおよそ50°と65°の緯度帯で夏の夜に見られる．300ノットに達する高速度で移動し，波状を呈することがある．

ヤコブ尺 Jacob's staff
　フィールドで地層*の厚さを計る目盛つきの棒．通常10 cmと1 m間隔に目盛がついている．

ヤコブス鉱 jacobsite ⇨ 磁鉄鉱

ヤズー河川 yazoo stream
　本流がつくった氾濫原*の上を，本流の自然堤防*を貫流することができず，何kmも本流と併走してから本流に合流する支流河川．名称は，ミシシッピ川と平行にかなりの距離を流れた後，自然堤防を破って本流に合流しているヤズー川に由来．

ヤタラン階 Yatalan
　オーストラリア南東部における第三系*最上位の階*．カリムナン階*の上位でウェリコーイアン統*（更新統*）の下位．上部ピアセンツィアン階*にほぼ対比される．

ヤヌス Janus (**土星X** Saturn X)
　土星*の小さい衛星*．半径99.3×95.6×75.6 km，質量0.0198×10^{20} kg，平均密度650 kg/m³，アルベド*0.8．1966年の発見．

ヤピーニアン階 Yapeenian
　オーストラリアにおける下部オルドビス系*中の階*．キャッスルメイニアン階*の上位でダリウィリアン階*の下位．

山（鞍） saddle ⇨ 縫合線

山風 mountain wind (mountain breeze)
　暑い日に暖められた山の斜面上に発生するカタバ風*（斜面を吹き下ろす風）およびアナバ風*（吹き上がる風）．

山跳ね（岩跳ね） rock burst
　岩体にかかる応力*が限界を超えたときに，岩盤が爆発的に破壊される突発的な現象．深い坑道（1,000 m以深）で起こる災害で，振動，岩石崩落*，空気の衝撃波をともなうこともある．弾性率と強度の大きい岩石で発生しやすく，露出した岩盤面に応力が集中して破壊*につながる．系統的なストーピング*，露出空間の削減，しっかりとした補強，後退採掘法によって防ぐことができる．

ヤムシ arrow worms ⇨ 毛顎動物門

ヤームス間氷期 Yarmouthian
　北アメリカ大陸中央部で知られている4回の間氷期*のうち2番目（0.7～0.55 Ma）のもの．カンザス氷期*に続き，アルプス地方のギュンツ/ミンデル間氷期*の後期に相当する．現在より温暖な気候と寒冷な気候がくり返した．

ヤルダン yardang
　風食*によって形成された流線型の高まり．長さは数mから数kmにわたる．未固結堆積物以外のあらゆる基盤岩に生じるが，乾燥が著しく植生被覆と土壌の発達が貧弱で，年間を通じて強い卓越風が吹く砂漠*に限って発達する．

ヤング率（E） Young's modulus
　横方向（棒に直交する方向）の歪*が生じる状態で，縦方向（棒に平行な方向）に生じた歪（長さの変化 δL を元の長さ L で割った値；$\delta L/L$）に対する縦方向の応力*σ（力 F を棒の断面積 A で割った値；F/A）の比；$E = (F/A)/(\delta L/L)$．横方向の歪が生じない状態ではヤング率は軸弾性率*に等しい．

ユ

ユー eu-
'良好に'または'容易に'を意味するギリシャ語 eu に由来.'良好な','良い'などを意味する接頭辞.生態学では,豊富ないし多量の意に用いる.たとえば'富栄養-(eutrophic)*','受光-(euphotic)'.

ユーイング,モーリス(1906-74) Ewing, Maurice
アメリカの地球物理学・海洋学者.1930年代に沖合における反射法地震探査*断面による石油探査法を開発した.第二次世界大戦後は,屈折地震波*,堆積物コア(岩芯)*などに基づいて大西洋海底の構造を広範に研究.ラモントードハティ地質研究所(Lamont-Doherty Geological Observatory)を指導的な研究センターに育てるうえに大きく貢献した.

遊泳性生物(ネクトン) nekton(形容詞:nektonic)
水性の生態系*中を自由に泳ぐ動物.プランクトン*とはちがい,自身の意志で進むことができる.魚類,両生類,大型の水生昆虫など.

雄黄(ゆうおう)(石黄) orpiment
硫化物鉱物*.As_2S_3;比重3.5;硬度*2.0;淡~橙色;葉片状または粉状の集合体.低温型の脈や温泉沈殿物に,鶏冠石*,輝安鉱*とともに産する.

融解 fusion
固体が熱によって液体に変わる現象.

有殻- testate
殻*をもつ.

有関節綱 Articulata(腕足動物門* phylum Brachiopoda)
腕足動物の綱の1つで,カンブリア紀*前期から現在まで生息している.一方の殻の歯ともう一方の殻の歯槽との蝶番*で動く石灰質の殻をもち,肉茎*は角質物質からできている.有関節綱はオルドビス紀*に大きく放散し,古生代*には7目が知られているが,現在は3目のみが生息している.

有機質土壌 organic soil
有機物と水の含有量が高い土壌*.泥炭*を指すことが多い.USDA*の定義では,有機物を20~30%以上含む土壌〔共存する粘土*含有量に応じて比例的に変わる〕.

黝輝石(ゆう-) hiddeniter ⇒ リシア輝石

有義波高 significant wave height
一定時間内に観測される波高のうち,高い方の1/3に入る波高の平均値.これがその海域での波の特性を表す基準として用いられる.〔天気予報などで発表される波高.〕

有限な資源 finite resource ⇒ 再生不能の資源

有限歪 finite strain
ある期間にわたって多くの小さい歪*〔⇒無限歪〕が少しずつ蓄積されて増大した歪の合計量をいう.現在見られる岩石ファブリック*の研究法の1つに,変形以前の元の形がわかっている岩石構造を基準にして評価する有限歪状態の解析がある.

有効応力 effective stress
土壌粒子の接触点における圧力で,全圧力から間隙水圧*を差し引いたものに相当する.水で飽和した土壌*では平衡状態にある.固化が進むにつれて増大し,完全に固化した状態で剪断破壊*が起きる直前に最大となる.

有効間隙率 effective porosity
地下水*が通過して流れることのできる間隙*が岩石中で占める割合.たとえば,割れ目の発達した岩石では大部分の流水は割れ目を通過し,粒子間の間隙水はほとんど動かない.多孔質の岩石でも隣接する間隙との連絡口が1つしかない間隙に含まれている水は保留水となっている.粘土*の間隙率は50%ないしそれ以上であるが,含まれている水は,岩石中に水を保持する力(表面張力*など)のためほとんど動かない.

有効起伏(有効起伏量) available relief
ある地域内で局地的な侵食基準面*をなしている主要な谷の底より高位にあって,この基準面より上で働く侵食*営力による破壊を受ける部分.谷底と山頂の高度差で表され

有効降水量（実効降水量，有効雨量） effective precipitation

蒸発によって失われる分を差し引いた実質的な降水量*．気温が高くなると蒸発量が増加するため，気温から算出した有効降水量の指標である降水効果指数*がいくつかの気候分類*体系の基準として用いられている（たとえば，ケッペンの気候区分*，ソーンスウェイトの気候区分*）．

有効水分 available water

植物の根が容易に吸収することができる土壌*中の水．一般に 0.3 から 15 バールの圧力のもとで土壌中に保持されている水をいう．

有孔虫目 Foraminiferida（**有孔虫類**，慣例的に以下のようにさまざまに表記される；複数形：foraminifera, foraminiferans, forams；単数形：foraminiferid, foraminifer, foraminiferan, foram；**根足虫綱** class Rhizopoda）

有殻のアメーバ状原生生物*の目（分類法によっては有孔虫亜綱）で，細胞は1つないし多数の部屋をもつ殻*によって保護されている．有孔虫の分類では，殻の構造と組成が非常に重要で，それに基づいて3つの主要タイプが認められている．(a) 殻壁がテクチン（tectin）と呼ばれるキチン質の有機物質からできている，最も原始的なタイプ．この物質は他の2タイプの殻壁の内張層をなしている．(b) 砕屑物粒子が有機質，石灰質，あるいは酸化鉄のセメント*で膠着されている殻をもつタイプ．(c) 石灰質または珪質の分泌物でできた，完全に鉱質の殻をもつタイプで，石灰質〔霰石（あられいし）*または方解石*〕のものが最も一般的．殻を構成する部屋の配列には，直線型，らせん型，円錐型などさまざまなものが知られている．化石有孔虫類のほとんどが径1mm程度以下であるが，フズリナ類*（石炭紀*とペルム紀*）や貨幣石*（始新世*と漸新世*）などはかなり大型の殻をもち，径が10 cm を超えるものもある．すべての種が海生である．

膠着質の殻をもつ種類はカンブリア紀*とオルドビス紀*に多く，テクチン質の殻をもつグループから派生したのであろう．これに対して鉱質殻をもつグループはオルドビス紀に出現し，デボン紀*に著しく多様化した．有孔虫類は生層序学*的に重要な化石*で，ある種の浮遊性*の種は世界規模での層序対比*に用いられている．⇨ グロビゲリナ軟泥

優黒質- melanocratic

色指数*が60から90の火成岩*に冠される．色指数が高いのは鉄苦土鉱物*が多く含まれていることによる．→ 優白質-

優黒質部 melanozome

広域変成作用*を受けた泥質（⇨ ペライト）〜砂質（⇨ ザマイト）岩石〔ミグマタイト*〕中で，粗粒の石英*-長石*からなる白っぽい部分〔優白質部*〕にかこまれた，鉄苦土鉱物*とアルミニウム鉱物（ざくろ石*や珪線石*）に富む暗色部．優黒質部は，変成作用の過程で，高い剪断応力*の結果生じたペネトレーティブ*でない劈開*面に沿って元の岩石の石英-長石成分が溶解または融解によって抜け出した領域．優黒質部は元の鉱物組成の鉄苦土-アルミナ成分が溶解または融解せずに残されている部分にあたる．

有根系統樹 rooted tree

共通祖先が指定されている系統樹*．通常既知の外群*が系統樹に組み込まれることでその系統樹は有根となる．これにより進化*の方向が明らかになる．

遊在- eleutherozoan

固着性*でない棘皮動物*に対して用いられる．以前は，これらの棘皮動物をまとめて遊在亜門が設けられていたが，現在では公式なタクソン*としては認められていない．→ 有柄-

ユウジオクライン eugeocline

カルクアルカリ岩*，グレーワッケ*，頁岩*からなる岩相*組み合わせ．島弧*を特徴づける岩相と考えられている．対語の'ミオジオクライン*'と異なり，現在ではほとんど使用されていない．

有鬚動物門（ゆうしゅ-） Pogonophora（**有鬚動物** beard worms）

深海に生息する蠕虫類（ぜんちゅう-）からなる門で，20世紀になってからカンブリ

ア紀*前期の岩石から見つかった．有鬚動物は外見が環形動物*の多毛類*に似ており，最近の分類法では著しく特殊化した多毛類という見解が提案されている．有鬚動物は深海の熱水孔*の近くで，自身の分泌したキチン質のチューブの中に入って生活している．体には体腔*があり，部分的に体節に分かれ，剛毛をもっている．3つの部分に分かれた体の先端部を，髭状の触手がとり巻いている．有鬚動物の最大の特徴は，消化管をもたない点である．このため，体の腹側*と背側*を決定することができず，分類上の大きな障害となっている．

有鬚動物はバクテリアとの化学共生関係（⇒化学共生）によって栄養を得ていると考えられている．有鬚動物には2つのグループが知られている．1つは熱水孔やコールドシープ*の近くで見つかり，もう1つは海洋中に広く存在している．

湧昇　upwelling

海洋や大きい湖で，表面の水流や風による表面水の移動を補うかたちで，栄養分〔無機塩類〕に富む冷たい水が下層から上昇してくること．ペルー，カリフォルニア州，西アフリカ，ナミビアの沖では湧昇流が表面に栄養分をもたらし，大量の海生生物とそれに依存する鳥類を支えている．表面海流が発散する海域でも同様に深層水が湧昇してくる．赤道沿いでは全海域で北東－および南東貿易風*の影響によって湧昇が起こっている．

融食作用　resorption

マグマ*中の自形*斑晶*が，マグマの温度・圧力および/または組成の変化に応じて一部溶融すること．マグマが急速に噴出して生じた火山岩*中には，部分的に溶融して裂片状の外形を呈する大きい他形*結晶*が細粒の石基*中に保存されていることがある．

有水管殻ロ－　siphonostomatous ⇒ 殻ロ

有水管溝－　siphonate

水管*のための切れ込みまたは溝（水管溝*）をもつ腹足類（綱）*の殻ロ*に冠される．

湧泉サッピング　spring sapping

泉*の周辺で丘陵斜面に働く侵食性の地形形成作用の総称．水に飽和した物質の崩落，地表流による侵食*，化学的風化作用*などが含まれる．南イングランドではチョーク*の崖の基部で進行しており，かつて卓越していた周氷河*条件下ではこれに凍結融解作用*が重なっていたようである．

湧泉洞（アルコーブ）　alcove

〔谷頭の〕裸岩から発する湧水によって洗掘された，両側が急な窪地．

雄大積雲　congestus

'積み重なった'を意味するラテン語 congestus に由来．積雲*の種の1つで，頂部がカリフラワー型を呈してそそり立つ雲．

有胎盤哺乳類　placental mammals ⇒ 真獣下綱

有袋目　Marsupialia（有袋類 marsupials；獣亜綱 subclass Theria，後獣下綱 infraclass Metatheria）

哺乳綱*中の目で，250種以上の現生種および数多くの絶滅種が知られている．伝統的な有袋類の分類では，(a) オポッサムに似る食虫性，食肉性，雑食性の種類を含む多門歯亜目 Polyprotodonta，(b) オポッサム様の祖先系統から進化したものの多門歯亜目とは体の構造が異なるフクロギツネ，クスクス，カンガルーなどからなる双門歯亜目 Diprotodonta，(c) オポッサムネズミからなる小さいタクソン*である滑丘亜目 Caenolestoidea（上科とされることもある）の3亜目に分けられている．しかしながら今日，有袋類はいくつかの目からなるグループであるという意見が主流であり，アメリデルフィア区 Ameridelphia とオーストラリデルフィア区 Australidelphia という区（コホート）*に2分されることも多い．この意味で，有袋目という名称を公式な分類名として使うべきではない．

有袋類は，主にその独特な生殖と初期発生の方法により特徴づけられる．卵は卵黄質で，母性抗原から卵を保護する薄い膜をもっている．胎盤の発達は極めて限られており，バンディクート亜目 Peramelemorpha（フクロアナグマ類）を除くと尿膜は栄養供給の機能を果たさず，卵黄嚢が子宮乳汁を吸収する．卵を保護する膜が破れてから10～12日以内に，前肢と付随神経系，ロ，臭覚系が未

熟なままの乳児が生まれる．乳児は袋（育児嚢）まで這い上がり，その中にある乳首のまわりに唇を吸着させそのまま離れることなく乳汁を吸い続ける．乳汁は，乳児を窒息させることなく自動的に送り込まれる．授乳期の後半には高脂肪低タンパクの乳汁が与えられる．新しく生まれた幼児がいる場合には，別の乳首から低脂肪高タンパクの乳汁が分泌される．

有袋類は，下顎の隅角突起が内側に曲がっていること，恥骨*に関節する2つの袋骨をもつことで有胎盤類*とは異なり，また歯生状態*も有胎盤類とは異なる．明らかに，有袋類と有胎盤類は白亜紀*に共通祖先から分岐したもので，最初の有袋類は形態がアメリカにいるオポッサムに似ていた．オーストラリアでは有袋類は爆発的に分化し，さまざまな環境に適応*した数多くのタクサ*を生みだした．一方南アメリカでは，有袋類は新生代*の大半の期間，食虫性および食肉性動物としてのニッチ*を獲得したにとどまり，草食性動物のニッチは有胎盤類が占有していた．

夕 立 cloudburst
短時間であるが極端に激しい驟雨性あるいは雷雨性の降雨を指す日常語．

優地向斜 eugeosyncline
火山活動*と深成*活動によって特徴づけられる地向斜*の部分．地向斜理論はプレート・テクトニクス*という新しい包括的な理論の前に解釈の見直しと改変を迫られている．

有蹄類 ungulate
すべての草食性有蹄哺乳類*を指す．通常これらは疾走にも適応している．蹄をもつ哺乳類（綱）にはいくつかのグループがあるので，有蹄類という語は公式の分類学的な意味をもっていない．

誘電損失係数（ε''） dielectric loss factor
複素比誘電率に関する量．電気伝導，遅い分極電流あるいは他の散逸現象による誘電体*におけるエネルギー損失を表す尺度．直流電流を通さない誘電体では，ピーク値は緩和振動数*で現れ，温度に依存する．この値は岩石や氷の誘電特性の尺度として利用される．⇒ 比誘電率

誘電定数 dielectric constant ⇒ 比誘電率
誘電体 dielectric
電気を通さない物質．電界が加えられると，電荷は変位するが流れることはない．

誘電率（ε_0） dielectric permittivity
誘電体*の'絶対'誘電率で，ある点での電界の強さに対する電気変位の比．自由空間における値は 8.854185×10^{-12} F/m．複素比誘電率の実数部は誘電損失のない高-および低周波数の値を検討するうえで重要な判断因子となる．これは粒子の大きさや充填度，物質の密度に依存する．⇒ 比誘電率；誘電損失係数

誘 導 induction
磁束*を変化させることによって電位差を発生させること．ファラデーの法則またはノイマンの法則（⇒ レンツの法則）にしたがって，誘導される電位差の大きさは磁束の変化率に正比例する．電磁気探査法*はこの現象に基づいている．一次電磁界によって地表下の導電体に二次電磁界を誘導させ，2つの電磁界の合力を測定する．これによって地下の電気伝導率*の一次関数である二次電磁界の強さを求める．

誘導- derived
1. 化石化*した元の位置から侵食*されて別の若い層準*に取り込まれた化石*に冠される．'再堆積-'とも呼ばれる．2. ⇒ 派生形質；分岐学

誘導結合プラズマ発光分析法 inductively coupled plasma emission spectrometry
広範囲の種類の物質に適用される微量元素*の化学分析技術．振動する高周波電流の磁界とプラズマ*中の荷電種の相互作用による光源を用いる．アルゴンガスを5,000℃以上で磁界を通過させてトロイダル（ドーナツ）型のプラズマをつくる．試料をエーロゾル*状でガスの中に注入し，プラズマ中で蒸発させて噴霧化させる．光源はモノクロメーター*（単一周波数を選別する機器）と読みとり装置を有する．ほとんどの元素に対して優れた検出限界を有する非常に迅速な分析技術である．

誘導電位法 induced potential ⇒ 強制分極法

有頭動物亜門 Craniata（**脊椎動物** vertebrates；**脊椎動物門** Vertebrata；**脊索動物門*** phylum Chordata）
骨質あるいは軟骨質の頭蓋*と背側の脊柱をもつ動物からなる亜門．魚類，両生類*，爬虫類*，鳥類*，哺乳類*を含み，オルドビス紀*以降，この順で化石記録に登場してくる．⇒ 骨；軟骨

有胚植物類 embryophytes
最初の陸上植物で，後のすべての陸上植物がこれから派生した．遺伝学的および比較形態学的な検討の結果，陸上植物は単系統*のタクソン*に属し，車軸藻綱*から進化したことが明らかになっている．有胚植物類の化石は，オルドビス紀*中期（ランビルン世*；約470 Ma）の岩石から産する．

優白- leucocratic-
色指数*が5から30の間の岩石あるいは，ある岩石型が通常呈している色調よりも明るい岩石の名に冠する接頭辞．たとえば，長石*を通常よりも多量に含んでいるため色調が明るいはんれい岩*は'優白質はんれい岩'と呼ぶ．→ 優黒質

優白質部 leucosome
〔ミグマタイト*中の〕粗粒の石英*-長石*からなり白っぽい部分．径ないし厚さは数cmから1～2m．泥質（⇒ペライト）から砂質（⇒ザマイト）岩石起源の高度変成岩*に見られる．優白質部の間を埋める細粒部は鉄苦土鉱物*およびアルミニウム鉱物に富む〔優黒質部*〕．堆積岩*が高度変成作用*を受けてミグマタイトとなる過程で生じた，溶融温度の低い溶液から晶出したものと考えられる．

有斑- punctate
1．多数の小孔または微小な点状のくぼみがある構造を指す．2．腕足類（動物門）*の殻構造の1タイプで，有斑の殻では細かい孔（殻孔）が殻を貫いて発達する．腕足類の殻構造には次の3つの主要なタイプがある．無斑殻；外側の薄板層と内側の繊維質層からなる．有斑（または内斑）殻；殻孔が殻の石灰質の部分を貫き，表面にある有機質の殻皮の直下まで達している．偽斑殻；方解石*の密な棒状構造（タレオラ）が繊維質層の中に認められる．

融氷河湖性-（融氷河湖成-） glaciolacustrine ⇒ 氷河性-（氷河成-）

融氷河水性-（融氷河水成-） glaciaquatic ⇒ 氷河性-（氷河成-）

融氷河水流性-（融氷河水流成-） glaciofluvial ⇒ 氷河性-（氷河成-）

融氷河水流路 spillway
氷河*の融け水がつくった氷河性流路の総称．(a) 氷河前縁湖から溢流する水がうがった流路（overflow channel）．一般に溝の形態を呈し，支流を欠き，その地域の水系型*の構成要素をなさない．他の型の氷河性流路と区別しがたいことが多い．(b) 後退していく氷河から出る融氷水が刻んだ流路（meltwater channel）．(c) 前進してくる氷河によってそらされ，その前面を流れる水流が刻んだ流路．中部ヨーロッパには，南方の高原から北流する河川がスカンジナビア氷床*によってそらされてつくった顕著な例が見られる（ドイツ北部のウルシュトローム・タール；Urstromtal）．

有柄- pelmatozoan
海百合綱*の原始的なグループなど，底質に固着して生活する棘皮動物（門）*に冠される．以前は，これらの棘皮動物をまとめた有柄亜門というタクソン*が設けられていたが，現在では公式なタクソンとしては認められていない．→ 遊在-

有方向性ファブリック directional fabric〔oriented fabric〕
線構造*要素が岩石中で一定方向に配列することによって現れる構造．有方向性の線構造要素の例：珪酸塩メルト*〔マグマ*〕の流動によって火成岩*中で並んだ細長い捕獲岩*や斑晶*．偏圧下での変成作用*によって生じたホルンブレンド*など柱状の変成鉱物*の配列．褶曲*構造で，劈開*面が層理面*と交差して現れている交線線構造．

有羊膜性- amniotic
高等な脊椎動物*（爬虫類*，鳥類*，哺乳類*）の系統発生*の様式に対して用いられる語で，羊水という液の中に入っている胚を

羊膜（保護膜）が包んでいる状態をいう．進化的見地からは，最も原始的な羊膜は卵殻に付随しており，ガスの交換を行った．これによって，脊椎動物はその進化のなかで初めて乾燥した陸上に卵を産みつけることができるようになった．→ 無羊膜性-

有ランタン上目 Gnathostomata（**棘皮動物門*** phylum Echinodermata, **海胆綱*** class Echinoidea）

ウニ類の上目で，囲肛部*は頂上系の外にあり，複合した歩帯*板は見られない．また，ランタン（⇨ アリストテレスの提灯）をもち，周縁部には鍔状構造が見られ，歯は竜骨状．有ランタン上目には卵形目（ジュラ紀*～現世）と楯形目（タコノマクラ；暁新世*～現世）の2目が含まれる．

有理指数の法則 law of rational ratios of intercepts（law of rational indices）（**アウイの法則** law of Haüy）

結晶面*は簡単な整数比で結晶軸*を切るというもの．この比は，3本および4本の結晶軸に対してそれぞれ1：1：1および1：1：1：1の比をもつ単位面を基準として計算される．

USDA（アメリカ合衆国農務省）（United States Department of Agriculture）

農業と地方社会に関する政策を司る合衆国連邦政府の省．その下部機構であるアメリカ土壌調査所が作製した『包括的土壌分類体系』（*Soil Classification : A Comprehensive System*, 1960）を刊行．この土壌分類法は数次の補遺を経て，1970年『合衆国土壌分類体系』（*US Soil Taxonoy*）となり，国連食糧農業機構もこれを採用し，今日では最も広く利用される分類体系となっている．⇨ 土壌分類

雪霰（-あられ） graupel

小さい雪玉のような粒子からなる軟らかい'あられ'．過冷却*した水滴が雪片に接触して凍り，それを包み込んだもの．

雪解け（解氷） thaw

気温が氷点以上となって雪や氷が融け始めること．

ユークライト eucrite

玄武岩*質組成をもつ隕石*の1型．主にピジョン輝石*（低カルシウム輝石*）と斜長石*からなり，少量の金属鉄，トロイライト*，1種もしくは数種の珪酸塩をともなう．母天体の表面または表面近くで結晶化したと見られている．

油頁岩（ゆけつがん）（オイルシェール） oil shale

有機物質を含む暗灰色ないし黒色の頁岩*．乾留によって液体の炭化水素*を生じるが，液相の石油は含んでいない．

油浸法 oil immersion ⇨ 浸液法

ユースタシー eustasy

造構造運動*あるいは氷河*の消長によって引き起こされる世界的な規模の海水準変動．後者を区別して氷河性ユースタシー*と呼ぶこともある．

ユータキシティック構造 eutaxitic structure

溶結したイグニンブライト*に見られる面状の組織*．押しつぶされて伸張した，長さ10～40 mm程度の軽石*クラスト*（フィアメ*）が，押しつぶされて焼結した火山灰*大のガラス質*シャード〔細片〕からなる明色の基質*中に配列することによって生じる．

ユッチャ gyttja（**骸泥** nekron mud）

富栄養*湖に特徴的な，急速に沈積した生物遺骸に由来する泥質堆積物．その性状は，微小な藻類*あるいは大型の水生植物など，元の生物によって異なる．

UTS ⇨ 総合層序年代尺度

ユーテクティック系 eutectic system

1つのメルト*または溶液から一定の比率をもって同時に結晶化した2種または数種の鉱物*混合体．結晶化が起こる温度をユーテクティック点という．

ユーテクティック点 eutectic point ⇨ ユーテクティック系

ユニボスリオキダリス属 *Unibothriocidaris* ⇨ 溝帯目

ユーハライン水 euhaline water ⇨ 塩化物濃度

ユーパルケリア属 *Euparkeria*

三畳系*下部から知られている二足歩行性の槽歯目*爬虫類*．槽歯類は恐竜*の祖先と

考えられている．ユーパルケリア属は，頭蓋*に原始的な特徴をいくつか残してはいるものの，主竜類（亜綱）*に属するほとんどの系統の祖先であろうと考えられている．この属は体長わずか60～100 cmほどの小型爬虫類であった．

UV

紫外線（ultraviolet）*の省略形．

UVS ⇨ 紫外線分光計

[UVW] ⇨ 晶帯の指数

UV-Vis分光測光法 UV-Vis spectrophotometry ⇨ 紫外-可視分光測光法

ユーライト eulite ⇨ 斜方輝石

ユーラシア・プレート Eurasian Plate

大西洋中央海嶺*から東方，北アメリカ・プレート*との境界にわたる大プレート*．東方境界については現在明確に定まっていない．南限はアルプス-ヒマラヤ褶曲帯*で，微小プレート*や小プレートのコラージュ*，アフリカ・プレート*およびインド-オーストラリア・プレート*と接する．

ユーラメリカ Euramerica

カレドニア造山運動*によって北西ヨーロッパと北アメリカが合体して生じた大陸塊．このクラトン*がその後のバリスカン造山運動*期にアンガラ大陸*およびゴンドワナ大陸*と合体してパンゲア大陸*が生まれた．

ユーリアーキオータ界 Euryarchaeota（始原菌*ドメイン* domain Archaea）

始原菌ドメインの2つの界のなかでは派生的（⇨派生形質）で，幅広い表現型*を示し，メタン生成古細菌*，好塩性古細菌*，硫黄還元古細菌*からなる．始原菌ドメインのもう1つの界をなすクレンアーキオータ界*と比べ，ユーリアーキオータ界は真核生物*や真正細菌*に属するグループとは系統的関連が薄い．

ユーリサイト eulysite

変成岩*．鉄とマンガンを含む以下の珪酸塩鉱物*からなる．ヘデンベルグ輝石*および鉄に富む紫蘇輝石*などの輝石*族鉱物，ファヤライトやマンガンファヤライトなどのかんらん石*族鉱物，アルマンディン*やスペッサルティン*などのざくろ石*族鉱物，など．

ユリシーズ Ulysses

1990年にNASA*とESA*が共同で打ち上げた探査機．地球からは見ることができない太陽の極の上を通過して太陽風*を調査する国際太陽極探査機（International Solar Pole Mission）を搭載．重力アシスト*を利用して初めて木星に接近した．

ユーリー，ハロルド・クレイトン（1893-1981） Urey, Harold Clayton

アメリカの化学者．重水素の発見者．宇宙と生命の発生と進化に関する重要な業績をあげた．地球科学の分野では酸素同位体*を利用して過去の気温を推定する方法を開発した．

緩巻き錐形 gyroconic

相対的にゆるく巻いた頭足類*の殻に対して用いられる．

ユルマート系 Yurmatian（Yurmatin）

ロシア西部における中部原生界*中の系*．年代はおよそ1,375～1,050 Ma（Harlandほか，1989）．

ユーロピウム異常 europium anomaly

大部分の希土類元素*は三価の状態で存在する．しかし，ユーロピウムはEu^{2+}イオンとして二価の状態でも存在することがあり，これがマグマ*分別結晶作用*の過程で斜長石*中のカルシウムと交代することがある．このためカルシウム斜長石が晶出するとマグマ残液は他の希土類元素にくらべてユーロピウムに乏しくなる．したがってユーロピウム異常はマグマで分別結晶作用が進行した程度を指示する尺度となる．月の玄武岩*に見られる顕著なユーロピウム異常の原因をめぐって論争が展開されている．ユーロピウムは揮発によって失われたとする説，月の内部に選択的に保持されているとする説，溶融と分別結晶作用のため玄武岩では乏しくなっているが，高地〔⇨テラ〕には保持されているという説など．このうち最後の説が有力視されている．

ヨ

余緯度 colatitude
　北極点または南極点からの緯度距離．すなわち，90°−緯度〔緯度の余角〕．

陽イオン cation
　電子*を1個以上失い，正の電荷をもっているイオン*（原子または原子群）．たとえば，Na^+, Mg^{2+}, NH_4^+．電流が導電性の溶液内を流れるとき，溶液中の陽イオンが陰極*に引きつけられるためこのように呼ばれる．→陰イオン

陽イオン交換 cation exchange
　溶液中の陽イオン*が，鉱物*や有機物の交換サイト（とくに粘土*と腐植*のコロイド*表面）にある陽イオンと交換する反応．

陽イオン交換容量（CEC） cation-exchange capacity
　物質が，特定のpH*で陽イオン交換*によって吸着することができる陽イオン*の量．交換可能な陽イオンは主に粘土*や腐植*のコロイド*表面に保持されていて，物質100gについてのミリグラム当量で測られる．

陽イオン配列 cation ordering
　陽イオン*がその位置を優先的に占めて，大きい化学的安定性をもたらす現象．その程度は温度に依存する．

溶液 solution
　2種またはそれ以上の物質が固相・液相・気相のいずれか1つの相*で，物理的に均質な混合体をなすこと．溶液の構成成分はその相を変化させること，すなわち沸騰・凝固・凍結によってのみ分離する．1つの物質がそれより多量の物質中に溶解している溶液では，量の少ないほうを溶質（solute），多いほうを溶媒（solvent）と呼ぶ．→コロイド

溶解度積 solubility product
　溶解度が低い塩（えん）のイオン濃度の積で表す平衡定数．物質の溶解度とは，溶液中で溶質がその固相と平衡状態を保って存在しうる最大量．溶解に関する研究では溶解度積が重要視される．溶解度積とは，溶液中で共存することができる化合物の陽・陰イオン*の総数．ある温度のもとで平衡状態にあるとき，溶解度積の値はつねに一定である．たとえば，塩化銀（AgCl）は溶液中でAg^+とCl^-に解離している．溶解度積K_{sp}は，この2つのイオン濃度の積で，$K_{sp}=[Ag^+][Cl^-]$モル$^2/l^2$（25℃におけるAgClのK_{sp}は$10^{-9.8}$）．AgClの溶解度（モル/l）は，1モルのAgClが水に溶解して溶液中にAg^+とCl^-が1モル存在するときの，Ag^+またはCl^-の活性に等しい．

溶解劈開 solution cleavage
　多くは珪岩*や石灰岩*で細密な間隔をおいて発達する劈開*．層理面*を変形させていないことが多い．溶解劈開は比較的不溶性の鉱物*からなる部分をはさんでいることが多く，圧力溶解*が関与したことがうかがわれる．溶解劈開という語は成因的な意味を含んでいるので，劈開の記載に使用するべきではないとする見解（C. McA. Powell, 1979など）がある．

溶解躍層（リソクライン） lysocline
　海洋で炭酸カルシウムの溶解速度が顕著に増大する深さ．底層水*の上限を画する層．

沃化銀 silver iodide
　雲の種まき*で細かい粒子のかたちで用いる，核*の役目をなす物質．

溶岩 lava
　火山*から噴出する岩石のメルト（溶融体）*．通常は珪酸塩で，組成は酸性*から塩基性*にわたる．噴出*の様式と表面形態は主として粘性*による．粘性はシリカ*含有量，温度，溶存ガスと固形物の量によってきまる．一般に，粘性が低いほど速く流動し，高いほど爆発的な噴火の傾向が強くなる．玄武岩*質溶岩の表面には2種類の形態が認められる．凹凸に富み鋭いとげをもつ岩塊（クリンカー）からなる'アア溶岩'と滑らかで縄状の外形で特徴づけられる'パホイホイ溶岩'．安山岩*質溶岩と流紋岩*質溶岩の表面は，直径1〜5mの平滑な多面体の岩塊で特徴づけられる'岩塊状'*となることが多い．固化後の組織*は，多孔質*，ガラス質*ある

いは斑状*.

溶岩湖 lava lake
　マグマ*噴出孔のくぼみ（カルデラ*または火口*）に溜まっている溶融状態の溶岩*．多くは玄武岩*質．くぼみが小さい場合は溶岩池（lava pond）という．カルデラや火口を埋めている大きい溶岩湖の表面には，内部で無数の熱対流が起こっていることを示す形態が見られることが多い．溶岩湖は何年も持続していることがある［たとえばハワイ島のキラウエア火口（Kilauea）は長らく観光名所となっている．同島のプーオウ（Pu'u O'o）には溶岩池もある］．

溶岩チャンネル lava channel
　平行な側壁（溶岩堤防*）にはさまれ，溶岩*の流れを規制している狭長な凹地．側壁は溶岩流自体の両縁部が冷却，固結したもの．溶岩は流れるにしたがってその表面が上下するので，側壁から溢流することがある．これによって冷却した溶岩が付け加わって壁の高さが増し，溶岩流を規制する効果が大きくなる．

溶岩チューブ lava tube（**溶岩トンネル** lava tunnel）
　溶岩*流の固化した表面殻の下で中空となっている溶岩通路．固化して停滞している表層の下を，溶融している溶岩が通り抜けて生じたもの．幅が1m以下から30m以上，高さが15mに達するものもある．オーストラリア，ビクトリア州のものは，長さ数十kmに及ぶ．大部分のチューブはパホイホイ溶岩特有の表面形態を呈する溶岩流に見られるが，アア溶岩に発達するものもある〔⇨溶岩〕．シシリー島のエトナ火山（Etna）では両者が見られる．

溶岩堤防 lava levée
　溶岩チャンネル*の両縁をなすスコリア*質の側壁．4つの型がある．(a) 初生堤防；溶岩流の中央部では流れが持続している一方で，両縁部で降伏*強度のため流れが止まった溶岩が結晶化したもの．(b) 付加堤防；ボッカ*近くで固化した表層の岩塊が流れの縁に押しやられて積み重なったもの．(c) 粗石堤防；溶岩流の表面および両縁の固結岩塊が外側に崩落してできたもの．(d) 溢流堤防；すでにできている堤防から溶岩がくり返し溢れ出ることによって成長したもの．

溶岩滴丘 driblet cone ⇨ スパター・コーン

溶岩ドーム volcanic dome ⇨ ドーム

溶岩ブリスター lava blister
　粘性*の大きい溶岩流の表面殻に見られる，殻の下の溶岩*からガスまたは水蒸気が吹き出して生じたふくらみ．溶岩の静水圧的な力または自噴力によってもできることがある．通常，直径は1〜150mで高さは30m程度まで．中空となっている．→ チュムラス

溶岩噴泉 fire-fountain
　割れ目から噴出したマグマ*がなす連続した幕．高さが200mにも達することがある．火山体上部にあるマグマの静水圧あるいは噴出*により解放されて膨張したガスによって支えられている．噴泉からの降下物質は火道のまわりにスパター*の高まりをつくり，その蓄積速度が高いと溶融しているスパターが癒着して溶岩*流となる（火砕成溶岩流）．

陽　極 anode
　正電位を与えられている電極*．⇨ 陰イオン

羊群岩 roche moutonnée（**氷食円頂丘** glaciated rock knob）（**ストス・アンド・リー地形** stoss-and-lee topography）
　氷食を受けた突出地形．上流側はなめらかで流線型の表面をなし，下流側はごつごつと破断された斜面をなす．氷河*による削磨*，凍結破砕作用*，プラッキング*が複合して形成されたと考えられる．氷河による圧砕も作用しているようである．

幼形進化 paedomorphosis
　成体に成長した後も幼形の特徴を保持しているため起こる進化的変化．ネオテニー*あるいはプロジェネシス*の結果であり，これにより特殊化*を免れることができる．亜種から門に至る多くのタクサ*の起源を説明するために，この進化様式がもち出されている．

溶結イグニンブライト welded ignimbrite ⇨ イグニンブライト

溶結凝灰岩 welded tuff ⇨ イグニンブライト

陽子付加過程 proton-adding process（**p過程** p-process）
　赤色巨星内部の非常な高温のもとで，陽子数が多い重い元素がつくられる核反応．⇒ 元素の合成

葉状 laminate
　薄層（葉層*）からなっている状態を指す．

溶食 solution
　鉱物*中で弱いイオン結合*をしている成分が，水分子（全体として電気的に中性であるが，一端に正の電荷，もう一端に負の電荷をもつ）の引力により分離し鉱物から除去されることによって進行する風化作用*．岩塩*，マグネシウムとカルシウムの硫酸塩と炭酸塩はとくにこの作用を受けやすい．溶食は化学的風化作用*の初期段階であることが多い．

葉食性 folivorous
　葉を常食とする動物に対して用いられる．

溶食チャンネル solution channel
　移動する地下水*の溶食*によって，岩石内の細長い空洞が広げられたもの．炭酸塩岩*に最も多く見られ，この中を地下水が地表の河川と変わらない速度で流れることがある．⇒ カルスト帯水層

溶食パイプ solution pipe
　カルスト*環境で節理*の交線に沿って発達しているほぼ鉛直の円筒状の空洞．この部分では水が多く流れて炭酸塩化作用*がさかんであるために形成される．

揚水試験 pumping test（**帯水層試験** aquifer test）
　ある帯水層*または個々の井戸における特定の水力学的特性を測定するために，1本または複数の井戸から水を汲み上げる作業．一定速度で水を汲み上げるときの効果は，対象とする帯水層または井戸の水面の高さをモニターするために適当な位置に掘削した観測井*を用いて査定する．

揚水量・水位降下曲線 yield-depression curve
　ポンプ井戸または試錐孔*からの揚水量に対する水位降下*をプロットした複雑な曲線をなすグラフ．これに基づいて最適揚水速度をきめる．

陽性元素 electropositive element
　標準水素電極の電極電位を0としたとき，電極電位が正となる元素．陽性元素は電子*を失って陽イオン*になりやすい．たとえばLi^+，Na^+，K^+などの1価のアルカリ金属やB^{2+}，Mg^{2+}，Ca^{2+}などの2価のアルカリ土類金属など．→ 電気陰性度

容積計 volumenometer
　細粒の鉱物*や浮遊平衡法で用いる重液と反応してしまう物質の密度を測定（⇒ 密度測定）する装置．試料を上限と下限のマークがついている試験チャンバーに入れ，気密蓋で密閉する．チャンバーの底はしなるU字管で水銀槽とつながっており，水銀槽を上下させて水銀をチャンバーの上限または下限まで入れる．物質を入れる前と入れた後にチャンバー内で圧縮された空気の体積から物質の体積が求められ，物質の原子量から密度を計算する．

容積変化の波 dilatational wave ⇒ P波

腰仙椎 synsacrum
　鳥類*の腰帯*に見られる骨構造で，いくつかの脊椎*骨が癒合してできている．

葉層（ラミナ） lamina（複数形：laminae）
　堆積物*がなす最も薄い層で，厚さ1cm以下．厚さ1cm以上の層は地層（bed）*と呼ばれる〔斜交葉理*の訳注参照〕．⇒ 層理

溶存運搬物質 dissolved load
　河川の全運搬物質のうち溶解して運搬される部分．次の5種のイオン*，すなわち塩化物（Cl^-），硫酸塩（SO_4^{2-}），重炭酸塩（HCO_3^-），ナトリウム（Na^+），カルシウム（Ca^{2+}）が90％ほどを占めている．地下水*が河川水の主要な供給源となる，流量の少ない期間には溶存運搬物質の濃度は最大となる．

溶存酸素量 dissolved-oxygen level
　水中に溶解して含まれている酸素の濃度．通常，mg/l（ときにはμg/m³）あるいはある水温における飽和量の百分率で表す．水質の一次指標として重要視される．一般に汚染が進行すると溶存酸素量が減少する．

腰帯（骨盤帯） pelvic girdle
　1．脊椎動物（⇒ 有頭動物亜門）：後肢あるいは後鰭を支持している骨格構造．2．骨

質の骨盤*によりとりかこまれている胴体の部分．

溶　脱　leaching
土壌*中に含まれる物質が溶解して除去されること．

腰　椎　lumbar vertebra ⇨ 脊椎

葉片状　platy
葉のように薄い層をなす結晶形*をもつ鉱物*に冠される．雲母*族がその好例で，結晶構造中のアルカリ原子の配列に平行な劈開*面に沿って薄く剝げる．

揺変性（シキソトロピー）　thixotropy
揺さぶりなどの剪断応力*によってゲル*から液体に変わり，放置しておくと元のゲル状態に戻る性質．スメクタイト*グループの粘土鉱物*がこの性質をもち，試錐孔*の洗浄に使用される．変化は完全に可逆的で，含水量や成分に変化はない．このような物質は斜面上では，最低限の剪断応力が維持される速度を下まわらない限り流下を続ける．

揺変性泥（シキソトロピック・マッド）　thixotropic mud
掘削中にビット*を冷却し，岩屑を除去するために用いる泥の一種．ドリルが動きを止めると泥の揺変性*によって，岩屑片が掘削孔に落ちてそれを塞ぐのを防止する．⇨ 揺変性；ゾル；クイックサンド

羊　膜　amnion ⇨ 有羊膜性-

葉　理　lamination
数 mm 程度の薄い堆積物*の層（葉層*）が呈する成層状態．層理*よりも小規模な形態．〔葉層の厚さよりも，その産状，すなわち上下を層理面で限られている単層内に発達している面ということのほうが重要．〕

翼　fold limb
褶曲*で，隣合う2本のヒンジ線*（曲率が最大となる部分）にはさまれる，一般に平面状の部分．

抑圧層　suppressed layer
比抵抗探査法*で，真の比抵抗*が上下層の値より低いため，その効果が記録に現れない薄い層．屈折法地震探査*における隠れ層*と同じ存在．

翼間角　fold angle (inter-limb angle)
褶曲*の両翼*がはさむ角度．その大きさ（地層が折り畳まれている程度）は褶曲をつくった変形運動の強さを反映している．両翼における曲率変換点*で褶曲面に接する2つの平面がはさむ角度として求められる．

翼甲亜綱　Pteraspida ⇨ 異甲亜綱

翼鰓綱（よくさい-）　Pterobranchia（**半索動物門**＊ phylum Hemichordata）
深海に生息する現生の小型の固着性*動物．群体を形成し，外側にクチクラ*質の管を分泌して，その中に棲む（たとえばラブドプリューラ属 *Rhabdopleura*）．翼鰓類は筆石（綱）*に最も近縁な現生の動物であるかもしれない．前腹部は小さく，触手（触手冠）のある1組あるいはそれ以上の腕をもつ．後腹部は長い柄（peduncle）からできており，それによって固着する．鰓器官は痕跡的である．

翼手目　Chiroptera（**コウモリ** bats；**哺乳綱**＊ class Mammalia）
新陳代謝の効率化や体重の軽量化など，鳥類*に匹敵する特性をもち，真に飛翔能力のある哺乳類の目．コウモリの祖先と目される食虫類は暁新統*から知られているが，疑いのないコウモリの最初の化石はヨーロッパと北アメリカの始新統*中部階から産したものである．現生のコウモリにつながる系統は，始新世/漸新世*の境界よりもはるか以前に分岐した．

翼足虫軟泥　pteropod ooze
腹足類*に属する微小なプランクトン*（翼足虫）の殻が少なくとも30%を占めている深海性軟泥*．殻は，水深とともに溶解度が増大する霰石（あられいし）*からできているため，炭酸塩補償深度*より上の2,500 m 以浅の海底に限って見られる．

翼竜目　Pterosauria（**翼竜類** pterosaurs）
中生代*に生存していた，飛翔能力をもつ爬虫類*の目．とくにジュラ紀*に多く見られるが，その産出は白亜紀*後期まで続く．化石骨格の研究から，翼竜類は陸上では直立することができず，海の上から飛びかかって魚を捕らえる生活様式をもっていたと考えられている．化石は主に海成堆積物から見つかっている．⇨ ケツァルコアトルス・ノースロピィ

横枝 dissepiment
　筆石類*樹型目*の群体の枝状体*同士をつなぐ，キチン質からなる横方向の枝.

横波 transverse wave ⇨ S波

余震 aftershock
　地震*の後，通常数日ないし数週間の間に発生する地震動．マグニチュード*は一般に本震より小さいが，建造物や構造物が本震によって弱体化しているため，大きい被害をもたらすことがある．

寄せ波（打ち上げ波） swash
　浜*で砕波した後に岸に打ち上げる波．砂や礫を陸側に運搬する主要な営力．

ヨックルラウプ jökulhlaup
　氷河*または氷帽*からの融氷河水流が突然に急増することによって発生し，短時間におさまる洪水．氷の下の火山活動*によることもある．熱源の上の氷河内部に生じた融水塊が破堤して，奔流となって流下するもの．アイスランド，バトナ氷河（Vatnajökull）の氷底にはそのような水塊であるグリムスボトン湖（Lake Grimsvotn）がある．アイスランド，ミルダルス氷河（Myrdalsjökull）からのカトラ・ヨックルラウプ（Katlahlaup）では，流速 7〜8 m/秒，流量はアマゾン川の流量に匹敵する 100,000 m³/秒にも達した．

ヨーブ系 Yovian
　北アメリカにおける中部原生界*中の系*．年代は 1,600〜800 Ma．

余掘り（よぼり） overbreak
　岩盤を厳密に掘削線沿いに掘削することはできないので，予定よりも多い余分な量が採掘されること．

余裕高 freeboard
　ダム背後の最大許容水位とダムの頂部との距離．

鎧板配列 tabulation
　一連の鎧板で覆われた渦鞭毛藻類（綱）*の殻*の壁に見られる板*の配列．

ヨーロッパ宇宙機関（ESA） European Space Agency
　1975年5月，それまでのヨーロッパ宇宙研究機構（European Space Research Organization）に替わって設立された機関で，独自の探査機を運用して宇宙探査を遂行している．

ヨーロッパ区 European Province ⇨ 大西洋区

ヨーロッパ・ジオトラバース（EGT） European GeoTraverse
　ノルウェーのノール岬（North Cape）とチュニジアを結ぶ線に沿ってなされた地質調査．ヨーロッパ大陸の発達，性状，構造，物理的性質，動態を三次元的に把握することを目的として1980年に提唱され，14ヵ国の研究者が参加，1992年に完了した．

4回対称軸 tetrad ⇨ 結晶の対称性

四成分系 quaternary system
　4つの成分からなる鉱物*系．たとえば，透輝石*（Di）-灰長石（An）-曹長石（Ab）-輝石*（Ps）の系．組成を図示するには四面体を用いる．⇨ コテクティック曲面；相；相状態図

ラ

ライアス Lias
1. ライアス世：ジュラ紀*最初の世*．ドッガー世*がこれに続く．年代は208〜178 Ma (Harlandほか，1989)．ヘッタンギアン*，シネムリアン*，プリンスバッキアン*，トアルシアン*の4期を含む．2. ライアス統：ライアス世に相当するヨーロッパにおける統*．ヘランギ統*（ニュージーランド）の大部分に対比される．青灰色頁岩*と泥質石灰岩*がこの統に典型的な岩相*で，イングランドやフランスに広く分布する地層からはダクチリオセラス属 (*Dactylioceras*；アンモナイト)，グリフェア属 (*Gryphaea*；カキ類) その他の重要な化石*が産する．

雷雨 thunderstorm
発達した積乱雲*がもたらす，範囲の限られた嵐．雷鳴と稲妻に，雨，強風，ときには雹（ひょう）をともなう．

雷雲 thundercloud
雷雨*をもたらす積乱雲*の通称．

ライエル，チャールス (1797-1875) Lyell, Charles
大きい影響を与えた著書『地質学原理』(*Principles of Geology*) の著者．この著作は1830年から75年の間に12版を重ねた．極端な斉一論者で，地球の年齢が極めて長いことを主張した．ダーウィン*はこれに力を得て進化*が起こるに必要な時間を十分に想定することができた．⇒ 斉一説

ライシメーター（蒸発計） lysimeter (evaporimeter)
蒸発散*量を直接測定する装置．容積0.5〜1 m³の土壌*の植生盤に既知量の水を加え，流出または浸透により失われた量を測定する．（成長による植生の変化を抑制するか監視して）土壌-植生の重量の時間的変化から，それぞれの時点でこの系に貯留されている水の量がわかり，その減少分から蒸発散によって失われた量がわかる．地理的な比較には，標準化が容易な丈の短い草の植被を用いる．水収支の実験では，各種の作物種または自然に近い群落をシミュレートするために，植被をいろいろと変えておこなうことがある．

ラインスキャナー（走査型放射計） line scanner
レーダー*；地表面を走査し，走査線に沿うデータを一度に取得する回転鏡と光電子検出器を備えた撮像装置．これからラスター*を作製する．

ライン地溝（ライン地溝帯） Rhine graben
アルデンヌ高地-ボージュ山脈とシュバルツバルト（黒森）にはさまれて，ライン川を抱えるリフトバレー*．後期中生代*に隆起，中期始新世*にリフト*が形成され，漸新世*にアルカリ*マグマ*が発生した．場所によっては厚さ3 kmの堆積物が堆積した．アルプス山脈をつくった衝突と同時に形成され，インパクトゲン（ウィルソン・サイクル*の末期に形成される衝突起源のリフト）とされている．

ラウプ hlaup
火山活動*が引き金となって起こる，氷帽*からの突発的な洪水．⇒ ヨックルラウプ

ラ グ lag
傾斜角45°以下の傾斜移動*正断層*．上盤*が下方へ相対転位している〔わが国では用いられない〕．⇒ 断層

ラグ角礫岩 lag breccia（**コイグニンブライト角礫岩** co-ignimbrite breccia）
イグニンブライト*の形成時に，噴出口近くの近源*域に集積した粗粒の石質岩片*に富む堆積物．噴出口から立ちのぼる火山砕屑物*の噴煙柱の外縁が崩壊し，火砕流*として流下していく際に，大きいため流下することができなかったクラスト*が集積しているもの．イグニンブライト形成時に生じたものであるので，他の型の角礫岩*と区別するために今日ではコイグニンブライト角礫岩〔⇒ コン-〕と呼ばれる．

落差 throw
傾斜移動断層*の垂直方向の転位．断層面*形成以前に同じ位置にあった点が両盤を

限る断層面上のどこにあるかを正確に知ることが困難であるため，落差の測定は容易でないことが多い．

ラグ堆積物 lag sediment

大きさが運搬媒質の運搬能力を超えるため，細粒物質が運び去られた跡に残された粗粒物質．

ラグランジュ点 Lagrangian points

ある天体とそのまわりの軌道を周回している他の天体の引力が等しい点．このような点は2天体に対して固定した位置となるので，将来の宇宙ステーションの候補位置とされる．地球-月系ではラグランジュ点は5点あり，そのうちの2点，L^4とL^5は月の軌道上で月の前後60°の位置にある．トロヤ群小惑星（Trojan family）は木星*の2つのラグランジュ点近くを占めている．フランスの天文学者ラグランジュ（Comte J. L. Lagrange, 1736-1813）に因む名称．

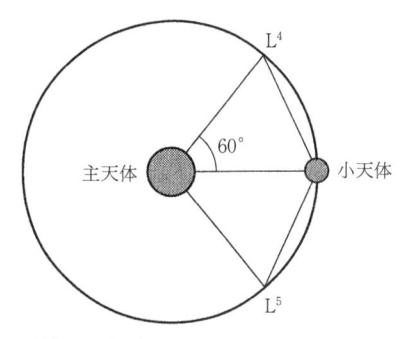

ラグランジュ点

ラグランジュ流速測定 Lagrangian current measurement

長期間にわたって水の経路を追跡して，流速や流向を観測する技術．水面下の流れの観測では不偏浮標（つりあい浮子）*，表面流の観測では浮標を浮かべて水流の動きにまかせ，その位置を追跡してプロットしていく．

ラーゲルシュテッテ Lagerstätte（複数形：ラーゲルシュテッテン　Lagerstätten）

含有化石*の産状で特徴づけられる堆積層．化石ラーゲルシュテッテは化石*を大量に含むもの．保存ラーゲルシュテッテは化石の保存状態が例外的に良好なもの．密集ラーゲルシュテッテは，貝殻層などのように，特定の種の化石が大量に集積しているもの．ザイラッハー（Adolf Seilacher）が導入したドイツ語で，Lagerは'地層*'，Stätteは'場所'を意味する．

ラコリス laccolith

平面形が円ないし楕円の調和的*な貫入岩体*．断面では，基底は平坦で頂面がドーム状のレンズ形をなす．→ ロポリス

ラザフォード，アーネスト（1871-1937）Rutherford, Ernest

ニュージーランド生まれの物理学者．ケンブリッジ大学，マンチェスター大学，カナダのマッギル大学を歴任．放射能と原子の構造に関する重要な研究をおこない，放射性同位体*の壊変について半減期の理論を発展させた．この理論が放射年代測定法*の技術に直接むすびついている．

ラザルス・タクソン Lazarus taxon

顕著な絶滅*が起こった層準*でいったん化石記録から消えて絶滅したように見えながら，上位の層準でふたたび産出するタクソン*．

ラジアンス radiance

リモートセンシング*検知器がある立体角内を通過している間に測定した電磁放射*の放射束密度*．

ラジオゾンデ radiosonde

アネロイド気圧計*と気温・湿度の測定器からなる計測装置で，気球によって約5m/秒の速度で大気上層に上げる．データは電波で地表に送られる．⇒ レーウィンゾンデ

裸子植物 gymnosperm

胚珠が球果の鱗片上に裸出している種子植物で，胚珠が子房に包まれている被子植物*（顕花植物）とは対照的である．裸子植物はデボン紀*に出現し，その後白亜紀*までは世界の植物群集で主要な座を占めていた．白亜紀以降は被子植物が徐々に裸子植物にとって替わり，植物群集の主要な要素を占めるようになった．

裸子植物亜門 Gymnospermae

従来の植物分類法では，裸子植物*は種子植物門*の亜門として扱われていたが，現在では直接の系統関係のないイチョウ植物門*，

ソテツ植物門*，球果植物門（マツ植物門）*，マオウ植物門*の植物群*を総称するときに用いられる非公式な名称である．

ラシャンプ逆亜磁極期（ラシャンプ逆サブクロン） Laschamp ⇒ ブルン正磁極期

ラスター raster
リモートセンシング*：プッシュブルーム走査装置*，ラインスキャナー*，レーダー*による規則的な反復走査で得た走査線からつくられた画像記録を，デジタル化*して収容し，表示するためのピクセル*グリッド．スペクトル帯域*ごとに別のラスターを使用する．

ラズライト lazurite
方ソーダ石*族の鉱物．$Na_8[(Si, Al)_6O_{24}](S, SOH_4)$，アウイン*やノゼアン*と類似の組成をもつ；比重2.3〜2.4；硬度*5.5；立方晶系*；濃青，紫，淡青または青緑色；ガラス光沢*；通常は緻密で塊状；劈開*は菱面十二面体で不完全．アルカリ火成岩*と炭酸塩岩*の接触変成帯*およびアルカリ溶岩*に産する．飾り石に使われる．

らせん転位 screw dislocation ⇒ 転位

螺層（らそう）（螺環，旋回，巻き） whorl ⇒ 巻き

螺層分離殻（らそう-） disjunct shell ⇒ 巻き

落下隕石 falls
落下が目撃されるか，落下直後に採取されて，落下の時刻と地点が正確に記録されている隕石*．→ 発見隕石

ラックスフォーディアン亜階 Laxfordian
原生界*ルーイシアン階*中の亜階*．年代は約1,600〜1,100 Ma（Van Eysinga, 1975）．名称はスコットランド北西部のロッホラックスフォード湖（Loch Laxford）に由来．

ラックスフォード造山運動 Laxfordian orogeny
原生代*の約1,800〜1,600 Maに起こった造山運動*．今日のスコットランド北西端に分布するルーイス片麻岩がなす北西-南東方向の褶曲*構造をつくった．グリーンランドにおけるケティリッド造山運動*とナグシュグトキッド造山運動*にあたる．直前に起こったスクーリー造山運動*の延長ともみられる．

ラッダニアン階 Rhuddanian
下部シルル系*中の階*．オニアン階*（オルドビス系*）の上位でアエロニアン階*の下位．

ラップアウト lapout
堆積の場の限界で地層*が側方にとだえること．ベースラップ*とトップラップ*の2形式があり，ベースラップはさらにオンラップ*とダウンラップ*に分けられる．

ラップワース，チャールス（1842-1920）Lapworth, Charles
イギリスの地質学者．下部古生界*に関してマーチソン*とセジウィック*がそれぞれ主張する系*を合わせた第3の系，オルドビス系*を提唱して（1878年），両者の論争を収めさせた．筆石類*の分類体系を著し（1873年），スコットランド高原の地質構造を研究してモイン衝上*の存在を明らかにした．

ラディニアン Ladinian
1. ラディニアン期：中期三畳紀*中の期*．アニシアン期*の後でカーニアン期*の前．年代は239.5〜235.0 Ma（Harlandほか，1989）．**2**. ラディニアン階：ラディニアン期に相当するヨーロッパにおける階*．ファラン（法郎；Fa Lang）階（中国），カイヒクアン階（ニュージーランド）にほぼ対比される．

ラテライト laterite
岩石の風化産物．主に鉄の水和物，アルミニウムの酸化物・水酸化物，粘土鉱物*からなり，シリカ*をいくらかともなう．ボーキサイト*と共存する．玄武岩*などの風化作用*によって形成される．⇒ プリンサイト

ラテラル・モレーン（側堆石） lateral moraine ⇒ モレーン

ラテロ検層ゾンデ laterolog sonde
試錐孔*に降ろして岩石の電気比抵抗*を測定する電気ゾンデ（比抵抗検層）．短い（40 cm以下）ゾンデは泥壁*と泥水置換域*の比抵抗を，長いゾンデは泥水置換域外縁と非泥水置換域の比抵抗を測定する．相当量の炭化水素*を含んでいる貯留岩*内では，浅

いゾンデと深いゾンデの間に大きい比抵抗値の差が現れるので，貯留岩の厚さを見つもることができる．長い記録の解釈は，デラウェア効果*の影響を受ける．⇨ マイクロ検層

螺塔（らとう） spire
腹足類（綱）*の殻で，体層を除く螺層（らそう）のこと．

ラドロウ統 Ludlow
上部シルル系*中の統*（424〜408 Ma）．ウェンロック統*の上位でプリドリ統*の下位．

ラパキビ組織 rapakivi texture
花崗岩*の組成をもつ火成岩*の細粒の石基*中に，ナトリウム斜長石*（しばしばアルカリ長石*と律動的な累帯をなす）の白い縁でかこまれた，丸みを帯びた大きい（径4 cmに及ぶ）ピンク色のカリウム長石結晶*が見られる組織．名称はフィンランドの花崗岩体名に由来．⇨ 結晶の累帯構造

ラハール lahar
火山*山腹に発生する破壊的な泥流*．インドネシア，とくにジャワ島の火山地帯に特徴的な現象で，火山災害の最大の原因となっている．泥流が既存の河谷に封じ込められて流下すると，発生源の火山から100 km以上にも達することがある．

ラピエ lapié
カッレン*の一種で，石灰岩*がなす傾斜面に溶食*によって刻まれた浅い直線状の溝．石灰岩の露出面に速やかに発達し，ほぼ平行に密に生じていることがある．

ラピリ lapilli
径2〜64 mmの火山砕屑性*の岩片またはテフラ*．本質*マグマ*物質（軽石*など），類質岩片*，異質岩片*，湿った火山灰が付加して成長した火山豆石*などからなる．クラスト*の岩石型を，粒径を表す語であるラピリに添えて記載名とするのがふつう．例，'軽石ラピリ'，'類質岩片ラピリ'．

ラピリ凝灰岩 lapilli-tuff ⇨ 凝灰岩

ラビンメント面 ravinement surface
シーケンス層序学*：海水準の上昇によって海岸線またはそれに隣接して〔外浜*に〕最初に形成される平坦面．

ラブ，オーガスタス・エドワード・ヒュー
（1853-1940） Love, Augustus Edward Hugh
オックスフォード大学の応用数学・物理学者．弾性理論の研究を通じて地震の表面波*に2つの型があることを明らかにした．その1つにその名が冠されている．⇨ ラブ波

ラブ波 Love wave (**SH波** SH-wave, **Q波** Q-wave, **L波** L-wave, **L$_Q$波** L$_Q$-wave, **G波** G-wave)
地震の表面波*の1つ．表面媒質のねじれ波〔S波〕速度が下層のそれより低いときに発生する．上下動成分をもたず，波の伝播方向に直交する水平振動によって特徴づけられる．分散性をもつねじれ波*で，もう1つの表面波レーリー波*よりわずかに速く伝わる．⇨ 分散3

ラプラスの方程式 Laplace's equation
直交する3方向でのポテンシャル場の勾配変化率の和が0となることを示す方程式．ポテンシャル関数$U(x, y, z)$に対して，ラプラスの方程式は$\nabla^2 U = \delta^2 U/\delta x^2 + \delta^2 U/\delta y^2 + \delta^2 U/\delta z^2 = 0$となる．$\nabla$はラプラスの演算子．

ラプラス，ピエール・シモン・マルキ・ド
（1749-1827） Laplace, Pierre Simon, Marquis de
フランスの数学・物理学者．『世界系の解説』（*Exposition du systeme du monde*）（1796年）で公表した，太陽系*の起源に関する星雲説*で知られる．惑星の運動，潮汐理論などにも業績を残した．

ラブラドル海流 Labrador current
グリーンランドの西岸沿いに北極海の低温の海水を北大西洋に運び込む海流．この海流に乗ってしばしば氷山が南下し，晩春から初夏にかけてはグランド・バンクス（Grand Banks）東方の海域に集中する．ラブラドル海流とメキシコ湾流*とが会合するニューファウンドランド島沖には霧がしばしば発生する．

ラマピテクス属 *Ramapithecus*
中新世*後期から鮮新世*前期の化石類人猿*で，その化石破片が東アフリカ，ヨーロッパ南東部，インド北部，パキスタンから知

られている．およそ14~10 Maのラマピテクス属は東アフリカ産のケニヤピテクス属 *Kenyapithecus* と酷似しており，両者は同一属かもしれない．ラマピテクス属を中新世の類人猿（ドリオピテクス亜科）からヒト科*霊長類への移行期に相当するタクソン*と考える研究者が多い．もしそれが正しければ，人類と霊長類の系統が分岐したのは，中新世後期以前の25~15 Maころということになる．ただし最近では，ラマピテクス属とそれに近縁あるいは同属かもしれないシヴァピテクス属*は，オランウータンにつながる進化系統のほうに近いという指摘もなされている．

ラマルキズム Lamarckism
ラマルク*によって提唱された進化*の理論．

ラマルク，ジャン・バプチスト・ピエール・アントアーヌ・ド・モネ・シュバリエ・ド（1744-1829）Lamarck, Jean Baptiste Pierre Antoine de Monet, Chevalier de
フランスの博物学者．進化*に関する最初の本格的な理論，すなわち個体がその生存中に獲得した形質*が遺伝して進化が起こるという理論を1809年に発表し，発展させた．たとえば，化石*の証拠によれば，キリンの祖先は頸が短かったことは次のように説明される．食物獲得競争のなかにあってキリンがより背の高い植物を得るために背伸びを強いられた結果，頸が長くなり，これが子孫に遺伝する．何百万年にもわたって，1世代の頸長のわずかな伸長が次世代へと伝えられた結果，頸の長い最終形態に到達した．この獲得形質*遺伝の理論は，意外なことにラマルクの思想の中心とはなっていない．その基本的な論点は，進化は有方向的で創造的な過程であり，生物は単純な形態から複雑な形態へとはしごを登っていくということである．ラマルクは，獲得形質の遺伝はこの進化過程の1つの機構と信じていた．そして，この複雑化のはしごを登る生物の過程は，局地的な環境に対応することによってこれからはずれる生物があるため，錯綜していると説明している．サボテンが葉をなくし，キリンが頸を長くしたのがその例とされている．→ダーウィン，チャールズ・ロバート

ラミナイト laminite
細かい葉理*を呈する堆積物*または堆積岩*．

ラミナ状フェネストレー組織 laminoid fenestrae ⇒ フェネストレー組織

ラムスデン接眼鏡 Ramsden eyepiece ⇒ 接眼鏡

ラムの塵ベール指標 Lamb's dust-veil index
火山の大噴火後に大気中に懸濁している細かい物質の量および太陽放射*をさえぎるベールの持続時間に関する指標．イギリスの気象学者ラム*が考案．指標は，空中に放出された固体物質の推定量，太陽光線の強さの減少あるいは地表気温の低下から計算される．地球を覆うベールは低緯度で起こる火山噴火ほど大きく広がるので，噴火地点の緯度も指標の値にかかわる（1883年のインドネシア，クラカトア火山 Krakatoa の大噴火では，放出された約17 km³の固体物質が3年間にわたって大気中に滞留し，指標は1,000であった）．

ラム，ハバート・ホレース（1913-97）Lamb, Hubert Horace
イギリスの気象学者．気候変動とそれが及ぼす社会的・経済的な影響に初めて注目した科学者の一人．ケンブリッジ大学で地理学を学び，1936年イギリス気象局に入局．有害ガスを用いておこなう気象研究を拒否してアイルランド気象局に配転され，ここでも局長と対立して1945年に辞表を提出，1946年にイギリス気象局に復帰した．その後南極大陸を踏査し，1954年に気象局気候課に転属．1971年にこの職を辞して東アングリア大学気候研究所を設立し，1977年に引退するまでその所長を務めた．

ラメ定数（λ） Lamé's constant
1. 体積弾性率*から剪断弾性率*の2/3を差し引いた値に等しい弾性定数*．⇒ ポアソン比．2. ⇒ 剪断弾性率

ラメラ lamella
結晶学：板状の形状を呈する多数の双晶*個体（集片双晶とか繰返し双晶と呼ばれる）を介している双晶面*．2つの隣合う双晶板

（スラブ）がたがいに反転していて，同じ原子構造をもつ双晶板が1つおきに配列している．ラメラ双晶は斜長石*類にふつうに見られる．

ララミー-コロンビア造山運動 Laramide-Columbian orogeny

今日のアメリカ南西部から南アメリカ北部にかけての地域に起こった，後期白亜紀*から前期始新世*の造山運動．北アメリカ・プレート*下へのファラロン・プレート*の沈み込み*にともなう衝上断層*運動が原因．

ラリッサ Larissa（**海王星VII** Neptune VII）

海王星*の衛星*．直径208×178 km，アルベド* 0.06．

ラルビカイト larvikite (laurvikite)

粗粒の貫入岩*で，主成分鉱物*のカリ長石*，灰曹長石，普通輝石*，ソーダ角閃石*，副成分鉱物*の黒雲母*，石英*あるいは霞石*（シリカ飽和*の場合），磁鉄鉱*，ジルコン*，燐灰石*からなる．2つの型の長石*が等しい割合で含まれており，モンゾニ岩*型の岩石である．ノルウェー南部ラルビク（Larvik）地域でブレガー*が1890年に初めて記載した．荘重な装飾石として使われることがある．

ランカーン，スタンレー・ケイス（1922-95）Runcorn, Stanley Keith

地球物理学者．ニューカッスル大学物理学部長．磁極移動経路*の研究で知られるが，マントル*内の対流理論についても業績を残した．1959年，大西洋がかつて閉じていたと仮定すれば，北アメリカとヨーロッパから見た磁極移動曲線がぴたりと一致することを明らかにした．

ランギアン Langhian

1. ランギアン期：中新世*中の期．年代は16.3～14.2 Ma（Harlandほか，1989）．ブルディガリアン期*の後でセラバリアン期*の前．前期（前期中新世）と後期（中期中新世）に分けられることが多い．**2.** ランギアン階：ランギアン期に相当するヨーロッパにおける階*．レリジアン階*と下部ルイシアン階*（北アメリカ），クリフデニアン階*（ニュージーランド），バルコンビアン階*（オーストラリア）にほぼ対比される．模式層*は北部イタリアのセッソーレ（Cessole）とカゼデイロッシ（Case dei Rossi）の間にある．

乱気流 bumpiness (1), turbulence (2)

1. 不安定な大気中または山岳がなす障壁上の対流や乱流*によって，航空機が動揺するほどに大気が擾乱している状態．⇨ 晴天乱流．

2. 気流の乱れ．風速と風向（鉛直成分を含む）の変化，空気塊・熱・運動量・水蒸気・汚染物質の鉛直方向の交換という，いずれも渦に起因する現象として現れる．

藍晶石 kyanite

重要な変成度*の指標鉱物*．3種のAl$_2$SiO$_5$鉱物の多形*の1つ．他は珪線石*と紅柱石*．比重3.5～3.6；硬度*4～7；三斜晶系*；明～暗青色，ときに黄または緑色，黒色；ガラス光沢*；結晶形*は通常は長柱状，しばしば平坦な刃状，ときに星状の連晶をなす；劈開*は卓面{100}，{010}に良好，裂開{001}．高圧・低～中温型の広域変成岩*に産し，十字石*とざくろ石*をともなう片岩*や片麻岩*に見られることもある．

ランスフィールディアン階 Lancefieldian

オーストラリアにおける下部オルドビス系*中の階*．ウォーレンディアン階*の上位でベンディゴニアン階*の下位．

藍閃石 glaucophane

重要なアルカリ角閃石*．Na$_2$(Mg$_3$Al$_2$)[Si$_8$O$_{22}$](OH)$_2$；藍閃石-リーベック閃石* Na$_2$(Fe$^{2+}_3$Fe$^{3+}_2$)[Si$_8$O$_{22}$](OH)$_2$系列の端成分*；比重3.0；硬度*6.0；青，帯青黒色；結晶形*は角柱状；晶癖*は繊維状または粒状．プレート*の破壊縁で低温・高圧条件の変成作用*によって生成した青色片岩*を特徴づける鉱物．

藍閃石片岩相 glaucophane-schist facies

さまざまな源岩が同じ高圧/低温条件の変成作用*を受けて生じた変成鉱物組み合わせの1つ．源岩が塩基性岩*である場合には，藍閃石*-ローソン石-石英*の発達が典型的．これとは異なる組成の岩石，たとえば頁岩*や石灰岩*では，まったく同じ条件の変成作用によってそれぞれ独特の鉱物組み合わせが

生じる．ある源岩組成から生じたさまざまな鉱物組み合わせは，それぞれを生み出した圧力，温度，水の分圧 $[P(H_2O)]$ の範囲を反映している．鉱物の圧力-温度安定領域についての実験によれば，藍閃石片岩相は大陸プレート*下への海洋プレートの沈み込み*にともなう高圧・低温条件を表している．塩基性岩源でこの変成相に属する岩石は，青色を呈する藍閃石によって特徴づけられるので，藍閃石片岩相は'青色片岩相'とも呼ばれる．

乱層雲 nimbostratus

'雨'を意味する *nimbus* と'広がった'を意味する *stratus* (いずれもラテン語) に由来．10種雲形の1つ．暗くあるいは灰色を呈し，太陽をぼんやりとさせる．持続的な雨をともなうことが多く，その場合には雲底がはっきりしなくなる．⇒ 雲の分類

藍藻植物門 Cyanophyta (藍藻 cyanophyte, 藍藻類 blue-green algae) ⇒ シアノバクテリア

ランタニド lanthanide ⇒ 希土類元素

ランダム・サンプリング random sampling ⇒ サンプリング法

乱泥流 (混泥流) turbidity current

砕屑物*を含む水塊が周囲の水塊との密度差によって斜面を流下する密度流*の一種．湖や海のデルタ*前縁などで，強い波浪，地震の衝撃あるいは重力性滑動*によって斜面堆積物が安定を崩して発生する．海洋の乱泥流は (7 m/秒に達する) 高速で大陸斜面*および海底峡谷*を流下し，斜面基部または深海平原*に元来は浅海性であった堆積物を堆積させる．しだいに流速が衰えていく乱泥流から堆積した地層*中にはブーマ・シーケンス*と呼ばれる堆積構造*の系列が見られる．

ランディロ統 Llandeilo

中部オルドビス系*中の統*．年代は 468.6～463.9 Ma．ランビルン統*の上位でカラドク統*の下位．

藍鉄鉱 vivianite

鉱物． $Fe_3(PO_4)_2 \cdot 8H_2O$ ；比重 2.9；硬度*1.5～2.0；単斜晶系*；灰青色，ときに無色；ガラス光沢*；結晶形*は角柱状，棒状，針状，および星型の集合体；劈開*は卓面に完全．有機物が多い還元環境で，燐に富む堆積性鉄鉱石*や泥炭*に，菱鉄鉱*とともに産する．

藍銅鉱 azurite

二次鉱物*． $Cu_3(CO_3)_2(OH)_2$ ；比重 3.7～3.9；硬度*3.5～4.0；単斜晶系*；さまざまな明度の深空色；条痕*淡青色；ガラス光沢*；結晶形*は板状または短角柱状，放射状の集合体；劈開*は角柱状または卓面状．銅鉱床*の酸化帯中に孔雀石*とともに産する．硝酸や塩化水素酸に溶けて発泡する．銅の副次的な鉱石鉱物*．

ランド系 Randian

上部始生界*中の系*．年代は約 2,825～2,475 Ma (Harland ほか，1989)．フェンタースドルプ層，ウィットウォーターズランド層，ドミニオンリーフ層を含む．

ランドサット Landsat

多重スペクトル・スキャナー*，後にはセマティック・マッパー*を搭載した一連の人工衛星．当初の目的は，陸上の植生を走査，検知して，衛星を恒常的なモニターとして探査に使用することの有効性を評価することにあった．記録はコンピューター解析用に磁気テープまたは写真 (いわゆるランドサット画像) のかたちでとられた．

ランドベリ統 Llandovery

下部シルル系*中の統*．年代は 439～430.4 Ma．アシュギル統* (オルドビス系*) の上位でウェンロック統*の下位．

ランネル runnel ⇒ リッジ-ランネル地形

ランパート・クレーター rampart crater

火星*の衝突クレーター*の一種．直径 5～15 km 程度．エジェクタ・ブランケット*がクレーターの半径ほどの範囲でとり巻き，低い峰または急崖をもって終わっている．初生構造であって，二次的な改変によるものではない．

ランビルン統 Llanvirn

下部オルドビス系*中の統*．年代は 476.1～468.6 Ma．アレニグ統*の上位でランディロ統*の下位．

ランプ ramp

1．水平層内に生じた衝上断層*は，層理面*に対して高角度で切り上がる部分 (ラン

プ）と層理面に沿ってずれる部分（フラット*）からなる階段状の形態をなす．ランプには，衝上運動の主たる方向がランプ面の走向*に直交，斜交，平行のいずれかであるかによって，それぞれ前進型，斜交型，側方型がある．**2.** ⇨ プラットフォーム

ランプロファイアー（煌斑岩） lamprophyre

暗色で著しい斑状*を呈する貫入岩*．苦鉄質*あるいは珪長質*のガラス質*石基*中に黒雲母*および/または角閃石*類の自形*斑晶*を多く含み，かんらん石*，透輝石*，燐灰石*，あるいは不透明な酸化物の斑晶をともなう．珪長質鉱物の斑晶は存在しない．ランプロファイアーは最も多い鉄苦土鉱物*および石基中の長石*の有無と種類に基づいて多数の型に細分されており，ミネット*，ケルサンタイト*，アルノーアイト*，フォーゲサイト*，カンプトナイト*，モンチカイト*などがある．岩脈*やシル*などの貫入体*をなす．

ランベルト反射面（均等反射面） Lambertian reflector

電磁放射*をあらゆる方向に均等に反射する完全な拡散反射面．

ランマー rammer

1. トンネル掘削装置の一部．壁面を付き固める道具．**2.** 鉄製のハンドルをとり付けて，オーガー*を地盤に押し込むための柄に使う適当な大きさの木製の棒．

乱　流 turbulent flow

気流，水流のいずれにも見られる流れの様式．全体としての下流方向への動きに，それを横切る方向の動き，とくに渦流が重なっている流れ．局所的な上向きの動きによって流れの床面から砂*などの粒子が拾い上げられて運び去られる．⇨ レイノルズ数

リ

リ　ア ria（リアス rias）

起伏が大きい地域の沈水した河谷（溺れ谷）．西ヨーロッパ，とくにアイルランド西部の半島で古くから知られている．後氷期の海水準の上昇によって生じた．

リカス目 Lichida

カンブリア紀*中期からデボン紀*中期まで生存していた三葉虫（綱）*の目．中型から非常に大型で，通常多数の棘装飾をもつ．多くは，頭部*より尾板*のほうが大きい．3つの亜目が知られている．

離岸流 rip current

海岸から沖に向かう幅のせまい強い流れ．ふつう短時間で消滅する．離岸流の存在は，寄せ波の列を突き抜けて沖側に向かっている乱れた水の帯として肉眼で認められる．寄せ波と海からの風によって海岸付近に蓄積した水塊が，急速に沖に戻る流れ．

陸繋砂州 tombolo

島と本土あるいは他の島とをつないでいる砂嘴*．波を屈折させる島の陰に形成される．

陸成-（陸源-） terrigenous

1. 陸成：陸上で堆積または形成された，珪砕屑性*の堆積物*に冠される．**2.** 陸源：陸域から海域の堆積場にもたらされた砕屑物質に冠される．

リクビン層 Likhvin

ミンデル/リス間氷期*のものと考えられるヨーロッパ・ロシアの堆積物．ホルスタイン間氷期*およびホッスン間氷期*のものに相当．

陸風・海風 land and sea breezes

陸地と海は加熱される程度が異なるために，両者の間に生じた小さい気圧の傾度*が原因となって起きる沿岸地域の大気循環．夏の日中には，太陽放射によって地表面は隣接する海よりも高温となる．このため陸上の気圧が海上の気圧よりも低くなり，陸側に向かって吹く弱い涼しい'海風'が発生する．ふ

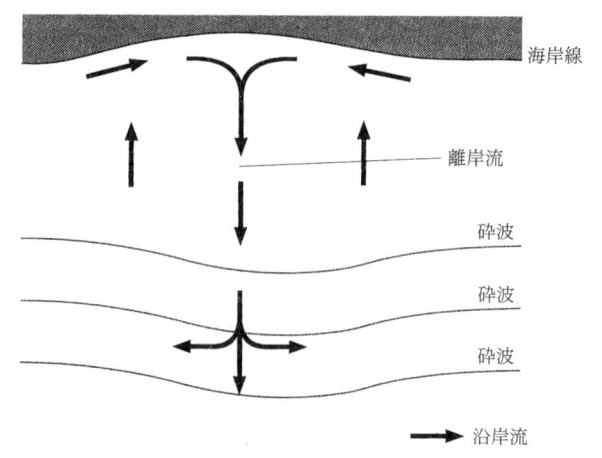

海岸線／離岸流／砕波／砕波／砕波／沿岸流

離岸流

つう海風は午後遅くに最も強くなる．陸地の暖かい空気は上昇し，上空を海に向かって移動した後に下降し，大気下層の対流セル*をつくる．夜間から早朝にかけては，冷たい陸地と相対的に温かい海水の間で逆の対流が生じて'陸風'が発生する．このような風が及ぶ範囲は海岸線から40 km程度以内であるが，これにともなう大気の動きはそれよりはるかに広い範囲にわたる．

陸棚波 continental-shelf wave

海底が傾斜している大陸棚*海域で生じる渦流による波．北半球では，水深の浅いところへ移動した水塊には負の相対渦度*または低気圧型〔左まわり〕の動き，深いところへ移動した水塊には正の渦度または高気圧型〔右まわり〕の動きが生じる．そのため陸棚波は大陸の西岸では極方向に，東岸では赤道方向に進む．

リクライン褶曲 reclined fold

褶曲軸面*の傾斜が10°から80°の間で，軸面上でのヒンジ線*のピッチ（レーク）*が80°以上の褶曲*．M. J. Fleuty (1964) が定義．

リサージェンス resurgence ⇒ 泉

リザーダイト lizardite ⇒ 蛇紋石

リシア雲母 lepidolite

リチウムを含む雲母*．$K_2(Li, Al)_{5-6}[Si_{6-7}Al_{2-1}O_{20}](OH, F)_4$；比重 2.8～2.9；硬度* 2.5～4.0；単斜晶系*；薄紫～灰色；結晶形*は小さい薄板状；劈開*は底面{001}に完全．リシア輝石*など他のリチウムを含む鉱物，十字石*や黄玉（おうぎょく）*など気成*鉱物をともなって後期段階のペグマタイト*に産する．リチウムの重要な鉱石鉱物*．

リシア輝石 spodumene

リチウムを含む輝石*．$LiAlSi_2O_6$；比重 3.0～3.2；硬度* 6.5～7.0；単斜晶系*；通常は灰白色，しばしば黄緑～緑色を帯びる，ときに紫色；透明～半透明；ガラス光沢*；結晶形*は角柱状でしばしば条線を示し，融食*されている塊状，柱状のこともある；劈開*は柱状{110}に完全，裂開{100}．リチウムに富む花崗岩*とペグマタイト*にリシア雲母*，電気石*，緑柱石*とともに産する．緑色の変種である黝輝石（ゆうきせき），ライラック色の変種であるクンツァイトは宝石*とされるが，それ以外はリチウムの鉱石鉱物*．

リシア電気石 elbaite ⇒ 電気石

リシテア Lysithea（木星Ⅹ Jupiter X）

木星*の小さい衛星*．直径24 km．

離水浜 raised beach

地殻*の隆起または海水準の低下の結果，現在の海岸線よりも高位に見られるかつての浜*．現在の海水準からの高さで記載し，そ

れに基づいて対比*することが多い．

リストリック断層 lystric fault（listric fault）
深部に向かって傾斜角が小さくなって，デコルマン*帯に移行している湾曲した断層*．上盤*は上に凹の断層面*に沿って下方に回転し，ロールオーバー*背斜*構造を形成することがある．リストリック断層は一般に伸張場で形成される．

リス/ビュルム間氷期 Riss/Würm Interglacial
アルプス地方における間氷期*．北ヨーロッパでのエーム間氷期*あるいはイギリス東部でのイプスビッチ間氷期*に相当する．最後の氷期*であるデベンシアン氷期*，ヨーロッパでのバイクセル氷期直前にあった最後の間氷期．

リス氷期 Riss
更新世*の4回の氷期*のうち3番目の氷期．名称はアルプス地方の川の名に由来．1909年，A.ペンク*とブルックナー（E. Bruckner）が設定．北ヨーロッパでのザーレ氷期*，イギリス東部でのウォルストン氷期*に相当すると考えられる．

リズマイト rhythmite
一連の周期的または律動的な堆積作用（⇒サイクロセム）によって形成され，規則的にくり返して累重する細粒砕屑物*の薄層からなる堆積岩．淡水環境に最も多く生成されるが，潮汐*作用によっても堆積する．⇒潮汐成リズマイト

リセッショナル・モレーン（後退堆石） recessional moraine ⇒ モレーン（堆石）

リソ- litho-
'石'を意味するギリシャ語 *lithos* に由来．'岩石または石にかかわる'を意味する接頭辞．

リゾコラリウム属 *Rhizocorallium*
食物を探し求めて穿たれたU字型の摂食痕．この属はとくにジュラ系*に多産する．リゾコラリウム属の生痕*は一般に長く，堆積面に対してほぼ並行かやや斜めに延びていることが多い．長さが1mに達するものも見られ，U字型の平行な管の直径は2〜3cmほどである．平行な管の間に繊細なスプライ

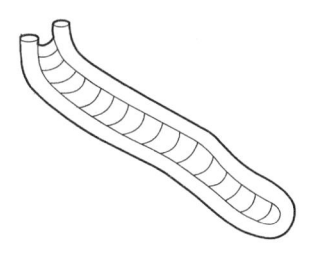

リゾコラリウム属

ト*構造が残されていることがあり，それにより生痕形成の方向を知ることができる．⇒定住摂食痕

リゾゾーム lithosome
岩相*の異なる岩体によって周囲をとりかこまれ，これに指交関係*で貫入されているほぼ均質な岩体．

リソタムニオン属 *Lithothamnion* ⇒ 紅藻類

リソフィーゼ lithophysae
ガラス質*ないし非顕晶質*の珪長質*火成岩*に見られる，同心円状の組織*をもつ径数cmの球顆*．通常は中空であるが，シリカ*やジオード*が二次的に充填していることもある．

リター litter（**L層** L-layer）
土壌*最表層部を占める植物遺骸（リター落葉枝）の集積層．

リッカー波動 Ricker pulse
理想的な粘弾性*媒質中を地震波*が通過することによって発生する波動．その減衰*は振動数*の二乗に比例．

陸橋 land bridge
ベーリング海峡を横断してアラスカとシベリアをつないでいたベーリング陸橋のように，2つの陸塊，とくに大陸をつないでいる乾陸．これによって一方の陸地から他方への動植物の移動が可能となる．大陸移動が広く受け入れられる前には，今日遠く隔たっている大陸間での動物群*や植物群*の類似性を説明するうえに，陸橋を想定することが多かった．最近の造構造運動*やフランドル*海進*によって失われた，これより小規模な陸域のつながり，たとえばフランス北部とイングランド南東部間の連絡にもこの語が使われ

る.

リッジ-ランネル地形　ridge and runnel

海岸線に平行で非対称的な峰（リッジ）とそれにはさまれた幅100～200 mの浅い凹地（ランネル）がくり返す海底地形．メソタイダル*またはマクロタイダル*の前浜*に発達する．中程度のエネルギーの波が作用し，堆積物の供給が豊富で平坦な浜*に発達しやすい．

立体映像　stereoptic vision

実体鏡*で見ることにより，視差*のため左右それぞれの目の網膜に異なる像が結ばれて得られる，奥行きと立体感を有する映像.

立体写真　stereophotography

被写体（たとえば化石*）をわずかに角度を変えて撮影した2枚組みの写真．2つの写真を実体鏡*で見ると三次元像が得られ，通常の写真よりも詳細な観察が可能となる．

リッチモンディアン階　Richmondian

北アメリカにおけるオルドビス系*，上部シンシナティアン統*中の階*.

律動的な堆積作用　rhythmic sedimentation ⇒ サイクロセム

リッパビリティー　rippability

運搬できる大きさに岩盤を機械的に割るうえでの割りやすさの尺度．リッパビリティーは岩盤の地震波速度*と比例し，速度が一般に2 km/秒以下の岩石は割りやすい．

リップル　ripple　（リップルマーク　ripple mark）

流水，風，波の作用によってつくられる小規模な砂*の峰．波長（リップルの峰の間隔）は通常50 cm以下，高さは20 cm以下．形態はリップル指数*（波長/振幅比）で表される．リップルが移動することによって砂層に斜交葉理*がつくられる．⇒ デューン砂床形

リップル指数　ripple index

波長/振幅比によって表されるリップル*の対称性の尺度．流水がつくるカレント・リップルは下流側の急な順走斜面*と上流側の緩い逆走斜面*をもち，8～20で非対称的．風によるリップルははるかに平たく，高さ1 cm程度で指数は30～70．波によるリップル（⇒ ウェーブ・リップル）の断面はこれらより対称的で，指数は4～16．

リップル対称度指数　ripple-symmetry index

リップル*の逆走斜面*の幅と順走斜面*の幅の比．波によるウェーブ・リップル*では2.5以下．流水がつくるカレント・リップルでは3.0以上．

リップル・トレーン　ripple train

地表または層理面*上に発達している多数のリップル*の列．

リップル漂移斜交葉理　ripple-drift cross-stratification

斜交葉理*の一形態（クライミングリップル斜交葉理とも呼ばれる）．クロスセットの境界が前置層*と反対方向に傾斜しているため，1つのセットが下位のセットの上を登っていくような印象を与える．リップル*の逆走斜面*が保存されていることもある．堆積物の供給が十分な場合に形成され，セットが登はんする角度は堆積速度に比例する．

立方晶系　cubic (isometric) system

7晶系*の1つで，対称要素を最も多く含むもの．4回対称軸で特徴づけられ，たがいに直交する長さが等しい3本の結晶軸*で表される．⇒ 結晶の対称性

立方体　cube

正六面体の結晶*形態．たがいに直交する長さが等しい3本の軸で表される．

リニア属　Rhynia　（リニア亜門　Rhyniophytina）

初期の維管束植物*．スコットランド，アバディーンシャー地方（Aberdeenshire）に分布する下部デボン系*ライニーチャート（Rhynie Chert）から20世紀前半に報告された．リニア属は葉をもたない単純な植物で，水平の地下茎（根茎）とそこから上に延びる茎からできており，茎の先端に卵形の胞子嚢（⇒ 胞子）を付けていた．匍伏する水平の軸を支えるのは真の根ではなく根茎である．この属には，リニア・グインヴァーガニィ R. gwynne-vaughanii（高さは20 cm以下）とリニア・マジョール R. major（高さ20～50 cm）の2種類が知られていた．最近の研究では，リニア・マジョールはリニア・グインヴァーガニィとは枝の分岐パターンが

異なっており，また維管束植物とみなすうえに不可欠な仮導管も欠いている．このためリニア・マジョールは類縁不明の新しい属に移され，現在ではアグラオフィトン・マジョール Aglaophyton major と呼ばれている．⇒ クックソニア・ヘミスフェリカ；古生マツバラン目

リバーバレーション reverberation (ringing)

地震波形線*に現れるくり返し現象．短経路の多重反射波*によって生じる．

リビィ，ウィラード・フランク (1908-80) Libby, Willard Frank

カリフォルニア大学の化学教授，地球物理学研究所長．炭素14による堆積物と古器物の年代測定法を開発した．その方法は1952年に出版された『放射性炭素年代測定法』(*Radiocarbon Dating*) に解説されている．

リヒター削剥斜面 Richter denudation slope

主として岩石崩落*によって速い速度で後退しつつある崖の基部に発達している斜面．斜面は基盤岩がつくる崖から，崖錐*堆積物の安息角*をもって一様な勾配で下っている．崖が崩落して後退するたびに，崩落物質が古い崖錐の上に蓄積するため，崖の基部はこれによって埋められてしだいに高くなっていく．崖錐が除去されないかぎり，基盤岩の斜面はその下に隠されたままとなっている．名称は1900年にアルプス地方でこの地形を記載したリヒター (E. Richter) に因む．

リヒター，チャールス・フランシス (1900-85) Richter, Charles Francis

アメリカの物理学・地質学者．対数尺度で表した地震のマグニチュードを考案，1927年に提唱した後，グーテンベルク*の協力を得て改良を加えた．グーテンベルクとともに世界の最大級地震を研究して地震学に貢献した．⇒ リヒター・マグニチュード尺度

リヒター・マグニチュード尺度 (M) Richter scale

地震波*の振幅を用いて地震の大きさを表す尺度．振幅は震源*の深さ，観測地点と震源の距離，地震波の伝播経路，震源と観測地点の局地的な地質条件に依存するので，マグニチュードの算定にはいくつかの計算が必要となる．浅発地震のマグニチュード (M) は，観測地点の位置にかかわらず次の式で与えられる．$M = \log(A/T) + 1.66 \log \Delta + 3.3$．$A$ は最大振幅，T は周期，Δ は震央*と観測地点との間の角距離．深発地震については，20秒周期のレイリー波*を用いて，$M = \log(A/T) + af\Delta h + b$ で与えられる．h は震源の深さ，a と b は各観測地点ごとに経験的に定められた定数．

リーフ reef

オーストラリアや南アフリカにおける古い砂金鉱床*．

リフェアン紀 Riphean

中期原生代*中の紀*．年代は約 1,675〜825 Ma でシニアン亜代*の前．ロシアでは上限を約 680 Ma としている．

リプチナイト liptinite ⇒ 石炭マセラル群

リフト rift

1．かつて一体であった2つの地塊を隔てる裂け目または割れ目．⇒ リフトバレー．
2．花崗岩*体中でシーティング〔sheeting；地表面とほぼ平行している節理*〕に斜交ないし直交している裂け目を指す採石業用語．

リフトバレー rift valley

2本またはそれ以上の断層*によって両側を限られ，広域的な規模で長く延びている凹地．陸上のリフト*の多くはアルカリ火山活動*をともなう．両縁が隆起して外側に傾斜しているため砕屑性*堆積物に欠け，湖を抱えていることが多い．東アフリカ・リフトバレーは壮大な例．ウィルソン・サイクル*における海洋発達の胚芽的な段階にあるとみなされるものがあるが，'未発達リフト'のままで終わり，堆積物に充填されてオーラコジン*となっているものもある．緩慢に拡大している海嶺*の軸に沿って発達しているリフトバレーは中軸谷*（中軸リフト，軸谷）と呼ばれ，玄武岩*マグマ*の生成をともなっている．チベット・リフトは，インドが北方のアジアに接合してチベットの地殻*が厚くなり水平に広がった結果生じた，ウィルソン・サイクル末期のリフト．地溝*はリフトバレーの同義語．この語は，地形に現れてい

るか否かにかかわらず、また、堆積物に充塡されているものも含めて、断層によって限られているあらゆる規模の狭長な凹地にも用いられる。

リーベック閃石 riebeckite
アルカリ角閃石*の一種。$Na_2(Fe^{2+}{}_3 Fe^{3+}{}_2)[Si_4O_{11}]_2(OH,F)_2$；藍閃石* $Na_2(Mg_3Al_2)[Si_4O_{11}]_2(OH,F)_2$ となす系列の端成分*；比重3.43；硬度*5；暗青緑または黒色、微小な角柱状または大きいポイキリティック*な角柱状の半自形*結晶*をなす。アルカリ火成岩*、とくに花崗岩*にエジリン輝石*とともに産する。繊維状のリーベック閃石（クロシドライト、別称青石綿）は塊状アイアンストーン*が変成作用*を受けて生じる。細かいシリカ*を含むものは猫目石とか虎目石と呼ばれる準貴石。

リベッチオ libeccio
冬季に地中海中央部に嵐をもたらす局地的な南西風。

リボン状火山弾 ribbon bomb ⇨ 火山弾

リボン碧玉（-へきぎょく） ribbon jasper ⇨ 碧玉

リマ rima
火星*面上のリル*（裂け目）。ブラッドレー・リマ（Rima Bradley）、シルサリス・リマ（Rima Sirsalis）など。

リミュルス属 *Limulus* ⇨ 鋏角亜門（きょうかく-）

リモートセンシング remote sensing
観測対象に実際に接触することなくデータを収集する技術。レーダー*、ソナー*、分光器*などの機器を使用したり、空中写真*や衛星写真*を利用する。⇨ バイスタティック・レーダー；画像化；レーザー測距；偏光測定；レーダー高度測定；放射測定；電波掩蔽

リモールディング remoulding
粘土*が攪乱を受けて剪断強度*を失い、圧縮強度*を獲得する現象。

リャザニアン階 Ryazanian
イギリスにおける下部白亜系*中の階*。ベリアシアン階*にほぼ対比され、最上部パーベッキアン階*を含む。

流（りゅう） flow ⇨ 河岸満水流量；基底流量；クイックフロー；層流；フルード数；地下水流；中間流出；等流；表面流出；伏流水；乱流；臨界流

-竜 saurian
広い意味でトカゲ様の動物を指し、絶滅*した爬虫類*の化石*の名称に広く用いられている。

硫安鉛鉱 jamesonite [毛鉱（もうこう）feather ore]
硫化物鉱物*。$Pb_4FeSb_6S_{14}$；比重5.6；灰黒色；金属光沢*；塊状、繊維状または羽毛状の針状結晶*。他のアンチモン硫化物とともに鉱脈*に産する。

流域起伏率 drainage basin relief ratio
流域の起伏特性を表す指標（Rh）。$Rh=H/L$ で表される。H は流域中の最高点と最低点の高度差、L は本流に平行な方向に測った流域の最大辺長。起伏率は流域からの物質運搬速度の尺度となり、両者には正の相関がある。

流域形状計測 drainage morphometry（形状計測解析 morphometric analysis, ホートン解析 Horton analysis）
流域内の流路*の区間〔谷頭から1次上の流路との合流点までの区間〕を次数分けした流路次数に基づいて、水系網におけるさまざまな数値（無名数、たとえば分岐比）を計算すること。

流域形状指標 drainage basin shape index
流域の形状を表す指標で2種類ある。いずれも流域についての2つの数値の比で表される。1つは環状係数 C で、$C=A_b/A_c$ で表される。A_b は流域面積、A_c は流域の周囲長と同じ円周の円の面積。もう1つの指標は形状要素 F で、$F=A/L^2$ で表される。A は流域面積、L はその最大辺長。これらの指標は流域における洪水予測に役立つ。

流域地形計測 drainage basin morphometry
流域の地表形状と水系網を計測すること。地形形状については面積、形態、勾配、起伏量が主要な要素となるが（⇨ 流域形状指標；流域起伏率）、水系網ではその構成流路と相互の関係が重視される。⇨ 水系網解析

硫塩 sulpho-salt ⇨ 硫化物鉱物

流華石 flowstone ⇒ 滴石

硫化物鉱物 sulphides

　硫黄（S）が1つまたはいくつかの金属元素と結合している鉱物のグループ．単純な硫化物鉱物には，方鉛鉱*（PbS），閃亜鉛鉱*（ZnS），黄鉄鉱*（FeS_2）がある．2個の陽イオン*が結合しているものに黄銅鉱* $CuFeS_2$，硫黄が金属，半金属または非金属元素と結合している複雑な複硫化物または硫塩に，四面銅鉱* $Cu_{12}Sb_4S_{13}$，硫砒銅鉱 Cu_3AsS_4（または $3Cu_2S \cdot As_2S_5$）がある．

粒間間隙 intergranular pore ⇒ 間隙

粒間すべり grain boundary sliding ⇒ クリープの機構

粒間転位 intergranular displacement

　岩石中で粒子が個々に転位すること．これによって塑性変形*が進み，永久歪*が発生する．

硫気活動 solfataric activity

　若い火山岩*体から硫黄に富む高温のガスが静かに放出される現象．名称はイタリア，ナポリ北方の，多数の硫気孔を抱えるソルファタラ火口（Solfatara crater）に由来．放出ガスが大気によって冷却されると，塩化物，硫黄，赤鉄鉱*など多くの鉱物*が沈積する．

隆起説 enation theory

　シダ植物*の葉がいかにして進化したかを説明する学説で，それによると，単純な茎の表面突起（隆起）が発達して葉になったと考えられる．この説であれ，他の説であれ，シダ植物の葉の進化に関する説は，分岐した葉脈をもつ大葉と，1～2の葉脈をもつにすぎない小葉の発達をあわせ説明する必要がある．

竜脚亜目 Sauropoda

　ジュラ紀*および白亜紀*に生存した四足歩行の草食性恐竜*．このなかには，復元骨格が26.6mに達する，上部ジュラ系から産出したディプロドクス属 *Diplodocus* も含まれる．この属は一時，史上最大の陸生動物とされていたが，後にこれより大きい竜脚類が見つかっている．アメリカとタンザニアの上部ジュラ系から知られているブラキオサウルス属の体重はおよそ80トンと見つもられており，スーパーサウルス属は体高が15mで全長はおそらく30mに達したと考えられる．竜脚類に含まれるアパトサウルス属*（よく知られているブロントサウルス属はアパトサウルス属の新参異名*）はディプロドクス属よりも体長は短いが，骨格はそれよりがっしりとしていた．

琉球海溝 Ryukyu Trench

　フィリピン海プレート*とユーラシア・プレート*の境界をなす海溝*．フィリピン海プレートはユーラシア・プレートの下に斜めに沈み込んでいる．

粒　形 particle shape (grain shape)

　粒形は粒子の長軸，中間軸，短軸の相対的な大きさにより定義される．中間軸/長軸比と短軸/中間軸比によって次の4クラスに分けられる：偏球状*（板または円盤），長球状*（棒），刃状*，等粒状*（立方体または球）．

粒径（粒度） particle size (grain size)

　砕屑性*堆積物*または堆積岩*をなす粒子*の直径または体積．粒径の決定は，ふるい分け，沈降速度の測定，（中礫，大礫，巨礫については）個々のクラスト*の直接測定によっておこなう．小さい粒子の粒径は球相当径，すなわち粒子と同体積の球の直径によって定義されることが多い．粒度の分類は無数にあるが，アデン-ウェントウォース尺度（ウェントウォース尺度ともいう）とイギリス標準分類法の2つが広く使われている〔日本では前者〕．アデン-ウェントウォース尺度での粒度階級は，>256mm，巨礫；64～256mm，大礫；4～64mm，中礫；2～4mm，細礫；62.5μm～2mm，砂；4～62.5μm，シルト；<4μm，粘土．イギリス標準分類法では，>200mm，巨礫；60～200mm，大礫；2～60mm，礫；600～2,000μm，粗粒砂；200～600μm，中粒砂；60～200μm，細粒砂；2～60μm，シルト；<2μm，粘土．⇒ ファイ・スケール

竜　骨 carina (1), keel (2)

　1． アンモノイド類（亜綱）*の腹側*外周の中央に見られる峰状隆起．**2．** 飛翔性鳥類の，胸骨から前方へ突き出た隆起部．大型化した胸筋がこれに付着する．

硫酸鉛鉱 anglesite

鉛の二次鉱物*．$PbSO_4$；比重 6.3～6.4；硬度* 3；斜方晶系*；通常，無色～白色，ときに黄，灰色あるいは帯青色；条痕* 白色；ダイヤモンド光沢*；結晶形* は板状，角柱状，錐状，あるいは塊状または緻密な粒子集合体をなす．鉛鉱床* の酸化帯に産し，方鉛鉱* を核としてとりかこんでいることが多い．

硫酸塩鉱物 sulphates

硫酸塩からなる鉱物のグループ．SiO_4^{2-} 基がさまざまな金属陽イオン* と結合している．たとえば，重晶石* $BaSO_4$，天青石* $SrSO_4$，硫酸鉛鉱* $PbSO_4$，硬石膏* $CaSO_4$．石膏* $CaSO_4 \cdot 2H_2O$ は数多い水和硫酸塩鉱物中で最も普遍的な鉱物；硫酸塩鉱物は通常，軟らかく硬度* は3程度，無色～白色，塊状または土状であるが，結晶* しているものは板状．低温型の鉱物で，熱水* 脈中に脈石鉱物* として，また蒸発岩* の化学的沈殿物として産する．

粒　子 grain

砕屑性* の鉱物* または岩片．〔英語の particle と grain はいずれも粒または粒子と邦訳されるが，grain は砂* 大の粒子を指す．〕

粒子間間隙 interparticle porosity ⇨ チョケット-プレイの分類

粒子支持 grain-support

粒子がたがいに接触し，岩石または堆積物* の枠組みをつくっている堆積組織*．→ 基質支持

粒子速度 particle velocity

地震波* が伝播している媒質中における粒子の速度．地震波の振幅に依存し，弱い地震では 10^{-8} m/秒のオーダー．→ 地震波速度

粒子粗度 grain roughness ⇨ 底面粗度

粒子内間隙 intraparticle porosity ⇨ チョケット-プレイの分類

粒子密度 particle density

単位体積の土壌* 粒子の重量．通常，立方センチメートルあたりのグラムで表す．⇨ 嵩密度（かさ-）

流出涵養河流 influent stream ⇨ 得水河流

粒　状 granular

1. 径 0.05～10 mm の粒子からなる火成岩* の等粒状* 組織* に冠される．2. いくつかの粒子からなる鉱物* 集合体の形態に冠される．粒径がほぼ等しい鉱物集合体の組織は等粒状を呈する．

粒状化 granulation

変形の過程で，結晶* が粒径のほぼ等しい小さい粒子に粉砕されること．これによって粒子は個々に回転することができるようになる．この現象は花崗岩* 質岩類の塑性変形* でふつうに見られる．

粒子流 grain flow

砕屑物* が粒子間の接触のみによって支持され，重力に従って移動する現象．砕屑物が水の乱流* によって支持され，重力に従って移動する乱泥流（混泥流）* とは異なる．

流　星 meteor

地球の気圏* に進入した流星物体* が放つ一瞬の明るく輝く光条．物体は地上に到達するまでに燃えつきる．'流れ星' の名で親しまれている．極端に明るい流星は火球* と呼ばれる．→ 隕石

流星物体 meteoroid

太陽系* 中の小さい地球外物質．太陽をめぐるその軌道が地球の軌道* と交差している場合には地球の気圏* に進入することがある．気圏に進入した流星物体が流星*，そのうち地表に到達したものが隕石*．

流　線 streamline

流動中の流体におけるすべての点で流れの方向を示す仮想の線．

流線形 streamline

流体中を移動する物体が流体から受ける抵抗が最小となるような形．

流速計 anemometer

流速の測定をするための計器．気象観測では風速を測定する．風によって回転するタービンの回転速度，あるいは羽根によって風に向けられた管を通過する風の圧力を測定して風速を求める．前者は回転カップ式風速計，後者は圧力管式風速計．

流体包有物 fluid inclusion

結晶作用あるいは再結晶作用* の過程で結晶* 中に取り込まれた微量の液体および/ま

たは気体．流体包有物中に含まれる固相は次のいずれか．(a) 流体とともに取り込まれた鉱物粒子．(b) 包有物が取り込まれた後に，流体が周囲の鉱物と反応して，あるいは温度が降下するにつれて流体から晶出して生じたもの（娘鉱物と呼ばれる）．これから流体包有物を含む鉱物結晶の生成温度が見つもられる．

流動化 fluidization

微細粒子からなる粉体中に気体を通過させ，流体のように流動する固相-気相混合物をつくること．これによって化学反応が促進される．気体速度が高いほど混合物の体積と流動速度が増す．このようにしてつくられた泡相は固体粒子を運搬して上昇する．流動化は石炭焚きの火力発電所でおこなわれるほか，天然でも火山噴火*に際して起こり，火砕流*やサージ*を発生させる．火砕流が100 km以上もの距離を高さ数百mの障壁地形をのり越えて移動するのはこの現象による．

流動圏（アセノスフェア） asthenosphere

岩石圏（リソスフェア）*の下にあって上部マントル*中の強度が低い領域．100 MPaのオーダーの応力*に対して岩石が塑性変形*する．上部マントルの地震波*低速度帯*にあたると一般に考えられているが，このことが確実であるのは海洋部分のみであるらしい．粘性は$10^{21～22}$ポアズのオーダーで下位のマントルと同程度であるが，上位の岩石圏よりははるかに'流体的'である．この領域は地殻*のアイソスタシー*性の動きを調節しているものと解釈されたが，現在ではマントル対流*が起こっている部分とみなされている．沈み込み帯*における震源の深度分布から対流の下降肢は上部マントル/下部マントル境界直上の700 kmにまで達しているものと考えられる．対流上昇肢の上の地表は拡大軸となっている（海洋中央海嶺*）．

流動褶曲 flow fold

主に地層*内の連続的な単純剪断*または粘性*流動により，地層が液体中の層流*に類似した変形を起こして生じた褶曲*．プチグマティック褶曲*の同義語として使用されることがある．

流動劈開（-へきかい） flow cleavage

スレート劈開*と片理*の中間的な性状をもつ劈開*．劈開の形成様式にかかわる語であるので，劈開の記載に用いるべきではないとの指摘があり（たとえば，C. McA. Powell, 1979），あまり使われなくなっている．

粒度分析 granulometry

粒径（粒度）*を測定し，粒度分布を求めること．

流 入 influx

堆積物，流体，鉱化溶液，その他の物質が入り込んでくること．

竜盤目 Saurischia（**竜盤目恐竜** saurischian dinosaur）

'トカゲの腰をもつ'恐竜*で，2つある恐竜の目の1つ．二足歩行する肉食性獣脚亜目*と，四足歩行する草食性竜脚亜目*からなる．獣脚類は知られている最大の陸生肉食性動物を，竜脚類は最大の陸生動物を生み出した．

硫砒鉄鉱 arsenopyrite (mispickel)

鉱物．FeAsS；比重5.9～6.2；硬度* 5.5～6.0；単斜晶系*；銀灰～白色でしばしば鈍い色調を呈する；条痕*暗緑～黒色；金属光沢*；結晶形*は角柱状でしばしば条線をもつ，ときに粒状，塊状；劈開*は{101}に顕著．高～中温鉱脈*中に金，錫・タングステン鉱石*，方鉛鉱*，石英*とともに産するほか，石灰岩*，苦灰岩*，片麻岩*，ペグマタイト*中の鉱染鉱物として産する．殺虫剤，染料などの化学物質，皮革処理剤に用いる砒素化合物の主要な原料．

硫砒銅鉱 enargite

硫化物鉱物*，Cu_3AsS_4；ファマチン鉱Cu_3SbS_4を他の端成分*とする同形置換鉱物*系列の端成分；比重4.5；硬度*3；暗灰色；金属光沢*．銅に富む鉱床*中で他の硫化物鉱物と共生する不定形の粒子として産する．

流紋岩 rhyolite

細粒の噴出岩*．糖粒状の組織*をもつものが多い．主成分鉱物*は石英*，アルカリ長石*および1種以上の鉄苦土鉱物*．アルカリ流紋岩が最も普遍的な型で，黒雲母*，

(土) 輝石* を含み，カルクアルカリ岩* 区で見られる．過アルカリ* 流紋岩は，アルカリ輝石* (エジリン輝石*, エジリン質普通輝石*) とアルカリ角閃石* (リーベック閃石*, アルベゾン閃石*) によって特徴づけられ，海洋島と大陸地殻* リフト* でアルカリ岩* 系列の端成分* をなす．

流紋石英安山岩（流紋デイサイト）rhyodacite

アダメロ岩* の鉱物組成と化学組成によって特徴づけられる細粒の噴出岩*．ほとんどが石英* と斜長石* の斑晶* を含む斑状組織* を示す．1897年，ワシントン (H. S. Washington) がイタリア，トスカニー地方産のこの組成をもつ岩石を'トスカナイト'と呼んだが，この名称は現在ではほとんど使用されていない．流紋石英安山岩は沈み込み帯* で見られ，カルクアルカリ岩* 系列に属する．

流 量 discharge

河川の水位観測点*，下水処理場，地下水* 抜き取り井戸など，特定の地点で測定した水流の量．対象とする水流に応じた単位で表す．河川流量は毎秒あたりの立方メートル (cubic metres をキューメック cumecs と略称することがあるが，これは誤り），試錐孔* で測定した地下水流量は簡便に毎秒あたりのリットルで表す．

流量曲線 discharge hydrograph ⇒ ハイドログラフ

流量計 flowmeter

流体の流速，圧力などを測定する装置．

流路（チャンネル）channel

地表の流水や地下の流水が集中する線状のルート（ただし水は布状流として広い平坦な地表に広がって流れることもある）．通常，底が凹型のくぼみをなす（たとえば，河川流路，海底扇状地チャンネル）．平面形は，うねっているもの，交錯しているもの，直線状のものなどさまざまで，幅：深さの比は極めて多様．⇒ 網状流；蛇行

流路洪水 stream flood ⇒ 射流洪水

流路埋積堆積物 channel fill

流水の運搬物質が流路* を充塡して堆積したもの．あるいは放棄された流路を埋積している堆積物*．⇒ 多層砂体

リュータイト lutite ⇒ アージライト

リュネット（粘土砂丘）lunette

塩湖* の周囲に見られる，砂* 粒大の粘土* 球からなる風成砂丘*．

離 溶 exsolution

不混和．鉱物* の均質な固溶体* には高温でのみ安定なものがあり，これが低温で不安定となってある温度で2種の鉱物に分離すること．その結果分離した2つの鉱物の連晶が生じることになる．たとえば，パーサイト* はナトリウム長石* とカリ長石の連晶である．この過程で鉱物系への物質の出入りはともなわない．

菱亜鉛鉱 smithsonite（異極鉱 calamine）

鉱物．$ZnCO_3$；比重4.4；硬度*4.5；三方晶系*；色はさまざま，灰，褐，灰白色を帯びる，ただし緑，褐，黄色のものもある；条痕* 灰色；ガラス光沢*；結晶形* はまれで結晶面* が湾曲した菱面体，ぶどう状，鍾乳石* 状のことが多い；劈開* は菱面体状に完全．亜鉛鉱床* の酸化帯に通常，閃亜鉛鉱*，方鉛鉱*，方解石* をともなって産するほか，石灰岩* の交代* 鉱物として，あるいは熱水* 鉱脈* に産する．希塩酸に溶解して発泡．緑色を呈する変種は飾り石となる．英語名称はイギリス人鉱物学者ジェームス・スミソニアン（James Smithson；ワシントン DC のスミソニアン研究所の創設者）に因む．

両位- amphidetic

二枚貝類（綱）* の靱帯の位置が殻頂* の両側にある場合を指す．→ 後位-

両円錐形 biconical

腹足類（綱）* の殻形態を表す語で，2つの円錐を底面でくっつけたような殻形を指す．螺塔（らとう）* が1つの円錐，最後につくられた螺層である体層がもう一方の円錐をなす．

両凹- amphicoelous

脊椎* 骨の前後両側がへこんでいる状態を表す．→ 鞍状関節

両錐体 bipyramid (dipyramid)

結晶学：垂直の c (z) 結晶軸* と，水平の a (x) 軸と b (y) 軸の1つまたは両方を切る三角形の結晶面* からなる立体を錐体と

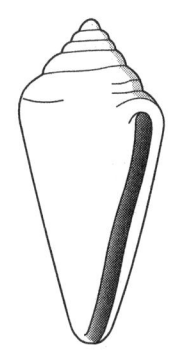

両円錐形

いう．一般に'bi-'という接頭辞は，結晶面が対称面によりくり返している状態を指す．'di-'は結晶面が2回対称軸を有することを意味する．

両生綱　Amphibia（両生類　amphibians）

デボン紀*に出現し，石炭紀*からペルム紀*にかけて進化を遂げた脊椎動物*の綱で，葉状の鰭をもつ魚類である扇鰭類（せんき-）*から進化した．三畳紀*になると，マストドントサウルス属 *Mastodontsaurus* など体長が6mに達するものも現れた．最初の現代型両生類が出現したのも三畳紀である．現在生きている両生類には3つのグループがある．そのうちの有尾目（Urodela；サンショウウオの仲間）と無尾目（Anura；カエルの仲間）はよく知られている．3つ目のカイキリア類 caecilian（Apoda；無足目）はミミズ様で，孔を堀って生活している．ほとんどの両生類が湿った環境に生息し，南極大陸以外の大陸で見られる．

菱鉄鉱（シデライト）　siderite（chalybite, spathose iron）

鉱物．$FeCO_3$；比重3.8〜4.0；硬度*3.5〜4.5；三方晶系*；灰〜灰褐または黄褐色，純粋なものは半透明；条痕*白色；ガラス光沢*；結晶形*は菱面体で結晶面*が湾曲，ただし塊状，粒状，繊維状，緻密，ぶどう状のこともある；晶癖*は土状；劈開*は菱面体状｛1001｝に完全；裂開は不均等．堆積岩*とくに粘土岩*と頁岩*に含まれていることが多く，結核*をなしたり粘土*をアイアンストーン*化している．このほか，熱水*鉱脈*に脈石鉱物*として，黄鉄鉱*，黄銅鉱*，方鉛鉱*などの金属鉱石*とともに，また石灰岩*に交代*鉱物として産する．低温の希塩酸にゆっくりと溶解し，熱すると発泡する．

両　尾　diphycercal tail

魚類の尾鰭の原型と考えられているタイプ．体の中軸によって腹側*と背側*に等分されている尾鰭．

菱マンガン鉱（りょう-）　rhodochrosite

鉱物．$MnCO_3$；比重3.4〜3.7；硬度*3.5〜4.5；三方晶系*；半透明でローズピンク色，ときに淡灰〜褐色，空気にさらすと褐〜黒色の膜が生じる；条痕*白色；ガラス光沢*；結晶形*はまれで，菱面体，犬牙状，通常は塊状または粒状；劈開*は菱面体状に完全．銀，鉛，銅を含む熱水*鉱脈*に，また変成作用*や交代作用*を受けた堆積岩*に酸化マンガンの変質*鉱物として産する．高温の希塩酸に溶解して発泡．鉄・マンガン工業，化学工業の原料．

菱面斜方十二面体　rhombdodecahedron (rhomic dodecahedron)

12の結晶面*からなる結晶形*．4本の3回対称軸をもつ．各面は菱形で2本の結晶軸*と交わり，他の1本とは平行（110）．

菱面体　rhombohedron

6つの結晶面*からなる閉形*の結晶形*．三方晶系*に属する．垂直の$c(z)$結晶軸*のまわりに上下にそれぞれ3つの面が配列．3本の水平軸は各稜と中点で交わる．方解石*にこの形態をとるものが多い．

緑鉛鉱　pyromorphite

ざくろ石*族の鉱物．$Pb_5(PO_4)_3Cl$；比重3.51；硬度*6.0〜7.5；六方晶系*；黄，緑，褐色を帯びる；条痕*白色；ガラス光沢*；結晶形*はしばしば中空の角柱状または樽形で，集合体や皮膜をなす，ただし粒状，繊維状，球状をなすこともある；劈開*は角柱状に微弱．鉛鉱物を含む鉱脈*の酸化帯に，二次鉱物*としてミメット鉱，硫酸鉛鉱*，方鉛鉱*とともに産する．

緑色岩　greenstone

1．アクチノ閃石*，緑簾石*，曹長石*を含む低変成度*の広域変成岩*で，劈開*を欠

く．塩基性岩*の変成によって生成し，アクチノ閃石と緑簾石の成分は源岩中の鉄苦土鉱物*からもたらされる．アクチノ閃石と緑簾石により緑色を呈するため，この名がある．〔2．付加体*中に取り込まれている塩基性海洋火山岩*のフィールド用語．〕

緑色岩帯 greenstone belt
　長さが250 kmにも達する巨大な地質体．多くは始生代*のもの．花崗岩*貫入体*によって境された太古の火山性堆積盆地*を表すものと考えられている．地殻*の進化過程における重要なステージを示すもので，最近では背弧海盆*の残存物とみなされている．

緑色砂岩 greensandstone
　海緑石*に富む砂岩*および石灰質砂岩．イングランド南東部の緑砂統（Greensands）はゴールト階*をはさんで上部と下部に分けられる．

緑色片岩 greenschist
　緑泥石*に富み，曹長石，緑簾石*，絹雲母*を含む低変成度*の広域変成岩*．顕著な劈開*を有する．塩基性岩*の変成によって生成し，緑泥石の成分は源岩中の鉄苦土鉱物*からもたらされる．劈開に沿う破断面が緑泥石により緑色を呈するため，この名がある．

緑色片岩相 greenschist facies
　さまざまな源岩が同じ条件の変成作用*を受けて生じた変成鉱物組み合わせの1つ．源岩が塩基性岩*である場合には，緑泥石*-アクチノ閃石*-曹長石-緑簾石*-石英*の発達が典型的．これとは異なる組成の岩石，たとえば頁岩*や石灰岩*では，まったく同じ条件の変成作用によって，それぞれ独特の鉱物組み合わせが生じる．ある源岩組成から生じたさまざまな鉱物組み合わせはそれぞれを生み出した圧力，温度，水の分圧 $[P(H_2O)]$ の範囲を反映している．鉱物の圧力-温度安定領域についての実験によれば，緑色片岩相は大陸プレート*同士または海洋-大陸プレートの衝突帯*にともなう造山帯*に卓越する，中圧（4〜7 kb）・中温（400〜500℃）条件を表している．

緑藻門 Chlorophyta（**緑藻類** green algae）
　緑色をした藻類*からなる門．緑藻類は高等陸上植物と同様，基本となる色素としてクロロフィルaとクロロフィルbを，また細胞壁の主要成分としてセルロースをもち，貯蔵澱粉をつくりだす．そのため，陸上植物の祖先は緑藻類に属していたと考えられている．単細胞から複雑な多細胞植物まで，さまざまな形態をとる．今日生きている緑藻類の多くは淡水生で，世界的に分布している．緑藻類は先カンブリア累代*にすでに知られており，最初の真核生物*はこの門に属していたと考えられる．石灰質成分を分泌する海生の緑藻類は，カンブリア紀*以降の礁*性石灰岩*の形成に深く寄与してきた．化石として知られている緑藻類には，現生のサボテングサ Halimeda とカサノリ Acetabularia にそれぞれ似るパレオポレラ属 Palaeoporella とコエロスファエリディウム属 Coelosphaeridium などがある．⇒ 車軸藻綱

緑柱石 beryl
　硫酸塩鉱物*．$Be_3Al_2Si_6O_{10}$；比重2.6〜2.8；硬度*7.5〜8.0；六方晶系*；通常緑色，ときに青，黄，ピンク色；半透明〜透明；ガラス光沢*；結晶形*は六方角柱状で条線をもつことが多い，塊状のこともある；劈開*は底面 {001} に完全．花崗岩*，ペグマタイト*，雲母片岩*，片麻岩*の空洞にルチル*と共生して産する．ベリリウムの鉱石*．透明で緑色を呈する変種はエメラルド，青緑色のものはアクアマリン，ピンク色のものはモルガナイトと呼ばれる．

緑泥石 chrolite
　フィロ珪酸塩（層状珪酸塩）*鉱物の重要なグループ．$(Mg, Fe, Al)_6[(Si, Al)_4O_{10}(OH)_8$ で雲母*に似る；比重2.6〜3.3；柔軟で緑色；結晶形*は板状．緑色片岩相*の低変成度*変成岩*に，また火成岩*の鉄苦土鉱物*の変質産物として産する．このグループには，クリノクロア，デレッサイト，ペニナイト，塊緑泥石などの特殊な鉱物がある．セプテ緑泥石は化学組成が緑泥石に似る鉱物で，シャモサイト，アメサイト，グリーナライト，クロンステッタイトの4種類がある．

緑簾石　epidote（**ピスタサイト**　pistacite）
　造岩鉱物．$Ca_2(Al_2, Fe^{2+})Si_3O_{12}(OH)$．緑簾石族に属する．この族にはほかにゾイサイト*，クリノゾイサイト*，褐簾石*がある．比重3.4～3.5；硬度*6.5；単斜晶系*；通常はピスタチオグリーン色を呈するが，緑，黄，灰あるいは黒色などさまざまな色調を示す；ガラス光沢*．結晶形*は平行四辺形の短柱状であるが，棒状，立方体であることも多い．しばしば放射状，繊維状，柱状の集合体をなす．劈開*｛001｝に完全．熱水*作用を受けた岩石（とくに変質した塩基性岩*）や接触変成帯*に，石英*，緑泥石*，方解石*，硫化物*とともに産するほか，熱水変質の後期段階で分解する角閃石*などさまざまな鉱物を交代していることもある．

リル（リレ）　rille
　月面上の小さい谷．3つの型が認められている．(a) 直線リル．典型的なものは，幅1～5km，長さ数百kmで，周辺の地形との関連性を欠き，地球の地溝*に類似する．(b) 湾曲リルまたは弧状リル．直線リルに似た規模で，その一種．大きい環状盆地［たとえば湿りの海（Mare Humorum）］と同心的．(c) 曲線リルまたは蛇行リル．溶岩*流による熱的侵食によって形成されたもの．アポロ*15号が調査した，幅1.2km，深さ270m，長さ135kmのハドレー・リル（Hadley Rille）がその典型例．

リル（雨溝）　rill
　斜面上を水が流出することによって生じた小さい溝．

リルウォッシュ（雨溝侵食）　rill-wash
　リルを通じてなされる斜面侵食*．

リルバーニアン階　Lillburnian
　ニュージーランドにおける上部第三系*中の階*．クリフデニアン階*の上位でウェイアウアン階*の下位．セラバリアン階*にほぼ対比される．

理論形態学　theoretical morphology
　1つの生物グループがとりうるすべての形態と，現実にその生物グループに見られる形態の違いを解析する進化研究の1分野．現実の生物がどのような形態空間*を埋め，どのような形態空間を埋めていないかを明らかにすることで，生物の形態進化に対してさまざまな制約条件を示すことができる．

燐灰ウラン石　autunite
　二次鉱物*．$Ca(UO_2)_2(PO_4)_2 \cdot 10\text{-}12H_2O$；比重3.1；硬度*2.0～2.5；正方晶系*；通常明るいレモン～黄緑色；条痕*黄色；ガラス光沢*；結晶形*は外縁が四辺形の板状で，葉片～鱗片状の集合体をなす；劈開*は底面に完全；放射性；蛍光*を発する．鉱脈*の酸化帯に燐銅ウラン石*とともに産する．

臨界角（Θ_c）　critical angle
　伝播速度の異なる2つの媒質の境界面で屈折した波がその境界に沿って進むときの入射角*．2つの媒質の伝播速度をV_1，V_2（$V_1 < V_2$）とすると，スネルの法則*によって，$\sin \Theta_c = V_1/V_2$となる．

臨界減衰（μ_c）　critical damping
　振動や運動の停止に至る最小の減衰*．

燐灰石（アパタイト）　apatite
　広く分布する燐酸塩鉱物*．$Ca_3(PO_4)_3(F, Cl, OH)$；比重3.1～3.3；硬度*5；六方晶系*；ふつう帯緑灰または灰緑色，ときに白，褐，黄，青，赤色；条痕*白色；ガラス光沢*；結晶形*は多くは六角柱状，板状，ときに塊状，粒状；劈開*は底面｛0001｝，｛1010｝に角柱状で不完全．火成岩*の副成分鉱物*として産するほか，ペグマタイト*と高温型の熱水*脈，変成岩*にも産する．化石骨の主要な構成物質（⇒コロフェン）．燐酸塩肥料として広く利用されているほか，燐酸などさまざまな化学物質の原料となっている．

臨界剪断強度　peak shear strength　⇒剪断強度

臨界速度　critical velocity（**臨界侵食速度**　critical erosion velocity）
　流体が粒子を動かし始める最小の速度．

臨界点　critical point
　圧力にかかわらず気体が液化しなくなり，気体のように自由分子からなっていながら液体の密度を有する超臨界流体となる温度．水の臨界点は374℃で，水蒸気は0.022GPaの圧力で液化する．

燐灰土　phosphorite
　燐酸塩，通常はヒドロキシフルオルアパタ

イト炭酸塩 $Ca_{10}(PO_4CO_3)_6F_{2-3}$ に富む堆積岩*．燐灰土は堆積速度が極めて小さい海域の海底面近くでウーイド（魚卵石）*，ペレット*，生砕物*が初期続成変質（⇨ 続成作用）を受けて形成された団塊*または殻として，あるいは河性〜浅海性環境における骨格や魚鱗の集積物として産する．⇨ グアノ

臨界反射 critical reflection
　境界面に入射する光線の入射角*と反射角*がともに臨界角*に等しい反射．

臨界流 critical flow
　開水路*での流速が，障害物や凹凸によって生じる波の速度に等しい流れ．この状態ではフルード数*（Fr）＝1．Fr＜1で波の速度が流速を超えると波は上流に移動し，水は障害物の下流側に停滞することがある．このような水流を常流または低次流という．Fr＞1の水流（超臨界流，急流，射流）では波は上流側には現れず，河床の障害物の上に定在波*が生じる．天然の超臨界流は早瀬や滝で見られるのみであるが，流量測定用の堰*やフリューム*で人工的につくられる．

リンギュラ目 Lingulida（**リンギュラ綱*** class Lingulata，**腕足動物門*** phylum Brachiopoda）
　腕足動物門*のリンギュラ目は，有機質の層をともなうキチン燐酸質の殻*をもつ．従来は無関節綱*の目とされていたが，最近の分類法では，殻組成の違いに基づいて独立したリンギュラ綱*におかれている．殻は微細な有斑*か無斑（⇨ 有斑-**2**）で，太い肉茎*が殻後端部の，2枚の殻の間から出る．殻は蝶番*を欠く．リンギュラ目は通常海生であるが，塩分濃度*が低い環境でも生息することができるものもある．カンブリア紀*前期に出現．リンギュラ目の2つの上科のうち，リンギュラ上科はリンギュレラ属（⇨ リンギュレラ・ヴィリディス）と現存のリンギュラ属 *Lingula*（シャミセンガイ）を含む．もう一方の，オルドビス紀*とシルル紀*に生存したトリメレラ上科にはトリメレラ属 *Trimerella* やディノボラス属 *Dinobolus* が知られ，その殻内面には筋痕台がある．このグループは，おそらく霰石（あられいし）*からなる両凸型の殻をもっていた．

リンギュレラ・ヴィリディス *Lingulella viridis*
　最古の無関節腕足類*の1種で，現生のリンギュラ属 *Lingula*（シャミセンガイ）の種に酷似する．この種はイギリスの下部カンブリア系*から記載され，汎世界的に分布するリンギュレラ属に含められている．リンギュラ属は緩進化*を示す生物の例として知られている．

リングウッドの法則 Ringwood's rule
　電気陰性度*が大きく異なる2つの元素のあいだで結晶*のイオン置換*が起きる場合にはつねに，陰性度が低く強いイオン結合*をなす元素が選択的に組み込まれる，とする法則．

リンクル・リッジ wrinkle ridge（**月の海の嶺** mare ridge）
　月の海*をなす盆地の縁を同心円状にとりかこみ，数千kmにわたって延びている曲線状の幅広い高まり．高さ500 m，幅10 kmに達し，頂部には急斜面にはさまれた高さ200 m，幅2〜4 kmほどのせまい峰が発達する．圧縮性の地形で，海の溶岩*が沈降したことによる可能性もある．

鱗珪石 tridymite
　高温型のシリカ*鉱物（SiO_2）の一種．常圧では870〜1,470℃で安定．小板状の形態を呈する．火山岩*の気孔*中や石質隕石*

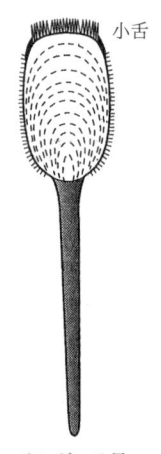

小舌

リンギュラ目

燐　光　phosphorescence
　ある種の鉱物*が，X線，紫外線*あるいは陰極線の照射を受けて光を発し，照射後も発光し続ける性質．（照射を止めると同時に光が消える場合は蛍光*と呼ぶ）．光の色は照射光の波長によって変化し，鉱物の原子配列構造内に痕跡量の有機物または陽イオン*が存在することによると考えられている．

リンコネラ目　Rhynchonellida（**リンコネラ類** rhynchonellids；**有関節綱*** class Articulata）
　嘴*の突き出た殻，発達した肉茎*，1組の三角板*にはさまれた三角孔*をもつ腕足類（動物門)*の目．殻はふつう無斑（⇨ 有斑 2)．オルドビス紀*中期に出現し，およそ250属が知られているが，その大半はすでに絶滅*している．

リンコライト　rhyncholite
　頭足類（綱)*の上顎と考えられている嘴状構造物の化石*．形状はおおむね偏菱形で，下面側がややくぼんでいる．前側の部分をフード，後側の部分をシャフトと呼ぶ．最も古いリンコライトは石炭紀*のもの．

燐酸塩鉱物　phosphate mineral
　主に無機燐酸塩（多くは燐酸カルシウム）からなる鉱物．燐灰石*，燐灰ウラン石*，モナズ石*，緑鉛鉱*，燐銅ウラン石*，トルコ石*，藍鉄鉱*，銀星石*．

輪状壁構造　ringwall
　望遠鏡で認められる，月面のクレーター*または海*をとりかこむ環状の壁．廃語となっている．

鱗鉄鉱　lepidocrocite　⇨ 針鉄鉱（ゲーサイト）

リンドグレン，ヴァルデマール（1860-1936）Lindgren, Waldemar
　スウェーデン生まれのアメリカ地質調査所研究員，後にマサチューセッツ工科大学教授．鉱床*の成因的分類（1913年）で知られる．熱水*による鉱床形成説を初めて提唱．

鱗片状構造　schuppen structure　⇨ 覆瓦構造（インブリケーション）

鱗竜亜綱　Lepidosauria　⇨ 双弓類（そうか-）

ル

累　界　eonothem
　地質年代単元*の累代*に相当する年代層序単元*．現在ではほとんど使用されていない．

類型的層序区分　typological method
　層序単元*を岩石の種類または含有される化石*によって記載すること．事実上，類型的に定義された帯*などの低い階層の単元．
→ 階層的層序区分

ルーイシアン階　Lewisian
　スコットランド北西部における原生界*中の階*．年代は約2,600～1,100 Ma．名称はアウターヘブリディーズ諸島のルーイス島に由来．

ルイシアン階　Luisian
　北アメリカ西海岸地域における上部第三系*中の階*．レリジアン階*の上位でモーニアン階*の下位．上部ランギアン階*と下部セラバリアン階*にほぼ対比される．

類質岩片　accessory lithics　⇨ 石質岩片

累　重　superposition　⇨ 地層累重の法則

累乗則クリープ　power-law creep（**転位クリープ** dislocation creep）
　応力*場で結晶転位*が移動して，規則的なパターン（多くは多角形）をつくることによって起こるクリープ*．

類人猿　ape
　もともと中世のころに北アフリカのバーバリザル（マカッカ・シルヴァヌス *Macaca sylvanus*）のことを'ape'と呼んでいたが（猿は，ラテン語で *simia*，ギリシャ語で *pithecus*），後にヨーロッパで知られていた他の霊長類にも用いられるようになった．その後，オナガザル類（尾をもった猿）がよく知られるようになると，'類人猿'という語は'尾のない猿'を意味するようになった．今日では小型類人猿（テナガザル）と大型類人猿（オランウータン，ゴリラ，チンパンジー，場合によってはヒト）からなるヒト上

科*のタクソン*を指す．

累進変形作用 progressive deformation

長期間にわたって応力*を受けている物体内部に歪*要素の増分が蓄積していくこと．物体内で蓄積した歪や回転が重ね合わされて最終的な歪形態（有限歪*）が形成される．

累積頻度曲線 cumulative percentage curve

各階級について，その階級での頻度にそれ以下のすべての階級における頻度の合計を加えてプロットしたグラフ．ふつうのグラフ紙にプロットすれば，曲線はS字型となる．半確率グラフ紙では累積頻度はそれぞれ勾配を異にする線分の連なりとして表現される．

累　層 formation

岩相層序学*で用いられる基本的な単元．累層区分は岩相*の特定の性状に基づいてなされる．累層の厚さは，露頭によって変化することがあるので，累層を設定するにあたって重要視されない．累層を細分したものは部層，いくつかの累層をまとめたものは層群．

累　代 eon

最高次の地質年代単位*で，いくつかの代*を含む．これに相当する年代層序単位*は累界*．1939年に，チャドウィック（G. H. Chadwick）が2つの累代を提唱した．若いほうが顕生累代*（生命の存在が明らかな時代）で，新生代*，中生代*，古生代*からなる．この名は現在も使用されている．これに先立つ累代は隠生累代*（生命が隠れている時代）と命名されているが，単に先カンブリア累代*または先カンブリア紀と呼ばれることのほうが多い．先カンブリア累代には，冥生代*（4,000 Maより以前），始生代*（4,000～2,500 Ma），原生代*（2,500～590 Ma）の3つの代が提唱されている．'先カンブリア累代' という語は頻繁に用いられているが，非公式*な名称である．

ルソフィカス属 *Rusophycus*

薄い砂層の下に形成されたと考えられる，休息痕*に含まれる生痕属*．

ルダイト rudite

礫質岩*と同義．

ルダーミアン層 Ludhamian

イングランド東部ルダーム（Ludham）の試錐孔*で得られた3層からなる堆積物のうち，最下部を占める前期更新世*温暖期の含貝殻砂質堆積物．⇒ アンチアン層；バベンチアン層；パストニアン階；サーニアン層

ルチノイド型 lucinoid

異歯亜綱*二枚貝類*（⇒ 異歯型）に2ある蝶番*鉸歯（こうし）型の1つ．ルチノイド型では各殻は2つの主歯*をもち，左殻よりも右殻に多くの側歯がある．→ シレノイド型

ルチル（金紅石） rutile

副成分鉱物*．TiO$_2$；鉄，ニオブ，タンタルを含む；比重4.2～5.6；硬度* 6.0～6.5；正方晶系*；通常は赤褐色，ときに帯赤黄または黒色；条痕*淡褐色；ダイヤモンド光沢*；結晶形*は通常，末端が錐形の角柱状；劈開*は錐形状 {110} と {100}．さまざまな火成岩*，片岩，片麻岩，変成*した石灰岩*，珪岩*に産し，沖積*堆積物や浜砂に濃集する．重要なチタンの鉱石鉱物*．

ルテティアン Lutetian

1．ルテティアン期：中期始新世*中の期*．イプレシアン期*（前期始新世）の後でバートニアン期*の前．下限の年代は50.0 Ma（Harlandほか，1989）．**2**．ルテティアン階：ルテティアン期に相当するヨーロッパにおける階*．上部ウラティザン階*と下部ナリジアン階*（北アメリカ），上部ヘレタウンガン階*，ポランガン階*，下部ボートニアン階*（ニュージーランド），ジョハニアン階*と下部アルディンガン階*（オーストラリア）にほぼ対比される．

ルドストーン rudstone ⇒ エンブリー-クローバンの石灰岩分類法

ルートゾーン root zone

ナップ*が由来したとみなされる地帯．広範な圧縮を受け，極端に低角度の構造と急傾斜の構造によって特徴づけられる．

ルドフォーディアン階 Ludfordian

上部シルル系*中の階*．ゴースティアン階*の下位．

ルナ Luna

1959年から1976年にかけて旧ソ連が実施した一連の月探査計画．

ルナー-A Lunar-A

日本の宇宙科学研究所*が1999年に打ち上げ予定の月探査機．月周回探査機と月面に置く機器一式からなる．

ルナー・オービター Lunar Orbiter

NASA*による月面地図作製用の探査機．1966年から1967年にかけて運用．

ルナンガン階 Runangan

ニュージーランドにおける下部第三系*中の階*．カイアタン階*の上位でウェインガロアン階*の下位．プリアボニアン階*にほぼ対比される．

ルバンテ levanter

ジブラルタル海峡域で吹く局地な東風．ジブラルタルロック〔Gibraltar Rock；標高426 mの岩山〕の風下側の気流中に発生し，定在波*をともなう．晩夏と秋に多く，高い湿気をもたらす．

ルビー ruby ⇨ コランダム

ルビジウム-ストロンチウム年代測定法 rubidium-strontium dating

^{87}Rb が ^{87}Sr に放射性崩壊*することを利用する放射年代測定法*．ルビジウムには2つの同位体*（^{85}Rb 72.15% と ^{87}Rb 27.85%）があるが，^{87}Rb のみが放射性．^{87}Rb は低エネルギーのベータ粒子を放出して ^{87}Sr に壊変する（⇨ ベータ崩壊）．この低エネルギー壊変の半減期（⇨ 崩壊定数）を見つもることが極めて困難であるが，2つの値（5.0×10^{10} と 4.88×10^{10} 年）が一般に用いられている．鉱物*が結晶化するときにはRbとSrのイオン*を取り込み，その量比は鉱物によって異なる．この鉱物生成時におけるSrは普通ストロンチウム（⇨ ストロンチウム同位体比初生値）と呼ばれ，通常，^{88}Sr 82.56%，^{87}Sr 7.02%，^{86}Sr 9.86%，^{84}Sr 0.56%の割合となっている．初期のころは，この割合から鉱物中で生じた放射性起源の ^{87}Sr の量を計算したが，今日では ^{87}Rb/^{87}Sr 比に対する ^{87}Sr/^{86}Sr 比をプロットしてアイソクロン*という直線をつくり，これから鉱物の年齢を求めるのが一般的となっている．^{87}Rb-^{87}Sr 法を用いる場合には，全岩試料を分析する（⇨ 全岩年代測定法）．それは，時間の経過とともに ^{87}Sr がある鉱物から隣の鉱物に抜け出しても，通常は岩石の中に留まっていると考えてさしつかえないからである．雲母*とカリ長石が ^{87}Rb-^{87}Sr 法に最も適した鉱物で，その結果を同じ試料についての ^{40}K-^{40}Ar 年代（⇨ カリウム-アルゴン年代測定法）と比較することが多い．^{87}Rb-^{87}Sr 法は古い変成岩*にとくに有効．

ルピション，シャビエ（1937-） Le Pichon, Xavier

ブルターニュ海洋センター出身のフランス海洋地質学者．1960年代後半にはアメリカで海洋底拡大*の機構を研究．球体上のプレート運動*の幾何学を解明し，6つの大きいプレート*が存在することを明らかにした．

ループシュテット亜間氷期 Lopstedt ⇨ ブレラップ亜間氷期

ループス rupes

直線状のエスカープメント*．古くから知られている例は，月の雲の海（Mare Nubium）にあるレクタ・ループス（'まっすぐな壁；Rupes Recta'）．

ルーフスラスト roof thrust

デュープレックス構造*の最も高い位置にあって，構造の上限をなしているスラスト（衝上断層*）面．デュープレックスの頭部と尾部でフロアースラスト*と合体する．

ルーフペンダント roof pendant

底盤*の被覆岩（roof rock）が侵食*によって除去された後，底盤頂部にめり込んでいた部分が，貫入岩*中の捕獲岩*に似る産状で残されたもの．

ループ法 looping

輪を描く測線沿いに調査することによって焦点を絞るよう設定されている地球物理学の野外測定法で，基準点*に周期的に戻ってくることになる．そのため，とくに重力測定*と地磁気測定*では，測定機器のドリフト*を読みとることができ，また地震探査*ではタイライン*の誤設定（misty）と閉塞誤差（misclosure；始点と終点とでのくいちがい）をチェックすることができる．

ルーペ hand lens

鉄またはプラスチック枠の虫眼鏡．2個以上の拡大レンズが組み込まれているものが多い．フィールドで，岩石，鉱物，化石などを

5倍から10倍程度に拡大して観察するのに用いる．大きさは直径0.5 cmから1.5 cmほどであるためポケットに入り，地質学者にとって必携の野外調査道具〔ルーペ(Lupe)はドイツ語〕．

ルペリアン　Rupelian（スタンピアン　Stampian）
1．ルペリアン期（スタンピアン期）．漸新世*最初の期*．プリアボニアン期*（始新世*）の後でシャッティアン期*の前．年代は35.4～29.3 Ma（Harlandほか，1989）．
2．ルペリアン階（スタンピアン階）．ルペリアン期（スタンピアン期）に相当するヨーロッパにおける階*．下部ゼモリアン階*（北アメリカ），ウェインガロアン階*（ニュージーランド）の大部分，上部アルディンガン階*と下部ジャンジュキアン階*（オーストラリア）にほぼ対比される．

ルミネセンス　luminescence
物体が温度以外の原因で発する光放射．

ルールド　rhourd
星型またはピラミッド型をした，高さ100～200 mの大規模な砂丘*（'砂山 sand mountain'）を指すアルジェリア・サハラでの呼称．砂を運搬する2つの風系が交差するところに形成される．⇒ ドゥラ

ルワーレ　ruware（岩石舗道　rock pavement）
熱帯地方の平原に点在する，断面がわずかにドーム状を呈する裸岩地域．風化断面*が除去されて露出するに至った未風化岩石で，ドーム*またはトア*に移行する初期段階にある．

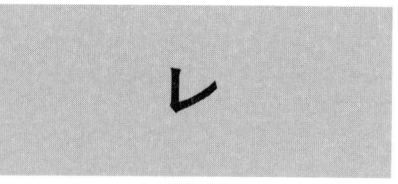

レ

レア　Rhea（土星V　Saturn V）
土星*の大きい衛星*．半径764 km，質量23.1×10^{20} kg，平均質量1,240 kg/m³，アルベド* 0.7．1672年カッシニ（G. D. Cassini）が発見．

レイオーバー　layover
レーダー*波面角度に対して地表面が高角度をなしていることに起因するレーダー画像の歪．たとえば，山頂のレーダー距離のほうが山麓のレーダー距離よりも小さくなり，丘や山がレーダーに向かって倒れかかっているような画像が生じる．→ フォアショートニング

冷間加工　cold working
曲げと双晶*すべりによる結晶内歪を起こさせて，金属を低温で変形させる加工．かなりの歪硬化を生ずる．

冷却節理（収縮節理）　cooling joint（shrinkage joint）　⇒ 節理

冷却年代　cooling age　⇒ フィッション・トラック年代測定法

レイキャネス海嶺　Reykjanes Ridge
大西洋中央海嶺*のうち，アイスランド南西方の部分を指すローカル名．軸には中軸谷*が発達し，これがアイスランドを横断する地溝*に続いている．

レイド，ハリー・フィールディング（1849-1944）　Reid, Harry Fielding
アメリカの地球物理学者．1906年のサンフランシスコ地震を研究して，地震動の弾性反発説*を提唱．大陸漂移説*に対する強硬な反対論者で，ウェゲナー*の著作を'えせ科学'と酷評した．

レイトン－ペンデクスターの石灰岩分類法　Leighton-Pendexter classification
1962年にW. M.レイトンとC.ペンデクスターが提唱した，石灰岩*を粒子，ミクライト*，セメント*，間隙の百分率で分類する分類法．今日では使用されることは少ない．

粒子を50%以上含む炭酸塩岩*を'石灰岩'として主な粒子型の名称を冠する（たとえば'ペレット石灰岩','骨格石灰岩'）．粒子含有量が10〜50%のものは'ミクライト質石灰岩'で主な粒子型の名称を冠する（たとえば'骨格ミクライト質石灰岩'）．粒子含有量が10%以下のものは'ミクライト質石灰岩'として粒子型の名称を冠しない．生物体の枠組みからなる石灰岩は，枠組みの型によって'礁性石灰岩'あるいは'藻類石灰岩'と呼ぶ．レイトンとペンデクスターは，さらにドロマイト*，方解石*，不純物を端成分とする三角ダイアグラムで炭酸塩岩を分類した．

レイノルズ数（R） Reynolds number

流動している流体の小領域に作用する粘性*と粒間力の比を表す無次元数．層流*から乱流*への移行はレイノルズ数（R）に依存する．$R=\rho v d/\eta$．ρは流体の密度，vは流速，dは流体が流れている間隙空間の直径，ηは粘性．レイノルズ数が500以下のときには層流，1,000以上では乱流となる．地下水の流れに関するダルシーの法則*はRがおよそ1〜10以下の場合に適用される．

レイリー基準 Rayleigh criterion

リモートセンシング*：地表が特定波長の電磁放射*を鏡面反射*するか散漫反射*するかによってその状態を推定する基準．地表の高度差の平方二乗平均（平均の平方根）が，波長を入射角*の余弦で割った商の1/8よりも大きければ，地表の起伏は粗いとされる．

レイリー散乱 Rayleigh scattering

入射する電磁放射*が，その波長の10%以下の半径の球状粒子によって散乱*されること．空が青く見えるのは大気分子によるレイリー散乱のため．$0.4\mu m$（青/紫の波長，可視光波長の下限）よりも十分に小さい塵や煙などの粒子も可視光線*を散乱する．日の出，日没時の茜色もレイリー散乱によって現れる．これは，波長の長い赤などの光は大気層をそのまま通過してくるが，波長の短い光が大気中の粒子によって散乱されるため．⇒ミー散乱

レイリー数（Ra） Rayleigh number

対流が流体中に発生する条件を見つもる無次元数．加速度流体の密度と深さ，熱膨張係数，重力，温度勾配（断熱*勾配以上の），熱拡散率，動粘性率*に依存する．対流は一般にRaが1,000であれば発生する．10以下であれば熱輸送はもっぱら伝導による．

レイリー波 Rayleigh wave

自由な境界〔半無限弾性体表面〕に沿って伝わる表面波*の一種．媒質の粒子運動は境界面に垂直な面内で楕円を描き，逆行性（楕円軌道の頂部での動きがエネルギーの伝播方向とは逆向き）．レイリー波は同じ媒質内ではS波*速度の約9%の速度で伝播する．⇒グラウンドロール

レーウィンゾンデ rawin sonde

風の特性を観測し，気温・気圧・湿度を記録するため，無線またはレーダー*で追尾されるラジオゾンデ*．

レオロジー rheology（形容詞：rheological）

1．弾性，粘性*，塑性など，物質の変形と流動に関する科学．2．地質学：水，氷*，マグマ*の流動および変形中の岩石に起こる流動を扱う．

礫 gravel

イギリスの標準粒度*分類法で，径2〜60mmの粒子のこと．〔わが国で採用されているアデン-ウェントウォースの分類法では，径2mm以上の粒子の未固結集合体．〕

レギオ regio（複数形：regionis, regiones）

惑星表面に認められているものの，主に分解能が十分でないため，形状が不明瞭であったり，よく理解されていない形態の総称．ガニメデ*やイアペトゥス*の暗い領域がその例．最初は，金星*の火山性構造と考えられるベーター・レギオ（Beta Regio）など，レーダー*でとらえられた地形に使われていたが，現在では大陸より規模の小さい高地部分にも用いられている．

礫岩 conglomerate（rudite）

径2mm以上の円磨されたクラスト*を主とする粗粒の堆積岩*．近辺の堆積直後の地層から由来した礫からなる礫岩は'層内礫岩（intraformational-）'，堆積場の外側から由来した礫からなる礫岩は'外来礫岩（extraformational-）'，さまざまな条件と過程

を経て形成された礫岩は'多源礫岩'と呼ばれる．〔日本では，ここでいう層内礫に同時礫という語があてられており，層内礫岩とは，層序上特定の位置を占める基底礫岩*以外の礫岩，あるいは他の岩相*たとえば砂岩*中の礫質部をいう．外来礫もしばしば使われる語であるが，正式に認知された用語ではない．〕

礫質円形土 stone circle ⇨ 構造土

礫質階状土 stone step ⇨ 構造土

礫質ガーランド stone garland ⇨ 構造土

礫質岩 rudaceous rock
　径が2mm以上の粒子（礫）からなる堆積岩*の総称．〔礫の大きさによって区分する場合には，conglomerateを用いる．たとえばpebble conglomerate（中礫質岩）．〕

礫質条線土 stone stripe ⇨ 構造土

礫質多角形土 stone polygon ⇨ 構造土

礫質泥岩 paraconglomerate
　礫が細粒の基質*によって支持されている礫岩*（⇨ 基質支持）．基質は全体の15%以上を占める．

礫質網状土 stone net ⇨ 構造土

瀝青ウラン鉱 pitchblende ⇨ 閃ウラン鉱

瀝青炭 bituminous coal
　褐炭*と無煙炭*の中間の品位をもつ石炭*．揮発性成分*を18～35%含む．煙と炎をあげて燃える．燃焼に際して軟化・膨張し，粘結するものとしないものがある．都市ガスやコークスの原料用に使われる．

レーク rake
　〔線構造*を含む面の走向*と線がなす角度をその面内で測ったもの．⇨ ピッチ〕

レグ reg
　1. 礫砂漠．2. サハラ平原を覆っている円磨された小さい礫からなる礫層．傾斜はごく小さく1：5,000程度．ラグ堆積物*と考えられる．礫層の下に石質土壌*が存在することがある．→ セリル

レークムンゴ逆亜磁極期（レークムンゴ逆サブクロン） Lake Mungo ⇨ ブルン正磁極期

レゴリス regolith
　1. 岩片・鉱物粒その他の地表物質の風化物質からなり，非変質の堅固な基盤岩を覆う未固結の（膠結*されていない）表層の総称．熱帯湿潤地域で最も発達し，数百mもの深さに及んでいることもある．風化作用*が及ぶ下限を風化前線*という．有機物を含み，植物を育てることができるレゴリスを土壌*と呼ぶ．⇨ サプロライト．2. 隕石*の衝突によって生成した，一定の層序*を示さない岩屑物質がなす，ある程度の広がりをもつ層．気圏*が薄いか欠如している惑星，衛星*，小惑星*に典型的な表層．月のレゴリスは古くから知られており，典型的なものはメートル大の岩塊からミクロン大の塵やガラス*粒子にわたる物質からなり，厚さは数m.

レーザー laser
　励起誘導放射による光増幅（*l*ight *a*mplification by *s*timulated *e*mission of *r*adiationのアクロニム）．コヒーレントな単色光（干渉性の単一波長の光）の強い光線を放出する装置．

レーザー高度計 laser altimeter
　衛星*を周回する探査機から発射され，衛星表面で反射したレーザー*光線の往復時間から，反射点との距離を測定する装置．精度は誤差数m以内．探査機の空間位置はわかっているので，衛星表面の起伏を知ることができる．

レーザー測距 laser ranging
　レーザー*光線を用いて2点間の距離を測定すること．アポロ*11～15飛行で月面に設置された反射鏡に向けて地球からレーザー光線を発射して反射させ，その往復時間を測定して地球と月の距離を精確に決定した．地球上のいくつかの地点でこのような測定をおこなうことによって，プレートの運動*を検出することができる．

レジステート鉱物 resistate mineral
　石英*，ジルコン*，白雲母*など，容易に化学的風化*を受けない鉱物．化学的風化に対する鉱物の相対的な抵抗性はゴルディッヒ安定系列（Goldich stability series）で示されている．

レジナイト resinite ⇨ 石炭マセラル

レシャバール reshabar
　南部クルジスタン地方（トルコ南東部，イ

ラク北部，シリア北部，イラン西部の高原や山岳地帯）の山麓部で吹く広域的な強い南東風．旋風をともない，夏には乾燥して暑く冬には冷たい．

レス loess

主にシルト*大（径4～62.5μm）の石英*粒子からなる，層理*をほとんどないしまったく示さない風成*の未固結堆積物．アメリカ中央部，北ヨーロッパ，ロシア，中国，アルゼンチンに広く分布する．レス地域は，勾配が70°に達する急崖をともなう起伏の著しい地形を呈することがある．

レステ leste

北アフリカとマデイラ諸島〔Madeira；モロッコ西岸沖のポルトガル領島嶼〕で吹く広域的な風．低気圧*の前面で吹き，熱い乾燥した風をもたらす．

レダ Leda（木星VIII Jupiter VIII）

木星*の小さい衛星*．直径が10km．

レーダー radar

無線探知・位置決定（radio detection and ranging）のアクロニム．電磁エネルギーを用いてそれを反射する物体を探知する技術．たとえば，雲探知レーダーは気象予報と降雨観測に広く用いられている．地形図作製には開口レーダーを用いる．レーダーは氷床*の厚さやその内部の反射面*を調べるためにも使われている．極地方ではレーダー装置は航空機に搭載されることが多いが，地上で使用する際には'そり'に積み込む．乾燥地域で砂を通して地下水*を探知するのにも用いられる．土木現場調査のための地中レーダーも開発されつつあるが，水分が多いところでは水による誘電損失*が大きいため，電波の到達深度は極めて限られている．

レータイト latite

斑状*の噴出岩*で，アルカリ長石*の多い粗面岩*質石基*中に，カルシウムに富む斜長石*の自形*斑晶*，少量の黒雲母*，マグネシウム斜方輝石*，マグネシウム単斜輝石*，鉄・チタン酸化物，かんらん石*の斑晶が含まれる．斜長石は長石*の40～60%を占める．レータイトはモンゾナイト*に相当する火山岩*で，したがってカルクアルカリ岩*系列に属する．カリウムに富む安山岩*にもこの語が用いられることがある．

レータイト安山岩 latite-andesite

斑状*の噴出岩*で，中性長石，アルカリ長石*，輝石*，酸化鉄からなる石基*中に，累帯構造（⇒結晶の累帯構造）を示す斜長石*，普通輝石*（単斜輝石*），斜方輝石*，少量のかんらん石*の斑晶*が含まれる．斜長石は長石*全体の60～90%を占める．この岩石は，斜長石が長石全体の90%以上を占める安山岩*とレータイト*の中間型である．

レーダー画像化 radar imaging

レーダー*の波長を利用して，物標の位置，大きさ，反射特性を決定すること．濃密な雲に覆われている地域でとくに有効である．⇒リモートセンシング

レーダー高度測定 radar altimetry

反射レーダー波の到達時間を記録することによって惑星の表面起伏を測量する技術．この技術の最も優れた成功例は，1978年に打ち上げられたアメリカの探査機ビーナス1, 2号と1983年に打ち上げられた旧ソ連のベネラ15, 16号による火星*表面の詳細な地形図の作製である．航空機や人工衛星から地球表面をレーダー走査することによって，地形・植被・地質などに関する情報が得られる．レーダー*は，雲のため可視光線*による探査ができない場合にとくに威力を発揮する．海洋では，シーサット〔SEASAT；アメリカの海洋観測衛星〕による測高データが，波の高さと動き，水深についての情報をもたらすとともに，ジオイド面*の決定に寄与している．

レーダー散乱係数 radar scattering coefficient

大きい物標の単位面積あたりのレーダー有効反射断面積（エコー面積）*の平均値．地表物標のレーダー*特性を知る基本的な量で，これによって地表がなす形状を識別することができる．

レーダー・スキャッタメーター radar scatterometer

物標から後方散乱*される電磁エネルギー（レーダーエコー）を俯角*の関数として測定する装置．

レーダー有効反射断面積（エコー面積） radar cross-section

実際の点物標からレーダー*アンテナに返送されてくる量と同じ量のエネルギーを返送するのに必要な，仮想の完全な散漫反射*体の面積．点物標からの後方散乱*エネルギー（レーダーエコー）の強度を測る尺度となる．

裂罅（れっか） fracture

1. 岩石や鉱物*中の，劈開*や縞状構造*によらないシャープな割れ目の総称．2. ⇨ 間隙（void）．

裂罅間隙 fracture porosity

構造的な破砕によってつくられる二次間隙*の1形態．あらゆる岩石に生じ，花崗岩や片麻岩などの岩石でも有効な貯留岩となりうる．⇨ 間隙率；チョケット-プレイの分類

裂罅密度指数（I_f） fracture spacing index

長さ1mの掘削コア*に発達している裂罅*の数．

劣地向斜 miogeosyncline

地向斜*のうち，薄い浅海堆積層で特徴づけられ，火山活動*が欠如している領域を指すが，廃語となっている．劣地向斜は，火山活動をともなう優地向斜*よりもクラトン*寄りを占めるとされた．かつて造山帯*の形成を説明した地向斜論がプレート・テクトニクス*理論にとって替わられている今日では，'劣地向斜' に替わって，地向斜論とは無関係の純粋な記載用語である 'ミオジオクライン*' が残されている．

レッドエッジ red edge

リモートセンシング*：スペクトルの赤および近赤外*（700～750 mm）の波長域の反射が著しく大きくなること．健常な緑葉の植生に特徴的に現れる．⇨ 植生指数

裂肉歯 carnassial

多くの食肉目*哺乳類*に見られる，肉を切り裂くために特殊化した小臼歯または大臼歯．下顎の第一大臼歯と上顎の第二小臼歯がはさみのように咬み合さり肉などを切り裂く．

裂片状スカープ lobate scarp

水星*表面に多く見られる，裂片で特徴づけられる断層崖*．勾配がかなり急で，比高0.5～3 km，長さ20～500 kmにわたり，数kmから数十km間隔で裂片が生じている．圧縮による逆断層*もしくは衝上断層*に起因するとみられる．激しい隕石*衝突の終了前に生じたもので，したがって年齢は40億年以上．惑星収縮の初期段階を記録していることになる．

レーティアン Rhaetian

1. レーティアン期．後期三畳紀*の期*．ノーリアン期*の前でヘッタンギアン期*（ライアス世*）の後．年代は209.5～208 Ma（Harlandほか，1989）．2. レーティアン階．レーティアン期に相当するヨーロッパにおける階*．エルチャオ階（Erchiao；二橋，中国），オタピリアン階*（ニュージーランド）にほぼ対比される．レーティアン階をジュラ系*に含める見解もある．また，生層序帯*として下位のノーリアン階に含めるべきであるとして，階としての地位に疑問をもつ研究者もいる．

レティキュライト reticulite

プレー式噴火*によって形成される，黄褐色で泡状の形をしたガラス*．ハワイの火山周辺で大量に見られる．

レドックス電位（E_H） redox potential

非標準条件のもとで，物質や溶液が還元*または酸化*反応を起こす活量*を電位（ボルト）で表す値．酸化電位*，還元電位*（E_θ）と同義に用いられることがあるが，E_θ が標準条件下でのものを指すのに対して，E_H は海水や土壌などの自然の系における非標準条件下のものをいう．E_H の値が高いほど酸化が起こりやすい条件となる．レドックス電位は酸化・還元という観点から風化作用*で重要視される．たとえば，電子が受け入れられる環境では $Fe(OH)_3$ が沈殿する．そうでなければ Fe^{2+} イオン*は溶液に留まっている．自然環境でのレドックス電位の値は pH*に密接に関係し，それとともに変動する．

レドックス反応 redox reaction（**酸化還元反応** oxidation-reduction）

電子*を提供する分子（還元剤）から電子を受け取る分子（酸化剤）へ電子が移動する反応．

レドリキア目 Redlichiida
　前〜中期カンブリア紀*に生存した三葉虫綱*の目．大きい眼と半円形の大きい頭部*，長く太い頬棘（きょうきょく）*をもつ．胴部の体節は数が多く小型でしばしば棘が発達する．尾板*は小さい．4亜目が知られている．レドリキア目，とくにオレネラス亜目に属するものは重要な層序示標化石*となる．

レトロ背弧海盆 retro-arc basin
　海底が大陸地殻*からなる背後海盆*．島弧*の上昇地域からもたらされた河成-，デルタ*成-，海成堆積物*が主要な堆積物．

レナーディアン統 Leonardian
　北アメリカにおける下部ペルム系*中の統*（赤底統*の相当統）．ウルフキャンピアン統*の上位でグアダルーピアン統*の下位．アルティンスキアン階*とクングリアン階*にほぼ対比される．フズリナ*によって分帯されている地域もある．テキサス州とコロラド州のウルフキャンピアン世からレナーディアン世にかけての赤色層*からは多量の脊椎動物化石*が産している．

レーニアン階 Lenian
　下部カンブリア界*ケアフェ統*中の階*．アッダバニアン階*の上位でソルバン階*の下位．年代は553.7〜536 Ma（Harlandほか，1989）．

レピスフェア lepisphere
　微晶質*の刃状結晶*をなす石英*の準安定な変種．鱗珪石*の格子*をはさむクリストバル石*からなる．オパール*チャート*から石英チャートに転移する過程で集合体をなして現れる．

レピッティアン階 Repettian
　北アメリカ西海岸地域における上部第三系*中の階*．デルモンティアン階*の上位でベンチュリアン階*の下位．ピアセンツィアン階*にほぼ対比される．

レピドデンドロン・セラギノイデス Lepidodendron selaginoides
　古生代*植物の重要な種で，二叉分岐する枝，ダイヤモンド型の葉痕，大型の胞子嚢穂をもつことで特徴づけられる．石炭紀*後期には，レピドデンドロン属（リンボク）は複数の大陸で繁栄し，上部で枝分かれする幹が30 m以上の高さに達したものもあった．⇨ヒカゲノカズラ綱；形態属

レピドフロイオス・キルパトリッケンゼ Lepidophloios kilpatrickense
　古生代*の重要な植物であるレピドデンドロン科のなかで，知られている最古の種．レピドフロイオス属はレピドデンドロン属 Lepidodendron とは異なる内部組織をもつ．樹皮を剝いだ鱗木類の内部樹幹を表す形態属*と考えられている．この種はスコットランドの上部石炭系*から報告されている．⇨ヒカゲノカズラ綱

レピドメレーン lepidomelane
　黒雲母*の鉄に富む変種．

レフジアン階 Refugian
　アメリカ西海岸地域における下部第三系*中の階*．ナリジアン階*の上位でゼモリアン階*の下位．プリアボニアン階*にほぼ対比される．

レプトクルティック leptokurtic ⇨ 尖度（クルトシス）

レフュージア（避難地） refugia
　気候の変動など広範な変化が起こっているなかで，大きい変化が起こることのなかったせまい孤立した地域．かつてある地方を広く特徴づけていた動植物が，その後の好ましくない条件から避難して利用している．氷河作用*を受けた低地から突出している山の峰がその一例．⇨ 遺存種

レベチェ leveche
　スペイン南東部でとくに夏季に吹く局地風．地中海地域で吹くシロッコ*やハムシン*など，熱帯大陸起源の砂塵まじりの乾燥した熱風に似る．

レマーニ層 remanié beds ⇨ 凝縮層

レーマン，インゲ（1888-1993）Lehmann, Inge
　オランダの女性地球物理学者．1928年から1953年まで王立オランダ測地学研究所地震学研究室長．1936年，P波*の屈折*を解析して，地球が固体の内核をもつことを発見した．

レーマン, ヨハン・ゴットロブ (1719-67) Lehmann, Johann, Gottlob

ドイツの鉱山地質学者．ロシアに移住．山岳の岩石の層序*を研究して，初生岩石（無化石，金属含有）と二次的堆積岩を識別した．後にウェルナー*はこの考えを引き継いで発展させた．

レユニオン正亜磁極期（レユニオン正サブクロン） Réunion

松山逆磁極期（逆クロン）*に起こった3回の正亜磁極期*のうち，最も古いもの．

レリジアン階 Relizian

北アメリカ西海岸地域における上部第三系*中の階*．サウセシアン階*の上位でルイシアン階*の下位．下部ランギアン階*にほぼ対比される．

レリーフ relief

顕微鏡観察：薄片*の鉱物*と接着剤（あるいはスライド上の鉱物粒子と浸液）の屈折率*が異なるため鉱物の見え方が異なる現象．屈折率の違いが小さい場合には，鉱物は平滑で平坦に見え，輪郭ははっきりしない．違いが大きい場合には鉱物は浮き上がって見え，輪郭や劈開*，裂罅が明瞭に見える．いずれの屈折率が大きいかはベッケ線テスト*できめる．

レールゾライト lherzolite

両輝石*とかんらん石*を含む粗粒の超塩基性岩*．主成分鉱物*は，Mgに富むかんらん石，Cr-Mg単斜輝石*（クロム透輝石*），Mg斜方輝石*（頑火輝石*），ざくろ石*またはスピネル．玄武岩*中の捕獲岩*およびアルプス型の超苦鉄質*岩体の構成岩石として産する．変成*組織，高圧型鉱物組み合わせ，超塩基性の組成から，マントル*起源の岩石とされている．実験岩石学のデータから，レールゾライトは不適合元素*に富むマントル物質（玄武岩マグマ*を生み出す部分溶融*が起きていないマントル物質）の例と解釈される．名称はピレネー山脈フランス側の模式地，レールツ（Lherz）に由来．

煉瓦（れんが） brick

成形した粘土*を焼いてつくった建築材．平面が平行な稜で接している直方体のものが多い．割れ目，気孔，混入砂利のない緻密で均質な組織をもつ．粘土が鉄分を含んでいると深紅色を呈することもある．強度を増すために少量の$CaCO_3$とシルト*が添加される．乾燥時の収縮を抑えるうえに水分の含有量が低く，燃料費を節約するうえに有機物の多い粘土が適している．［たとえばイングランドのジュラ紀*オックスフォード粘土（Oxford Clay）．］溶鉱炉用の煉瓦や耐火煉瓦はカオリナイト*などからつくられる．

連鎖状 cateniform

床板サンゴ（目）*に見られるコララム*の形態に冠される語．細長いコラライト*同士が側方に連結し，垣根のような群体をなしているもの．上方からはちょうど鎖のように見えるためこの名がある（catena は'鎖'を意味するラテン語）．⇒ 群体サンゴ

レンジナ rendzina

石灰質の土壌母材*の上に発達する腐植*または半乾燥草地の褐色土*．インセプティソル目*またはモリソル目*に属するとみなされている．

レーンジャー Ranger

1964年から1965年にかけてなされたNASA*による一連の月飛行．月面に観測機器を設置した．

レンズ雲 lenticularis

'両凸の'，'レンズ形の'を意味するラテン語 lenticularis に由来．輪郭がはっきりとした扁平なレンズ状の雲．風下波*にともなう雲に典型的．層積雲*，高積雲*，巻積雲*の種の1つ．⇒ 雲の分類

レンズ状層理 lenticular bedding

ヘテロリシック層理*の一形態で，泥*の基質*中に砂*のリップル*とレンズが孤立して存在するもの．リップルは断面形が対称的なことも非対称的なこともある．暴風時に波の影響を受ける深さの大陸棚*，潮間帯*の低エネルギー帯など，通常は低いエネルギーレベルが間欠的に高くなるような泥質環境で形成される．

連　星 star pair（**二重星** binary star, double star）

銀河系で最も普遍的な星系で，約50%の星がこれに属する．共通の重心のまわりの軌道をめぐる2つの星からなる．望遠鏡で2星

が分離して観測されるものを実視連星と呼ぶ．分光連星は，近接しているため望遠鏡では分離して見えないが，視線上の速度が異なるためスペクトル線に生じるドップラー偏移*によって区別される星からなる．主星の固有運動*の変化から連星をなしていると判断されるものもある．連星がたがいに近接しているように見えるのは，長大な距離をおいて観測していることによる．

連続速度検層 continuous velocity logging （**音響検層** sonic logging）

振源器と受振器を一定の間隔でセットした孔内装置を使って，孔井*内で音波が振源から孔壁外側の地層を通って受振器に達するのに要する片道走時*を記録する技術．装置を10^{-6}フィート/秒程度の速さで孔井中を引き上げていくと，走時（層速度*の逆数）の変化が深さの関数として記録される．

連続反応系列 continuous reaction series

マグマ*が冷却するにしたがって，平衡状態を保つために，固溶体*をなす鉱物*の組成が連続的に変化すること．鉱物はその陽イオン*を，冷却中のマグマ内に'浮遊している'陽イオンと交換することによって連続的に組成を変えていく．斜長石*の固溶体がその好例．マグマが冷却するにしたがって，斜長石は，それぞれ Na, Si と Ca, Al との置換を続けて平衡組成を保つ．連続反応系列の原理は 1928 年ボウエン*によって提唱された．⇒ ボウエンの反応原理

連続プロファイル測定 continuous profiling

地下構造を〔通常 1 重合*で〕もれなく網羅するように震源とジオフォン*を設置する地震探査*技術．反射法地震探査*に適用される．それよりは実施上の困難をともなうものの屈折法地震探査*にも用いられる．屈折法探査の場合には，屈折面，とくに平坦でない屈折面を丹念に追跡する必要があり，そのためには受振器を不規則なパターンに配置することが必要となることがある．

連続分布 continuous distribution

値が連続的なスペクトルをなすデータ．たとえば，鳥の翼長，哺乳動物の体重，植物の高さなど．

レンツの法則 Lenz's law

磁場と電気回路がたがいに相対運動をすると，回路中に電流が誘導されて運動と反対方向の磁場をつくる，というもの．

ロ

浪雲（ろううん） billow cloud
平行に並ぶ円筒状の雲．雲の列の間には明瞭なすき間がある．波状雲*にともなうことが多い．

ロウェセル Rowe cell
土壌*や未固結堆積物の圧密*試験に使用する器具．下から排水しながら試料を水圧によって圧縮し，厚さの変化と間隙圧を測定する．

蠟光沢 waxy lustre
鉱物*が呈する，蠟のようにつるつるした光沢*．

漏出トランスフォーム断層 leaky transform fault
トランスフォーム断層*の一型．断層面に沿って玄武岩*質マグマ*がつくられていることから，断層の両側のプレート*がわずかに分離していると考えられる．このようなトランスフォーム断層は，両プレートの回転の極（オイラー極*）を中心とする小円に厳密には沿っていない．例として，ユーラシア・プレート*とアフリカ・プレート*の境界をなして大西洋中央海嶺*から地中海まで延びているアゾレス断裂帯（Azores Fracture）がある．漏出トランスフォーム断層は複合プレート縁（辺部）*の一型．

蠟石（パイロフィライト） pyrophyllite
フィロ珪酸塩（層状珪酸塩）*鉱物．$Al_2[Si_2O_{10}](OH)_2$；性状は白雲母*に似る；比重2.05～2.90；硬度*1～2；長石*の熱水*変質産物および片岩*の縞状構造*をなす物質．滑石*の代替物として採鉱されている．

ロウテヤン階 Rawtheyan
オルドビス系*アシュギル統*中の階*．コートリヤン階*の上位でハーナンティアン階*の下位．

漏斗 hyponome
頭足類（綱）*に見られるチューブ状あるいは漏斗状の体構造で，これを通して外套腔から水を噴射してジェット推進する．頭足類の殻の腹側*には，漏斗を格納するための切れ込み（漏斗湾入）がある．

漏斗雲 funnel cloud (1), tuba (2)
1．竜巻*や水上竜巻など，強いつむじ風の中心部で気圧の低い渦の中に発生する雲．
2．'トランペット'を意味するラテン語 *tuba* に由来．積乱雲*，ときには積雲*にともなってその雲底から突出する柱状または錐状の雲．⇒ 雲の分類

漏斗湾入 hyponomic sinus ⇒ 漏斗

濾過 filtration
液体から固体物質を除去すること．物理的，機械的，生物学的，化学的，界面動電的など，さまざまな方法が採られる．

濾過水 filtrate ⇒ 泥水濾過水

ログ log
岩相*，粒度*，堆積構造*，化石*内容などを模様や記号で表示した，地層*の柱状図*．

肋 pleuron（複数形：pleura，形容詞：pleural）
三葉虫類（綱）*の胴部をなす個々の体節の側方の部分．各肋には肋溝による斜めのくぼみがあり，外縁は垂れ下がっている．肋の内側で胴部中央を走る軸環に接続しているため，1つの胴部体節は中央の軸環と側方に延びる左右1対の肋から構成されている．

ロークマラ統 Raukumara
ニュージーランドにおける上部白亜系*中の統*．クラレンス統*の上位でマータ統*の下位．アロウハナン階，マンガオタニアン階，テラタン階からなる．上部セノマニアン階*，チューロニアン階*，コニアシアン階*，下部サントニアン階*にほぼ対比される．

ローゲン・モレーン（ローゲン堆石） rogen moraine
かつての氷河*の前進方向に直交しているモレーン状（⇒ モレーン）の峰の群．個々の峰は，高さ10～30 m，長さは1 km以上に達することがあり，間隔は100～300 m．直交するせまい高まりで峰同士がつながっていることが多い．氷河の下で形成されたと考えられるが，成因の詳細はわかっていない．スウェーデンのローゲン湖周辺でみごとに発

達しているためこの名がある.

ロザリンド Rosalind（**天王星 XIII** Uranus XIII）

　天王星*の小さい衛星*.直径29 km.1986年の発見.

ロサンゼルス式削磨試験 Los Angeles abrasion test

　試料と一定量の鋼鉄球を直径700 mm,長さ500 mmの鋼鉄円筒に封じ込め,円筒を水平軸のまわりに回転させて試料の削磨に対する抵抗性を測定する方法.

ロシア・ボーラー Russian borer ⇒ 泥炭ボーラー

ロジメント・ティル lodgement till ⇒ ティル（氷礫土）

露出年代 exposure age（**日焼け年代** sun-tan age）

　月面で岩石が露出していた時間.太陽フレア*粒子の照射（貫通する深さが0.5 cm以下）によってつけられたトラック（飛跡）を計数して求める.平均露出年代は300万年以下.

路床 subgrade ⇒ 舗装

ローズクォーツ rose quartz ⇒ 石英

ローズダイアグラム rose diagram

　有方向性データを階級ごとの頻度で表す円形の頻度分布図.堆積地質学で,古流向データ（⇒ 古流系解析）あるいは粒子長軸の方向性を表す手法.構造地質学では,節理*や岩脈*の方位を示すのに用いる.風向とその頻度もローズダイアグラムで表現される.〔ただし,地質学では下流方向が示されるのに対して,風向では風上の方向が示される.〕

ロスビー波 Rossby wave

　スウェーデン出身のアメリカの気象学者,ロスビー（C. G. Rossby, 1898-1957）に因む.大気上層,とくに対流圏*中部と上部で極のまわりを循環する気流に,赤道側に谷（トラフ）*,極側に峰（尾根）*が生じて発達する波長の大きい波.典型的な波長は2,000 km程度.中緯度上空の偏西風には,通常3つないし4つの波が生じている.北半球では主要な谷は70°Wと150°Eあたりにある.風速と波長が一定の関係にあると定在波*となることがある.ロスビー波は,ロッキー山脈のような山岳障壁を越えている下層の気流によって,あるいは冬季に暖かい海上,夏季には陸上における加熱によって発生し,渦度*（地球の自転による）により,尾根では高気圧性の曲率に,谷では低気圧性の曲率に増幅される.地表付近の低気圧*はロスビー波の谷前面の前線性波動*の上に発達しやすい.ロスビー波は海洋にも存在する.

ロゼッタ Rosetta

　ESA*がビルタネン彗星*に向けて2003年に打ち上げ予定の探査機.

ローソン石 lawsonite ⇒ 藍閃石片岩相

ローター雲 rotor cloud

　山岳障壁の風下側で,安定した大気中の波形の下に渦〔水平軸のまわりに回転〕が発生し,その上部の湿った空気中の水分が凝結して発生する雲.この渦のため風向が局地的に全般的な風向と逆になることがある.

6回対称軸 hexad ⇒ 結晶の対称性

六脚綱 Hexapoda ⇒ 昆虫綱

ロックフィル rock fill

　鉱山の開削された空間を埋め戻し,天盤を支持するためのずり石.

ロックヘッド rock head

　1.上位の未固結層と下位の固結基盤岩*との境界面.2.堆積物*が上に堆積している基盤岩.3.砂金鉱床*の基底.

ロックベンチ rock bench ⇒ 谷壁ベンチ

ロックポーティアン階 Lockportian

　北アメリカにおける上部ナイアガラアン統*（シルル系*）中の階*.

ロックボルト rock bolt

　破砕したり,節理*が発達している坑道や掘削壁の岩盤を補強する手段として使う鋼鉄製のボルト.1端を岩盤に打ち込み,外側の端で面板をナットで締めつける.グラウチング*施工の際に,鋼鉄の天盤支柱,厚鋼板,鋼網と併用する.

ロックランディアン階 Rocklandian

　北アメリカにおけるオルドビス系*,中部チャンプレーニアン統*中の階*.

肋骨雲 vertebratus

　ふつう巻雲*にともなう変種.雲片が脊椎や肋骨に似た形態をなして並んでいる.

ロッコビアン Lochkovian
1. ロッコビアン期：デボン紀*最初の期*．シルル紀*の後でプラギアン期*の前．年代は408.5〜396.3 Ma（Harlandほか，1989）．2. ロッコビアン階：ロッコビアン期に相当する階*．

ロッシュの限界 Roche limit
母惑星の引力による潮汐*力が，これ以内に近づいた衛星*または惑星より小さい物体を破壊する限界距離．引張強度*がゼロ，平均密度が惑星と同じで円軌道を巡る物体については，2.46×(惑星の半径)．地球-月系で地球半径の2.89倍 (18,400 km)．

ロッダの洪水ピーク予測法 Rodda's flood-peak formula ⇨ 洪水ピーク予測法

ロッディング構造 rodding structure
強い変形を受けた岩石に発達する，鉱物・条線・ムリオン*がなす著しく粗い線構造．褶曲*のヒンジ線*に平行に延びて褶曲層に発達する円筒形の構造はロッド (rod) と呼ばれる．

六放海綿綱 Hexactinellida（ガラス海綿綱 Hyalospongea）（海綿動物門* phylum Porifera）
カンブリア紀*に出現したカイメンの1グループ．いわゆる海綿様の形態を呈し，オパール*質のシリカ*からなる骨針*をもつ．大型の骨針（大骨針）と小型の骨針（微小骨針）がさまざまなパターンで連結しており，その違いをもとに分類がなされている．六放海綿類は古生代*を通じて栄えたが，ペルム紀*にはほとんど見られなくなった．その後ジュラ紀*と白亜紀*にはふたたびカイメンの重要なグループとなったが，今日では分布は深海域に限られている．

六放サンゴ Hexacorallia
イシサンゴ目（類）*の別名．

六方晶系 hexagonal system
120°の角度で交わる長さの等しい3本の水平結晶軸*と1本の垂直結晶軸で特徴づけられる晶系*．垂直軸が6回対称軸である点で3回対称軸をもつ三斜晶系*と異なる．⇨ 結晶の対称性

ロッホローモンド亜氷期 Loch Lomond stadial
スコットランドで最終氷期（デベンシアン氷期*）の末期にかけてあった比較的寒冷な時期．放射性炭素年代*は11,000〜10,000年BP．スコットランド高原では小さい氷帽*とカール氷河*が発達した．

ロディンジャイト rodingite
はんれい岩*またはドレライト*がカルシウム交代作用*を受けて生成した，グロシュラー*とぶどう石*からなる岩石．珪灰石*，透輝石*，ハイドログロシュラーをともなうこともある．

ロデバエク間氷期 Rodebaek
ポーランドにおける間氷期*．時代はオランダのアマースフォート亜間氷期*に相当する．エーム間氷期*より後．

露　点 dew-point
一定の気圧下で水蒸気量を一定に保ったまま冷却したときに空気が飽和状態となる温度．露点は露点湿度計の冷却された表面で凝結が始まる温度を測定して決定する．

露点湿度計 dew-point hygrometer ⇨ 露点；湿度計

露天採掘（露天掘り） open-cut mining (strip mining) (1), open-pit mining (2)
1. オープンカット採掘．地下坑道を掘削することなく，地表を大規模に開削して有用資源をとり出す採鉱法．短〜長期的な環境破壊につながることがある．2. オープンピット採掘．表土や被覆層が薄く，容易に除去することができるが，廃石を場外の廃棄場に搬出する必要がある場合に採られる採掘法．オープンカット採掘の場合にくらべて，鉱床*の幅が限られており，かつ厚い場合に用いる．

ロード lode
鉱脈*および鉱脈系，とくにイギリス，コーンワル地方の可採性のものを指す．

露　頭 outcrop
岩体のうち地表に露出している部分．

ロードストーン loadstone (lodestone) ⇨ 磁鉄鉱

ロード・レイリー Rayleigh, Lord ⇨ ストラット，ジョーン・ウィリアム

ロハン lochan ⇒ ノック・アンド・ロハン

ロポリス lopolith
中央部が垂れ下がった断面を呈する調和的*な火成岩*貫入体*．小型のロポリスは褶曲*層〔の向斜*部〕に貫入したものとみなされるが，大型のものについては褶曲構造との関係は認められていない．⇒ ラコリス

ロマー，アルフレッド・シャーウッド（1894-1973） Romer, Alfred Sherwood
アメリカの古生物学・比較解剖学者．脊椎動物の進化を研究．1921年コロンビア大学から博士号を取得後，ニューヨークのベルビュー病院医学校で解剖学を指導．1923年から1934年までシカゴ大学助教授．1934年ハーバード大学生物学教授，1945年生物学研究所所長，1946年に比較動物学博物館館長となり，生涯その職にあった．

ローム loam
粒度組成による土壌*の分類名．砂*，シルト*，粘土*からなり，これら3つの端成分の中間的な物性を有する．

ロムチャズム rhombochasm
走向移動断層*運動によって生じた，地殻*深部にまで達する菱形の割れ目．

ローモンタイト laumontite
沸石*族の鉱物．$CaAl_2Si_4O_{12}\cdot 4H_2O$；比重2.3；硬度3.5；帯白色，方形の柱状結晶*；火山岩*やそれにともなう鉱床*中の脈や晶洞*中に二次鉱物*として産するほか，沸石相*の変成岩*に産することもある．

ローラシア大陸 Laurasia
中生代*初め，後に北大西洋とテチス海*に発展したリフト*によってパンゲア大陸*が分裂して生まれた大陸塊のうち，北側のもの．現在の北アメリカ，グリーンランド，ヨーロッパ，アジアを含んでいた．南側の大陸塊はゴンドワナ大陸*で，これは後に南アメリカ，アフリカ，インド，オーストラリア，南極大陸に分裂した．

ロールアロン（調査法） roll along
共通反射点重合*用のデータを得るために反射法地震探査*で用いる測線方式．〔受振器からの出力を探鉱機に送る本線ケーブルに受振器を余分に設置し，これをスイッチの切り換えだけで使用できるようにしてある．〕

ロールオーバー rollover
リストリック断層*沿いの伸張領域で上盤*のブロックが下方に湾曲すること．これによって生じる構造は'ロールオーバー背斜'と呼ばれる．

ロールオーバー背斜 rollover anticline ⇒ リストリック断層；ロールオーバー

ロール型ウラン鉱床 roll-type uranium deposit
鉱化溶液から沈殿した，C字型をなす鉱床*で，砂岩*中に最も多く見られ，層理面*を切っている．還元環境（有機物を含んでいる砂岩）に浸透した地下水から沈殿する．通常，厚さ数m程度．

ローレンシア Laurentia（**ローレンシア楯状地** Laurentian Shield）
カナダ中東部の，2,500 Maより古い花崗岩*，片麻岩*，変成した堆積岩*からなる先カンブリア累界*楯状地*（⇒ クラトン）．名称はセントローレンス川に由来．カナダの太古の'核'をなしており，そのまわりに若い造山帯*が付加していった．

ローレンシアン階 Laurentian
ニュージーランドにおける最上部始生界*中の階*．キーワチニアン階*の上位．

ローレンタイド氷床 Laurentide ice sheet
更新世*の氷期*にカナダ東部を覆っていた大陸氷河*．氷塊の中心はケベック州北部，ラブラドル半島，ニューファウンドランド島付近にあって南方と西方に広がっていた．最大拡大期の面積は$13\times 10^6 km^2$に及んだと見つもられている．

ロンギスクアマ・インスィグニス Longisquama insignis
最初期の主竜類*の1種で，滑空あるいは空中降下する能力をもっていた．キルギスタンの三畳紀*堆積物から1970年代に記載されたロンギスクアマ属は，背中に沿って対になった突起物が発達している．

ロングビリアン階 Longvillian
オルドビス系*カラドク統*中の階*．スードレヤン階*の上位でマーシュブルーキアン階*の下位．

ロングフォーディアン階 Longfordian

オーストラリア南東部における上部第三系* 中の階*. ジャンジュキアン階* (漸新統*) の上位でベーツフォーディアン階* の下位. 上部アキタニアン階* と下部ブルディガリアン階* にほぼ対比される.

ロングミンディアン階 Longmyndian

ウェールズ地方境界部の上部原生界* 中の階*. チャーニアン階* の上位でモイニアン階* の下位.

ロンスデール, ウィリアム (1794-1871) Lonsdale, William

ロンドン地質学会事務局長, 司書. 化石とくにサンゴおよびウーィド石灰岩* を研究. 豊富な化石の知識に基づいて, デボン州の堆積岩が旧赤色砂岩* と同じ年代であることを主張し (1837年), デボン系* の設定に貢献したとされる.

ロンタニアン階 (竜潭階) Longtanian

ペルム系* 苦灰統* 中の階*. キャピタニアン階* の上位.

ワ

ワイスの晶帯法則 Weiss zone law ⇒ 加法ルール

歪度（わいど） skewness
　頻度分布曲線がなす非対称性の程度．曲線は完全な正規分布（ガウス分布）*曲線では歪度ゼロ．粒度分布曲線で，粗粒の粒子が細粒の粒子よりも卓越している場合には，歪度はプラス，その逆の場合にはマイナスとなる．

矮尾（わいび） micropygous ⇒ 尾板

ワイヤーライン wireline
　掘削や地球物理検層で，試錐孔*に降ろしたケーブルの先端で作動する機器の総称．

ワイヤーライン検層 wireline logging ⇒ 検層

ワイルド2彗星 Wild 2
　公転周期6.17年の彗星*．最近の近日点*通過は1997年5月6日，近日点距離は1.583 AU*．

ワイルドフリッシュ wildflysch
　分級不良の異地性*礫を無数に含む，乱泥流（混泥流）*起源の集合流*堆積物*．最近ではダイアミクタイト*の一形態とされることが多い．

惑星境界層 planetary boundary layer
　地上500mの高度までの気圏*下層．この層内では地表との摩擦によって乱流*が生じている．⇒ 境界層

惑星地質学 planetary geology（**惑星科学** planetary geoscience, **宇宙地質学** astrogeology）
　地質学の手法を用いて惑星の表面を研究する科学．1962年シューメーカー*とハックマン（Hackman）が地球に面している側の月面の層序*を確立するにあたって公式に用いた語であるが，それ以前にギルバート*やボールドウィン（R. B. Baldwin）などの先駆者が溶岩流やクレーター*など月の地形を解釈するうえに非公式に使っている．

ワジ wadi（ouadi）
　砂漠地域の間欠河流*を指すアラビア語．水はごく一時的に流れるにすぎない．

和達-ベニオフ帯 Wadati-Benioff zone ⇒ ベニオフ帯

ワッケ wacke
　泥質基質*を15％から75％含む砂岩*．⇒ ドットの砂岩分類法

ワッケストーン wackestone（lime wackestone）
　ダナムの石灰岩分類法*で，基質支持*の炭酸塩粒子からなる石灰岩*．

ワーディアン階 Wordian
　苦灰統*中の階*．ウフィミアン階*の上位でキャピタニアン階*の下位．

ワニ目 Crocodilia（爬虫綱* class Reptilia)
　優勢な爬虫類である主竜亜綱*の目で，クロコダイル，アリゲーター，カイマン，ガビアルが含まれる．系統上は槽歯類*に由来し，恐竜*と翼竜*に近縁である．最初の化石ワニ類は三畳系*から見つかっている．厳密にいえば主竜類に含められる鳥（綱）*を別にすれば，ワニ目は中生代*以降も生き残っている唯一の主竜類である．

ワルターの法則 Walther's law（**岩相対比の法則** law of correlation of facies)
　岩相*の垂直変化の原因を説明する法則．岩相は水平方向に配列していた一連の堆積環境を反映して累重していく，とするもの．この法則は層準*の欠損がない堆積シーケンスにのみ適用される．

ワルトニアン階 Waltonian
　イングランドのエセックス州とサフォーク州に分布するレッドクラッグ（Red Crag ⇒ クラッグ）で代表される，東アングリア地方の下部更新統*の一部．イギリスにおける更新統*最下位の階*

割れ目火山 fissure volcano
　溶岩*，火山砕屑物*，ガスが噴出または流出する，地表上の直線状の割れ目．噴出物は割れ目沿いに最も厚く蓄積し，長く延びるなだらかな楯状の高まり，あるいはやや急な斜面をもつ火山錐*をつくる．噴出は主割れ目からだけではなく，成長途上の火山錐に局部

的に生じた割れ目，主割れ目から派生する二次割れ目から起こることもある．

椀掛け panning
　底の浅い椀を手で操作して重鉱物を選別する方法．砕屑物*を入れた椀を水中で前後に揺り動かすと重い鉱物*は底に留まり，脈石鉱物*は洗い出される．フィールドで手軽におこなうことができる検査法．

ワンガーリピアン階 Wangerripian
　オーストラリア南東部における下部第三系*基底の階*．ジョハニアン階*の下位．ほぼダニアン階*とサネティアン階*に対比される．

湾口砂州 bay bar ⇒ 砂州

湾口バリアー baymouth barrier
　湾の入り口〔湾口〕で湾を部分的に閉塞しているバリアー．⇒ バリアー

腕　骨 brachidium
　腕足類（動物門）*の触手冠を支える石灰質の骨格．タクソン*ごとに，環状，らせん状などさまざまな形状をなす．腕骨を欠き，触手冠が静水圧で支えられているものもある．

腕足動物門 Brachiopoda（**腕足類** lampshells）
　2枚の殻*をもつ底生*，海生の単体無脊椎体腔動物*の門で，カンブリア紀*前期から現在まで生息する．腕足類には殻の後端から出した肉茎*で海底面に固着しているものが多いが，殻自身が海底の岩石などに付着しているものや，付着せず自由生活を送るものも見られる．たとえば，プロダクタス属 *Productus*（⇒ プロダクタス・ギガンテウス）に代表される，古生代*後半に繁栄したプロダクタス科腕足類は，表面に多数の棘が発達した厚い殻をもち，海底の泥に体を一部沈めて生活していたことが知られている．
　通常，腕足類はそれぞれ形の異なる2枚の殻，茎殻（腹殻）と腕殻（背殻）からなり，肉茎のある茎殻のほうがやや大きい．殻の内側には内臓器官を包有する外套膜*が付着している．外套膜の一部は殻前面の開口部側において殻の前方から後方に向かってくぼんでおり，本体と外套膜の間に外套腔（あるいは触手冠があるため触手冠腔とも呼ばれる）という腔所をつくりだしている．腕足類の殻形態は一見すると二枚貝類（綱）*に似るが，2つの殻それぞれの中心線を通る面で左右相称*である点において二枚貝類とは基本的に異なっている．口をとり巻く特徴的な形状の触手冠は摂食と呼吸のための器官で，その表面は繊毛状の触手に覆われている．その形態は単純な馬蹄形のものもあるが，殻前面の開口部から突き出た2本のループ状やらせん状の腕をなしているものもある．腕足類という名称は，この触手冠が軟体動物の足と同じく運動器官と誤認されたことに由来する．消化管は食道，胃，腸から構成され，肛門をもつものともたないものがある．食道をとり巻く環状の神経系には，腹側に小さい神経節が見られる．排泄器官としては一対あるいは二対の後腎管（排泄管）があり，卵や精子の放出のための生殖腺も兼ねている．循環系は開放型で，胃の近くに収縮性小胞（心臓嚢）がある．
　腕足類はさまざまな海生環境に適応し，3,000種をはるかに超える化石種が報告されており，100種あまりの現生種が知られている．最近の研究では，腕足動物門はリンギュラ綱*，無関節綱*，有関節綱*の3綱に分けられている．

湾頭浜 bayhead beach
　湾頭〔湾の奥〕の低エネルギー環境に見られる砂*または礫*の浜*．湾と岬が交互する不規則な海岸線沿いの湾に典型的に発達する．

湾頭バリアー bayhead barrier
　湾頭〔湾の奥〕に沿うバリアー浜*．湾頭とは潟*によって隔てられている．⇒ バリアー

湾　入 sinus
　'曲がり'，'湾'を意味するラテン語．

腕　板 brachial plate ⇒ 腕

付表 A：北アメリカ層序コード（1983）による層序単元

各種層序単元

岩相層序	リソデミック層序*	地磁気極性層序	生層序	土壌層序	アロ層序
超層群	超スーツ				アロ層群
層群	スーツ	超磁極帯	生帯（生層序帯,	ジオソル**	**アロ累層**
累層	**リソディーム**	**磁極帯**	バイオゾーン）		
		複合岩体	（区間帯）		アロ部層
部層		亜磁極帯	（群集帯）		
(レンズ, 舌状体)			（多産帯）		
単層（流）					

(太字は基本となる単元)

* 岩相に基づいて境界が決定される．主に貫入，強い変形，強い変成作用を受けた岩石からなる岩体．地層累重の法則にしたがわない．
** 土壌層序区分における基本的で唯一の単元．

年代・年代層序単元

年代層序	地質年代	地磁気年代層序 年代層序との対応	地磁気年代 地質年代との対応	ダイアクロン
累界	累代	超磁極節	超磁極期	
界	代			
(超系)	(超紀)			エピソード（Episode）
系	**紀**	**磁極節**	**磁極期**	
(亜系)	(亜紀)			相（Phase）
統	世			スパン（Span）
階	期	亜磁極節	亜磁極期	クライン（Cline）
(亜階)	(亜期)			
年代帯（クロノゾーン）	クロン			

(太字は基本となる単元)

付表 B：地質年代表

地質年代尺度

累代	代	紀		世	下限の年代(Ma)
顕生累代	新生代	第四紀		完新世	0.01
				更新世	1.64
		第三紀	新第三紀	鮮新世	5.2
				中新世	23.3
			古第三紀	漸新世	35.4
				始新世	56.5
				暁新世	65
	中生代	白亜紀			145.6
		ジュラ紀			208
		三畳紀			245
	古生代	後期古生代	ペルム紀		290
			石炭紀		362.5
			デボン紀		408.5
		前期古生代	シルル紀		439
			オルドビス紀		510
			カンブリア紀		570
原生累代(原生代)	先カンブリア累代〔隠生累代〕				2,500
始生累代(始生代)					4,000
冥生累代(冥生代)					4,600

(Harlandほか，1989による)

月の年代尺度

紀	年代	主な事件
コペルニクス紀	<約10億年	若い光条クレーター
エラトステネス紀	約10〜30億年	'海'形成後の古いクレーター
インブリア紀	30〜38.5億年	'雨の海'と'東の海'の形成に続いて'海'の玄武岩が流出
先インブリア紀:		
ネクタリア紀	38.5〜39.2億年	'神酒の海'の形成に続いて11個の大きい衝突クレーターが形成
先ネクタリア紀	>39.2〜42?億年	'嵐の海'の形成に続いて約30個の衝突クレーターが生成

高地地殻の斜長岩は，月の生成直後の44.4億年前に結晶化した．
'海'の玄武岩の主要な流出期である'プロセラルム紀'は含まれていない．

火星の年代尺度

世	絶対年代（10億年） （ハルトマン-タナカのモデル）	絶対年代（10億年） （ノイクム-ワイズのモデル）
後期アマゾン世	0.25〜0.00	0.70〜0.00
中期アマゾン世	0.70〜0.25	2.50〜0.70
前期アマゾン世	1.80〜0.70	3.55〜2.50
後期ヘスペリア世	3.10〜1.80	3.70〜3.55
前期ヘスペリア世	3.50〜3.10	3.80〜3.70
後期ノア世	3.85〜3.50	4.30〜3.80
中期ノア世	3.92〜3.85	4.50〜4.30
前期ノア世	4.60〜3.92	4.60〜4.50

（アリゾナ大学出版部による）

付表C：風　力

ビューフォート風力階級

風力階級	風速（マイル/時）	〔風速(m/秒)〕*	
0	<1	<0.3	無風，煙は垂直に立ちのぼる．
1	1～3	0.3～1.6	風見や旗は動かない．煙がゆらぐ．
2	4～7	1.6～3.4	なびく煙によって風向がわかる．
3	8～12	3.4～5.5	木の葉がそよぎ，小枝が動く．軽い旗が開く．
4	13～18	5.5～8.0	落ち葉や紙片が舞い上がる．
5	19～24	8.0～10.8	葉を付けた立木が揺れる．
6	25～31	10.8～13.9	傘を差しにくい．
7	32～38	13.9～17.2	風に向かって歩くのが困難．
8	39～46	17.2～20.8	小枝が折れる．
9	47～54	20.8～24.5	煙突が倒れ，屋根かわらやスレートがはがれる．
10	55～63	24.5～28.5	立木が折れたり，根こそぎとなる．
11	64～75	28.5～32.7	根こそぎとなった立木が押し動かされ，自動車が転覆する．
12	>75	>32.7	甚大な被害が発生．建物が倒壊し，多数の樹木が根こそぎとなる．

〔* 日本の気象庁風力階段における風速〕

サフィール・シンプソンのハリケーン階級

階級	中心気圧		風速		高潮（フィート）〔約cm〕
	水銀（インチ）	〔水銀(mm)〕	マイル/時	〔約m/秒〕	
1	>28.94	>736	74～95	33～42	4～5〔1.2～1.5〕
2	28.48～28.93	723～735	96～110	43～49	6～8〔1.5～2.4〕
3	27.91～28.47	710～722	111～130	50～58	9～12〔2.4～3.6〕
4	27.17～27.90	690～709	131～155	59～69	13～28〔3.6～5.4〕
5	<27.17	<689	>155	≧70	>28　〔>5.4〕

フジタの竜巻強度

階級	風速(マイル/時)	〔風速(約m/秒)〕	予想される被害
F-0	40～72	18～32	軽微
F-1	73～112	33～50	中程度
F-2	113～157	51～70	大
F-3	158～206	71～92	甚大
F-4	207～260	93～116	壊滅的
F-5	261～318	117～140	予測不能

付表 D：国際単位系 (SI)

SI 基本単位

物理量	単位の名称	記号	慣用単位	換算
長さ	メートル	m	3.281 フィート	1 フィート＝0.3048 m
質量	キログラム	kg	2.2 ポンド	1 ポンド＝0.454 kg
時間	秒	s		
電流	アンペア	A		
熱力学的温度	ケルビン	K	1℃＝1.8°F	1℃＝1 K
光度	カンデラ	cd		
物質の量	モル	mol		

SI 補助単位

物理量	単位の名称	記号
平面角	ラジアン	rad
立体角	ステラジアン	sr

SI 誘導単位

物理量	単位の名称	記号	慣用単位	換算
周波数	ヘルツ	Hz		
エネルギー	ジュール	J	0.2388 カロリー	1 カロリー＝4.1868 J
力	ニュートン	N	0.225 ポンド	1 ポンド＝4.448 N
仕事率・電力	ワット	W	0.00134 馬力	1 馬力＝745.7 W
圧力	パスカル	Pa	0.00689 ポンド/(インチ)^2	1 ポンド/(インチ)^2＝145 Pa
電気量・電荷	クーロン	C		
電位・電圧	ボルト	V		
電気抵抗	オーム	Ω		
電気伝導度	ジーメンス	S		
静電容量	ファラッド	F		
磁束	ウェーバー	Wb		
インダクタンス	ヘンリー	H		
磁束密度	テスラ	T		
光束	ルーメン	lm		
照度	ルクス	lx		
吸収線量	グレイ	Gy		
放射能	ベクレル	Bq		
線量等量	シーベルト	Sv		

SI 接頭語

接頭語	記号	大きさ	接頭語	記号	大きさ
アット	a	10^{-18}	デカ	da	10
フェムト	f	10^{-15}	ヘクト	h	10^2
ピコ	p	10^{-12}	キロ	k	10^3
ナノ	n	10^{-9}	メガ	M	10^6
マイクロ	μ	10^{-6}	ギガ	G	10^9
ミリ	m	10^{-3}	テラ	T	10^{12}
センチ	c	10^{-2}	ペタ	P	10^{15}
デシ	d	10^{-1}	エクサ	E	10^{18}

文　献

Ager, D. V. (1973) *The Nature of the Stratigraphical Record*. Macmillan, London.
Boggs, Sam Jr. (1995) *Principles of Sedimentology and Stratigraphy*. 2nd edn. Prentice Hall, Upper Saddle River, New Jersey.
Bowen, D. Q. (1978) *Quaternary Geology : A Stratigraphic Framework for Multidisciplinary Work*. Pergamon Press, Oxford.
Davis, W. M. (1912) Relation of geography to geology. *Geological Study of America Bull.*, **23** 93-124.
Fleuty, M. J. (1964) The description of folds. *Geol. Assoc. Proc.*, **75** 461-492.
Galloway, W. Z. (1989) Genetic stratigraphic sequences in basin analysis. 1 : Architecture and genesis of flooding-surface bounded depositional deposits. *American Assocn. of Petroleum Geologisis, Bull.*, **73**, 125-142.
Godwin, H. (1940) Pollen analysis and forest history of England and Wales. *New Phytology*, **39**, 4, 370.
Harland, W. B. (1978) *Geochronologic Scales*, in Cohee, G. V., Glaessner, M. F., and Hedberg, H. D. (eds.) *Contributions to the Geologic Time Scale*. American Assocn. of Petroleum Geologists (AAPG), Studies in Geology No. 6, Tulsa, Oklahoma.
Harland, W. B. Armstrong, R. L., Craig, L. E., Smith, A. G., and Smith, D. G. (1989) *A Geologic Time Scale*. Cambridge Univ. Press, Cambridge.
Harland, W. B., Cox, A. V., Llewellyn, P. G., Pickton, C. A. G., Smith, A. G., and Walters, R. (1982) *A Geologic Time Scale*. Cambridge Univ. Press, Cambridge.
Leith, C. K. (1905) Rock Cleavage. *U. S. Geological Survey Bull.*, **239**, 216.
Powell, C. McA. (1979) A morphological classification of rock cleavage. *Tectonophysics*, **58**, 21-34.
Ramsay, J. G. (1967) *Folding and Fracturing of Rocks*. McGraw-Hill, New York.
Rosenzweig, Michael L., and McCord, Robert D. (1991) Incumbent replacement : evidence for long-term evolutionary progress. *Palaeobiology*, **17**, 3, 202-213.
Seilacher, A. (1984) 'Storm beds : Their significance in event stratigraphy', in Seibold, E. and Meulenkamp, J. D. (eds.) *Stratigraphy Quo Vadis* ? AAPG Studies in Geology No. 16, IUGS Special Publication No. 14, American Assocn. of Petroleum Geologists, Tulsa, Oklahoma.
Skelton, Peter (ed.) (1993) Evolution : *A Biological and Palaeontological Approach*. Addison-Wesley, Harlow, in association with the Open University.
Thornthwaite, C. W. and Mather, J. R. (1955) *The Moisture Balance*. Publications in Climatology, 8, 1. Laboratory of Climatology, Centerton, New Jersey.
Tyrell, G. W. (1921) Some points in petrographic nomenclature. *Geological Magazine*, **58**, 494-502.
Van Eysinga, F. W. B. (compiler) (1975) *Geological Timetable* 3rd edn. Elsevier, Amsterdam.
Vine, F. J. and Matthews, D. H. (1963) Magnetic anomalies over oceanic ridges. *Nature*, **199**, 914-919. London.

欧文索引

A

aa 1
AABW 50
AAC 50
Aalenian 20
AAV 50
Ab 56
abandoned channel 556
abandonment facies
　association 287
abapical 475
abaptation 12
Abbé refractometer 9
abiogenesis 242
abiotic 488
ablation 218, 269
ablation till 13
ablation zone 269
aboral 476
abrasion 218
absolute age 318
absolute humidity 318
absolute plate motion 528
absolute pollen frequency
　(APF) 318
absolute porosity 318
absolute temperature 318
absolute vorticity 42, 318
absolute zero 318
absorptance 137
absorptance band 138
absorption 137
abstraction 260
Abukuma-type
　metamorphism 12
abundance zone 355
ABV (aggregate abrasion
　value) 203
ABW 56
abyssal hill 275
abyssal plain 275
abyssal storm 275
abyssal zone 275
Acadian orogeny 4

Acado-Baltic Province 4
Acanthodii 144
Acanthograptidae 4
Acanthostega 4, 27
acceleration 337
accelerometer 101
accessory lithics 637
accessory mineral 512
accessory plate 514
accidental lithics 28
accomodation space 346
accordion fold 6, 233
accretion 510
accretional heating 256
accretionary lapilli 96
accretionary levee 510
accretionary wedge 510
accumulated temperature
　311
accumulation zone 372
ACF (diagram) 53
achnelith 5
achondrite 52
achromatic line 34
acicular 278
acid 224
acid rain 226
acid rock 227
acid soil 227
acidophile 186
acme zone 5
acoustic impedance 72
acquired characteristics 91
acritarchs 5
Acrothoracica 322
acrozone 5
actinium series 4
actinolite 4
Actinopterygii 265
activation analysis 557
activation energy 102
active geophysical method
　453
active layer 103
active margin 103
active method 453

active pool 102
activity 104, 559
activity coefficient 104
Actonian 5
actual evapotranspiration
　244
actualism 178, 301
acuity 50
ACV (aggregate crushing
　value) 53, 203
Adam 8
adamantine lustre 349
adamellite 8
Adams-Williamson equation
　8
adapical 91
adaptation 401
adaptive radiation 401
adaptive zone 401
addition rule 107
additive primary colours 96
adductor muscles 537
Adelaidean 10
Adelaidean orogeny 10
adhesion ripple 202
adiabatic 365
adit 392
admission 563
admittance 410
Adnamurchan 481
adobe 10
adoral 194
Adrastea (Jupiter XV) 10
adsorption 138
adsorption complex 138
adularia 10
advection 34
adventive cone 130, 336
AE 49
aedifichnia 55
aegirine 53
Aegyptopithecus zeuxis 53
aeolian process (eolian
　process) 506
aeolianite 506
Aeolis Quadrangle 1

aerial photograph 151
aerial photography 151
aerobe 185
aerobic 513
aerobic process 185
aerodynamic roughness 152
aerological diagram 190
aeromagnetic survey 151
Aeronian 3
aerosol 58
Aetosauria 257
AF demagnetization 51, 195
AFC 51
AFM diagram 51
AFMAG EM system 51
African Plate 13
aftershock 615
Aftonian 13
Agassiz, Jean Louis Rodlphe 4
agate 593
age 126
ageostrophic wind 373
agglomerate 5
agglutinate 5
aggradation 573
aggregate 203, 366
aggregate test 203
aggregation 141, 366
Aglaophyton major 5, 627
Agnatha 588
Agnostida 5
agric horizon 5
agrichnion 453
Agricola, Georgius (Georg Bauer) 5
agrometeorology 453
Agulhas current 5
ahermatipic 489
ailiasing 50
Aiportian 2
air-lift pump 151
air mass 132
air wave 344
airborne dust analysis 519
airborne gravity survey 151
airgun 49
Airy, George Biddell 49
Airy model 49
Airy phase 49
Aitken nuclei counter 50
Aitken nucleus 50
AIV 49
AIV (aggregate impact value) 203

AIW 49
åkermanite 67
aklé 5
alabaster 316
alar 336
alas 14
Alaska current 14
A-layer 54
Alba Patera 465
albedo 19
Alberta low 18
Albertian 18
Albian 18
albic 18
albite 335
albite-epidote-amphibolite facies 335
albite twinning 18
albitization 335
Alboran basin 378
alcove 606
alcrete 17
Aldingan 18
alete 588
Aleutian current 15
Aleutian low 15
Aleutian Trench 15
Alexandrian 20
alexandrite 20
Alfisol 19
alga 336
algal bloom 336
algal limestone 336
algal mat 336
Algero-Ligulian basin 378
alginite 17
Algonkian 17
alkali-aggregate reaction 16
alkali basalt 16
alkali feldspar 16
alkalic series 16
alkaline 16
alkaline rock 15
alkaline soil 16
alkaliphile 16
allanite 104
Alleghanian orogeny 19
allelomorph 351
Allen's rule 20
Allerød 20
allochem 20
allochemical limestone 20
allochthon 30
allochthonous 30

allochthonous terrane 30
alloclast 20
allocyclic mechanisms 20
allodapic 21
alloformation 21
allogenic 356
allogenic stream 30
allogroup 21
allomember 21
allometry 335
allopatric speciation 28
allopatry 28
allophane 21
allostratigraphic units 21
allostratigraphy 21
allotriomorphic 354
allpervasive background radiation of 3 K 490
alluvial 383
alluvial cone 383
alluvial fan 383
alluvium 383
almandine 19
alnöite 18
alpha decay 19
alpha diversity 19
alpha-mesohaline water 19
alpha-proton-X-ray spectrometer 19
Alpine Fault 36
alpine glow 228
Alpine-Himalayan orogeny 19
Alpine type 358
Alportian 19
alteration 550
alteration halo 550
alternating current 195
alternating-magnetic-field demagnetization 195
altiplanation 18
altocumulus 189
Altonian 18
altostratus 190
alumstone 586
alunite 586
alveolus 19
A/m 51
Amalthea (Jupiter V) 14
Amarassian 13
Amazonian 13
amazonite 13
amazonstone 13
amber 205
ambient pressure 531

ambient temperature 253
ambitus 88
ambulacral groove 564
ambulacrum 563
Ambulocetus natans 23
Amelyon 208
amensalism 549
American Province 14, 349
Amersfoort 13
amesite 14
amethyst 14
Amia 323
amino acid 14
amino group 14
Amitsoq Gneiss 28
Ammonitida 24
Ammonoidea 24
amnion 614
amniotic 608
Amor 269
amorphous 486
amorphous cloud 589
amosite 14
amperes per metre (A/m) 24
Ampferer subduction 24
Amphibia 633
amphibole 90
amphibolite 89
amphibolite facies 89
amphicoelous 632
Amphicyonidae 23
amphidetic 632
amphidromic point 589
Amphineura 334
amphitheatre 60
amplitude 283
ampulla 23
amygdale 142
amygdule 142
An 49
anabatic wind 11
anabranching channel 535
anacline 302
anaerobe 177
anaerobic 588
anaerobic process 177
anafront 102
anagenesis 10
analcime (analcite) 561
analcite-basanite 561
analcitite 561
analog data (analogue data) 11
analogous structure 332

analogue image 11
analyser 11
anamniotic 589
Ananke (Jupiter XII) 11
Anapsida 588
Anaspida 173
anastomosing channel 596
anatase 10
anatexis 10
Anatolepis heintzi 11
anchialine 21
anchimetamorphism 21
anchor 21
ancient biomolecule 99
Ancient Cratered Terrain 196
andalusite 192
Andean orogenic belt 23
Andean-type orogeny 23
andesine 383
andesite 22
andhis 23
Andino-type margin 23
Andisol 23
andradite 23
anemometer 630
aneroid barometer 11
Angara 21
Angaraland 21
Angiophyte 21
angiosperm 485
Angiospermae 485
angle of draw 484
angle of frictional resistance 326, 575
angle of incidence 444
angle of internal friction 436
angle of reflection 477
angle of refraction 153
angle of repose 22
angle of shearing resistance 326
anglesite 630
Anglian 21
ångstrom 72
angular momentum 88
angular unconformity 169
angularity number 301
anhedral 354
anhydrite 190
anhysteretic magnetization 500
Animalia 422
Animikian 11

anion 34
Anisian 11
Anisograptidae 11
anisometric growth 517
anisomyarian 517
anisotropic meter 34
anisotropy 33
ankerite 21
Ankylosaurus 21
annealing 447, 603
Annelida 115
annual snow-line 505
annulus (planetary) 11
anode 612
anomaly 28
anomphalous 588
anorogenic 489
anorthite 80
anorthoclase 11
anorthosite 250
anoxic 588
Antarctic air 439
Antarctic bottom water 439
Antarctic Circumpolar Current 121
Antarctic convergence 439
Antarctic front 439
Antarctic intermediate water 439
Antarctic meteorites 438
Antarctic Ocean 438
Antarctic Plate 439
Antarctic polar current 439
Antarctic polar front 439
ante- 22
antecedent drainage 324
Anthocyathea 105
anthophyllite 389
Anthophyta 177
anthoropogenic 277
anthoropogeomorphology 277
Anthozoa 101
anthracite 588
Anthropogene 283, 350
Anthropoidea 275
anti- 22
Antian 22
anticlinal trap 456
anticlinal valley 456
anticline 456
anticlinorium 512
anticoincidence circuit 475
anticyclogenesis 185
anticyclolysis 185

anticyclone 185
anticyclonic gloom 185
antidune 477
antiferromagnetism 476
antiform 22
antiformal stacks 406
antigorite 22
antimonite 127
antimony glance 127
antinode 395
antiperthite 22
antithetic fault 22
antitrade 479
Anura 633
anvil 105
apatite 635
Apatosaurus 11
ape 637
Apennine Bench formation 160
aperture 88
apex 90
APF 56
aphanitic 484
Aphebian 12
aphelion 60
aphyric 589
Aplacophora 334
aplite 13
Apoda 633
apodeme 435
apogee 61
Apollo 13
apomorph 463
apophysis 116, 202
Appalachian orogenic belt 12
apparent age 581
apparent cohesion 582
apparent conductivity 581
apparent dip 581
apparent resistivity 582
apparent velocity 581
apparent wavelength 582
apsacline 249
aptation 401
Aptian 12
aptychus 12
APXS 56
aquamarine 4
aquapulse 300
aquic moisture regime 4
aquiclude 440
aquifer 345
aquifer test 345, 613

aquifuge 440
Aquitanian 4
aquitard 479
Arabian Plate 14
arachnid (arachnoid) 155
Arachnida 259
aragonite 14
aragonite mud 14
Aratauran 14
Araucarioxylon 208
arborescent 259
arc 181
arc-trench gap 418
archae- (arche-) 6
Archaea 237
Archaean 241
archaebacteria 199
Archaeocalamites radiatus 6
Archaeoceti 198
Archaeocyatha 205
Archaeogastropoda 205
archaeomagnetism 186
Archaeopteris 6
Archaeopteryx lithographica 6
archaeopyle 464
Archaeosperma arnoldii 6
Archaeosphaeroides 6
Archaeozoic 241
archaic *sapiens* 199
archetype 177
Archie's law 8
arching 8
archipelago 166
architecture of sandbodies 220
Archosauria 262
arctic air 564
arctic bottom water 564
arctic front 564
Arctic Ocean 564
arctic sea smoke 564
arcus 8
Ardipithecus ramidus 18
Arduino, Giovanni 18
areal erosion 182
arenaceous 219
Arenicolites 20
Arenig 20
arenite 20, 217
areology 98
arête 20
arfvedsonite 19
argentite (silver glance) 128

argillaceous 395
argillaceous limestone 396
argillan 452
argillic horizon 17
argillite 7
Argon-40 17
aridic moisture regime 15
Aridisol 15
aridity index 120
Ariel (Uranus I) 15
aristogenesis 15
Aristotle's lantern 15
arkose 17
arkosic arenite 17
arkosic wacke 17
arl 15
Arnsbergian 22
Arowhanan 20
array 166
arrow worms 603
arroyo 21
arsenopyrite 631
artesian water 247
artesian well 247
Arthrodira 316
Arthropoda 317
Articulata 119, 604
artificial freezing 277
artificial rain 277
artificial recharge 277
Artinskian 18
Artiodactyla 151
Arundian 19
Asaphida 6
asbestos 7
Asbian 7
aseismic 485
aseismic margin 485
aseismic ridge 485
Asgard 110
ash 95
ash-cloud surge 531
ash cone 95, 291
ash-flow 93, 95
Ashgill 7
asiderite 6, 311
asphalt 7
asphaltite 7, 146
assay 501
Asselian 8
assemblage zone 166
assimilation 416
assimilation-fractional crystallization 416
astatic magnetometer 589

Asteriacites 7
asteroid 269
Asterosoma 7
Asteroxylon 7
Asterozoa 562
asthenosphere 631
Astian 482
astogenetic heterochrony 7
astraeoid (astreoid) 562
astragalus 145
astrobleme 35
astrogeology 43, 653
astronomical unit 413
A-subduction 52
asymmetrical fold 489
asymmetrical valley 489
Atdabanian 8
Aten 269
Athabasca 6
Atlantic 10
Atlantic conveyor 345
Atlantic Ocean 345
Atlantic Province 345
Atlantic-type coast 345
Atlantic-type margin 345
Atlas (Saturn XV) 10
atlas vertebra 121
atmometer 268
atmophile 276
atmosphere 128
atmospheric pollution 343
atmospheric pressure 126
atmospheric shimmer 343
atmospheric 'window' 344
Atokan (Derryan) 10
atoll 116
atomic absorption analysis 178
atomic number 178
attenuation 178
Atterberg classification 452
Atterberg limits 9
attitude 241
aubrite 70
augen 114
augen-gneiss 114
auger 66
augite 515
augite-minette 515
Aulacocerida 71
aulacogen 71
aulodont 116
aureole 66
aurora 72
Austral realm 403

Australian faunal realm 67
Australopithecus 2
Australopithecus afarensis 3
Australopithecus africanus 3
Australopithecus anamensis 3
Australopithecus bahrelghazali 3
autapomorphy 207
authigenic 241
autobrecciated lava 246
autochthonous 180
autoclast 69
autocorrelation 237
autocyclic mechanisms 69
automatic point counter 245
automatic weather station 245
autosuspension 245
autotheca 366
Autunian 68
autunite 635
auxiliary reference section 226, 563
available nutrients 87
available relief 604
available water 605
avalanche 561
avalanche wind 436
Avalon Terrane 4
Avalonian orogeny 12
average 537
average velocity 537
Aves 385
Avicenna (Abu Ali al-Husayn Ibn Abdallah Ibn Sina) 12
Avogadro constant (Avogadro number) 13
avoidance cell 387
avulsion 366
axial modulus 236
axial plane, axial surface 254
axial plane cleavage 236
axial ratio 236
axial rift 382
axial tilt 245
axial trace 254
axial trough 382
axinite 69
axiolitic structure 4
axis of rotation 80
axis of symmetry 344
axis vertebra 236

azimuth 555
azimuth resolution 555
azimuthal distribution 555
Azoic 241
Azores Fracture 648
Azores high 7
azurite 622

B

B 482
Bacillariophyceae 170
back-arc basin 456
back-arc spreading 456
back thrust 464
backing 506
backreef 457
backscatter 194
backshore 10
backswamp 193
backwash 483
Bacteria 214
bacterial chemosynthesis 214
badlands 465
bafflestone 468
baguio 460
bai-u season 455
Bairnsdalian 479
bajada (bahada) 467
Bajocian 462
balanced section 471
Balanidae 513
Balanus 513, 580
Balcombian 472
Balfour 473
ball and pillow structure 569
ball clay 569
balloon sounding 128
Baltica 472
Baltoscandia 472
Banan 105
band 343
band filter 343
band-pass filter 343
band-reject filter 343
banded iron formation 248
bankfull flow 87
bankfull stage 87
banner cloud 463
bar 219, 472
bar, riegel 197
Baragwanathia longifolia 469

barat 470
barchan 472
barite (baryte) 255
barkevikite 461
barnacle 513
baroclinic 167
baroduric 342
barograph 235
barometer 126
barothermometer 234
barotropic 263
barred basin 539
barrel trend 474, 561
Barrell, Joseph 474
Barremian 474
barren interzone 588
barren intrazone 588
barrier 471
barrier bar 471
barrier beach 471
barrier island 471
barrier reef 563
Barrovian-type metamorphism 474
Barrow's zones 474
Bartlett Fault 110
Bartonian 466
basal conglomerate 133
basal sliding 400
basal thrust 400
basalt 180
basaltic meteorite 180
basanite 538
base 59
base level 278
base saturation 59
base station 130
base surge 540
basecourse 131, 449
baseflow 133
baselap 541
basement 134
Bashkirian 462
basic rock 59
basic soil 59
Basilosaurus 462
basin 538, 570
basin-and-range province 538
basin-and-swell sedimentation 538
basin modelling 348
Basleoan 463
bat 195
Batesfordian 542

batholith 399
Bathonian 466
bathy- 274
bathyal zone 478
bathymetry 337
Bauplan 345
bauxite 562
Baventian 468
bay bar 654
Bayer process 562
Bayesian 388
bayhead barrier 654
bayhead beach 654
baymouth barrier 654
Bazin's average velocity equation 461
beach 468
beach cusp 489
beach drift 82
beach rock 490
beaded lightning 278
bearing capacity 145
Beaufort scale 494
Beche, Henry Thomas de la 541
Beck line test 541
Becke, Friedrich Johann Karl 542
bed load 542
bed roughness 400
bedding 336
bedding cleavage 336
bedding plane 336, 377
bedform 219
Beekmantownian 484
Beestonian 487
Belemnitida 548
Belinda (Uranus XIV) 545
bell pit 265
Bell Regio 155
bell trend 357, 547
Bellerophon 548
bellerophontiform 548
bench 552
Bendigonian 552
beneficiation 322
Benguela current 549
Benioff, Hugo 543
Benioff zone 543
benmoreite 553
Bennettitales 553
Benson's flood peak formula 552
benthic storm 275
benthos 396

bentonite 552
Benue Trough 221
berg wind 546
Bergen School 546
Bergeron-Findeisen theory 546
Bergeron theory 546
Bergman, Torbern Olof 546
Bergmann's rule 546
bergschrund 546
bergschrund crevasse 546
Bering land bridge 545
Beringia 545
berm 397
Berman balance 547
Bermuda high 469
Bernoulli, Daniel 547
Bernoulli equation 547
Berriasian 544
Bertrand lens 546
beryl 634
beta decay 541
β-diagram 541
beta-mesohaline water 541
Beta Regio 541
bevelled cliff 511
Bianca (Uranus VIII) 482
biaxial interferrence figure 443
Bibymalagasia 458
biconical 632
BIF 482
bifurcation 444
bifurcation ratio 533
big bang theory 490
Bija sibirica 530
bilateral symmetry 223
billow cloud 648
bilophodonty 441
bimodal distribution 442
bin 501
binary star 646
binary system 443
bindstone 459
Bingham fluid 501
binomial distribution 442
bio- 301
biochron 308
biochronology 308
bioclast 303
biocoenosis 305
biofacies 304
biogenesis 307, 308
biogenetic law 308
biogenic 307

biogenic deposit　307
biogeochemical cycle　308
biogeochemical exploration　306, 370
biogeochemical oxygen demand　301
biogeochemistry　308
biogeocoenosis　307
biogeography　308
bioglyph　308
bioherm　455
biohorizon　304
bioimmuration　307
biointermediate element　263
biolimiting element　308
biolithite　455
biological oxygen demand　307
biomagnetism　305
biome　307
biomicrite　455
biomineralization　305
biophile　279
biosparite　455
biosphere　307
biostratigraphic interval zone　305
biostratigraphic interval-zone　114
biostratigraphic unit　305
biostratigraphic zone　305
biostratigraphy　304
biostrome　455
biota　308
biotic　309
biotic index　307
biotite　163
bioturbation　308
biounlimiting element　488
biozone　305
bipolar distribution　441
bipyramid　632
biramous　443
birdseye fabric　384
bireflectance　478
birefringence　511
birefringence chart　511, 583
BIRPS　482
Birrimian orogeny　500
bischofite　486
bise　488
biserial　444
bismuthinite　131
bistatic radar　457
bisulcate　444

bit　490
Bitaunian　489
bitheca　336
bitter lake　155
bitumen　489
bituminous coal　642
Bivalvia　444
Bjerknes, Vilhelm Frimann Koren　493
black body　198
black earth　197
black ice　198
black jack　520
black shale　197
black smoker　520
Blackett, Patrick Maynard Stuart　520
Blackriverian　521
blade　462
bladed　462
Blake　526
Blake Plateau　579
blanket bog　523
-blast　550
blast ratio　465
blasto-　520
Blastoidea　45
blastoporphyritic　520
Blastozoa　45
B-layer　489
bleb　529
bleicherde　499
blind hole　519
blizzard　524
block-and-ash deposit　530
block field　114
block glide　114
block volume　530
blocking　530
blocking anticyclone　530
blocking high　530
blocking temperature　530
blocking volume　530
blocky lava　78
bloedite　527
blood rain　3
blow-hole　233
blow-out　529
blue　525
blue-green algae　622
Blue John　525, 564
blue Moon　3
blueschist　304
blueschist facies　304
bocca　564

Bocono Fault　110
BOD　482
Bode, Johann Elert　565
Bode's law　378, 565
body chamber　349
body wave　244
boehmite　544
bog iron ore　445
bog peat　393
Bogen structure　200
boghead coal　565
bolide　460
Bolindian　568
Bølling　545
bolson　568
Boltwood, Bertram Borden　569
Boltzmann constant　568
bomb sag　566
bone　566
book lung　259
Boomer　518
bootstrapping　517
bora　567
borax　735
bord and pillar　383
bore　554
boreal　570
Boreal　570
boreal climate　570
Boreal realm　565
Boreal Sea　470
borehole　240
borehole effect　193
borehole logging　189
borehole sonde　193
boring　322
bornhardt　569
bornite　479
bort (bortz)　569
Bortonian　566
boss　116
Bothriocidaris　191
Bothriocidaroida　191
botryoidal　517
bottleneck　501
bottom water　396
bottomset bed　398
boudin (boudinage)　516
Bouguer anomaly　512
Bouguer correction　513
Bouguer gravity map　512
Bouguer, Pierre　513
boulder　352
boulder clay　561

Bouma sequence 518
bounce 395, 459
boundary current 140
boundary layer 140
boundary-stratotype 140
boundary wave 140
boundstone 459
bournonite 250
bow shock 560
bow-tie reflection 387
bow trend 561
Bowen, Norman Levi 556
Bowen' reaction principle 555
Bowen's ratio 556
Bowen's reaction series 555
box classification 564
box fold 461
boxcar trend 564
BP 492
brachia 44
brachial plate 654
brachidium 654
brachiole 246
Brachiopoda 654
Brachiosaurus 519
brachydont 362
Bradfordian 213, 521
bradyseism 123
bradytely 117
Bragg equation 521
Bragg, William Lawrence 520
Bragg's law 521
braided channel (river, stream) 596
branch 54
branchial arch 214
branchial basket 217
branching decay 533
Brandenburg moraine 523
Brandon 523
Braunerde 519
braunite 519
Bravais lattice 522
Bravais law (rule) 522
Brazil current 520
bread-crust bomb 475
break 526
breaker 216
breccia 92
breccio-conglomerate 527
brecciola 527
breeze 492
breviconic 363

brick 646
brickearth 524
Brigantian 524
bright spot 519
brine 117
Brioverian 523
British standard classification 26
brittle 304
brittle deformation 304
broad weir 310
Brøgger, Waldemar Christofer 526
Brongniart, Alexandre 531
Brønsted-Lowry theory 59, 224
Brontosaurus 531
bronzite 204
brookite 29
Brørup 529
brown clay 102, 312
brown coal 103
brown earth 102
brown forest earth 102
brown podzolic soil 102
Brownian motion 519
brucite 525
Brückner cycle 524
Brunhes 526
Bruun rule 525
Bryophyta 198
Bryozoa 198
B-subduction 483
bubble pulse 468
bubnoff unit 518
Buchan metamorphic zones 510
Buchan spell 518
Buckland, William 464
buckle folding 218
Buffon, Georges Louis Leclerc, Comte de 494
Buganda-Toro-Kibalian orogeny 510
bulb of pressure 9
Bulitian 524
bulk composition of Earth 371
bulk density 94
bulk modulus 347
bulking 472
Bullard, Edward Crisp 470
bumpiness 621
Bunter 535
Buntsandstein 477

buoyancy 524
buran 522
Burdigalian 525
Burgess Shale 461
burial metamorphism 573
buried focus reflection 471
buried soil 573
buried topography 573
burner reactor 450
Burnet, Thomas 467
burrow 284
'burst of monsoon' 601
Burzyan 525
Bushveld 481
butte 494
Buys Ballot's law 554
by-product 512
byssate 337
byssus 337
byte 457
bytownite 4
b-zone 489

C

cable drilling 176
cadicone 136
caecilian 633
Caerfai 166
Cainozoic 279
cairngorm 176
Calabrian 109
calamine 26, 632
Calamites 424
Calamites cistiiformes 109
calc-alkaline series 111
calc-sinter 316
calc-tufa 422
Calcarea 315
calcarenite 315
calcareous ooze 315
calcareous soil 315
calceolid 299
calcic horizon 111
calcic series 111
Calcichordata 315
calcification 315
calcilutite 316
calcirudite 316
calcisiltite 316
calcisphere 315
calcite 556
calcite compensation depth 362
calcium feldspar 111

calcrete 110, 111
calcrete uranium 111
calcsilicate 111
caldera 112
Caledonian orogeny 113
calibration graph 181
calice 140
caliche 110
calichnia 109
California bearing ratio 110
California current 110
caliper logging 136
Callisto (Jupiter IV) 109
Callovian 113
calm 301
calving 106
calvus 589
Calypso (Saturn XIV) 110
Calyptoptomatida 110
calyx 88, 140
calyx drill 272
cambering 136
cambic horizon 122
Cambrian 122
camera 555
cameral (camaral) fluid 561
Camerata 61
camouflage 108
Campanian 121
Campbell-Stokes sunshine recorder 137
camptonite 122
Canada balsam resin 105
Canadian 105
canali 105
canalizing selection 47
Canaries current 105
cancrinite 114
Canidae 32
Caniformia 32
cannel coal 270
cannel shale 136, 428
cannonball bomb 556
canyon 141
cap rock 136
capacity (of stream) 48
capillarity 596
capillary 596
capillary action 596
capillary fringe 596
capillary moisture 596
capillary water 596
capillary wave 499
capillary zone 596

capillatus 359
Capitanian 136
Captorhinomorpha 106
capture 562
capuliform 104
Capulus 104
Caradoc 109
carbon 363
carbon 'burning' 365
carbon cycle 364
carbon isotope 365
carbon-14 364
carbonaceous chondrite 364
carbonate 362
carbonate lump 362
carbonation 362
carbonatite 107
Carboniferous 312
Carboniferous Limestone 312
carbonization 361
cardinal septum 258
cardinal tooth 259
cardinalia 242
Cardioceras cordatum 152
Caribbean current 110
Caribbean Plate 110
carina 629
Carlsbad twin 112
Carlsberg Ridge 112
Carme (Jupiter XI) 108
carnallite 105
carnassial 644
Carnian (Karnian) 105
Carnivora 270
carnosaur 112
carnotite 112
Carpentarian 107
Carpenter, William Benjamin 107
carpoids 76
carpus 259
carrier element 365
Cartesian projection 401
cartilage 439
cartilaginous fish 439
Cascade Mountains 208
cascading system 96
casing 172
Cassadagian 102
Cassini 102
Cassini Division 102
cassiterite 292
cast 136
cast-in-place concrete

diaphragm wall 91
Castalia 97
castellanus 419
castle koppie 264
Castlecliffian 136
Castlemainian 136
CAT 232
cataclasis 101
cataclasite 101
catagenesis 101
catarrhine 142
catastrophic evolution 101
catastrophism 172
catchment 256
catena 104, 646
cateniform 646
Cathayornis 385
cathode 34
cathodoluminescence 101
cation 611
cation exchange 611
cation-exchange capacity 611
cation ordering 611
cat's eye 446
caudal 482
caudal vertebra 490
cauldron-subsidence 209
Cautleyan 204
cavate 107
cavern porosity 121
cavitation 136
cay 284
Cayugan 108
Cazenovian 173
CBR 247
CCD 238
CCL 238
CDP 245
CDP stack 245
CEC 232
Celastrophyllum circinerve 320
celerity 29
celestite 412
cement 320
cementation 185
cemented soil 186
Cenomanian 320
Cenozoic 279
center of curvature 145
Central European Sea 381, 470
central limit theorem 382
central vent volcano 382

Centrales 382
centre of symmetry 344
centric diatoms 382
centrifugal pump 60
centripetal drainage pattern 138
Centroceratida 327
centrum 392
Cephalaspis 320
cephalic 414
cephalic spine 417
cephalic suture 420
Cephalochordata 419
cephalon 422
Cephalopoda 421
Ceratitida 320
Ceratodus 456
ceratoid 214
Ceratopsia 92
Ceres 321
cerioid 133
cerussite 460
cervical vertebra 171
c.g.s. system 238
Chadian 251
Chaetognatha 596
chain-former 367
chain lightning 218, 278
chain-modifier 367
chain silicate 32, 219
chalcedony 144
chalcocite 133
chalcophile element 281
chalcopyrite 65
chalk 389
Challenger Deep 77
Challenger expedition 380
chalybeate water 362
chalybite 633
Chamberlin, Thomas Chrowder 367
Chambers, Robert 381
chamosite 252
Chamovnicheskian 380
Champlainian 381
Chandler wobble 381
Changxingian 381
channel 77, 381, 632
Channel Deposits Terrain 381
channel fill 632
channel wave 381
chaos 86
char 380
character 168

character states 168
charcoal 380, 597
Charelston Earthquake 357
charge 336
charge (electric charge) 408
charge-body potential method 348, 583
charge-coupled device 409
chargeability 256
Charnian 380
Charniodiscus 55, 112
charnockite 380
charnockitic gneiss 380
Charon 113
Charophyceae 250
Charophyta 250
Charpentier, Jean de 253
chart datum 135
chasma 380
chattermark 380
Chattian 251
Chautauquan 390
Chazyan 250
Chebotarev sequence 367
Cheirolepis traillii 172
chelation 146
Chelford 367
chelicerae 140
Chelicerata 140
Cheltenhamian 367
chemical demagnetization 86
chemical oxygen demand 86
chemical potential 87, 584
chemical remanent magnetization 86
chemical weathering 87
chemocline 87
chemosymbiosis 86
chemosynthesis 86
Chemungian 367
chenier 245
chenier plain 245
Cheremshanskian 367
chernozem 367
chert 380
Chesterian 367
chevron fold 233
chevron mark 233
Chewtonian 384
Chezy's formula 232
chi-squared test 81
chiastolite 151, 192

chickenwire structure 372
Chicxulub 378
Chile Rise 390
Chile saltpetre 338, 390
chilidial plate 390
chilidium 456
chilled edge 138
chilled margin 138
Chimkent 340
china clay 86, 421
chinastone 380
chine 380
chinook 246
chip sampling 379
Chiron 147
Chiroptera 614
chitin 133
Chitinodendron franconianum 132
chizel 282
chloralgal 165
chlorinity 61
chloritoid 165
Chlorophyta 634
chlorozoan 165
Choanichthyes 436
Chokierian 389
Chondrichthyes 439
chondrite 212
chondrite model 212
Chondrites 212
chondritic Earth model 212
chondritic unfractionated reservoir (CHUR) 212
chondrocranium 439
chondrodite 212
chondrophore 280
Chondrostei 439
chondrule 212
Choquette and Pray classification 389
chorda dorsalis 311
Chordata 311
chrolite 634
chroma 235
chromatid 324
chromatography 164
chrome diopside 165
chromite 165
chromosome 324
chron 165
chronohorizon 179, 450
chronomere 164
chronometric scale 375
chronometry 451

chronosequence 450
chronosome 164
chronospesies 234
chronostratic scale 451
chronostratigraphic correlation chart 451
chronostratigraphic horizon 451
chronostratigraphic scale 179, 451
chronostratigraphic unit 451
chronostratigraphy 450
chronozone 451
chrysoberyl 150
chrysocolla 167
Chrysophyceae 64
chrysotile 158
CHUR 161
Churchillian orogeny 380
cilium 328
Cincinnatian 277
cinder cone 291, 534
cingulum 64
cinnabar 277
CIPW norm calculation 231
circalittoral zone 217
circular polarization 63
circularity index 116
circulation index 344
circum-oral canal 27
cirque 111
cirque glacier 112
Cirripedia 579
cirrocumulus 179
cirrostratus 179
cirrus 177, 270
cistern 139
citrine 130
clade 532
cladism 532
cladistic analysis 532
cladistics 532
cladogenesis 532
cladogram 533
Cladoselache 157, 476
Cladoselachiformes 157
Clapeyron equation 158
clarain 158
Clarence 158
Claritasu- 509
Clarke, Frank Wigglesworth 156
Clarke orbit 156, 303
Clarke, William Branwhite 156
classification 535
clast 156
clastic 216
clastic rock 216
clastogenic flow 93
clathrate 156
Clausius-Clapeyron equation 156
Clavatipollenites 156
clay 452
clay dune 452
C-layer 242
clay film 452
clay mineral 452
clay pan 452
clayskin 452
claystone 452
cleaning-up trend 159
clear-air turbulence 307
clear ice 180
cleat 366
cleavage 540
cleavage refraction 540
Clementine 162
Clifdenian 160
CLIMAPP 156
climate classification 128
Climate-Leaf Analysis Multivariate Program 129
Climate/Long-ranged Investigation Mapping and Predictions Project (CLIMAPP) 129
climatic geomorphology 129
climatic optimum 129
climatic station 128
climatic zone 129
Climatiiformes 160
Climatius 160
climatostratigraphy 129
climax trace fossil 144
climbing-ripple cross-lamination 156
climosequence 156
cline 156
clino- 159
clinochlore 159
clinoform 159
clinohumite 362
clinometer 159
clinopyroxene 362
clinosequence 159
clinothem 159
clinozoisite 159
clint 161
Clinton ironstone 161
clipped trace 159
clitter 158
clod 424
close fold 424
closed form 537
closure age 538
cloud amount 48
cloud base 47
cloud classification 155
cloud discharge 48
cloud droplet 48
cloud seeding 155
cloud street 155
cloudburst 607
cluster analysis 156
Clypeus 274
Cnidaria 248
co-adaptation 142
co-axial correlation 419
co-evolution 141
co-ignimbrite breccia 182, 616
co-product 141
Coahuilan 205
coal 312
coal lithotype 312
coal maceral 313
coal-maceral group 313
Coal Measures 328, 334
coal series 312
coalescence 537
coalification 312
coarsening-upward succession 269
coastal onlap 76
coastal process 76
coastal toplap 76
cobalt glance 129
cobaltite 129
cobble 146
Coble creep 206
coccolith 203
coccolithophorids 203
Coccosteus 480
Cochiti 202
COCORP 199
Cocos Plate 199
COD 233
coefficient of compressibility 8
coefficient of consolidation 9

欧文索引　*673*

coefficient of nivosity　444
coefficient of variation　549
coeficient of sliding friction　298
Coelacanthiformes　272
Coelenterata　192
coelom　344
coelomate　344
Coelophysis　195
Coelosphaeridium　634
Coelurosauria　195
Coenopteridales　195
coenosteum　143
coenozone　142
coesite　199
cognate lithic　418
coherence　117
cohesion　451
Cohoktonian　206, 367
cohort　150, 423
coign　182
coiling　322, 574
coke　197
col　23, 208
colatitude　611
cold front　124
cold-front clearance　124
cold glacier　125
cold low　125
cold pole　114
cold sector　113
cold seep　209
cold wave　121
cold working　640
colemanite　82
coliform count　348
collage　207
collagen　207
collinite　208
collision theory　268
collision zone　268
colloform banding　210
colloid　209
collophane　210
colluvial　560
colluvium　360
colonization window　444
colonnade　210
colorimetric analysis　486
colour index　34
columbite　209
columella　236
columnal　539
columnar　382
columnar joint　382

columnar section　382
com- (co-, con-)　210
COM　509
coma　206
Comanchean　206
combe rock (coombe rock)　155
comber　213
combination trap　155
combined plate margin　511
Comely (Comly)　207
comet　286
Comet Nucleus Tour (CONTOUR)　286
comfort zone　80
comminution　533
commissure　317
common canal　142
common depth point　142
common-depth-point stack (CDP stack)　142
common lead　515
common mid point　142
common strontium　295, 515
community　166
compaction　9
compaction test　9
compass clinometer　213
compensation depth　563
compensation level　563
competence　48
competency　213
competent　213
complex　213
complex twin　511
complexing agent　146
component-stratotype　189
composite fault-line scarp　511
composite-stratotype　511
composite volcano　304, 511
composition plane　317
composition surface　317
compound corals　78
compound twin　511
compressed air　8
compressibility　8
compressional wave　339, 492
compressive stress　8
Compsognathus　6
concave slope　542
concealed coalfield　492
concentration　453
concentration factor　453

concentration-Lagerstätte　256
concentric fold　419
conchoidal fracture　76
concordant　389
concordant age　31
concordia diagram　210
Concornis　385
concrete　210
concrete dam　210
concretion　173
concretionary　173, 361
concurrent range zone　142
condensation level　140
condensation nucleus　140
condensation trail　484
condensed bed　141
condenser　211
conditional instability　265
Condobolinian　212
conductance　410
Condylartha　99
cone-in-cone structure　210
cone of depression　284
cone penetrometer　61
cone sheet　61
Conewangoan　213
confidence interval　283
confidence level　283
confined aquifer　482
confining pressure　505
confluence　195
conformable　302
congelifluction　233
congelifraction　211, 418
congeliturbation　211, 233
congestus　606
conglomerate　641
congruent dissolution　31
congruent solution　31
Coniasian　204
conical projection　377
Coniferales　137
Coniferophyta　137
Coniferopsida　137
conifers　283
conjugate fault　143
conjugate fold　143
conjunct　173
connate water　34
Conodontophorida　205
conodonts　205
conoscope　205
Conrad discontinuity　213
consequent stream　490

conservation-Lagerstätte 563
conservative margin 563
consistence (consistency) 452
consistency index 31
consolidation 9, 196
constant head permeameter 396
constant offset 204
constant-separation traversing 394
constant slope 188
constant-velocity gather 396
constant-velocity stack 397
constructive boundary 303
constructive interference 116
constructive margin 303
constructive wave 312
consuming margin 459
contact 317
contact aureole 317
contact goniometer 317
contact metamorphism 317
contact resistance 318
contact twin 317
conterminous 211
contessa del vento 211
continental crust 351
continental drift 351
continental freeboard 351
continental margin 350
continental rise 211
continental shelf 351
continental-shelf wave 624
continental slope 351
continentality 351
continuation 317
continuous distribution 647
continuous profiling 647
continuous reaction series 647
continuous velocity logging 647
CONTOUR 211
contour current 420
contour diagram 211
contourites 211
contracted weir 310
contracting Earth hypothesis 370
contraction limit 255
contrail 484

contrast 212
contrast stretching 212
control system 302
convection 351
convection cell 352
convection instability 323, 352
convective condensation level 352
convergence 256
convergent evolution 258
convergent margin 256
converted wave 549
convex slope 427
convolute 107
convolute lamination (convolution) 213
convolution 356
Conybeare, William Daniel 205
Cook, James 153
Cooksonia 201
Cooksonia hemispherica 153
Cooley-Tukey method 191
cooling age 640
cooling joint 640
coordinated stasis 421
coordination number 455
COP 233
Copernican 206
Cope's rule 206
copper glance 133
copper pyrite 65
coppice dune 237
coprolite 534
coquina 197
Cor F 233
coral 225
coral growth lines 225
coralline limestone 225
corallite 207
coralloid 225
corallum 207
Cordaianthus 208
Cordaitales 208
Cordaites 208
Cordelia (Uranus VI) 208
cordierite 148
cordillera 208
core 87, 181
core-logging 181
core recovery 181
core slicer 181
core wall 240
corebarrel 181

corestone 181
Coriolis force (Cor F) 208
corona 209
corrasion 218
correlated progression 329
correlation 329, 348
correlation diagram 348
correlogram 209
corridor dispersal route 85
corrie 111, 208
corundum 207
Corynexochida 208
coset 201
cosmic abundance of elements 43
cosmic dust 43
cosmic radiation 43
cosmic-ray track 43
cosmine 200
cosmoid scale 200
cosmology 43
cosmopolitan distribution 194
Cosmorhaphe 200
costa 200
Costonian 200
cotectic curve 204
cotectic surface 204
cotidal line 419
Cotylo-sauria 458
coulée flow 160
Coulomb failure criterion 165
coulter counter 161
Count Rumford 429
country rock 562
couple 152
coupled substitution 104
Couvinian 2, 154
covalency 178
covalent bond 143
covalent compound 143
covalent radius 143
covariance 142
covellite 206
cow-dung bomb 138
Cox Tor 18
coxa 396
cpx 247
crabs 105
crachin 157
crack 115
cracking 157
crag 157
crag and tail 157

Craniata 608
cranidium 421
cranium 416
crater 161
crater counting 162
crater density studies 162
Crater Lake 112
Cratered Plains 162
Cratered units 162
crateriform 162
craton 157
creep 159
creep mechanisms 160
creep strength 160
Crenarchaeota 163
crenulation cleavage 217
creodont-like teeth 441
Creodonta 441
crepuscular rays 199
crescent and mushroom 161
Cressida (Uranus IX) 162
crest 123
crest line 119
crestal plane 123
Cretaceous 460
crevasse 162, 465
crevasse deposit 162
crevasse splay 465
Crinoidea 45
cristobalite 158
critical angle 635
critical damping 635
critical erosion velocity 635
critical flow 636
critical point 635
critical reflection 636
critical velocity 635
crm 155
CRM 232
crocidolite 163
Crocodilia 653
Croixian 163
Cromerian 164
Crommelin 165
Cromwell current 165, 314
cronstedite 165
cross-bedding 249
cross-correlation 330
cross-cutting relationships 318
cross-dating 164
cross-hairs 255
cross-lamination 249
cross-over distance 192
cross set 164

cross-spread 398
cross-stratification 249
cross-well seismic 189
cross-wires 255
crossed nicols 390
crossed polars 390
Crossopterygii 329
Crotonian 164
crown group 115
crude oil 181, 314
Crudinian 161
crumb structure 366
crus 161
crushing 461
crust 368, 426
Crustacea 184
crustal abundance of elements 368
Cruziana 161
cryergic 124
cryic 156
cryogenic 394
cryolite 498
cryology 495
cryonival 394
cryopediment 158
cryoplanation 158
cryosphere 499
cryoturbation 158, 233
cryovolcanism 394
Cryptic 160
cryptocrystalline 36
cryptodome 323
Cryptodonta 35
cryptoperthite 160
Cryptozoic 35
crystal 173
crystal class 267
crystal face 174
crystal-field theory 174
crystal form 174
crystal group 173, 265
crystal symmetry 174
crystal system 265
crystal twin 332
crystal zoning 174
crystalline 174
crystalline carbonate 174
crystalline limestone 174
crystalline remanent magnetization 86, 174
crystallite 158
crystalloblastic 327
crystallographic axis 174
crystallography 173

CST 232
CTD recorder 245
Ctenacanthus 476
cube 626
cubic (isometric) system 626
cubichnia 138
cuesta 172
Culm Measure 328
culmination 113
cumec 139
cummingstonite 108
cumulate 139
cumulative percentage curve 638
cumulonimbus 315
cumulus 310
cumulus mineral 139
Cunninghamian 121
cupola 139
cuprite 314
Curie temperature (Curie point) 139
current electrode 414
current meter 337
Curvolithus 85
cuspate foreland 322
cuspidate 427
cut and fill 103
cut-off 104, 582
cut-off grade 104
cut-off high 319
cut-off low 319
cut-off trench 250
cutan 139
cuticle 153
cutin 153
cutinite 153
cutting bar 317
cutting boom 317
Cuvier, Chrétien Frédéric Dagobert ('Georges'), Baron 139
CVG 247
CVS 247
cyanobacteria 231
Cyanophyta 622
cyanophyte 622
Cycadaceae 338
Cycadophyta 339
cycle of erosion 279, 404
cycling pool 263
cyclogenesis 395
cyclolysis 395
cyclone 214

cyclopean concrete 145
cyclopel 214
cyclopsam 214
cyclosilicate 214
cyclostratigraphy 214
cyclothem 214
cylindrical 62
cylindrical trend 62, 564
cylindroidal fold 62
Cyprolepis 580
cyrenoid 274
cyrtoconic 144
Cystoidea 46
Cytherean 148

D

dacite 310
Dactyl 354
Dactylodites ottoi 354
Dadoxylon 208
Daedalus 353
dagalas 353
Dalmatian-type coast 360
Dalradian 360
Dalslandian 360
Dalslandian orogeny 360
Daly, Reginald Aldworth 406
damping 178
Dana, James Dwight 404
danga 21
Danian 358
Dapedius 323
darcy 360
Darcy's law 360
d'Arrest 360
Darriwilian 360
darwin 352
Darwin, Charles Robert 352
Dasycladales 94
dating error 450
dating methods 451
Datsonian 356
datum 130, 179
datum level 130
daughter 588
daughter mineral 266
Davis, William Morris 404
Davisian cycle 404
day degrees 443
day length 30, 371
dB 399
D days 374, 398
de Geer moraine 414

de Maillet, Benoît 423
death assemblage 26
débâcle 404
debris flow 427
debris slide 119
debris slope 119
debrite 405
Debye-Scherrer camera 55
decay constant 556
decay curve 556
decay index 556
decay series 559
Deccan Trap 180, 348
decibel 403
declination 310, 549
declined 96
decollement 402
deconvolution 402
decorrelation stretching 489
decussate texture 401
dedolomite 356
dedolomitisation 356
deep scattering layer 280
Deep Sea Drilling
  Programme 275
deep-sea fan 275
deepening 126
Deerparkian 71, 393
deflation 506
deflation hollow 506
defleced 87
deformation lamellae 550
deformation twinning 550
degrees of freedom 256
dehydration 356
dehydration curve 356
Deimos 400
delamination 406
Delaware effct 406
delay time 367
delayed flow 368
dell 550
Delmontian 407
delta 407
delta front 407
ΔT method 407
Deltatheridium 407
delthyrium 224
deltidial plate 224
demagnetization 266
demagnetizer 266
Demospongea 515
demultiplex 405
dendritic 259
dendritic drainage 259

dendrochronology 452
dendroclimatology 452
dendrogeomorphology 452
dendrogram 260
Dendrograptidae 412
dendrohydrology 452
dendroid 259
Dendroidea 259
Denekamp 404
dense-medium separation 253
density 584
density current 585
density-depth profile 584
density determination 585
density logging 584
denticle 266
dentine 330
dentition 241
denudation 218
denudation chronology 218
deoxyribonucleic acid 89
depleted mantle 517
depocenter 347
deposit feeder 347
deposit gauge 405
depositional remanent
  magnetization 346
depositional sequence 347
depositional sequence model 347
depositional system 347
depositional systems tract 347
depression 405
depression (low) 394
depression angle 510
depth point 478
deranged drainage 269
derived 607
dermal bone 485
dermal denticle 500
dermatocranium 485
Derryan 10, 406
desalination 356
Desdemona (Uranus X) 403
desert 221
desert pavement 221
desert rose 221
desert varnish 221
desertification 221
desiccation 196
desiccation cracks 125
Desmarest, Nicolas 405

desmodont　344
Desmoinesian　403
Despina（Neptune V）　403
desquamation　506
destructive interference　116
destructive margin　459
destructive wave　459
detachment fault　460
detrital　216
detrital remanent
　　magnetization　346
deuteric alteration　271
deuteric reaction　271
Devensian　405
deviatoric stress　550
devitrification　357
Devonian　405
dew-point　650
dew-point hygrometer　650
dewatering　457
dextral coiling　582
dextral fault　582
D/H ratio　393
diabase　146, 432
diachron　342
diad axis　441
diadochy　417
diagenesis　337
diagnostic horizon　424
diallage　32
diamagnetism　477
diamict　342
diamictite　342
diamicton　342
diamond　349
diamond drilling　349
diaphragm wall　91
diaphthoresis　191, 342
diapir　342
diapirism　342
diapsid　329
Diapsida　329
Diarthrognathus broomi　393
diaspore　342
diastem　342
diastrophism　368
diatom ooze　170
diatomaceous earth　170
diatomite　170
diatreme　342
Dichograptidae　395
Dichograptina　395
dichroism　443
Dickinsonia　55, 398
dickite　86, 398

Dictyonema flabelliforme　395
diductor muscle　76
dielectric　607
dielectric constant　494, 607
dielectric loss factor　607
dielectric permittivity　607
Dienerian　399
Dietz, Robert Sinclair　398
differential settlement　517
differential stress　217
differentiation index　532
diffraction　79
diffuse reflection　229
diffusion　89
diffusion coefficient　89
diffusion-controlled growth
　　89
diffusion creep　89
digenite　344
digital image　403
digital number　403
digitize　402
dihedron　444
dilatancy　350
dilatation　347
dilatational wave　492, 613
dilation　347
diluvialism　188
dim spot　400
dimension stone　127
Dimetrodon　481
Dimetrodon angelensis　400
dimorphism　442
dimyarian　329
Dinantian　399
Dinobolus　636
dinocyst　42
Dinophyceae　42
Dinophysiales　399
dinosaurs　143
Dione（Saturn IV）　394
diopside　417
dioptase　288
diorite　328
dip　168
dip circle magnetometer
　　515
dip fault　169
dip-isogon method　398
dip moveout（DMO）　398,
　　589
dip pole　235
dip shooting　398
dip-slip fault　168
dip slope　169

diphycercal tail　633
Dipleurozoa　399
Diplichnites　399
Diplocraterion　399
Diplocraterion yoyo　399
Diplodocus　629
Diplograptidae　399
diploid　554
Diploporita　399
dipmeter logging　169
Dipnoi　456
dipole field　329
Dipterus　456
dipyramid　632
Dirac function　400
direct circulation　389
direct current　389
direct problem　264, 389
direct wave　389
directional fabric　608
directional filter　237
dirtying-up trend　357
discharge　632
discharge hydrograph　632
discoid　62
disconformity　538
discontinuity　529
discontinuous evolution　281
discontinuous reaction series
　　529
discordant　489
discordant age　504
discordant drainage　490
discordant intrusion　490
Discovery　396
dish-pan experiment　80
dish structure　223
disharmonic fold　490
disjunct　535
disjunct shell　618
disjunctive cleavage　535
dislocation　408
dislocation creep　408, 637
dismicrite　396
dispersion　533
displaced terrane　408
displacement　364
displacive transformation
　　549
di_{ss}（Di_{ss}）　393
disseminated deposit　190
dissepiment　561, 615
dissepimentarium　561
dissipation trail　155
dissolved load　613

dissolved-oxygen level 613
distal 577
distrail 155
distributary channel 535
distribution coefficient 535
disturbance 269
Ditomopyge 398
Ditomopyge scitula 398
diurnal geomagnetic variation 375
diurnal temperature variation 127
divariant assemblage 335
divaricator muscle 77
divergence 464, 534
diversification 359
diversity 359
divide 534
divining 46
Dix formula 398
D-layer 396
DMO 394
DNA 89
Dnepr-Samarovo 428
documentation map 424
dodecahedron 257
dog-tooth spar 177
Dogger 427
Dokuchaev, Vasily Vasilievich 424
doldrums 314
dolerite 432
Dolgellian 432
doline 431
Dollo, Louis Antoine Marie Joseph 434
Dollo's law 433
dololithite 434
Dolomieu, Déodat de Gratet de 434
dolomite 152, 433
dolomitization 434
domain 429
domal uplift 429
dome 429, 493
dome and basin 429
dome-crescent-mushroom 429
domichnia 145
Dominion Reef 429
Donau 428
Donau/Günz Interglacial 428
Doppler radar 428
Doppler shift 428

Dorogomilovskian 433
dorsal 309
dorsum 301
dot chart 428
Dott classification 428
double core barrel 443
double couple 359
double decay 533
double planation 443
double-planet system 443
double refraction 511
double star 646
double sulphide 512
double zig-zag 443
doublure 388
down-hole hammer drilling 353
downlap 353
downthrow 153
Downtonian 352
downward continuation 107
downwasting 480
downwelling 391
draa 423
drag 395, 483
drainage 285, 457
drainage basin morphometry 628
drainage basin relief ratio 628
drainage basin shape index 628
drainage density 285
drainage morphometry 628
drainage network 285
drainage-network analysis 285
drainage pattern 285
drainage-sediment survey 100
drainage wind 102, 258
drained test 457
dravite 430
drawdown 284
dreikanter 230
Drepanaspis 27
Dresbachian 432
driblet cone 296, 612
drift 431
drift map 432
drifter 431
drill collar 432
drill string 432
drilling 432
drilling bit 153

drilling mud 153
drip 258
dripstone 401
drizzle 146
dromaeosaurid 434
Dromaeosaurus 434
drop ball 433
dropstone 433
drought 121
drought cycle 121
drumlin 430
drumlin field 430
drumlin swarm 430
druse 267
dry adiabatic lapse rate 120
dry air 119
dry-bulb thermometer 114
dry ice 430
dry melt 113
dry season 114
dry valley 116
dry-weather flow 114, 133
dry well 32
Dryas 431
dryopithcines 275
DSDP 393
DSL 393
Du Toit, James Alexander Logie 405
dual decay 443
ductile deformation 61
dug well 240
dump structure 366
dune 217, 406
dune slack 217
Dunham classification 357
dunite 357
Duntroonian 424
duplex 406
duplicatus 443
durain 406
duricrust 193
duripan 406
durophagic 187
dust 390
dust-bowl 188
dust devil 280
dust strom 219
dust whirl 280
Dutch cone 356
Dutton, Clarence Edward 357
dyke (dike) 123
dyke set 123
dyke swarm 123

dynamic correction 422
dynamic correlation 421
dynamic equilibrium 421
dynamic metamorphism 423
dynamic viscosity 421
dysaerobic 501
dysodont 501

E

Earth 369
earth flow 424
earth hummock 297
earth pillar 412
Earth rotation 371
Earth tide 371
earthquake 238
earthquake energy 239
earthquake intensity 239
earthquake mechanism 240
earthquake prediction 240
earthquake source 359
earthy lustre 392
East Australian current 483
East Pacific Rise 483
easterly wave 552
easting 187
Eastonian 28
ebb tide 483
Eburonian 56
Ecardines 588
ecdysis 357
Echinocardium cordatum 291
Echinodermata 145
Echinoidea 44
echo-sounding 72
eclipse 270
ecliptic 192
eclogite 52
eclogite facies 52
ecologic reef 306
ecological system 305
ecology 305
economic basement 215
ecophenotype 306
ecophenotypic effect 306
ecophenotypy 306
ecosphere 305
ecostratigraphy 306
ecosystem 305
ecotone 284
ectocochlear 76
Ectoprocta 77
ectotherm 75

edaphic 425
Edaphosaurus 481
eddy 42
eddy currents 42
eddy viscosity 42
Edenian 56
edenite 56
edentulous 244
edge 55
edge dislocation 462
edge enhancement 55
Ediacara 55
Ediacaran fossils 55
Eemian 57
effective glacier power 498
effective porosity 604
effective precipitation 605
effective stress 604
effective temperature 244
effusion 534
Egmont 304
Egyptian jasper 53
E_H 24
Eifelian 2
Eildonian 2
einkanter 366
ejecta blanket 52
Ekman depth 52
Ekman spiral 52
Ekman transport 52
El Niño 58
Elara (Jupiter Ⅶ) 34
Elasmobranchii 476
elastic constants 363
elastic deformation 363
elastic limit 363
elastic rebound theory 363
elastic wave 363
elastoviscous behaviour 365
E-layer 29
elbaite 624
elbow of capture 335
electrical conductivity 410
electrical drilling 409, 410
electrical resistivity 491
electrical sonde 410
electrical sounding 410
electrical tomography 410
electro-osmosis 409
electrode configuration 410
electrode polarization 410
electrode potential 224, 410
electrolyte 409
electrolytic conduction 408
electrolytic polarization 409

electromagnetic method 411
electromagnetic radiation 411
electromagnetic spectrum 411
electromagnetic wave 411
electron 410
electron capture 411
electron-probe microanalyser 411
electronegativity 409
electrophoresis 409
electropositive element 613
electrovalency 178
Elektro 58
eleutherozoan 605
elevation correction 193
elevation head 30
elevation potential energy 30
Élie de Beaumont, Léonce 57
elite 57
elliptical polarization 353
ellipticity 261, 353
elongation 280
elongation index 280
elongation ratio 280
Elsasser, Walter Maurice 58
Elsonian orogeny 58
Elsterian 58
elutriation 288
eluvial deposit 180
eluviation 325
elvan 57, 310
embankment dam 372
Embry and Clovan classification 62
embryophytes 608
emerald 57
emery 57
Emery tube 391
Emilian 57
emission spectrometry 60
emission spectrum 558
emmissivity 560
EMR 24
Emsian 57
emu 411
en- 58
En 24
en échelon 53
enamel 56
enantiomorph 344

enargite 631
enation theory 629
Enceladus (Saturn II) 60
Encke 60
end-member 62, 363
end-member textural classification 347
end moraine 62
endemism 207
endichnia 435
endobiont 435
endobyssate 435
endochondral bone 439
endocochlear 435
endocone 435
endogenetic processes 435
endogenous dome 435
endolith 62
endopunctate 436
endorheic lake 436
endoskeleton 435
endotherm 435
energy budget 56, 558
energy of activation 102
engineering geophysics 246
englacial 496
enhancement seismograph 62
enigmatic taxon 510
enriched mantle 84
enriched uranium 453
ensialic belt 60
ENSO event 61
enstatite 114
entablature 61
entelechy 62
enterolithic structure 62
enteron 344
enthalpy 61
Entisol 61
Entoprocta 435
entrainment 285
entrenched meander 153
entropy 62
environmental geology 114
environmental lapse rate 343
Eobactrites sandbergeri 51
Eocambrian 51
Eocene 239
Eocrinoidea 51
Eodelphis 51
Eoembryophytic 257
'*Eohippus*' 51
eon 52, 638

eonothem 637
Eosimias 51
Eosphaera 51
Eotracheophytic 232
epeiric sea 59
epeirogenesis 336
ephemeral stream 115
epi- 56
epibenthos 498
epibole 56
epibyssate 498
epicentral angle 275
epicentre 275
epichnia 498
epiclast 56
epicontinental sea 59
epicratonic 56
epidote 635
epifaunal 498
epigene 498
epigenesis 189
epigenetic drainage 311, 498
epigenetic ore 189
epilimnion 498
Epimetheus (Saturn XI) 56
Epiphyton 56, 190
episodic evolution 116
epitaxy 56
epitheca 82, 264
epithermal deposit 327
epoch 301
e-process 26, 538
epsilon cross-bedding 33
Epsom salt 56, 253
epsomite 253
equal-area net 423
equal-area projection 377
equant 423
Equatorial countercurrent 314
Equatorial current 314
equatorial orbit 314
equatorial plane 314, 416
equatorial trough 314, 448
Equatorial undercurrent 314
Equidae 45
equifinality 373
equilibrium 537
equilibrium flow 538
equilibrium line 538
equilibrium process 538
equinoctial gale 257
equipotential 422
Equisetites hemingwayi 26

Equisetum 26, 424
equivalence 416
equivalent aperture width 416
Equus 45, 52
era 342
erathem 75
Eratosthenian 57
e-ray 27
Erchiao 644
erg 58
Erian 57
Eros 58
erosion 278
erosion rate 278
erosion surface 278
erratic 573
error 199
eruption 532
ESA 24
escape velocity 356
escarpment 54, 290
escutcheon 357
esker 53
Eskola, Pentii Elias 54
essential mineral 260
essexite 404
estuary 54
Etalian 54
etch figure 270
etch mark 270
Etched Plains 55
etching 513
etchplain 55
etesian winds 56
Ethiopian faunal realm 54
eu- 604
Eubacteria 279
Eucaryota (Eukarya) 276
eucrite 609
Euechinoidea 274
eugeocline 605
eugeosyncline 607
euhaline water 609
euhedral 237
eukaryote 276
Euler pole 64
Eulerian current measurement 64
eulite 610
eulysite 610
Euparkeria 609
euphotic zone 259
Euramerica 610
Eurasian Plate 610

欧文索引　*681*

Europa (Jupiter II)　50
European GeoTraverse　615
European Province　615
European Space Agency　615
europoium anomaly　610
Euryapsida　185
Euryarchaeota　610
euryhaline　183
eurypterid　195
eurythermal　183
eurytopic　193
eustasy　609
eutaxitic structure　609
eutectic point　609
eutectic system　609
Eutheria　278
Eutracheophytic　274
eutrophic　507
eutrophication　390
euxinic　177
evaporation　268
evaporation pan　268
evaporimeter　616
evaporite　268
evapotranspiration　268
evapotron　56
event deposit　33
event stratigraphy　33
event stratinomy　33
evolute　79
evolution　275
evolutionary lineage　276
evolutionary rate　276
evolutionary species　276
evolutionary trend　276
evolutionary zone　172, 276
Ewing, Maurice　604
ex-　52
exaerobic　26
exaptation　401
excavation　153
exchange capacity　185
exchange pool　185
exchangeable ion　184
exfoliation desquamation　460
exhumed topography　464
exichnia　79
exine　82
exinite　52
exitance　52
exobiology　43
exocuticle　82
exogenetic processes　498

exogenous dome　79
exorheic lake　338
exoskeleton　77
exosphere　76
exothecal　88
exotherm　465
exotic　84
expanding Earth　372
expanding spread　91
Explorer 59　52
exposure age　649
exsiccation　119
exsolution　632
extension　280
external mould　77, 82
extinction　266, 319
extraclast　84
extraction　260, 382
extraformational conglomerate　84
extraordinary ray (e-ray)　28
extremophile　144
extrusion　534
extrusive　534
'eye' of storm　14
eyepiece　316
eyot　2

F

fabric　502
fabric analysis　502
Fabrosaurus australis　503
face pole　595
facial suture　119
facies　119
facies association　120
facies fossil　242
facies sequence　120
facing direction　333
faecal pellet　535
failed arm　586
failed rift　586
failure　459
failure strength　216, 459
failure stress envelope　459
fall-stripes　500
falling head permeameter　184
falls　618
false body　129
false cirrus　128, 453
false colour　129
famatinite　503

Famennian　503
family　75
FAMOUS project　508
fan cleavage　324
fan shooting　324
fanglomerate　503
far-field barrier　60
Farallon Plate　503
fasciculate　332
fasciole　348
fast breeder reactor　191
fast Fourier transform　191
fathom　500
fatty acid　247
fault　363
fault block　364
fault-block mountains　364
fault line　364
fault-line scarp　364
fault outcrop　364
fault plane　364
fault-plane solution　364
fault scarp　364
fault slice　364
fault trace　364
fault trap　364
fault zone　364
fauna　422
faunal province　422
faunal realm　422
faunal region　422
faunal succession　166
faunizone　422
Faye correction　193
feather angle　189
feather ore　628
Federov stereographic net　507
feldspars　386
feldspathic greywacke　17, 386
feldspathic wacke　17, 386
feldspathoid　263
Feliformia　446
felsenmeer　114
felsic　171
felsite　171
felsitic texture　171
femic mineral　508
femtoplankton　198
femur　348
fen peat　183
fence diagram　467
fenestrae　507
fenestral fabric　507

fenestral porosity 507
fenestrated 507
fenite 507
fenitization 507
Fennoscandian Border Zone 507
Fennoscandian uplift 507
ferns 243
ferrallization 404
ferricrete 508
ferrimagnetism 508
ferro- 403
ferroactinolite 508
ferroaugite 508
ferrohestingsite 508
ferromagnesian minerals 403
ferromagnetism 141
ferrosillite 508
Ferungulata 270
festoon 37
fetch 287
Ffestiniogian 507
FFT 56
fiamme 503
fiard (fjard) 505
fibratus 596
fibril 504
fibrolite 169, 504
fibrous 321
fibula 485
fiducial point 130
field capacity 563
Figtree 504
Filicopsida 279
filiform 32
filling 573
film water 493
filter 505
filter route 282
filtrate 396, 648
filtration 648
fin 500
finds 464
fine earth 216
fines 493
fines 10% test 493
Fingerlakesian 505
Fingerlakian 505
fining-upward succession 269
finite resource 215, 604
finite strain 604
fiord (fjord) 505
fire-ball 87

fire-fountain 612
firn 505
firn line 505
firn wind 505
first arrival 272
first break 272
firth 502, 505
fish 504
fish-tail bit 504
Fisher, Osmond 504
fissility 460
fission 91
fission hypothesis 536
fission-track dating 504
fissure volcano 653
fixation 203
fixed-source method 204
fixigena 204
f-k space 56
Fladbury 521
flagstone 460
flakiness index 553
flame photometry (flame spectrometry) 60
flame structure 86
Flandrian 523
flank eruption 228
flaser bedding 526
flaser gneiss 526
flaser rock 526
flash flood 253
flat 521
flat bed 537
flat iron 521
flat spot 521
flattening 67
F-layer 56
flexible 345
flexural rigidity 575
flexural slip 575
flexure 417
flight from the poles 484
Flinn diagram 524
flint 525
floating point 517
floatstone 531
flocculation 141
floccus 513
flood basalt 348
flood forecasting 188
flood-peak formula 188
flood prediction 188
flood tide 584
flood wave 150
flood zone 521

flooding surface 81
floodplain 481
floor thrust 529
flora 271
Florida current 531
floristics 271
flotation separation 519
flow 628
flow cleavage 631
flow fold 631
flow till 530
flower structure 522
flowmeter 632
flowstone 401, 628
fluid inclusion 630
fluidization 631
flume 287, 524
fluorescence 167
fluorite 564
fluorometer 168
fluorspar 564
flute cast 525
flute mark 525
fluted moraine 526
fluvial 100
fluvial processes 98
fluviatile 98
fluxgate magnetometer 243
fluxoturbidite 519
flyer 519
flysch 524
f_N 56
focal mechanism, earthquake 464
fodinichnia 396
fog 146
föhn wall (foehn wall) 508
föhn wind (foehn wind) 508
foid 508
foidolite 508
fold 254, 255
fold-and-thrust belt 254
fold angle 614
fold axis 254
fold belt 254
fold limb 614
fold test 254
foliation 248
folivorous 613
Folk limestone classification 508
fondaform 510
fondathem 510
fool's gold 72
footing 9

footwall 243
foramen 182
foramen magnum 344
foramina 510
Foraminiferida 605
foramol 510
forced convection 142
forced regression 142
fore-arc 322, 418
fore-arc basin 323
fore reef 323
foredeep 328
foreland 326
foreland dipping duplex 406
foreset 326
foreshock 324
foreshore 573
foreshortening 508
forked lightning 534
form factor 169
form-genus 171
form roughness 171
form set 510
formal stratigraphic unit name 187
formation 638
formation age 169
formation evaluation 377
formation velocity 334
Fortin barometer 510
Förtsch disconformity 508
forward problem 264
fossa 509
fossil 98
fossil fuel 99
fossil-Lagerstätte 99
fossiliferous micrite 114
fossilization 99
fossula 91
foundation 131
founder effect 332
founder lineage 332
fourchite 509
Fourier analysis 523
Fourier synthesis 523
Fourier transform 523
fractal 519
fractional crystallization 535
fractionation differentiation 532
fracto- 549
fractostratus 372
fracture 644
fracture cleavage 463

fracture porosity 644
fracture spacing index 644
fracture zone 366
fractus 549
fragipan 520
fragmental 216
framestone 529
framework porosity 338
Franconian 523
Frankfurt series 567
franklinite 523
Frasnian (Frasien) 520
frazil ice 498
free-air anomaly 192
free-air correction 193
free atmosphere 256
free face 257
free oscillation 255
freeboard 615
freestone 524
freezing nuclei 418
freibergite 148
frequency 281
frequency domain 257
fresh water 363
Fretted and Chaotic Hummocky Terrain 589
friable 214
friction angle 436, 575
frigid 524
fringing reef 145
Fronian 531
front 325
frontal wave 325
frontal zone 325
frontogenesis 325
frontolysis 325
frost 249
frost boil 418
frost heave (heaving) 419
frost heave test 419
frost hollow 249
frost pull 418
frost push 418
frost-shattering 418
frost smoke 564, 588
frost table 367, 421
frost wed-ging 418
Froude number 525
frustule 167
Fs 56
Fucales 103
fugacity 519
fugichnia 421
Fujita Tornade Intensity Scale 513
fullerene 363
fuller's earth 521
fulvic acid 526
fumarole 532
functional morphology 134
fundamental form 135
fundamental strength 135
Fungi 147
funnel cloud 648
funnelling 503
fusain 519
fusiform 560
fusinite 519
fusion 92, 604
fusulinid 513, 560

G

G 231
g 231
gabbro 481
gahnite 3
Gaian hypothesis 75
gaining stream 424
gal 111
galactic cosmic rays 147
Galápagos Rise 109
Galatea (Neptune VI) 109
galaxite 579
gale 244
galena 555
Galilean satellites 111
Galileo 110
Gallic 110
gamma 122
gamma-gamma sonde 122
gamma ray 123
gamma-ray logging 123
gamma-ray sonde 123
gamma ray spectrometer 123
gamma-ray spectrometry 123
Gangamopteris 164
Gangamopteris indica 164
gangue 586
ganister (gannister) 105
ganoid scale 195
Ganymede (Jupiter III) 105
gap 64, 136
Gardar rifting 112
garnet 218
GARP 112
gas 96

gas chromatography 96
gas-liquid chromatography 127
gas-retention age 132
gas-solid chromatography 129
Gasconadian 97
Gaspra 97
gastrolith 29
Gastropoda 512
gauging point (gaging point) 284
Gault Clay 209
gauss 85
Gauss 85
Gauss, Karl Friedrich 85
Gaussian distribution 85, 302
GCM 238
Gedinnian 260
gedrite 319
gehlenite 177
Geiger-Müller counter 76
Geikie, Archibald 167
gel 176
gel-filtration 177
gelifluction 233
gelifraction 233, 418
geliturbate 233
geliturbation 233
gelivation 233, 418
gemstone 560
genal angle 142
genal spine 140
gendarme 253
gene 31
gene flow 32
gene pool 32
genera 536
general adaptation 31
general circulation 343
general circulation model 343
generalized reciprocal method 31
generating curve 562
Genesis 232
genetic drift 32
genetic stratigraphic sequence model 301
genetic stratigraphic unit 301
geniculate twin 176
genitus 232
genotype 32

genus 336, 536
genus zone 336, 353
geo 233
geo- 233
geo-electric section 410
geobarometer 375
geobotanical anomaly 370
geobotanical exploration 370
geochemical affinity 369
geochemical cycle 369
geochemical differentiation 369
geochemical soil survey 368
geochemistry 369
geochronologic unit 376
geochronology 371
geochronometric scale 375
geochronometry 375
geode 233
geodesy 337
geodetic latitude 337
geodetic measurement 337
geognosy 373
Geographos 172
geoid 233
geologic cross-section 376
geologic map 376
geologic map symbol 376
geologic time-scale 376
geologic-time unit 376
geological barrier 375
Geological Long Range Inclined Asdic (GLORIA) 193
geomagnetic dipole field 370
geomagnetic disturbed days 374
geomagnetic equator 375
geomagnetic field 369
geomagnetic inclinometer 515
geomagnetic polarity interval 374
geomagnetic pole 375
geomagnetic pulsations 375
geomagnetic reversal time-scale 374
geometric distribution 128, 345
geometric factor 127
geomorphological process 372
geomorphology 372

geopetal structure 234
geophone 233
geophysical weathering layer 372
geophysics 372
geostatic pressure 301
Geostationary Operational Environmental Satellite (GOES) 303
geostationary orbit 303
geostrophic current 373
geostrophic wind 373
geosynchronous orbit 371
geosyncline 373
geotechnical map 375
geothermal brine 379
geothermal field 379
geothermal gradient 368
geothermic survey 368
geothermometer 375
germanate system 252
geyser 115
ghost 200
GHOST 200
ghost stratigraphy 200
Ghyben-Herzberg relationship 82
Giacobini-Zinner 231
gibber plain (gibber) 134
Gibbs free energy 135
Gibbs function 135
gibbsite 134
giga- 127
Gigantoproductus giganteus 128
Gilbert 146
Gilbert, Grove Karl 146
Gilbert-type delta 146
Gilbert, William (Gilberd, William) 146
gilgai 146
gilsonite 146
gimbal 249
Ginkgo biloba 30, 207
Ginkgoales 31
Ginkgophyta 30
Giotto 233
gipfelflur 319
Gipping Till 41
Gisbornian 241
GISP (Greenland Ice Sheet Project) 130
Givetian 247
glabella 415
glaci- (glacio-) 495

glacial breach　496
glacial diffluence　497
glacial diversion　496
glacial drainage channel　496
glacial limit　497
glacial period　495
glacial quarrying　497, 520
glacial stairway　498
glacial theory　496
glacial transfluence　496
glacial trough　498
glaciaquatic　608
glaciated rock knob　612
glaciation　495
glacier　495
glacier creep　496
glacier ice　497
glacier power　498
glacier surge　495
glacier wind　497, 505
glacilacustrine　495
glacioeustastism　496
glacioeustasy　496
glaciofluvial　608
glacioisostasy　496
glaciolacustrine　608
glaciology　495
glaciomarine　495
glaciomarine sediment　495
glaciotectonics　496
glaebule　162
glass　108
glass shard　108
glauconite　84
glaucony　163
glaucophane　621
glaucophane-schist facies　621
G-layer　242
glaze　44, 180
Gleedonian　159
gley　156
gleying　155, 156
gleyzation　155, 156
gliding tectonics　103, 258
gliding twin　298
glimmerite　163
Glinka, Konstantin Dimitrievich　160
Global Atmospheric Research Programme (GARP)　371
Global Horizontal Sounding Technique (GHOST)　370

Global Positioning System　479
global tectonics　164
global warming potential　369
global water budget　372
Globigerina ooze　164
Gloger's rule　163
Glomar Challenger　275
glomeroporphyritic　257
GLORIA　165
Glossifungites　163
Glossopteris　164
Glossopteris flora　164
gloup　233
glow curve　163
Gnathostomata　89, 609
gneiss　553
gneissose banding　553
gneissosity　553
Gnetales　154
Gnetophyta　573
gnomon　454
goaf　205
gobi　205
GOES　195
goethite　281
golden spike　208
Goldich stability series　642
Goldschmidt, Victor Moritz　209
Goldschmidt's rule　209
Gomphotheriidae　213
Gomphotherium　213
gonatoparian suture　142
Gondwanaland　212
Goniatitida　205
goniometry　338
Gorda Plate　208
Gore　208
Gorstian　200
gossan　203
Gothernburg　204
Gothian　201
Gothian (Gothic) Orogeny　204
gouge　85
GPS　247
grab sampling　158
Grabau, Amadeus William　162
graben　373
grade　76, 100, 162, 276, 417, 501, 537
graded bedding　137

graded reach　538
graded sediment　137
graded slope　538
gradient　171
gradient wind　172
grading curve　538
gradiometer　193
gradualism　321
grain　161, 630
grain boundary sliding　629
grain flow　630
grain roughness　630
grain shape　629
grain size　629
grain size, igneous rocks　98
grain-support　630
grainstone　161
Grand Banks　591
Grand Banks Earthquake　488
Grand Erg Oriental　58
granite　92
granite minimum　93
granitic layer　93
granitization　92
granitoid　93
granoblastic　158
granodiorite　93
granofels　157
granophyre　157
granophyric texture　157
granular　630
granulation　630
granule　217
granulestone　217
granulite　157
granulite facies　157
granulometry　631
grapestone　162
graphic　534
graphic log　382
graphite　314
graphoglyptid　265
Graptolithina　516
Graptoloidea　308
grass minimum temperature　216
graupel　609
gravel　641
gravimeter　257
gravimetric analysis　257
gravimetry　258
gravitational acceleration　257
gravitational constant　258

gravitational equipotential 258
gravitational field 258
gravitational water 258
gravity anomaly 257
gravity assist 257
gravity corer 258
gravity gliding 258
gravity separation 485
gravity settling 258
gravity signature 258
gravity sliding 258
gravity survey 258
gravity tectonics 258
gravity unit 258
greasy luster 247
Great Barrier Reef 563
Great Basin 364
great circle 343
Great Glen Fault 507, 600
Great Interglacial 343, 587
Great Red Spot 347
Great Southern Continent 153
greenalite 159
greenhouse effect 72
greenhouse (effect) gas 72
greenhouse period 73
Greenland Ice Core Project 161
Greenland Ice Sheet Project 161
Greensands 22, 634
greensandstone 634
greenschist 634
greenschist facies 634
greenstone 633
greenstone belt 634
greisen 155
Grenvillian orogeny 163
Grenz horizon 163
grey-brown podzolic 456
grey-brown podzolics 19
grey level 162
greywacke (graywacke) 162
grèze litée 158
grid reference 187
Griesbachian 158
Griffith crack 159
Griffith failure criterion 159
Griffith-Murrell failure criterion 160
Grigg-Skjellerup 158
grike 155

GRIP (Greenland Ice Core Project) 159
GRM 232
groin 557
groove mark 161
Grooved Terrain 584
grossular 163
ground-control point 376
ground data 376
ground frost 158
ground ice 378
ground information 376
ground moraine 158
ground range 344
ground roll 156
ground surge 158
ground truth 376
ground vibration 246
groundmass 316
groundwater 368
groundwater facies 368
groundwater flow 369
group 165, 329
group interval 165
group speed (of wave) 166
group velocity 166
grouting 156
growan 165
growth band 306
growth curve 306
growth fault 347
growth-fibre 306
growth-fibre analysis 306
growth line 306
growthtwinning 306
groyne 557
Gruneisen ratios 160
grunerite 160
grus 156
Guadalupian 150
Guan Ling 11
guano 150
Guettard, Jean Étienne 173
guild 146
Gulf 112
Gulf Stream 591
Gulfian 112
gully 109
Gunflint Chert 122
Günz 139
Günz/Mindel Interglacial 140
gust 428
Gutenberg, Beno 154
Gutenberg discontinuity 154

gutter cast 103
guyot 140
G-wave 246, 619
GWP 243
Gy 274
Gymnodiniales 135
gymnosperm 617
Gymnospermae 617
gypcrete 247
gypsic horizon 317
gypsum 316
gyre 124
gyrocompass 249
gyroconic 610
gyrogonite 274
gyroremanent magnetism 249
gyttja 609
Gzelian 153

H

H 55
H_0 55
haar 472
habit, crystal habit 269
haboob 468
hackly fracture 278
HAD 55
hadal zone 386
hade 416
Hadean 590
Hadley cell 467
Hadley Rille 635
Hadrosauridae 467
Hadrynian 466
Hagedoorn method 461, 520
hail 494
hair hygrometer 596
hairpin 537
haldane 568
Hale-Bopp 547
half-field prism 478
half-graben 479
half-life 476
half-shadow test 475
half-space 476
half-spreading rate 475
half-width 479
halides 474
halinity 59
Haliomma vetustum 471
Haliotis 206
halite 113
Hall effect 568

欧文索引　*687*

Hall, James　568
Halley　473
Hallian　567
halloysite　474
halmyrolysis　473
halo　93
halo zone　220
halocline　63
halokinesis　113
halophile　183
halophytes　61
halotectonism　113
hamada (hammada)　469
hammer chart　480
hammer source　480
hand lens　639
hanging valley　177
hanging wall　47
Harbert Smith refractometer　467
hardground　466
hardness　192
hardpan　193
HARI　55
harmattan wind　473
harmonic　192
harmonic fold　388
Harnagian　472
Hartmann-Tanaka　541
Hastarian　463
Hasting Beds Group　39
hastingsite　540
Haumurian　567
Hauterivian　69
Haüy, Abbé René-Just　2
haüyne　2
Hawaiian-Emperor chain　474
Hawaiian eruption　474
hawaiite　474
Hawker　562
haze　600
HDR　55
head　542
head shield　418
headcut　321
heading blasting　542
headwall, glacial　198
headwave　542
heat capacity　449
heat flow (heat flux)　449
heat-flow anomaly　449
heat-flow unit　449
heat low　448
heat of formation　304

heave　480, 492
heavy liquid　253
heavy-medium separation　253
heavy mineral　211
heavy water　415
hedenbergite　543
Heezen, Bruce Charles　488
Heim, Albert　458
Heinrich events　459
Heinrich layers　459
Hekla　116
Helderbergian　546
Helene (Saturn XIII)　548
helicitic structure　545
helictite　545
Helikian　545
heliocentric orbit　197
Heliopora　465, 545
helium abundance interferometer　545
helium 'burning'　544
helium clock　544
Hellas Planitia　522
Hellenic Arc　548
Hellenic Plate　548
Hellenic Trench　548
helm wind　547
Helminthoida　547
Helvetian　547
hematite　314
hemera　544
hemi-　544
Hemichordata　476
Hemicidaris　274
hemimorphite　26
hemimorphy　26
hemipelagic sediment　475
hemipelagite　475, 544
Hengelo　550
Hennig, Willi　543
Hennig's dilemma　552
Herangi　544
Hercynian orogeny　471
hercynite　404
Heretaungan　547
hermatypic　332
herringbone cross-bedding　545
Hervyan　467
Hesperian　541
Hesperornis　385
Hess, Harry Hammond　540
Heterian　542
hetero-　542

heterocercal tail　33
heterochrony　28
heterocoelus (heterocelous)　22
Heterocorallia　33
heterodont　28
Heterodonta　27
Heterodontosauridae　542
heterogeneity　511
heterogeneous accretion　511
heterogeneous simple shear　510
heterolithic bedding　542
heterolithic unconformity　588
heteropygous　32
heterosphere　511
heterospory　27
Heterostraci　27
heterotopy　542
Hettangian　542
Hexacorallia　650
Hexactinellida　650
hexad　649
hexagonal system　650
Hexapoda　649
HFE　55
HFU　55
hiatus　455
hidden layer　92
hiddeniter　604
hierarchical method　79
high-alumina basalt　182
high-aspect-ratio ignimbrite　182
high-field-strength elements　185
high-level waste　195
high-pass filter　182
high-potassium basalt　184
Highland Boundary Fault　507
highstand　215
highstand systems tract　183
hill fog　186
Hiller borer (peat-borer)　500
Himalayan orogenic belt　493
Himalia (Jupiter VI)　493
hinge　387, 501
hinge line　501
hinterland　192
hinterland dipping duplex　406

Hirnantian 467
histic epipedon 487
histogram 487
Histosol 487
Hjulström effect 494
hlaup 616
HMS 55
hoar frost 461
Hoboken 550, 566
hogback (hog's back) 565
Holkerian 568
Holmes, Arthur 567
Holmes-Houtermans model 438
holo- 570
Holocene 117
holochroal 570
holocrystalline 117
holohyaline 108
hololeucocratic 123
holometabolous 119
holomictic lake 323
holophyletic 115
Holostei 323
holostomatous 321
holostratotype 123
holosymmetry 123
Holothuroidea 437
holotype 123
Holsteinian 568
Homalozoa 75
homeomorph 28
homeotherm 183
Homerian 567
Hominidae 491
Hominoidea 491
homo- 567
Homo 491
Homo Diluvii Testis 264
Homo sapiens 199
Homo sapiens sapiens 199, 585
homocercal tail 421
homoclinal structure 76
homodont 419
homogeneous accretion 148
homogeneous non-rotational strain 147, 263
homogeneous nucleation 148
homogeneous rotational strain 147, 363
homogeneous strain 147
homogenization temperature 148

homoiotherm 183
homologous 335
homoplasy 417
homopycnal flow 567
homosphere 148
homospory 418
homotaxis 567
Honda-Mrkos-Pajdusakova 570
Hooke, Robert 515
Hooke's law 515
hopper crystal 565
horizon 328, 332, 567
horizontal drilling 288
horizontal hole 288
horizontal stack 142, 288
hornblende 569
hornblende-hornfels facies 569
hornblendite 90
hornfels 569
hornito 569
horotely 570
horse 563
horse latitude 11
horst 390
Horton analysis 566, 628
Hortonian flow 499, 566
hot dry rock 183
hot spot 565
hot spring 73
hot working 447
Houbachoa 454
Howard, Luke 475
howardite 570
Hoxnian 565
HREE 55
HSR 55
Hubble constant 465
Hubble parameter 465
Hubble Space Telescope 540
Hubble's law 465
Hudsonian orogeny 466
hue 235
Hugoniot 513
Humberian orogeny 479
Humboldt current 535, 546
Humboldt, Friedrich Heinrich Alexander von 535
humerus 270
humic acid 519
humic coal 513
humidity 244

humidity mixing ratio 210
humification 513
humilis 553
humite 494
hummocky cross-bedding 480
hummocky moraine 480
humus 513
Huronian 494
hurricane 471
Hutton, James 465
Huygenian eyepiece 554
Huygens 554
Huygens' principle 554
Hyaenidae 455
Hyakutake 493
hyaline 108
hyaloclastite 455
hyalopilitic 455
Hyalospongea 108
hydration 289
hydraulic boundary 289
hydraulic conductivity 420
hydraulic corer 284
hydraulic equivalent 289
hydraulic fracture 284
hydraulic fracturing 284
hydraulic geometry 289
hydraulic gradient 420
hydraulic head 288
hydraulic radius 289
hydric 457
hydrocarbon 361
hydrochemistry 583
hydroclast 457
hydrofracturing 284
hydrogen 'burning' 287
hydrogeologic map 289
hydrogeology 289
hydrograph 457
hydrologic cycle 583
hydrologic modelling 288
hydrologic network 288
hydrologic region 288
hydrologic simulation 288
hydrology 288
Hydrology and Water Resources Programme 289
hydrolysate 457
hydrolysis 96
hydromagmatophile elements 52
hydromuscovite 34, 96
hydrophone 457

hydrosphere   285
hydrospire   285
hydrostatic stress   304
hydrothermal   447
hydrothermal mineral   447
hydrothermal solution   447
hydrothermal vent   447
hydrovolcanic process   286
hydroxide   285
hydroxyapatite   286
Hydrozoa   491
hygromagmatophile element   516
hygrometer   244
hygroscopic nucleus   137
hygroscopic water   137
hygrothermograph (thermo-hygrograph)   73
Hylonomus lyelli   501
hyoid   317
Hyolithes   482
Hyolithida   482
hyp-   458
hypabyssal rock   479
hyper-   457
Hyperion (Saturn Ⅶ)   493
hypermorphosis   92
hyperpycnal flow   458
hypersaline   544
hypersolvus granite   457
hypersolvus syenite   458
hypersthene   242
hyperthermic   457
hyperthermophile   385
hypichnia   98
hypidiomorphic   477
hypidiomorphic fabric   477
hypidiotopic fabric   477
hypo- (hyp-)   458
hypocentre (focus)   277
hypocrystalline   478
hypogene   279
hypolimnion   279
hyponome   648
hyponomic sinus   648
hypopycnal flow   458
hypostomal suture   280
hypostratotype   226
hypotheca   86
hypothermal deposit   282
hypothesis   99
hypothesis testing   99
Hypsilophodon   492
Hypsilophodontidae   492
hypsithermal   183

hypsographic curve   595
hypsometric curve   595
Hyracotherium   499
hysteresis loop   487

I

-ian   24
IAP (ion activity product)   194
Iapetus (SaturnⅧ)   24
Iapetus Ocean   24
Iberomesornis   33
Icarus   26
ice   195
ICE   1
ice ages   497
ice blink   196
ice-cap   499
ice crystal   498
ice dome   1
ice field   499
ice nucleus   498
ice sheet   498
ice shelf   499
ice stream   499
ice wedge   499
ice-wedge polygon   499
iceberg calving   497
icehouse period   493
Iceland low   1
ichnoclast   303
ichnocoenosis   302
ichnofabric   27
ichnofacies   303
ichnofossil   302
ichnogenus   303
ichnoguild   302
ichnology   302
ichnospecies   302
ichnotaxobase   303
ichnotaxonomy   303
Ichthyosauria   145
Ichthyosaurus   145
Ichthyostega   26
Ichthyostegopsis   27
ICP   1
Ida   29
Idamean   29
-ide (-id, -ides)   32
idioblastic   31
idiomorphic   237
idiotopic fabric (idiomorphic fabric)   237
idocrase   541

Idwian   32
I_f 1
IGC   1
igneous rock   98
ignimbrite   27
IGRF   1
Iguanodon   26
Iguanodontidae   26
ijolite   2
ilium   385
Illinoian   34
illite   34
illuminator   464
illuviation   256
ilmenite   378
image intensifying   101
imaginary component   145
imaging   100
imaging radar   50
imaging spectrometer   49
Imbrian   36
imbricate   511
imbricate structure   511
immersion objective method   275
immobilization   203
impactite   36
impactogen   36
imperforate   588
impervious rock   513
implosion   435
impulse response function   36
impuncate   589
in-phase component   244, 417
Inarticulata   588
inarticulate brachiopods   588
incandescence   448
Inceptisol   35
incident angle   444
incipient hardground   584
incised meander   327
inclination   515
inclined extinction   250
inclined fold   169
incompatible elements   516
incompetent   35
incompressibility   347
incompressibility modulus   482
incongruent dissolution   504
incongruent melting   532

inconsequent drainage 588
incumbent replacement 177
incus 105
index ellipsoid 154
index fossil 238
index mineral 247
index species 247
Indian Ocean 36
Indian Rise 36
Indian summer 205
indicated reserve 91
indicatrix 154
Indo-Australian Plate 36
Induan 35
induced polarization 142
induced potential 608
induction 607
induction logging 411
induction sonde 411
inductively coupled plasma emission spectrometry 607
induration 183
Indus-Yarlung-Zangbo suture 38
industrial mineral 185
inertinite 32
infaunal 435
inferred reserve 288
inferred tree 287
infiltration 281
infiltration capacity 282
infinitesimal strain 588
inflexion point 145
influent stream 424, 630
influx 631
informal stratigraphic unit name 484
infrared 310
infrared remote sensing 310
ingrown meander 301
inhomogeneity 511
inhomogeneous strain 511
initial levée 271
initial strontium ratio 295
inland sea 435
inlier 435
inner planet 369, 436
inosilicate 32
INPUT 36
Insecta 211
inselberg 35
insequent drainage 588
insolation 259
insolation weathering 443,

449
instability 503
instantaneous field of view 263
Institute of Space and Astronautical Science 42
intensification 140
intensity 142
intensity (earthquake) 281
intensity-hue-saturation processing 591
inter- 35
inter-arc basin 418
inter-arc trough 418
inter-limb angle 614
inter-record gap 136, 147
interambulacrum 122
interbiohorizon zone 114
intercept ratio 236, 470
intercept time 180
interception 250
intercrystalline boundary 173
intercrystalline porosity 173
interdigitating 237
interface 36, 82
interface-controlled growth 82
interfacial angle 594
interfacial polarization 83
interference 116
interference colour chart 117, 583
interference colours 117
interference figure 117
interference pattern 117
interferometer 116
interfingering 35, 237
interflow 381
interfluve 87
interglacial 122
intergrade 27
intergranular 124
intergranular displacement 629
intergranular pore 629
interlocking 237
intermediate rock 382
intermittent stream 115
intermontane 225
internal angle of friction 326
internal mould 435
internal node 436
internal reflection 436

internal standard 436
internal wave 436
International Cometary Explorer 197
International Geomagnetic Reference Field 197
International Gravity Formula 197
International Gravity Standardization Network 197
International Programme of Ocean Drilling 197
International SunEarth Explorer-C 197
interparticle porosity 630
interpenetrant twin 121
intersection cleavage 186
intersection lineation 190
intersertal 409
interstade 4
interstellar cloud 301
interstellar medium 302
interstitial 115
intertidal zone 384
intertropical confluence 448
intertropical convergence zone 448
interval time 152
interval velocity 152
interval zone 114
intervallum 116
intortus 598
intra- 36
intraclast 36, 570
intrafolial fold 335
intraformational 335
intramicrite 36
intraparticle porosity 630
intrasparite 36
intrinsic permeability 207
intrusion 121
intrusive phonolite 121
invaded zone 396
Inverian 37
inverse-graded 137
inverse problem 136
inversion 135
inversion axis 81
invertebrate 589
inverted relief 135
involute 560
involution 37
Io (Jupiter I) 25

ion 25
ion exchange 25
ion pair 25
ionic bond 25
ionic charge 25
ionic potential 25
ionic radius 25
ionic substitution 25
ionization potential 414
ionosphere 413
IPOD 2
Ipswichian 33
IR 1
iridescence 34
iridescent cloud 214
iridium anomaly 34
Irish elk 66
IRM 1
iron formation 403
iron glance 314
iron meteorite 36
iron pan 404
ironstone 1
irradiance 559
irregular echinoids 513
Irregulares 514
irrigation 113
irrotational wave 482, 492
I_s 1
ISAS 1
ischium 219
ISEE-C (ISSE-3) 1
Ishtar 210
Ishtar Terra 406
island arc 418
iso- 1
isobar 414
isobaric surface 415
isobase 423
isobath 420
isochore 421
isochron 1
isochron map 1
isochronous 419
isoclinal fold 419
isoclinic chart 422
isoconductivity map 421
isodont 419
isofrigid 29
isogal 419
isogon 2
isogonic chart 422
isograd 1
isogyre 2
isohel 421

isohyet 418
isohyperthermic 29
isomagnetic chart 421
isomesic 29
isomorph 417
isomyarian 417
isoneph 416
isopach 421
isopach map 421
isopycnal 423
isopygous 421
isoresistivity map 422
isoseismal map 420
isospore 422
isostasy 2
isostatic anomaly 2
isostatic compensation 2
isostrucutre 417
isotherm 416
isothermal remanent
  magnitizaion 416
isothermic 29
isotope 415
isotope dilution 415
isotope fractionation 415
isotope geochemistry 415
isotope hydrology 415
isotope tracer 415
isotopic dating 415
isotrophic 500
isotropy 422
isotype 417
isovelocity plot 421
isovol 417
ISSC 1
Isua 28
Isuan 28
itabirite 29
ITCZ 2
iterative evolution 480
IUGS 2
Ivorian 2
I-wave 2
IX 1

J

Jaccard's index (Jaccard's
  coefficient) 249
Jacob's ladder 199
Jacob's staff 603
jacobsite 603
jade 487
jadeite 487
Jameson, Robert 233

jamesonite 628
Jamoytius 173
Janjukian 253
Janus (Saturn X) 603
Japan Trench 444
Japan-type margin 444
Jaramillo 470
jarosite 404
jasper 540
jaspillite 250
Java Trench 253
Jeffreys-Bullen curves 232
Jeffreys, Sir Harold 232
jet 232
jet stream 232
Johannian 272
JOIDES 264
joint 319
Joint Oceanographic
  Institutions for Deep Earth
  Sampling (JOIDES) 275
joint set 319
joint system 319
jökulhlaup 615
Jolly balance 272
Joly, John 272
Jotnian 272
Jotnian orogeny 272
jovian 597
jovian planet 597
jovian satellites 597
Juan de Fuca Plate 503
jug 258
Juliet (Uranus XI) 262
junior synonym 277
Juno 261
Jupiter 596
Jura-type relief 262
Jurassic 262
juvenile 570
juvenile water 271
J-wave 232

K

Kaena 175
kaersutite 176
Kaiatan 75
Kaihikuan 82
kainite 81
Kainozoic 279
Kalb light line test 106
Kalimnan 110
kaliophilite 109
kalsilite 111

Kama 107
kamacite 38, 57, 212
kame 172
kame delta 172
kame terrace 172
kandite 121
Kansan I and II 116
kaolin 86
kaolinite 86
kaolinitization
  (kaolinization) 86
Kapitean 105
Karatau 108
Karatavian 108
Karelian 113
Karelian orogeny 113
Karginsky 111
K-Ar method 109, 172
karren 104
karst 112
karstic aquifer 112
Kashirskian 96
Kasimovian 96
katabatic wind 101
katafront 102
katophorite 105
Kawhia 85
Kazanian 94
kb 176
K-band 176
keel 629
Keewatinian 147
Keilorian 172
kelly 176
kelp 177
kelvin 176
Kelvin, Lord 177
Kelvin scale 176
Kenoran orogeny 176
Kent 492
Kenyapithecus 620
kenyte 175
Kepler's laws of planetary
  motion 176
keratophyre 176
kernal function 176
kerogen 177
kersantite 176
Ketilidian orogeny 175
kettle hole (kettle) 175
kettle lake 175
Keuper 182
Kew barometer 139
Keweenawan 127
KEY 172

key evolutionary innovation
  (KEI) 262
key species 307
khamsin 469
Kibalian orogeny 134
Kibaride 510
kidney ore 314
kieselguhr 131, 170
Kilauea 612
kill curve 220
kilobar 147
Kimberella quadrata 149
kimberlite 149
Kimmeridge Clay 597
Kimmeridgian 149
Kinderhookian 149
Kinderscoutian 149
K-index 172
kinematic viscosity 48
king crab 106
kink band 147
kipuka 134
Kirkfieldian 91
Kirkwood Gap 88
Klazminskian 156
klippe 159
knick point 321
knob and kettle 454
Knobby Terrain 454
knock and lochan 454
knot 454
Kohoutek 206
Kollikodon 362
komatiite 206
kona storm 204
Königsberger ratio 176
Köppen climate
  classification 175
Köppen, Wladimir Peter
  175
koppie (kopje) 205
Korangan 207
kosava 199
Kosmoceras guliemi 307
Kosmoceras jason 307
Kotlassia prima 204
Krakatoa 3, 620
krasnozem 156
KREEP volcanism 160
Krevyakinskian 162
krotovina (crotovina) 164
K-selection 170
K/T boundary event 175
Kuehneosaurus latus 154
Kuenen, Philip Henry 139

Kuiper belt 81
Kuiper, Gerard (Gerald)
  Peter 81
Kula Plate 158
Kungurian 165
kunkar 165
Kuril Trench 160
Kuroshio current 163
kurtosis 327
Kutorginida 154
K-wave 176
kyanite 621

L

Labrador current 619
labradorite 329
Labyrinthodontia 590
laccolith 617
lacunosus 463
lacus 583
Lacus Somniorum 583
lacustrine 200
LAD 57
Ladinian 618
lag 616
lag breccia 616
lag sediment 617
Lagerstätte 617
lagoon 101
Lagrangian current
  measurement 617
Lagrangian points 617
lahar 619
Lake Mungo 642
Lamarck, Jean Baptiste
  Pierre Antoine de Monet,
  Chevalier de 620
Lamarckism 620
Lamb, Hubert Horace 620
Lambert Glacier 31, 498
Lambertian reflector 623
Lamb's dust-veil index 620
lamella 620
Lamellibranchia 550
Lamé's constant 326, 620
lamina 613
laminar flow 336
Laminaria 177
laminate 613
lamination 614
laminite 620
laminoid fenestrae 620
Lamont-Doherty Geological
  Observatory 604

lamprophyre 623
Lancefieldian 621
land and sea breezes 623
land bridge 625
landfill 46
Landsat 622
landslide 241
Langhian 621
lanthanide 133, 622
lanthanide contraction 133
lapié 619
lapilli 619
lapilli-tuff 619
Laplace, Pierre Simon, Marquis de 619
Laplace's equation 619
lapout 618
lappets 317
Lapworth, Charles 618
Laramide-Columbian orogeny 621
large-aperture seismic array 344
large-ion lithophile 342
LARI 57
Larissa (Neptune VII) 621
larvikite (laurvikite) 621
LASA 57
Laschamp 618
laser 642
laser altimeter 642
laser ranging 642
last-appearance datum (LAD) 215
Late Devensian Interstadial 39, 185
late-glacial 480
latent heat 327
lateral accretion deposit 337
lateral moraine 618
laterite 618
laterolog sonde 618
Latimeria 441
Latimeria chalumnae 272
latite 643
latite-andesite 643
latitude correction 32
lattice 186
lattice energy 186
lattice gliding 187, 550
laumontite 651
Laurasia 651
Laurentia 651
Laurentian 651

Laurentian Shield 651
Laurentide ice sheet 651
lava 611
lava blister 612
lava channel 612
lava dome 429
lava lake 612
lava levée 612
lava pond 612
lava tube 612
lava tunnel 612
law of constancy of interfacial angles 595
law of constant proportion 309
law of correlation of facies 120, 653
law of cross-cutting relationships 318
law of faunal succession 377
law of Haüy 2, 609
law of original horizontality 377
law of rational indices 609
law of rational ratios of intercepts 609
law of superposition of strata 377
lawsonite 649
Laxfordian 618
Laxfordian orogeny 618
layer cloud 332
layer-parallel shortening 335
Layered Deposits 305
layered silicate (sheet silicate) 333, 505
layover 640
Lazarus taxon 617
lazurite 618
L-band 58
Le Pichon, Xavier 639
leachate 278
leaching 614
lead-lead dating 438
lead loss 437
Leaf Margin Analysis 321
leaky transform fault 648
least-work principle 215
least-work profile 215
lebensspuren 302
lectostratotype 194
lectotype 195
Leda (Jupiter VIII) 643

lee depression 94
Lee partitioning method 41
lee side 263
lee wave 94
left lateral fault 489
Lehmann, Inge 645
Lehmann, Johann, Gottlob 646
Leighton-Pendexter classification 640
Lenin 645
lenticular bedding 646
lenticularis 646
Lenz's law 647
Leonardian 645
lepidocrocite 637
Lepidodendron 483
Lepidodendron selaginoides 645
lepidolite 624
lepidomelane 645
Lepidophloios 483
Lepidophloios kilpatrickense 645
Lepidosauria 637
Lepidosiren 456
Lepidotes 323
Lepisosteus 323
lepisphere 645
Lepospondyli 151
leptograptid 460
leptokurtic 645
leste 643
leucite 461
leucite-basanite 461
leucitite 460
leucocratic- 608
leucosome 608
levanter 639
leveche 645
levée 399
Lewis theory 59, 224
Lewisian 637
Lewisian Gneiss 454
lherzolite 646
Lias 616
Libby standard 558
Libby, Willard Frank 627
libeccio 628
libration 267
librigena 238
Lichida 623
life assemblage 305
lifting condensation level 598

ligand 455
light absorption 483
lignite 103
Likhvin 623
LIL 57
Lillburnian 635
lime 315
lime grainstone 161
lime mud 316
lime mudstone 316
lime packstone 464
lime wackestone 653
limestone 315
limestone pavement 315
limit-equilibrium analysis 144
limnetic zone 59
limonite 103
limpet 93
Limulus 140, 628
Lindgren, Waldemar 637
line scanner 616
line spectrum 325
line squall 325
lineage-zone 172
linear regression 322
linear sand ridge 389
lineation 323
Lingula 636
Lingulella viridis 636
Lingulida 636
linguoid ripple 317
liptinite 627
liquefaction 52
liquid limit 52
liquidus 52
listric fault 625
lithic arenite 311
lithic fragment 311
lithic greywacke 311
lithic wacke 311
lithification 310
litho- 625
lithofacies 119
lithofacies map 120
lithologic symbol 119
lithologic trap 120, 334
lithology 119
lithophile element 279
lithophysae 625
lithosequence 118
lithosome 625
lithosphere 118
lithostatic pressure 301
lithostratigraphic unit 120

lithostratigraphy 120
Lithothamnion 190, 625
litter 625
Little Ice Age 268
littoral drift 59, 497
littoral zone 59
living fossil 26
lizardite 624
Llandeilo 622
Llandovery 622
Llanvirn 622
L-layer 58, 625
LMA 58
load 48, 492
load cast 96
loadstone 245, 650
loam 651
lobate scarp 644
lobe 358
lobe fin 329
lobsters 45
local range zone 352, 367
local wind 144
Loch Lomond stadial 651
lochan 650
Lochkovian 650
Lockportian 649
lode 650
lodestone 245
lodgement till 649
loess 643
log 648
log-normal distribution 345
Lompoc 170
long-range forecasting 385
long wave 388
Longfordian 652
longiconic 386
Longisquama insignis 651
longitudinal conductance 357
longitudinal-type coast 256, 349
Longmyndian 652
longshore bar 59
longshore current 59
longshore drift 59
Longtanian 652
Longvillian 651
Lonsdale, William 652
look angle 234
looping 639
Loopstedt 529
lophodont 64
lophophore 270

lopolith 651
Lopstedt 639
Lord Kelvin 429
Lorrain Quartzite 514
Los Angeles abrasion test 649
losing stream 244
Louisville Rise 434
Love, Augustus Edward Hugh 619
Love wave 619
low 395
low-angle fault 394
low-aspect-ratio ignimbrite 393
low-level waste 401
low-potassium tholeiite 394
low-velocity zone 397
lowstand 216
lowstand systems tract 394
Lq 58, 375
Lq variation 392
L_Q-wave 619
L_Q-wave (L-wave) 58
LREE 57
LST 57
L-S-tectonite 57
L-tectonite 58
lucinoid 638
Ludfordian 638
Ludhamian 638
Ludlow 619
Lugar 404
Lugeon test 464
Luisian 637
lumbar vertebra 614
luminance 133
luminescence 167, 640
luminous night cloud 603
Luna 638
lunar 392
Lunar-A 639
Lunar Highlands 392
Lunar Orbiter 639
lunar time-scale 392
lunate 476
lunette 632
lunule 265, 578
Lupe 640
lustre 192
lustre mottling 192
Lutetian 638
lutite 7, 632
luxullianite 409, 410
LVL 58

LVZ 58
L-wave 619
Lycopsida 482
Lyell, Charles 616
Lyginopteridales oldhamia
  243
lysimeter 616
Lysithea (Jupiter X) 624
lysocline 611
lystric fault 625

M

m- 57
M 57
M- 57
Ma 57
maar 578
Maastrichtian 577
Macaca sylvanus 637
mackerel cloud 34
Mackereth corer 577
macroclimate 343
macroevolution 345
macropygous 145
macrotidal 575
maculose 478
Madagascar 577
made ground (made land)
  277
Madelung constant 578
Madreporaria 28
madreporite 323
Maentwrogian 573
maerl 594
Maestrichtian 577
maestro 573
mafic 154
Magellan 576
Magellan Rise 80
magma 575
magma chamber 575
magmatic diffentiation 575
magmatic fractionation 575
magmatic-segregation
  deposit 575
magnesiochromite 574
magnesioferrite 574
magnesite 574
magnesium-sulphate
  soundness test 574
magnetic age 373
magnetic anomaly 373
magnetic anomaly pattern
  373

magnetic cleaning 266
magnetic coercivity 562
magnetic dating 374
magnetic domain 141
magnetic fabric
  determination 235
magnetic flux 243
magnetic gradiometry 234
magnetic induction 243
magnetic moment 235
magnetic orientaion 235
magnetic permeability 419
magnetic profile 374
magnetic quiet zone 374
magnetic sampling 374
magnetic separation 235
magnetic signature 235
magnetic storm 234
magnetic survey 374
magnetic susceptibility 234
magnetic variations 375
magnetite 245
magnetochronology 375
magnetogram 574
magnetograph 147
magnetohydrodynamics 412
magnetometer 273
magnetopause 235
magnetosheath 235
magnetosphere 235
magnetostratigraphic time-
  scale 374
magnetostratigraphy 374
magnetotelluric sounding
  374
magnetozone 236
magnitude, earthquake 574
Magnolia 574
Magnolia paeopetala 574
magnon 574
main-stage sequence 259
majanna 576
major constituents 100
malachite 152
Malacostraca 439
Malakovian 578
malleolus 161
Mallet, Robert 579
malleus 392
Malm 579
Malvernian 579
mamma 379
mammal-like reptile 566
Mammalia 566
mammatus 379

mammillary 379
mammillated 379
mammillated topography
  379
Mammut 578
Mammuthus 578
Mammuthus armeniacus 578
Mammutidae 578
mandible 66
manganese nodule 579
manganite 288
Mangaorapan 579
Mangaotanian 579
Mangapanian 579
mangrove swamp 580
Manmmoth 581
manometer 578
Mantell, Gideon Algernon
  580
mantle 580
mantle array 581
mantle bedding 492
mantle convection 580
mantle mantle lobe 81
mantle plume 581
mantled gneiss dome 580
manto 580
map projection 377
marble 351
marcasite 460
mare 392
Mare Humorum 635
Mare Imbrium 246
Mare Nubium 639
Mare Orientale 355
mare ridge 392, 636
Mare Serenitatis 583
mare's tail 45
margarite 278
marginal basin 63
marginal sea 59, 351
marginal suture 61
marialite 335
Marianas Trench 578
marine bench 339
marine flat 339
marine platform 79, 339
marine terrace 339
Mariner 578
maritime air 83
maritime climate 83
marker bed (key bed) 179
Markov chain 578
marl 578
marlstone 394

Mars 97
Mars Global Surveyor 576
Mars Observer 576
Mars Pathfinder 577
Mars Surveyor 576
Mars-96 576
Marsdenian 576
Marshbrookian 576
marsquake 576
marssive sulphide deposit 78
Marsupialia 606
martian 98
martian canals 98
martian terrain unit 98
mascon 576
maser 592
maskelynite 265
mass balance 244
mass concentration 576
mass extinction 352
mass flow 255
mass movement 576, 577
mass number 245
mass spectrometry 245
mass-wasting 576
massif 368
massive 78
master curve 576
mastodon 577
Mastodon 578
Mastodontsaurus 633
Mata 577
Mathilde 576
matrix 130
matrix-support 130
Matsuyama 577
Matsuyama, Motonori 578
maturation 258
Maury, Matthew Fontaine 600
maximum-likelihood classification 217
maximum-likelihood tree 217
maximum-parsimony tree 216
maximum thermometer 215
Maxwell Montes 601
Maysvillian 590
McAuliffe 577
mean 329
mean sea level 537
meander 354
meander belt 355

meander core 355
meander migration 355
meander scroll 355
meander wavelength 355
measure 328
mechanical weathering 127
medial moraine 593
median 381
median filter 381
median network 593
median plane 489
median suture 381
median valley 382
mediocris 539
Mediterranean climate 378
Mediterranean-type margin 378
Mediterranean water 378
Medusina mawsoni 55, 593
Medusinites 55, 593
mega- 591
megabreccia 591
megacryst 591
Meganeura 591
Meganeura gracilipes 591
Meganeura monyi 591
megaphyll 349
megaregolith 591
megaripple 406, 591
megasclere 544
megasequence 591
megasporangia 349
megaspore 349
megathermal 591
megathermal climate 591
meionite 80
mela- 593
mélange 593
melanocratic 605
melanozome 605
Melbournian 594
Melekesskian 594
melilite 594
melilitite 594
melt 594
melt-out till 594
melteigite 594
meltemi 594
meltwater channel 496, 608
MEM 57
member 514
membrane stress 574
Menapian 593
mendip 595
Menevian 593

meniscus 596
Menonia- 509
Meramecian 593
Mercalli, Giuseppe 594
Mercalli scale 594
Mercator's projection 377
Mercury 286
Mercury Orbiter 574
meridional circulation 237
Merioneth 593
Merionsian 594
meromictic lake 518
Merostomata 316
mesa 591
mesentery 92
mesic 592
mesoclimate 382
mesocyclone 592
mesohaline water 592
mesokurtic 592
mesopause 381
Mesoproterozoic 382
Mesosauria 592
Mesosaurus 592
mesosphere 381
mesothem 592
mesothermal 592
mesothermal climate 592
mesothermal deposit 383
mesotidal 592
mesotype 592
Mesoxylon 208
Mesozoic 383
Messinian 593
meta- 214, 592
metabasalt 550
metacarpus 382
metacryst 478
metagenesis 592
metal factor (MF) 149, 592
metalimnion 549
metallic bond 149
metallic lustre 149
metallogenesis 188
metallogenic province 188
metaluminous 501
metameric segmentation 348
metamorphic aureole 317
metamorphic differentiation 551
metamorphic facies 551
metamorphic grade 551
metamorphic rock 551
metamorphic zone 551

欧文索引

metamorphism 551
metapelite 552
Metaphyta 189, 271
metaquartzite 167, 592
metasediment 552
metaseptum 185
metasilicate 592
metasomatism 191
metaspecies 264
metastable 263
metatarsus 383
Metazoa 189
meteor 630
Meteor Crater 161, 262
meteoric water 412
meteorite 35
meteoritic abundance of elements 35
meteoroid 630
Meteosat 593
methane hydrates 592
methanogen 592
Metis (Jupiter XVI) 592
M-fold 57
MF 57
Miacidae 581
miarolitic 581
mica 48
Michel-Lévy chart 583
Michell, John 584
Micraster 274, 582
micrinite 582
micrite 582
-micrite 582
micrite envelope 582
micritic limestone 582
micritization 582
micro- 583
micro-erosion meter 572
microbialite 572
microclimate 265
microcline 485
microcontinent 486
microcrater 220, 486
microcrystalline 486
microdiorite 572
microearthquake 486
microevolution 267
microfabric 485
microfossil 483
microfracture 115, 485
microfracture index 177
microgabbro 432, 573
microgranite 572
microgranodiorite 572

micrographic 493
micrographic texture 157
microlite 486
micrologging 572
micropalaeontology 485
microperthite 572
micropetrographic index 177
microphenocryst 492
microphyll 269
microplate 486
micropulsation 375, 493
micropygous 653
microsclere 486
microseism 586
microspar 572
microsparite 572
microsporangium 269
microspore 269
microstylolite 572
microsyenite 572
microtektite 572
microthermal 572
microthermal climate 572
microtidal 572
microtremoro 266
microwave 572
microwave demagnetization 572
Mid-Atlantic Ridge 345
mid-infrared 383
mid-oceanic ridge 83
mid-ocean-ridge basalt 85
Midway 584
migmatite 582
migmatization 582
migration 572
migration route 28
Mikulino 582
Milankovich cycles 586
Milankovich, Milutin 587
Milazzian 586
milioline winding 587
Milleporina 10
Miller (Miller-Bravais) indices 586
Miller, William Hallowes 586
millerite 282
milli- (m-) 587
millibar 587
milligal 587
Milstone Grit (Millstone Grit Series) 334, 587
Milne, John 587

Mimas (Saturn I) 586
mimetic twin 130
mimetite 586
Mimistrobell 586
Mindel 587
Mindel/Riss Interglacial 587
Mindyallan 587
mineral 194
mineral layering 194
mineral saturation index 194
mineral soil 187
mineral wax 489
mineralization 184
mineralogy 194
minette 572
minette ironstone 586
minimum-distance-to-means classificaiton 537
minimum melting curve 215
minimum temperature 216
minimum thermometer 216
minor fold 266
mio- 581
Miocene 382
miogeocline 581
miogeosyncline 644
mirage 276
Miranda (Uranus V) 587
mirror plane 143
mise-à-la-masse method 583
misfit stream 516
mispickel 631
Mississippian 583
Missourian 584
mist 600
mistral 584
Mitchellian 584
mitchellite 584
mites 358
mitochondrial-DNA (mt-DNA) 585
mitochondrial Eve 585
mixed cloud 210
mixed pixel 210
mixing condensation level 210
mixing depth 210
mixing ratio 210
mixolimnion 210
moazagotl 94
moberg 599
mobile belt 331, 552

mocha stone 593
modal analysis 598
mode 216, 598
model 598
Modified units 82
Moershoofd 594
Mohnian 599
Moho 599
Mohorovičić, Andrija 599
Mohorovičić discontinuity (Moho) 599
Mohr stress diagram 600
Mohs, Friedrich 598
Mohs's scale of hardness 598
Moine thrust 596
Moinian 596
moisture balance 288
moisture budget 288
moisture index 244
Mokoiwan 597
molarity 600
molasse 600
moldic porosity 600
mole 600
mole drain 597
molecular sieve action 534
mollic horizon 600
Mollisol 600
Mollusca 439
molybdenite 130
moment of inertia 118
monadnock 225
monazite 598
monchiquite 602
Monera 599
Monian 599
monimolimnion 397
mono- 599
monochromator 599
monocline 362
monoclinic system 362
Monocraterion 599
Monocyathea 365
monodactyl 362
monograptid 599
Monograptus 599
monolete 363
monomictic lake 31
monomineralic rock 361
monomyarian 361
Mononykus 385
monophyletism 361
Monoplacophora 365
monopodial 362

Monorhina 366
monostatic radar 599
monosulcate 365
Monotremata 361
Monotrematum sudamericanum 599
monotypic 361
mons 601
monsoon 601
montes 602
Montes Alpes 602
Montes Cordillera 602
month degrees 392
Montian 602
montmorillonite 602
monzodiorite 601
monzogabbro 601
monzonite 601
moom 589
Moon 392
moonquake 174
moonstone 175
mor 600
moraine 601
Morarian orogeny 600
MORB 600
Morisawa's flood peak formula 600
Moropus 133
morphogen 170
morphogenetic zone 172, 600
morphological mapping 170
morphological system 170
morphology 170
morphometric analysis 169, 628
morphometrics 171
morphospace 170
morphospecies 171
morphotype 601
Morrowan 601
mortar texture 600
Mortensnes 598
mosaic evolution 597
mosaic heterochrony 597
mosaic texture 597
Mosasauridae 597
Moscovian 598
Moskva Drift 598
moss agate 199
Mössbauer spectroscopy 592
mossy 198
mother cloud 562
mother-of-coal 313, 519

mother-of-pearl cloud 278
mottling 480
Motuan 598
mould 591
mouldic porosity 600
moulin 590
mountain breeze 603
mountain wind 603
moveout 589
M_{sat} 57
M-shape 57
mud 433
mud cake (cake) 399
mud-cracks 125
mud drape 577
mud filtrate 396
mud logging 396
mud mound 316
mud roll 577
mud-support 130, 433
mudcrack 577
mudflat 483
mudflow 400
mudrock 394
mudstone 394
mugearite 586
mull 590
Mull 300
mullion structure 590
mullite 589
multi-ring basin 355
multi-spectral scanning systems 356
multifurcation 359
multilocular 355
multiple 356
multiple common-depth-point coverage 355
multiple twinning 257
multiplex 578
multispectral imaging 355
multispectral scanner 355
multistate charcter 356
multistory sandbody 353
Multituberculata 353
multivariate analysis 359
Munsell colour 580
Muraenosaurus 385
Murchison, Roderick Impey 577
Murray, John 579
Muschelkalk 589
muscle scar 147
muscovite 274
Muses-C 586

mushroom rock 134
Musites polytrichaceus 198
Mustelidae 29
mutation 427
mutation rate 427
mutatus 589
Myachkovskian 586
mylonite 573
myophore 581
Mytiloida 26
Mytilus edulis 26

N

n 56
N 56
Nummulites gizahensis 445
Nummulites globulus 445
Nummulites planulatus 445
Nummulites variolarius 445
NA 56
Nabarro-Herring creep 437
nacreous cloud 278
nacrite 86, 436
nadir 412
NADW 56
Nafe-Drake relationship 437
Nagssugtoqidian orogeny 436
Naiad (Neptune III) 435
Nain 58
Nammalian 440
Namurian 438
nannofossil (nanofossil) 388
nano- 437
nanoplankton 486
nappe 436
Naraoiida 438
Narizian 438
NASA 56
Natica 359
naticiform 359
native antimony 241
native bismuth 242
native copper 242
native element 179
native gold 241
native iron 242
native silver 241
native sulphur 241
natric horizon 437
natrolite 338
natron 338

natron lake (soda lake) 338
'natural break' 436
natural cast 242, 412
natural gas 412
natural gas hydrate 412
natural remanent magnetization 241
natural selection 242
natural theology 242
nauplius eye 184
nautical mile 84
nautiliconic 65
Nautiloidea 65
Nautilus 65, 555
Nazca Plate 436
neap tide 199
NEAR 441
Near Earth Asteroid Rendezvous (NEAR) 149
near-field barrier 147
near-infrared 149
near-infrared mapping spectrometer 149
near-infrared mapping spectrophotometer (NIMS) 149
near-shore current system 82
Nearctic faunal realm 283
nebular hypothesis 301
nebulosus 588
necrology 25
Nectarian 446
needle ice 249
Néel, Louis Eugène Félix 450
Néel temperature 450
negative inversion 518
negatron 541
nekron mud 609
nekton 604
nema 214
Nematoda 326
Nemertina 493
neo-Darwinism 352
Neobothriocidaris 192, 446
Neoceratodus 456
Neocomian 446
Neogene 280
neohelikian 446
neoichnology 179
neomineralization 277
neomorphism 446
Neopilina 177
Neoproterozoic 277

neos 446
neostratotype 283
neoteny 446
Neotethys 281, 403
Neotropical faunal realm 282
neotype 283
NEP 56
nephanalysis 155
nepheline 97
nepheline basanite 97
nepheline monzonite 97
nepheline syenite 97
nephelinite 97
nepheloid layer 449
nephelometer 489
nephrite 449
Neptune 75
neptunian dyke 287
Neptunian satellites 75
neptunism 287
Nereid (Neptune II) 450
Nereites 449
Nereus 450
neritic province 321
neritic zone 321
nesosilicates 446
net slip 243
netplankton 522
network-former 14
network-modifier 14
Neukum-Wise 541
neural arch 392
neural spine 276
neuston 453
neutral fold 383
neutral soil 383
neutral surface 383
neutrally buoyant float 518
neutron-activation analysis 383
neutron-gamma sonde 383
neutron logging 383
neutron moisture meter 383
neutron-neutron sonde 383
neutron soil-moisture probe 383
névé 449, 505
New Millennium Deep Space -1, -2 280
New Red Sandstone 280
Newer Drift 276
newton 444
Newtonian behaviour 444
Newtonian fluid 444

Newton's law of gravitation 444
NEXRAD 447
Next Generation Weather Radar (NEXRAD) 241
Ngaterian 436
Niagaran 435
niccol prism 442
niccolite 194
niche 443
nickeline 194
Nicol, William 442
Niggli method 441
Niggli, Paul 442
nimbostratus 622
NIMS 56
Ninety-east Ridge 417
niobite 209, 441
nitratine 338, 443
nitre 267
nival 317
nivation 317
NMO 56
NOAA 524
Noachian 453
noctilucent cloud 603
nocturnal radiation 603
nodal point 589
node 315, 533
nodes 454
nodular 361
nodule 361
Noginskian 453
Noguerornis 453
noise 453
non-conformity 588
non-dipole field 489
non-frontal depression 325
non-metallic lustre 484
non-polarizable electrode 589
non-renewable resource 216
non-rotational strain 482
non-selective scattering 488
non-sequence 454
non-spectral hue 487
non-steady flow 491
non-strophic 454
non-umbilicate 541
non-uniform flow 517
norbergite 454
Norian 454
norite 454
norm 454
normal distribution 302

normal fault 306
normal field 303
normal incidence 288
normal moveout (NMO) 454, 589
normal problem 264, 309
normal stress 287
normal travel time 305
normal twin 287
normal zoning 309
normalized vegetation index 127
normally consolidated clay 303
normally graded 137
normative constituent 454
norte 454
North American Plate 132
North Atlantic deep water 132
North Atlantic Drift 132
North Pacific current 132
norther 454
northern lights 564
northing 187
nor'wester 453
nosean 453
Nothosauria 146
notochord 311
notothyrium 456
nova 279
novaculite 454
NRM 56
nuclear-magnetic logging 560
nuclear-precession magnetometer 89
nuclear waste 91
nucleation 88
nucleic acid 89
nucleosynthesis 179
nucleus number 173
nuclide 89
nuée ardente 446
Nukumaruan 445
null hypothesis 135
null point 321
Nullaginian 445
nullah 21
numerical aperture 77
numerical taxonomy 289
Nummulites 445
Nummulites gizahensis 445
Nummulites globulus 445
Nummulites planulatus 445

Nummulites variolarius 445
nunatak 445
Nunivak 445
Nusselt number 445
nutation 267
nutrient cycle 50
Nyquist frequency 435

O

$^{18}O/^{16}O$ ratio 67
oasis 64
obduction 70
Obdurodon 70
Oberon (Uranus IV) 70
Obik Sea 46, 69
objective 348
oblate 549
oblate uniaxial strain 549
oblique extinction 250
oblique-slip fault 437
obliquity of the ecliptic 193
obrution (obrusion) 138
obrution deposit 138
obsequent 135
observation well 120
obsidian 198
occipital 166, 192
occipital condyle 193
occluded front 539
occulusion 539
ocean 83
ocean-basin floor 84
ocean current 84
ocean-floor spreading 83
ocean gyre 83, 124
ocean wave 84
oceanic crust 83
oceanic-island basalt (OIB) 84
oceanic plateau 80
oceanic ridge 85
oceanic rise 82
oceanic trench 77
oceanicity 84
Ochoan 67
ochre 66
ochric horizon 67
octahedron 463
Octocorallia 465
ocular 316
Odderade 68
Oddo-Harkins rule 68
Odintsovo 69
Oe 64

欧文索引

oedometer 32
oersted 58
offlap 70
offsection ghost 200
offset 70
offshore 67
offshore bar 59
ogive 67
Ohauan 69
Ohm's law 70
OIB 64
oil 13
oil immersion 275, 609
oil shale 609
Oka/Demyanka 66
okta 463
Old Red Sandstone 138
Older Drift 197
Older Dryas 204
Oldest Dryas 215
Oldham, Richard Dixon 71
Olduvai 72
Olenekian 72
Olenellina 72
oligo- 71
Oligocene 324
Oligochaeta 502
oligoclase 79
oligohaline water 71
oligomictic conglomerate 363
oligomictic lake 501
oligotaxic times 71
oligotrophic 501
olistolith 71
olistostrome (olisthostrome) 71
olivine 124
olivine dolerite 124
Olympus Mons 601
omphacite 73
oncolite 72
one-circle reflecting goniometer 361
one-way travel time 101
Onesquethawian 73
onion weathering 138
onlap 73
Onnian 69
Onondagan 69, 73
Ontarian 73
ontogenetic heterochrony 201
ontogeny 201
Ontong Jawa Plateau 80

Onverwacht 73
onyx 69
oo- 37
oobiosparite 44
ooid 38
oolite 46
oolith 38, 47
oolitic 46
oolitic limestone 46, 145
oomicrite 45
oomoldic porosity (oomouldic porosity) 46
Oort cloud 71
oosparite 42
ooze 440
opacus 517
opal 69
opalescence 69
opaque mineral 517
open channel 79
open-cut mining (strip mining) 650
open fold 499
open form 77
open hole 70
open-pit mining 650
operculum 214, 514
Ophelia (Uranus VII) 70
ophicalcite 249
Ophiocistioidea 249
ophiolite 70
ophiolite complex 70
Ophiomorpha 69
ophitic texture 70
Ophiuroidea 358
Opisthobranchia 186
opisthodetic 182
opisthogyrate 91
opisthoparian suture 185
opisthosoma 191
Opoitian 70
Oppel, Albert 68
Oppel zone 68
optic axis 187
optical continuity 184
optical emission spectrum 298, 464
optical goniometry 184
optical indicatrix 154, 184
opx 69
Or 64
o-ray 67
orbicular 138
orbicular texture 138
orbit 113, 133

orbit period 133
orbital forcing 133
order 596
Ordian 68
ordinary ray 392
Ordovician 72
ore 189
ore body 191
ore deposit 187
ore genesis 188
ore grade 501
ore microscope 189, 477
ore mineral 189
Oretian 72
organic soil 604
Oriental faunal realm 6
orientation survey 499
oriented fabric 608
original horizontality 288
origination 261
Oriskanyan 71, 393
Ornithischia 388
ornithischian dinosaur 388
ornithomimid 72
Ornithopoda 384
Ornithorhynchus anatinus 361
orogen 72
orogenic belt 331
orogenic cycle 331
orogeny (orogenesis) 331
orographic 224
orpiment 604
Orthida 71
Orthis 71
orthite 67, 104
orthoamphibolite 252
orthochemical 67
orthoclase 306
orthoconglomerate 67
orthoconic 389
orthoferrosilite 252
orthogenesis 395
orthogonal thickness 390
orthomagmatic stage 309
orthophotograph 303
orthopyroxene (opx) 252
orthoquartzite 302
orthorhombic amphibolite 252
orthorhombic system 252
orthoscope 67
orthoselection 395
orthosilicate 71
orthosilicates 446

ortstein 71
oryctognosy 71, 186
Osagean 67
Osborn, Henry Fairfield 67
oscillation ripple 40, 282
oscillatory wave 282
oscillatory zoning 282
osculum 456
osmosis 281
osmotic potential 584
ossicles 266
Osteichthyes 186
Osteostraci 202
ostia 138
Ostracoda 77
Ostracodermi (ostracoderms) 194
ostracum 90
ostrich dinosaur 356
Otaian 68
Otamitan 68
Otapirian 68
Otariidae 6
Oteke 69
otterlite 165
Ottoia 57
ottrelite 68
ouadi 653
out-of-phase component 145, 491
outcrop 650
outer arc 77, 323
outer planet 597
outgassing 97
outgroup 77
outlet glacier 31
outlet type 358
outlier 78
outwash 3
outwash plain 3
outwelling 3
over-consolidated clay 75
over-voltage 104
overbank deposit 481
overbreak 615
overburden 311
overburden ratio 311
overflow channel 608
overflow levée 31
overflowing well 247
overfold 96, 412
overlap 69
overlap zone 142
overpressure 96
overspecialization 101

overstep 69
overthrust 67
overturned fold 412
Owen Fracture Zone 14
Owen, Richard 66
ox bow 104
Oxford Clay 68, 646
Oxfordian 68
oxic horizon 66
oxidation 224
oxidation potential 224
oxidation-reduction 644
oxiside mineral 225
Oxisol 66
oxycone 66
oxygen 'burning' 228
oxygen isotope 227
oxygen-isotope analysis 228
oxygen-isotope curve 227
oxygen-isotope ratio 227
oxygen-isotope stage 227
oxyhornblende 67
oxyluminescence 228
Oyashio current 71
ozone layer 67
ozone sonde 68

P

Pachycephalosauridae 460
pachydont 186
Pacific- and Indian-Ocean common water 349
Pacific-Antarctic Ridge 349
Pacific Ocean 349
Pacific Plate 349
Pacific Province 349
Pacific-type coast 349
Pacific-type margin 349
packed biomicrite 464
packer test 464
packstone 464
paedomorphosis 612
pahoehoe 468
paired metamorphic belts 392
Palaearctic faunal realm 138
palaeo (paleo) 181
palaeoautecology 199
palaeobiogeography 201
palaeobiology 307
palaeobotany 200
Palaeocene (Paleocene) 141

Palaeocimmerian-Indosinian subduction zone 204
palaeoclimatic indicator 196
palaeoclimatology 196
palaeocurrent analysis 208
palaeoecology 201
palaeoflow 200
palaeofluminology 196
Palaeogene 201
palaeogeography 202
palaeoguild 197
Palaeohelikian 473
palaeohydraulics 200
palaeoichnology 200
palaeolatitude 182
palaeomagnetic pole 199
palaeomagnetism 202
palaeoniscids 473
palaeontology 201
Palaeophonus nuncius 259
Palaeoporella 634
Palaeoproterozoic 199
Palaeopterygii 196
palaeoseismology 200
palaeosol (paleosol) 204
palaeosome 473
palaeospecies 319
palaeosynecology 166
palaeotaxodont 201
Palaeotaxus rediviva 473
Palaeotethys 204
Palaeozoic 200
palagonite 469
palate 183
palimpsest 472
palingenesis 471
palinspastic map 151
Pallas 470
pallasite 314
Pallavicinites devonicus 198
pallial line 420
pallial sinus 420
Palmer method 31, 473
palsa 472
paludal 244
palus 472
Palus Putredinis 472
palustrine 267
palynology 106
palynomorph 471
pampero 480
pan 479
Pan (Saturn XVIII) 475
Panama Isthmus 467

pandemic 195
Pandora (Saturn XVII) 479
Pangaea 476
panning 654
pannus 372
panplain 480
panplane 480
Panthalassa 477
Pantotheria 478
paper shale 544
para- 469
Parablastoidea 3
parabolic dune 561
paraclade 264
paraconglomerate 642
Paracrinoidea 3
paracycle 470
paradigm 470
paragenesis 141
paragenetic sequence 141, 142
paragonite 469
parallax 238
parallel evolution 538
parallel extinction 389, 538
parallel fold 538
parallel twin 538
paramagnetism 266
parameter 470
parametral form 470
parametral plane 470
paramorph 550
Paranthoropus 3
Paranthropus 491
parapatry 337
paraphyletic 128
Parapithecidae 470
parasequence 470
parasequence set 470
parasitic cone 130
parasitic fold 131
parasitic magnetization 131
parastratotype 512
parataxon 470
Paratethys 470
paratype 512
parcel of air 151
Pareiasauridae 473
parent 71
parent material 426
pargasite 459
parivincular 471
parsimony 216
partial melting 518
partial pressure 531

partial range zone 518
particle density 630
particle shape 629
particle size 629
particle velocity 630
parting lineation 532
partition coefficient 535
pascal 463
pascichnia 32
Pasiphae (Jupiter VIII) 462
pass band 392
passive geophysical method 261
passive margin 483
passive microwave 261
passive remote sensing 261
Pasteur effect 463
Pasteur point 463
Pastonian 463
patch 465
patch reef 465
patella beach 465
Patella vulgata 205, 465
patellate 93
patera 465
paternoster lake 260
patterned ground 190
Pauling's rule 568
pavement 563, 565
Payntonian 539
paystreak 93
P-band 492
PcP-wave 485
PE 482
peacock ore 152, 479
peak shear strength 635
peak zone 484
pearl-necklace lightning 278
pearlspar 472
pearly lustre 278
peat 397
peat-borer 397
peat podzol 397
pebble 217
pectolite 540
pectoral girdle 180
ped 542
pedestal rock 134
pedicel 182
pedicle 441
pedicle foramen 167
pediment 542
pedion 366
pediplain 542

pedofacies 426
pedogenesis 425
pedology 425
pedon 543
peduncle 614
peel technique 500
pegmatite 540
pel- 545
pelagic 63
pelagic ooze 63
pelagic sediment 63
pelagite 63, 544
Pelé 548
Pelecypoda 514
Peléean eruption 527
Pelé's hair 548
Pelé's tear 548
pelite 544
pellet 547
pellet limestone 547
pellicular water 493
pelmatozoan 608
pelmicrite 547
peloid 548
pelsparite 546
pelta 117
pelvic girdle 613
pelvis 203
Pelycosauria 481
Penck, Albrecht 549
Penck, Walther 549
pendent 179
Pendleian 552
pene- 543
peneplain (peneplane) 264
penesaline 544
penetration test 121
penetration twin 121
penetrative 544
Pennales 42
pennate diatoms 42
Pennatulacea 45
penninite 543
Pennsylvanian 551
Pennsylvanioxylon 208
pentadactyl 200
pentagonal dodecahedron 196
pentameral symmetry 206
Pentamerida 552
Pentevrian 552
pentlandite 552
Penutian 543
peperite 544
peralkalline 75

peraluminous 75
peramorphosis 384
perched aquifer 382
perched block 199
percolation 281
percussion boring 265
percussion mark 267
perennial stream 187
pergelic 461
pergelisol 49
peri- 544
periclase 545
periclinal fold (pericline fold) 545
pericline twinning 545
pericontinental sea 351
periderm 81
Peridiniales 545
peridotite 124
peridotite model 124
perigee 149
periglacial 257
perignathic girdle 254
perihelion 148
period 126, 254
periostracum 91
peripatric speciation 254
periproct 27
Perissodactyla 133
peristome 27
peritectic point 479
peritidal zone 384
perlitic 278
perlucidus 291
permafrost 49
permafrost table 49
permanent wilting percentage 49
permeability 416, 420
permeameter 281
Permian 547
permineralization 469
permitted intrusion 261
perovskite 548
perovskite model 549
persistence 462
perthite 461
Peru-Chile Trench 546
Peru current 546
petals 108
petrification 310
petrocalcic horizon 543
petrofabric 119, 502
petrogenesis 118
petrogenetic grid 118

petrographic microscope 118
petrography 129
petrogypsic horizon 543
petroleum 314
petroleum geology 314
petrology 118
petrophysics 119
p-form 492
PGF 485
pH 482
phaceloid 337
phacolith 502
Phacopida 502
Phaeophyceae 103
Phanerozoic 179
Pharyngolepis 173
phase 328
phase angle 329
phase diagram 333
phase layering 334
phase rule 336
phase transition in the mantle 580
phase velocity 29
phenoclast 507
phenocryst 478
phenogram 497
phenon 170
phenotype 497
phi scale 502
Philippine Sea Plate 505
phlogopite 147
Phobos 509
Phocidae 6
Phoebe (Saturn IX) 507
Phoenix Plate 436, 507
Pholas 145, 322, 510
phonolite 509
phosphate mineral 637
phosphorescence 637
phosphorite 635
photo- 509
photochemical smog 183
photodisintegration 194
photodissociation 183
photogeology 250
photogrammetry 250
photographic infrared 250
photohydrometer 184
photometer 509
photometry 338
photon logging 187
photopolarimeter-radiometer 349

photosphere 185
photosymbiosis 185
photosynthesis 186
phragma 519
Phragmites cliffwoodensis 520
phragmocone 560
phreatic activity 286
phreatic zone 561
phreatomagmatic acitivity 575
Phycosiphon 504
phyletic 172
phyletic evolution 172
phyletic gradualism 171
phyllic alteration 505
phyllite 328
phyllonite 505
phyllosilicate 505
phylogenetic tree 171
phylogenetic zone 172
phylogenetics 171
phylogeny 171
phylozone 172
phylum 601
-phyre 502
physical weathering 127
physico-theology 242
phytogeography 271
phytophagous 270
phytoplankton 522
pi diagram 457
Piacenzian 482
pick 490
pickup 490
pico- 484
picoplankton 145
picrite 484
piedmont 230
piedmont glacier 231
Piedmont microcontinent 355
piercing fold 383
piezoelectricity 9
piezometer 482
piezometric surface 304
piezoremanent magnetization 482
pigeonite 486
piggyback basin 484
piggyback thrust sequence 484
Pikaia 482
pile 458
pileus 291

欧文索引

pillar and stall 383
pillar structure 499
pillow lava 575
pilotaxitic texture 501
pinacoid 354
pinch-and-swell 560
pinger 501
pingo 501
pinite 491
pinnacle reef 323
pinnular plates 42
pinnules 42
Pinus longaeva 491
PIOCW 482
Pioneer 455
pipe 458
pipette analysis 493
pipkrake 249
Piripauan 500
pisoid 488, 489
pisolith 489
pistacite 487, 490, 634
piston corer 284, 487
piston sampler 487
Pistosaurus grandaevus 487
pitch 490
pitchblende 321, 642
pitting 490
pixel 484
pixel color 484
PKP-wave 484
place value 271
placental mammals 606
placer deposit 218
placic horizon 519
Placodermi 479
Placodontia 477
Placodus 477
placoid scale 264
plaggen 521
plagioclase 250
plagioclase series 251
plagiogranite 250
planar cross-stratification 539
planation 18, 399
planation surface 278
plane bed 537
plane of projection 416
plane of symmetry 345
plane-polarized light 539
plane strain 539
plane wave 539
Planet-B 522
planetary boundary layer 653
planetary geology 653
planetismal 486
planèze 522
planispiral 539
planitia 522
plankton 522
plankton geochronology 523
Planolites 522
planplain 480
Plantae 271
plasma 520
plastic deformation 338
plastic limit 338
plasticity index 338
plastron 511
plate 29, 91, 182, 527
plate bearing test 539
plate boundary 528
plate margin 528
plate motions 528
plate stratigraphy 528
plate tectonics 528
plateau basalt 348
platform 521
platy 614
platykurtic 521
play 526
playa 522
Playfair, John 526
Plectronoceras cambria 526
Pleistocene 188
Pleistocene refugium 188
Pleistogene 350
pleochroic halo 355
pleonaste 526
plesiomorph 178
plesion 527
Plesiorycteropus 526
Plesiosauria 385
Plesiosaurus 385
pleuron 648
Pliensbachian 525
Plinian eruption 524
plinthite 524
Pliny-Strabo 548
Pliocene 324
Pliosaurus 385
plough mark 522
plucking 520
plug 119
plunge 523
plunging breaker 574
plus-minus method 520
Pluto 590
pluton 121
plutonic 279
plutonism 98
pluvial period 352
pneumatolysis 130
poached soil 129, 445
Podolskian 566
Podopteryx mirabilis 566
podzol (podsol) 566
podzolization (podsolization) 566
Pogonophora 605
poikilitic 554
poikiloaerobic 501
poikiloblast 554
poikilotherm 549
poikilotopic 554
point bar 427
point group 267, 410
point load index 410
point load tester 410
point source 413
Poisson distribution 554
Poisson's ratio 554
polar air 120
polar-air depression 120
polar climate 143
polar-desert soil 144
polar front 120
polar-front jet stream 121
polar glacier 145
polar-night jet stream 232
polar orbit 144
polar stereographic projection 377
polar stratospheric cloud 144
Polar units 145
polar wander path 235
polarimetry 550
polarity 556
polarity chron 235
polarity chronozone 236
polarity epoch 56
polarity event 236
polarity excursion 235
polarity interval 144
polarity reversal, geomagnetic 144
polarity subchron 6
polarity subchronozone 6
polarity subzone 6
polarity superchron 385
polarity superchronozone

385
polarity superzone 385
polarity time-scale 144, 374
polarity transition period 144
polarity zone 236
polarization colours 117
polarized radiation 550
polarizer 567
polarizing microscope 550
Polaroid 567
polder 568
pole of a face 595
pole of rotation 64
Polflucht 484
polished section 181
polishing relief 181
polje 568
pollen 106
pollen analysis 106
pollen diagram 106
pollen zone 106
poloidal field 570
poly- 342
polyanion 567
Polychaeta 359
polycyclic landscape 360
polygenetic conglomerate 354
polygonization 447, 568
polyhaline water 568
polyhalite 220
polymetallic sulphide 353
polymetamorphism 512
polymictic conglomerate 512
polymictic lake 356
polymineralic rock 355
polymorph 354
polymorphic transformation 354
polymorphism 354
polypedon 568
polyphase landscape 360
polyphyletism 354
Polyplacophora 358
polysynthetic twin 257
polytaxic times 568
polytetrahedron 355
Pomeranian moraines 567
ponente 566
Pongola 570
pool 514
pool-and-riffle 514
poorly washed biosparite

324, 533
pop-shooting 210
pop-up 565
Poperinge 566, 594
Porangan 567
porcelain jasper 417
porcellanite 563
pore fluid pressure 115
pore space 151
pore-water pressure 115
Porifera 82
porosimeter 115
porosity 115
porphyrin 569
porphyritic 478
porphyroblast 478
porphyroclast 566
porphyry 476
porphyry copper 476
porphyry deposit 476
porphyry gold 476
porphyry molybdenum 476
Portia (Uranus VII) 568
Portlandian 566
positive inversion 307
post- 182
post-depositional remanent magnetization 346
post-deuteric alteration 188
post-glacial 194
post-tectonic 186
postzygapophyses 195
pot-hole 565
potassium-argon dating 109
potassium-calcium dating 109
potassium feldspar 110
potential electrode 408
potential energy 323
potential evapotranspiration 105
potential instability 323
potential reserve 323
potentiometric surface 304
Potsdam gravity 565
Potter's flood peak formula 565
Poundian 459
powder photograph 535
powder technology 535
powellite 79
power-law creep 637
p-parameter 492
p.p.b. 492
PPL 492

p.p.m. 492
PPR 492
p-process 483, 613
praecipitatio 188
praedichnia 563
Pragian 519
Pratt, John Henry 521
Pratt model 521
pre- 321
pre-adaptation 327
pre-ferns 323
pre-Hadean 327
Pre-Imbrian 321
Pre-Nectarian 327
pre-splitting 527
pre-tectonic 323
Preboreal 529
Precambrian 322
precession 215
precession of equinoxes 535
precipitable water 93
precipitation 183, 188, 391
precipitation-efficiency index 188
precision 307
predisplacement 326
preferred orientation 399
prehnite 517
prehnite-pumpellyite facies 517
pressure-depth profile 9
pressure dissolution 9
pressure fringe 527
pressure-gradient force 126, 284
pressure head 9
pressure melting 9
pressure ridge 527
pressure shadow 527
pressure-tube anemometer 9
pressure welding 9
prevailing wind 353
prezygapophyses 328
Priabonian 523
Priapulida 57
prication 524
Pridoli 524
primary creep 30
primary geochemical differentiation 30
primary geochemical dispersion 30
primary migration 30
primary mineral 30

primary porosity 271
primary productivity 30
primary sedimentary structure 271
primary wave 492
primitive 178
primitive circle 127
primordial 178
principal component analysis 260
principal point 261
principal shock 260
principal strain axes 261
principal strain ratio 261
principal-stress axes 258
principle of contained fragments 556
principle of included fragments 556
principle of superposition 377
principle of uniformitarianism 301
Priscon 590
prism 90
pro-delta 530
probability density function 92
probability distribution 92
Problematica 531
Proboscidea 388
Procellarum 530
process-response system 50
prochoanitic 322
Procolophonia 529
Procyonidae 14
prod mark 530
production logging 303
production well 303
Productus giganteus 530
Proetida 529
profiling 531
Proganochelys quenstedii 529
progenesis 530
proglacial 496
progradation 324
prograde metamorphism 264
progressive deformation 638
progressive evolution 324
progressive metamorphism 264
progressive wave 277
Progymnospermopsida 201

Prohylobates 37
prokaryote 177
prolate 385
prolate uniaxial strain 384
proloculus 271
Prometheus (Saturn XVI) 531
promontorium 531
proparian 322
proper motion 207
propylitization 531
prosobranch gastropods 323
prosogyrate 91
prosoma 325
protalus rampart 530
protaspis 178
Proterosuchus 530
Proterozoic 179
Proteus (Neptune VIII) 530
protist 179
Protista, Protoctista 179
proto- 177
proto-Atlantic 24
Protoaulopora ramosa 531
Protoceratops andrewsi 530
protoconch 456
proton-adding process 613
proton magnetometer 89, 531
protoparian suture 322
protoplanet 178
Protopteridales 200
Protopterus 456
protore 271
protoseptum 177
protostar 178
Protozoa 179
protrusive 59
proved reserve 91
provenance 193
province 150
provinciality 367
proximal 147
proximity logging 529
proxy 25
psammite 222
PSC 482
psephite 247
pseudo-gravitational field 129
pseudo-magnetic field 129
pseudobreccia 127
pseudoextinction 131
pseudofossil 128
pseudomorph 100

pseudonodule 132
pseudopunctate 134
pseudosection 132
pseudospar 130
Pseudosycidiuim 261
pseudotachylite 261
psilomelane 217
Psilonichnus 513
Psilophytales 201
Psilophyton 201
Psilopsida 577
Psilotum 201
PSN (primitive solar nebula) 511
PSV (polished stone value) 181, 482
psychrometer 116
psychrophile 195
Pteraspida 614
Pteraspis 27, 517
Pteridophytina 243
Pteridospermales 243
Pterobranchia 614
pteropod ooze 614
Pteropsida 243
Pterosauria 614
Pterygolepis 173
Ptilograptidae 516
Ptychopariida 516
ptygmatic fold 514
Puaroan 503
pubis 373
Puck (Uranus XV) 511
puddled soil 129
pull-apart basin 525
pulse length 472
pumice 111
pump 570
pumpellyite 480
pumping test 613
punctae 89
punctate 608
punctuated equilibrium 364
pupaeiform 220
Purbeckian 468
pure shear 263
purga 525
Pusgillian 513
push moraine 515
push-pull wave 67, 492
pushbroom system 515
Pu'u O'o 612
puy 503
P-wave 492
pycnocline 585

pycnometer 486
pygidium 492
pyknometer 486
pyramid 284
pyrite 65
pyritohedron 65, 196
pyro- 458
pyrochlore 458
pyroclastic 95
pyroclastic flow 93
pyroclastic surge 219
pyroelectricity 267
pyrogenetic mineral 98
Pyrolite model 459
pyrolusite 440
pyrolysis 449
pyrometasomatic deposit 183
pyromorphite 633
pyrope 459
pyrophyllite 648
pyroxene 131
pyroxene gneiss 131
pyroxene hornfels facies 131
pyroxenite 128
pyroxenoide 263
pyrrhotite 273
Pyxidicula bollensis 170
p-zone 489

Q

Q 137
QAP triangle 139
QAPF classification 139
Qattara Depression 506
Q days 301
Q-factor 139
Q_n 139
quadrature 145, 150
quartz 310
quartz arenite 310
quartz dolerite 310
quartz overgrowth 310
quartz porphyry 310
quartz sandstone 310
quartz wacke 310
quartz wedge 152
quartzite 167
quasar 387
quasi-equilibrium 130
quasi-section 132
Quaternary 350
quaternary system 615

quenching 138
Quetzalcoatlus northropi 173
quick clay 150
quick sand 150
quickflow 150
quiet days 301
quiet zone 301
Q-wave 139, 619

R

Ra 15
radar 643
radar altimetry 643
radar cross-section 643
radar imaging 643
radar scattering coefficient 643
radar scatterometer 643
radial drainage 558
radial dyke 558
radial fault 558
radial fibrous texture 559
radial relief displacement 134
radial symmetry 559
radiance 617
radiant flux density 559
radiating 558
radiation 557
radiation budget 558
radiation cooling 560
radiation densimeter 560
radiation fog 558
radiation inversion 558
radiation track 559, 560
radiatus 558
radiaxial 236
radio occultation 413
radio sounder 413
radioactive decay 559
radioactive logging 559
radioactive survey 560
radioactive waste 558
radiocarbon (^{14}C) dating 558
radiogenic 560
radiogenic heating 558
radioimmunoassay 560
Radiolaria 557
radiolarian earth 557
radiolarian ooze 557
radiolarite 557
radiometer 558
radiometric (radioactive)

dating 559
radiometry 559
radiosonde 617
radius 418
radius ratio 476
raft foundation 541
rain-gauge 47
rain-making 277
rain print 42
rain-shadow 14
rain-splash 44
rain-wash 42
rainbow 442
raindrop 44
raised beach 624
rake 642
Ramapithecus 619
rammer 623
ramose 54
ramp 622
rampart crater 622
Ramsden eyepiece 620
Randian 622
random error 92
random sampling 622
range 145
range zone 152
Ranger 646
rank 79, 501
rapakivi texture 619
rapid flow 138
rapid-neutron process 191
rare-earth element 133
raster 618
rate of sedimentation 347
ratio 479
Raukumara 648
ravine wind 168
ravinement surface 619
rawin sonde 641
Rawtheyan 648
ray 131
Rayleigh criterion 641
Rayleigh, Lord 650
Rayleigh number 641
Rayleigh scattering 641
Rayleigh wave 641
Rayleigh-Willis formula 468
re-entrant 435
reaction time 479
reactivation surface 214
real-aperture radar 243
real component 244
realgar 167

realistic reaction 244
recapitulation of phylogeny 480
Recent 179
recessional moraine 625
recharge 123
recharge area 123
reclined fold 624
reconstructive transformation 215
recovery factor 78, 215
recrystallization 214
rectangular drainage 362
rectilinear slope 389
rectimarginate 389
recumbent fold 64
red bed 311
red-bed copper 312
red clay 312
red copper ore 312, 314
Red Crag 653
red edge 644
red iron ore 312, 314
red podzolic soil 312
Red Sea 183
Redlichiida 645
redox potential 644
redox reaction 644
reduction 116
reduction potential 116, 224
reduction to pole 144
Redwater Shale Member 228
REE 15
reef 264, 627
reef flat 265
reef front 266
reef trap 268
reference section 226
reflectance 478
reflectance spectrometry 478
reflected infrared 477
reflected-light microscope 477
reflection 477
reflection coefficient 477
reflection survey 478
reflectivity 478
reflector 478
reflexed 265
reflux theory 124
refolded fold 215
refraction 153
refraction survey 154

refractive index 154
refractometer 153
refractory mineral 345
refugia 645
Refugian 645
reg 642
regelation 512
regio 641
regional field 182
regional metamorphism 182
regional stratigraphic scale 182
Regionally Important Geological/Geomorphological Sites 375
regolith 642
regression (marine) 80
regressive systems tract 80
regular echinoids 302
Regulares 117
Reid, Harry Fielding 640
Reiner Gamma Swirl 300
rejuvenation 78
relative age 335
relative humidity 335
relative permittivity 494
relative plate motion 529
relative pollen frequency (RPF) 334
relative time-scale 335
relative vorticity 42, 334
relaxation 125
relaxation frequency 125
relaxation time 125
relict 29
relict sediment 228
relict structure 228
relief 646
Relizian 646
remanent magnetization 230
remanié 216
remanié beds 645
remote sensing 628
remoulding 628
removal time 230, 352
rendzina 646
renewable resource 215
reniform 280
repeated twinning 158
Repettian 645
repichnia 562
replacement 369
reptation 562

Reptilia 463
resequent 215
resequent fault-line scarp 215
reserve 573
reservoir 390
reservoir pool 390
reservoir rock 390
reshabar 642
residence time 230
residual deposit 230
residual gravity map 230
residual shear strength 230
resinite 642
resinous lustre 259
resistate mineral 642
resistivity logging 491
resistivity method 491
resonance 141
resorption 606
resurgence 624
resurgent caldera 215
reticulated 596
reticulite 644
retro-arc basin 645
retrochoanitic 184
retrograde metamorphism 191
retrograde orbit 136
retrogressive metamorphism 191
retrosiphonate 191
retrusive 147
return flow 598
return period 214
Réunion 646
reverberation 627
reversal 135
reversal time-scale 136, 374
reverse fault 135
reverse zoning 136
reversed field 135
reversing dune 135
revolving storm 81, 448
reworked 216
Reykjanes Ridge 640
Reynolds number 641
Rhabdopleura 614
rhabdosome 556
Rhaetian 644
Rhea (Saturn V) 640
rheology 641
Rhine graben 616
Rhipidistia 322
Rhizocorallium 396, 625

rhodochrosite 633
rhodonite 469
Rhodophyceae 190
rhombdodecahedron 633
rhombochasm 651
rhombohedral 229
rhombohedron 633
rhomic dodecahedron 633
rhourd 640
Rhuddanian 618
Rhynchocephalia 81
rhyncholite 637
Rhynchonellida 637
Rhynia 626
Rhynia gwynne-vaughanii 626
Rhynia major 626
rhyodacite 632
rhyolite 631
rhythmic sedimentation 626
rhythmite 625
ria 623
ribbon bomb 628
ribbon jasper 628
ribbon lake 344
ribonucleic acid 89
Richmondian 626
Richter, Charles Francis 627
Richter denudation slope 627
Richter scale 627
Ricker pulse 625
ridge 585
ridge-and-ravine topography 585
ridge and runnel 626
ridge crest 85
ridge-push 85
ridged beach 289
riebeckite 628
rift 627
rift valley 627
right lateral-fault 582
rigidity modulus 189, 326
RIGS 15
rill 635
rill-wash 635
rille 635
rima 628
Rima Bradley 628
Rima Sirsalis 628
rime 589
ring- 214
ring basin 117

ring canal 117
ring-dyke 116
ring fracture 117
ring silicate 116
ringed basin 355
ringing 627
ringwall 637
Ringwood's rule 636
Rinnental 434
rip current 623
rip-rap 492
Riphean 627
rippability 626
ripple 626
ripple-drift cross-stratification 626
ripple index 626
ripple mark 626
ripple-symmetry index 626
ripple train 626
Riss 625
Riss/Würm Interglacial 625
river capture 100
river profile 100
river-sediment analysis 100
river terrace 87
river water 100
RMQ 15
RNA 89
road base 267
roadstone 423
roaring forties 562
Roche limit 650
roche moutonnée 612
rock 118
rock bench 198, 649
rock bolt 649
rock burst 603
rock crystal 286, 310
rock drumlin 118
rock fall 119
rock fill 649
rock flour 122
rock glacier 119
rock head 649
rock mass 114
rock-mass quality 122
rock mechanics 119
rock pavement 119, 640
rock-quality designation 122
rock salt 113
rock slide 122
rock-soil ratio 118
rock-stratigraphic unit 118,

120
rock structure rating 122
rock unit 118, 120
Rockall 486
Rocklandian 649
rod 650
Rodda's flood-peak formula 650
rodding structure 650
Rodebaek 650
rodingite 650
rogen moraine 648
roll along 651
roll-type uranium deposit 651
rollover 651
rollover anticline 651
Romer, Alfred Sherwood 651
roof pendant 639
roof rock 639
roof thrust 639
room and pillar 383
root-mean-square velocity 539
root zone 638
rooted tree 605
rootlet 266
rope bomb 438
Rosalind (Uranus XIII) 649
rose diagram 649
rose quartz 649
Rosetta 649
Rossby wave 649
rostral suture 241
rostrum 153, 223
rotary drilling 80
rotating-cups anemometer 80
rotational remanent magnetism 80
rotational shear 81, 363
rotational slip 80
rotational slump 80
Rotliegende 313
Rotliegendes 314
rotor 94
rotor cloud 649
roughness 339
rounded biosparite 63
roundness index 63
Rowe cell 648
Roza Member 348
RPF 18, 318
r-process 15

RQD 17
RRM 15
RRR junction 15
r-selection 17
RSR 15
RSS 15
RST 15
rubble 92
rubble levée 338
rubidium-strontium dating 639
ruby 639
rudaceous rock 642
rudist bivalves 187
rudite 638, 641
rudstone 638
Rugosa 247
rugose 274
rule of Vs 504
Rumford, Count 85
Runangan 639
Runcorn, Stanley Keith 621
runnel 622
Rupelian 640
rupes 639
Rupes Recta 639
rupture 459
Rusophycus 638
Russian borer 649
Rutherford, Ernest 617
rutile 638
ruware 640
Ryazanian 628
Ryukyu Trench 629

S

S 53
Saalian 224
sabkha 222
Saccaminopsis 220
saccate 134
saccus 134
saddle 603
Saffir/Simpson Hurricane Scale 221
sag and swell topography 220, 454
Sagan Memorial Station 577
Sakigake 217
Sakmarian 218
salic horizon 223
salic mineral 223
salina 223, 522

saline giant 223
saline-sodic soil 63
saline soil 63
salinity 63
salinization (salination) 63
SALR 53
salt 59
salt dome 113
salt-dome trap 113
salt fingering 63
salt flat 63
salt lake 60
salt marsh 61
salt pan 62
salt wedge 61
saltation 387
Salton Sea geothermal field 379
saltpetre 267
samarium-neodymium dating 222
sampling frequency 229
sampling interval 228
sampling method 229
samps and drains 457
San Andreas Fault 503
sand 295
sand line 228
sand pillar 280
sand ribbon 296
sand sheet 219
sand volcano 295
sand wave 224
sandbody 219
sandstone 217
sandstone dyke 287
sandstorm 295
sandur 228
Sangamonian 225
sanidine 221
Santernian 228
Santonian 228
saphire 221
sapping 290
saprolite 222
sapropel 516
sapropelic coal 516
sapropelite 222
SAR 53
Sarcopterygii 441
sardonyx 69
Sargasso Sea 224
sarl 224
saros unit 224
sarsen stone 219

Sartan Drift 224
satellite 735
satellite photography 49
satellite sounding 49
satin spar 321
saturated adiabatic lapse rate 561
saturated air 561
saturated flow 562
saturation 216
saturation deficit 557
saturation magnetization and moment 561
saturation moisture content 561
Saturn 427
saturnian satellites 427
Saucesian 217
saurian 628
Saurischia 631
saurischian dinosaur 631
Sauropoda 629
Sauropterygia 146
Saussure, Horace Bénédict de 338
saussuritization 338
Saxonian 217
S-band 54
scalenohedron 550
scandent 479
Scandinavian ice sheet 290
scanning electron microscope 331
scapolite 290
scar 290
scarp 290
scarp-and-vale topography 76
scarp-foot knick 290
scarp retreat 290
scarp slope 290
scatter diagram 230
scattering 230
scavenging 329
scheelite 78
Scheuchzer, Johann Jacob 264
schiller lustre 323
Schindewolf, Otto H. 281
schist 549
schistosity 553
schizochroal 243
schizodont 534
Schizomycophyta 214
schlieren 263

Schlumberger array 263
Schmidt hammer 262
Schmidt hammer test 262
Schmidt-Lambert net 262, 423
Schneiderhohn line test 106
schorl 164
Schroeder Van Der Kolk method 263
schuppen structure 511, 637
Schwassmann-Wachmann 3 261
scintillation counter 280
scintillometer 281
scintillometer survey 281
scirocco (sirocco) 274
Scleractinia 28
sclerotinite 291
scolecodont 292
scolecoid 327
Scolicia 291
scoria 291
scoria cone 291
scoriaceous 291
scorpions 219
Scorpiophagus 327
scour and fill 291
scour lag 291
Scourian 291
Scourian orogeny 291
Scoyenia 17
scree 78
screw dislocation 618
scroll bar 291
ScS-wave 54
scud 372
scute 92
Scyphozoa 463
Scythian (Skythian) 290
sea 45
sea-anemone 29
sea breeze 82
sea-floor spreading 83
sea fret 247
sea ice 82
sea-pen 45
sea water, major constituents 79
seamount 78
seatearth 243
Secchi disc 316
second arrival 348
second derivative 258
secondary blasting 210, 443
secondary creep 443

secondary crushing 443
secondary depression 512
secondary enrichment 325, 443
secondary front 443
secondary geochemical differentiation 443
secondary geochemical dispersion 443
secondary migration 442
secondary mineral 443
secondary porosity 442
secondary quartz 443
secondary recovery method 442
secondary sedimentary structure 443
secondary wave 54, 348
secular variation 50
SEDEX 53
Sedgwick, Adam 315
sedigraph 319
sediment 347
sedimentary basin 348
sedimentary cycle, cyclic sedimentation 346
sedimentary exhalative process 347
sedimentary melange 347
sedimentary rock 346
sedimentary structure 346
sedimentation coefficient 391
sedimentation tube 391
sedimentology 346
Sedna Planita 155
seed plants 259
seep 278
seepage 281
seepage velocity 282
seiche 303
seif dune 307
seism- 238
seismic blind layer 92
seismic gap 239
seismic margin 103, 239
seismic moment 240
seismic record 238
seismic reflection 240
seismic refraction 240
seismic stratigraphy 280
seismic survey 239
seismic tomography 239
seismic velocity 239
seismic wave 239

seismic-wave mode 240
seismic zone 239
seismicity 239
seismogram 238
seismograph 239
seismology 238
seismostratigraphy 280
Selene 321
selenite 423
selenizone 195
selenology 173
self diffusion 237
self-exciting dynamo 237
self-potential method 242
self-potential sonde 242
self-reversal 237
semifusinite 320
Senecan 319
Senonian 320
Sensitive High Resolution Ion MicroProbe (SHRIMP) 50
sensitive plate 50, 514
sensitivity 50
sensitivity ratio 50
septarian nodule 133
septomaxilla 88
septum 91
sequence stratigraphy 237
serac 320
serein 410
sericite 134
series 414
serir 320
serpenticone 222
serpentine 253
serpentine barrens 252
serpentinite 252
serpentinization 253
Serpukhovian 222
Serravallian 320
sesquioxide 228
sessile 202
seston 315
seta 194
settlement 390
settling lag 391
sexual dimorphism 307
Seymouria 309
sferic 152
S-fold 53
SG 54
SH-wave 53, 619
shade temperature 482
shadow test 475

欧文索引 713

shadow zone 240
shaft well 357
shale 173
shale line 173
shallowing-upward
　carbonate cycle 269
shamal 252
shape fabric 171
shard 27, 272
sharp sand 251
shatter cone 251
shear box 326
shear direction 326
shear fold 326
shear modulus 326
shear plane 326
shear strain 326
shear strength 325
shear stress 325
shear wave 54, 326
shear zone 326
sheep-walk 489
sheet flood 595
sheet lightning 574
sheet sand 219
sheet silicate 505
sheeted dyke 83
sheeting 627
sheetwash 595
Sheinwoodian 232
shelf 521
shell beak 91
shell structure 108
shelly limestone 76
shelter porosity 252
shergottyite/nakhlite/
　chassignite meterorites
　(SNC) 250
Shermanian 252
shield 157, 273
shield volcano 357
shingle 469
Shipka 247
shoal 301
shoal retreat massif 191
shoaling 6
shock metamorphism 265
shock-remanent
　magnetization 265
Shoemaker, Eugene Merle 262
shoestring sand 154
shonkinite 272
shooting flow 138, 388
shore platform 339

shoreface 339
short wavelength infrared 365
shortening 362
shot 271
shot bounce 272
shot depth 271
shot-point gap 136
shotcrete 271
shotpoint gap 464
shower 444
SHRIMP 263
shrimps 56
shrinkage 255
shrinkage cracks 125, 255
shrinkage joint 255, 640
Shroeder Van Der Kolk
　method 475
SI 197
Siberian high 247
sichelwannen 244
Sicilian 238
sicula 180
side-looking airborne radar
　(SLAR) 337
side-scan sonar 216
sidereal day 189
sidereal month 189
siderite 36, 633
siderolite 245, 314
siderophile 281
sidewall corer 216
Sidufjall 241
Siegenian 237
siemens 248
sieve 525
sieve deposit 247
sieving 525
Sigillaria 483
sigma-t density 236
signature 424
significant wave height 604
silcrete 273
Silesian 274
silex 274, 525
silica 272
silica-oversaturated rock 273
silica-saturated rock 273
silica saturation 273
silica-undersaturated rock 273
silicates 168
siliceous ooze 168
siliceous sinter 168

silicification 167
siliclastic sedimentary rock 168
silicon 'burning' 170
silky lustre 134
sill 273
sillar 272
sillimanite 169
silt 273
siltstone 273
Silurian 273
silver iodide 611
silver spike 273
silver thaw 262
Silvermines 210
similar fold 332
simoon 248
simple shear 363
Simpson, George Gaylord 283
Sinemurian 246
single couple 276
single-stage lead 365
singularity 424
Sinian 246
sinistral coiling 489
sinistral fault 489
sink 276
sink hole 276, 431
sinking 391
Sinope (Jupiter IX) 246
Sinornis 246, 385
sinus 246, 654
Sinus Iridum 246
siphon 285
siphonal canal 285
siphonate 606
siphonostomatous 606
siphuncle 343
sister groups 248
sister taxa 248
site investigation 180
Sivapithecus 232
Skaergaard 481
skarn 183, 290
skeletal limestone 202
skeletal material 202
skeletal micritic limestone 202
skelton crystal 78
skewness 653
skin depth 281
skip mark 291
Skolithos 292
SKS-wave 54

skull 416
sky-view factor 121
Skye 300
slab-pull 299
slaking 299
slaking-durability test 299
slant range 389
slant-range resolution 389
SLAR 299
slate 452
slaty cleavage 300
sleet 584
sleeve exploder 300
slick 299
slickenline 87
slickenside 87
slide 258
sling psychrometer 322
slingram method 300
slip 300, 538
slip-off slope 103
slipface 263
sloc 300
slope angle 252
slope process 252
slope profile 252
slope stabilization 252
slow-neutron process (s-process) 396
slump structure 299
Smålfjord 299
small circle 264
smarl 299
SMC 53
smectite 299
Smith, William 299
Smithian 299
Smith's rule 299
smithsonite 632
smog 299
smoker 299
SMOW 299, 497
smudging 299
SNC 53
Snell's law 296
snout 499
snow-gauge 190
snow grain 589
snow line 317
snowblitz theory 312
snowflake 319
soapstone 339
soda nitre 338
sodalite 560
sodic soil 437

sodication 436
sodium-absorption ratio 436
sodium feldspar 437
sodium-sulphate soundness test 437
SOFAR channel 339
soil 425
soil air 425
soil anchor 425
soil association 425
soil-atmosphere survey 425
soil borrow 136
soil complex 425
soil conservation 426
soil fertility 426
soil formation 425
soil grading curve 426, 538
soil horizon 426
soil individual 425
soil line 328
soil management 425
soil mechanics 427
soil-moisture content 425
soil-moisture index 425
soil-moisture regime 426
soil profile 426
soil separates 427
soil series 425
soil structure 425
soil survey 426
soil taxonomy 426
soil texture 427
soil variant 28
soil-water zone 425
soilwash 425
Sojourner 338, 577
sol 340
solar abundance of elements 350
solar constant 350
solar cosmic ray 350
solar flare 350
solar magnetic variation 350
solar nebula 349
solar pond 350
solar radiation 350
solar system 349
solar wind 350
solarimeter 443
sole structure (mark) 395
sole thrust 400
Solenopora 190, 340

Solfatara crater 629
solfataric activity 629
solid map 134
solid-melt equilibrium 201
solid solution 207
solid-state imaging camera 409
solidus 201
solifluction (solifluxion) 340
solitary corals 365
solodic soil 340
solonetz 340
solstice 442
solubility product 194, 611
solum 426
solute 611
solution 611, 613
solution channel 613
solution cleavage 611
solution pipe 613
Solvan 340
solvent 611
solvus 340
Somali Plate 339
sombric horizon 341
Somoholoan 340
sonar 339
sonde 341
sonic logging 72
sonic sonde 72
sonobuoy 339
sonograph 339
Sorby, Henry Clifton 339
Sordes pilosus 340
sorosilicate 340
sorted biosparite 533
sorting 533
Soudleyan 294
sound channel 72, 339
sound speed 73
source region (for air masses) 132
source rock 177, 210
South American Plate 585
South-east Pacific Plate 440
southerly burster 217
southern oscillation 440
sövite 339
SP 54
sp. gr. 54
SP method 54
SP sonde 242
space lattice 150

spaced cleavage 529
spallation 461
spandrels of San Marco 229
-sparite 297
sparite 296
sparker 296
sparse micrite 296
spastolith 296
Spathian 296
spathose iron 633
spatial frequency 150
spatial-frequency filter 151
spatter 296
spatter cone 296
spatter-fed flow 296
specialization 424
species 86, 253
species longevity 261
species selection 260
species zone 260, 353
specific activity 415
specific gravity 485
specific-gravity
 determinations 486
specific humidity 485
specific retention 493
specific yeild 486
spectral hue 298
spectral radiance 298
spectrochemical analysis
 533
spectrograph 533
spectrometer 533
spectrophotometer 533
spectroradiometer 533
spectroscope 533
spectroscopic binaries 533
spectrum 298
specular lustre 87
specular reflection 143
specularite 142, 314
Speeton Clays 18
spelean 417
speleothem 401, 417
Spermatophyta 260
spessartine 298
spessartite 298
sphaericone 297
sphalerite 321
sphene 297
Sphenodon 329
Sphenodon punctatus 81
sphenoid 319
Sphenophyllum 424
Sphenopsida 424

sphericity 137
spheroidal oscillation 81
spheroidal weathering 138
spherule 297
spherulite 138
spicular chert 203
spicule 203
spiculite 297
spider diagram 296
spiders 155
spike 296
spilite 297
spilling breaker 152
spillway 608
spinal column 313
spindle bomb 560
spinel 297
spinifex texture 297
spire 619
Spiriferida 297
spissatus 453
spit 219
splanchnocranium 435
splay fault 298
splendent lustre 87
split-spread 398
spodic horizon 299
Spodosol 299
spodumene 624
spondylium 219
Spongiaria 82
spontaneous potential 246
spontaneous potential
 method 242
spontaneous potential zonde
 242
sporangium 557
spore 557
sporinite 299
SPOT (Système Probatoire
 d'Observation de la Terre)
 298
spotting 413
spread 408
spreading rate 90
spreiten 298
Spriggina 55, 298
spring 28
spring balance 467
spring sapping 606
spring tide 66
Springerian 298
SPS 54
spur 225
Sq 375

Sq variation 350
squall 292
square array 556
squeeze-up 291
squeezing ground 246
SSI 53
SSS 53
St. Austell granite 380
St David's 327
St Helens 60
stability 23
stability field 23
stable isotope 23
stable-isotope studies 23
stack 255, 467
stacking 255
stacking fault 312
stacking velocity 549
stade 12
stadial 12
staff gauge 284
stage 75, 126, 216, 284
stage hydrograph 284
stain 324
staining technique 324
stalactite 268
stalagmite 311
Stampian 292, 640
stand of the tide 398
standard deviation 497
Standard Global
 Chronostratigraphic Scale
 (SGCS) 497
Standard Mean Ocean Water
 (SMOW) 497
Standard Stratigraphic (al)
 Scale 497
standing wave 395
stannite 64
stapes 13
star dune 303
star pair 646
star phylogeny 467
star twinkling 563
Stardust 292
stasigenesis 397
stasis 397
static correction 309
statics 309
station frequency 120, 229
station interval 120, 228
stationary front 397
staurolite 255
steady flow 396
steady-state theory 43

steam fog 265
steatite 339
S-tectonite 54
Stefan-Boltzmann law 293
Stegosaurida 292
Steinmann trinity 260
stem group 115
stem reptiles 463
Steno (Stenonis), Nicolaus (Niels Stensen) 292
stenothermal 140
stenotopic 141
Stensen, Niels 293
step faulting 80
Stephanian 292
stepout 292
stereogram 293
stereographic net 293
stereographic projection 293
stereom (stereome) 293
stereonet 293
stereophotography 626
stereoptic vision 626
stereoscope 244
Steropodon 293
Stettin 261
stibnite 127
stick-slip 202
Stigmaria 292
Stille, Wilhelm Hans 261
stillstand 79
stilpnomelane 292
stinger 151
stipe 238
stishovite 292
stock 116
stockwork 596
Stokes's law 293
stolon 92
stolotheca 247
stomodeum 192
-stone 113
stone canal 311
stone circle 642
stone garland 642
stone net 642
stone polygon 642
stone step 642
stone stripe 642
stony-iron meteorite 314
stony meteorite 311
stoop and room 383
stoping 293
storativity storage

coefficient 390
storm 14
storm beach 294
storm bed 293
storm deposit 293, 413
storm surge 353
stoss (stoss side) 135
stoss and lee 293
stoss-and-lee topography 293, 612
Strahler climate classification 261
straight extinction 389
strain 487
strain ellipse 488
strain ellipsoid 488
strain gauge 487
strain marker 488
strain parallelepiped 488
strain rate 487
strain-slip cleavage 487
strain-time diagram 487
strandflat 539
strandline 396
strata 377
stratified sampling 329
stratiform deposit 333
stratiformis 332
stratigraphic column 334
stratigraphic correlation 333
stratigraphic cross-section 334
stratigraphic nomenclature 334
stratigraphic reef 334
stratigraphic scale 333
stratigraphic trap 334
stratigraphic unit 333
stratigraphy 333
strato-volcano 304
stratocumulus 334
stratomere 294
stratopause 304
stratophenetic classification 333
stratophenetics 333
stratosphere 304
stratotype 597
stratum 377
stratus 329
streak 266
streak lightning 323
streak plate 266
stream flood 632

stream order 289
stream power 100
stream-sediment analysis 100
stream terrace 87
streamer 294
streamline 630
stress 65
stress axial cross 65
stress difference 217
stress ellipse 65
stress ellipsoid 65
stress field 66
stress meter 65
stress-strain diagram 66
stress trajectory 65
striation 267
strike 330
strike fault 330
strike ridge 330
strike-slip fault 330
strike stream 330
strike valley 330
string 294
stromatactis 294
Stromatocystites walcotti 294
stromatolite 294
Stromatoporoidea 330
Strombolian eruption 295
strontianite 294
strophic 294
Strophomenida 294
structural contour map 190
structural trap 190
structure grumeleuse 141
Strutt, John William (Lord Rayleigh) 294
Sturtian 292
Stylasterina 226
stylolite 292
stylolitization 292
sub- 221
Sub-arctic current 13, 15
Sub-Atlantic 221
Sub-Boreal 222
sub-critical flow 269
sub-Plinian eruption 222, 541
sub-surface flow 378, 381
subarkose 263
subbase 101
subcritical reflection 15
subduction 241
subduction zone 241
subglacial 495

subgrade 649
subgroup 7
subhedral 477
sublimate 265
sublimation 264
sublitharenite 263
sublittoral zone 3, 59
submarine canyon 80
submarsible 325
submetallic lustre 4
subpolar glacier 4
subsequent stream 401
subsidence 92, 246, 391
subsoil 101
subsoiling 282
subsolvus 222
subsolvus granite 222
subsolvus syenite 222
substage 3
substitutional solid solution 369
subtidal zone 384
subtractive primary colours 178
subtropical high 11
subtropical jet stream 11
subzone 7
sucrosic limestone 423
Sudbury Structure 251
Suess, Eduard 260
Suess wriggle 260
suevite 290
suffusion 221
sugar-loaf hill 569
Suisei 286
sulcus 300, 357, 385
sulphates 630
sulphides 629
sulpho-salt 628
sumatra 299
Sun 349
sun-cracks 125
Sun-synchronous orbit 350
sun-tan age 494, 649
Sundaland 300
Sundance Sea 228
sunshine recorder 443
super- 384
super-adiabatic lapse rate 387
supercell 296
supercontinent 387
supercooled cloud 113
supercooling 113
supercritical fluid 388

supercritical reflection 388
supergene enrichment 325
supergroup 387
superimposed drainage 311
superinterval 296
superposition 637
supersaturation 107
Supersaurus 296
supplementary forms 554
suppressed layer 614
suppressed weir 310
supra- 298
supraglacial- 495
supralittoral zone 385
supratidal zone 385
surf 29
surf wave 152
surface inversion 318
surface runoff 499
surface tension 499
surface wave 499
surface wind 376
surge 219
Surtsey 300
Surtseyan eruption 300
Surveyor 222
survivorship curve 305
suspect terrane 219
suspectibility meter 234
suspended load 180
sutural angle 556
suture 556, 557
Svecofennian 298
Svecofennian orogeny 298
Sveconorwegian orogeny 298, 360
Svedberg unit 289
swale 289
swaley cross-bedding 289
Swallow buoy 300, 518
swallow hole 285, 431
swallowtail twinning 62
swash 615
swell 44
swelling coefficient 560
swing-by 257, 289
swirl 300
syenite 327
syenodiorite 327
syenogabbro 327

syenoid 263
sylvite 109
symbiosis 141
symmetrical extinction 344
symmetrical fold 344
symmetrical trend 344, 561
Symmetrodonta 333
symmetry plane 345
sympatric evolution 419
sympatry 419
symplesiomorphy 143
syn- 274
synaeresis (syneresis) 246
synaeresis crack 246
synapomorphy 143
Synapsida 361
synclinal ridge 187
syncline 187
synclinorium 511
synform 282
syngenetic ore deposit 420
synkinematic 190, 331
synodic month 218
synoptic meteorology 329
synorogenic 331
synrhabdosome 143
synrock 189
synsacrum 613
syntaxial growth 280
syntectonic 190, 331
syntexis 281
synthem 280
synthetic-aperture radar 188
synthetic fault 280
synthetic seismogram 189
synthetic thrust 280
syntype 336
Syringopora fischeri 273
system 166
systematic error 171
systematic sampling 171
Système Probatoire d'Observation de la Terre 369
systems tract 347

T

T 393
Tabianian 358
tabula 268
tabular 478
tabular cross-stratification 539

tabular/planar cross-
　stratification 249
Tabulata 268
tabulation 615
Tachyglossus 361
tachylite (tachylyte) 353
tachytely 138
Taconic orogeny 355
taconite 355
tadpole plot 357
Tae Weian 353
taenite 38, 57, 212
tafoni 358
Taghanician 353
tagma 103
tagmosis 354
tailings 484
tailings dam 485
Taitai 348
talc 102
talc schist 103
taleolae 360
talik 360
talus 78
taluvium 360
Tame Valley 405
tangential longitudinal strain
　317
tantalite 209, 365
Tantalus- 509
taphichnia 358
taphofacies 358
taphonomic facies 358
taphonomic grade 358
taphonomy 358
tar sand 360
tarsometatarsus 514
tarsus 337
Tatarian, Tartarian 356,
　381
taxodont 355
taxon 353, 536
taxon range zone 353
taxonomy 536
Taylor, Frank Bursley 400
Taylor number 400
TCR 395
t-d curve 398
T-d curve 398
T_e 393
tear fault 218, 330
tectin 605
tectite strewnfield 402
tectofacies 190
tectonic 330

tectonism 330
tectonite 402
tectosilicate 402
teeth 455
tegeminal plates 196
tegmen 196
Teichichnus 398
teilchron 352
teilzone 352
tektite 402
Teleostei 277
teleseism 61
Telesto (Saturn XII) 407
telethermal deposit 62
Television and Infrared
　Observation Satellite
　(TIROS) 407
telinite 406
telluric anomaly 379
telluric current 379
telome theory 408
telson 488
Telychian 406
TEM 393
Temaikan 405
Temispack 405
Tempe- 509
temperate climate 73
temperate glacier 73
temperature-composition
　diagram 73
temperature inversion 127
temperature logging 73
temperature range 127
tempestite 413
Temple-Tuttle 413
Templetonian 413
tenacity 345
tennantite 485
tensile strength 490
tensile stress 490
tensiometer 411
tension crack 280
tension fracture 280
tension gash 280
tent rock 412
tepee 404
tephigram 404
tephra 404
tephrite 405
tephrochronology 95, 405
Teratan 406
Terebratulida 408
terminal node 577
terminator 590

ternary system 227
terra 406
terra rossa 406
terrace 361
terracette 489
terrain 377
terrain component 377
terrain correction 373, 377
terrain evaluation 377
terrain pattern 377
terrain unit 377
terrane 377, 408
terrestrial planet 369
terrestrial radiation 372
terrigenous 623
Tertiary 344
tertiary creep 226
teschenite 403
tesla 403
test 108
testate 604
Tethus Regio 210
Tethyan realm 403
Tethys (Saturn III) 403
Tethys Sea 403
Tetracorallia 238
tetrad 615
tetragonal system 309
tetrahedrite 248
tetrahedron 248
Tetrapoda 238
Teurian 384
textural maturity 338
texture 338
Thalassa (Neptune IV) 223
Thalassinoides 360
thalweg 64
thanatocoenosis 26
Thanet Sands 221
Thanetian 221
Tharsis bulge 509
Tharsis Bulge 97
thaw 82, 609
the doctor 28, 473
Thebe (Jupiter XIV) 405
theca 33, 92, 554, 561
Thecodontia 332
Thecodontosaurus browni
　332
thematic map 320
thematic mapper 320
theoretical morphology 635
Therapsida 254
thermal 223
thermal cleaning 195, 447

thermal conductivity 448
thermal demagnetization 447
thermal emission 449
thermal equator 448
thermal inertia 447
thermal infrared 447
thermal metamorphism 449
thermal resistivity 448
thermal wind 73
thermic 223
thermistor 223
thermoclastis 449
thermocline 284
thermograph 234
thermohaline circulation 447
thermokarst 223
thermoluminescence 448
thermonuclear reaction 447
thermophile 193
thermopile 223
thermoremanent magnetization 447
thermosphere 447
Theropoda 254
thickness 330
thickness line 330
thin section 460
thixotropic mud 614
thixotropy 614
tholeiite 340
tholoid 429, 433
Thompson, Benjamin 429
Thomson, Charles Wyville 429
Thomson, William 429
thoracic vertebra 142
Thoracica 114
thorax 142
thorium-lead dating 431
Thornthwaite, Charles Warren 340
Thornthwaite climate classification 341
three-cell model 227
three-dimensional seismology (3 D seismic) 226
threshold 234
thrombolite 300
throughfall 258
throughflow 381
throw 616
thrust 266

thrust-sheet-top basin 299, 484
thufur 297
Thulean Plateau 348
thulite 423
thundercloud 616
thunderstorm 616
Thuringian 384
thuringite 84
Thurnian 220
Thvera 298
Tibetan Plate 379
Tibetan Plateau 379
tibia 168, 169
tibiotarsus 172
tidal barrage 386
tidal current 388
tidal flat 386
tidal friction 387
tidal heating 386
tidal inlet 388
tidal range 385
tidal rhythmite 386
tidal stand 398
tidal stream 387
tidal theory 386
tidalite 386
tide 386
tie line 350
tie point 349
tiger's eye 430
Tiglian 395
tile drain 352
till 400
till fabric analysis 401
till plain 401
tillite 400
tilloid 401
tilt-block tectonics 171
tiltmeter 168
time-averaged velocity 537
time break 526
time-distance curve 331
time domain 234
time plane 234
time-rock unit 450, 451
time-scale 234
time-stratigraphic unit 451
tinguaite 391
Tioughiogan (Tioughniogan) 388
TIROS 352
Titan (Saturn VI) 397
titanaugite 378
Titania (Uranus III) 397

titanite 297, 378
titanomagnetite 378
Tithonian 379
Titius-Bode law 378
titrimetric analysis 402
tjaele 367
Tmesipteris 201
toad's eye tin 85
Toarcian 414
Tobu 112
toe 407
toeset 420
tombolo 623
Tommotian 429
tomography 429
tonalite 429
Tonawandan 428
Tonga-Kermadec Trench 434
Tongaporutuan 434
tonhäutchen 452
tonstein 434
tool mark 516
topaz 64
toplap 428
topographic correction 373
topology 429
toposequence 372
topotype 429
topozone 352, 429
topset 387
topsoil 499
tor 414
torbanite 428
tornado 357
Tornquist Line 432, 507
toroidal field 433
Torojans 269
torrid zone 448
Torridonian 431
torsion 446
torsion balance 446
torta 432
Tortonian 428
torus 430
toscanite 427
total core recovery 322
total glacier power 498
total intensity 324
total internal reflection 327
total range zone 353
total stress 321
tourmaline 409
tourmalinization 409
Tournaisian 432

Toutatis 421
tower karst 417
T-peg 399
trace 461
trace element 500
trace-element fractionation 500
trace fossil 302
tracer 432
Tracheophyta 26
trachyandesite 340
trachybasalt 340
trachyte 340
trachytic texture 340
trachytoidal 340
track 17
traction carpet 430, 542
traction load 336, 542
trade-wind inversion 555
trade winds 555
Traditional Stratigraphic Scale 412
trail 455, 555
trailing edge 483
training area 432
tramontana 430
tranquil flow 269
trans-Saharan seaway 221
transcurrent fault 330
transfer fault 430
transform fault 430
transformation twinning 408
transgression (marine) 78
transgressive systems tract 78
transient creep 30, 321
transient electromagnetic method 430
transient flow 105
transient variation 105
transit time 330
translation 549
translocation 414
translucent 479
translucidus 479
transmission coefficient 416
transmissivity 420
transmittance 417
transparency 423
transparent 423
transpiration 266
transpression 430
transtension 430
transverse dune 66

transverse-type coast 64, 345
transverse wave 54, 615
trap 430
trap-door caldera 6
trapezohedron 553
trapezoid 310
travel time 331
travel-time curve 331
traverse 430
travertine 430
tree-ring analysis 452
trellis drainage pattern 436
trema 457
Tremadoc 432
tremata 206, 457
tremolite 420
Trempealeauan 433
trench 77
trend 433
trevorite 432
triad 224
triangle zone 224
triangular facet 230
Triassic 226
triaxial cell 226
triaxial compression test 226
triaxial ellipsoid 226
Tribrachidium 145
Triceratops 92
triclinic 226
tricolpate sulci 225
Triconodon 228
Triconodonta 228
tridymite 636
trigonal 229
trilete 226
Trilobita 229
trilobite eye 230
trim line 432
Trimerella 636
Trimerophytina 432
Trimerophyton 201
trimorphism 225
Trinacromerum 385
triple core barrel 226
triple junction 226
triple-junction method 226
triple point 226
triserial 230
tritium clock 431
Triton (Neptune I) 431
trochiform 60
trochoid 206

trochospiral 433
troctolite 433
troilite 433
trona 433
trondhjemite 433
tropical air mass 448
tropical cyclone 448
Tropical Cyclone Programme 448
tropical depression 448
tropical storm 448
tropopause 177
troposphere 352
trough 126, 338
trough cross-stratification 249, 430
trowal 423
true age 282, 318
true dip 282
true thickness 282
truncated spur 318
T_s 393
tschermakite 367
TSS 393
TST 393
tsunami 392
t-test 395
tuba 648
tube-feet 120
tubercle 205
tubular fenestrae 117
tufa 422
tuff 140
tumulus 384
tundra 393
Tundra Soil 393
tungstate minerals 361
tunnel trend 159, 434
tunnel valley 434
tunneldal 434
TURAM method 384
turbidite 358
turbidity current 622
turbinate 206
turbulence 621
turbulent flow 623
turnover rate 184
turnover time 184
Turonian 384
turquoise (tourquoise) 432
turreted 416
turriculate 416
tuya 393
Twenhofel, William Henry 416

twilight 460
twin axis 333
twin gliding 333
twin law 333
twin plane 333
twinkling 577
two-circle reflecting goniometer 511
two-way travel time 65
t-x curve 394
t^2-x^2 graph 394
Tycho 373
tympanic bone 199
type area 598
type locality 597
type section 597
type series 597
type specimen 123, 598
Type I earthquake source 29, 276
Type II earthquake source 441
typhoon 348
typological method 637
Tyrannosaurus rex 400
tyrant 400
Tyrrhenian 390

U

Ubendian orogeny 44
Udden-Wentworth scale 10
Udocanian 44
Ufian 44
Ufimian 44
Uivakian orogeny 38
Ulatizan (Ulatisian) 46
Ulcanian 47
ulexite 47
ulna 251
Ulsterian 17
ultimate strength 216
Ultisol 17
ultrabasic rock 384
ultramafic rock 385
ultramylonite 47
ultraplinian eruption 388
ultraviolet radiation 234
ultraviolet spectrometer 234
ultraviolet-visual spectrophotometry 234
Ulysses 610
umber 23
umbilicus 541
umbo 90

umbric epipedon 23
Umbriel (Uranus II) 48
unavailable water 588
uncinus 87
unconfined aquifer 502
unconfined compression test 30
unconfined compressive strength 30
unconformity 514
unconformity trap 514
unconformity-type uranium ore 514
unconsolidated 583
undaform 47
undathem 47
undepleted mantle 517
undercliff 22
undercooling 113
underfit stream 96, 516
underflow 512
underplating 22
underthrusting 135
undertow 396
undrained test 492
undulatus 462
undulose extinction 466
ungulate 490, 607
uniaxial compression test 30
uniaxial compressive strength 30
uniaxial interference figure 30
Unibothriocidaris 192, 609
unicarinate 366
Unified Stratigraphic Time-scale 330
uniform flow 423
uniformitarianism 301
unilocular 362
uniramous 362
uniserial 31
unit cell 361
unit form 361
unit hydrograph 361
unit-stratotype 361
unit stress 360
United States Department of Agriculture 14, 609
univariant assemblage 366
unloading joint 561
unsaturated zone 425, 518
unsorted biosparite 533
unsteady flow 491

uphole survey 9
uphole time 9
upright fold 309
upslope fog 102
upthrust block 267
Upton Warren 13
upward continuation 269
upwelling 606
Ural Sea 46
Uralian orogeny 46
uralite 46
uralitization 46
uranian satellites 413
uraninite 321
uranium deposit 46
uranium-lead dating 46
uranium series 46
Uranus 412
urban climate 424
Urey, Harold Clayton 610
Uriconian 47
Urochordata 485
Urodela 633
Ursidae 154
Urstromtal 608
urtite 47
Uruk Sulcus 300
Ururoan 47
Urutawan 47
UTS 609
UV 610
UV-Vis spectrophotometry 610
uvala 44
uvarovite 39
UVS 610
[UVW] 610

V

V 503
VAD 504
vadose pitholith 489
vadose zone 392, 425
Valanginian 470
Valdayan/Zyryanka 472
valency 178
Valhalla 110, 355
valley bulging 473
valley glacier 358
valley side bench 198
valley train 473
valley wind 358
vallis 471
Vallis Marineris 471

valve 108, 473
Van Allen belt 475
van der Waals force 503
vanadinite 102
vane 549
vane test 550
van't Hoff, Jacobus Henricus 503
vapour-phase crystallization 131
vapour pressure 265
vapour-pressure curve 286, 356
Varanger 471
Varanosaurus 481
vardar 472
vardarac 472
Varegian 473
variable-area display 595
variance 534
variolitic 471
Variscan orogeny 471
varve 497
varve analysis 497
varve chronology 497
varve count 497
Vauclusian spring 29
veering 506
Vega 540
vegetation index 270
vein 586
vein deposit 194
Velgart series 567
Velociraptor 385
velocity-depth distribution 337
velocity head 337
velocity logging 337
velocity profile 357
velocity survey 337
velum 545
vendavale 552
Vendian 552
Vendobionta 552
Venera 544
Venice system 543
Vening-Meinesz, Felix Andries 543
vent breccia 104
vent conglomerate 104
venter 469
Ventersdorp 508
ventifact 506
ventral 469
Venturian 552

Venus 148
Venusian 148
veranillo 544
verano 544
Vereiskian 547
vermiculite 469
Verrucano 546
Versilian 546
vertebra 313
vertebral column 313
Vertebrata (vertebrates) 313
vertebratus 649
vertical component 61
vertical electrical sounding (VES) 287, 410
vertical fold 389
vertical seismic profile 287
vertical stacking 287
Vertisol 465
very-long-baseline interferometry 387
very-low-frequency method (VLF method) 387
very-near infrared 385
VES 504
vesicle 128
vesicular 355
Vesta 540
Vesuvian eruption 541
vesuvianite 541
VGP 504
VHN 504
vibration direction 282
Vibroseis 458
vicariance 535
Vickers hardness number 490
Victoriapithecus 37
vidicon 485
Viking 456
Villafranchian 500
virga 500
virgella 236
Virgellina 461
Virgilian 462
virtual geo-magnetic pole 101
viscosity 450
viscous remanent magnetism 450
viscous sublayer 400
Visean 488
vishnevite 485
visible radiation 96

visual binary 244
vitrain 491
vitreous lustre 108
vitrinite 491
vitrophyric 491
Viverridae 249
vivianite 622
VLBI 504
VLF method 504
V-notch weir 310
vogesite 509
Vogt, Johan Hermann Lie 508
void 115
void ratio 115
volatile 134
volcanic block 475
volcanic bomb 95
volcanic cone 95
Volcanic Constructs 95
volcanic dome 612
volcanic dust 95
volcanic-exhalative process 95
volcanic neck 94
Volcanic Plains 95
volcanic plug 94
volcanic rock 94
Volcanic unit 95
volcanicity 94
volcanism 94
volcano 94
volcano-tectonic depression 95
Volgian 568
volume diameter 138
volume diffusion 346
volume scattering 346
volumenometer 613
von Karman-Prandtl equation 112
vorticity 42
Voyager 554
VRM 504
VSP 504
vug (vugh) 233
Vulcanian eruption 525
vulcanicity 94
vulcanism 94, 95

W

Waalian 472
wacke 653
wackestone 653

wad 579
Wadati-Benioff zone 543, 653
wadi 21, 653
Waiauan (Waiaun) 39
Waipawan 39
Waipipian 39
Waitakian 39
walkaway vertical seismic profile 41
Walker's steel yard 41
wall-rock alteration 562
Wallace's line 41
Walther's law 653
Waltonian 653
Walvis Ridge 485
Wangerripian 654
waning slope 178, 542
Warendian 42
Warepan 41
warm front 73
warm glacier 73
warm rain 7
warm sector 360
wart 202
washboard moraine 325
washover delta 41
washover fan 41
washplain 41
water 583
water-absorption test 583
water balance 583
water budget 288, 583
water gap 64
water gun 41
water inventory 370, 584
water potential 584
water storage 584
water table 369
water vapour 286
water vasicular system 285
water velocity 287
water-witching 46
watershed 256, 534
waterspout 286
Waucoban 41
wave 438
wave base 474
wave-built terrace 80
wave cloud 465
wave-cut bench 339, 462
wave-cut platform 339, 462
wave depression 466
wave diffraction 438
wave equation 466

wave-front 469
wave group 166
wave packet 463
wave period 466
wave refraction 438
wave ripple 40
wave-ripple cross-stratification 40
wave spectrum 466
wave train 474
wave velocity 466
wavelength 463
wavellite 148
wavenumber 462
wavy bedding 462
waxing slope 580
waxy lustre 648
weakening 249
Weald Clay Group 39
Wealden 39
Wealdien 39
wearing course 578
weather report 130
weather satellite 130
weathering 506
weathering correction 506
weathering front 506
weathering index 506
weathering micro-index 177
weathering profile 506
weathering series 505
weathering zone 506
wedge-edge trap 328
Wegener, Alfred 39
Weichselian 456
weight drop 256
weighted average 70
weir 310
Weiss zone law 653
Weissliegende 165, 460
welded ignimbrite 612
welded tuff 612
well 32, 240
well injection method 189
well logging 179
well-point drainage 40
well screen 193
well shooting 40
Weltian 40
Wenlock (Wenlockian) 41
Wenner electrode array 40
Wentworth scale 40
Werner, Abraham Gottlob 40
Werrikooian 40

West Australia Current 442
West-Kohoutek-Ikemura 40
West Wind Drift 121, 307
westerlies 551
Western Boundary Undercurrent 302
western intensification 302
Westphalian 40
westward drift 309
wet-bulb depression 244
wet-bulb-potential temperature 132
wet-bulb thermometer 243
wet melt 248
wetted perimeter 264
W-fold 359
Whaingaroan 39
Wheelerian 554
Whewell, William 505
whirling psychrometer 322
whirlwind 392
white-out 570
white smoker 570
Whiterockian 570
whitings 570
Whitwellian 38
whole Earth composition 371
whole-rock dating 322
whorl 618
Widmanstätten structure 38
Wiechert, Emil 38
Wiener filter 39
Wien's displacement law 39
wiggle trace 37
wigwam 37, 412
Wild 2 653
wildflysch 653
willemite 166
willy-nilly 38
Wilson cycle 38
Wilson, John Tuzo 38
wilting coefficient 234
wilting point 234
wind gap 64
wind noise 39
wind rose 507
wind shear 39
Windermere Interstadial 39
windrow 39
windward 94
wireline 653
wireline logging 179, 653
Wirtanen 500
Wisconsin 37

witherite 424
within-plate basalt 528
Witwatersrand 38
WMO 359
Wolfcampian 47
wolframite 404
wollastonite 167
Wolstonian 41
Wonokan 41
wood tin 596
Woodward, John 43
woolsack 181
Wordian 653
working hardening 93
World Climate Programme 309
World Meteorological Organization 309
World Weather Watch 309
World-Wide Standard Seismograph Network 309
WPB 359
wrenth fault 330
wrinkle ridge 636
wulfenite 284
Wulff stereographic net 47
Würm 494
WWSSN 359
WWW 359

X

Xenian 322
xenoblast 354
xenocryst 84
xenolith 562
xenotime 319
xenotopic fabric 320
xpols 55, 390

X-ray diffraction crystallography 54
X-ray fluorescence 167
X-ray fluorescence spectrometry 167
X-ray photography 55
X-ray powder photograph 55
X-ray spectrometer 55
XRF 54

Y

Yapeenian 603
yardang 603
Yarmouthian 603
Yatalan 603
yazoo stream 603
Yeadonian 32
yellowcake 24
yield-depression curve 613
yield point 194, 363
yield stress 194
Ynezian 32
Younger Dryas 282
Youngina 329
younging 333
Young's modulus 603
Yovian 615
Ypres Clay 33
Ypresian 33
Yurmatian (Yurmatin) 610

Z

Z 318
Zaglossus 361
Zanclian 225
zap pit 220
Zechstein 152

Zechstein Sea 152
Zedian 319
Zelzate 321, 404
Zemorrian 320
zeolite 515
zeolite facies 515
zephyr 320
zero-length spring 436
zeugen 392
Z-fold 318
zibar 246
zig-zag fold 233, 236
zinc blende 321
zincite 182
Zingg diagram 276
zinnwaldite 391
zircon 273
Zoantharia 359
zodiacal light 193
zoisite 328
zonal 344
zonal flow 530
zonal index 344
zonal scheme 305
zonal wind 344
zonation 534
Zond 341
zone 342
zone axis 267
zone fossil 343
zone of saturation 561
zone refining 343
zone symbol 267
zonule 339
zoogeographical region 422
Zoophycus 297
zooplankton 522
Zosterophyllophytina 338
Zosterophyllum 338
zygapophyses 603

監訳者略歴

坂　幸　恭（さか・ゆきやす）
1939年　奈良県に生まれる
1963年　名古屋大学大学院理学研究科
　　　　修士課程修了
現　在　早稲田大学教育学部教授
　　　　理学博士

オックスフォード
地球科学辞典　　　　　　　定価は外函に表示

2004年5月30日　初版第1刷
2005年3月20日　　　第2刷

　　　　　　　　　監訳者　坂　　幸　　恭
　　　　　　　　　発行者　朝　倉　邦　造
　　　　　　　　　発行所　株式会社　朝　倉　書　店
　　　　　　　　　　　　　東京都新宿区新小川町6-29
　　　　　　　　　　　　　郵便番号　162-8707
　　　　　　　　　　　　　電　話　03(3260)0141
　　　　　　　　　　　　　FAX　03(3260)0180
〈検印省略〉　　　　　　　　http://www.asakura.co.jp

© 2004〈無断複写・転載を禁ず〉　　中央印刷・渡辺製本

ISBN 4-254-16043-7　C 3544　　　　Printed in Japan

加藤碵一・脇田浩二総編集
今井 登・遠藤祐二・村上 裕編

地質学ハンドブック

16240-5 C3044　　　A 5 判 712頁 本体23000円

地質調査総合センターの総力を結集した実用的なハンドブック。研究手法を解説する基礎編，具体的な調査法を紹介する応用編，資料編の三部構成。〔内容〕〈基礎編：手法〉地質学／地球化学（分析・実験）／地球物理学（リモセン・重力・磁力探査）／〈応用編：調査法〉地質体のマッピング／活断層（認定・トレンチ）／地下資源（鉱物・エネルギー）／地熱資源／地質災害（地震・火山・土砂）／環境地質（調査・地下水）／土木地質（ダム・トンネル・道路）／海洋・湖沼／惑星（隕石・画像解析）他

堆積学研究会編

堆 積 学 辞 典

16034-8 C3544　　　B 5 判 480頁 本体24000円

地質学の基礎分野として発展著しい堆積学に関する基本的事項からシーケンス層序学などの先端的分野にいたるまで重要な用語4000項目について第一線の研究者が解説し，五十音順に配列した最新の実用辞典。収録項目には堆積分野のほか，各種層序学，物性，環境地質，資源地質，水理，海洋水系，海洋地質，生態，プレートテクトニクス，火山噴出物，主要な人名・地層名・学史を含み，重要な術語にはできるだけ参考文献を挙げた。さらに巻末には詳しい索引を付した

J.O.ファーロウ／M.K.ブレット－サーマン編
小畠郁生監訳

恐 竜 大 百 科 事 典

16238-3 C3544　　　B 5 判 648頁 本体24000円

恐竜は，あらゆる時代のあらゆる動物の中で最も人気の高い動物となっている。本書は「一般の読者が読むことのできる，一巻本で最も権威のある恐竜学の本をつくること」を目的として，専門の恐竜研究者47名の手によって執筆された。最先端の恐竜研究の紹介から，テレビや映画などで描かれる恐竜に至るまで，恐竜に関するあらゆるテーマを，多数の図版をまじえて網羅した百科事典。〔内容〕恐竜の発見／恐竜の研究／恐竜の分類／恐竜の生態／恐竜の進化／恐竜とマスメディア

前東大 宇津徳治・前東大 嶋　悦三・日大 吉井敏尅・
東大 山科健一郎編

地 震 の 事 典（第 2 版）

16039-9 C3544　　　A 5 判 676頁 本体23000円

東京大学地震研究所を中心として，地震に関するあらゆる知識を系統的に記述。神戸以降の最新のデータを含めた全面改訂。付録として16世紀以降の世界の主な地震と5世紀以降の日本の被害地震についてマグニチュード，震源，被害等も列記。〔内容〕地震の概観／地震観測と観測資料の処理／地震波と地球内部構造／変動する地球と地震分布／地震活動の性質／地震の発生機構／地震に伴う自然現象／地震による地盤振動と地震災害／地震の予知／外国の地震リスト／日本の地震リスト

早大 坂 幸恭著

地 質 調 査 と 地 質 図

16234-0 C3044　　　B 5 判 120頁 本体3400円

地質調査に必要とされる手法や問題解決を豊富な図表を用いて解説し，地質図を作製する方法および地質図から情報を読み取る方法をまとめた。地質学を学ぶ学生・研究者，地学教育に携わる方々，身近な自然に愛着を感ずる地学愛好家に最適

町田 洋・大場忠道・小野 昭・
山崎晴雄・河村善也・百原 新編著

第 四 紀 学

16036-4 C3044　　　B 5 判 336頁 本体7500円

現在の地球環境は地球史の現代（第四紀）の変遷史研究を通じて解明されるとの考えで編まれた大学の学部・大学院レベルの教科書。〔内容〕基礎的概念／第四紀地史の枠組み／地殻の変動／気候変化／地表環境の変遷／生物の変遷／人類史／展望

上記価格（税別）は 2005 年 2 月現在